현지에서 전하는 생생한 정보,
디테일에 강한 도쿄바이블!

도쿄
여행백서

현지에서 전하는 생생한 정보,
디테일에 강한 도쿄바이블!
도쿄 여행백서(2023~2024년 개정판)

초　　판 1쇄 펴냄 2017년 7월 15일
개정 2판 1쇄 펴냄 2023년 2월 15일
개정 2판 2쇄 펴냄 2023년 4월 10일

지은이 박정연, 후카사와 요시노리(深沢嘉紀) 공저
펴낸이 유정식

책임편집 박수현
편집/표지디자인 이승현

펴낸곳 나무자전거
출판등록 2009년 8월 4일 제 25100-2009-000024호
주소 서울 노원구 덕릉로 789, 2층
전화 02-6326-8574
팩스 02-6499-2499
전자우편 namucycle@gmail.com

ISBN : 978-89-98417-56-7
978-89-98417-12-3(세트)
정가 : 20,000원

파본이나 잘못 인쇄된 책은 구입하신 서점에서 교환해드립니다.

2023~
2024년
개정판

현지에서 전하는 생생한 정보,
디테일에 강한 도쿄바이블!

도쿄
여행백서

박정연 • 후카사와 요시노리 공저

나무자전거

PROLOGUE

연분홍빛 벚꽃이 흩날리는 도쿄, 푸릇푸릇한 신록이 우거진 도쿄, 파란 하늘과 울긋불긋한 단풍으로 화사한 도쿄, 무채색의 모던함이 맞춤옷 같은 겨울의 도쿄까지 사계절의 도쿄를 여러 번 겪었다. 도쿄는 언제 놀러 가는 것이 좋냐는 물음에 선뜻 답할 수 없는 이유는 언제 가도 매력적이기 때문이다. 봄에는 벚꽃놀이, 여름에는 불꽃놀이와 전통 축제가 곳곳에서 펼쳐지고, 가을은 청명한 하늘과 시원한 날씨가 돌아다니기 좋고 겨울의 추위도 매섭지 않아서 여행을 즐기기에는 문제가 없다.

도쿄에서 오랫동안 살고 있는 필자에게 지인들이 한결같은 질문을 한다. 도쿄 어디가 제일 좋으냐고. 처음에는 필자가 좋아하는 곳들을 나열하며 소개를 했는데, 이제는 '글쎄요' 하며 얼버무린다. 필자에게는 좋았지만 질문을 한 사람에게도 좋을지는 확신이 없었기 때문이다. 사람마다 취향이 다르고 여행 스타일도 각기 다르다. 아침부터 밤늦은 시간까지 쉴 틈 없이 짜인 여행 계획대로 유명한 관광지를 전부 돌아야 만족하는 사람이 있는 반면, 느긋하게 일어나서 쉬엄쉬엄 움직이며 한두 군데를 깊이 즐기는 사람도 있다. 누구는 맛있는 음식을 배가 터지도록 먹어야 뿌듯하고 다른 이는 원하는 물건을 양손 가득 사야 행복하고 별 목적 없이 온종일 낯선 거리에서 걷기만 하는 시간을 즐기는 사람도 있다. 여행지에서만큼은 아낌없이 쇼핑으로 일상의 스트레스를 해소하려는 사람도 있고 외화를 쓰는 건 더 아깝다며 한 푼이라도 절약하며 보는 것으로 만족하는 여행자도 있다. 그래서 늘 마음을 터놓는 친한 친구와 함께 여행을 해도 사소한 것으로 마음 상하게 되는 일이 생긴다. 피를 나누고 늘 함께 생활하는 가족과 함께 여행을 해도 마찬가지다. 필자의 여행 취향대로 추천을 해달라고 하면 단연 홀가분한 자유여행이다. 하지만 그건 또 낯선 곳이라 무섭고, 외로워서 싫다는 사람도 있다.

즐기려고 하는 여행인데 이것저것 생각하고 따지다 보면 쉽고 편한 게 하나도 없다. 기분전환을 위해 하는 여행인데 복잡하게 고민하는 시간 또한 아쉽기만 하다. 지나간 건 잊고 지금을 즐기면서 자기 자신에게 더 솔직해져 보는 건 어떨까? 아무것도 모르는 상태에서 낯선 도시에 가면 시행착오를 많이 겪게 된다. 여행 가이드북은 그런 수고를 덜어주기 위한 안내자 역할을 한다. 여행을 가기 전에 미리 여행지가 소개된 가이드북을 대충 훑어보면 나에게 맞는 곳이 어디고 어떻게 즐기면 되는지 대략 감이 잡힐 것이다. 그리고 여행을 함께 하는 일행이 있다면 함

께 대화를 많이 나누는 것이 좋다. 여행을 어떻게 할지 생각하는 순간부터가 여행의 시작이 아닐까 싶다. 어디서 무얼 할지 상상하면서 설렘을 느끼는 그 순간이 막상 여행지에서 직접 돌아다니는 것보다 행복할 때도 있다.

처음 책을 쓰기 시작하면서부터 두 번째 개정판을 보강하는 지금까지 10년 이상 도쿄를 꼼꼼히 살펴봤다. 2011년 일본 후쿠시마에 대지진과 원전사고가 발생하면서 일본 여행이 한때 주춤했고, 2019년 노재팬을 시작으로 2020년 새해 벽두를 덮친 코로나로 인해 일본 여행은 점차 어려워졌다. 코로나 시국으로 해외여행은커녕 외식조차 힘든 시기가 몇 년째 이어지면서 관광업계, 외식업계는 큰 타격을 받았다. 우리나라를 비롯한 세계 여느 나라도 마찬가지겠지만 매장을 축소 이전하거나 안타깝게도 폐업으로 내몰린 곳이 많다. 이번 개정판 작업을 하면서도 폐업한 곳을 마주하면 그곳에서의 추억이 떠올라 가슴이 아렸다. 근근이 아직 영업은 지속하지만 언제 문을 닫을지 모를 곳도 있다. 그나마 세계 각국이 팬데믹 코로나로 걸어 잠갔던 국경의 빗장을 위드 코로나와 함께 조금씩 코로나 이전 상황으로 돌리고 있다. 조금만 더 주의하면 얼마든지 이제 여행을 즐길 수 있게 된 것이다. 이 책이 오랜 기간 일본 여행에 목말랐던 여행자들에게 도움이 되길 바란다.

사실 도쿄는 일본의 말과 글 그리고 일본인이 많다는 것을 빼고는 서울과 다를 게 없다. 하지만 20년 전 처음 도쿄를 여행 왔을 때 느꼈던 설렘을 지금도 느낄 수 있다. 아직 한 번도 들어가보지 못한 골목길, 먹어보지 못한 맛집 그리고 끊임없이 새로운 상품이 쏟아져 나오는 잡화점이 많기 때문이다. 수박 겉핥기식으로 도쿄를 구경하고 서울과 똑같다고 판단해버리는 사람들을 보면 안타깝다. 도쿄를 찾는 누군가에게 나의 소소한 경험이 조금이라도 도움이 되어 즐거운 여행이 되었으면 좋겠다.

끝으로 함께 고생한 가족들, 좋은 책을 만들기 위해 최선을 다해주신 출판사 관계자분들 그리고 이 부족한 책을 읽어주신 독자님께 감사 인사를 전한다.

2023년 1월
박정연, 후카사와 요시노리

PREVIEW

이 책은 총 8개 파트에 여행계획부터 현지에서 꼭 필요한 정보까지 바로 파악할 수 있도록 구성하였습니다. 1파트에서는 도쿄를 이해할 수 있는 전반적인 내용과 여행에 꼭 필요한 준비과정을 소개하였습니다. 또한 2~8파트에서는 도쿄의 대표 여행지를 지역별로 구분하여 상세한 지도와 함께 볼거리, 먹거리, 쇼핑거리 등의 섹션으로 나눠 세세한 정보를 담고 있습니다.

첩터별 구성

인접한 지역을 하나의 챕터로 묶어서 동선을 짜기 쉽도록 하였습니다.

한눈에 보는 교통편

해당 지역을 여행하는 데 필요한 교통정보를 확인할 수 있습니다.

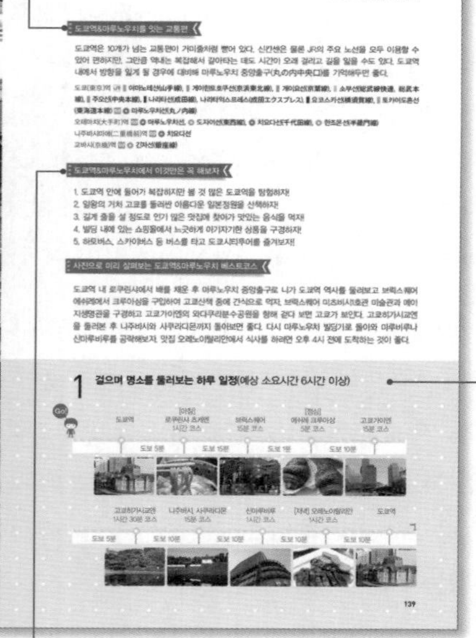

추천도

지역별 볼거리, 먹거리, 놀거리, 쇼핑을 별점으로 표시하여 해당 지역을 한눈에 파악할 수 있도록 하였습니다.

반드시 해봐야 할 것들

해당 지역에서 꼭 해봐야 할 것들을 추천하였습니다.

요시노리 한마디

현지인만 알 수 있는 해당 지역의 특징과 정보를 소개합니다.

사진으로 미리보는 동선

해당 여행지를 효율적으로 둘러보기 위한 동선을 제시합니다. 어디를 가야 할지, 무엇을 먹어야 할지 등이 고민된다면 베스트코스를 참고하세요.

Part 02

Section 04

도쿄역&마루노우치에서 반드시 둘러봐야 할 명소

도쿄역과 마루노우치지역은 도쿄에서 가장 깔끔한 번화가이다. 넓은 도로가 시원하게 뚫려있고 고층빌딩과 대형공원이 조화를 이뤄 아름다운 도회지 풍경이 펼쳐진다. 마루노우치는 명품숍으로 가득한 거리지만 고작 5분만 걸으면 고쿄성벽을 둘러싼 운하에서 백조, 오리, 잉어 등을 볼 수 있다. 도쿄 번화가인 신주쿠나 시부야, 긴자에 비해 사람도 적고 10~20대가 모이는 지역이 아니라 조용하게 거리산책을 즐길 수 있다는 점도 매력적이다.

섹션별 구성

원하는 스팟을 바로 찾아볼 수 있도록 해당 여행지의 볼거리, 먹거리, 쇼핑거리 등을 섹션으로 묶어 소개하였습니다.

도쿄의 상징이자 쇼핑몰까지 겸한 멀티플렉스 ★★★★☆

도쿄역 東京駅

일본전역으로 통하는 신칸센이 출발하고 도쿄를 구석구석 연결하는 수많은 전철과 지하철이 다니는 곳이다. 붉은 벽돌이 인상적이며 중후한 멋이 느껴지는 건물로, 1914년 빅토리아양식으로 지었으나 1945년 미군공습으로 파괴된 것을 1947년 복원한 것이다. 2007년부터 노후한 부분을 복원하기 시작하여 2012년 현재의 모습으로 말끔히 새단장하면서 도쿄의 관광명소가 되었다. 도쿄역은 일본중요문화재로 지정되어 있으며, 도쿄역사를 제대로 둘러보려면 도쿄스테이션 갤러리를 둘러볼 것을 추천한다.

도쿄역 지하는 거대한 상권이 형성되어 있어 미로처럼 길이 얽혀있고, 주변 고층빌딩들과 바로 연결된다. 개찰구 안쪽에는 지하 1층에 그랑스타가 있고, 1층에는 그랑스타다이닝, 센트럴스트리트, 에큐트, 게이요스트리트 등 전차 안에서 먹을 도시락을 파는 에키벤駅弁 가게가

인기도

해당 스팟의 인기도를 별표로 점수를 주었습니다. 별 5개에서 별 2개까지 표시하였으므로 놓쳐서는 안 될 중요스팟을 바로 알 수 있습니다.

스팟이름

찾아가봐야 할 스팟을 큰제목으로 처리하고, 그에 대한 간략한 설명을 부제목으로 정리하여 제목만 봐도 어떤 곳인지 미루어 짐작할 수 있습니다.

많다. 개찰구 밖에도 쿠로베이요코초, 키친스트리트, 그란에이지(지하1~2층), 그란루프, 도쿄역일번가, 야에스지하가 등 다양한 특색을 지닌 상점가와 레스토랑가가 들어서 있다. 도쿄역에서만 먹을 수 있는 먹거리는 물론 기념품 및 특산품도 구입할 수 있어 편리하다. 지하연결통로 곳곳에는 소소한 볼거리가 전시되어 있고 흡연구역이 분리되어 있어 쾌적하다. 도쿄역을 방문할 때는 1~2시간 정도 따로 시간을 잡고 천천히 구경하자.

홈페이지 www.jreast.co.jp, www.gransta.jp, www.tokyostationcity.com 주소 東京都千代田区 丸の内 1 찾아가기 JR 신칸센(新幹線), 야마노테선(山手線), 게이힌토호쿠선(京浜東北線), 게이요선(京葉線), 소부선(総武線快速, 総武本線), 주오선(中央本線), 나리타선(成田線), 나리타익스프레스(成田エクスプレス), 요코스카선(横須賀線), 토카이도혼선(東海道本線), 요코스카선(横須賀線), 도쿄메트로 마루노우치선(丸ノ内線) 귀띔 한마디 복잡한 도쿄역 안에서는 미아가 되기 쉬우니 시간적인 여유를 넉넉히 잡아야 한다.

스팟정보

해당 스팟에 대한 정보를 일목요연하게 정리하였습니다. 주소, 찾아가는 방법, 운영시간, 가격, 추천메뉴, 전화번호, 홈페이지 등의 세세한 정보가 수록되어 있습니다.

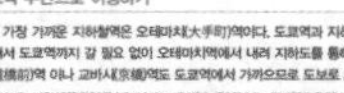

Tip 도쿄역 주변으로 이동하기

도쿄역에서 가장 가까운 지하철역은 오테마치(大手町)역이다. 도쿄역과 지하도로 연결되어 있으니 오테마치역이 편하다면 환승해서 도쿄역까지 갈 필요 없이 오테마치역에서 내려 지하도를 통해 이동하면 된다. 그 밖에도 고쿄의 니주바시마에(二重橋前)역 이나 교바시(京橋)역도 도쿄역에서 가까우므로 도보로 도쿄역까지 이동할 수 있다.

도쿄(東京)역 JR 신칸센(新幹線)/JR 야마노테선(山手線)/JR 게이힌토호쿠선(京浜東北線)/JR 게이요선(京葉線)/JR 소부선(総武線快速, 総武本線)/JR 주오선(中央本線)/JR 나리타선(成田線), 나리타익스프레스(成田エクスプレス)/JR 요코스카선(横須賀線)/JR 토카이도혼선(東海道本線)/JR 요코스카선(横須賀線)/도쿄메트로 마루노우치선(丸ノ内線)

오테마치(大手町)역 도쿄메트로 마루노우치선(丸ノ内線)/도쿄메트로 도자이선(東西線)/도쿄메트로 치요다선(千代田区線)/도쿄메트로 한조몬선(半蔵門線)

니주바시마에(二重橋前)역 도쿄메트로 치요다선(千代田区線) 교바시(京橋)역 도쿄메트로 긴자선(銀座線)

TIP

본문에서 미처 다루지 못한 정보를 팁으로 정리하였습니다.

도쿄역 내에 자리한 추천 숍과 레스토랑

도쿄역과 연결되어 편리한 백화점

다이마루백화점 도쿄점 大丸東京, Daimaru Tokyo

일본의 유명백화점 대부분이 도쿄에서 시작되었지만 다이마루백화점은 칸사이지방에서 시작된 백화점이라는 특색이 있다. 1717년 교토의 작은 상점으로 시작해 1912년 백화점 형식의 교토다이마루를 개점하고 이후 코베, 오사카 등 일본전역으로 지점을 확장했다. 다이마루백화점은 어른들의 백화점이라는 콘셉트로 중장년층을 대상으로 하는 상품이 많다.

도쿄역과 바로 연결되는 스위츠플로어(1층)에는 보기에도 예쁘고 맛도 좋은 다양한 선물용 스위츠가 모여 있는데, 도쿄역 내 기념품점에서 판매하는 것들보다 훨씬 고급스러우므로 기왕이면 여기서 구입하는 것이 좋다. 또한 12~13층 레스토랑가에는 츠나하치, 마이센 등 도쿄의 유명한 레스토랑체인점이 입점해 있어 편리하게 이용할 수 있다.

홈페이지 www.daimaru.co.jp/tokyo 문의 03-3212-8011 찾아가기 도쿄역 야에스 북쪽 출구에서 바로 영업시간 11:00~22:00 12층 레스토랑 11:00~22:00 귀띔 한마디 1층의 스위츠코너가 특히 인기가 많다.

143

상세정보

주로 규모가 큰 쇼핑몰이나 명소 등의 상세 항목을 소개합니다.

PREVIEW

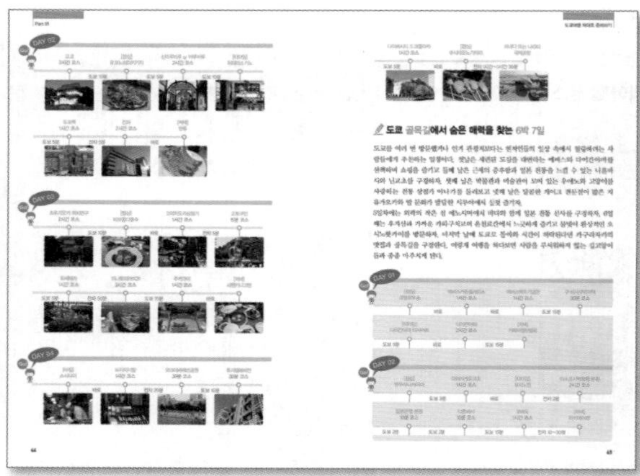

저자 강력추천 일정 및 일정별 동선

여행자의 일정과 예산, 동행 등에 따라 여행일정은 천차만별로 짤 수 있습니다. 먼저 1파트에서 제시한 동선을 참고하여 굵직한 동선을 짜고, 부록 지도에 가고 싶은 곳을 직접 표시하면서세부 동선을 짠다면 자신에게 맞는 가장 효율적인 동선을 쉽고 빠르게 짤 수 있습니다.

Special

도쿄의 축제와 이벤트, 긴자의 역사 깊은 레스토랑, 낮보다 더 흥겨운 롯폰기의 밤 등과 같은 주제를 스페셜페이지로 구성하였습니다.

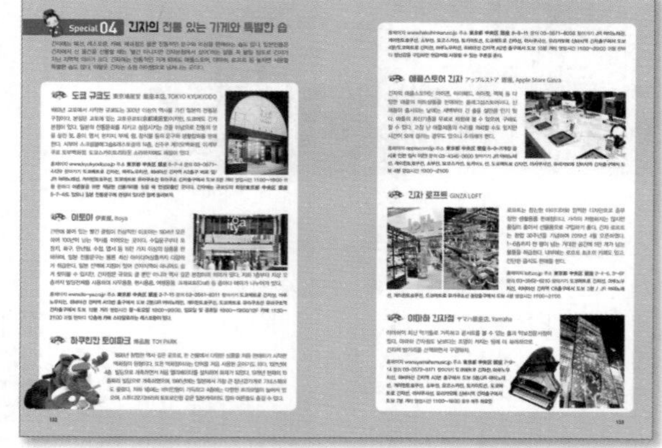

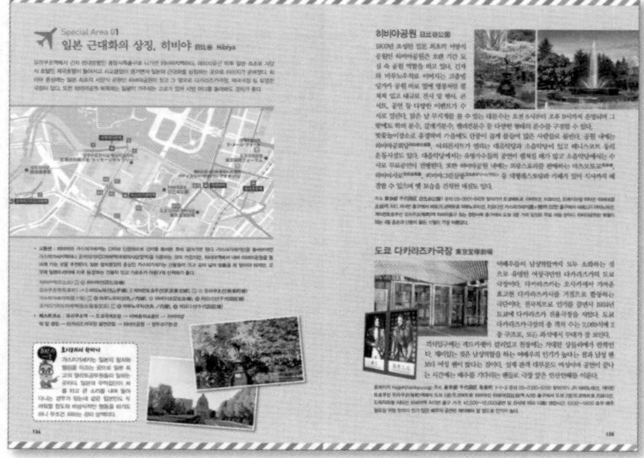

Special Area

독립적인 볼거리가 있는 히비야, 아자부주반, 신오쿠보, 도쿄디즈니리조트와 같은 지역을 스페셜지역으로 소개하였습니다.

지도

도쿄 여행백서는 인접한 지역을 소개하는 챕터마다 해당 지역의 지도를 배치하였습니다. 지도에는 교통편과 섹션에서 소개한 스팟의 정보를 담아 이동경로를 한눈에 파악할 수 있습니다.

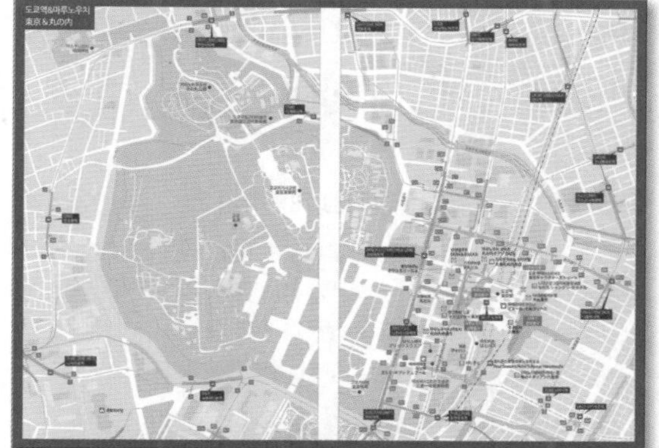

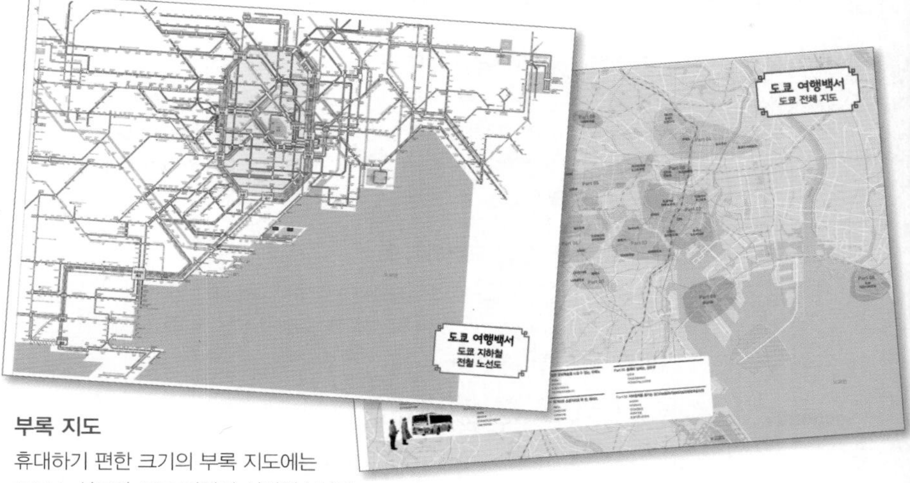

부록 지도

휴대하기 편한 크기의 부록 지도에는 도쿄 노선도와 도쿄 지역이 실려있습니다.

지도 아이콘

볼거리	일반지역	음식점	숙소
쇼핑	디저트	산	공원
박물관	학교	도서관	병원
관공서	신사, 사찰	우체국	경찰서
버스정류장	지하철	보트장	바
공연장	서점	놀이기구	영화관
동물원	오락시설	온천	

CONTENTS

Part01
도쿄여행 제대로 준비하기

Part02
도쿄에서 가장 화려한 지역, 긴자

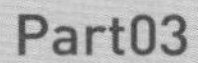

CONTENTS

Part04
일본 문화예술을 느낄 수 있는, 우에노

CONTENTS

Part05
활력이 넘치는, 신주쿠

CONTENTS

Part06
유행을 선도하는, 시부야

CONTENTS

CONTENTS

Part07
먹거리와 쇼핑거리로 꽉 찬, 에비스

YEBISU
YEBISU

CONTENTS

Part08
서브컬처를 즐기는 오다이바&아키하바라&이케부쿠로

Part 01

도쿄여행 제대로 준비하기

Section 01

Tokyo

도쿄여행 계획하기

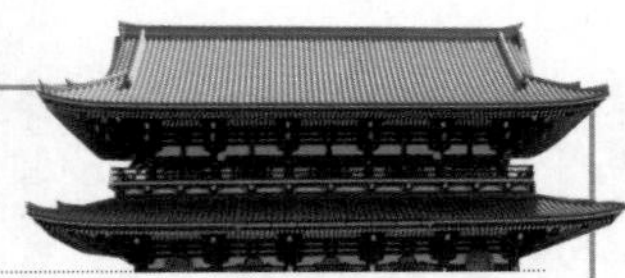

여행의 즐거움은 여행을 계획하고 준비하는 과정에서부터 시작된다. 많이 알수록 더 많이 볼 수 있고 준비가 철저할수록 시간 낭비를 줄일 수 있다. 여행을 준비하는 시간은 설렘과 기대감으로, 여행을 마치고 난 후에는 추억으로 채워보자.

한눈에 살펴보는 일본여행정보

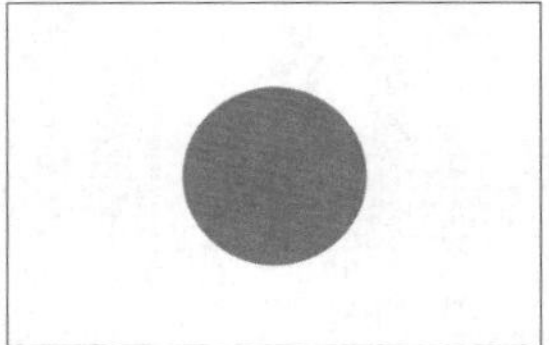

일본은 한국과 비슷한 면이 많아 자칫 놓칠 수 있는 사소한 문화차이가 있다. 잘못한 사람보다는 화를 내는 사람을 더 안 좋게 보기도 하므로 목소리가 큰 사람보다는 인내심 강한 사람이 이긴다. 실제 길을 가다 발을 밟히거나 어깨를 부딪친 경우 당한 사람이 화를 내기보다는 같이 사과하는 일이 많다. 사람이 많으면 군말 없이 줄을 서 차례를 기다리고 문을 여닫을 때도 뒷사람을 배려한다. 차려진 음식은 남기지 않고 식사를 하고 늘 청결하게 화장실을 사용하는 등 공공장소에서는 깨끗하게 정돈한 후 자리를 뜨는 것이 몸에 배어 있다. 그래서 외국인들은 일본이 질서정연하고 깔끔하다는 인상을 받게 된다.

국가명	일본(日本)
수도/시차/국가번호	도쿄(東京) / 한국과 시차는 없다. / 81
인구	약 1억 2,421만 4천 명(2022년 기준, 세계 11위)으로 일본 인구수는 한국의 2배가 넘으며, 그 중 10%인 1,396만 명이 도쿄에 살고 있다.
면적	377,915㎢(세계 62위) 일본은 길게 늘어선 열도로, 총 면적은 한반도의 1.7배 정도이다.
언어	일본어, 한자를 간략화한 일본어식 한자와 표음문자 히라가나(ひらがな), 가타카나(カタカナ)를 혼용하여 표기한다.
통화	엔화(円 또는 ¥)로 100엔은 한화로 약 974원(2023년 1월 기준)이며, 한국보다 '0' 하나가 적다고 생각하면 계산하기 쉽다.
비자	여권유효기간이 3개월 이상 남은 경우, 최대 90일까지 무비자로 체류가능하다.
전압	전압은 110v이고 플러그는 A형(납작한 모양)으로 한국과 달라 흔히 돼지코라 부르는 변환어댑터가 필요하다.
도로	우리와 반대로 좌측통행이며, 운전석도 오른쪽이다. 사고예방을 위해 길을 건널 때나 택시를 탈 때 반대 방향이라는 점을 기억하자.
역사	태평양 위 여러 개의 섬으로 이루어진 일본은 약 1만 년 전 신석기시대에 해당하는 조몬시대(縄文時代)부터 사람이 살기 시작했다. 지리적으로 가까운 한국과 중국의 영향을 받으며 성장했고 태평양전쟁을 일으켜 주변국에게 막대한 피해를 끼쳤다. 1945년 패전 후 피나는 노력으로 세계적인 경제강국으로 자리 잡았지만, 1991년에 거품경제가 무너진 후 불경기가 지금까지 이어지고 있다. 하지만 여전히 GDP는 상위권을 유지하는 선진국이다.
팁 문화	팁 문화가 없으므로 따로 챙길 필요는 없다. 단, 고급 레스토랑이나 호텔 등에서는 봉사료와 부가세가 이용금액에 별도로 추가되기도 한다. 저녁시간 바(bar)나 이자카야(居酒屋)는 1인당 ¥200~1,000 정도의 자릿세가 추가되는 경우가 많지만, 대신 간단한 안주를 서비스로 준다.

날씨	서울보다 남쪽에 위치한 도쿄는 부산과 비슷한 기후라고 볼 수 있다. 몬순의 영향으로 계절변화가 뚜렷하지만, 태평양과 접한 해양성기후로 겨울이 많이 춥지 않고 온화한 편이다. 봄에는 황사와 중국 미세먼지의 영향을 받기는 하지만 한국에 비해서는 양이 적다. 하지만 꽃가루가 많이 날려 알레르기로 인해 마스크를 착용하는 사람이 많다. 여름에는 태평양 고기압의 영향으로 고온다습하며 태풍이 많이 지나간다. 6~7월은 장마철이고 10~11월이 선선하고 맑은 날이 많아 여행하기 좋다.
지진	지진과 화산활동이 활발한 환태평양조산대에 위치하여 지진이 빈번하다. 진도 4까지는 별걱정 없이 일상생활을 하므로 걱정하지 않아도 되지만, 5도가 넘으면 반드시 안전한 곳으로 대피하자.
방사능	2011년 발생한 후쿠시마원자력발전소 방사능노출에 대한 걱정이 크다. 후쿠시마현의 방사능 오염지역은 출입 자체가 통제되므로 가고 싶어도 갈 수 없다. 이 책에서 다루는 도쿄지역의 평균 방사능수치는 여행자가 걱정할 만큼은 아니며, 비행기를 탈 때 노출되는 방사능 양에 비하면 새 발의 피다. 단, 방사능에 노출된 식품에 주의해야 하는데, 후쿠시마현을 비롯해 이바라키현, 미야기현에서 생산된 해산물과 표고버섯, 시금치와 같이 잎이 넓은 채소는 피해야 한다.
출국세	2019년 1월부터 일본에서 나갈 때 출국세 1,000엔(한화 약 1만원)을 지불해야한다.

실시간 날씨+지진 정보 • weather.yahoo.co.jp • weathernews.jp • www.tenki.jp 일본 기상청 www.jma.go.jp 실시간 방사능 정보 new.atmc.jp

도쿄여행정보 수집하기

여행지의 전반적인 정보를 한눈에 살펴보기에는 여행책자 만한 것이 없다. 하지만 수시로 변하는 현지 사정은 인터넷상의 정보가 더 빠르다. 기본적인 여행일정은 책자를 참고하고 맛집이나 본인 취향의 볼거리는 인터넷 정보를 참고하여 여행을 계획하는 것이 좋다. 특히 축제 및 이벤트 관련정보P. 042는 현지 사정에 따라 변화가 많으므로 공식사이트에서 일정 및 시간을 확인해야 한다.

일본정부관광국 홈페이지

일본에 관한 모든 여행정보가 망라된 곳이다. 한국인을 대상으로 만든 사이트라 일본어를 몰라도 필요한 정보를 정확하게 얻을 수 있다. 여행지에 대한 간략한 설명은 물론 지도, 찾아가는 방법, 환승안내, 여행기, 방사능정보 등을 소개하며, 자체적으로 발행하는 e-가이드북도 다운받을 수 있다.

홈페이지 www.welcometojapan.or.kr

도쿄관광 홈페이지, GO TOKYO

도쿄의 여행정보를 한국어로 소개하는 홈페이지이다. 도쿄의 인기 관광지는 물론 쇼핑, 맛집, 지하철노선도, 무료와이파이, 디지털 팸플릿, 축제 및 이벤트 정보 등을 제공한다. 일본정부관광국의 홈페이지보다 도쿄에 대한 정보를 상세하게 소개하여 도쿄를 방문하는 사람에게 유용하다.

홈페이지 www.gotokyo.org/kr

일본의 관광정보 사이트

따끈따끈한 최신 여행정보는 일본 현지의 관광정보 사이트 및 여행사 사이트가 가장 풍부하다. 한국어로는 검색할 수 없는 고급 정보들을 찾아볼 수 있다. 한국어 대응이 되지 않는 곳도 많지만, 한국어 또는 영어가 제공되는 곳도 있다. 또한, 일본어로 적혀 있는 사이트도 사이트 번역기를 이용하면 한국어로 볼 수 있으니 적극적으로 활용하자.

렛츠엔조이도쿄 www.enjoytokyo.jp(한국어 지원) 자란 www.jalan.net(한국어 지원) 타임아웃도쿄 www.timeout.jp(영어 지원) 네이버 일본어사전 ja.dict.naver.com

많은 여행자가 정보를 교환하는 일본여행카페, 네일동과 J여동

100만 명 이상의 회원이 활동하는 네이버 일본여행카페 네일동과 25만여 명의 회원을 가진 다음 일본여행카페 J여동이 있다. 회원 수가 많은 만큼 업데이트가 빨라 최신 정보를 바로 알 수 있어 여행준비부터 환전, 항공, 숙박, 경비, 교통, 쇼핑, 맛집까지 회원들의 생생한 리뷰와 여행기를 공유할 수 있다. 수시로 이벤트 및 각종 할인권 등도 공유하므로 여행 전 미리 체크해보자.

네일동 cafe.naver.com/jpnstory.cafe J여동 cafe.daum.net/japanricky

일본의 맛집 순위 사이트, 타베로그

실제로 레스토랑에 다녀온 사람들이 평가하는 일본의 맛집 순위 사이트이다. 음식점은 지역별, 종류별, 예산별로 나누어 검색할 수 있다. 평가는 5점 만점에 3.5점 이상이면 무난한 편이고 4점 이상이면 누구나 만족할 수 있다. 평가점수와 별개로 평가리뷰가 많은 곳은 그만큼 인기가 높은 곳이니 참고하자.

타베로그 tabelog.com/kr(한국어 지원)

도쿄를 중심으로 소개하는 블로그

도쿄를 여행으로 다녀오는 사람보다는 도쿄에서 장기간 생활하는 거주자가 지역에 대해 속속들이 더 잘 알 것이다. 특히 이들이 올린 꼼꼼한 글들은 정보 위주의 여행책자와는 또 다른 감성을 느끼게 한다. 여행 전 이들이 운영하는 블로그를 통해 도쿄의 새로운 소식을 접해보자.

네코캔의 일본 생활기 blog.naver.com/piri07 롯본기 아줌마의 어느 멋진 날 blog.naver.com/mskim0910

도쿄여행에 유용한 애플리케이션

스마트폰을 이용하면 여행을 보다 똑똑하게 즐길 수 있다. 특히 데이터용량이 무제한인 해외로밍서비스를 이용한다면 편리하겠지만, 그렇지 않다면 상황에 맞게 와이파이를 이용해야 한다. 일본은 한국에 비해 무료와이파이를 제공하는 곳이 많지 않으므로 이를 염두에 두고 준비하자. 여행에 필요한 애플리케이션은 여행시작 전 미리 다운로드 받아 놓고 이용방법을 숙지해 놓는 것이 좋다. 와이파이만 사용할 수 있으면 무료로 이용할 수 있는 애플리케이션을 살펴보자.

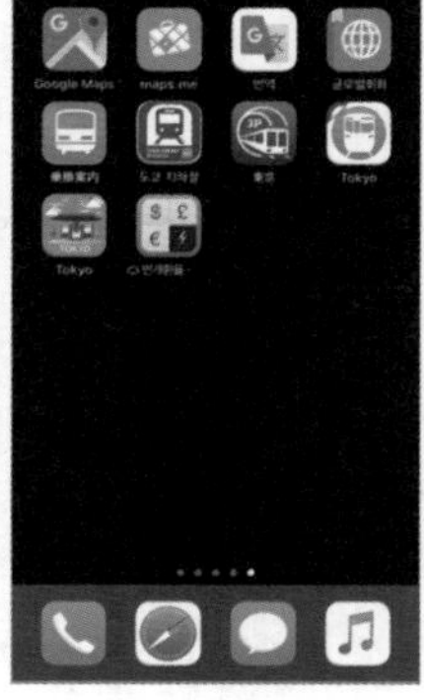

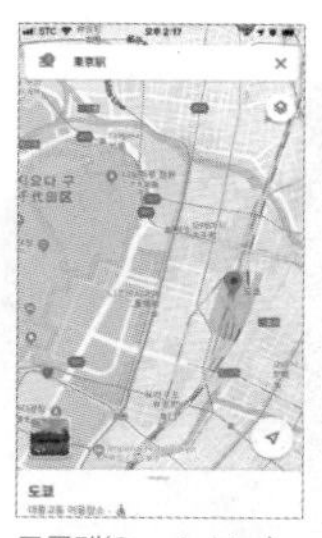
구글맵(Google Map)

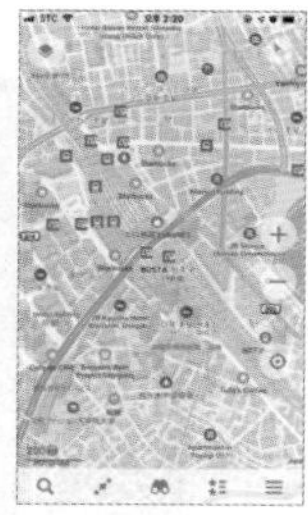
맵스미(Maps.me)

환승안내(乗換案内)

도쿄지하철내비게이션

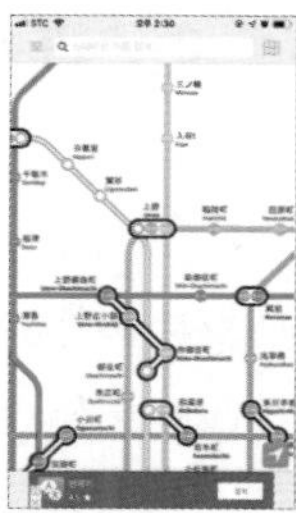
도쿄지하철

최고의 길잡이, 구글맵(Google Map)&맵스미(Maps.me)

길을 찾을 때 유용한 애플리케이션이다. 현재 위치는 물론 출발지와 도착지를 설정하면 대중교통, 자동차, 도보 등의 방법으로 도착지까지 가는 방법과 거리, 시간 등을 알 수 있다. 방향까지 안내해주므로 길치라도 가이드 없이 자유여행을 즐길 수 있다. 맵스미(Maps.me)는 지도를 모바일장치에 저장해서 사용하기 때문에 인터넷을 사용할 수 없는 곳에서도 유용하다.

복잡한 도쿄의 전차를 이용할 때, 환승안내&도쿄메트로내비게이션&도쿄지하철

서울의 지하철도 복잡하지만, 도쿄는 토박이도 매번 노선을 검색해야 할 만큼 복잡하다. 도쿄메트로(東京メトロ), 도에지하철(道営地下鉄) 등 운영하는 회사가 다르며 운임도 따로 계산한다. 그래서 같은 곳을 갈 때도 어떤 노선을 이용했는지에 따라 소요시간과 요금이 달라진다. 모든 노선의 최적 환승루트는 일본어로만 제공되는 환승안내(乗換案内)를 이용하는 것이 좋다. 일본어를 모른다면 한국어를 지원하는 도쿄지하철(Tokyo Subway Navigation)을 이용하자. 도쿄메트로노선이 잘 나와 있어 도쿄메트로 일일승차권 이용 시 편리하다. 영자 및 한글로 역명을 검색할 경우 표기가 조금씩 다를 수 있으니 주의하자.

의사소통 OK! 번역&통역 애플리케이션

일본어를 못해도 번역이나 통역을 해주는 애플리케이션이 있어 어느 정도 의사소통을 할 수 있다. 대부분 음성인식까지 지원되기 때문에 일일이 입력하지 않아도 동시통역처럼 이용할 수 있다. 간단한 여행회화도 지원하므로 회화책을 따로 들고 다닐 필요가 없어 유용하다.

환율계산도 간단하게! 환율계산 애플리케이션

일본은 한국보다 '0'이 하나 적다고 생각하고 환율을 대강 계산해 볼 수 있지만, 정확한 금액을 알고 싶다면 환율계산기를 이용하자. 실시간으로 변동되는 환율도 체크할 수 있고 환율계산도 쉽게 할 수 있다.

구글번역 / 음성지원

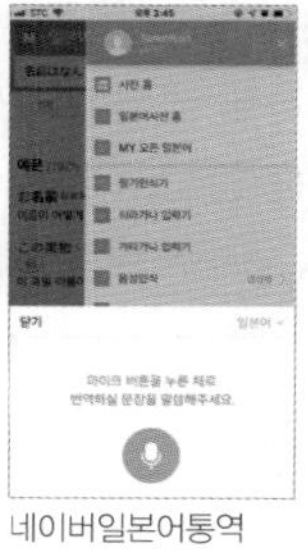
네이버일본어통역

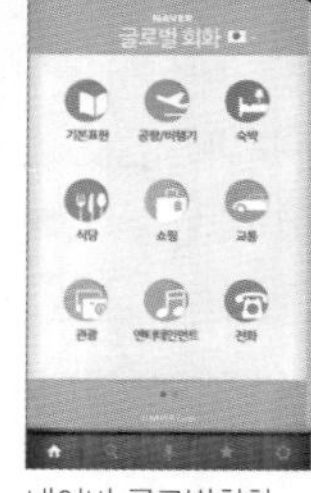

네이버 글로벌회화

번개환율계산기

고시환율

여권과 비자 준비하기

해외에 나가려면 기간이 만료되지 않은 여권이 반드시 있어야 한다. 일본은 90일까지 무비자로 체류할 수 있으므로 일반 여행자는 따로 비자를 발급받지 않아도 된다. 여권이 없다면 새로 만들고, 있다면 만료기간이 6개월 미만인지를 체크해봐야 한다. 여권만료일을 체크하지 않아 공항에서 출국하지 못하는 상황이 발생하기도 하므로 반드시 확인하자. 일반적인 전자여권ePassport은 유효기간 만료일까지 횟수에 제한 없이 사용할 수 있는 복수여권과 1년 이내 1회 사용가능한 긴급여권 두 가지가 있다. 사증(비자)란을 기존 56쪽에서 26쪽으로 줄이고 발급수수료를 3,000원 낮춘 알뜰여권도 있으니 여행을 자주 가지 않는다면 경제적이다.(단, 복수여권만 가능)

여권종류	유효기간	사증면수	금액	대상 및 비고
복수여권 (전자여권)	10년	58/26면	53,000/50,000원	만 18세 이상
	5년	58/26면	45,000/42,000원	만 8세부터 만 18세 미만
	5년	58/26면	33,000/30,000원	만 8세 미만
긴급여권 (비전자여권)	1년 이내		53,000원	친족 사망 또는 위독 관련 증빙서류 제출시 20,000원
잔여 유효기간 부여		58/26면	25,000원	여권분실, 훼손으로 인한 재발급
기재사항 변경			5,000원	사증란을 추가하거나 동반 자녀 분리할 경우

여권은 전국의 시청이나 군청, 구청의 여권과에서 신청할 수 있으며, 여권의 영문이름과 서명이 해외에서 사용할 신용카드와 동일한지 반드시 확인해야 한다. 여권발급신청서 1부(여권과에 비치), 신분증(주민등록증, 운전면허증), 여권용 사진 2매와 수입인지대를 준비해야 하며 발급은 보통 4일 정도 걸린다. 여권 유효기간이 6개월 미만일 경우 기간연장신청을 해야 하는데 유효기간이 경과한 지 1년이 넘었다면 새로 발급받아야 한다. 더 자세한 내용은 외교통상부 여권안내(www.passport.go.kr)에서 알아볼 수 있다.

도쿄행 항공권 구입하기

서울과 도쿄를 연결하는 항공사는 국적기인 대한항공, 아시아나항공과 저가항공사인 제주항공, 진에어, 티웨이항공, 에어부산, 에어서울, 피치에어, 일본의 일본항공JAL, 전일본공수ANA 등이 직항으로 운영한다. 한국과 도쿄 사이는 가깝고 항공권이 저렴하기 때문에 제 3국을 경유하는 항공편은 고려할 필요가 없다. 서울에서 도쿄까지는 2시간 정도 걸리며, 도쿄에서 서울까지는 30분 정도 더 소요된다. 저가항공사 및 기체가 작은 비행기는 3시간까지 걸리기도 하며, 날씨와 같은 변수로 일정이 변경될 수도 있으므로 공항 도착시간은 항상 여유가 있어야 한다.

도쿄에는 도쿄 중심부에서 대중교통으로 10~30분이면 갈 수 있는 하네다국제공항과 1~2시간 정도 걸리는 나리타국제공항이 있다. 항공편은 주로 '김포-하네다', '인천-나리타'로 구성되어 있고, 적지만 '인천-하네다'도 있다. 항공권은 대체로 김포에 비해 인천발이 저렴하지만, 인천국제공항과 나리타국제공항까지 이동하는 시간과 비용도 고려해 결정하는 것이 좋다. 항공권 가격차가 5만 원 이하라면 '김포-하네다'가 효율적이다.

도착공항(코드)	출발공항(코드)	항공사(코드)	비행 거리	예상 비행시간
하네다국제공항 (HND)	김포국제공항 (GMP)	대한항공(KE), 아시아나(OZ), 진에어(LJ) 일본항공(JL), 전일본공수(NH)	1,180km (733마일)	2시간 15분
	인천국제공항 (ICN)	대한항공(KE), 아시아나(OZ), 일본항공(JL) 전일본공수(NH), 진에어(LJ), 피치항공(MM)	1,213km (753마일)	2시간 20분
나리타국제공항 (NRT)	인천국제공항 (ICN)	대한항공(KE), 아시아나(OZ), 일본항공(JL), 에어서울(RS) 전일본공수(NH), 제주항공(7C), 티웨이항공(TW) 유나이티드항공(UA), 진에어(LJ)	1,258km (781마일)	2시간 30분
	김해국제공항 (PUS)	대한항공(KE), 아시아나(OZ), 일본항공(JL) 에어부산(BX), 제주항공(7C), 티웨이항공(TW)	1,039km (645마일)	2시간
	제주국제공항 (CJU)	대한항공(KE), 일본항공(JL), 티웨이항공(TW)	1,260km (783마일)	2시간 40분
	대구국제공항 (TAE)	아시아나(OZ), 제주항공(7C), 에어부산(BX) 티웨이항공(TW)	1,055km (656마일)	2시간

※ 서울-도쿄 구간에서 편도로 적립되는 마일리지는 항공사 및 예약 클래스에 따라 다르지만, 평균적으로 740~760마일이다.

알뜰하게 항공권 구입하기

항공권은 해당 항공사 홈페이지 또는 대리점, 여행사 및 각종 항공권 예약사이트를 통해 구입할 수 있다. 수개월 전부터 예약이 가능하고 서두를수록 저렴한 티켓을 구할 확률이 높으므로 여행일정이 정해지면 일단 항공권부터 검색하자. 온라인 티켓예약사이트의 항공권 프로모션과 특가행사는 예고 없이 진행하는 경우가 많으므로 수시로 사이트를 방문해야 한다. 항공권과 호텔을 묶어 판매하는 에어텔상품, 렌트카 또는 주요 관광지와 연결한 패키지 등 다양한 여행상품도 찾아볼 수 있다.

인터파크투어 (tour.interpark.com)	우리나라 온라인사이트 중 가장 많은 항공권을 조회할 수 있다. 국내 최저가를 자부하는 만큼 저렴한 항공권이 많고 에어텔이나 각종 여행관련 프로모션 상품도 많다.
네이버 항공권 (flight.naver.com)	깔끔한 디자인으로 다양한 항공사의 티켓을 한눈에 파악하기 쉽다. 별도의 애플리케이션 설치 없이도 스마트폰 사용에 최적화되어 있다. 직항검색, 가격그래프 등 편리한 기능도 이용할 수 있다.
스카이스캐너 (www.skyscanner.co.kr)	전 세계의 항공 노선을 검색할 수 있다. 일반 항공에서 저가 항공사까지 일목요연하게 가격을 비교할 수 있다.
구글플라이트 (www.google.com/flights)	구글 검색엔진으로 전 세계 항공편을 비교검색할 수 있다. 특히 해외항공사 정보가 많으며 캘린더와 지도를 통해 다양한 지역의 최저 항공권 가격을 파악하기 쉽다. 예고 없이 특가 항공권이 나오기도 하니 자주 들어가서 확인하는 것이 좋다.

▲ 항공권 가격을 비교 할 수 있는 온라인티켓 예약사이트

항공사가 자체적으로 진행하는 이벤트도 있으므로 마일리지를 모으거나 자주 이용하는 항공사가 있다면 해당 항공사 웹사이트도 수시로 확인하는 것이 좋다. 일본과 한국 구간의 마일리지 보너스항공권은 왕복으로 30,000마일리지가 필요하다. 단, 성수기에는 45,000마일리지가 필요하므로 비수기에 이용하는 것이 이익이다. 마일리지로 보너스항공권을 구입할 때는 세금 및 유류할증료에 해당되는 10만 원 정도의 금액을 별도 지불해야 한다. 출발날짜에 구애받지 않는다면 출발 직전 취소된 표나 남는 좌석을 특가로 판매하는 땡처리티켓도 노려볼 만하다.

Tip

항공권 살 때 주의사항

❶ **항공권 가격비교는 꼼꼼하게 하자 :** 항공권에 텍스 포함여부를 반드시 살펴봐야 한다. 최저가라 표시되지만 텍스가 포함되지 않은 경우가 많다. 텍스는 유류할증료, 출입국공항이용료, 출국세 등으로 이를 모두 합치면 결코 최저가가 아닐 수 있다.

❷ **취소 및 환불정책 반드시 읽어보기 :** 항공권은 가격에 따라 유효기간, 예약 후 바로 발권, 발권 후 날짜변경 불가, 마일리지 한정적립 혹은 적립불가, 환불수수료 등 까다로운 조건이 붙는다. 갑작스런 상황에 대비하여 환불규정은 반드시 체크해야 한다. 특히 온라인에서 구입하면 항공사 수수료뿐만 아니라 여행사 수수료까지 지불해야 하는 경우가 있다. 때문에 여행일정이 확실치 않고 티켓의 가격차가 크지 않다면 해당 항공사를 통해 직접 예약하는 것을 추천한다.

❸ **예약 시 영문철자 수차례 확인하기 :** 항공권을 예약할 때 예약자의 영문철자와 여권상 철자가 같은지 반드시 확인해야 한다. 철자가 다를 경우 티켓이 취소되기도 하며, 비행기 탑승 직전이라도 탑승이 거부될 수 있다.

엔화로 환전하기

환전하기 전 먼저 여행예산부터 계산해보고 비용을 예측해보는 것이 중요하다. 경비가 부족할 경우 환전율이 좋지 않아도 어쩔 수 없이 환전하거나 남을 경우 한국에 돌아와 환전수수료를 또다시 지불해야 하기 때문이다. 예산을 정확히 뽑기 어렵다면 현지에서 현금과 신용카드를 적절하게 배분하여 사용하는 것이 좋다. 백화점이나 쇼핑몰, 호텔, 편의점 등에서는 한국과 마찬가지로 신용카드를 사용할 수 있지만, 신용카드를 받지 않는 음식점도 많고 소액결제는 현금을 요구하는 경우가 있다.

일본화폐의 종류

일본화폐의 단위는 엔이라고 부르며 円 또는 ￥으로 표기한다. 환율에 따라 다르지만 1엔은 대략 10원으로 우리나라 돈에서 '0' 하나를 제외한 금액으로 생각하면 빠르게 계산할 수 있다. 지폐는 물론 주화까지 한국과 비슷한 체제라 구별은 쉽지만 한국 돈과 섞이면 헷갈릴 수 있다(특히 동전).

지폐는 1,000, 5,000, 10,000엔 짜리 화폐가 주로 사용되며, 기간 한정으로 2,000엔짜리 지폐가 통용되지만 일본 현지에서도 찾아보기는 힘들다. 주화는 1, 5, 10, 50, 100, 500엔의 총 5가지가 있다. 5엔은 가운데 구멍이 뚫려있으며 10엔은 10원, 100엔은 100원, 500엔은 500원과 크기는 물론 색까지 비슷하다.

한국에서 환전하기

환율수수료가 비싼 일본보다는 한국에서 환전하는 것이 이득이다. 실제 한국을 찾는 일본인도 한국에서 환전할 정도이다. 환전은 어디서 하느냐에 따라 환전수수료를 포함한 환율이 달라진다. 제일 비싼 곳은 호텔이며, 같은 은행이라도 공항에 있는 환전소가 더 비싸다. 명동, 이태원, 서울역, 신사동 등에 있는 사설 환전소를 이용하면 좀 더 저렴하게 환전할 수 있지만, 일부러 교통비와 시간을 들여야 하므로 번거롭다. 인터넷의 공동구매 및 직거래를 이용하는 방법도 있지만 권장하지 않으며, 일반 시중은행에서 환전하는 것이 제일 안전하고 편리하다.

일본 〉 한국, 호텔 〉 공항 〉 은행 〉 사설환전소

환율은 '현찰 살 때(은행입장에선 매도)'와 '팔 때(매입)'의 가격이 다르다. 살 때와 팔 때의 차액이 은행이 챙기는 수수료가 된다. 은행 홈페이지에서 환율우대쿠폰을 미리 다운받아 가면 수수료를 할인받을 수 있으며, 주거래은행의 경우 VIP우대환율을 적용받을 수 있다. 또한 일정금액 이상을 환전하면 무료로 여행자보험까지 들어주는 경우도 있으므로 미리 알아보는 것이 좋다. 바빠서 은행까지 가기 힘든 경우라면 사이버환전을 이용해도 된다. 보통 KEB하나은행의 외환포털(FxKeb)을 많이 이용하는데, 수수료 할인도 받을 수 있고 출국할 때 공항지점에서 바로 찾을 수 있어 편리하다.

일본 현지에서 환전하기

일본어로 환전은 료가에(両替)라 하고 한국처럼 공항, 은행, 사설환전소 등에서 환전이 가능하다. 일본을 대표하는 환전소는 전 세계 1,500곳 이상의 창구를 운영하는 트래블렉스(Travelex)이다. 나리타공항, 하네다공항, 긴자, 신바시, 시오도메, 롯폰기, 아사쿠사, 우에노, 아키하바라, 시부야, 신주쿠, 오다이바 등 주요 관광지에서 찾아볼 수 있다. 주말은 물론 밤늦은 시간까지 영업하는 곳이 많아 은행보다 편리하다. 외국인 관광객이 많은 대형쇼핑몰에는 무인 자동환전기도 설치되어 있다. 환전 시 신분증 제시를 요청하기도 하니 여권을 반드시 가지고 다니자.

자동환전기

Tip

신용카드와 직불카드 사용하기

휴대성이 편리한 신용카드(Credit Card)와 직불카드(Debit Card)는 고액의 현금을 따로 들고 다녀야 하는 불편함을 덜어준다. 단, 해외에서 신용카드를 사용할 계획이라면 먼저 해외에서 사용가능한 카드인지부터 체크해보자. 또한 여러 가지 사유로 과거 해외에서 사용했던 신용카드라도 잘 되지 않는 경우가 있으므로 다른 종류의 카드를 여분으로 챙겨두는 것이 좋다.

- **국제신용카드 :** 일본은 고액화폐 1만 엔권이 있어 현금을 넉넉히 넣어도 지갑이 두터워지지 않아 한국보다는 신용카드를 많이 사용하지 않는 편이다. 작은 상점이나 식당, 노점상을 제외한 레스토랑 및 백화점, 쇼핑몰 등에서는 카드결제를 이용할 수 있다. 간혹 일부 카드만 사용할 수 있는 곳도 있지만 비자(Visa), 마스터카드(Master Card), 아메리칸익스프레스(American Express) 등은 대부분 해외결제가 가능하다.
- **국제직불카드 :** 해외에서 사용할 수 있는 국제직불카드에는 VISA, MASTER, PLUS, CIRRUS, MAESTRO 등의 제휴마크가 표시되어 있다. 국내에서처럼 본인 통장에 있는 잔고만큼 인출이 가능하다. 직불카드는 찾을 수 있는 금액이나 횟수, 일자가 정해져 있으며, 이는 은행마다 차이가 있다. 직불카드도 신용카드와 마찬가지로 수수료가 붙는데, 인출 당시의 환율이 반영되고 인출할 때마다 수수료가 붙기 때문에 현금결제보다는 불리하다. 하지만 현금이 급할 때는 편의점 등의 ATM을 이용해 인출할 수 있어 편리하다.
- **출입국 정보활용 서비스 :** 해외에서 카드 정보를 도용당하여 부정 사용되는 것을 방지하기 위해 카드사가 출입국 정보를 열람할 수 있게 하는 서비스이다. 신용카드회사에 직접 전화하거나 홈페이지를 통해 무료로 신청할 수 있다.

여행 시 필요한 생존 일본어

한국과 언어구조가 비슷한 일본은 한국만큼이나 영어를 힘들어 하기 때문에 영어가 유창한 일본인은 많지 않다. 일부 고급 레스토랑 및 호텔을 제외하고는 영어가 통하지 않고, 영어로 물어보면 자리를 피해버리는 경우도 많다. 하지만 대체로 친절한 일본인의 특성상 지명이나 장소만 알아듣게 전달한다면 방향 정도는 안내받을 수 있다. 백화점 및 쇼핑몰 같이 외국인 관광객이 많이 찾는 곳에서는 안내데스크에서 통역서비스를 이용할 수도 있다.

인사

안녕하세요?(아침)	おはようございます。오하요– 고자이마스
안녕하세요?(낮+아침&저녁)	こんにちは。곤니찌와
안녕하세요?(저녁)	こんばんは。곤방와
안녕히 주무세요.	おやすみなさい。오야스미나사이
안녕히 가세요.	さようなら。사요–나라
내일 또 봐요.	また明日。마따아시따
어서 오세요.	いらっしゃいませ。이랏샤이마세
처음 뵙겠습니다.	はじめまして。하지메마시데
저는 ○○○라고 합니다.	私は○○○と申します。와타시와 ○○○또 모우시마쓰
저는 한국인입니다.	私は韓国人です。와타시와 칸코쿠진데쓰
한국에서 왔어요.	韓国から来ました。칸코쿠까라 키마시다
저는 회사원(학생, 주부)입니다.	私は会社員(学生, 主婦)です。와타시와 카이샤인(각세–, 슈후)데쓰
잘 지내세요? / 잘 지내요.	お元気ですか？/ 元気です。오겡끼데쓰까? / 겡끼데쓰
잘 부탁드립니다.	宜しくお願いします。요로시꾸 요네가이시마쓰

감사&사과

(정말)고맙습니다.	(どうも)ありがとうございます。(도우모)아리가또–고자이마쓰
신세를 졌습니다.	お世話になりました。오세와니 나리마시다
실례합니다.	すみません。스미마셍
정말 죄송합니다.	申し訳ございません。모우시와케 고자이마셍
미안합니다.	ごめんなさい。고멘나사이

부탁

이거(저거, 그거) 주세요.	これ(あれ, それ)下さい。고레(아레, 소레) 쿠다사이
보여 주세요.	見せてください。미세떼 쿠다사이
사진을 찍어 주세요.	写真を撮ってください。샤신오 톳떼 쿠다사이
천천히 말씀해 주세요.	ゆっくり話してください。육꾸리 하나시떼 쿠다사이
한 번 더 말씀해 주세요.	もう一度話してください。모우 이치도 하나시떼 쿠다사이
여기에 써 주세요.	ここに書いてください。코코니 카이떼 쿠다사이
부탁이 있습니다.	お願いがあります。오네가이가 아리마쓰
잠시 기다려 주십시오.	少々お待ち下さい。쇼쇼 오마치쿠다사이
잠깐만 기다려 주세요.	ちょっと待ってください。춋또 맛떼 쿠다사이

질문

이건(저건, 그건) 뭐예요?	これ(あれ, それ)は何ですか? 고레(아레, 소레)와 난데스까?
이건 일본어로 뭐라고 해요?	これは日本語で何と言いますか？고레와 니혼고데 난또 이이마스까?
어떻게 가면 되나요?	どう行けば良いですか? 도우이케바 이이데스까?
여기는 어떻게 가나요?	ここはどうやって行きますか? 고코와 도-얏떼 이끼마스까?
화장실은 어디예요?	トイレはどこですか? 토이레와 도꼬데스까?
이건(저건, 그건) 얼마예요?	これ(あれ, それ)はいくらですか? 고레(아레, 소레)와 이쿠라데스까?
지금 몇 시예요?	今何時ですか? 이마 난지데스까?
얼마나 걸려요?	どのぐらいかかりますか? 도노 그라이 카카리마스까?
언제 시작해요?	いつ始まりますか? 이쯔 하지마리마스까?
언제 끝나요?	いつ終わりますか? 이쯔 오와리마스까?
몇 시에 출발(도착)해요?	何時に出発(到着)しますか? 난지니 슛파츠(토챠쿠)시마스까?

대답

네. 그렇습니다.	はい。そうです。하이, 소우데스
아니요. 그렇지 않습니다.	いいえ。そうではありません。이이에, 소우데와 아리마셍
알겠습니다.	分かりました。와까리마시다
모르겠습니다.	分かりません。와까리마셍
좋아요. / 싫어요.	良いです。이이데스 / いやです。이야데스
괜찮아요.	大丈夫です。 다이조부데스
됐어요.(필요 없어요.)	結構です。 겟꼬데스
안돼요.	だめです。 다메데스

공항에서

일본어 할 줄 압니까?	日本語出来ますか? 니혼고 데끼마스까?
네, 조금 합니다.	はい、少し出来ます。하이, 쓰코시 데끼마스
아니요, 못합니다.	いいえ、出来ません。이이에, 데끼마센
일본은 처음입니까?	日本は初めてですか? 니혼와 하지메떼데스까?
네, 처음입니다.	はい、初めてです。하이, 하지메떼데스
아니요, 3번째예요.	いいえ、3回目です。이이에, 산카이메데스
어디에 묵으십니까?	どこに泊まりますか? 도꼬니 토마리마스까?
○○호텔입니다.	○○ホテルです。○○호테루데스
체류 목적은 무엇입니까?	滞在目的は何ですか? 타이자이모쿠테키와 난데스까?
관광(유학, 비즈니스)입니다.	観光(留学, 仕事)です。칸꼬-(류가꾸, 시고또)데스
체류기간은 어느 정도입니까?	滞留期間はどれくらいですか? 타이류키칸와 도래구라이데스까?
3박 4일입니다.	3泊4日です。산파꾸 욧까데스
일주일입니다.	1週間です。잇슈칸데스
신고할 것은 없습니까?	何か申告する物はありますか? 나니까 신코쿠쓰루 모노와 아리마스까?
네, 있습니다.	はい、あります。하이, 아리마스
아니요, 없습니다.	いいえ、ありません。이이에, 아리마센
수하물을 못 찾았습니다.	預けた荷物が見つかりません。아즈케따니모츠가 미츠카리마센
수하물 보관증입니다.	手荷物引換証です。테니모츠 히끼카에쇼데스

호텔에서

한국에서 예약했는데요.	韓国で予約しました。칸코쿠데 요약쿠시마시다
성함이 어떻게 되세요?	お名前は何ですか? 오나마에와 난데쓰까?
○○○입니다.	○○○です。○○○데쓰
숙박카드를 기입해 주세요.	宿泊カードに記入をお願いします。슈쿠하쿠카–도니 키뉴오 오네가이시마쓰
네, 알겠습니다.	はい、わかりました。하이, 와카리마시다
여권을 보여주십시오.	パスポートを見せて下さい。파스포토오 미세떼 쿠다사이
네, 여기 있습니다.	はい、こちらです。하이, 코치라데쓰
지불은 어떻게 하시겠습니까?	お支払いはどのようになさいますか? 오시하라이와 도노요우니 나사이마쓰까?
현금(카드)으로 하겠습니다.	現金(カード)で支払います。겐낑(카–도)데 시하라이마쓰
예약되어 있지 않습니다.	予約されていません。요약꾸 사라떼이마센
다시 한 번 확인해주세요.	もう一度確認して下さい。모우 이치도 카쿠닌시떼 쿠다사이
예약 확인증을 가지고 계십니까?	予約確認書をお持ちですか? 요야쿠 카쿠닌쇼오 오모치데쓰까?
체크아웃 하겠습니다.	チェックアウトします。체크아우또시마쓰
짐을 맡길 수 있습니까?	荷物を預けてもらえますか? 니모츠오 아즈케떼 모라에마쓰까?
셔틀버스 있습니까?	シャトルバスはありますか? 샤토르바스와 아리마쓰까?
셔틀버스 승강장은 어디예요?	シャトルバス乗り場はどこですか? 샤토르바스 노리바와 도꼬데쓰까?
어댑터를 빌리고 싶은데요.	アダプターをお借りしたいですが。아다푸타–오 오카리시따이데스가
이 근처에 편의점이 있습니까?	この近くにコンビニはありますか? 고노 지까꾸니 콘비니와 아리마쓰까?

레스토랑에서

몇 분이세요?	何名様ですか? 난메사마 데쓰까?
1(2, 3, 4)명입니다.	1(2, 3, 4)名です。이치(니, 산, 욘)메이데쓰
담배는 피우세요?	タバコは吸いますか? 타바코와 쓰이마쓰까?
아니오, 금연석으로 부탁합니다.	いいえ、禁煙席でお願いします。이이에, 긴넨세끼데 오네가이시마쓰
네, 흡연석으로 부탁합니다.	はい、喫煙席でお願いします。하이, 키츠엔세끼데 오네가이시마쓰
(점원을 부를 때)여기요!	すみません。쓰미마센
메뉴판은 어디 있어요?	メニューはどこにありますか? 메뉴와 도꼬니 아리마쓰까?
한국어(영어) 메뉴는 있습니까?	韓国語(英語)のメニューはありますか? 칸코쿠고(에이고)노 메뉴와 아리마쓰까?
테이블 옆에 있습니다.	テーブルの横にあります。테–브루노 요코니 아리마쓰
주문하시겠습니까?	ご注文宜しいでしょうか? 고츄몬 요로시이 데쇼–까?
A세트와 C세트 주세요.	AセットとCセット下さい。에이셋또또 씨셋또 쿠다사이
다른 건 주문 안 하시겠습니까?	他にご注文はございませんか? 호카니 고츄몬와 고자이마센까?
네, 일단 그것만 주세요.	はい、とりあえず以上で。하이, 토리아에즈 이죠데
(차가운)물 주세요.	お冷をお願いします。오히야오 오네가이시마쓰
(뜨거운)차 주세요.	お茶を下さい。오챠오 쿠다사이
잘 먹겠습니다.	頂きます。이타다끼마쓰
맛있어요.	美味しいです。오이시이데쓰
잘 먹었습니다.	ご馳走様でした。고치소–사마 데시다
계산 부탁합니다.	お会計お願いします。오카이케 오네가이시마쓰
카드로 계산 됩니까?	カードで支払えますか? 카–도데 시하라에마쓰까?
영수증 주세요.	領収書をお願いします。료슈쇼오 오네가이시마쓰

쇼핑할 때

입어 봐도 되나요?	試着できますか? 시챠쿠 데끼마쓰까?
더 큰(작은) 사이즈 없나요?	これより大きい(小さい)サイズはありませんか? 고레요리 오오키이(지이사이)사이즈와 아리마센까?
다른 색은 없나요?	色違いはないですか? 이로치가이와 나이데쓰까?
선물용으로 포장해주세요.	プレゼント用で包んで下さい。 프레젠토요데 츠츤데 쿠다사이
전부 얼마예요?	全部でおいくらですか? 젠부데 오이쿠라데쓰까?

숫자

1	2	3	4	5	6	7	8	9	10
いち	に	さん	し/よん	ご	ろく	しち	はち	きゅう	じゅう
이치	니	산	시/욘	고	로쿠	시치	하치	큐	쥬

100	ひゃく	햐쿠	1000	せん	센	10000	まん	만

여행 중 사건·사고에 대처하는 방법

치안이 양호한 도쿄는 밤늦은 시간에도 안심하고 돌아다닐 수 있다. 여자 혼자서도 안전하게 여행할 수 있는 곳이므로 큰 걱정은 하지 않아도 된다. 하지만 번화가나 인기 관광지처럼 사람이 많은 곳에서는 만일에 대비하여 가방이나 지갑을 잘 챙겨야 한다. 현금은 나눠서 보관하고, 여권과 신용카드 등 여행에 꼭 필요한 소지품은 수시로 확인하자.

여권을 분실했다면?

여권 분실 시 즉시 경찰서나 파출소에 분실신고한 후, 아자부주반(麻布十番)에 있는 주일도쿄한국대사관을 방문하여 긴급여권을 발급받아야 한다. 귀국용 여행증명서를 발급받으려면 여권사진 2장과 신분증(미성년자는 가족관계증명서, 기본증명서로 대체), 귀국항공권, 수수료 등을 준비해야 한다. 대사관에서 분실신고서와 임시여행자증명 발급신청서를 작성할 때는 기존의 여권번호가 필요하니 여행 전 여권사본을 챙기거나 여권정보를 기록해두자. 수수료는 ¥6,360(현금)이며, 접수 후 1~2일 이내 발급된다. 여행자증명서류로 출국할 때는 공항에서 시간이 더 걸릴 수 있으므로 3시간 전까지 공항에 도착하는 것이 좋다.

주 일본 대한민국대사관 영사과 홈페이지 jpn-tokyo.mofa.go.kr 주소 東京都港区南麻布1-7-32 문의 03-3455-2601~3 영업시간 평일 09:00~16:00(주말 및 일본국 공휴일, 한국 국경일 휴무) 찾아가기 아자부주반(麻布十番)역 2번 출구에서 도보 3분 거리, 한국중앙회관 2층

여권이나 물건을 분실했을 때 꼭 필요한, 도난증명서(盜難証明書)

물건을 소매치기 당했거나 여권을 잃어버리는 등의 문제가 발생했을 때는 가까운 경찰서 또는 파출소에서 반드시 도난증명서를 작성해야 한다. 이 증명서가 있어야만 한국에서 보험처리를 받을 수 있기 때문이다. 본인과실의 분실인 경우 보상을 받지 못하지만 도난의 경우 보상받을 수 있으므로 분실(紛失)이 아닌 도난(盜難)임을 분명히 표시해야 한다. 물건 종류에 따라 보험한도가 다르므로 고가의 물건일 경우 상세하게 작성하는 것이 좋다.(예를 들어 카메라를 분실했다면 디지털카메라의 기종(바디, 렌즈), 배터리, 메모리카드 등을 하나하나 나눠서 기입.)

안전한 여행을 위한 필수 사항, 여행자보험

여행에는 수많은 변수와 위험도 함께한다. 보통 물건을 잃어버리는 것이 대부분이지만 최근 지진, 해일 등 천재지변이나 교통사고 등 본인의 의지와 상관없이 상해를 입는 경우도 빈번하다. 그래서 여행자보험은 되도록 가입하는 것이 좋은데, 기간 및 조건에 따라 다르지만 몇 만 원 정도의 보험료로 여행 중 발생한 상해, 질병 등 신체사고와 휴대품 손해, 배상책임까지 보상받을 수 있다. 준비과정에서 미처 보험가입을 하지 못했다면 인천공항출국장에서 출국 전 가입할 수도 있다. 단, 가입 시 보상내용과 한도, 사고 시 챙겨야 하는 영수증이나 증빙서류 등을 꼼꼼히 살펴보는 것이 좋다.

여행 중 몸이 아플 때

간단한 병일 경우 현지 약국에서 약을 구입할 수 있지만 출발 전 꼭 필요한 여행상비약(진통제, 해열제, 지사제, 소화제, 연고 등)과 평소 복용하는 약은 미리 챙겨가자. 병원에 가야 하는 상황이라면 진단을 받은 후 진단서, 결제영수증 등을 챙겨 귀국 후 보험처리를 하면 된다. 심각한 상황으로 병원비가 감당할 수 없을 정도이거나 입원이 필요한 경우라면 미리 보험사에 연락을 취하고, 보험에 가입하지 않았다면 대사관에 도움을 요청하는 것이 좋다.

외교통상부 영사 콜센터 해외에서 일어난 사건·사고를 대비하여 연중무휴 24시간 상담 서비스를 운영하고 있다. 긴급사건사고(24시간) (+81)70-2153-5454 영사콜센터(24시간) (+82)2-3210-0404

신용카드나 현금을 잃어버렸을 때

여행 중 신용카드나 현금을 잃어버렸다면 여행경비가 없어 난감해진다. 신용카드나 체크카드를 잃어버렸다면 각 카드사의 해외전용 전화로 빨리 분실신고부터 하고 경찰서를 찾아가 분실증명서를 작성하자. 분실 후 송금을 받으려면 우리나라 은행의 도쿄지점을 찾아가 여권을 제시한 후 임시계좌를 개설하여 송금받으면 된다.

은행명	주소	전화	영업시간
KEB하나은행	東京都千代田区丸の内3-4-1 新国際ビルディング1F	03-3216-3561	평일 09:00~15:00
국민은행	東京都千代田区内幸町1-2-2日 比谷ダイビル14F	03-5657-0550	평일 09:00~15:00
우리은행	東京都港区東新橋1-5-2 汐留シティセンター10F	03-6891-5600	평일 09:00~15:00
신한은행 (SBJ은행)	본점 : 東京都港区芝5-36-7三田ベルジュビル5F	03-4560-8017	평일 09:00~15:00
	신주쿠지점 : 東京都新宿区歌舞伎町2-31-11 第2モナミビル2F	03-5287-1313	평일 09:00~15:00

▲ 도쿄에 있는 한국은행

카드사	연락처	카드사	연락처
KB국민카드	82-2-6300-7300	NH농협카드	82-2-3704-1004
비씨카드	82-2-330-5701	씨티카드	82-2-2004-1004
하나카드	82-1800-1111	삼성카드	82-2-2000-8100
신한카드	82-1544-7000	롯데카드	82-2-2280-2400
우리카드	82-2-2169-5001	현대카드	82-2-3015-9000

▲ 카드사 해외전용전화

여행 가방 체크 리스트

잘 챙겼다고 생각했지만 막상 여행지에서 가방을 열어보면 필요한 물건이 안 보일 때가 있다. 제일 중요한 세 가지 '여권, 지갑, 휴대폰'만 있으면 나머지는 돈으로 어떻게든 해결할 수 있으니 당황하지 말자. 즐거운 여행을 위해 짐은 무겁게 만들지 않고 최대한 간소하게 가져가는 것이 좋다.

체크 리스트

구분	항목	체크
필수	여권(만료기간 6개월 이상)	☐
	지갑(현금, 신용카드 2장, 신분증)	☐
	휴대폰(해외로밍 또는 USIM 구입)	☐
서류	항공권(e-ticket)	☐
	호텔 바우처(예약 확인 서류)	☐
	가이드북(지도)	☐
	여행자보험증권	☐
	노트와 필기구	☐
	항공사 회원카드(마일리지 적립)	☐
	면세점 카드(할인) 또는 면세점 쿠폰	☐
	면세품 인도장 교환권 (면세품 미리 구입 시)	☐
	여권 복사본, 여권사진 2장	☐
전자제품	카메라	☐
	카메라 보조배터리, 보조메모리카드	☐
	셀카봉, 삼각대	☐
	각종 충전기(휴대폰, 카메라)	☐
	멀티어댑터(220V→110V)	☐
의약품	복용중인 처방약이 있으면 여유분 준비	☐
	일회용 밴드, 연고	☐
	모기퇴치 스프레이, 물파스 [수하물]	☐
	해열제, 진통제, 지사제, 소화제 등	☐
욕실용품	칫솔, 치약	☐
	(여자) 클렌징오일, 폼클렌징 [수하물]	☐
	(남자) 면도기	☐
	샤워볼, 샤워타올	☐
	샴푸, 린스 [수하물]	☐
	보디클렌저 [수하물]	☐
의류	갈아입을 옷X(여행일정+1)	☐
	속옷X(여행일정+1)	☐
	양말X(여행일정+1)	☐
	방한용 겉옷(카디건, 스카프 등)	☐
	모자	☐
	선글라스	☐
	실내용 슬리퍼	☐
	편한 운동화, 고급 레스토랑용 구두	☐
	잠옷, 편한 실내복	☐
생활용품	2~3단 우산, 우산 겸 양산	☐
	손톱깎이 [수하물]	☐
	반짇고리 [수하물]	☐
	비닐봉지, 지퍼백	☐
	부채(여름)	☐
	휴대용 티슈, 물티슈	☐
	손수건	☐
화장품 및 여성용품	머리끈	☐
	빗	☐
	기초화장품(스킨, 로션 등) [수하물]	☐
	선크림, BB크림 [수하물]	☐
	파운데이션, 파우더	☐
	색조화장품	☐
	휴대용 거울	☐
	면봉, 화장솜	☐
	생리대 2장(부족 시 현지 구입)	☐
기타	여벌 렌즈 또는 안경	☐
	물놀이 용품(수영복, 수경, 방수팩 등)	☐

Special 01 도쿄의 축제와 이벤트

일본 전통문화는 물론 세계 각국의 문화까지 체험할 수 있는 각종 축제가 수시로 열린다. 퍼레이드, 공연, 음악, 춤 등 볼거리도 다양하지만, 포장마차에서 파는 맛깔스러운 길거리음식도 빼놓을 수 없다. 여행을 준비할 때, 여행기간 중 참여할 수 있는 축제가 있는지 확인하고 가능하다면 일정에 추가하자.

도쿄의 축제

히나마츠리 / 칸다마츠리 / 우에노 벚꽃축제 / 불꽃놀이

- 하츠모데(初詣) – 1월 1~3일 : 새해 첫날이나 설 연휴기간 중 신사나 사찰에서 진행되는 전통행사이다. 새해가 시작되는 밤 12시 정각에 제야의 종을 치는 행사인데, 기모노를 곱게 차려입은 일본인들을 볼 수 있다. 한 해의 운을 점치는 오미쿠지(おみくじ)를 뽑고, 따뜻한 일본식 감주 아마자케(甘酒)를 마시며 일본식으로 새해를 맞이해보자. 메이지진구 P. 412, 센소지 P. 258
- 세츠분(節分) – 2월 3일 : 봄이 시작되는 입춘 전날, 집안의 액운을 몰아내고 복을 불러들이기 위해 볶은 콩을 뿌리는데 이를 마메마끼(豆まき)라 한다. 커다란 김밥처럼 생긴 초밥 에호마끼(恵方巻)를 먹는 풍습도 있어서 세츠분 시기가 되면 편의점에서도 많이 판매한다. 조조지 P. 217, 센소지 P. 258
- 히나마츠리(ひな祭り) – 3월 3일 : 여자아이를 위한 어린이날이다. 여러 단으로 일본 전통인형을 장식하며, 달콤한 일본 전통과자와 함께 차를 마신다. 공항을 비롯해 호텔, 백화점, 쇼핑시설 등지에서 히나마츠리 장식을 쉽게 찾아볼 수 있다.
- 우에노 벚꽃축제(うえの 桜祭り) – 3월 말~4월 중순 : 벚꽃이 활짝 피는 봄, 벚꽃명소에서 축제가 펼쳐진다. 포장마차에서 맛있는 길거리음식도 팔고, 벚나무 아래에 돗자리를 깔고 앉아 대낮부터 술을 마시고 노는 사람들로 발 디딜 틈이 없다. 우에노온시공원 P. 242

- 칸다마츠리(神田祭) – 5월 15일에 가까운 주말 : 일본을 대표하는 3대 전통축제 중 하나이다. 6일 동안 펼쳐지는데 신을 모신 가마 미코시(神輿) 100개를 이고 니혼바시, 마루노우치, 아키하바라 거리를 행진하는 모습이 장관이다. 칸다묘진 P. 560

- 산노마츠리(山王祭り) – 6월 초~중순 : 칸다마츠리와 함께 도쿄 3대 축제로 무려 11일 동안 펼쳐진다. 일본 전통 예능부터 아이들의 춤까지 다양한 행사를 볼 수 있어 매일 봐도 질리지 않을 정도이다. 히에진자 P. 231

- 타나바타(七夕) – 7월 7일 : 우리나라는 물론 중국과 일본에서도 챙기는 칠월칠석. 이날 일본사람들은 소원을 적은 종이를 나무에 걸어두는 풍습이 있다. 7월 초가 되면 색색의 종이로 화려하게 만든 타나바타 장식이 여기저기 걸린다.

- 불꽃놀이(花火大会) – 7~8월 : 무더위를 식히는 여름축제로, 밤하늘을 아름답게 불꽃으로 수놓는다. 도쿄는 물론 일본 각지에서 크고 작은 불꽃놀이가 수시로 열리며, 전통의상을 곱게 차려입은 일본인들을 쉽게 마주칠 수 있다. 축제의 포인트는 시원한 캔맥주와 간단한 안줏거리를 준비하여 즐기는 것이며, 100엔숍에서 쉽게 구입할 수 있는 돗자리와 모기퇴치용 스프레이도 미리 준비하면 좋다.

  스미다가와 불꽃놀이대회(隅田川花火大会) : 1733년부터 시작해 매년 2만 발의 불꽃을 터트리는 도쿄 최대의 불꽃놀이(아사쿠사역 주변)

  카나가와신문 불꽃놀이대회(神奈川新聞花火大会) : 야경이 멋진 요코하마 미나토미라이21에서 약 1만 5천 발의 불꽃을 쏘는 불꽃놀이(사쿠라기초역, 미나토미라역 주변)

- 아자부주반 노료마츠리(麻布十番納涼まつり) – 8월 말 주말 : 대사관이 밀집된 지역인 아자부주반에서 열리는 상점가축제이다. 40년 이상 지속되고 있으며 아기자기한 일본의 멋을 느낄 수 있다.
  아자부주반상점가 P. 221

※ 정확한 행사일정은 변동이 있을 수 있으니 해당 관광지의 홈페이지를 통해 미리 확인하자. 참고 사이트로 고도쿄(www.gotokyo.org – 한국어 지원), 타임아웃(www.timeout.jp – 영어 지원), 레츠인조이도쿄(matsuri.enjoytokyo.jp), 자란(www.jalan.net/event), 루루부닷컴(www.rurubu.com/event) 등이 있다.

도쿄의 이벤트

만화, 애니메이션, 캐릭터, 코스프레 등의 문화가 발달한 일본에는 재미있는 볼거리가 많다. 코미케(コミケ)와 같은 이벤트가 열리면 일본 각지에서 오타쿠(オタク)라 불리는 만화마니아들이 모여들어 독특한 분위기를 형성한다. 예술에 관심이 많다면 예술성까지 느낄 수 있는 디자인페스타를 추천한다.

디자인페스타

코스프레

코미케

- 디자인페스타(DESIGN FESTA) : 젊은 예술가들이 창의력을 한껏 발산하는 아시아 최대급의 국제아트행사로 매년 5월과 11월경 도쿄빅사이트에서 개최된다. 홈페이지 designfesta.com

- 코미케(Comiket) : 코믹마켓의 줄임말로 세계 최대 규모의 일본만화동인지 판매행사이다. 매년 8월과 12월에 도쿄빅사이트에서 개최된다. 홈페이지 www.comiket.co.jp

Section 02

도쿄여행을 위한 일정별 동선

도쿄는 각각의 멋을 가진 번화가가 많은데, 그 멋을 제대로 느끼려면 최소 반나절 이상은 할애해야 한다. 욕심을 부려 유명 지역을 하루에 서너 군데씩 돌다 보면 수박 겉핥기식이 되어 여행의 진정한 묘미를 느끼기 힘들다. 관광지도 구경하고 지역의 맛집에서 식사도 하고 느긋하게 쇼핑도 하고 카페에서 차도 마시면서 여유롭게 즐겨보자.

휴가 없이 즐기는 주말여행, 꽉 찬 1박 2일(또는 2박 3일)

도쿄행 항공편은 편수가 많아 시간대 선택이 자유롭고, 비행시간도 2시간 정도라 당일치기나 1박 2일 여행도 가능하다. 하지만 기왕 비행기를 타기로 마음을 먹었다면 금요일 저녁부터 일요일 밤까지 2박 3일 일정으로 알차게 즐기는 것을 추천한다. 금요일 저녁에 출발해 늦은 밤 또는 토요일 새벽에 도착하는 항공편도 많다. 체력적으로 힘들지만, 꼭두새벽부터 여행을 시작할 수 있어 좋다.

첫날은 새벽부터 문을 여는 도요스시장에서 초밥으로 아침을 먹으면서 시작하자. 도요스시장과 츠키지장외시장을 구경하고 아사쿠사에 있는 센소지를 둘러보자. 아사쿠사의 전통 맛집에서 점심을 먹고 강 건너에 있는 도쿄스카이트리를 정복하자. 피로를 풀기 위해 편안한 호텔에서 숙박하고 둘째 날은 아침 일찍부터 도쿄디즈니랜드에서 온종일 실컷 놀자. 짐은 배낭에 넣어서 어디든 들고 다닐 수 있을 정도로만 가져가는 것이 좋고, 짐이 많다면 전차역의 코인로커를 이용하면 된다.

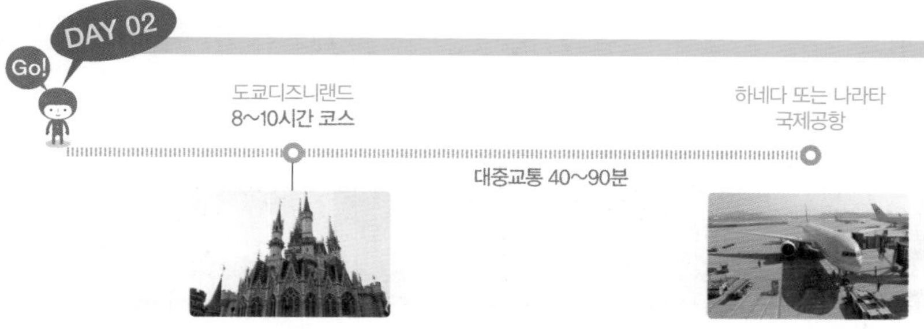

연휴를 이용해 즐기는 3박 4일

연휴를 이용해 도쿄의 이모저모를 제대로 즐겨보자. 호텔은 한군데를 정해서 이용하는 것이 오히려 편리하다. 첫날은 호텔체크인 후 돈카츠마이센에서 점심을 먹고 소화도 시킬 겸 오모테산도힐즈와 타케시타도리를 돌아보자. 메이지진구까지 둘러본 후에는 전차로 도쿄도청에 있는 무료전망대로 이동하여 도쿄의 야경을 감상하자. 저녁은 후운지에서 면발이 살아있는 맛있는 일본라멘으로 해결하고 호텔로 돌아와 푹 쉰다.
둘째 날은 일왕 거주지인 고쿄를 구경하고 오코노미야키키지에서 일본식 부침개를 맛보자. 세련된 쇼핑가 신마루비루 또는 마루비루를 둘러보자. 출출해지면 세계 최고의 버터로 불리는 에쉬레버터 매장에서 간식을 사먹자. 외관이 멋진 도쿄역과 테마별로 펼쳐진 지하 쇼핑거리를 천천히 둘러본 후 해 질 무렵에 긴자로 이동하자. 화려한 긴자거리에서 쇼핑을 즐기고 텐류에서 대형 군만두를 안주 삼아 시원한 생맥주 한잔으로 하루일과를 마무리하자. 셋째 날은 도쿄디즈니랜드 또는 도쿄디즈니씨에서 동화같은 하루를 보내자. 마지막 날 아침은 좀 일찍 일어나 도요스시장에서 맛있는 초밥을 먹고 오다이바에서 해변공원과 쇼핑몰을 구경하자.

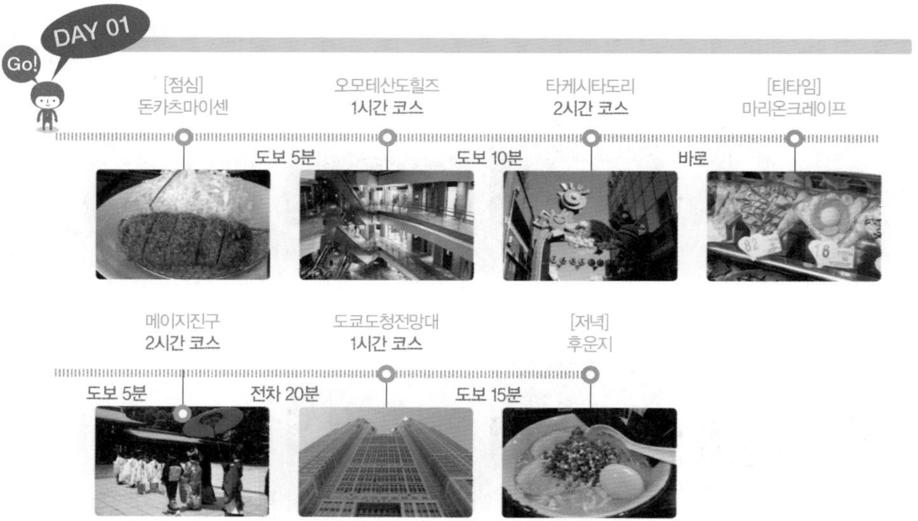

Go!
DAY 02
고쿄
3시간 코스
도보 10분
[점심]
오코노미야키키지
도보 5분
신마루비루 or 마루비루
2시간 코스
도보 10분
[간식]
에쉬레
도보 5분
도쿄역
1시간 코스
전차 5분
긴자
2시간 코스
바로
[저녁]
텐류
Go!
DAY 03
도쿄 디즈니랜드 & 디즈니씨
8~10시간 코스
Go!
DAY 04
[아침]
스시다이
바로
도요스시장
1시간 코스
전차 14분
오다이바해변공원
30분 코스
도보 10분
후지텔레비전
30분 코스
도보 5분
다이바시티 도쿄플라자
1시간 코스
바로
[점심]
쿠시야모노가타리
전차 1시간~1시간 30분
하네다 또는 나리타
국제공항

도쿄 골목길에서 숨은 매력을 찾는 6박 7일

도쿄를 여러 번 방문했거나 인기 관광지보다는 현지인들의 일상 속에서 힐링하려는 사람들에게 추천하는 일정이다. 첫날은 세련된 도심을 대변하는 에비스와 다이칸야마를 산책하며 쇼핑을 즐기고 둘째 날은 근세의 중후함과 일본 전통을 느낄 수 있는 니혼바시와 닌교초를 구경하자. 셋째 날은 박물관과 미술관이 모여 있는 우에노와 고양이를 사랑하는 전통 상점가 야나카를 둘러보고 넷째 날은 달콤한 케이크 전문점이 많은 지유가오카와 밤 문화가 발달한 시부야에서 실컷 즐기자.
5일차에는 아사쿠사에서 일본의 옛 정취를 느껴보고, 6일째는 오타쿠의 성지 아키하바라와 고서점가인 진보초에서 또다른 도쿄의 면모를 살펴보자. 마지막 날에는 카구라자카의 맛집과 골목길을 구경한다. 이렇게 여행을 하다보면 사람을 무서워하지 않는 길고양이들과 종종 마주치게 된다.

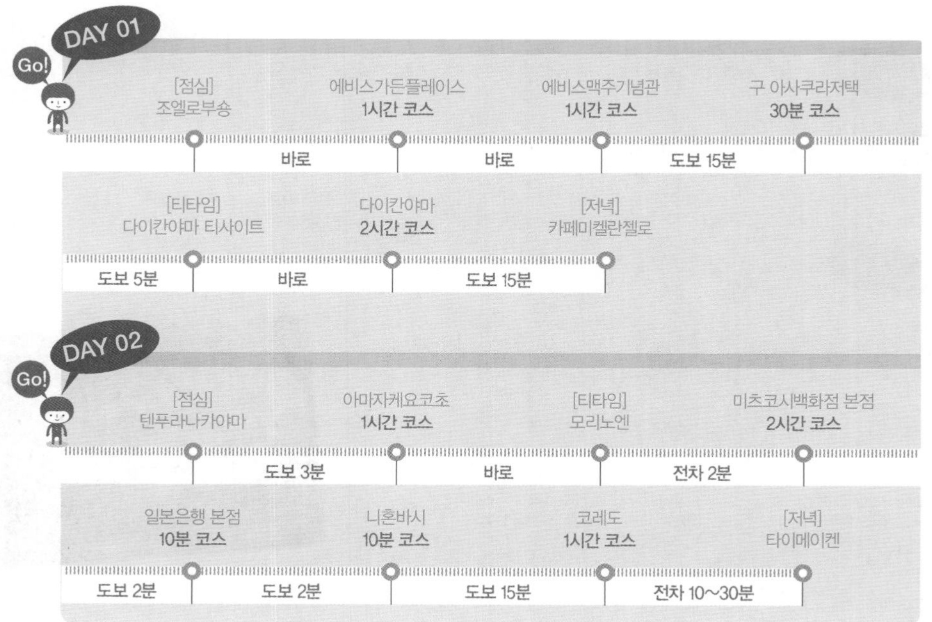

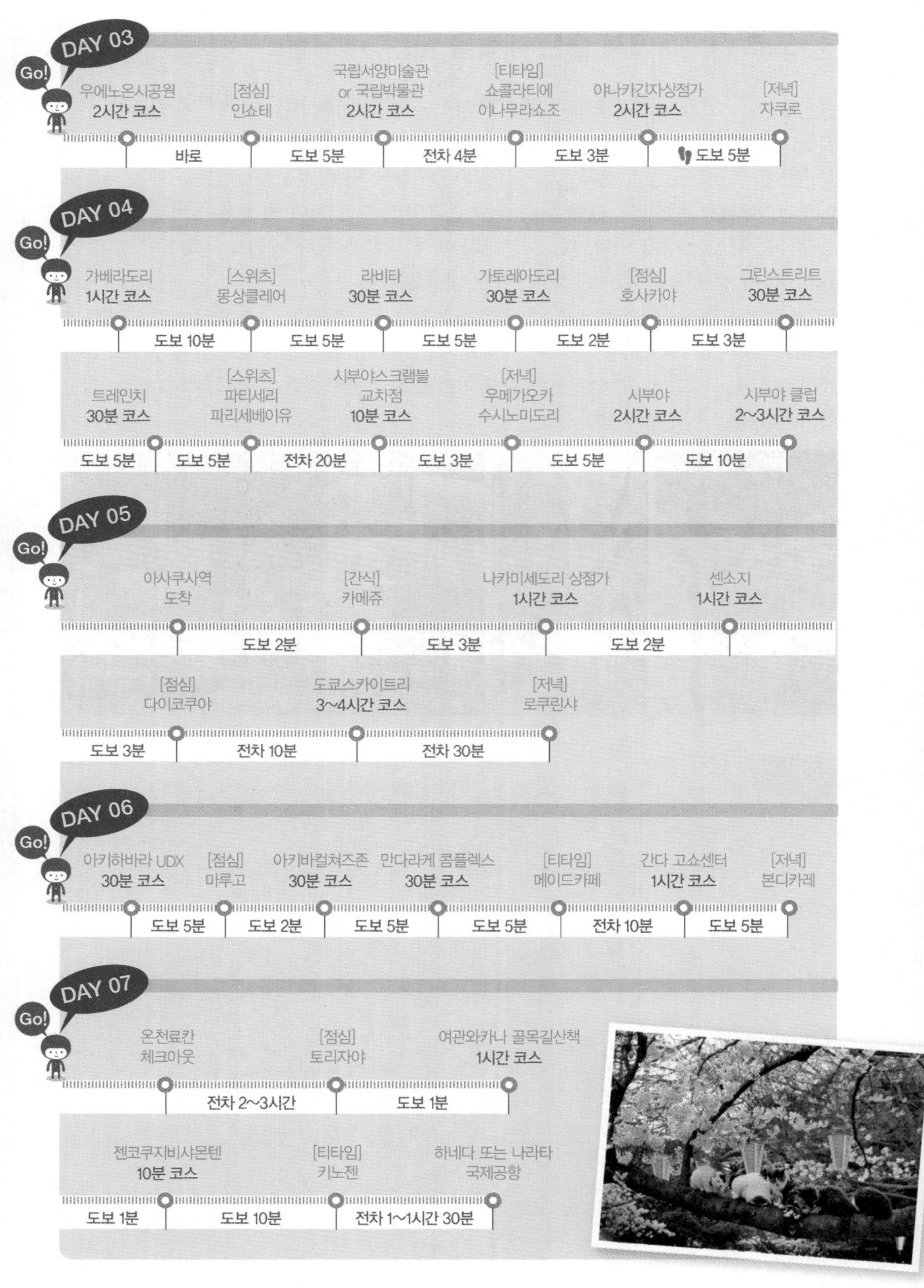
DAY 03
Go!
우에노온시공원
2시간 코스
[점심]
인쇼테
국립서양미술관
or 국립박물관
2시간 코스
[티타임]
쇼콜라티에
이나무라쇼조
야나카긴자상점가
2시간 코스
[저녁]
자쿠로
바로
도보 5분
전차 4분
도보 3분
도보 5분
DAY 04
Go!
가베라도리
1시간 코스
[스위츠]
몽상클레어
라비타
30분 코스
가토레아도리
30분 코스
[점심]
호사카야
그린스트리트
30분 코스
도보 10분
도보 5분
도보 5분
도보 2분
도보 3분
트레인치
30분 코스
[스위츠]
파티세리
파리세베이유
시부야스크램블
교차점
10분 코스
[저녁]
우메가오카
수시노미도리
시부야
2시간 코스
시부야 클럽
2~3시간 코스
도보 5분
도보 5분
전차 20분
도보 3분
도보 5분
도보 10분
DAY 05
Go!
아사쿠사역
도착
[간식]
카메쥬
나카미세도리 상점가
1시간 코스
센소지
1시간 코스
도보 2분
도보 3분
도보 2분
[점심]
다이코쿠야
도쿄스카이트리
3~4시간 코스
[저녁]
로쿠린샤
도보 3분
전차 10분
전차 30분
DAY 06
Go!
아키하바라 UDX
30분 코스
[점심]
마루고
아키바컬쳐즈존
30분 코스
만다라케 콤플렉스
30분 코스
[티타임]
메이드카페
간다 고쇼센터
1시간 코스
[저녁]
본디카레
도보 5분
도보 2분
도보 5분
도보 5분
전차 10분
도보 5분
DAY 07
Go!
온천료칸
체크아웃
[점심]
토리자야
여관와카나 골목길산책
1시간 코스
전차 2~3시간
도보 1분
젠코쿠지비샤몬텐
10분 코스
[티타임]
키노젠
하네다 또는 나리타
국제공항
도보 1분
도보 10분
전차 1~1시간 30분

질러! 질러! 쇼핑만을 위한 2박 3일

도쿄 쇼핑의 중심지는 뭐니 뭐니 해도 긴자이다. 긴자미츠코시, 마츠야긴자, 와코백화점, 유라쿠초마리온, 유라쿠초마루이, 도큐플라자 긴자, 긴자코아 등 고급 백화점과 대형쇼핑센터만 해도 수십 개나 된다. 에르메스, 카르티에, 아르마니, 샤넬, 루이뷔통, 티파니, 불가리, 살바토레페라가모, 미키모토 등 세계적인 명품숍도 번쩍번쩍한 빌딩 전체를 사용할 만큼 규모가 크다. 자유롭게 백화점과 명품숍을 돌아보다가 쉬고 싶다면 명품 홍차전문점 마리아주플레르에서 럭셔리하게 티타임을 즐겨보자. 저녁은 긴자를 대표하는 초밥집 큐베에서 먹자.

둘째 날은 화려하고 세련된 분위기를 즐기러 오모테산도와 롯폰기를 방문하자. 이름까지 비슷한 오모테산도힐즈, 롯본기힐즈를 차례로 구경하며 쇼핑도 즐기고 맛있는 음식도 찾아 먹자. 마지막 날에는 오다이바에 있는 빌즈에서 세계 최고로 꼽히는 아침을 먹고 오다이바 내 쇼핑몰을 둘러보자. 중저가에 살 수 있는 일본의 인기브랜드가 모여 있고 아웃렛까지 있어 못다 한 쇼핑을 마무리하기에 좋다.

매년 1월과 7월에는 대대적인 바겐세일로 저렴하게 쇼핑을 즐길 수 있다. 세일은 대부분 20~50% 정도이고, 인기 품목이 사라지는 월말에는 70~90%까지 세일 폭이 커지기도 한다.

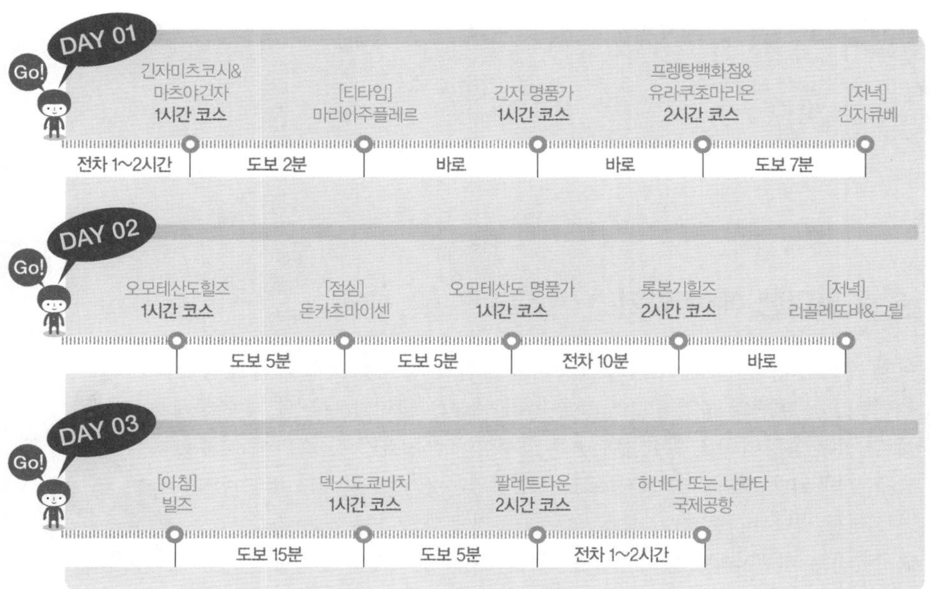

애니메이션 마니아를 위한 2박 3일

애니메이션이나 아이돌을 좋아하는 사람들을 일본어로 오타쿠라고 한다. 애니메이션의 성지 도쿄에는 이와 관련된 취미를 즐길 수 있는 곳이 많다. 첫날은 유명한 아키하바라의 전자상점가와 애니메이션숍, 메이드카페 등을 즐겨보자. 둘째 날은 조금 외곽으로 나가서 '미타카의 숲, 지브리미술관'을 구경하고, 만다라케 본점이 있는 나카노브로드웨이를 돌아보자. 마지막 날에는 이케부쿠로의 선샤인시티에 있는 난자타운과 포켓몬센터, 여성취향의 만화가 많은 오토메로드를 구경하자. 코미케 같은 대형 이벤트가 수시로 열리는 도쿄빅사이트의 스케줄도 체크하여 즐기면 더 즐겁다.

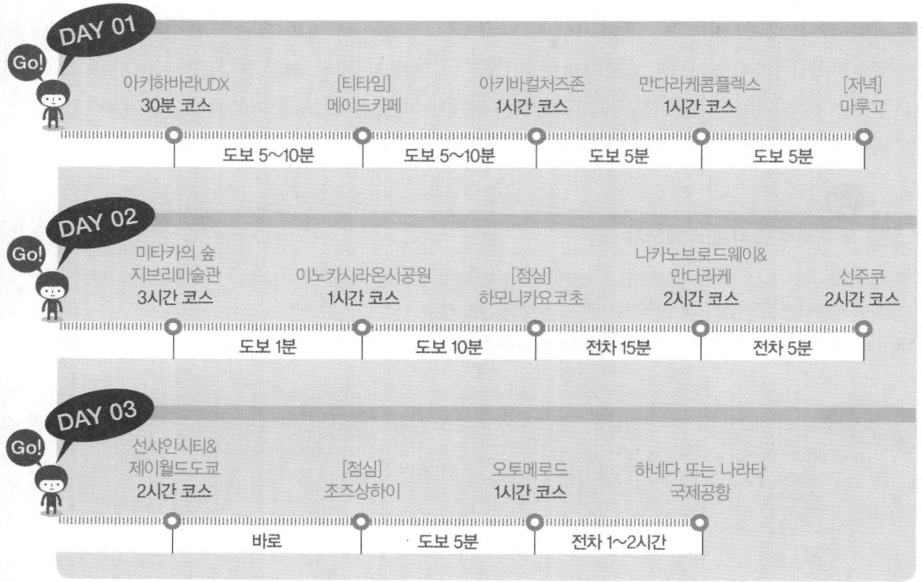

도쿄여행 예산 짜기

여행 예산은 항공, 숙박, 식사와 교통비를 포함한 경비로 크게 나눠 생각해 볼 수 있다. 여행의 목적과 스타일에 따라 예산은 달리 적용된다. 편안하게 쉴 수 있는 휴양여행을 원한다면 좋은 호텔이나 온천료칸 등 숙박에 비중을 크게 두면 된다. 미식가의 도시 도쿄에서 맛있는 음식을 제대로 먹고 싶다면 식비를 넉넉히 준비하고, 음식점은 출발 전에 예약하는 것이 좋다.
도쿄까지는 비행거리가 짧아 2시간 정도면 도착하기 때문에 항공편은 이코노미석을 이용해도 크게 불편하지 않다. 여기서는 편의상 2박 3일을 기준으로 저렴하지만 도쿄의 매력은 충분히 즐길 수 있을 만큼의 예산을 제시하였다.

다음을 참고로 전체적인 경비를 자신의 일정과 취향에 맞춰 뽑아보자. 전체 예산이 어느 정도 잡히면, 상세 스케줄을 작성해서 좀 더 구체적으로 계산할 수 있다. 항공권, 숙박은 여행 전에 미리 비용을 내고 실제 여행에서 사용할 교통비, 식비, 입장료, 기념품 구입비용 등을 환전해 두면 된다.

항공료

성수기와 비수기, 저가항공과 일반항공 그리고 이코노미, 비즈니스, 퍼스트 등 좌석등급에 따라 가격은 천차만별이다. 서울과 도쿄를 기준으로 비성수기 일반항공권은 30~50만 원이며, 성수기에는 50~100만 원까지 올라가기도 한다. 대한항공이나 아시아나항공 같은 국적기보다는 일본항공, 전일본공수와 같은 일본항공사의 항공권이 조금 저렴한 경우가 많다. 또한 저가항공사인 이스트항공이나 제주항공의 특가상품을 이용할 경우에는 10만 원대에 구입할 수도 있다.

숙박비

일본은 고급 호텔도 많지만, 고급 온천료칸도 호텔에 버금가는 럭셔리한 숙박시설이다. 저렴하고 깔끔한 곳을 원한다면 비즈니스호텔이 무난하다. 예산이 빠듯하다면 호스텔이나 한인민박 같은 곳을 이용해도 좋다. 계획 없이 가서 찜질방처럼 야간까지 영업하는 스파나 일본식 만화방 만가킷사(漫画喫茶), 24시간 영업하는 노래방 등에서 밤을 보낼 수도 있다.

호텔 등급	가격대
고급 호텔	¥20,000~100,000
온천료칸	¥15,000~100,000
비즈니스호텔	¥7,000~10,000
호스텔 및 민박	¥3,000~7,000
스파, 만화방, 노래방	¥2,000~3,000

교통비

도쿄는 거미줄처럼 빽빽하게 전차와 지하철 선로가 이어져 있어 대중교통으로 어디든 갈 수 있다. 버스도 이용할 수 있지만, 현지인도 웬만하면 철도를 이용한다. 택시는 비싸지만 그만큼 친절하고 짐이 많을 경우에는 편리하다. 지하철이나 전철은 거리에 따라 가격이 달라지며 1회에 ¥140~500 정도이다. 노선에 따라 더 비싸기도 하고 같은 회사가 아닐 경우는 환승 시 요금을 따로 내야 한다. 택시는 기본요금이 ¥500(1,096m까지)이며, 255m 간격(시간 계산 시 1분 30초)당 ¥100씩 올라간다.

식비

세계적인 미식의 도시 도쿄에는 미슐랭 3스타급의 최고급 레스토랑부터 저렴한 식당까지 음식의 종류와 등급이 다양하다. 비싼 곳이라면 음식의 맛뿐만 아니라 분위기도 좋고 친절하지만, 저렴한 곳 중에도 맛은 물론 친절함까지 누릴 수 있는 곳이 많다. 인기가 많은 음식점은 몇 달 전부터 예약해야 한다. 물론 예약을 받지 않는 곳이라면 1~3시간까지 줄을 서서 기다려야 하므로 도쿄에서 미식여행은 계획을 잘 세워야 한다. 보통 점심때는 런치가격이 적용되어 ¥1,000 정도로 먹을 수 있고 저녁은 ¥3,000~5,000 정도가 필요하다. 일본식 쇠고기덮밥 규동(牛丼)이나 라멘(ラーメン)과 같은 음식은 시간대에 상관없이 ¥400~1,000 정도로 즐길 수 있다. 프렌치나 이탈리안 등의 파인레스토랑이나 코앞에서 신선한 초밥을 하나씩 만들어주는 고급 초밥집의 경우 한 끼에 1인당 ¥10,000~50,000 정도가 필요하다.

일본라멘

런치세트

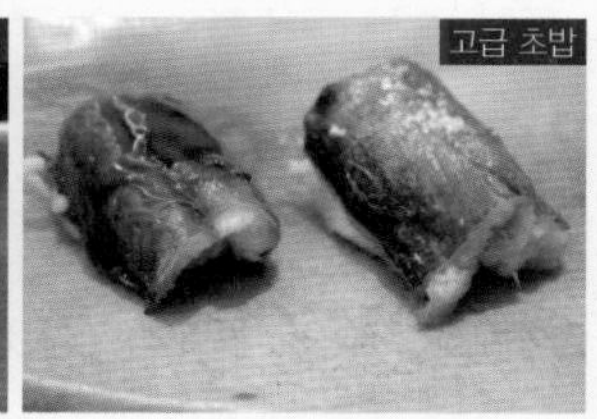
고급 초밥

주요 관광지	가격대
도쿄디즈니랜드, 도쿄디즈니씨	¥7,900~9,400
후지큐하이랜드(프리패스)	¥6,500
도쿄스카이트리 전망대	¥2,700~5,200
도쿄타워 전망대(메인덱키)	¥1,200
롯폰기힐즈 전망대, 도쿄 시티뷰	¥2,200+ ¥스카이덱 500
각종 미술관 및 박물관	¥500~2,000
수족관	¥1,000~2,000
유료 공원	¥200~500

도쿄에는 테마파크, 박물관, 미술관, 전시회, 전망대 등 입장료를 내야 하는 관광지가 많다. 가격도 비싼 편이라 이런 곳을 하루에 여러 군데 간다면 비용도 만만치 않게 깨진다. 가고 싶은 곳이 있다면 입장료도 미리 확인해서 예산을 짤 때 반영하자. 공항의 관광안내센터 및 각 지역의 관광안내소에 가면 할인쿠폰이 들어간 팸플릿이 놓여 있으니 확인하자.

무료입장 관광지 **도쿄도청전망대, 고쿄, 에비스맥주기념관, 무료 공원, 신사, 쇼룸, 무료 갤러리, 박물관 및 미술관의 무료 공개일**

쇼핑의 천국이기도 한 도쿄는 이것저것 사고 싶은 물품이 눈에 자주 띈다. 일본 브랜드는 한국보다 저렴하고 한국에서는 찾아보기 힘든 유니크한 디자인 아이템도 많다. 단, 한국 면세점에도 있는 브랜드는 한국에서 구입하는 것이 더 저렴하다.

여행 스타일별 2박 3일 도쿄여행 예산

2박 3일, 1인 기준으로 쇼핑을 제외하고 대략적으로 계산한 스타일별 여행예산이다. 하루는 알뜰하게 저예산으로 놀고, 하루는 부자처럼 마음껏 누려보는 것도 여행지를 다양하게 즐기는 좋은 방법이다.

저렴하게 즐기는 저예산여행

항공권 비수기, 저가항공사 또는 특가상품 = 약 30~40만 원
숙박 저가 비즈니스호텔 ¥5,000×2일 = ¥10,000
식비 (아침 ¥500+점심 ¥1,000+커피 ¥500+저녁 ¥1,000)×3일 = ¥9,000
교통비 포함 기타 경비 ¥1,000×3일 = ¥3,000

적당히 쓰면서 여유롭게 즐기는 여행

항공권 일반 직항항공 = 약 40~60만 원
숙박 비즈니스호텔 ¥8,000×2일 = ¥16,000
식비 (아침 ¥500+점심 ¥1,000+카페 ¥1,000+저녁 ¥4,000)×3일 = ¥19,500
교통비 포함 기타 경비 ¥5,000×3일 = ¥15,000

럭셔리하게 즐기는 미식여행

항공권 일반직항항공 비즈니스클래스 = 약 100~130만 원
숙박 고급 호텔 ¥30,000×2일 = ¥60,000
식비 1일 예산 ¥20,000×3일 = ¥60,000
교통비 포함 기타 경비 ¥10,000×3일 = ¥30,000

Tokyo

Section 03

한국 출국부터 일본 도착까지

도쿄행 비행기는 서울에서 가까운 김포나 인천국제공항, 부산의 김해국제공항, 대구국제공항, 제주국제공항 등에서 출발한다. 도쿄 도착은 하네다나 나리타국제공항을 이용하게 된다. 국제선을 이용할 경우 비행기 출발 3시간 전에 공항에 도착하는 것이 좋고, 늦어도 2시간 전에는 도착해야 한다. 공항에 늦게 도착할 경우 비행기를 못 탈 수도 있으니 시간에 주의하자.

한눈에 살펴보는 출국과정

공항은 출국과 입국장이 나뉘어 있으며, 출국장으로 가면 체크인카운터가 늘어서 있다. 해당 항공사카운터에서 탑승수속을 받고 항공권을 발급받는다. 출국게이트를 지나면 일단 보안검색을 하고 출국심사를 받게 된다. 탑승 전 여유시간에는 면세점에서 느긋하게 쇼핑을 즐기고, 출발 30분 전에 해당 탑승구로 가서 비행기를 타면 된다.

탑승수속 ▶ 세관신고 및 보안검색 ▶ 출국심사 ▶ 면세점 ▶ 탑승대기 및 탑승

집에서 공항까지 이동하기

공항까지는 대중교통을 이용하는 것이 편리하다. 물론 자가용이 더 편리하겠지만, 여행 동안 비싼 주차료를 내야 한다. 공항까지 거리가 멀지 않고 가족 단위 여행이라면 택시를 이용하는 것도 괜찮은 방법이다. 대중교통으로는 지하철, 공항리무진버스, 일반버스 등을 이용할 수 있다. 짐이 별로 없고 비용에 중점을 둔다면 전철을 이용하는 것이 가장 좋다.

공항리무진버스와 시외버스 이용하기

서울 시내 및 지방 주요도시에서 김포나 인천국제공항까지 공항리무진버스를 운행한다. 서울 강남, 강서, 강북 방면에서 출발하는 리무진버스 요금은 8,000~17,000원 정도이다. 용인, 수지, 분당, 성남, 일산, 안양, 안산, 수원, 안성, 의정부 등의 경기도지역에서도 이용할 수 있다. 서울에 비해 운행편수는 적지만 대전, 대구, 춘천, 충주, 태안, 광주, 전주 등 각 지방에서도 공항까지 리무진버스를 이용할 수 있다. 지역에 따라 버스보다 KTX나 비행기를 이용해서 공항까지 이동하는 것이 더 빠를 수도 있다.

공항리무진버스 www.airportlimousine.co.kr

지하철 및 공항철도(AREX) 이용하기

공항까지 가장 저렴하게 이동하는 방법은 철도이다. 서울역에서 인천국제공항역까지 운행하는 공항철도는 일반열차와 직통열차로 나뉜다. 일반열차는 '서울역–공덕–홍대입구–DMC–마곡나루–김포공항–계양–검암–청라국제도시–영종–운서–공항화물청사–인천공항1터미널–인천공항2터미널' 이렇게 총 14개 역 구간을 운행한다. 일반열차로 서울역에서 1터미널 59분, 2터미널까지는 66분 소요된다. 평균 10분에 1대이며(05:20~24:00), 요금은 서울역 기준 1터미널 4,150원, 2터미널 4,750원인데 타는 곳에 따라 구간별로 적용된다. 서울역발 직통열차는 06:10~22:50까지 운행되며, 1터미널까지는 43분, 2터미널까지는 51분 정도 소요된다. 요금은 어른 9,500원, 어린이는 7,500원이다.

국적기를 이용할 경우 서울역 지하 2층 도심공항터미널에서 탑승수속을 할 수 있다. 공항보다 덜 붐비기 때문에 미리 탑승수속과 수화물탁송, 출국심사를 마친 후 공항에서 전용출국통로를 이용하면 시간도 절약할 수 있다. 이 서비스는 당일 출국하는 국제선에 한하며, 출발 3시간 전(대한항공의 경우 3시간 20분 전)까지 수속을 마쳐야 한다. 탑승수속이 가능한 항공사는 대한항공, 아시아나항공, 제주에어(일본 노선에 한함)이다. 다른 저가항공사도 운영을 준비하고 있다. 서울역 도심공항터미널에서 탑승수속과 출국심사까지 완료했다면, 인천국제공항 3층 출국장전용 출국통로를 이용하면 된다.

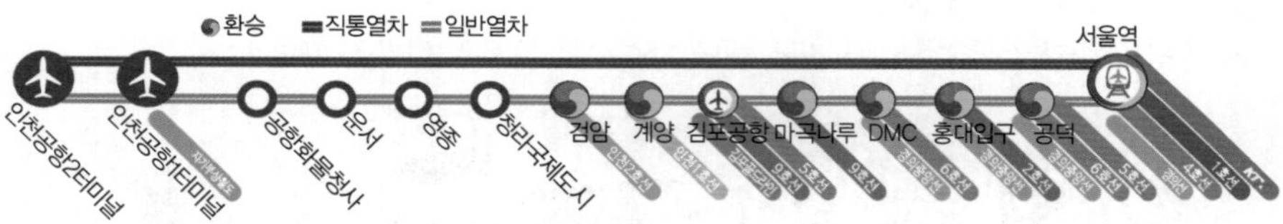

공항철도 www.arex.or.kr

인천국제공항행 KTX 이용하기

지방에서 출발하는 경우 김포공항이나 서울역, 용산역에서 환승해야 하는 번거로움이 있었지만 수색연결선이 개통되고 신경의선(문산~용산)과 인천공항철도가 연결되어 KTX를 타고 바로 인천국제공항역까지 이동할 수 있다. 부산에서 인천국제공항역까지는 약 3시간이 소요된다. KTX 승강장은 공항철도 승강장과는 분리되어 있으며, 귀국 후 KTX를 타고 돌아갈 때도 KTX 전용승강장을 이용해야 한다.

자동차 이용하기

짐이 많거나 어린아이를 동반한 경우는 자가용이 편리하다. 공항 출발층의 도착항공사와 가까운 위치에서 승하차를 할 수 있지만 5분 이상 정차할 수 없으므로 운전자를 제외한 일행과 짐만 먼저 내려놓고 주차장으로 가면 된다. 공항 주차비는 주중 및 주말, 주차 장소에 따라 다르며 1일 평균 10,000원 정도이다.

택시 이용하기

주차비를 고려하면 자동차처럼 편한 것이 택시이다. 공항택시 및 콜밴은 예약도 가능하고 큰 짐도 여유롭게 넣을 수 있다. 서울 중심부에서 김포국제공항까지는 보통 3~4만 원, 인천국제공항까지는 6~8만 원 정도이다. 서울, 인천, 경기지역에서 인천공항으로 가는 경우에는 할증이 적용되지 않지만 인천공항에서 들어오는 경우 할증이 적용될 수 있으므로 서울이면 서울택시, 인천이면 인천택시 등과 같이 목적지 넘버 택시를 이용하는 것이 좋다. 또한 심야(22:00~04:00)에는 심야할증 20~40%가 적용되며, 고속도로 통행료는 승객부담이다.

발권과 탑승수속하기

인천국제공항은 제1여객터미널과 제2여객터미널로 나뉜다. 제1여객터미널은 아시아나항공, 아시아나항공과 공동운항하는 전일본공수, 저가항공사인 에어서울, 제주에어, 진어에, 티웨이항공, 피치항공 등이 취항한다. 제2여객터미널은 대한항공, 대한항공과 코드쉐어를 하는 일본항공편들이 운항된다. 터미널을 잘못 찾아 갔을 경우에는 무료 순환버스를 이용해서 이동할 수 있다. 버스로 15~18분이 소요되고, 배차간격(5분)이 있기 때문에 터미널간 이동하는데 총 30분 정도를 예상하면 된다.

체크인카운터에 도착하면 좌석등급별로 나눠 줄을 선다. 이코노미클래스는 대기자가 많아 기다리는 경우가 일반적이다. 여권과 항공권E-ticket을 제시하고 좌석을 배정받는데, 좌석은 항공사 홈페이지에서 구입할 때 미리 지정할 수도 있다. 늦게 가면 자리를 선택할 수 없으니 창가자리를 원한다면 일찍 도착하는 것이 좋다. 탑승수속이 끝나면 비행기 탑승시간과 게이트번호를 잘 체크해두자. 삼성동이나 서울역 도심공항터미널에서 탑승수속을 마쳤다면 출국장 측면의 전용통로를 이용해 보안검색 후 바로 출국심사대를 통과할 수 있다.

기내반입 수하물

항공사나 좌석등급에 따라 기내반입기준은 다르지만 통상 10~12kg으로 가방크기는 55×40×20cm에 3면 합이 115cm 이하로 허용된다. 안전을 위해 반입 자체가 되지 않는 물품도 많으니 유의해야 한다.

위탁수하물

통상 이코노미석에 적용되는 수하물은 항공사별로 차이는 있지만 20~23kg, 크기는 3면 합이 158cm 이하로 허용되며, 초과 시 별도요금이 부과된다. 또한 탑승수속이나 짐을 보낼 때, 클레임태그Claim Tag를 보딩패스나 여권 뒷면에 붙여주는데 이는 수하물을 찾을 때까지 잘 보관해야 한다. 수하물 분실에 대비하여 가방에 이름, 주소지 등을 영문으로 작성한 네임태그도 달아두는 것이 좋다. 위탁수하물 중 세관신고를 해야 하는 경우 대형수하물 전용카운터 옆 세관신고대에서 하면 된다. 공항이나 시내면세점에서 구입한 주류, 화장품 등의 액체류는 투명봉인봉투 또는 국제표준방식으로 제조된 훼손탐지 가능봉투에 담아야 한다. 반드시 최종 목적지행 항공기탑승 전까지 미개봉상태를 유지해야 하며, 이를 어길 시 면세혜택 만큼 벌금을 내야 한다.

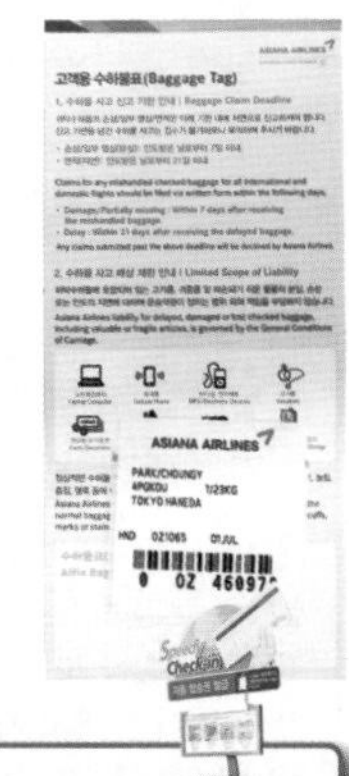

Tip

3분이면 탑승수속 완료! 셀프체크인 서비스 키오스크(Kiosk)

기다리지 않고 빠르게 탑승수속을 하려면 셀프체크인(Self Check-In) 서비스를 이용하면 된다. 무비자국가로 출국할 때만 이용 가능하며, 수하물은 해당 항공사카운터를 이용해야 한다.

이용절차 : 항공사 선택 → 예약확인→ 좌석배정 → 탑승권발권 → 수하물탁송

구분	대상품목
기내/위탁 수하물 반입가능	생활도구류(수저, 포크, 손톱깎이, 긴 우산, 감자칼, 병따개, 와인따개, 족집게, 손톱정리가위, 바늘류, 제도용컴파스 등), 액체류 위생용품/욕실용품/의약품류(화장품, 염색약, 파마약, 목욕용품, 치약, 콘택트렌즈용품, 소염제, 의료용 소독 알코올, 내복약, 외용연고 등), 의료장비 및 보행보조기구(주삿바늘, 체온계 등 휴대용 전자의료장비, 지팡이, 목발, 유모차 등), 구조용품(소형 산소통), 건전지 및 개인휴대 전자장비(휴대용건전지, 시계, 계산기, 카메라, 캠코더, 휴대폰, 노트북컴퓨터, MP3 등)
위탁수하물 가능	창도검류(과도, 커터칼, 맥가이버칼, 면도칼, 작살, 표창, 다트 등), 스포츠용품류(야구배트, 하키스틱, 골프채, 당구봉, 스케이트, 아령, 볼링공, 양궁 등), 총기류(모든 총기 및 총기부품, 총알, 전자충격기, 장난감총 등), 무술호신용품(쌍절곤, 공격용 격투무기, 경찰봉, 수갑, 호신용 스프레이 등), 공구류(도끼, 망치, 송곳, 드릴/날 길이 6cm 초과하는 가위, 스크루드라이버/드릴심류/총 길이 10cm 초과하는 렌치/스패너/펜치 등)
기내/위탁 수하물 반입금지	폭발물류(수류탄, 다이너마이트, 화약류, 연막탄, 조명탄, 폭죽, 지뢰, 뇌관, 신관, 도화선, 알파캡 등 폭파장치), 인화성물질(성냥, 라이터, 부탄가스 등 가스류, 휘발유/페인트 등 액체류, 70도 이상의 알코올성 음료 등), 방사성/전염성/독성물질(염소, 표백제, 산화제, 수은, 하수구 청소제, 독극물, 의료용·상업용 방사성 동위원소, 전염성·생물학적 위험물질 등)
액체류 반입 기준	물/음료/식품/화장품 등 액체/분무(스프레이)/겔류(젤 또는 크림) 물품은 100㎖ 이하의 개별용기에 담아 1인당 1ℓ 투명비닐지퍼백 1개까지만 반입할 수 있다. 유아식 및 의약품은 항공여정에 필요한 용량만큼 반입 허용. 단, 의약품 등은 처방전 등 증빙서류를 검색요원에게 제시해야 한다.

로밍서비스 이용하기

해당 통신사의 요금제에 따라 다르지만, 자동로밍이 된다면 별도 신청 없이 해외에서도 휴대폰을 사용할 수 있다. 요금 걱정 없이 사용하고 싶다면 로밍서비스를 신청하면 된다. 굳이 로밍센터까지 방문하지 않아도 휴대폰으로 전화를 하거나 홈페이지 또는 통신사 앱을 통해 간단히 신청할 수 있다.

통신사	요금제명	요금	가입 및 이용안내
SKT	T로밍 데이터무제한 OnePass	9,900원/일	휴대폰에서 114(무료)
KT	데이터 마음껏	11,000원/일	
LGU+	무제한 데이터로밍 요금제	11,000원/일	

Tip

도쿄에서 유심칩으로 무제한 데이터로밍 사용하기

도쿄에서 현지통화를 자주 해야 하거나 여행기간 동안 자유롭게 데이터를 이용하고 싶다면 로밍보다는 현지 유심칩을 이용하는 것이 훨씬 경제적이다. 단, 휴대폰 단말기는 유심칩을 바꿀 수 있는 심프리 기종만 가능하고, 유심칩을 바꾸면 전화번호도 바뀌므로 한국에서 사용하던 번호로는 통화가 불가능하다. 카카오톡, 라인, 스카이프 등 SNS를 통한 연락은 자유롭게 이용할 수 있다. 유심칩은 공항 안에 있는 편의점에서 쉽게 구입할 수 있으며, 도쿄 중심부에 있는 대형 전자상가에서도 판매한다. 아이폰은 칩을 꺼내는 전용도구가 없으면 유심칩을 꺼내기 쉽지 않으므로 한국에서 챙겨가는 것이 좋다. 카드에 따라 혜택이 다르지만, 가격은 사용량에 따라 ¥3,000~5,000 정도이며 이용기간에 제한이 있으니 전체 여행일정에 맞춰 구입하면 된다.

유심 자동판매기

출국심사과정

항공사카운터에서 발권과 탑승수속을 마친 후에는 출국을 위한 심사를 거쳐야 한다. 심사과정은 크게 세관신고, 보안검색, 출국심사 순서로 진행된다.

세관신고

여권과 보딩패스를 제시한 후 출국장에 들어서면 입구에 세관신고센터가 있으므로 신고할 물건이 있다면 이곳에서 신고하자. 특히 고가물품(고가의 카메라, 귀금속, 전자제품 등)을 휴대하여 여행지에서 사용한 후 다시 가져올 계획이라면 휴대물품 반출신고서를 꼭 작성해둬야 입국 시 엉뚱한 세금문제가 발생하지 않는다.

보안검색

세관신고할 물품이 없거나 신고를 마쳤다면 보안검색을 받는다. 여권과 탑승권을 보여 주고 휴대물품을 엑스레이검색대 위에 올려놓는다. 착용하고 있는 의상(가방, 핸드백, 코트 등)의 주머니에 있는 소지품(휴대폰, 지갑, 열쇠, 동전 등)도 바구니에 넣고 검색대를 통과시킨다. 보안이 강화된 경우에는 신발을 벗을 것을 요구하기도 하는데, 당황하지 말고 지시에 따르면 된다.

출국심사

출국심사대 앞 대기선에서 차례를 기다렸다가 심사를 받으면 된다. 심사 시 모자나 선글라스는 벗은 채로 여권과 탑승권을 제시한다. 여권유효기간 등에 문제가 없다면 출국확인 스탬프를 찍어준다.

신속, 편리한 자동출입국심사 서비스

여권과 지문인식으로 출입국심사를 대신하는 자동출입국심사 서비스를 이용할 수 있다. 2017년부터는 등록 절차가 폐지되어 사전등록하지 않아도 이용(권고 대상 제외)할 수 있다. 출국심사를 하는 게이트로 들어가기 전에 자동출입국심사 등록센터에 들러 신청하거나 출국심사대 옆에 있는 코너에서 신청하면 된다. 자동출입국심사는 여권을 판독기에 인식시킨 후 지문인식기에 등록한 손가락을 올려 인식시킨다. 심사완료 메시지가 나타나면 출구로 빠져 나가면 된다.

이용절차 : 여권 인식 → 지문 인식 → 안면 촬영 → 심사 완료　　**홈페이지 :** www.ses.go.kr

공항시설 제대로 이용하기

면세점 쇼핑하기

출국예정자는 항공편이 확정되면 출국일 1달 전부터 출국 전날까지 국내면세점을 이용할 수 있다. 탑승할 항공사와 항공편명을 기억하여 여권을 소지한 채 구입하면 된다. 시간 여유가 많지 않다면 온라인면세점을 이용할 수 있다. 오프라인이나 온라인면세점 모두 구매 당일 환율이 적용되며, 본인이 출국하는 날짜에 교환권(온라인은 교환권을 출력)을 제시하고 면세품인도장에서 수령하면 된다.

면세점은 어디가 제일 저렴할까?

공항면세점보다는 오프라인이나 온라인면세점을 이용하는 것이 더 저렴하며, 온라인면세점에서 할인쿠폰을 이용하면 더욱 저렴하게 구입할 수 있다. 돌아올 때 일본 공항의 면세점도 이용이 가능하지만, 한국의 면세점이 더 저렴한 편이다. 단, 'SKII', '시세이도'와 같은 일본브랜드는 일본에서 구입하는 것이 더 저렴하다.

면세점 할인율 : 한국면세점 〉 일본면세점

온라인면세점 〉 오프라인면세점 〉 공항면세점

오프라인면세점

오프라인면세점을 처음 이용한다면 안내데스크에서 멤버십카드를 발급받아 5~10% 추가할인을 받을 수 있으며, 발급요건은 회사별로 조금씩 차이가 있다. 또한 오프라인면세점에서 멤버십카드나 이벤트 할인쿠폰 등을 잘 활용하면 10~30% 할인된 가격으로 면세품을 구입할 수 있다.

구분	지점	위치	운영시간	고객센터
롯데면세점	본점	서울시 중구 소공동 1번지 롯데백화점 명동본점 1층, 9~12층	09:30~18:30 (연중무휴)	1688-3000
	월드타워점	서울특별시 송파구 신천동 29 롯데월드타워몰 8-9층	09:00~18:30 (연중무휴)	02-3213-3700
	부산점	부산광역시 부산진구 가야대로 772, 롯데백화점 부산점 8층	09:30~18:30 (매주 월요일 휴무)	051-810-3880
	제주점	제주특별자치도 제주시 도령로 83 롯데면세점 제주점 1-4층	09:30~17:30	064-793-3000
	※ 이외 인천공항2터미널점, 김포공항점, 김해공항점 운영			
동화면세점	본점	서울시 종로구 세종대로 149	11:00~18:00 (매주 일요일 휴무)	02-399-3000
신라면세점	서울점	서울시 중구 동호로 249	09:30~18:30 (연중무휴)	1688-1110
	제주점	제주시 노연로 69	14:00~18:00	
	※ 이외 인천공항2터미널점, 김포공항점, 제주공항점 운영			
신세계면세점	명동점	서울시 중구 퇴계로77 8~12층	10:30~18:30	1661-8778
	부산점	부산시 해운대구 센텀4로 15 센텀시티몰 B1	11:00~18:30 (매주 월요일 휴무)	
	※ 이외 인천공항1터미널점, 인천공항2터미널점 운영			
신라아이파크 면세점	서울점	서울시 용산구 한강대로 23길 55 아이파크몰 3~7층	09:30~17:30 (연중무휴)	1688-8800

온라인면세점

오프라인매장을 찾아갈 시간이 없다면 온라인면세점을 이용하자. 회원가입만으로도 다양한 할인혜택을 받을 수 있으며, 다양한 이벤트로 쇼핑의 즐거움이 더해진다. 온라인으로 구매한 물건은 면세품인도장에서 찾는데, 여행객이 몰리면 보딩 시간에 늦거나 물건을 받지 못하는 불상사가 생길 수 있으므로 좀 더 여유 있게 공항에 도착하는 것이 좋다.

인터넷 면세점	홈페이지	인터넷 면세점	홈페이지
롯데면세점	www.lottedfs.com	현대백화점면세점	www.hddfs.com
신라아이파크면세점	www.shillaipark.com	동화면세점	www.dwdfs.com
신라면세점	www.shilladfs.com	신세계면세점	www.ssgdfs.com

공항면세점

출국 전 마지막으로 면세품을 구입할 수 있는 곳이다. 할인 폭은 온라인면세점에 비해 적은 편이다. 향수 같은 제품은 직접 시향을 하고 구입할 수 있어 좋고 남는 대기시간을 활용해서 쇼핑을 즐길 수 있다.

구분	지점	위치	운영시간	고객센터
롯데면세점	인천공항 제2터미널점(동편/서편)	면세지역 3층	06:50~21:30	032-743-7460(7477)
	김포공항점	국제선청사 3층	항공편 운항시간대	02-2669-6700
	김해공항점	국제선청사 2층	항공편 운항시간대	051-979-1900
신라면세점	인천공항 제2터미널점	면세지역 3층	06:50~21:30	1688-1110
	김포공항점	국제선청사 3층	항공편 운항시간대	
	제주공항점	국제선청사 3층	항공편 운항시간대	
신세계면세점	인천공항 제1터미널점	면세지역 3층	06:30~21:30	1661-8778
	인천공항 제2터미널점	면세지역 3층	06:50~21:30	

기내면세점

비행기를 타면 좌석 앞주머니에 면세품을 소개하는 카탈로그가 들어 있다. 시간이 없어 공항면세점에서 미처 못 샀다면 기내에서도 구입할 수 있다. 상품에 따라서 공항면세점에 비해 더 저렴하기도 하지만, 기내에 재고가 없는 경우 구입할 수 없다.

통관 시 유의사항

출국 시 내국인의 면세점 구입한도는 1인당 US$3,000이며, 입국 시에는 면세점 구입물품을 포함하여 해외에서 구입하여 가져오는 물품 총액이 1인당 US$600를 초과하는 경우 세관에 신고한 후 세금을 내야 한다. 구입 총금액의 20%를 간이세금으로 부과한다.

항공사라운지(Airline Lounge) 이용하기

인천국제공항은 규모가 큰 만큼 마티나라운지, 스카이허브라운지, 항공사라운지 등 다양한 라운지를 갖추고 있다. 라운지는 라운지 이용서비스가 포함된 비즈니스클래스 이상의 항공권을 보유하고 있거나, PP(Priority Pass)카드 또는 라운지키(Lounge Key), 더라운지(The Lounge), PP카드 등의 기능이 포함된 신용카드가 있으면 무료로 이용 할 수 있다. 라운지에 따라서 1인당 약 1~5만 원 정도 되는 이용료를 지불하고 유료로 이용하는 것도 가능하다. 이용할 수 있는 라운지와 게이트가 먼 경우도 있으니 탑승 시간과 게이트 위치를 미리 파악해 두고 즐기자.

인천공항 대한항공라운지

공항		라운지	위치	운영시간
인천 국제공항	제1 터미널	대한항공라운지(외항사)	4층 28번 게이트 근처	06:30~21:30
		마티나라운지	4층 43번 게이트 근처	07:00~22:00
		스카이허브라운지	4층 25번 게이트 근처	13:30~22:00
			4층 29번 게이트 근처	07:00~15:30
		아시아나라운지(비지니스)	4층 11번 게이트 근처	05:30~23:00
			4층 26번 게이트 근처	07:00~21:00
	제2 터미널	대한항공라운지 (프레스티지 이스트, 퍼스트, 마일러클럽)	4층 249번 게이트 근처	04:00~24:00
			마감시간(퍼스트 ~22:00, 마일러 ~23:10)	
		대한항공라운지(프레스티지 이스트)	4층 253번 게이트 근처	06:00~22:00
		라운지엘	4층 231번 게이트 근처	07:00~21:00
		마티나라운지	4층 252번 게이트 맞은편	07:00~22:00
김포국제공항		대한항공라운지	4층(보안검색후)	06:30~19:45
		아시아나라운지	4층(보안검색후)	06:30~20:30
김해국제공항		대한항공라운지	3층	05:40~20:50
하네다국제공항		TIAT라운지	T3, 4층 국제선출발 게이트	07:30~22:00
		스카이라운지	T3, 4층 국제선출발 게이트	07:30~22:00
나리타 국제공항	제1 터미널	'KAL라운지(대한항공)	3층 26번 게이트 옆	10:00~18:00
		ANA라운지	제2새터라이트 2층(입구 3층)	07:00~마지막 운항편
		ANA스위트라운지	제5세터라이트 4층	07:00~마지막 운항편
	제2 터미널	사쿠라라운지	본관빌딩 4층	07:30~22:00(유동적)

※ 항공사 라운지는 보통 해당 항공사 비행스케줄에 맞춰 운영한다.

카페 및 레스토랑 이용하기

저가항공사를 이용하는 경우 기내식이 제공되지 않는다. 비행기를 타기 전 카페나 레스토랑에서 대기시간을 이용하여 식사를 미리 해결하자. 비행기 내부에서 음식을 판매하지만 저렴하지는 않다.

인천국제공항의 다양한 휴게 및 레저시설 이용하기

흡연라운지 : 기내에서는 담배를 피울 수 없다. 비행기를 타기 직전까지는 대합실 사이사이에 위치한 흡연라운지를 이용하면 된다.

사우나 : 최고급 호텔 수준의 다양한 부대시설을 갖춘 스파온에어(Spa on Air)에서 사우나시설은 물론 마사지, 수면실, 미팅룸, 구두수선 등의 서비스를 이용할 수 있다. 제1여객터미널 지하 1층 동쪽에 위치하고 있으며 24시간 운영한다.

샤워실 : 환승객을 위한 전용 샤워실을 운영한다. 그 밖에도 환승호텔 및 냅존 등이 있어서 잠시 잠을 잘 수도 있다.

릴렉스존 : 휴식용 의자 및 휴대폰 충전기를 갖추고 있으며, 보통 24시간 운영한다.

하네다공항 국제선 여객터미널 안의 전통상점가

하네다공항 국제선 여객터미널에는 비행기를 타지 않는 일본 사람들이 관광을 목적으로 찾아올 정도로 멋진 일본 전통상점가가 있다. 에도시대의 상점가를 테마로 만든 쇼핑몰 에도코지(江戸小路)로 일본기념품, 전통잡화, 전통과자 등을 한자리에서 즐길 수 있어 못다 한 일본여행을 이어 즐길 수 있다. 출국장으로 나가기 전에 위치하므로 항공권이나 여권이 없는 사람도 자유롭게 드나들 수 있다. 줄을 서서 기다리는 인기 우동집 츠루통탄(つるとんたん), 우리 입맛에도 잘 맞는 일본라멘집 로쿠린샤(六厘舎) 등 유명 맛집도 많다.

항공기 탑승하기

김포나 하네다국제공항은 출국심사장과 게이트가 가깝지만, 인천이나 나리타국제공항은 규모가 커 출국심사장에서 해당 게이트까지 거리가 멀 경우 이동시간까지 계산해야 한다. 인천국제공항과 나리타국제공항은 규모가 커서 사람이 많을 경우 출국심사에 30분 이상 소요되기도 한다. 탑승은 보통 항공편 출발 30분 전부터 이뤄지고 10분 전에 마감되므로 늦지 않도록 움직여야 한다. 비행기에 탑승하면 보딩패스에 적힌 좌석번호를 찾아 오버헤드빈Overhead Bin에 짐을 넣고 착석한다. 파손위험이 있는 물건이나 귀중품은 좌석 아래 빈 공간에 넣어 두는 것이 좋다.

항공편에 따라 제공되는 기내식

도쿄행 아시아나나 대한항공을 이용하면 출발 후 30분 정도면 기내식이 제공된다. 채식주의자의 경우 항공권을 구입할 때 채식주의자 메뉴를 예약할 수 있으며, 아기를 동반한 경우에 이유식을 신청하면 준비해준다. 이코노미클래스는 메뉴선택을 할 수 없지만, 비즈니스클래스 이상의 국적기는 비빔밥, 쌈밥 등이 포함된 메뉴 중 선택이 가능하다. 국적기 외에는 보통 샌드위치나 초밥 등 차가운 음식을 제공하고 저가항공사는 음료만 제공되지만 유료로 식사를 주문할 수도 있다.

비행기에서 후지산 보기

창가 자리에 앉으면 창밖으로 후지산을 내려다볼 수 있다. 후지산을 보고 싶다면 도쿄에 도착하기 30분 전부터 창밖을 예의주시하자. 해발 3,776m의 후지산은 워낙 높아서 구름이 낀 날에는 구름 위로 후지산 봉우리가 보이기도 한다.

Tokyo

일본 입국부터 도쿄 도착까지

도쿄에는 하네다와 나리타국제공항이 있다. 하네다국제공항은 김포국제공항처럼 도심에 인접해 있어 이동시간은 물론 교통비까지 절약된다. 나리타국제공항은 인천국제공항처럼 도쿄에서 조금 떨어진 치바(千葉)에 위치한다. 두 공항 모두 안내시설과 표지판 등이 일본어, 영어, 한국어로 잘 표시되어 있어 일본어를 몰라도 문제없이 입국심사를 마칠 수 있다.

한눈에 살펴보는 일본 입국과정

하네다와 나리타국제공항을 포함한 일본의 모든 공항의 입국하는 과정은 동일하다. 외국인 입국심사 줄에 서서 기다린 후 간단한 질문이 포함된 심사를 마친 후에는 수하물을 찾고 세관을 통과한 뒤 입국장 밖으로 나가면 된다.

도쿄 출입국카드 작성과 입국심사

입국심사를 받을 때는 여권과 출입국카드가 필요하다. 입국심사에 필요한 출입국카드는 기내에서 미리 작성해 두면 좋다. 한국어로도 표시되어 있지만, 작성은 영어와 일본어(또는 한자)로 써야 한다. 출입국카드에는 출국과 입국카드가 같이 붙어 있으므로 같은 내용을 두 번 작성한다. 뒷면에는 범죄경력 및 입국금지 경험 등을 신고하도록 되어 있으며, 해당 내용을 체크하고 서명을 해야 한다. 출입국카드에는 반드시 체류기간과 숙소 및 전화번호를 기입해야 한다. 호텔의 경우는 호텔명만 기재해도 괜찮고 전화번호는 (+82)를 포함한 한국의 휴대폰 번호를 적으면 된다.

입국심사는 내국인과 외국인이 구분되므로 외국인外国人, Foreigner이라고 표시된 심사대에 줄을 서자. 입국심사 중 휴대폰 사용과 사진촬영은 금지되어 있으며, 쓰고 있던 모자도 벗어야 한다. 입국심사를 할 때는 체류기간과 방문 목적을 주로 물어본다. 일본어가 능숙하지 않은 경우에는 영어로 간략하게 대답하자. 작성한 출입국카드와 여권을 심사관에게 제출하면 확인 후 여권과 입국카드를 떼어 내고 남은 출국카드를 여권에 붙여서 돌려준다. 출국카드는 출국할 때 필요하므로 버리지 말고 여권 속에 잘 넣어두자.

外国人入国記録 DISEMBARKATION CARD FOR FOREIGNER 외국인 입국기록 【ARRIVAL】

英語又は日本語で記載して下さい。 Enter information in either English or Japanese. 영어 또는 일본어로 기재해 주십시오.

氏名 Name 이름	Family Name 영문 성: 한자 성 혹은 영문 성		Given Names 영문 이름: 한자 이름 혹은 영문 이름	
生年月日 Date of Birth 생년월일	Day 日 일 Month 月 월 Year 年 년: 생년월일	現住所 Home Address 현 주 소	国名 Country name 나라명: 국적	都市名 City name 도시명: 현재 거주 도시
渡航目的 Purpose of visit 도항 목적	□ 観光 Tourism 관광 □ 商用 Business 상용 □ 親族訪問 Visiting relatives 친척 방문 □ その他 Others 기타 (방문 목적에 체크표시)		航空機便名・船名 Last flight No./Vessel 도착 항공기 편명・선명: 항공기 편명 日本滞在予定期間 Intended length of stay in Japan 일본 체재 예정 기간: 일본 체류기간	
日本の連絡先 Intended address in Japan 일본의 연락처	일본에서 머무는 숙소 주소와 전화번호		TEL 전화번호	

裏面の質問事項について、該当するものに☑を記入して下さい。 Check the boxes for the applicable answers to the questions on the back side. 뒷면의 질문사항 중 해당되는 것에 ☑ 표시를 기입해 주십시오.

1. 日本での退去強制歴・上陸拒否歴の有無 Any history of receiving a deportation order or refusal of entry into Japan 일본에서의 강제퇴거 이력・상륙거부 이력 유무	□ はい Yes 예	□ いいえ No 아니오
2. 有罪判決の有無 (日本での判決に限らない) Any history of being convicted of a crime (not only in Japan) 유죄판결의 유무 (일본 내외의 모든 판결)	□ はい Yes 예	□ いいえ No 아니오
3. 規制薬物・銃砲・刀剣類・火薬類の所持 Possession of controlled substances, guns, bladed weapons, or gunpowder 규제약물・총포・도검류・화약류의 소지	□ はい Yes 예	□ いいえ No 아니오

以上の記載内容は事実と相違ありません。 I hereby declare that the statement given above is true and accurate. 이상의 기재 내용은 사실과 틀림 없습니다.

署名 Signature 서명 서명

1. 일본에서 추방이나 입국거부 이력 유무 예/아니오
2. 일본 혹은 다른 나라에서의 형사 유죄판결 유무 예/아니오
3. 규제 마약, 권총, 도검류, 화약류의 소지 예/아니오

출입국카드

수하물 찾기와 세관검사

입국심사를 마쳤으면 전광판에서 항공편명을 확인한 후 수취대로 가서 짐을 찾으면 된다. 혹시 짐이 나오지 않았다면 출국수속 때 받았던 수하물보관표Baggage Claim Tag로 수하물 분실신고를 해야 한다. 수하물보관표는 보딩티켓과 함께 건네주므로 수하물을 찾을 때까지 잘 보관해야 한다. 수하물을 찾았으면 마지막으로 세관검사를 받는다. 세관신고서는 기내에서 작성해 놓는 것이 편리하다. 참고로 일본입국 시 면세한도는 20만 엔이 넘지 않아야 한다. 대부분 특별한 제지 없이 통과되지만, 짐을 열어보라는 지시를 하기도 한다. 당황하지 말고 여권과 함께 짐을 열어서 보여주고 내용에 관해 물어보면 솔직하게 대답하면 된다.

Tip

일본 반입금지 물품

일본은 마약, 향정신성 의약품, 대마, 아편, 히로뽕 등의 규제약물을 반입할 수 없다. 권총 등의 총포류, 폭발물, 화약류, 병원체 등도 물론 금지된다. 화폐, 유가증권, 신용카드 등의 위조품 및 가짜 명품, 음란잡지, 음란 DVD, 아동포르노, 불법복제 출판물 및 해적판 CD 등 지적재산권을 침해하는 물품도 가져갈 수 없다. 사전 검역확인이 필요한 동식물 및 육제품, 채소, 과일, 쌀 등도 확인이 필요하다. 주류는 3병(750㎖ 정도)까지 반입이 허용되며, 담배는 외제와 일제 각각 200개비(보통 1보루)까지 가능하다. 한국인이며 일본 비거주자인 경우 2배까지로 일제 400개비/외제 400개비까지 면세로 구입할 수 있다. 하지만 일본에서 한국으로 가지고 들어올 때는 1보루만 허용되므로 일본에서 소비할 것이 아니라면 1보루만 구입하는 것이 좋다.

공항 내 터미널 간의 이동

나리타국제공항 터미널연락버스

하네다국제공항은 건물 하나로 연결되어 있지만, 일본의 국내선 터미널1과 2는 멀리 떨어져 있다. 나리타국제공항은 국제선도 제1터미널, 제2터미널, 제3터미널로 건물 자체가 나누어져 있다. 제대로 알고 터미널을 잘 찾아가면 좋지만, 실수로 다른 터미널에서 내린 경우 터미널 간 이동은 공항 내부를 무료로 순환하는 터미널연락버스ターミナル連絡バス를 이용할 수 있다.

일본출국과 한국입국 과정

일본에서의 일정을 마치고 한국으로 돌아올 때도 일본입국 때와 마찬가지로 일본에서의 출국절차와 한국에서의 입국절차를 거쳐야 한다. 해외여행이 처음인 여행자라도 한국에서 일본으로 들어갈 때 한 번 경험했으므로 걱정할 필요 없다. 구입한 항공편 시간에 맞춰 하네다 또는 나리타국제공항에 탑승 3시간 전까지 도착한다. 해당 항공사카운터에서 탑승수속을 받은 후 보안검색과 출국심사대를 통과한다. 탑승시간까지 면세점에서 쇼핑을 즐긴 후, 비행기를 타고 약 2시간이면 한국에 도착한다. 한국에 도착하면 입국심사를 받고 수하물을 찾은 뒤 세관신고를 거쳐서 집으로 돌아가면 된다.

수하물 찾기와 세관검사

입국할 때는 특별히 서류를 작성할 필요가 없지만 세관신고에 필요한 여행자휴대품신고서는 외국인은 물론 내국인도 반드시 작성해야 한다. 가족단위로 여행했을 경우 대표자 1명만 작성하면 된다. 입국심사는 내국인 전용심사대를 이용하기 때문에 대기시간이 짧다. 입국심사대를 통과한 후에는 항공편명을 확인하여 수하물수취대에서 짐을 찾으면 된다. 수하물을 찾았으면 마지막으로 작성한 여행자휴대품신고서를 건네주고 나가면 된다. 이때 세관검사가 필요한 경우라면 세관검사를 받는다.

면세통관 기준

- 해외에서 취득한 물품 및 구입물품에 대한 1인당 면세금은 $600(약 60만 원, 6만 엔) 미만이다.
- 미화 1만 불 이상을 가지고 오는 경우 외화반입신고를 해야 한다.
- 만 19세 미만의 미성년자는 주류 및 담배를 반입할 수 없다.
- 주류 1L($400 이하) 1병, 담배 궐련 200개비, 엽궐련 50개비, 기타 담배 250g, 향수 60㎖

Tokyo

공항에서 도쿄시내로 이동하기

하네다국제공항은 도쿄시내 중심부에서 15㎞밖에 떨어져 있지 않아 이동시간이 20~30분 정도지만, 나리타국제공항은 80㎞ 정도라 1시간~1시간 30분 정도가 걸린다. 일반적으로 교통수단은 전차를 많이 이용하지만, 목적지에 따라 공항버스가 더 저렴한 경우도 있다. 짐이 많거나 가족 단위 여행이라면 택시나 렌터카 등 자동차를 이용하는 것이 더 편리하다.

빠르고 편리한 도쿄의 전철(철도)

하네다국제공항은 도쿄모노레일東京モノレール線과 게이큐선京急線이 국제선터미널과 직접 연결된다. 도쿄모노레일이 더 비싸지만 창밖으로 도쿄만 풍경을 구경할 수 있어 좋다. 목적지까지 환승을 고려하면 다양한 노선과 연결되어 허브 역할을 하는 시나가와역品川駅에서 게이큐선을 이용하는 것이 편리하다.

나리타국제공항은 도쿄 중심과 거리가 있기 때문에 교통비가 비싸고 시간도 오래 걸린다. 가장 빠른 전차는 스카이라이너スカイライナー로, 주요역에서만 정차한다. 가격은 비싸지만 좌석도 넓고 쾌적하며, 대형 캐리어를 보관하는 공간과 화장실까지 겸비하고 있다. 저렴하게 이동하고 싶다면 게이세이본선京成本線을 통해 닛포리역이나 게이세이우에노역에서 갈아타면 된다. 시간은 30분~1시간 정도 더 소요되지만 가격이 반 이하라 이용할 만하다.

하네다국제공항 도쿄모노레일선

나리타국제공항 게이세이본선

홈페이지 www.jreast.co.jp/kr/pass

공항	노선	도착역	예상 소요시간	가격(편도/성인)
하네다 국제공항	도쿄모노레일선(東京モノレール線)	하마마츠초(浜松町)역	14~20분	¥500
	게이큐선(京急線)	시나가와(品川)역	12~19분	¥300
나리타 국제공항	스카이라이너(スカイライナー)	닛포리(日暮里)역	40분	¥2,570
		게이세이우에노(京成上野)역	45분	¥2,570
	게이세이본선(京成本線)	게이세이우에노(京成上野)역	80~100분	¥1,050

※ JR 나리타익스프레스 가격은 시기에 따라 다름

운행횟수는 적지만 저렴한 공항리무진버스

공항리무진버스 매표소

하네다와 나리타국제공항 모두 공항리무진버스를 이용할 수 있다. 규모가 있는 호텔을 예약했다면 호텔로비까지 바로 갈 수 있어 편리하지만, 리무진버스는 운행이 잦지 않으므로 출발시간을 미리 확인하는 것이 좋다. 하네다국제공항은 새벽 1시경에 출발하는 심야버스도 운영하여 늦게 도착한 사람도 이용할 수 있다. 하네다국제공항에서 도쿄 중심부까지 운행하는 리무진버스는 구간에 따라 가격이 다르지만 보통 ¥500 정도이다. 특히 나리타국제공항은 버스를 이용하는 것이 전차를 이용하는 것보다 훨씬 저렴하다. 도쿄역까지 ¥1,300 정도로 갈 수 있으며, 운행간격도 5~20분 정도로 짧아 편리하다. 도쿄역과 나리타공항 구간은 새벽 6시부터 밤 11시까지 이용할 수 있다.

편리하지만 비싼 택시

전차나 버스가 운행되지 않는 이른 아침이나 늦은 밤에 도착했다면 택시를 이용할 수밖에 없다. 하네다국제공항에서 도쿄 중심부까지는 ¥5,000~10,000 정도에 갈 수 있지만, 나리타국제공항에서는 ¥20,000~30,000이나 되므로 차라리 근처 호텔에서 1박을 하고 다음 날 대중교통을 이용하는 것이 더 저렴하다. 값이 비싼 만큼 일본택시는 서비스도 좋고, 기사들도 친절하므로 여자 혼자 이용해도 안전하다. 또한, 미터기로 이동하므로 바가지 걱정은 하지 않아도 된다. 도쿄택시는 지역에 따라 시간이 조금씩 다르지만 대부분 밤 10시부터 새벽 5시까지 심야할증이 붙어 25% 비싸진다. 신용카드로 지불할 경우에는 택시를 타기 전 미리 물어봐야 한다.

도쿄여행을 위한 교통카드

대중교통을 자주 이용할 예정이라면 공항에서 출발하기 전 선불충전식 교통카드를 구입하자. 교통카드를 이용하면 현금으로 매번 표를 사는 것보다 편리하고, 큰 금액은 아니지만 할인을 받을 수 있다. 도쿄 이외의 지역까지 신칸센으로 여행할 예정이라면 외국인 여행자를 위한 JR패스를 구입하는 것이 좋다.

편리한 교통카드, 파스모(PASMO)와 스이카(SUICA)

파스모(PASMO)와 스이카(SUICA)는 도쿄여행에서 유용하게 사용할 수 있는 선불충전식 교통카드이다. 전차와 지하철, 모노레일, 버스(일부 제외), 택시(일부 제외) 등 도쿄에서 이용 가능한 대중교통수단은 물론 전자화폐 기능도 있어 편의점 및 역 내부에 있는 자판기, 코인로커, 음식점 및 가게 등에서도 사용할 수 있다. 한 번 구입하면 최대 10년까지 사용할 수 있으므로 도쿄를 다시 방문할 예정이라면 보관했다가 계속해서 사용할 수 있다. 약간이지만 일회용 티켓보다 저렴하고 매번 티켓을 구입하지 않아도 되어 편리하므로 이틀 이상 여행할 예정이라면 구입하는 것이 편하다. 구입 및 충전은 엔화로만 가능하며, 신용카드를 쓸 수 없으니 현금을 준비해야 한다. 구입할 때는 별도 등록이 필요없는 무기명(無記名)을 선택하면 된다. 보증금은 ¥500이며, 최대 ¥20,000까지 충전할 수 있다. 보증금 ¥500은 환불받을 수 있지만, 잔액이 남은 경우 수수료를 공제하므로 잔액을 다 쓴 후에 환불하는 것이 좋다.

파스모

스이카

Tip

교통카드 충전방법

❶ 교통카드 자판기에서 교통카드를 구입(보증금 : ¥500)한다. 교통카드가 있다면 자판기에 카드를 넣는다.
❷ 충전할 금액을 선택한다.
❸ 충전할 금액을 교통카드자판기에 넣는다.(영수증이 필요하면 [領収書] 버튼을 터치한다.)
❹ 충전이 완료되면 카드가 나온다.

JR 동일본패스

JR 동일본패스(JR EAST PASS)는 단기체류로 입국한 외국인만 이용할 수 있는 교통패스이다. 센다이, 야마가타, 아키타 등을 포함한 일본 동북지역의 신칸센을 이용할 수 있는 패스와 나가노와 니가타 지역을 이용할 수 있는 패스가 있다. 도쿄 및 근교여행에도 사용할 수 있지만, 하루 교통비가 ¥4,400 이하라면 손해이니 잘 계산해 봐야 한다. JR 동일본패스는 발행일로부터 14일 이내 임의로 5일간 사용할 수 있어 필요한 날만 이용하면 된다. 어른(만 12세 이상)은 도호쿠패스는 ¥20,000, 나가노&니가타 지역 패스는 ¥18,000, 어린이(만 6~11세)는 반값이다. 한국에서 인터넷 또는 여행사를 통해 구입할 경우 더 저렴하게 구입할 수 있다.

구입처 **홈페이지, 여행사, JR 동일본여행서비스센터(하네다, 나리타국제공항, 도쿄역, 신주쿠역 등)** 홈페이지 www.jreast.co.jp/multi/ko

도쿄프리패스

하루에 여러 지역을 방문할 예정이라면 유효기간 내에 무제한으로 교통시설을 이용할 수 있는 패스를 이용하면 교통비를 절약할 수 있다. 단, 패스에 따라 이용할 수 있는 노선이 제한되어 일부 구간은 비용을 따로 내야 하기도 한다. 패스 구입 전 얼마나 절약이 되는지 교통비를 정확하게 계산하는 것이 좋다.

패스	요금	기간	이용 가능 노선
도쿄프리킷푸(東京フリー きっぷ)	대인 ¥1,600, 소인 ¥800	1일	JR(도구 내), 도쿄메트로, 도에지하철, 도버스 등
도에마루고토킷푸(都営まるごときっぷ)	대인 ¥700, 소인 ¥350	1일	도에지하철, 도버스 등
도에지하철 원데이패스(都営地下鉄 One day pass)	대인 ¥500, 소인 ¥250	1일	도에지하철, 도버스 등
도쿄메트로 도에지하철 공통 일일승차권(東京メトロ 都営地下鉄共通一日乗車券)	대인 ¥900, 소인 ¥450	1일	도쿄메트로, 도에지하철
도쿄메트로 24시간권(東京メトロ24時間券)	대인 ¥600, 소인 ¥300	24시간	도쿄메트로
JR동일본 도구 내 패스(JR東日本 都区内パス)	대인 ¥760, 소인 ¥380	1일	JR
도버스 일일승차권(都バス 一日乗車券)	대인 ¥500, 소인 ¥250	1일	도버스
유리카모메 일일승차권(ゆりかもめ 一日乗車券)	대인 ¥820, 소인 ¥410	1일	유리카모메
린카이선 일일승차권(りんかい線 一日乗車券)	대인 ¥730, 소인 ¥370	1일	린카이선

Section 06

Tokyo

도쿄시내의 대중교통

도쿄도(東京都)는 울창한 산림지역인 타마(多摩)에서부터 태평양에 떠 있는 남쪽의 섬까지 포함된다. 여행자가 흔히 생각하는 도쿄는 도쿄의 중심부 23구인데, 지하철과 전차가 거미줄처럼 연결되어 있다. 경우에 따라 1~3번 정도 환승해야 하고 한국보다 요금도 비싸지만 교통시스템은 한국과 비슷하다. 도쿄를 제대로 즐기려면 깜깜한 지하로 다니는 것보다 지상 위로 다니는 것이 좋고 일부 구간은 모노레일, 수상버스, 스카이버스, 하토버스 같은 관광버스 등을 이용해 보는 것도 권장한다.

운행 편수와 노선이 많은 전차와 지하철

도쿄시내를 연결하는 전차와 지하철은 JR 전차와 도쿄메트로, 도에지하철 등 여러 회사에서 운영한다. 같은 회사에서 운영하는 라인은 바로 환승이 가능하지만, 운영사가 다르면 요금을 일단 정산한 후 다시 지불해야 한다. 1일 패스를 구입할 때도 경로를 미리 파악하고 어떤 회사의 교통패스를 구입할지 미리 계산해보는 것이 좋다.

승차권은 무인자판기에서 일회용티켓이나 충전식 교통카드를 구입하여 사용할 수 있다. 요금은 ¥140~800 정도로 노선과 구간에 따라 다르며, 외곽으로 나갈 경우 가격이 많이 올라간다. 개찰구는 우리와 비슷하며 교통카드를 리더기에 댄 후 통과한다. 도쿄 외곽까지 이동하는 전차에는 그린카Green Car라 부르는 지정석 칸이 있다. 지정석 티켓을 구입한 사람만 앉을 수 있으며, 추가요금을 내지 않고 앉았을 경우 벌금을 내야 하니 주의하자. 구간마다 조금씩 다르지만 오전 5시경에 첫차가 출발하며, 보통 자정까지 운행한다.

Tip

전차와 지하철 이용 에티켓

- 전차와 지하철 내에서 전화통화는 예의가 아니다. 벨소리를 진동으로 바꾸자.
- 노약자가 주변에 없을 경우 노약자석에 앉아도 되지만, 노약자석에서는 휴대폰 전원을 반드시 꺼야 한다.
- 붐비는 시간에 문 앞에 서서 간다면 문이 열렸을 때 사람들이 내릴 수 있도록 양보하고 비켜주자.
- 기다릴 때는 라인에 맞춰 줄을 서서 기다리고 차례로 승차한다.
- 일본 교통카드는 가방이나 지갑에 넣은 채로는 인식이 안 될 때가 많으니 쉽게 꺼낼 수 있는 곳에 넣어두자.

때때로 편리한 버스

전차나 지하철로 이동이 불가능한 곳은 버스를 이용해야 한다. 버스는 가까운 거리라면 전차나 지하철보다 비싸고 지하철에서 버스로 갈아타도 환승혜택이 없다. 또한 배차간격이 긴 경우가 많아 현지인도 이용을 꺼릴 정도이다. 버스요금은 구간에 따라 다른 경우도 있고, 일정 금액을 내고 종점까지 갈 수 있는 경우도 있다. 도쿄 23구 이내만 이동하는 버스는 이동거리가 짧기 때문에 종점까지 동일 요금(성인 기준 ¥210)을 내고 앞문으로 승차하면서 요금을 낸다. 구간에 따라 요금이 달라지는 경우에는 뒷문으로 타면서 교통카드를 인식시키거나 승차한 정류장번호가 찍힌 정리권整理券을 뽑는다. 그리고 앞문으로 내릴 때 요금을 내면 된다. 버스 회사에 따라서 교통카드로 계산이 불가능하기도 하니 현금을 미리 준비해 두는 것이 좋다.

Tip

도쿄의 특별관광버스

- **스카이트리셔틀(スカイツリーシャトル)** : 우에노, 아사쿠사선/하네다공항선/도쿄디즈니리조트선
  홈페이지 www.tobu-bus.com/pc/skytree_shuttle
- **무료순환버스(無料巡回バス)** : 메트로링크 니혼바시 E라인/마루노우치셔틀/메트로링크니혼바시
  홈페이지 www.hinomaru-bus.co.jp/free-shuttle

Tip

구글맵으로 대중교통 쉽게 이용하기

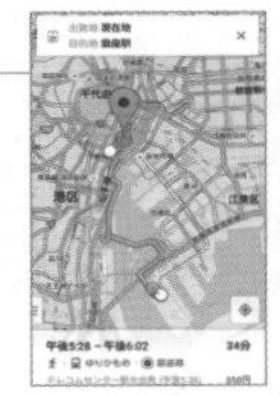

❶ 구글맵을 실행한 후 현재 위치를 찾은 다음에 [길 찾기] 버튼을 누른다.
❷ 목적지 이름이나 주소를 목적지 칸에 입력한다.
❸ 여러 가지 길 찾기 옵션을 확인 후 환승이 없거나 적고 최단 시간이 걸리는 방법을 선택한다.
❹ 지도를 따라 정류장을 찾은 후 전차/지하철/버스 등에 탑승한다.
❺ 이동 시에도 구글맵을 수시로 확인하면 내릴 곳도 미리 정확하게 알 수 있다.

 비싸지만 편리한 택시

일본택시는 한국의 모범택시가 싸게 느껴질 정도로 비싸지만 서비스도 좋고 편리하다. 이용자보다 택시가 더 많아 승차거부도 없고, 불친절한 기사를 만나기도 어렵다. 24시간 언제 어디서나 이용할 수 있고 주소만 알면 어디든지 갈 수 있다. 미터기로 요금이 책정되며 기본요금은 ¥500으로 1,096m까지 갈 수 있다. 이후 거리로 환산할 때는 255m 마다 ¥100씩 올라가고 시간과 거리를 병산할 경우는 1분 30초당 ¥100씩 올라간다. 기본요금이 약 5천 원인데 기본요금으로 움직일 수 있는 거리가 짧고 한 번에 천 원씩 올라가니 한국과 비교하면 비싼 편이다. 더군다나 도쿄의 택시는 대부분 밤 10시부터 새벽 5시까지 심야할증이 붙어 25% 더 비싸진다. 현금만 받는 차도 있으므로 신용카드로 지불하려면 탑승 전에 미리 물어보자. 도쿄에 업무상 방문해서 택시요금을 비용처리할 경우 영수증을 요청하면 된다. 뒷좌석은 자동문이라 기사가 운전석에서 여닫으므로 탑승이나 하차 시 문이 열리기를 기다리면 된다. 택시에서 내린 후에도 문을 닫을 필요 없이 그냥 갈 길을 가면 된다. 출발지에서 목적지까지 정확한 택시요금을 알고 싶다면 www.taxisite.com/far(일본어)에서 미리 계산해볼 수 있다.

색다르게 도쿄를 즐기는 투어버스와 수상버스

도쿄의 투어버스는 주요 관광지를 중심으로 루트가 짜여 있으므로 일부러 찾아보지 않아도 도시 전체를 돌아볼 수 있다. 시원한 바람을 가르며 이층버스를 타거나 크루즈를 타고 강물 위에서 바라보는 도쿄의 매력에 빠져보자.

스카이버스

스카이덕

수상버스

스카이버스도쿄, 스카이홉버스, 스카이덕 (Sky Bus Tokyo, Sky Hop Bus, SKY Duck)

도쿄 주요 관광지를 돌다 보면 오픈카처럼 천정이 뚫린 이층버스를 종종 보게 된다. 이 버스가 바로 한 층 높은 곳에서 도쿄 풍경을 즐길 수 있는 스카이버스이다. 코스에 따라 가격이 다르고 1일권 또는 2일권으로 판매하며, 자유롭게 타고 내리면서 관광을 즐길 수 있다. 도로 위는 물론 강물 위도 달리는 스카이덕도 있다.

스카이버스 루트 **고쿄, 긴자, 마루노우치코스/도쿄타워, 레인보우브리지코스/도쿄스카이트리, 아사쿠사 코스/오다이바 야경코스/오모테산도, 시부야코스 등** 운행시간 **코스, 평일/주말, 시즌에 따라 다름** 요금 **1일권 대인 ¥1,600~3,500/소인 ¥700~1,700(코스에 따라 다름)** 문의 03-3215-0008 홈페이지 www.skybus.jp

수상버스(水上バス)

바다와 인접한 도쿄를 색다르게 즐길 수 있는 교통수단 중 하나가 수상버스이다. 강과 바다가 만나는 코스는 도심풍경까지 함께 구경할 수 있어 좋다. 바람이 불지 않는 날은 파도도 거의 없어 멀미 걱정도 필요 없다. 아사쿠사와 도쿄스카이트리를 볼 수 있는 스미다강(隅田川)과 레인보우브리지와 오다이바풍경을 만끽할 수 있는 임해부(臨海部)를 중심으로 다양한 코스를 이용할 수 있다.

코스	운행구간	예상 소요시간	요금 (대인 기준)
스미다가와라인(隅田川ライン)	아사쿠사~하마리큐~히노데~아사쿠사	40분	¥860~1,040
호타루나(ホタルナ)	아사쿠사~히노데, 히노데~오다이바해변공원, 오다이바해변공원~아사쿠사	20~60분	¥1,200~1,720
히미코(ヒミコ)	아사쿠사~오다이바해변공원~토요스~아사쿠사	20~75분	¥1,720~2,220
오다이바라인(お台場ライン)	히노데~오다이바해변공원	20분	¥520
도쿄빅사이트, 팔레트타운라인 (東京ビッグサイト・パレットタウンライン)	히노데~팔레트타운~도쿄빅사이트	25분	¥460
아사쿠사&오다이바크루즈 (浅草・お台場クルーズ)	료고쿠~아사쿠사~하마리큐~오다이바해변공원	2시간	¥400~2,400

홈페이지 www.suijobus.co.jp, www.tokyo-park.or.jp/waterbus

Special 02 알아두면 유용한 도쿄 정보

일본인은 한국인과 생김새가 비슷해서 무심코 한국인처럼 대하게 되는데, 사고 및 행동방식에 차이가 있다. 모르고 대하면 자칫 상대방이 오해하기 쉬우므로 일본인 및 도쿄에 관한 기본적인 상식을 알아보자.

도쿄의 역사

카마쿠라

도쿄는 과거 수도 동쪽에 있다 하여 한자로 '東京'을 사용한다. 일본어로는 도쿄(とうきょう)라고 발음하고, 영어로는 'Tokyo'라고 표기한다. '에도(江戶)'라 불리던 도쿄는 교토(京都)를 기준으로 동쪽이었기 때문에 1868년 도쿄로 지명을 변경하고 그 이듬해 천도하면서 일본의 수도가 되었다. 도쿄가 수도로서의 기능을 하기 시작한 것은 메이지시대(明治時代)부터이다. 전쟁과 지진을 수차례 겪어 역사 깊은 유적 및 문화재가 흔치 않아 100년 정도면 역사 깊은 곳이라 칭하기도 한다. 도심보다 일본의 역사문화유산에 관심이 있다면 교토 또는 도쿄 인근의 카마쿠라(鎌倉)지역을 추천한다.

한눈에 살펴보는 도쿄의 생활물가

세계적인 도시 도쿄의 물가는 일본 내에서도 제일 비싸다. 하지만 단기여행자에게 물가는 크게 영향을 미치지 않는다. 우리나라는 소비자물가 상승 폭이 큰 반면 일본은 장기불황이 지속되고 있어 10년 전이나 현재의 물가가 비슷해 오히려 생활용품 및 식품 등은 한국보다 저렴하다.

품목	가격	품목	가격
지하철(도쿄 23구 내)	¥140~500(약 1,400~5,000원)	맥도날드 빅맥세트	¥710(약 7,000원)
버스(도쿄 23구 내)	¥210(약 2,100원)	스타벅스 카페라테(톨)	¥455(약 4,500원)
택시 기본요금	¥500(약 5,000원)	생수(500㎖ 1병)	¥100(약 1,000원)
맥주(1캔)	¥200(약 2,000원)	일본라멘(1인분)	¥800엔(약 8,000원)
담배(1갑)	¥580(약 5,800원)	쇠고기덮밥(1인분)	¥450(약 4,500원)

도쿄에서 지켜야 할 매너

매너가 좋기로 알려진 일본사람답게 항상 경계하는 것이 타인에게 폐를 끼치는 일이다. 본인 스스로 남에게 폐를 끼치지 않게 조심하면서, 폐가 되는 행동을 하는 사람을 저지하기도 한다. 매너를 지키지 않는다고 벌금을 내거나 처벌받지는 않지만, 모처럼의 해외여행을 망치지 않기 위해서라도 다음 사항들은 미리 조심하자

❶ 쓰레기통이 아닌 곳에 쓰레기를 버리지 말자. 쓰레기통을 못 찾았다면, 편의점에 설치된 쓰레기통을 이용하면 된다.

❷ 쓰레기는 분리수거를 해야 한다.(캔/페트병, 유리, 태우는 쓰레기, 태울 수 없는 플라스틱류)

❸ 사람이 많이 다니는 길이나 전차 안에서 부딪히지 않도록 조심하고, 부딪힌 경우에는 '쓰미마셍(すみません)'이라고 사과를 한다.

❹ 담배는 반드시 흡연구역을 이용해야 한다.(레스토랑도 대개 흡연석과 금연석으로 나뉜다.)

Section 07

Tokyo

미식의 도시, 도쿄의 먹거리

도쿄는 세계적인 미식의 도시답게 까다롭기로 소문난 미슐랭 스타레스토랑만으로도 책 한 권이 나올 정도이다. 최고급 레스토랑은 물론 합리적인 가격으로 맛있는 음식과 친절한 서비스를 즐길 수 있는 곳도 많다. 신선한 해산물이 올라간 초밥부터 바삭바삭한 덴푸라, 철판요리, 장어, 라멘, 소바, 우동, 돈카츠, 각종 덮밥류와 달콤한 스위츠까지 수준 높은 요리를 즐길 수 있다.

입안에서 살살 녹는 본토의 초밥

세계 최대 수산물시장 중 하나인 도요스시장豊洲市場이 있어 최상의 해산물을 맛볼 수 있다. 일본 전역에서 잡아 올린 싱싱한 수산물은 물론 원양어선으로 먼바다에서 잡은 해산물까지 종류도 다양하다. 초밥장인이 먹는 속도에 맞춰 눈앞에서 하나씩 만들어주는 고급 초밥집은 비싼 값을 톡톡히 한다. 또한 한 접시에 ¥100 정도로 누릴 수 있는 저렴한 회전초밥집도 맛은 물론 위생상태까지 좋다. 원산지가 걱정된다면 활어를 사용하는 고급 초밥집보다는 냉동 수입산을 취급하는 회전초밥집을 이용하는 것도 방법이다.

초밥을 제대로 음미하는 방법

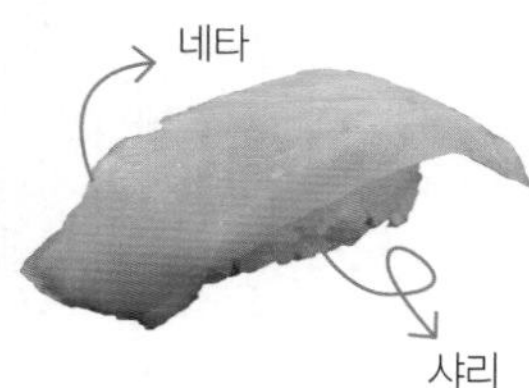

일본 초밥은 위에 올라가는 해산물인 네타(ネタ)와 식초 등의 배합초를 섞어 만드는 밥 샤리(シャリ)의 조화가 중요하다. 네타가 아무리 신선해도 샤리의 질이 좋지 않으면 맛이 떨어지기 때문에 초밥 미식가들은 샤리의 맛도 중요하게 평가한다. 샤리는 네타의 맛에 방해가 되지 않을 정도여야 하고 밥이 너무 질거나 되지 않아야 한다. 밥알과 밥알 사이는 공기층이 살짝 있어 입안에서 쉽게 퍼져야 하지만 초밥을 집었을 때 형태를 유지해야 한다. 초밥 장인이 하나씩 손으로 만드는 고급 초밥집에서는 샤리의 양을 조절하여 주문할 수 있다. 밥을 쥐는 적당한 정도를 지키는 것이 어렵기 때문에 초밥 장인은 일식요리사 중에서도 특별하다.

네타는 담백한 흰살생선부터 기름이 많은 부위의 순서로 먹는 것이 좋다. 초밥의 네타가 바뀔 때는 녹차 또는 생강 초절임을 먹어서 입안을 개운하게 청소해주자. 간장은 샤리가 아닌 네타에 찍고 샤리가 혀에 닿도록 뒤집어서 먹을 때 맛이 더 좋다. 젓가락으로 집어 먹는 것이 일반적이지만, 샌드위치나 피자를 먹듯 깨끗하게 씻은 손으로 집어 먹어도 된다.

회전초밥집에서 맛있게 먹는 방법

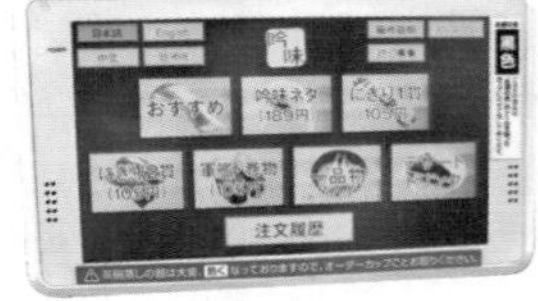

회전초밥집은 레일 위를 도는 초밥 중에서 마음에 드는 것을 집어 먹으면 되기 때문에 일본어를 몰라도 편하게 골라 먹을 수 있다. 하지만 신선한 초밥을 먹고 싶다면 기다리지 말고, 직접 주문해서 먹는 것이 좋다. 레일 위에 터치스크린으로 된 단말기가 있어 원하는 초밥을 간편하게 주문할 수 있다. 대부분 영어와 한국어를 지원하기 때문에 일본어를 몰라도 주문이 가능하다.

초밥의 종류

생선회를 올려 먹는 전통적인 초밥부터 육회 및 튀김 등을 얹어 먹는 퓨전초밥까지 초밥의 종류는 무궁무진하다. 특히나 유행에 민감한 회전초밥집의 경우 유행하는 식재료를 이용한 신제품도 자주 선보인다. 일반적으로 밥 위에 생선회가 올라간 스타일의 초밥은 에도마에스시(江戸前寿司)라고도 부르는 니기리즈시(握り寿司)이다. 한국의 김밥처럼 속에 재료를 넣고 둥글게 만 초밥은 마끼즈시(巻き寿司) 또는 노리마끼(海苔巻き)라고 한다. 김으로 군함처럼 만든 초밥은 군칸마끼(軍艦巻き), 밥 위에 초밥 재료를 예쁘게 뿌려 먹는 초밥은 치라시즈시(ちらし寿司), 눌러서 네모반듯하게 만든 초밥은 오시즈시(押し寿司) 등 초밥을 어떤 방식으로 만드는지에 따라 종류가 나뉜다. 하지만 무엇보다 맛을 좌우하는 요소는 어떤 재료를 사용하느냐이다. 여기서는 일본에서 주로 먹는 초밥의 종류를 소개한다.

단새우/甘エビ[아마에비]
달콤한 맛의 생새우

새우/海老[에비]
대하(ボタンエビ), 보리새우(クルマエビ) 등의 숙회

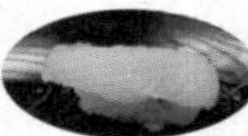
광어 지느러미/えんがわ[엔가와]
꼬들꼬들한 식감

오징어/イカ[이카]
오징어 몸부분의 회

조개관자/ホタテ[호타테]
부드럽고 달콤한 맛

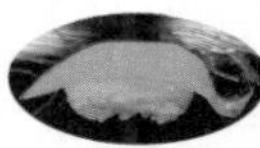
연어/サーモン[사몬]
연어 위를 토치로 그을린 '아부리(炙り)'도 맛있고 아보카도, 양파, 치즈 등을 얹은 메뉴도 인기

연어알/いくら[이쿠라]
알알이 톡톡 터지는 식감

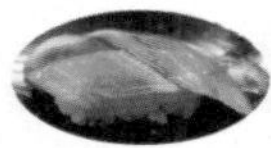
붕장어/アナゴ[아나고]
간장이 아닌 달콤한 장어 전용 소스 사용

문어/タコ[타코]
문어 숙회

참치/マグロ[마구로]
참치 붉은 살은 아카미(赤身), 지방이 적당히 들어간 살은 츄토로(中トロ), 지방이 많은 살은 오토로(大トロ)

피조개/アカガイ[아카가이]
쫄깃하면서 달콤한 조개

계란말이/玉子[타마고]
달콤하고 부드럽게 익힌 일본식 계란말이

참치와 파/ネギトロ[네기토로]
잘게 다진 참치회를 파에 곁들여 먹는 대표적인 네타

전갱이/鯵[아지]
진한 생선 맛이 나는 등푸른 생선

날치알/とびっこ[토빗코]
주황색의 작은 생선알

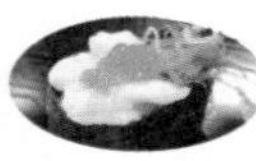
명태의 정소/白子[시라코]
크림처럼 부드러운 식감

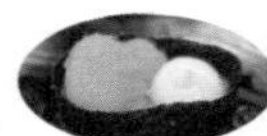
명란/明太子[멘타이코]
한국의 명란젓과 비슷하다.

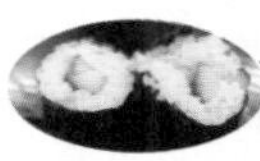
오이/かっぱ巻き[갓파마끼]
초밥을 충분히 먹은 뒤 마지막에 입안을 정리하기 위해 먹으면 좋다.

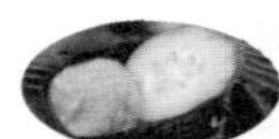
게 내장/カニ味噌[카니미소]
색은 아름답지 않지만 진한 게의 향을 즐길 수 있다.

치어/しらす[시라스]
비린내에 약한 사람에게는 추천하지 않는다.

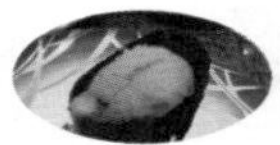
성게알/ウニ[우니]
크림처럼 부드럽고 진한 바다의 맛이 난다.

마요네즈에 버무린 게맛살/カニマヨ[카니마요]
날것을 못먹는 사람들을 위한 샐러드류 초밥도 많다.

도쿄의 인기 초밥집 BEST 5

NO.1

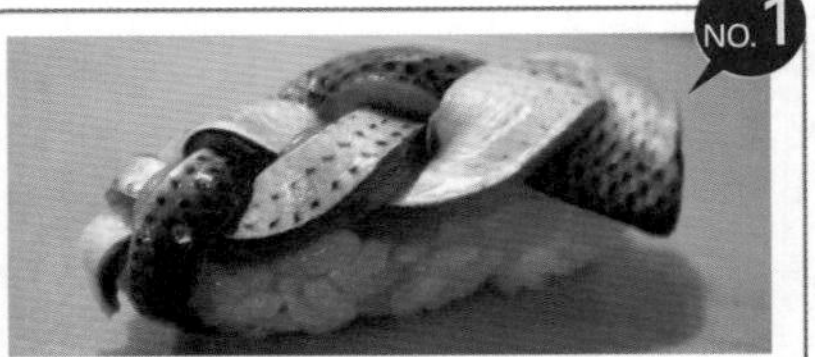

스시다이(寿司大)

도요스시장에서도 최고로 인정받는 인기절정 초밥집으로 가격 대비 최고의 맛!(츠키지 P. 190)

NO.2

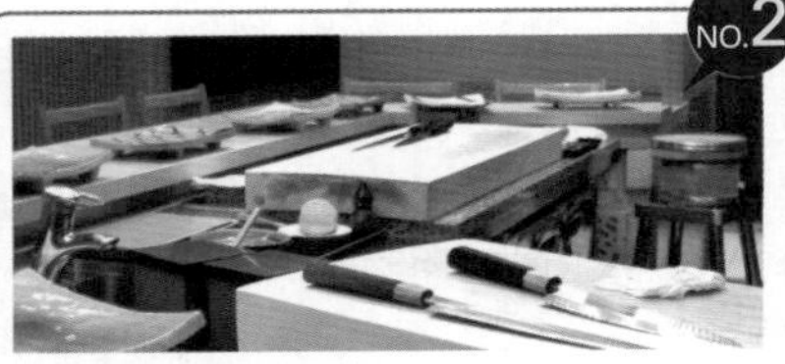

긴자큐베(銀座久兵衛)

고급스러운 분위기에 명성까지 높아서 접대하기도 좋은 초밥집.(긴자 P. 110)

NO.3

우메가오카 스시노 미도리(梅丘寿司の美登利)

해산물은 크고 가격은 저렴한 인기 초밥집.(긴자 P. 111)

NO.4

스시잔마이(すしざんまい)

츠키지장외시장의 대표적인 초밥집으로 24시간 연중무휴 영업.(츠키지 P. 191)

NO.5

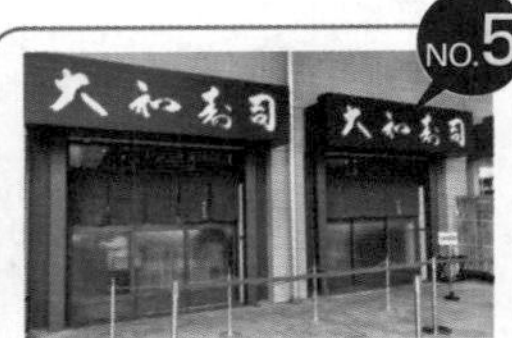

다이와스시(大和寿司)

도요스시장의 인기 초밥집으로 스시다이보다 덜 붐빈다(츠키지 P. 191)

저렴한 회전초밥체인점 BEST 3

NO.1

헤이로쿠스시(平禄寿司)

한국인에게 인기 많은 회전초밥체인.

www.heiroku.jp

NO.2

스시로(スシロー)

일본인에게 인기 많은 회전초밥체인.

www.akindo-sushiro.co.jp

NO.3

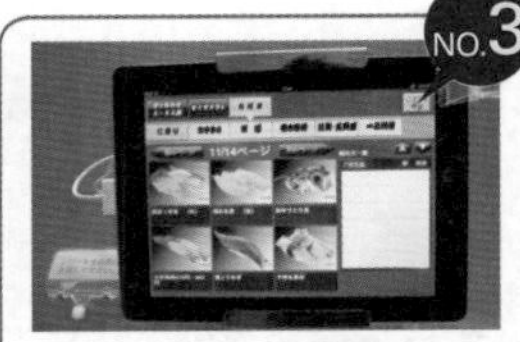

갓파즈시(かっぱ寿司)

일본 전국에 수많은 체인점을 가지고 있는 초밥체인.

www.kappasushi.jp

Tip

일본의 식사 예절

❶ 일식은 숟가락을 거의 사용하지 않고 밥은 물론 국까지 젓가락을 이용해서 먹는다.(계란찜, 디저트류 등에는 티스푼을 준다.)
❷ 국그릇은 손에 들고 입 가까이 가져가서 먹는다.
❸ 소바, 우동, 라멘 등의 면요리는 '후루룩' 하고 소리를 크게 내면서 먹어도 결례가 아니다.
❹ 여러 명이 음식을 나눠 먹을 때는 앞 접시를 사용하고, 먹던 젓가락이나 숟가락으로 음식을 덜지 않는다.
❺ 일본인과 함께 식사할 때 나이나 지위에 상관없이 더치페이 형식으로 자신이 먹은 음식값은 본인이 지불한다.

갓 튀겨 바삭바삭한 덴푸라

한국에서 덴푸라天ぷら는 포장마차에서 파는 흔한 튀김을 일본어로 표현한 것이지만, 일본에서 튀김은 고급 일식메뉴 중 하나이다. 덴푸라만 전문으로 하는 음식점이 있으며, 덴푸라를 제대로 튀기기 위한 특별한 기술이 필요하다. 특히 참기름에 넣고 튀겨 고소한 향이 진동하는 덴푸라는 그야말로 신세계이다. 고급 덴푸라전문점은 수십만 원 정도로 비싸지만 런치타임을 이용하면 ¥1,000~2,000 정도로 즐길 수 있다. ¥1,000 이하로 저렴하게 맛보고 싶다면 밥 위에 갓 튀긴 덴푸라를 얹어 먹는 텐동天丼을 추천한다. 꼬치에 하나씩 재료를 끼워서 기름에 튀겨먹는 꼬치튀김 쿠시아게串揚げ도 별미이다. 덴푸라에 비해 재료 본연의 맛은 떨어지지만, 빵가루 덕분에 더 바삭한 식감을 즐길 수 있다.

덴푸라를 제대로 즐기는 방법

덴푸라용으로 연하게 만든 간장 텐츠유(天つゆ)를 곁들여 먹는 것이 보통이지만, 고급 덴푸라전문점에서는 소금에 찍어 먹는다. 텐츠유에는 조미료 맛이 가미되어 재료 자체의 맛이 묻힐 수 있기 때문이다. 말차가 들어가 지방흡수를 막는 말차소금도 잘 어울린다. 덴푸라전문점에서는 생으로 먹어도 될 만큼 신선한 재료를 사용하고 어떤 재료를 사용하는지 튀기기 전에 보여주기도 한다. 고급 초밥전문점처럼 덴푸라 장인이 먹는 속도에 맞춰 갓 튀긴 덴푸라를 개인접시 위에 놓아주기도 한다.

도쿄의 인기 덴푸라&텐동집 BEST 5

NO.1

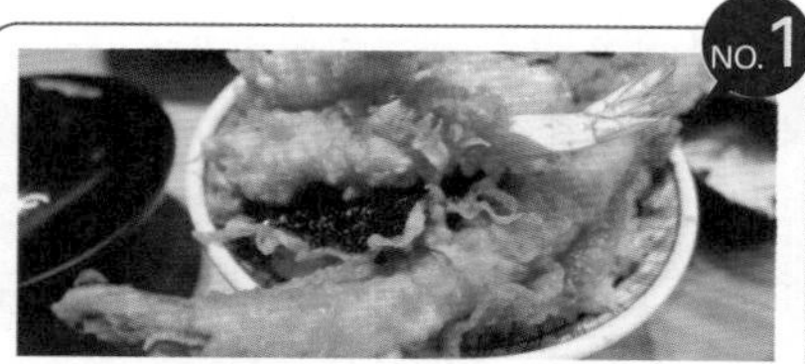

카네코한노스케(金子半之助)

메뉴는 텐동 단 한 가지! 인기 때문에 2시간은 줄을 서야 할 만큼 맛있다.(니혼바시 P. 165)

NO.2

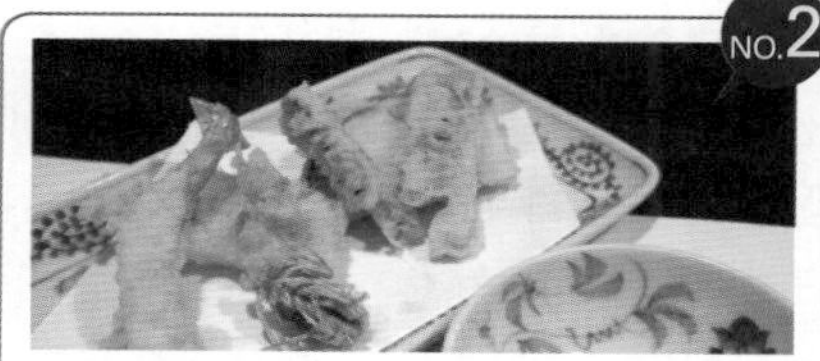

츠나하치(つな八)

역사 깊은 전통 고급 덴푸라전문점으로 맛은 물론 분위기까지 좋다.(신주쿠 P. 323)

NO.3

덴푸라나카야마(てんぷら中山)

불맛이 나는 검은색 소스를 넣은 텐동으로 유명한 덴푸라집.(니혼바시 P. 169)

NO.4

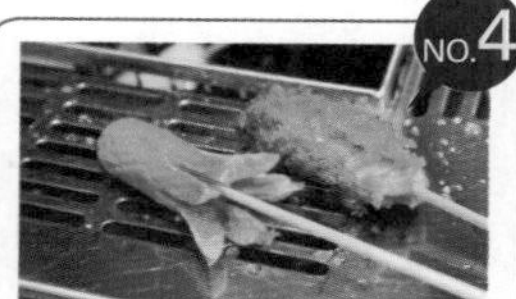

쿠시야모노가타리(串屋物語)

꼬치에 꽂아진 재료를 가져다가 테이블에서 직접 튀겨먹는 튀김 뷔페.(오다이바 P. 537)

NO.5

텐야(天屋)

역 근처에서 흔하게 볼 수 있는 텐동체인점으로 가격대비 맛이 좋다.

철판 위에서 펼쳐지는 맛의 향연, 철판요리

고급 철판요리전문점에서는 신선한 해산물, 스테이크, 야채 등을 초밥이나 덴푸라처럼 요리사가 하나씩 조리해주는 스타일로 즐길 수 있다. 일본에서 보편적인 철판요리鉄板焼き는 지극히 서민적인 오코노미야키お好み焼き와 일본식 볶음국수 야끼소바焼きそば 등이다. 또한 도쿄의 로컬음식으로 유명한 몬쟈야끼もんじゃ焼き도 빼놓을 수 없다. 몬쟈야끼는 질척한 반죽 때문에 모양이 예쁘진 않지만 조리법과 먹는 방법이 특이해서 재미있다.

추천 고급 철판요리점 우카이테(うかい亭) www.ukai.co.jp

원기 회복을 위한 일본 최고의 보양식, 장어

일본어로 장어는 우나기鰻라고 하며 기력이 달리는 여름에 보양식으로 챙겨 먹는 대표적 음식이다. 지역에 따라 조리법이 다른데 도쿄는 부드럽게 찐 장어에 소스를 발라 숯불에 구워 먹는다. 속은 부드럽고 겉은 숯불향이 은은하게 퍼지며, 달콤한 소스는 밥과 잘 어울린다. 취향에 따라 산초가루를 살짝 뿌리는데, 뒷맛을 깔끔하게 잡아준다. 장어전문점에서는 쌉쌀한 맑은국 키모스이肝吸い를 곁들여준다. 우나쥬鰻重는 장어의 양에 따라서 가격이 달라지며, 장어전문점은 ¥3,000~20,000 정도의 예산이 필요하다. 여름철에는 쇠고기덮밥 체인인 요시노야吉野家すき家, 스키야すき家 등에서 ¥1,000 정도로 저렴하게 판다.

진한 육수와 쫄깃한 생면으로 든든한 한 그릇, 라멘

라멘ラーメン은 푹 고아서 만드는 육수와 튀기지 않은 생면이 들어가 든든한 한 끼 식사로 손색이 없다. 육수에는 돼지, 생선, 닭 뼈 등 종류에 따라 다른 재료가 들어가고 간은 소금, 간장, 일본 된장인 미소 등을 사용한다. 국물만큼이나 중요한 것이 생면이며, 면 맛을 제대로 즐기려면 진한 국물에 면을 찍어 먹는 츠케멘つけ麺을 추천한다. 한 그릇으로 부족하다면 군만두와 생맥주를 곁들이거나 남은 국물에 밥을 말아 먹자. 저녁에도 ¥1,000 이하로 끼니를 든든하게 해결할 수 있으며 해장으로도 좋다.

메밀향이 살아있는 건강한 면요리, 소바

우리가 알고 있는 소바는 멘츠유麺つゆ에 차가운 메밀면을 찍어 먹는 것이다. 하지만 일본어로 소바蕎麦는 면 자체를 일컫는다. 일본에서는 메밀면에 뜨거운 국물을 부어 먹거나 멘츠유에 찍어 먹으며 덴푸라, 갈은 마 등을 곁들인다. 메밀맛을 제대로 느끼고 싶다면 멘츠유를 끝부분에 조금만 찍어 '후루룩' 소리를 내며 한 번에 흡입해보자. 고급 소바전문점에서는 소금을 살짝 뿌려 먹거나 일본 전통술 사케酒 안주로 즐기기도 한다. 주로 역 근처에 자리한 저렴한 소바집들은 한 그릇에 ¥300~500 정도로 판매하며, 주문하면 바로 말아준다.

도쿄의 인기 철판요리점 BEST 3

키지(きじ)
분위기도 고급스럽고 주문하면 바로 구워주는 최고의 맛집. (도쿄역 P. 151)

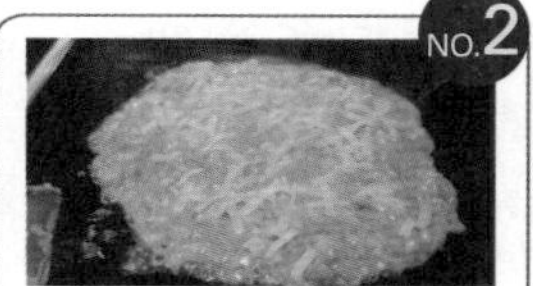

몬자쿠라(もんじゃ 蔵)
도쿄를 대표하는 로컬음식인 몬쟈야끼로 유명한 츠키시마의 맛집.(츠키지 P. 192)

츠루하시후게츠(鶴橋 風月)
오코노미야키로 유명한 오사카 체인점으로 가격 대비 맛이 좋다.(오다이바 P. 539)

도쿄의 인기 장어요리점 BEST 3

호사카야(ほさかや)
겉은 허름하지만, 저렴한 가격에 맛있는 장어를 파는 맛집.(지유가오카 P. 510)

아카사카 후키누키 (赤坂ふきぬき)
장어를 세 가지 맛으로 즐기는 맛집.(아카사카 P. 232)

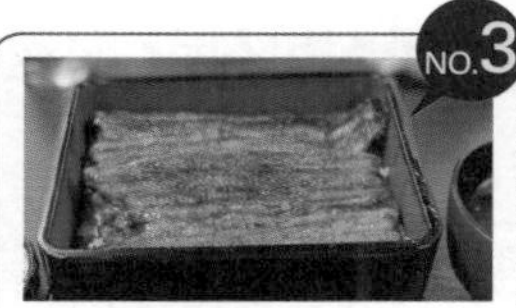

요시노야(吉野家)
규동 체인점으로 여름철 특별 메뉴로 ¥1,000 정도에 장어를 판매한다.

도쿄의 인기 라멘집 BEST 3

후운지(風雲児)
인기가 많아 기다려야 하지만 식감이 살아 있는 면이 환상적인 라멘.(신주쿠 P. 330)

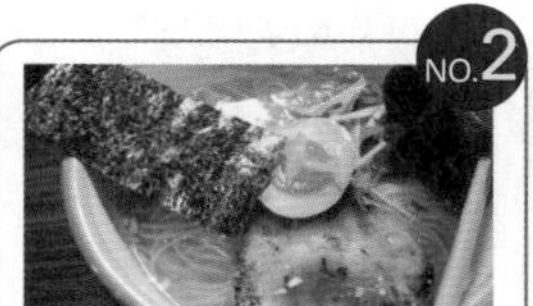

아후리(阿夫利)
유자소금으로 맛을 내 깔끔한 맛에 중독되는 라멘.(에비스 P. 471 하라주쿠 P. 416)

모코탕멘나카모토 (蒙古タンメン中本)
한국인에게도 화끈하게 매운 라멘.(신주쿠 P. 333)

도쿄의 인기 소바전문점 BEST 3

총본가 사라시나호리이 (総本家更科堀井)
얇고 하얀 면발의 고급 소바전문점.(아자부주반 P. 223)

수타소바 마츠나가 (手打蕎麦 松永)
깔끔한 소바와 새우튀김이 맛있는 소바전문점.(시부야 P. 418)

우에노 야부소바 (上野藪そば)
메밀 향이 느껴지는 백년 전통의 소바집.(우에노 P. 251)

국물 맛이 아닌 쫄깃한 면발을 즐기는 우동

우리는 뜨거운 국물이 생각날 때 우동うどん을 찾지만, 도쿄는 우동 국물보다 면발의 쫄깃함을 더 중시한다. 짠맛이 강한 멘츠유나 간장을 면발에 바로 뿌려 먹기도 하고, 면을 삶아낸 그 국물과 함께 담아주기도 한다. 국물이 짠 곳이 많아 보통 국물은 남기고 면을 중심으로 먹는다. 강한 힘으로 오랫동안 치대서 쫄깃함이 강한 사누키讃岐지방의 우동이 인기이며 턱이 아플 정도로 탄력이 뛰어나다. 가게에 따라 우동의 맛도 다양해서 전통적인 간장소스 국물은 물론 카레, 까르보나라, 토마토소스 등 퓨전스타일로도 즐길 수 있다. 가격은 고급스러운 우동전문점도 ¥1,000 안팎이며, 우동체인점 및 저렴한 우동집은 ¥200~500 정도이다. 우동에 곁들여 먹는 덴푸라 및 주먹밥 등도 고를 수 있다.

바삭바삭한 튀김 속에 육즙이 살아있는 돈카츠

두툼한 돼지고기에 튀김옷을 입힌 일본식 돈카츠とんかつ는 우리 입맛에도 잘 맞는다. 돈카츠는 돼지를 뜻하는 한자 돈豚과 튀긴 요리를 뜻하는 커틀릿Cutlet, カツレツ을 결합한 일본어이다. 고급

도쿄의 인기 우동전문점 BEST 3

NO.1

카마치쿠(釜竹)
고급스러운 건물에 자리한 깔끔하고 담백한 맛이 일품인 우동전문점.(야나카 P. 295)

NO.2

사토요스케(佐藤養助)
매끈하고 쫄깃한 면의 이나니와 우동전문점.(긴자 P. 118)

NO.3

도쿄멘츠단(東京麵通団)
두툼하고 쫀득쫀득한 사누키우동전문점.(신주쿠 P. 322)

도쿄의 인기 우동체인점 BEST 3

NO.1

하나마루우동(はなまるうどん)
저렴하고 맛있는 사누키우동 체인.

NO.2

마루카메세멘(丸亀製麺)
가마솥에 끓이는 사누키우동 체인.

NO.3

츠루통탄(つるとんたん)
비싸지만 커다란 그릇에 나오는 우동체인.(롯폰기 P. 209 신주쿠 P. 321)

돈카츠전문점에서는 신선한 돼지고기를 사용해 살짝 덜 익혀서 부드러움과 육즙을 살리는 곳도 있다. 등심에 해당되는 로스ロース 또는 안심을 뜻하는 히레ヒレ 중 원하는 부위를 선택할 수 있으며, 잘게 썬 양배추와 밥은 무한 리필되는 곳이 많다. 튀긴 음식이라 어디서 먹어도 맛있겠지만 돈카츠전문점이 더욱 특별하며, 생맥주와도 잘 어울리니 반주로 곁들여보자.

Tip

도쿄의 미식기행을 다룬 만화 『고독한 미식가(孤独のグルメ)』

원작만화가 드라마로 제작되면서 우리나라에서도 번역서로 출간된 작품이다. 별다른 스토리 없이 오직 먹다가 끝나는데도 시종일관 화면에서 눈을 떼지 못하게 만드는 묘한 매력을 지녔다. 도쿄 및 근교에 있는 실제 식당이 무대로 펼쳐지기 때문에 작품에 등장한 맛집에서 주인공 고로상의 기분을 느껴볼 수 있다.

- 모리노엔(닌교초 P. 167) • 덴푸라나카야마(닌교초 P. 169) • 중국가정요리 양 2호점(이케부쿠로 P. 584)

고독한 미식가(孤独のグルメ)

도쿄의 인기 돈카츠전문점 BEST 3

NO.1

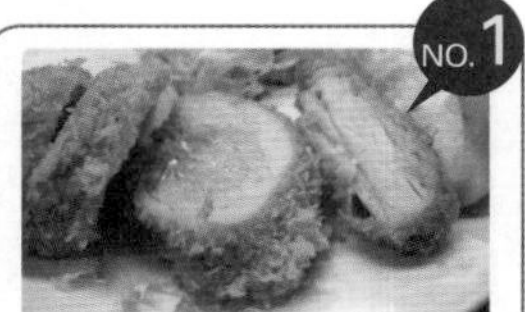

마루고(丸五)
핏기만 살짝 가시게 익혀 부드러움이 남다른 돈카츠전문점.(아키하바라 P. 549)

NO.2

돈카츠야마이치(とんかつ やまいち)
바삭바삭한 튀김옷이 살아 있는 돈카츠!(칸다 P. 565)

NO.3

마이센(まい泉)
깔끔하고 고급스러운 일본 최고의 돈카츠전문점.(오모테산도 P. 438)

도쿄의 인기 돈카츠체인점 BEST 3

NO.1

돈카츠와코(とんかつ和幸)
가격대비 맛이 뛰어난 돈카츠체인.

NO.2

신주쿠 사보텐(新宿さぼてん)
일본 마트와 한국에도 지점이 많은 돈카츠체인.

NO.3

마츠노야(松乃家)
￥500~700대로 저렴하면서 맛도 좋은 돈카츠.

저렴하게 배를 채울 수 있는 각종 덮밥과 정식

일본에서 제일 흔한 음식은 커다란 대접에 밥과 요리를 함께 담은 덮밥丼류이다. 심플한 만큼 가격도 저렴하고 도시락으로도 판매할 만큼 간편하게 먹을 수 있다. 한국의 김밥만큼이나 대중적인 쇠고기덮밥 규동牛丼, 돼지고기덮밥 부타동豚丼, 신선한 해산물이 올라간 회덮밥 카이센동海鮮丼, 갓 튀긴 덴푸라를 올린 텐동天丼, 돈카츠를 올린 카츠동カツ丼, 닭고기와 계란을 함께 올린 오야코동親子丼 등 밥에 어떤 요리를 얹었는지에 따라 이름이 달라진다. 메인요리에 밥과 일본된장국 미소시루味噌汁가 나오는 정식定食도 ¥1,000 이하로 든든하게 즐길 수 있다.

아무 때나 편하게, 패밀리레스토랑과 도시락전문점

일본의 식당 대부분은 점심과 저녁, 식사시간에만 영업을 한다. 그래서 여행자들은 종종 밥때를 놓쳐 곤란해지는 경우가 있는데 이때 가장 만만하게 이용할 수 있는 곳이 패밀리레스토랑이다. 런치는 ¥500~1,000 정도이고 오후 5시까지 런치세트를 주문할 수 있는

도쿄의 인기 덮밥&정식집 BEST 3

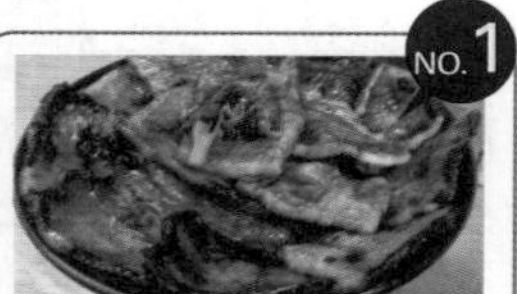

NO.1 **부타다이가쿠(豚大学)**
숯불에 구운 돼지고기를 듬뿍 올린 돼지고기덮밥.(신바시 P. 181)

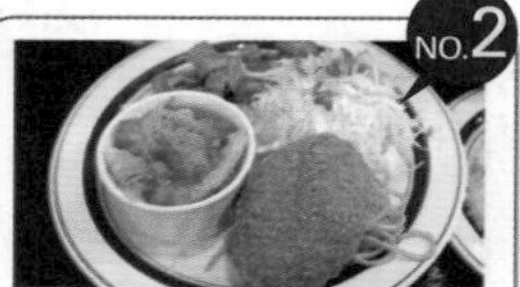

NO.2 **키친 ABC(キッチンABC)**
미소시루와 밥이 기본인 일본식 양식점.(이케부쿠로 P. 585)

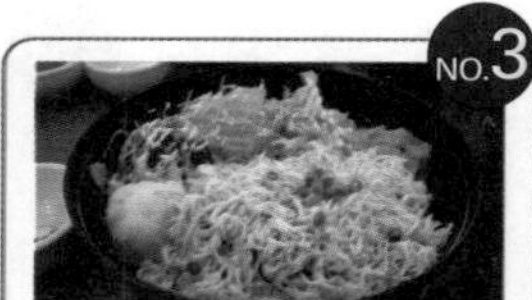

NO.3 **도빗초(どびっちょ)**
비린내 하나 없이 신선한 치어와 해산물을 이용한 덮밥 전문점.

도쿄의 인기 덮밥&정식체인점 BEST 3

NO.1 **오토야(大戸屋)**
깔끔하고 저렴한데다가 맛도 좋아서 인기 많은 일본정식 체인점.

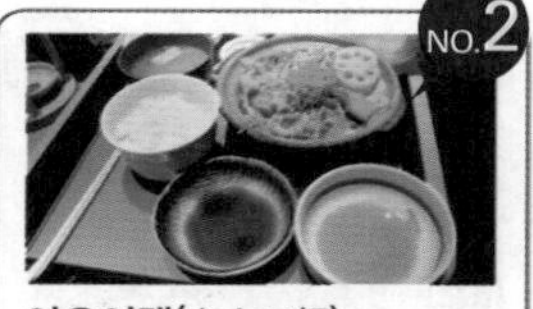

NO.2 **야요이켄(やよい軒)**
영양 발란스가 좋은 메뉴로 구성된 일본정식 체인점.

NO.3 **전설의 스타동야(伝説のすた丼屋)**
고기의 양이 많아서 남성에게 인기 많은 덮밥체인점.

곳도 많으며, 저녁도 ¥1,000~2,000 정도로 즐길 수 있다. 대부분의 패밀리레스토랑은 깔끔한 분위기에 테이블도 넓고 드링크바가 있어 장시간 휴식을 취하기도 좋다. 어떤 지역에 가도 흔하게 볼 수 있고 밤늦은 시간까지 영업하는 곳도 많다.

도쿄의 패밀리레스토랑 BEST 5

NO.1

데니즈(Denny's/デニーズ)
미국에서 시작한 브랜드지만, 일본에서는 일본식으로 구성된 메뉴를 판매.

NO.2

코코스(COCO'S/ココス)
뜨거운 돌판 위에 한입씩 구워먹는 스테이크와 타코샐러드가 맛있는 곳.

NO.3

빅꾸리돈키(びっくりドンキー)
고기의 크기를 선택할 수 있는 햄버그스테이크 전문점.

NO.4

사이제리아(Saizeriya/サイゼリヤ)
파스타, 피자 등 맛있는 이탈리안요리를 저렴하게 판매.

NO.5

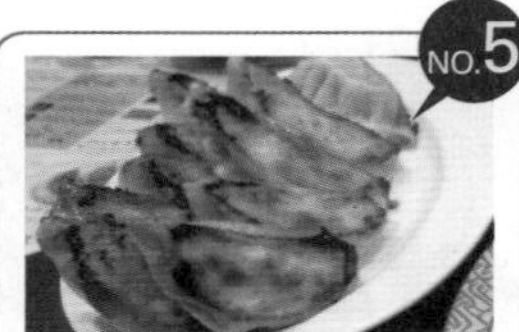

바미안(バーミヤン)
볶음밥, 군만두, 탄탄멘 등 일본인 입맛에 맞춘 중국요리를 저렴하게 판매.

도쿄의 도시락전문점 BEST 2

벚꽃축제를 구경하거나 숙소로 돌아가 간단하게 끼니를 해결하고 싶을 때 또는 공원에서 피크닉 기분을 내고 싶을 때는 도시락전문점에서 도시락을 사먹는 것도 좋다. 가격도 ¥500 정도로 저렴하고 주문하면 따뜻한 밥과 반찬을 담아주기 때문에 편의점에서 파는 도시락보다 훨씬 맛있다.

NO.1

오리진벤토(オリジン弁当)
다양한 종류의 즉석 도시락도 맛있고 각종 반찬을 그램 수로 판매.

NO.2

호또모또(ほっともっと)
보기도 깔끔하고 맛도 좋고 뜨끈뜨끈한 즉석 도시락 판매.

 예약은 필수! 고급 레스토랑

세계적인 미식가들이 즐겨 찾는 도시답게 우아하게 즐길 수 있는 파인레스토랑도 많다. 미슐랭 최고등급인 별 3개를 받은 레스토랑은 물론 일본인 입맛에 맞춰 예술적인 감성으로 플레이팅한 퓨전요리도 좋다. 단, 인기 고급 레스토랑은 최소 1~3달 전에 예약해야 원하는 날짜와 시간대에 식사할 수 있고, 깔끔한 정장스타일로 드레스코드까지 신경 써야 한다. 저녁에는 1인당 수십만 원인 레스토랑도 런치메뉴는 ¥5,000 이하로 즐길 수 있는 경우가 많다. 런치타임을 잘 활용하면 분위기도 좋은 곳에서 맛있는 식사를 제대로 즐길 수 있다. 왜 미식가들이 찾고 또 찾는지 도쿄의 참맛을 경험해보자.

Tip

레스토랑 예약하는 방법

여행일정이 정해지고 항공권과 호텔을 예약했다면 일본의 인기 레스토랑 예약도 놓치지 말자. 요즘은 인터넷으로 예약이 가능한 곳도 많고 전화로도 예약할 수 있다. 전화로 예약할 경우 날짜와 시간, 인원, 이름, 연락처 정도만 전달하면 되므로 일본어나 영어가 서툴러도 두려워할 필요가 없다. 컨시어지서비스가 있는 고급 호텔에 머문다면 컨시어지를 통해 예약하는 것이 편리하다.

도쿄의 고급 레스토랑 BEST 3

NO.1

조엘로부숑(Joël Robuchon)

매년 미슐랭 별 3개를 유지하는 고급 프렌치레스토랑.(에비스 P. 469)

NO.2

리스토란테아소(リストランテASO)

맛과 서비스가 훌륭한 이탈리안 레스토랑.(다이칸야마 P. 484)

NO.3

인쇼테(韻松亭)

전통 가옥에서 즐기는, 정갈하게 맛있는 일본 고급 요리.(우에노 P. 249)

 도쿄의 인기 이자카야 BEST 3

NO.1

키시다야(岸田屋)

소박하지만 공들인 일본요리를 저렴하게 먹을 수 있는 이자카야.(츠키시마 P. 190)

NO.2

우오킨(魚金)

신선한 해산물요리가 맛있고 양까지 푸짐해 인기 많은 이자카야.(신바시 P. 179)

NO.3

세까이노 야마짱(世界の山ちゃん)

바삭하고 짭조름한 닭날개 튀김과 한 잔 술(신주쿠 P. 323)

일본식 선술집 이자카야에서 한잔!

도쿄의 중심가는 밤늦은 시간까지 휘황찬란하다. 치안상태도 좋기 때문에 술 한잔 가볍게 걸치고 알딸딸해진 기분으로 돌아다녀도 위험하지 않다. 진한 맛과 부드러운 거품이 특징인 일본 생맥주는 물론 맛과 향이 부드러운 일본 전통주 사케酒와 일본식 소주 쇼추焼酎, 맛과 색이 모두 다양한 각종 칵테일 등 종류도 다양하다.

안주로는 일본식 회 사시미刺身, 닭꼬치구이인 야끼토리焼き鳥, 일본식 닭튀김 카라아게唐揚げ 등이 있다. 서서 가볍게 한잔 마시고 떠날 수 있는 선술집 타치노미야立ち飲み屋도 많고 닌자, 귀신, 섹시한 여성 등 이색적인 테마로 즐길 수 있는 곳도 있다. 한두 잔으로는 성에 차지 않는다면 메뉴판에 있는 모든 술을 무제한으로 먹을 수 있는 노미호다이飲み放題코스(보통 2시간)를 추천한다. 참고로 일본어로 건배는 간파이カンパイ라고 한다.

일본에서 인기 많은 술의 종류

- 맥주 : 한국에서는 비싼 일본생맥주(生ビール, 나마비루)가 도쿄에서는 한 잔에 ￥300~500 정도이다. 생맥주는 아사히(Asahi), 키린(Kirin), 에비스(Ebisu) 등이 있지만, 부드러움과 맛이 특히 진한 산토리 더프리미엄몰츠(Suntory The Premium Malt's)를 추천한다. 술을 좋아하지 않는다면 알코올은 0%이지만, 맥주와 맛과 향이 비슷한 무알코올음료도 찾아보자.

- 사케 : 일본 전통주 사케(酒)는 보통 한국 소주보다는 도수가 낮고 목 넘김이 부드러워 마시기 편하다. 재료 및 제조법, 지역 등 수많은 요소에 따라 맛이 천차만별이다. 사케를 맛있게 마시는 방법 중 하나로 뜨겁게 즐기는 아츠캉(熱燗)은 차갑게 마시는 레이슈(冷酒)보다 흡수가 빨라 더 빨리 취한다. 병 단위로 주문하지만 여러 가지를 맛보고 싶다면 잔으로 시키면 된다. 사케에 따라 잔에 넘치도록 따라주기도 하는데, 넘친 것까지 다 마시면 된다. 사케만으로 부족하다면 증류주 쇼추(焼酎)를 추가로 주문하자. 술이 강한 사람이라도 쇼추 한 잔이면 취기가 오른다. 가벼운 사케를 원한다면 샴페인처럼 스파클링이 가미되어 산뜻한 청주 미오(澪)를 추천한다.

- 칵테일 : 어디를 가도 다양한 종류의 칵테일을 취향에 따라 고를 수 있다. 대중적인 이자카야의 경우 칵테일 대부분은 저렴한 소주를 베이스로 사용하는데, 도수도 낮고 달콤한 과일시럽을 섞기 때문에 여성들에게 인기가 많다. 칵테일은 붉은색이 아름다운 카시스리큐르를 이용한 카시스오렌지, 카시스소다, 카시스우롱 등과 보드카, 럼, 데킬라 등 강한 술을 이용한 코스모폴리탄, 준벅, 모히토, 차이나블루, 마가리타, 블랙러시안 등 세계적으로 유명한 칵테일도 많다. 캔에 들어 있는 칵테일은 편의점이나 마트에서 ￥100대에 살 수 있으며, 술이 약한 사람이나 탄산음료를 좋아하는 사람에게는 알코올이 3%인 호로요이(ほろよい)를 추천한다.

카시스 소다

코스모폴리탄과 차이나블루

호로요이

카미야바의 덴키부랑

먹기 아까울 정도로 예쁜 스위츠

도쿄에서 먹지 않으면 후회할 음식이 바로 스위츠이다. 파티시에를 꿈꾸는 많은 사람들이 제과제빵을 배우려고 파리가 아닌 도쿄를 찾는 이유는 맛있는 스위츠전문점이 많기 때문이다. 유명한 파티시에가 운영하는 곳은 관광지나 중심지에서 멀리 떨어진 주택가 한가운데 있어도 늘 만석이다. 먹기 아까울 정도로 예쁘게 장식된 조각케이크는 여행의 피로를 풀어주는 역할도 하므로 오후에는 달콤한 간식으로 기분을 전환해보자.

간식이나 아침식사로 최고인 베이커리

일본은 밥만큼이나 빵도 맛있다. 유명 베이커리는 말할 것도 없이 동네 빵집부터 베이커리체인점에서 파는 빵도 맛있고 하다못해 편의점에서 파는 빵까지 먹을 만하다. 기왕이면 각 지역의 유명 빵집에서 특색 있는 빵을 즐겨보자. 갓 구운 빵에는 야끼타테焼きたて라는 표식이 붙어 있으며, 빵은 뭐니 뭐니 해도 따끈따끈할 때 먹어야 제맛이다.

에스프레소처럼 진한 맛이 특징인 체인카페

우리에게 일본 커피는 샷을 추가한 것처럼 진하게 느껴진다. 일본의 카페에서 가장 대중적인 커피는 블랜드커피ブレンドコーヒー로 에스프레소보다 조금 연한 정도이다. 설탕과 밀크ミルク를 함께 주는데 우유가 아닌 식물성크림이다. 일본커피는 한국보다 카페인 함량이 높으므로 너무 많이 마시지 않는 것이 좋다. 일본에서도 스타벅스가 인기이지만, 기왕이면 한국에는 없는 카페에서 여행 기분을 즐겨보자.

도쿄의 인기 체인카페 BEST 5

No.1 블루보틀커피(Blue Bottle Coffee) 맛 좋은 핸드드립커피를 파는 캘리포니아 체인카페.
No.2 탈리즈커피(タリーズコーヒー, Tully's Coffee) 스타벅스보다 조금 저렴한 시애틀의 체인카페.
No.3 도토루(ドトール, Doutor) 일본 전국에 천 개가 넘는 점포 수를 가진 체인카페.
No.4 산마르크카페(サンマルクカフェ, ST-MARC CAFE) 초코크루아상이 커피보다 맛있는 체인카페.
No.5 코메다커피(コメダ喫茶店) 옛날 다방 느낌이 물씬 나서 더욱 정겨운 체인카페.

No.1

No.2

No.3

No.4

No.5

도쿄의 인기 스위츠전문점 BEST 5

NO.1

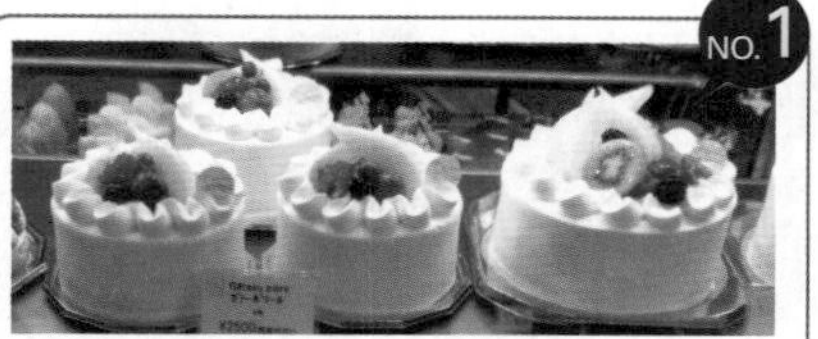

아테스웨이(アテスウェイ)

한적한 주택가에 위치한 작은 베이커리지만 맛은 일본 최고로 평가받는다.(아테스웨이 P. 361)

NO.2

몽상클레르(Mont St. Clair)

보기도 예쁜 케이크가 맛까지 훌륭해서 발길이 끊이지 않는다.(지유가오카 P. 506)

NO.3

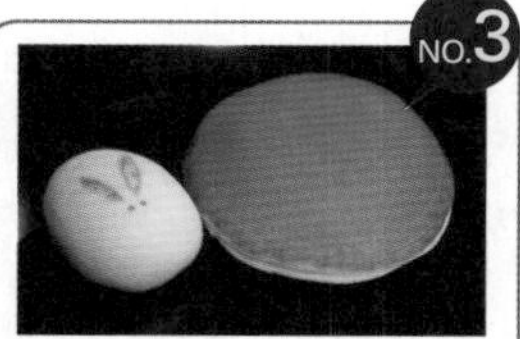

우사기야(うさぎや)

도라에몽이 좋아하는 촉촉하고 달콤한 일본 전통과자 도라야끼전문점.(우에노 P. 250)

NO.4

파티세리 파리세베이유 (Patisserie Paris S'eveille)

조각케이크가 탐스러운 디저트 천국.(지유가오카 P. 505)

NO.5

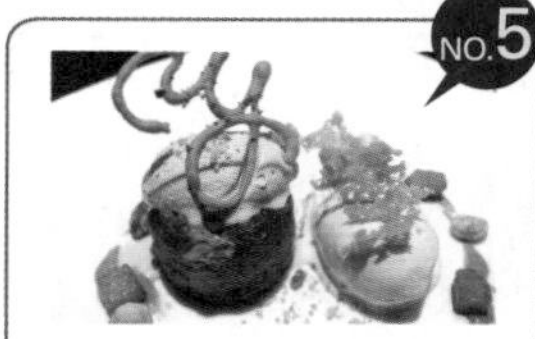

토시요로이즈카 미드타운 (Toshi Yoroizuka Midtown)

요리처럼 즉석에서 만드는 메뉴!(롯폰기 P. 207)

도쿄의 인기 베이커리체인점 BEST 5

NO.1

안데르센(アンデルセン, Andersen)

좋은 재료로 만들어 건강하고 맛있는 고급 베이커리체인점.

NO.2

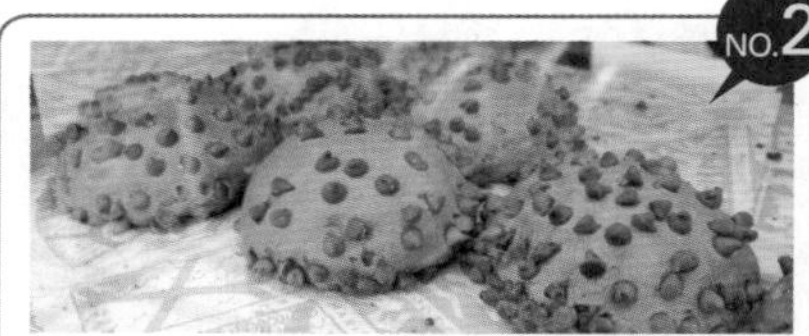

동크(ドンク, DONQ)

고베에서 시작해서 100년의 역사를 가진 고급 베이커리체인점.

NO.3

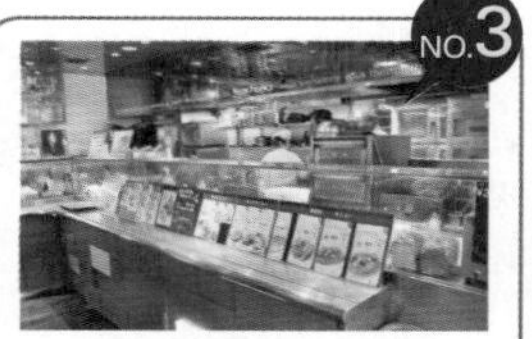

비도프랑스(ヴィ・ド・フランス, Vie De France)

점포수가 많아서 찾기 쉽고, 맛도 좋은 베이커리체인점.

NO.4

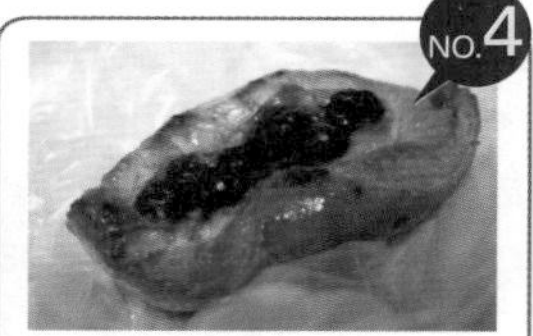

코베야(神戸屋)

슈퍼에서도 팔 정도로 대중적인 코베의 베이커리체인점.

NO.5

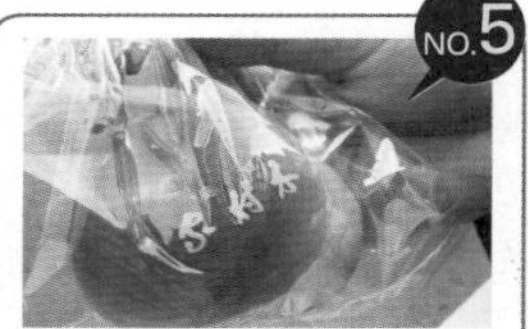

키무라야(木村屋)

일본에서 제일 오래된 빵집으로 사쿠라단팥빵이 인기.(긴자 P. 122 아사쿠사 P. 261)

Section 08

Tokyo

도쿄에서 쇼핑 제대로 즐기기

세계적인 명품으로 가득한 대형백화점, 규모가 어마어마한 아웃렛과 쇼핑센터, 개성 넘치는 아이템으로 넘쳐나는 거리 등 쇼핑만을 목적으로 도쿄여행을 즐겨도 일주일이 모자란다. 독특한 디자인의 패션, 기능이 뛰어난 미용용품, 아이디어가 돋보이는 생활용품, 아기자기한 캐릭터용품까지 일본에서만 살 수 있는 쇼핑거리를 집중적으로 공략해보자.

현명하게 쇼핑 즐기기

각종 할인을 눈여겨보면 정가보다 저렴하게 쇼핑할 수 있어 정해진 예산을 효과적으로 활용할 수 있다. 쇼핑이 목적인 여행이라면 세일시즌에 맞추고, 외국인 여행자만 누릴 수 있는 면세혜택 등을 꼼꼼하게 활용하자.

도쿄의 쇼핑은 언제가 제일 좋을까?

매년 1월과 7월에는 일본 전역에서 대규모 바겐세일이 시작된다. 1월에는 가을, 겨울상품을 중심으로 판매하고 7월에는 봄, 여름상품을 판매한다. 다음 시즌상품을 진열하기 위한 재고처리방식이기 때문에 시간이 지날수록 세일 폭은 커진다. 물론 인기상품이나 일반사이즈는 빠르게 매진되고 70~90% 세일하는 상품 중에는 실용적인 것이 별로 없다. 세일 첫날은 백화점이나 쇼핑센터가 문을 열기 전부터 줄을 선 사람들로 붐비므로 세일 전날 미리 상품을 살펴보고 당일 아침 일찍 찾아가면 사고 싶은 물건을 할인가격으로 구입할 수 있는 확률이 높다.

가격할인 이외에도 커다란 쇼핑백에 다양한 상품을 꾸러미로 판매하는 후쿠부쿠로(福袋)도 인기가 높다. 의류의 경우 보통 1만 엔 정도로 판매하지만 상품은 10만 엔 정도가 들어 있는 경우도 있다. 내용물을 선택할 수 없는 경우가 많아 자신의 취향에 맞는 상품이 아닐 수도 있다. 좋아하는 특정 브랜드가 있다면 한 번쯤 도전해보는 것도 좋다.

세금환급을 받기 위한 꼼꼼한 준비

면세를 받으려면 반드시 본인의 여권을 지참해야 한다.

일본은 모든 상품에 10%의 세금을 붙인다. 외국인을 위한 면세점에서 구입할 경우 여권과 항공권을 제시하면 면세가격에 구입할 수 있다. 이때 현금이 아닐 경우 반드시 본인 명의의 신용카드를 사용해야 한다. 백화점 및 대형쇼핑센터, 돈키호테 등에는 별도로 면세카운터가 있어 구입할 때 텍스프리(TAX FREE)를 원한다고 얘기하고 면세카운터에서 서류를 작성하면 된다. 장소에 따라 수수료를 받기도 하고 그 자리에서 세금을 바로 돌려주기도 한다.

면세대상자는 일본에 여행 온 외국인과 일본 거주기간이 6개월 미만인 외국인이다. 카메라 등의 전자제품, 가방, 의류, 시계, 보석, 식료품, 의약품, 화장품 등은 합계금액이 ¥5,000(세금 미포함) 이상이면 되고, 최대 ¥500,000(세금 미포함)까지 구입할 수 있다. 예를 들어 세금을 포함한 총액이 ¥5,000이면 면세를 신청할 수 없으니 추가

백화점

돈키호테

로 더 사야 한다. 일본체류 중 사용할 제품은 면세대상에서 제외하며, 구입일로부터 30일 이내에 국외로 반출해야 한다. 면세상품은 한국에 도착하기 전까지 포장과 구입기록표를 절대로 뜯으면 안 되니 구입처에서 담아준 비닐 백에 포장된 그 상태 그대로 가방에 넣거나 들고 돌아가야 한다.

우리나라와는 조금 다른 사이즈 표시

옷이나 신발을 살 때는 직접 착용해 보는 것이 가장 좋다. 사이즈표시는 브랜드에 따라 다르며, 같은 사이즈라도 상품에 따라서 미묘하게 착용감이 다르기도 하다. 일본의 평균 키가 한국보다 작은 편이라 바지나 소매 길이가 조금 짧게 나온다. 한국에서는 기성복의 기장을 줄여 입어야 하는 사람이라도 일본에서는 줄일 필요가 없을 때가 많다. 일본의 옷은 어깨 폭이 좀 작게 나오는 편이니 사이즈만 보지 말고 귀찮더라도 반드시 착용해보자. 또한 150cm 초반대 여성 및 160cm 초반대의 남성에게도 맞는 옷과 평균보다 작은 사이즈의 신발도 디자인이 다양하다.

여성의류				남성의류		
XS	7	85	44	XS	36	90
S	9	90	55	S	38	95
M	11	95	66	M	40	100
L	13	100	77	L	42	105
XL	15	105	88	XL	44	110

신발사이즈														
한국	220	225	230	235	240	245	250	255	260	265	270	275	280	285
일본	22	22.5	23	23.5	24	24.5	25	25.5	26	26.5	27	27.5	28	28.5

도쿄를 대표하는 쇼핑거리

도쿄에는 쇼핑을 즐길 수 있는 거리가 많고 비슷한 종류가 한곳에 모여 거리를 형성한 경우도 많다. 명품브랜드를 원한다면 백화점이 집중된 지역을 돌고, 독특한 디자인이나 빈티지 등을 원한다면 좁은 골목길 안쪽까지 누벼야 한다. 또한 아기자기한 생활용품을 원한다면 업자들이 찾는 도매시장도 매력적이고, 일본만의 매력을 느낄 수 있는 오타쿠 거리도 재미있다. 여기저기 찾아다니는 것이 힘들다면 대형쇼핑센터가 모여 있는 관광지나 아웃렛 중 한 곳만 집중공략하는 것도 좋다. 특별히 사고 싶은 것이 없더라도 구경삼아 둘러보다 보면 어느새 이것저것 양손에 들려 있을 것이다.

명품브랜드로 가득한 쇼핑거리 BEST 5

일본에서 쇼핑이라 하면 제일 먼저 떠올리는 곳, 긴자. 긴자의 백화점들만 둘러봐도 하루가 모자랄 정도이고, 명품숍 건물이 늘어서 있어 풍경 또한 이색적이다. 긴자에 이어 세련된 부유층이 많이 찾는다는 거리가 오모테산도이다. 디자인까지 명품인 건축물들을 구경하는 재미도 쏠쏠하다. 신주쿠역 주변에는 대형백화점들이 꼬리에 꼬리를 물고 이어지며, 시부야와 니혼바시에도 유명 백화점 본점이 자리하고 있다.

NO.1

긴자(銀座)

미츠코시백화점, 마츠야 긴자백화점, 와코백화점, 한큐백화점 등. P. 124

NO.2

오모테산도(表参道)

오모테산도힐즈, 도큐 플라자 오모테산도하라주쿠, 라포레, 아오 등. P. 443

NO.3

신주쿠(新宿)

이세탄백화점, 미츠코시백화점, 오다큐백화점, 게이오백화점, 루미네 등. P. 334

NO.4

시부야(渋谷)

도큐백화점 본점, 세이부백화점, 마루이, 시부야 109, 히카리에 등. P. 404

NO.5

니혼바시(日本橋)

건물 자체가 중요문화재로 지정된 미츠코시백화점 본점 등. P. 164

개성 넘치는 패션숍이 많은 쇼핑거리 BEST 5

세계적인 명품브랜드라면 한국이나 다른 나라 백화점에서도 구입할 수 있다. 하지만 개성을 중시하는 독특한 패션에 관심이 많다면 패션숍이 모여 있는 거리를 찾아가 보자. 유행을 따르기보다는 자신만의 스타일을 중시하는 일본이야말로 패션의 천국이다. 저렴하면서 독특한 패션소품도 많고 수십 년 이상 된 빈티지의류까지 손에 넣을 수 있기 때문이다.

NO.1

하라주쿠(原宿)

저렴하고 깜찍한 디자인이 주를 이루는 10대들의 패션거리. P. 420

NO.2

다이칸야마(代官山)

세련된 20~30대 여성들을 위한 패션거리. P. 486

NO.3

나카메구로(中目黒)

진정한 패셔니스타를 위한 빈티지숍이 많은 패션거리. P. 494

주방용품&생활잡화를 있는 쇼핑거리 BEST 3

요리 및 인테리어 등에 관심이 많다면 큰 가방을 준비해 오는 것이 좋다. 디자인과 실용성 모두를 만족시키는 생활용품이 많다. 수하물로 보내면 깨질 염려가 있는 물건은 직접 들고 가는 것이 좋다.

NO.1

지유가오카(自由が丘)

20~30대 여성들을 겨냥한 아기자기한 잡화점으로 가득한 쇼핑골목. P. 511

NO.2

아사쿠사의 갓파바시(かっぱ橋)

식기, 조리도구, 식품샘플 등 요식업도매시장. P. 269

NO.3

츠키지시장(築地市場)

일본그릇을 저렴하게 판매.(도매시장은 도요스시장으로 이전) P. 187

애니메이션 관련 상품 전문 지역 BEST 3

만화책으로 가득한 서점, 캐릭터를 정교하게 만든 피규어, 코스프레의상을 입고 호객행위를 하는 메이드카페 점원 등 이색적인 광경이 펼쳐진다. 한국에서 구하기 힘든 상품도 중고매매를 통해 구입할 수 있다.

NO.1

아키하바라(秋葉原)

전자제품상점가로 시작된 오타쿠의 성지. P. 551

NO.2

이케부쿠로(池袋)

여성오타쿠를 위한 전문숍이 많은 거리. P. 587

NO.3

나카노브로드웨이(中野)

중고매매를 전문으로 하는 만다라케 본거지. P. 368

대형쇼핑센터가 모여 있는 지역 BEST 3

관광지와 결합한 대형쇼핑센터에는 일본을 대표하는 유명한 숍이 모여 있다. 굳이 다른 지역에 찾아가지 않아도 쇼핑을 충분히 즐길 수 있어 시간을 절약할 수 있다. 쇼핑만을 목적으로 시간을 할애하는 것도 좋지만, 여행 중 틈틈이 주변에 있는 관광지를 둘러보는 것도 즐겁다.

NO.1

오시아게(押上)

도쿄스카이트리의 소라마치는 지금 일본에서 제일 인기 많은 쇼핑지역. P. 283

NO.2

오다이바(お台場)

다이바시티 도쿄플라자, 비너스포트, 아쿠아시티, 덱스도쿄비치 등. P. 536

NO.3

도쿄역&마루노우치(東京＆丸の内)

도쿄역, 마루비루,신마루비루, 오아조 등 P. 138

도쿄 및 근교의 아웃렛

세일시즌이 아니라도 저렴하게 쇼핑하고 싶다면 아웃렛을 이용하자. 연중 20~70% 정도 할인된 가격으로 구입할 수 있다. 도쿄에서 가까운 아웃렛은 규모가 작아 대형아웃렛을 원한다면 도쿄 외곽으로 나가야 한다. 도쿄의 주요 역에서 아웃렛까지 가는 버스는 많지만 대부분 유료이므로 교통비에 대한 부담도 크다.

- 고템바프리미엄아웃렛(御殿場プレミアム・アウトレット) : 도쿄외곽의 일본 최대 규모.
- 미츠이아웃렛파크 키사라즈(三井アウトレットパーク 木更津) : 도쿄만 아쿠아라인 다리 건너편.
- 미츠이아웃렛파크 타마미나미오사와(三井アウトレットパーク 多摩南大沢) : 도쿄에서 전차로 찾아가기 좋다.
- 시스이프리미엄아웃렛(酒々井プレミアム・アウトレット) : 나리타국제공항에서 가까운 아웃렛.

도쿄의 추천 쇼핑리스트

여행 중 구입한 기념품은 여행의 추억을 되새길 수 있어 좋다. 여행지에서만 살 수 있는 물건도 좋고, 한국보다 저렴하게 살 수 있거나 마음에 쏙 드는 물건이라면 더할 나위 없다. 간혹 별로 쓸모없는 물건을 저렴하다는 이유로 대량으로 사는 경우도 있는데, 남들이 산다고 따라 사지 말고 자신의 취향에 맞춰 제대로 고르자.

선물로도 좋은 달콤한 과자

도쿄를 방문한 사람들이 제일 많이 사는 선물용 과자는 도쿄바나나(東京ばな奈)이다. 병아리모양 만주 히요코(ひよ子)도 모양이 귀여워서 인기이다. 관광지, 주요 역, 공항 등 파는 곳이 많아 구입하기 쉽고 상온에서 장기보관도 가능하며 가벼워 선물용으로 좋다. 하지만 기왕 같은 값이면 제값을 하는 과자를 추천한다. 관광객을 위한 기념품 가게가 아닌 백화점 지하식품코너로 사러 가자. 일본 전역은 물론 세계적으로 유명한 브랜드과자를 판매하며 가격 차도 별로 안 나는데 맛은 물론 포장까지 고급스럽다.

가또페스타 하라다 (GATEAU FESTA HARADA)

바삭바삭함과 달콤한 맛이 중독성 강한 양과자.

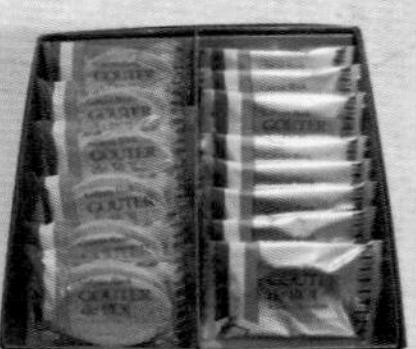

로이스(ROYCE')

한국보다 저렴하고, 공항에서도 판매해서 구입하기 편한 초콜릿.

토라야(虎屋)

오랜 전통과 비싼 값 때문에 일본에서 최고의 선물로 꼽히는 고급 양갱.

히요코(ひよ子)

병아리모양의 만주.

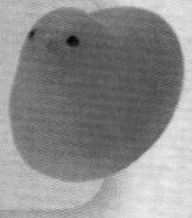

도쿄바나나(東京ばな奈)

바나나맛이 나는 선물용 과자.

과자와 곁들여 마시기 좋은 차

달콤한 과자에 쌉쌀한 차나 커피를 곁들이면 금상첨화이다. 드립커피를 좋아하지만 매번 용기 닦는 것이 귀찮다면 1회용 팩에 들어 있는 드립커피팩을 추천한다. 슈퍼마켓이나 마트에서 판매하며, 컵과 따뜻한 물만 있으면 혼자서 간편하게 즐기기 좋다. 차는 가벼워서 들고 다녀도 크게 힘들지 않으므로 같은 값이면 좋은 것을 고르자. 백화점 식품코너 및 홍차전문점에서 구입하는 것을 추천한다. 시향 및 시음이 가능한 곳에서는 맛을 직접 확인하고 구입할 수 있다.

루피시아(LUPICIA)

전 세계의 찻잎을 소개하는 일본차 전문점.

추천 : 복숭아우롱차(白桃烏龍)

잇포도차야(一保堂)

일본에서 유명한 교토의 일본차전문점.

추천 : 호지차(ほうじ茶)

마리아주플레르(MARIAGE FRÈRES)

한국보다 저렴한 프랑스홍차전문점 **추천 :** 마르코폴로

싸면서 맛도 좋은 편의점 음식

일본은 흔하디흔한 편의점에서 파는 음식들이 전문점 못지않게 맛이 좋다. 세븐일레븐, 로손, 패밀리마트, 미니스톱, 야마자키데일리 등 편의점은 일본 어디를 가나 흔하게 볼 수 있다. 세븐일레븐의 원두커피는 ¥100이라는 가격이 믿어지지 않을 정도로 풍부한 향을 즐길 수 있으며, 패밀리마트와 로손은 바삭바삭한 느낌이 살아 있는 치킨이 맛있다. 미니스톱은 맛있는 소프트아이스크림을 팔며, 야마자키데일리는 빵을 직접 구워 파는 매장도 많다. 편의점마다 파는 상품이 조금씩 다르지만 삼각김밥, 샌드위치, 빵, 도시락 등은 가격에 비해 맛과 질이 괜찮다.

도지마롤(堂島ロール)

스푼으로 떠먹는 스타일의 부드러운 롤케이크.

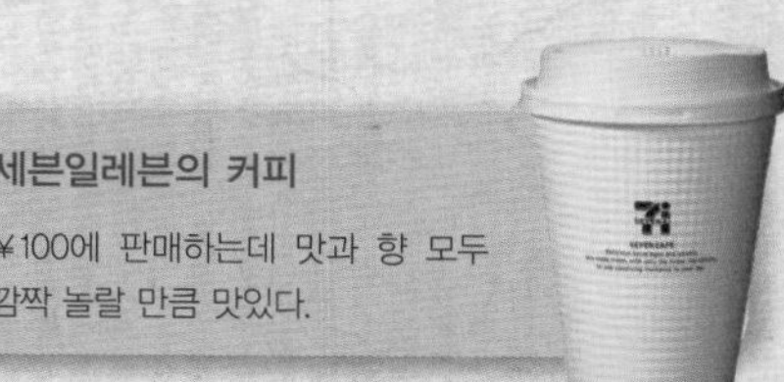

세븐일레븐의 커피

¥100에 판매하는데 맛과 향 모두 깜짝 놀랄 만큼 맛있다.

후라이드치킨

한국식 치킨집이 없는 일본에서 단백질 보충이 필요할 때는 편의점 치킨을 추천한다.

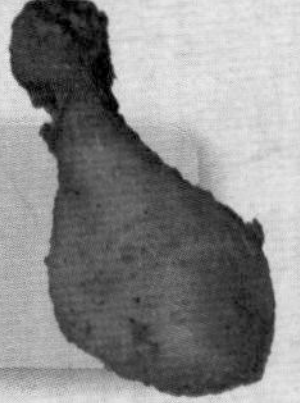

Tip 고양이 간식

고양이를 좋아하는 일본은 강아지만큼이나 고양이간식도 다양하다. 한국에서는 쉽게 구할 수 없는 고양이 간식을 펫전문점뿐만 아니라 대형마트, 돈키호테 같은 일반 식료품점에서도 취급한다. 종류도 다양하고 가격도 저렴하므로 고양이를 키운다면 고양이 간식도 잊지 말자.

두고두고 먹을 수 있는 식재료

요리를 좋아한다면 일본에서 맛있게 먹었던 음식을 한국에서 직접 만들어 먹자. 필요한 식재료를 구입해 간다면 집에서도 푸짐하고 저렴하게 일본의 맛을 즐길 수 있다. 편의점에서도 판매하지만 비싸니 가능하면 세이유(SEIYU), 이토요카도(イトーヨーカドー), 이온(イオン) 등의 대형마트를 이용하는 것이 좋다.

세이유 www.seiyu.co.jp 이토요카도 www.itoyokado.co.jp 이온 www.aeon.com

인스턴트 미소시루

뜨거운 물만 부으면 국 한 그릇이 뚝딱 만들어지는 편리한 일본식 된장국.

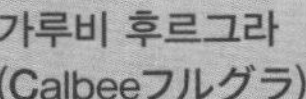

가루비 후르그라 (Calbeeフルグラ)

영양은 물론 식감, 구성, 맛 모두 뛰어난 최고의 그라놀라.

파스타소스

파스타소스 삶은 면 위에 뿌려서 섞으면 끝!
추천 : 페페론치노(ペペロンチーノ), 타라코(たらこ)

고형 카레

고형 카레 자바카레(ジャワカレー)의 매운맛(辛口)을 추천한다. 바몬드카레(バーモントカレー)는 매운맛도 달다.

각종 소스

오코노미야키소스(お好み焼きソース), 츠유(つゆ), 배합초(すし酢) 등 일본요리의 기초재료.

편리한 다이어트 식품

일본인도 쌀과 면을 주식으로 하므로 한국인에게도 잘 맞는 다이어트 식품이 개발되어 있다. 칼로리 흡수를 낮추는 보조제는 약국은 물론 편의점에서도 판매한다. 특히 곤약을 이용한 식품이 많은데 곤약은 칼로리도 낮고 식이섬유가 풍부해서 변비에도 효과적이다. 곤약 특유의 냄새와 식감까지 줄여 면이나 밥과 크게 다르지 않아 곤약을 싫어하는 사람도 맛있게 먹을 수 있다.

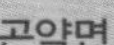

곤약면

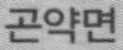

곤약과 콩비지, 두유 등을 혼합해서 만든 저칼로리 면으로 종류도 다양하다.

칼로리밋토(カロリミット)

알약형태로 되어 있고, 칼로리의 흡수를 낮춰주는 다이어트 보조제.

곤약쌀, 쌀모양의 보리

쌀과 같은 모양의 곤약과 쌀 크기로 자른 보리로 쌀과 함께 잡곡밥을 만들어 먹으면 된다. 일회용씩 개별 포장되어 있어 사용하기도 편리하다.

 아이디어가 재미있는 주방용품

예쁜 음식에 대한 욕구가 강한 일본답게 아이디어가 돋보이는 주방용품이 많다. 질 좋은 제품을 다양하게 보고 싶다면 도큐한즈, 카인즈, 게이요(ケーヨー) 같은 홈센터를 찾아가 보자. 하지만 내추럴키친, 세리아Seria, 다이소 같은 100엔숍에서도 다양한 주방용품을 판매하기 때문에 저렴한 가격에 부담 없이 구입할 수 있다.

내추럴키친 www.natural-kitchen.jp 세리아 www.seria-group.com

식칼

하얀 칼날이 특징인 교세라의 세라믹칼이 인기.(참고로 돈키호테에서 5천 엔 이상 구입하면 면세가능)

베이킹용품

쿠키틀, 머핀틀, 다양한 디자인의 유산지, 식용 은구슬 아라잔(アラザン) 등.

도시락용품

삶은 계란 모양틀, 캐릭터 모양펀치 등 캐릭터 도시락을 쉽게 만들 수 있는 제품.

사용하기 편한 의약품

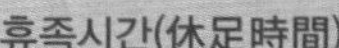

일본 의약품이 순하다고는 하지만 의사에게 처방받지 않고 구입할 수 있는 상품이라면 별로 권하고 싶지는 않다. 그 대신 마사지효과가 있는 건강보조용품을 중심으로 소개한다. 드럭스토어에서 쉽게 살 수 있다.

휴족시간(休足時間)

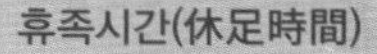

다리에 붙이는 파스로 한국과 중국인 여행자들에게 인기가 많다.

아이봉(アイボン)

렌즈 사용자를 위한 제품으로 눈동자를 씻을 수 있는 세정제.

핫아이마스크

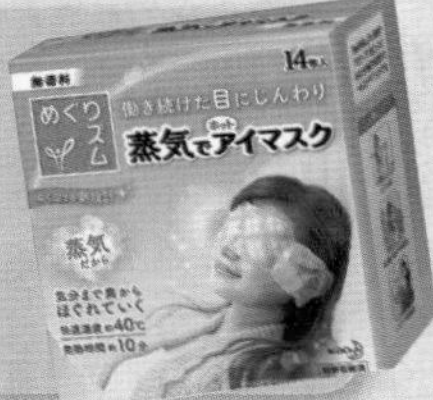

안대처럼 착용하면 눈을 따뜻하게 마사지 해주는 일회용 팩.

로이히츠보코(ロイヒつぼ膏)

흔히 동전파스라고 부르는 동그란 모양의 파스로 좁은 부위에 붙이기 쉽다.

압박스타킹

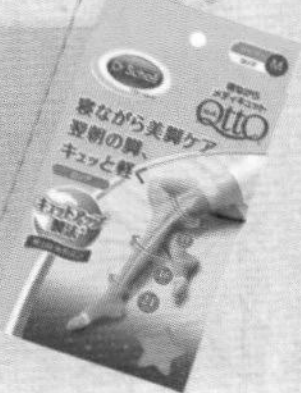

다리가 아픈 날 신고 자면 근육통도 해소되고, 다리 라인도 예쁘게 잡아준다는 상품.

Section 09

Tokyo

도쿄 숙박시설 제대로 이용하기

여행 예산과 목적에 따라 숙박 선택이 달라진다. 최고급 호텔에서 편안한 서비스와 깔끔한 시설을 즐기고 싶다면 예산을 넉넉하게 잡아야 한다. 안전하게 잠만 잔다면 저렴하게 해결할 수 있다. 2~3일 정도 단기여행이라면 도쿄 한 곳에 숙소를 정하고 여행하는 것이 편하지만, 5일 이상이라면 하루 정도는 근교 온천료칸에 머물며 온천욕과 함께 카이세키요리를 즐기는 것도 좋다.

도쿄 숙소의 종류

도쿄에는 세계적인 최고급 호텔, 방은 좁지만 경제적인 비즈니스호텔, 배낭여행자들이 선호하는 유스호스텔과 게스트하우스, 일본 전통의 고급 숙박시설 온천료칸, 한국의 모텔과 비슷한 러브호텔, 좁은 공간서 잠만 자는 캡슐호텔, 한국인이 운영하는 한인민박, 한국 찜질방 같은 온천과 스파 등이 있다.

깨끗하고 편안하고 안전한 호텔

호텔등급 중 최고인 5성 호텔은 물론, 그 이상 6성 호텔로 평가되는 곳이 있을 정도로 도쿄에는 좋은 호텔이 많다. 고층빌딩 상층부를 주로 사용하는데 객실에서 도쿄 스카이라인을 즐길 수 있다. 호텔 내 레스토랑이 많아 호텔 밖으로 나가지 않아도 되고 컨시어지를 통해 유명 레스토랑 예약도 요청할 수 있다. 가격이 비싼 최고급 호텔은 그만큼 위치, 서비스와 시설 등이 좋으며 보통 1박에 5~10만 엔 정도이다. 등급이 조금 떨어지지만 깔끔하고 좋은 호텔의 경우에는 2~3만 엔 정도에 이용할 수 있다. 가격은 성수기와 비수기에 따라 차이가 크고 특정 인기 호텔은 최소 한 달 전에 예약을 시도하는 것이 좋다.

포시즌스호텔 마루노우치도쿄

저렴하고 깔끔한 비즈니스호텔

호텔과 비슷한 편의시설을 갖추고 있으면서 가격이 10만 원 안팎으로 저렴하다. 고시원을 연상시킬 정도로 좁은 방이 많지만 시설이 청결한 편이다. 가격도 경제적이어서 고급 호텔을 이용하기에는 가격이 부담되지만 여러 명이 시설을 공유하는 곳이 싫은 사람에게 안성맞춤이다. 이름에서도 느껴지듯이 일본인들도 출장으로 이용하는 사람이 많아 출장지에서 필요한 설비는 대부분 갖추고 있고 찾아가기 쉽도록 역에서 가까운 편이다. 비즈니스호텔에 따라서는 빵과 주먹밥 등이 포함된 간단한 아침식사를 서비스로 제공하기도 한다. 가격은 호텔의 반값인 ¥7,000~15,000 정도이다.

아카사카 그란벨호텔

일본의 멋과 맛을 즐길 수 있는 온천료칸

료칸旅館은 한국어로 '여관'이지만 온천이 딸린 온천료칸은 일본인이 리조트처럼 이용하는 고급 숙박시설이다. 식사와 온천욕을 포함하기 때문에 가격은 웬만한 호텔보다 비싸다. 하지만 여행의 피로도 풀고 일본의 매력을 느낄 수 있어 투자한 금액이 아깝지 않다. 도쿄에서는 찾아보기 힘들고 하코네, 야마나시현, 닛코 등 근교 온천 지역으로 가야 제대로 즐길 수 있다. 식사는 저녁과 아침이 포함되며, 저녁에는 카이세키요리懐石料理라고 부르는 그야말로 진수성찬이 차려진다. 식사 여부에 따라 가격이 다르지만 식사를 포함하는 것이 좋다. 가격은 ¥15,000~100,000 정도로 서비스 질에 따라 천차만별이지만 최소 2~3만 엔대로 이용하는 것을 추천한다.

온천료칸 방

카이세키요리

온천

외국인 여행자와의 교류장, 유스호스텔&게스트하우스

배낭여행자들에게 인기 많은 숙박시설로, 저렴하게 이용할 수 있다. 대부분 이층침대가 여러 개 들어가 있는 방을 4~10명 정도가 함께 사용하는 도미토리 스타일이다. 욕실과 화장실, 부엌 등은 공용이라 여러 나라에서 온 친구를 사귀고 싶다면 좋은 기회가 된다. 이용에 제한이 있는 곳도 있고 공동생활을 하는 만큼 까다로운 규칙이 있는 곳이 많다. 또한 게스트하우스는 다다미로 된 일본가옥을 개조해 다다미방으로 되어 있는 곳도 있다. 가격은 1박에 ¥2,500~5,000 정도이다.

집을 빌려서 사용하는 에어비앤비

숙박공유서비스를 제공하는 에어비앤비 로고

체류기간이 일주일 이상일 경우 에어비앤비(Airbnb)가 경제적이고 편리하다. 직접 식재료를 사다가 요리를 해먹거나 테이크아웃으로 구입한 음식을 데워서 먹기도 좋다. 또한 언제든 세탁할 수 있어 여분 옷은 3~4일분만 준비해도 충분하다. 에어비앤비로 집을 찾을 때는 대중교통 정보와 숙박 후기를 참고해야 한다. 실제 에어비앤비 피해를 호소하는 경우가 종종 뉴스에 나오기 때문에 숙박 후기를 통해 대여자 평판를 반드시 확인하는 것이 좋다. 일반적으로 가격은 1박에 ¥5,000~20,000 정도로 다양하다.

예약이 필요 없는 러브호텔

예약 없이 무작정 이용할 수 있고, 비즈니스호텔과 비슷한 가격에 방도 더 넓고 성인용 부대시설을 갖추고 있는 곳이 많다. 한국 모텔처럼 신주쿠역, 시부야역 등 중심지 환락가 근처에 러브호텔가가 형성되어 있으며 숙박은 물론 몇 시간 이용하는 휴식도 가능하다. 러브호텔 특성상 무인시스템으로 운영되는 곳도 있다. 여러 가지 편리성 때문에 건전하게 숙소로만 이용하는 사람도 의외로 많다. 1박 요금은 ¥6,000~12,000 정도이다.

남성만 이용 가능한 캡슐호텔&만가킷사

만가킷사

택시비가 비싼 일본은 밤늦게까지 술을 마신 사람들이 집에 돌아가지 않고 저렴한 숙소에서 잠을 자기도 한다. 캡슐호텔은 보통 남성전용이며, 좁은 공간에서 잠만 자게 되어 있다. 만가킷사漫画喫茶는 만화방과 PC방이 합쳐진 형태로 만화책도 자유롭게 읽고 컴퓨터도 자유롭게 사용할 수 있으며, 무한대로 이용할 수 있는 음료수자판기까지 마련되어 있는 곳이 많다. 유흥가 주변에 많고 따로 예약이 필요하지 않아 밤늦게 잘 곳이 없는 여행자들이 저렴하게 이용하기 좋다. 가격은 ¥2,000~4,000 정도이며 치안 및 위생은 기대하지 않는 것이 좋다.

한국어가 통하는 한인민박

일본 최대의 코리아타운인 신오쿠보 주변에는 한국인들이 운영하는 한인민박이 많다. 일반 주택을 개조한 곳이 대부분이고 가격이 저렴한 만큼 시설은 기대하지 않는 것이 좋다. 치안상태가 좋지 않은 지역이 대부분이라 여성 혼자라면 여러모로 조심하자. 하지만 외국어를 못해서 불안한 저예산 여행자에게는 반가울 수 있다. 가격은 ¥2,500~4,000 정도로 방 하나를 여러 명이 같이 쓰고 취사시설과 욕실이 공용이다.

한국의 찜찔방 같은 온천&스파

스파 라쿠아

한국의 찜질방처럼 이용할 수 있다. 다양한 탕에 들어갔다 나왔다 하면서 온천욕을 즐기며 피로를 풀기 좋다. 의자에 누워 잘 수는 있지만 수많은 사람이 함께 이용하므로 숙면을 취하기는 힘들다. 새벽 비행기를 이용할 경우 잠시 쉬어가는 용도로 이용하기는 좋다. 가격은 ¥3,000~4,000 정도로 밤늦은 시간에는 추가요금이 붙으므로 비싸다.

Tip

숙소 선택하기

도쿄는 호텔이 많다 보니 괜찮은 호텔이 저렴한 프로모션을 진행하는 경우가 많다. 프로모션을 진행하는 호텔의 경우 유스호스텔, 게스트하우스, 한인민박과 가격 차이가 별로 나지 않는다. 프로모션은 수시로 바뀌니 숙소 타입을 선택하기 전에 인터넷 예약사이트에서 먼저 검색해 보자.

도쿄 숙소 이용하기

더패닌슐라 도쿄

여행 준비에 비행기표를 예약한 후 바로 해야 할 것이 숙소 예약이다. 앞서 다양한 일본의 숙박시설을 소개했지만, 호텔이 많은 도쿄 및 근교에는 프로모션을 진행하는 호텔이 많으니 저예산 여행자라도 충분히 호텔을 이용할 수 있다. 온천료칸은 식사와 온천욕이 포함되어 가격이 비싸지만 일본의 문화와 생활을 즐길 수 있는 관광이기도 하니 여행 중 1박 정도는 체험해보자.

숙소 예약하기

호텔, 온천료칸, 비즈니스호텔, 유스호스텔, 게스트하우스 등은 여행을 떠나기 전 미리 예약해야 한다. 당일이나 여행 직전에 예약하면 원하는 곳이나 원하는 가격에 머물 수 없으니 서두르는 것이 좋다. 예약은 다양한 숙박어플리케이션을 활용하면 된다. 예약을 마치면 예약 내용이 적힌 이메일이나 해당 페이지를 인쇄나 저장해서 가지고 가자. 예약 시 예약자 이름은 여권 영문과 동일해야 하며, 숙소 도착 후 프론트에 여권과 함께 제시한다. 숙소의 룸타입은 다음과 같다.

- 싱글(Single, シングル) : 싱글사이즈 침대 하나가 있는 1인실이다.
- 세미더블(Semi-double, セミダブル) : 싱글과 더블 중간 크기인 세미더블사이즈 침대 하나가 있는 1인실이다. 둘이 사용하기에는 좁지만 숙소에 따라 2인실로도 사용할 수 있고 2명이 함께 묵을 경우 제일 저렴하다.
- 더블(Double, ダブル) : 더블사이즈 침대 하나가 있는 2인실이다.
- 트윈(Twin, ツイン) : 침대 두 개가 있는 2인실이다.
- 도미토리(Dormitory, ドミトリ) : 여러 명이 한 방을 사용하는 다인실이다.
- 스도마리(素泊まり) : 식사 제외 방식으로, 식사 포함인 호텔료칸이나 호텔 등을 조금 저렴하게 이용할 수 있다.

Tip

숙소예약 사이트 및 추천 애플리케이션(앱, 어플)

재패니칸(www.japanican.com/kr) : 호텔 및 온천료칸
익스피디아(www.expedia.co.kr) : 최저가 호텔 검색
자란넷(www.jalan.net) : 일본 대표 숙박 예약사이트
라쿠텐트래블(travel.rakuten.co.kr) : 한국어 지원 일본 숙박 검색
하나투어(hanatour.com) : 호텔이나 항공권만도 검색 가능 여행사
아고다(www.agoda.com) : 호텔이나 항공권만도 검색 가능

라쿠텐트래블 리럭스 호텔스컴바인 아고다 익스피디아 하나투어

호텔 이용하기

호텔은 전 세계 어디나 비슷한 시스템으로 운영된다. 예약한 호텔에 찾아가서 체크인하고 지정 룸에 들어가서 숙박하고 마지막 날에 체크아웃하고 나오면 된다. 일본은 시간약속을 중요시하기 때문에 체크아웃 시간이 지나면 추가요금을 내야 한다. 체크인할 때 체크아웃 시간을 반드시 확인하고 늦지 않도록 신경 쓰자.

Tip

키를 잃어버리지 않도록 주의하자!

키를 가지고 돌아다니다가 잃어버렸을 경우에는 추가비용을 지불해야 하고 복잡한 본인확인 절차를 걸쳐 여행지에서 아까운 시간까지 낭비하게 된다. 24시간 프론트데스크를 영업하는 곳이라면 키를 맡기고 외출해도 된다.

지불 – 호텔 예약 시 선불로 지불했다면 체크인 시 본인 확인절차만 거친다. 예약만 하고 지불하지 않은 경우에는 보통 체크인 시 숙박비를 계산한다. 일부 고급 호텔의 경우 호텔 내 레스토랑 및 시설이용 시 '룸차지(Room Charge)'로 계산하고 체크아웃할 때 한꺼번에 정산한다. 비즈니스호텔의 경우 추가로 돈을 낼 필요가 없도록 각종 자판기, 코인 라운드리, 텔레비전 유료채널 이용권 등을 기계를 통해 구입할 수 있다.

어메니티 – 일본 호텔은 보통 수건과 칫솔, 치약, 비누, 샴푸, 헤어컨디셔너, 보디클렌저, 빗, 면도기, 화장솜, 면봉, 헤어캡, 스킨, 로션 등의 어메니티를 갖추고 있다. 일부 호텔은 물자절약을 위해 프론트데스크에 요청해야 주기도 하니 필요한 물건이 없을 때는 확인하자. 또한 저렴한 비즈니스호텔은 어메니티를 별도로 판매하기도 한다. 편의점에서 여행용세트를 쉽게 구입할 수 있으니 당황할 필요는 없다. 편하게 입을 서양식 잠옷이나 목욕가운, 일본식 잠옷인 유카타 등은 호텔에 따라 다르게 제공하므로 예약할 때 미리 확인하는 것이 좋다. 유카타는 보기와 다르게 잘 벗겨져서 불편하니 잠잘 때 편하게 입을 옷 한 벌 정도는 챙겨가는 것을 추천한다.

웰컴 티 및 냉장고 – 테이블 위에 놓인 차와 커피는 무료로 마실 수 있지만, 냉장고 안에 들어 있는 음료수는 체크아웃할 때 과금되니 잘 확인하고 마시자. 술과 음료수는 같은 제품이라도 호텔이 비싸다. 호텔 주변의 편의점에서 마시고 싶은 것을 사다가 마시는 것이 경제적이다.

조식 – 고급 호텔의 경우 조식포함 여부에 따라 요금이 달라진다. 포함인 경우에는 체크인 시 식사권을 함께 준다. 조식을 포함하지 않았지만 식사를 하고 싶다면 레스토랑에 비용을 지불하고 먹을 수 있다. 일부 비즈니스호텔은 무료 서비스로 간단한 조식을 제공하기도 해서, 정해진 시간에 정해진 장소로 가면 주먹밥이나 토스트 등을 먹을 수 있다. 도쿄는 아침 일찍부터 장사하는 식당 및 카페가 많으니 예정보다 조금 일찍 호텔 밖으로 나가서 식사하는 것도 좋다. 24시간 영업하는 곳에서 ¥500~1,000 정도면 든든하게 아침식사를 해결할 수 있다.

짐 맡기기 – 예정시간보다 호텔에 일찍 도착해서 체크인을 바로 할 수 없거나, 체크아웃 뒤 근처에서 관광을 더 하고 싶을 때는 프론트데스크에 무거운 짐을 맡길 수 있다. 단, 일본은 교통비가 비싸 숙소에서 먼 여행지로 이동할 경우 역 안의 코인로커를 이용하는 것이 더 나을 수도 있다.

온천료칸 이용하기

일본 여행 중 하룻밤은 온천료칸에 머물 것을 추천한다. 일본은 화산지대이기 때문에 위험하고 불편한 점도 많지만, 그 대신 뜨거운 물이 펑펑 나오는 천연온천을 제대로 즐길 수 있다. 낮 시간에 온천욕을 즐길 수 있지만, 기왕이면 온천료칸에 하루 머물면서 느긋하게 즐겨보자. 온천료칸은 일본 전통 숙박시설로 온천시설이 포함되어 있어 온천욕과 휴식, 맛있는 식사까지 풀코스로 즐길 수 있다. 고급 호텔보다 비싼 곳도 많지만, 그만큼 훌륭한 식사가 포함되니 고급 레스토랑의 식사비용까지 더해서 계산하면 납득할 수 있다. 일부 온천료칸에서는 저녁 및 아침식사를 제외하고 숙박과 온천만 이용하는 것도 가능하다. 하지만 온천료칸을 제대로 즐기고 싶다면 료칸 밖으로 나가지 않고 안에서만 즐기는 것을 추천한다.

온천료칸 도착 → 체크인 → 해당 룸으로 이동 → 다과(녹차와 과자) → (온천욕) → 저녁식사 → 온천욕 → 취침 → (온천욕) → 아침식사 → 체크아웃

카이세키요리(懐石料理) – 온천료칸을 선택할 때 온천의 질이나 룸컨디션만큼 중요하게 생각해야 할 부분은 식사이다. 온천료칸에서 제공하는 식사는 일본 전통연회에서 즐기는 상차림으로 카이세키요리(会席料理)라고 한다. 상다리가 부러지도록 푸짐하게 차려주는 저녁식사는 모양까지 예쁘다. 고급 재료를 이용한 요리를 정갈하게 담아주는데, 1인용 접시에 1인분만 담아주므로 양이 적어 보이지만 먹고 나면 충분하다. 보통 요리에 술을 곁들이기 때문에 술을 추가로 주문해 반주로 즐기며, 밥은 메인요리를 다 먹고 난 뒤 마지막에 제공된다. 술은 별도로 청구하니 추가비용이 걱정된다면 안 마셔도 된다. 아침식사는 저녁식사에 비해 조촐하다.

온천욕 즐기기 – 온천욕을 좋아한다면 저녁식사 전과 후, 다음 날 아침 이렇게 3번 정도 온천욕을 할 수 있다. 물론 온천욕은 체력을 많이 소모하므로 한 번 정도만 들어가도 된다. 온천욕 전에 일본 전통의상인 유카타(浴衣)로 갈아입으면 목욕 가운처럼 입고 벗기 편하다. 수건은 커다란 목욕 수건과 얇은 수건 테누구이(手ぬぐい)가 제공되며, 온천 내부로는 테누구이만 가지고 들어갈 수 있다. 물론 위생상 탕 안에 수건을 담그면 안 된다. 탕에 들어갈 때는 수건을 근처의 바위 위나 손잡이 등에 올려놓자. 온천욕을 마치고 탕 밖에서 일행을 기다릴 때 이용할 수 있는 마사지 의자, 오락시설 등도 갖추고 있는 곳이 많다.

Tip

밖으로 나가지 말고 온천료칸 안에서 놀자!

보통 숙소는 잠만 자고 나오는 곳이라고 생각하고 관광 일정을 빡빡하게 넣는 경우가 많다. 하지만 온천료칸은 그 자체가 일본식 리조트에 해당하는 관광지이기 때문에 다른 일정 없이 온전히 온천료칸 안에서만 시간을 보내는 것이 좋다. 오후 체크인 시간에 맞춰 도착한 뒤, 달콤한 과자와 함께 쌉쌀한 차도 마시고 뜨끈뜨끈한 온천욕도 하고 온천료칸 내부의 정원에서 산책도 하고 푸짐한 식사도 하고 방안에서 뒹굴뒹굴 굴러다니며 편안히 휴식을 취하는 것을 추천한다.

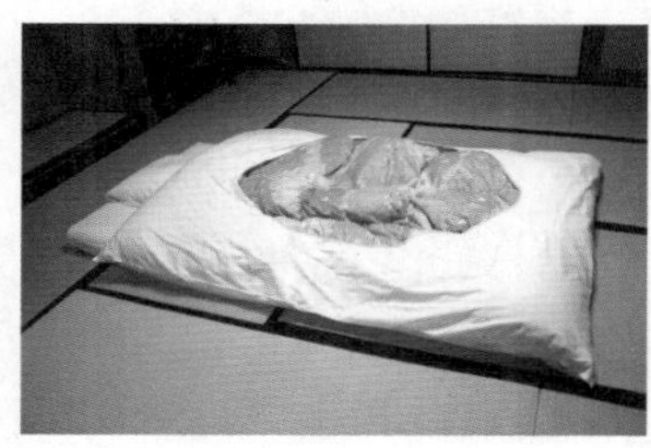

우렁각시 같은 나카이상(仲居さん) – 온천료칸에서 손님 시중을 드는 사람을 나카이상이라고 한다. 기모노를 차려입은 중년여성이 담당하는 경우가 많다. 방 안내는 물론 필요한 물건을 때 맞춰 가져다주고 식사를 방으로 가져다주거나 별도 레스토랑이 있는 경우 안내해준다. 식사 후에는 방에 이부자리를 펴주는데, 이런 서비스 모두 숙박비에 포함되 있기 때문에 팁을 따로 줄 필요는 없다. 나카이상은 손님이 불편을 느끼지 않게 방을 비운 사이에 일을 하고 가는 경우가 많아 마치 우렁각시가 다녀간 것 같은 기분이 든다.

기념품으로 챙겨가도 되는 물품 – 온천료칸에서 제공하는 물건 중 기념품으로 챙겨가도 되는 것이 몇 가지 있다. 도착하면 차와 함께 주는 과자는 먹지 않을 경우 가져가도 된다. 온천욕할 때 사용하는 얇은 수건 '테누구이(手ぬぐい)'도 사용 후 가져갈 수 있다. 간혹 유카타(浴衣)까지 챙겨가는 사람이 있는데, 이는 절대 안 되는 행동으로 필요하면 기념품점 등에서 구입하면 된다. 대신 일본 전통양말 '타비(足袋)'는 기념품으로 챙겨가도 무방하다. 그 밖에도 사용하고 남은 일회용 어메니티는 모두 가져가도 된다.

Part
02

도쿄에서 가장 화려한 지역, 긴자

한눈에 살펴보는 긴자지역

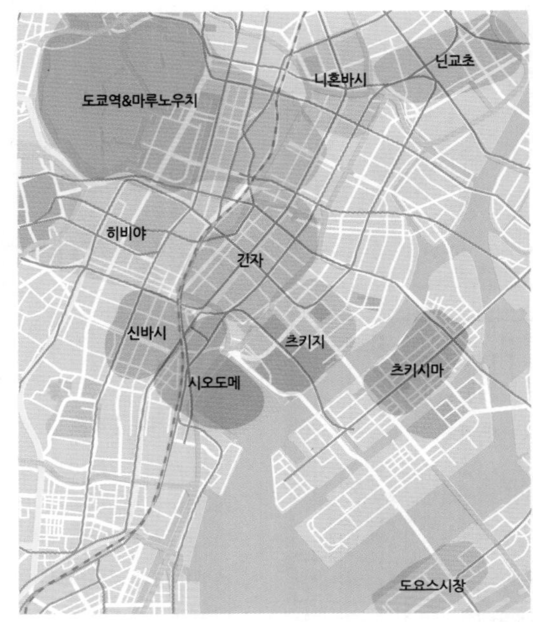

도쿄에서 가장 화려하고 땅값이 비싼 부촌이 긴자지역이다. 긴자는 세대를 막론한 사람들이 찾는 일본 최대 명품거리로 해외 명품에서 일본 전통 브랜드까지 골고루 구입할 수 있다. 특히 더할 나위 없는 식도락 명소로, 미슐랭 3스타 레스토랑이 밀집되어 있다. 뉴스에 자주 등장하는 일본 관공서들은 유라쿠초역에서 긴자 반대방면으로 나가면 나온다. 대기업들이 들어선 도쿄역을 중심으로 고층빌딩 숲이 펼쳐지며, 일왕가족의 주거지인 고쿄(皇居)에서 넓고 아름다운 일본정원을 무료로 감상할 수 있다.

그 밖에도 일본의 대표적인 금융가이자 동서양이 조합되어 독특한 멋을 지닌 니혼바시, 샐러리맨들이 퇴근길에 술 한잔 걸치러 찾는 신바시, 새로운 고층빌딩가로 인기를 얻고 있는 시오도메, 세계 최대 수산물시장인 도요스시장과 츠키지시장, 옛 상점가에서 몬자야키를 즐길 수 있는 츠키시마 등 색다른 매력을 가진 거리가 많다. 긴자지역은 다양한 볼거리를 가진 만큼 하루에 다 둘러보기는 힘들다. 자신의 취향에 맞는 곳을 미리 선정해 놓고 루트를 짜 두는 것이 좋다. 특히 인기가 많은 맛집은 문 앞에서 장시간 대기를 해야 하는 경우가 있으므로 시간을 넉넉하게 분배해야 한다.

긴자지역에서 이동하기

긴자에는 JR 및 지하철역이 많아 대중교통으로 이동하기 편리하다. 단, 역과 역 사이에 볼거리가 늘어서 있는 경우가 많아 가능한 한 걸어 다니면서 보는 것이 좋다. 지하철역은 도보 5~10분, JR 역은 도보 10~20분 정도 걸리니 개인의 체력을 고려하여 루트를 짜보자. 긴자 중심에 위치한 유라쿠초역과 긴자역, 히비야역, 긴자잇초메역은 모두 도보 5분 이내의 거리에 있으므로 출발지에서 이동하기 편리한 역을 선택하여 여행을 시작하자.

• 도쿄 ↔ 유라쿠초

출발역	탑승열차	경유역	환승역	경유역	도착역	이동시간	도보이동 시	요금
도쿄 (東京)	JR 야마노테선 시나가와(品川)행	1개	–	–	유라쿠초 (有楽町)	2분	12분 (0.8㎞)	¥140
	JR 게이힌토호쿠선 요코하마(横浜)행	1개	–	–		1분		¥140

• 신주쿠 ↔ 유라쿠초

출발역	탑승열차	경유역	환승역, 탑승열차	경유역	도착역	이동시간	도보이동 시	요금
신주쿠 (新宿)	JR 주오선 쾌속 도쿄행	3개	칸다(神田) JR 야마노테선 시나가와행	2개	유라쿠초 (有楽町)	18분	150분 (11㎞)	¥200

• 긴자 내 이동 유라쿠초, 긴자, 시오도메 ↔ 니혼바시, 신바시, 시오도메, 츠키지, 츠키시마, 시조마에

출발역	탑승열차	경유역	환승역, 탑승열차	경유역	도착역	이동시간	도보이동 시	요금
긴자(銀座)	도쿄메트로 긴자선 아사쿠사(浅草)행	2개	–	–	니혼바시(日本橋)	3분	20분(1.4㎞)	¥170
유라쿠초(有楽町)	JR 야마노테선 시나가와(品川)행	1개	–	–	신바시(新橋)	1분	16분(1.1㎞)	¥140
	JR 야마노테선 시나가와 (品川) 행	1개	신바시(新橋)	도보 이동	시오도메(汐留)	5분	20분(1.4㎞)	¥140
긴자(銀座)	도쿄메트로 히비야선 키타센주(北千住)행	2개	–	–	츠키지(築地)	3분	15분(1㎞)	¥170
시오도메(汐留)	도에지하철 오오에도선 료고쿠(両国)행	1개	–	–	츠키지시조(築地市場)	2분	14분(0.9㎞)	¥180
		3개			츠키시마(月島)	6분	48분(3.2㎞)	¥180
	유리카모메 도요스(豊洲)행	12개	–	–	시조마에(市場前)	26분	51분(4.2㎞)	¥380
유라쿠초(有楽町)	도쿄메트로 유라쿠초선 신키바(新木場)행	3개	–	–	츠키시마(月島)	5분	37분(2.5㎞)	¥170

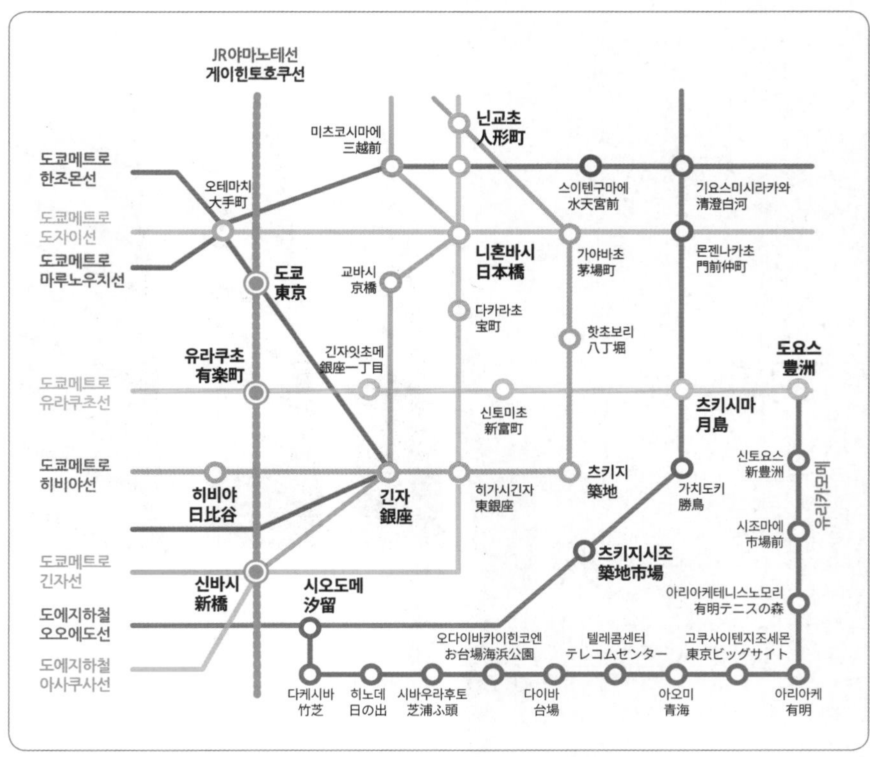

▲ 긴자지역의 주요 노선도

Chapter 01

긴자

銀座

Ginza

★★★★☆

★★★★★

★★★★★

도쿄에서 가장 도쿄다운 곳을 꼽으라 하면 일본사람들은 스스럼없이 긴자라고 답한다. 일본에서 새로운 브랜드를 출시할 때 1호점을 만드는 곳이 바로 긴자지역이다. 1980년대 일본경제 전성기의 중심에 긴자가 있었고 지금도 백화점과 명품숍이 몰려있다. 긴자는 단순한 번화가가 아닌 일본문화의 중심이기도 하다. 긴자를 제대로 즐기려면 화려한 명품숍만 구경하지 말고, 하루를 긴자에서 느긋하게 보내며 쇼핑과 공연을 즐기거나 다른 지역에서는 찾아보기 힘든 유명 맛집을 탐방하자.

嘉紀の一言

요시노리의 한마디

일본인은 긴자에서 느긋하게 쇼핑하면서 산책하는 것을 '긴자 부라부라(銀座ぶらぶら)'라고 하는데, 줄여서 '긴부라(銀ぶら)'라고도 한다. 촉박한 일정에 쫓겨 다니는 여행이 아니라 하루쯤 시간적 여유를 가지고 우아하게 긴부라를 즐겨보길 바란다!(일본인도 잘 모르는 진실! 긴부라의 진짜 의미는 카페파우리스타 P. 121 참고)

긴자를 잇는 교통편

긴자는 번화가라 대부분의 노선이 통과한다. JR 야마노테선을 이용할 경우 긴자의 시작점인 유라쿠초(有楽町)역에서 내리면 된다. 지하철을 이용할 경우에는 긴자선의 긴자(銀座)역, 유라쿠초선의 긴자잇초메(銀座一丁目)역, 히비야선(日比谷線)의 히비야(日比谷)역에서 긴자의 중심지까지 도보로 이동할 수 있다.

유라쿠초(有楽町)역 JR 야마노테선(山手線), 게이힌토호쿠선(京浜東北線) 지하철 유라쿠초선(有楽町線)
긴자(銀座)역 지하철 긴자선(銀座線), 마루노우치선(丸ノ内線), 히비야선(日比谷線)
긴자잇초메(銀座一丁目)역 지하철 유라쿠초선(有楽町線)
히비야(日比谷)역 지하철 히비야선(日比谷線)

긴자에서 이것만은 꼭 해보자

1. 호텔처럼 문 앞에 정장을 빼입은 도어맨이 서서 인사하는 명품숍에 들어가 보자!
2. 개성 넘치는 패션리더들로 가득한 패션브랜드숍을 둘러보자!
3. 긴자의 고급 초밥집 카운터석에 앉아 맛있는 초밥을 먹자!
4. 고급 카페에서 예뻐서 더 맛있는 케이크와 향기로운 홍차로 티타임을 즐기자!
5. 대기업쇼룸을 방문하여 일본의 최신 전자제품을 직접 사용해보자!

사진으로 미리 살펴보는 긴자 베스트코스

긴자는 쇼핑이 주목적이므로 아침부터 서두를 필요 없이 점심시간에 맞춰 느긋하게 나가자. 인기 있는 맛집에 가고 싶다면 오전 11시경에는 도착하도록 준비하자. 긴자의 쇼핑가는 규모가 방대하여 하루에 전부 다 둘러볼 수는 없다. 특별히 좋아하는 브랜드나 반드시 사고 싶은 상품이 있다면 미리 정보를 파악해두는 것이 좋다. 여행 중에는 캐주얼한 복장에 운동화가 편하지만, 긴자 명품숍을 둘러볼 때는 초라하게 느껴지지 않도록 복장에도 신경을 쓰는 것이 좋다.

1 마음껏 쇼핑을 즐기는 하루 일정(예상 소요시간 8시간 이상)

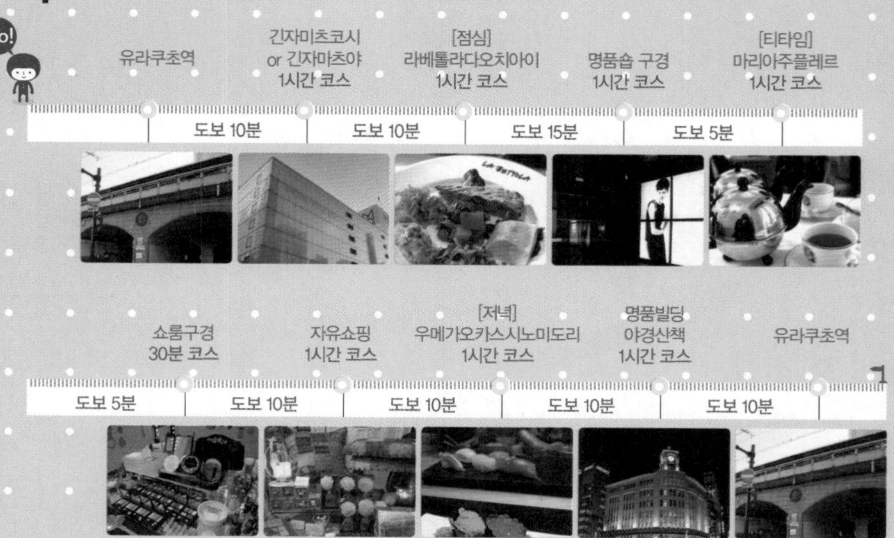

긴자 銀座

고쿄
皇居
히비야공원
日比谷公園
[H-07] [C-09] [I-08]
히비야역
더페닌슐라 도쿄
The Peninsula Tokyo
[JY30] [Y-18]
유라쿠초역
교바시출구
중앙서쪽출구
중앙출구
자포네
ジャポ
마로니에게이트 긴자1
マロニエゲート銀座1
마로니에게이트 긴자3
マロニエゲート銀座3
마로니에게이트 긴자2
マロニエゲート銀座2
유라쿠초 마루이
有楽町 マルイ
루미네유라쿠초
ルミネ有楽町
유라쿠초 마리온
有楽町 マリオン
한큐멘즈도쿄
阪急メンズ東京
이키나리스테이크
いきなり！ステーキ
경찰서
우체국
조스상하이뉴욕
ジョーズ シャンハイ ニューヨーク
스키야바시공원
스키야버그
数寄屋バーグ
와카이 시계탑
도큐플라자 긴자
TOKYU PLAZA GINZA
갭플래그십 긴자
Gapフラッグシップ銀座
제국호텔
Imperial Hotel
긴자 소니파크
Ginza Sony Park
애플스토어
アップルストア
晴海通り
外堀通り
사토요스케
佐藤養助
A
[G-09] [M-16] [H-08]
긴자역
우메가오카스시노 미도리총본점
梅丘寿司の美登利総本店 銀座店
웨스트 긴자본점
ウエスト 銀座本店
中央通り
유니클로 긴자점
ユニクロ 銀座店
루이뷔통 나미키도오리점
ルイ・ヴィトン 銀座並木通り店
비어홀라이온
ビヤホール ライオン
도쿄수도고속도로
外堀通り
긴자 식스
GINZA SIX
우체국
토라야 긴자점
とらや 銀座店
에이치앤엠 긴자점
H&M 銀座店
시세이도 더긴자
SHISEIDO THE GINZA
야마하 긴자점
ヤマハ銀座店
작조로 긴자점
ジャッジョーロ 銀座店
긴자큐베
銀座久兵衛
시세이도파라 긴자본점
資生堂パーラー銀座本店
긴자 그랜드호텔
Ginza Grand Hotel
코트야드마리오트 긴자도부호텔
Tokyo Marriott Hotel
긴자 고쿠사이호텔
Ginza International Hotel
카페파우리스타
カフェーパウリスタ
昭和通り
하쿠힌칸 토이파크
博品館 TOY PARK
긴자출구
中央通り
미츠이가든호텔
Mitsui Garden Hotels
우체국
[JY29] [JO18] [G-08] [A-10] [U-01]
신바시역
긴자 혼진
銀座ほんじん

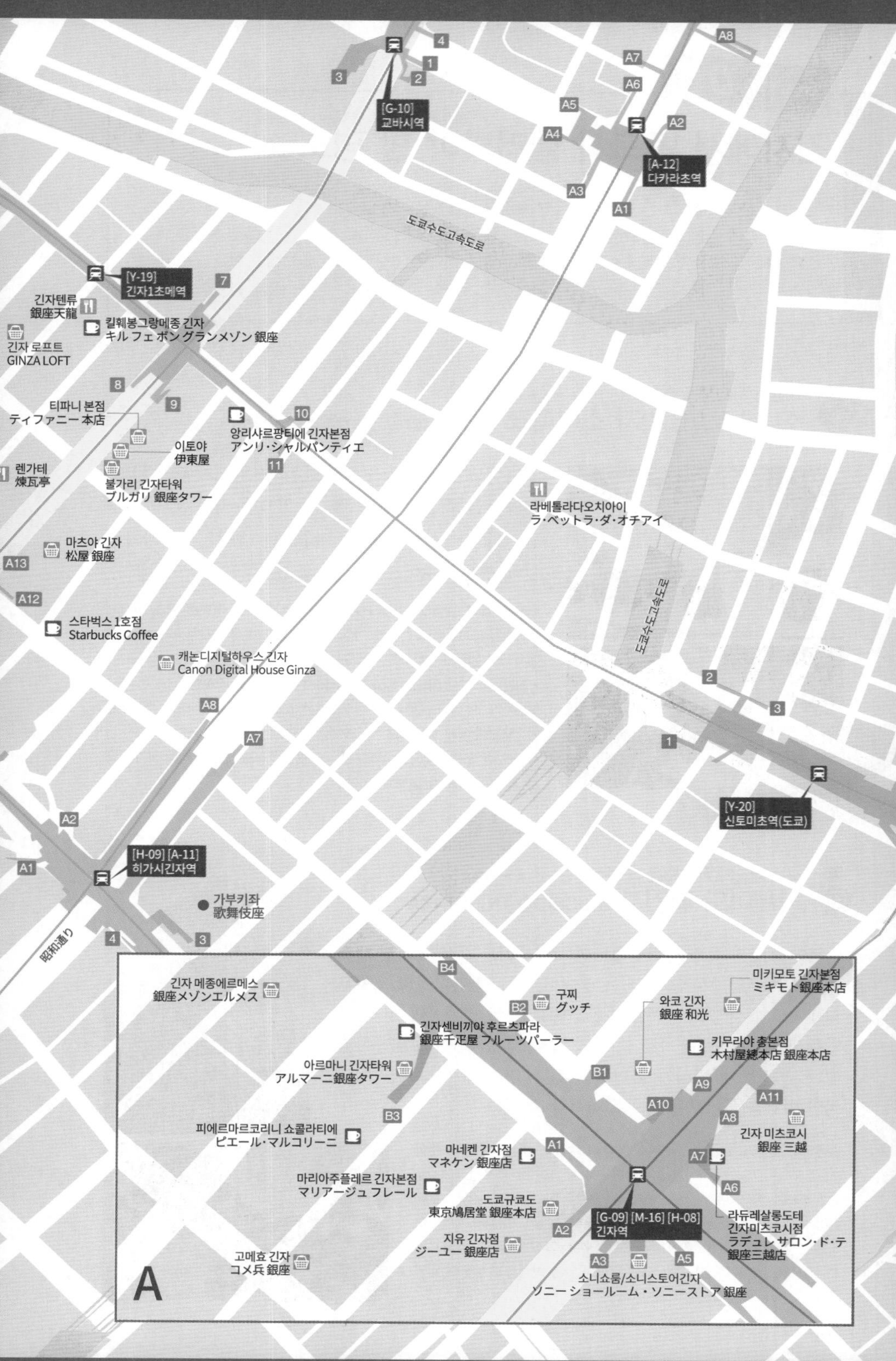
[G-10]
교바시역
[A-12]
다카라초역
도쿄수도고속도로
[Y-19]
긴자1초메역
긴자텐류
銀座天龍
킬훼봉그랑메종 긴자
キル フェ ボングランメゾン 銀座
긴자 로프트
GINZA LOFT
티파니 본점
ティファニー 本店
이토야
伊東屋
앙리샤르팡티에 긴자본점
アンリ·シャルパンティエ
렌가테
煉瓦亭
불가리 긴자타워
ブルガリ 銀座タワー
라베톨라다오치아이
ラ·ベットラ·ダ·オチアイ
마츠야 긴자
松屋 銀座
도쿄수도고속도로
스타벅스 1호점
Starbucks Coffee
캐논디지털하우스 긴자
Canon Digital House Ginza
[Y-20]
신토미초역(도쿄)
[H-09] [A-11]
히가시긴자역
가부키좌
歌舞伎座
昭和通り
긴자 메종에르메스
銀座メゾンエルメス
구찌
グッチ
미키모토 긴자본점
ミキモト銀座本店
와코 긴자
銀座 和光
긴자센비끼야 후르츠파라
銀座千疋屋 フルーツパーラー
키무라야 총본점
木村屋總本店 銀座本店
아르마니 긴자타워
アルマーニ銀座タワー
피에르마르코리니 쇼콜라티에
ピエール·マルコリーニ
긴자 미츠코시
銀座 三越
마네켄 긴자점
マネケン 銀座店
마리아주플레르 긴자본점
マリアージュ フレール
도쿄큐쿄도
東京鳩居堂 銀座本店
[G-09] [M-16] [H-08]
긴자역
라듀레살롱도테
긴자미츠코시점
ラデュレ サロン·ド·テ
銀座三越店
지유 긴자점
ジーユー 銀座店
고메효 긴자
コメ兵 銀座
소니쇼룸/소니스토어긴자
ソニー ショールーム・ソニーストア 銀座
A

Tokyo

Section 01

긴자에서 반드시 둘러봐야 할 명소

긴자는 쇼핑을 좋아하는 이들에게는 명품숍을 둘러보는 것만으로도 하루가 모자라는 곳이다. 또한 건축에 관심 있는 사람에게는 독특한 건물을 찾아보는 것만으로도 즐거운 곳이다. 얼리어 댑터라면 브랜드 기업의 쇼룸을 둘러보고 미술에 관심이 많다면 골목에 자리한 작은 갤러리를 둘러보는 것도 즐겁다. 도쿄를 제대로 느끼려면 긴자지역은 필수코스이다.

최신 전자제품을 체험하는 곳 ★★★★☆

소니스토어, 긴자 소니파크 Sony Store, Ginza Sony Park

긴자에는 전자제품을 대표하는 브랜드 쇼룸이 많다. 신제품을 직접 사용해 볼 수 있으며 사지 않아도 부담이 없이 구경하기에 좋다. 또한 쇼핑몰 및 백화점 안에 팝업스토어로 신제품을 선보이는 경우도 많다.

- **소니스토어 긴자(ソニーストア 銀座)** 주소 東京都 中央区 銀座 5-8-1 찾아가기 도쿄메트로 긴자선, 마루노우치선, 히비야선 긴자역 A4, A4 출구에서 바로 영업시간 11:00~19:00
- **긴자 소니파크(Ginza Sony Park)** 주소 東京都 中央区 銀座 5-3-1 찾아가기 JR 야마노테선, 게이힌토호쿠선, 도쿄메트로 유라쿠초선 유라쿠초역 긴자출구에서 도보 5분/ 도쿄메트로 긴자선, 마루노우치선, 히비야선 긴자역의 B9출구 직접 연결 영업시간 2024년까지 공사예정(외벽에 월아트 설치) 홈페이지 www.sonypark.com

시세이도의 화장품을 체험해보는 곳 ★★★☆☆

시세이도 더긴자 SHISEIDO THE GINZA

일본에서 가장 유명한 화장품브랜드 시세이도 제품을 직접 테스트해보고 구입까지 할 수 있는 곳이다. 이곳에서 화장도 고치고 시세이도의 다양한 제품을 테스트해보자. 일반매장과 달리 구입을 하지 않아도 눈치를 주지 않으므로 마음 편하게 이용하면 된다. 화장품에 관심이 없더라도 건축디자인이 아름다운 이색적인 빌딩을 둘러보는 것으로 만족할 수 있다.

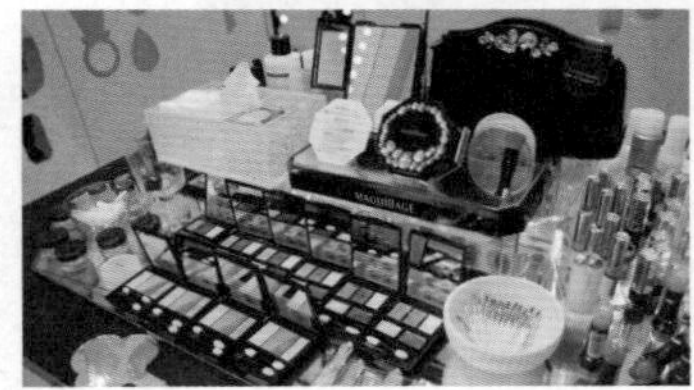

홈페이지 stg.shiseido.co.jp 주소 東京都 中央区 銀座 7-8-10 문의 03-3571-7735 찾아가기 JR 야마노테선, 게이힌토호쿠선, 소부선, 요코스카선, 토카이도선, 도쿄메트로 긴자선, 아사쿠사선, 유리카모메 신바시역 3번 출구에서 도보 5분/도쿄메트로 긴자선, 마루노우치선, 히비야선 긴자역 A2번 출구에서 도보 7분 입장료 무료 영업시간 11:00~20:00 휴무 연중무휴 귀띔 한마디 일본 화장품을 이용해 일본 스타일로 과감하게 화장을 고쳐보자.

일본 전통극 가부키 전용극장 ★★★☆☆

가부키좌 歌舞伎座

가부키좌는 1889년 개설된 가부키 전용극장으로 일본 가부키의 중심지이다. 2013년 건물 보수공사를 끝내고 새롭게 문을 열었다. 일본 전통극인 가부키는 화려한 무대의상과 배우들의 독특한 움직임, 전체적인 분위기를 즐기는 것만으로도 즐겁다. 한국어로 부르는 판소리나 오페라도 100% 알아듣지 못하듯이 일본인도 배경지식 없이는 못 알아들으니 일본어를 모르더라도 부끄러워할 필요가 전혀 없다. 전체를 다 관람하기에는 가격도 만만치 않고 시간도 오래 걸리니 1막만 볼 수 있는 히토마쿠미세키一幕見席로 즐기는 것을 추천한다. 히토마쿠미는 사전예약 없이 현장 판매하며 공연에 따라 ¥1,000~2,000으로 가부키의 매력을 느껴볼 수 있다.

홈페이지 www.kabuki-za.co.jp **주소** 東京都 中央区 銀座 4-12-15 **문의** 03-3541-3131 **찾아가기** 도쿄메트로 히비야선, 아사쿠사선 히가시긴자역의 3번 출구에서 바로 **입장료** 공연에 따라 다름 **영업시간** 공연에 따라 다르다. **귀띔 한마디** 지루할 것 같지만 분위기가 멋있어서 한 번쯤 볼 만하다.

화려한 조명과 더불어 이색적인 모습으로 탈바꿈하는 ★★★★★

긴자의 야경

루이뷔통빌딩

긴자의 야경은 현대예술품을 전시한 미술관처럼 독특하고 화려하다. 높은 빌딩의 전망 좋은 바에 앉아 칵테일을 마시며 감상하는 것도 좋지만, 직접 둘러보는 것 또한 즐겁다. 야경이 특히 멋진 건물은 와코백화점이고 건물 전체가 모니터로 변하는 샤넬빌딩은 밤에 봐야 그 진가를 알 수 있다. 이외에도 에르메스, 디오르, 루이뷔통 등도 낮에 보는 것과는 전혀 색다른 매력을 발산하다. 긴자의 클럽은 낮에는 존재감을 감추고 있다가 밤이 되면 네온사인을 밝혀 사람들을 불러 모은다. 클럽 주변은 아무래도 치안상태가 좋지 않으므로 클럽이 많은 골목 안쪽은 돌아다니지 않는 것이 좋다. 긴자 밤거리의 하이라이트는 일루미네이션이 장식되는 겨울시즌이다. 이 시기 가장 화려한 곳은 유라쿠초역 긴자출구 앞에 있는 도쿄교통회관과 긴자의 백화점이 늘어선 중앙거리中央通り 인근이다. 거리 풍경도 멋있지만 백화점 내부의 크리스마스트리와 장식 또한 볼만하니 겉만 보지 말고 여기저기 자유롭게 돌아다니며 구경해 보자.

긴자미츠코시백화점

와코백화점

도쿄교통회관

Section 02

Tokyo

긴자에서 먹어봐야 할 것들

일본에서 가장 맛있는 요릿집이 몰려 있는 곳이 긴자이다. 까다롭기로 소문난 미슐랭 별 3개짜리 고급 레스토랑도 많고 100년이 넘는 전통레스토랑도 흔하다. 그런 만큼 긴자에서는 차를 한잔 마시거나 간단한 식사를 하더라도 카페나 레스토랑을 까다롭게 고르는 것이 좋다. 한 끼에 수십만 원 하는 고급 레스토랑도 런치서비스를 이용하면 큰 부담 없이 즐길 수 있고, 일반 카페 가격에 몇천 원 더 보태면 훨씬 맛있는 케이크와 차로 오후 티타임을 즐길 수 있다.

일본에서 가장 유명한 초밥집 ★★★★★ 긴자큐베 銀座久兵衛

고급 초밥집을 대표하는 곳으로 일본에서 초밥 마니아 사이에 유명한 집이다. 긴자의 고급 초밥집들은 초밥의 신선함을 살리기 위해 카운터석에 앉아 초밥 장인이 만들자마자 바로 집어 먹는다. 신선한 해산물을 이용해서 생선비린내가 전혀 나지 않고, 공기를 머금은 밥알이 입안에서 살살 녹는다.

가격은 많이 비싸지만 회전초밥집과는 차원이 다르므로 비교적 저렴한 런치메뉴를 이용해서라도 한 번은 가보기를 바란다. 런치는 오전 11시 30분부터 운영하는데 이 시각만 예약이 가능하고 이후부터는 찾아온 순서대로 입장할 수 있다. 생선비린내 때문에 초밥을 싫어하는 사람이라도 한번 맛보면 그 맛에 깜짝 놀랄 것이다. 먹는 것도 여행의 즐거움 중 하나이니 한 끼 정도는 먹는 것에 투자해서 새로운 세상을 맛보자.

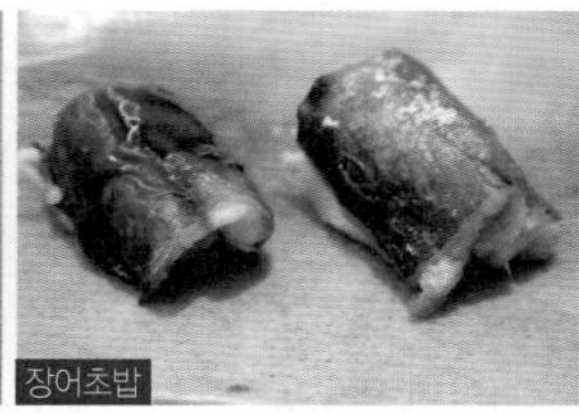
장어초밥

연어알초밥

홈페이지 www.kyubey.jp **주소** 東京都 中央区 銀座 8-7-6 **문의** 03-3571-6523(예약필수) **찾아가기** JR 야마노테선, 게이힌토호쿠선, 소부선, 요코스카선, 토카이도선, 도쿄메트로 긴자선, 아사쿠사선, 유리카모메 신바시역 긴자출구에서 도보 5분 거리 **가격** 런치 ¥6,000~ 20,000, 디너 ¥10,000~30,000(1인 평균) **영업시간** 11:30~14:00, 17:00~22:00 **휴무** 일~월요일, 공휴일, 연말연시 **귀띔 한마디** 가격도 착한 런치는 예약을 하지 않아도 안내해주므로 여행자도 편하게 이용할 수 있다.

✓ 긴자에서는 귀찮더라도 아무 데나 들어가지 말자! 한 끼를 먹더라도 맛있는 걸 먹어야 긴자의 참맛을 알 수 있다. 일정에 넣은 쇼핑몰 주변의 맛집 중에 가고 싶은 곳을 미리 체크해 두자.

긴자의 맛집은 줄을 서야 하는 곳이 대부분이다. 식사시간을 조금 비켜 가거나 평일을 이용하면 대기시간을 조금 줄일 수 있다.

긴자에서 대기줄이 제일 긴 ★★★★★

우메가오카 스시노 미도리총본점 梅丘寿司の美登利総本店 銀座店

고급 초밥집은 부담스럽고, 회전초밥보다 맛있는 초밥이 먹고 싶다면 이곳을 찾아가자. 카운터석과 테이블석을 선택할 수 있는데, 카운터석을 선택하면 고급 초밥집과 같은 서비스를 즐길 수 있다. 초밥은 단품 주문도 가능하지만 세트로 주문하는 것이 푸짐하고, 가격이 조금 비싸더라도 커다란 장어초밥이 들어간 메뉴를 주문해야 후회가 없다.

주말이나 공휴일은 1시간 이상 기다려야 하는 경우가 많고 평일에도 언제나 줄이 길지만, 기다리는 시간이 아깝지 않을 만큼 훌륭한 초밥을 제공한다. 우메가오카스시노 미도리총본점은 긴자 외에도 시부야, 아카사카, 이케부쿠로, 기치조지 등에 점포가 있다.

홈페이지 www.sushinomidori.co.jp **주소** 東京都 中央区 銀座 7-2 先東京高速道路山下ビル 1F **문의** 03-5568-1212 **찾아가기** 도쿄메트로 긴자선, 마루노우치선, 히비야선 긴자역 A2번 출구에서 도보 4분/JR 야마노테선, 게이힌토호쿠선, 도쿄메트로 유라쿠초선 유라쿠초역 긴자출구에서 도보 5분/신바시역 긴자출구에서 도보 5분 거리 **가격** 런치 ¥2,000~3,000, 디너¥3,000~4,000 **영업시간** 평일 11:00~15:00, 17:00~22:00, 주말 및 공휴일 11:00~22:00 **귀띔 한마디** 홈페이지 또는 입구에 설치된 기계로 대기순번표를 받아서 기다리자.

인기 최고의 이탈리안레스토랑 ★★★★★

라베톨라다오치아이 ラ·ベットラ·ダ·オチアイ, LA BETTOLA da OCHIAI

인기만화『밤비노』를 드라마로 제작할 때 나왔던 곳으로, 활기 넘치는 요리사들이 이탈리안요리를 일본의 식재료로 만든다. 일본까지 와서 굳이 이탈리안요리를 찾을까라고 생각되지만 한번 맛보면 이탈리안레스토랑만 찾게 될지도 모른다.

이곳에서 꼭 맛봐야 할 요리는 성게알이 듬뿍 들어간 신선한 성게알스파게티新鮮なウニのスパゲッティ이다. 성게알 특유의 바다향이 강해서 감칠맛이 난다. 일본에서 가장 예약하기 힘든 레스토랑이지만, 런치는 아침 10시부터 레스토랑 앞에서 당일예약을 받으므로 리스트에 이름을 올려놓고 긴자를 구경하다 식사시간에 맞춰 가면 된다.

홈페이지 www.la-bettola.co.jp **주소** 東京都 中央区 銀座 1-21-2 **문의** 03-3567-5656 **찾아가기** 도쿄메트로 아사쿠사선다카라초역 2번 출구에서 도보 5분/도쿄메트로 유라쿠초선 긴자잇초메역 9번 출구에서 도보 5분 **가격** 런치 ¥2,000~4,000, 디너 ¥5,000~20,000 **영업시간** 화~목요일 11:30~14:00, 18:30~21:00, 금~토요일 11:30~14:00, 18:00~22:30 **휴무** 일~월요일

뜨거운 철판에 담긴 두툼한 햄버그스테이크 ★★★☆☆

스키야버그 数寄屋バーグ, Sukiya Burg

일본가정에서 자주 먹는 음식이자 도시락으로 자주 등장하는 햄버그스테이크이다. 햄버그스테이크를 더 많이 먹는 일본에서는 그에 대한 평가가 까다로운데, 스키야버그는 그런 일본에서도 사랑받는 햄버그스테이크전문점이다. 양질의 일본산 쇠고기 와규和牛를 사용하여 만들기 때문에 육질이 부드럽고, 다양한 토핑을 선택할 수 있어 본인의 입맛에 맞게 즐길 수 있다.

뜨거운 철판 위에 담겨 나오는 햄버그스테이크는 다 먹을 때까지 식지 않아 끝까지 맛있게 먹을 수 있다. 사거리에 위치하여 찾아가기도 어렵지 않고 아기자기한 카페 분위기라 연인이 데이트하기에도 좋다.

홈페이지 www.sukiyaburg.jp **주소** 東京都 中央区 銀座 4-2-12 銀座クリスタルビル 1F **문의** 03-3561-0688 **찾아가기** 도쿄메트로 긴자선, 마루노우치선, 히비야선 긴자역 B10번 출구에서 바로/JR 야마노테선, 게이힌토호쿠선, 도쿄메트로 유라쿠초선 유라쿠초역 긴자출구에서 도보 3분 거리 **가격** ¥1,500~2,000 **영업시간** 11:00~21:30 **휴무** 매주 수요일

12cm의 커다란 만두를 파는 중국집 ★★★★★

긴자텐류 銀座天龍

한쪽 면은 굽고 다른 쪽은 쪄내는 방식의 일본 군만두는 바삭한 식감이 살아 있으면서도 부드럽다. 일본어로 만두는 교자餃子라 하고 군만두는 야키교자焼ギョーザ라 부른다. 1949년부터 70년 이상 변하지 않는 맛을 유지하는 긴자텐류의 야키교자는 인기가 높다. 길이가 12cm나 되는 교자는 속이 꽉 차 있고, 두터운 만두피는 바삭하면서도 쫀득하다. 긴자텐류는 교자 외에도 탕수육スブタ과 볶음밥チャーハン 같은 요리도 맛있다. 우리나라 중국집은 한국식 중국요리를 팔지만, 일본은 중국음식에 가까운 중국요리를 팔고 있어 우리 입맛에 맞지 않을 수도 있는데, 이곳은 우리 입맛에도 맞고 양도 적당하다. 식사 시간에는 30분씩 기다려야 할 만큼 인기가 높으니 가능한 이른 시간에 가자.

홈페이지 www.tenryu-ginza.jp **주소** 東京都 中央区 銀座 2-5-19 PUZZLE GINZA 4F **문의** 03-3561-3543 **찾아가기** 도쿄메트로 유라쿠초선 긴자잇초메역 5번 출구에서 직접 연결/도쿄메트로 긴자선, 마루노우치선, 히비야선 긴자역 A13번 출구에서 도보 5분/JR 야마노테선, 게이힌토호쿠선, 도쿄메트로 유라쿠초선 유라쿠초역 교바시출구에서 도보 5분 **가격** 런치 ¥1,000~2,000, 디너 ¥2,000 ~3,000 **영업시간** 월~금요일 11:00~21:30(L.O. 21:00), 주말 및 공휴일 11:30~21:30(L.O. 21:00)

세계 3대 샤오롱바오 ★★★★★
조스상하이뉴욕 Joe's Shanghai Newyork

세계 3대 샤오롱바오小籠包 중 하나로 꼽히는 세계적인 맛집이다. 본점은 뉴욕의 맛집으로 인기가 높지만 차이나타운에 위치해 있어 위험하고 지저분한 것이 단점이다. 반면 조스상하이 긴자점은 최고급 호텔처럼 깔끔하면서도 조스상하이의 맛을 그대로 재현하고 있어 쾌적하게 즐길 수 있다. 디너로 즐기기에는 가격이 좀 비싸지만, 샤오롱바오와 일품요리가 포함된 런치세트는 ¥1,000 정도의 합리적인 가격으로 즐길 수 있다. 또한 번화가에서 조금 떨어진 곳에 있어 줄을 서서 기다릴 필요가 없다는 점도 좋다.

홈페이지 www.joesshanghai.net 주소 東京都 千代田区 有楽町 2丁目 2-3 ヒューリックスクエア東京 B1F 문의 050-3184-4888 찾아가기 JR 야마노테선, 게이힌토호쿠선, 도쿄메트로 유라쿠초선 유라쿠초역 C1 출구에서 바로 보인다. 가격 런치 ¥2,000~5,000, 디너 ¥6,000~20,000 영업시간 평일, 공휴일 전날 11:30~15:00, 17:30~22:30, 주말 및 공휴일 11:30~15:30, 17:00~22:30(L.O. 30분 전)

엄청난 양의 일본풍 파스타 ★★★★☆
쟈포네 ジャポネ

파스타 자포네

낮에는 쇼핑하러 나온 여성들이 많은 긴자에서 남성 혼자 배부르면서도 맛있는 끼니를 저렴하게 해결하고 싶다면, 긴자 인즈3 안에 있는 작은 식당 자포네를 찾아보자. 가격도 ¥500대로 저렴하고, 이걸 혼자서 다 먹을 수 있을까 싶을 정도로 양이 많은 것도 반갑다. 추천메뉴는 간장으로 맛을 낸 오리지널 파스타인 쟈포네ジャポネ로 가게 이름과 같다. 일본의 야키소바와 서양의 파스타를 조합한 독특한 요리로 우리 입맛에도 잘 맞는다. 사 먹는 음식이지만 어머니가 집에서 만들어준 것처럼 마음까지 든든해진다.

주소 東京都 中央区 銀座西 2-2先 銀座インズ 3, 1F 문의 03-3567-4749 찾아가기 JR 야마노테선, 게이힌토호쿠선, 도쿄메트로 유라쿠초선 유라쿠초역 교바시출구에서 도보 2분/도쿄메트로 유라쿠초선 긴자잇초메역 1번 출구에서 도보 1분 거리 가격 ¥500~800 영업시간 월~금요일 10:30~20:00, 토요일 10:30~16:00 휴무 일요일, 공휴일 귀띔 한마디 줄을 서는 경우가 많지만, 평일 오후 3~6시에는 그나마 한가한 편이다.

마음까지 힐링할 수 있는 허브전문점 ★★★★★

작조로 긴자점 ジャッジョーロ銀座店, Giaggiolo Ginza

이탈리아 피렌체에서 800년 전 문을 연 세계에서 가장 오래된 약국, 산타마리아노벨라Santa Maria Novella. 작조로긴자는 이 산타마리아노벨라를 도쿄에 옮겨놓은 것 같은 곳이다. 약용허브를 이용한 허브티와 허브샐러드, 허브를 이용한 요리 등을 맛볼 수 있다. 점원은 모두 파이토테라피스트Phytotherapist와 허벌리스트Herbalist 자격증을 가지고 있어 주문할 때 증상을 설명하면 자신의 몸 상태에 맞는 허브티를 추천해준다.

따뜻하게 데워 나오는 물수건에서도 산뜻한 허브향이 나고, 크리스털 잔에 담겨 나오는 물까지 향긋한 허브향을 머금고 있다. 조용한 음악이 흐르는 실내는 고풍스러운 가구들로 장식되어 있고, 적당한 온도와 습도를 유지하고 있어 마음까지 편안해진다. 많이 돌아다녀 지쳤을 때 찾아간다면 세심한 배려와 서비스에 감동은 물론 피로까지 날려버릴 수 있다.

홈페이지 www.giaggiolo.jp **주소** 東京都 中央区 銀座 7-10-5 The ORB Luminous B1F **문의** 03-5537-2233 **찾아가기** 도쿄메트로 긴자선, 마루노우치선, 히비야선 긴자역 A3번 출구에서 도보 5분/JR 야마노테선, 게이힌토호쿠선, 소부선, 요코스카선, 토카이도선, 도쿄메트로 긴자선, 아사쿠사선, 유리카모메 신바시역 긴자출구에서 도보 8분 **거리 가격** ¥5,000~10,000 **영업시간** 월~토요일 11:30~14:30, 17:00~21:30 **휴무** 매주 일~월요일 **귀띔 한마디** 피곤할 때 찾아가면 오아시스를 발견한 느낌이 든다.

파리의 최고급 홍차전문점 ★★★★★

마리아주플레르 긴자본점 マリアージュ フレール, MARIAGE FRÈRES

마리아주는 홍차마니아들이 열광하는 최고급 홍차로 가격은 비싸지만 맛은 그 이상이다. 특히 오리지널 가향티는 입안에서 오케스트라의 향연이 펼쳐지는 것 같은 다채로운 맛을 느낄 수 있다.

대표적인 홍차는 마르코폴로Marco Polo로 바닐라향과 꽃향기가 어우러져 행복한 기분을 느끼게 해준다. 그 밖에도 볼레로, 웨딩임페리얼 등 여러 홍차가 있으므로 동행이 있다면 다양하게 주문한 뒤 나눠 마시며 맛을 비교해보는 것도 즐겁다. 마리아주플레르Mariage Frere의 첫 잔은 설탕이나 우유를 넣지 말고 스트레이트로 즐겨보자. 홍차와 인연이 없던 사람도 마리아주플레르를 한 번 맛보면 새로운 세계에 눈을 뜨게 될 것이다.

홈페이지 mariagefreres.co.jp 주소 東京都 中央区 銀座 5-6-6 すずらん通り マリアージュ フレール ビル 문의 03-3572-1854 찾아가기 도쿄메트로 긴자선, 마루노우치선, 히비야선 긴자역 A1번 출구에서 도보 1분/JR 야마노테선, 게이힌토호쿠선, 도쿄메트로 유라쿠초선 유라쿠초역 긴자출구에서 도보 7분 거리 가격 홍차 ¥1,000~, 프렌치코스요리 ¥2,000~4,000 영업시간 차 판매 및 박물관 11:00~20:00, 레스토랑 및 살롱 11:30~20:00/연중무휴 귀띔 한마디 홍차를 주로 혼자 마신다면, 찻주전자 없이 간편하게 마실 수 있는 티팩이 편리하다.

프랑스의 유명한 마카롱전문점 ★★★★☆

라듀레살롱도테 긴자미츠코시 ラデュレ サロン·ド·テ, Laduree Salon de the

마카롱을 만드는 재료는 단순하지만 만드는 과정이 까다로워서 크기에 비해 가격이 비싸다. 라듀레의 대표상품인 마카롱은 1682년에 선보인 것으로, 세계 최고의 마카롱으로 소문나 있다. 줄을 서지 않으면 맛보기 어려울 만큼 프랑스에서는 여전히 인기가 높다.

긴자 한복판이 내려다보이는 명당에 위치한 라듀레 긴자점은 특히 인기가 많아 한참을 기다려야 들어갈 수 있다. 니혼바시나 신주쿠 쪽도 여행할 계획이라면 상대적으로 덜 붐비는 니혼바시의 미츠코시백화점 본점이나 신주쿠역 루미네2의 라듀레를 이용하는 것이 좋다.

홈페이지 www.laduree.jp 주소 東京都 中央区 銀座 4-6-16 銀座三越 2F 문의 03-3563-2120 찾아가기 도쿄메트로 긴자선, 마루노우치선, 히비야선 긴자역 A7번 출구에서 바로(미츠코시백화점 2층) 가격 ¥2,000~3,000 영업시간 부티크 10:00~20:00, 살롱 10:00~22:00 귀띔 한마디 마카롱은 포장해 가는 것보다 냉장고에서 꺼내자마자 바로 먹어야 맛있다.

두툼하고 바삭한 벨기에 와플전문점 ★★★★☆

마네켄 긴자점 マネケン 銀座店, Manneken

오랜 시간 구워 만든 두툼하고 바삭한 벨기에식 와플을 일본 내 처음 선보인 곳이다. 벨기에산 펄슈가를 사용하며 와플 겉면에 캐러멜시럽을 입혀 바삭함이 살아있다. 마네켄 앞은 항상 기다리는 사람들 행렬로 끊이지 않는데, 찾는 사람이 많아 달콤한 냄새도 끊길 새가 없다. 가격도 저렴하니 출출할 때 구입해 식기 전에 맛보자.

홈페이지 manneken.co.jp 주소 東京都 中央区 銀座 5-7-19 第一生命銀座 フォリビル 1F 문의 03-3289-0141 찾아가기 도쿄메트로 긴자선, 마루노우치선, 히비야선 긴자역 A1번 출구 앞 가격 ¥130~300 영업시간 월~토요일 11:00~22:00, 일요일 11:00~20:00 귀띔 한마디 갓 구운 와플의 달콤한 냄새를 맡으면 그냥 지나치기 힘들 것이다.

환상적인 초콜릿전문점 ★★★★★

피에르마르코리니 쇼콜라티에 ピエール·マルコリーニ, Pierre Marcolini Chocolatier

초콜릿으로 유명한 벨기에 출신 피에르마르코리니Pierre Marcolini는 세계양과자선수권대회 쿠프드몽드리옹Coupe de monde Lyon에서 우승한 쇼콜라티에Chocolatier이다. 카카오농장에서 까다롭게 골라 만드는 그의 초콜릿은 그야말로 환상적이다. 쇼윈도와 진열대에 놓인 초콜릿이 마치 작품처럼 아름답다. 쇼콜라티에의 정성이 담긴 초콜릿을 먹고 나면 왜 초콜릿이 행복감을 주는지 저절로 알 수 있다. 특히 달콤한 초콜릿아이스크림으로 만든 파르페는 긴자카페의 인기메뉴로 부드러움의 극치를 즐길 수 있다.

홈페이지 pierremarcolini.jp **주소** 東京都 中央区 銀座 5-5-8 **문의** 03-5537-0015 **찾아가기** 도쿄메트로 긴자선, 마루노우치선, 히비야선 긴자역 A1번 출구에서 도보 2분/유라쿠초역 긴자출구에서 도보 7분 거리 **가격** ¥ 1,000~3,000 **영업시간** 월~토요일 11:00~20:00, 일요일 및 공휴일 11:00~19:00

우아한 분위기의 케이크전문점 ★★★★☆

앙리샤르팡티에 긴자본점

アンリ·シャルパンティエ, HENRI CHARPENTIER

유럽풍의 화사한 외관부터 눈에 띄는 집으로 고급 주얼리 매장처럼 케이크가 진열되어 있다. 물론 케이크도 맛있지만, 책장으로 둘러싸인 실내 분위기와 서비스가 더 훌륭한 곳이므로 기다리는 사람이 많더라도 포기하지 말고 반드시 들러보자. 친절한 직원들이 겉옷도 받아주고 앉을 때는 의자도 빼준다. 화장실을 찾으면 스태프가 화장실 문 앞까지 친절하게 안내해 주는데, 깜찍하게도 화장실 문이 책장 안에 숨겨져 있어 처음 간 사람은 찾을 수가 없다.

앙리샤르팡티에는 칸사이의 대표적인 부촌이자 디저트골목인 아시야芦屋에 본점이 있다. 케이크전문점으로 백화점 지하식품매장 등에서도 쉽게 찾아볼 수 있지만, 맛있는 케이크와 함께 즐기는 최상의 테이블서비스는 긴자점과 아시야본점에서만 누릴 수 있다.

홈페이지 www.henri-charpentier.com **주소** 東京都 中央区 銀座 2-8-20 ヨネイビル 1F, B1F **문의** 03-3562-2721 **찾아가기** 도쿄메트로 유라쿠초선 긴자잇초메역 9번 출구에서 도보 1분/도쿄메트로 긴자선, 마루노우치선, 히비야선 긴자역 A13번 출구에서 도보 3분 거리 **가격** ¥1,000~2,000 **영업시간** 부티크 11:00~19:00, 살롱도테 11:00~19:00(L.O. 18:00) **귀띔 한마디** 살롱의 책장에 숨어 있는 화장실도 꼭 들러보자.

신선한 과일이 올라간 타르트전문점 ★★★☆☆

킬훼봉 그랑메종 긴자 キル フェ ボン グランメゾン 銀座, Qu'il fait bon

일본의 대표적인 타르트전문점이다. 당도 높고 신선한 과일을 듬뿍 올린 타르트는 점포별로 한정상품이 있고, 계절마다 메뉴가 바뀌기 때문에 언제 가도 늘 새롭다. 두툼하지만 촉감이 부드럽고 바삭한 타르트지와 달콤한 에그필링 자체가 맛있으므로 토핑은 무엇이든 올려도 관계없지만, 딱 한 가지만 고르라면 다양한 제철 과일이 듬뿍 올라간 후르츠타르트フルーツタルト를 추천한다. 사실 킬훼봉 본점은 시즈오카에 있지만, 도쿄의 킬훼봉 그랑메종이 유명해지면서 긴자점을 본점으로 착각하는 사람도 많다.

홈페이지 www.quil-fait-bon.com **주소** 東京都 中央区 銀座 2-5-4 ファサド銀座 1~B1F **문의** 03-5159-0605 **찾아가기** 도쿄메트로 유라쿠초선 긴자잇초메역 6번 출구에서 바로 **가격** ¥ 1,000~2,000 **영업시간** 카페 11:00~19:00, 테이크아웃 11:00~20:00 **휴무** 1월 1일 **귀띔 한마디** 맛있는 먹거리로 넘쳐나는 긴자지역에서 킬훼봉에 들를 여유가 없다면 아오야마, 도쿄스카이트리타운 소라마치에도 점포가 있으니 다른 곳을 이용해도 좋다.

전통 있는 맥주전문점 ★★☆☆☆

비어 홀 라이온 ビヤホール ライオン, Beerhall Lion

일본전역에 체인점을 두고 있는 유명한 맥주전문점으로 1934년 문을 연 역사 깊은 곳이다. 원조 디자이너즈레스토랑이라고도 불리는데, 천장이 높고 광장처럼 넓은 내부로 들어서면 독일의 옥토버페스트를 즐기러 온 것 같은 기분까지 든다. 최신 트렌드를 따라가지 않고 고풍스러운 느낌을 그대로 살린 전통 비어 홀이라 중장년층이 즐겨 찾는다. 다양한 생맥주를 골라 마실 수 있으며, 안주 또한 종류가 많다.

홈페이지 www.ginzalion.jp **주소** 東京都 中央区 銀座 7-9-20 銀座ライオンビル 1F **문의** 03-3571-2590 **찾아가기** 도쿄메트로 긴자선, 마루노우치선, 히비야선 긴자역 A3번 출구 도보 5분/JR 야마노테선, 게이힌토호쿠선, 소부선, 요코스카선, 토카이도선, 도쿄메트로 긴자선, 아사쿠사선, 유리카모메 신바시역 긴자출구 도보 8분 거리 **가격** ¥3,000~4,000(1인 평균) **영업시간** 월~목요일, 주말 및 공휴일 11:30~21:30, 금요일 11:30~22:00

일본 술과 어울리는 일본요리가 맛있는 주점 ★★★★☆

긴자혼진 본점 銀座ほんじん本店

한국에서도 흔히 볼 수 있는 일본의 주점을 이자카야居酒屋라고 하는데, 일본에서 일본 본토의 이자카야에서 술 한잔 마셔보자. 흔하고 저렴한 대중 이자카야도 괜찮지만, 조금 비싸더라도 제대로 된 일본 음식을 먹을 수 있는 곳이라면 더 즐거울 것이다. 긴자혼진은 내장과 부추를 듬뿍 넣고 끓인 모츠나베モツ鍋가 맛있는 곳으로 숯불로 구운 고기류도 함께 시켜서 안주로 먹으면 향긋한 일본 술이 술술 넘어간다. 특히, 모츠나베는 우리나라의 곱창전골과 비슷한 요리라 한국인 입맛에도 잘 맞고 술안주로 최고이다. 건더기를 다 먹은 뒤에는 진해진 육수에 면 사리를 넣어 먹는 것을 추천한다.

홈페이지 www.motsunabe.com **주소** 東京都中央区銀座8-15-6 **문의** 03-3545-1866 **찾아가기** JR 야마노테선, 케이힌토호쿠선, 소부선, 요코스카선, 토카이도선, 도쿄메트로 긴자선, 아사쿠사선, 유리카모메 신바시역 긴자출구에서 도보 7분/도쿄메트로 히비야선, 아사쿠사선 히가시긴자역 4번 출구에서 도보 10분 **가격** 런치 ¥1,000, 저녁 ¥5,000~6,000 **영업시간** 월~금요일 11:30~14:00, 18:00~24:00, 주말 및 공휴일 17:00~23:00

윤기가 흐르는 얇고 쫄깃한 우동면발 ★★★★☆

사토요스케 銀座 佐藤養助

사토요스케는 일본 동북지방 아키타秋田에서 시작한 우동전문점이다. 이 집 특유의 얇은 우동면은 일본의 3대 우동이라 불리는 이나니와우동稲庭うどん으로 수타반죽을 늘려 면발을 뽑아 말린다. 일반적으로 생각하는 두툼한 우동과 소면의 중간 두께로 우동 특유의 쫄깃함이 살아 있으면서도 부드럽다.

두 가지 맛 세이로(二味せいろ)

온돈부리(温どんぶり)

우동면의 맛을 제대로 즐기려면 따뜻한 국물보다는 차갑게 헹군 면을 츠유つゆ에 찍어 먹는 것이 좋다. 간장츠유醤油つゆ와 참깨미소츠유胡麻味噌つゆ 두 가지 맛을 한 번에 맛볼 수 있는 '두 가지 맛 세이로二味せいろ'를 추천한다. 런치세트에 포함되어 우동과 함께 나오는 윤기 있는 밥과 연어알을 절인 하라코はらこ도 별미이다.

홈페이지 www.sato-yoske.co.jp **주소** 東京都 中央区 銀座 6-4-17 出井本館 1F **문의** 03-6215-6211 **찾아가기** 도쿄메트로 긴자선, 마루노우치선, 히비야선 긴자역 C2번 출구에서 도보 5분/JR 야마노테선, 게이힌토호쿠선, 도쿄메트로 유라쿠초선 유라쿠초역 긴자출구에서 도보 8분/JR 야마노테선, 게이힌토호쿠선, 소부선, 요코스카선, 토카이도선, 도쿄메트로 긴자선, 아사쿠사선, 유리카모메 신바시역 긴자출구에서 도보 8분 거리 **가격** ¥1,000~7,000 **영업시간** 런치 11:30~15:00(L.O. 14:45), 평일디너 17:00~22:00(L.O. 21:30)/주말디너 17:00~21:00(L.O. 20:30) **귀띔 한마디** 일본은 우동을 국물이 아니라 면발 맛으로 먹기 때문에 끝내주는 국물 맛을 기대하고 가면 실망할 수 있다.

저렴한 가격에 즐기는 스탠딩 스테이크전문점 ★★★★☆

이키나리스테이크 いきなり!ステーキ

요시노리 추천

저렴한 가격에 즐길 수 있는 스탠딩 스테이크전문점으로 불편하게 서서 먹는 대신 두툼한 스테이크를 저렴하게 먹을 수 있다. 커다란 고기를 원하는 크기로 썰어주는데 저울로 잰 가격을 1g당 계산하여 200g, 250g, 300g, 500g 등 자유롭게 선택할 수 있다. 스테이크는 직화로 구워 불맛이 나고, 고기의 상태도 믿을 만하여 살짝 익힌 레어로 주문하면 육즙의 풍미까지 제대로 즐길 수 있다. 스테이크와 함께 곁들일 와인은 병은 물론 잔으로도 판매하며, 직접 와인을 가져가서 마시는 것Bring Your Own도 가능하다.

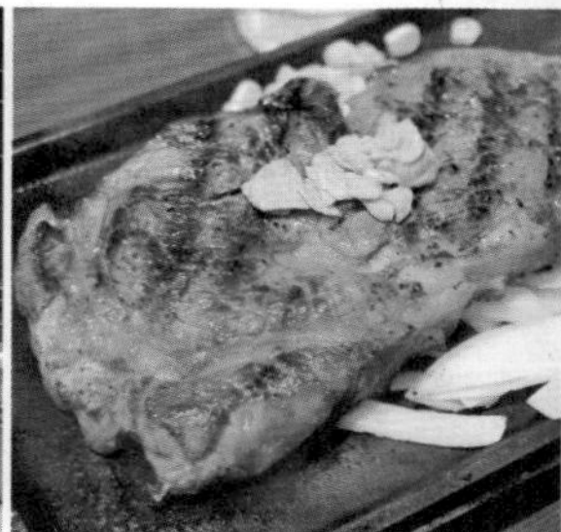

홈페이지 ikinaristeak.com **주소** 東京都 千代田区 有楽町 1-2-6 有楽町1丁目ビル 1F **문의** 03-6811-2329 **찾아가기** 도쿄메트로 긴자선, 마루노우치선, 히비야선 긴자역 C2번 출구에서 도보 5분/JR 야마노테선, 게이힌토호쿠선, 도쿄메트로 유라쿠초선 유라쿠초역 A4 출구에서 도보 1분 **가격** 2,000~5,000엔, 평일런치 ¥1,000~2,000 **영업시간** 11:00~23:00(평일런치 11:00~15:00)/연중무휴 **귀띔 한마디** 연신 가게 안에서 고기를 굽기 때문에 고기냄새가 옷에 배는 것은 염두에 두어야 한다.

Special 03 긴자의 역사 깊은 레스토랑

긴자에는 일본에서도 손꼽히는 오래된 레스토랑이 많다. 일본에 처음으로 서양음식을 소개한 곳도 있고, 변하지 않는 맛으로 100년의 전통을 이어가는 곳도 많다. 오랜 시간 사랑을 받아온 곳들이라 맛은 보장되지만, 그 기준이 과거인 경우도 많다. 대부분 가격이 비싸고, 가격에 비해 맛이 단조로운 경우도 있으므로 잘 선택해야 한다.

시세이도파라 긴자본점 資生堂パーラー銀座本店, SHISEIDO PARLOUR

1902년 일본에서 처음으로 아이스크림과 소다수를 판매하기 시작한 곳으로 빌딩 하나를 통째로 사용하는 대형 레스토랑이다. 전통적으로 유명한 오므라이스, 카레라이스, 하이라이스 등이 지금도 변함없는 맛을 유지하고 있다. 붉은 벽돌건물은 밖에서 보면 평범하지만, 안으로 들어서면 화려한 실내장식과 친절한 서비스에 매료되는 최고급 경양식집이다. 시세이도화장품의 쇼룸이 있는 '시세이도 더긴자' 옆 건물로 1층에는 과자류를 판매하는 숍이 있고 지하에는 무료 갤러리도 있다.

홈페이지 parlour.shiseido.co.jp **주소** 東京都 中央区 銀座 8-8-3 東京銀座資生堂ビル **문의** 03-5537-6241 **찾아가기** JR 야마노테선, 게이힌토호쿠선, 소부선, 요코스카선, 토카이도선, 도쿄메트로 긴자선, 아사쿠사선, 유리카모메 신바시역 긴자출구에서 도보 5분/도쿄메트로 긴자선, 마루노우치선, 히비야선 긴자역 A2번 출구에서 도보 7분 **거리 가격** 런치 ¥3,000~4,000, 디너 ¥10,000~15,000 **영업시간** 11:30~21:30(L.O. 20:30) **휴무** 매주 월요일 **귀띔 한마디** 가격이 비싼 만큼 서비스와 분위기가 좋다.

렌가테 煉瓦亭, Rengatei

1895년 창업하여 최초로 일본인 입맛에 맞는 양식을 선보인 곳이다. 서양의 커틀릿(Cutlet)을 일본인 입맛에 맞게 개발한 돈카츠(豚カツ)가 탄생했다. 돈카츠 소스를 데미글라스(Demiglace)에서 우스터(Worcester)로 바꾸고, 채를 썬 양배추도 렌가테에서 처음 시작하면서 빵보다 밥이 어울리는 음식으로 만들었다. 렌가테에서 돈카츠보다 유명한 메뉴는 오므라이스이다. 간편하게 만들어 종업원에게 제공했던 음식을 손님이 요구하면서 정식메뉴가 되었고 이후 일본 대표 양식메뉴가 되었다.

렌가테 오므라이스는 일반적으로 알려진 치킨라이스에 오믈렛을 얹은 형태가 아니라 계란에 밥을 넣고 섞은 뒤 프라이팬에 구워서 익힌다. 겉은 익었지만 속은 반숙 상태이므로 날달걀을 먹지 못하는 사람에게는 추천하지 않는다. 일본에서 렌가테라는 이름을 모르는 사람이 없을 정도로 유명하지만, 돈카츠와 오므라이스는 원조의 맛을 고집하고 있음을 기억해야 한다.

주소 東京都 中央区 銀座 3-5-16 **문의** 03-3561-7258 **찾아가기** 도쿄메트로 긴자선, 마루노우치선, 히비야선 긴자역 A11번 출구에서 도보 2분/도쿄메트로 유라쿠초선 긴자잇초메역 8번 출구에서 도보 2분 **거리 가격** 런치 ¥1,500~2,000, 디너 ¥2,000~3,000 **영업시간** 월~금요일 11:15~15:00, 16:40~21:00, 토요일 및 공휴일 11:15~15:00, 16:40~20:45 **휴무** 매주 일요일 **귀띔 한마디** 일식 돈카츠와 오므라이스의 원조가 궁금한 사람들이라면 반드시 들러봐야 할 집이다.

긴자센비끼야 후르츠파라 銀座千疋屋 フルーツパーラー

1894년 과일가게로 시작해 일본에서 과일 하면 센비끼야라는 말이 따라붙을 정도로 유명해졌다. 엔화가 원화로 보일 만큼 비싸지만, 최상급의 과일만 취급하기 때문에 안심하고 맛있게 먹을 수 있어 선물용으로 인기가 높다. 매장에 진열된 과일은 모조품처럼 완벽한 자태를 뽐내고 있어 보는 것만으로도 침샘을 자극한다. 센비끼야에서 직영하는 후르츠파라카페에서는 과일을 이용한 다양한 스위츠를 선보이는데, 신선한 과일이 듬뿍 올라간 파르페가 특히 인기 있다. 망고, 복숭아, 딸기 등의 파르페는 인기가 높아 저녁에 가면 품절이 되는 경우가 많으며, 생과일이 듬뿍 들어간 조각케이크와 후르츠샌드위치도 맛있다.

홈페이지 www.ginza-sembikiya.jp **주소** 東京都 中央区 銀座 5-5-1 **문의** 03-3572-0101 **찾아가기** 긴자역 B5번 출구에서 바로/유라쿠초역 긴자출구에서 도보 5분 **거리 가격** ¥1,000~2,000 **영업시간** 일~금요일 및 공휴일 11:00~18:00, 토요일 11:00~19:00

카페파우리스타 カフェーパウリスタ, Cafe Paulista

1910년에 설립한 카페파우리스타는 역사적으로 긴자를 대표하는 카페이자 현존하는 일본의 가장 오래된 카페이다. 일본에 카페가 처음 생겼을 때는 회원제로 운영하여 아무나 자유롭게 이용할 수 없었지만, 이 틀을 깨고 최초의 체인카페로 사업을 시작했다. 긴자를 설명할 때 '긴부라(銀ブラ)'라는 표현이 탄생한 배경에도 카페파우리스타가 등장한다. 부잣집 출신의 게이오기주쿠대학의 학생들이 별 목적 없이 긴자를 산책하다 카페파우리스타에 들러 브라질산 커피를 마신다는 의미로 이들을 '긴자+브라질 = 긴부라'라 불렀다.

비틀즈의 존레논(John Lennon)과 오노요코(小野洋子) 커플, 일본의 문학상으로 명명된 대문호 아쿠타가와류스케(芥川龍之介) 등 유명한 사람들이 즐겨 찾던 곳으로 지금도 옛 추억을 찾는 사람들로 붐빈다. 현재 카페의 규모는 많이 축소되었지만, 컵과 스푼은 물론 내부 인테리어까지 옛 모습 그대로 복원되어 있다.

홈페이지 www.paulista.co.jp **주소** 東京都 中央区 銀座 8-9-16 長崎センタビル 1F **문의** 01-2055-2341 **찾아가기** JR 야마노테선, 게이힌토호쿠선, 소부선, 요코스카선, 토카이도선, 도쿄메트로 긴자선, 아사쿠사선, 유리카모메 신바시역 긴자출구에서 도보 5분 **거리 가격** ¥1,000~2,000 **영업시간** 월~토요일 08:00~20:00, 일요일 및 공휴일 12:00~19:00 **귀띔 한마디** 비틀즈 팬이라면 카페파우리스타에서 존레논 커플이 즐겨 마셨던 '파우리스타 올드'를 마셔보자.

긴자에서 시작한 카페 1호점

커피를 마시기 시작한 100년 전부터 일본에서 카페로 성공하려면 제일 먼저 긴자를 개척하라 라는 말이 있을 정도로 스타벅스(Starbucks Coffee), 타리즈(Tully's Coffee) 등 일본에 진출한 커피프랜차이즈 1호점들이 모두 긴자에 있다. 스타벅스는 1996년 긴자 마츠야백화점 뒷골목에 오픈하였고 타리즈도 다음 해 긴자에 1호점을 오픈했지만, 현재 건물공사로 문을 닫은 상태이다. 스타벅스는 단순한 커피전문점이 아니라 미국문화를 상징하여 당시 긴자 스타벅스에서 커피를 마셨다는 것은 자랑거리였다고 한다. 이후 일본의 브랜드커피 도토루(Dotoru) 르카페 1호점도 긴자 한복판에 들어섰다. 또한 지금은 사라졌지만 1971년 맥도날드 1호점도 긴자에 문을 열었다. 요식업뿐만 아니라 H&M, 아베크롬비앤피치 등의 패션업계도 긴자에 1호점을 내면서 분야를 막론하고 브랜드를 일본에 론칭할 때는 긴자를 거친다. 그래서 긴자에는 긴자본점이라는 수식어를 간판 곳곳에서 볼 수 있다.

스타벅스 1호점 **홈페이지** www.starbucks.co.jp **주소** 東京都 中央区 銀座 3-7-14 ESKビル 1F **문의** 03-5250-2751 **찾아가기** 긴자역 A12번 출구에서 도보 2분/히가시긴자역 A8번 출구에서 도보 4분 거리(긴자 마츠야백화점 뒤편의 골목에 있음) **가격** ¥500~1,000 **영업시간** 07:00~22:30 **귀띔 한마디** 별다방 팬이라면 일본 스타벅스 1호점에서 커피 한잔을 즐겨보자.

키무라야 총본점 木村屋總本店 銀座本店

1869년 창업한 키무라야는 140년이 넘는 역사를 이어가는 빵집이다. 서양에서 들어온 빵이 일본에서 인기를 끌게 된 계기가 바로 키무라야에서 개발한 단팥빵 때문이었다. 특히 소금에 절인 벚꽃잎을 단팥빵 위에 올려 단맛을 배가시키고 뒷맛을 깔끔하게 잡아주는 사쿠라단팥빵은 메이지일왕에게도 그 맛을 인정받았다. 지금은 공장에서 대량생산하면서 마트에서도 구입할 수 있지만, 본점에서 직접 만드는 빵을 사기 위해 일부러 본점까지 찾아오는 사람이 많다.

일본에는 맛있는 빵을 파는 베이커리가 많지만, 단팥빵만큼은 키무라야를 능가하는 곳이 없다고 한다. 키무라야는 단팥빵의 원조이자 지존의 자리를 유지하고 있는 역사 깊은 빵집이다. 일본인들은 키무라야 긴자본점에서 산 단팥빵을 선물해주면 무척 기뻐한다고 하니 일본 친구나 아는 사람이 있다면 방문선물로 고려해보자.

홈페이지 www.ginzakimuraya.jp **주소** 東京都 中央区 銀座 4-5-7(銀座木村屋本店) **문의** 03-3561-0091 **찾아가기** 도쿄메트로 긴자선, 마루노우치선, 히비야선 긴자역 A9번 출구에서 바로 **가격** ¥200~1,000 **영업시간** 10:00~20:00 **휴무** 연말연시 **귀띔 한마디** 이 집의 간판상품인 사쿠라단팥빵은 크기도 작고 맛있으므로 하나쯤은 꼭 사서 먹어보자.

토라야 긴자점 とらや 銀座店

1500년대 말 오픈한 토라야는 일본화과자의 역사가 이 집의 역사와 같을 정도로 일본 내 존재감이 큰 곳이다. 일본에서 가장 귀한 선물로 꼽히는 것 중 하나가 토라야 양갱이다. 토라야라는 브랜드는 일본인들 사이에 인지도가 높아 결혼할 상대의 집을 찾아갈 때 들고 가기 무난한 선물로도 인기가 높다.

모양부터 묵직한 토라야양갱은 팥 본연의 맛이 살아있어 다른 양갱과 확실히 다르다. 팥과 양갱을 싫어하는 사람도 토라야양갱은 거절하지 않을 정도이다. 토라야는 교통이 편리한 긴자점을 찾는 사람이 많지만, 본점은 아카사카에 있다.

홈페이지 www.toraya-group.co.jp **주소** 東京都 中央区 銀座 4-6-16 三越銀座店 B2F, 긴자 마츠야백화점 B1F, 東京都 中央区 銀座 3-6-1 松屋銀座本店 B1F **문의** 03-3562-1111 **가격** ¥1,000~5,000 **영업시간** 백화점 영업시간과 동일하다. **귀띔 한마디** 부모님 및 직장 상사에게 드릴 선물로 적합하다.

웨스트 긴자본점 ウエスト 銀座本店

1947년 레스토랑으로 시작한 웨스트는 자체 음악 프로그램을 만들어 정기적으로 '명곡의 밤'을 진행했다. 그래서 단순히 먹으러 가는 곳이 아니라 문화인이 모이는 곳으로 유명하다. 매출이 줄자 고안한 메뉴가 현재의 효자 상품인 드라이케이크(ドライケーキ)이라고 부르는 쿠키와 파이이다. 인공향료와 색소를 줄이고 장인의 손맛을 살려 높은 평가를 받고 있다. 가장 인기 많은 상품은 커다란 나뭇잎 모양 립파이(リーフパイ)로 바삭바삭하여 맛있지만, 부서지기 쉬우므로 바로 먹어야 한다.

홈페이지 www.ginza-west.co.jp **주소** 東京都 中央区 銀座 7-3-6 **문의** 03-3571-1554 **찾아가기** 도쿄메트로 긴자선, 마루노우치선, 히비야선 긴자역 C2번 출구에서 도보 5분/JR 야마노테선, 게이힌토호쿠선, 도쿄메트로 유라쿠초선유라쿠초역 긴자출구에서 도보 8분/JR 야마노테선, 게이힌토호쿠선, 소부선, 요코스카선, 토카이도선, 도쿄메트로 긴자선, 아사쿠사선, 유리카모메 신바시역 긴자출구에서 도보 8분 **가격** ¥500~2,000 **영업시간** 월~금요일 09:00~22:00, 주말 및 공휴일 11:00~20:00 **귀띔 한마디** 드라이케이크세트도 선물용으로 좋다.

Section 03

Tokyo

긴자에서 놓치면 후회하는 쇼핑

와코, 마츠야, 한큐멘즈도쿄, 루미네, 마루이 등 대형백화점과 쇼핑몰이 10여 개 이상 모여 있어 온종일 돌아다녀도 시간이 부족하다. 그뿐만 아니라 에르메스, 구찌, 루이뷔통, 티파니, 불가리, 페라가모 등 명품매장이 즐비해 거리 전체가 백화점명품관 같은 느낌이다. 또한 하쿠힌칸토이파크, 애플스토어, 이토야 등 특별한 숍들도 만날 수 있다. 주말에는 차량통행을 막아 보행자 천국이 된다.

긴자의 중심에 있는 백화점 ★★★★★

긴자 미츠코시 銀座三越, Ginza Mitsukoshi

별관

긴자역 바로 위에 우뚝 선 미츠코시백화점은 위치상 긴자의 중심이라 할 수 있다. 미츠코시백화점은 일본 최초의 백화점으로 본점은 니혼바시에 자리한다. 본점에 있던 사자상이 전쟁과 화재에도 온전했던 것이 유명해져 일본 미츠코시백화점 입구에는 사자상이 자리한다. 넓은 백화점 내에는 명품브랜드가 빠짐없이 들어서 있고, 일본에서 가장 비싼 땅으로 불리는 긴자4초메 사거리가 보이는 2층에는 프랑스 명품과자 마카롱을 파는 라듀레가 위치한다.

본관

✓ 긴자는 쇼핑의 천국이다. 무작정 질러놓고 훗날 카드고지서를 보고 후회하기 싫다면 예산을 정해놓고 돌아다니는 것이 좋다.

홈페이지 www.mitsukoshi.co.jp **주소** 東京都 中央区 銀座 4-6-16 **문의** 03- 3562-1111 **찾아가기** 도쿄메트로 긴자선, 마루노우치선, 히비야선 긴자역 A6, A7,A8,A11번 출구에서 바로/도쿄메트로 유라쿠초선 긴자잇초메역 9번 출구에서 도보 5분 거리 **층별안내** 식품(B3~B2)/화장품(B1)/액세서리, 가방(1F)/신발(2F)/여성복(3~4F)/신사복(5~6F)/생활용품(7F)/면세점(8F)/테라스(9F)/유아용품(10F)/레스토랑(11~12F) **영업시간** **숍** 10:00~20:00 **레스토랑 및 카페** 11:00~23:00

최고급만 취급하는 명품백화점 ★★★☆☆

와코 긴자 銀座和光, Ginza Wako

건물옥상의 시계가 멋진 와코백화점은 특히 고가의 시계를 취급하는 곳으로 유명하다. 그 밖에도 보석, 실내장식품, 식품 등을 판매하는데 독자적으로 개발하거나 해외에서 수입한

상품들이라 희소성이 높다. 1881년에 시계점으로 시작하였고, 현재의 와코는 1947년에 만들어졌으며 긴자에서 가장 비싼 명품을 파는 곳으로 이미지를 굳혔다. 점원들도 품위를 갖추고 있어 백화점이라기보다는 특급호텔 내 숍 같은 느낌이다. 와코긴자 건물은 크기가 크지 않아 초콜릿과 티 살롱이 있는 아넥스, 가구를 판매하는 인테리어숍 등은 근처 별관에 자리한다.

홈페이지 www.wako.co.jp **주소** 東京都 中央区 銀座 4-5-11 **문의** 03-3562-2111 **찾아가기** 도쿄메트로 긴자선, 마루노우치선, 히비야선 긴자역 A9, A10, B1번 출구에서 바로/JR 야마노테선, 게이힌토호쿠선, 도쿄메트로 유라쿠초선 유라쿠초역 긴자출구에서 도보 5분 **층별안내** 테이블웨어(B1)/시계(1F)/보석(2F)/여성복(3F)/신사복(4F)/와코홀(5F) **영업시간** 10:30~19:00 **휴무** 연말연시 **귀띔 한마디** 예물용 시계나 보석을 구경하기 좋다.

롯데면세점이 자리한 모던한 쇼핑몰 ★★★★☆

도큐플라자 긴자 TOKYU PLAZA GINZA

깔끔하고 세련된 디자인이 돋보이는 도큐플라자 시리즈의 긴자점으로 2016년 3월에 문을 열었다. 규모도 커서 패션, 인테리어, 잡화, 식품, 레스토랑, 카페, 바 등 약 125점포가 들어가 있다. 8층과 9층에는 롯데면세점이 있어서 외국인 관광객도 많이 찾는다. 일본은 공항 내부 이외의 면세점이 거의 없고, 백화점 및 쇼핑몰에서도 면세 카운터를 운영하거나 별도로 문의하지 않으면 면세 혜택을 받지 못하는 경우가 대부분이다. 그래서 도큐플라자 긴자의 면세점은 문을 열기 전부터 화제가 되었다. 고급스러운 분위기의 카페와 레스토랑도 많고, 옥상에는 정원과 함께 긴자의 전망을 내려다볼 수 있는 퍼블릭스페이스가 있다.

홈페이지 ginza.tokyu-plaza.com **주소** 東京都 中央区 銀座 5-2-1 **문의** 03-6264-5456 **찾아가기** 도쿄메트로 긴자선, 마루노우치선, 히비야선 긴자역 C2, C3번 출구에서 바로/JR 야마노테선, 게이힌토호쿠선, 도쿄메트로 유라쿠초선 유라쿠 초역 긴자출구에서 도보 4분 **층별안내** 카페 및 레스토랑(B2)/패션 및 카페(B1~7F)/롯데면세점(8~9F)/레스토랑(10~11F)/키리코테라스(RF)**영업시간** 11:00~21:00(레스토랑 및 카페는 점포마다 조금씩 다름)

백화점, 영화관이 결합된 복합상업센터 ★★★☆☆

유라쿠초 마리온 有楽町 マリオン, YURAKUCHO MULLION

JR 유라쿠초역을 나오면 제일 먼저 보이는 건물이 유라쿠초 마리온이다. 정식명칭은 유라쿠초센터빌딩有楽町 センタービル이지만 안내 지도에는 유라쿠초 마리온 또는 마리온이라고 적혀 있다. 유라쿠초 마리온은 건물 3채가 하나로 연결된 구조로 20대를 대상으로 하는 백화점 루미네가 빌딩 2채에 루미네1, 2로 자리하고, 남성들을 위한 백화점 한큐멘즈도쿄가 나머지 건물에 들어가 있다. 건물 3채의 위층에는 모두 대형영화관인 마루노우치피카데리와 토호시네마즈아사히가 자리하고 있다. 규모가 커서 다 둘러보기 힘들 정도이므로 여성은 루미네, 남성은 한큐멘즈도쿄에 살짝 들어가 보자.

유라쿠초 마리온의 대표 백화점

남성을 위한 백화점

한큐멘즈도쿄 Hankyu Men's Tokyo

한큐멘즈도쿄는 특이하게도 남성을 위한 상품만 취급한다. 지하 1층부터 지상 8층까지 남성들을 위한 상품으로 가득 찬 백화점이라 개장초기부터 화제가 되었다. 물론 남성만 들어갈 수 있는 것은 아니므로 남자친구나 가족 선물을 사러 가는 여성도 많다. 호텔배송서비스(페닌슐라도쿄, 제국호텔도쿄) 및 면세서비스(1층 인포메이션)도 진행하며, 외국인 관광객을 위한 할인쿠폰도 있으므로 홈페이지를 확인하고 가자.

홈페이지 web.hh-online.jp **주소** 東京都 千代田区 有楽町 2-5-1 **문의** 03-6252-1381 **찾아가기** 유라쿠초역 긴자출구에서 도보 1분/히비야선긴자역 C4번 출구, 히비야역 A0번 출구에서 바로 **영업시간** 평일 12:00~20:00, 주말 및 공휴일 11:00~20:00

20대의 인기브랜드가 모여 있는 백화점

루미네유라쿠초 LUMINE Yurakucho

유라쿠초 마리온에서 가장 넓은 공간을 차지하는 곳이 루미네유라쿠초이다. 큰 빌딩 2채에 걸쳐 루미네1, 루미네2로 나뉜다. 젊은 여성들이 선호하는 브랜드가 많고 귀여운 생활소품 및 잡화가 많아 선물을 구입하기도 좋다. 루미네는 신주쿠, 시부야 등 도쿄의 다른 지역에도 많이 있으므로 꼭 긴자에서 구경할 필요는 없지만, 시간이 있다면 현재 일본에서 유행하고 있는 패션 및 생활아이템을 구경해보자.

홈페이지 www.lumine.ne.jp **주소** 東京都 千代田区 有楽町 2-5-1 **문의** 03-6268-0730 **찾아가기** 유라쿠초역 긴자출구에서 도보 1분/긴자역 C4번 출구에서 도보 1분 거리 **영업시간** 숍 11:00~21:00 **레스토랑** 11:00~23:00 **귀띔 한마디** 루미네1과 루미네2 사이에 있는 통로로 이동해보자.

젊은층을 타깃으로 하는 현대적 백화점 ★★★★☆

마츠야 긴자 松屋 銀座, Matsuy Ginza

긴자미츠코시 바로 옆에 있는 거대한 건물이다. 일본의 백화점들은 역사가 길다 보니 중장년층을 타깃으로 하는 경우가 많지만 마츠야긴자는 루이뷔통, 팬디, 프라다, 이세이미야케, 코치 등 20~30대가 선호하는 브랜드에 초점을 맞추고 있다. 그래서 마츠야긴자백화점은 전체적으로 젊고 밝은 이미지이며, 다른 백화점에 비해 고객들의 평균연령대가 낮다.

홈페이지 www.matsuya.com **주소** 東京都 中央区 銀座 3-6-1 **문의** 03-3567-1211 **찾아가기** 도쿄메트로 긴자선, 마루노우치선, 히비야선 긴자역 A12번 출구에서 바로/도쿄메트로 유라쿠초선 긴자잇초메역 9번 출구에서 도보 3분/도쿄메트로 히비야선, 아사쿠사선 히가시긴자역 A8번 출구에서 도보 3분 **층별안내** 식품(B2~B1F)/여성잡화(1F)/부티크(2F)/여성, 남성복(3~6F)/리빙, 상품권(7F)/레스토랑(8F) **영업시간 숍** 10:00~20:00 **레스토랑** 11:00~22:00 **귀띔 한마디** 긴자에서 미츠코시 다음으로 인기가 높은 백화점이다.

20대를 위한 캐주얼백화점 ★★★☆☆

유라쿠초 마루이 有楽町 マルイ, YURAKUCHO MARUI

값비싼 명품을 취급하는 백화점이 많아 예산이 부족한 20대들은 아이쇼핑에 머무르는 경우가 많았다. 그래서 탄생한 곳이 중저가브랜드를 모아 놓은 마루이와 루미네이다. 전차역에서 가까운 위치라 찾아가기 편하고 도쿄는 물론 일본전역에 지점이 있어 젊은 층에게 큰 인기를 끌고 있다. 세계 어디를 가나 똑같은 명품과 달리 일본트렌드가 반영된 최신 유행아이템을 만날 수 있다는 점도 매력적이다. 일본어로 사랑스럽다는 뜻의 형용사 이토시이愛しい에서 이름을 붙인 별관건물 이토시아ITOCiA에는 이름처럼 사랑스러움이 느껴지는 귀여운 카페와 레스토랑이 가득해서 젊은이들로 넘쳐난다.

홈페이지 www.0101.co.jp **주소** 東京都 千代田区 有楽町 2-7-1 **문의** 03-3212-0101 **찾아가기** JR 야마노테선, 게이힌토호쿠선, 도쿄메트로 유라쿠초선 유라쿠초 중앙출구에서 도보 2분/도쿄메트로 긴자선, 마루노우치선, 히비야선 긴자역 C9번 출구에서 도보 2분/도쿄메트로 유라쿠초선 긴자잇초메역 2번 출구에서 도보 2분 **층별안내** 패션잡화(1F)/여성복(2~5F)/남성복(6~7F)/스포츠(8F) **영업시간** 월~토요일 **숍** 11:00~20:00 **카페** 11:00~23:00, 일요일 및 공휴일 **숍** 10:30~20:30 **카페** 11:00~22:00 **귀띔 한마디** 귀여운 소품과 최신 패션상품이 많아 일본의 패셔니스타가 될 수 있다.

깔끔하고 모던한 쇼핑센터 ★★☆☆☆

마로니에게이트 긴자 マロニエゲート銀座, MARRONNIER GATE

긴자 마로니에도오리マロニエ通り에 위치하여 마로니에게이트라 명명됐다. 20대에게 인기 있는 패션브랜드가 많고, 홈센터 도큐한즈가 있어 다양한 물건을 쇼핑하기 좋다. 2017년 프렝탕긴자 백화점이 문을 닫으면서 마로니에게이트 긴자 2&3이 되었다. 빌딩 형태의 건물이 마로니에1이고, 바로 옆에 있는 건물이 마로니에2, 뒤쪽에 있는 건물이 마로니에3이다.

홈페이지 www.marronniergate.com 주소 東京都 中央区 銀座 2-2-1 찾아가기 JR 야마노테선, 게이힌토호쿠선, 도쿄메트로 유라쿠초선 유라쿠초역 중앙출구에서 도보 3분/도쿄메트로 긴자선, 마루노우치선, 히비야선 긴자역 C8번 출구에서 도보 3분/도쿄메트로 긴자선, 마루노우치선, 히비야선 긴자잇초메역 4번 출구에서 도보 1분 영업시간 **패션** 11:00~21:00 **레스토랑** 11:00~23:00

명품 중의 명품! ★★★★★

긴자 메종에르메스 銀座メゾンエルメス, Ginza Maison HERMES

에르메스는 명품 중에서도 소장가치가 높은 명품으로 꼽힌다. 특히 에르메스의 버킨백은 전 세계 여성들의 로망이라고도 불리는데, 한정수량만 생산하기 때문에 대기자가 많아 사고 싶어도 사기가 힘들다. 에르메스 긴자점은 고급스럽고 격조 높은 브랜드이미지를 건축디자인으로 표현해냈다. 이 빌딩은 이탈리아 건축가 렌조피아노Renzo Piano의 작품으로 13,000장의 유리블록을 이용해 거대한 만화경을 들여다보는 듯한 환상적인 느낌이다. 규모가 크기 때문에 낮에 봐도 압도적이지만, 은은한 조명이 비치는 밤에 보는 것이 더 멋지다. 2층에는 에르메스의 가구와 식기를 사용해 품격 있는 분위기로 운영하는 카페가 있으므로 티타임을 가져보는 것도 좋다.

홈페이지 www.hermes.com 주소 東京都 中央区 銀座 5-4-1 문의 03-3289-6811 찾아가기 도쿄메트로 긴자선, 마루노우치선, 히비야선 긴자역 B7번 출구에서 바로/JR 야마노테선, 게이힌토호쿠선, 도쿄메트로 유라쿠초선 유라쿠초역 긴자출구에서 도보 5분 거리 영업시간 11:00~19:00 귀띔 한마디 에르메스 팬이라면 사지는 않더라도 들어가서 구경해보자.

이탈리아를 대표하는 명품브랜드 ★★★★★

구찌 グッチ, GUCCI

1921년 이탈리아에서 가죽제품을 다루는 회사로 출범한 명품브랜드이다. 구찌 긴자점은 남성 및 여성의 가방, 구두, 액세서리 등을 풀라인으로 갖추고 있으며, 구찌이미지에 걸맞게 디자인이 멋진 빌딩전체를 사용하고 있다. 또한 여기서 도보 2분 거리의 대형백화점에도 구찌매장이 입점되어 있다.

홈페이지 www.gucci.com/jp 주소 東京都 中央区 銀座 4-4-10 문의 01-2099-2177 찾아가기 도쿄메트로 긴자선, 마루노우치선, 히비야선 긴자역 B2번 출구에서 바로/JR 야마노테선, 게이힌토호쿠선, 도쿄메트로 유라쿠초선 유라쿠초역 긴자출구에서 도보 6분 거리 영업시간 11:00~20:00

Tip

명품숍 안에 있는 레스토랑&카페

에르메스, 아르마니, 샤넬, 불가리 등의 빌딩에는 해당 브랜드가 자체적으로 운영하는 명품카페 및 레스토랑이 있다. 가격은 비싸지만 최고급 호텔 못지않은 서비스를 즐길 수 있으며, 음식에 해당 브랜드를 상징화한 장식이 들어가기도 한다. 긴자에서 쇼핑하다가 잠시 쉬고 싶을 때 럭셔리한 분위기와 정중한 서비스를 즐기며 식사를 하거나 티타임을 즐기기에 안성맞춤이다. 주로 명품숍 건물 위층 및 옥상의 테라스에 위치한다.

• 퓨이포르카 샴팡바(ピュイフォルカ・シャンパンバー)

위치 긴자 메종에르메스 2층 문의 03-3289-6811 가격 ¥1,000~2,000 영업시간 월~토요일 11:00~20:00, 일요일 11:00~19:00

• 알마니 리스토란테(アルマーニ リストランテ)

위치 아르마니 긴자타워 10층 문의 03-6274-7005 가격 런치 ¥4,000~5,000, 디너 ¥8,000~10,000 영업시간 카페 13:00~15:00, 바 18:00~23:00

남성을 위한 명품브랜드 ★★★★★

아르마니 긴자타워 アルマーニ銀座タワー, Armani

이탈리아 명품 아르마니는 남성패션이 메인이다. 아르마니 긴자타워는 그룹기반점으로 레스토랑과 회원제 나이트클럽까지 겸비한 복합브랜드숍이다. 빌딩 외벽은 대나무를 이미지로 하여 마치 대나무숲에 둘러싸인 분위기이다. 내부는 대리석 바닥에 아르마니 이미지 색상인 블랙을 사용하여 고급스러움을 강조하고 있다. 빌딩 내에는 인테리어숍, 스파숍, 고급 레스토랑까지 운영하고 있다.

홈페이지 www.armani.com **주소** 東京都 中央区 銀座 5-5-4 **문의** 03-6274-7000 **찾아가기** 도쿄메트로 긴자선, 마루노우치선, 히비야선 긴자역 B3번 출구에서 바로/JR 야마노테선, 게이힌토호쿠선, 도쿄메트로 유라쿠초선 유라쿠초역 긴자출구에서 도보 6분 거리 **영업시간** 11:00~20:00 **귀띔 한마디** 2018년부터 진행한 리뉴얼 공사를 2019년 3월 끝내고 새롭게 오픈했다.

2017년 긴자에 새로 생긴 초대형 쇼핑몰 ★★★★☆

긴자 식스 GINZA SIX

2017년 4월 문을 연 긴자 식스는 무려 47,000㎡나 되는 면적에 약 240개의 점포가 들어가 있다. 그 중 약 120개의 매장은 기반점이며, 일본에 처음으로 진출하는 브랜드도 11개나 된다. 또한, 세계최대급, 일본최대급, 긴자 최초 등의 수식어가 붙는 매장이 대부분이다. 인터넷 쇼핑을 즐기는 세대를 불러들이기 위해 매장 하나하나를 매력적인 구성과 디자인으로 표현해서 볼거리가 풍부하다.

홈페이지 ginza6.tokyo **주소** 東京都中央区銀座6-10-1 **문의** 03-6891-3390 **찾아가기** 도쿄메트로 긴자선, 마루노우치선, 히비야선 긴자역 A3번 출구에서 도보 2분/도쿄메트로 아사쿠사선, 히비야선 히가시긴자역 A1번 출구에서 도보 3분 **층별안내** B2F 식품/B1F 뷰티/1~5F 패션/6F 서적, 레스토랑/13F 레스토랑 **영업시간** 10:30~20:30(매장에 따라 다름)

일본 내 최대 규모의 ★★★☆☆

티파니 본점 ティファニー 本店, Tiffany

긴자의 티파니본점은 일본 최대 규모로 다양한 제품군을 갖추고 있다. 티파니는 뉴욕에서 시작한 고급 주얼리브랜드로 약혼 및 결혼예물로 인기가 높다. 긴자지역은 예비 신랑신부들이 예물을 준비하기 위해 많이 찾는 곳이기 때문에 티파니는 긴자본점 이외에도 미츠코시백화점 내에도 매장을 운영하고 있다.

홈페이지 www.tiffany.co.jp 주소 東京都 中央区 銀座 2-7-17 문의 03-5250-2900 찾아가기 도쿄메트로 긴자선, 마루노우치선, 히비야선 긴자역 A13번 출구에서 도보 2분/도쿄메트로 유라쿠초선 긴자잇초메역 9번 출구에서 바로 영업시간 11:00~20:00

세계 최고의 진주전문점 ★★★★☆

미키모토 긴자본점 ミキモト 銀座本店, MIKIMOTO

세계에서 진주 판매량이 가장 많다는 미키모토는 일본 브랜드로 일본 내에서도 인기가 높다. 1893년에 세계 최초로 진주양식에 성공한 미키모토코키치木本幸吉가 만든 브랜드라 해서 '미키모토'라 명명했다. 유명한 진주목걸이는 물론 다양한 진주주얼리 및 공예품을 구경할 수 있다. 진주로 만든 주얼리는 물론 화장품 및 레스토랑까지 모두 갖추어져 있다. 마츠야긴자, 미츠코시백화점에도 미키모토매장이 있다.

홈페이지 www.mikimoto.com 주소 東京都 中央区 銀座 2-4-12 Ginza2 문의 03-3535-4611 찾아가기 도쿄메트로 유라쿠초선 긴자잇초메역 8번 출구에서 도보 2분/도쿄메트로 긴자선, 마루노우치선, 히비야선 긴자역 C8번 출구에서 도보 3분 영업시간 12:00~20:00

세계 최대 규모로 오픈한 ★★☆☆☆

유니클로 긴자점 ユニクロ 銀座店, UNIQLO

세계 최대, 세계 최신의 유니클로매장으로 2012년에 오픈하였으며, 세계에서 9번째로 만들어진 글로벌 플래그십스토어이다. 1층부터 12층까지 넓은 공간에서 다양한 유니클로상품을 만날 수 있다. LED 디스플레이 및 거대한 쇼케이스 등 크리에티브를 중시하는 유니클로의 매력을 느끼기 충분하다.

홈페이지 www.uniqlo.com 주소 東京都 中央区 銀座 6-9-5 1~12F 문의 03-6252-5181 찾아가기 도쿄메트로 긴자선, 마루노우치선, 히비야선 긴자역 A2번 출구에서 도보 4분/JR 야마노테선, 게이힌토호쿠선, 소부선, 요코스카선, 토카이도선, 도쿄메트로 긴자선, 아사쿠사선, 유리카모메 신바시역 긴자출구에서 도보 10분 거리 영업시간 11:00~21:00 귀띔 한마디 유니클로 긴자에서만 판매하는 상품 또는 특별 세일 상품을 만날 수 있다.

Special 04 긴자의 전통 있는 가게와 특별한 숍

긴자에는 패션, 레스토랑, 카페, 제과점은 물론 전통적인 문구와 의상을 판매하는 숍도 많다. 일본인들은 긴자에서 산 물건을 선물할 때는 '별건 아니지만 긴자본점에서 샀어.'라는 말을 꼭 붙일 정도로 긴자가 지닌 지역적 의미가 크다. 긴자에는 전통적인 가게 외에도 애플스토어, 야마하, 로프트 등 놓치면 서운할 특별한 숍도 많다. 이렇듯 긴자는 쇼핑 아이템으로 넘쳐나는 곳이다.

도쿄 규쿄도 東京鳩居堂 銀座本店, TOKYO KYUKYODO

1663년 교토에서 시작한 규쿄도는 300년 이상의 역사를 가진 일본의 전통문구점이다. 본점은 교토에 있는 교토규쿄도(京都鳩居堂)이지만, 도쿄에도 긴자 본점이 있다. 일본의 전통문화를 지키고 성장시키는 것을 이념으로 전통의 멋을 살린 붓, 종이, 엽서, 편지지, 부채, 향, 장식물 등의 문구와 생활잡화를 판매한다. 시부야 스크램블에그숍&레스토랑의 14층, 신주쿠 게이오백화점, 이케부쿠로 토부백화점, 도쿄스카이트리타운 소라마치에도 매장이 있다.

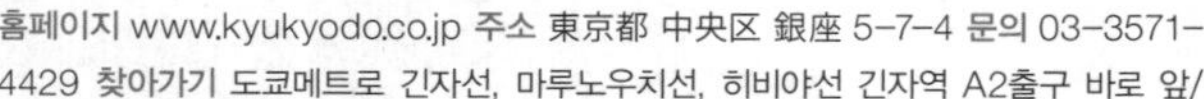

홈페이지 www.kyukyodo.co.jp **주소** 東京都 中央区 銀座 5-7-4 **문의** 03-3571-4429 **찾아가기** 도쿄메트로 긴자선, 마루노우치선, 히비야선 긴자역 A2출구 바로 앞/JR 야마노테선, 게이힌토호쿠선, 도쿄메트로 유라쿠초선 유라쿠초 긴자출구에서 도보 8분 거리 **영업시간** 11:00~19:00 **귀띔 한마디** 어른들을 위한 적당한 선물거리를 찾을 때 안성맞춤인 곳이다. 긴자에는 규쿄도의 화랑(東京都 中央区 銀座 5-7-4)도 있으니 일본 전통문구에 관심이 있다면 함께 들러보자.

이토야 伊東屋, Itoya

간판에 붙어 있는 빨간 클립이 인상적인 이토야는 1904년 오픈하여 100년이 넘는 역사를 이어오는 곳이다. 수입문구부터 포장지, 화구, 만년필, 수첩, 엽서 등 15만 가지 이상의 상품을 판매하며, 일본 전통문구는 물론 최신 아이디어상품까지 다양하게 취급한다. 일본 전역에 지점이 있어 긴자지역이 아니어도 쉽게 찾아볼 수 있지만, 긴자점은 규모도 클 뿐만 아니라 역사 깊은 본점이라 의미가 있다. 지하 1층부터 지상 12층까지 빌딩전체를 사용하며 사무용품, 팬시용품, 여행용품, 크래프트(Craft) 등 층마다 테마가 나누어져 있다.

홈페이지 www.ito-ya.co.jp **주소** 東京都 中央区 銀座 2-7-15 **문의** 03-3561-8311 **찾아가기** 도쿄메트로 긴자선, 마루노우치선, 히비야선 긴자역 A13번 출구에서 도보 2분/JR 야마노테선, 게이힌토호쿠선, 도쿄메트로 유라쿠초선 유라쿠초역 긴자출구에서 도보 12분 거리 **영업시간** 월~토요일 10:00~20:00, 일요일 및 공휴일 10:00~19:00/12F 카페 11:30~21:00 **귀띔 한마디** 12층에 카페 스타일로라는 레스토랑이 있다.

하쿠힌칸 토이파크 博品館 TOY PARK

1899년 창업한 역사 깊은 곳으로, 한 건물에서 다양한 상품을 처음 판매하기 시작한 백화점의 원형이다. 또한 백화점이라는 단어를 처음 사용한 곳이기도 하다. 1921년에 4층 빌딩으로 개축하면서 처음 엘리베이터를 설치하여 화제가 되었다. 1978년 현재의 10층짜리 빌딩으로 개축하였으며, 1986년에는 일본에서 가장 큰 장난감가게로 기네스북에도 올랐다. 지하 1층에는 바비인형이 가득하고 4층에는 다양한 프라모델이 늘어서 있으며, 스튜디오지브리의 토토로인형 같은 일본캐릭터도 많아 어른들도 즐길 수 있다.

홈페이지 www.hakuhinkan.co.jp 주소 東京都 中央区 銀座 8-8-11 문의 03-3571-8008 찾아가기 JR 야마노테선, 게이힌토호쿠선, 소부선, 요코스카선, 토카이도선, 도쿄메트로 긴자선, 아사쿠사선, 유리카모메 신바시역 긴자출구에서 도보 4분/도쿄메트로 긴자선, 마루노우치선, 히비야선 긴자역 A2번 출구에서 도보 10분 거리 영업시간 11:00~20:00 귀띔 한마디 장난감을 구입하면 현금처럼 사용할 수 있는 쿠폰을 준다.

애플스토어 긴자 アップルストア 銀座, Apple Store Ginza

긴자의 애플스토어는 아이폰, 아이패드, 아이팟, 맥북 등 다양한 애플의 히트상품을 판매하는 플래그십스토어이다. 신제품이 출시되는 날에는 새벽부터 긴 줄을 설만큼 인기 있다. 애플의 최신기종을 무료로 체험해 볼 수 있으며, 구매도 할 수 있다. 고장 난 애플제품의 수리를 의뢰할 수도 있지만 시간이 오래 걸리는 경우도 있으니 주의해야 한다.

홈페이지 apple.com/jp 주소 東京都 中央区 銀座 8-9-7(개장 공사로 인한 임시 이전) 문의 03-4345-3600 찾아가기 JR 야마노테선, 게이힌토호쿠선, 소부선, 요코스카선, 토카이도 선, 도쿄메트로 긴자선, 아사쿠사선, 유리카모메 신바시역 긴자출구에서 도보 4분 영업시간 10:00~21:00

긴자 로프트 GINZA LOFT

로프트는 참신한 아이디어와 깜찍한 디자인으로 중무장한 생활용품 판매점이다. 가격이 저렴하지는 않지만 품질이 좋아서 선물용으로 구입하기 좋다. 긴자 로프트는 창업 30주년을 기념하여 2019년 4월 오픈하였다. 1~6층까지 천 평이 넘는 거대한 공간에 5만 개가 넘는 물품을 취급한다. 내부에는 로프트 최초의 카페도 있고, 간단한 음식도 판매를 한다.

홈페이지 loft.co.jp 주소 東京都 中央区 銀座 2-4-6, 3~6F 문의 03-3562-6210 찾아가기 도쿄메트로 긴자선, 마루노우치선, 히비야선 긴자역 C8출구에서 도보 3분 / JR 야마노테선, 게이힌토호쿠선, 도쿄메트로 유라쿠초선 중앙출구에서 도보 4분 영업시간 11:00~21:00

야마하 긴자점 ヤマハ銀座店, Yamaha

야마하의 최신 악기들로 가득하고 콘서트를 볼 수 있는 홀과 악보전문서점이 있다. 야마하 긴자점도 낮보다는 조명이 켜지는 밤에 더 화려하므로 긴자의 밤거리를 산책하면서 구경하자.

홈페이지 www.yamahamusic.jp 주소 東京都 中央区 銀座 7-9-14 문의 03-3572-3171 찾아가기 도쿄메트로 긴자선, 마루노우치선, 히비야선 긴자역 A3번 출구에서 도보 5분/JR 야마노테선, 게이힌토호쿠선, 소부선, 요코스카선, 토카이도선, 도쿄메트로 긴자선, 아사쿠사선, 유리카모메 신바시역 긴자출구에서 도보 7분 거리 영업시간 11:00~18:30 휴무 매주 화요일

Special Area 01

일본 근대화의 상징, 히비야 日比谷 Hibiya

유라쿠초역에서 긴자 반대방향인 중앙서쪽출구로 나가면 히비야지역이다. 메이지유신 이후 일본 최초로 서양식 호텔인 제국호텔이 들어서고 사교클럽이 생기면서 일본의 근대화를 상징하는 곳으로 이미지가 굳혀졌다. 히비야 중심에는 일본 최초의 서양식 공원인 히비야공원이 있고 그 옆으로 다카라즈카극장, 제국극장 등 유명한 극장이 있다. 또한 히비야공원 북쪽에는 일왕이 거주하는 고쿄가 있어 사방 어디를 둘러봐도 경치가 좋다.

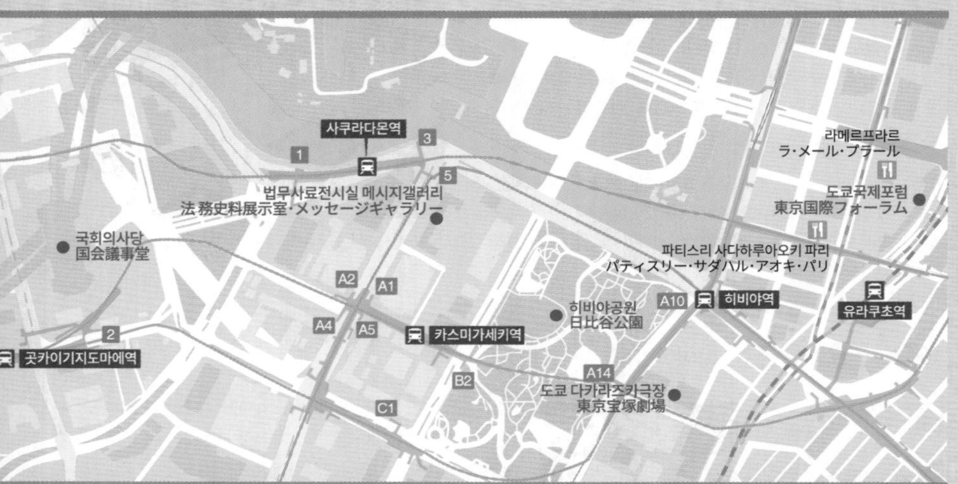

- **교통편** : 히비야와 가스미가세키는 긴자와 인접하므로 긴자를 둘러본 후에 걸어가면 된다. 가스미가세키만을 둘러보려면 가스미가세키역이나 곳카이기지도마에역(국회의사당앞역)을 이용하는 것이 가깝지만, 히비야역에서 내려 히비야공원을 통과해 가는 것을 추천한다. 일본 정치행정의 중심인 가스미가세키는 건물들이 크고 길이 넓어 발품을 꽤 팔아야 하지만, 곳곳에 일본드라마에 자주 등장하는 건물이 있고 가로수가 아름다워 산책하기 좋다.

  히비야역(日比谷) Ⓜ 히비야선(日比谷線)
  유라쿠초역(有楽町) JR 야마노테선(山手線), 게이힌토호쿠선(京浜東北線), Ⓜ 유라쿠초선(有楽町線)
  가스미가세키역(霞ケ関) Ⓜ 마루노우치선(丸ノ内線), 히비야선(日比谷線), 치요다선(千代田区線)
  곳카이기지도마에역(国会議事堂前) Ⓜ 마루노우치선(丸 ノ内線), 치요다선(千代田区線)

- **베스트코스** : 유라쿠초역 → 도쿄국제포럼 → 라메종뒤쇼콜라 → 히비야상테 앞 광장 → 타카라즈카극장 공연관람 → 히비야공원 → 법무성구본관

요시노리의 한마디

가스미가세키는 일본의 정치와 행정을 이끄는 곳으로 일본 최고의 엘리트공무원들이 일하는 곳이다. 일본의 우익집단이 차를 타고 큰 소리를 내며 돌아다니는 경우가 있는데 같은 일본인도 두려워할 정도의 비상식적인 행동을 하기도 하니 무조건 피하는 것이 상책이다.

히비야공원 日比谷公園

1903년 조성한 일본 최초의 서양식 공원인 히비야공원은 오랜 기간 도심 속 공원 역할을 하고 있다. 긴자와 마루노우치로 이어지는 고층빌딩가가 공원 바로 옆에 병풍처럼 펼쳐져 있고 대규모 전시 및 행사, 콘서트, 공연 등 다양한 이벤트가 수시로 열린다. 맑은 날 무지개를 볼 수 있는 대분수는 오전 8시부터 오후 9시까지 운영되며 그 밖에도 학의 분수, 갈매기분수, 펠리컨분수 등 다양한 형태의 분수를 구경할 수 있다.

벚꽃놀이장소로 유명하며 가을에도 단풍이 곱게 물들어 많은 사람들로 붐빈다. 공원 내에는 히비야공회당日比谷公会堂, 야외콘서트가 열리는 대음악당과 소음악당이 있고 테니스코트 등의 운동시설도 있다. 대음악당에서는 유명가수들의 공연이 펼쳐질 때가 많고 소음악당에서는 수시로 무료공연이 진행된다. 또한 히비야공원 내에는 프랑스요리를 판매하는 마츠모토로松本楼, 히비야사로日比谷茶廊, 히비야그린살롱日比谷グリーンサロン 등 대형레스토랑과 카페가 있어 식사까지 해결할 수 있으며 옛 모습을 간직한 매점도 있다.

주소 東京都 千代田区 日比谷公園1 **문의** 03-3501-6428 **찾아가기** 도쿄메트로 히비야선, 치요다선, 도에지하철 미타선 히비야(日比谷)역 A10, A14번 출구에서 바로/도쿄메트로 마루노우치선, 치요다선 카스미가세키(霞ヶ関)역 B2번 출구에서 바로/JR 야마노테선, 게이힌토호쿠선 유라쿠초(有町)역 히비야출구 또는 중앙서쪽 출구에서 도보 8분 거리 **입장료** 무료 **귀띔 한마디** 히비야공원은 벚꽃이 피는 4월 중순과 단풍이 물든 11월이 가장 아름답다.

도쿄 다카라즈카극장 東京宝塚劇場

여배우들이 남성역할까지 모두 소화하는 것으로 유명한 여성극단인 다카라즈카의 도쿄 극장이다. 다카라즈카는 오사카에서 가까운 효고현 다카라즈카시를 거점으로 활동하는 극단이다. 전국적으로 인기를 끌면서 1934년 도쿄에 다카라즈카 전용극장을 지었다. 도쿄 다카라즈카극장의 총 객석 수는 2,069석에 2층 구조로, 모든 좌석에서 무대가 잘 보인다. 객석입구에는 레드카펫이 깔려있고 천장에는 거대한 샹들리에가 반짝인다. 재미있는 것은 남성역할을 하는 여배우의 인기가 높다는 점과 남성 팬보다 여성 팬이 많다는 점이다. 실제 관객 대부분도 여성이며 공연이 끝나는 시간에는 배우를 기다리는 팬들로 극장 앞은 인산인해를 이룬다.

홈페이지 kageki.hankyu.co.jp **주소** 東京都 千代田区 有楽町 1-1-3 **문의** 05-7000-5100 **찾아가기** JR 야마노테선, 게이힌토호쿠선 유라쿠초(有町)역에서 도보 5분/도쿄메트로 히비야선 히비야(日比谷)역 A5번 출구에서 도보 2분/도쿄메트로 치요다선, 도에지하철 미타선 히비야역 A13번 출구 **가격** ¥2,500~12,000(공연 및 좌석에 따라 다름) **영업시간** 10:00~18:00 **휴무** 매주 월요일 **귀띔 한마디** 인기 많은 배우의 공연은 예약해야 할 정도로 인기가 높다.

법무사료전시실 메시지갤러리 法務史料展示室·メッセージギャラリー

주변의 다른 현대식 관공서건물과 대비될 정도로 붉은 벽돌이 인상적인 건물로 마치 유럽의 풍경을 보는 것 같다. 1895년에 준공된 이 옛 법무성건물은 독일의 유명건축가 엔데와 베크만Ende&Boeckmann을 일본으로 초청하여 만들었다. 1994년 국가중요문화재로 지정되어 옛 모습을 잘 보존하고 있으며, 건물 안에는 무료로 관람할 수 있는 법무역사자료갤러리가 있다.

주소 東京都 千代田区 霞が関 1-1-1 法務省赤れんが棟 문의 03-3592-7911 찾아가기 도쿄메트로 유라쿠초선 사쿠라다몬(田門)역 5번 출구에서 도보 1분/도쿄메트로 마루노우치선, 히비야선, 치요다선 가스미가세키(霞ケ関)역 A1번 출구에서 도보 3분/도에지하철 미타선 히비야(日比谷)역 A10번 출구에서 도보 6분/JR 야마노테선, 게이힌토호쿠선 유라쿠초(有町)역 히비야출구에서 도보 10분 거리 입장료 무료 영업시간 월~금요일 10:00~18:00 휴무 주말 및 공휴일

국회의사당 国会議事堂

1936년에 건설한 국회의사당은 당시 일본에서 가장 높은 건물이었다. 하얀 돌로 아름답게 지어져 백악의 전당白亜の殿堂이라고도 불린다. 국회의사당 양옆으로는 은행나무가 심겨 있어 노랗게 물든 늦가을 정취가 볼만하다. 개원하지 않는 날에는 내부견학 프로그램에 참여할 수도 있다. 국회의사당 앞으로 비교적 넓은 공원이 조성되어 있는데 남쪽은 일본식정원, 북쪽은 서양식정원 형태로, 대형시계탑이 멀리서도 눈에 들어온다.

주소 東京都 千代田区 永田町 1-7-1 문의 03-5521-7444 찾아가기 도쿄메트로 마루노우치선 곳카이기지도마에(国会議事堂前)역 1, 2번 출구에서 바로/유라쿠초선 사쿠라다몬(田門)역 1, 2번 출구에서 도보 5분 거리 입장료 무료 견학신청 월~금요일 09:00~16:00(매시 정각에 안내시작)

도쿄국제포럼 東京国際フォーラム, Tokyo International Forum

7개의 홀, 전시 홀, 33개의 회의실, 레스토랑, 숍 등과 미츠오아이다미술관으로 이루어진 도쿄국제포럼은 2003년 설립된 다목적 문화공간이다. 각종 전시와 쇼, 이벤트 등의 행사는 물론 다양한 공연까지 볼 수 있는 곳이라 많은 사람으로 북적거린다. 긴자 및 도쿄역에서 가깝고 근처에서 쇼핑하거나 식사할 수 있어 도쿄 외각의 대형전시장에 비해 편리하다.

주소 東京都 千代田区 丸の内 3-5-1 **문의** 03-5221-9000 **찾아가기** JR 야마노테선, 게이힌토호쿠선 유라쿠초(有町)역 국제포럼출구에서 바로/도쿄메트로 유라쿠초선 유라쿠초역 B1번 출구에서 바로 **귀띔 한마디** 이벤트 및 전시에 따라 요금과 운영시간이 다르며, 건물 자체가 아름다워 특별한 목적이 없이 방문해도 후회하지 않는다.

라메종뒤쇼콜라 ラ·メゾン·デュ·ショコラ, La Maison du Chocolat

프랑스 최고의 수제초콜릿 전문점으로 쇼콜라티에가 만든 보석처럼 예쁜 초콜릿을 만날 수 있다. 가격은 비싸지만 그만큼 맛있는 고급 초콜릿이라 선물용으로 인기가 높다. 지나치게 달지 않고 질리지 않는 단맛이라 입맛 까다로운 사람들에게도 잘 맞는 편이다. 라메종뒤쇼콜라는 한국은 물론 세계적인 미식도시 파리, 뉴욕, 홍콩, 도쿄 등에 매장이 있다. 일본에는 긴자, 아오야마, 롯폰기 등에 매장이 있다.

홈페이지 lamaisonduchocolat.co.jp **주소** 東京都 千代田区 丸の内 3-4-1 新際ビル 1F **문의** 03-3201-6006 **찾아가기** 도쿄메트로 유라쿠초선 유라쿠초(有町)역 B3번 출구에서 바로/JR 야마노테선, 게이힌토호쿠선 유라쿠초역 국제포럼출구에서 도보 3분/도쿄메트로 히비야선, 치요다선 히비야(日比谷)역 B2번 출구에서 도보 2분 **가격** ¥1,000~2,000 **영업시간** 11:00~20:00 **휴무** 12/31~1/3 **귀띔 한마디** 최고의 초콜릿을 맛볼 수 있으며 우리나라에서도 해외 직구로 구입할 수 있다.

파티세리 사다하루아오키 파리
パティスリー·サダハル·アオキ·パリ, Pâtisserie Sadaharu AOKI Paris

상자 안에 들어 있는 파스텔 모양의 초콜릿으로 유명한 집이다. 마카롱, 에클레어(Éclair), 케이크 등도 하나같이 예쁘고 감미롭다. 신주쿠 이세탄 백화점, 시부야 히카리에, 도쿄 미드타운에서도 구입할 수 있지만, 유라쿠초점이 매장도 크고 느긋하게 즐길 수 있는 살롱이 있어 편하다.

홈페이지 www.sadaharuaoki.com **주소** 東京都 千代田区 丸の内 3-4-1 新際ビル 1F **문의** 03-5293-2800 **찾아가기** 도쿄메트로 유라쿠초선 유라쿠초(有町)역 B3번 출구에서 바로/JR 야마노테선, 게이힌토호쿠선 유라쿠초역 국제포럼출구에서 도보 3분/도쿄메트로 히비야선, 치요다선 히비야(日比谷)역 B2번 출구에서 도보 2분 거리 **가격** ¥1,000~2,000 **영업시간** 11:00~20:00

Chapter 02

도쿄역&마루노우치

東京&丸の内

Tokyo&Marunouchi

★★★★☆
★★★★★
★★★☆☆

일왕의 거주지인 고쿄와 도쿄의 관문인 도쿄역&마루노우치지역은 일본의 중심이라고 부르기 충분하다. 굳이 서울에 빗대어 표현하자면 도쿄역 주변은 경복궁과 종로 일대 같은 곳이라고 할 수 있다. 겉모습만 보면 서울과 크게 다르지 않아 별 재미가 없을 수도 있지만, 두고두고 다시 생각날 맛집을 찾아가 맛있는 음식을 맛보고 천천히 산책하면서 소화시킨다는 기분으로 둘러보면 만족스러운 도심여행을 즐길 수 있다.

嘉紀の一言

요시노리의 한마디

도심의 오아시스라고 불리는 고쿄의 매력은 도쿄에서 드라이브를 즐기면 더 잘 느낄 수 있다. 답답하게 밀집된 번화가 사이에 나타나는 넓은 해자와 탁 트인 공원이 숨통을 틔워 준다.

도쿄역&마루노우치를 잇는 교통편

도쿄역은 10개가 넘는 교통편이 거미줄처럼 뻗어 있다. 신칸센은 물론 JR의 주요 노선을 모두 이용할 수 있어 편하지만, 그만큼 역내는 복잡해서 갈아타는 데도 시간이 오래 걸리고 길을 잃을 수도 있다. 도쿄역 내에서 방향을 잃게 될 경우에 대비해 마루노우치 중앙출구(丸の内中央口)를 기억해두면 좋다.

도쿄(東京)역 JR 야마노테선(山手線), 게이힌토호쿠선(京浜東北線), 게이요선(京葉線), 소부선(総武線快速, 総武本線), 주오선(中央本線), 나리타선(成田線), 나리타익스프레스(成田エクスプレス), 요코스카선(横須賀線), 토카이도혼선(東海道本線) 마루노우치선(丸ノ内線)

오테마치(大手町)역 마루노우치선, 도자이선(東西線), 치요다선(千代田線), 한조몬선(半蔵門線)

니주바시마에(二重橋前)역 치요다선

교바시(京橋)역 긴자선(銀座線)

도쿄역&마루노우치에서 이것만은 꼭 해보자

1. 도쿄역 안에 들어가 복잡하지만 볼 것 많은 도쿄역을 탐험하자!
2. 일왕의 거처 고쿄를 둘러싼 아름다운 일본정원을 산책하자!
3. 길게 줄을 설 정도로 인기 많은 맛집에 찾아가 맛있는 음식을 먹자!
4. 빌딩 내에 있는 쇼핑몰에서 느긋하게 아기자기한 상품을 구경하자!
5. 하토버스, 스카이버스 등 버스를 타고 도쿄시티투어를 즐겨보자!

사진으로 미리 살펴보는 도쿄역&마루노우치 베스트코스

도쿄역 내 로쿠린샤에서 배를 채운 후 마루노우치 중앙출구로 나가 도쿄역 역사를 둘러보고 브릭스퀘어 에쉬레에서 크루아상을 구입하여 고쿄산책 중에 간식으로 먹자. 브릭스퀘어 미츠비시1호관 미술관과 메이지생명관을 구경하고 고쿄가이엔의 와다쿠라분수공원을 향해 걷다 보면 고쿄가 보인다. 고쿄히가시교엔을 둘러본 후 니주바시와 사쿠라다몬까지 돌아보면 좋다. 다시 마루노우치 빌딩가로 돌아와 마루비루나 신마루비루를 공략해보자. 맛집 오레노이탈리안에서 식사를 하려면 오후 4시 전에 도착하는 것이 좋다.

1 걸으며 명소를 둘러보는 하루 일정(예상 소요시간 6시간 이상)

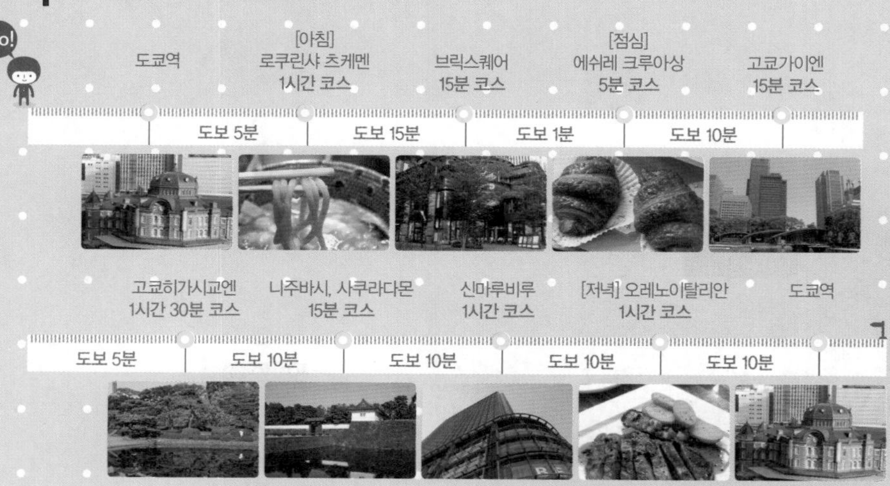

도쿄역&마루노우치
東京＆丸の内
[T07] [Z06] [S05]
쿠단시타역
도쿄수도고속도로
야스쿠니신사
靖国神社
키타노마루공원
北の丸公園
[T08]
다케바시역
도쿄국립근대미술관
東京国立近代美術館
고쿄히가시교엔
皇居東御苑
[Z05]
한조몬역
고쿄
皇居
[Y16] [Z04] [N07]
나가타쵸역
[Y17]
사쿠라다몬역
국회의사당

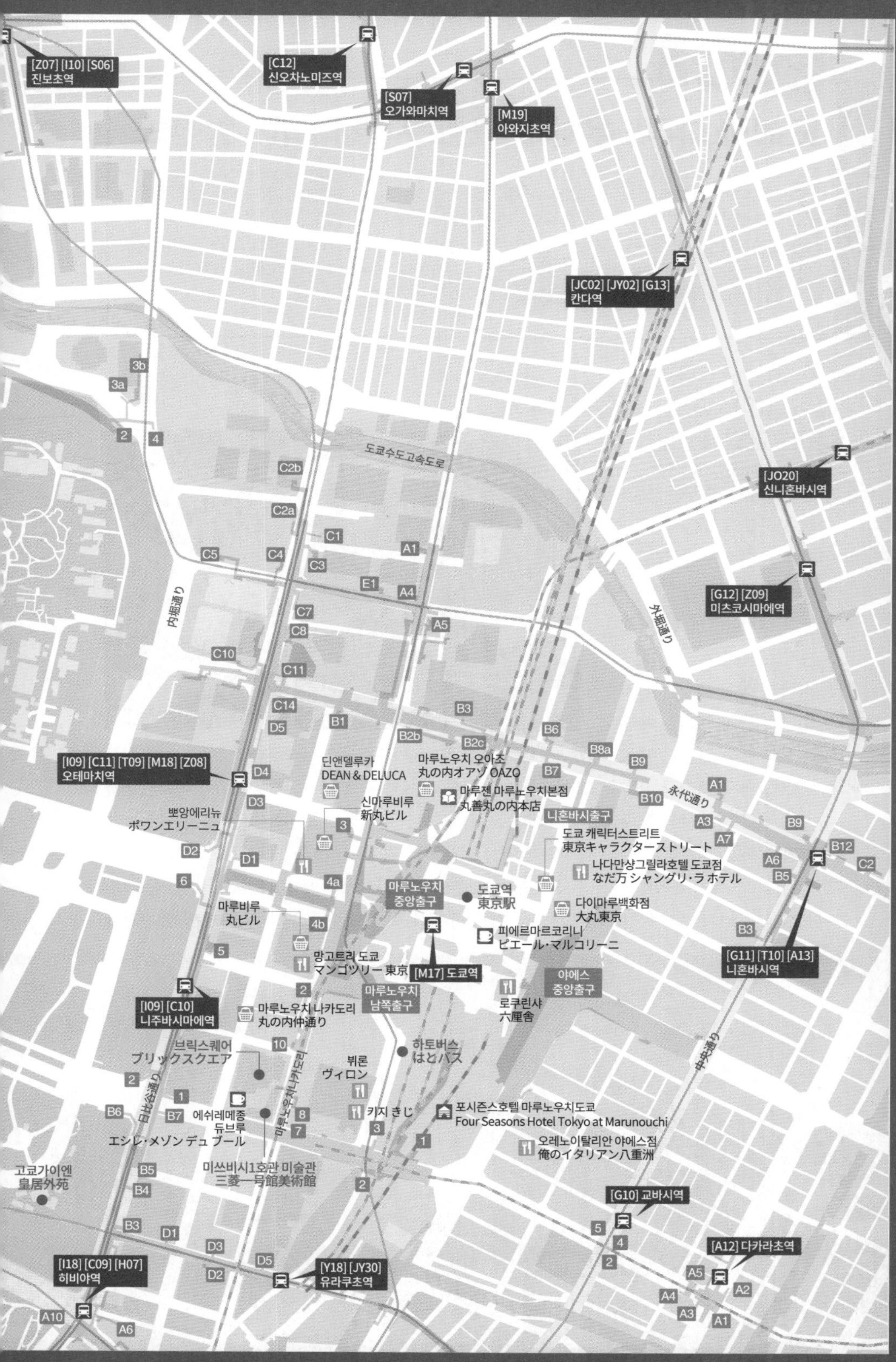

[Z07] [I10] [S06]
진보초역
[C12]
신오차노미즈역
[S07]
오가와마치역
[M19]
아와지초역
[JC02] [JY02] [G13]
칸다역
도쿄수도고속도로
[JO20]
신니혼바시역
[G12] [Z09]
미츠코시마에역
内堀通り
外堀通り
永代通り
中央通り
3b
3a
2
4
C2b
C2a
C1
C3
C4
C5
A1
E1
A4
C7
C8
A5
C10
C11
C14
B1
B3
D5
B2b
B2c
B6
B8a
B9
B7
D4
D3
B10
A1
A3
A7
B9
B12
A6
B5
C2
B3
[I09] [C11] [T09] [M18] [Z08]
오테마치역
딘앤델루카
DEAN & DELUCA
마루노우치 오아조
丸の内オアゾ OAZO
마루젠 마루노우치본점
丸善丸の内本店
신마루비루
新丸ビル
뽀앙에리뉴
ポワンエリーニュ
3
니혼바시출구
도쿄 캐릭터스트리트
東京キャラクターストリート
D2
D1
나다만샹그릴라호텔 도쿄점
なだ万 シャングリ·ラ ホテル
6
4a
마루노우치
중앙출구
도쿄역
東京駅
다이마루백화점
大丸東京
마루비루
丸ビル
4b
피에르마르코리니
ピエール·マルコリーニ
[G11] [T10] [A13]
니혼바시역
5
망고트리 도쿄
マンゴツリー 東京
[M17] 도쿄역
야에스
중앙출구
2
마루노우치
남쪽출구
로쿠린샤
六厘舎
[I09] [C10]
니주바시마에역
마루노우치 나카도리
丸の内仲通り
10
브릭스퀘어
ブリックスクエア
하토버스
はとバス
뷔론
ヴィロン
2
1
日比谷通り
마루노우치나카도리
B6
B7
에쉬레메종
듀브루
エシレ·メゾン デュ ブール
8
7
키지 きじ
3
포시즌스호텔 마루노우치도쿄
Four Seasons Hotel Tokyo at Marunouchi
1
오레노이탈리안 야에스점
俺のイタリアン八重洲
고쿄가이엔
皇居外苑
B5
B4
미쓰비시1호관 미술관
三菱一号館美術館
2
[G10] 교바시역
5
4
2
B3
D1
D3
D5
D2
[A12] 다카라초역
A5
A2
A4
A3
A1
[I18] [C09] [H07]
히비야역
[Y18] [JY30]
유라쿠초역
A10
A6

Section 04

Tokyo

도쿄역&마루노우치에서 반드시 둘러봐야 할 명소

도쿄역과 마루노우치지역은 도쿄에서 가장 깔끔한 번화가이다. 넓은 도로가 시원하게 뚫려있고 고층빌딩과 대형공원이 조화를 이뤄 아름다운 도회지 풍경이 펼쳐진다. 마루노우치는 명품숍으로 가득한 거리지만 고작 5분만 걸으면 고쿄성벽을 둘러싼 운하에서 백조, 오리, 잉어 등을 볼 수 있다. 도쿄 번화가인 신주쿠나 시부야, 긴자에 비해 사람도 적고 10~20대가 모이는 지역이 아니라 조용하게 거리산책을 즐길 수 있다는 점도 매력적이다.

도쿄의 상징이자 쇼핑몰까지 겸한 멀티플렉스 ★★★★☆

도쿄역 東京駅

일본전역으로 통하는 신칸센이 출발하고 도쿄를 구석구석 연결하는 수많은 전철과 지하철이 다니는 곳이다. 붉은 벽돌이 인상적이며 중후한 멋이 느껴지는 건물로, 1914년 빅토리아양식으로 지었으나 1945년 미군공습으로 파괴된 것을 1947년 복원한 것이다. 2007년부터 노후한 부분을 복원하기 시작하여 2012년 현재의 모습으로 말끔히 새단장하면서 도쿄의 관광명소가 되었다. 도쿄역은 일본중요문화재로 지정되어 있으며, 도쿄역사를 제대로 둘러보려면 도쿄스테이션 갤러리를 들러볼 것을 추천한다.

도쿄역 지하는 거대한 상권이 형성되어 있어 미로처럼 길이 얽혀있고, 주변 고층빌딩들과 바로 연결된다. 개찰구 안쪽에는 지하 1층에 그랑스타가 있고, 1층에는 그랑스타다이닝, 센트럴스트리트, 에큐토, 게이요스트리트 등 전차 안에서 먹을 도시락을 파는 에키벤駅弁 가게가

많다. 개찰구 밖에도 쿠로베이요코초, 키친스트리트, 그란에이지(지하1~2층), 그란루프, 도쿄역일번가, 야에스지하가 등 다양한 특색을 지닌 상점가와 레스토랑가가 들어서 있다. 도쿄역에서만 먹을 수 있는 먹거리는 물론 기념품 및 특산품도 구입할 수 있어 편리하다. 지하연결통로 곳곳에는 소소한 볼거리가 전시되어 있고 흡연구역이 분리되어 있어 쾌적하다. 도쿄역을 방문할 때는 1~2시간 정도 따로 시간을 잡고 천천히 구경하자.

홈페이지 www.jreast.co.jp, www.gransta.jp, www.tokyostationcity.com **주소** 東京都千代田区 丸の内 1 **찾아가기** JR 신칸센(新幹線), 야마노테선(山手線), 게이힌토호쿠선(京浜東北線), 게이요선(京葉線), 소부선(総武線快速, 総武本線), 주오선(中央本線), 나리타선(成田線), 나리타익스프레스(成田エクスプレス), 요코스카선(横須賀線), 토카이도혼선(東海道本線), 요코스카선(横須賀線), 도쿄메트로 마루노우치선(丸ノ内線) **귀띔 한마디** 복잡한 도쿄역 안에서는 미아가 되기 쉬우니 시간적인 여유를 넉넉히 잡아야 한다.

Tip

도쿄역 주변으로 이동하기

도쿄역에서 가장 가까운 지하철역은 오테마치(大手町)역이다. 도쿄역과 지하도로 연결되어 있으니 오테마치역이 편하다면 환승해서 도쿄역까지 갈 필요 없이 오테마치역에서 내려 지하도를 통해 이동하면 된다. 그 밖에도 고쿄의 니주바시마에(二重橋前)역 이나 교바시(京橋)역도 도쿄역에서 가까우므로 도보로 도쿄역까지 이동할 수 있다.

도쿄(東京)역 JR 신칸센(新幹線)/JR 야마노테선(山手線)/JR 게이힌토호쿠선(京浜東北線)/JR 게이요선(京葉線)/JR 소부선(総武線快速, 総武本線)/JR 주오선(中央本線)/JR 나리타선(成田線), 나리타익스프레스(成田エクスプレス)/JR 요코스카선(横須賀線)/JR 토카이도혼선(東海道本線)/JR 요코스카선(横須賀線)/도쿄메트로 마루노우치선(丸ノ内線)

오테마치(大手町)역 도쿄메트로 마루노우치선(丸ノ内線)/도쿄메트로 도자이선(東西線)/도쿄메트로 치요다선(千代田区線)/도쿄메트로 한조몬선(半蔵門線)

니주바시마에(二重橋前)역 도쿄메트로 치요다선(千代田区線) **교바시(京橋)역** 도쿄메트로 긴자선(銀座線)

도쿄역 내에 자리한 추천 숍과 레스토랑

도쿄역과 연결되어 편리한 백화점

다이마루백화점 도쿄점 大丸東京, Daimaru Tokyo

일본의 유명백화점 대부분이 도쿄에서 시작되었지만 다이마루백화점은 칸사이지방에서 시작된 백화점이라는 특색이 있다. 1717년 교토의 작은 상점으로 시작해 1912년 백화점 형식의 교토다이마루를 개점하고 이후 코베, 오사카 등 일본전역으로 지점을 확장했다. 다이마루백화점은 어른들의 백화점이라는 콘셉트로 중장년층을 대상으로 하는 상품이 많다.

도쿄역과 바로 연결되는 스위츠플로어(1층)에는 보기에도 예쁘고 맛도 좋은 다양한 선물용 스위츠가 모여 있는데, 도쿄역 내 기념품점에서 판매하는 것들보다 훨씬 고급스러우므로 기왕이면 여기서 구입하는 것이 좋다. 또한 12~13층 레스토랑가에는 츠나하치, 마이센 등 도쿄의 유명한 레스토랑체인점이 입점해 있어 편리하게 이용할 수 있다.

홈페이지 www.daimaru.co.jp/tokyo **문의** 03-3212-8011 **찾아가기** 도쿄역 야에스 북쪽 출구에서 바로 **영업시간** 11:00~22:00 **12층 레스토랑** 11:00~22:00 **귀띔 한마디** 1층의 스위츠코너가 특히 인기가 많다.

아기자기한 캐릭터들의 천국
도쿄 캐릭터스트리트 東京キャラクターストリート

이웃집 토토로, 리락쿠마, 울트라맨, 원피스, 나루토의 주인공들을 모두 만날 수 있는 곳이 도쿄이치방가이에 있는 도쿄 캐릭터스트리트이다. 고양이버스, 벼랑 위의 포뇨 등 스튜디오지브리의 인기캐릭터들이 있는 동구리공화국(どんぐり共和国), 세계적으로 인기 있는 포켓몬스터 캐릭터로 가득한 포켓몬스토어(ポケモンストア), 리락쿠마로 가득한 리락쿠마스토어(Rilakkuma Store), 다양한 울트라맨을 만날 수 있는 울트라맨월드 M78(ウルトラマンワールドM78), 만화잡지 점프의 원피스, 나루토 등의 캐릭터가 있는 점프숍(Jump Shop) 등을 추천한다. 그 밖에도 스누피타운, 토미카, 레고는 물론 포켓몬, 타마고치, 일본 TV방송국 공식캐릭터 등 캐릭터상품을 좋아하는 사람들에게는 백화점 같은 곳이다. 가격은 저렴하지 않지만, 귀엽고 아기자기한 캐릭터에 마음을 뺏겨 이것저것 손에 집게 된다.

홈페이지 www.tokyoeki-1bangai.co.jp **찾아가기** 도쿄역 야에스 북쪽 출구방면 지하 1층 도쿄역 이치방가이(東京駅一番街) 내 **영업시간** 10:00~20:30

도쿄 인기 No.1 츠케멘
로쿠린샤 六厘舎

아침부터 저녁까지 줄이 끊이지 않는 인기 라멘집이다. 도쿄에서 가장 맛있는 츠케멘을 파는 곳으로 소문이 나 점심이나 저녁시간에는 2시간 이상 기다려야 하고, 아침 출근시간부터 츠케멘을 먹으려고 줄을 서는 사람이 있을 정도이다. 로쿠린샤를 유명하게 만든 인기메뉴 츠케멘(つけめん)은 두툼하고 쫄깃한 면발을 진한 국물에 찍어 먹는다. 라멘이라기보다 우동에 가까울 정도로 두꺼운 면발은 탱탱함을 유지하기 위해 찬물에 헹궈 나오기 때문에 뜨겁지 않아 먹기에도 좋다. 진한 국물은 매운맛도 있고 일반적인 일본라멘에서 느껴지는 특유의 느끼함이 적어 우리 입맛에도 잘 맞는다.

주소 東京都 千代田区 丸の内 1-9-1, 東京駅一番街 B1 東京ラーメンストリート内 **문의** 03-3286-0166 **찾아가기** 도쿄 이치방가이 도쿄라멘스트리트 내 **가격** ¥800~1,000 **영업시간** 07:30~09:30, 10:00~22:30 **귀띔 한마디** 식사시간에는 대기줄이 무척 기니 가급적 피해서 가는 것이 좋다.

세계적으로 유명한 벨기에초콜릿전문점
피에르마르코리니 ピエール·マルコリーニ, Pierre Marcolini

벨기에초콜릿을 대표하는 쇼콜라티에 피에르마르코리니의 초콜릿전문점이다. 피에르마르코리니는 세계양과자선수권대회인 쿠프드몽드리옹(Coupe de monde Lyon)에서 우승한 실력자로 카카오를 엄선하여 최고의 초콜릿을 만든다. 다양한 색과 예쁜 모양의 초콜릿이 메인이지만 초콜릿을 넣은 아이스크림 및 파르페, 초콜릿드링크 등 다양한 메뉴도 있다. 테이크아웃 위주라 좌석은 없고 스탠딩테이블만 있어 편히 쉬어갈 수는 없지만, 달콤한 초콜릿드링크 한 잔이면 피곤함이 저절로 사라진다.

홈페이지 pierremarcolini.jp **주소** 東京都 千代田区 丸の内 1-9-1 JR東日本東京駅構内 B1F **문의** 03-6206-3204 **찾아가기** 도쿄역 그란스타 내 **가격** ¥1,000~2,000 **영업시간** 월~토요일 08:00~22:00, 일요일 및 공휴일 08:00~21:00

세계적인 명화로 가득한 미술관 ★★★★☆

도쿄국립근대미술관 東京国立近代美術館

도쿄국립근대미술관

공예관

뉴욕의 현대미술관(MoMA)처럼 실험적인 미술작품을 전시하는 공간으로 MOMAT이라고 부른다. 미술관 소장작품은 약 9,000여 점으로 회화, 조각, 수채화, 소묘, 판화, 사진 등 다양한데 1년에 5회 정도 교체 전시하고 있다. 서양 유명화가 작품은 물론 일본 중요문화재도 상당수 포함되어 있으며, 일본근대미술을 대표하는 히시다소菱田春草, 우에무라쇼엔上村松園, 키시다류세이岸田劉生 등 유명작가의 대표작을 만날 수 있다. 고쿄가이엔과 키타노마루공원 사이에 위치하여 미술관에서 고쿄가이엔의 풍경을 내려다볼 수도 있다.

붉은 벽돌건물은 1910년에 지어져 관동대지진과 미군공습을 겪었음에도 옛 모습을 잘 보존하고 있는 공예관工芸館이다. 일본 메이지시대를 대표하는 건축물로 도자기, 유리, 목공, 인형, 공업디자인, 그래픽디자인 등 다양한 공예품과 작품 2,900여 점을 소장하고 있다.

홈페이지 www.momat.go.jp 주소 東京都 千代田区 北の丸公園 3-1 문의 03-5777-8600 찾아가기 도쿄메트로 도자이선 타케바시(竹橋)역 1b 출구에서 도보 약 3분 거리 입장료 **도쿄국립근대미술관** 일반 ¥500, 대학생 ¥250(전시에 따라 변동), 고등학생 이하 및 65세 이상 무료(특별전 및 기획전은 별도) **공예관** 일반 ¥250, 대학생 ¥130(전시에 따라 변동) 무료관람 매달 첫째 주 일요일, 5월 18일, 11월 3일 운영시간 10:00~17:00, 매주 금~토요일 10:00~20:00 휴관 매주 월요일, 연말연시

버스로 즐기는 도쿄시티투어 ★★☆☆☆

하토버스 はとバス, Hato Bus

복잡한 도쿄지하철이 진저리난다면 도쿄역에서 출발하는 버스투어를 이용해보자. 투어코스도 다양하고 영어 가이드나 한국어 가이드시스템을 이용할 수 있는 투어도 있다. 도쿄 밤문화를 즐기는 이색투어나 야경투어, 역사투어 등 선택의 폭이 넓다. 또한 식사가 포함된 1일 투어부터 1시간짜리 짧은 투어도 있으므로 자신의 일정과 취향에 맞춰 이용할 수 있다. 차체가 높은 하토버스에 오르면 도쿄의 거리풍경을 제대로 만끽할 수 있다. 하늘도 맑고 따뜻한 날이라면 천장이 오픈된 2층 버스를 강력 추천한다.

홈페이지 www.hatobus.com 주소 東京都 千代田区 丸の内 1-10-15 찾아가기 도쿄역 마루노우치 남쪽 출구에서 바로 가격 투어에 따라 다름(¥1,000~10,000 정도) 귀띔 한마디 도쿄여행이 처음인 사람에게는 오픈버스투어(1시간), 도쿄의 색다른 면모를 보고 싶다면 이색적인 테마투어를 권한다.

일왕이 거주하는 곳 ★★★★☆
고쿄 皇居

규덴(宮殿)

고쿄는 현재 일왕이 살고 있는 궁이다. 원래는 도쿠가와막부徳川幕府가 살던 성이었는데, 1868년에 왕이 거주를 시작하면서 이듬해 천년고도 교토를 대신해 수도를 도쿄로 옮겨 왔다. 고쿄는 건물 자체는 역사기 깊지 않지만, 일왕이 현재 살고 있는 곳으로 일본인에게는 상징적 의미가 크다.

고쿄와 고쿄를 둘러싼 고쿄히가시교엔, 고쿄가이엔, 키타노마루 등을 제대로 둘러보고 싶다면 아침부터 하루일정으로 잡는 것이 좋다. 도심여행을 목적으로 오는 사람들은 고쿄쪽을 방문하지 않는 경우도 많지만, 고쿄의 넓은 녹지와 도쿄역을 중심으로 펼쳐진 마루노우치의 빌딩숲이 대조되는 아름다운 모습에 반해 재방문하는 사람도 많다.

주소 東京都 千代田区 千代田 1-1 찾아가기 JR 도쿄(東京)역 마루노우치 중앙출구(丸の内中央口)에서 도보 약 15분/도쿄메트로 치요다선(千代田線) 니주바시마에(二重橋前)역 6번 출구에서 도보 10분/도쿄메트로 미타선(三田線) 오오테마치(大手町)역 D2번 출구에서 도보 10분 거리

Tip

고쿄 일반참관코스(소요시간 약 1시간 15분)

고쿄의 일반참관코스는 볼거리가 많으므로 시간적 여유가 있다면 한번쯤 참가해 보는 것도 좋다. 고쿄에서 일왕을 보려면 1월 2일(09:30~14:10) 신년과 일왕생일인 2월 23일(09:30~11:20)에 방문하면 된다. 일왕을 보는 게 아니라면 고쿄 일부시설은 누구나 무료참관이 가능하다. 평일 하루 2번 오전 10시와 오후 1시 30분에 시작하는데, 가이드와 함께 내부를 한 바퀴 돌아본다. 소요시간은 1시간 15분 정도로 중간에 이탈할 수 없으므로 여행계획을 세울 때 시간을 넉넉하게 잡는 것이 좋다. 참관신청은 인원에 제한이 있으므로 최소 4일 전 홈페이지를 통해 예약하는 것이 좋다.

홈페이지 sankan.kunaicho.go.jp 문의 03-5223-8071 입장료 무료(예약필수,당일권은 참관시작 1시간 전부터 배포, 참관신청은 18세 이상이며 미성년자는 성인동반자가 있어야 한다.) 개방시간 1일 2회, 10:00/13:30 출발(소요시간 약 1시간 15분) 휴무 주말 및 공휴일, 연말연시, 7월 21일~8월 31일 오후 임시개방일 신년 1월 2일, 일왕생일 2월 23일

소메이칸(窓明館) 참관 시작점으로 예약확인이나 신청서를 작성한다. → **모토스우미쓰인청사**(元枢密院庁舎) 일본국회의사당의 모델이 된 서양건물 → **후지미야구라**(富士見櫓) 에도성 원형이 유일하게 보존된 건물 → **하스이케보리**(蓮池簿) 연꽃으로 가득한 연못 → **궁내청청사**(宮内庁庁舎) 궁내청사무실 → **규덴**(宮殿) 지상 2층, 지하 1층 규모의 궁전으로 국빈접대 및 국가행사를 진행하는 곳 → **니주바시**(二重橋) 튼튼한 철교지만 처음 목조로 제작되었을 때 이중으로 만들어져 붙은 이름 → **후시미야구라**(伏見櫓) 교토 후시미성망루를 이전해온 곳 → **야마시타도리**(山下通り) 고쿄 안 산책로

고쿄의 대표 볼거리

고쿄의 동쪽에 위치한 대규모 정원

고쿄히가시교엔 皇居東御苑

고쿄히가시교엔 해자

광활한 규모의 고쿄히가시교엔은 고쿄 동쪽에 위치한 왕실정원이다. 1963년 특별사적으로 지정하였고, 1968년부터 일반개방하고 있다. 히가시교엔에는 막부 도쿠가와가 사용했던 에도성(江戸城) 혼마루(本丸), 니노마루(二の丸), 산노마루(三の丸)의 유적 일부가 남아 있다. 깊고 푸른 물로 가득한 해자가 히가시교엔을 둘러싸고 있어 다리가 있는 문을 통과해야만 들어갈 수 있다. 도쿄역에서는 오테몬이 찾아가기 쉽고 마루노우치 방면에는 오테몬(大手門), 진보초 방면에는 히라카와몬(平川門), 키타노마루공원 방면에는 키타하네바시몬(北桔橋門)이 있으므로 가까운 곳을 이용하자. 봄에는 벚꽃, 여름에는 붓꽃, 가을에는 단풍이 계절마다 색다른 매력을 느낄 수 있다. 히가시교엔의 중앙 혼마루에는 넓은 잔디밭이 있으니 소풍을 즐겨보자. 잔디밭에서는 종종 황실경찰음악대의 런치타임콘서트가 진행되기도 하니 홈페이지에서 일정을 확인하자.

홈페이지 www.kunaicho.go.jp **문의** 03-3213-1111 **찾아가기** 고쿄히가시교엔 오테몬 JR 도쿄(東京)역 마루노우치 중앙출구(丸の内中央口)에서 도보 15분/도쿄메트로 미타선(三田線) 오테마치(大手町)역 C13a 출구에서 도보 5분/도쿄메트로 치요다선(千代田線) 니주바시마에(二重橋前)역 6번 출구에서 도보 10분 거리 **입장료** 무료(들어갈 때 표를 받아 나갈 때 반납) **개방시간** 3월 1일~4월 14일 09:00~16:30/4월 15일~8월 31일 09:00~17:00/9월 1일~10월 31일 09:00~16:30/11월 1일~2월 28일 09:00~16:00
귀띔 한마디 고쿄지역에서 딱 한군데만 선택하여 보라면 히가시교엔을 추천한다.

고쿄 바로 앞에 펼쳐진 넓은 공원

고쿄가이엔 皇居外苑

와다쿠라분수공원(和田倉噴水公園)

마루노우치의 빌딩숲과 고쿄 사이에 자리한 넓은 공원이 고쿄가이엔이다. 고쿄가이엔은 엄밀히 말해 북쪽의 키타노마루공원과 히비야공원까지를 포함하여 고쿄를 둘러싼 지역 전체를 일컫지만, 현재는 고쿄 바로 앞에 있는 공간만을 지칭한다. 고쿄 앞이라는 위치 특성상 피비린내 나는 역사적 사건이 많이 일어난 곳으로, 1949년 국민공원으로 개방되었다. 녹지보다 콘크리트 공간비율이 높아 광장이라 부르는 것이 오히려 잘 어울린다. 24시간 개방되고 와다쿠라분수공원 레스토랑 및 난코레스트하우스 등 뷔페식 레스토랑도 있다.

홈페이지 www.env.go.jp/garden/kokyogaien **문의** 03-3213-0095 **찾아가기** JR 도쿄(東京)역 마루노우치 중앙출구(丸の内中央口)에서 도보 10분/도쿄메트로 미타선(三田線) 오테마치(大手町)역 D2번 출구에서 바로/도쿄메트로 치요다선(千代田線) 니주바시마에(二重橋前)역 6번 출구에서 바로 **입장료** 무료 **개방시간** 24시간

벚꽃명소이자 부도칸이 있는 공원

키타노마루공원 北の丸公園

고쿄 북쪽에 위치한 큰 공원으로 다야스몬(田安門), 시미즈몬(清水門) 등 중요문화재로 지정된 유적도 많고, 천연기념물 히카리이끼(ヒカリゴケ)가 자생하고 있다. 또한 유명가수가 콘서트를 하는 일본에서 가장 유명한 공연장 일본부도칸이 있으며 도쿄국립근대미술관과 공예관, 과학기술관 등 대규모 문화시설이 있다. 넓은 연못과 잔디밭이 시원하게 펼쳐져 있어 산책하기 좋다. 키타노마루공원 주변을 둘러싼 연못은 치도리가후치(千鳥ヶ淵)인데, 도쿄 도심 한복판에서 보트를 타고 벚꽃놀이를 할 수 있는 벚꽃명소이다. 특히 벚꽃이 지는 4월 말에는 기모노를 차려입은 사람들과 뱃놀이를 즐기려는 사람들로 인산인해를 이룬다.

찾아가기 도에지하철 신주쿠선, 토쿄메트로 도자이선 구단시타(九段下)역 2번 출구에서 도보 5분/도쿄메트로 도자이선 타케바시(竹橋)역 1b 출구에서 도보 5분 거리 **입장료** 무료 **개방시간** 24시간

유럽의 거리를 연상시키는 붉은 벽돌 광장 ★★★★☆
브릭스퀘어 ブリックスクエア, Brick Square

마루노우치가 고층빌딩 가득한 상업지구로 발달하게 된 시작점이 바로 브릭스퀘어이다. 1894년에 지은 미츠비시 1호관을 중심으로 붉은 벽돌이 아름다운 유럽풍 건물들이 마루노우치에 차례로 들어섰다. 그래서 1900년대 중반까지는 이곳이 일본인지 유럽인지 헷갈릴 정도였다고 한다. 브릭스퀘어 안쪽에는 사계절 내내 예쁜 꽃이 피어나는 아름다운 정원이 있고 우아한 숍과 예쁜 레스토랑, 카페로 가득하다. 브릭스퀘어입구 옆에는 미슐랭 3스타의 조엘로부숑Joël Robuchon 카페가 있고, 죽기 전에 꼭 먹어봐야 할 최고의 버터로 꼽힌 에쉬레エシレ 버터전문점은 브릭스퀘어 내에서도 제일 인기가 높다. 브릭스퀘어의 중심에는 미츠비시1호관 미술관이 있다.

브릭스퀘어의 대표 볼거리와 먹거리

건물이 아름다운 미술관
미츠비시1호관 미술관 三菱一号館美術館

미츠비시1호관은 1894년에 일본정부가 영국인 건축가 조시아 콘도르(Josiah Conder)를 초청해 설계한 건물로, 마루노우치에 지은 최초의 서양식 사무건축물이다. 건축물은 19세기 후반 영국에서 유행한 퀸앤양식(Queen Anne Style)으로 지었으며, 일본근대화의 상징과도 같다. 건물 노후화로 인해 1968년 해체작업을 시작하여 2009년 원형 그대로 복원하였으며, 현재의 모습으로 2010년에 미츠비시1호관 미술관을 개관하였다.
미술관 전시작품들은 19세기 근대미술을 중심으로 하는데, 특히 물랑루즈 포스터로 유명한 프랑스화가 앙리드 툴르즈로트레크(Henri de Toulouse-Lautrec)의 작품을 많이 소장하고 있다. 미술관 자체 규모는 크지 않지만 옛 모습 그대로 복원한 건물과 브릭스퀘어의 고즈넉한 분위기를 함께 즐길 수 있다는 점이 매력적이다.

홈페이지 mimt.jp **주소** 東京都 千代田区 丸の内 2-6-2 **문의** 03-5777-8600 **찾아가기** 도쿄메트로 치요다선(千代田線) 니주바시역(二重橋前) 1번 출구에서 도보 3분/JR 도쿄(東京)역 마루노우치 남쪽 출구에서 도보 5분 **거리** **입장료** 전시회에 따라 다름 **운영시간** 10:00~18:00 **휴관** 매주 월요일, 연말연시 **귀띔 한마디** 기획전이 중심이라 전시 내용은 수시로 변한다. 우리에게 미츠비시는 전범기업 이미지가 강하지만 근대미술을 이해하는 데 도움이 되는 곳이기도 하다.

세계 최고의 발효버터전문점

에쉬레메종 듀브루 エシレ·メゾン デュ ブール, Échiré Maison du Beurre

개장시간인 오전 10시 전부터 브릭스퀘어 앞에는 긴 줄이 이어진다. 에쉬레버터를 넣어 만든 크루아상을 사기 위해 모여든 사람들이다. 버터나 케이크, 아이스크림은 언제나 살 수 있지만 이 크루아상은 일일 한정 판매되므로 아침 일찍 서둘러야 한다. 프랑스 에쉬레버터는 24시간 이내에 갓 짜낸 우유만을 사용하고 유산 발효하여 산미가 살짝 느껴지는 것이 특징이다. 값은 부담되지만 꿈의 재료라 불리는 에쉬레버터를 이용한 빵이나 케이크를 맛보는 것도 여행의 묘미가 된다.

홈페이지 www.kataoka.com/echire **주소** 東京都 千代田区 丸の内 2-6-1 丸の内 ブリックスクエア 1F **찾아가기** 도쿄메트로 치요다선(千代田線) 니주바시역(二重橋前) 1번 출구에서 도보 3분/JR 도쿄(東京)역 마루노우치 남쪽 출구에서 도보 5분 **가격** 크루아상 및 베이커리 ¥300~1,000/버터 ¥300~2,000 **영업시간** 10:00~20:00(비정기 휴무) **귀띔 한마디** 크루아상은 바로 먹거나 토스터에 구워서 따끈하게 먹자.

참배문제로 늘 이슈가 되는 신사 ★☆☆☆☆

야스쿠니신사 靖国神社

규모도 크고 봄에는 벚꽃, 가을에는 신사 입구의 가로수 단풍이 아름답지만, 제2차 세계대전 전범들이 안치되었다는 점을 고려하면 선뜻 발길이 향하는 곳은 아니다. 야스쿠니靖国라는 이름을 한자대로 해석하면 '나라를 안정시킨다'라는 뜻인데 전쟁에 피해를 받은 나라들과 정치적인 문제를 불러일으킨다는 사실이 아이러니하다.

야스쿠니신사를 향해 뻗은 참배로 한가운데에는 일본육군의 창설자 오무라마스지로大村益次郎의 동상이 서 있다. 그 밖에도 전쟁을 기념하는 대등롱, 가미카제 돌격대원의 동상, 제로센전투기 등이 있어 전쟁의 아픔이 떠오른다. 일본의 우익단체가 모이는 곳이라 야스쿠니신사에서 반일감정을 드러내는 것은 자칫 위험할 수도 있으니 주의해야 한다.

홈페이지 www.yasukuni.or.jp **주소** 東京都 千代田区九段北3-1-1 **문의** 03-3261-8326 **찾아가기** 도쿄메트로 도자이선(東西線), 한조몬선(半蔵門線), 도에지하철 신주쿠선(都営新宿線) 구단시타(九段下)역 1번 출구에서 도보 5분/JR 주오선(中央線), 소부선(総武線), 도쿄메트로 도자이선(東西線), 유라쿠초선(有楽町線), 남보쿠선(南北線)의 이다바시(飯田橋)역 서쪽 출구에서 도보 10분/JR 주오선(中央線), 소부선(総武線), 도쿄메트로 유라쿠초선(有楽町線), 남보쿠선(南北線), 도에지하철 신주쿠선(都営新宿線) 이치가야(市ヶ谷)역에서 도보 10분 **거리 입장료** 무료 **개방시간** 3~10월 06:00~18:00, 11~2월 06:00~17:00 **귀띔 한마디** 야스쿠니신사에서 자칫 도드라지는 행동을 하면 신문기삿감이 될 수 있다.

Section 05

Tokyo

도쿄역&마루노우치에서 먹어봐야 할 것들

마루노우치지역은 고층빌딩 내 특급호텔이나 고급스러운 레스토랑이 많다. 하지만 고층빌딩에서 일하는 사람 대부분은 월급쟁이기 때문에 저렴하면서도 맛이 좋은 곳도 많다. 가격대도 다양하지만 세계 각국의 요리에서 일본의 향토음식까지 선택의 폭도 넓어 취향에 따라 골라 먹을 수 있다. 여행자동선을 고려하여 내용을 소개하다 보니 앞서 소개한 볼거리 및 다음에 이어지는 쇼핑거리에도 음식점이 포함되어 있다.

고급 이탈리안요리를 저렴하게 즐기는 와인바 ★★★★★

오레노이탈리안 야에스점 俺のイタリアン八重洲, Oreno Italian YAESU

일본에서 인기 높은 와인바로 저렴한 가격에 유명 셰프가 만든 요리를 맘 편히 즐길 수 있다. 고급 식재료의 대명사 트뤼플Truffle이 들어간 요리가 특히 맛있고 이탈리안레스토랑답게 피자와 파스타도 수준급이다. 와인 종류도 다양하고 가격도 저렴해 병째 주문해서 마시는 것도 좋다. 단, 스탠딩바라 서서 먹고 마셔야 하지만 요리를 한번 맛보면 다리가 아픈 것도 잊게 된다. 물론 테이블석도 있지만 수가 적고 예약도 힘들어 1달 이상 대기해야 하는 경우가 많다. 개점시간인 오후 4시 이전부터 줄을 서서 기다리는 사람이 많은데 늦게 가면 대기시간도 길지만 재료가 떨어져 주문을 받지 않는 요리가 늘어나므로 일찍 가서 기다리는 것이 좋다.

홈페이지 www.oreno.co.jp **주소** 東京都 中央区 八重洲2-6-4 松岡ビル 1F **문의** 03-3231-9221 **찾아가기** JR 도쿄(東京)역 야에스 남쪽 출구에서 도보 5분/도쿄메트로 긴자선(銀座線) 교바시(京橋)역 7번 출구에서 도보 3분 거리 **가격** ¥3,000~4,000 **영업시간** 월~금요일 16:00~23:00(L.O.22:00), 토~일요일 및 공휴일 14:00~22:30(L.O. 21:30) **귀띔 한마디** 홈페이지 및 모바일 앱을 통해 예약이 가능하다.

분위기 좋고 맛 좋은 레스토랑 ★★★★☆

뷔론 ヴィロン, VIRON

서양 정물화에 그려진 빵처럼 아름다운 빵을 파는 제과점 겸 레스토랑이다. 프랑스산 밀가루를 사용해 만든 바게트는 겉

은 바삭하고 속은 부드러우며, 모양이 예쁜 프랑스 과자들도 직접 구워낸다. 레스토랑은 일상적인 프랑스요리를 취급하는데 일류레스토랑 못지않은 화려한 모양의 요리를 만날 수 있다. 뷔론은 시부야점과 마루노우치점이 있는데 시부야보다는 마루노우치가 덜 붐비는 편이다. 레스토랑에서 요리를 주문하면 당일 구운 바게트를 주는데 리필이 가능하므로 양껏 먹어도 된다.

주소 東京都 千代田区 丸の内 2-7-3 東京ビル TOKIA 1F 문의 03-5220-7289 찾아가기 JR 도쿄(東京)역 야에스 남쪽 출구에서 도보 1분 거리 가격 제과 ¥500~1,000, 런치 ¥1,000~2,000, 디너 ¥7,000~ 영업시간 제과 10:00~21:00, 런치 11:30~14:00, 카페 14:00~17:00 디너 18:00~22:00 귀띔 한마디 샌드위치가 맛있으니 포장해 가도 좋다.

맛있는 오사카 빈대떡 오코노미야키전문점 ★★★★★
키지 きじ, Kizi

오사카에서 오코노미야키가 맛있기로 소문난 키지가 도쿄에 처음 진출한 곳이다. 한 끼 식사는 물론 간식이나 술안주로도 훌륭한 오코노미야키는 맛없는 집을 찾기 힘들 정도지만, 키지는 특별한 맛이 더해진다. 닭뼈육수로 반죽해 감칠맛도 강하고 신선한 재료를 철판에 바로 구워주므로 따끈하게 먹을 수 있다. 쇠심줄을 넣은 스지야키スジ焼가 특히 맛있는데, 잘 끓인 도가니탕에서 느껴지는 야들야들한 힘줄이 오코노미야키 속에 들어가 환상 궁합을 이룬다. 제대로 된 오코노미야키는 공기를 넣어 두툼하게 굽기 때문에 양이 많아 보여도 끝도 없이 먹을 수 있다. 시원한 생맥주 한잔을 곁들이면 천국이 따로 없다.

홈페이지 www.o-kizi.jp 주소 東京都 千代田区 丸の内 2-7-3 東京ビル TOKIA B1F 문의 03-3216-3123 찾아가기 JR 도쿄(東京)역 야에스 남쪽 출구에서 도보 1분 거리 가격 런치 ¥1,200~, 디너 ¥2,000~ 영업시간 런치 11:00~15:00, 디너 17:00~22:00 귀띔 한마디 카운터석에 앉으면 눈앞에서 구워주는 모습을 볼 수 있어 더 좋다.

Tip

맛집이 많은 도쿄역 앞 빌딩 도쿄비루 토키아(東京ビル TOKIA)

도쿄역 마루노우치 남쪽출구 앞 대형빌딩 도쿄비루는 지하 1층, 지상 3층을 차지하고 있는 복합상업시설이다. 토키아(TOKIA)는 Tokyo, Tokimeki, Amusement를 조합한 단어로 도쿄에 온 사람들이 즐길 수 있는 즐거운 시설을 말한다. 보통 빌딩 하나에 인기 맛집 한 곳이 들어서기도 쉽지 않은데 토키아에는 다양한 맛집이 여러 곳 있어서 미식가들이 즐겨 찾는다. 맛은 기본이고, 분위기도 깔끔하면서 가격도 저렴한 대중적 레스토랑이 많다는 점이 최대 장점이다. 앞서 소개한 뷔론과 키지가 대표적인 도쿄비루의 맛집이다.

딘 앤 델루카 일본 1호점 ★★★☆☆

딘 앤 델루카 DEAN & DELUCA

뉴욕 고급 식료품점인 딘 앤 델루카의 일본 진출 1호점이다. 아오야마, 롯본기 등 도쿄의 고급스러운 번화가에서 자주 볼 수 있는 인기 카페이자 식료품 마켓으로 유명하다. 식료품만 판매하는 매장이 많지만 딘 앤 델루카 1호점은 브런치, 런치, 풀서비스 디너까지 모두 취급한다. 천정이 높아 개방감이 느껴지고, 마루노우치 일대치고는 조금 한적한 곳에 위치해 있어서 오랫동안 편하게 앉아 있을 수도 있다. 가격대가 조금 높지만 예쁜 식재료를 보고 있으면 이것저것 집어들게 된다.

홈페이지 www.deandeluca.co.jp 주소 東京都千代田区丸の内1-4-5 三菱UFJ信託銀行本店ビル 1F 문의 03-3284-7071 찾아가기 도쿄메트로 토자이선(東西線) 오테마치역(大手町駅) B1 출구에서 도보 1분, JR 도쿄역(東京駅) 마루노우치 북쪽출구에서 도보 5분 가격 500~2,000엔 영업시간 07:00~21:00

대표적인 일본 고급 요리전문점 ★★★★☆

나다만샹그릴라호텔 도쿄점 なだ万 シャングリ·ラ ホテル, NADA MAN

1830년에 창업한 일식요릿집으로 일본 및 해외 일류호텔에 입점해 있다. 샹그릴라호텔 도쿄점에 있는 나다만은 도쿄역 바로 옆 트라스트타워 본관 29층에 있어 창밖으로 도쿄의 스카이라인을 보면서 식사를 즐길 수 있다. 고급 레스토랑이라 분위기도 좋고 내부 인테리어도 고급스러우며, 정성 가득한 요리는 맛도 뛰어나다. 초밥과 철판요리 카운터가 따로 있어 요리사가 눈앞에서 조리해주는 호사를 누릴 수도 있다. 도쿄제국호텔의 나다만이 전통적으로 유명하지만, 샹그릴라호텔도쿄의 나다만은 세련되고 현대적인 도쿄의 풍경과 분위기를 즐길 수 있어 더욱 좋다.

런치코스

홈페이지 www.nadaman.co.jp 주소 東京都 千代田区 丸の内 1-8-3 丸の内 トラストタワー本館 シャングリ·ラ ホテル 東京 29F 문의 03-6739-7899 찾아가기 JR 도쿄(東京)역 야에스 북쪽 출구에서 도보 2분 거리 가격 런치 ¥5,000~, 디너 ¥10,000 영업시간 11:30~15:00, 17:30~21:00

Section 06

Tokyo

도쿄역&마루노우치에서 놓치면 후회하는 쇼핑

도쿄역 자체가 거대한 쇼핑몰이면서 역을 둘러싼 고층빌딩에도 수많은 숍이 입점되어 있어 다양한 브랜드를 만날 수 있다. 마루노우치지역의 쇼핑중심지는 마루비루와 신마루비루이며, 신마루비루에서 유라쿠초까지 이어진 마루노우치 나카도리도 명품숍으로 가득하다. 쇼핑을 위한 여행이라면 긴자가 좋지만, 1~2시간 윈도쇼핑을 즐기고 싶다면 마루비루나 신마루비루로도 충분하다.

깔끔하고 도회적인 산책로 ★★☆☆☆

마루노우치 나카도리 丸の内仲通り

마루노우치 나카도리에는 티파니, 에르메스, 프라다, 로얄코펜하겐 등 이름만 들어도 알 수 있는 세계적 명품브랜드숍이 늘어서 있다. 예쁜 꽃으로 채워진 화단과 싱그러움이 느껴지는 가로수, 곳곳에 놓인 조각품을 보면서 천천히 걷다 보면 문화적 감성이 충전되어 절로 기분이 좋아진다. 일본의 대그룹 미츠비시빌딩이 많아 미츠비시촌三菱村이라고도 불린다.

크리스마스 시즌이 다가오면 나카도리의 가로수에 전구를 달아 불을 밝힌다. 아름다운 거리가 더 화려해지는 일루미네이션을 볼 수 있는데, 전구로 꾸민 자전거택시가 등장하고 화려한 전구로 장식한 차가 달리는 등 평소에는 볼 수 없었던 재미있는 풍경이 연출된다. 사랑하는 사람과 손을 잡고 데이트를 즐기기에 더없이 좋은 장소이다.

주소 東京都 千代田区 丸の内 1~3丁目 찾아가기 JR 도쿄(東京)역 마루노우치 중앙출구에서 도보 3분 거리 귀띔 한마디 깔끔한 세련된 거리이니 드레스코드도 거리 분위기에 맞추는 것이 좋다.

마루노우치를 대표하는 고층빌딩 ★★★★★
마루비루 丸ビル, Marunouchi Bldg.

마루비루는 마루노우치빌딩을 줄여 부르는 말이다. 1923년 당시 아시아에서 제일 높은 빌딩이었으며, 2002년 37층으로 리빌드하여 오늘에 이른다. 마루비루 아래쪽에는 예전 마루비루의 모습이 그대로 남아 있음을 확인할 수 있다.
도쿄역과 연결된 지하 1층부터 4층까지는 쇼핑존으로 저렴한 체인레스토랑 및 카페, 제과점, 약국 등과 패션, 주얼리, 액세서리, 신발, 가방, 생활잡화 등을 판매하는 숍이 있다. 5~6층과 35~36층은 레스토랑존으로 특히 35~36층의 고급 레스토랑에서는 도쿄 풍경을 즐기며 식사를 할 수 있다.

홈페이지 www.marunouchi.com **주소** 東京都 千代田区 丸の内 2-4-1 **문의** 03-5218-5100 **찾아가기** JR 도쿄(東京)역 마루노우치 중앙출구 쪽 지하도로 직접 연결/도쿄메트로 치요다선(千代田線) 니주바시마에(二重橋前)역 지하도로 직접 연결 **영업시간 숍** 평일 및 토요일 11:00~21:00, 일요일 및 공휴일 11:00~20:00 **레스토랑** 평일 및 토요일 11:00~23:00, 일요일 및 공휴일 11:00~22:00 **귀띔 한마디** 마루노우치 랜드마크로 유명한 브랜드는 다 있으며, 규모에 비해 사람이 적어 느긋하게 쇼핑을 즐길 수 있다.

마루비루의 대표 레스토랑

고급 태국음식뷔페
망고트리 도쿄 マンゴツリー 東京, Mango Tree

1994년 방콕중심가에 문을 연 망고트리는 세계적으로 유명한 태국요리를 선보이는 곳으로 방콕과 런던, 도쿄에 지점이 있다. 35층에 위치한 레스토랑이라 도쿄역 풍경을 내려다보며 식사를 즐길 수 있다. 특히 런치타임뷔페는 망고트리의 맛있는 태국요리를 다양하게 즐길 수 있어 인기가 높다. 요리는 물론 디저트까지 맛있으므로 배고플 때 가는 것이 좋다. 인기가 많은 곳이라 예약을 하지 않고 가면 헛걸음을 할 수 있다. 웹사이트를 통해 예약이 가능하다.

홈페이지 mangotree.jp **문의** 03-5224-5489 **찾아가기** 마루비루 35층 **영업시간** 평일 11:00~15:00, 17:00~23:00 주말 및 공휴일 11:00~15:30, 17:00~22:00 **가격** 런치뷔페 ¥3,500, 디너코스 ¥7,000~ **귀띔 한마디** 태국요리를 좋아하는 사람들에게 강력히 추천한다.

볼거리, 먹거리, 쇼핑거리를 고루 갖춘 빌딩 ★★★★★

신마루비루 新丸ビル, Shin-Maruouchi Bldg.

1952년에 건설한 8층 높이 빌딩을 38층 높이로 개축하였다. 마루비루 바로 옆에 위치한 신마루비루의 지하 1층부터 4층까지는 쇼핑존, 5~7층은 레스토랑존이다. 7층의 분위기 좋은 8개 레스토랑을 묶어 마루노우치하우스라 부르기도 한다. 또한 7층 테라스에서 보이는 도쿄역과 고쿄풍경이 멋지므로 쇼핑에 관심 없더라도 7층까지 올라가 보기를 권한다. 테라스에서는 마루노우치하우스에서 테이크아웃으로 구입한 메뉴를 먹을 수 있다.

신마루비루에는 지하 1층부터 4층까지 100여 개의 숍이 있어 백화점 못지않게 다양한 상품을 만날 수 있다. 패션, 액세서리, 주얼리, 신발, 가방은 물론 인테리어, 테이블웨어 등 유니크한 디자인상품과 재치 있는 아이디어상품도 많다. 특히 연말연시와 여름 바겐세일기간에는 다양한 상품을 저렴하게 구입할 수 있을 뿐 아니라 애프터눈티리빙, 와타시노헤야, 긴자나츠노 같이 인기 중저가 잡화 및 테이블웨어를 비교 구입할 수 있어 더욱 좋다.

홈페이지 www.marunouchi.com **주소** 東京都 千代田区 丸の内 1-5-1 **문의** 03-5218-5100 **찾아가기** JR 도쿄(東京)역 마루노우치 중앙출구 쪽 지하도로 직접 연결/도쿄메트로 치요다선(千代田線) 니주바시마에(二重橋前)역 지하도로 직접 연결 **운영시간** **숍** 월~토요일 11:00~21:00, 일요일 및 공휴일 11:00~20:00 **레스토랑** 월~토요일 11:00~23:00, 일요일 및 공휴일 11:00~22:00 **귀띔 한마디** 신마루비루가 마루비루보다 숍이 많아 쇼핑하기 더 좋다.

신마루비루의 대표 레스토랑

갓 구운 빵을 파는 베이커리

뽀앙에리뉴 ポワンエリーニュ, POINT ET LIGNE

모던스타일로 디자인한 빵을 만드는 베이커리로 매장에서 직접 구운 빵을 판매한다. 인기가 높은 빵은 얇고 작은 바게트 안에 팥소를 넣어 만든 앙비자(アン ビザー)로, 흑설탕을 넣어 지나치게 달지 않고 깊은 맛이 나는 팥소와 바삭한 바게트가 의외의 조화를 이뤄 단팥빵보다 중독성 강하다. 특히 앙비자는 따뜻할 때 먹어야 맛있으므로 조금 기다리더라도 갓 구운 것을 구입하는 것이 좋다.

홈페이지 www.point-et-ligne.com **문의** 03-5222-7005 **찾아가기** 신마루비루 지하 1층 **가격** ¥200~1,000 **영업시간** 평일 11:00~22:00, 토~일요일 및 공휴일 10:30~21:00 **귀띔 한마디** 냉동 반죽을 사용하지 않고 바로 만들어서 사용하기 때문에 풍미가 좋다.

대형 서점이 있는 역전쇼핑몰 ★★☆☆☆

마루노우치 오아조 丸の内オアゾ, Marunouchi OAZO

오아조라는 이름은 마루노우치지구를 포괄적으로 오테마치와 연결하는 'Office&Amenity ZOne'을 뜻하며, 에스페란토어로 '오아시스, 휴식의 땅'이라는 의미도 포함한다. 일본국유철도회사, 교통회사, 도쿄중앙빌딩 등이 있던 자리를 재개발하여 세운 빌딩으로 2004년 오픈했다. 대형서점 마루젠이 1~4층을 차지하고 있으며, 도쿄에서 인기 있는 맛집 체인점과 다양한 카페가 있다.

홈페이지 www.marunouchi.com **주소** 東京都 千代田区 丸の内 1-6-4 **찾아가기** JR 도쿄(東京)역 마루노우치 북쪽출구 쪽 지하도로 직접 연결/도쿄메트로 도자이선(東西線) 오테마치(大手町)역 지하도로 연결 **영업시간 숍** 지하 1~2층 10:00~21:00 **레스토랑** 지하 1~2층 09:00~21:00, 5~6층 11:00~23:00

마루노우치 오아조의 레스토랑과 서점

빠르게 즐기는 베트남 쌀국수

콤포 コム・フォー 丸の内店, Com Pho

쌀로 만든 면을 따뜻한 국물에 넣고 신선한 야채를 듬뿍 올려 먹는 베트남 쌀국수 전문점이다. 패스트푸드점처럼 미리 끓여 놓은 국물에 쌀국수만 담가주기 때문에 주문하자마자 음식을 받아서 먹을 수 있다. 맑은 닭고기 육수를 사용하는 토리노포, 매운맛의 스파이시포, 참깨가 들어간 고마노포 등 다양한 맛이 있어서 취향에 따라 골라 먹을 수 있다.

홈페이지 www.compho.jp **문의** 03-3216-0564 **찾아가기** 오아조 지하 1층 **가격** ¥700~1,000 **영업시간** 11:00~20:00 **휴무** 주말 및 공휴일

크고 깔끔한 대형 서점

마루젠 마루노우치본점 丸善丸の内本店, Maruzen

도쿄역 주변에서 책을 사고 싶다면 마루젠을 추천한다. 규모도 크고 도서 종류도 많으며, 찾아보기 쉽게 잘 정리된 곳이다. 전문서적부터 외국서적까지 다양하게 구비되어 있으며, 도쿄역과 가까워 찾아가기도 쉽다. 마루젠은 1869년 창업하여 130년 이상의 역사를 지닌 서점으로 일본전역에 지점을 두고 있다. 마루젠 마루노우치본점은 2004년 오픈한 마루젠 본점으로 일본에서 가장 많은 외국서적을 취급하는 곳이라 외국인도 많이 찾는다.

홈페이지 yushodo.maruzen.co.jp **문의** 03-5288-8881 **찾아가기** 오아조 1~4층 **영업시간** 09:00~21:00 **휴무** 연말연시와 2월 셋째 주 일요일 **귀띔 한마디** 일본에서 제일 크고 깔끔한 서점이다.

Chapter 03

니혼바시 &닌교초

日本橋&人形町

Nihonbashi&Ningyocho

★★★☆☆

★★★★★

★★★☆☆

니혼바시와 닌교초는 에도시대부터 도쿄 중심지였던 곳이라 수백 년의 역사를 이어온 유명가게도 많고 100년 전에 지은 유럽풍의 건축물이 많아 기품 있고 고풍스러운 멋을 풍긴다. 또한 일본경제의 중심지로서 금융권들의 본사가 몰려 있는 지역이다. 전체적으로 대단한 구경거리가 있는 지역은 아니지만 소소한 볼거리와 맛있는 먹거리가 주는 기쁨이 크다.

嘉紀の一言

요시노리의 한마디

니혼바시와 닌교초는 외국인에게 관광지로 유명한 곳은 아니지만 도쿄에 사는 일본인도 즐겁게 산책할 수 있는 매력적인 곳이다.

니혼바시&닌교초를 잇는 교통편

니혼바시는 도쿄역에서 걸어가도 10분 정도 거리이다. 목적지가 니혼바시라면 니혼바시역을 이용하는 것이 편하지만 미츠코시마에역이나 신니혼바시역을 이용해도 된다. 니혼바시역과 닌교초역도 10분이면 걸어갈 수 있다. 닌교초역은 수이텐구마에역 및 하마초역에서 가까우니 이동하기 편리한 역을 이용하자.

니혼바시(日本橋)역 ◎ 긴자선(銀座線), ◎ 도자이선(東西線) ◎ 아사쿠사선(浅草線)
닌교초(人形町)역 ◎ 히비야선(日比谷線) ◎ 아사쿠사선(浅草線)

니혼바시&닌교초에서 이것만은 꼭 해보자

1. 에도시대 중심지였던 니혼바시와 닌교초의 옛 정취를 즐겨보자!
2. 르네상스 양식의 고풍스러운 미츠코시백화점 본점을 구경하자!
3. 닌교초 아마자케요코초에서 산책을 하며 서민적인 상점가의 매력을 느껴보자!
4. 골목 골목에 숨어 있는 전통 있는 맛집을 찾아 탐험하자!

사진으로 미리 살펴보는 니혼바시&닌교초 베스트코스

인기 레스토랑에 가고 싶다면 개장시간 30분 전에 도착해야 덜 기다린다. 식사 후에는 스이텐구를 산책 삼아 돌아본다. 니혼바시로 이동하여 니혼바시 타카시마야백화점을 구경하고 미츠코시 본점까지 걸어간다. 니혼바시 미츠이타워를 본 후 일본은행 본점까지 둘러본다. 저녁을 먹고 다시 니혼바시를 건너서 니혼바시역과 연결된 코레도에서 지하철을 타고 숙소로 이동하면 된다.

1 **맛집을 즐기며 명소를 둘러보는 하루 일정**(예상 소요시간 6시간 이상)

니혼바시&닌교초 日本橋＆人形町

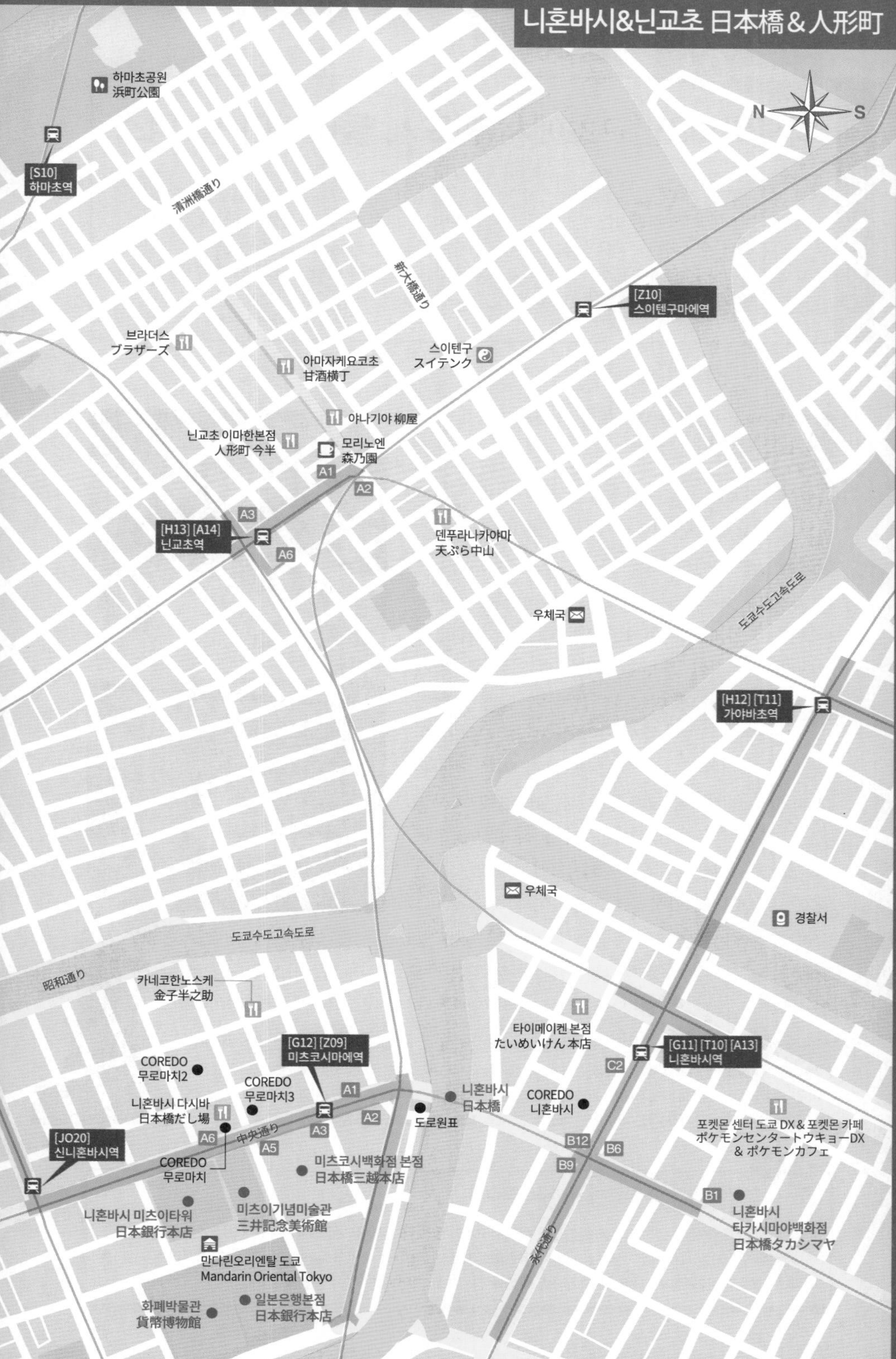

N
S
하마초공원
浜町公園
[S10]
하마초역
清洲橋通り
新大橋通り
[Z10]
스이텐구마에역
브라더스
ブラザーズ
아마자케요코초
甘酒横丁
스이텐구
スイテンク
야나기야 柳屋
닌교초 이마한본점
人形町 今半
모리노엔
森乃園
A1
A2
A3
[H13] [A14]
닌교초역
A6
덴푸라나카야마
天ぷら中山
도쿄수도고속도로
우체국
[H12] [T11]
가야바초역
우체국
경찰서
도쿄수도고속도로
昭和通り
카네코한노스케
金子半之助
타이메이켄 본점
たいめいけん 本店
[G12] [Z09]
미츠코시마에역
COREDO
무로마치2
COREDO
무로마치3
[G11] [T10] [A13]
니혼바시역
C2
니혼바시 다시바
日本橋だし場
A1
니혼바시
日本橋
COREDO
니혼바시
A2
도로원표
포켓몬 센터 도쿄 DX & 포켓몬 카페
ポケモンセンタートウキョーDX
& ポケモンカフェ
A6
中央通り
A3
[JO20]
신니혼바시역
A5
B12
B6
COREDO
무로마치
미츠코시백화점 본점
日本橋三越本店
B9
B1
니혼바시 미츠이타워
日本銀行本店
미츠이기념미술관
三井記念美術館
니혼바시
타카시마야백화점
日本橋タカシマヤ
永代通り
만다린오리엔탈 도쿄
Mandarin Oriental Tokyo
화폐박물관
貨幣博物館
일본은행본점
日本銀行本店

Section 07

Tokyo

니혼바시&닌교초에서 반드시 둘러봐야 할 명소

일본의 월스트리트라고 할 수 있는 니혼바시는 일본경제의 중심지로, 일본은행 본점 및 도쿄증권거래소가 자리한다. 미츠코시백화점 및 미츠이그룹본사가 줄지어 있어 미츠이촌(三井村)이라고도 부른다. 에도문화의 발상지이자 중심지였던 곳이라 지금도 200년 넘는 역사를 잇는 가게가 거리 곳곳에 남아 있다. 반면 닌교초는 오래된 목조건물이 많이 남아 있으며, 인형장인이 많이 살던 곳이라 닌교초(人形町)라는 이름이 붙었다.

니혼바시의 상징이자 지명이 된 다리 ★★☆☆☆

니혼바시 日本橋

니혼바시日本橋는 일본다리라는 뜻으로 이름 그대로 일본을 대표하는 다리였다. 에도막부시대 도쿠가와 이에야스가 건설한 니혼바시는 일본중요문화재로 지정되었다. 다리 기둥에 새겨진 장식이 특히 아름다운데, 중앙기둥을 지키고 있는 동물은 기린으로 날개가 달린 점이 특이하다. 전설 속 기린에는 날개가 없지만, 수도의 비상을 염원하여 날개를 달아 놓았다. 지금도 활발하게 사람과 차량이 통행하지만, 니혼바시 위로 수도권고속도로가 지나 경관은 그리 좋지 않다. 이 고속도로 때문에 강에서 하늘을 보기 힘든 구간이 많지만, 배를 타고 관광하는 여행코스도 개발되어 있다. 배를 타고 도쿄를 구경하고 싶다면 미리 일정을 체크해봐야 한다.

다리 중앙에는 일본 도로원점道路元標이 표시되어 있었는데, 1604년부터 지방으로 통하는 길의 시작점 역할을 했다. 현재 일본 주요도로의 원점이 되는 곳으로 1911년에 도로원표를 설치하였으며, 기념비형태로 다리 북서쪽에 남겨 두었다.

홈페이지 www.nihonbashi-tokyo.jp 주소 東京都 中央区 日本橋 1丁目 찾아가기 도쿄메트로 한조몬선(半蔵門線), 긴자선(銀座線) 미츠코시마에(三越前)역 B6번 출구에서 바로/도쿄메트로 도자이선(東西線), 도에지하철 아사쿠사선(浅草線) 니혼바시(日本橋)역 B12번 출구에서 도보 3분 거리 **• 에도도쿄콘소시엄** 홈페이지 www.edo-tokyo.info/ship 문의 03-3668-0700 운임 ¥2,500(니혼바시가와코스 성인 1인)

Tip

닌교초에 가기 전 보면 좋을 책과 드라마

우리나라에서도 유명한 일본의 추리소설작가 히가시노게이고(東野圭吾)의 『신참자(新参者)』라는 소설을 보면 닌교초 매력을 잘 표현하고 있다. 신참자는 2010년에 아베히로시(阿部寛) 주연의 일본드라마로도 제작되어 인기를 끌었다. 닌교초에 가기 전에 신참자를 읽거나 드라마를 챙겨보고 가면 여행이 더 즐거울 것이다.

니혼바시의 랜드마크 ★★★★☆
니혼바시 미츠이타워
日本橋三井タワー, Nihonbashi Mitsui Tower

미츠이 본관은 1929년 준공한 일본중요문화재로 역사와 문화성을 보존한 채 재개발하여 2005년 지상 39층, 지하 4층 빌딩으로 완공하였다. 세계 최초 6성급 호텔 만다린오리엔탈이 일본에 처음 들어온 것이며, 국보 6점과 다수 중요문화재를 소장한 미츠이기념미술관이 있다. 볼거리뿐만 아니라 엄선한 과일만 취급하는 고급 과일전문점 센비키야 및 만다린오리엔탈호텔 내 고급 레스토랑 등이 있어 미식가들도 만족할 수 있는 공간이다.

홈페이지 www.mitsuitower.jp **주소** 東京都 中央区 日本橋室町 2-1-1 **찾아가기** 도쿄메트로 한조몬선(半蔵門線), 긴자선(銀座線) 미츠코시마에(三越前)역 A7번 출구에서 도보 1분/JR 칸다(神田)역 남쪽 출구에서 니혼바시방면으로 도보 5분/JR 도쿄(東京)역 니혼바시출구에서 도보 7분 거리 **영업시간** 07:30~23:00

니혼바시 미츠이타워의 대표 볼거리와 먹거리

재벌그룹 미츠이의 소장품을 모아 만든
미츠이기념미술관 三井記念美術館

2005년 개관한 미츠이기념미술관은 재벌가 미츠이 소장품을 전시하는 곳으로 100여년 된 본관 7층에 있지만, 입구는 니혼바시 미츠이타워 내 아트리움에 있고 미술관 내부도 현대적으로 고급스럽다. 미츠이기념미술관은 마루야마오쿄(円山応挙)가 그린 '설송도(雪松図)' 및 도검 2점 등 일본 국보 6점을 소장하고 있다. 그 외에도 중요문화재인 일본미술품 18점과 에도시대부터 약 300년간 미츠이가문에서 수집한 미술품 3,700여 점을 보유하고 있다.

홈페이지 www.mitsui-museum.jp **문의** 03-5777-8600 **찾아가기** 미츠이 본관 7층(입구-니혼바시 미츠이타워 1층) **요금** 성인 ¥1,000, 고교생~대학생 ¥500, 중학생 이하 무료 **운영시간** 10:00~17:00 **휴관** 매주 일요일
귀띔 한마디 고급스러운 미술관으로 미츠이가 재력과 문화 교양을 홍보하는 듯한 느낌이지만 일본미술에 관심이 있다면 둘러볼 만하다

신선한 최고급 과일전문점
센비키야 총본점 千疋屋総本店, Sembikiya

1834년 창업한 일본 최초 과일전문점으로 당도와 신선도, 크기, 빛깔 등 엄선된 최고 과일만 판매한다. 인기가 높아 일본대형백화점 및 쇼핑가에서도 흔히 볼 수 있는데, 미츠이타워 내 센비키야본점은 규모도 남다르고 다양한 과일이 명품숍처럼 진열되어 있다. 2층 후르츠파라(フルーツパーラ)에서 맛있는 과일과 과일요리를 즐길 수 있다. 이곳 인기메뉴는 파르페, 후르츠샌드위치, 망고카레라이스 등이다. 예약은 물론 드레스코드도 신경 써야 한다.

홈페이지 www.sembikiya.co.jp **문의** 후르츠숍 03-3241-0877, 레스토랑 03-3241-1630 **찾아가기** 신관 1층 센비키야 후르츠숍, 신관 2층 센비키야 후르츠파라 **가격** ¥1,000~5,000 **영업시간** 후르츠숍 10:00~18:00 **후르츠뷔페** 매주 화요일 18:00~21:00.

일본화폐와 관련된 모든 것 ★★☆☆☆

화폐박물관 貨幣博物館

고대부터 현대에 이르기까지 일본화폐의 역사 및 제조 과정은 물론 세계 각국의 화폐까지 한눈에 살펴볼 수 있는 박물관이다. 1982년 일본은행 창립 100주년을 기념하여 설치한 후 1985년 개관하였다. 1억 엔(한화 약 10억 원)의 지폐 무게를 체험해볼 수 있는 코너도 있다.

홈페이지 www.imes.boj.or.jp/cm **주소** 東京都 中央区 日本橋本石町 1-3-1 **문의** 03-3279-1111 **찾아가기** 도쿄메트로 한조몬선(半蔵門線) 미츠코시마에(三越前)역 B1번 출구에서 도보 1분/도쿄메트로 긴자선(銀座線) 미츠코시마에(三越前)역 A5번 출구에서 도보 2분/JR 칸다(神田)역 남쪽 출구에서 니혼바시방면으로 도보 6분/JR 도쿄(東京)역 야에스 북쪽 출구에서 도보 8분 거리 **입장료** 무료 **운영시간** 09:30~16:30(입장 16:00까지) **휴관** 매주 월요일, 12월 29일~1월 4일

일본의 지폐를 만드는 일본 정부은행 ★★☆☆☆

일본은행 본점 日本銀行 本店

우리나라 한국은행 같은 일본 대표은행이다. 일반고객을 대상으로 하지 않지만 일본중요문화재로 지정된 본관 지하금고, 영업장, 사료전시실과 신관 1층의 영업장은 무료견학이 가능하다. 또한 일본은행의 업무 및 건축물 등을 테마로 강의도 개최하고 있다. 일본은행 본관은 1896년에 벨기에국립은행을 참고하여 지었으며, 도쿄건축유산 50선 중 하나로 꼽혀 중요문화재로 지정되어 있다. 일본은행 본점 옆 고층빌딩 내 만다린오리엔탈호텔로비에서 일본은행을 내려다보면 건물구조가 '円'자 형태인 것을 알 수 있다.

홈페이지 www.boj.or.jp **주소** 東京都 中央区 日本橋本石町 2-1-1 **문의** 03-3279-1111 **찾아가기** 도쿄메트로 한조몬선(半蔵門線) 미츠코시마에(三越前)역 B1번 출구에서 도보 1분/도쿄메트로 긴자선(銀座線) 미츠코시마에(三越前)역 A5번 출구에서 도보 2분/JR 칸다(神田)역 남쪽 출구에서 니혼바시방면으로 도보 7분/JR 도쿄(東京)역 야에스북쪽 출구에서 도보 8분 거리 **입장료** 무료
귀띔 한마디 견학을 하려면 사전 예약이 필수이다.

중요문화재로 지정된 최초의 백화점 ★★☆☆☆

니혼바시 타카시마야백화점

日本橋タカシマヤ, TAKASHIMAYA

1933년 문을 연 니혼바시 타카시마야는 2009년 백화점으로서는 처음으로 건물 자체가 국가 중요문화재로 지정되었다. 건물 코너를 둥글게 처리한 것과 기둥 사이 아치형 창문 3개가 연속으로 붙어 있는 것이 특징이다. 외관도 멋있지만 내부의 높은 천장과 수많은 기둥도 인상적이다. 지하 2층 지상 8층의 건물로 지하 2층은 레스토랑, 지하 1층은 식료품, 1~8층까지는 패션 및 액세서리, 생활용품 등을 판매한다.

홈페이지 www.takashimaya.co.jp **주소** 東京都 中央区 日本橋2-4-1 **문의** 03-3211-4111 **찾아가기** 도쿄메트로 긴자선(銀座線), 도자이선(東西線), 도에지하철 아사쿠사선(浅草線) 니혼바시(日本橋)역 B2번 출구에서 직접 연결 **영업시간** 10:30~19:30(레스토랑 ~21:30)

타카시마야백화점의 포켓몬스터 전문샵

피카추, 이브이, 잠만보 등 귀여운 포켓몬스터 전문샵

포켓몬센터 도쿄 DX&포켓몬카페 ポケモンセンタートウキョーDX&ポケモンカフェ

전 세계에서 사랑받는 캐릭터 피카추, 이브이, 잠만보를 비롯한 포켓몬스터들을 만날 수 있는 공식 포켓몬센터이다. 입구에는 실사이즈의 거대한 잠만보가 피카추와 뮤를 양쪽 어깨에 올린 채 손님을 맞는다. 수백 가지 포켓몬인형과 포켓몬을 주제로 만든 다양한 기념품을 판매한다. 이곳의 포켓몬 공식카페는 한 달 전 예약을 시도해도 빈자리를 찾기 힘들만큼 인기가 높다. 귀여운 포켓몬을 주제로 만든 메뉴들은 눈으로 봐도 만족스럽고, 포켓몬 캐릭터가 등장해서 귀여운 쇼를 펼치기도 한다. 좋아하는 특정 캐릭터가 있다면 해당 캐릭터 쇼 시간에 맞춰 예약을 해야 한다.

홈페이지 www.pokemon.co.jp **주소** 東京都 中央区 日本橋 2丁目 11番 2号 日本橋髙島屋 S.C. 東館 5F **문의** DX 03-6262-6452, **카페** 03-6262-3439 **찾아가기** 니혼바시 타카시마야 백화점 S.C. 동관 5층 **영업시간** 10:30~21:00 **카페** 10:30~22:00 **가격** 포켓몬카페 ¥2,000~5,000

르네상스 양식으로 지어진 고풍스러운 건물 ★★★★★

미츠코시백화점 본점 日本橋三越 本店, MISUKOSHI

고급스러운 이미지의 대형백화점인 미츠코시와 이세탄백화점의 본점이 니혼바시 미츠코시 본점이다. 미츠코시백화점은 1904년 일본에 처음으로 백화점을 만들겠다고 선언해서 일본의 첫 백화점이라고 보는 관점도 있다. 1905년에 문을 연 백화점은 일본 최초로 배달용 자동차를 도입하고 백화점 입구에 일루미네이션을 설치했다. 1914년 신관을 건설하면서 처음으로 에스컬레이터를 도입하기도 했다. 1914년에 본점 현관에 설치한 라이온상은 지금도 그 자리를 지키고 있으며, 이후 일본전역의 미츠코시백화점에 설치하였다.

중앙홀 2층에 있는 파이프오르간은 1930년 미국에서 수입한 것으로 일본에서 유일하게 연주 가능한 쇼와시대 시어터오르간이다. 이 오르간으로 백화점 문을 열 때 '오에도니혼바시お江戸日本橋'라는 곡을 연주하기도 했다. 르네상스양식의 건물 외관도 멋있고 일본식으로 노렌のれん을 걸어 놓은 입구도 독특하다. 세계 명품브랜드부터 일본 브랜드까지 다양한 종류의 상품을 만날 수 있다.

홈페이지 www.mitsukoshi.co.jp **주소** 東京都 中央区 日本橋室町 1-4-1 **문의** 03-3241-3311 **찾아가기** 도쿄메트로 한조몬선(半蔵門線), 긴자선(銀座線) 미츠코시마에(三越前)역 B4, A2, A3, A5번 출구에서 연결/도쿄메트로 도자이선(東西線), 도에지하철 아사쿠사선(浅草線) 니혼바시(日本橋)역 B12번 출구에서 도보 5분 **영업시간** 10:00~19:00, 본관 지하부터 3층까지 10:00~19:30, 신관 9~10층 및 레스토랑가 11:00~20:00 **귀띔 한마디** 니혼바시를 대표하는 대형백화점이다.

미츠코시백화점 본점의 마카롱전문점

프랑스의 유명한 마카롱전문점

라듀레 ラデュレ, Ladurée

2009년 오픈한 라듀레는 프랑스에서 유명한 마카롱전문점이다. 라듀레의 실내분위기는 19세기 프랑스풍으로 화려한 인테리어가 볼만하다. 라듀레의 대표메뉴는 장미향을 이용해 꽃처럼 만든 큼직한 마카롱 이스파한이다. 리치가 들어있어 새콤달콤한 맛이 나고 장미향의 여운이 입안 가득 담긴다. 카페 공간이었던 라듀레살롱도테가 문을 닫아서 테이크아웃으로 구입만 가능하다.

홈페이지 www.laduree.jp **문의** 03-3274-0355 **찾아가기** 니혼바시 미츠코시 본점의 본관 지하 1층 **가격** ¥1,000~5,000 **영업시간** 10:00~19:30 **귀띔 한마디** 앉아서 느긋하게 즐기고 싶다면 긴자 미츠코시백화점 안에 있는 라듀레살롱도테를 찾자.

Section 08

Tokyo

니혼바시&닌교초에서 먹어봐야 할 것들

에도시대의 중심지이자 번화가였던 곳이라 전국적으로 유명한 맛집이 많다. 이 지역은 부동산 값도 비싼 지역인 데다가 인건비도 높기 때문에 맛있는 음식을 먹으려면 그만한 대가를 지불해야 한다. 같은 메뉴라도 다른 지역에 비해 비싸지만 맛과 서비스에서 그 이상의 만족을 얻을 수 있다. 반면에 닌교초는 부담 없는 가격으로 배불리 먹을 수 있는 맛있는 음식이 많다.

참기름에 튀겨 더욱 고소한 튀김덮밥 ★★★★★

카네코한노스케 金子半之助

카네코한노스케의 대표메뉴는 튀김덮밥인 텐동天丼이다. 처음 문을 열 당시 메뉴를 고를 필요도 없이 텐동 하나였지만 현재는 취향에 따라 주문 할 수 있는 메뉴판이 준비되어 있다. 항상 대기 손님이 가게 밖에 줄지어 있어 짧게는 1시간, 길면 4시간까지 기다려야 한다. 그도 그럴 것이 다른 곳에서는 1인당 수십만 원 하는 참기름에 튀긴 고급 튀김을 저렴하게 먹을 수 있기 때문이다.

튀김은 기름뿐 아니라 재료도 뒷받침되어야 하는데 카네코한노스케에서는 대하 2마리, 붕장어 1마리, 오징어 등 싱싱하고 푸짐한 해산물이 대량으로 포함된다. 특이한 재료로는 반숙된 계란을 부드럽게 튀긴 것과 김부각처럼 바삭바삭한 김튀김이다. 참기름에 튀긴 텐동을 한번 먹어보면 그 고소한 맛에 매료될 수밖에 없다. 맛도 좋지만 양까지 충분해서 배부르게 먹을 수 있다는 점도 매력적이다.

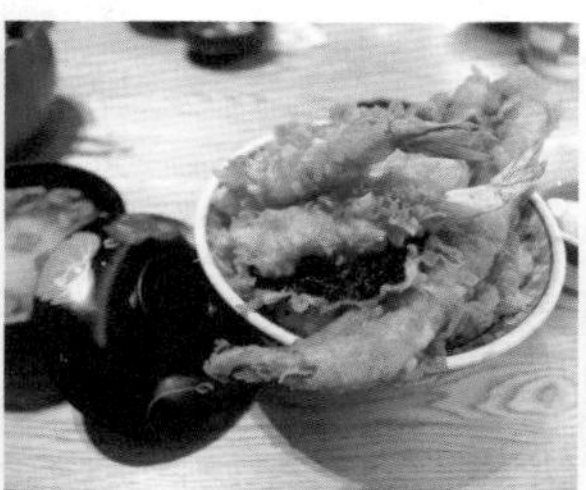

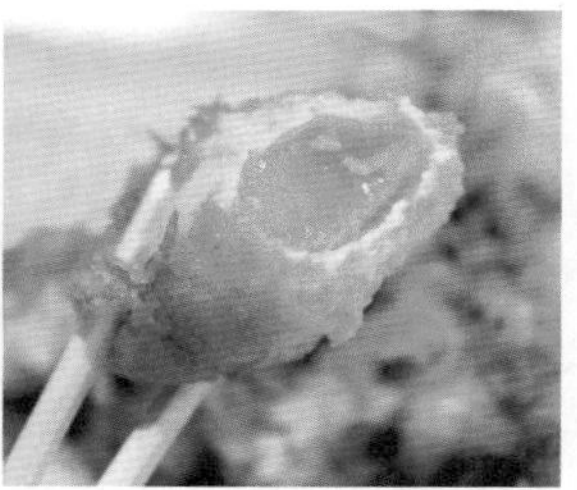

홈페이지 kaneko-hannosuke.com 주소 東京都 中央区 日本橋室町 1-11-15 문의 03-3243-0707 찾아가기 도쿄메트로 한조몬선(半蔵門線), 긴자선(銀座線) 미츠코시마에(三越前)역 A1번 출구에서 도보 1분 거리 가격 ¥1,000~2,000 영업시간 11:00~22:00 휴무 연말연시 귀띔 한마디 체인점이 일본 전국 및 해외에도 많이 생겼지만 여기가 본점이다.

✓ 인기 많은 곳에서 맛있는 식사를 하려면 기다려야 하는 경우가 많은데, 오피스가라는 점을 감안해서 직장인들의 식사 시간은 피해서 가는 것이 좋다.

일본 최고의 다시국물을 파는 곳 ★★★★☆

니혼바시 다시바 日本橋だし場

일본에서 가장 맛있는 다시를 만드는 닌벤にんべん은 1699년 니혼바시에서 시작하여 300년 넘게 전통을 이어오는 가게이다. 고층빌딩 코레도다카라초COREDO宝町 1층에 위치하여 겉모습만으로는 300년 전통을 믿을 수 없지만, 이 집 다시의 맛만큼은 예전 그대로이다. 닌벤은 감칠맛을 내는 가쓰오부시(가다랑어포)鰹節로 만든 다시だし의 맛을 알리기 위해 다시바를 운영하고 있다. 다시국물을 파는 것이 이해되지 않겠지만, 세대를 가리지 않고 많은 현지인이 찾는다. 이곳의 다시국물은 넣는 재료에 따라 맛이 다르고, 입맛에 따라 간을 조절해서 마실 수 있다. 다시국물은 한 컵에 ¥100(110ml) 정도로 부담 없이 닌벤의 맛을 즐길 수 있다. 점심시간에는 다시를 이용해서 만든 도시락, 각종 밑반찬 및 인스턴트 미소시루 등을 판매한다. 닌벤의 다시를 넣고 요리를 하면 맛의 깊이가 달라지므로 요리 좀 한다는 소리를 들을 수 있다.

홈페이지 www.ninben.co.jp **주소** 東京都 中央区 日本橋室町 2-2-1 COREDO室町 1F **문의** 03-3241-0968 **찾아가기** 도쿄메트로 한조몬선(半蔵門線), 긴자선(銀座線) 미츠코시마에(三越前)역 A6번 출구에서 도보 1분/JR 소부선(総武線) 신니혼바시(新日本橋)역 A6번 출구에서 1분 거리 **영업시간** 11:00~19:00, 다시바 11:00~18:00 **휴일** 1월 1일

전통 있는 오므라이스전문점 ★★★★☆

타이메이켄 본점 たいめいけん 本店, Taimeiken

1931년 양식집으로 시작한 타이메이켄은 크림처럼 부드러운 오믈렛으로 일본을 대표하는 오므라이스전문점이다. 케첩을 뿌린 오므라이스는 흔한 맛이지만, 두툼한 오믈렛을 반으로 잘라 조심스럽게 펼쳐 먹는 단포포 비프 오므라이스タンポポビーフオムライス는 스크램블에서 느껴지는 식감이 뛰어나다. 1층은 캐주얼하고, 2층은 고급스러운 분위기라 가격대와 메뉴구성이 다르다. 오므라이스가 간판메뉴지만 스테이크나 커틀릿, 라멘 등도 있다. 창업 당시부터 ¥50으로 서비스하던 사이드메뉴 코울슬로コールスロー와 보르시치ボルシチ 등도 인기가 많다.

홈페이지 www.taimeiken.co.jp **주소** 東京都 中央区 日本橋 1-12-10 **문의** 03-3271-2465 **찾아가기** 도쿄메트로 도자이선(東西線), 도에지하철 아사쿠사선(浅草線) 니혼바시(日本橋)역 C5번 출구에서 도보 1분 거리 **가격 1층** ¥1,500~2,000 **2층** ¥3,000~15,000 **영업시간** 화~토요일 11:00~21:00, 일요일 및 공휴일 11:00~20:00 **휴무** 매주 월요일 **귀띔 한마디** 일본 양식점은 우리 입맛에도 잘 맞는 편이다.

맛있는 간식거리로 가득한 서민적인 상점가 ★★★★☆

아마자케요코초 甘酒横丁

닌교초를 대표하는 상점가로 고급스러움과 고풍스러움이 느껴지는 니혼바시와는 달리 소박하고 서민적인 이미지이다. 메이지시대 초기 거리 입구에 일본의 감주 아마자케甘酒를 판매하는 가게가 많아 붙여진 이름으로 현재도 아마자케를 판매하는 곳이 많다. 일본의 현지인들은 신사참배를 마치고 가는 길에 이곳에 들러 따뜻한 아마자케를 마신다.

아마자케요코초에는 다른 곳에서는 흔히 볼 수 없는 아마자케맛 소프트아이스크림도 판매하고, 물을 넣고 끓이기만 하면 되도록 가공한 아마자케 재료도 판매한다. 아마자케요코초를 걷다 보면 달콤한 아마자케 냄새보다 더 강력한 향을 맡을 수 있는데, 이는 녹차를 볶아 만든 호지차ほうじ茶의 향이다. 예전 문방구에서 사 먹던 불량식품과 닮은 다가시駄菓子를 파는 곳도 있고 대나무로 만든 잡화 및 수공예품을 파는 가게도 많다. 저렴한 가격의 먹거리와 생활용품이 많다 보니 한 바퀴만 돌아도 양손 가득 비닐봉지를 주렁주렁 들고 있게 된다.

아마자케요코초의 먹거리

'고독한 미식가' 고로상이 찾은 호지차전문점

모리노엔 森乃園

100년간 호지차를 매일 만들어 온 호지차전문 찻집으로 호지차 볶는 냄새만으로도 찾아갈 수 있다. 모리노엔의 호지차는 일반 호지차 보다 더 깊이 볶아 녹차가 가진 카페인성분이 전부 사라지기 때문에 어린아이나 임산부가 마셔도 좋다. 오래 우려도 쓴 맛이 나지 않아 에스프레소만큼 진하게 내려 마시기도 한다. 2층에는 카페가 있는데 호지차를 테마로 한 맛있는 디저트류가 많다. 호지차아이스크림, 호지차떡, 호지차생크림, 호지차젤리, 호지차파르페 등이 있다. 출출하지 않다면 1층 테이크아웃카운터에서 판매하는 호지차아이스크림을 추천한다. 보통 소프트아이스크림에 비해 두 배나 되는 양인데 호지차의 개운한 맛이 디저트로 제격이다. 모리노엔에서는 예쁜 다기까지 판매한다. '고독한 미식가(孤独のグルメ)'의 주인공 고로상이 방문한 곳으로 닌교초 여행 전에 드라마를 찾아보면 좋다.

홈페이지 www.morinoen.com 주소 東京都 中央区 日本橋人形町 2-4-9 문의 03-3667-2666 찾아가기 도쿄메트로 히비야선(日比谷線), 한조몬선(半蔵門線) 닌교초역(人形町) A1번 출구에서 도보 30초/도에지하철 아사쿠사선(浅草線) 닌교초(人形町)역 A3번 출구에서 도보 3분 거리 가격 ¥1,000~2,000 영업시간 10:00~19:00 귀띔 한마디 〈고독한 미식가〉 고로상이 방문했던 덴푸라나카야마와 함께 즐겨보자.

껍질이 예술인 일본 최고의 붕어빵
야나기야 柳屋

도쿄 3대 붕어빵 전문점, 야나기야 앞에는 언제나 긴 줄이 서 있어 30분~1시간씩은 기다려야 한다. 붕어빵을 손으로 돌려가며 정성스럽게 굽는데, 강한 불로 구워 붕어빵 안으로 스며든 불의 향이 식욕을 자극한다. 야나기야 붕어빵의 특징은 얇고 바삭한 껍질로, 쫀득한 식감이 살아 있어 씹을수록 고소한 맛이 난다. 어디에서도 본 적 없는 부드럽고 달콤한 팥소가 머리부터 꼬리까지 가득 들어가 있다. 팥소가 지나치게 달지 않아 단맛을 싫어하는 어른 입맛에도 적당하다. 갓 구운 붕어빵을 그 자리에서 바로 먹는 것이 제일 맛있지만 그렇지 않다면 토스터에 살짝 구워 먹자. 붕어빵 껍질의 바삭함이 살아나서 야나기야 붕어빵 맛을 제대로 누릴 수 있다.

주소 東京都 中央区 日本橋人形町 2-11-3 문의 03-3666-9901 찾아가기 도쿄메트로 히비야선(日比谷線), 한조몬선(半蔵門線) 닌교초역(人形町) A1번 출구에서 도보 40초/도에지하철 아사쿠사선(浅草線) 닌교초(人形町)역 A3번 출구에서 도보 4분 거리 가격 ¥140 영업시간 월~토요일 12:30~18:00 휴무 일요일 및 공휴일

일본 최고의 스키야키전문점
닌교초 이마한본점 人形町 今半

우리나라에 불고기가 있다면 일본에는 스키야키(すき焼き)가 있다. 두툼한 철판 냄비에 마블링이 가득한 최상급 와규(和牛)와 간장양념을 넣고 만든 요리로 소고기의 질이 맛을 좌우한다. 이마한은 일본의 대표적인 스끼야키 전문점으로 닌교초 이마한은 1952년에 아사쿠사 이마한의 니혼바시점으로 개업했다가 1956년에 독립하여 현재는 아사쿠사 이마한보다 지점이 많을 정도로 성장했다.
아마자케요코초의 좁은 골목길에 위치한 닌교초 이마한본점은 붉은색 외관부터 눈에 띈다. 최고급 소고기를 사용하여 가격은 비싸지만 그만큼 맛도 좋다. 제대로 먹으려면 부담스럽지만 비교적 저렴한 런치세트도 있고, 테이크아웃으로 판매하는 고로케도 있다. 닌교초 이마한은 본점은 물론 지점과 백화점 식품코너에서 스키야키용 소고기를 별도로 판매하는데 선물용으로 인기가 많다.

홈페이지 www.imahan.com 주소 東京都 中央区 日本橋人形町 2-9-12 문의 03-3666-7006 찾아가기 도쿄메트로 히비야선(日比谷線) 닌교초(人形町)역 A1번 출구에서 도보 1분/한조몬선(半蔵門線) 스이텐구마에(水天宮前)역 7번 출구에서 도보 3분 거리 가격 런치 ¥3,000~10,000, 디너 ¥8,000~20,000/테이크아웃 고로케 ¥200~500 영업시간 11:00~15:00, 17:00~22:00 휴무 1월 1일 귀띔 한마디 치아가 약해서 고기를 못 씹는 아기나 노인도 먹을 수 있을 정도로 부드럽다.

'고독한 미식가' 고로상도 반한 검은 튀김덮밥 ★★★★★

덴푸라나카야마 天ぷら中山

도쿄의 숨은 맛집을 찾아다니는 고로상이 덴푸라나카야마를 다녀간 이후 일본인은 물론 외국인에게도 입소문이 나서, 닌교초 골목길 안쪽 찾기도 힘든 작은 가게 앞은 늘 장사진을 이룬다. 실제 고로상 역할을 했던 마츠시게유타카松重豊도 그 맛을 잊을 수 없어 종종 다시 찾는다고 한다.

자리는 전부 카운터석이라 눈앞에서 요리하는 모습을 지켜볼 수 있으며, 갓 튀긴 바삭바삭한 튀김을 맛볼 수 있다. 이 집에서 제일 인기 높은 메뉴는 진한 소스를 얹은 검은튀김덮밥이다. 불 맛이 살짝 도는 특제소스가 튀김의 느끼함도 잡아주고 하얀 밥에 스며들어 밥까지 맛있게 만든다. 양도 많아 식성 좋은 사람도 배부르게 먹을 수 있으며, 한번 맛을 보면 자꾸 생각난다.

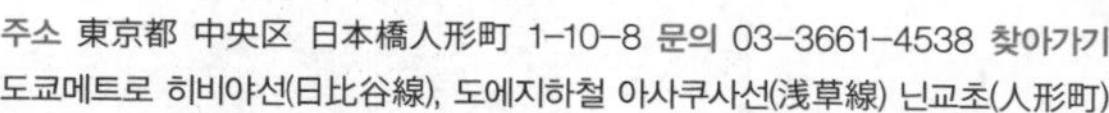

주소 東京都 中央区 日本橋人形町 1-10-8 **문의** 03-3661-4538 **찾아가기** 도쿄메트로 히비야선(日比谷線), 도에지하철 아사쿠사선(浅草線) 닌교초(人形町)역 A2번 출구에서 도보 4분 거리 **가격** ¥1,500~2,000 **영업시간** 점심 11:15~13:00, 저녁 17:30~21:00 **휴무** 주말 및 공휴일 **귀띔 한마디** 저녁에는 술을 파는 이자카야가 중심이니 점심 때 가는 것이 좋다.

건강하게 맛있는 수제햄버거전문점 ★★★★☆

브라더스 ブラザーズ, BROZERS'

온통 빨간색으로 장식한 외관이 인상적인 브라더스는 상호대로 형제가 함께 시작한 가게이다. BROTHER의 스펠링을 'Z'로 잘못 적은 게 아니라 알파벳 마지막 글자인 'Z'에 끝까지 하겠다는 의지를 담았다. 수제햄버거 가게가 별로 없던 2000년에 개업하였으니 거의 원조라 볼 수 있다. 35가지의 다양한 햄버거를 파는데 베이컨, 치즈, 계란, 파인애플을 토핑한 로트버거Lot Burger의 인기가 높다. 로트버거는 BBQ소스, 데리야키소스, 레드핫칠리소스, 스위트칠리소스 중 자신의 입맛에 맞춰 선택할 수 있다. 일본인 입맛에 맞춘 양과 맛이라 담백해서 우리 입맛에도 잘 맞는다.

홈페이지 brozers.co.jp **주소** 東京都 中央区 日本橋人形町 2-28-5 **문의** 03-3639-5201 **찾아가기** 도쿄메트로 히비야선(日比谷線), 도에지하철 아사쿠사선(浅草線) 닌교초(人形町)역 A3번 출구에서 도보 3분/도에지하철 신주쿠선(新宿線) 하마초(浜町)역 A2번 출구에서 도보 5분 **가격** ¥1,000~2,000 **영업시간** 1:00~21:30 **귀띔 한마디** 크기는 커 보이지만 양이 많은 사람에게는 조금 부족하게 느껴질 수 있다.

Chapter 04

신바시 &시오도메

新橋&汐留

Shimbashi&Shiodome

신바시역과 시오도메역은 지하통로로 연결되어 있지만 밖으로 나오면 풍경과 분위기가 전혀 다르다. 신바시는 술집과 밥집이 옹기종기 모여 있는 서민적 분위기지만, 시오도메는 고층빌딩이 숲을 이루는 도회적인 분위기이다. 두 지역은 걸어서 5분 정도 거리임에도 불구하고 신바시 술집거리, 시오도메 고층빌딩가, 이탈리아거리, 하마리큐온시테이엔 이렇게 전혀 다른 4가지의 풍경이 펼쳐진다.

요시노리의 한마디

도쿄의 직장인들은 맛에 비해 저렴한 안주가 많은 신바시에서 회식을 많이 한다. 도쿄에서 술 한잔 생각난다면 신바시를 추천한다.

신바시&시오도메를 잇는 교통편

신바시역과 시오도메역은 도보 5분 거리로, 굳이 갈아타고 이동할 필요가 없다. 신바시역이나 시오도메역 중 이동하기 편리한 곳을 이용하면 된다. 유리카모메를 타고 오다이바로 이동할 때는 시오도메역에서 타면 금액이 적게 나온다. 유리카모메 1일 승차권을 이용하지 않는다면 시오도메역에서 타고, 가는 길에 있는 닛테레오토케를 구경하는 코스를 추천한다.

신바시(新橋)역 JR 야마노테선(山手線), 게이힌토호쿠선(京浜東北線), 소부선(総武線快速, 総武本線), 요코스카선(横須賀線), 토카이도혼선(東海道本線) 긴자선(銀座線) 아사쿠사선(浅草線) 유리카모메(ゆりかもめ)
시오도메(汐留)역 오오에도선(大江戸線) 유리카모메(ゆりかもめ)

신바시&시오도메에서 이것만은 꼭 해보자

1. 하마리큐온시테이엔의 찻집에서 느긋하게 말차와 화과자를 즐기자!
2. 시오도메의 고층빌딩들을 돌아다니며 구경하자!
3. 안주가 훌륭한 신바시 술집에서 한잔 마시자!

사진으로 미리 살펴보는 신바시&시오도메 베스트코스

볼거리는 시오도메에 집중되어 있으므로 일단 시오도메에서 시작하는 것이 좋다. 12시 정도에 도착해 이탈리아거리를 산책한 후, 거리 끝에 있는 이탈리안뷔페 라마레아에서 런치뷔페를 먹는다. 식사 후 다시 이탈리아거리로 나와 JRA건물 옆 터널을 지나 이탈리아공원으로 이동하여 잠시 쉬었다가 하마리큐온시테이엔으로 들어가 정원산책을 즐긴다. 나카지마의 찻집에 들어가 향긋한 말차와 함께 달콤한 화과자를 먹으며 휴식을 취한다. 시오도메 고층빌딩가로 돌아가서 니혼테레비에서 미야자키하야오가 디자인한 닛테레오토케와 방송촬영 모습을 둘러보자. 하늘이 어두워지면 카레타시오도메의 무료전망대에 올라 야경을 감상한다. 지하통로를 따라 신바시역 가라스모리출구로 나오면 선술집들도 분주할 시간이다. 우오킨에서 맛있는 안주와 함께 술을 마시며 하루의 피로를 풀고 신바시역을 통해 숙소로 돌아가면 된다.

1 다양한 풍경을 즐기는 하루 일정(예상 소요시간 7시간 이상)

신바시&시오도메 新橋&汐留

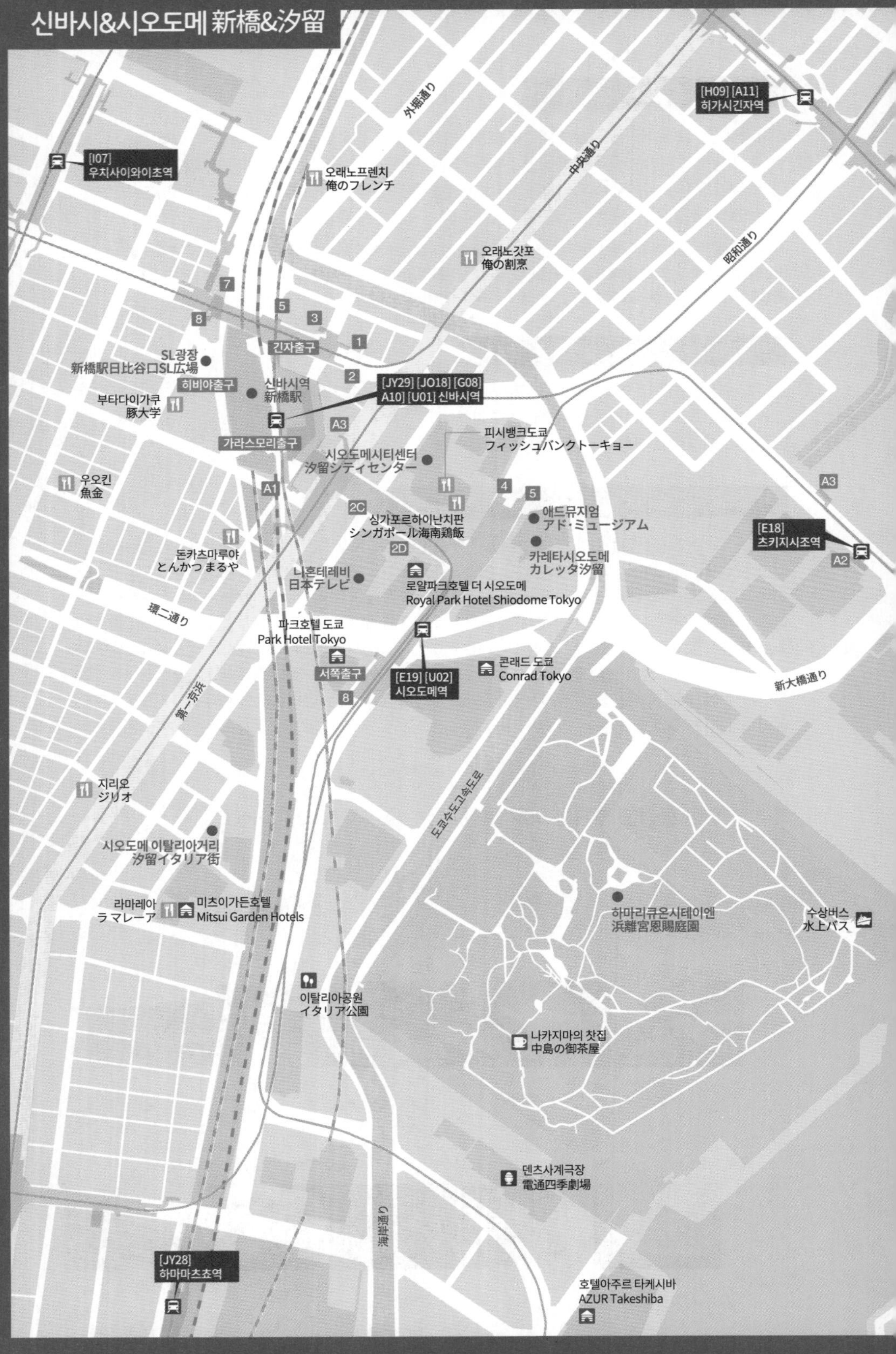
[H09] [A11]
히가시긴자역
[I07]
우치사이와이초역
外堀通り
中央通り
昭和通り
오래노프렌치
俺のフレンチ
오래노갓포
俺の割烹
7
5
3
8
1
2
긴자출구
SL광장
新橋駅日比谷口SL広場
히비야출구
신바시역
新橋駅
[JY29] [JO18] [G08]
A10] [U01] 신바시역
부타다이가쿠
豚大学
A3
가라스모리출구
피시뱅크도쿄
フィッシュバンクトーキョー
시오도메시티센터
汐留シティセンター
우오킨
魚金
A1
4
5
A3
2C
싱가포르하이난치판
シンガポール海南鶏飯
애드뮤지엄
アド・ミュージアム
[E18]
츠키지시조역
2D
카레타시오도메
カレッタ汐留
A2
돈카츠마루야
とんかつ まるや
니혼테레비
日本テレビ
로얄파크호텔 더 시오도메
Royal Park Hotel Shiodome Tokyo
環二通り
파크호텔 도쿄
Park Hotel Tokyo
콘래드 도쿄
Conrad Tokyo
서쪽출구
[E19] [U02]
시오도메역
8
新大橋通り
第一京浜
도쿄수도고속도로
지리오
ジリオ
시오도메 이탈리아거리
汐留イタリア街
라마레아
ラ マレーア
미츠이가든호텔
Mitsui Garden Hotels
하마리큐온시테이엔
浜離宮恩賜庭園
수상버스
水上バス
이탈리아공원
イタリア公園
나카지마의 찻집
中島の御茶屋
덴츠사계극장
電通四季劇場
海岸通り
[JY28]
하마마츠쵸역
호텔아주르 타케시바
AZUR Takeshiba

Tokyo

Section 09

신바시&시오도메에서 반드시 둘러봐야 할 명소

신바시역은 도쿄 직장인이 많이 환승하는 역으로 퇴근길 잠시 들를 수 있는 스탠딩 바와 선술집이 많아 먹거리 위주의 계획을 세우는 것이 좋다. 반면 시오도메의 고층빌딩숲에는 방송국, 쇼룸, 뮤지컬극장, 박물관 및 다양한 레스토랑이 있고 이탈리아 분위기의 거리와 공원도 있다. 또한 일본 전통의 멋이 느껴지는 하마리큐온시테이엔 등 분위기가 전혀 다른 볼거리가 모여 있다.

고층빌딩으로 둘러싸인 교통의 요충지 ★★☆☆☆

신바시역 新橋駅

C-58기관차동륜

도쿄의 직장인들이 출퇴근 시 환승을 많이 하는 서울의 신도림 같은 곳이 신바시역이다. JR, 도쿄메트로, 도에지하철, 유리카모메 등 다양한 노선이 지나기 때문에 일일 이용자 수가 40만을 넘길 정도라 복잡하고 답답하다. 하지만 사람이 모이는 곳이라 맛있는 먹거리가 풍성하다. 또한 지하로 연결된 시오도메역 역시 신바시역과 묶어 한 번에 둘러볼 수 있다.

시오도메역과 신바시역을 잇는 지하도 주변으로 방송국 니혼테레비, 카레타시오도메, 고급 레스토랑이 가득한 시오도메 시티센터 등 초고층빌딩이 몰려있다. 교통도 편리하고 역 주변으로 고급 호텔 및 비즈니스호텔이 많아 여행이나 비즈니스 목적으로 방문한 사람들이 숙박의 거점으로 삼기 좋다. 신바시역 JR과 유리카모메 출입구 사이 광장에는 철도창가의 비석鉄道唱歌の碑과 C-58기관차동륜C-58機関車の動輪이 있다. 신바시역은 일본철도 역사의 상징인 곳이기 때문에 곳곳에 일본의 철도역사와 관련된 유물을 전시하고 있다. 철도창가의 비석은 철도개통 85주년을 기념하여 만든 노래의 작사자 오와다타케키大和田建樹 탄생 100주년을 기념하여 세웠다. 오와다타케키가 실제 기차를 타고 일본을 여행하면서 적은 견문록을 바탕으로 만들어진 노래이다.

홈페이지 www.jreast.co.jp, www.tokyometro.jp, www.yurikamome.co.jp **주소** 東京都 港区 新橋 2丁目 **찾아가기** 신바시(新橋)역 JR 야마노테선(山手線), 게이힌토호쿠선(京浜東北線), 토카이도선(東海道線), 요코즈카선(横須賀線), 소부선(総武線), 도쿄메트로 긴자선(銀座線), 도에지하철 아사쿠사선(浅草線, 유리카모메(ゆりかもめ) 시오도메(汐留)역 도에지하철 오오에도선(大江戸線), 유리카모메(ゆりかもめ)

✓ 대중적으로 인기 있는 관광지는 아니기 때문에 관심 있는 곳만 골라서 취향에 맞게 루트를 짜는 것이 중요하다.

신바시역의 볼거리

TV에 자주 등장하는 만남의 장소

신바시역 히비야출구 SL광장 新橋駅日比谷口SL広場

신바시역 바로 옆에는 TV방송국 니혼테레비가 있어 길거리 인터뷰를 할 때 주로 애용되는 장소이다. 광장 한쪽에 증기기관차(Steam Locomotive)가 서 있어 흔히 SL광장이라 부른다. 1945년 전쟁물자를 실어 나르던 열차로 신바시역 철도발족 100주년을 기념하여 이곳에 전시하고 있다. 하루 3번 12시, 15시, 18시에 기적소리를 한 번 짧게 울린다. 겨울에는 SL광장 기차를 중심으로 아기자기한 일루미네이션이 설치된다. 2층 높이에서 달리는 JR전차를 타면 전차 안에서도 SL광장의 일루미네이션이 잘 보인다.

이탈리아의 거리처럼 꾸며진 이국적인 거리 ★★★☆☆

시오도메 이탈리아거리&공원 汐留イタリア街&公園

고층빌딩으로 둘러싸인 시오도메 한편에는 이탈리아를 연상시키는 거리와 공원이 있다. 둥글게 처리한 건물 모서리와 파스텔톤 색이 입혀진 건물이 옹기종기 어깨를 나란히 한 모습이 아름답다. 이탈리아거리는 중앙광장을 중심으로 눈에 보이는 것이 전부라 실망할 수도 있지만, 주변으로 맛있는 이탈리안레스토랑도 많고 분위기 좋은 카페와 바도 있어 일부러 찾아갈 만하다. 중앙광장에서는 종종 이벤트가 열리는데 운이 좋으면 등롱축제, 클래식카전시 같은 멋진 구경을 할 수도 있다.

신바시역나 시오도메역에서 유리카모메를 타고 오다이바로 향할 때 차창 밖으로 예쁜 공원이 보인다. 2001년 이탈리아에서 일본에 기증한 공원으로 그리 크지는 않지만 대리석으로 만든 조각상분수 및 11개의 토스카나풍 원기둥 등 이탈리아의 매력을 느낄 수 있도록 꾸며져 있어 산책 삼아 둘러볼 만하다.

찾아가기 이탈리아거리 도에지하철 오오에도선(大江戸線) 시오도메(汐留)역 8번 출구에서 도보 2분/유리카모메(ゆりかもめ) 시오도메(汐留)역 서쪽 출구에서 도보 3분 거리/이탈리아공원 도에지하철 오오에도선(大江戸線) 시오도메(汐留)역 10번 출구에서 도보 2분/유리카모메(ゆりかもめ) 시오도메(汐留)역 동쪽 출구에서 도보 3분 **입장료** 무료 **귀띔 한마디** 이탈리아공원 양쪽으로는 고급 고층 맨션이 서 있어 맨션의 정원처럼 보이지만, 일반인에게 공개된 공원이니 자유롭게 둘러보면 된다.

인기프로그램이 많은 메이저방송국 ★★★☆☆

니혼테레비 日本テレビ, NTV

니혼테레비는 일본 최초의 민영방송국으로 줄여서 닛테레日テレ라고 부른다. 닛테레로 향하는 길목에는 드라마를 선전하는 대형포스터가 줄줄이 장식하고 있어 현재 방영중인 드라마를 한눈에 알 수 있다. 야외촬영 및 공개방송을 방송국 앞에서 많이 하므로 생방송을 촬영현장도 자주 볼 수 있다.

방송국 건물 2층에는 스튜디오지브리의 미야자키하야오宮崎駿감독이 프로듀스한 대형시계가 있으며, 방송국 정원을 걷다 보면 재미있는 모양의 예술작품도 볼 수 있다. 신바시역 및 시오도메역과 지하로 연결되어 있고 2층은 유리카모메 시오도메역과 연결되어 있어 교통이 편리하다. 한국 SBS 도쿄지국도 닛테레빌딩 안에 있다.

홈페이지 www.ntv.co.jp 주소 東京都 港区 東新橋 1-6-1 찾아가기 JR 야마노테선(山手線), 게이힌토호쿠선(京浜東北線), 토카이도선(東海道線), 요코즈카선(横須賀線), 소부선(総武線), 도쿄메트로 긴자선(銀座線), 도에지하철 아사쿠사선(浅草線), 유리카모메(ゆりかもめ) 신바시(新橋)역 2D 출구에서 바로(직접 연결)/도에지하철 오오에도선(大江戸線), 유리카모메(ゆりかもめ) 시오도메(汐留)역 서쪽 출구에서 2층으로 직접 연결, 도보 2분 거리

니혼테레비의 볼거리

미야자키하야오가 디자인한 대형시계

닛테레오토케 日テレ大時計

니혼테레비 2층에는 폭 18m, 높이 12m의 대형시계가 있다. 동판 1,228장을 붙여서 만든 이 시계는 일본 애니메이션의 거장 미야자키하야오가 디자인한 작품이다. 미야자키하야오가 그린 한 장의 그림에서 출발하여 만들기 시작한 지 16개월만인 2006년 완성된 것으로 니혼테레비를 상징하는 역할을 한다.

멋진 모양의 닛테레오토케는 정시가 되면 인형이 나와 경쾌한 음악에 맞춰 약 3분간 움직인다. 단순히 움직이는 인형과 소리까지 내는 인형이 생각지도 못한 곳에서 나타나 움직이기 때문에 보는 재미가 있다. 인형의 움직임을 볼 수 있는 시간은 월~금요일에는 12시, 13시, 15시, 18시, 20시이고 주말에는 여기에 10시가 추가되는데 계절에 따라 시간이 변경될 수도 있으니 시계 앞의 시간표를 참고하자.

시오도메를 대표하는 복합상업시설 ★★★☆☆

카레타시오도메 カレッタ汐留

덴츠빌딩 내 카레타시오도메에는 레스토랑, 카페, 전망대, 뮤지컬극장 등이 자리한다. 지하 1~2층은 카레타몰Caretta Mall, 지상 1~3층은 캐년테라스Canyon Terrace, 46~47층은 스카이레스토랑, 4~45층은 오피스공간이다. 입구에는 카레타 이름의 유래가 된 거북이모양 분수대가 있고, 매년 크리스마스에는 바다를 주제로 다양한 일루미네이션이 펼쳐진다.

광고회사 덴츠에서 기획하는 인터랙티브한 볼거리(박수를 치면 화면에 물고기가 등장하는 등)를 매년 선보인다. 또한 덴츠사계극장電通四季劇場에서는 뮤지컬 알라딘 등 뉴욕 브로드웨이 인기작품의 일본버전을 무대에 올린다. 지하 1층에는 일본 유일의 광고박물관 애드뮤지엄アド・ミュージアム이 있다. 46~47층에는 홋카이도 요리전문점, 철판요리전문점 등 고급 레스토랑이 들어서 있다. 저녁에는 1만 엔 이상이지만, 런치는 ¥1,000대로 즐길 수 있는 곳도 많다. 무료전망대 스카이뷰Sky View가 있어 굳이 레스토랑에서 식사를 하지 않아도 풍경을 즐길 수 있다. 전망대에서는 츠키지시장, 오다이바, 레인보우브리지 등 도쿄만 일대를 볼 수 있다.

홈페이지 www.caretta.jp **주소** 東京都 港区 東新橋 1-8-2 **문의** 03-6218-2100 **찾아가기** JR 야마노테선, 게이힌토호쿠선, 토카이도선, 요코즈카선, 소부선, 도쿄메트로 긴자선, 도에지하철 아사쿠사선, 유리카모메 신바시(新橋)역 지하도로 직접 연결/도에지하철 오오에도선, 유리카모메 시오도메(汐留)역 동쪽 출구에서 도보 2분/덴츠빌딩 내 **귀띔 한마디** 일루미네이션을 볼 수 있는 12월에는 일부러 찾아가볼 만하다. 46층 무료전망대는 지하 2층 논스톱 엘리베이터를 이용하면 된다.

카레타시오도메의 추천 볼거리

일본의 광고사를 한눈에 살펴보는 광고박물관

애드뮤지엄 アド・ミュージアム, ADMT

광고와 마케팅에 대한 사회적인 이해를 돕기 위해 만든 일본 유일의 광고박물관이다. 일본광고업계의 아버지라 할 수 있는 요시다히데오(吉田秀雄) 탄생 100주년을 기념하여 2002년 개관하였다. 일본의 광고역사는 물론 에도시대의 광고지부터 현재의 TVCM까지 약 20만 점의 광고자료를 찾아볼 수 있다. 광고 및 마케팅 관련 전문서적을 한곳에 모은 광고도서관이 있어 광고에 관심 있는 사람이라면 둘러볼 만하다. 실제 제품도 그렇지만 우리나라에서 봤던 광고와 빼닮은 광고가 많다는 사실에 새삼 놀라게 된다.

홈페이지 www.admt.jp **주소** 東京都 港区 東新橋 1-8-2 カレッタ汐留 **문의** 03-6218-2500 **찾아가기** 덴츠 본사빌딩 카레타시오도메 지하 1~2층 **입장료** 무료 **운영시간** 화~토요일 11:00~18:00 **휴관** 매주 일~월요일

다양한 레스토랑이 자리한 고층빌딩 ★★☆☆☆

시오도메 시티센터 汐留シティセンター, S City Center

미국의 건축가 케빈로쉬Kevin Roche가 설계한 빌딩으로 진한 에메랄드빛 통유리가 현대적인 느낌을 풍긴다. 지하 2층부터 지상 3층, 최고층인 41~42층은 상업공간으로 다양한 레스토랑과 숍이 운영된다. 특히 최상층인 41~42층의 스카이뷰 레스토랑 360°Sky View Restaurants 360°는 고급스러운 인테리어와 환상적인 야경으로 유명하다. 1층 입구로 나오면 구 신바시 정류장旧新橋停車場跡과 조화를 이루고 있는 모습이 이채롭다.

홈페이지 www.shiodome-cc.com 주소 東京都 港区 東新橋 1-5-2 문의 03-5568-3215 찾아가기 JR 야마노테선(山手線), 게이힌토호쿠선(京浜東北線), 토카이도선(東海道線), 요코즈카선(横須賀線), 소부선(総武線), 도쿄메트로 긴자선(銀座線), 도에지하철 아사쿠사선(浅草線), 유리카모메(ゆりかもめ) 신바시(新橋)역에서 시오도메 방면 지하통로로 바로 연결/도에지하철 오오에도선(大江戸線), 유리카모메(ゆりかもめ) 시오도메(汐留)역에서 지하통로로 바로 연결 영업시간 시설에 따라 다름 귀띔 한마디 바로 앞에 방송국이 있어 연예인들도 스카이뷰레스토랑을 자주 찾는다고 한다.

시오도메 시티센터의 먹거리

치킨라이스가 맛있는

싱가포르하이난치판 シンガポール海南鶏飯

싱가포르 대중적 요리인 하이난치킨라이스를 맛볼 수 있는 레스토랑이다. 낮에는 조용히 식사할 수 있지만, 저녁에는 술과 함께 싱가포르요리를 즐기려는 사람들로 왁자지껄해진다. 떡처럼 쫄깃쫄깃한 무, 다이콩모찌(大根もち)를 이용한 요리도 맛있고, 하이난치킨라이스(海南鶏飯)도 싱가포르 현지에서 먹는 것과 다름없는 맛이다. 하이난치킨은 부드럽게 익힌 닭고기 안에 감칠맛이 스며들어 밥반찬으로도 잘 어울린다.

홈페이지 www.hainanchifan.com **문의** 03-5537-5799 **찾아가기** 시오도메 시티센터 지하 1층 **가격** 런치 ¥800~, 디너 ¥2,000~3,000 **영업시간** 평일 11:00~15:00, 17:30~23:30, 토요일 11:00~23:00, 일요일 11:00~21:00

전망과 분위기 좋은 프렌치레스토랑

피시뱅크도쿄 フィッシュバンクトーキョー

41층에 자리한 클래식하면서도 모던한 프렌치레스토랑으로 도쿄시내를 한눈에 내려다보며 요리를 즐길 수 있다. 42층까지 탁 트인 높은 천장 위에는 샹들리에가 매달려 있고 유리벽으로 된 와인셀러가 고급스러운 분위기를 자아낸다. 디너는 1인당 1만 엔 이상이지만, 평일 런치라면 ¥1,000대 가격으로 샐러드, 파스타, 디저트에 드링크까지 포함된 세트를 즐길 수 있다.

홈페이지 www.fish-bank-tokyo.jp **주소** 東京都 港区 東新橋 1-5-2 汐留シティセンター 41F **문의** 03-3569-7171 **찾아가기** 시오도메 시티센터 41층 **가격** 평일 런치 ¥1,200~6,000, 디너 ¥10,000~ **영업시간** 11:30~15:00, 17:30~23:30 **귀띔 한마디** 도쿄타워가 잘 보이는 창가자리를 요청하는 것이 좋다. 낮에 보는 전망보다는 야경이 멋지다.

황실의 별궁이었던 일본식 정원 ★★★★☆

하마리큐온시테이엔 浜離宮恩賜庭園

에도시대 일본정원을 대표하는 대규모공원으로 하마리큐浜離宮라는 이름에서 알 수 있듯 일본 황실별궁이었다. 관동대지진 및 전쟁으로 건축물 대부분은 사라졌고 1946년 공원으로 복원하였다. 도쿄만과 스미다강이 만나는 곳에 자리하는데 2개의 커다란 연못이 있어 아름답다. 공원 내에는 수많은 나무가 계절 따라 다양한 꽃을 피운다. 풍경이 멋진 곳이라 사진작가는 물론 웨딩촬영 모습도 종종 볼 수 있다.

홈페이지 www.tokyo-park.or.jp **주소** 東京都 中央区 浜離宮庭園 **찾아가기** 도에지하철 오오에도선(大江戸線) 시오도메(汐留)역 10번 출구에서 도보 5분/유리카모메(ゆりかもめ) 시오도메(汐留)역 동쪽 출구에서 도보 5분/수상버스(水上バス) 하마리큐(浜離宮)에서 바로 연결 **입장료** 일반 ¥300, 65세 이상 ¥150, 초등학생 이하 무료(무료공개 5월 4일, 10월 1일) **개방시간** 09:00~17:00 **휴원** 12월 29일~1월 1일 **귀띔 한마디** 입장료는 현금은 물론 도쿄교통카드로도 지불할 수 있어 편리하고, 관광안내소에서 무료로 배급하는 팸플릿 안에 할인권이 포함된 경우도 있다.

하마리큐온시테이엔의 볼거리와 찻집

배를 타고 색다르게 즐기는 도쿄여행

수상버스 水上バス

도쿄크루즈는 아사쿠사, 하마리큐온시테이엔, 오다이바 등을 배로 연결하는 수상버스를 운영한다. 아사쿠사에서 하마리큐온시테이엔까지 이동하는 가장 빠른 배는 35분이 소요된다. 노선에 따라 가격 및 이동 시간이 달라진다. 또한 도쿄미즈베라인(東京水辺ライン)은 아사쿠사-카사이 크루즈(浅草・葛西クルーズ)를 운행하는데, 오다이바까지 약 20분이 소요된다. 하마리큐에서 출발하는 배는 편수가 많지 않지만, 주요 관광지와 연결되기 때문에 여행자에게는 편리하다.

홈페이지 www.suijobus.co.jp, www.tokyo-park.or.jp/waterbus **문의** 0120-977311 **찾아가기** 하마리큐온시공원 내 동쪽 끝에 선착장이 있다. **요금** 라인 및 이동거리에 따라 다름 **귀띔 한마디** 지상에서 보는 것과는 또 다른 멋이 있으니 수상버스를 타보길 권한다.

멋진 풍경을 볼 수 있는 일본 전통찻집

나카지마의 찻집 中島の御茶屋

시오이리노이케(潮入の池)는 도쿄에서 유일하게 바닷물로 채워진 연못이다. 이 연못 한가운데 떠 있는 일본의 전통가옥이 녹차가루를 넣어 만든 말차가 유명한 전통찻집이다. 말차는 거품을 풍부하게 내서 부드럽지만 쓴맛이 강해 일본의 전통과자와 함께 먹는다. 찻집에서 보이는 풍경도 멋있지만, 찻집까지 목조로 연결된 다리를 포함한 길이 아름다운 곳이다.

문의 03-3541-0200 **찾아가기** 하마리큐온시테이엔의 시오이리노이케(潮入の池) 안 **가격** ¥500~1,000 **영업시간** 09:00~16:30 **귀띔 한마디** 말차를 마실 때는 과자를 먼저 한입 먹고 난 후 말차를 마시면 쓴맛보다는 개운함이 느껴져 더 맛있게 즐길 수 있다.

Section 10

Tokyo

신바시&시오도메에서 먹어봐야 할 것들

신바시역 가라스모리구치쪽으로 나가면 이자카야가 늘어선 골목길이 이어진다. 저렴한 가격에 맛있는 안주를 파는 술집이 많아 샐러리맨들을 끊임없이 유혹하는데, 딱 한 잔 가볍게 마실 수 있는 스탠딩 바도 있다. 대부분이 술집이지만 간단하고 식사를 해결할 수 있는 밥집도 곳곳에 있다. 반면 시오도메쪽은 고급스러운 레스토랑이 많고 이탈리아거리를 중심으로 이탈리안레스토랑을 심심치 않게 볼 수 있다.

싱싱한 회를 저렴하게 즐길 수 있는 ★★★★★

우오킨 魚金, Uokin

신바시역에서 가라스노모리烏森 방면으로 나오면 술집이 이어지는데 그중 제일 유명한 이자카야가 우오킨이다. 저렴하게 맛있는 안주를 맛볼 수 있어 신바시역 근처에만 10여 군데 분점이 있을 정도로 인기가 높다. 비즈니스맨들이 많이 찾는 곳이라 서두르지 않으면 예약하기도 힘들다. 우오킨에서 놓치면 안 되는 안주는 싱싱한 회를 푸짐하게 담아주는 모둠회刺し盛り이다. 맛을 보면 우오킨의 단골이 될 수밖에 없는 메뉴로 양도 푸짐하다. 일본 최대의 수산시장이 바로 옆에 있어 신선도 높은 회를 맛볼 수 있다. 시원한 생맥주는 물론 사케 및 일본소주의 종류도 다양해 골라 마시는 재미도 있다. 본점은 예약도 어렵고 빈자리 찾기도 힘들므로 근처 2호점도 염두에 두고 가면 좋다.

홈페이지 www.uokingroup.jp **가격** ¥3,000~5,000 **영업시간** 평일 16:00~23:00, 주말 및 공휴일 13:00~23:00

- **본점 주소** 東京都 港区 新橋 3-18-3 第2富士ビル **문의** 03-3431-1785 **찾아가기** JR, 도쿄메트로 긴자선(銀座線), 도에지하철 아사쿠사선(浅草線), 유리카모메(ゆりかもめ) 신바시(新橋)역 가라스모리구치(烏森口)에서 도보 3분
- **2호점 주소** 新橋 3-8-6 大新ビル1~2F **문의** 03-3431-6662 **찾아가기** 신바시역 가라스모리구치에서 도보 5분

저렴하고 맛있어서 만족도가 높은 ★★★★☆

돈카츠마루야 とんかつ まるや

싸고 맛있는 이곳의 인기메뉴는 로스카츠ロースかつ이다. 기름진 음식이 싫다면 히레카츠ヒレかつ나 에비카츠エビかつ를 추천한다. 재첩이 들어간 미소시루味噌汁와 밥은 무한리필이 가능해서 퇴근길 허기를 채우려는 회사원들에게 인기가 높다. 집에서 어머니가 만들어준 것 같은 소박한 맛이기도 하지만, 프로의 손길이 느껴지는 바삭한 식감은 ¥700이라는 것이 믿기지 않을 정도이다. 식당이 크지는 않지만 회전이 빨라 저렴하게 돈카츠를 먹고 싶은 여행자들에게는 최적이다.

홈페이지 maruya08.co.jp 주소 東京都 港区 新橋 3-22-2 つるやTKビル 1F 문의 03-3573-0318 찾아가기 JR, 도쿄메트로 긴자선(銀座線), 도에지하철 아사쿠사선(浅草線), 유리카모메(ゆりかもめ) 신바시(新橋)역 가라스모리구치(烏森口)에서 도보 5분 가격 ¥700~1,000 영업시간 평일 11:00~15:30, 17:00~22:00 토요일 11:00~15:30 휴무 일요일 및 공휴일

디저트가 환상적인 이탈리안뷔페 전문레스토랑 ★★★★☆

라마레아 ラ マレーア, LA MAREA

이탈리아거리 끝 미츠이가든호텔 시오도메 1층에 자리한 이탈리안뷔페 전문레스토랑이다. 아침부터 저녁까지 각기 다른 뷔페를 운영하는데 런치뷔페가 특히 가격대비 만족도가 높다. 요리뿐 아니라 디저트의 종류도 다양하고 맛도 좋아 디저트뷔페전문점보다 만족도가 높다. 다양한 이탈리안요리를 맛보고 싶은 여성과 양이 많은 남성 모두 만족할 수 있는 데다, 레스토랑 분위기도 세련되고 고급스러워 데이트를 즐기기에도 적합하다.

주소 東京都 港区 東新橋 2-14-24 三井ガーデンホテル汐留イタリア街 1F 문의 03-3431-3108 찾아가기 도에지하철 오오에도선(大江戸線) 시오도메(汐留)역 8번 출구에서 도보 4분/유리카모메(ゆりかもめ) 시오도메(汐留)역 서쪽 출구에서 도보 5분 거리 가격 ¥1,500~2,500(시간대에 따라 다름) 영업시간 **조식** 06:30~10:30 **런치** 11:30~17:00 귀띔 한마디 뷔페라서 혼자 가면 어색할 것 같지만, 도쿄에는 혼자서 맛집을 찾아다니는 미식가도 많아 혼자라도 괜히 눈치를 볼 필요가 없다.

숯불구이 돼지고기를 듬뿍 올린 덮밥 ★★★★☆

부타다이가쿠 豚大学

부타다이가쿠를 해석하면 '돼지대학'이라는 뜻이 된다. 두툼하게 썬 삼겹살에 간장소스를 발라 숯불에 구워 밥 위에 올려 먹는 돼지고기덮밥인 부타동豚丼만 판매한다. 그래서 메뉴를 고민할 필요도 없이 사이즈만 소, 중, 대, 특대 중에서 정하면 된다. 은은하게 퍼지는 숯불향이 식욕을 자극하고, 고기에 바른 짭조름한 소스가 하얀 밥에 스며들어 밥맛을 돋운다. 부타동의 사이드메뉴로 츠케모노漬物, 미소시루, 반숙계란, 김치, 맥주 등을 추가할 수 있다.

홈페이지 butadaigaku.jp 주소 東京都 港区 新橋 2-16-1 ニュー新橋ビル 문의 03-5512-3121 찾아가기 JR, 도쿄메트로 긴자선(銀座線), 도에지하철 아사쿠사선(浅草線), 유리카모메(ゆりかもめ) 신바시(新橋)역 가라스모리(烏森) 입구에서 도보 1분 거리 가격 ¥500~2,000 영업시간 평일 13:30~21:45 주말 11:00~15:00, 16:30~20:15 귀띔 한마디 고기에 밥만 있으면 되는 육식주의자가 환호할 메뉴이다. 가격도 저렴하고 맛도 좋지만 남성들만 앉아 있어 여성이 들어가서 식사를 하려면 약간의 용기가 필요하다.

이탈리아 토스카나풍의 생파스타전문점 ★★★★☆

지리오 ジリオ, Giglio

이탈리아 토스카타풍으로 조리한 요리가 특색 있어 인기가 높은 집이다. 파스타는 건면을 삶아 만드는 곳이 많지만, 이 집은 갓 뽑은 생파스타를 사용해 훨씬 맛이 좋다. 런치 파스타를 주문하면 갓 구운 포카치아Focaccia를 곁들여 주고 파스타만큼 훌륭한 모둠전채요리를 먹을 수 있다. 런치의 프리픽스코스는 3,500엔부터 시작해서 가격 부담 없이 고급스런 요리를 맛볼 수 있다. 칼국수처럼 얇게 뽑은 면을 잘라 만드는 '페투치네フェットチーネ'도 맛있고 시금치와 리코타 치즈リコッタチーズ를 넣고 떡처럼 만드는 뇨끼 '뉴디ニューディー'와 면이 두터워 쫀득쫀득한 식감을 즐길 수 있는 파스타 '이피치イ·ピーチ'가 특히 유명하다.

주소 東京都 港区 新橋 6-9-2 新橋第一ビル B1F 문의 03-3438-0748 찾아가기 도에지하철 오오에도선(大江戸線) 시오도메(汐留)역 8번 출구에서 도보 6분/유리카모메(ゆりかもめ) 시오도메(汐留)역 서쪽 출구에서 도보 7분 거리 가격 런치 ¥2,000~4,000, 디너 ¥6,000~10,000 영업시간 런치 11:00~15:00, 디너 17:00~23:00 귀띔 한마디 비교적 저렴한 런치의 파스타는 예약이 불가능하니 12시 이전에 도착하는 것이 좋다.

さかなや

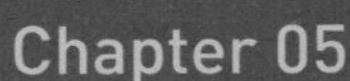

Chapter 05

츠키지&도요스시장

築地&豊洲市場

Tsukiji&Toyosu Market

★★☆☆☆
★★★★★
★★☆☆☆

츠키지는 매립지, 츠키시마와 도요스시장은 매립으로 만든 인공섬으로 화려한 긴자 바로 옆이라는 것이 믿기지 않을 정도로 분위기가 전혀 다르다. 츠키지시장은 옛날 모습이 그대로 남아 허름한 재래시장 분위기이고, 츠키시마 역시 옛 상점가의 모습이 그대로 남아 있다. 세계 최대의 수산시장인 도요스시장은 캄캄한 꼭두새벽부터 도매상과 소매상들로 활기가 넘치고, 츠키시마는 해가 진 저녁시간부터 술을 마시러 오는 사람으로 붐빈다. 화려한 도심 이미지가 강한 도쿄에 이런 곳도 있다는 점이 놀랍다.

嘉紀の一言

요시노리의 한마디

일본 현지인들은 두말할 필요 없이 도쿄에서 초밥 하면 츠키지시장을 꼽고, 몬자야키 하면 츠키시마를 꼽는다.

츠키지&도요스시장을 잇는 교통편

츠키지는 츠키지역과 츠키지시죠역이 바로 앞에 있고 긴자, 시오도메, 신바시에서도 도보 10분 정도로 가까운 거리이다. 도요스시장은 유리카모메 시조마에역에 내리면 바로다. 도요스시장과 츠키지시장을 함께 구경하면 좋은데 두 지역을 잇는 대중교통은 버스가 편리하다. 지하철과 유리카모메를 연결해서 이동할 수 있지만, 오다이바를 거쳐 먼거리를 돌아가기 때문에 시간과 비용이 많이 든다. 택시로 10분 정도 거리라 2,000엔 이하로 나오니 일행과 함께 택시를 타고 이동하는 것을 추천한다.

츠키지(築地)역 히비야선(日比谷線)
츠키지시죠(築地市場)역 오오에도선(大江戸線)
시조마에역(市場前) 유리카모메(ゆりかもめ)

츠키지&도요스시장에서 이것만은 꼭 해보자

1. 도요스시장에서 싱싱해서 더 맛있는 초밥을 먹자.
2. 색다른 볼거리로 풍성한 츠키지시장을 구경하자.

사진으로 미리 살펴보는 츠키지&도요스시장 베스트코스

도요스시장과 츠키지는 새벽부터 오전까지 성황을 이루지만 오후에는 대부분 문을 닫는다. 무엇보다 가격대비 만족도 높은 초밥을 먹으려면 아침 일찍 서두르는 것이 좋다. 도요스시장에 새벽 5시 정도 도착하면 먼저 인기 높은 초밥집부터 찾아보자. 맛있는 초밥을 아침밥으로 먹고, 도요스시장을 느긋하게 둘러보면서 소화시킨다. 택시를 타고 츠키시시장으로 이동하여 구경한 다음 츠키지 혼간지에서 마무리하면 오전 9시 정도가 될 것이다. 지하철역에서 가까워서 다른 지역으로 이동하기도 쉽다.

1 츠키지(새벽) 추천 코스(예상 소요시간 4시간 이상)

Go!

시조마에역 → (바로 인접) → [아침] 스시다이 또는 다이와스시 1시간 코스 → (바로) → 도요스시장 30분 코스 → (택시 10여 분) → 츠키지시장 1시간 코스 → (도보 5분) → 츠키지혼간지 15분 코스 → (도보 3분) → 츠키지역

츠키지 築地
[H-10]
츠키지역
2
1
츠키지혼간지
築地本願寺
토리메시 토리토
鳥めし鳥藤
스시잔마이 본점
すしざんまい 本店
新大橋通り
국립암센터중앙병원
国立がん研究センター中央病院
마루타케
丸武
晴海通り
[E-18]
츠키지시조역
A2
A1
츠키지시장
築地市場
다이사다
大定
마츠무라
松村
나미요케이나리진자
波除稲荷神社
오사카나보급센터자료관
(장내시장 경매 견학 신청)
도요스시장 豊洲市場
環二通り
유리카모메(ゆりかもめ)
수도고속도로 하루미선
[U14]
시조마에역
2
1
청과동
青果棟
다이와스시
大和寿司
수산중개매장동
水産仲卸売場棟
스시다이
寿司大
수산도매장동
水産卸売場棟
유리카모메(ゆりかもめ)
[U13]
아리아케테니스노모리역
1
2

Tokyo

Section 11

츠키지&도요스시장에서 반드시 둘러봐야 할 명소

수산물도매시장인 츠키지 장내시장이 도요스시장으로 이전했다. 현대적인 시장으로 탈바꿈하면서 관광객을 위한 편의시설이 늘었지만 재래시장의 아늑함이 사라졌다. 츠키지 장외시장은 그 자리에 남아 옛모습을 간직하고 있으니 함께 구경하는 것을 추천한다. 츠키지에는 큰 절 및 작은 신사들이 있으니 츠키지시장과 함께 돌아보자.

인도의 사찰양식으로 건축한 절 ★★★★☆

츠키지혼간지 築地本願寺

교토에 있는 니시혼간지西本願寺 도쿄별원東京別院으로 1617년 도쿄 니혼바시에 세워졌다가 화재로 소실된 후 현재 위치로 이전했다. 독특한 분위기의 외관은 1934년 이토츄타伊東忠太에 의해 인도사찰양식으로 재건한 모습이다. 겉모습은 인도 힌두사원을 연상시키는데, 천장이 높고 문은 스테인드글라스로 장식되어 있으며 내부에는 아미타여래를 본존으로 모시고 있다. 본당에 앉아 파이프오르간 연주를 듣고 있으면 여기가 절인지 성당인지 헷갈린다. 일본 유명 연예인 및 가부키배우 등의 장례식장으로 활용되는 경우가 많아 일본 TV에도 자주 등장한다.

본당 파이프오르간

홈페이지 tsukijihongwanji.jp 주소 東京都 中央区 築地 3-15-1 문의 03-3541-1131 찾아가기 도쿄메트로 히비야선(日比谷線) 츠키지(築地)역 1번 출구에서 1분/도에지하철 오오에도선(大江戸線) 츠키지시조(築地市場)역 A1번 출구에서 도보 5분/도에지하철 아사쿠사선(浅草線) 히가시긴자(東銀座)역 5번 출구에서 도보 5분 거리 개방시간 06:00~16:00

✓ 츠키지와 츠키시마는 카드사용이 불가한 곳이 많으므로 현금을 넉넉하게 준비하는 것이 좋다. 볼거리보다는 먹거리가 중심인 지역이니 먹으러 가자.

츠키지를 대표하는 신사 ★★☆☆☆

나미요케이나리진자 波除稲荷神社

츠키지는 바다 위에 만든 매립지인데 파도의 영향으로 공사에 어려움이 컸다고 한다. 어느 날 해수면 위로 빛이 보여 빛을 따라가니 일본의 여우신 이나리신稲荷大神이 보였다고 한다. 이에 이나리신을 위해 신사를 세우고 성대한 축제를 여니 파도가 잦아들어 무사히 매립공사를 마칠 수 있었다 한다. 신사에서는 현재도 다양한 축제가 열리며 매일 츠키지에서 일하는 많은 사람이 찾아와 참배한다.

홈페이지 www.namiyoke.or.jp **주소** 東京都 中央区 築地 6-20-37 **문의** 03-3541-8451 **찾아가기** 도쿄메트로 히비야선(日比谷線) 츠키지(築地)역 1번 출구에서 7분/도에지하철 오오에도선(大江戸線) 츠키지시조(築地市場)역 A1번 출구에서 도보 5분 거리 **개방시간** 09:00~17:00 **귀띔 한마디** 크기는 작지만 일본색이 깊이 느껴지는 아름다운 신사이다.

세계 최대의 수산물 시장 ★★★☆☆

도요스시장 豊洲市場

도쿄의 수많은 생선가게와 식당에서 새벽같이 물건을 사러 가는 곳이 도요스시장이다. 커다란 참치를 통째로 판매하고 싱싱한 생선들의 행렬이 끝도 없이 이어진다. 대량을 경매 및 도매로 판매하기 때문에 소량구매는 츠키지시장 내 생선가게를 이용해야 한다. 새벽 5시부터 9시 사이 거래가 활발하므로 구경하고 싶다면 아침 일찍 서둘러야 한다.

장내와 장외로 구분되어 있던 츠키지시장이 2018년 10월 장내시장 중 1,600업체 이상이 도요스시장으로 이전했다. 기존의 1.7배나 되는 부지에 들어서서 훨씬 여유로워졌다. 견학을 위한 전용 통로가 있어 공장을 견학하는 것처럼 유리창을 통해 구경할 수도 있다. 시장에서 일하는 사람과 상품, 관광객 모두의 안전을 택한 대신 과거 현장감은 떨어진다는 단점이 있

© 東京都中央卸売市場

다. 일반견학은 영업하는 날이면 언제든 가능하지만 참치경매를 보고 싶다면 미리 신청해야 한다. 또한 신청자 중 추첨을 통해서 결정하기 때문에 운도 따라야 한다. 신청은 최대 5명까지 팀으로 가능하고, 연령제한이 없기 때문에 어린아이를 동반한 가족도 가능하다. 일요일, 공휴일에 쉬고 평일에도 수요일에는 쉬는 경우가 많다. 연초의 보름 정도는 견학이 불가능하니 영업하는 날짜에 맞춰서 가야 헛걸음을 하지 않는다.

홈페이지 www.toyosu-market.or.jp 주소 東京都江東区豊洲6-6-1 문의 03-3520-8211 찾아가기 유리카모메(ゆりかもめ) 시조마에(市場前)역에서 바로 영업시간 매달 다르며, 주로 수요일과 일요일은 휴무(홈페이지의 캘린더 참고) 입장료 무료 일반견학 05:00~17:00(새벽에 가는 것을 권장) 참치경매견학 05:30~06:30(사전예약 후 추첨으로 결정)

신선한 해물을 파는 소매시장 ★★★★☆
츠키지시장 築地市場

대규모로 도매가 이뤄지는 도요스시장과 달리 우리나라 재래시장과 비슷한 곳이 츠키지시장이다. 신선한 생선은 물론 성게알, 연어알, 새우, 오징어, 대게 등 다양한 해산물부터 야채, 콩, 고기, 가랑어포, 달걀말이 등 다양한 식재료를 판매한다. 곳곳에 복어인형과 기린간판도 보이는 등 장을 보지 않더라도 시장구경은 항상 재미가 있다. 츠키지시장에서 제일 유명한 것은 두툼하게 부친 달걀말이로 도쿄시내 초밥집에서도 이곳의 달걀말이를 구입해간다. 츠키지시장은 일반인을 대상으로 하는 곳이라 시식코너도 많고 소량으로 장보기에도 좋다. 두툼하게 자른 참치회도 시식할 수 있으며, 우리나라 김치처럼 일본인 식사에 빠지지 않는 야채절임 츠케모노漬物도 맛을 보고 구입할 수 있다. 대형마트에 비해 가격이 전부 저렴한 것은 아니지만, 품질이 좋고 신선한 식재료가 많다. 또한 요리에 어울리는 다양한 모양과 크기의 그릇을 판매하는 곳도 있다.

홈페이지 www.tsukiji.or.jp 주소 東京都 中央区 築地 5-2-1 찾아가기 도쿄메트로 히비야선(日比谷線) 츠키지(築地)역 1번 출구에서 3분/도에지하철 오오에도선(大江戸線) 츠키지시조(築地市場)역 A1번 출구에서 도보 3분 거리 영업시간 05:00~14:00(가게 및 식당마다 다름) 귀띔 한마디 오후까지 장사하는 곳도 있지만, 제대로 보려면 오전에 가는 것이 좋다. 또한 요리가 가능한 곳에 머문다면, 이곳에서 신선한 재료로 장을 봐서 요리해 먹는 것도 좋다.

Special 05 츠키지시장 구경하기

새벽 경매를 견학하지 못했더라도 츠키지장내시장 안에는 살거리, 먹거리가 가득해서 관광지로서 충분한 매력이 있다. 오래된 재래시장을 연상시키는 골목 곳곳에는 빼곡하게 가게가 들어차 있고, 식당운영에 필요한 다양한 주방용품 및 식기, 야채 및 가공식품 등을 저렴하게 판매한다. 회나 초밥을 만들 때 사용하는 칼이나 갈아서 먹는 생고추냉이, 김, 향신료, 송로버섯, 송이버섯, 아스파라거스 등 고급 레스토랑 및 식당에서 필요한 모든 식자재 및 식재료를 판매한다.

토리메시 토리토 鳥めし 鳥藤

100년 이상 신선한 닭고기를 취급해 온 회사에서 운영하는 닭고기 덮밥 전문점이다. 탱탱한 닭고기와 부드러운 계란을 함께 넣고 만드는 오야코동(親子丼)이 유명하다. 보통 간장을 사용한 소스를 넣는데, 특이하게 소금으로 간을 한 메뉴도 있다. 닭의 다양한 부위를 한 그릇에 담은 토리메시(鳥めし)도 맛있다. 삼계탕과 비슷한 맛의 따끈한 수프를 함께 주는데 몸보신 되는 기분이 든다.

홈페이지 www.toritoh.com **주소** 東京都 中央区 築地 4-8-6 **문의** 03-3543-6525
찾아가기 도쿄메트로 히비야선(日比谷線) 츠키지(築地)역 1번 출구에서 4분/도에지하철 오오에도선(大江戸線) 츠키지시조(築地市場)역 A1번 출구에서 도보 3분 거리 **가격** ¥800~1,000 **영업시간** 07:30~14:00 **휴무** 일요일 및 공휴일, 시장 휴일

마츠무라 松村

1926년 창업하여 백 년에 가까운 역사를 지닌 가다랑어포전문점이다. 당일 뜬 가다랑어포를 판매하기 때문에 가다랑어 특유의 향이 강해 그냥 집어먹거나 맨밥에 뿌려 먹어도 맛있다. 일본 다시의 기본이 가다랑어포라 이를 사용하면 요리의 맛이 그만큼 좋아진다. 참고로 가다랑어포는 포를 뜬 후 시간이 지나면 향이 사라지기 때문에 갓 포를 뜬 가다랑어포가 제일 맛이 좋다.

가다랑어가루

가다랑어포(가츠오부시, かつお節)

홈페이지 www.katsuobushi.jp **주소** 東京都 中央区 築地 6-27-6 **문의** 03-3541-1760 **찾아가기** 도쿄메트로 히비야선(日比谷線) 츠키지(築地)역 1번 출구에서 8분/도에지하철 오오에도선(大江戸線) 츠키지시조(築地市場)역 A1번 출구에서 도보 5분 거리 **가격** ¥500~4,000 **영업시간** 05:00~12:00 **휴무** 일요일 및 공휴일, 시장 휴일 **귀띔 한마디** 가게 근처로 지나만 가도 가다랑어포의 진한 향에 취하게 된다.

마루타케 丸武

80년 이상의 역사를 가진 달걀말이전문점으로 일본의 연예인 테리이토(テリー伊藤) 가문에서 3대째 운영하는 것으로 유명하다. 매일 새벽 3시부터 능숙한 손길의 전문가들이 달걀말이를 시작한다. 계란도 산지직송으로 신선한 것만 사용하고, 화학조미료 등의 첨가물은 전혀 사용하지 않는다. 마루타케의 독자적인 다시국물만을 사용하기 때문에 단맛과 함께 깊은 맛이 난다.

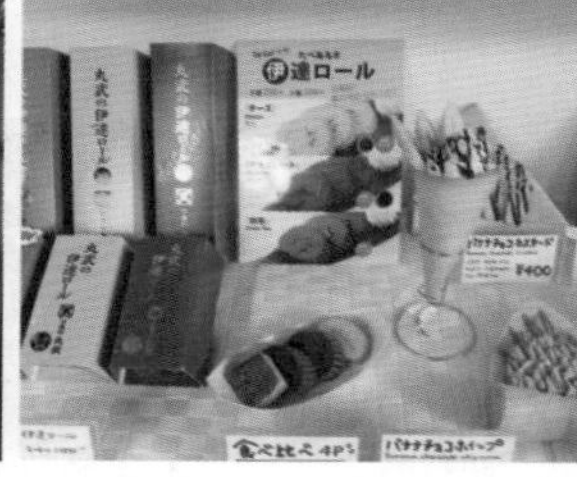

홈페이지 www.tsukiji-marutake.com **주소** 東京都 中央区 築地 4-10-10 **문의** 03-3542-1919 **찾아가기** 도쿄메트로 히비야선(日比谷線) 츠키지(築地)역 1번 출구에서 7분/도에지하철 오오에도선(大江戸線) 츠키지시조(築地市場)역 A1번 출구에서 도보 4분 **영업시간** 평일 04:00~14:30, 일요일 08:30~14:00(1월과 8월은 휴일) **휴무** 공휴일, 시장 휴일

다이사다 大定

맛있는 달걀말이를 파는 것으로 유명한 츠키지시장의 대표적인 달걀말이전문점이다. 80년 넘는 긴 역사를 가진 다이사다는 기계를 사용하지 않고 지금도 하나씩 수작업으로 계란을 말아서 만든다. 일본전역의 초밥집, 요릿집, 백화점, 고급 슈퍼 등에 공급하는 고급 달걀말이의 대명사이기도 하다. 제일 인기 많은 달걀말이는 츠키지야(つきじ野)이다. 아름다운 노란색 위에 노릇노릇하게 구운 자국이 남아 있어 식욕을 자극하고, 폭신폭신하게 구워져서 부드럽고 고급스러운 단맛이 나서 고급 초밥집에서 애용하는 상품이다. 커다란 달걀말이를 사서 먹기가 부담스럽다면 시식코너에서 맛만 보는 것도 괜찮다.

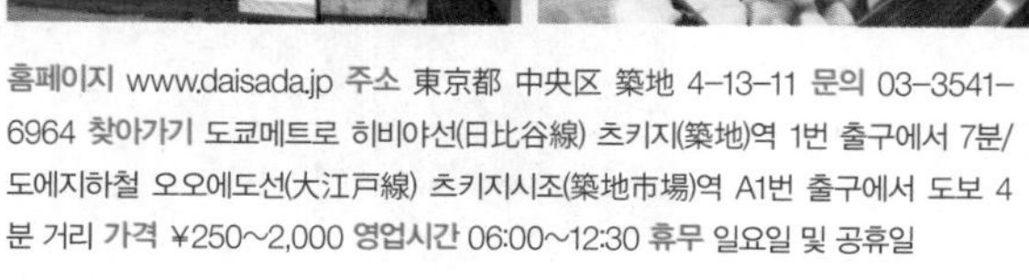

홈페이지 www.daisada.jp **주소** 東京都 中央区 築地 4-13-11 **문의** 03-3541-6964 **찾아가기** 도쿄메트로 히비야선(日比谷線) 츠키지(築地)역 1번 출구에서 7분/도에지하철 오오에도선(大江戸線) 츠키지시조(築地市場)역 A1번 출구에서 도보 4분 거리 **가격** ¥250~2,000 **영업시간** 06:00~12:30 **휴무** 일요일 및 공휴일

Section 12

Tokyo

츠키지&도요스시장&츠키시마에서 먹어봐야 할 것들

도요스시장에서 판매하는 해산물은 세계 최고로 손꼽힌다. 실제 뉴욕의 유명한 초밥집 및 한국 유명 레스토랑에서도 이곳의 해산물을 사용한다고 한다. 도요스시장과 츠키지시장에서는 비교적 저렴한 가격에 싱싱함이 살아있는 해물을 맛볼 수 있다. 츠키시마에는 도쿄를 대표하는 먹거리인 몬쟈야끼전문점이 늘어선 몬자스트리트가 있다. 츠키지와 도요스시장, 츠키시마는 모두 먹으러 가는 곳이니 배가 많이 고플 때 찾아가자.

일본 최고의 초밥집! ★★★★★
스시다이 寿司大 도요스시장

요시노리 추천

세계에서 가장 좋은 생선이 모인다는 츠키지시장에서 제일 인기 많은 초밥집이다. 새벽 5시 30분에 문을 여는데 4시부터 손님들이 줄을 서고, 6시 이후부터는 2시간 이상 기다려야 겨우 들어갈 수 있다. 니기리즈시にぎり寿司 10개와 김으로 만 마끼모노巻物 1줄, 거기에 니기리즈시를 하나 더 주문할 수 있는 슌노오마카세旬のお任せ 세트를 추천한다. 초밥장인 이타마에상板前さん이 눈앞에서 하나씩 만들어주는 신선한 초밥은 비린내가 전혀 나지 않고 입안에서 살살 녹는다. 1인당 약 4만 원 정도로 비싸다고 느껴질 수 있지만, 일본에서 이 정도 초밥을 먹으려면 보통 3~5배의 가격을 지불해야 한다.

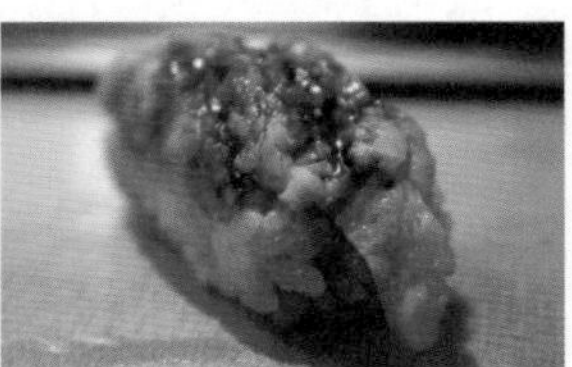

주소 東京都 江東区 豊洲 6-5-1 水産仲卸売場棟 3F **문의** 03-6633-0042 **찾아가기** 유리카모메(ゆりかもめ) 시조마에(市場前)역에서 도보 3분 **가격** ¥6,000~8,000 **영업시간** 5:30~재료소진 시 **휴무** 수요일, 일요일 및 츠키지시장 휴일 **귀띔 한마디** 기다리는 시간을 줄이려면 개점 30분 전인 새벽 5시에 도착하는 것이 좋다.

맛과 서비스 모두 최고인 이자카야 ★★★★★
키시다야 岸田屋 츠키시마

개장 전부터 정장차림의 아저씨들이 길게 줄을 서는 이자카야다. 일본전통의 멋이 느껴지는 분위기로, 화려하지는 않지만 술과 안주 모두 맛있다. 도쿄 3대 찜요리인 소고기찜요리 니코미煮込み가 인기가 많고 찐고기를 따뜻한 두부 위에 올려먹는 니쿠토후肉とうふ도 환상적인 맛이다. 안

주로 나오는 요리 모두 훌륭할 뿐 아니라 서비스도 정중하고 친절하다. 일본술 사케와 함께 일본의 맛과 멋을 모두 즐기고 싶은 사람에게 강력히 추천한다.

니쿠토후(肉とうふ)

주소 東京都 中央区 月島 3-15-12 **문의** 03-3531-1974 **찾아가기** 도쿄메트로 유라쿠초선(有楽町線), 도에지하철 오오에도선(大江戸線) 츠키시마(月島)역 7번 출구에서 도보 5분 거리 **가격** ¥2,000~3,000 **영업시간** 17:00~21:30 **휴무** 일~월요일 및 공휴일 **귀띔 한마디** 좋은 재료를 사용하는 생선구이 및 회도 맛있어서 생선을 좋아하는 일본인 취향에 잘 맞는 곳이다.

외국인 관광객이 많이 찾는 초밥집 ★★★★☆

다이와스시 大和寿司 도요스시장

다이와스시는 도요스시장에서 2번째로 인기 많은 초밥집이다. 스시다이에 비해 대기시간이 적기 때문에 몇 시간이나 서서 기다릴 시간이 없는 관광객이 많이 찾는다. 스시다이에 비해 대기시간이 적을 뿐이지 이 집도 30분~1시간 정도는 기다려야 들어갈 수 있다. 니기리즈시 7개, 마끼모노 1줄이 포함된 오마카세おまかせ세트를 일단 주문해서 먹고, 부족하다면 니기리즈시를 낱개로 추가 주문할 수 있다. 오토로大トロ, 쿠루마에비車海老, 우니うに, 이쿠라いくら 등 인기 많은 고급 생선을 사용하며, 일반적인 초밥집에 비해 크기도 크고 두툼해 만족도가 높다.

주소 東京都 江東区 豊洲6-3-2 豊洲市場 5街区青果棟 1F **문의** 03-6633-0220 **찾아가기** 유리카모메(ゆりかもめ) 시조마에(市場前)역에서 도보 3분 **가격** ¥6,000~8,000 **영업시간** 06:00~13:00 **휴무** 일요일 및 공휴일, 부정기적 휴일

24시간 영업해 편리한 초밥집 ★★★☆☆

스시잔마이 본점 すしざんまい 本店 츠키지시장

2001년 문을 연 스시잔마이본점은 츠키지시장을 대표하는 초밥집이다. 일본에서 최초로 24시간, 연중무휴로 영업하는 초밥집으로 일본전역에 체인점을 둘 정도로 인기가 많다. 연초에는 츠키지시장 참치경매에서 가장 크고 비싼 참치를 구입하는데, 각종 미디어에서 화제가 되기도 한다. 인기메뉴는 참치의 다양한 부위를 사용한 마구로잔마이まぐろざんまい와 다양한 초밥이 풍성한 특선스시잔마이特選すしざんまい이다. ¥2,000~3,000대의 저렴한 세트도 많고 단품초밥을 주문할 수 있어 자신의 예산에 맞춰 먹을 수 있다.

홈페이지 www.kiyomura.co.jp **주소** 東京都 中央区 築地 4-11-9 **문의** 03-3541-1117 **찾아가기** 도쿄메트로 히비야선(日比谷線) 츠키지(築地)역 1번 출구에서 3분/도에지하철 오오에도선(大江戸線) 츠키지시조(築地市場)역 A1번 출구에서 도보 3분 거리 **가격** ¥2,000~5,000 **영업시간** 24시간 **휴무** 연중무휴 **귀띔 한마디** 24시간 영업을 해서 아무 때나 가도 된다. 스시잔마이 본관은 빌딩도 크고 주변에 별관 및 체인점까지 있어 기다리지 않아도 되는 점이 좋다.

Special Area 02

몬자야끼의 천국, 츠키시마 몬자스트리트

몬자야키는 철판에 묽은 밀가루와 야채 등을 넣고 구워 먹는 철판요리로 막과자가게 다가시야駄菓子屋에서 어린이 간식으로 팔던 군것질거리였다. 다가시야에서 몬자를 구우면서 그 위에 글자를 쓰며 놀았기에 모지야키文字焼き라 부르던 것이 몬자야키, 이후 오코노미야키お好み焼き로 발전했다. 츠키시마 몬자스트리트는 1980년대 후반 몬자붐이 불면서 형성되기 시작하여 현재 약 75개의 몬자야키점이 밀집되어 있다. 어린이 간식에서 지금은 맥주안주로 사랑받고 있다.

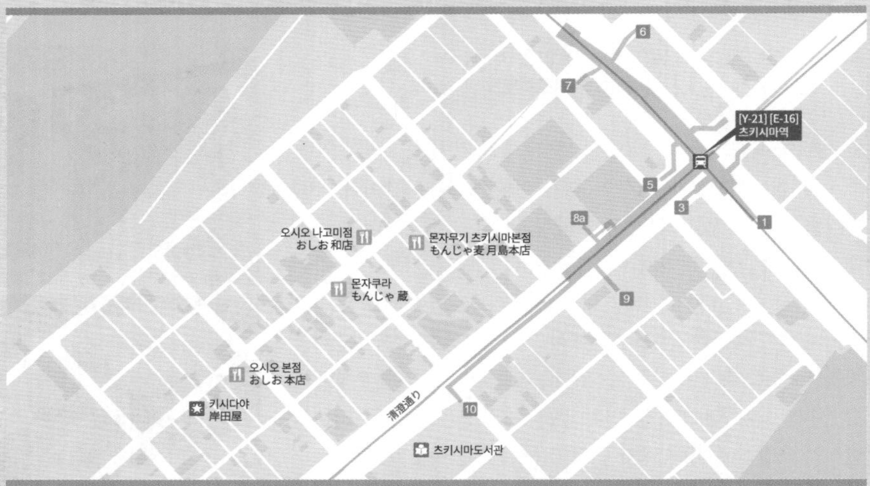

- **교통편** 츠키시마(月島)역 유라쿠초선(有楽町線), 오오에도선(大江戸線)
- **베스트코스** : 츠키시마역 → 몬자스트리트 → [술] 키시다야 → [술] 몬자쿠라 → 츠키시마역

몬자쿠라 もんじゃ 蔵

몬자스트리트의 수많은 몬자야키점 중에서도 인기가 많은 곳이다. 여러 가지 재료가 듬뿍 들어간 쿠라스페셜몬자蔵スペシャルもんじゃ가 다른 몬자야키에 비해 가격은 비싸지만 양이 많고 맛도 좋다. 몬자야키만 먹지 말고 오코노미야키 및 야키소바를 주문해서 이것저것 함께 먹어보자. 사람들이 붐비는 오후 7~9시보다는 오후 5~6시쯤에 가야 기다리지 않고 들어갈 수 있으며, 미리 전화예약을 해도 좋다.

홈페이지 monja-kura.gorp.jp **주소** 東京都 中央区 月島 3-9-9 **문의** 050-5493-4902 **찾아가기** 도쿄메트로 유라쿠초선(有楽町線), 도에지하철 오오에도선(大江戸線) 츠키시마(月島)역 7번 출구에서 도보 3분 **가격** 런치 ¥1,200~, 저녁 ¥2,000~3,000 **영업시간** 11:00~23:00 **귀띔 한마디** 몬자스트리트에서 제일 인기가 높다.

몬자무기 츠키시마본점 もんじゃ麦 月島本店

1983년에 문을 연 몬자야키전문점으로 35년 넘는 전통을 이어왔다. 츠키지시장에서 바로 신선한 해산물을 공수하고, 밀가루 및 야채도 신선한 것만 엄선해서 사용한다. 무기스페셜麦スペシャル몬자 및 명란젓과 치즈가 들어간 멘타이코치즈明太餅チーズ몬자가 인기 많다. 특히 명란젓과 치즈가 들어간 몬자에 모찌를 추가로 넣으면 쫀득쫀득한 식감까지 더해져서 맛이 배가 된다.

주소 東京都 中央区 月島 1-23-10 **문의** 03-3534-7795 **찾아가기** 도쿄메트로 유라쿠초선(有楽町線), 도에지하철 오오에도선(大江戸線) 츠키시마(月島)역 7번 출구에서 도보 1분 거리 **가격** 런치 ¥1,200~, 저녁 ¥2,000~3,000 **영업시간** 11:30~22:00 **휴무** 매주 월요일

오시오 おしお

츠키시마 몬자스트리트에서 자주 보이는 상호가 오시오이다. 인기가 많아 우후죽순 분점이 늘어나고 있다. 메뉴가 다양하여 취향에 따라 골라 먹을 수 있고, 술안주로 야채나 고기메뉴도 많아 철판요리를 다양하게 즐길 수 있다. 오시오는 분위기도 깔끔하고 찾는 사람이 많아 재료도 신선하고 맛있다.

- **공통** 홈페이지 oshio.tokyo 가격 런치 ¥1,500~, 저녁 ¥2,000~3,000 영업시간 12:00~23:00
- **본점** 주소 東京都 中央区 月島 3-17-10 문의 03-3531-7423 찾아가기 도쿄메트로 유라쿠초선(有楽町線), 도에지하철 오오에도선(大江戸線) 츠키시마(月島)역 7번 출구에서 도보 3분
- **나고미점** 주소 東京都 中央区 月島 1-21-5 문의 03-3532-9000 찾아가기 나고미점 츠키시마(月島)역 7번 출구에서 도보 4분

Tip

몬자야키 만드는 방법

몬자야키는 철판 위에서 한 번만 뒤집는 오코노미야키에 비해 만드는 방법이 복잡하다. 철판에서 직접 만들어 먹는 재미가 있어 스스로 굽는 사람이 많지만, 자신이 없다면 직원에게 다음과 같이 부탁하자.

'作り方が分からないので､作ってもらえますか？(츠쿠리카타가 와카라나이노데 츠쿳테 모라에마스까?)'

몬자야키 만들기

철판을 달군다. → 밀가루 물은 남기고 양배추만 넣고 익힌다. → 철판용 주걱으로 재료를 자르면서 섞는다. → 재료를 둥글게 모은다. → 재료 한가운데에 동그랗게 구멍을 만든다. → 구멍 안에 밀가루 물을 넣는다. → 밀가루 물이 익으면 입맛에 따라 어울리는 소스를 적당히 넣는다. → 전체적으로 잘 섞이도록 섞는다. → 아랫면이 살짝 노릇해질 때까지 익힌다. → 작은 철판용 주걱 하가시(はがし)로 조금씩 떠먹는다.

 ▶  ▶ 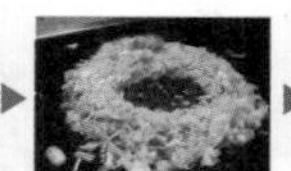 ▶ 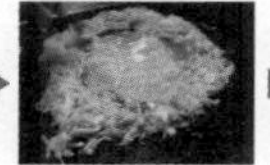 ▶ 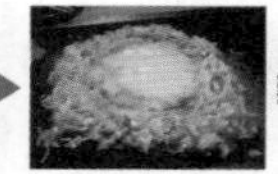 ▶ 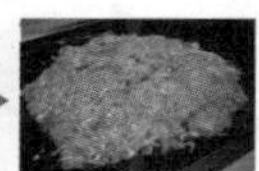

Part 03

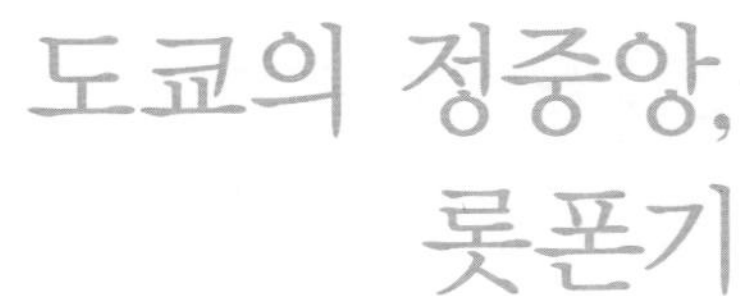

도쿄의 정중앙, 롯폰기

한눈에 살펴보는 롯폰기지역

롯폰기지역은 도쿄 정중앙에 해당하며 도쿄만의 독특한 특징을 느낄 수 있는 거리가 많다. 롯폰기힐즈, 미드타운 등 고층빌딩에서는 화려하고 현대적인 도쿄, 도쿄타워가 있는 하마마쓰초에서는 그림엽서 같은 풍경의 도쿄, 수백 년 전통의 가게로 가득한 아자부주반상점가에서는 정취 있는 도쿄, 전통정원과 신사가 빌딩과 어우러진 아카사카에서는 현재의 도쿄, 고급 주택가가 펼쳐진 히로오의 레스토랑에서는 맛있는 도쿄를 만날 수 있다. 롯폰기, 하마마쓰초, 아자부주반, 아카사카, 히로오는 걸어서 10분 정도로 인접해 있지만 거리마다 특징이 색다르다. 일반적으로 화려한 롯폰기만을 찾는 경우가 많지만, 취향에 따라 주변지역도 함께 둘러보면 좋다.

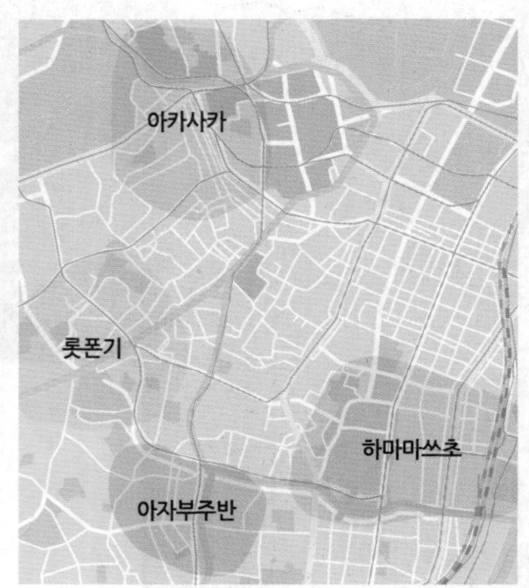

롯폰기지역에서 이동하기

롯폰기지역은 JR이 지나지 않는 구역이 많아 JR패스를 사용할 수 없어 불편하다. 그래서 롯폰기지역은 도쿄메트로와 도에지하철 둘 다 이용할 수 있는 일일패스를 구입하는 것이 편리한데, 이동이 많지 않은 경우 오히려 패스가 더 비싸므로 필요한 교통비를 미리 계산해 보자. 도쿄의 지하철은 운영하는 회사에 따라 요금이 별도로 책정되므로 가능하다면 같은 회사의 노선을 이용해야 저렴하다. 지하철로 1~2 정거장 정도의 거리에 일행이 3명 이상이라면 택시를 이용해서 이동하는 것과 별반 차이가 없다.

• 도쿄 ↔ 롯폰기

출발역	탑승열차	경유역	환승역	경유역	도착역	이동시간	도보이동 시	요금
도쿄(東京)	도쿄메트로 마루노우치선 오기쿠보행	1개	긴자(銀座) 도쿄메트로 히비야선 나카메구로행	4개	롯폰기(六本木)	15분	60분(4.9㎞)	￥170

• 신주쿠 ↔ 롯폰기

출발역	탑승열차	경유역	환승역	경유역	도착역	이동시간	도보이동 시	요금
신주쿠(新宿)	도에 오오에도선 롯폰기행	4개	–	–	롯폰기(六本木)	9분	50분(4.6㎞)	￥220

• 롯폰기 ↔ 하마마쓰초, 아자부주반, 아카사카, 히로오

출발역	탑승열차	경유역	환승역	경유역	도착역	이동시간	도보이동 시	요금
롯폰기(六本木)	도에 오오에도선 다이몬행	3개	다이몬(大門)	도보이동	하마마쓰초	12분	40분(3.2㎞)	￥180
		1개	–	–	아자부주반	2분	12분(1.1㎞)	￥180
	도쿄메트로 히비야선 키타센주행	2개	카스가미세키 도쿄메트로 치요다선 요요기우에하라행	2개역	아카사카(赤坂)	14분	50분(4.3㎞)	￥170
	도쿄메트로 히비야선나카메구로행	1개	–	–	히로오(広尾)	3분	20분(1.7㎞)	￥170

Chapter 01

롯폰기

六本木

Roppongi

 ★★★★☆

 ★★★★★

★★★★★

지리적으로도 도쿄 중심지인 롯폰기는 다양한 매력을 지닌 곳이다. 낮에는 미술관과 갤러리에서 교양을 쌓는 문화의 거리가, 밤에는 화려하고 섹시한 복장의 젊은이들이 모여드는 클럽의 거리가 된다. 롯폰기힐즈와 미드타운에는 대규모 쇼핑센터와 세계적인 대기업 사무실이 있고 최고급 주거지도 있다. 세계대전 이후 미군의 군사시설이 들어서면서 한국의 이태원처럼 외국인을 흔히 볼 수 있는 이국적인 풍경이 펼쳐진다. 밤새도록 영업을 하는 식당도 많아 새벽에 해장까지 할 수 있다.

요시노리의 한마디

일본에서 가장 예쁜 여성들이 최대한 꾸미고 놀러가는 곳이 롯폰기다.

롯폰기를 잇는 교통편

롯폰기는 JR이 다니지 않기 때문에 지하철을 이용해야 한다. 도쿄메트로 히비야선이나 치요다선, 도에지하철 오오에도선을 이용하면 된다. 노기자카역과 롯폰기역은 도보 5분 정도면 이동 가능한 거리이니 이동하기 편리한 역을 이용하면 된다.

롯폰기(新橋)역 히비야선(日比谷線), 오오에도선(大江戸線)
노기자카(乃木坂)역 치요다선(千代田線)

롯폰기에서 이것만은 꼭 해보자

1. 롯폰기힐즈전망대, 도쿄시티뷰에서 도쿄의 야경을 즐겨보자!
2. 디저트가 메인요리인 토시요로이즈카에서 디저트타임을 즐기자!
3. 롯폰기힐즈, 도쿄미드타운의 럭셔리한 쇼핑몰을 돌아다니며 구경하자!
4. 낮보다 더 화려한 롯폰기의 야경을 감상하자!
5. 일본 최고의 클럽가인 롯폰기에서 까만 밤을 하얗게 불태우자!

사진으로 미리 살펴보는 롯폰기 베스트코스

아침잠을 실컷 자고 12시쯤 미드타운을 찾아 간다. 토시요로이즈카의 대기자명단에 이름을 올려두고, 안내받은 시간까지 미드타운을 느긋하게 구경한다. 토시요로이즈카의 디저트로 런치를 즐기고 국립신미술관으로 이동하여 마음에 드는 전시회를 구경하고 롯폰기힐즈로 향하자. 숍을 둘러보며 실컷 쇼핑하고 바이란에서 야키소바로 저녁식사를 한다. 어두워지면 모리타워의 도쿄시티뷰에 올라 도쿄야경을 감상한다. 한층 위에 있는 모리미술관까지 둘러본 후 케야키자카도리 쪽으로 나온다. 케야키자카의 야경과 명품숍, 거리풍경 등을 구경하면서 로아빌딩을 찾아간다. 로아빌딩 주변에는 클럽과 바, 트랜스젠더의 화려한 쇼를 볼 수 있는 곳이 많다. 출출하다면 야참으로 새벽까지 영업하는 주변 식당을 찾아간다. 식사를 마친 후에는 롯폰기역에서 첫 전차를 타고 숙소로 돌아가자.

1 새벽까지 롯폰기의 매력을 만끽하는 하루 일정(예상 소요시간 10시간 이상)

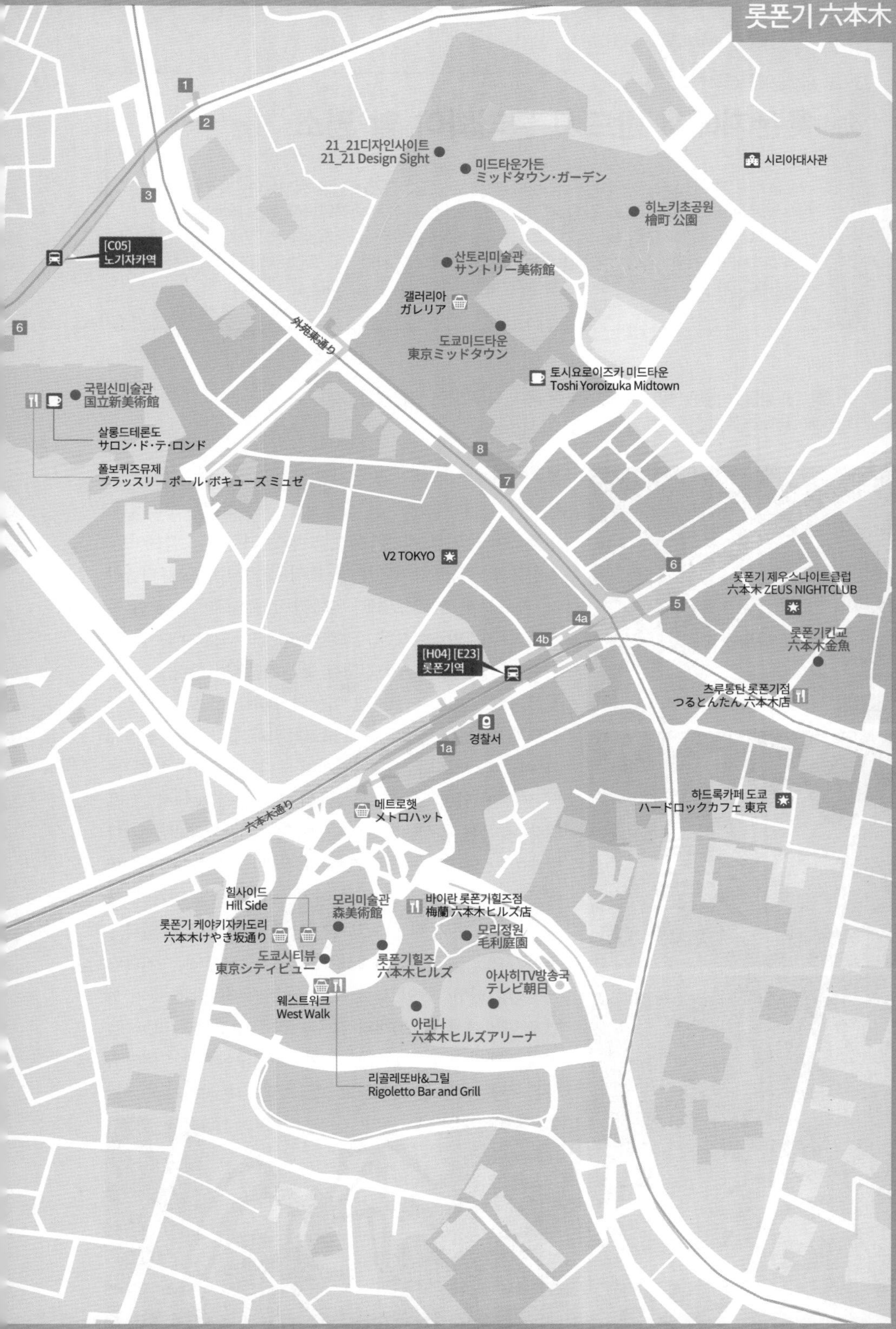

21_21디자인사이트
21_21 Design Sight
미드타운가든
ミッドタウン·ガーデン
시리아대사관
히노키초공원
檜町 公園
[C05]
노기자카역
산토리미술관
サントリー美術館
갤러리아
ガレリア
外苑東通り
도쿄미드타운
東京ミッドタウン
토시요로이즈카 미드타운
Toshi Yoroizuka Midtown
국립신미술관
国立新美術館
살롱드테론도
サロン·ド·テ·ロンド
폴보퀴즈뮤제
ブラッスリー ポール·ボキューズ ミュゼ
V2 TOKYO
롯폰기 제우스나이트클럽
六本木 ZEUS NIGHTCLUB
롯폰기킨교
六本木金魚
[H04] [E23]
롯폰기역
츠루통탄 롯폰기점
つるとんたん 六本木店
경찰서
하드록카페 도쿄
ハードロックカフェ 東京
메트로햇
メトロハット
六本木通り
힐사이드
Hill Side
모리미술관
森美術館
바이란 롯폰기힐즈점
梅蘭 六本木ヒルズ店
롯폰기 케야키자카도리
六本木けやき坂通り
모리정원
毛利庭園
도쿄시티뷰
東京シティビュー
롯폰기힐즈
六本木ヒルズ
아사히TV방송국
テレビ朝日
웨스트워크
West Walk
아리나
六本木ヒルズアリーナ
리골레또바&그릴
Rigoletto Bar and Grill

Section 01

Tokyo

롯폰기에서 반드시 둘러봐야 할 명소

롯폰기는 기획전으로만 구성된 국립신미술관, 롯폰기힐즈전망대 위에 위치하여 전망까지 즐길 수 있는 모리미술관, 미드타운 안에 있는 산토리 미술관이 예술적인 삼각형을 이루는 문화의 거리이다. 미술관에 굳이 들어가지 않고 거리 곳곳에 설치된 공공미술 및 조형물만 봐도 문화적 감성이 충전된다. 롯폰기를 대표하는 것은 일본 최고를 자랑하는 클럽문화이다. 클럽복장을 하고 지나가는 사람을 구경하는 것도 롯폰기만의 재미있는 즐길거리라 할 수 있다.

쇼핑몰, 미술관, 방송국, 레스토랑 등이 모두 모인 복합상업시설 ★★★★★

롯폰기힐즈 六本木ヒルズ, Roppongi Hills

롯폰기힐즈

힐사이드와 모리타워

케야키자카&도쿄타워

롯폰기의 랜드마크가 롯폰기힐즈이다. 전망대가 있는 54층짜리 모리타워森タワー를 중심으로 아사히TV, 모리정원, 명품숍이 늘어선 케야키자카, 빌딩을 연결하는 힐사이드, 쇼핑몰과 레스토랑이 있는 노스타워, 할리우드 뷰티플라자, 메트로햇, 웨스트워크, 영화관 토호시네마즈, 고급 주거지 롯폰기힐즈레지던스, 그랜드하얏트 도쿄호텔 등 다양한 시설이 있는 구역 전체를 롯폰기힐즈라 한다.

롯폰기힐즈 내에는 200개 이상의 숍과 레스토랑이 있어 쇼핑과 식사를 즐기기 좋고 도쿄타워가 잘 보이는 전망대와 미술관, 영화관, 실내정원까지 있다. 에도시대 모리가毛利家 저택이 있던 곳으로 모리타워, 모리정원 등에서 그 흔적을 찾아볼 수 있다. 롯폰기힐즈는 거품경제와 재개발 반대여론으로 완공까지 17년이나 걸렸다. 유명기업가와 연예인들이 살고 있어 언론노출이 많으며 볼거리, 먹거리, 쇼핑거리가 모두 갖춰져 도쿄의 매력에 흠뻑 빠질 수 있다.

롯폰기힐즈 66플라자와 모리타워 사이 광장에는 커다란 거미모양 마망ママン이 서 있다. 마망은 어머니라는 뜻의 불어로 마망이 품은 20개의 알은 번영을 상징한다. 10m 높이의 거대한 마망은 1999년 루이스부르주아Louise Bourgeois가 만든 작품이다. 늘 화려하고 고급스러운 분위기의 롯폰기

마망

힐즈가 더 화려해지는 시기는 크리스마스 전후이다. 올라가서 보는 것보다 멀리 떨어진 곳에서 봐야 더 멋진 도쿄타워가 롯폰기힐즈의 화려한 고층빌딩을 둘러싼 일루미네이션과 잘 어우러진다. 크리스마스 시즌에만 볼 수 있으며, 도쿄의 멋진 풍경 중의 하나이다.

홈페이지 www.roppongihills.com 주소 東京都 港区 六本木 6-10-1 문의 03-6406-6000 찾아가기 도에지하철 오오에도선(大江戸線), 도쿄메트로 히비야선(日比谷線) 롯폰기(六本木)역 1C 출구에서 콘코스로 연결 개방시간 숍 11:00~21:00 레스토랑 11:00~23:00(매장에 따라 다름) 귀띔 한마디 롯폰기힐즈와 미드타워는 비슷하지만 관광지로서의 매력은 롯폰기힐즈가 더 크다.

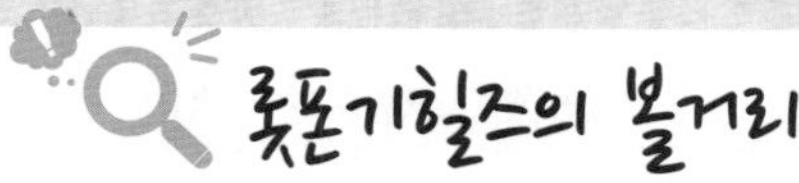

롯폰기힐즈의 쉼터
아리나&모리정원 六本木ヒルズアリーナ&毛利庭園

아리나

모리정원

모리정원과 모리타워 사이 야외공연장 아리나는 라이브공연 및 퍼포먼스가 펼쳐지는 곳이다. 원형 스테이지를 관객이 동그랗게 둘러싸 감상한다. 중앙에는 직경 11m의 분수가 설치되어 있어서 시원한 느낌을 준다. 바로 옆으로 아사히TV방송국이 있어 촬영하는 모습도 자주 보인다.
모리정원은 에도시대 모리일가의 일본정원을 재현한 곳으로 커다란 연못과 분수, 폭포 등이 있어 자연이 선사하는 정감과 온기를 더해준다. 사람이 많은 쇼핑몰과 미술관, 전망대에서 지쳤다면 탁 트인 모리정원에서의 산책을 추천한다.

찾아가기 롯폰기힐즈의 힐사이드 동쪽에 위치 입장료 무료 개방시간 07:00~23:00(계절에 따라 시간변동) 귀띔 한마디 정원에서는 벚꽃, 단풍 등 계절에 따라 다른 매력을 느낄 수 있다.

도쿄시내를 360도로 내려다볼 수 있는 전망대
도쿄시티뷰 東京シティビュー

뮤지엄콘

전망대

모리타워는 높이 238m, 지하 6층, 지상 54층짜리 초고층빌딩이다. 저층부는 쇼핑몰 웨스트워크, 중간층에는 애플, 구글 등 IT기업이 입주해 있으며 상층부는 도쿄시티뷰와 스카이덱, 모리미술관이 있다. 모리타워 52층에 위치한 전망대는 전면이 통유리라 파노라마로 도쿄풍경을 즐길 수 있다. 스카이트리, 마루노우치, 긴자, 도쿄만, 시부야, 신주쿠, 이케부쿠로까지 도쿄의 주요 번화가가 모두 보이고 청명한 날에는 후지산까지 보인다. 도쿄시티뷰 내에는 카페와 바, 기념품숍이 있고 음악회가 열리기도 한다. 모리타워 루프탑에 오르면 스카이덱(Sky Deck)이 나온다. 해발 270m, 높이 238m로 도쿄시티뷰와 크게 차이가 나지 않지만 실외라서 공기가 그대로 느껴진다. 대신 비가 오거나 강풍이 부는 날에는 안전상의 이유로 이용이 불가하다.

홈페이지 www.roppongihills.com 문의 03-6406-6652 찾아가기 입구는 모리타워 3층 뮤지엄콘 티켓카운터이다. 입장료 도쿄시티뷰&모리미술관 성인 ¥2,500(65세 이상 ¥2,200), 고교~대학생 ¥1,700, 4살~중학생 ¥1,200 스카이덱(추가요금) 고교생 이상 ¥500, 4살~중학생 ¥300 영업시간 도쿄시티뷰 10:00~22:00(최종입장 21:00) 스카이덱 13:00~22:00(최종입장 21:30) 귀띔 한마디 날씨가 좋은 날은 해 질 무렵에 가서 낮과 밤풍경을 모두 보는 것이 좋다. 날씨가 좋지 않은 날은 야경을 추천한다.

하늘 위 현대미술관

모리미술관 森美術館

도쿄시티뷰 바로 위 53층에 위치한 미술관이다. 현대미술을 중심으로 한 기획전을 볼 수 있는데 패션, 건축, 디자인, 사진, 영상 등 다양한 장르를 선보인다. 일본어와 영어로 제공되는 음성가이드서비스(무료)를 이용하면 도슨트와 함께 하는 것처럼 작품해설을 들을 수 있다. 평일 낮에 미술관에 갈 여유가 없는 직장인도 즐길 수 있는 미술관으로, 화요일을 제외하고는 밤 10시까지 운영한다. 또한 늦은 시간까지 입장할 수 있어 도쿄시티뷰에 야경을 보러 간 김에 들를 수도 있다. 국립신미술관, 산토리미술관과 함께 롯폰기 아트삼각지를 이루는 미술관으로 함께 둘러보면 입장료 할인혜택도 받을 수 있다.

홈페이지 www.mori.art.museum **문의** 03-5777-8600 **찾아가기** 롯폰기힐즈 모리타워 53층(입구는 모리타워 3층 뮤지엄콘 티켓카운터) **개방시간** 수~월요일 10:00~22:00, 화요일 10:00~17:00(폐관 30분 전 입장마감, 전시에 따라 시간 유동적) **귀띔 한마디** 도쿄시티뷰와 공통입장권이므로 미술관에 관심 없더라도 한번 둘러보는 것도 좋다.

모리타워 저층에 있는 쇼핑몰

웨스트워크 West Walk

롯폰기힐즈 모리타워 1~6층에 있는 웨스트워크는 미국아웃렛 느낌의 쇼핑몰이다. 3층은 디자인 감각이 뛰어난 인테리어와 생활잡화를 판매하는 매장과 빔즈, 유나이티드애로즈 등의 패션숍이 있다. 4층은 건강식품이 많은 편의점 내추럴 로손, 면세카운터 등과 카페가 있다. 5층 레스토랑가에는 리골레또바&그릴(Rigoletto Bar and Grill), 슈라스코 전문점인 바르바코아(BARBACOA) 등 인기레스토랑 체인매장이 있는데 규모도 크고 내부 인테리어도 화려하다. 4~5층은 그랜드하얏트 도쿄호텔과 연결되어 있다. 6층에는 약국과 클리닉, 각종 은행 ATM코너, 여행사 등이 있다. 디자인이 독특한 인테리어 소품 및 생활잡화를 판매하는 곳이 많고 세계적으로 유명한 패션, 주얼리, 가방, 신발을 판매하는 해외브랜드숍도 많다.

찾아가기 롯폰기힐즈 모리타워의 1~6층 웨스트워크

중년층을 위한 숍과 레스토랑이 겸비된 쇼핑몰

힐사이드 Hill Side

힐사이드는 롯폰기힐즈 모리타워와 케야키자카를 연결하는 저층에 위치한 쇼핑몰로 30~40대가 선호하는 브랜드가 많다. 직장인에게 어울리는 오피스패션을 판매하는 에스토네이션은 힐사이드 1~2층에 연결되어 있다. 힐사이드 지하 2층에는 아이들을 위한 매장과 레스토랑이 있고, 지하 1층에는 캐쉬웨어 엣 홈, 케이트 스페이드 뉴욕 등이 있다. 1층에는 하브스, 바이란 등 맛집이 많다. 지상에 해당되는 힐사이드 2층에는 라부티크 드조엘로부숑, 힐즈카페 등의 다양한 카페가 자리 잡고 있다.

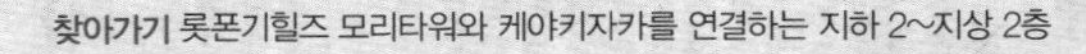

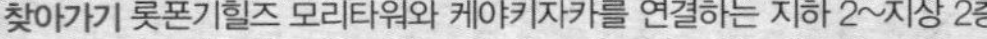

찾아가기 롯폰기힐즈 모리타워와 케야키자카를 연결하는 지하 2~지상 2층

느티나무 가로수와 명품숍이 늘어선 거리

롯폰기 케야키자카도리 六本木けやき坂通り

롯폰기힐즈의 메인거리인 케야키자카도리는 400m 길이의 얕은 언덕길이다. 길 양쪽으로는 아름드리 느티나무가 있어 여름에는 시원하고 겨울에는 나뭇가지에 크리스마스 일루미네이션이 화려함을 뽐낸다. 길가에는 예쁜 화단이 이

어지는데 사계절 내내 화사한 꽃이 피도록 철저히 관리한다고 한다. 아름다운 거리에는 명품숍이 이어지고 예술가들이 만들어 놓은 벤치가 놓여 있다. 케야키자카를 사이에 두고 롯폰기힐즈 레지던스와 모리타워를 비롯한 오피스&쇼핑몰로 나누어진다. 주거지 옆이라 한산하여 여유롭게 즐길 수 있어 좋다. 케야키자카도리에서 풍기는 고급스러움은 세계적인 명품숍들이 뿜어내는 카리스마가 한몫한다. 구찌, 루이뷔통, 조지오알마니, 티파니, 롤렉스, 버버리 등 워낙 유명해서 다른 설명이 필요 없는 명품브랜드가 모여 있다. 긴자나 오모테산도의 명품숍거리에 비하면 규모가 작은 편이지만 상품라인도 충실하고 숍 인테리어도 아름답다.
케야키자카의 곳곳에는 커다란 예술작품들이 놓여 있는데, 10명의 인테리어 디자이너 및 예술가가 만든 벤치이다. 눈으로 구경만 해야 하는 예술작품이 아니라 앉아서 쉴 수 있는 벤치라 거리의 가구라는 뜻으로 스트리트퍼니처(Street Furniture)라고 부른다. 스트리트퍼니처 옆에는 작품과 작가의 이름이 미술관처럼 적혀 있다.

찾아가기 롯폰기힐즈 모리타워와 케야키자카를 연결하는 지하 2~지상 2층 **추천 명품숍 루이뷔통** 풀라인 제품을 취급하는 대형매장(1층), **에스까다** 일본 최초의 플래그십스토어(1층), **조르지오아르마니** 조르지오아르마니가 직접 디자인한 숍(1층) **귀띔 한마디** 입구에 있는 츠타야 도쿄롯본기점에는 스타벅스가 함께 있고 영업시간이 길어 밤 늦은 시간에 시간 때우기 좋다.

지하철 롯폰기역과 연결되는 롯폰기힐즈의 현관
메트로햇 メトロハット

엄청난 크기의 원통모양 투명한 유리벽 건물로, 모자모양을 하고 있어 메트로햇이라는 이름이 붙었다. 유리벽 안쪽으로 다양한 광고를 볼 수 있어 롯폰기힐즈의 심벌미디어 역할을 한다. 도쿄메트로 롯폰기역 1C출구와 바로 연결된다. 내부 지하에는 카페와 레스토랑이 있다.

문의 03-6406-6699 **찾아가기** 롯폰기역에서 롯폰기힐즈로 들어오는 길 앞에 위치

인기드라마와 애니메이션이 많은 민영방송국
아사히TV방송국 テレビ朝日

롯폰기힐즈 안 모리정원과 접해있는 큰 건물은 아사히TV방송국의 본사이다. 6층 높이의 아트리움은 앞면을 투명유리로 만들어 밖에서도 훤히 보이고, 안에서는 창밖으로 모리정원이 보여 하나로 연결된 느낌이다. 1층은 일반인에게 오픈된 공간으로, 아사히TV의 버라이어티쇼 및 드라마 등을 홍보하는 커다란 패널이 있어 기념사진을 찍을 수 있다. 방송국의 오리지널상품을 판매하는 테레아사숍(テレアサショップ)에서는 인기애니메이션 '도라에몽(ドラえもん)' 및 '짱구는 못 말려(クレヨンしんちゃん)'의 캐릭터상품을 구입할 수 있다. 아사히TV방송국에서 케야키자카도리쪽으로 나가는 곳에는 오픈스튜디오가 있어 라디오방송을 볼 수 있다.

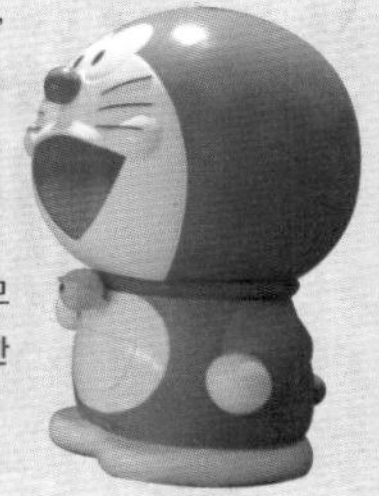

홈페이지 www.tv-asahi.co.jp **찾아가기** 롯폰기힐즈 모리정원 옆 **입장료** 무료 **개방시간** 10:00~19:00 **귀띔 한마디** 한국에서도 유명한 드라마, 애니메이션 등을 다수 제작한 인기방송국이다.

롯폰기힐즈에 버금가는 고급 복합상업시설 ★★★★★

도쿄미드타운 東京ミッドタウン, Tokyo Midtown

롯폰기힐즈에서 불과 5분 거리에 그에 버금가는 크기와 시설을 갖춘 복합상업시설인 도쿄미드타운이 있다. 총 6개의 빌딩과 광활한 녹지공간에 쇼핑센터, 오피스, 호텔, 미술관, 공원, 레지던스 등 다양한 시설이 모여 있다. 미드타운 중앙에 있는 미드타운타워는 지상 54층, 지하 5층, 높이 248m로 도쿄에서 제일 높은 초고층빌딩이다. 도쿄미드타운에도 롯폰기힐즈처럼 야후, 시스코시스템즈 등 유명 IT기업이 입주하고 있다. 또한 고급 주거지인 더파크레지던스 앳 더리츠칼튼도쿄가 있다. 미드타운의 타워와 웨스트, 이스트 3개의 빌딩에 둘러싸인 광장을 플라자라 부르는데, 유리천장이 있어 비 오는 날에도 이동이 편하다. 플라자 주변에는 토시요로이즈카 등 테라스석을 갖춘 멋진 카페가 많아 쉬어가기도 좋다.

홈페이지 www.tokyo-midtown.com 주소 東京都 港区 赤坂 9-7-1 문의 03-3475-3100 찾아가기 도에지하철 오오에도선(大江戸線), 도쿄메트로 히비야선(日比谷線) 롯폰기(六本木)역 8번 출구에서 바로 연결/도쿄메트로 치요다선(千代田線) 노기자카(乃木坂)역 3번 출구에서 도보 3분 거리 영업시간 숍 11:00~20:00 **레스토랑** 11:00~23:00(매장에 따라 다름) 귀띔 한마디 도쿄미드타운이 롯폰기힐즈보다 새로운 시설이라 전체적으로 깨끗하다.

도쿄미드타운의 볼거리

미드타운의 넓고 푸른 정원

미드타운가든 ミッドタウン・ガーデン

미드타운가든은 '온더그린(On the green)' 콘셉트로 만들어 짙푸른 잔디밭이 덮여 있다. 일본정원을 토대로 디자인하여 여백의 미와 조화를 중시해 풍경화를 보듯 아름답다. 급류를 표현한 분수도 있고 넓게 펼쳐진 잔디밭이 있는데 사계절 내내 푸른 빛을 유지한다. 미드타운이 가장 아름다운 시기는 크리스마스 일루미네이션이 시작될 때이다. 가든테라스에서 미드타운가든으로 이어지는 구름다리에 서면 도쿄타워도 잘 보인다.

커다란 연못이 아름다운 일본정원
히노키초공원 檜町 公園

모리정원처럼 에도시대 모리가문의 저택이 있던 곳으로 시미즈엔(清水園)이라는 이름으로 불리는 아름다운 정원이다. 주변에 전나무(檜, 히노키)가 많아 히노키초라는 이름이 유래했으며, 공원의 반을 차지할 정도로 큰 연못이 있다. 1963년 도쿄도립공원으로 개원하면서 일반인에게 공개됐으며, 도쿄미드타운이 완성되면서 공원도 재정비하였다. 도쿄미드타운과 히노키초공원에는 많은 벚나무가 있어 벚꽃놀이를 즐기기 좋다. 가을에는 단풍이 곱게 물들어 그림처럼 아름답다.

도쿄미드타운의 메인쇼핑센터
갤러리아 ガレリア

도쿄미드타운의 메인쇼핑센터이다. 패션, 액세서리, 인테리어 등의 다양한 숍과 세계적으로 인정받은 레스토랑 120여 곳이 입점해 있다. 갤러리아 1~3층에는 인기 패션브랜드가 지하 1층에는 식당과 수입식품전문점, 카페, 스위츠전문점들이 있다. 일본 디저트를 맛보고 싶다면 찻집 토라야(虎屋)를 추천한다. 미드타운 내에는 뉴욕 인기 맛집도 대거 입점해 있다. 레스토랑의 규모가 커서 평일에는 기다리지 않아도 되지만 주말이나 공휴일이라면 예약하는 것이 좋다. 가격대가 만만치 않지만 정통 나폴리피자를 즐길 수 있는 인기맛집 나프레(ナプレ)는 미드타운점이 상대적으로 덜 붐비며, 적당히 차려입고 가는 것이 좋다.

추천 숍 빔즈하우스 엘레강스한 성인스타일과 라이프스타일을 제안하는 패션숍(1층) **이데숍** 모던한 인테리어 용품과 해외수입가구의 셀렉트숍(3층) **장폴에벵 도쿄미드타운점** 일류 파티시에가 만든 고급 초콜릿, 마카롱 등의 스위츠전문점(지하 1층) **토라야 미드타운점** 일본 전통양갱 및 화과자로 유명한 토라야의 카페(지하 1층) **너바나뉴욕** 뉴욕에서 시작된 인도요리 레스토랑(1층) **피자리아토라토리아 나프레** 오모테산도의 인기 많은 화덕피자집인 나프레의 2호점(1층)

일본 고미술을 소개하는 양주회사 산토리의 사립미술관
산토리미술관 サントリー美術館

일본 대표 양주 및 음료제조업체 산토리가 개관한 미술관이다. '아름다움을 연결하고 아름다움으로 열다'라는 메시지를 모토로 회화, 자기, 유리공예, 염색 등 다양한 예술작품을 소개한다. 일본 고미술을 중심으로 국보 1점과 중요문화재 12점을 포함한 3,000여 점을 소장하고 있다. 음성 가이드는 별도 요금이고 뮤지엄숍과 카페를 병합한 숍 바이카페(Shop×Cafe)도 있다.

홈페이지 www.suntory.co.jp/sma **문의** 03-3479-8600 **찾아가기** 도쿄미드타운, 갤러리아 3층 **입장료** 전시에 따라 다름 **개방시간** 일~월요일, 수~목요일 10:00~18:00, 금~토요일 10:00~20:00 **휴관** 매주 화요일, 연말연시 **귀띔 한마디** 일본 고미술에 관심 있는 사람에게 추천한다. 홈페이지에서 할인쿠폰을 받을 수 있다.

디자인을 위한 연구센터이자 전시관
21_21디자인사이트 21_21 Design Sight

미드타운가든 내 독특한 건축물로, 안도타다오(安藤忠雄)가 설계했다. 디자인의 즐거움을 쉽게 접하고 신선한 감각을 키우는 장소로 활용되기를 바라며 지었다. 전시뿐만 아니라 아트토크 및 워크숍 등의 프로그램에 참여할 수 있다.

홈페이지 www.2121designsight.jp **문의** 03-3475-2121 **찾아가기** 도쿄미드타운, 미드타운가든 내 **입장료** 성인 ￥1,200, 대학생 ￥800, 고등학생 ￥500, 중학생 이하 무료 **개방시간** 10:00~19:00 **휴관** 매주 화요일, 연말연시

물결치는 듯한 건축물의 신개념 ★★★★★

국립신미술관 国立新美術館

유려한 곡선의 외벽이 아름다운 국립신미술관은 유명 건축가 쿠리가와키쇼黒川紀章가 설계한 것이다. 2007년 개관하였으며, 다른 미술관과 달리 상설전시 없이 기획전만으로 운영하여 아트센터Art Center라고 표기한다. 숲속의 미술관이라는 콘셉트로, 넓은 미술관정원과 아오야마공원이 연결되어 있다. 넓은 전시공간에는 기획전시실 2개와 일반전시실 8개, 야외전시실 4개가 있으며 아트라이브러리와 강의실, 강당까지 갖추고 있다. 노기자카역과 연결된 지하에는 기발한 아이디어 아트상품을 판매하는 뮤지엄숍과 카페테리아 카레カレ가 있고 1층에는 카페 코키유コキーユ, 2층에는 카페 살롱드테론도サロン·ド·テ·ロンド, 3층에는 레스토랑 브라스리 폴보퀴즈뮤제ブラッスリー ポール·ボキューズ ミュゼ가 있다.

홈페이지 www.nact.jp **주소** 東京都 港区 六本木 7-22-2 **문의** 03-5777-8600 **찾아가기** 도쿄메트로 치요다선(千代田線) 노기자카(乃木坂)역 6번 출구에서 직접 연결/도에지하철 오오에도선(大江戸線) 롯폰기(六本木)역 7번 출구에서 도보 4분/도쿄메트로 히비야선(日比谷線) 롯폰기(六本木)역 4a 출구에서 도보 5분 거리 **입장료** 전시에 따라 다르고, 무료전시도 있음 **개방시간** 10:00~18:00 **휴관** 매주 화요일(공휴일인 경우 다음날 휴관), 연말연시 **귀띔 한마디** 전시에 따라 무료로 관람할 수 있는 곳도 있으니 가벼운 마음으로 들러보자.

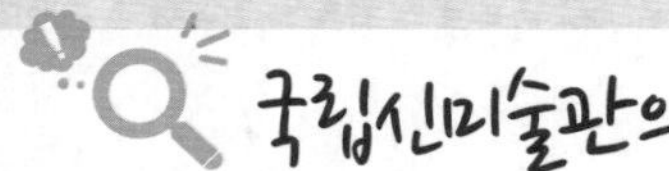

국립신미술관의 카페

살롱드테론도

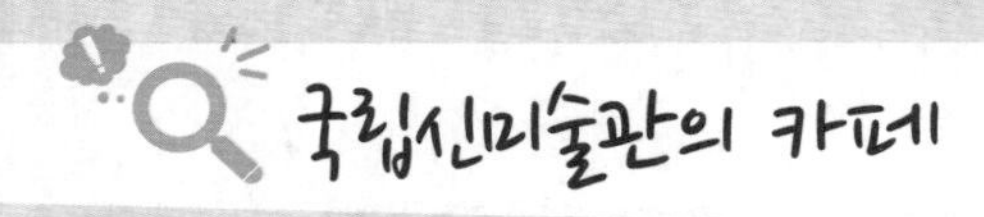

국립신미술관 2층, 굽이치는 유리벽 바로 안쪽 중간에 위치하여 건물의 멋을 제대로 감상할 수 있다. 카페는 천장이 뻥 뚫려있는데다 전 방향이 통유리라 공중에 떠 있는 것 같은 느낌마저 든다. 케이크와 음료가 세트로 된 메뉴가 있어서 전시를 구경한 후 티타임을 갖기 좋다.

문의 03-5770-8162 **찾아가기** 국립신미술관 2층 **가격** ¥1,000~2,000 **영업시간** 11:00~18:00 **휴무** 매주 화요일(공휴일인 경우 다음날)

브라스리 폴보퀴즈뮤제

미슐랭 별 3개를 받은 셰프 폴보퀴즈(Paul Bocuse)의 첫 일본 진출점이다. 리예트(Rillettes)와 메인요리, 디저트에 식후드링크가 포함된 ¥2,500짜리 런치세트는 프렌치요리치고 저렴하여 인기가 많다. 메인요리와 디저트는 3가지 메뉴 중에 선택이 가능하고 디저트 중에는 크렘브륄레(Crème Brûlée)가 특히 맛있다.

문의 03-5770-8161 **찾아가기** 국립신미술관 3층 **가격** 런치 ¥3,000~5,000, 디너 ¥5,000~10,000 **영업시간** 런치 11:00~14:00, 디너 16:00~21:00 **휴무** 매주 화요일(공휴일인 경우 다음날)

Section 02

Tokyo

롯폰기에서 먹어봐야 할 것들

롯폰기에는 고급스러운 요릿집과 레스토랑도 많고, 돈보다 열정이 넘치는 젊은이들 입맛에 맞춘 개성 강한 음식점도 많다. 롯폰기힐즈와 도쿄미드타운 안에는 주로 유명한 레스토랑의 체인점이 들어가 있다. 대부분 예약을 하지 않고 이용할 수 있으며, 외국인 비율이 높아서 외국어 대응이 되는 곳이 많다.

메인요리로서의 디저트! ★★★★★

토시요로이즈카 미드타운 Toshi Yoroizuka Midtown 도쿄미드타운

일본의 최고 인기 파티시에 토시요로이즈카鎧塚俊彦의 카운터식 디저트바이다. 디저트를 덤으로 즐기는 것이 아니라 메인요리로 취급하는 곳으로, 카운터석을 사이에 두고 셰프가 즉석에서 만들어 건네준다. 따뜻한 빵과 차가운 아이스크림을 조화시켜 예술작품처럼 담아주는 디저트는 먹기 아까울 정도로 아름답다. 추천메뉴는 라 고르곤졸라 피스타슈ラ·ゴルゴンゾーラ·ピスターシュ로, 아이스크림과 따뜻한 비스퀴를 결합한 달지 않은 디저트라 와인 안주로도 잘 어울린다. 숍에서 케이크를 구매하는 것은 오래 기다리지 않아도 되지만, 디저트바에 앉아 셰프의 디저트를 먹으려면 보통 1~2시간은 기다려야 한다. 미드타운을 구경하기 전 들러서 대기자명단에 이름을 적어놓고 안내시간에 맞춰 돌아오면 시간낭비 없이 최고의 디저트를 즐길 수 있다.

홈페이지 www.grand-patissier.info/ToshiYoroizuka 주소 東京都 港区 赤坂 9-7-2 東京ミッドタウン·イースト 1F B-0104 문의 03-5413-3650 가격 ¥1,500~3,000 영업시간 **숍** 11:00~21:00 **살롱** 11:00~21:00(L.O.20:00) 귀띔 한마디 가격이나 칼로리 모두 한 끼 식사에 버금가므로 간식이 아닌 식사개념으로 토시요로이즈카에서 특별한 디저트를 즐겨보자.

✓ 롯폰기는 밤늦게까지 영업하는 곳이 많아 시간에 구애받지 않고 식사를 즐길 수 있다.

독특한 스타일의 야키소바가 맛있는 중국요리점 ★★★★☆

바이란 롯폰기힐즈점 梅蘭 六本木ヒルズ店 롯폰기힐즈

요코하마 차이나타운에서 인기 많은 상하이 요리전문점 체인이다. 대표메뉴는 겉면을 누룽지처럼 바삭하게 구운 바이란야키소바梅蘭やきそば이다. 녹말을 넣고 만들어 걸쭉한 앙카케あんかけ소스와 함께 먹는 중국식 야키소바로 별미이다. 바이란야키소바는 중국식 야키소바를 거꾸로 뒤집어 주는 것 같은 모양인데, 바삭하게 구운 겉면이 특히 맛있다. 같은 바이란야키소바라도 해산물이나 칠리새우 등 들어가는 재료에 따라 맛도 가격도 다르다. 야키소바 이외의 요리도 많고, 야키소바와 요리가 포함된 코스로도 주문할 수 있다.

바이란야키소바(梅蘭やきそば)

홈페이지 www.bairan.jp 주소 東京都 港区 六本木 6-10-1 六本木ヒルズ ヒルサイド 1F 문의 03-6662-7058 찾아가기 롯폰기힐즈의 힐사이드 1층 가격 ¥1,000~7,000 영업시간 11:00~23:00(L.O. 22:00) 귀띔 한마디 양도 푸짐하고 맛도 좋은 바이란야키소바는 술안주로도 좋다.

타파스와 함께 간단히 한잔 할 수 있는 바 ★★★☆☆

리골레또 바&그릴 Rigoletto Bar and Grill 롯폰기힐즈

새벽 5시까지 영업하므로 밤늦은 시간에도 이용 가능한 바이다. 간단한 안주로 즐길 수 있는 타파스요리가 ¥600이며 다양한 칵테일 종류도 ¥600~1,000이고, 칵테일을 피처로도 주문할 수 있어 여럿이 즐기기 좋다. 창밖으로 도쿄타워가 크게 보이고 입구에는 와인셀러와 바테이블이 있어 로맨틱한 분위기이다. 오픈키친으로

보이는 요리사 대부분은 외국인이고 영어메뉴판도 준비되어 있다.

홈페이지 www.rigoletto.jp 주소 東京都港区六本木6-10-1 六本木ヒルズ ウェストウォーク 5F 문의 03-6438-0071 찾아가기 롯폰기힐즈 모리타워의 웨스트워크 5층 가격 ¥2,000~3,000 영업시간 월~목요일 11:30~23:00, 금요일 및 공휴일 전날 11:30~01:00, 토요일 11:00~01:00, 일요일 및 공휴일 11:00~23:00

밤새도록 영업해서 인기 많고 양도 많은 우동집 ★★★☆☆

츠루통탄 롯폰기점 つるとんたん 六本木店

롯폰기에서 밤새 유흥을 즐기다 지친 사람들이 주린 배를 채우러 가는 우동집이다. 세련된 인테리어와 커다란 우동그릇에 가득 담긴 양이 이 집 인기비결이다. 우동의 면발은 굵은 후토멘太麵과 얇은 호소멘細麵 중 선택가능하고, 3인분 양인 산타마三ツ玉까지 추가금액 없이 선택할 수 있다. 까르보나라 맛, 나가사키짬뽕 맛, 스키야키 맛 등 다양한 우동을 선보인다. 새벽에도 줄을 서서 기다리는 사람이 있을 정도로 인기가 많다.

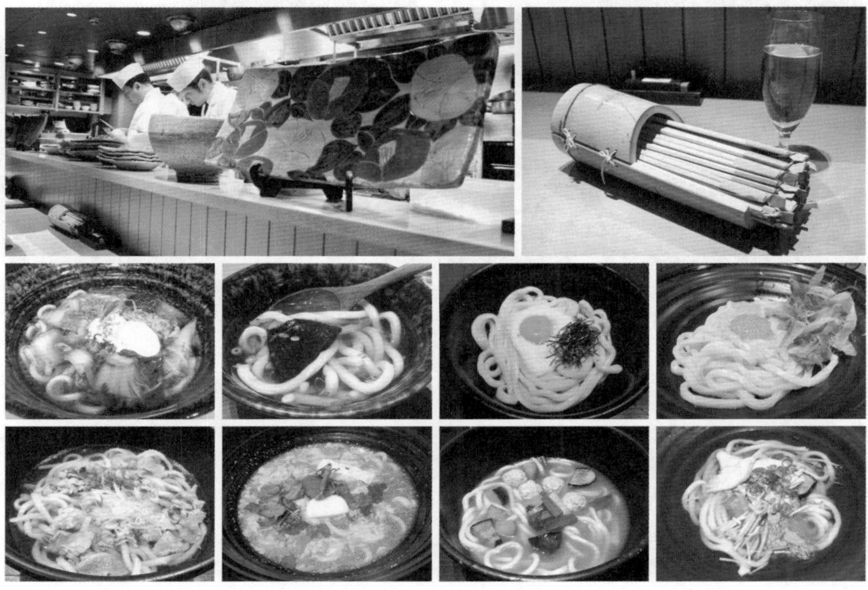

홈페이지 www.tsurutontan.co.jp 주소 東京都 港区 六本木 3-14-12 六本木3丁目ビル 문의 03-5786-2626 찾아가기 도에지하철 오오에도선(大江戸線), 도쿄메트로 히비야선(日比谷線) 롯폰기(六本木)역 5번 출구에서 도보 3분 거리 가격 ¥1,000~2,000 영업시간 11:00~08:00 귀띔 한마디 인기가 많지만 가격에 비해 우동 맛이 뛰어나게 좋지는 않다.

Special 06 낮보다 더 흥겨운 롯폰기의 밤

낮에는 미술관에서 예술작품을 감상하고, 밤에는 트랜스젠더의 쇼를 보거나 클럽에서 춤을 추며 이중생활을 즐겨야 롯폰기의 매력을 제대로 느낄 수 있다. 일본 최고의 클럽가 롯폰기에는 일본에서 제일 핫한 클럽이 밀집되어 있고 바, 카페, 레스토랑 등도 새벽까지 영업하는 곳이 많아 밤새도록 놀 수 있다. 어른스럽고 섹시한 복장을 한 사람이 많고, 클럽 분위기도 화려하고 고급스럽다.

롯폰기의 클럽을 즐기려면 드레스코드를 클럽 스타일에 맞추자. 여성의 경우 화려하고 노출이 많은 옷을 입어야 하고 남성은 청바지, 반바지, 운동화, 슬리퍼 차림으로는 입장할 수가 없다. 금요일이나 토요일 밤이 더욱 흥겹고, 밤 12시 이후부터 분위기가 최고조에 다다르기 때문에 밤 11시 이전에 입장하면 입장료가 할인되는 곳도 많다. 미성년자는 출입할 수가 없고 대부분 신분증을 체크하므로 여행자라면 여권, 일본거주자라면 외국인등록증이나 운전면허증 같은 신분증을 반드시 들고 가야 한다. 예쁜 여성이 많이 모이는 클럽이 인기가 많기 때문에 여성손님을 끌기 위해 여성에게는 요금을 할인하거나 입장을 무료로 해주는 곳이 많다.

롯폰기의 인기클럽 추천

V2 TOKYO

롯본기는 물론 일본을 대표하는 클럽으로 모델 같은 여자들을 많이 볼 수 있다.

홈페이지 www.v2tokyo.com 주소 六本木7-13-7 TOWER OF VABEL B1F&1F 문의 03-5474-0091 찾아가기 롯폰기(六本木)역 3번 4a/4b 출구에서 도보 3분 입장료 남성 ¥2,000~3,500(드링크 1~2개 포함), 여성 무료(드링크 별도) 영업시간 09:00~05:00

제우스나이트클럽 ZEUS NIGHTCLUB

인테리어가 고급스러운 클럽으로 천장이 높아서 개방감이 느껴진다.

홈페이지 zeus-garden.com 주소 六本木3-8-15 2~3F 문의 03-6384-5640 찾아가기 롯본기(六本木)역 5번 출구에서 도보 2분 거리 입장료 ¥2,000~4,000 영업시간 22:00~04:30

여성이 되고 싶은 남성들의 아름다운 쇼 롯폰기킨교 六本木金魚

여성보다 더 예쁜 남성들이 펼치는 화려한 쇼를 볼 수 있는 곳이다. 여성이 되고 싶은 남성들을 우리나라에서는 트랜스젠더라고 부르지만 일본에서는 뉴하프라고 한다. 수술을 받아 여성이 된 배우도 있고 수술비를 벌기 위해 돈을 모으는 배우도 있으며, 우리나라 트랜스젠더도 일본의 뉴하프쇼에서 일을 하며 수술비를 번다고 한다. 여성보다 더 아름다운 몸매로 우아한 동작을 선보이는 그들의 모습은 남성이라는 것이 믿기지 않을 정도이다. 와이어액션 등 고난이도 기술연기까지 선보이기 때문에 지불한 비용이 전혀 아깝지 않다. 여성들에게 인기가 더 많아 여성 관객도 많고, 도쿄시티관광버스인 하토버스 노선에 롯폰기킨교가 들어가 있을 정도로 대중적이다.

홈페이지 www.kingyo.co.jp 주소 東京都 港区 六本木 3-14-17 문의 03-3478-3000 찾아가기 도에지하철 오오에도선(大江戸線), 도쿄메트로 히비야선(日比谷線) 롯폰기(六本木)역 5번 출구에서 도보 3분 거리 가격 ¥7,000~10,000(부과세 및 서비스료 별도) 영업시간 화~금요일 18:00~23:00, 주말 및 공휴일 15:00~21:00 휴무 월요일 귀띔 한마디 동남아시아에서 보는 쇼와 달리 전혀 외설적이지 않아 여성들에게도 인기가 많다.

롯폰기 대표 이미지바 하드록카페 도쿄 ハードロックカフェ 東京, Hard Rock Cafe

하드록카페의 일본 1호점이자 세계 4호점으로 1983년 오픈한 곳이 롯폰기의 하드록카페 도쿄이다. 커다란 기타모양의 간판은 롯폰기 밤문화를 대표하는 이미지이기도 하다. 롤링스톤스, 본조비 등 세계적 록스타가 방문하여 시크릿 콘서트를 한 것으로 유명하다. 하드록카페 도쿄에는 마이클잭슨과 마돈나의 의상, 레이디가가 마스크, 본조비 기타, 에릭클랩튼의 펜더스트라토캐스터(Fender Stratocaster) 등 귀중한 자료를 다수 소장하고 있다. 일본에서는 처음으로 3D 영상을 벽면에 쏘는 시설을 바 안에 갖췄으며 햄버거, 스테이크, 칵테일 등 빅사이즈의 먹거리를 제공한다. 하드록카페 앞에는 하드록 카페의 오리지널상품을 판매하는 록숍이 있어 기념품을 사려가는 사람도 많다.

홈페이지 hardrockjapan.com 주소 東京都 港区 六本木 5-4-20 문의 03-3408-7018 찾아가기 도에지하철 오오에도선(大江戸線), 도쿄메트로 히비야선(日比谷線) 롯폰기(六本木)역 3번 출구에서 도보 2분 거리 입장료 ¥2,000~5,000 영업시간 일~목요일, 공휴일 11:30~02:00, 금~토요일 11:30~04:00 귀띔 한마디 2008년 이태원에 오픈한 하드록카페는 세계에서 142번째이다.

Chapter 02

하마마쓰초

浜松町

Hamamatsu-cho

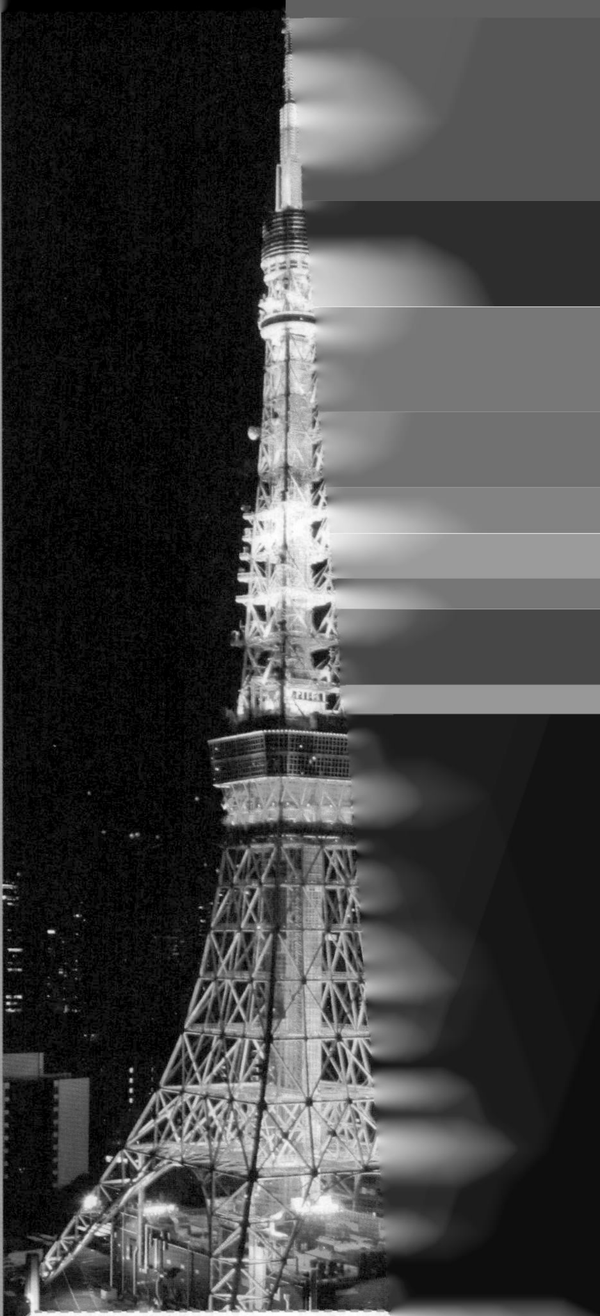

도쿄타워가 있는 하마마쓰초에서는 어디에서나 도쿄타워가 잘 보인다. 하마마쓰초역은 하네다공항까지 도쿄모노레일이 다니는 역이므로 하네다공항을 이용하는 여행자라면 여행의 시작이나 끝에 도쿄타워를 일정에 넣으면 좋다. 하마츠츠쵸역에서 세계무역센터가 있는 북쪽출구로 나오는 순간부터 도쿄타워가 눈앞에 나타난다.

嘉紀の一言

요시노리의 한마디

정작 서울시민이 남산의 N서울타워에 올라가지 않는 것처럼 도쿄시민도 도쿄타워를 일부러 찾지는 않는다.

하마마쓰초를 잇는 교통편

하마마쓰초지역은 JR, 도에지하철, 도쿄메트로, 도쿄모노레일이 교차하는 곳이라 인접 역이 많지만, 역 사이의 거리 및 도쿄타워와의 거리가 미묘하게 떨어져 있다. 도쿄의 버스는 편수도 적고 외국인이 이용하기는 어렵다. 하마마쓰초역에서 도쿄타워까지 가는 길에 조조지와 시바공원을 구경하면서 걷자.

하마마쓰초(浜松町)역 JR 야마노테선(山手線), 게이힌토호쿠선(京浜東北線) 하네다공항선(羽田空港線)
다이몬(大門)역 오오에도선(大江戸線), 아사쿠사선(浅草線)
아카바네바시(赤羽橋)역 오오에도선(大江戸線)
오나리몬(御成門)역 미타선(三田線)
가미야초(神谷町)역 히비야선(日比谷線)

하마마쓰초에서 이것만은 꼭 해보자

1. 도쿄의 백만 불짜리 야경 도쿄타워를 놓치지 말자!
2. 일본의 오랜 정원 및 공원에서 산책을 즐기자!
3. 단골집 삼고 싶을 정도로 맛있는 음식점에서 식사를 하자!

사진으로 미리 살펴보는 하마마쓰초 베스트코스

조명을 받은 도쿄타워의 야경이 하마마쓰초에서 가장 아름다운 볼거리이다. 밤까지 돌아다니려면 아침부터 움직이기보다는 오후시간에 느긋하게 돌아보는 것이 좋다. 일단 오후 1시 넘어 하마마쓰초에 도착해 일본 전통정원의 모습을 그대로 간직한 규시바리큐온시테이엔을 산책한다. 도쿄타워 쪽으로 걷다 보면 커다란 절이 보이는데 바로 옆에 있는 르팡코티디안에서 점심을 먹자. 식사 후에는 조조지와 조조지 옆으로 이어진 시바공원을 산책한 후 도쿄타워를 올라간다. 날이 좋다면 탑덱까지도 올라가고 도쿄타워 클럽333에서 라이브공연도 구경하며 도쿄타워의 매력에 흠뻑 빠진다. 마지막으로 더프린스파크타워에 있는 스카이라운지 스테라가든에서 도쿄타워를 보면서 칵테일 한 잔 즐기는 호사를 누려보자.

1 느긋하게 야경까지 즐기는 하루 일정(예상 소요시간 6시간 이상)

Go!

하마마쓰초역 → 도보 3분 → 규시바리큐온시테이엔 30분 코스 → 도보 5분 → [점심] 르팡코티디안 1시간 코스 → 도보 1분 → 조조지 30분 코스 → 도보 1분 → 시바공원 30분 코스

→ 도보 5분 → 도쿄타워 클럽333 1시간 코스 → 바로 연결 → 도쿄타워 1시간 코스 → 바로 연결 → 도쿄타워 야경 30분 코스 → 도보 5분 → 스카이라운지 스테라가든 1시간 코스 → 도보 12분 → 하마마쓰초역

하마마쓰초 浜松町

N
S
하마리큐온시공원
浜離宮きた施工員
호텔아주르 타케시바
AZUR Takeshiba
호텔인터콘티넨탈 도쿄베이
InterContinental Tokyo Bay
사계극장
四季劇場
[U03]
타케시바역
[E19] [U02]
시오도메역
10
8
海岸通り
도쿄수도고속도로
규시바리큐온시테이엔
旧芝離宮恩賜庭園
북쪽출구
B1
B2
B3
B4
[JY28]
하마마츠초역
第一京浜
A2
A1
[A09] [E20]
다이몬역
A4, A5
A3
A6
무사시야 시바다이몬점
むさしや 芝大門店
쿠로기
くろぎ
A4
A5
A3
[I06]
오나리몬역
A6
A2
A1
르팡코티디안
Le Pain Quotidien
日比谷通り
A5
A4
[I05]
시바코엔역
조조지
増上寺
시바공원
芝公園
스카이라운지 스테라가든
スカイラウンジ ステラガーデン
더프린스파크타워 도쿄
Prince Park Tower Tokyo
니르바남
NIRVANAM
[H05]
가미야초역
도쿄타워
東京タワー
桜田通り
1
2
[E21]
아카바네바시역

Section 03

Tokyo

하마마쓰초에서 반드시 둘러봐야 할 명소

도쿄타워는 직접 올라가서 내려다보는 것보다 조금 떨어진 곳에서 바라보는 것이 더 아름답기 때문에 더프린스파크타워 스카이라운지에서 칵테일을 한잔하면서 바라보거나, 조조지나 시바공원에서 도쿄타워를 배경으로 기념사진을 남기는 것이 좋다. 하마마쓰초역에서 도쿄타워까지 도보로 15분 이상 걸리는데, 이동이 번거롭다면 하마마쓰초역과 연결된 세계무역센터전망대에서 도쿄타워를 구경할 수 있다.

도쿄를 대표하는 랜드마크! ★★★★☆

도쿄타워 東京タワー

2012년 높이 634m의 도쿄스카이트리가 생겼지만, 여전히 도쿄에서 가장 아름다운 포인트는 도쿄타워이다. 높이는 333m이지만 모양과 색상, 조명이 스카이트리보다 아름답다. 도쿄타워의 정식명칭은 '일본전파탑日本電波塔'으로 TV 및 라디오방송을 송신하는 역할을 했지만 고층빌딩이 많이 들어서면서 현재는 도쿄스카이트리가 그 역할을 대신하고 있다. 1958년 자립식철탑으로 세워졌으며, 당시에는 세계 최고의 높이였다. 도쿄의 랜드마크이기 때문에 수많은 소설, 애니메이션, 노래 등에 종종 등장한다. 대표적인 작품으로 에쿠니카오리江國香織의 소설 『도쿄타워』와 릴리프랑키リリー·フランキー의 『도쿄타워 – 엄마와 나, 때때로 아버지』가 있는데, 두 작품 모두 베스트셀러로 영화 및 드라마로도 제작되었다.

도쿄타워의 중간 지점인 150m에는 메인덱Main Deck, 250m에 탑덱Top Deck이 있고 아래쪽 풋타운Foot Town에는 수족관, 기념품숍, 푸드코트, 갤러리 등이 있다. 개장초기에는 도쿄에서 제일 인기 많은 관광 명소였으며, 현재도 수백만 명 이상이 찾는 인기관광지이다.

홈페이지 www.tokyotower.co.jp 주소 東京都 港区 芝公園 4-2-8 문의 03-3433-5111 찾아가기 JR, 도쿄모노레일(東京モノレール) 하마마쓰초(浜松町)역 북쪽 출구에서 도보 15분 거리/도에지하철 아사쿠사선(浅草線), 오오에도선(大江戸線) 다이몬(大門)역 A6번 출구에서 도보 10분/도에지하철 미타선(三田線) 오나리몬(御成門)역 A1번 출구에서 도보 6분/도쿄메트로 히비야선(日比谷線) 가미야초(神谷町)역 1번 출구에서 도보 7분/도에지하철 오오에도선(大江戸線) 아카바네바시(赤羽橋)역 아카바네바시출구에서 도보 5분 입장료 **메인덱** 성인 ¥1,200, 고등학생 ¥1,000, 초등학생, 중학생 ¥700, 4세 이상 유아 ¥500 **메인덱+탑덱** 성인 ¥3,000, 고등학생 ¥2,800, 초등학생, 중학생 ¥2,000, 4세 이상 유아 ¥1,400 개방시간 09:00~22:30(최종입장 22:00) 귀띔 한마디 높은 곳에서 도쿄타워가 함께 보이는 야경을 감상하고 싶다면 앞서 소개한 롯본기힐즈 전망대를 추천한다.

도쿄타워의 볼거리

도쿄타워의 메인전망대
메인덱 Main Deck

지상 120m 높이에 2층 구조의 메인덱은 풋타운 1층에서 엘리베이터를 타면 45초 만에 2층에 도착하고, 내려갈 때는 1층에서 탄다. 테마로 꾸며진 메인덱 엘리베이터 1호기는 UFO, 2호기는 유니버스, 3호기는 빛의 루빅큐브로 엘리베이터를 타면 천장의 빛이 달라진다. 추가요금을 내면 지상 250m의 탑덱까지 올라갈 수 있는데 바람이 심하거나 날씨가 좋지 않으면 이용이 제한된다. 메인덱 2층 한쪽에는 타워대신사가 있고, 1층은 동쪽 하마마쓰초역과 남쪽 아카바네바시역 방면 2군데 바닥을 강화유리로 설치해 아찔하게 발아래를 볼 수 있다. 지리적으로 도쿄중심이라 전망대에 오르면 360도 파노라마로 도쿄풍경을 감상할 수 있다. 롯폰기힐즈와 미드타운, 조조지와 프린스호텔, 레인보우브리지 등은 물론 요코하마 랜드마크타워도 잘 보인다. 날씨가 좋으면 후지산까지도 볼 수 있다.

도쿄의 야경과 함께 즐기는 라이브공연
클럽333 Club333

도쿄타워 메인덱 1층에 있는 클럽 333은 도쿄의 야경을 보며 즐길 수 있는 라이브공연장이다. 공연시간에 맞춰 가면 메인덱입장권에 추가입장료 없이 관람할 수 있다. 공연은 대부분 저녁 7시부터 9시 사이에 펼쳐지며, 라이브뮤직에서 개그콘서트까지 내용도 다양하다. 그중 매주 수요일에 열리는 재즈 및 팝을 중심으로 연주하는 웬즈데이라이브(Wednesday Live)가 제일 인기 많다. 자세한 공연내용 및 시간은 도쿄타워 홈페이지에서 확인할 수 있다.

도쿄타워 메인덱 내의 카페
카페라토르 CAFE la TOUR

도쿄타워 메인덱 1층 남서쪽에 위치한 카페라토르는 창가에 테라스풍 스탠드카운터가 있어 도쿄의 풍경을 내려다보며 티타임을 즐길 수 있다. 바닥을 60cm 높게 설치해서 조망을 좀 더 편하게 할 수 있다. 커피, 맥주, 케이크 등을 판매한다.

영업시간 09:30~22:30(L.O.22:00)

도쿄타워 바로 아래에 있는 역사 깊은 공원 ★★☆☆☆

시바공원 芝公園

시바공원은 도쿄타워 바로 아래를 감싸는 녹지로, 1873년 일본 최초의 공원으로 조성되었다. 시바芝는 일본어로 '잔디'를 뜻하는데, 공원의 이름처럼 푸르고 넓은 잔디밭이 펼쳐져 있다. 처음에는 사찰 조조지增上寺가 공원 내에 포함되었지만, 세계대전 이후 정치와 종교가 분리되면서 공원도 축소되었다. 현재 시바공원에는 나무 3만여 그루가 멋진 숲을 이루고 있고

길고양이들이 터줏대감 행세를 한다. 시바공원의 큰 매력은 도쿄타워를 가까이서 볼 수 있다는 점이다. 도쿄타워와 함께 기념사진을 찍기에도 좋다.

홈페이지 www.tokyo-park.or.jp 주소 東京都 港区 芝公園 4-10-17 찾아가기 도에지하철 미타선(三田線) 시바공원역(芝公園) A4번 출구에서 바로/JR이나 도쿄모노레일(東京モノレール) 하마마쓰초(浜松町)역 북쪽 출구에서 도보 12분/도에지하철 아사쿠사선(浅草線), 오오에도선(大江戸線) 다이몬(大門)역 A9번 출구에서 도보 5분/도에지하철 오오에도선(大江戸線) 아카바네바시(赤羽橋)역 아카바네바시출구에서 도보 5분 거리 입장료 무료 개방시간 24시간 귀띔 한마디 도쿄타워 위로 올라가지 않고, 도쿄타워의 모습만 제대로 보고 싶은 경우 시바공원을 추천한다.

제야의 종이 울리는 절 ★★★☆☆

조조지 増上寺

산게다쓰몬(三解脱門)

도쿄타워 바로 아래에 있는 사찰로 1393년에 창건하여 역사는 깊지만 수많은 전란을 겪으며 소실된 곳이 많다. 가장 주목할 것은 조조지 입구에 있는 일본국가중요문화재 산게다쓰몬三解脱門(산몬三門)인데, 이 문을 지나면 3가지 번뇌로부터 해방된다고 한다. 이곳에서 매년 제야의 종을 치는 모이을 일본전역에 방송된다. 종종 일본 전통혼례를 올리는 모습이나 종교행사를 볼 수도 있다.

홈페이지 www.zojoji.or.jp 주소 東京都 港区 芝公園 4-7-35 문의 03-3432-1431 찾아가기 도에지하철 미타선(三田線) 시바공원역(芝公園) A4번 출구에서 도보 2분/JR, 도쿄모노레일(東京モノレール) 하마마쓰초(浜松町)역 북쪽 출구에서 도보 10분/도에지하철 아사쿠사선(浅草線), 오오에도선(大江戸線) 다이몬(大門)역 A9번 출구에서 도보 5분/도에지하철 오오에도선(大江戸線) 아카바네바시(赤羽橋)역 아카바네바시출구에서 도보 7분 입장료 무료 개방시간 09:00~17:00

에도시대에 조성한 일본의 명승지 ★★☆☆☆

규시바리큐온시테이엔 旧芝離宮恩賜庭園

에도시대 초기에 조성한 정원으로 코이시카와고라쿠엔小石川後楽園과 함께 도쿄에서 가장 역사가 깊은 곳이다. 1678년 로쥬·오쿠보타다토모老中·大久保忠朝가 저택을 세우며 만들었고 이후 황실에서 시바별궁芝離宮으로 사용하다, 1924년 쇼와일왕 결혼을 기념하여 규시바리큐온시공원으로 개원하였다. 공원 내에는 5,000여 그루의 나무가 있고 커다란 연못 안에는 팔뚝만 한 잉어와 거북이가 살고 있다. 공원 내에서 도쿄타워도 잘 보이며, 일본 전통정원의 매력을 느끼며 산책을 즐기기에 좋다.

홈페이지 www.tokyo-park.or.jp 주소 東京都 港区 海岸 1-4-1 문의 03-3434-4029 찾아가기 JR, 도쿄모노레일 하마마쓰초(浜松町)역 북쪽 출구에서 도보 1분/도에지하철 아사쿠사선(浅草線), 오오에도선(大江戸線) 다이몬(大門)역 B2번 출구에서 도보 2분 입장료 성인 ¥150, 65세 이상 ¥70, 초등학생 이하 무료 개방시간 09:00~17:00 휴무 연말연시

Section 04

Tokyo

하마마쓰초에서 먹어봐야 할 것들

하마마쓰초는 도쿄타워 이외에 큰 볼거리나 쇼핑거리가 없기 때문에 관광객을 위한 식당보다는 현지의 샐러리맨들을 위한 음식점이 대부분이다. 가격 대비 만족도가 높아 단골집 삼아 매주 찾아가고 싶어지는 맛집이 은근히 많다. 점심시간 및 퇴근시간 이후에는 비슷한 정장차림의 사람들로 북적거리고, 식사시간 이외에는 영업하지 않는 곳이 대부분이다.

도쿄타워가 잘 보이는 ★★★★★

스카이라운지 스테라가든 Skylounge Stellar Garden

프린스호텔 파크타워도쿄점은 2005년 개업하여 프린스호텔 중에서는 가장 최근에 세워졌다. 도쿄타워와 가까워 도쿄타워를 바로 볼 수 있어 매력적이다. 2층은 프린스시바공원으로 조성되어 있는데 여기서도 도쿄타워가 잘 보인다. 도쿄타워 입장료 대신이라 생각하고 도쿄타워가 잘 보이는 프린스호텔 스카이라운지에서 칵테일을 한잔하는 것도 추천할 만하다. 도쿄타워 풍경을 안주삼아 즐기는 시원한 칵테일 한잔으로 영화의 한 장면을 연출할 수 있다. 창을 바라보는 쪽 테이블은 커플석으로, 함께 나란히 앉아 같은 풍경을 즐길 수 있다.

홈페이지 princehotels.co.jp/parktower 주소 東京都 港区 芝公園 4-8-1 ザ·プリンス パークタワー東京 33F 문의 03-5400-1170 찾아가기 도에지하철 미타선(三田線) 시바공원역(芝公園) A4번 출구에서 도보 3분/도에지하철 아사쿠사선(浅草線), 오오에도선(大江戸線) 다이몬(大門)역 A9번 출구에서 도보 10분/도에지하철 오오에도선(大江戸線) 아카바네바시(赤羽橋)역 아카바네바시출구에서 도보 2분/더프린스파크타워 33층 가격 ¥2,000~5,000(서비스차지 10%) 영업시간 일~목요일 17:00~23:00, 금~토요일 17:00~01:00 귀띔 한마디 로맨틱한 분위기라 데이트를 즐기려는 커플에게 추천한다.

최고의 셰프가 정성껏 만들어주는 맛있는 일본요리 ★★★★★

쿠로기 くろき

한 번 다녀온 손님은 모두 단골이 된다는 일본요리집으로 오너셰프의 성 쿠로기黑木를 상호로 사용한다. 건물 앞에 상호 없이 심플한 로고만 그려져 있어 외관으로는 알 수가 없어 신비롭게 느껴진다. 맛과 서비스 모두 나무랄 데 없이 훌륭해서 미식가도 격찬을 아끼지 않는다. 유일한 단점은

예약이 어렵다는 점이다. 디너는 단골손님만 예약할 수 있고, 처음 가는 사람은 런치만 가능하다. 요리는 정통일식으로 생선과 야채가 가득한 건강식이다. 1인당 백만 원의 예산이 필요한 코스밖에 없지만 비싼 값을 톡톡히 하니 후회하지 않을 것이다. 코스구성은 싱싱한 생선을 이용한 회, 조림, 구이, 찜 등 담백한 일본요리가 주를 이룬다.

홈페이지 kurogi.co.jp 주소 東京都 港区 芝公園 1-7-10 문의 03-6452-9039 찾아가기 JR, 도쿄모노레일 하마마쓰초(浜松町)역 북쪽 출구에서 도보 7분/도에지하철 아사쿠사선, 오오에도선 다이몬(大門)역 A6번 출구에서 도보 2분 가격 ¥80,000~100,000 영업시간 런치 12:00~14:30, 디너 17:00~23:00 휴무 매주 일요일, 공휴일, 연말연시

본격적인 남인도요리 ★★★☆☆

니르바남 ニルワナム, Nirvanam

일본은 인도의 커리를 카레라는 일본식 발음으로 부르고 흰쌀밥에 어울리는 일본식 조리법으로 만들어 대중화하였다. 일본식 카레도 맛있지만, 인도요리 커리도 일본에서 인기가 높다. 니르바남은 남인도식 커리를 파는 곳으로 인도인이 요리하기 때문에 완벽한 인도의 맛이다. 강한 향신료와 양고기를 사용한 커리도 있어 레스토랑에 들어서는 순간부터 냄새가 이국적이다. 또한 인도답게 비건 및 베지테리언을 위한 메뉴가 충실하다.

홈페이지 www.nirvanam.jp 주소 東京都港区虎ノ門3-19-7 大手ビル2F 문의 03-3433-1217 찾아가기 가미야초(神谷町駅)역 3번 출구에서 도보 1분 가격 런치 ¥1,000~2,000 디너 ¥3,000~5,000 영업시간 11:15~14:30, 18:00~22:00(L.O.21:30) 귀띔 한마디 인도요리가 처음이라면 입맛에 안맞을 확률이 크다.

건강한 요리를 파는 베이커리레스토랑 ★★★★☆

르팡코티디안 Le Pain Quotidien

벨기에의 유명 레스토랑이 일본에 진출한 1호점이다. 높은 천정과 창밖으로 보이는 공원풍경, 목재를 이용한 인테리어가 마음을 편안하게 해준다. 천연효모, 유기농 밀가루 등을 사용해서 몸에 좋은 빵을 만들며, 고소한 빵 냄새가 식욕을 돋운다. 맛보기 전 사진부터 찍고 싶을 정도로 예쁜 브런치를 느긋하게 즐겨보자.

홈페이지 www.lepainquotidien.com 주소 東京都港区芝公園3-3-1 문의 03-6430-4157 찾아가기 도에 미타선 오나리몬역(御成門駅) A1출구에서 도보 1분/JR, 도쿄모노레일 하마마쓰초역(浜松町駅) 북쪽출구에서 도보 8분/도에 아사쿠사선, 오오에도선 다이몬역(大門駅) A6 출구에서 도보 6분/도에 미타선 시바공원역(芝公園) A4출구에서 도보 10분 가격 런치 ¥1,000~2,000, 디너 ¥3,000~5,000 영업시간 07:00~20:00 휴무 연중무휴 귀띔 한마디 식사를 하지 않고 빵만 구입하는 것도 가능하다.

Special Area 03

오랜 맛집을 찾아서, 아자부주반 麻布十番 Azabujuban

한국대사관을 포함한 세계 각국의 대사관이 자리를 잡고 있어 외국인이 많은 지역이다. 또한 도쿄의 대표적인 고급 주택가라 조용하면서도 기품이 있다. 300년 넘는 역사를 가진 아자부주반의 상점가에는 100~200년씩 한자리를 지켜온 맛집과 먹거리가 많다. 2월 세츠분(節分), 4월 꽃축제(花まつり), 9월 가을축제 등 다양한 축제가 열리며, 10월 10일은 주반의 날(十番の日)로 ¥10짜리 먹거리도 팔고 특별 서비스 및 세일을 한다.

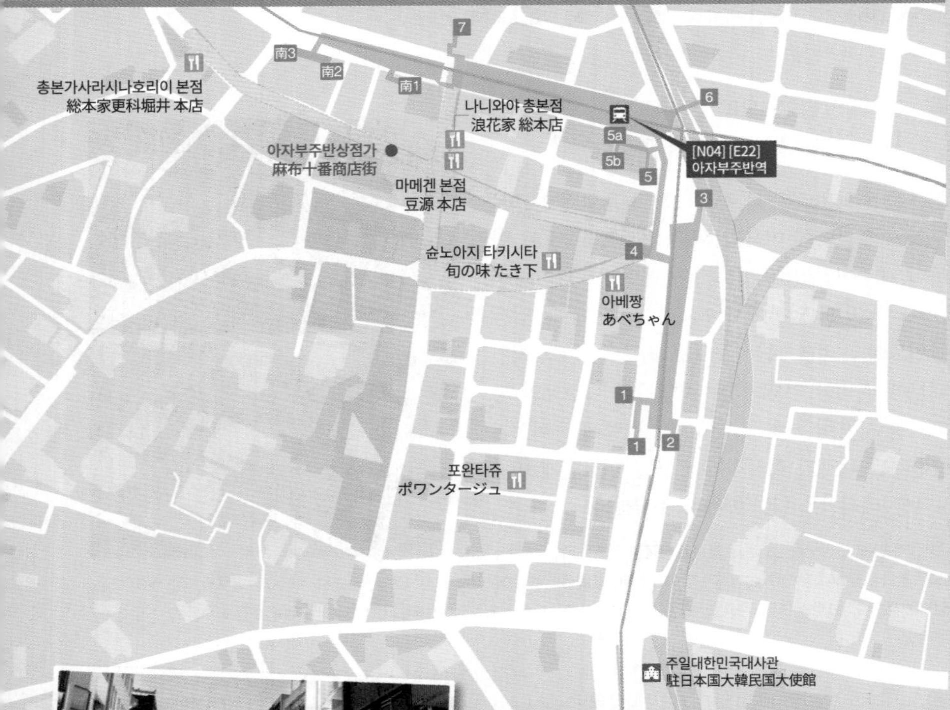

총본가사라시나호리이 본점
総本家更科堀井 本店
나니와야 총본점
浪花家 総本店
아자부주반상점가
麻布十番商店街
마메겐 본점
豆源 本店
[N04] [E22]
아자부주반역
슌노아지 타키시타
旬の味 たき下
아베짱
あべちゃん
포완타쥬
ポワンタージュ
주일대한민국대사관
駐日本国大韓民国大使館

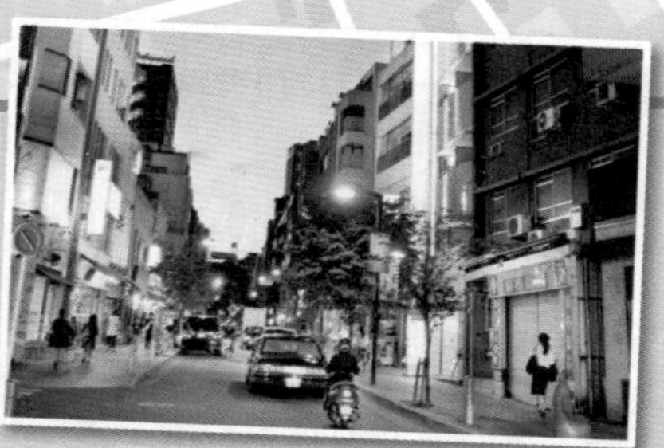

- **교통편** : 도에지하철과 도쿄메트로가 지나는 아자부주반역은 지하도가 길어서 지하에서 지상으로 나오는 데 시간이 걸린다. JR은 지나가지 않기 때문에 지하철을 이용해야 한다. 롯폰기에 있는 롯폰기힐즈 케야키자카에서 도보로 10분 정도면 아자부주반상점가로 접어드니 롯폰기와 함께 아자부주반을 둘러보는 코스도 좋다.

  아자부주반(麻布十番)역 오오에도선(大江戸線), 남보쿠선(南北線)

- **베스트코스** : 아자부주반역 4번 출구 → 아자부주반상점가 → 마메겐 → 나니와야 총본점 → 파티오주반 → 사라시나호리이 → 아자부주반역

요시노리의 한마디

아자부주반상점가에는 맛있는 먹거리가 많으니 출출해지는 오후 3~4시쯤에 찾아가자.

아자부주반상점가 麻布十番商店街

300년 이상의 역사를 이어온 아자부주반상점가에는 일본 전통과자 및 요리를 판매하는 곳도 많고, 세계 각국의 대사관이 모여 있어 서양음식을 판매하는 레스토랑도 흔하다. 일본에서 처음으로 붕어빵을 만든 나니와야 소혼텐, 콩과자전문점 마메겐 본점, 닌교야키전문 키분도 등 100년이 넘는 역사를 지닌 가게도 많다. 한집 걸러 한집이 카페이기 때문에 느긋하게 쉬기도 좋고, 일본식 닭꼬치 야키토리 및 타파스 같은 간단한 안주와 함께 술을 마실 수 있는 바도 많다. 아자부주반에 있는 12개국 대사관의 협력으로 상점가를 장식한 모뉴먼트를 구경하는 것도 재미있다. '미소'를 테마로 만든 동상은 한국, 미국, 호주, 오스트리아, 핀란드, 프랑스 등의 조각가가 만든 작품이다. 일본대표로 이가라시타케노부五十嵐威暢의 구름雲, 천布 두 작품이 세워져 있고, 그 밖에도 잇시키쿠니히코一色邦彦의 헤키쇼碧翔가 있다. 또한 예술상점 및 식당을 장식한 인형과 간판도 재치가 넘친다.

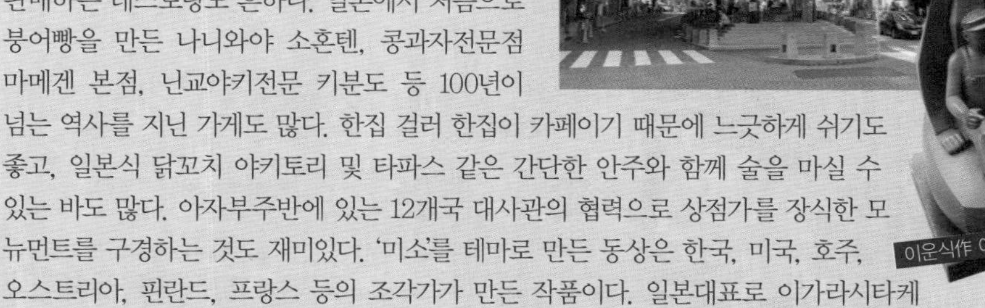

이운식作 어머니와 아이

홈페이지 www.azabujuban.or.jp **찾아가기** 도에지하철 오오에도선(大江戸線), 도쿄메트로 남보쿠선(南北線) 아자부주반(麻布十番)역 4번 출구에서 바로 **귀띔 한마디** 아자부주반은 고급스럽고 부유한 느낌이지만, 상점가의 분위기는 서민적이다.

Tip

아자부주반 파티오주반(パティオ十番)과 노료마츠리(納涼祭り)

아자부주반의 상점가 중심에는 커다란 느티나무 6그루가 작은 공원을 이루는 파티오주반이 있다. 작은 공간이지만 유럽의 작은 상점가 같은 이국적인 분위기가 풍긴다. 파티오주반 언덕에는 '빨간 구두를 신은 소녀, 기미짱(きみちゃん)'이라는 동상이 서 있다. 기미짱은 일본 유명동화작가인 노구치우죠(野口雨情)가 실화를 바탕으로 쓴 『빨간 구두(赤い靴)』에 등장하는 여자아이로 비극적으로 짧은 생을 마친 그녀의 행복을 기리기 위해 동상을 세웠다. 파티오주반은 이국적인 분위기 때문에 드라마 촬영지로도 인기가 많아 일본드라마 '유성의 인연(流星の絆)', '안드로이드(安堂ロイド)' 등이 촬영됐다. 아자부주반에서 가장 큰 이벤트는 매년 8월 셋째 주 주말에 열리는 노료마츠리이다. 일본전역의 맛있는 먹거리와 아자부주반상점가의 유명가게에서 만든 수제먹거리들을 포장마차에서 판매한다. 화사한 유카타를 입은 사람이 모여들어 일본의 축제문화를 구경하는 재미도 있다. 유카타를 빌려 입고 가면 더욱 즐겁다.

나니와야 총본점 浪花家 総本店

1909년에 일본에서 최초로 붕어빵을 만든 원조집이다. 일본에서는 붕어빵을 타이야키鯛焼き라고 하는데, 일본어로 타이는 붕어가 아니라 도미이다. 가격도 비싸지만 좋은 재료를 사용해 한국의 붕어빵보다 훨씬 맛있다. 도쿄 3대 붕어빵으로 소문난 나니와야 총본점의 붕어빵은 하얗고 껍질이 얇아 바삭바삭하다. 붕어빵 속에 들어 있는 팥소의 단맛이 강하지 않은 것이 특징으로, 크지 않아 1인당 2마리 정도는 부담 없이 먹을 수 있다. 한 마리씩 정성스레 굽기 때문에 1일 2,000마리 한정으로 판매하며 기다려야 할 때가 많다. 1인당 2마리 이상 주문하면 1층 좌석에 앉아 먹을 수 있고 2층 테이블을 이용하려면 음료 및 야키소바やきそば, 안미쯔あんみつ, 카키고오리かき氷 등 다른 음식을 주문해야 한다.
붕어빵을 일본전역에 대중적인 간식으로 만든 저력을 느낄 수 있다.

주소 東京都 港区 麻布十番 1-8-14 **문의** 03-3583-4975 **찾아가기** 도에지하철 오오에도선(大江戸線), 도쿄메트로 남보쿠선(南北線) 아자부주반(麻布十番)역 4번 출구에서 도보 2분 거리 **가격** ¥200~500 **영업시간** 11:00~19:00 **휴무** 매주 화요일, 매달 셋째 주 수요일 **귀띔 한마디** 붕어빵은 1마리라도 예약이 가능하니 미리 주문하고 나중에 찾으러 가는 것이 좋다.

마메겐 본점 豆源 本店

1865년 창업한 콩과자전문점이다. 에도시대의 풍미를 살린 맛으로 오랜 기간 꾸준히 사랑받고 있다. 콩으로 만든 콩과자가 주를 이루고, 찹쌀로 바삭바삭하게 만든 오카키おかき도 다양한 맛이 있다. 계절 한정상품 및 본점 한정상품 등을 포함하여 100여 종류 이상의 과자를 판매하므로 고르는 것도 쉽지 않지만, 골라먹는 재미도 그만큼 크다. 갓 튀겨서 직접 만든 신선한 과자를 먹을 수 있다는 점도 매력적이다. 몸에 좋은 콩과자라 남녀노소를 불문하고 선물로 인기가 많아 일본 유명백화점 지하식품매장에서도 판매한다.

홈페이지 www.mamegen.com **주소** 東京都 港区 麻布十番 1-8-12 **문의** 03-3583-0962 **찾아가기** 도에지하철 오오에도선(大江戸線), 도쿄메트로 남보쿠선(南北線) 아자부주반(麻布十番)역 4번 출구에서 도보 2분 거리 **가격** ¥300~1,000 **영업시간** 10:00~19:30 **휴무** 부정기적으로 화요일 **귀띔 한마디** 한 봉지 사서 배고플 때 간식으로 먹기 좋고, 가벼워서 선물용으로도 구입해도 좋다.

아베짱 あべちゃん

꼬치에 끼워 숯불에 구운 돼지고기 야키톤やきとん으로 유명한 이자카야이다. 2대째 운영하는 꼬치구이전문점으로, 외관은 허름하지만 맛으로 승부한다. 가게 앞쪽에서 숯불로 꼬치를 굽는데 배고플 때는 그냥 지나치기 힘들 정도로 맛있는 냄새가 난다. 점심시간에는 저렴한 런치 세트를 판매하고, 저녁에는 시원한 맥주에 꼬치를 먹는 사람들로 붐빈다. 포장을 해달라고 하면 봉투에 넣어주고, 바로 먹는다고 하면 소스가 흐르지 않게 종이컵에 담아준다.

주소 東京都 港区 麻布十番 2-20-14 **문의** 03-3451-5825 **찾아가기** 도에지하철 오오에도선(大江戸線), 도쿄메트로 남보쿠선(南北線) 아자부주반(麻布十番)역 4번 출구 근처 **가격** ¥1,000~2,000 **영업시간** 15:00~22:00 **휴무** 매주 일요일

총본가 사라시나호리이 본점 総本家更科堀井 本店

1789년에 창업한 사라시나호리이는 200년 넘는 세월 동안 8대에 걸쳐 아자부주반의 대표 소바전문점으로 굳건히 자리를 지키고 있다. 아자부주반에서 제일 인기 많은 소바집으로 일본인은 물론 외국인도 많이 찾는다. 가게 이름과 같은 사라시나さらしな 소바가 유명하다. 사라시나는 메밀의 겉면을 깎아서 하얀 부분만 사용하기 때문에 면의 촉감도 부드럽고 살짝 단맛이 난다. 고급 소바는 먹는 방법도 중요하다. 츠유를 소바 면에 살짝 찍는다는 느낌으로 반만 담궈 먹어야 맛있다. 소바를 다 먹을 즈음에 소바를 삶은 물인 소바유そば湯를 주전자에 넣어 갖다 주는데, 남은 츠유에 소바유를 타면 국처럼 마실 수 있다.

홈페이지 www.sarashina-horii.com **주소** 東京都 港区 元麻布 3-11-4 **문의** 03-3403-3401 **찾아가기** 도에지하철 오오에도선(大江戸線), 도쿄메트로 남보쿠선(南北線) 아자부주반(麻布十番)역 4번 출구에서 도보 7분 **가격** ¥1,000~2,000 **영업시간** 평일 11:30~15:30, 17:00~20:30, 주말 및 공휴일 11:00~20:30 **귀띔 한마디** 아자부주반에 사라시나라는 이름을 가진 소바집이 두 군데 더 있는데 이곳이 원조다.

슌노아지 타키시타 旬の味 たき下

저녁에는 맛있는 생선요리와 함께 사케를 마시는 사람으로 붐비고, 점심에는 생선구이정식을 먹으러 온 사람으로 꽉 차는 인기맛집이다. 숯불에 한 마리씩 구워주는 생선구이는 비린내도 없고 불향이 묻어나 식욕을 돋운다.
특히 일본 생선구이에 늘 함께 나오는 갈은 무, 다이콩오로시大根おろし가 신선하고 맛있는데 리필도 가능하다. 생선구이도 맛있지만 작은 그릇에 담아주는 반찬들도 신선한 재료를 사용해 건강해지는 느낌이다. 저녁은 꽤 비싼 편이고 런치도 저렴하지는 않지만 그 이상의 값어치를 한다.

주소 東京都 港区 麻布十番 2-1-11 小島ビル 1F **문의** 03-5418-4701 **찾아가기** 도에지하철 오오에도선(大江戸線), 도쿄메트로 남보쿠선(南北線) 아자부주반(麻布十番)역 4번 출구에서 도보 1분 **가격** 런치 ¥1,200~2,000, 디너 ¥8,000~10,000 **영업시간** 11:00~15:00, 17:00~20:00 **귀띔 한마디** 생선구이를 좋아하다면 추천한다.

포완타쥬 ポワンタージュ

한적한 골목길 안쪽에 자리한 맛있는 빵집이다. 외관도 깔끔하고 내부에는 보기에도 탐스러운 각종 빵이 진열되어 있다. 테이크아웃도 가능하지만 카페에서 바로 먹을 수 있어, 먹고 가겠다고 하면 빵을 따뜻하게 데워서 예쁜 접시에 올려준다. 8가지 야채가 예쁘게 들어가 있는 포카차フォカッチャ를 추천한다. 맛있는 빵 2~3개를 고른 뒤 커피 한잔을 곁들이면 한 끼 식사로도 손색이 없다.

주소 東京都 港区 麻布十番 3-3-10 **문의** 03-5445-4707 **찾아가기** 도에지하철 오오에도선(大江戸線), 도쿄메트로 남보쿠선(南北線) 아자부주반(麻布十番)역 1번 출구에서 도보 2분 **가격** ¥200~1,000 **영업시간** 10:00~23:00 **휴무** 매주 월요일, 매달 셋째 주 화요일

주일대한민국대사관(駐日本国大韓民国大使館)

한국인의 여권, 비자, 재외국민등록, 병역, 가족관계 등록, 공증, 재외선거 등의 영사업무를 하는 곳이다. 일본에서 여권을 분실했거나, 타국의 비자를 받아야 하거나 혼인, 출생신고를 할 때 찾아간다. 한국의 운전면허증으로 일본의 운전면허를 발급받을 때 필요한 서류 및 공증도 여기서 한다. 대사관 바로 옆에 있는 한국중앙회관에는 한국문화를 소개하는 미니전시실이 있다.

홈페이지 jpn-tokyo.mofa.go.kr 주소 東京都 港区 南麻布 1-7-32 문의 03-3455-2601~3 찾아가기 도에지하철 오오에도선(大江戸線), 도쿄메트로 남보쿠선(南北線) 아자부주반(麻布十番)역 2번 출구에서 도보 5분 거리 운영시간 비자접수 09:00~11:30/13:30~16:00

Chapter 03

아카사카

赤坂

Akasaka

 ★★★☆☆

 ★★★★☆

★☆☆☆☆

아카사카는 카스미가세키의 일본관청가 바로 옆에 위치한 유흥가로 일본 정계인사들의 모임이 잦은 곳이다. TBS방송국 및 광고회사가 모여 있어 일본매스컴의 중심지라 불리기도 한다. 빌딩숲이 이어진 오피스가이지만 히에진자, 토요카와이나리 도쿄별원, 호텔뉴오타니의 일본정원 등에서 일본 전통의 멋을 느낄 수 있다. 아카사카에는 한국음식점도 많고 한국인을 상대로 장사를 하는 가게도 많아 신오쿠보에 비하면 규모는 작지만 코리아타운이 형성되어 있다.

요시노리의 한마디

아카사카는 고급스러운 이미지와 정치계의 뒷공작이 펼쳐지는 은밀한 이미지를 양면으로 가지고 있다.

아카사카를 잇는 교통편

아카사카는 JR이나 도에지하철이 연결되어 있지 않아 도쿄메트로를 이용해야 한다. 아카사카는 아카사카역이 가장 가깝지만 마루노우치선과 긴자선이 지나는 아카사카미츠케역의 교통편이 더 편리하다. 다메이케산노역, 곳카이기지도마에역, 나가타초역 등도 아카사카에서 가까워 도보 5~10분 정도면 이동이 가능하니 편한 역을 이용하면 된다.

아카사카(赤坂)역 ⓜ ◉ 치요다선(千代田線)
아카사카미츠케(赤坂見附)역 ⓜ ◉ 마루노우치선(丸の内線), ◉ 긴자선(銀座線)
다메이케산노(溜池山王)역 ⓜ ◉ 긴자선(銀座線), ◉ 남보쿠선(南北線)
곳카이기지도마에(国会議事堂前)역 ⓜ ◉ 치요다선(千代田線)
나가타초(永田町)역 ⓜ ◉ 한조몬선(半蔵門線)

아카사카에서 이것만은 꼭 해보자

1. 아카사카를 대표하는 재개발지역 아카사카 사카스를 구경하며 쇼핑을 즐기자.
2. 아카사카의 맛집에서 맛있는 식사를 하자.
3. 히에진자를 구경하며 일본 신사의 멋을 느껴보자.

사진으로 미리 살펴보는 아카사카 베스트코스

아카사카역에 점심 때쯤 도착해서 장어덮밥으로 점심식사를 하고 히에진자, 호텔뉴오타니 일본정원, 토요카와이나리 도쿄별원을 차례로 돌아보며 아카사카에서 일본 전통의 멋을 느껴보자. 아카사카 히토츠기 상점가에 있는 골동품가게를 둘러보다가 피곤해지면 케이크전문점 시로타에의 레어치즈케이크로 에너지를 보충하자. 아카사카 사카스의 숍과 TBS텔레비전 등을 돌아보고, 아카사카 코리아타운에 있는 이치류에서 설렁탕으로 뜨끈하게 속을 달래자. 혹시 술이 생각나면 이자카야에 들러서 술을 한잔 마셔도 좋다.

1 일본 전통의 멋을 느껴보는 하루 일정(예상 소요시간 8시간 이상)

아카사카역 → 도보 1분 → [점심] 아카사카키누키 1시간 코스 → 도보 3분 → 히에진자 30분 코스 → 도보 10분 → 호텔뉴오타니 일본정원 30분 코스 → 도보 10분 → 토요카와이나리 도쿄별원 15분 코스

→ 도보 5분 → 아카사카 히토츠기상점가 1시간 코스 → 바로 → [티타임] 시로타에 1시간 코스 → 도보 5분 → 아카사카 사카스 1시간 코스 → 도보 3분 → TBS텔레비전 15분 코스 → 도보 5분 → [저녁] 이치류 1시간 코스

호텔뉴오타니
New Otani Hotel Tokyo
9a
7
아카사카미츠케 유적
도쿄수도고속도로
D
6
C
[Y16] [Z04] [N07]
나가타초역
B
8
닌자도쿄
NINJA TOKYO
A
青山通り
[G05] [M13]
아카사카미츠케역
서양과자 시로타에 아카사카
西洋菓子しろたえ 赤坂
토요카와이나리 도쿄별원
豊川稲荷東京別院
11
아카사카 히토츠기상점가
一ツ木通り
아카사카 그란벨호텔
Granbell Hotel Akasaka
호텔몬토레 아카사카
Hotel Monterey Akasaka
外堀通り
히에진자
日枝神社
산노사료
山王茶寮
아카사카 후키누키
赤坂ふきぬき
아카사카비즈타워
赤坂Bizタワー
1
아카사카ACT시어터&아카사카블리츠
赤坂ACTシアター&赤坂BLITZ
3a
2
아카사카사카스
赤坂サカス
3b
4
[C06]
아카사카역(도쿄)
이치류
一龍
5a
5b
TBS텔레비전
TBSテレビ
7
6

Section 05

Tokyo

아카사카에서 반드시 둘러봐야 할 명소

아카사카는 특별한 볼거리가 있는 관광지라기보다는 도쿄에 있는 수많은 번화가 중 하나이다. 아카사카 사카스 및 고층빌딩가에서는 현대적인 모습의 일본을 느낄 수 있고, 히에진자 및 호텔뉴오타니 일본정원 등에서는 전통적인 일본의 멋을 느낄 수 있다. 아카사카는 다양한 면모를 지니고 있으므로 취향에 따라 자신만의 루트를 짜서 둘러보는 것이 좋다.

아카사카를 대표하는 복합엔터테인먼트시설 ★★★★☆

아카사카 사카스 赤坂サカス, Akasaka Sacas

2008년 오픈한 아카사카 사카스는 TBS방송센터, 갤러리, 블리츠BLITZ, ACT시어터, 비즈타워, 아카사카더레지던스 등이 모여 있는 복합엔터테인먼트시설이다. 사카스라는 이름은 '꽃을 피우다花を咲かす'라는 표현에서 유래했으며, 실제 봄에는 아카사카 사카스 중앙의 사카스자카에서 벚꽃놀이를 즐긴다. 겨울철에는 아카사카 사카스에서 화려한 크리스마스 일루미네이션을 볼 수 있어 로맨틱한 분위기 속 데이트를 즐기기 좋다. 또한 영상 기온에도 녹지 않는 야외스케이트장이 설치된다.
오다이바 후지TV, 시오도메 니혼TV, 롯폰기 아사히TV처럼 TBS방송국과 연합된 복합시설이다. 아카사카비즈타워에는 광고회사 하쿠호도博報堂가 있어 니혼TV와 광고회사 덴츠가 있는 시오도메와 비슷한 분위기이다. 방송관련 이벤트가 수시로 열리고, 일본의 인기 아이돌 그룹의 팬을 위한 숍이 운영되는데 매번 수백 명이 줄을 설 만큼 성황을 이룬다.

주소 東京都 港区 赤坂 5 찾아가기 도쿄메트로 치요다선(千代田線) 아카사카(赤坂)역에서 바로 연결/도쿄메트로 긴자선(銀座線), 남보쿠선(南北線) 다메이케산노(溜池山王)역 7번 출구에서 도보 7분/도쿄메트로 마루노우치선(丸の内線), 긴자선(銀座線) 아카사카미츠케(赤坂見附)역 10번 출구에서 도보 8분 거리

✓ 아카사카는 한국인 화류계 여성이 많은 거리이니 밤늦게 여성 혼자 돌아다니지 않는 것이 좋다.

아카사카 사카스의 볼거리

아카사카 사카스의 중심

아카사카비즈타워 赤坂Bizタワー

아카사카비즈타워는 아카사카 사카스 입구에 있는 지상 39층, 지하 3층의 고층타워로, 지하 1층부터 지상 2층까지는 쇼핑 및 식당가이다. 비즈타워 바로 앞에 있는 비즈타워아넥스라는 작은 건물이 현관 역할을 하며 아기자기한 물건을 파는 인테리어용품, 잡화점, 패션숍이 있어 여성에게 인기가 많다. 비즈타워아트리움에는 중국광동요리를 판매하는 아카사카리큐(赤坂璃宮) 본점, 초밥체인점 우메가 오카스시노 미도리(梅丘寿司の美登利) 등 고급 레스토랑이 모여 있다.

찾아가기 아카사카 사카스 내 **영업시간 숍** 11:00~21:00 **레스토랑** 11:00~23:30(점포에 따라 다름)

인기 프로그램이 많은 칸토지역방송국

TBS텔레비전 TBSテレビ

TBS는 도쿄 및 도쿄 근교를 포함한 칸토지역의 지역방송국으로 2000년에 설립되었다. 또한 250여 개의 채널을 보유한 위성방송 스카파(スカパー)도 운영한다. TBS는 지역방송국이지만 재미있는 드라마, 버라이어티쇼, 애니메이션 등을 제작해 일본전역에서 유명하다. 공식캐릭터인 흑돼지 부부(Boobo)는 TBS 곳곳에서 볼 수 있다. 1층은 일반 개방공간으로 제작하는 방송을 홍보하며, 기념품숍인 TBS스토어와 카페가 있다. 운이 좋으면 촬영하고 나오는 연예인을 만날 수도 있다.

홈페이지 www.tbs.co.jp **주소** 東京都 港区 赤坂 5-3-6 TBS放送センター **찾아가기** 아카사카 사카스의 TBS방송센터 건물 **입장료** 무료

아카사카 사카스의 공연극장과 라이브하우스

아카사카ACT시어터&아카사카블리츠
赤坂ACTシアター&赤坂BLITZ

사카스자카 옆에 나란히 서 있는 ACT시어터와 블리츠는 모두 공연장이다. 아카사카ACT시어터는 뮤지컬, 연극, 콘서트 등의 공연을 볼 수 있는 엔터테인먼트극장으로 1,300여 석 규모이다. 일본 및 해외 유명작품들을 볼 수 있어 항상 붐비므로 공연을 보고 싶다면 미리 인터넷을 통해 티켓을 구입하는 것이 좋다. 아카사카블리츠는 스타일리시한 라이브하우스로 최신 음향 및 조명설비가 마련되어 있어 국내외 아티스트들이 라이브공연을 펼친다.

홈페이지 아카사카ACT시어터 www.tbs.co.jp/act **아카사카블리츠** www.tbs.co.jp/blitz **주소** 東京都 港区 赤坂 5-3-2 赤坂サカス内 **문의** 03-3589-2277/03-3584-8811 **찾아가기** 아카사카 사카스의 사카스자카 옆 **입장료 및 영업시간** 공연에 따라 다름 **귀띔 한마디** 현장 티켓도 판매하지만, 인기공연은 매진이 많으므로 인터넷 예약을 하는 것이 좋다.

술집이 많은 아카사카의 상점가 ★★☆☆☆

아카사카 히토츠기 상점가 赤坂一ツ木通り商店街

아카사카역에서 아카사카미츠케역 사이에 있는 상점가의 이름이 아카사카 히토츠기 상점가赤坂一ツ木通り商店街이다. 아카사카에는 오피스빌딩이 많은데 아카사카에서 일하는 직장인들이 퇴근길에 들르기 좋은 술집과 식당이 많다. 또한, 고급 요정이 골목골목에 위치해 있어 정치가들이 밀담을 나누는 곳으로도 알려져 있다. 100년의 전통을 가진 스다래 전문점, 일본차 전문점, 전통식기 전문점 등도 쉽게 찾아볼 수 있다. 거리의 양쪽으로 인력거 모양의 장식이 붙어 있는 가로등이 깜찍하다.

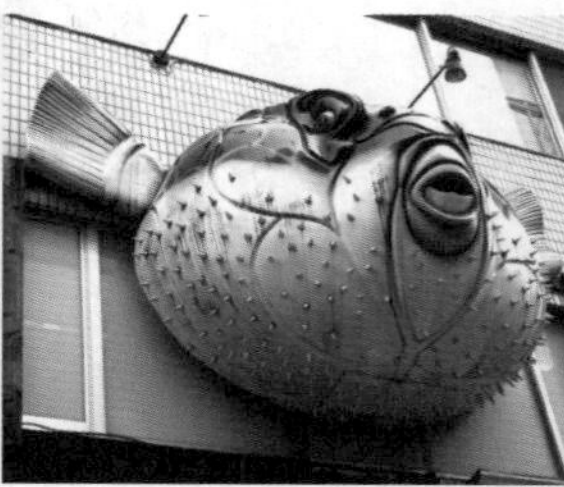

주소 東京都港区赤坂赤坂一ツ木通り商店街 찾아가기 도쿄메트로 마루노우치선(丸の内 線), 긴자선(銀座線) 아카사카미츠케역(赤坂見附駅) 10번 출구에서 바로, 도쿄메트로 치요다선(千代田線) 아카사카역(赤坂駅)에서 도보 2분/도쿄메트로 긴자선(銀座線), 남북쿠선(南北線) 다메이케산노역(溜池山王駅) 7번 출구에서 도보 10분 귀뜸 한마디 전통적인 상점은 눈에 띄는 간판을 사용하지 않는 경우가 많으니 잘 살펴보며 걷자.

여우신을 모시는 신사 ★★☆☆☆

토요카와이나리 도쿄별원 豊川稲荷東京別院

정식명칭은 토요카와카쿠묘우곤지豊川閣妙嚴寺로 여우신을 모시는 이나리신사稲荷神社이다. 아이치현 토요카와카쿠豊川閣의 직할 별원으로 에도시대에 지었다. 여우신 이나리를 상징하는 문양 및 동상을 곳곳에서 볼 수 있고, 온통 빨간색으로 장식되어 있어 일본색이 진하게 느껴진다. 상업번영, 가내안전, 복덕개운의 신으로 알려져 많은 사람이 찾는다.

산문(山門)

본전

홈페이지 www.toyokawainari-tokyo.jp 주소 東京都 港区 元赤坂 1-4-7 문의 03-3408-3414 찾아가기 도쿄메트로 마루노우치선(丸の内線), 긴자선(銀座線) 아카사카미츠케(赤坂見附)역 B 출구에서 도보 5분/도쿄메트로 치요다선(千代田線) 아카사카(赤坂)역 1번 출구에서 도보 10분 거리 입장료 무료 귀띔 한마디 신사에 사는 고양이가 나와서 인사를 하기도 한다. 외벽을 따라 설치된 빨간 등롱은 해가 진 다음부터 저녁 8시까지 불을 켠다.

에스컬레이터 타고 올라가는 도심한복판의 신사 ★★★★☆
히에진자 日枝神社

아카사카의 빌딩숲 사이 히에진자는 올라가는 길에 에스컬레이터가 놓여 있는 모습이 이색적이다. 에스컬레이터를 타고 언덕에 오르면 아카사카의 풍경이 한눈에 들어온다. 신사의 풍경을 보고 싶다면 빨간 도리가 줄지어 선 계단을 통해 올라가면 된다. 빨간 도리가 터널처럼 이어져 일본색이 물씬 풍긴다. 히에진자는 언덕에 있으므로 에스컬레이터를 타고 올라가고 내려올 때는 빨간 도리가 있는 계단을 이용하는 것이 편하다.

히에진자는 에도 3대 축제인 산노마츠리山王祭가 열리는 신사이다. 약 500년 전에 세워진 유서 깊은 신사로, 국보급 건물은 전쟁으로 모두 파손되었다. 1958년 재건하여 역사의 흔적은 느껴지지 않지만 국보 및 중요문화재인 칼을 다수 보유하고 있다. 히에진자의 사자神使는 원숭이라 신사 곳곳에서 원숭이상을 볼 수 있다. 신사 내에는 신녀인 미코巫女도 보이고, 결혼식을 올리는 모습도 종종 볼 수 있다.

홈페이지 www.hiejinja.net 주소 東京都 千代田区 永田町 2-10-5 문의 03-3581-2471 찾아가기 도쿄메트로 긴자선(銀座線), 남보쿠선(南北線) 다메이케산노(溜池山王)역 7번 출구에서 도보 3분/도쿄메트로 치요다선(千代田線) 곳카이기지도마에(国会議事堂前)역 5번 출구에서 도보 5분 거리 입장료 무료 개방시간 06:00~17:00 귀띔 한마디 메이지진구나 야스쿠니신사에 비해 규모는 작지만 일본신사의 매력을 충분히 갖추고 있다.

Section 06

Tokyo

아카사카에서 먹어봐야 할 것들

아카사카는 고급 요리점부터 대중적인 이자카야 및 식당까지 고루 분포한 유흥가이다. 맛집도 많지만 일본 최초의 후터스 및 닌자를 테마로 한 닌자도쿄 등의 독특한 술집도 많아 먹고 마시고 놀기 좋다. 한국인이 한국식으로 운영하는 한국음식점도 많아 우리나라 음식이 그리운 사람들도 만족할 수 있다. 아카사카는 좋은 술집이 많아서 낮보다 밤이 더 붐빈다.

3가지 방식으로 즐기는 장어덮밥 ★★★★☆

아카사카 후키누키 赤坂ふきぬき

장어덮밥을 도쿄에서 유일하게 나고야 명물인 히츠마부시ひつまぶし 방식으로 즐길 수 있는 장어요리 전문점이다. 1923년 개점하여 100여 년의 전통을 이어가는 집으로, 신주쿠 타카시마야백화점에도 체인이 있다. 히츠마부시는 3가지 방식으로 즐기는데 장어덮밥을 열십자 모양으로 4등분한 후 첫 번째는 장어덮밥 그 자체, 두 번째는 김이나 파 등 양념을 곁들여서, 세 번째는 차를 넣어 오차즈케お茶漬け를 만들어 먹는다. 그리고 마지막 4분의 1은 자신의 취향에 맞는 방식으로 먹으면 된다. 일반 장어덮밥도 맛있지만 히츠마부시 방식으로 즐기는 장어덮밥은 재미있기까지 하다.

주소 東京都 港区 赤坂 3-6-11 문의 03-3585-3100 찾아가기 도쿄메트로 치요다선(千代田線) 아카사카(赤坂)역 1번 출구에서 도보 1분/도쿄메트로 긴자선(銀座線), 남보쿠선(南北線) 다메이케산노(溜池山王)역 7번 출구에서 도보 5분/도쿄메트로 마루노우치선(丸の内線), 긴자선(銀座線) 아카사카미츠케(赤坂見附)역 10번 출구에서 도보 7분 가격 런치 ¥2,000~3,000, 디너 ¥2,500~7,500 영업시간 11:00~15:00, 17:00~22:00

진하고 부드러운 레어치즈케이크가 유명한 양제과점 ★★★☆☆

서양과자 시로타에 아카사카 西洋菓子しろたえ 赤坂

1978년 오픈한 서양과자 시로타에는 아카사카의 히토츠기상점가에서 가장 인기 많은 양제과점이다. 일본의 연예인들이 즐겨 먹는다고 소문이 나면서 줄을 서서 기다리는 사람이 있을 정도로 인기가 높아졌고, 카페도 있지만 만석일 때가 많아 앉아서 먹기 힘들다. 덴마크산 크림치즈를 사용하여 만드는 레어치즈케이크レアチーズケーキ가 유명한데 재료의 90%가 크림치즈이다. 한번 맛보면 잊을 수 없을 정도로 크림치즈맛이 진하고 식감이 부드러우며 뒷맛이 느끼하지 않다. 슈크림 및 몽블

랑도 인기가 많고, 시로타에의 카페에서 커피 한 잔 곁들여서 먹으면 더 맛있다.

주소 東京都 港区 赤坂 4-1-4 문의 03-3586-9039 찾아가기 도쿄메트로 마루노우치선(丸の内線), 긴자선(銀座線) 아카사카미츠케(赤坂見附)역 A 출구에서 도보 2분/도쿄메트로 치요다선(千代田線) 아카사카(赤坂)역 1번 출구에서 도보 5분 거리 가격 ¥200~1,000 영업시간 평일 10:30~19:30, 토요일 및 공휴일 10:30~19:00 휴무 매주 일요일 귀띔 한마디 테이크아웃도 가능하다.

레어치즈케이크(レアチーズケーキ)

닌자를 테마로 즐기는 술집 ★★★★☆

닌자도쿄 NINJA TOKYO

아카사카미츠케역 바로 앞에 있는 아카사카 도큐플라자에는 인기 많은 이자카야, 바 등의 술집이 많이 모여 있다. 특히 인기 많은 곳은 닌자를 테마로 하는 닌자도쿄로 닌자 복장을 한 스태프들이 깜짝 쇼를 펼친다. 들어가는 입구부터 어두운 데다가 닌자가 숨죽이고 숨어있다가 손님을 놀래키기도 한다. 닌자가 나오는 일본만화 및 영화를 좋아하는 외국인들이 닌자를 체험하기 좋다. 인기가 많아 예약은 필수인데, 일주일 전에도 예약하기 힘든 곳이니 가능한 한 빨리 예약을 시도하는 것이 좋다.

홈페이지 www.ninja-tokyo.jp 주소 東京都千代田区永田町 2-14-3 赤坂東急プラザ1F 문의 03-5157-3936 찾아가기 도쿄메트로 마루노우치선(丸の内 線), 긴자선(銀座線) 아카사카미츠케역(赤坂見附駅) 소토보리도리출구에서 도보 1분/도쿄메트로 치요다선(千代田線) 아카사카역(赤坂駅) 1번 출구에서 도보 10분 아카사카 도큐플라자 1층 가격 ¥7,000~20,000 영업시간 11:30~14:30, 17:00~22:00

진한 국물이 맛있는 설렁탕전문점 ★★★★☆

이치류 一龍

이치류는 푹 고아 진하게 육수를 낸 설렁탕을 전문으로 하는 곳이다. 한국에서처럼 푸짐하게 다양한 밑반찬도 제공하기 때문에 한국음식이 그리울 때 설렁탕에 밥을 말아 깍두기를 곁들여 먹으면 마음까지 든든해진다.

주소 東京都 港区 赤坂 2-13-17 シントミ赤坂第2ビル 1F 문의 03- 3582-7008 찾아가기 도쿄메트로 치요다선(千代田線) 아카사카(赤坂)역 2번 출구에서 도보 2분/도쿄메트로 긴자선(銀座線), 남보쿠선(南北線) 다메이케산노(溜池山王)역 11번 출구에서 도보 4분/도쿄메트로 마루노우치선(丸の内線), 긴자선 아카사카미츠케(赤坂見附)역 10번 출구에서 도보 10분 가격 ¥1,000~2,000 영업시간 11:00~27:00 휴무 매주 일요일 귀띔 한마디 일본의 한국음식점 대부분은 레토르트식품을 뚝배기에 넣고 데워서 제공하지만, 이치류는 직접 끓여 만들어 맛의 깊이가 다르다.

Part 04

일본 문화예술을 느낄 수 있는, 우에노

한눈에 살펴보는 우에노지역

우에노지역은 도쿄 동북쪽에 위치하며, 화려한 도심이 아닌 지방관광지 같은 느낌이다. 우에노에는 동물원과 연못, 미술관, 박물관 등이 있는 우에노공원이 있어 아이를 동반한 가족이 많이 찾는다. 아사쿠사는 도쿄를 대표하는 절 센소지와 옛 상점가가 있어 마치 전통 테마파크 같은 분위기이다. 평범한 주택가였던 오시아게는 도쿄스카이트리가 세워진 후 인기 관광지로 부상했다. 도쿄의 인기 숍, 레스토랑 등이 도쿄스카이트리 내부에 체인점을 가지고 있다. 줄여서 야네센이라고 부르는 야나카·네즈·센다기지역에서 70여 개의 사찰 사이를 걸으며 독특한 가게와 갤러리도 구경하고, 정감과 활기가 넘치는 야나카긴자상점가를 즐길 수 있다.

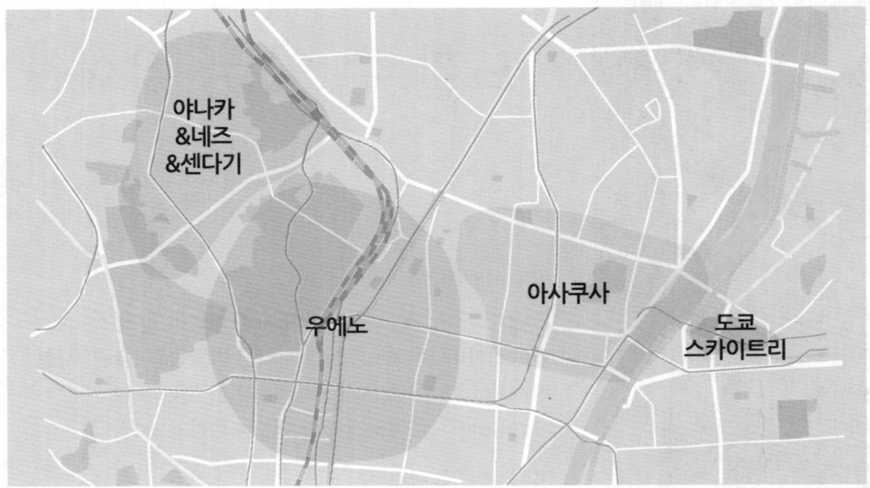

우에노지역에서 버스로 이동하기

• **메구린버스(Megurin Bus)**

레트로한 외관의 메구린버스는 단돈 100엔으로 이용할 수 있는 다이토구(**台東区**)의 마을버스로 우에노역–도쿄국립박물관–야나카레이엔–아사쿠사역 사이를 운행한다. 성인 1명당 어린이 2명까지 무료로 탑승이 가능하다. 요금은 파스모(PASMO)나 스이카(Suica) 등의 일본 교통카드를 이용해서 지불할 수 있다.

• **스카이홉버스(Sky Hop Bus)**

지붕이 오픈된 커다란 2층 버스 위에 앉아 내려다보며 즐기는 도쿄의 풍경도 멋있다. 도쿄역–도쿄스카이트리–아사쿠사–우에노 사이를 운행한다.

홈페이지 www.skybus.jp

메구린버스

스카이홉버스

우에노지역에서 전철&지하철로 이동하기

우에노지역까지 이동할 때 가장 편리한 교통수단은 전철 및 지하철이다. 하지만 색다른 풍경을 즐기고 싶다면 우에노역에서 스카이홉버스를 이용하거나, 수상버스를 타고 스미다강을 따라 이동하면서 구경하는 것도 좋다. 우에노지역 내에서 가장 저렴한 이동방법은 100엔짜리 순환버스 메구린(めぐりん)을 이용하는 것이다.

• 도쿄 ↔ 우에노

출발역	탑승열차	경유역	환승역	경유역	도착역	이동시간	도보이동 시	요금
도쿄(東京)	JR 야마노테선 우에노행	4개	–	–	우에노(上野)	7분	45분(3.6㎞)	¥160
	JR 게이힌토호쿠선 오미야행	4개	–	–		7분		¥160

• 신주쿠 ↔ 우에노

출발역	탑승열차	경유역	환승역	경유역	도착역	이동시간	도보이동 시	요금
신주쿠(新宿)	JR 주오선 도쿄행	3개	칸다(神田) JR 야마노테선/게이힌토호쿠선 우에노행/오미야행 등	3개	우에노(上野)	19분	140분(11.3㎞)	¥200

• 우에노 ↔ 아사쿠사, 도쿄스카이트리, 네즈, 센다기, 닛포리

출발역	탑승열차	경유역	환승역	경유역	도착역	이동시간	도보이동 시	요금
우에노(上野)	도쿄메트로 긴자선	3개	–	–	아사쿠사(浅草)	5분	30분(2.2㎞)	¥170
	도쿄메트로 긴자선	3개	아사쿠사(浅草) 도부 스카이트리 라인	1개	도쿄스카이트리(とうきょうスカイツリー)	12분	40분(3.3㎞)	¥320
	JR 야마노테선 이케부쿠로행	3개	니시닛포리(西日暮里) 도쿄메트로 치요다선	2개	네즈(根津)	15분	60분(4.6㎞)	¥310
				1개	센다기(千駄木)	14분	45분(3.6㎞)	
	JR 야마노테선/조반선 이케부쿠로행, 토리데행 등	2개/1개	–	–	닛포리(日暮里)	4분/3분	30분(2.2㎞)	¥140

우에노지역에서 수상버스로 이동하기

아사쿠사와 료고쿠는 강변에 접해 있어서 스미다강을 따라 수상버스를 타고 이동할 수 있다.

•도쿄미즈베라인(東京水辺ライン) 홈페이지 www.tokyo-park.or.jp/waterbus 문의 03-5608-8869 휴무 월요일 가격 ¥400~3,400(구간에 따라 다름) 노선 아사쿠사-료고쿠-오다이바

•도쿄크루즈(水上バス, Tokyo Cruise) 홈페이지 www.suijobus.co.jp 가격 ¥1,040~1,720(구간에 따라 다름) 노선 하마리큐-히노데-오다이바

Chapter 01

우에노

上野

Ueno

★★★☆☆

★★★☆☆

★★☆☆☆

도쿄에서 가장 서민적인 지역이다. 우에노 역은 일본의 동북지방으로 가는 전차를 타는 곳이고, 역 앞에 도쿄에서 가장 물가가 저렴한 재래시장 아메야요코초가 있다. 우에노는 일본문화예술의 근대화를 상징하는 곳으로, 일본 최초의 국립공원인 우에노공원을 필두로 공원 내에는 일본 최초의 박물관인 도쿄국립박물관과 일본 최초의 동물원 우에노동물원, 유네스코 세계문화유산으로 지정된 국립서양미술관 등이 있다. 100년이 넘는 역사를 가진 오래된 음식점 및 가게도 많고, 그중에는 일본에 새로운 음식을 전파한 원조집들도 있다.

嘉紀の一言

요시노리의 한마디

저렴한 먹거리, 쇼핑거리가 많은 우에노는 주머니가 가벼울 때 가도 마음이 편하게 즐길 수 있다.

우에노를 잇는 교통편

우에노는 도쿄시내 전역은 물론 토호쿠지방 및 나리타공항이 있는 치바와 연결되는 교통의 요충지이다. 우에노역 주변에는 가까운 지하철역도 많으니 편리한 역을 이용하자.

우에노(上野)역 JR 야마노테선(山手線), 게이힌토호쿠선(京浜東北線), 조반선(常磐線), 신칸센(新幹線) 등 긴자선(銀座線), 히비야선(日比谷線)
오카치마치(御徒町)역 JR 야마노테선(山手線), 게이힌토호쿠선(京浜東北線)
게이세이우에노(京成上野)역 게이세이혼선(京成本線), 스카이라이너(スカイライナー)
우에노오카치마치(上野御徒町)역 오오에도선(大江戸線)
우에노히로코지(上野広小路)역 긴자선(銀座線)
유시마(湯島)역 치요다선(千代田線)
나카오카치마치(仲御徒町)역 히비야선(日比谷線)

우에노에서 이것만은 꼭 해보자

1. 우에노공원에서 느긋하게 산책을 즐기자.
2. 미술관 및 박물관에서 문화적 감성을 충전하자.
3. 전통 가옥에 자리한 식당에서 정갈한 일본음식을 맛보자.
4. 재래시장 아메야요코초에서 저렴하게 장을 보자.

사진으로 미리 살펴보는 우에노 베스트코스

우에노역에서 내려 공원출구로 나가면 우에노공원이 눈앞에 펼쳐진다. 시노바즈연못 쪽으로 향하는 길에 키요미즈관음당, 고조텐신사, 하나조노이나리신사 등을 구경하고 연못 중앙의 다리를 건넌다. 우에노공원을 잠깐 벗어나 길 건너편의 구 이와사키테를 구경하고 우에노공원으로 돌아와 인쇼테에서 식사한다. 식사 후에는 우에노공원에서 잠시 산책을 즐기다가 국립서양미술관이나 도쿄국립박물관을 선택하여 관람한다. 전통 디저트전문점 미하시에서 티타임을 가지며 피로를 풀고 재래시장 아메야요코초에 가서 저렴하게 쇼핑을 한다. 저녁은 아메요코시장 안에서 저렴하게 판매하는 스테이크를 먹자.

1 일본의 멋과 맛을 즐기는 하루 일정(예상 소요시간 8시간 이상)

우에노역 → (도보 2분) → 우에노공원, 시노바즈연못 1시간 코스 → (도보 5분) → 구 이와사키테 30분 코스 → (도보 10분) → [점심] 인쇼테 1시간 30분 코스 → (바로 연결) → 우에노공원 1시간 코스

→ (도보 5분) → 국립서양미술관 or 도쿄국립박물관 2시간 코스 → (도보+전차 5분) → [티타임] 미하시 1시간 코스 → (도보 5분) → 아메야요코초 1시간 코스 → (도보 2분) → [저녁] 니꾸노오야마 1시간 코스 → (도보 5분) → 우에노역

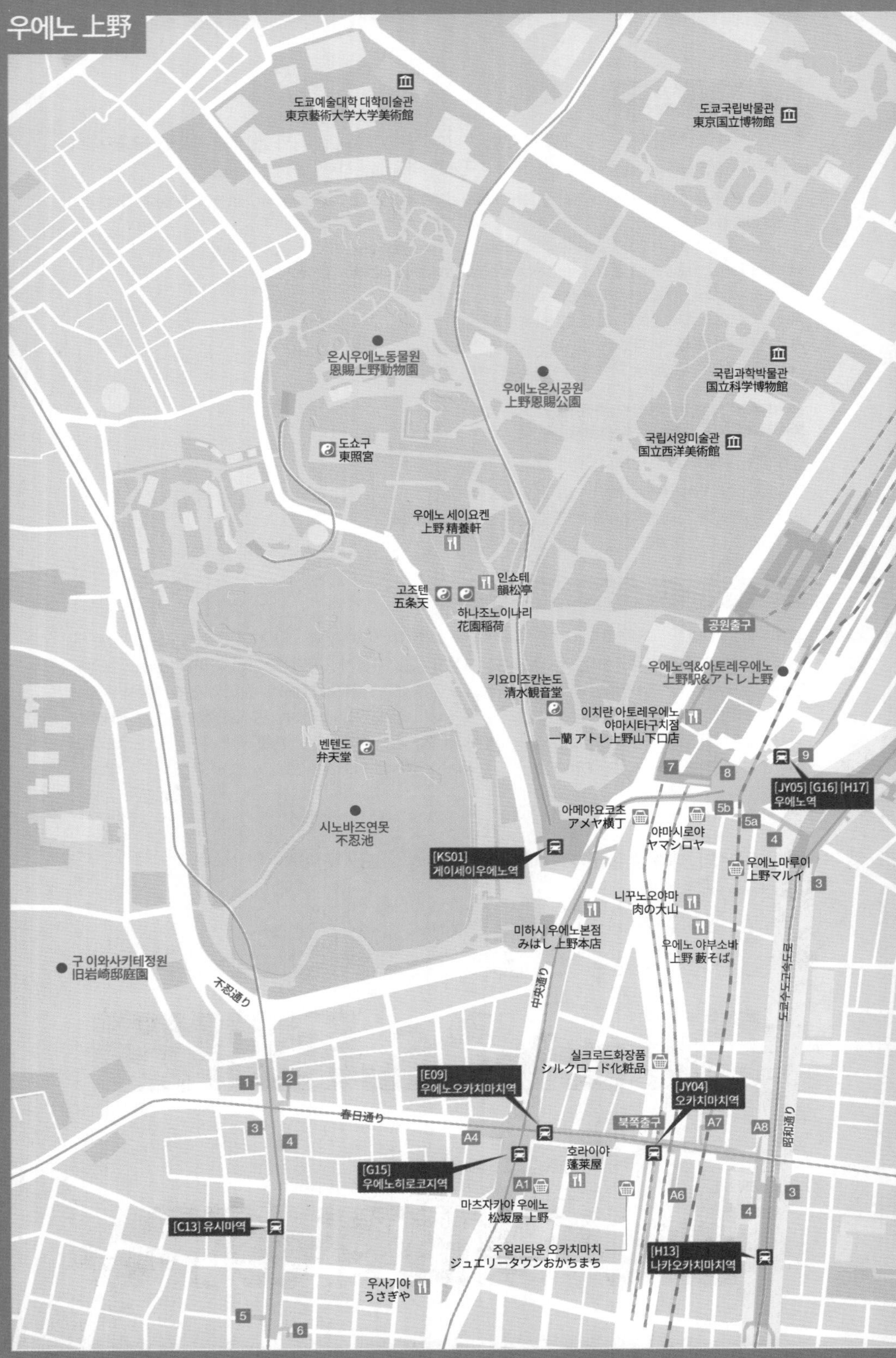

도쿄예술대학 대학미술관
東京藝術大学大学美術館
도쿄국립박물관
東京国立博物館
온시우에노동물원
恩賜上野動物園
우에노온시공원
上野恩賜公園
국립과학박물관
国立科学博物館
국립서양미술관
国立西洋美術館
도쇼구
東照宮
우에노 세이요켄
上野 精養軒
인쇼테
韻松亭
고조텐
五条天
하나조노이나리
花園稲荷
공원출구
우에노역&아토레우에노
上野駅&アトレ上野
키요미즈칸논도
清水観音堂
이치란 아토레우에노 야마시타구치점
一蘭 アトレ上野山下口店
벤텐도
弁天堂
[JY05] [G16] [H17]
우에노역
아메야요코초
アメヤ横丁
야마시로야
ヤマシロヤ
시노바즈연못
不忍池
[KS01]
게이세이우에노역
우에노마루이
上野マルイ
니꾸노오야마
肉の大山
미하시 우에노본점
みはし 上野本店
우에노 야부소바
上野 藪そば
구 이와사키테정원
旧岩崎邸庭園
不忍通り
中央通り
도쿄수도고속도로
실크로드화장품
シルクロード化粧品
[E09]
우에노오카치마치역
[JY04]
오카치마치역
春日通り
북쪽출구
昭和通り
호라이야
蓬莱屋
[G15]
우에노히로코지역
마츠자카야 우에노
松坂屋 上野
[C13] 유시마역
주얼리타운 오카치마치
ジュエリータウンおかちまち
[H13]
나카오카치마치역
우사기야
うさぎや

Tokyo

Section 01

우에노에서 반드시 둘러봐야 할 명소

우에노역 바로 앞으로 우에노온시공원이 펼쳐지고 공원 내에는 동물원, 박물관, 미술관, 과학관, 레스토랑 및 카페까지 문화시설과 편의시설이 잘 갖추어져 있다. 일본 최초라는 수식어가 붙는 공원, 박물관, 동물원, 모노레일 등 일본의 근대화가 이루어진 곳이기도 하다. 동물원과 박물관은 일본에서 가장 오래된 문화시설이며 지금도 많은 사람이 찾는다. 박물관이나 미술관 하나만 둘러봐도 1~2시간은 훌쩍 지나가니 여행일정을 짤 때 시간을 넉넉히 잡는 것이 좋다.

쇼핑몰 아토레와 결합한 역 ★★★☆☆

우에노역&아토레우에노 上野駅&アトレ上野

도쿄와 일본 북쪽 토호쿠지방을 연결하는 관문으로 토호쿠, 야마가타, 아키타, 조에츠시와 나가노로 가는 신칸센을 탈 수 있다. 그 밖에도 토호쿠본선, 타카사키선, 조에츠선, 신에츠본선을 탈 수 있다. 도심으로 향하는 JR야마노테선, 게이힌토호쿠선이 지나고 도쿄메트로 긴자선, 히비야선 등 지하철도 이용할 수 있다.

1883년에 개업한 우에노역 자체가 일본철도역사의 한 획을 차지하며 지금도 도쿄의 북쪽 현관문 역할을 수행한다. 또한 우에노역 안에는 20대 여성들을 타깃으로 하는 쇼핑몰 아토레가 있어 쇼핑을 하거나 깔끔한 레스토랑에서 식사를 즐기기 좋다. 우에노동물원의 판다가 인기가 많아 우에노 이곳저곳에서 판다인형을 볼 수 있으며, 아토레에는 판다를 모티브로 한 우에노 한정상품 및 식품 등이 많다.

홈페이지 www.atre.co.jp 주소 東京都 台東区 上野 7-1-1 문의 03-5826-5811 찾아가기 JR 야마노테선(山手線), 게이힌토호쿠선(京浜東北線), 조반선(常磐線)의 우에노(上野)역에서 직접 연결/도쿄메트로 긴자선(銀座線), 도쿄메트로 히비야선(日比谷線) 우에노(上野)역에서 직접 연결 영업시간 아토레우에노 10:00~21:00 귀띔 한마디 우에노역과 게이세이우에노역은 운영하는 회사가 다르므로 환승 시 개찰구를 나가서 이동 후 다시 개찰구를 통해 돈을 내고 들어가야 한다.

✓ 우에노는 도쿄에서 거지가 제일 많은 지역이니 으슥한 곳은 피하고, 가급적 낮 시간에 돌아보는 것이 좋다.

Tip

판다바시(パンダ橋)

우에노역의 중앙출구와 공원출구를 연결하는 다리의 이름이 판다바시(パンダ橋)이다. 이 다리가 생기기 전에는 역을 통과하지 않고서는 반대편 출구로 가기가 힘들었는데, 2000년 판다바시가 완공된 후 이동이 편리해졌다. 판다바시 입구에는 판다처럼 흰색과 검은색의 콘트라스트가 인상적인 커다란 돌이 있는데 이 석재가 판다석이고, 돌에는 판다바시(パンダ橋)라는 글자가 적혀있다.

아토레우에노의 먹거리

맛있는 일본 빵집, 안데르센 아토레우에노점 アンデルセンアトレ上野店

일본에서 유명한 고급 제과점으로, 부티크거리로 유명한 아오야마 및 백화점에 주로 입점해 있다. 안데르센 우에노점에는 우에노의 상징인 판다 모양이 새겨진 다양한 빵이 있어 눈길을 끈다. 특히 판다 얼굴이 그려진 판다식빵이 유명한데, 겉모습은 평범하게 네모난 식빵이지만 자른 단면에 판다 모양이 깜찍하게 나타난다. 판다 모양이 새겨진 판다크림빵, 판다팥빵 등 우에노점에서만 볼 수 있는 특별한 빵을 추천한다.

홈페이지 www.andersen.co.jp **주소** 東京都 台東区 上野 7-1-1 アトレ上野 七番街 1F **문의** 03-5826-5842 **찾아가기** 아토레우에노 웨스트 1층 **가격** ¥200~500 **영업시간** 07:30~22:00 **귀띔 한마디** 안데르센의 우에노점에서만 판매하는 판다 모양의 빵을 먹어보자.

독서실처럼 칸칸이 나뉜 인기라멘집, 이치란 아토레우에노야마시타구치점 一蘭 アトレ上野山下口店

우에노역에서 가장 인기 높은 음식점으로 식사시간에는 줄을 서서 기다려야 들어갈 수 있다. 돼지뼈를 끓여서 뽀얗고 걸쭉하게 만든 국물과 소면에 가까울 정도로 얇은 면발이 특징인 천연돈코츠라멘(天然とんこつラーメン)이 이 집의 대표메뉴이다. 국물에 돼지기름을 추가해 든든하게 먹을지, 기름기를 제거해서 담백하게 즐길지 또는 면발은 어느 정도로 익힐지 등을 취향에 따라 선택할 수 있다. 돈코츠라멘이 처음이라면 일단 기본맛을 선택하자.

홈페이지 ichiran.com **주소** 東京都 台東区 上野 7-1-1 **문의** 03-5826-5861 **찾아가기** 아토레우에노 1층, 우에노역 야마시타구치 방면 **가격** ¥800~1,200 **영업시간** 24시간, 연중무휴 **귀띔 한마디** 혼자 식사하는 것에 익숙하지 않은 사람도 눈치를 보지 않고 편하게 식사를 즐길 수 있다. 24시간 영업을 하기 때문에 술을 마시고 난 뒤, 해장하기 위해 찾는 사람도 많다.

문화시설이 잘 갖춰진 공원 ★★★★☆ 우에노온시공원 上野恩賜公園

통칭 우에노공원上野公園이라고 부르는 우에노온시공원은 공원 내에 도쿄국립박물관東京国立博物館, 국립서양미술관国立西洋美術館, 국립과학박물관国立科学博物館, 온시우에노동물원恩賜上野動物園 등의 다양한 문화시설이 갖추어져 있다. 또한 커다란 연못과 절, 신사 등 일본의 전통 이 느껴지는 볼거리도 많고, 레스토랑 및 카페도 많아 공원 밖으로 나가지 않아도 하루를 알차게 보낼 수 있다. 일본 최고의

예술대학인 도쿄예술대학東京藝術大学이 공원과 접해 있고, 국립서양미술관을 비롯하여 도쿄예술대 대학미술관, 도쿄도미술관東京都美術館, 모리미술관森美術館 등 다양한 미술관이 있어서 예술작품을 즐기려는 사람에게는 환상적인 곳이다. 공원이 워낙 넓다 보니 공원안내소 및 파출소가 있고 야구장, 보트장 등 스포츠를 즐길 수 있는 시설도 있다. 봄에는 화사한 벚꽃, 여름에는 시노바즈연못에 핀 연꽃, 가을에는 알록달록 단풍, 겨울에는 동백꽃이 핀다. 사계절 색이 바뀌는 공원을 비교해 보는 것도 재미있다.

홈페이지 www.tokyo-park.or.jp **주소** 東京都 台東区 上野公園 5-20 **문의** 03-3828-5644 **찾아가기** JR 우에노(上野)역 공원출구에서 바로/도쿄메트로 우에노(上野)역 G16, H17번 출구에서 도보 2분/게이세이혼선 게이세이우에노(京成上野)역 정면출구에서 도보 1분 **입장료** 무료 **귀띔 한마디** 공원에 노숙자가 많으므로 어두운 시간에 혼자 돌아다니는 것은 금물이다.

우에노온시공원의 볼거리

봄에 만나는 벚꽃놀이

우에노공원이 가장 아름다운 시기는 벚꽃이 피는 4월 중순이다. 약 1,100여 그루의 벚나무가 공원 내 산책로를 따라 늘어서 있어 도쿄의 벚꽃명소로 손꼽힌다. 이 시기에 일본맥주와 도시락을 싸가지고 일본사람들 틈에 섞여 벚나무 아래에서 한나절 즐기는 것도 즐거운 일이다. 벚꽃놀이 시즌에는 고양이를 데려와 벚나무 위에 올려놓기도 하는데, 벚꽃보다 관심을 끌기도 한다.

주말에 볼 수 있는 길거리공연과 벼룩시장

사람이 많이 찾는 주말에는 공원 내에서 거리공연이나 아기자기한 수제공예품을 판매하는 벼룩시장을 만날 수 있다. 서커스나 콘서트 등의 공연은 일본어를 모르더라도 충분히 즐길 수 있다. 정기적으로 열리지는 않기 때문에 운이 필요하며, 특별한 볼거리를 원한다면 주말 오후 시간대에 맞춰 찾아가는 것이 확률이 높다.

공원 곳곳에 자리한 동상과 불탑, 묘비

우에노공원 대표 동상은 메이지유신의 지도자 사이고타카모리동상(西郷隆盛銅像)으로 높이가 3.7m나 된다. 세균학박사 노구치히데요(野口英世)의 동상, 메이지유신 공로자 고마쓰노미야 아키히토일왕의 기마상(小松宮親王像) 등이 있다. 독특한 모양의 불탑 파고다(仏塔, パゴダ), 1937년 세운 백제 왕인박사비(王仁博士碑)를 비롯해 쇼기타이묘(彰義隊墓) 등 유명인물의 묘가 있다.

왕인박사비

시노바즈연못과 보트장 不忍池&ボート場

시노바즈연못은 둘레 2㎞의 대규모 천연연못으로, 중앙에 있는 작은 섬을 중심으로 크게 3부분으로 나누어진다. 한쪽은 연꽃으로 가득하고 한쪽은 귀여운 오리배를 타는 보트장, 나머지 한쪽은 가마우지연못으로 철새가 많이 모인다. 다양한 종류의 연꽃이 피고 연못에는 커다란 잉어가 가득하며, 다양한 철새가 모여들기 때문에 도쿄도심이라는 것이 믿기지 않을 정도로 야생적인 모습이다. 연못 주변에는 음식점 및 카페, 포장마차가 늘어서 있어 간식을 즐기는 사람도 많다.

시노바즈연못을 제대로 즐기려면 보트나 오리배를 타봐야 한다. 주말에는 보트를 타고 데이트를 즐기는 연인과 가족나들이객이 많이 몰린다. 보트는 30분 단위로 대여가 가능하며, 30분 정도면 한 바퀴를 돌 수 있을 정도의 크기이다. 4월 중순에는 보트장 주변으로 벚꽃이 가득 피고 7월에는 연꽃이 피어 꽃피는 시기를 맞추면 운치까지 더할 수 있다.

주소 東京都 台東区 上野公園 2-1 **문의** 03-3828-9502 **찾아가기** 우에노공원 남쪽, 시노바즈연못의 중앙 **가격** 작은 보트 어른 3명까지 ¥500(30분), 사이클보트(어른 2, 아이 1명까지) ¥700(30분), 오리배(어른 2, 아이 2명까지) ¥800(30분) **영업시간** 10:00~17:00(계절 및 상황에 따라 변경) **휴무** 12~2월 매주 수요일

우에노의 상징 판다가 있는 일본 최초의 동물원 ★★★☆☆

온시우에노동물원 恩賜上野動物園

1882년에 개원한 동물원으로 보통 우에노동물원이라고 부른다. 동물원은 크게 동원과 서원으로 나뉘며, 동원과 서원 사이에는 모노레일이 운행된다. 우에노동물원에서 가장 인기 있는 동물은 단연 판다이다. 판다는 중국과 우호관계를 맺은 나라에게만 중국에서 대여해주므로 흔히 볼 수 없어 더욱 인기가 있다. 우에노동물원에는 자이언트 판다인 수컷 샨샨香香, 리리カカ와 암컷 신신真真 그리고 2021년 6월 태어난 아기 판다가 살고 있다.

그 밖에도 얼룩말과 기린을 합쳐놓은 듯한 모습의 오카피, 멸종위기종인 애기하마를 비롯하여 황새, 수마트라호랑이, 롤런드고릴라, 코끼리거북이, 여우원숭이 등 희귀동물을 만날 수 있다. 일본에서 가장 많은 사람이 찾는 동물원이다.

홈페이지 www.tokyo-zoo.net/zoo/ueno 주소 東京都 台東区 上野公園 9-83 문의 03-3828-5171 찾아가기 JR 우에노(上野)역의 공원출구에서 도보 5분/도쿄메트로 우에노(上野)역 7번 출구에서 도보 12분/게이세이혼선 게이세이우에노(京成上野)역 정면출구에서 도보 10분 거리 입장료 성인 ¥600, 65세 이상 ¥300, 중학생 ¥200 무료개원 3/20, 5/4, 10/1, 5/5(중학생 이하), 9/15~21(노인주간, 60세 이상 및 동반자 1인) 개방시간 09:30~17:00 휴원 매주 월요일, 연말연시

미츠비시그룹 사장이 살았던 저택 ★★★☆☆
구 이와사키테정원 旧岩崎邸庭園

일본 중요문화재로 지정된 구 이와사키테정원은 미츠비시그룹 이와사키히사야岩崎久彌가 1896년에 지은 저택이다. 당시에는 20여 채의 건물이 있었지만 현재는 양관, 와관, 당구실 3채만 남아있다. 가장 먼저 보이는 양관은 목조 2층 건물로 영국인 건축가 조사이아 콘도르Josiah Conder의 설계로 지어진 서양목조 건물이다. 르네상스와 이슬람양식이 반영되어 독특한 분위기를 풍기는데, 양관의 베란다를 무대로 미니콘서트가 열리기도 한다. 양관 뒤쪽에는 일본의 전통 건축양식으로 지은 와관이 있어 동서양의 조화를 이룬다. 별관으로 지은 당구실은 스위스 별장처럼 지었으며, 양관과 지하통로로 연결되어 있다. 당구실은 지하까지 햇빛이 비치도록 굴뚝 모양 유리창을 만든 것이 눈에 띈다.

홈페이지 www.tokyo-park.or.jp/park/format/index035.html 주소 東京都 台東区 池之端 1-3-45 문의 03-3823-8340 찾아가기 도쿄메트로 치요다선(千代田線) 유시마(湯島)역 C13번 출구에서 도보 3분/도쿄메트로 긴자선(銀座線) 우에노히로코지(上野広小路)역 G15번 출구에서 도보 10분/도에지하철 오오에도선(大江戸線) 우에노오카치마치(上野御徒町)역 E09번 출구에서 도보 10분 거리 입장료 성인 ¥400, 65세 이상 ¥200 무료개방 5/4(미도리의 날), 10/1(도민의 날) 영업시간 09:00~17:00 휴관 연말연시 귀띔 한마디 일본의 근대 건축물의 아름다움이 잘 드러나 있는 건물이므로 건축에 관심 있는 사람은 들러보기를 추천한다.

양관

양관 미니콘서트

정원

와관

Special 07 우에노공원에 자리한 박물관&미술관, 사찰

1868년에 전쟁으로 인한 화재로 황폐해졌지만, 1873년에 일본 최초의 공원으로 지정되었다. 1872년에는 일본 최초의 박물관인 도쿄국립박물관이 세워지고, 1876년에 일본 최초의 자동판매기인 자동체중계(自働体重計)가 설치되는 등 문화적으로 일본의 근대화가 이루어진 곳으로, 전통과 예술을 함께 구경할 수 있다.

01. 박물관&미술관

우에노는 일본문화예술의 근대화를 상징하는 곳으로 도쿄국립박물관을 필두로 국립과학박물관, 국립서양미술관, 도쿄예술대학 대학미술관 등이 있어 수준 높은작품과 전시물들을 둘러볼 수 있다.

도쿄국립박물관 東京国立博物館

1872년에 일본 최초의 박물관으로 세워진 도쿄국립박물관은 일본을 대표하는 박물관이다. 박물관 중앙의 큰 건물이 본관이고 특별전시실 효켄관(表慶館), 아시아유물을 전시한 동양관(東洋館), 일본의 야요이시대 유물을 전시한 헤이세이관(平成館), 나라지역 호류지의 보물을 보관한 호류지보물관(法隆寺宝物館) 등 5개의 전시관 및 자료관이 있다. 국보 87점, 중요문화재 631점을 포함한 소장품이 114,362점이며 위탁품 2,563점 있다. 박물관 내에는 문화재도굴왕이라 불렸던 오구라(小倉)가 기증한 우리나라 국보급 문화재도 다수 포함되어 있다.

홈페이지 www.tnm.jp **주소** 東京都 台東区 上野公園 13-9 **문의** 03-5777-8600 **찾아가기** JR 우에노(上野)역의 공원출구에서 도보 10분/도쿄메트로 우에노(上野)역 7번 출구에서 도보 15분/게이세이혼선 게이세이우에노(京成上野)역 정면출구에서 도보 15분 **입장료** 성인 ¥1,000, 대학생 ¥500, 고등학생 이하 및 만 70세 이상은 무료 **개방시간** 09:30~17:00(입장은 16:30까지) **휴관** 매주 월요일(월요일이 휴일인 경우는 화요일), 연말연시 무료관람 5월 18일, 9월 셋째 주 월요일

국립과학박물관 国立科学博物館

1877년 교육박물관으로 시작해 1931년 도쿄과학박물관에서 1949년부터 현재의 국립과학박물관이 되었다. 국립과학박물관을 줄여서 카하쿠(科博)라고도 부르며, 주로 일본 초등학생이 현장학습을 하는 곳이다. 본관건물 양옆에는 커다란 고래와 증기기관차가 있고 본관 뒤에는 지구관, 두 건물 사이에 정원이 있다. 본관은 일본의 생물 및 지형을 테마로 전시하며, 구형의 영화관에서는 360도로 영상을 관람할 수 있다. 지하 3층, 지상 3층 총 6개 층으로 구성된 지구관에서는 공룡의 표본 및 우주관련 전시물들을 살펴볼 수 있다.

홈페이지 www.kahaku.go.jp **주소** 東京都 台東区 上野公園 7-20 **문의** 03-5777-8600 **찾아가기** JR 우에노(上野)역 공원출구에서 도보 5분/도쿄메트로 우에노(上野)역 7번 출구에서 도보 10분/게이세이혼선 게이세이우에노(京成上野)역 정면출구에서 도보 10분 거리 **입장료** 상설전시 ¥630(고등학생 이하 및 65세 이상 무료) **무료관람** 5월 18일, 11월 3일 **개방시간** 09:00~17:00(입장은 16:30까지) **휴관** 매주 월요일, 연말연시 **귀띔 한마디** 과학에 관심이 많다면 오다이바에 있는 일본과학미래관(日本科学未来館)도 추천한다.

국립서양미술관 国立西洋美術館

통칭 세비(西美)라고 부르는 국립서양미술관은 1959년 설립되었으며, 19~20세기 전반의 회화 및 조각품을 수집한 마쓰카타컬렉션을 기반으로 한다. 중요문화재로 지정된 건물 외관은 티켓을 사지 않아도 둘러볼 수 있다. 모네(Claude Monet)의 〈수련〉, 밀레(Jean-François Millet)의 〈봄〉 등 명화를 포함한 4,500여 점의 작품을 소장하고 있다. 미술관정원에는 로댕(Auguste Rodin)의 〈생각하는 사람〉, 〈지옥의 문〉 등 유명조각품이 놓여 있으며, 상설전시 외에도 유명화가들의 특별전이 수시로 열린다.

홈페이지 www.nmwa.go.jp 주소 **東京都 台東区 上野公園 7-7** 문의 03-3828-5131 찾아가기 JR 우에노(上野)역 공원출구에서 도보 2분/도쿄메트로 우에노(上野)역 7번 출구에서 도보 5분/게이세이혼선 게이세이우에노(京成上野)역에서 정면출구에서 도보 5분 입장료 성인 ¥500, 대학생 ¥250, 고등학생 이하 및 65세 이상은 무료 무료관람 매달 2, 4주 토요일, 11월 3일 개방시간 09:30~17:30(입장은 17:00까지), 금요일은 20:00까지(입장은 19:30까지) 휴관 매주 월요일(월요일이 휴일인 경우 화요일), 연말연시 귀띔 한마디 2016년에 유네스코세계문화유산으로 선정되었다.

도쿄예술대학 대학미술관 東京藝術大学大学美術館

일본에서 예술계통으로 가장 명망 높은 대학이 도쿄예술대학이다. 도쿄대에 들어갈 정도의 학력과 예술능력을 필요로 하기 때문에 학생들은 재수는 물론 삼수, 사수까지 감내한다. 대학캠퍼스가 우에노공원과 접해있고 캠퍼스 내에 대학미술관이 있다. 1887년부터 수집한 28,500점의 예술작품을 보유하고 있다. 미대와 함께 음대도 있어 주악당에서 음대생들의 연주도 덤으로 들을 수 있으며 음악공연도 수시로 열린다.

홈페이지 museum.geidai.ac.jp 주소 **東京都 台東区 上野公園 12-8** 문의 050-5541-8600 찾아가기 JR 우에노(上野)역 공원출구에서 도보 10분/도쿄메트로 우에노(上野)역 7번 출구에서 도보 15분 입장료 전시에 따라 다름 영업시간 전시에 따라 다름 귀띔 한마디 학생들의 전시 및 연주는 무료관람이 가능한 경우가 많다.

02. 사찰과 신사

우에노공원 내에는 사찰과 신사 등 전통이 느껴지는 볼거리도 많아 둘러볼 만하다. 시노바즈연못 한복판에는 사찰 벤텐도가 자리하며, 키요미즈데라를 모델로 지은 키요미즈관음당, 중요문화재 유물이 많은 도쇼구 등이 있다.

벤텐도 弁天堂

시노바즈연못 중심의 사찰로 1625년 세울 당시에는 배를 이용했지만 이후 돌다리를 놓아 건너다녔다. 장수, 복덕, 예능과 공덕의 신이자 칠복신 중 홍일점인 벤자이텐(弁才天)을 모신다. 벤텐도 주변에는 다양한 모양의 석상이 있다. 안경 모양이 새겨진 메가네노히(めがねの碑), 복어모양의 후구쿠요비(ふぐ供養碑), 자라의 넋을 기리는 자라감사의 탑(スッポン感謝の塔), 일본 소곡의 아버지 야츠바시켄교의 공적을 기리는

야츠바시켄교겐쇼히(八橋検校顕彰碑)와 연꽃의 노래비(蓮花の歌碑), 식물 파초의 비(芭蕉の碑), 역전의 비(駅伝の碑), 친한 친구의 비(真友の碑) 등 다양한 의미를 가진 비석이 서 있다. 또한 기이하게 사람이 아닌 사물이나 동물의 무덤도 있다. 에도시대의 문인화가 타카쿠아이가이의 붓무덤(高久藹崖筆塚)을 비롯하여 부채, 부엌칼, 달력, 실 등의 사물과 새, 물고기 등 시노바즈연못에 사는 동물들을 위한 무덤도 있다. 이러한 비석이나 무덤은 감사와 공경의 마음을 표현하는 일본 종교에서 비롯된 것이다.

주소 東京都 台東区 上野公園 2-1 **문의** 03-3821-4638 **찾아가기** 우에노공원 남쪽, 시노바즈연못의 중앙 **입장료** 무료 **귀띔 한마디** 벤텐도 주변의 비석들은 안경, 식칼, 달력, 실 등의 무덤처럼 독특한 의미를 지니고 있어서 재미있다.

키요미즈칸논도 清水観音堂

쿄토의 유명사찰 키요미즈데라(清水寺)를 본떠 1631년 건립하였으며, 천수관음상을 모신 키요미즈관음당 자체가 중요문화재이다. 봄이면 벚꽃과 어우러진 풍경이 아름답고 언덕에 위치한 키요미즈관음당 마당에 서면 시노바즈연못 풍경이 한눈에 들어온다. 관음당 자체도 아름답지만, 그 앞에서 내려다보는 풍경이 아름답기 때문에 밖에서만 보지 말고 본당 앞까지 올라가자. 임신을 염원하거나 아이의 건강을 염원하는 곳으로 유명하다. 교토의 키요미즈데라에 비해 규모는 작아도 비슷한 점이 많이 느껴진다.

홈페이지 kiyomizu.kaneiji.jp **주소** 東京都 台東区 上野公園 1-29 **문의** 03-3821-4749 **찾아가기** 우에노공원 남쪽, 시노바즈연못 앞의 언덕 위 **입장료** 무료 **귀띔 한마디** 경내에는 일본의 유명한 하이쿠에 등장하는 벚나무인 쇼우시키자쿠라(秋色桜)가 서 있다.

고조텐, 하나조노이나리, 도쇼구 五条天, 花園稲荷, 東照宮

고조텐
하나조노이나리
도쇼구 도리

일본의 전형적인 신사의 모습을 한 곳으로 고조텐신사의 정면 계단을 따라 올라가면 오른쪽에 칠복사(七福社)가 있다. 매년 5월 25일에 인접한 일요일에 신코사이(神幸祭)라고 하는 큰 축제가 열린다. 하나조노이나리신사는 여우신을 모시는 곳으로 일본색 짙은 빨간색 도리가 이어지는 길을 따라가면 신사에 다다른다. 우에노도쇼구(上野東照宮)는 도쿠가와이에야스(徳川家康)를 모시는 신사로 1627년에 지었으며, 당시 건축기술의 화려한 모습이 담겨 일본중요문화재로 지정되어 있다. 도쇼쿠 내 참배로에는 멋진 등롱 50여 개가 줄지어 서 있는데 이 등롱과 커다란 돌로 만든 도리(鳥居)도 중요문화재이다. 도쇼쿠 내에서는 모란이 심어진 모란원이 있으며, 벚꽃이 아름다워 꽃놀이를 즐기려는 사람이 많이 몰린다.

- **고조텐신사** **주소** 東京都 台東区 上野公園 4-17 **찾아가기** 우에노공원 안, 인쇼테와 시노바즈연못 사이 **입장료** 무료

- **하나조노이나리** **주소** 東京都台東区上野公園4-59 **찾아가기** 우에노공원의 중앙 **입장료** 무료

- **우에노도쇼구** **홈페이지** www.uenotoshogu.com **주소** 東京都 台東区 上野 9-88 **문의** 03-3822-3455 **찾아가기** 우에노공원의 북서쪽, 우에노동물원 옆 **입장료** 무료

Section 02

Tokyo

우에노에서 먹어봐야 할 것들

우에노에는 100년이 넘는 전통을 이어오는 음식점 및 찻집이 많다. 이를 증명하듯 옛 모습을 그대로 유지하고 있어 겉모습은 허름하다. 이렇게 오랜 시간 유지해 온 비결은 맛에 있다. 일본에서 처음으로 만든 히레카츠, 고프레, 팥아이스크림 등 원조의 맛을 즐길 수 있는 것도 매력적이다. 반면 추억의 맛을 고집하는 곳이 많아 손님의 연령대도 꽤 높고 음식의 가격대가 높아 만족도는 떨어진다는 점은 감안해야 한다.

우에노공원 안에 자리한 정갈하고 맛있는 일본 전통음식 ★★★★★

인쇼테 韻松亭

요시노리 추천

우에노공원과 역사를 함께한 일본 전통음식점이다. 전통 가옥을 개조하여 다다미가 깔린 넓은 방에 앉으면 시골집에 온 듯 몸과 마음이 편안해진다. 큰 방이 있어 연회모임을 즐길 수 있고 카운터석이 있어 혼자라도 느긋하게 즐길 수 있다.

콩과 야채가 중심인 건강한 요리는 유기농재료를 고집하여 안심할 수 있고 채식 위주라 건강식이 필요한 사람들에게는 더 반갑다. 반찬도 훌륭하지만 고소한 콩냄새가 나는 밥은 차지면서 맛있다. 일본 전통의 멋이 느껴지는 정갈한 플레이팅 역시 받아들면 감탄사가 먼저 나온다. 일본 전통술까지 곁들이면 더욱 좋다.

홈페이지 www.innsyoutei.jp 주소 東京都 台東区 上野公園 4-59 문의 03-3821-8126 찾아가기 JR 야마노테선, 게이힌토호쿠선, 조반선의 우에노(上野)역의 공원출구에서 도보 3분/도쿄메트로 긴자선, 도쿄메트로 히비야선 우에노(上野)역 7번 출구에서 도보 7분/게이세이혼선 게이세이우에노(京成上野)역에서 시노바즈출구(しのばず口)에서 도보 5분 거리 가격 런치 ¥1,700~12,000, 디너 ¥6,000~20,000 영업시간 런치 11:00~15:00, 디너 17:00~23:00, 공휴일 디너 17:00~22:00 귀띔 한마디 홈페이지를 통해 예약을 할 수 있다.

등심으로 돈카츠를 만든 히레카츠전문점 ★★☆☆☆

호라이야 蓬莱屋

부드러운 돼지등심을 이용한 돈카츠를 일본에서 처음 만든 원조 히레카츠전문점으로, 1910년 지금의 건물에서 시작했다. 두툼한 등심을 직접 추출한 돼지고기 지방 라드Lard로 튀기는데 230°C에서 한 번, 170°C에서 다시 한 번 튀겨 속은 부드럽고 겉은 바삭하다. 히레카츠를 주문하면 밥, 얇게 채 썬 양배추, 미소시루お味噌汁, 야채절임 코노모노香の物가 나온다. 100년 전에 만들어진 스타일을 고수하기 때문에 옛 맛의 그리움을 모르는 외국인이나 젊은 사람들에게는 평가가 달라진다.

홈페이지 www.ueno-horaiya.com 주소 東京都 台東区 上野 3-28-5 문의 03-3831-5783 찾아가기 JR 야마노테선(山手線), 게이힌토호쿠선(京浜東北線) 오카치마치(御徒町)역 북쪽 출구에서 도보 3분/도쿄메트로 긴자선(銀座線) 우에노히로코지(上野広小路)역 A2번 출구에서 도보 5분/도에지하철 오오에도선(大江戸線) 우에노오카치마치(上野御徒町)역 A2번 출구에서 도보 5분 가격 ¥2,000~3,000 영업시간 평일 11:30~14:30, 주말 및 공휴일 11:30~14:30, 17:00~20:30 휴무 매주 수요일 귀띔 한마디 히레카츠를 튀기는 모습을 보고 싶다면 카운터석을 요청하면 된다.

일본 전통디저트 앙미츠전문점 ★★★★☆

미하시 우에노본점 みはし 上野本店

얼음 대신 한천이 들어간 팥빙수 같은 전통 디저트를 앙미츠あんみつ라고 한다. 달콤한 팥소, 한천, 시럽 미츠蜜, 빙수떡 같은 규히求肥, 빨간콩赤えんど, 귤 등이 들어간다. 한천의 독특한 식감을 즐긴다면 앙미츠의 달콤함과 산뜻함에 반할 것이다. 그 밖에도 칡으로 만든 떡 쿠즈모찌くずもち, 우무묵ところてん, 팥알갱이가 살아 있는 팥죽 젠자이ぜんざい, 팥알갱이 없이 부드러운 시루코しるこ 등 다양한 전통 디저트를 판매한다. 미하시 안에서 주문해서 먹으면 따끈한 차가 서비스로 나온다.

홈페이지 www.mihashi.co.jp 주소 東京都 台東区 上野 4-9-7 문의 03-3831-0384 찾아가기 JR 야마노테선(山手線), 게이힌토호쿠선(京浜東北線), 조반선(常磐線)의 우에노역의 시노바즈출구(不忍口)에서 도보 4분/게이세이혼선(京成本線) 게이세이우에노역 정면출구에서 도보 2분/도쿄메트로 긴자선(銀座線), 도쿄메트로 히비야선(日比谷線) 우에노역 6번 출구에서 도보 1분/도쿄메트로 긴자선(銀座線) 우에노히로코지역 A5번 출구에서 도보 3분/도에지하철 오오에도선(大江戸線) 우에노오카치마치역 A5번 출구에서 도보 3분 가격 ¥400~600 영업시간 10:30~21:30 귀띔 한마디 테이크아웃도 가능하니 먹을 시간이 없다면 사가지고 가자.

일본에서 가장 인기 많은 도라야키전문점 ★★★★★

우사기야 うさぎや

우사기야는 '토끼의 집'이라는 뜻으로 매일 매진되는 도라야키どらやき가 유명하다. 도라야키는 홋카이도의 토카치가와十勝川에서 생산한 고급 팥을 사용한다. 벌꿀이 들어간 도라야키는 속은 부드럽고 겉면이 살짝 바삭하다. 토끼 모양 만주 우사기만주うさぎまんじゅう도 깜찍해서 인기

가 많다. 아침부터 손님이 많은 곳이라 도라야키나 우사기만주 등은 매진되는 경우가 많으니 일찍 가는 것이 좋다. 보통 상자로 선물하지만, 1~2개씩 단품으로도 구입할 수 있다.

홈페이지 www.ueno-usagiya.jp 주소 東京都 台東区 上野 1-10-10 문의 03-3831-6195 찾아가기 JR 야마노테선, 게이힌토호쿠선, 조반선의 우에노(上野)역 시노바즈출구(不忍口)에서 도보 12분/게이세이혼선 게이세이우에노(京成上野)역 정면출구에서 도보 9분/도쿄메트로 긴자선 우에노히로코지(上野広小路)역 A4번 출구에서 도보 4분/도에지하철 오오에도선 우에노오카치마치(上野御徒町)역 A4번 출구에서 도보 4분 거리 가격 개당 ¥200~500 영업시간 09:00~18:00 휴무 매주 수요일 귀띔 한마디 오후 4시 이후 도라야키를 구입하려면 예약해야 한다.

우에노공원 내 전망 좋은 프렌치레스토랑 ★★★☆☆

우에노 세이요켄 上野精養軒

테라스에서 시노바즈연못이 내려다보이며, 전망이 좋아 일왕 및 저명인사들의 사교장으로 활용되었다. 현재도 결혼식 및 결혼식 피로연장으로 사용한다. 그릴후쿠시마와 카페란란도레로 나누어지며, 카페에서는 판다플레이트, 판다무스 등 판다 모양의 디저트도 판매한다.

홈페이지 www.seiyoken.co.jp 주소 東京都 台東区 上野公園 4-58 문의 03-3821-2181 찾아가기 JR 야마노테선, 게이힌토호쿠선, 조반선의 우에노(上野)역의 공원출구에서 도보 6분/도쿄메트로 긴자선, 도쿄메트로 히비야선 우에노역 7번 출구에서 도보 8분/게이세이혼선 게이세이우에노(京成上野)역에서 시노바즈출구(しのばず口)에서 도보 7분 가격 **레스토랑** 런치 ¥2,000~13,000, 디너 ¥7,000~20,000 **카페** ¥1,00~3,000 영업시간 **레스토랑** 11:00~21:00 **카페** 10:00~20:00

백년 전통의 소바 전문점 ★★★★★

우에노 야부소바 上野藪そば

1892년부터 130여년을 한자리에서 영업해 온 우에노의 소바 전문점이다. 메밀 향이 느껴지는 면발을 달콤짭잘한 츠유에 살짝 찍어서 '후르륵' 소리가 나게 먹어보자. 그 맛에 취하면 소바 한 그릇이 순식간에 사라진다. 소바만으로 양과 칼로리가 부족하다면 튀김天ぷら이 포함된 세트를 추천한다. 소바집은 원래 소바만큼이나 튀김이 중요해서, 튀김 전문점에 버금갈만한 수준의 튀김을 즐길 수 있다. 갓 튀긴 튀김을 올린 튀김덮밥天丼도 맛있다.

홈페이지 www.uenoyabusobasouhonten.com 주소 東京都 台東区 上野 6-9-16 문의 03-3831-4728 찾아가기 JR 야마노테선(山手線), 게이힌토호쿠선(京浜東北線), 조반선(常磐線)의 우에노(上野)역의 중앙개찰출구(中央改札出口)에서 도보 3분, 아메요코초 안 가격 런치 ¥2,000~5,000 영업시간 평일 11:30~21:00 귀띔 한마디 소바를 다 먹은 후에는 잊지 말고 따끈한 소바차도 즐겨보자.

Section 03

우에노에서 놓치면 후회하는 쇼핑

우에노에는 재래시장, 할인점, 도매상거리 등이 있어 식품, 화장품, 의류에서 보석까지 다양한 물건을 최저가로 구입할 수 있다. 품질보다는 양이나 가격으로 승부하기 때문에 우아한 맛은 없지만 저렴해서 만족도는 높다. 백화점도 있지만 도쿄 특유의 화려함이 느껴지지 않으므로 우에노에서는 저렴한 물건을 찾아다니는 쇼핑을 추천한다.

저렴하게 물건을 구입할 수 있는 재래시장 ★★★★☆

아메야요코초 アメヤ横丁

우에노역 인근에는 400여 개의 상점이 빼곡하게 늘어선 재래시장이 있다. 도쿄에서 가장 저렴하게 물건을 파는 곳으로, 연말에는 새해맞이 식품을 사려는 사람으로 인산인해를 이룬다. 정식명칭은 아메요코상점가연합회アメ横商店街連合会이지만 줄여서 아메야요코초라 부른다. 일본어로 아메飴는 사탕을 의미하며 시장형성 당시 200여 개가 넘는 사탕가게가 있었다. 현재도 사탕이나 초콜릿을 대량으로 판매하는 가게가 많고 ¥1,000에 비닐봉지 한 장을 구입하면 원하는 만큼 사탕과 초콜릿을 담아갈 수 있는 타타키우리たたき売り서비스가 있다.

과거 미군부대에서 나온 물건을 파는 곳이 많아 아메리카America에서 '아메'라는 말이 나왔다고도 한다. 현재도 군용 물품이나 식품 등을 구입할 수 있고 밀리터리룩을 구입하려는 사람들이 일부러 찾는다. 그 밖에도 저렴한 의류, 신발, 화장품, 향수, 보석, 스포츠웨어, 과일, 생선, 고기, 과자 등 다양한 물건을 판매한다. 규모는 작지만 아메야요코초에는 김치, 김, 떡 등 한국식품을 판매하는 키무치요코초キムチ横丁도 있다.

홈페이지 www.ameyoko.net **주소** 東京都 台東区 上野 4 **문의** 03-3832-5053 **찾아가기** JR 야마노테선(山手線), 게이힌토호쿠선(京浜東北線), 조반선(常磐線)의 우에노(上野)역의 중앙개찰출구(中央改札出口)에서 도보 2분/JR 야마노테선(山手線), 게이힌토호쿠선(京浜東北線)의 오카치마치(御徒町)역 북쪽출구(北口出口)에서 도보 2분/게이세이혼선(京成本線) 게이세이우에노(京成上野)역 정면출구에서 도보 2분/도쿄메트로 긴자선(銀座線), 도쿄메트로 히비야선(日比谷線) 우에노(上野)역 A2, A5, A7번 출구에서 도보 1분/도쿄메트로 긴자선(銀座線) 우에노히로코지(上野広小路)역 A2, A5, A7번 출구에서 도보 1분/도에지하철 오오에도선(大江戸線) 우에노오카치마치(上野御徒町)역 A7번 출구에서 도보 1분 거리 **영업시간** 10:00~20:00(점포에 따라 다름) **귀띔 한마디** 우리나라의 시장과 너무 많이 비슷해서 외국 느낌이 전혀 나지 않는다.

✓ 싸다고 자꾸 이것저것 사다 보면 짐이 많아지니, 관광을 마치고 숙소로 돌아가기 직전에 쇼핑을 하자.

아메야요코초의 추천 숍과 먹거리

유명브랜드 화장품할인점
실크로드화장품 シルクロード化粧品

일본 국내 및 해외브랜드 화장품을 할인된 가격에 판매하며 적게는 5~10%, 많게는 50~80%까지 세일을 한다. 30년 이상의 역사를 가진 곳으로 아메야요코초 내에 본점, 파트II, 파트IV로 나누어진 3개의 매장이 있다. 화장품, 향수, 헤어케어 제품 등이 주요상품으로 시세이도, SKII 등 유명 일본브랜드와 겔랑, 랑콤, 샤넬, 크리스찬디올 등의 해외브랜드를 취급한다.

홈페이지 www.cosme-silkroad.co.jp **주소** 東京都 台東区 上野 4-6-11 **문의** 03-3836-1706 **영업시간** 10:00~19:00 **휴무** 1월 1일

커다란 장난감백화점
야마시로야 ヤマシロヤ, Yamashiroya

우에노역 앞에 있는 6층짜리 건물 전체를 사용하는 장난감백화점이다. 지하 1층부터 6층까지 파티용품, 게임, 캐릭터상품, 완구, 수입잡화, 피규어, 프라모델 등으로 가득 차 있다. 백화점처럼 장난감으로 가득 찬 건물 안을 돌아보며 구경할 수 있어 아이들 및 오타쿠들에게 인기가 많다. 각종 이벤트 및 무료체험회도 수시로 진행된다.

홈페이지 e-yamashiroya.com **주소** 東京都 台東区 上野 6-14-6 **문의** 03-3831-2320 **찾아가기** 아메야요코초 시장 북쪽, 우에노역 앞 **영업시간** 11:00~20:30 **휴무** 1월 1일
귀띔 한마디 희귀상품도 많은 곳으로, 일본캐릭터 및 장난감에 관심 있는 사람에게 추천한다.

타타키우리, 컷후르츠, 아메요코야키
たたき売り, カット フルーツ, アメ横焼き

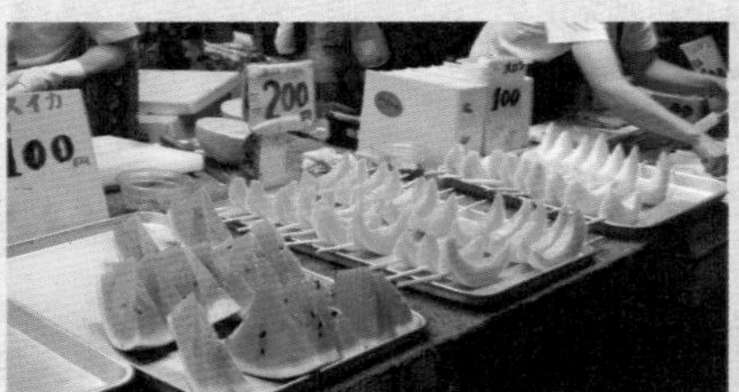

아메요코초에서 가장 유명한 간식거리는 ¥1,000에 봉투를 사서 진열대에 놓인 초콜릿이나 사탕을 마음껏 담아가는 타타키우리이다. 좋아하는 제품만 파격적인 가격에 살 수 있어 인기가 많다. 초밥을 무제한으로 먹을 수 있는 초밥뷔페도 있고 가볍게 맥주 한잔 마실 만한 곳도 많다. 생과일조각을 꼬치에 끼워 파는 컷후르츠, 미니 오코노미야키라 부르는 아메요코야키, 카스텔라 속에 흰팥을 넣은 미야코만주(都まんじゅう)도 인기 있다. 한국의 떡볶이, 호떡 등도 판매한다.

주소 東京都 台東区 上野 4 アメヤ横内 **찾아가기** 아메야요코초 시장 내 **영업시간** 10:00~20:00(점포에 따라 다름)

저렴한 스테이크 및 고로케전문점
니꾸노오야마 肉の大山

저렴한 가격에 맛있는 스테이크를 맛볼 수 있는 스테이크전문점으로 전체적인 분위기가 서민적이다. 매달 29일 고기의 날에는 290엔짜리 스테이크, 함박스테이크, 카레 등을 할인메뉴로 제공한다. 테이크아웃도 가능한 멘치카츠(メンチカツ), 고로케(コロッケ) 등도 오야마의 명물이다. 크기도 크고 두툼한 데다가 겉면이 바삭바삭해서 맥주 안주로도 최고이다.

홈페이지 ohyama.com **주소** 東京都 台東区 上野 6-13-2 **문의** 03-3831-9007 **찾아가기** 아메야요코초 시장 내 **가격** 런치 ¥500~1,500, 디너 ¥1,000~3,000 **영업시간** 11:00~23:00 **휴무** 1월 1일

도매가로 구입할 수 있는 주얼리거리 ★★★☆☆

주얼리타운 오카치마치 ジュエリータウンおかちまち

500여 개의 보석상이 모여 있는 거리로 도매가격으로 판매하기 때문에 소비자가의 반값 정도로 구입할 수 있다. 보석전문가가 설명도 해주고, 보증서가 포함된 보석을 판매하기 때문에 신뢰할 수 있다. 유명한 주얼리 숍에서도 구입해 가는 곳으로 거품을 뺀 가격으로 구입할 수 있다.

주소 東京都 台東区 上野 5 **찾아가기** JR 야마노테선, 게이힌토호쿠선의 오카치마치(御徒町)역 남쪽출구(南口出口)에서 바로/도에지하철 오오에도선 우에노오카치마치(上野御徒町)역 2번 출구에서 바로/도쿄메트로 히비야선 나카오카치마치(仲御徒町)역 남쪽출구(南口)에서 바로 **영업시간** 10:00~17:00(숍에 따라 다름) **귀띔 한마디** 결혼예물을 구입하려는 사람도 많이 찾지만, 도매상이 대부분이라 일반소비자는 들어갈 수 없는 곳도 있다.

240년 이상 된 우에노에서 가장 큰 백화점 ★★☆☆☆

마츠자카야 우에노 松坂屋 上野, Matsuzakaya Ueno

우에노에 가장 먼저 생긴 백화점으로 240년 이상의 긴 역사를 가지고 있다. 규모는 크지만 전반적으로 세련된 느낌은 아니다. 마츠자카야의 오리지널 캐릭터는 검은색 대신 벚꽃 모양의 분홍색 무늬로 채워진 사쿠라판다さくらパンダ이다.

홈페이지 www.matsuzakaya.co.jp/ueno **주소** 東京都 台東区 上野 3-29-5 **문의** 03-3832-1111 **찾아가기** 도쿄메트로 긴자선(銀座線) 우에노히로코지(上野広小路)역 A1/A2번 출구에서 직접 연결/도쿄메트로 히비야선(日比谷線) 나카오카치마치(仲御徒町)역에서 도보 3분/도에지하철 오오에도선(大江戸線) 우에노오카치마치(上野御徒町)역에서 도보 1분/JR 야마노테선(山手線), 게이힌토호쿠선(京浜東北線)의 오카치마치(御徒町)역 북쪽출구(北口)에서 도보 3분 거리 **영업시간** 10:00~20:00 **휴무** 1월 1일

10~20대를 타깃으로 하는 백화점 ★★☆☆☆

우에노마루이 上野マルイ, UENO MARUI

우에노역 건너편에 있는 백화점으로 지하 2층부터 9층까지 11개 층으로 구성되어 있다. 패션, 스포츠, 인테리어, 잡화, 구두, 가방, 시계, 안경 등을 판매하며 10~20대의 젊은 여성이 좋아하는 중저가브랜드가 중심이다. 상품이 넓은 공간에 여유롭게 배치되어 구경하기 편하다.

홈페이지 www.0101.co.jp **주소** 東京都 台東区 上野 6-15-1 **문의** 03-3833-0101 **찾아가기** JR 야마노테선, 게이힌토호쿠선, 조반선의 우에노(上野)역의 중앙개찰출구에서 도보 1분/게이세이혼선 게이세이우에노(京成上野)역 정면출구에서 도보 3분 **영업시간** 숍 11:00~20:00 레스토랑 11:00~23:00

Chapter 02

아사쿠사

浅草
Asakusa

에도시대의 유흥지였던 아사쿠사는 지금도 당시의 모습이 보존되어 있거나 재현해 놓은 곳이 많다. 오밀조밀 모인 나카미세도리상점가는 늘 활기차고 생동감이 넘친다. 백 년이 넘는 역사를 지닌 일본 전통과자 및 떡을 파는 가게가 허다하고 오랜 목조건물들에서 정감이 느껴진다. 아사쿠사의 매력은 도쿄에서 제일 유명한 사찰 센소지에서보다 센소지 주변에서 더 많이 느낄 수 있다.

嘉紀の一言

요시노리의 한마디

아사쿠사는 일본인보다 외국 여행자들이 더 많이 찾는 관광지이다.

아사쿠사를 잇는 교통편

아사쿠사역은 여러 노선이 지나지만 노선마다 역 위치가 다르다. 도쿄메트로 긴자선과 도에지하철 아사쿠사선, 도부 스카이라인의 아사쿠사역은 나란히 붙어 있지만 출입구가 다르다. 츠쿠바익스프레스의 아사쿠사역은 다른 3개 역과 동떨어져 있다. 또한 갓파바시도구가이는 타와라마치역이 가까우니 갓파바시도구가이만 둘러볼 예정이라면 타와라마치역을 이용하는 것이 편리하다.

아사쿠사(浅草)역 긴자선(銀座線), 아사쿠사선(浅草線), 도부(東武) 스카이트리라인(スカイツリーライン), 츠쿠바익스프레스(つくばエクスプレス)
타와라마치(田原町)역 긴자선(銀座線)

아사쿠사에서 이것만은 꼭 해보자

1. 일본인처럼 센소지에서 참배하거나 센소지를 둘러보자.
2. 나카미세도리상점가에서 일본의 맛있는 간식거리를 사 먹자.
3. 나카미세도리상점가에서 일본의 기념품을 구입하자.
4. 아사쿠사에서 전통적으로 유명한 음식을 맛보자.
5. 갓파바시도구가이에서 음식모형 및 일본의 그릇 등을 구경하자.

사진으로 미리 살펴보는 아사쿠사 베스트코스

아사쿠사역에서 내려 언제 품절될지 모르는 카메쥬의 도라야키를 사러 가자. 도라야키를 먹으면서 카미나리몬으로 이동해 기념사진을 찍은 후 나카미세도리상점가로 들어간다. 천천히 둘러보며 상점가 끝에 있는 호조몬으로 들어가면 센소지가 펼쳐진다. 센소지에서 오미쿠지로 운세도 보고 본당관음상 앞에서 소원도 빌어보자. 텐동으로 점심을 해결하고 소화도 시킬 겸 갓파바시도구가이까지 걸어가 음식모형, 그릇, 음식점 간판 등을 구경하자. 나카미세도리 옆에 있는 후나와찻집에서 티타임을 갖고 스미다강 건너편에 있는 아사히슈퍼드라이홀을 살펴본 후 카미야바에서 알코올 30도짜리 덴끼부랑 한잔을 기울이자.

1 일본전통을 느낄 수 있는 하루 일정(예상 소요시간 6시간 이상)

N
S
7
5
[G19] [A18]
아사쿠사역
4
아사히슈퍼드라이홀
スーパードライホール
6
니텐몬
二天門
카미야바
神谷バー
스케로쿠
助六
아사쿠사 코코노에
浅草九重
3
아사쿠사 이마한별관
浅草今半別館
카메야
亀屋
1
2
호조몬
宝蔵門
야츠메
やつめ
카메주
亀十
A4
본당
本堂
센소지
浅草寺
나카미세도리상점가
仲見世通り商店街
아사쿠사 키비단고아즈마
浅草きびだんご あづま
키무라야 본점
木村家 本店
아사쿠사
초친모나카
浅草
ちょうちんもなか
우메조노
梅園
후나와
舟和
카미나리몬
雷門
후지야
フジヤ
고주노토
五重塔
닌교노무사시야
人形のむさしや
긴카도
銀花堂
다이코쿠야덴푸라
大黒家天麩羅
아사쿠사공회당
浅草公会堂
덴보인도리상점가
伝法院通り
후나와 본점
舟和本店
아사쿠사 하나야시키
浅草花やしき
雷門通り
아사쿠사 엔게이홀
浅草演芸ホール
A1
[TS01]
아사쿠사역
B
A2
고쿠사이도리A
고쿠사이도리B
国際通り
도제우이이다야
どぜう飯田屋
3
[G18]
타와라마치역
사토샘플
佐藤サンプル
츠바야
つば屋
캬니온
キャニオン
浅草通り
식품샘플 도쿄비켄
食品サンプル東京美研
타카하시소혼텐 양식기점
株式会社 高橋総本店 洋食器店
간소식품샘플집
元祖食品サンプル屋
갓파바시도구가이
かっぱ橋道具街
카마타하켄샤
かまた刃研社
갓파바시마에다
有限会社 かっぱ橋 まえ田
키친월드TDI
キッチンワールドTDI
니이미양식기점
ニイミ洋食器店

Section 04

Tokyo

아사쿠사에서 반드시 둘러봐야 할 명소

아사쿠사는 센소지를 중심으로 상점가 및 유흥가, 번화가가 부채꼴 모양으로 넓게 펼쳐져 있다. 아사쿠사관광의 시작인 카미나리몬으로 가서 나카미세도리상점가를 지나 센소지를 구경하는 것이 아사쿠사의 기본코스이다. 일본의 전통 공예품에 관심이 있다면 에도시타마치 전통 공예관을 둘러보거나 아사쿠사의 다양한 상점가를 돌며 상품을 구경하는 것도 재미있다.

도쿄의 대표 사찰이자 아사쿠사 랜드마크 ★★★★★

센소지 浅草寺

니텐몬

아사쿠사 하면 센소지일 정도로 연간 3천만 명이 찾는 곳으로 승려 쇼카이勝海가 645년 세운 사찰이다. 센소지 관세음보살상은 스미다강隅田川에서 고기를 잡던 히노쿠마형제가 건져 올렸다 한다. 지진과 전쟁으로 대부분 소실된 것을 1960년 이후 재건한 것들이다.

센소지 입구 카미나리몬雷門과 본당 호조몬宝蔵門 사이 상점가를 나카미세도리라고 부르는데 에도시대를 복원한 것으로 관광상품 및 간식거리를 파는 상점이 오밀조밀 모여 있다. 센소지 내에는 본당과 고주노토를 비롯하여 덴보인伝法院과 크고 작은 신사들이 모여 있다. 서울 인사동처럼 외국인이 많이 찾는 곳으로, 과거 영향을 받은 백제와 신라의 건축양식도 느껴진다.

홈페이지 www.senso-ji.jp 주소 東京都 台東区 浅草 2-3-1 문의 03-3842-0181 찾아가기 도부 스카이트리라인(東武スカイツリーライン) 아사쿠사(浅草)역 6번 출구에서 도보 3분/도쿄메트로 긴자선(銀座線) 아사쿠사(浅草)역 1번 출구에서 도보 4분/츠쿠바익스프레스(つくばエクスプレス) 아사쿠사(浅草)역에서 5번 출구에서 도보 5분/도에지하철 아사쿠사선(浅草線) 아사쿠사(浅草)역 A4번 출구에서 도보 5분 거리 입장료 무료 개방시간 06:00~17:00 귀띔 한마디 아사쿠사는 5월 셋째 주 산샤마츠리(三社祭), 한여름 아사쿠사 삼바카니발(浅草サンバカーニバル), 11월 3일 도쿄지다 이마츠리(東京時代祭) 등 축제기간에 맞춰 방문하면 볼거리가 더 풍성하다.

센소지의 볼거리

센소지의 입구, 카미나리몬 雷門

카미나리몬

센소지로 향하는 오모테산도(表参道) 입구에는 커다란 문이 있다. 정식명칭은 후라이진몬(風雷神門)이지만 카미나리몬(雷門)이라 부른다. 제등 밑에는 화재로부터 보호하기 위해 용이 조각되어 있다. 942년에는 아사쿠사 남쪽에 있었지만, 카마쿠라시대 현 위치로 옮기면서 문 옆에 바람신과 번개신 조각상을 안치했다. 1865년에 화재로 소실된 것을 1960년 기부를 받아 콘크리트로 다시 세웠다.

호조몬

센소지의 정문, 호조몬 宝蔵門

상점가를 따라 직진하면 만나는 문이다. 문 양옆에 금강역사가 안치되어 있어 인왕문(仁王門)이라고도 부른다. 2층 구조인 문 상층부에 문화재를 보관하고 있어 호조몬(宝蔵門)이라고 부른다. 문 뒤쪽에는 사찰을 수호하는 금강역사의 커다란 짚신 오와라지(草鞋)가 걸려 있는데 무려 2.5톤의 짚을 사용하여 만든 것이다.

센소지 관음당이자 국보로 지정된, 본당 本堂

본당

관세음보살을 모시고 있어 관음당(観音堂)이라고도 부른다. 1958년 재건된 건물로 내부에는 앞뒤로 공간이 나뉜 쿠덴(宮殿)이 있다. 관음상 진본은 뒤쪽에 안치되어 있고 앞쪽 일반공개된 관음상은 복제본이다. 본전 앞 향로의 연기는 아픈 곳을 치유한다는 전설이 있어 사람이 많이 몰린다. 향로 옆에는 한해의 운을 점치는 오미쿠지(おみくじ)가 있다. 동전투입구에 ¥100을 넣고 육각형 쇠통을 흔들어 나오는 막대기 끝에 적힌 번호가 점괘이다. 번호가 적힌 서랍을 열면 운세가 나오는데, 대길(大吉) 〉 소길(小吉) 〉 길(吉) 〉 말길(末吉) 〉흉(凶) 순이다. 좋지 않은 점괘가 나오면 오미쿠지를 묶는 곳에 묶어 불운은 절에 맡기면 된다.

고주노토

일본중요문화재 니텐몬과 삼층탑 고주노토 二天門&五重塔

니텐몬(二天門)은 1618년에 세운 천왕문으로 일본중요문화재이다. 불법을 수호하는 남방중장천과 동방지국천이 좌우로 위엄 있게 서 있다. 전쟁으로 센소지 대부분이 파괴되었지만 니텐몬만은 온전히 보존되었다. 또한 경내에는 본당과 함께 세운 삼층탑 고주노토가 있었지만 소실되었고, 현재의 탑은 재현된 것이다. 탑 전체의 높이가 48m나 되서 멀리서도 잘 보이며, 탑 상층부에는 진신사리가 안치되어 있다. 고주노토 앞에는 평화를 기원하는 평화의 시계(平和の時計)도 있다.

센소지 안의 작은 신사와 전각들

작은 전각들

호조몬에서 고주노토로 가기 전 바로 왼쪽에 센소후도손(浅草不動尊)이라는 신사가 있다. 이곳의 동상은 치유의 힘을 가지고 있어 아픈 부분을 문지르면 낫는다고 한다. 또한 본당 동쪽에는 센소지 관음상을 건져 올린 어부형제와 승려를 모신 아사쿠사진자(浅草神社)가 있다. 이곳은 일본중요문화재이며 복을 부르는 고양이 마누키네코(招き猫) 원조인 마루시메네코(丸〆猫)에 관한 기록이 남아 있다. 본당 서쪽은 작은 전각들로 가득하다. 요고도(影向堂)는 관세음을 돕는 십이지의 수호 본존당이고, 야쿠시도(薬師堂)는 센소지 내 가장 오래된 전각 중 하나로 약사여래상을 모시고 있다. 이 외에도 화재를 막기 위한 미츠미네신사(三峰神社), 한 가지 소원을 들어준다는 히토코토후도손(言不動尊), 자손번영을 기원하는 메구미지조손도(めぐみ地蔵尊堂), 출세를 비는 슛세지조손도(出世地蔵尊堂) 등이 있다.

아사쿠사의 대표적인 전통 상점가 ★★★★☆

나카미세도리상점가 仲見世通り商店街

카미나리몬에서 호조몬 사이를 연결하는 260m의 오모테산도表参道에는 기념품 및 과자 등을 파는 약 90여 개의 상점이 오밀조밀 모여 있다. 에도시대 정취가 그대로 남아 있어 관광객이 많이 찾는 도쿄 최대의 전통 상점가로, 아사쿠사에서 제일 붐비는 곳이다. 사찰과 잘 어울리는 독특한 분위기의 건축물들은 관동대지진 이후 대부분 재건된 것이다. 아사쿠사 및 센소지, 도쿄를 상징하는 각종 기념품은 물론 전통 공예품, 장식품, 전통의상 기모노와 유카타, 장신구, 가면, 부채 등을 판매한다. 또한 센베이, 이모요깡, 모나카, 만주, 아게만주, 도라야키 등 전통 디저트를 판매하는 곳도 많아 군것질하기도 좋다.

홈페이지 www.asakusa-nakamise.jp 찾아가기 카미나리몬과 호조몬 사이 영업시간 10:00~17:00(상점에 따라 다름)
귀띔 한마디 관광객을 위한 기념품과 전통 음식을 판매하는 서울의 인사동과 비슷한 거리이다.

나카미세도리상점가 대표 숍과 먹거리

복을 부르는 고양이 마네키네코와 전통 장남감을 파는

무사시야닌교텐&스케로쿠 むさしや人形店&助六

닌교노무사시야는 복을 불러온다는 행운의 고양이 마네키네코(招き猫)로 가득한 마네키네코전문점이다. 다양한 크기와 모양의 마네키네코로 가득하며, 가게 앞에 커다란 마네키네코 간판이 서 있다. 일본인형 및 나무판으로 만든 부채 모양의 장식 하고이타(羽子板) 등도 판매하고 있다.
스케로쿠는 에도시대 말부터 지금까지 영업하고 있는 완구점이다. 에도시대에는 사치를 금지한다는 명목으로 인형크기까지 제한한 법이 있었는데, 그 이유로 이곳에서는 작은 크기의 전통 장난감만을 취급한다. 그래서 매장 안에는 작지만 섬세하고 아름다운 일본 전통인형으로 가득하다. 유서 깊은 가게에서 좋은 물건을 취급하기 때문에 가격대는 높은 편이다.

- **닌교노무사시야** 주소 東京都 台東区 浅草 1-20-1 문의 03-3841-5451 영업시간 10:00~19:00
- **스케로쿠** 주소 東京都 台東区 浅草 2-3-1 문의 03-3844-0577 영업시간 10:00~18:00

일본의 전통 부채와 비녀, 의상을 판매하는

긴카도&야츠메&후지야 銀花堂&やつめ&フジヤ

긴카도는 문을 연 지 100년이 넘는 가게로 부채 및 일본 전통춤을 출 때 필요한 각종 도구를 판매한다. 다양한 색의 기념품도 많아 인기가 높은 곳이다. 야츠메는 50년 이상 된 일본의 비녀 칸자시(かんざし)를 판매한다. 어린이들이 신사에서 참배하는 예식 시치고산(七五三)과 성인식용 장신구를 주로 판매한다. 후지야는 일본풍 티셔츠 및 기모노(着物), 유카타(浴衣), 한텐(袢天) 등을 기념으로 입어 볼 수 있도록 저렴하게 판매한다.

- **긴카도** 주소 東京都 台東区 浅草 1-31-5 문의 03-3841-8540 영업시간 평일 10:00~18:00, 주말 및 공휴일 10:00~19:00
- **야츠메** 홈페이지 nakamise-yatsume.co.jp 주소 東京都 台東区 浅草 1-37-1 문의 03-3841-6116 영업시간 09:30~18:30
- **후지야** 주소 東京都 台東区 浅草 1-20-1 문의 03-3841-8486 영업시간 09:00~19:30

아사쿠사에서 가장 오래된 닌교야키전문점

키무라야 본점 木村家 本店

1868년 영업을 시작해 150여 년의 역사를 이어오는 닌교야키(人形焼)전문점이다. 아사쿠사에서 가장 오래된 집이다. 닌교야키는 선물용으로도 인기가 높아 가게 앞에는 항상 줄을 서서 기다리는 사람들로 붐빈다. 닌교야키는 센소지를 상징하는 오층탑, 천둥번개의 신(雷様), 제등, 비둘기 모양을 하고 있다.

홈페이지 www.kimura-ya.co.jp **주소** 東京都 台東区 浅草 2-3-1 **문의** 03-3841-7055 **가격** ¥500~3,000 **영업시간** 09:30~18:30

과자 속에 아이스크림을 넣은 모나카

아사쿠사 초친모나카 浅草 ちょうちんもなか

도쿄 유일의 아이스모나카전문점으로 꾸준히 인기가 높은 가게이다. 아이스모나카는 찹쌀로 한 장씩 구운 동롱 모양의 모나카 안에 아이스크림을 넣어 만든 간식거리이다. 아이스크림은 바닐라, 콩가루, 말차, 팥, 검은깨, 고구마 등의 맛 중에서 고를 수 있고 계절한정 메뉴로 크림치즈, 밤, 연유 팥맛 등도 선보인다.

홈페이지 www.cyouchinmonaka.com **주소** 東京都 台東区 浅草 2-3-1 **문의** 03-3842-5060 **가격** ¥300~2,000 **영업시간** 10:00~17:30

아사쿠사의 명물 튀긴 만주전문점

아사쿠사 코코노에 浅草九重

만주를 튀긴 아게만주(あげまんじゅう)전문점이다. 달콤한 팥소가 들어 있는 전통 만주를 기름에 튀기면 느끼할 것 같지만, 어묵과 비슷한 식감으로 속은 쫄깃하면서 겉은 바삭하다. 팥, 말차, 고구마, 단호박, 커스터드 등 만주 속에 들어간 소의 재료에 따라서 맛이 달라지며, 갓 튀겨 바삭바삭한 아게만주는 그 자리에서 바로 먹는 것이 제일 맛있다. 나카미세도리상점가에는 나카토미상점(中富商店) 등 아게만주전문점이 여러 곳에 있다.

홈페이지 agemanju.jp **주소** 東京都 台東区 浅草 2-3-1 **문의** 03-3841-9386 **가격** ¥200~2,000 **영업시간** 09:30~18:00

에도시대의 모습으로 꾸민 상점가 ★★★☆☆

덴보인도리상점가 伝法院通り

나카미세도리상점가에서 덴보인 쪽으로 꺾어지는 길을 덴보인도리라고 부른다. 거리 전체가 도쿄의 지역연계사업으로 지정되어 에도시대의 모습으로 꾸며져 있다. 간판이나 건물에 에도시대 복장을 한 커다란 인형들이 장식되어 있고 나무로 된 표지판, 나무로 만든 기둥 및 가로등 등이 영화세트장 같은 분위기를 자아낸다.

찾아가기 나카미세도리 상점가 중간에서 서쪽 덴보인 앞으로 이어지는 길 **영업시간** 10:00~19:00(가게에 따라 다름)

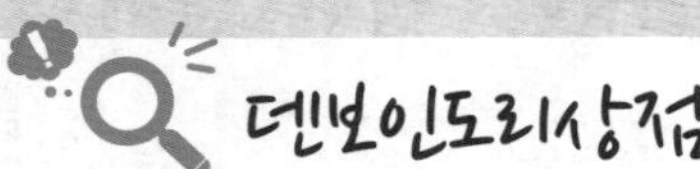

아사쿠사의 대표적인 공연장

아사쿠사공회당 浅草公会堂

1977년 지은 아사쿠사공회당은 다이토구(台東区)의 다목적홀이다. 매년 1월 신춘아사쿠사가부키(新春浅草歌舞伎)가 개최되고, 아사쿠사 예능대상(浅草芸能大賞), 만자이대회(漫才大会) 등을 진행하는 아사쿠사의 대표적인 공연장이다. 공회당입구에는 스타의 광장(スターの広場)이라는 작은 공간이 있는데 유명스타들의 핸드프린팅과 사진을 바닥에 전시해 놨다. 1979년 대중예술진흥에 공헌한 예능인 공적을 기리기 위해 만들어졌으며, 매년 5명 정도의 새로운 예능인을 선발하여 추가하고 있다.

홈페이지 asakusa-koukaidou.net **주소** 東京都 台東区 浅草 1-38-6 **문의** 03-3844-7491 **찾아가기** 도부 스카이트리라인(東武スカイツリーライン) 아사쿠사(浅草)역 북쪽출구(北口)에서 도보 5분/도쿄메트로 긴자선(銀座線) 아사쿠사(浅草)역 1, 3번 출구에서 도보 5분/츠쿠바익스프레스(つくばエクスプレス) 아사쿠사(浅草)역에서 A1번 출구에서 도보 3분/도에지하철 아사쿠사선(浅草線) 아사쿠사(浅草)역 A4번 출구에서 도보 7분 거리 **입장료** 공연에 따라 다름 **영업시간** 공연에 따라 다름 **귀띔 한마디** 중장년층을 대상으로 하는 공연이 대부분이다.

일본 전통코미디 라쿠고의 대표적인 공연장 ★★☆☆☆
아사쿠사 엔게이홀 浅草演芸ホール

센소지 서쪽의 아사쿠사공원 롯쿠六区지역은 서민들이 편안하게 즐길 수 있는 오락공연의 중심지이다. 1900년대 초반까지 롯쿠 일대는 영화관으로 가득했고 전쟁 이후에는 경극 및 콩트, 만담, 스트립쇼 등이 펼쳐지는 도쿄의 대표적 환락가였다. 지금은 신주쿠, 시부야, 롯폰기 등으로 유흥지가 분산되면서 아사쿠사롯쿠는 어르신들의 놀이터가 되었지만 거리 곳곳에서 예전의 명성을 아직도 느낄 수 있다.

롯쿠를 대표하는 곳은 1964년 문을 연 아사쿠사 엔게이홀로 전통 코미디인 라쿠고落語 공연장이다. 라쿠고 외에도 만자이漫才, 만담, 콩트, 마술, 곡예, 버라이어티쇼 등 다양한 프로그램이 마련되어 있다.

홈페이지 www.asakusaengei.com 주소 東京都 台東区 浅草 1-43-12 문의 03-3841-6545 찾아가기 츠쿠바익스프레스(つくばエクスプレス) 아사쿠사(浅草)역에서 A1번 출구에서 바로/도부 스카이트리라인(東武スカイツリーライン) 아사쿠사(浅草)역 북쪽출구(北口)에서 도보 6분/도쿄메트로 긴자선(銀座線) 아사쿠사(浅草)역 1, 3번 출구에서 도보 8분/도에지하철 아사쿠사선(浅草線) 아사쿠사(浅草)역 A4번 출구에서 도보 10분 거리 입장료 성인 ¥3,000, 학생 ¥2,500, 어린이(만 4세 이상) ¥1,500 영업시간 낮공연 11:40~16:30, 밤공연 16:40~21:00(특별공연은 유동적) 귀띔 한마디 일본의 유명한 감독이자 코미디언인 키타노타케시(北野武)가 이곳 출신이다.

에도풍으로 만든 작은 유원지 ★★☆☆☆
아사쿠사 하나야시키 浅草花やしき

1853년 문을 연 일본에서 가장 오래된 놀이공원이다. 처음에는 식물원이었기 때문에 하나야시키花屋敷라는 이름이 붙었다. 1947년 유원지로 조성하였으며 면적은 넓지 않지만 회전목마, 관람차, 롤러코스터, 귀신의 집 등 다양한 놀이기구를 갖췄다.

비타워는 1950년 설치되어 인기를 끌었으며, 1953년 설치한 롤러코스터는 일본에서 가장 오래된 롤러코스터이다. 하나야시키 앞에는 에도풍 건물로 꾸며진 하나야시키도리 상점가가 있다.

홈페이지 www.hanayashiki.net 주소 東京都 台東区 浅草 2-28-1 문의 03-3842-8780 찾아가기 츠쿠바익스프레스(つくばエクスプレス) 아사쿠사(浅草)역에서 1번 출구에서 도보 3분/도부 스카이트리라인(東武スカイツリーライン) 아사쿠사(浅草)역 북쪽출구(北口)에서 도보 5분 거리 입장료 어른(중학생 이상~64세) ¥1,000, 초등학생 및 65세 이상 ¥500, 미취학 아동 무료 **프리패스(입장료 별도)** 어른(중학생 이상~64세), ¥2,300, 초등학생 및 65세 이상 ¥2,000, 미취학 아동 ¥1,800 **놀이기구 이용권** ¥100/1장, ¥1,000/11장 영업시간 10:00~18:00(최종입장 17:30까지, 계절에 따라 변경)

황금색 똥 모양 장식이 있는 아사히맥주본사 ★★☆☆☆

아사히슈퍼드라이홀 スーパードライホール

스미다강 건너편에 일본의 국민맥주 아사히슈퍼드라이의 본사빌딩과 이벤트홀이 나란히 서 있다. 황금색 맥주를 상징하는 황금색 똥 모양의 조형물이 있는 독특한 건축물이 아사히슈퍼드라이홀이다. 슈퍼드라이홀 옥상의 거대한 조형물은 '황금의 불꽃Flamme d'or'이라는 이름이 있지만, 사람들은 똥건물うんこビル 또는 황금색 똥金のうんこ이라 부른다. 프랑스 유명디자이너 필립스탁Philippe Starck이 설계했으며 1~3층은 레스토랑, 4~5층은 이벤트홀인 아사히아트스퀘어가 있다.

홈페이지 www.asahibeer.co.jp 주소 東京都 墨田区 吾妻橋 1-23-1 찾아가기 도쿄메트로 긴자선(銀座線) 아사쿠사(浅草)역 4, 5번 출구에서 도보 5분/도에지하철 아사쿠사선(浅草線) 아사쿠사(浅草)역 A5번 출구에서 도보 10분/도부 스카이트리라인(東武スカイツリーライン) 아사쿠사(浅草)역 북쪽출구(北口)에서 도보 6분 거리 입장료 레스토랑 및 이벤트에 따라 다름 귀띔 한마디 아사히슈퍼드라이홀의 레스토랑 및 카페에서는 아사히 생맥주를 판매한다.

Tokyo

Section 05

아사쿠사에서 먹어봐야 할 것들

센소지 길목의 나카미세도리상점가에서 간식거리를 사 먹는 것이 아사쿠사여행의 즐거움이다. 맛있는 군것질거리가 많지만 한 끼 정도는 식당에서 제대로 된 식사를 하는 것이 좋다. 아사쿠사 하면 먼저 떠오르는 음식은 텐동이다. 느끼한 음식이 내키지 않는다면 일본식 불고기 스키야키나 미꾸라지로 만든 보양식을 추천한다.

아사쿠사를 찾는 현지인들이 꼭 먹는 튀김덮밥 ★★★☆☆

다이코쿠야덴푸라 大黒家天麩羅

아사쿠사를 찾는 일본인들이 꼭 챙겨먹는 음식이 튀김을 얹은 덮밥 텐동天丼이다. 바삭하게 튀긴 튀김을 뜨거운 밥 위에 얹고 달고 짭짤한 소스를 부어 먹는데, 이것이 아사쿠사를 대표하는 텐동이다. 아사쿠사 텐동을 대표하는 다이코쿠야는 덴보인도리에 소바집으로 문을 열어 튀김을 얹은 소바가 인기를 얻자 튀김집으로 업종을 바꾸었다. 다른 곳에 비해 가격은 비싸지만 참기름으로 튀긴 고급 튀김이라 고소한 맛이 깊다. 새우튀김 4개를 올린 에비텐동海老天丼과 새우튀김 2개와 야채를 동그랗게 튀긴 카키아게かき揚げ 1개가 들어 있는 텐동을 추천한다.

홈페이지 www.tempura.co.jp 주소 東京都 台東区 浅草 1-38-10 문의 03-3844-1111 찾아가기 도부 스카이트리라인(東武スカイツリーライン) 아사쿠사(浅草)역 북쪽출구(北口)에서 도보 5분/도쿄메트로 긴자선(銀座線) 아사쿠사(浅草)역 1, 3번 출구에서 도보 5분/츠쿠바익스프레스(つくばエクスプレス) 아사쿠사(浅草)역에서 A1번 출구에서 도보 4분/도에지하철 아사쿠사선(浅草線) 아사쿠사(浅草)역 A4번 출구에서 도보 7분 거리 가격 ¥1,700~3,000 영업시간 평일 11:00~20:30, 주말 11:00~21:00(연중무휴) 귀띔 한마디 텐동은 아사쿠사의 대표 음식이지만, 눅눅한 튀김이 우리 입맛에는 느끼하게 느껴질 수 있다.

✓ 오래된 일본 전통가옥의 다다미방에 앉아서 먹는 식사 및 다과는 아사쿠사만의 특별한 즐거움이다.

일본 전통 디저트전문점 ★★★★☆

후나와본점 舟和本店

아사쿠사를 대표하는 디저트는 고구마로 만든 양갱 이모요우깡芋ようかん이다. 모양은 화려하지 않지만 달콤하고 소박한 맛은 은근 중독성이 있다. 이모요우캉은 유통기간이 짧고 바로 먹는 것이 맛있으므로 후나와카페에 앉아 차와 함께 즐기는 것이 좋다. 달콤한 고구마양갱과 쌉쌀한 말차를 함께 즐길 수 있는 세트메뉴를 추천한다. 편안한 의자에 앉아 달콤한 일본 전통디저트로 티타임을 가지면 피로가 저절로 풀린다.

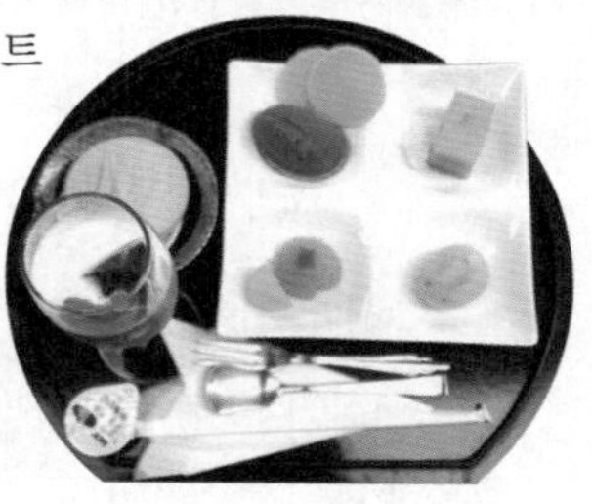

홈페이지 funawa.jp 주소 東京都 台東区 浅草 1-22-10 문의 03-3842-2781 찾아가기 도쿄메트로 긴자선(銀座線) 아사쿠사(浅草)역 2번 출구에서 도보 7분/도에지하철 아사쿠사선(浅草線) 아사쿠사(浅草)역 A4번 출구에서 도보 8분 가격 ¥500~1,000 카페영업시간 평일 10:30~19:00, 토요일 10:00~20:00, 일요일 및 공휴일 10:00~19:30 휴무 연중무휴 귀띔 한마디 나카미세도리에도 점포가 여러 개 있다.

일본 최고의 도라야키 ★★★★★

카메주 亀十

일본 최고의 도라야키로 꼽히는 카메주는 90년 이상의 역사를 지닌 전통 제과점이다. 장인이 직접 만들기 때문에 하루 3,000개로 한정 판매하며, 인기가 많아 오전에 가야만 맛볼 수 있다. 카메주 도라야키는 맛이 독특해서 한 번 맛보면 잊히지 않는다. 속은 시폰케이크처럼 부드러우면서 겉면은 고소하고 단맛 속에 살짝 소금기가 느껴져서 뒷맛도 깔끔하다. 빵 속의 달콤한 팥소는 팥알갱이가 반쯤 살아있어 씹는 맛이 남다르다. 빵과 팥소의 조화가 절묘해서 왜 최고로 꼽히는지 한입 먹어보면 바로 알 수 있다.

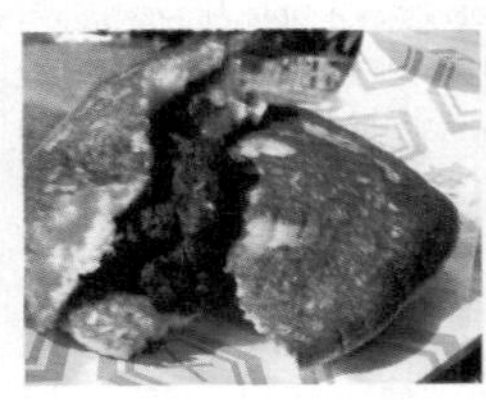

주소 東京都 台東区 雷門 2-18-11 문의 03-3841-2210 찾아가기 도쿄메트로 긴자선(銀座線) 아사쿠사(浅草)역 2번 출구에서 도보 1분/도에지하철 아사쿠사선(浅草線) 아사쿠사(浅草)역 A4번 출구에서 도보 2분/도부 스카이트리라인(東武スカイツリーライン) 아사쿠사(浅草)역 정면(正面口)번 출구에서 도보 2분 거리 가격 ¥300~500 영업시간 10:00~20:30

덴키부랑으로 유명한 바 ★★★★☆

카미야바 神谷バー

1880년에 문을 연 바로 아사쿠사를 대표하는 술집으로, 지금도 줄을 서서 기다렸다가 들어갈 정도로 인기가 많다. 카이마바의 대표적인 술은 덴키부랑デンキブラン이라는 칵테일로 100년 넘는 세월 동안 꾸준히 사랑받고 있다. 일본어 덴키電気는 전기를 뜻하는데, 메이지시대 선보인 전기는 상상할 수 없던 것으로 당대 새로운 것을 보면 '덴키○○'식이라 부르는 것이 유행했다. 덴키부랑은 알코올도수가 30도나 되어 전기처럼 짜릿하다는 의미도 있으며, 덴키부랑올드デンキブランオールド는 무려 40도이다. 아사쿠사의 역사를 함께한 카미야바 건물은 2011년에 등록유형문화재로 등록되었다.

홈페이지 kamiya-bar.com 주소 東京都 台東区 浅草 1-1-1 문의 03-3841-5400 찾아가기 도쿄메트로 긴자선(銀座線) 아사쿠사(浅草)역 3번 출구에서 바로/도에지하철 아사쿠사선(浅草線) 아사쿠사(浅草)역 A5번 출구에서 도보 1분/도부 스카이트리라인(東武スカイツリーライン) 아사쿠사(浅草)역 정면(正面口)출구에서 도보 2분 가격 ¥1,000~2,000 영업시간 11:00~21:00 휴무 매주 화요일 귀띔 한마디 덴키부랑은 일본 칵테일의 상징적인 존재로 지금도 꾸준히 인기가 있다.

고급 스키야키로 유명한 전통 맛집 ★★★★☆

아사쿠사 이마한별관 浅草今半別館

아사쿠사의 고급 요리점으로 멋진 일본 전통가옥 안에서 식사를 즐길 수 있다. 이마한은 질 좋은 와규를 사용해 불고기처럼 쇠고기에 간장과 설탕으로 맛을 낸 스키야키すき焼가 간판메뉴로, 두터운 철판냄비에 요리를 한다. 저녁식사는 비싸지만 점심때는 비교적 저렴한 가격대로 즐길 수 있으므로 점심시간을 이용하자. 고쿠사이도리国際通り에 있는 이마한본점보다 별관건물이 더 운치가 있다.

홈페이지 www.asakusa-imahan.co.jp 주소 東京都 台東区 浅草 2-2-5 문의 03-3841-2690 찾아가기 도쿄메트로 긴자선(銀座線) 아사쿠사(浅草)역 1번 출구에서 도보 3분/도에지하철 아사쿠사선(浅草線) 아사쿠사(浅草)역 A4번 출구에서 도보 5분/도부 스카이트리라인(東武スカイツリーライン) 아사쿠사(浅草)역 정면(正面口) 출구에서 도보 4분 거리 가격 평일런치 ¥7,000~10,000, 저녁 ¥10,000~20,000 영업시간 평일 11:00~15:00, 16:30~21:30, 휴일 11:00~21:30 귀띔 한마디 스키야키는 추운 겨울철 보양식이라 겨울에 먹으면 더 맛있다.

150년 넘는 역사를 이어온 일본 전통디저트 ★★★☆☆

우메조노 梅園

1854년 센소지별원 바이온인梅園院에서 찻집을 시작하여 150년이 넘는 세월 동안 전통 을 이어오고 있다. 인기메뉴는 조와 팥으로 만든 건강디저트 아와젠자이あわぜんざい이다. 그 밖에도 얼음 대신 한천이 들어간 앙미츠あんみつ, 일본식 팥죽 오시루코おしるこ, 콩이 들어간 찰떡 마메다이후쿠豆大福, 사이즈가 작은 도라야키 코토라子とら 등을 판매한다. 좋은 재료를 이용해 정성껏 만들기 때문에 고급스러운 맛이 느껴진다.

홈페이지 www.asakusa-umezono.co.jp 주소 東京都 台東区 浅草 1-31-12 문의 03-3841-7580 찾아가기 도쿄메트로 긴자선(銀座線) 아사쿠사(浅草)역 1번 출구에서 도보 3분/도에지하철 아사쿠사선(浅草線) 아사쿠사(浅草)역 A4번 출구에서 도보 5분/도부 스카이트리라인(東武スカイツリーライン) 아사쿠사(浅草)역 정면(正面口)출구에서 도보 4분 거리 가격 ¥500~1,000 영업시간 11:00~17:00 휴무 매주 수요일 귀띔 한마디 앉아서 먹을 수 있는 카페 공간이 있어 쉬어가기 좋다.

100년의 역사를 지닌 미꾸라지 요리전문점 ★★★☆☆

도제우이이다야 どぜう飯田屋

1900년대부터 미꾸라지요리를 만들어 온 오래된 맛집이다. 우리나라에서도 보양식으로 먹는 미꾸라지요리라 생소하지는 않지만, 미꾸라지가 그대로 보이기 때문에 추어탕을 먹어본 사람이라도 각오가 필요하다. 미꾸라지를 냄비에 넣고 끓인 요리 도제우どぜう는 비린내도 없고 간장소스로 맛을 내 살짝 달아서 밥반찬 및 술안주로 잘 어울린다. 자극적인 맛을 원하면 양념통의 고춧가루를 포함한 시치미七味 및 산초가루를 잔뜩 뿌려서 먹으면 된다. 한적한 골목길 안쪽에 위치해 일본의 멋과 아늑함을 즐길 수 있다는 점이 매력적이다.

홈페이지 dozeu-iidaya.com 주소 東京都 台東区 西浅草3-3-2 문의 03-3843-0881 찾아가기 츠쿠바익스프레스(つくばエクスプレス) 아사쿠사(浅草)역 A2번 출구에서 도보 2분/도쿄메트로 긴자선(銀座線) 타와라마치(田原町)역 3번 출구에서 도보 6분/도부 스카이트리라인(東武スカイツリーライン) 아사쿠사(浅草)역 정면출구(正面出口)에서 도보 11분 거리 가격 ¥2,000~5,000 영업시간 11:30~21:30 휴무 매주 수요일 귀띔 한마디 추어탕 같은 미꾸라지 요리를 좋아하는 사람에게 추천한다.

Section 06

Tokyo

아사쿠사에서 놓치면 후회하는 쇼핑

아사쿠사의 대표적인 쇼핑거리 나카미세도리상점가는 볼거리에서 자세하게 설명했다. 일본에서 가장 큰 요리관련 용품을 판매하는 상점가 갓파바시도구가이에서는 신기한 물건을 많이 판매한다. 요리 및 베이킹에 관심 있는 사람에게는 2~3시간은 필요한 거리지만, 그렇지 않다면 30분 정도 산책 삼아 걸어 다니며 분위기를 느껴보는 정도가 적당하다.

일본 최대의 요리도구 전문상점가 ★★★☆☆

갓파바시 도구가이 かっぱ橋道具街

1912년부터 다양한 주방용품을 파는 상인이 모여들면서 주방 및 식당용품을 전문적으로 판매하는 상점가로 자리 잡았다. 800m 길이의 거리에 170개 이상의 가게가 늘어서 있고 상점가에서 스카이트리가 잘 보여 요즘 새롭게 각광받고 있다. 갓파바시의 갓파かっぱ는 연못에 사는 자라 모양의 상상 속의 동물로, 갓파인형이 거리 곳곳에 놓여 있고 간판도 갓파 모양으로 통일되어 있다.

음식모형, 노렌 및 간판, 다양한 사이즈의 냄비 등 식당이나 레스토랑, 카페를 준비하는 업자들에게 필요한 전문 용품이 대부분이지만, 실용성을 떠나 여행자의 눈에도 충분히 볼거리가 넘쳐 난다. 다양한 쿠키틀, 케이크틀, 머핀틀, 몰드 등 제과제빵용품과 일본식기 및 서양식기 등도 저렴하게 구입할 수 있다. 그 밖에도 포장용품, 장식품 등 요리에 관한 모든 것이 모여 있다.

홈페이지 www.kappabashi.or.jp 주소 東京都 台東区 松が谷 3-18-2 문의 03-3844-1225 찾아가기 츠쿠바익스프레스(つくばエクスプレス) 아사쿠사(浅草)역 A2번 출구에서 도보 2분/도쿄메트로 긴자선(銀座線) 타와라마치(田原町)역 3번 출구에서 도보 6분 거리 영업시간 09:00~17:00(가게에 따라 다름) 귀띔 한마디 한국의 방산시장처럼 베이킹이 취미인 사람에게는 보물창고 같은 곳이다. 도구의 날(道具の日)인 10월 9일 갓파바시도구축제(かっぱ橋道具まつり)가 열린다.

✓ 아사쿠사의 센소지와 갓파바시도구가이를 모두 둘러보려면 꽤 많이 걸어야 하니 편안한 신발이 필수이다.

갓파바시도구가이의 추천 숍

실제 음식과 똑같이 생긴 모형, 식품샘플전문숍
샘플숍 Sample Shop

실제 음식을 만드는 것보다 더 많이 손이 가고 더 많은 정성이 필요한 것이 모형음식이다. 일본의 레스토랑 및 식당 앞에 전시된 모형을 파는 곳으로, 다양한 음식샘플이 모여 있어 구경하는 재미도 있다. 샘플 만들기 체험을 하거나 음식모형 제작과정을 직접 볼 수도 있는데, 샘플을 만드는 과정이 과학실험처럼 흥미진진하다. 사토샘플(佐藤サンプル), 샘플의 이와사키비아이(サンプルのイワサキ・ビーアイ), 식품샘플 도쿄비켄(食品サンプル東京美研) 등 샘플전문숍이 여러 군데 있다. 관광객을 대상으로 작은 사이즈 샘플 및 샘플이 달린 열쇠고리 등도 판매한다.

- **사토샘플(佐藤サンプル) 주소** 東京都 台東区 西浅草 3-7-4 **문의** 03-3844-1650 **영업시간** 평일 09:00~18:00, 일요일 및 공휴일 10:00~17:00 **휴무** 매주 금요일 **귀띔 한마디** 초밥, 생선, 튀김 등의 일본요리의 샘플이 특히 많다.
- **간소 식품샘플집(元祖食品サンプル屋) 홈페이지** www.ganso-sample.com **주소** 東京都 台東区 西浅草 3-7-6 **문의** 0120-17-1839 **영업시간** 10:00~17:30 **귀띔 한마디** 식품샘플제작에 참여해 볼 수 있다.(예약 필요)
- **식품샘플 도쿄비켄(食品サンプル東京美研) 홈페이지** office-web.jp/tokyobiken/shop **주소** 東京都 台東区 西浅草 1-5-15 **문의** 03-3842-5551 **영업시간** 평일 10:00~17:00 주말 11:00~17:00 **귀띔 한마디** 식욕을 연출하는 샘플을 만드는 것이 특징이다.

다양한 크기와 모양의 칼을 만드는
식칼전문숍

카마타하켄샤(かまた刃研社), 요리식칼전문점 츠바야(つば屋) 등 요리용 칼을 전문적 판매하는 숍도 많다. 유명한 장인이 만든 브랜드식칼을 주로 취급하기 때문에 가격이 저렴하지 않지만 품질이 좋다. 생선회를 뜰 때 사용하는 사시미칼 및 소바를 만들 때 사용하는 소바칼 등은 일본에서 구입할 만한 가치가 있다. 칼을 구입할 경우 기내에 반입이 되지 않으므로 수하물에 넣어 보내야 한다.

- **카마타하켄샤(かまた刃研社) 홈페이지** www.kap-kam.com **주소** 東京都 台東区 松が谷 2-12-6 **문의** 03-3841-4205 **영업시간** 10:00~18:00 **귀띔 한마디** 1923년 창업한 요리용 칼 전문숍으로 꽃무늬가 그려진 칼 등이 인기이다.
- **츠바야(つば屋) 홈페이지** tsubaya.co.jp **주소** 東京都 台東区 西浅草 3-7-2 **문의** 03-3845-2005 **영업시간** 10:00~17:00 **휴무** 연말연시 **귀띔 한마디** 다양한 칼을 보유한 칼전문점으로 대부분이 츠바야의 오리지널제품이다.

동서양을 막론한 다양한 모양
그릇전문숍

다양한 모양과 크기의 그릇이 모여 있는 곳이다. 단품이나 대량으로도 구입할 수 있기 때문에 물량이 많이 필요한 사람들이 일부러 찾아오는 곳이다. 캬니온(キャニオン), 갓파바시마에다(かっぱ橋 まえ田), 타카하시소혼텐 양식기점(高橋総本店 洋食器店) 등 다양한 그릇전문 가게가 있고 저마다 취급하는 그릇의 종류와 특징이 다르다. 그릇은 깨지기 쉬우므로 본인이 손에 들고 갈 수 있을 만큼만 구입하는 것이 좋다.

- **갓파바시마에다(有限会社 かっぱ橋 まえ田) 홈페이지** www.kappa-maeda.co.jp **주소** 東京都 台東区 松が谷 1-10-10 **문의** 03-3845-2822 **영업시간** 10:00~17:00 **휴무** 매주 일요일 **귀띔 한마디** 영업용 그릇전문점으로 단순한 음식도 고급스럽게 보이게 만드는 일본그릇을 판매.
- **타카하시소혼텐 양식기점(株式会社 高橋総本店 洋食器店) 홈페이지** www.takaso.jp **주소** 東京都 台東区 西浅草 1-4-7 **문의** 03-3845-1111 **영업시간** 10:15~17:15 **휴무** 매주 일요일, 공휴일 **귀띔 한마디** 유리그릇 및 컵, 와인잔, 맥주잔 등을 판매.

갓파바시도구가이의 랜드마크
니이미양식기점 ニイミ洋食器店

갓파바시도구가이의 입구에는 건물 위에 요리사모자를 쓴 커다란 점보쿡(ジャンボコック) 두상이 올라가 있다. 갓파바시도구가이의 랜드마크인 이 건물이 테이블웨어 및 주방용품을 판매하는 니이미양식기점이다. 1907년에 문을 열어 100년이 넘는 시간 동안 이곳을 지켜온 가게로 요리사는 물론 주부들에게도 오랜 시간 사랑받고 있다. 자동차, 배, 판다 등 귀여운 장난감 모양의 어린이용 식판도 판매한다.

주소 東京都 台東区 松が谷 1-1-1 **문의** 03-3842-0213 **영업시간** 10:00~18:00 **휴무** 매주 일요일 **귀띔 한마디** 갓파바시도구가이로 들어가는 길목에 점보쿡이 먼저 보인다.

수입식기 및 나이프전문점
키친월드TDI キッチンワールドTDI

TDI는 도쿄다이렉트 임포트센터(Tokyo Direct Import Center)의 약어로 직수입한 나이프 및 식기 등을 전문적으로 취급한다. 독일의 우스토프(Wüsthof), 교세라세라믹(Kyocera Ceramic) 등 유명칼을 판매하는 나이프숍도 있고 르쿠르제(Le Creuset), 한국의 돌솥, 파스타머신 등을 판매하는 수입상품숍도 인기가 많다. 직수입으로 판매하기 때문에 가격이 저렴해서 수입식기에 관심 많은 주부가 찾는다.

홈페이지 www.kwtdi.com **주소** 東京都 台東区 松が谷 1-9-12 SPKビル 1F **문의** 03-5827-3355 **영업시간** 평일 09:30~18:00, 일요일 및 공휴일 10:30~18:00

271

Chapter 03

도쿄 스카이트리

東京スカイツリー
Tokyo Sky Tree

도쿄의 서민적인 주택가였던 오시아게가 일본에서 제일 인기 많은 지역으로 바뀐 이유는 도쿄스카이트리 때문이다. 세계에서 제일 높은 자립식 전파탑이자 일본에서 가장 높은 전망대로 일본인이 제일 가보고 싶은 곳이 되었다. 스카이트리 내 거대쇼핑몰 소라마치에는 도쿄에서 유명한 음식점 및 인기 있는 기념품, 구경거리 등이 모여 있다. 스카이트리가 생기기 전부터 있었던 오래된 상점과 번쩍이는 스카이트리의 대조적인 모습도 매력적이다.

嘉紀の一言

요시노리의 한마디

도쿄스카이트리는 시야가 맑은 날 가야 제대로 구경할 수 있다.

도쿄스카이트리를 잇는 교통편

스카이트리라인을 타거나 도쿄메트로 한조몬선 및 도에지하철 아사쿠사선으로 오시아게(스카이트리마에)역으로 가면 역 안에서 도쿄스카이트리까지 직접 연결된다. 아사쿠사를 먼저 들렀다면, 아사쿠사에서 무료셔틀버스인 판다버스를 이용해도 된다.

오시아게_스카이트리마에(押上_スカイツリー前)역 한조몬선(半蔵門線), 아사쿠사선(浅草線)
도쿄스카이트리(とうきょうスカイツリー)역 도부 스카이트리라인(東武スカイツリーライン)

도쿄스카이트리에서 이것만은 꼭 해보자

1. 도쿄스카이트리전망대에 올라가보자.
2. 인기기념품과 인기음식점이 한곳에 모여 있는 소라마치를 즐기자.
3. 오시아게에 오랜 세월동안 자리 잡고 있는 상점들도 둘러보자.

사진으로 미리 살펴보는 도쿄스카이트리 베스트코스

도쿄스카이트리역이나 오시아게역에 내려 연결된 통로를 통해 도쿄스카이트리까지 이동한다. 스카이트리에 도착하면 4층 티켓카운터에서 전망대입장권을 구입하여 350m 지점의 천망데크까지 올라 구경한다. 더 올라가고 싶다면 450m의 천망회랑으로 올라가 일본에서 가장 높은 곳에서 도쿄를 내려다보자. 전망대를 둘러본 후에는 소라마치에서 인기 있는 음식점을 찾아 맛있는 식사를 하고 소라마치 내 다양한 시설과 숍 등을 둘러본다. 피곤해질 때쯤 세계맥주박물관에서 시원하게 맥주 한잔하며 갈증을 해소한다. 해가 질 무렵에 이스트타워 30~31층에 위치한 스카이트리뷰 레스토랑가로 이동해 도쿄스카이트리의 야경을 감상한다.

1 도쿄 전경을 가슴에 담는 하루 일정(예상 소요시간 6시간 이상)

도쿄스카이트리역 or 오시아게역 → (도보 3분) → 도쿄스카이트리 천망데크 1시간 코스 → (엘리베이터) → 도쿄스카이트리 천망회랑 30분 코스 → (엘리베이터) → [점심] 소라마치 내 1시간 코스 → (바로 연결)

소라마치 2시간 코스 → (도보 5분) → 세계맥주박물관 1시간 코스 → (도보 3~7분) → 스카이트리뷰 레스토랑가 30분 코스 → (도보 2분) → 도쿄스카이트리역 or 오시아게역

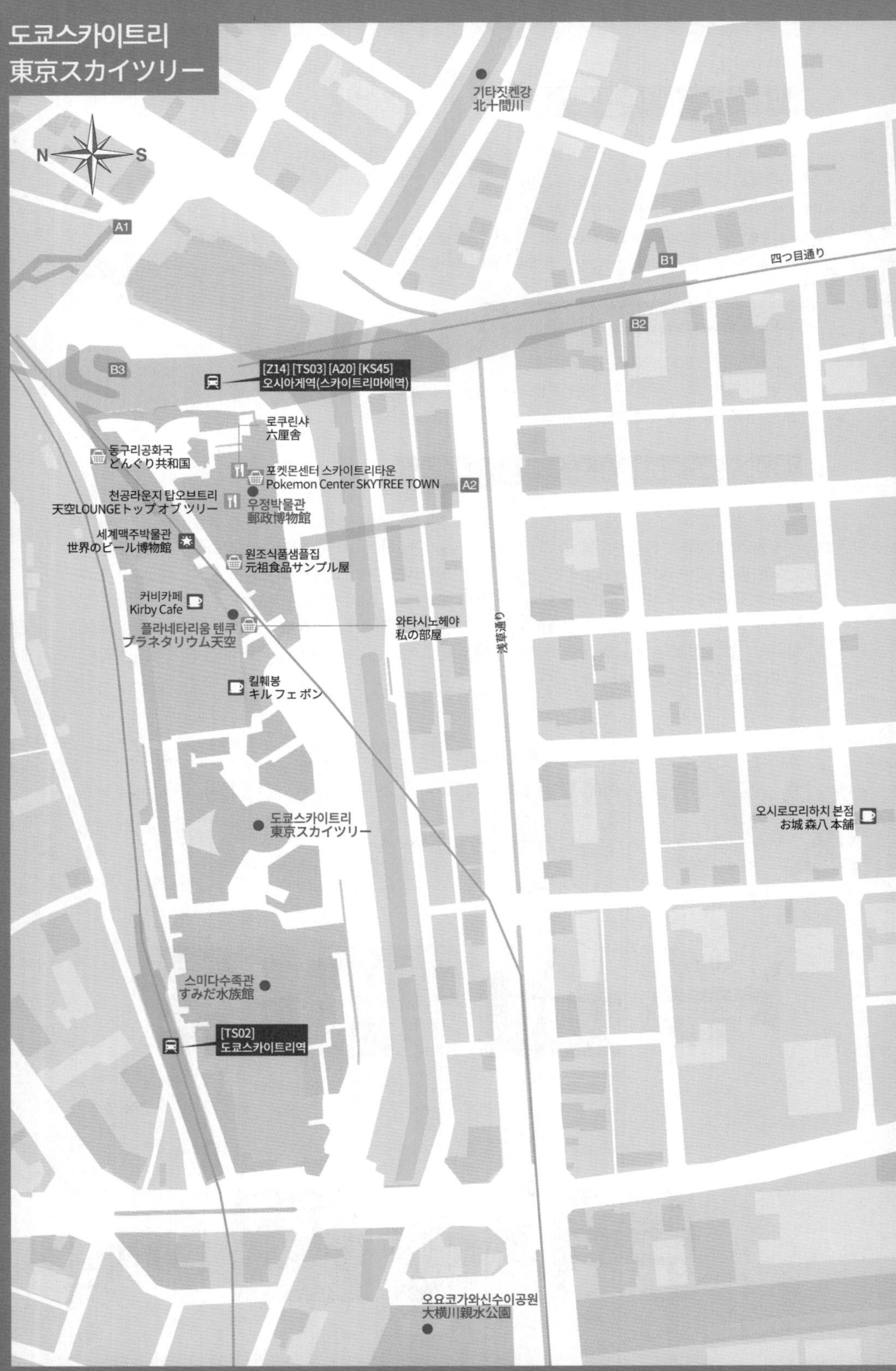

도쿄스카이트리
東京スカイツリー
N
S
기타짓켄강
北十間川
A1
B1
四つ目通り
B2
B3
[Z14] [TS03] [A20] [KS45]
오시아게역(스카이트리마에역)
로쿠린샤
六厘舎
동구리공화국
どんぐり共和国
포켓몬센터 스카이트리타운
Pokemon Center SKYTREE TOWN
A2
천공라운지 탑오브트리
天空LOUNGEトップオブツリー
우정박물관
郵政博物館
세계맥주박물관
世界のビール博物館
원조식품샘플집
元祖食品サンプル屋
커비카페
Kirby Cafe
와타시노헤야
私の部屋
浅草通り
플라네타리움 텐쿠
プラネタリウム天空
킬훼봉
キル フェ ボン
도쿄스카이트리
東京スカイツリー
오시로모리하치 본점
お城 森八 本舗
스미다수족관
すみだ水族館
[TS02]
도쿄스카이트리역
오요코가와신수이공원
大横川親水公園

Tokyo

Section 07

도쿄스카이트리에서 반드시 둘러봐야 할 명소

원래 지역명은 오시아게(押上)이지만 지금은 도쿄스카이트리라는 이름으로 더 많이 불린다. 그래서 오시아게역은 공식적으로 스카이트리마에역이라는 이름도 함께 사용한다. 도쿄스카이트리가 생기기 전에는 관광지가 아닌 서민들의 주택가였고, 현재도 도쿄스카이트리를 제외하고는 그 모습이 그대로 남아있다. 도쿄스카이트리를 중심으로 구경하되 시간적 여유가 있다면 주변을 산책하며 스카이트리가 보이는 풍경을 즐겨보자.

634m! 세계에서 가장 높은 자립식전파탑 ★★★★★

도쿄스카이트리 東京スカイツリー

도쿄타워보다 높은 도쿄스카이트리는 2012년에 완공된 도쿄의 랜드마크이다. 스카이트리의 높이 634m는 도쿄 옛 나라이름이었던 무사시노쿠니武蔵国의 무사시武蔵와 비슷한 일본어 숫자 발음 634m에 맞춘 것이다. 도쿄타워의 전파송수신에 문제를 해결하기위해 스카이트리를 계획하였고, 이는 도쿄 서쪽지구의 부흥을 의미한다.

도쿄스카이트리 전망대는 2곳으로 나뉜다. 사전예약이 가능한 천망데크天望デッキ는 350m 지점에 위치하며, 450m 지점에 있는 천망회랑天望回廊은 날씨에 따라 운영한다. 스카이트리를 찾는 사람이 많으므로 인터넷으로 예매하는 것이 편하다. 현장매표는 시간을 지정할 수 없지만, 예약할 때는 입장시간도 지정할 수 있어 효율적으로 여행계획을 세울 수 있다. 스카이트리의 조명은 하늘색인 이키粋와 보라색인 미야비雅 2가지 패턴이 있고 특별한 날에는 초록색이나 분홍색 등으로 색이 변한다.

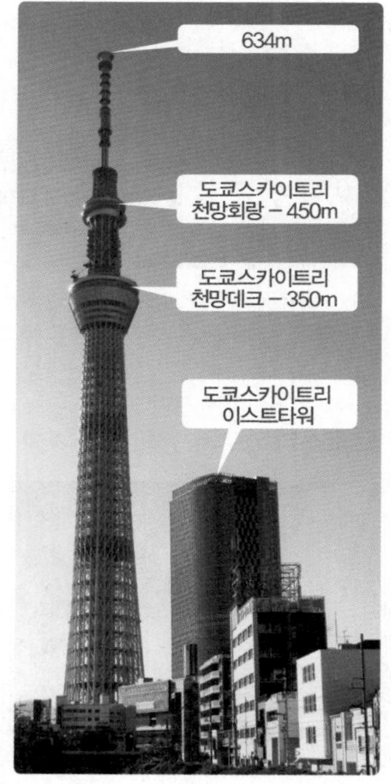

홈페이지 www.tokyo-skytree.jp 주소 東京都 墨田区 押上 1-1-2 문의 03-5302-3470 찾아가기 도부 스카이트리라인(東武スカイツリーライン) 도쿄스카이트리(とうきょうスカイツリー)역 도쿄스카이트리타운 방면 연결통로/도쿄메트로 한조몬선(半蔵門線), 도에지하철 아사쿠사선(浅草線) 오시아게_스카이트리마에(押上_スカイツリー前)역 도쿄스카이트리타운 방면 연견통로 영업시간 10:00~21:00 귀띔 한마디 전망대는 오후 4~5시쯤 올라가서 낮 풍경과 석양, 야경까지 함께 보는 코스가 제일 이상적이다.

도쿄스카이트리의 볼거리

스카이트리의 정원

소라마치히로바, 스카이아리나, 돔가든, 팜가든

ソラマチひろば, スカイアリーナ, ドームガーデン, ファームガーデン

소라마치히로바는 스카이트리의 정면에 있는 광장이다. 분수대 및 조각상이 있어 답답한 실내를 벗어나 신선한 바깥 공기를 쐬며 잠시 쉬어갈 수 있다. 이스트야드 4층에 있는 스카이아리나는 스카이트리에서 가장 넓은 곳으로 주변에 벚나무, 단풍나무 등이 심겨 있다. 도쿄스카이트리의 전망대로 들어가는 입구이기 때문에 많은 사람이 모이며 거리공연이 수시로 열린다. 또한 스카이트리를 가장 가까이서 볼 수 있는 장소이기도 하다.
돔가든은 플라네타리움텐쿠(プラネタリウム天空)의 거대한 돔스크린이 있는 이스트야드 8층에 자리한다. 별자리와 우주를 표현하기 위해 천체투영관처럼 원형으로 설계했으며, 스카이트리를 올려다보며 감상하기 좋게 앉을 수 있는 벤치가 있다. 스미다수족관 입구가 있는 웨스트야드 5층에는 농장의 풍경을 테마로 만든 팜가든이 있다. 정원 내 소라마치팜이라는 작은 농장에서 야채를 키우고 있으며 과일나무도 심겨 있다.

소라마치히로바

스카이아리나

돔가든

팜가든

찾아가기 소라마치히로바 이스트야드 1F(소라마치입구), 스카이아리나 이스트야드 4F(도쿄스카이트리 매표소 옆), 돔가든 이스트야드 8F(플라네타리움텐쿠 위), 팜가든 웨스트야드 5F(스미다수족관 옆)

스카이트리의 메인전망대

도쿄스카이트리 천망데크 東京スカイツリー 天望デッキ

첫 번째 전망대인 천망데크는 도쿄스카이트리 350m 지점에 위치해 있다. 수용인원이 2,000명이나 되는데, 당일입장권은 4층 티켓카운터에서 판매하고 전망대엘리베이터도 그 옆에 있다. 사람이 많은 경우에는 '당일입장권구입용 정리권'을 나눠준다. 정원이나 소라마치 등 다른 시설을 구경하다가 정리권에 적힌 시간에 가서 표를 구입하면 된다.
티켓을 구입 후 전망대엘리베이터를 타면 50초만에 천망데크에 도착한다. 내려올 때는 340m 지점에서 엘리베이터를 타고 5층에서 내린다. 텐보셔틀이라 이름 붙은 4개의 엘리베이터는 봄, 여름, 가을, 겨울을 테마로 장식되어 있다. 천망데크는 3개 층으로 나뉘어 있으며, 층의 이름은 지상에서의 높이다. 엘리베이터를 타면 지상 350m의 플로어350에 도착한다. 5m 아래 플로어345에는 기념품숍 더스카이트리숍(The Skytree Shop)과 전망레스토랑 스카이레스토랑634(Sky Restaurant 634)가 있다. 천망데크 플로어340은 바닥이 강화유리로 되어 있는 가라스유카(ガラス床)로 발밑이 훤히 내려다보인다.
스카이트리에서 가장 잘 보이는 곳은 바로 옆 아사쿠사지역이다. 황금색의 독특한 조각품이 눈에 띄는 아사히슈퍼드라이홀과 센소지의 풍경을 한눈에 내려 볼 수 있다. 도쿄타워는 물론 스미다강과 도쿄만까지 잘 보이며, 청명한 날에는 후지산까지도 보인다. 긴자, 마루노우치, 신주쿠, 시부야, 이케부쿠로 방면의 고층빌딩가도 한눈에 들어오며, 평야지대인 도쿄의 도심거리 모습이 생생하게 펼쳐진다. 전망대풍경이라기 보다는 비행기에서 보이는 풍경과 비슷해, 온 세상이 마치 장난감처럼 느껴진다.

찾아가기 스카이트리 4층에서 티켓을 구입한 후, 엘리베이터를 타고 플로어350까지 이동 **입장료 평일** 성인 ¥3,100, 중고등학생 ¥2,350 초등학생 ¥1,450 **주말** 성인 ¥3,400, 중고등학생 ¥2,550 초등학생 ¥1,550/일시를 지정해서 미리 예약할 경우 티켓을 사는데 기다리지 않아도 되고, 가격도 저렴하다. **영업시간** 08:00~22:00(최종입장 21:00) **귀띔 한마디** 날씨가 흐린 날은 전경이 잘 보이지 않고, 바람이 강한 날은 안전을 위해 영업을 중지하니 바람도 고려해야 한다.

일본에서 가장 높은 전망대
도쿄스카이트리 천망회랑 東京スカイツリー天望回廊

450m 지점의 천망회랑용 티켓은 세트권을 구입하거나 천망데크에서 천망회랑용 티켓을 사면 된다. 플로어350에서 밖이 보이는 엘리베이터를 타고 플로어445에 내려 '天望回廊'이라는 표식을 따라 걸어 올라간다. 천망회랑의 수용인원은 약 900명으로 천망데크에 비하면 좁지만 생각보다는 넓게 느껴진다. 전망대를 한 바퀴 돌아보면 멀리 보이는 지평선이 지구가 둥글다는 것을 실감나게 한다.

찾아가기 천망데크 플로어350에서 엘리베이터로 플로어445까지 이동 **입장료 평일** 성인 ¥1,000, 중고등학생 ¥800 초등학생 ¥500 **주말** 성인 ¥1,100, 중고등학생 ¥900 초등학생 ¥550 **귀띔 한마디** 날씨가 좋지 않거나 바람이 강하게 부는 날에는 폐쇄한다.

소라짱파르페

스카이트리롤

플로어340에 위치한 카페
스카이트리카페 SKYTREE CAFE

플로어340에 위치한 카페로 편하게 앉아 전망을 즐기며 쉬어갈 수 있다. 달콤한 조각케이크와 커피를 주문하는 사람이 많고 별 모양으로 만든 밥을 얹어주는 카레도 인기 있다. 스카이트리카페만의 특별메뉴인 소라짱파르페(ソラカラちゃんパフェ)를 판매한다. 소라짱파르페는 일본 청량음료인 라무네(ラムネ)맛 젤리와 귀여운 캐릭터장식이 올라가 보기에도 깜찍하다. 카페위치가 도쿄중심부 전망이 잘 보이는 곳이라 앉아서 전망을 즐기며, 달콤한 티타임을 갖기 좋다. 플로어350에도 스카이트리카페가 있는데, 스탠딩석만 있는데다 아래층에서도 카페가 있는 줄 모르고 휴식을 취하려는 사람들이 많아 빈 자리가 없을 때가 많다.

영업시간 10:00~20:45 **찾아가기** 도쿄스카이트리 천망데크 플로어 340, 플로어350 **가격** ¥500~1,500

먹거리도 풍성한
도쿄스카이트리 내 레스토랑

스카이트리 내에서 식사를 하기 제일 좋은 곳은 인기레스토랑이 많이 모여 있는 이스트야드 6~7층의 소라마치다이닝(Solamachi Dining)이다. 웨스트야드 2층의 푸드마르쉐(Food Marche)에서는 다양한 음식을 포장판매하며, 웨스트야드 3층 소라마치타베테라스(ソラマチ タベテラス)는 푸드코트 스타일이다. 또한 쇼핑가 사이에도 카페 및 아이스크림 등을 판매하는 곳이 있어 잠시 쉬어갈 수도 있다. 도쿄스카이트리전망대 안에도 레스토랑 및 카페가 있고 이스트타워 30~31층에도 스카이트리뷰(Skytree View)라는 이름의 고급 레스토랑가가 있다.

스카이트리뷰 레스토랑가에는 무료전망대가 있어 150m 높이에서 도쿄를 내려다볼 수 있다. 특히 눈앞에 있는 도쿄스카이트리를 구경할 수 있다. 도쿄타워, 후지산, 도쿄스카이트리를 한눈에 담을 수 있으며, 도쿄스카이트리를 함께 바라보는 야경은 압권이다. 도쿄스카이트리가 영업하지 않는다면 스카이트리뷰 레스토랑가로 가자.

스카이트리 시설 안에 있는 수족관 ★★★☆☆

스미다수족관 すみだ水族館

규모가 그리 크지는 않지만, 도쿄스카이트리와 함께 문을 연 깔끔한 수족관이다. 일본 최대규모의 옥내개방형 풀수조를 보유하여 펭귄과 물개를 가까이에서 볼 수 있다. 유네스코 세계자연유산으로 지정된 도쿄 남쪽 섬 오가사와라小笠原의 바다를 재현한 수심 6m의 대형수조가 있다. 빛을 이용한 해파리의 몽환적인 퍼포먼스 코너가 인기 있다. 체험 및 실험할 수 있는 프로그램도 마련되어 있어 아이들 체험학습에 도움이 된다.

홈페이지 www.sumida-aquarium.com 주소 東京都 墨田区 押上 1-1-2 문의 03-5619-1821 찾아가기 스카이트리타운, 소라마치 5~6층 입장료 성인 ¥2,300, 고등학생 ¥1,700, 중학생 및 초등학생 ¥1,100, 유아(만 3세 이상) ¥700 영업시간 평일 10:00~20:00, 주말 9:00~21:00 휴무 연중무휴

돔 형태의 스크린으로 감상하는 천체투영관 ★★★☆☆

플라네타리움 텐쿠 プラネタリウム天空

코니카미놀타コニカミノルタ가 운영하는 천체투영관으로 돔형스크린에 화면이 펼쳐진다. 상영작품은 기간에 따라 달라지는데 밤하늘의 별을 볼 수 있는 영상 및 세계의 밤하늘 등 우주를 테마로 한 작품이 대다수이다. 의자에 편안히 앉아 고개를 한껏 뒤로 젖힌 채 감상하는데, 360도로 펼쳐지는 스크린은 생동감이 넘친다. 가격이 비싼 '힐링플라네타리움'은 영상에 맞춰 아로마향을 맡을 수 있는 4D방식이다.

홈페이지 planetarium.konicaminolta.jp 주소 東京都 墨田区 押上 1-1-2 문의 03-5610-3043 찾아가기 스카이트리타운, 소라마치 7층 입장료 **플라네타리움** 대인(중학생 이상) ¥1,500, 어린이(만 4세 이상) ¥900 **힐링플라네타리움** ¥1,700(미취학 아동 입장 불가) 영업시간 10:00~21:00/영상은 1시간 간격으로 상영 귀띔 한마디 일찍 표를 예매하지 않으면 보기 힘들만큼 인기 있으니 오후에 보더라도 오전에 표를 구매하자.

우표 및 편지, 통신관련 자료를 전시하는 박물관 ★★☆☆☆

우정박물관 郵政博物館

2014년 3월 1일에 개관한 우편박물관으로 일본 최대규모인 33만 종의 우표를 전시하고 있다. 우표 외에도 우편 및 통신에 관한 자료가 400여 점 전시되어 있어 일본우체국의 역사와 문화를 살펴볼 수 있다. 전시공간

은 깔끔하고 모던하게 디자인되어 있으며, 디지털 기술을 이용해서 만든 게임 및 시어터 등 체험이 가능한 콘텐츠도 많아 아이들도 즐길 수 있다.

홈페이지 www.postalmuseum.jp 주소 東京都 墨田区 押上 1-1-2 문의 03-6240-4311 찾아가기 소라마치 이스트야드 9F 11번지 입장료 성인 ¥300, 초등학생~고등학생 ¥150 개방시간 10:00~17:30

스카이트리의 모습을 멋있게 담을 수 있는 촬영지 ★★☆☆☆

기타짓켄강 北十間川

스미다강으로 흐르는 기타짓켄강北十間川은 도쿄스카이트리 바로 앞쪽으로 흘러 도쿄스카이트리의 반영을 담을 수 있는 곳이다. 반영을 제대로 담으려면 짓켄바시十間橋라는 다리 위에서 촬영하는 것이 좋다. 거리 차이가 있지만 같은 방향의 케세바시京成橋 및 니시짓켄바시西十間橋에서도 도쿄스카이트리가 잘 보이므로 강변을 따라 산책하다가 다리에 올라가서 촬영을 하면 된다. 기타짓켄강을 따라 걷다보면 시타마치下町라고 부르는 서민적인 거리풍경이 펼쳐진다. 자동차 한 대도 지나기 버거운 좁은 골목에는 칠이 반쯤 벗겨진 허름한 건물이 늘어서 있고, 이런 풍경과 대조적으로 도쿄스카이트리가 우뚝 솟아있다.

찾아가기 도쿄스카이트리 동쪽, 기타짓켄강을 따라 도보 2~10분 거리 귀띔 한마디 사진촬영이 취미인 사람에게 추천하는 장소이다. 이곳에 서면 도쿄스카이트리의 모습을 제대로 담을 수 있어 그림을 그리거나 사진을 찍는 사람이 많다.

스카이트리와 함께 사진 찍기 좋은 공원 ★★★☆☆

오요코가와신수이공원 大横川親水公園

강의 일부를 매립해서 만든 대규모공원이다. 공원은 5개의 존으로 나뉘는데 저마다 특색이 다르다. 낚시가 가능한 곳도 있고 아이들이 물놀이를 즐길 수 있는 곳도 있다. 또한 대나무숲이 펼쳐진 곳도 있고 이벤트가 열리는 광장도 있다. 공원에서는 구도를 잡는 데 힘들이지 않고도 스카이트리 사진을 찍을 수 있다.

주소 東京都 墨田区 吾妻橋 3-4-5 문의 03-3624-3404 찾아가기 도부 스카이트리라인(東武スカイツリーライン) 도쿄스카이트리(とうきょうスカイツリー)역 1번 출구에서 도보 3분/도쿄메트로 한조몬선(半蔵門線), 도에지하철 아사쿠사선(浅草線) 오시아게_스카이트리마에(押上_スカイツリー前)역 A2번 출구에서 도보 4분 거리 입장료 무료 귀띔 한마디 지역 주민들을 위한 공원이지만 깔끔하게 잘 꾸며져 있어서 산책하기 좋다.

Tokyo

Section 08

도쿄스카이트리에서 먹어봐야 할 것들

도쿄스카이트리 안에 자리한 도쿄소라마치에는 간단하게 식사를 해결할 수 있는 푸드코트와 고급 레스토랑이 있다. 또한 달콤한 스위츠와 맛있는 식품을 판매하는 숍도 90개가 넘는다. 도쿄에서 유명한 가게 및 일본전역에서 유명한 먹거리를 판매하는 인기브랜드 체인점이 대부분이라 맛 또한 보장되어 있다. 그래서 도쿄소라마치에 오로지 먹기 위해 찾아오는 사람도 많다.

소라마치에서 제일 인기 높은 츠케멘 ★★★★☆

로쿠린샤 六厘舎 소라마치

도쿄역 라멘스트리트에서도 2~3시간씩 줄을 서야 먹을 수 있는 유명한 츠케멘전문점이다. 소라마치에서도 제일 인기 높은 음식점이라 가게 앞으로 줄을 서서 기다리는 사람들의 행렬을 볼 수 있다. 기다리기 싫다면 식사시간을 피해 오전 10시 30분에서 11시 30분 사이나 오후 2시에서 5시 사이에 가는 것이 좋다. 우동면처럼 두툼한 라멘면발에 찍어먹는 진한 국물이 인기의 비결이다.

홈페이지 www.rokurinsha.com 주소 東京都 墨田区 押上 1-1-2 문의 03-5809-7368 찾아가기 소라마치 이스트야드 6F 11번지 가격 ¥850~1,000 영업시간 10:30~23:00(L.O. 22:00)

신선한 과일을 얹은 타르트전문점 ★★★★☆

킬훼봉 キルフェボン, Qu'il fait bon 소라마치

신선하고 달콤한 과일을 듬뿍 얹어주는 타르트로 유명한 집이다. 제철과일을 이용해 만드는 20여 가지의 타르트가 유리케이스 안에 진열되어 있다. 과일의 신선도가 높으며 바삭바삭하면서 풍미가 좋은 타르트파이가 특히 맛있다. 다양한 타르트가 전시되어 있는 진열대를 한 바퀴 돌아본 후 마음에 드는 타르트를 골라 따끈한 홍차 한잔 곁들이면 행복한 티타임이 보장된다.

홈페이지 www.quil-fait-bon.com 주소 東京都 墨田区 押上 1-1-2 문의 03-5610-5061 찾아가기 소라마치 2F 8번지 가격 ¥1,000~2,000 영업시간 10:00~21:00

닌텐도 인기 캐릭터, 별의 커비를 테마로 한 카페 ★★★★☆
커비카페 カービィカフェ, Kirby Cafe 소라마치

'별의 커비'는 1992년 처음 발매된 이후 현재까지 매년 새로운 시리즈가 발표될 만큼 인기가 높은 닌텐도게임이다. 커비의 주요 팬층은 20년 전 초등학생이었던 30대 여성으로 핑크 빛 귀여운 캐릭터와 조작이 쉬워 인기가 많다. 게임 속 세상처럼 아기자기 하게 꾸며진 카페에 앉아 커비 모양의 깜찍한 요리와 디저트를 먹는 건 특별한 경험이다. 카페에서 수시로 선물 이벤트를 진행하고, 일부 메뉴는 요리를 담았던 식기를 기념품으로 가져올 수 있다.

홈페이지 kirbycafe.jp 주소 東京都 墨田区 押上 1-1-2 東京スカイツリータウン・ソラマチ イーストヤード 4F 9番地 문의 03-3622-5577 찾아가기 소라마치 이스트야드 4층 9번지(스카이아리나 옆) 가격 ¥2,000~5,000 영업시간 10:00~22:00 귀띔 한마디 별의 커비 기념품점이 카페와 바로 연결되어 있다.

메이지에서 만든 초콜릿전문 카페 ★★★★☆
사만사타바사 애니버서리 Samantha Thavasa Anniversary 소라마치

일본의 인기 가방 브랜드 사만사타바사의 숍 안에 있는 카페이다. 귀여운 모양의 에클레어 및 요구르트 아이스크림 등을 판매하며, 앉아서 먹고 갈 수 있는 테이블도 마련되어 있다. 사만사타바사의 깜직한 가방 이미지를 모티브로 한 과자류도 판매한다. 스위츠의 모양과 색이 마치 장난감 같다.

홈페이지 www.samantha.co.jp 주소 東京都 墨田区 押上 1-1-2 문의 03-5610-2711 찾아가기 소라마치 이스트야드 1F 11번지 가격 ¥400~1,000 영업시간 09:00~22:00(L.O. 21:30)

150가지가 넘는 맥주를 취급하는 바 ★★★★☆
세계맥주박물관 世界のビール博物館, World Liquor Importers 소라마치

이름은 박물관이지만 진짜 박물관이 아니라 규모가 큰 술집이다. 영국, 독일, 미국, 체코, 벨기에 등 세계의 생맥주와 다양한 병맥주를 취급하여 맥주박물관이라는 이름에 걸맞다. 안주도 소시지, 감자튀김, 생선튀김, 샐러드, 빵 등 맥주와 어울리는 서양식 메뉴가 많다. 특이한 맥주를 마셔보고 싶은 사람들에게 즐거운 곳으로, 스카이트리가 보이는 테라스석이 특히 인기 있다.

홈페이지 www.zato.co.jp 주소 東京都 墨田区 押上 1-1-2 문의 03-5610-2648 찾아가기 소라마치 이스트야드 7F 10번지 가격 런치 ¥2,000~3,000, 디너 ¥3,500~7,000 영업시간 11:00~23:00(L.O. 22:00)

스카이트리를 바라보며 식사하는 레스토랑 ★★★★☆ 소라마치

천공라운지 탑오브트리 天空LOUNGEトップ オブ ツリー, TOP of TREE

이스트타워의 스카이뷰 레스토랑가에서 제일 전망이 좋은 레스토랑이다. 테이블도 도쿄스카이트리를 바라보게 되어 있다. 투명한 스카이트리 모양의 3단 트레이에 요리가 나오는데, 런치는 저렴한 편이지만 저녁에는 도쿄의 멋진 야경을 볼 수 있어 가격이 배로 올라간다. 도쿄스카이트리를 눈과 입으로 즐길 수 있지만, 음식의 맛은 기대하지 말자.

홈페이지 www.top-of-tree.jp 주소 東京都 墨田区 押上 1-1-2 문의 03-5809-7377 찾아가기 소라마치 이스트타워 31F 가격 런치 ¥3,000~7,000, 디너 ¥5,000~10,000 영업시간 11:00~23:00

하얀 성 모양의 일본 전통과자점 ★★★☆☆

오시로모리하치 본점 お城森八 本舗

하얀 성 모양의 일본 전통제과점으로 골목 안쪽에 자리하는데, 크고 웅장한 건물이 멀리서도 눈에 들어온다. 수작업으로 정성껏 만든 모나카, 도라야키, 센베이, 만주 등을 판매한다. 인기 상품은 커다란 밤알이 통째로 들어간 밤모나카 栗入最中이다. 밤모나카는 가운데 커다란 밤이 들어 있어 맛도 좋고 몸에도 좋다.

홈페이지 www.morihati.co.jp 주소 東京都 墨田区 業平 1-3-6 문의 03-3622-0006 찾아가기 도부 스카이트리 라인(東武スカイツリーライン) 도쿄스카이트리(とうきょうスカイツリー)역 1번 출구에서 도보 5분/도쿄메트로 한조몬선(半蔵門線), 도에지하철 아사쿠사선(浅草線) 오시아게_스카이트리마에(押上_スカイツリー前)역 B2번 출구에서 도보 3분 거리 가격 ¥300~2,000 영업시간 09:00~18:00

Section 09

Tokyo

도쿄스카이트리에서 놓치면 후회하는 쇼핑

스카이트리의 아래층 및 스카이트리 주변을 둘러싼 지역에는 거대한 복합상업시설인 소라마치가 있다. 소라(ソラ)는 일본어로 하늘을, 마치(マチ)는 거리를 뜻하는 말로 소라마치는 '하늘의 거리'라는 의미이다. 약 310개의 레스토랑과 숍, 아쿠아리움과 플라네타리움 등의 다양한 문화시설이 들어서 있어 도쿄스카이트리전망대에는 올라가지 않고 소라마치만 구경하다 가는 사람도 많다. 여기서는 소라마치에서 들러볼 만한 숍을 소개한다.

도쿄의 명물이 모두 모여 있는 곳 ★★★☆☆

트리빌리지 ツリービレッジ, Tree Village 소라마치

도쿄의 텔레비전 방송국 닛테레, TBS, 도쿄TV, 후지TV, 아사히TV의 5개 방송사가 콜라보레이션하여 만든 기념품가게이다. 인기 TV 캐릭터 및 유명한 방송프로그램 기념품과 과자 등을 판매한다. 소라마치에서 제일 넓은 면적을 차지하고 있으며 재미있는 이벤트도 개최한다. 일본 텔레비전 방송프로그램을 즐겨보는 사람들에게 반가운 상품들이 많다.

홈페이지 tree-village.jp 주소 東京都 墨田区 押上 1-1-2 찾아가기 소라마치 4F 4번지 영업시간 09:00~21:00

Tip

도쿄의 명물이 모두 모여 있는 곳, 소라마치(ソラマチ)

도쿄의 명물을 소라마치에 모두 모아 놓아 도쿄의 축소판이라고 할 수 있다. 이스트야드 1층에 있는 소라마치상점가(ソラマチ商店街)는 120m가 넘는 길이의 거리를 에도시대의 전통 상점가처럼 꾸며 놓았으며, 웨스트야드 1층의 스테이션스트리트(St. Street)는 천장이 살짝 오픈된 테라스형 공간이다. 소라마치에서는 일본에서 인기 있는 귀여운 캐릭터상품 및 도쿄의 기념품을 살 수 있으므로 전망대에 오르기 전 남는 시간에 잠깐 둘러보거나 전망대를 구경하고 난 후 여유롭게 둘러보면 된다.

찾아가기 도쿄스카이트리타운 영업시간 B3~5F 10:00~21:00, 6~7F, 30~31F 11:00~23:00

식품샘플을 파는 기념품숍 ★★★☆☆

간소식품샘플집 元祖食品サンプル屋, Ganso Sample 소라마치

아사쿠사 옆에 있는 갓파바시도구가이의 식품샘플전문숍의 기념품가게이다. 식품샘플을 만드는 과정을 볼 수 있는 '식품샘플 만들기 라이브'도 실시하고 귀여운 미니어처 식품샘플을 판매한다. 진짜 요리보다 더 진짜 같고, 식욕을 자극하는 비주얼이 매력적이다. 갓파바시도구가이를 구경하지 않았다면 여기서 살짝 즐겨보자.

주소 東京都 墨田区 押上 1-1-2 문의 03-5809-7089 찾아가기 소라마치 이스트야드 4F 10번지 영업시간 10:00~21:00

스튜디오지브리의 캐릭터숍 ★★★☆☆

동구리공화국 どんぐり共和国 소라마치

〈이웃집 토토로〉, 〈센과 치히로의 행방불명〉, 〈하울의 움직이는 성〉, 〈마녀배달부 키키〉, 〈벼랑 위의 포뇨〉 등 수많은 명작 애니메이션을 탄생시킨 스튜디오지브리의 캐릭터숍이다. 동구리どんぐり는 일본어로 도토리를 뜻하며 토토로를 연상시키는 단어이기도 하다. 숍 안쪽 커다란 통나무에는 토토로가 메이를 배 위에 얹고 쿨쿨 잠을 자고 있다. 이스트야드 출구 밖 2층에 위치해 있어 숍 앞에서 도쿄스카이트리가 잘 보인다.

홈페이지 benelic.com 주소 東京都 墨田区 押上 1-1-2 문의 03-5610-5299 찾아가기 소라마치 이스트야드 2F 12번지, 건물 밖 영업시간 10:00~21:00

일본의 대표캐릭터 헬로키티의 공식숍 ★★★☆☆

헬로키티재팬 Hello Kitty Japan 소라마치

기모노를 입은 커다란 헬로키티인형과 도쿄스카이트리 모형이 매장 앞에 서 있어 지나가는 사람 대부분이 고개를 돌려보는 곳이다. 헬로키티와 도쿄스카이트리가 융합된 오리지널캐릭터상품이 주를 이룬다. 도쿄스카이트리점에서만 살 수 있는 한정상품은 희소성 덕분에 인기가 많다. 일본 전통문화로 꾸민 기념품은 외국인에게 특히 인기가 많다.

홈페이지 www.sanrio.co.jp 주소 東京都 墨田区 押上 1-1-2 문의 03- 5610-2926 찾아가기 소라마치 이스트야드 4층 영업시간 10:00~21:00

감각 있는 일본의 인테리어용품점 ★★☆☆☆

와타시노헤야 私の部屋, Watashi No Heya 소라마치

20대 여성들이 좋아하는 인테리어잡화점이다. 깔끔한 디자인의 생활용품, 일본스타일 잡화, 산뜻한 주방용품 등이 눈길을 끈다. 지유가오카, 이케부쿠로, 마루노우치, 기치조지 등에도 점포가 있지만 소라마치 한정상품은 여기서만 구입할 수 있다.

홈페이지 www.watashinoheya.co.jp 주소 東京都 墨田区 押上 1-1-2 문의 03-5610-5658 찾아가기 소라마치 이스트야드 1F 9번지 영업시간 10:00~22:00

포켓몬스터 캐릭터용품 전문점 ★★★★☆

포켓몬센터 스카이트리타운 Pokemon Center Skytree Town 소라마치

전설의 포켓몬 레쿠쟈가 피카추를 업고 맞이하는 포켓몬스터 캐릭터용품점이다. 포켓몬스터 배경음악이 흐르는 매장 내에서는 게임을 할 수 있으며, 각종 이벤트에도 참여할 수 있다. 공식숍으로 가격은 비싸지만 포켓몬 인형, 학용품, 티셔츠, 장난감 등 다양한 상품이 있어 선물을 고르기에도 좋다. 포켓몬스터 팬이 아니라도 세계적으로 성공한 일본 캐릭터산업의 일면을 구경해보자.

홈페이지 www.pokemon.co.jp 주소 東京都 墨田区 押上 1-1-2 東京スカイツリータウン・ソラマチ イーストヤード 4F 11番地 문의 03-6465-1221 찾아가기 도쿄 스카이트리, 소라마치, 이스트야드 4층 11번지 영업시간 10:00~21:00
귀띔 한마디 포켓몬 센터마다 장식된 포켓몬 종류도 다르고 판매하는 캐릭터도 조금씩 다르다.

Chapter 04

야나카&네즈&센다기

谷中&根津&千駄木
Yanaka&Nezu&Sendagi

 ★★★☆☆
 ★★★★☆
★★☆☆☆

야나카(谷中), 네즈(根津), 센다기(千駄木)의 앞글자를 하나씩 따서 야네센(谷根千)이라고 한다. 이 지역에 제일 흔한 것은 사찰과 무덤이다. 무덤이 주는 선입견 때문에 기피할 수도 있지만 오히려 사찰로 가득한 거리에서 일본 전통의 아름다움이 느껴진다. 야나센에서 제일 활기 넘치는 곳은 야나카 긴자상점가이다. 서민적인 동네상점가이지만 귀여운 고양이인형과 맛있는 음식들이 외지사람들까지 끌어들이는 매력을 가지고 있다.

요시노리의 한마디

골목길에서 고양이도 만날 수 있고 고양이장식이 많아 고양이를 좋아하는 사람에게 추천한다.

야나카&네즈&센다기를 잇는 교통편

야나카로 이동하려면 JR 및 게이세이전철이 다니는 닛포리역이 제일 편하다. 네즈역과 센다기역은 도쿄메트로 치요다선이 지나는 이웃 역이다. 네즈역에서 내려 센다기역까지는 산책하듯 도보로 이동하면 된다. 야나카, 네즈, 센다기 지역은 범위가 넓기 때문에 전체를 둘러보려면 네즈역에서 시작해서 닛포리역까지 걸어가는 코스가 적당하다. 또한 닛포리역은 나리타공항까지 가는 게이세이전철을 탈 수 있으니 나리타공항으로 돌아가기 전에 잠깐 내려 둘러보기 좋다.

닛포리(日暮里)역 JR 야마노테선 ▌게이힌토호쿠선(京浜東北線), ▌조반선(常磐線), KS 게이세이혼선(京成本線) / 닛포리 토네리라이너(日暮里·舎人ライナー)
네즈(根津)역, 센다기(千駄木)역 Ⓜ ● 치요다선(千代田線)

야나카&네즈&센다기에서 이것만은 꼭 해보자

1. 사찰마을에서 절을 구경하며 산책을 즐기자.
2. 귀여운 고양이 관련 용품과 전통 공예품을 을 구경하자.
3. 이곳에서만 맛볼 수 있는 독특한 음식을 먹어보자.
4. 달콤한 디저트를 먹으며 여유로운 여행을 즐기자.

사진으로 미리 살펴보는 야나카&네즈&센다기 베스트코스

네즈역에 11시 반 정도 도착해 카마치쿠에서 점심을 먹는다. 식사 후 네즈진자로 이동해 신사를 구경하고 센다기역 쪽으로 이동해 단고자카의 언덕을 올라간다. 키쿠미센베이 총본점에서 센베이를 맛보고 단고자카의 상점들을 구경한다. 골목 사이로 들어가 네코마치갤러리에서 고양이 관련용품을 구경한다. 쇼콜라티에 이나무리쇼조에서 휴식을 취한 후 야나카레엔과 텐노지를 둘러보고 야나카의 사찰마을을 산책한다. 야나카긴자상점가로 돌아와 군것질하며 시간을 보내다 석양이 깔리면 유야케단단 계단 위에서 경치를 감상한다. 야나카긴자상점가 입구에 있는 자쿠로에서 터키음식과 함께 벨리댄스를 즐기고 닛포리역에서 숙소로 이동한다.

1 일본 전통을 느껴보는 하루 일정(예상 소요시간 6시간 이상)

야나카&네즈&센다기
谷中&根津&千駄木

동쪽출구
[JY07] [KS02]
닛포리역
남쪽출구
하마마츠야
濱松屋
니꾸노스즈키
肉のすずき
엔메인
延命院
코오지
経王寺
자쿠로
ザクロ
시니모노구루이
しにものぐるい
야나카긴자상점가
谷中銀座商店街
야나카싯포야
谷中しっぽや
히미츠도
ひみつ堂
노라야나카점
のら谷中店
쇼콜라티에
이나무라쇼조
ショコラティエ
イナムラショウゾウ
야나카
텐노지
天王寺
관음지
観音寺
[C15]
센다기역
초안지
長安寺
조자이지
常在寺
야나카레이엔
谷中霊園
키쿠미센베이 총본점
菊見せんべい 総本店
코젠지
興禅寺
히라이하키모노텐
平井履物店
이세타츠
いせ辰
요센지
養泉寺
묘오인
明王院
마네키네코의 야나카도
招き猫の谷中堂
센다기
네코마치갤러리
猫町ギャラリー
쵸큐인
長久院
사와노야료칸
澤の屋旅館
네즈진자
根津神社
이모진
芋甚
不忍通り
네즈
카마치쿠
釜竹
[C14]
네즈역
言問通り
야요이미술관
弥生美術館
타케히사유메지미술관
竹久夢二美術館

Section 10

Tokyo

야네센에서 반드시 둘러봐야 할 명소

야나카와 네즈, 센다기는 모두 연결되어 있는 지역이므로 함께 둘러볼 수 있지만 각각 거리색이 조금씩 다르다. 야나카는 닛포리역의 서쪽과 센다기역 사이에 있는 지역을 총칭한다. 야나카는 골목마다 절이 보이는 사찰마을이고, 네즈는 네즈신사를 중심으로 한 조용한 주택가이다. 야나카와 네즈는 닮은 듯 다른 매력이 느껴지는 곳으로 전부 돌아보려면 2~3시간 이상이 걸린다.

죽은 이의 명복을 비는 ★★★☆☆

야나카의 사찰들 야나카

야나카공원묘지와 센다기역 사이에 있는 지역의 이름이 야나카谷中이다. 야나카지역의 약 80%를 차지하는 것이 공원묘지와 그에 달린 사찰지역이다. 70여 개의 사찰이 서로 어깨를 나란히 하고 붙어 있기 때문에 사찰마을이라는 뜻의 테라마치寺町라고도 부른다. 일본의 사찰은 죽은 이의 명복을 빌기 위한 원찰의 성격이 강해 사찰 내에는 묘원이 넓게 펼쳐져 있다. 일본의 사찰이나 전통 건축물에 관심이 있다면 사찰마을을 산책 삼아서 느긋하게 걸어보자.

쵸큐인(長久院)

쿄오지(経王寺)

엔메이인(延命院)

코젠지(興禅寺)

조자이지(常在寺)

주소 **쵸큐인(長久院)** 東京都 台東区 谷中 6-2-16 **쿄오지(経王寺)** 東京都 荒川区 西日暮里 3-2-6 **엔메이인(延命院)** 西日暮里 3-10-1 **코젠지(興禅寺)** 谷中 5-2-1 **조자이지(常在寺)** 谷中 5-2-25 찾아가기 JR 야마노테선(山手線), 게이힌토호쿠선(京浜東北線), 조반선(常磐線)·게이세이전철(京成電鉄) 닛포리토네리라이너(日暮里·舎人ライナー) 닛포리역(日暮里) 남쪽출구(南口)에서 도보 3~10분 거리 입장료 무료 귀띔 한마디 야나카의 사찰 사이에는 특색 있는 숍과 갤러리가 많아 보물찾기하듯 찾아보는 재미도 있다. 볼거리가 넓게 퍼져있으니 가급적 편한 신발에 가방은 가볍게 하자.

Tip

소박하지만 독특한 매력이 넘치는 사찰마을, 야나카지역

닛포리역 서쪽에서 센다기역과 네즈역 사이로 펼쳐진 넓은 지역에는 70여 개가 넘는 사찰과 조용한 주택가가 펼쳐져 있다. 닛포리역 주변은 개발이 되어 도쿄의 흔한 번화가 모습이지만, 역에서 나와 서쪽으로 3분만 걸어도 길가에 인력거가 서 있다. 맛있는 음식과 개성 넘치는 물건으로 가득한 야나카긴자상점가도 매력 있고 수많은 절 사이에는 오래된 목조건물들이 세월을 거슬러 올라간 듯한 모습으로 서 있다. 외국인보다 일본인이 더 많이 찾아와 소탈하게 즐기는 일본 특유의 풍경을 만끽할 수 있다.

인정과 활기가 넘치나는 상점가 ★★★★★

야나카긴자상점가 谷中銀座商店街 야나카

약 70여 개의 상점이 줄지어 늘어선 상점가는 항상 활기가 넘치고 행인들의 얼굴에도 미소가 끊이지 않는다. 상점가 입구의 작은 언덕 계단길은 석양이 지는 모습이 아름다워 유야케단단夕焼けだんだん이라는 이름이 붙었다. 유야케단단 주변에는 야나카긴자상점가의 마스코트인 고양이들이 자주 나타난다. 손님과 돈을 부르는 복고양이 마네키네코招き猫처럼 낯선 사람을 경계하지도 않고 오히려 시선을 즐긴다.

상인들이 대부분 고양이를 좋아해 곳곳에서 고양이장식을 찾아볼 수 있다. 실제 고양이 크기의 인형이 간판 옆에 붙어 있거나 고양이그림이 그려진 장식도 많고, 고양이를 테마로 한 가게 및 고양이 모양 장신구도 많이 판매한다. 가게 밖에서 그림을 그리거나 물레를 돌리는 등 음식을 만들며 재미있는 볼거리를 제공하는 곳도 있다.

홈페이지 www.yanakaginza.com **주소** 東京都 台東区 谷中 **찾아가기** JR 야마노테선(山手線), 게이힌토호쿠선(京浜東北線), 조반선(常磐線)·게이세이전철(京成電鉄) 닛포리토네리라이너(日暮里·舎人ライナー) 닛포리역(日暮里) 북쪽출구(北口)에서 도보 4분 거리 **영업시간** 10:00~18:00(가게에 따라 다름) **귀띔 한마디** 해질 무렵에 방문하면 유야케단단에서 상점가와 석양이 어우러진 풍경을 볼 수 있다.

야나카긴자상점가 대표 숍과 먹거리

귀여운 캐릭터를 함께 새겨주는 재미있는 도장집

시니모노구루이 しにものぐるい

이름부터 독특한 신개념 도장집이다. 도장에 본인의 이름과 함께 귀여운 캐릭터를 새겨 넣을 수 있다. 실제로 공적업무 및 서류에는 사용할 수 없겠지만, 친구나 가족에게 보내는 편지나 메모에 장식으로 사용하기 좋다. 사람들에게 인상을 남기는 것이 중요한 영업사원이라면 독특한 도장으로 고객들에게 재미있는 인상을 심어줄 수도 있다. 도장은 인주가 따로 필요 없어 사용하기도 편리하다.

홈페이지 www.ito51.com **주소** 東京都 台東区 谷中 3-11-15 **가격** ¥2,800~3,000 **영업시간** 주말 및 공휴일 12:00~17:00 **귀띔 한마디** 본인 이름의 캐릭터 도장을 만들어 보자.

일본의 전통 신발을 판매하는 가게
하마마츠야 濱松屋

일본의 전통 신발 게타(下駄)와 조리(草履) 등을 판매하는 전통 신발전문점이다. 1891년부터 현재 4대를 잇는 집으로 일본의 전통의상 기모노나 유카타를 가지고 있다면 신발까지 맞춰 신으면 좋다. 신을 살 때는 직접 신어보고 발 크기에 맞춰 끈도 조절해봐야 한다. 일본의 전통문화에 대한 신념이 강한 곳이라 다른 곳에서 구입한 게타의 끈을 교체하거나 수리도 흔쾌히 응해준다.

주소 東京都 荒川区 西日暮里 3-15-5 **문의** 03-3828-1301 **영업시간** 여름 10:00~19:00, 겨울 10:00~18:00 **휴무** 매주 월요일

고양이 꼬리 모양의 깜찍한 도넛
야나카싯포야 谷中しっぽや

싯포(しっぽ)는 일본어로 꼬리를 뜻하는데, 귀여운 고양이 꼬리 모양의 도넛을 파는 가게이다. 도넛은 동그랗게 만드는 것이 일반적이지만, 추로스(Churros)처럼 기다랗게 만들어 먹기도 편하다. 다양한 맛의 도넛을 판매하며, 도넛의 맛에 따라 디자인도 달라서 다양한 모양의 고양이꼬리 도넛을 즐길 수 있다. 도넛은 화학첨가물이 들어가지 않은 엄선된 재료로만 만들기 때문에 안심하고 먹을 수 있다.

주소 東京都 台東区 谷中 3-11-12 **문의** 03-3822-9517 **가격** ¥100~ 500 **영업시간** 평일 10:00~18:00, 주말 및 공휴일 10:00~17:00 **귀띔 한마디** 일부 도너츠는 상온에 3일 정도 보관가능하다.

야나카긴자 상점가에서 제일 인기 많은 고깃집
니꾸노스즈키 肉のすずき

야나카긴자에 있는 약 70여 개의 상점 중에서 제일 인기 높은 곳이다. 1933년 오픈하여 현재 3대가 이어 장사를 하고 있다. 정육점으로 시작해 지금은 고기를 재료로 만든 다양한 음식을 판매한다. 제일 인기 많은 메뉴는 갈은 쇠고기가 들어간 '건강이 가득! 건강한 멘치카츠(元気いっぱい! 元気メンチカツ)'이다. 하루에 3번 기름을 새로 교환해서 튀기며, 늘 가게 앞에 줄을 서서 기다는 손님이 많아 재고가 있으려야 있을 수가 없다.

주소 東京都 荒川区 西日暮里 3-15-5 **문의** 03-3821-4526 **가격** ¥150~1,000 **영업시간** 10:30~18:00 **휴무** 매주 월~화요일 **귀띔 한마디** 사람들이 오랫동안 줄을 서서 기다리는 이유는 한번 맛을 보면 알 수 있다.

일본식 얼음빙수 카키고오리전문점
히미츠도 ひみつ堂

커다란 얼음을 곱게 갈아 그 위에 다양한 맛 시럽을 뿌려 먹는 일본식 얼음빙수 카키고오리(かき氷). 히미츠도는 카키고오리 전문점으로 보통 여름철에만 먹을 수 있지만 이곳에서는 카키고오리를 1년 내내 먹을 수 있다. 4~10월에는 카키고오리만 판매하고 11~3월에는 카키고오리 외에 따뜻한 그라탱을 판매한다. 히미츠도의 얼음빙수가 유명해진 것은 한국처럼 토핑이 다양해 시원함 외에도 맛이 있기 때문이다. 얼음 대신 우유를 얼려 사용한 메뉴도 있고 얼음 위에 올라가는 재료도 다양하며 계절에 따라 재료가 수시로 바뀐다.

홈페이지 himitsudo.com **주소** 東京都 台東区 谷中 3-11-18 **문의** 03-3824-4132 **가격** ¥1,000 **영업시간** 10:00~18:00 **휴무** 매주 월요일(10~5월은 화요일) **귀띔 한마디** 늦게 가면 재료가 떨어져서 매진되는 경우가 있으니 늦어도 오후 3~4시 전에 가는 것이 좋다.

일본의 역사적 인물의 묘가 많은 공원묘지 ★★☆☆☆

야나카레이엔 谷中霊園 야나카

우리나라는 주거지에서 한참 떨어진 곳에 묘지를 만들지만, 일본은 언제든지 찾아갈 수 있도록 주거지 내 무덤을 둔다. 일본 묘원은 납골당 성격이 강해 화장한 후 유골만 모시며, 유명인을 제외하고는 보통 가족묘를 이용한다.

야나카레이엔(야나카공원묘지)는 도쿄도가 운영하는 도립묘지로 7,000여 기의 묘가 빼곡하게 들어서 있다. 도쿠가와徳川가문을 비롯하여 일본 위인이 많아 일반인들도 많이 찾는다. 묘원에는 벚나무가 많아 벚꽃명소로도 유명하며, 가을에는 단풍이 곱게 물들어 묘원을 산책하는 사람이 많다. 또한 닛포리역에서 야나카공원묘지로 연결되는 선로 옆은 도쿄스카이트리가 잘 보인다.

홈페이지 www.tokyo-park.or.jp **찾아가기** JR 야마노테선(山手線), 게이힌토호쿠선(京浜東北線), 조반선(常磐線), 게이세이전철(京成電鉄) 닛포리토네리라이너(日暮里·舎人ライナー) 닛포리역(日暮里) 남쪽출구(南口)에서 도보 6분 거리 **입장료** 무료 **귀띔 한마디** 낮에는 산책을 하거나 구경을 하는 사람들이 많지만, 일본인도 밤에는 묘지를 찾지 않는다.

야나카공원묘지 옆, 석가여래좌상이 아름다운 절 ★★★☆☆

텐노지 天王寺 야나카

텐노지는 야나카공원묘지 바로 옆에 있는 사찰이다. 원래는 공원묘지 일대가 텐노지의 영지였는데, 메이지유신 때 정부로 권리가 넘어가면서 공원묘지로 조성되었다. 정식명칭은 고코쿠잔손쵸인텐노지護国山尊重院天王寺이고, 줄여서 텐노지라 부른다. 13세기 후반에 세워졌으며 경내에는 8m 높이의 커다란 석가여래좌상이 있다. 화재로 사라져 지금은 볼 수 없지만 1644년에 건립된 야나카오층탑谷中五重塔의 유적지가 남아있다.

산문(山門)

주소 東京都 台東区 谷中 7-14-8 **찾아가기** JR 야마노테선(山手線), 게이힌토호쿠선(京浜東北線), 조반선(常磐線)·게이세이전철(京成電鉄) 닛포리토네리라이너(日暮里·舎人ライナー) 닛포리역(日暮里) 남쪽출구(南口)에서 도보 2분 거리 **입장료** 무료 **귀띔 한마디** 야나카레이엔의 안쪽에 있는 절이니 해가 떠 있을 때 찾아가야 한다.

소설 속 배경이 된 신사 ★★★★☆

네즈진자 根津神社 네즈

로몬(楼門)

스키베이(透塀)

네즈진자는 1900여년 전 일본의 영웅 야마토타케루日本武尊가 창건한 절로 알려져 있다. 일본중요문화재로 지정된 본전은 1706년에 지어졌다. 총 길이 200m의 본전을 둘러싼 담장 스키베이透塀는 안이 보이는 형태로 300년 전에 세워졌다. 담장 중간에 마름모꼴 살을 넣어 아름답게 조성하였다. 이 외에도 청동등롱, 신사입구 누각문 로몬楼門 등 총 8개의 중요문화재가 있다. 신전 내 철쭉동산이 있고 오토메이나리乙女稲荷 신사로 이어지는 산도에는 터널처럼 세워진 센본도리이千本鳥居가 있다. 네즈진자는 일본문인들이 좋아하는 곳으로 나츠메소세키夏目漱石, 모리오우가이森鷗外 등의 작품에도 등장한다.

홈페이지 www.nedujinja.or.jp 주소 東京都 文京区 根津1-28-9 문의 03-3822-0753 찾아가기 도쿄메트로 치요다선(千代田線) 네즈역(根津駅) 1번 출구에서 도보 5분/도쿄메트로 치요다선(千代田線) 센다기역(千駄木駅) 1번 출구에서 도보 5분/남북쿠선(南北線) 토다이마에역(東大前駅) 에서 도보 5분 입장료 무료 개방시간 11~1월 ~17:00, 2월 ~17:30, 3~9월 ~18:00 귀띔 한마디 네즈진자의 진달래꽃은 4월초부터 5월초까지가 피크로 신사 안에서 진달래꽃 축제가 열린다.

다량의 미인도를 소장한 미술관 ★★★☆☆

야요이미술관&타케히사유메지미술관 弥生美術館&竹久夢二美術館 네즈

도쿄대 혼고캠퍼스 뒤에 자리한 사립미술관이다. 한 건물에 2개의 미술관이 있어 입장권 한 장으로 모두 관람할 수 있다. 야요이는 지역명이고, 타케히사유메지竹久夢二는 일본 근대화가이자 시인이다. 전통 회화방식인 우키요에浮世絵로 다수의 미인도를 그렸다. 야요이미술관은 27,000점의 작품과 타케히사유메지 작품 및 자료 3,300여 점을 소장하고 있다. 관내에는 뮤지엄숍과 카페가 있어 쉬어갈 수 있다.

홈페이지 www.yayoi-yumeji-museum.jp 주소 야요이미술관 東京都 文京区 弥生 2-4-3 타케히사유메지미술관 弥生 2-4-2 문의 03-3812-0012, 03-5689-0462 찾아가기 도쿄메트로 치요다선 네즈(根津)역 1번 출구에서 도보 7분/도쿄메트로 남보쿠선 토다이마에(東大前)역 1번 출구에서 도보 7분 거리 입장료 성인 ¥1,000, 고등학생~대학생 ¥900, 중학생~초등학생 ¥500 운영시간 10:00~17:00(입장마감 16:30) 휴관 매주 월요일(월요일이 공휴일인 경우 다음날), 연말연시

예술가들에게 영감을 주는 한적한 마을, 네즈지역

우에노공원 북쪽, 도쿄대(東京大) 동쪽에 위치한 지역이 네즈이다. 한적한 주택가 같지만 주택가 사이로 예쁜 숍과 카페가 심심치 않게 자리하고 있다. 또한 소소한 장식으로 깔끔하게 멋을 낸 일반주택의 모습을 구경하는 것도 재미있다. 번잡한 도쿄의 도심한복판에서 사람들에게 치이는 여행에 지쳤다면 한 템포 느리게 동네를 산책하듯 네즈지역을 둘러보자.

Section 11

Tokyo

야네센에서 먹어봐야 할 것들

오래된 상점가와 골목길 안쪽에 특색 있는 레스토랑 및 카페가 많다. 간단한 간식거리를 맛보는 정도가 좋다면 야나카긴자상점가를 돌아다니며 이것저것 사 먹는 것도 좋다. 이곳에서만 먹을 수 있는 음식이 많아서 새로운 음식에 도전하는 것을 좋아하는 사람들에게는 즐거운 식도락여행이 될 것이다.

양탄자에 앉아서 먹는 중동요리 ★★★★☆

자쿠로 ザクロ, ZAKURO 야나카

자쿠로의 문 앞에는 커다란 낙타인형이 서 있고 실내바닥은 양탄자가 깔려있다. 양탄자 위에 놓인 나무판이 식탁이고, 의자 대신 바닥에 앉아 식사를 한다. 저녁에는 섹시한 벨리댄서가 손님들 사이를 돌아다니며 춤으로 흥을 돋운다. 이렇게 이국적인 분위기에서 터키, 이란, 우즈베키스탄의 요리를 마음껏 먹을 수 있다. 요리는 코스로 주문하는데 내용에 비해 가격도 저렴하고 양도 제한이 없어 배부를 때까지 먹을 수 있다. 코스요리메뉴는 '행복한 런치-배고파 코스幸せランチ_おなかペコペココース', '다 먹을 수 없는 코스食べきれないコース'처럼 독특하다. 식후에는 다양한 향의 물담배를 피우며, 중동으로 여행 온 듯한 기분을 낼 수 있다.

홈페이지 nippori-zakuro.com 주소 東京都 荒川区 西日暮里 3-13-2 谷中スタジオ 1F 문의 03-5685-5313 찾아가기 JR 야마노테선(山手線), 게이힌토호쿠선(京浜東北線), 조반선(常磐線)·게이세이전철(京成電鉄) 닛포리토네리라이너(日暮里·舎人ライナー) 닛포리역(日暮里) 북쪽출구(北口)에서 도보 4분 거리 가격 런치 ¥500~1,500, 디너 ¥2,000~3,000 영업시간 런치 11:00~15:00, 디너 15:00~23:00 귀띔 한마디 친한 친구 3~4명과 함께 가는 것을 추천한다.

✓ 현금으로 계산하는 곳이 많으니 카드보다는 현금을 넉넉하게 준비하는 것이 좋다.

유명한 초콜릿전문점 ★★★★☆
쇼콜라티에 이나무라쇼조
ショコラティエ イナムラショウゾウ, Chocolatier Inamura Shozo 야나카

이나무라쇼조稲村省三가 이름을 걸고 영업하는 초콜릿전문점이다. 그는 리옹에서 열린 세계양과자선수권대회에서 금상을 수상한 실력자이다. 오픈키친을 통해 베이킹 과정을 볼 수 있으며, 건물 외벽이 통유리라 손님들까지 밖에서 훤히 보인다. 인기메뉴는 돔 모양으로 만든 밀크초콜릿에 생강을 섞어 유야케단단을 표현한 야나카谷中라는 이름의 초콜릿이다. 달콤한 초콜릿에 쌉쌀한 에스프레소나 설탕을 넣지 않은 카푸치노를 곁들이면 뒷맛까지 깔끔하다.

홈페이지 inamura.jp 주소 東京都 台東区 谷中 7-19-5 문의 03-3827-8584 찾아가기 JR 야마노테선(山手線), 게이힌토호쿠선(京浜東北線), 조반선(常磐線)·게이세이전철(京成電鉄) 닛포리토네리라이너(日暮里·舎人ライナー) 닛포리역(日暮里) 북쪽개찰구서쪽출구에서 도보 2분 거리 가격 ¥1,000~1,500 영업시간 10:00~18:00 휴 무 매주 월요일, 매월 셋째 주 화요일 귀띔 한마디 일본 쇼콜라티에의 수준은 유럽 현지의 수준만큼 높다.

고급스러운 분위기에서 즐기는 우동과 일본 술 ★★★★☆
카마치쿠 釜竹 네즈

우동은 저렴하게 먹을 수 있는 서민음식이지만, 카마치쿠는 그 고정관념을 깨고 고급 우동을 선보인다. 건물부터가 일본풍 정원에 둘러싸여 있어 여느 우동집과는 분위기가 다르다. 이 집의 대표메뉴는 손으로 반죽해서 뽑은 면을 커다란 가마솥에 끓여내는 카마아게우동釜揚げうどん이다. 카마아게우동은 다시국물이 아니라 면을 삶을 때 사용한 육수를 내오며, 다른 용기에 나오는 진한 국물 츠케지루つけ汁에 따뜻한 우동면을 살짝 찍어 먹는다. 우동을 국물 맛으로 먹는 우리와 달리 일본은 면을 중시한다. 속은 쫀득쫀득하면서 겉면은 매끈매끈한 면발 자체의 식감을 즐겨보자. 우동을 먹다가 맛에 변화를 주고 싶다면, 기호에 따라 토핑을 가감해서 먹으면 된다.

홈페이지 www.kamachiku.com 주소 東京都 文京区 根津 2-14-18 문의 03-5815-4675 찾아가기 도쿄메트로 치요다선(千代田線) 네즈(根津)역 1번 출구에서 5분 가격 런치 ¥1,000~, 디너 ¥3,000~5,000 영업시간 화~토요일 11:30~14:30, 17:30~21:00, 일요일 11:30~14:30(L.O. 30분 전) 휴무 매주 일요일 저녁, 월요일 귀띔 한마디 우동이 목적이라면 점심에 방문하고, 일본 술과 함께 맛있는 안주를 먹고 싶다면 저녁에 방문하자.

맛있기로 소문난 센베이전문점 ★★★★☆

키쿠미센베이 총본점 菊見せんべい 総本店 센다기

1875년에 문을 열어 100년이 넘는 역사를 이어 온 센베이전문점이다. 센다기역에서 단고자카를 따라 언덕길을 오르면 고풍스러운 옛 건축물이 보인다. 그림에서 튀어 나온듯한 외관도 멋있지만, 센베이 종류가 다양해 맛과 무른 정도를 선택해서 살 수 있다. 한 장씩도 구입할 수 있고 여러 가지 맛 센베이가 들어간 세트도 판매한다. 가게 밖에는 센베이를 먹고 갈 수 있는 벤치가 놓여 있다. 맛있는 센베이를 먹으며 돌아다니느라 지친 다리도 잠시 쉬어가자.

주소 東京都 文京区 千駄木 3-37-16 문의 03-3821-1215 찾아가기 도쿄메트로 치요다선(千代田線) 센다기(千駄木)역 1번 출구에서 도보 1분 거리 가격 ¥100~1,000 영업시간 10:00~19:00 휴무 매주 월요일 귀띔 한마디 필자가 네즈지역에 살았던 일본인 친구에게서 추천받은 맛집이다.

팥맛 아이스크림이 맛있는 찻집 ★★★★☆

이모진 芋甚 네즈

카페라는 말보다는 다방이라는 말이 더 어울릴 것 같은 분위기이다. 가격이 저렴하고 입에 착 감기면서도 지나치게 달지 않은 맛이 좋아 단골 손님이 많다. 인기 메뉴는 팥 맛 아이스크림과 바닐라아이스크림을 비교해가며 먹을 수 있는 아베크아이스アベックアイス이다. 갈은 얼음 위에 시럽을 뿌려 먹는 카키고오리かき氷 및 한천과 팥을 넣어 만든 앙미츠あんみつ 등도 판매한다. 테이크아웃 가판대도 있어 들어가지 않고 모나카아이스도 사먹을 수 있다.

주소 東京都 文京区 根津 2-30-4 문의 03-3821-5530 찾아가기 도쿄메트로 치요다선(千代田線) 네즈(根津)역 1번 출구에서 도보 5분 거리 가격 ¥300~700 영업시간 11:00~19:00 휴무 매주 월요일 귀띔 한마디 일행과 함께라면 다른 메뉴를 주문해서 나눠 먹는 것을 추천한다.

Tokyo

Section 12

야네센에서 놓치면 후회하는 쇼핑

백화점이나 쇼핑몰은 없지만 서민적인 상점가에서 일본의 전통 잡화 및 기념품을 구입하기 좋다. 옛 모습 그대로 전통방식으로 제작한 물건을 판매하는 곳이 많아 특별한 목적 없이 구경만 해도 재미있다. 이 지역은 고양이를 좋아하는 사람이 특히 많아 고양이를 테마로 한 소품 및 잡화를 판매하는 곳도 많다. 규모는 작지만 개성 넘치는 갤러리도 많고 독특한 먹거리를 파는 곳도 섞여 있어 온종일 돌아다녀도 지루하지 않다.

복을 부르는 고양이 마네키네코전문점 ★★★☆☆

마네키네코의 야나카도 招き猫の谷中堂 네즈

다양한 모양과 크기의 마네키네코招き猫를 판매하는 마네키네코전문점이다. 고양이를 좋아하는 사람이 많이 찾는 야나카 분위기와도 잘 어울리는 가게이다. 마네키네코는 앞발을 들고 있는 모습을 하고 있는데 오른쪽 발은 금전운, 왼쪽 발은 손님을 불러온다고 한다. 그래서 벌을 서듯이 양쪽 앞발을 들고 있는 마네키네코도 인기가 있다.

홈페이지 www.yanakado.com 주소 東京都 台東区 谷中 5-4-3 문의 03-3822-2297 찾아가기 JR 야마노테선(山手線), 게이힌토호쿠선(京浜東北線), 조반선(常磐線)·게이세이전철(京成電鉄) 닛포리토네리라이너(日暮里·舎人ライナー) 닛포리역(日暮里) 남쪽출구(北口)에서 도보 10분/도쿄메트로 치요다선(千代田線) 네즈(根津)역 1번 출구에서 도보 6분 거리 영업시간 10:30~17:30 휴무 매주 월요일 귀띔 한마디 마키네코의 힘이 필요한 사업가에게 마네키네코 인형을 추천한다.

✓ 사찰 70여 개가 모여 있는 야나카지역을 일본어로 테라마치(寺町)라고 부른다. 사찰이 많다 보니 절을 방문하는 사람들을 위한 물건을 파는 곳도 많고, 실제 사찰에서 사용하는 물품만을 판매하는 곳도 있다. 개성이 넘치는 가게가 많아 구경하는 것만으로도 즐겁다. 또한 네즈와 센다기지역 곳곳에는 독특한 분위기의 개성 넘치는 가게가 많다. 도쿄에 사는 사람들에게도 이 지역은 여행지를 돌아보는 것 같은 기분을 느끼게 한다. 우표 및 주화를 파는 가게, 전통 신발을 파는 가게, 목공예, 전통 잡화, 옷가게, 고양이용품 전문점 등이 한적한 주택가 사이에 조용하게 어우러져 있다.

귀여운 고양이용품으로 가득한 잡화점 ★★★☆☆

노라 야나카점 のら 谷中店 야나카

노라네코のら猫는 일본어로 길고양이을 말한다. 야나카지역 및 야나카긴자 상점가에 자주 출몰하는 고양이를 보러 온 사람이라면 고양이용품으로 가득한 가게도 그냥 지나치기 힘들 것이다. 30년 이상의 역사를 가진 일본의 귀여운 고양이캐릭터 브랜드 와치필드Wachifield의 풀라인업을 보유하고 있다.

홈페이지 nora-neko.net 주소 東京都 台東区 谷中 7-18-13 문의 03-3823-5180 찾아가기 JR 야마노테선(山手線), 게이힌토호쿠선(京浜東北線), 조반선(常磐線)·게이세이전철(京成電鉄) 닛포리토네리라이너(日暮里·舎人ライナー) 닛포리역(日暮里) 북쪽개찰구(北口改札) 서쪽출구(西口)에서 도보 3분/도쿄메트로 치요다선(千代田線) 네즈(根津)역 1번 출구에서 도보 6분 거리 영업시간 평일 12:00~17:00, 주말 및 공휴일 11:00~18:00 귀띔 한마디 와치필드 외에도 고양이그림이 새겨진 잡화도 다양하다.

게타, 조리 등의 전통 신발전문점 ★★★☆☆

히라이하키모노텐 平井履物店 센다기

일본의 전통의상에 어울리는 게타와 조리 등의 전통 신발을 파는 곳이다. 다양한 디자인과 굽이 달린 전통 신발도 있어 마치 전통 신발 박물관을 구경하는 듯한 기분이 든다. 일본의 전통 신발은 조리는 비치샌들의 원조로, 심플한 디자인이라 만들기 쉽고 신고 벗기도 편하다. 게타나 조리를 신을 때는 엄지발가락만 분리된 양말이나 발가락 양말을 이용하는 것이 좋다.

홈페이지 hiraitokyo.co.jp 주소 東京都 台東区 谷中 2-18-8 문의 03-3806-8002 찾아가기 도쿄메트로 치요다선(千代田線) 센다기(千駄木)역 1번 출구에서 도보 2분/JR 야마노테선(山手線), 게이힌토호쿠선(京浜東北線), 조반선(常磐線)·게이세이전철(京成電鉄) 닛포리토네리라이너(日暮里·舎人ライナー) 닛포리역(日暮里) 북쪽개찰구(北口改札) 서쪽출구(西口)에서 도보 10분 거리 영업시간 11:00~19:00, 겨울철 11:00~18:30

일본 전통의 멋이 느껴지는 천과 종이 ★★★☆☆

이세타츠 いせ辰 센다기

1864년 문을 연 가게로 에도시대 전통 목판방식으로 문양을 찍은 천과 종이를 취급하는 전문점이다. 풍속화를 다양한 색으로 인쇄하는 목판화 니시키에錦絵로 만들며, 천여 종 이상의 판목을 보유하고 있다. 전통 문양이 아름답게 새겨진 일본 전통손수건 테누구이手拭い 및 전통 문양이 찍힌 전통 종이 치요가미千代紙 등을 판매한다. 기념품으로 제작된 상품도 많아 외국인들에게도 인기가 많다.

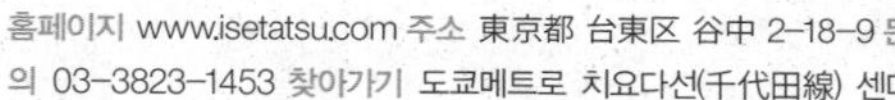

홈페이지 www.isetatsu.com 주소 東京都 台東区 谷中 2-18-9 문의 03-3823-1453 찾아가기 도쿄메트로 치요다선(千代田線) 센다기(千駄木)역 1번 출구에서 도보 2분/JR 야마노테선(山手線), 게이힌토호쿠선(京浜東北線), 조반선(常磐線)·게이세이전철(京成電鉄) 닛포리토네리라이너(日暮里·舎人ライナー) 닛포리역(日暮里) 북쪽개찰구(北口改札) 서쪽출구(西口)에서 도보 10분 거리 영업시간 10:00~18:00 휴무 연시 귀띔 한마디 단고자카에 있다.

고양이를 테마로 만든 물건들이 아기자기한 갤러리 ★★★★☆

네코마치갤러리 猫町 ギャラリー 센다기

센다기역에서 단고자카를 따라 올라가다 골목길 안쪽으로 꺾어 들어가면 전봇대에 안내표지판이 보인다. 골목길 안으로 굽이굽이 꺾어 들어가면 가파른 돌계단이 나오는데, 그 계단 위에 가정집 같은 분위기의 갤러리가 있다. 찾아가는 길은 조금 복잡하지만 귀여운 고양이장식이 여기저기 꾸며져 있어 알아보기 쉽다. 고양이를 테마로 한 물건들을 전시하는 갤러리로, 전시한 작품들을 판매도 한다. 고양이작품들을 구경만 하고 구입하지 않는 경우에는 모금함에 약간의 성의를 표시해도 된다.

홈페이지 gallery.necomachi.com 주소 東京都 台東区 谷中 2-6-24 문의 03-5815-2293 찾아가기 도쿄메트로 치요다선(千代田線) 센다기(千駄木)역 1번 출구에서 도보 6분/JR 야마노테선(山手線), 게이힌토호쿠선(京浜東北線), 조반선(常磐線)·게이세이전철(京成電鉄) 닛포리토네리라이너(日暮里·舎人ライナー) 닛포리역(日暮里) 북쪽개찰구(北口改札) 서쪽출구(西口)에서 도보 10분 거리 입장료 무료(모금함 기부) 운영시간 목~일요일, 공휴일 11:00~18:00 휴무 매주 월~수요일 귀띔 한마디 주택가 안이라 찾아가는 길이 좀 복잡하지만 그만한 가치가 있다.

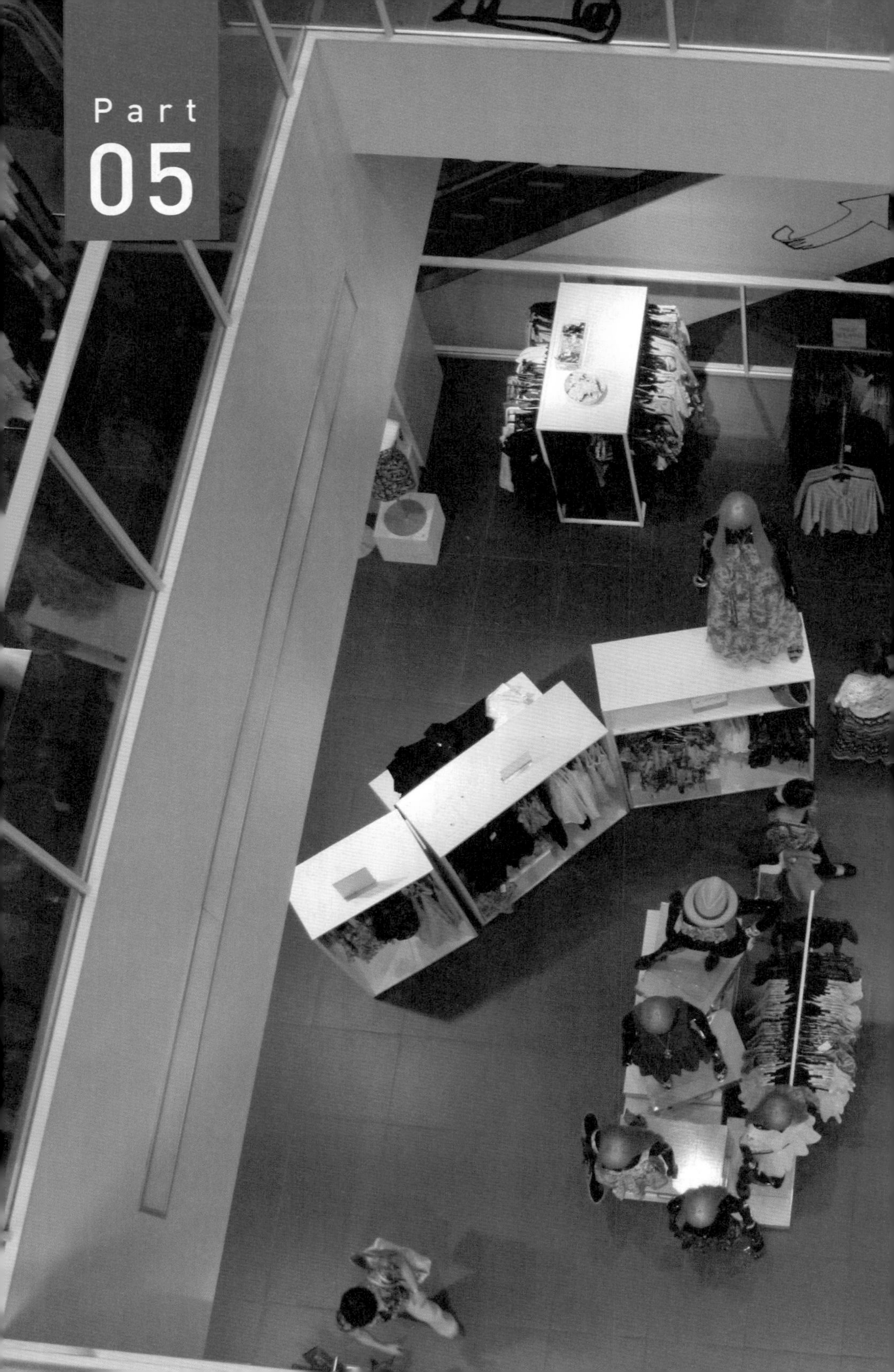

Part

05

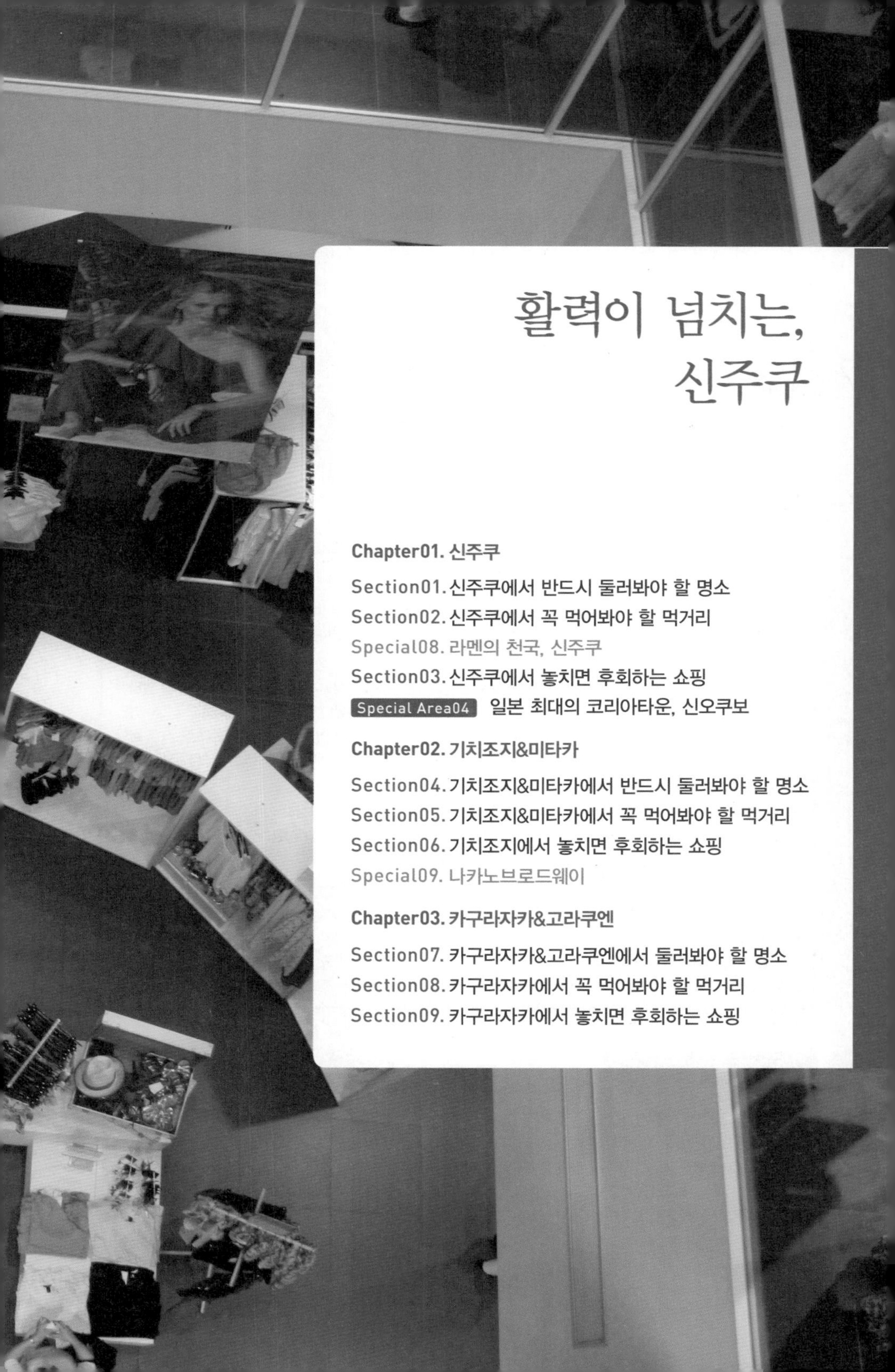

활력이 넘치는, 신주쿠

한눈에 살펴보는 신주쿠지역

신주쿠는 볼거리, 먹거리, 쇼핑거리를 모두 갖춘 지역이다. 신주쿠역 주변으로는 도쿄도청을 포함한 고층 빌딩가, 수십 개의 대형백화점과 쇼핑빌딩, 아시아 최대의 환락가인 가부키초가 있다. 가부키초 북쪽에는 일본 최대의 코리아타운 신오쿠보가 있고 신주쿠에서 조금만 벗어나면 예술적 활기가 넘치는 기치조지가 나온다. 오타쿠에게 반가운 나카노, 골목길이 아름다운 카구라자카와 유원지인 고라쿠엔도 신주쿠지역에 속한다. 하루 종일 쇼핑하고 싶은 여행자, 맛있는 음식에 돈과 시간을 투자할 미식가, 일본 만화와 애니메이션 마니아 등 다양한 취향과 목적을 가진 사람이 모두 만족할 수 있는 지역이 신주쿠이다.

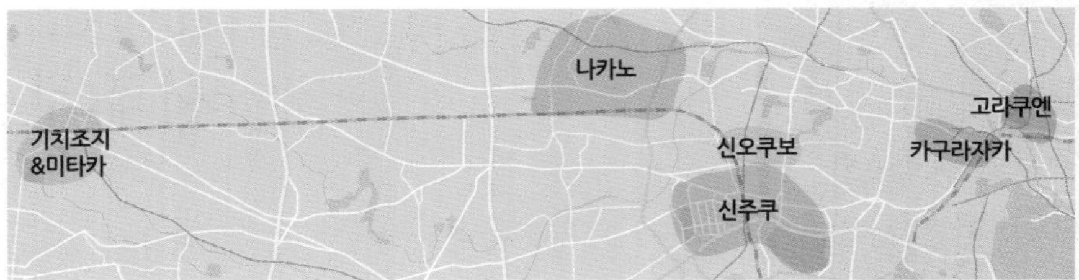

Tip 신주쿠역 주변 살펴보기

신주쿠역 자체가 규모가 매우 크므로 역을 중심으로 어느 방면으로 향하느냐에 따라 펼쳐지는 풍경이 다르다. 또한 미로처럼 얽혀 있는 신주쿠역 안에서 동쪽출구에서 서쪽출구로 이동하려면 역 밖에 있는 큐오우메가이도(旧青梅街道)를 이용하는 것이 속 편하다.

- **신주쿠역 동쪽출구, 히가시신주쿠(東新宿)** : 신주쿠에 놀러 간 여행객이 제일 많이 찾는 곳이다. 신주쿠 알타에서 이세탄백화점으로 이어지는 큰길, 신주쿠도리(新宿通り)가 곧게 뻗어 있다. 동쪽출구에서 북쪽으로 걸어가면 야스쿠니도리(靖国通り)라고 하는 넓은 도로가 나온다. 길 건너편에는 다양한 술집으로 가득한 일본 최대 환락가 가부키초(歌舞伎町)가 있다. 낮보다 밤에 활기가 넘치는 가부키초에는 게이가 많이 모이며, 다양한 취향을 가진 사람들을 편견 없이 받아들이는 자유로운 분위기이다.
- **신주쿠역 서쪽출구, 니시신주쿠(西新宿)** : 서쪽출구로 나오면 먼저 오다큐백화점과 게이오백화점이 보인다. 신주쿠역 서쪽출구 길 건너편에는 요도바시카메라, 빅카메라, 야마다덴키 등의 전자상가가 펼쳐진다. 그 뒤로는 높은 빌딩들이 숲을 이루고 있는 니시신주쿠 초고층빌딩가가 넓게 펼쳐져 있다. 신주쿠역에서 주요 빌딩까지는 지하도로도 연결되어 있지만, 밖으로 나가서 높은 고층빌딩들이 내뿜는 위엄을 느끼며 걷는 것을 추천한다.
- **신주쿠역 남쪽출구, 미나미신주쿠(南新宿)** : 도회적인 산책로 서던테라스(Southern Terrace)가 펼쳐지고, 그 옆으로 초대형쇼핑몰 타카시마야 타임즈스퀘어가 병풍처럼 서 있다. 뒤쪽에 보이는 뉴욕의 엠파이어스테이트빌딩처럼 생긴 건물은 NTT도코모요요기빌딩(NTTドコモ代々木ビル)이다. 2016년에는 20년 넘게 공사를 거듭하던 남쪽출구에 버스터미널이 완공되었다. 전차보다 저렴한 고속버스 이용해서 지방으로 이동할 수 있다.

신주쿠지역에서 이동하기

신주쿠역은 도쿄의 웬만한 노선은 다 지나가는 역으로, 전차 및 지하철로 한 번에 갈 수 있는 곳이 많다. 신주쿠에서 조금 멀리 이동하는 전차는 역마다 서지 않고 주요 역만 서는 쾌속도 많다. '쾌속(快速)'이라고 적힌 전차를 타면 이동시간을 절약할 수 있다. 신주쿠역은 승강장이 많아 복잡하고 한 승강장에 다양한 라인의 전차가 다니므로 목적지를 잘 보고 타야 한다. 플랫폼의 전자안내표지판에는 목적지가 영어로도 표기되고 역내 안내표지판에는 한글도 적혀 있으니 일본어를 몰라도 걱정할 필요 없다.

신주쿠 주변은 차가 막힐 때가 많으니 택시나 버스보다는 전차를 이용하는 것이 좋다. 기치조지와 미타카로 가려면 차가 막히지 않을 때라도 쾌속 전차를 타고 가는 것이 빠르다. 또한 신주쿠에서 카구라자카로 가고 싶은 경우에는 카구라자카역보다 이다바시역을, 고라쿠엔에 가려면 고라쿠엔역보다 스이도바시역을 이용하는 것이 편리하다.

• 도쿄 ↔ 신주쿠

출발역	탑승열차	경유역	환승역	경유역	도착역	이동시간	도보이동 시	요금
도쿄 (東京)	JR 주오선 쾌속 (中央線快速) 신주쿠, 타카오행	4개	–	–	신주쿠 (新宿)	14분	120분 (10.3㎞)	￥200

• 시부야 ↔ 신주쿠

출발역	탑승열차	경유역	환승역	경유역	도착역	이동시간	도보이동 시	요금
시부야 (渋谷)	JR 야마노테선(山手線) 외선순환신주쿠, 이케부쿠로행	3개	–	–	신주쿠 (新宿)	7분	40분 (3.4㎞)	￥160

• 신주쿠 ↔ 신오쿠보, 기치조지, 미타카, 나카노, 요츠야, 이다바시, 카구라자카, 고라쿠엔, 스이도바시

출발역	탑승열차	경유역	환승역	경유역	도착역	이동시간	도보이동 시	요금
신주쿠 (新宿)	JR 야마노테선 (山手線)외선순환, 이케부쿠로(池袋)행	1개	–	–	신오쿠보 (新大久保)	2분	15분 (1.3㎞)	￥140
	JR 주오선 쾌속 (中央線快速) 타카오(高尾)행	3개	–	–	기치조지 (吉祥寺)	15분	140분 (12.2㎞)	￥220
		4개	–	–	미타카 (三鷹)	17분	160분 (13.8㎞)	￥220
		1개	–	–	나카노 (中野)	4분	50분 (4.4㎞)	￥160
	JR 소부선(総武線) 치바(千葉)행	6개	–	–	이다바시 (飯田橋)	11분	90분 (6㎞)	￥160
	도에지하철 신주쿠선 (都営新宿線) 모토야와타 (本八幡)행	4개	구단시타 (九段下) 도쿄메트로 도자이선 (東京メトロ東西線) 나카노행(中野行)	2개	카구라자카 (神楽坂)	17분	50분 (4.3㎞)	￥280
		3개	이치가야(市ケ谷) 도쿄메트로 남보쿠선 (東京メトロ南北線) 우라와미소노행 (浦和美園行)	2개	고라쿠엔 (後楽園)	20분	75분 (6.2㎞)	￥280
	JR 소부선(総武線) 치바(千葉)행	7개	–	–	스이도바시 (水道橋.)	13분	75분 (6.2㎞)	￥170

Chapter 01

신주쿠

新宿

Shinjuku

세계에서 제일 많은 유동인구를 자랑하는 신주쿠역은 일본에서 제일 혼란스러운 곳이다. 거미줄의 중심처럼 수많은 노선이 신주쿠역을 향해 모이고 다양한 업종에 종사하는 사람들이 신주쿠역을 이용한다. 신주쿠역과 연결된 백화점을 포함한 상업시설만 둘러봐도 하루가 모자랄 정도이며, 신주쿠역을 중심으로 대형백화점 및 패션빌딩 등이 넓게 펼쳐져 있다. 그리고 이러한 카오스 상태가 신주쿠만의 매력이다. 신주쿠는 신주쿠역 출구를 기준으로 크게 세 부분으로 나눌 수 있다. 신주쿠역 동쪽출구로 나가면 쇼핑의 천국인 신주쿠도리가 펼쳐지고 일본 최대의 환락가인 가부키초가 있다. 신주쿠역 서쪽출구로 나가면 거대한 전자상가 뒤로 고층빌딩이 거대한 숲처럼 군림하고 있다. 신주쿠역 남쪽출구 방면으로는 뉴욕을 연상시키는 넓은 테라스가 펼쳐진다. 신주쿠는 볼거리, 먹을거리, 쇼핑이라는 여행의 삼박자를 모두 갖춘 지역이니 최소 하루는 시간을 내서 즐기자.

嘉紀の一言

요시노리의 한마디

복잡한 신주쿠에서는 일본인도 길을 잃기 쉬운데, 그것도 신주쿠 여행의 일부로 받아들이고 즐기기를!

신주쿠를 잇는 교통편

신주쿠는 수많은 노선이 지나가기 때문에 도쿄의 웬만한 출발지에서 환승 없이 찾아갈 수 있는 편리한 역이다. 같은 맥락으로 신주쿠역에서 다른 곳으로 이동하기도 편하다. 신주쿠역과 세부신주쿠역, 신주쿠산초메역은 지하도로 연결되어 있고 도보 5분 이내에 이동이 가능할 정도로 가까우니 편리한 역을 이용하자. 신주쿠 서쪽의 고층빌딩가는 도초마에역이나 니시신주쿠역을 이용해도 된다.

신주쿠(新宿)역 JR 야마노테선(山手線), 주오·소부선(中央·総武線), 주오선(中央線), 사이쿄선(埼京線), 쇼난신주쿠선(湘南新宿ライン), 나리타익스프레스(成田エクスプレス), 도부선(東武線), 주오혼선(中央本線) 마루노우치선(丸ノ内線) 신주쿠선(新宿線), 오오에도선(大江戸線) 게이오선(京王線), 게이오신선(京王新線) 오다큐선(小田原線), 특급 로망스카(特急ロマンスカー)
세부신주쿠(西武新宿)역 신주쿠선(新宿線)
신주쿠산초메(新宿三丁目)역 마루노우치선(丸の内線), 후쿠도심선(副都心線) 신주쿠선(都営新宿線)
도초마에(都庁前)역 오오에도선(大江戸線)
니시신주쿠(西新宿)역 마루노우치선(丸ノ内線)

신주쿠에서 이것만은 꼭 해보자

1. 쇼핑! 딱히 필요한 물건이 없으면 아이쇼핑이라도 하자.
2. 고층빌딩의 전망대에 올라가서 도쿄의 전망을 구경하자.
3. 신주쿠의 인기 많은 맛집에 찾아가서 맛있는 음식을 먹자.
4. 가부키초에서 술을 마시며 신주쿠의 밤을 즐겨보자.

사진으로 미리 살펴보는 신주쿠 베스트코스

신주쿠역 서쪽출구로 나와 고층빌딩을 구경하며 앞으로 쭉 걸어가 도쿄도청에 도달하면 무료전망대에 올라가자. 후운지에서 맛있는 라멘으로 점심을 먹고 신주쿠역 남쪽에 있는 타카시마야 타임스퀘어 부근을 구경한다. 타피오카 음료로 목을 축이고 신주쿠교엔에서 산책하자. 화려한 이세탄백화점으로 돌아와서 쇼핑을 즐기고 덴푸라 츠나하치에서 맛있는 저녁을 먹는다. 마지막으로 가부키초에서 밤 문화를 즐기자.

1 복잡한 신주쿠를 만끽하는 하루 일정(예상 소요시간 8시간 이상)

신주쿠 新宿

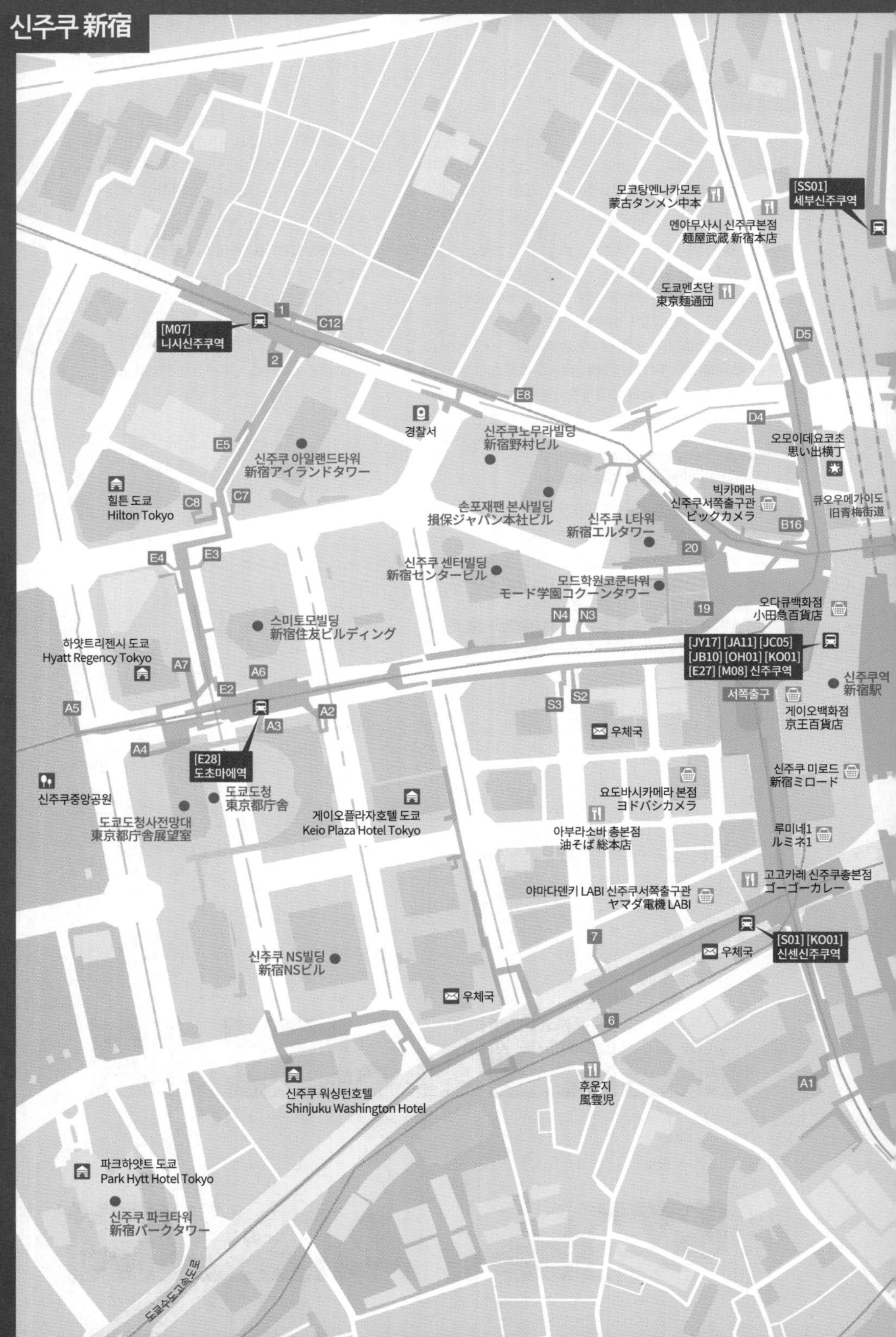

모코탕멘나카모토
蒙古タンメン中本
[SS01]
세부신주쿠역
멘야무사시 신주쿠본점
麺屋武蔵 新宿本店
도쿄멘츠단
東京麺通団
[M07]
니시신주쿠역
경찰서
신주쿠노무라빌딩
新宿野村ビル
신주쿠 아일랜드타워
新宿アイランドタワー
오모이데요코초
思い出横丁
빅카메라
신주쿠서쪽출구관
ビックカメラ
큐오우메가이도
旧青梅街道
힐튼 도쿄
Hilton Tokyo
손포재팬 본사빌딩
損保ジャパン本社ビル
신주쿠 L타워
新宿エルタワー
신주쿠 센터빌딩
新宿センタービル
모드학원코쿤타워
モード学園コクーンタワー
오다큐백화점
小田急百貨店
스미토모빌딩
新宿住友ビルディング
하얏트리젠시 도쿄
Hyatt Regency Tokyo
[JY17] [JA11] [JC05]
[JB10] [OH01] [KO01]
[E27] [M08] 신주쿠역
신주쿠역
新宿駅
서쪽출구
게이오백화점
京王百貨店
우체국
[E28]
도초마에역
신주쿠중앙공원
도쿄도청
東京都庁舎
도쿄도청사전망대
東京都庁舎展望室
게이오플라자호텔 도쿄
Keio Plaza Hotel Tokyo
신주쿠 미로드
新宿ミロード
요도바시카메라 본점
ヨドバシカメラ
아부라소바 총본점
油そば 総本店
루미네1
ルミネ1
고고카레 신주쿠총본점
ゴーゴーカレー
야마다덴키 LABI 신주쿠서쪽출구관
ヤマダ電機 LABI
[S01] [KO01]
신센신주쿠역
신주쿠 NS빌딩
新宿NSビル
우체국
우체국
후운지
風雲児
신주쿠 워싱턴호텔
Shinjuku Washington Hotel
파크하얏트 도쿄
Park Hyatt Hotel Tokyo
신주쿠 파크타워
新宿パークタワー
도쿄수도고속도로

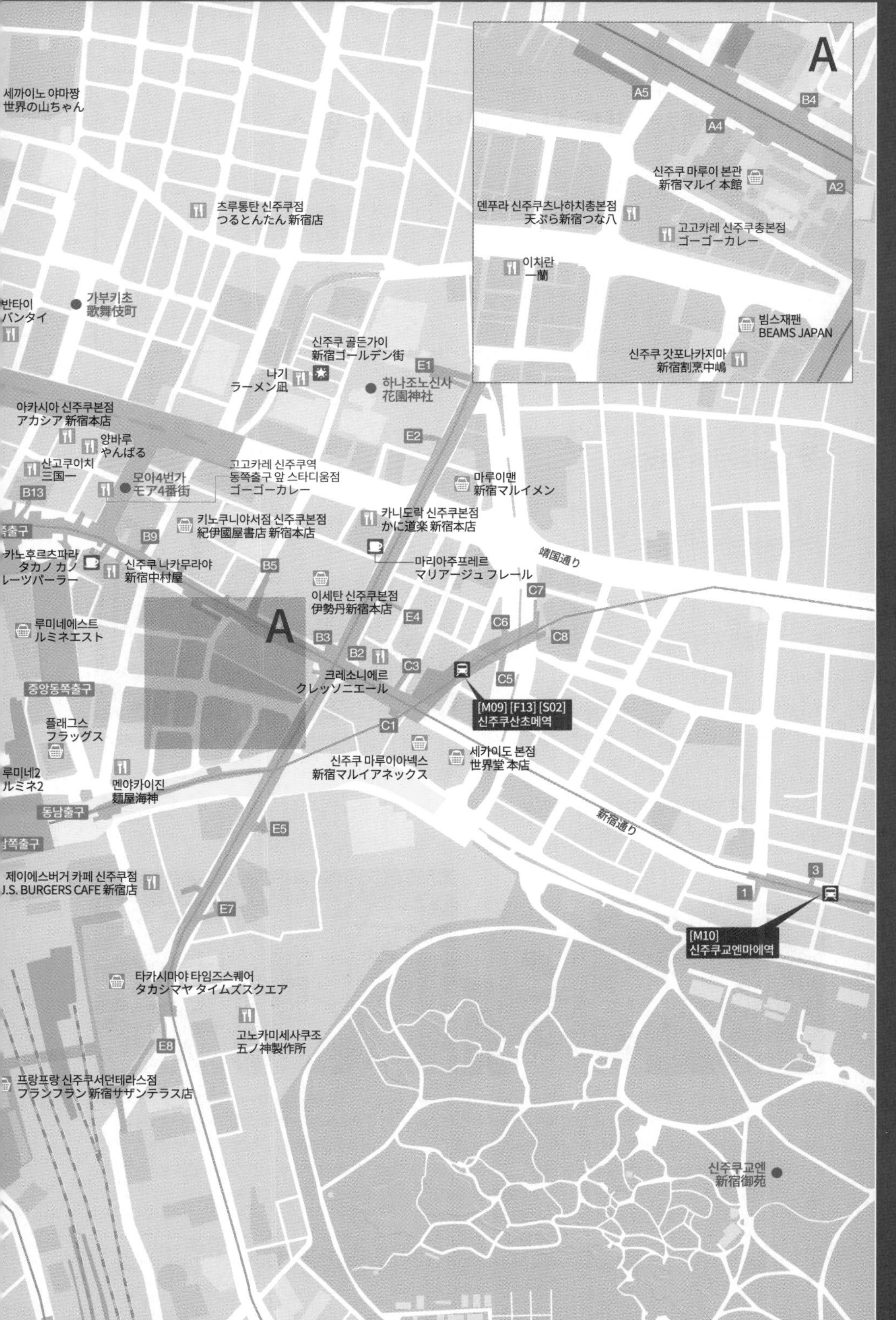

A
A5
B4
A4
신주쿠 마루이 본관
新宿マルイ 本館
A2
덴푸라 신주쿠츠나하치총본점
天ぷら新宿つな八
고고카레 신주쿠총본점
ゴーゴーカレー
이치란
一蘭
빔스재팬
BEAMS JAPAN
신주쿠 갓포나카지마
新宿割烹中嶋
세까이노 야마짱
世界の山ちゃん
츠루통탄 신주쿠점
つるとんたん 新宿店
반타이
バンタイ
가부키초
歌舞伎町
신주쿠 골든가이
新宿ゴールデン街
E1
나기
ラーメン凪
하나조노신사
花園神社
아카시아 신주쿠본점
アカシア 新宿本店
E2
양바루
やんばる
산고쿠이치
三国一
모아4번가
モア4番街
고고카레 신주쿠역
동쪽출구 앞 스타디움점
ゴーゴーカレー
마루이맨
新宿マルイメン
B13
키노쿠니야서점 신주쿠본점
紀伊國屋書店 新宿本店
카니도락 신주쿠본점
かに道楽 新宿本店
B9
靖国通り
마리아주프레르
マリアージュ フレール
신주쿠 나카무라야
新宿中村屋
B5
이세탄 신주쿠본점
伊勢丹新宿本店
C7
E4
C6
루미네에스트
ルミネエスト
A
B3
C8
B2
C3
크레소니에르
クレッソニエール
C5
중앙동쪽출구
[M09] [F13] [S02]
신주쿠산초메역
C1
플래그스
フラッグス
신주쿠 마루이아넥스
新宿マルイアネックス
세카이도 본점
世界堂 本店
루미네2
ルミネ2
멘야카이진
麺屋海神
동남출구
新宿通り
E5
제이에스버거 카페 신주쿠점
J.S. BURGERS CAFE 新宿店
3
1
E7
[M10]
신주쿠교엔마에역
타카시마야 타임즈스퀘어
タカシマヤ タイムズスクエア
고노카미세사쿠조
五ノ神製作所
E8
프랑프랑 신주쿠서던테라스점
フランフラン 新宿サザンテラス店
신주쿠교엔
新宿御苑

Section 01

Tokyo

신주쿠에서 반드시 둘러봐야 할 명소

신주쿠는 서울 종로 일대와 비슷하여 이국적이진 않다. 때문에 매력을 느끼지 못할 수도 있지만, 없는 것이 없어서 알면 알수록 매력적인 곳이다. 신주쿠역을 중심으로 서쪽에는 멋진 고층 빌딩숲이 펼쳐지고 동쪽에는 일본 최대의 환락가인 가부키초가 자리한다. 백화점 및 쇼핑센터도 수십 개가 모여 있어 온종일 쇼핑하러 돌아다녀도 다 볼 수 없을 정도이다. 역에서 내려서 잠깐 둘러보는 것으로 그치지 말고, 천천히 쇼핑도 하고 전망대에 올라보고 신주쿠의 맛집도 찾아다니며 신주쿠를 제대로 즐기자.

세계에서 이용자 수가 제일 많은 거대한 역 ★★★★☆

신주쿠역 新宿駅

신주쿠역은 일본은 물론 세계에서 제일 복잡한 역이다. 일일 평균 이용자 수가 300만 명 이상으로 기네스에 세계최다로 등재되었다. 쉽게 말해 한 도시 인구에 필적하는 사람들이 매일 신주쿠역을 지나간다.

신주쿠역은 많은 사람을 수용하기 위해 끊임없이 증축하여 역 안이 미로 같다. 도쿄토박이들도 신주쿠역 안에서 길을 잃을 정도이다. 또한 신주쿠역 주변에는 거리공연을 하는 음악가가 많다. 그중에는 무료로 듣기 미안할 정도로 실력이 뛰어난 사람도 많으니 거리공연도 느긋하게 즐겨보자. 길거리공연은 평일 저녁이나 주말 및 공휴일에 많이 볼 수 있다. 역 자체의 규모가 커서 출구에 따라 보이는 풍경과 거리의 느낌도 무척 다르다.

홈페이지 www.jreast.co.jp, www.tokyometro.jp, www.kotsu.metro.tokyo.jp, www.odakyu.jp, www.keio.co.jp, www.seibu-group.co.jp **주소** 東京都 新宿区 新宿 3丁目 **찾아가기** JR 야마노테선(山手線), 주오·소부선(中央·総武線), 주오선(中央線), 사이쿄선(埼京線), 쇼난신주쿠선(湘南新宿ライン), 나리타익스프레스(成田エクスプレス), 도부선(東武線), 주오혼선(中央本線), 도쿄메트로 마루노우치선(丸ノ内線), 도에지하철 신주쿠선(新宿線), 오오에도선(大江戸線), 게이오선(京王線), 오다큐선(小田原線) 신주쿠(新宿)역, 세부(西武鉄道) 신주쿠선(新宿線) 세부신주쿠(西武新宿)역에서 지하도로 바로 연결 **귀띔 한마디** 출퇴근 시간에는 무척 붐비니, 오전 10시 이후에 신주쿠역에 도착하는 일정으로 움직이는 것이 좋다.

✓ 여행을 즐기기 전 신주쿠 풍경을 아름답게 담은 애니메이션 '너의 이름은(君の名は。, 2016)'을 볼 것을 추천한다.

Tip

신주쿠역 안의 코인로커

간단한 소지품 이외의 큰 가방은 숙소에 맡기고 다니는 것이 제일 좋지만, 부득이하게 짐을 가지고 신주쿠역 주변에서 관광할 경우에는 역 안에 있는 코인로커에 짐을 넣어 놓고 돌아다니는 것이 좋다. 신주쿠역 안 곳곳에 코인로커가 있는데, JR 승강장 및 출구 주변의 코인로커는 오전 이른 시간에 금방 다 차버린다. 가격도 비싼 편이며 여행용 가방의 경우는 ¥500 정도가 필요하다. 신주쿠역에서 빈 코인로커가 보이지 않는다면 세부 신주쿠선 쪽으로 이동하자. 세부 신주쿠선 개찰구 주변 계단 아래에 있는 코인로커는 주변에 비해 사용료도 저렴하고 이용자가 적어 비어있는 칸이 많다.

신주쿠역 안에 자리한 숍과 먹거리

맛있는 음식과 술로 인기 많은 카페&바

베르크 ベルク

카페 겸 바로 맛있는 샌드위치와 안주, 각종 세계 맥주와 와인, 커피 등을 판매한다. 엄선된 재료로 만들어 맛도 좋고 세련되지는 않지만 전체적으로 중후한 분위기이다. 인기가 많아서 기다리는 사람이 많지만 회전이 빠른 편이다. 색다른 유럽 안주에 시원한 맥주 한잔이 생각나거나, 맛있는 샌드위치에 커피를 마시고 싶을 때 찾으면 좋다.

홈페이지 www.berg.jp **주소** 東京都 新宿区 新宿 3-38-1 JR新宿駅 **문의** 03-3226-1288 **찾아가기** 신주쿠역 내부, 동쪽개찰구에서 나와서 왼쪽으로 도보 15초 **가격** ¥1,000~2,000 **영업시간** 07:00~23:00

신칸센 티켓 및 입장권을 할인 판매하는

할인티켓 판매소

JR 전차 및 각종 지하철 티켓, 영화표, 미술관 및 각종 시설 입장권, 디즈니랜드 및 디즈니씨 입장권 및 백화점상품권까지 모든 티켓을 할인 판매하는 할인티켓 판매소가 모여 있는 곳이 있다. 신주쿠역 서쪽출구로 나와서 오다큐 빅카메라와 신주쿠역 사이에 난 길을 따라 오른쪽으로 1~2분 정도 걸어가면 나온다. 할인율이 높지 않아 일부러 찾아갈 만큼은 아니지만, 신주쿠를 여행하는 김에 잠시 들를 만하다. 관광객에게 가장 인기 많은 티켓은 디즈니랜드 및 디즈니씨 자유이용권으로 수백엔 정도 할인된다. 할인율이 높은 표는 이용기간 등에 제한이 있을 수 있으니 잘 확인해 보자. 영화할인권 및 미술관할인권 등도 유용하며, 백화점상품권을 할인된 가격에 사서 쇼핑하는 것도 좋은 방법이다. 구입은 물론 판매도 가능하니 필요 없는 티켓이 수중에 있다면 현금으로 바꾸자.

주소 東京都 新宿区 西新宿 **찾아가기** 신주쿠역 서쪽출구로 나와 오른쪽으로 도보 1~2분 거리 **영업시간** 10:00~20:00(가게에 따라 다름) **귀띔 한마디** 할인티켓 판매소 바로 뒤는 저렴한 선술집이 모여 있는 오모이데요코초(思い出横丁)이다.

유흥업소로 가득한 일본 최대의 환락가 ★★★★☆

가부키초 歌舞伎町

가부키초는 19금 지역이다. 반라의 댄서들과 로봇이 쇼를 하는 술집, 스트립쇼가 펼쳐지는 술집, 호스티스클럽 캬바쿠라キャバクラ, 호스트클럽ホストクラブ, 직업여성을 소개해주는 소개소, 러브호텔, 파칭코 등 각종 환락과 유흥시설이 모여 있다. '잠들지 않는 곳'이라는 수식어답게 밤새도록 장사하는 곳이 많다. 호객꾼과 자극적인 간판, 광고차량도 흔히 볼 수 있다. 법망을 교묘히 피하거나 대놓고 불법영업을 하는 성인업소가 섞여 혼란스러운 공간이다. 늦은 밤 돌아다녀도 위험하지는 않지만, 시비에 휘말리지 않도록 조심하자.

홈페이지 www.kabukicho.or.jp **주소** 東京都 新宿区 歌舞伎町 **찾아가기** JR 야마노테선(山手線), 주오·소부선(中央·総武線), 주오선(中央線), 사이쿄선(埼京線), 쇼난신주쿠선(湘南新宿ライン), 나리타익스프레스(成田エクスプレス), 도부선(東武線), 주오혼선(中央本線), 도쿄메트로 마루노우치선(丸ノ内線), 도에지하철 신주쿠선(新宿線), 오오에도선(大江戸線), 게이오선(京王線), 오다큐선(小田原線) 신주쿠(新宿)역 동쪽출구에서 도보 3분/세부(西武鉄道) 신주쿠선(新宿線) 세부신주쿠(西武新宿)역에서 남쪽출구에서 바로 **영업시간** 대부분 철야 영업 **귀띔 한마디** 클러빙을 즐기는 20대의 밤놀이는 롯폰기와 시부야를 추천한다.

신주쿠도리와 야스쿠니도리 사이의 산책로 ★★☆☆☆

모아4번가 モア4番街

모아4번가는 신주쿠도리와 야스쿠니도리 사이 골목길 중 제일 넓은 거리이다. 차량통제로 깔끔하게 정비된 거리에는 테이블을 펼쳐두고 영업하는 노상카페와 크레이프로 유명한 마리온 크레이프도 눈에 띈다. 전통축제 마츠리祭り를 비롯한 다양한 이벤트 행사가 수시로 열리며, 운이 좋으면 축제행렬의 모습(주로 주말 오후)도 볼 수 있다.

주소 東京都 新宿区 新宿 モア4番街 **찾아가기** JR 야마노테선(山手線), 주오·소부선(中央·総武線), 주오선(中央線), 사이쿄선(埼京線), 쇼난신주쿠선(湘南新宿ライン), 나리타익스프레스(成田エクスプレス), 도부선(東武線), 주오혼선(中央本線), 도쿄메트로 마루노우치선(丸ノ内線), 도에지하철 신주쿠선(新宿線), 오오에도선(大江戸線), 게이오선(京王線), 오다큐선(小田原線) 신주쿠(新宿)역 동쪽출구에서 3분 또는 B10번 출구에서 바로/세부(西武鉄道) 신주쿠선(新宿線) 세부신주쿠(西武新宿)역에서 남쪽출구에서 2분 거리이다.

무료전망대가 있는 도쿄의 도청 빌딩 ★★★★★

도쿄도청 東京都庁舎

초고층빌딩가 신주쿠에서도 가장 눈에 띄는 랜드마크는 도쿄도청사다. 총 3채 중 가장 높은 제1본청사는 지상 48층, 높이 243m이다. 파리 노트르담대성당을 닮은 건물은 건축가 단게겐조丹下健三가 설계했는데, 화려한 외관과 달리 설계 문제로 비가 샌다는 치명적 단점이 있다. 매년 유지비 ¥40억과 수리비 ¥1,000억 이상이 소요된다. 버블경제시대 산물이라 버블탑バブルの塔, 택스타워タックス·タワー 등 부정적 별명도 붙어 있다. 이렇듯 도쿄도민에게는 골칫덩어리지만, 관광객에게는 전망대를 무료로 제공하는 관광지이다. 제1본청사 1층에는 도쿄관광정보센터가 있어 유용한 정보를 제공한다. 견학을 신청하면 도청 가이드서비스도 무료로 받을 수 있고 무료 안내책자에는 각종 할인티켓도 들어있다. 도쿄도 제1청사 32층, 제2청사 4층에는 대규모 직원식당이 있는데 외부인도 이용가능해 저렴하게 한끼를 해결 수 있다. 또한 도청 안에는 총 38점의 예술작품이 전시되어 있어 함께 둘러볼 수 있다.

홈페이지 www.metro.tokyo.jp **주소** 東京都 新宿区 西新宿 2-8-1 **문의** 03-5321-1111 **찾아가기** JR 야마노테선(山手線), 주오·소부선(中央·総武線), 주오선(中央線), 사이쿄선(埼京線), 쇼난신주쿠선(湘南新宿ライン), 나리타익스프레스(成田エクスプレス), 도부선(東武線), 주오혼선(中央本線), 도쿄메트로 마루노우치선(丸ノ内線), 도에지하철 신주쿠선(新宿線), 오오에도선(大江戸線), 게이오선(京王線), 오다큐선(小田原線) 신주쿠(新宿)역 서쪽출구에서 도보 10분/도에지하철 오오에도선(大江戸線都) 도초마에(都庁前)역 A3번 출구에서 바로 **입장료** 무료 **귀뜀 한마디** 도쿄도청사는 니시신주쿠 여행의 필수 코스이다.

도쿄도청 무료전망대

202m 높이의 무료전망대

도쿄도청사전망대 東京都庁舎展望室

도쿄스카이트리, 도쿄타워 등의 전망대가 더 높지만, 200m가 넘는 전망대 중 '무료'인 곳은 도쿄도청뿐이다. 제1본청사 45층, 202m 높이 지점에 전망대가 있고 북쪽과 남쪽에 2개의 전망실이 있다. 전망실까지는 제1본청사 1층의 전망실 전용 엘리베이터를 이용한다. 엘리베이터 탑승 시 소지품검사를 하며, 전망대까지는 채 1분이 안 걸린다. 전망대에서는 신주쿠는 물론 도쿄타워 및 도쿄스카이트리도 잘 보이고 맑은 날에는 후지산까지 보인다. 도청전망대 남서쪽의 신주쿠 파크타워도 단게겐조(丹下健三)의 작품이라고 한다. 나란히 서 있는 두 고층빌딩이 세트처럼 닮은 이유는 같은 사람의 작품이기 때문이다. 해지기 전에 올라가서 낮 풍경과 노을이 지는 풍경, 야경까지 3종세트로 구경하는 것을 추천한다.

문의 03-5320-7890 **찾아가기** 도쿄도청 제1본청사 45층 **입장료** 무료 **개방시간** 09:30~ 21:30 **카페 및 기념품점** 10:00 ~18:00 **휴무** 연말연시, 점검일 **귀뜀 한마디** 삼각대 사용이 금지되어 있어 야경을 찍기는 쉽지가 않다.

52층 높이의 복합상업시설 빌딩 ★★★★★

신주쿠 파크타워 新宿パークタワー

도쿄타워와 쌍벽을 이루는 신주쿠 파크타워도 건축가 단게 겐조가 설계했다. 전체적 구조는 다르지만 외관 및 느낌이 비슷하여 '제3도청사'라는 별칭으로 불리기도 한다. 높이가 다른 N동, S동, C동 빌딩 3채가 나란히 붙어 있고 지붕은 삼각형 모양의 투명한 유리로 되어있다.

39~52층까지는 파크하얏트 도쿄이다. 호텔에서 투숙하거나 호텔 내 레스토랑 및 바를 이용하면 유리천장 및 전망을 구경할 수 있다. 도쿄가스가 소유한 건물로, 도쿄가스 관련시설이 많다. 리빙디자인센터 오존을 비롯하여 인테리어 관련 전시 및 숍도 많고 다양한 레스토랑이 자리해 관광객이 많이 찾는다.

홈페이지 www.shinjukuparktower.com **주소** 東京都 新宿区 西新宿 3-7-1 **문의** 03-5322-6640 **찾아가기** JR 야마노테선(山手線), 주오·소부선(中央·総武線), 주오선(中央線), 사이쿄선(埼京線), 쇼난신주쿠선(湘南新宿ライン), 나리타익스프레스(成田エクスプレス), 도부선(東武線), 주오혼선(中央本線), 도쿄메트로 마루노우치선(丸ノ内線), 도에지하철 신주쿠선(新宿線), 오오에도선(大江戸線), 게이오선(京王線), 오다큐선(小田原線) 신주쿠(新宿)역 서쪽출구에서 도보 12분 또는 무료셔틀버스, 도에지하철 오오에도선(大江戸線都) 도초마에(都庁前)역 A4번 출구에서 도보 8분 **귀띔 한마디** 도쿄도청보다 볼거리도 많고 고급스러운 빌딩이다.

신주쿠 파크타워의 먹거리와 볼거리

재즈 선율과 함께 신주쿠의 야경을 즐기는
뉴욕바 ニューヨーク バー

요시노리 추천

뉴요커들도 인정하는 재즈 뮤지션이 펼치는 공연을 들으며, 멋진 야경과 함께 칵테일을 즐길 수 있는 재즈바이다. 야경을 잘 볼 수 있도록 조명을 어둡게 하고 테이블 위에 초를 두어 로맨틱한 분위기이다. 브루클린브리지, 카네기홀 등 재미있는 이름이 붙은 스페셜칵테일을 판매하며, 와인 및 일본 술, 무알코올칵테일까지 다양한 종류의 주류가 마련되어 있다. 고급 호텔의 바인 만큼 드레스코드는 어느 정도 갖추고 가는 것이 좋다.

문의 03-5323-3458 **찾아가기** 신주쿠 파크타워, 호텔 파크하얏트 도쿄 52층 **가격** ¥5,000~10,000/20:00 이후 재즈공연 커버차지 1인당 ¥2,750(숙박객 무료) **영업시간** 일~수요일 17:00~23:00, 목~토요일 17:00~24:00 **귀띔 한마디** 도쿄 유료전망대를 올라가는 대신 뉴욕바에서 수준급 재즈를 들으며 야경을 보는 것을 추천한다.

신주쿠의 풍경을 보며 즐기는 애프터눈티

피크라운지 ピーク ラウンジ

시원하게 펼쳐진 신주쿠 마천루를 보면서 즐기는 애프터눈티로 유명한 라운지이다. 빌딩 3개가 연결된 파크타워에서 제일 낮은 빌딩 꼭대기 층에 자리해 삼각형의 투명한 천장이 그대로 보인다. 천장이 높아 답답하지 않고 투명유리라 파란 하늘이 그대로 보인다. 눈앞에 보이는 풍경도 멋있지만 음식 또한 훌륭하다. 일본에서 맛있는 디저트를 원 없이 먹고 싶다면 3단 트레이 및 카트로 끊임없이 제공되는 피크라운지 애프터눈티를 추천한다. 한입 사이즈 디저트류와 핑거푸드를 무제한 먹을 수 있다. 애프터눈티 코스는 커피, 홍차, 주스 등의 음료도 무료로 주문할 수 있어 몇 시간이고 앉아서 즐겁게 수다 떨기 좋다.

문의 03-5323-3461 **찾아가기** 신주쿠 파크타워, 호텔 파크하얏트 도쿄 41층 **가격** 런치 ¥2,000~3,000, 애프터눈티 ¥6,000~10,000, 디너 ¥8,000~20,000/서비스차지 별도 **영업시간** 11:00~22:00, 런치 11:30~14:00, 애프터눈티 14:00~17:00(주말 12:00~17:00) **귀띔 한마디** 전화 예약이 좋고 가급적 창가자리를 요청하자.

인테리어용품 및 건축에 관련된 리빙디자인센터

오존 OZONE

인테리어 관련 다양한 숍이 모여 있는 인테리어 전문 쇼핑센터이다. 고급스럽고 모던한 인테리어용품, 가구, 패브릭, 테이블웨어, 주방용품, 욕실용품, 조명, 정원용품, 건축내장재 등을 전시 판매한다. 넓은 공간에 쇼룸 형식으로 전시하고 있어 직접 만져 볼 수 있다. 일본에서 유행하는 디자인은 물론 세계에서 주목받는 스타일이 모여 있어 인테리어에 관심 있는 사람들에게 인기가 많다. 오존 내 콘란숍(The Conran Shop) 일본 본점이 가장 인기 있으며, 3층 한쪽에는 콘란숍에서 운영하는 카페도 있다.

홈페이지 www.ozone.co.jp, www.conranshop.jp **주소** 東京都 新宿区 西新宿 3-7-1 新宿パークタワー3~8F **문의** 03-5322-6500 **찾아가기** 신주쿠 파크타워 3~8F **운영시간** 10:30~19:00, 더콘란숍(3~4F) 11:00~19:00 **휴관** 수요일(공휴일 제외), 연말연시 **귀띔 한마디** 더콘란숍은 도쿄역 앞의 마루비루에도 있다.

가격대비 만족도 높은 깔끔한 초밥집

슌 しゅん

'슌(旬)'은 일본어로 제철이라는 말이다. 이름대로 신선한 제철 식재료를 이용한 요리를 만드는 초밥집이다. 요시이케그룹에서 운영하는 곳이라 질에 비해 값도 싸다. 초밥과 각종 일본음식을 코스로 먹을 수 있으며, 초밥은 하나씩도 주문할 수 있다. 혼자서 먹을 수 있는 카운터석도 있고 프라이빗룸도 따로 있다. 정갈한 음식을 적당한 가격에 즐길 수 있고 손님이 많은 편이 아니라 예약도 필요 없어서 여행자도 편하게 이용할 수 있다.

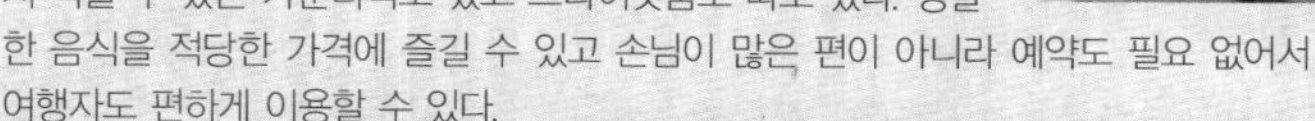

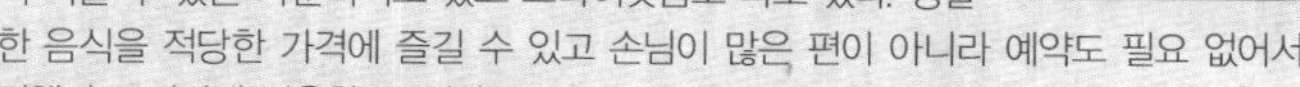

문의 03-5322-6405 **찾아가기** 신주쿠 파크타워 B1F **가격** 런치 ¥1,000, 디너 ¥3,000 ~5,000 **영업시간** 평일 11:30~14:00, 17:00~22:00, 주말 및 공휴일 11:30~21:30 **귀띔 한마디** 하코네 요시이케료칸(吉池旅館)과 같은 곳에서 운영하는 레스토랑이다.

커다란 고치 모양이 독특한 50층 빌딩 ★★★☆☆

모드학원코쿤타워 モード学園コクーンタワー

독특한 디자인 덕에 니시신주쿠의 초고층빌딩가에서 제일 눈에 띄는 건물이다. 하얀 고치에 쌓인 것 같은 모양이라 '고치'를 뜻하는 코쿤Cocoon타워라 이름 붙었다. 지상 50층, 지하 3층이고 최상층의 높이는 203.65m이다. 빌딩 안에는 도쿄모드학원東京モード学園, HAL도쿄HAL東京, 슈토이쿄首都医校 총 3개의 전문학교가 있다. 2008년에 준공되었으며 독특한 건물디자인이 전문학교를 알리는 홍보수단으로 사용된다.

홈페이지 www.mode.ac.jp **주소** 東京都 新宿区 西新宿 1-7-3 **찾아가기** JR 야마노테선(山手線), 주오·소부선(中央·総武線), 주오선(中央線), 사이쿄선(埼京線), 쇼난신주쿠선(湘南新宿ライン), 나리타익스프레스(成田エクスプレス), 도부선(東武線), 주오혼선(中央本線), 도쿄메트로 마루노우치선(丸ノ内線), 도에지하철 신주쿠선(新宿線), 오오에도선(大江戸線), 게이오선(京王線), 오다큐선(小田原線) 신주쿠(新宿)역 서쪽출구에서 도보 3분/도에지하철 오오에도선(大江戸線都) 도초마에(都庁前)역 A6번 출구에서 도보 4분 거리 **귀띔 한마디** 일반인에게 전망대를 공개하지 않아 외관만 구경할 수 있다.

삼각형 모양의 52층 고층빌딩 ★★☆☆☆

스미토모빌딩 新宿住友ビルディング

지상 52층, 지하 4층, 높이 210.3m의 고층빌딩이다. 1974년 세워져 세련되지는 않았지만, 니시신주쿠 고층빌딩가의 터줏대감이다. 빌딩은 크게 3면의 삼각형 모양이며, 건물 안으로 들어서면 삼각형 모양으로 뚫린 내부가 나온다. 그래서 '삼각빌딩'이라는 별명으로도 불리는데, 삼각형 꼭짓점이 조금씩 잘린 평행육각형이라는 표현이 정확하다. 51층에는 무료전망대가 있고 전망대에서는 도쿄도청사가 잘 보인다. 48층부터 52층까지는 레스토랑가로 전망을 보며 식사할 수 있다. 전망이 좋은데도 런치는 대부분 ¥1,000 이하로 저렴한 편이다.

주소 東京都 新宿区 西新宿 2-6-1 **문의** 03-3344-6941 **찾아가기** JR 야마노테선(山手線), 주오·소부선(中央·総武線), 주오선(中央線), 사이쿄선(埼京線), 쇼난신주쿠선(湘南新宿ライン), 나리타익스프레스(成田エクスプレス), 도부선(東武線), 주오혼선(中央本線), 도쿄메트로 마루노우치선(丸ノ内線), 도에지하철 신주쿠선(新宿線), 오오에도선(大江戸線), 게이오선(京王線), 오다큐선(小田原線) 신주쿠(新宿)역 서쪽출구에서 도보 8분/도쿄메트로 마루노우치선(丸ノ内線) 니시신주쿠역(西新宿) 지하통로 E3번 출구에서 바로 연결/도에지하철 오오에도선(大江戸線都) 도초마에(都庁前)역 A6번 출구에서 바로 **입장료** 무료 **개방시간** 전망로비 10:00~22:00

노무라에서 소유한 50층 높이의 빌딩 ★★★☆☆

신주쿠 노무라빌딩 新宿野村ビル

노무라부동산이 소유한 지상 50층, 지하 5층 초고층빌딩으로 높이는 209.90m이다. 흰색 벽에 청록색 유리창이 특징이다. 1978년에 준공되었으며 2011년에 대규모 리뉴얼을 시행했다. 신주쿠역에서 지하통로로 연결되어 있어 비가 와도 젖지 않고 빌딩 안까지 이동할 수 있다. 49~50층에는 레스토랑이 들어서 있고 규모는 작지만 50층에 무료전망대가 있어 나카노 쪽의 풍경을 내려다볼 수 있다.

홈페이지 snb-portal.com **주소** 東京都 新宿区 西新宿 1-26-2 **문의** 03-3348-8828 **찾아가기** JR 야마노테선(山手線), 주오·소부선(中央·総武線), 주오선(中央線), 사이쿄선(埼京線), 쇼난신주쿠선(湘南新宿ライン), 나리타익스프레스(成田エクスプレス), 도부선(東武線), 주오혼선(中央本線), 도쿄메트로 마루노우치선(丸ノ内線), 도에지하철 신주쿠선(新宿線), 오오에도선(大江戸線), 게이오선(京王線), 오다큐선(小田原線) 신주쿠(新宿)역 서쪽출구에서 도보 7분/도쿄메트로 마루노우치선(丸ノ内線) 니시신주쿠역(西新宿) C13번 출구에서 바로 연결(연결통로 23:00까지)/도에지하철 오오에도선(大江戸線都) 도초마에(都庁前)역 B2번 출구에서 도보 3분(B2출구 23:00까지) **무료전망대 개방시간** 평일 07:00~24:00, 주말 및 공휴일 08:00~23:30

신주쿠 노무라빌딩의 맛집

화덕피자로 유명한 이탈리안레스토랑

피자살바토레쿠오모&바 신주쿠

ピッツァ サルヴァトーレ クオモ&バール 新宿

화덕에 구워 겉은 바삭바삭하고 속은 쫄깃한 피자로 유명한 이탈리안레스토랑이다. 일본에 나폴리탄피자를 전파한 공로자로 알려진 살바토레쿠오모(Salvatore Cuomo)가 만든 레스토랑이다. 점심에는 런치뷔페를 운영하여 다양한 피자와 파스타를 맛볼 수 있는데, 화덕피자는 갓 구운 상태가 제일 맛있으니 단품으로 주문해 먹는 디너를 추천한다.

홈페이지 www.salvatore.jp **주소** 東京都 新宿区 西新宿 1-26-2 新宿野村ビル B1F **문의** 03-3343-0065 **찾아가기** 신주쿠 노무라 빌딩 B1F **가격** 런치뷔페 ¥4,000~5,000, 디너 ¥3,000~5,000 **영업시간** 11:00~23:30(L.O. 요리 22:30, 음료 23:00)/뷔페 11:30~14:30

헬리포트가 있는 주상복합 빌딩 ★★★☆☆

신주쿠 아일랜드타워 新宿アイランドタワー

지상 44층, 지하 4층, 높이 189m 빌딩으로 1995년 준공되었다. 빌딩 옥상에 헬리포트가 있고, 빌딩에는 오피스, 점포, 전문학교, 레지던스 등이 입주해 있다. 반지하 형태의 광장에는 아일랜드파티오라고 부르는 레스토랑가가 있다. 파티오광장에서는 영화관람, 공연 등의 이벤트가 열리기도 한다. 아일랜드타워 주변에는 옥외 예술작품이 많은 것으로 유명하다. 대표적으로 뉴욕의 심벌이기도 한 'LOVE'다. 이 외에도 10여 개의 예술작품이 있다.

홈페이지 www.shinjuku-i-land.com **주소** 東京都 新宿区 西新宿 6-5-1 **문의** 03-3348-1177 **찾아가기** JR 야마노테선(山手線), 주오·소부선(中央·総武線), 주오선(中央線), 사이쿄선(埼京線), 쇼난신주쿠선(湘南新宿ライン), 나리타익스프레스(成田エクスプレス), 도부선(東武線), 주오혼선(中央本線), 도쿄메트로 마루노우치선(丸ノ内線), 도에지하철 신주쿠선(新宿線), 오오에도선(大江戸線), 게이오선(京王線), 오다큐선(小田原線) 신주쿠(新宿)역 서쪽출구에서 도보 10분/도쿄메트로 마루노우치선(丸ノ内線) 니시신주쿠역(西新宿) C7번 출구에서 바로/도에지하철 오오에도선(大江戸線都) 도초마에(都庁前)역 지하통로 C7번 출구에서 바로 연결된다.

무료전망대가 있는 54층 빌딩 ★★☆☆☆

신주쿠 센터빌딩 新宿センタービル

지상 54층, 지하 4층, 높이 222.95m의 초고층빌딩으로 1979년에 지어졌다. 53층은 레스토랑가이고 한쪽에 무료전망대가 있다. 무료전망대에서는 시부야 방면의 풍경을 조망할 수 있다. 신주쿠역 서쪽출구를 기준으로 봤을 때 무료전망대가 있는 고층빌딩 중에서 가장 가깝다. 오래된 건물이라 건물 자체의 디자인이 특별하지도 않고 무료전망대에서 볼 수 있는 풍경도 일부에 불과하지만, 도쿄도청사의 무료전망대까지 이동할 기력이 없다면 올라 가볼 만하다.

홈페이지 www.scb-shop.com **주소** 東京都 新宿区 西新宿 1-25-1 **찾아가기** JR 야마노테선(山手線), 주오·소부선(中央·総武線), 주오선(中央線), 사이쿄선(埼京線), 쇼난신주쿠선(湘南新宿ライン), 나리타익스프레스(成田エクスプレス), 도부선(東武線), 주오혼선(中央本線), 도쿄메트로 마루노우치선(丸ノ内線), 도에지하철 신주쿠선(新宿線), 오오에도선(大江戸線), 게이오선 (京王線), 오다큐선(小田原線) 신주쿠(新宿)역 서쪽출구에서 7분/도에지하철 오오에도선(大江戸線都) 도초마에(都庁前)역 A6번 출구에서 5분 **전망대 개방시간** 11:00~22:00

전망대 풍경

세계에서 가장 큰 추시계가 있는 빌딩 ★★☆☆☆

신주쿠 NS빌딩 新宿NSビル

1982년 지은 지하 3층에 지상 30층 고층 빌딩이다. NS는 니혼세메日本生命와 스미토모부동산住友不動産의 영문 첫 글자를 딴 것이다. 외관은 평범하지만 빌딩 내부가 멋있다. 내부는 130m 높이의 넓은 공간이 시원하게 뚫려있으며, 기네스북에 기록된 세계에서 가장 큰 추시계 유쿠리리듬추시계ユックリズム振り子時計가 있다. 이 시계는 높이 28m, 추 길이 22.5m로, 30초를 주기로 추가 움직인다. 또한 29층에는 40m 길이의 공중다리가 있어 아슬아슬하게 공중에서 산책을 즐길 수 있다.

홈페이지 www.shinjuku-ns.co.jp **주소** 東京都 新宿区 西新宿 2-4-1 **문의** 03-3342-3755 **찾아가기** JR 야마노테선(山手線), 주오·소부선(中央·総武線), 주오선(中央線), 사이교선(埼京線), 쇼난신주쿠선(湘南新宿ライン), 나리타익스프레스(成田エクスプレス), 도부선(東武線), 주오혼선(中央本線), 도쿄메트로 마루노우치선(丸ノ内線), 도에지하철 신주쿠선(新宿線), 오오에도선(大江戸線), 게이오선(京王線), 오다큐선(小田原線) 신주쿠(新宿)역 서쪽출구에서 도보 10분/도에지하철 오오에도선(大江戸線都) 도초마에(都庁前)역 A2번 출구에서 도보 5분

신주쿠역 바로 앞에 있는 고층빌딩 ★★☆☆☆

신주쿠 L타워 新宿エルタワー

빌딩 모양이 'L'자 형태라서 L타워라는 이름이 붙었다. 지상 31층에 지하 5층 건물로 1989년 완공되었으며, 신주쿠역 서쪽출구 바로 앞에 있다. 28층에는 니콘의 서비스센터 및 쇼룸인 니콘플라자가 있다. 이곳 포토스퀘어에서 사진 전시나 사진 관련 이벤트를 수시로 개최한다. 니콘플라자 창문으로는 신주쿠역이 한눈에 들어온다.

홈페이지 eru-tower.net **주소** 東京都 新宿区 西新宿 1-6-1 新宿エルタワー **찾아가기** JR 야마노테선(山手線), 주오·소부선(中央·総武線), 주오선(中央線), 사이교선(埼京線), 쇼난신주쿠선(湘南新宿ライン), 나리타익스프레스(成田エクスプレス), 도부선(東武線), 주오혼선(中央本線), 도쿄메트로 마루노우치선(丸ノ内線), 도에지하철 신주쿠선(新宿線), 오오에도선(大江戸線), 게이오선(京王線), 오다큐선(小田原線) 신주쿠(新宿)역 서쪽출구에서 도보 3분 또는 지하통로 A17번 출구에서 도보 1분 거리 **니콘플라자 영업시간** 10:30~18:30

니콘플라자에서 바라본 풍경

42층에 미술관이 있는 빌딩 ★★☆☆☆

손포재팬 본사빌딩 損保ジャパン本社ビル

1976년에 세운 지상 43층 높이의 손포재팬 본사빌딩이다. 빌딩 아랫부분이 스커트가 펼쳐진 것 같은 모양이라 '판타롱빌딩'이라고 불리기도 하는데, 실제 디자인할 때는 후지산을 모델로 했다고 한다. 빌딩 42층에는 토고세이지東郷青児의 컬렉션을 중심으로 만든 손포재팬 토고세이지미술관損保ジャパン東郷青児美術館이 있다. 미술관에서는 그림과 함께 도쿄의 전망까지 감상할 수 있다.

홈페이지 www.sompo-museum.org **주소** 東京都 新宿区 西新宿 1-26-1 **문의** 03-5777-8600 **찾아가기** JR 야마노테선(山手線), 주오·소부선(中央·総武線), 주오선(中央線), 사이쿄선(埼京線), 쇼난신주쿠선(湘南新宿ライン), 나리타익스프레스(成田エクスプレス), 도부선(東武線), 주오혼선(中央本線), 도쿄메트로 마루노우치선(丸ノ内線), 도에지하철 신주쿠선(新宿線), 오오에도선(大江戸線), 게이오선(京王線), 오다큐선(小田原線) 신주쿠(新宿)역 서쪽출구에서 도보 10분/도에지하철 오오에도선(大江戸線都) 도초마에(都庁前)역 A2번 출구에서 도보 5분 거리 **·토고세이지미술관 입장료** 전시회에 따라 다름, 중학생 이하는 무료 **휴관** 월요일(휴일인 경우는 개관), 전시 교체시기, 연말연시 **운영시간** 10:00~18:00(최종입장은 17:30까지)

신주쿠를 대표하는 공원 ★★★★☆

신주쿠교엔 新宿御苑

넓이 58㏊, 둘레 3.5㎞의 광활한 공원이다. 일본에서 제일 복잡한 곳이지만, 신주쿠교엔으로 들어서면 만 공기부터가 신선하다. 메이지시대에는 황실정원이었던 곳으로, 1906년에 공원으로 문을 연 후 100년이 넘는 세월 동안 유지되고 있다. 신주쿠교엔은 애니메이션 '언어의 정원言の葉の庭(2013)'의 배경으로 그려진 곳이기도 하니 방문 전 애니메이션을 감상하는 것도 좋다.

봄에는 1,300여 그루의 벚나무가 꽃을 피워 꽃놀이 장소로 유명하고, 가을에는 곱게 물든 단풍이 아름다워 단풍놀이하러 찾는 사람으로 가득 찬다. 커다란 연못이 있는 일본정원, 넓은 잔디밭이 펼쳐진 영국식 정원, 플라타너스 가로수길이 있는 프랑스식 정원 등 세계 각국의 정원 스타일이 반영되어 있다. 규모가 커 공원만 둘러봐도 2~3시간은 걸리며, 신주쿠역 주변 백화점 식품매장에서 간단한 먹거리를 사가지고 가서 피크닉을 즐기는 것도 좋다.

홈페이지 www.env.go.jp/garden/shinjukugyoen **주소** 東京都 新宿区 内藤町 11 **문의** 03-3350-0151 **찾아가기** **신주쿠문(新宿門)** JR 야마노테선(山手線), 주오·소부선(中央·総武線), 주오선(中央線), 료이교선(埼京線), 쇼난신주쿠선(湘南新宿ライン), 나리타익스프레스(成田エクスプレス), 도부선(東武線), 주오혼선(中央本線), 도쿄메트로 마루노우치선(丸ノ内線), 도에지하철 신주쿠선(新宿線), 오오에도선(大江戸線), 게이오선(京王線), 오다큐선(小田原線) 신주쿠(新宿)역 남쪽출구에서 도보 10분/도쿄메트로 마루노우치선(丸の内線), 후쿠도심선(副都心線), 도에지하철 신주쿠선(新宿線) 신주쿠산초메(新宿三丁目)역 E5, C3, C5번 출구에서 도보 5분/도쿄메트로 마루노우치선(丸の内線) 신주쿠교엔마에(新宿御苑前)역 1번 출구에서 도보 4분 **센다가야문(千駄ヶ谷門)** JR 소부선(総武線) 센다가야(千駄ヶ谷)역에서 도보 5분/도에지하철 오오에도선(大江戸線) 국립경기장(国立競技場)역 A5번 출구에서 도보 5분 거리 **입장료** 성인 ¥500, 고등학생~대학생, 만 65세 이상 ¥250, 중학생 이하 무료 **개방시간** 09:00~16:30(최종입장 16:00), 시즌에 따라 변경 **휴무** 매주 월요일(월요일이 공휴일인 경우는 다음날), 연말연시 **귀띔 한마디** 만약 신주쿠에서 큰 지진을 만났다면, 위험한 빌딩숲을 벗어나 신주쿠교엔으로 대피하자.

신주쿠의 대표적인 신사 ★★☆☆☆
하나조노신사 花園神社

도쿠가와이에야스徳川家康가 에도시대를 열었던 1603년에도 이미 존재했던 신사이다. 원래는 현 위치에서 남쪽으로 250m 정도 떨어진 곳(이세탄백화점 인근)에 있었다고 한다. 신주쿠지역이 유흥지로 발달하던 시기에 하나조노신사는 신주쿠의 문화를 발전시키는 하나의 무대가 되기도 했다.

여우신 이나리稲荷를 모시며, 신사 입구에는 커다란 도리가 서 있고 경내에도 작은 도리로 가득한 길이 있다. 현역으로 활동하는 일본 유명 연예인이 많이 찾는 신사이다.

하이덴(拝殿)

홈페이지 www.hanazono-jinja.or.jp **주소** 東京都 新宿区 新宿 5-17-3 **문의** 03-3209-5265 **찾아가기** JR 야마노테선(山手線), 주오·소부선(中央·総武線), 주오선(中央線), 사이교선(埼京線), 쇼난신주쿠선(湘南新宿ライン), 나리타익스프레스(成田エクスプレス), 도부선(東武線), 주오혼선(中央本線), 도쿄메트로 마루노우치선(丸ノ内線), 도에지하철 신주쿠선(新宿線), 오오에도선(大江戸線), 게이오선(京王線), 오다큐선(小田原線) 신주쿠(新宿)역 동쪽출구에서 도보 10분/도쿄메트로 마루노우치선(丸の内線), 후쿠도심선(副都心線), 도에지하철 신주쿠선(新宿線) 신주쿠산초메(新宿三丁目)역 E2번 출구에서 바로 **입장료** 무료 **귀띔 한마디** 신사에서는 시기별로 각종 축제 및 행사가 열린다.

Section 02

Tokyo

신주쿠에서 꼭 먹어봐야 할 먹거리

일본 내에서는 물론 아시아 최대의 번화가로 불리는 신주쿠에는 레스토랑, 카페, 술집이 셀 수 도 없이 많다. 미슐랭에서 인정한 고급 레스토랑 및 해외 유명 브랜드의 체인점도 많고, 일본 전역의 맛있는 음식도 다 먹을 수 있다. 하지만 맛있는 집에는 많은 사람이 모이기 때문에 한참을 기다려야 하니 예약하고 가는 것이 좋다. 저렴한 가격에 맛있는 음식을 먹고 싶다면 평일 점심시간을 공략하자. 신주쿠를 제대로 즐기는 또 다른 방법은 술집에서 얼큰하게 취하도록 마신 다음, 휘황찬란한 밤거리를 돌아다니며 구경하고 해장으로 맛있는 라멘을 한 그릇 먹는 것이다.

100년이 넘는 전통을 가진 인도 카레전문점 ★★★★☆

신주쿠 나카무라야 新宿中村屋

요시노리 추천

신주쿠를 대표하는 양식레스토랑으로 일본에서 카레하면 제일 먼저 떠올리는 곳이다. 1901년에 도쿄대학 정문 앞에서 장사하던 빵집이 신주쿠로 이전하면서 시작되었으며, 100년이 넘는 세월 동안 꾸준히 남녀노소에게 사랑받고 있다. 빵, 과자, 중국식 만두 호빵 주카만中華まん 및 카레 등으로 유명하며, 주카만과 크림빵을 일본에서 처음으로 판매했다. 전국에 직영점이 160여 개나 생길 정도로 일본에서 대중적인 인기를 얻고 있다.

인도식 카레

그란나

본나

인도의 독립운동가 라스비하리보스Rash Behari Bose와 나카무라야 창립자의 딸이 결혼한 것을 계기로, '사랑과 혁명의 맛'이라는 수식어가 붙은 인도 정통카레를 판매하였다고 한다. 조금 비싼 편이지만 맛의 깊이가 다르다. 일본을 대표하는 카레집이라고 부를 정도로 유명하다. 신주쿠 나카무라야 빌딩 안에는 층마다 이름이 다른 가게가 있지만 모두 나카무라야에서 운영하는 카레집이다. 나카무라야를 대표하는 인도식 카레를 판매하는 레스토랑 만나Manna, 나카무라야의 명물인 카레빵을 파는 제과점 본나Bonna, 카레를 포함한 메뉴를 코스요리로 고급스럽게 즐기는 레스토랑 그란나Granna에 나카무라야 살롱미술관中村屋サロン美術館까지 있다.

홈페이지 www.nakamuraya.co.jp **주소** 東京都 新宿区 新宿 3-26-3 **찾아가기** JR 야마노테선(山手線), 주오·소부선(中央·総武線), 주오선(中央線), 사이쿄선(埼京線), 쇼난신주쿠선(湘南新宿ライン), 나리타익스프레스(成田エクスプレス), 도부선(東武線), 주오혼선(中央本線), 도쿄메트로 마루노우치선(丸ノ内線), 도에지하철 신주쿠선(新宿線), 에도선(大江戸線), 게이오선(京王線), 오다큐선(小田原線) 신주쿠(新宿)역 동쪽출구(東口)에서 도보 30초 **귀띔 한마디** 무라카미하루키의 베스트셀러 『1Q84』에도 등장한 레스토랑이다.

✓ 신주쿠에는 맛있는 곳이 많으니 자신의 취향에 맞는 맛집을 먼저 선택한 후, 그 일정에 맞추어 여행 루트를 짜자.

일본 전역의 명물 우동을 파는 정갈한 우동집 ★★★☆☆

산고쿠이치 三国一

산고쿠이치라는 이름은 '최고의 산은 후지산, 최고의 맛은 산고쿠이치山は富士, 味は三国一'라는 의미이다. 산고쿠이치는 일본 전역의 유명한 우동 및 우동이 포함된 세트를 판매한다. 카르보나라 스파게티소스를 활용한 까르보우동, 샐러드를 이용한 사라다우동, 계절 재료를 넣어 만든 우동 등 새로운 맛의 우동이 많다. 화려하지는 않지만 정갈한 실내 인테리어가 마음을 편안하게 해주며, 복잡한 신주쿠 한복판에 느긋하게 앉아서 맛있는 우동 한 그릇을 먹고 싶은 사람에게 적당한 곳이다.

홈페이지 www.sangokuichi.co.jp **주소** 東京都 新宿区 新宿 3-24-8 モアセンタービル **문의** 03-3354-3591 **찾아가기** JR 야마노테선(山手線), 주오·소부선(中央·総武線), 주오선(中央線), 사이쿄선(埼京線), 쇼난신주쿠선(湘南新宿ライン), 나리타익스프레스(成田エクスプレス), 도부선(東武線), 주오혼선(中央本線), 도쿄메트로 마루노우치선(丸ノ内線), 도에지하철 신주쿠선(新宿線), 오오에도선(大江戸線), 게이오선(京王線), 오다큐선(小田原線) 신주쿠(新宿)역 동쪽출구(東口)에서 도보 3분/B13번 출구에서 도보 1분 **가격** ¥1,000~3,000 **영업시간** 11:00~22:30(L.O.22:00) **휴무** 1월 1일 **귀띔 한마디** 신주쿠 서쪽출구의 아일랜드타워 안에도 지점이 있다.

럭셔리한 인테리어와 커다란 우동그릇이 인상적인 우동집 ★★★☆☆

츠루통탄 신주쿠점 つるとんたん 新宿店

밤새도록 시끌벅적한 가부키초 안에 있는 우동집으로 아침까지 영업한다. 우동 가격은 비싼 편이지만, 면의 양을 3인분에 해당하는 3타마玉까지 무료로 추가할 수 있다. 세숫대야 크기의 커다란 그릇에 담아주며, 젓가락까지 길어서 보는 재미가 있다. 모던하면서 화려한 실내에는 바 형태의 카운터가 있고 각종 술도 판매한다. 생크림을 넣어 만든 크림우동 및 토마토소스우동 등 실험적인 우동이 많고 계절에 따라 신메뉴가 등장한다. 가부키초에서 술이 부족할 때 출출한 배도 채우고 술도 더 마실 수 있어서 2차나 3차로 찾기에 좋다.

홈페이지 www.tsurutontan.co.jp **주소** 東京都 新宿区 歌舞伎町 2-26-3 網元ビル B1F **문의** 03-5287-2626 **찾아가기** JR 야마노테선(山手線), 주오·소부선(中央·総武線), 주오선(中央線), 사이쿄선(埼京線), 쇼난신주쿠선(湘南新宿ライン), 나리타익스프레스(成田エクスプレス), 도부선(東武線), 주오혼선(中央本線), 도쿄메트로 마루노우치선(丸ノ内線), 도에지하철 신주쿠선(新宿線), 오오에도선(大江戸線), 게이오선(京王線), 오다큐선(小田原線) 신주쿠(新宿)역 동쪽출구(東口)에서 도보 10분 거리 **가격** ¥1,000~2,000 **영업시간** 11:00~08:00(L.O. 07:30) **귀띔 한마디** 롯폰기, 하네다공항에도 분점이 있다.

두툼하고 쫀득쫀득한 본고장 사누키우동 ★★★★☆

도쿄멘츠단 東京麺通団

밥보다 우동을 더 많이 먹는다는 사누키우동讃岐うどん을 판매하는 집이다. 손으로 반죽하여 쫄깃한 면발의 식감은 다른 우동과 전혀 다르다. 쫀득쫀득하면서도 단단하여 한 그릇을 다 먹으면 턱관절이 피곤해질 정도이다. 가게 입구에 있는 주문대에서 우동 종류와 크기를 골라 주문한 뒤, 진열대에서 먹고 싶은 튀김을 그릇에 담아 계산하고 먹으면 된다. 셀프서비스이지만 훌륭한 맛과 저렴한 가격으로 만족도가 높다. 평일에는 학생할인을 받을 수 있고 요일별로 특별서비스 및 할인행사도 진행한다.

홈페이지 www.mentsu-dan.com **주소** 東京都 新宿区 西新宿 7-9-15 **문의** 03-5389-1077 **찾아가기** JR 야마노테선(山手線), 주오·소부선(中央·総武線), 주오선(中央線), 사이쿄선(埼京線), 쇼난신주쿠선(湘南新宿ライン), 나리타익스프레스(成田エクスプレス), 도부선(東武線), 주오혼선(中央本線), 도쿄메트로 마루노우치선(丸ノ内線), 도에지하철 신주쿠선(新宿線), 오오에도선(大江戸線), 게이오선(京王線), 오다큐선(小田原線) 신주쿠(新宿)역 서쪽출구(西口)에서 도보 5분 거리 **가격** ¥300~1,000 **영업시간** 10:00~23:30 **휴무** 연중무휴 **귀띔 한마디** 일본에 사누키우동 붐을 일으켰던 영화 '우동(Udon, 2006)'을 보고 먹으면 더 맛있다.

양이 푸짐한 검은색 카레 ★★★☆☆

고고카레 ゴーゴーカレー

색이 진하고 걸쭉한 카나자와카레金沢カレー를 판매하는 곳이다. 카레를 만들 때 5시간 동안 끓인 뒤 55시간 숙성하여 일본어로 '5'를 뜻하는 '고'라는 이름을 붙였다. 커다란 스테인리스그릇에 담아주는 것이 특징으로, 포크 또는 포크와 수저를 합한 포크수저 를 사용한다. 인기메뉴는 커다란 로스카츠가 위에 올라간 로스카츠카레ロースカツカレー이다. 사이즈에 따라 가격이 다른데, 가장 작은 사이즈도 여성이 먹기에는 양이 많다. 가게는 작은 편이지만 노란색 간판에 험상궂은 표정의 고릴라가 그려져 있어 멀리서도 잘 보인다.

홈페이지 www.gogocurry.com **주소**東京都 新宿区 新宿 3-25-9 吉田屋ビル **문의** 03-3359-6455 **가격** ¥500~1,300 **영업시간** 10:55~22:55 **찾아가기** JR 야마노테선(山手線), 주오·소부선(中央·総武線), 주오선(中央線), 사이쿄선(埼京線), 쇼난신주쿠선(湘南新宿ライン), 나리타익스프레스(成田エクスプレス), 도부선(東武線), 주오혼선(中央本線), 도쿄메트로 마루노우치선(丸ノ内線), 도에지하철 신주쿠선(新宿線), 오오에도선(大江戸線), 게이오선(京王線), 오다큐선(小田原線) 신주쿠(新宿)역 동쪽출구(東口)에서 도보 3분 거리

고소한 참기름으로 튀긴 고급 튀김전문 ★★★★★

덴푸라 신주쿠츠나하치 총본점 天ぷら新宿つな八

한국에서 튀김이라고 하면 포장마차에 파는 서민 음식이지만, 덴푸라天ぷら라 부르는 일본튀김은 고급 요리에 해당한다. 특히 덴푸라전문점은 신선하고 좋은 재료를 참기름에 튀기기 때문에 비싼 값을 한다. 코스를 주문하면 요리 전 재료 상태부터 보여준다. 제대로 맛보려면 갓 튀긴 덴푸라를 그릇 위에 바로 놓아주는 카운터석이 좋다. 덴푸라 맛을 제대로 느끼려면 간장소스보다는 소금만 살짝 뿌려 먹는 것을 추천한다. 식사 마무리는 카키아게를 얹은 텐동天丼을 먹는 것이 정석이다. 점심에는 약간 저렴한 편이고, 텐동만 주문할 수도 있다.

홈페이지 www.tunahachi.co.jp **주소** 東京都 新宿区 新宿 3-31-8 **문의** 03-3352-1012 **찾아가기** JR 야마노테선(山手線), 주오·소부선(中央·総武線), 주오선(中央線), 사이쿄선(埼京線), 쇼난신주쿠선(湘南新宿ライン), 나리타익스프레스(成田エクスプレス), 도부선(東武線), 주오혼선(中央本線), 도쿄메트로 마루노우치선(丸ノ内線), 도에지하철 신주쿠선(新宿線), 오오에도선(大江戸線), 게이오선(京王線), 오다큐선(小田原線) 신주쿠(新宿)역 동쪽출구(東口)에서 도보 3분 **가격** 런치 ¥2,000~10,000, 디너 ¥5,000~15,000 **영업시간** 런치 11:00~16:00(L.O. 16:00), 디너 16:00~22:30(L.O. 21:30) **귀띔 한마디** 저녁에 덴푸라코스를 제대로 즐기려면 예약하고 가는 것이 좋다.

안주로 최고인 닭날개튀김, 테바사키전문점 ★★★★☆

세까이노 야마짱 世界の山ちゃん

닭고기로 유명한 나고야의 닭날개튀김 테바사키手羽先전문점이다. 먹을 것이 적어 닭날개 부위는 인기가 없었는데, 강한 양념에 바삭하게 튀겨낸 테바사키는 짭짤하고 바삭한 식감 덕분에 맥주 안주로 선풍적 인기를 얻게 되었다. 한국의 간장치킨과 비슷한 식감과 맛이라 우리 입맛에도 딱이다. 바삭한 테바사키에 진하고 시원한 일본 맥주를 한 잔 곁들이면 한국의 '치맥문화'가 재현된다.

테바사키

야키토리

홈페이지 www.yamachan.co.jp **주소** 東京都 新宿区 歌舞伎町 2-45-2 トキワビル 2~4F **문의** 03-3232-1035 **찾아가기** JR 야마노테선(山手線), 주오·소부선(中央·総武線), 주오선(中央線), 사이쿄선(埼京線), 쇼난신주쿠선(湘南新宿ライン), 나리타익스프레스(成田エクスプレス), 도부선(東武線), 주오혼선(中央本線), 도쿄메트로 마루노우치선(丸ノ内線), 도에지하철 신주쿠선(新宿線), 오오에도선(大江戸線), 게이오선(京王線), 오다큐선(小田原線) 신주쿠(新宿)역 동쪽출구에서 도보 7분/세부(西武鉄道) 신주쿠선(新宿線) 세부신주쿠(西武新宿)역에서 북쪽출구에서 도보 1분 거리 **가격** ¥2,000~3,000 **영업시간** 월~목요일 17:00~00:15(L.O. 23:30), 금~토요일, 공휴일 전날 17:00~04:00(L.O. 03:30), 일요일 및 공휴일 17:00~23:00 **귀띔 한마디** 나고야 된장이 들어간 맥주도 별미이다.

향이 좋은 프랑스의 고급 홍차전문점 ★★★★★

마리아주프레르 Mariage Freres

홍차계의 왕자로 통하는 마리아주프레르의 공식매장이다. 17세기부터 프랑스에서 홍차문화를 이끈 홍차전문점으로 세계 각국에서 공수한 재료를 블랜드해 만든 오리지널홍차가 인기 있다. 홍차 및 아름다운 찻주전자 등을 판매하며, 일본에서 선물용으로 인기가 많다. 대표적인 홍차는 달콤한 배향과 꽃향기가 조화를 이룬 '마르코폴로Marco polo'로 티팟 없이 간단하게 즐길 수 있는 티백도 판매한다. 2층에는 티살롱이 있어 향 좋은 홍차와 달콤한 스위츠로 티타임을 가질 수 있다.

홈페이지 www.mariagefreres.co.jp **주소** 東京都 新宿区 新宿 3-14-25 **문의** 03-5367-1854 **찾아가기** JR 야마노테선, 주오·소부선, 주오선, 사이쿄선, 쇼난신주쿠선, 나리타익스프레스, 도부선, 주오혼선, 도쿄메트로 마루노우치선, 도에지하철 신주쿠선, 오오에도선, 게이오선, 오다큐선 신주쿠(新宿)역 동쪽출구에서 도보 10분/도쿄메트로 마루노우치선, 후쿠도심선, 도에지하철 신주쿠선 신주쿠산초메(新宿三丁目)역 B3번 출구에서 도보 1분 거리 **가격** ¥1,000~3,000 **영업시간** 11:00~20:00 **귀띔 한마디** 도쿄에서 티살롱까지 있는 마리아주플레르 매장은 긴자점과 신주쿠점 뿐이다.

130년 전통의 신주쿠 대표 과일전문점 ★★★★★

타카노 후르츠파라 タカノフルーツパーラー

1885년 문을 연 고급 과일전문점 타카노高野 본점이다. 신주쿠역 동쪽출구 바로 옆 타카노빌딩을 소유하고 있으며 5층에 과일을 먹을 수 있는 후르츠파라와 후르츠바가 있다. 신주쿠역과 이어진 지하에는 과일을 판매하는 타카노 후르츠기프트가 있어 고품질 과일을 구입할 수 있다. 간판상품은 머스크멜론으로, 스푼으로 가볍게 떠먹을 수 있을 정도로 부드럽고 당도가 뛰어나다. 고급 과일을 원 없이 먹고 싶다면 뷔페 스타일로 즐기는 타카노 후르츠바를 추천한다. 과일 한 접시 정도로 만족한다면 타카노 후르츠파라에서 맛있는 과일파르페를 하나 주문해 맛보자.

과일파르페

- **공통 홈페이지** takano.jp **주소** 東京都 新宿区 新宿 3-26-11 5F **문의** 03-5368-5147 **찾아가기** JR 야마노테선, 주오·소부선, 주오선, 사이쿄선, 쇼난신주쿠선, 나리타익스프레스, 도부선, 주오혼선, 도쿄메트로 마루노우치선, 도에지하철 신주쿠선, 오오에도선, 게이오선, 오다큐선 신주쿠(新宿)역 동쪽출구에서 도보 1분 거리 **휴무** 1월 1일, 4월 및 10월의 3번째 월요일
- **타카노 후르츠파라 가격** ¥1,000~5,000 **영업시간** 11:00~21:00(L.O. 20:30)
- **타카노 후르츠바 가격** ¥6,000 **영업시간** 11:00~21:00(최종입장 19:30) **귀띔 한마디** 시간 제한 때문에 손님이 쉽게 빠지지 않고 인기가 많으니 예약하고 가는 것이 좋다.
- **타카노 후르츠기프트 영업시간** 10:00~20:00

크고 두툼한 수제햄버거전문 카페 ★★★★☆

제이에스버거카페 신주쿠점 J.S. BURGERS CAFE 新宿店

수제햄버거전문점으로 건물 옥상에 넓은 테라스석도 갖추고 있다. 한입에 베어 물 수 없을 정도로 큼직한 햄버거를 맛볼 수 있는데, 햄버거를 주문하면 감자튀김이 함께 나온다. 햄버거나 튀김 등을 안주 삼아 맥주를 즐기는 사람도 많다. 저렴하고 푸짐한 런치는 음료와 샐러드바가 포함된다. 탄산음료, 커피, 술 등 음료도 다양해 카페로 이용해도 좋다.

홈페이지 www.flavorworks.co.jp/brand/js-burgers-cafe.html 주소 東京都 新宿区 新宿 4-1-7 3F 문의 03-5367-0185 찾아가기 JR 야마노테선(山手線), 주오·소부선(中央·総武線), 주오선(中央線), 사이쿄선(埼京線), 쇼난신주쿠선(湘南新宿ライン), 나리타익스프레스(成田エクスプレス), 도부선(東武線), 주오혼선(中央本線), 도쿄메트로 마루노우치선(丸ノ内線), 도에지하철 신주쿠선(新宿線), 오오에도선(大江戸線), 게이오선(京王線), 오다큐선(小田原線) 신주쿠(新宿)역 남쪽출구(南口)에서 도보 2분 거리 가격 ¥1,000~2,000 영업시간 평일 11:00~21:00, 토요일 10:00~22:00, 일요일 및 공휴일 10:00~21:00 귀띔 한마디 하라주쿠, 이케부쿠로 루미네 등에도 매장이 있다.

맛있는 프랑스의 가정요리전문점 ★★★★☆

크레소니에르 クレッソニエール, CRESSONNIÈRE

프랑스 가정요리를 즐길 수 있는 레스토랑이다. 특히 런치는 ¥1,000 정도에 수프, 샐러드, 전채요리, 디저트, 커피까지 포함된다. 프랑스 일반 가정에서 먹는 일상적 음식에서 따스함이 느껴진다. 토마토 속을 판 후 양념한 고기를 넣고 오븐에 구운 요리가 특히 인기가 많다. 맛집으로 소문 나 사람이 몰리는 점심에는 12시 이전에 도착하는 것이 좋다.

홈페이지 www.lcn-g.com/cressonniere 주소 東京都 新宿区 新宿 3-4-8 京王フレンテ新宿3丁目 B1F 문의 03-3350-4053 찾아가기 JR 야마노테선(山手線), 주오·소부선(中央·総武線), 주오선(中央線), 사이쿄선(埼京線), 쇼난신주쿠선(湘南新宿ライン), 나리타익스프레스(成田エクスプレス), 도부선(東武線), 주오혼선(中央本線), 도쿄메트로 마루노우치선(丸ノ内線), 도에지하철 신주쿠선(新宿線), 오오에도선(大江戸線), 게이오선(京王線), 오다큐선(小田原線) 신주쿠역 동쪽출구에서 도보 9분/도쿄메트로 마루노우치선(丸の内線), 후쿠도심선(副都心線), 도에지하철 신주쿠선(都営新宿線) 신주쿠산초메(新宿三丁目)역 B2 또는 C2번 출구에서 직접 연결 가격 런치 ¥1,000~2,000, 디너 ¥4,000~5,000 영업시간 11:00~16:30, 18:00~22:30 귀띔 한마디 코스로 주문하는 디너보다는 저렴하게 맛볼 수 있는 런치플레이트를 추천한다.

태국 현지인이 만드는 태국요리 ★★★★☆

반타이 バンタイ

태국의 냄새와 분위기를 풍기는 타이레스토랑이다. 태국인이 맞이하고 태국인이 요리하므로 태국의 맛이 그리운 사람들이 많이 찾는다. 남녀불문하고 혼자 와서 조용하게 맛을 즐기는 고독한 미식가가 많지만, 일행과 함께 이것저것 주문해 나눠 먹는 것도 좋다. 대부분 ¥1,000 이하인 런치세트는 메인요리를 선택할 수 있으며 수프와 샐러드, 디저트가 포함된다. 다양한 코스요리와 함께 술을 마시는 손님이 많은 저녁에는 예약하고 찾는 것이 좋다.

홈페이지 www.ban-thai.jp **주소** 東京都 新宿区 歌舞伎町 1-23-14 第一メトロビル 3F **문의** 03-3207-0068 **찾아가기** JR 야마노테선(山手線), 주오·소부선(中央·総武線), 주오선(中央線), 사이교선(埼京線), 쇼난신주쿠선(湘南新宿ライン), 나리타익스프레스(成田エクスプレス), 도부선(東武線), 주오혼선(中央本線), 도쿄메트로 마루노우치선(丸ノ内線), 도에지하철 신주쿠선(新宿線), 오오에도선(大江戶線), 게이오선(京王線), 오다큐선(小田原線) 신주쿠(新宿)역 동쪽출구(東口)에서 도보 5분/ 세부(西武鉄道) 신주쿠선(新宿線) 세부신주쿠(西武新宿)역에서 북쪽출구에서 도보 2분 거리 **가격** 런치 ¥800~1,000, 디너 ¥3,000~5,000 **영업시간** 평일런치 11:30~15:00, 디너 17:00~23:45(L.O. 23:00), 주말 및 공휴일 11:30~23:45(L.O. 23:00) **귀띔 한마디** 일본의 맛집 랭킹 사이트 '타베로그(食べログ)'에서 인기 많은 태국요리점이다.

오키나와의 맛있는 요리를 파는 오키나와요리점 ★★★★☆

양바루 やんばる

일본 속 또 다른 일본, 오키나와沖縄지방의 음식을 맛볼 수 있는 식당이다. 라멘집처럼 간편하게 먹을 수 있는 오키나와 소바전문점 '오키나와 소바양바루'가 모퉁이에 자리하고, 바로 옆에 테이블에 앉아서 주문하는 양바루가 있다. 쓴맛이 나는 야채 고야를 이용한 고야참플ゴーヤーチャンプルー과 밀가루 면에 고기육수를 부어 먹는 오키나와소바가 인기메뉴이다. 돼지갈비의 물렁뼈를 부드럽게 삶아 토핑으로 올린 소키소바도 추천한다. 식당에서는 오키나와의 전통주 아와모리泡盛 및 오키나와 브랜드인 오리온맥주 등을 맛있는 오키나와요리와 함께 즐길 수 있다.

고야참플

소키소바

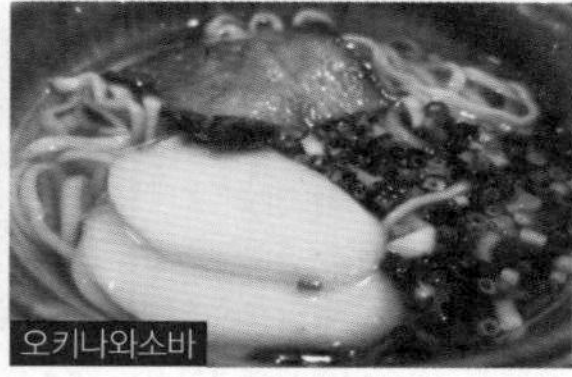
오키나와소바

주소 東京都 新宿区 新宿 3-22-1 **문의** 03-5269-3015 **찾아가기** JR 야마노테선(山手線), 주오·소부선(中央·総武線), 주오선(中央線), 사이교선(埼京線), 쇼난신주쿠선(湘南新宿ライン), 나리타익스프레스(成田エクスプレス), 도부선(東武線), 주오혼선(中央本線), 도쿄메트로 마루노우치선(丸ノ内線), 도에지하철 신주쿠선(新宿線), 오오에도선(大江戶線), 게이오선(京王線), 오다큐선(小田原線) 신주쿠(新宿)역 동쪽출구(東口)에서 도보 3분 거리 **가격** **양바루** ¥1,000~3,000 **오키나와소바 양바루** ¥700~1,000 **영업시간** 11:00~23:00 **귀띔 한마디** 저렴한 만큼 분위기 및 위생상태는 떨어지지만, 싸고 푸짐하고 맛있다.

롤양배추로 유명한 오래된 양식당 ★★★☆☆
아카시아 신주쿠본점 アカシア 新宿本店

1963년에 문을 연 오래된 양식당으로 크림소스에 뭉근하게 끓인 롤양배추스튜로 명성을 떨치고 있다. 롤양배추는 고기를 갈아 갖은 양념을 한 뒤, 살짝 데친 커다란 양배추 잎에 싸서 끓인 요리이다. 맛과 모양 모두 소박하지만 어머니가 집에서 정성껏 만들어주는 요리처럼 따스한 손맛이 난다. 서양요리이지만 일본식으로 만들어 밥반찬으로 잘 어울리므로 빵보다는 밥을 곁들이는 것을 추천한다. 롤양배추 이외에도 고로케, 함박스테이크 등 밥과 어울리는 서양요리를 판매한다.

홈페이지 www.restaurant-acacia.com **주소** 東京都 新宿区 新宿 3-22-10 **문의** 03-3354-7511 **찾아가기** JR 야마노테선(山手線), 주오·소부선(中央·総武線), 주오선(中央線), 사이쿄선(埼京線), 쇼난신주쿠선(湘南新宿ライン), 나리타익스프레스(成田エクスプレス), 도부선(東武線), 주오혼선(中央本線), 도쿄메트로 마루노우치선(丸ノ内線), 도에지하철 신주쿠선(新宿線), 오오에도선(大江戸線), 게이오선(京王線), 오다큐선(小田原線) 신주쿠(新宿)역 동쪽출구(東口)에서 도보 4분 거리 **가격** ¥1,000~2,000 **영업시간** 11:00~22:00 **귀띔 한마디** 일본 영화 '하와이언 레시피(Honokaa Boy, 2009)'에서 비 할머니가 만드는 롤양배추와 비슷하다.

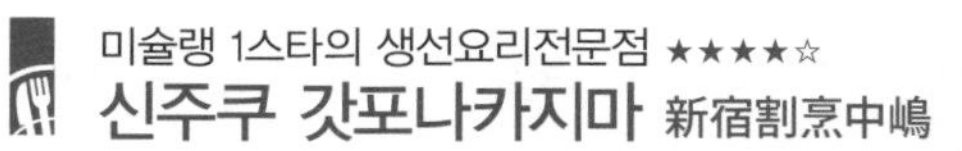

미슐랭 1스타의 생선요리전문점 ★★★★☆
신주쿠 갓포나카지마 新宿割烹中嶋

미슐랭에서 선정한 맛집으로 생선요리가 주를 이룬다. 미슐랭의 맛집은 대부분 1인당 수십만 원을 내야 먹을 수 있지만, 나카지마는 ¥1,000 대로 즐길 수 있는 런치가 있어 인기가 많다. 한적한 뒷골목에 위치하고 가파른 계단을 따라 지하까지 내려가야 해서 외관만 보고 실망할 수도 있지만 내부는 고급스럽다. 요리도 깔끔한 그릇에 정갈하게 담아 나오며, 민물생선도 비린내 하나 없이 맛있게 요리되어 나온다. 신주쿠에서 일본식으로 제대로 된 식사를 하고 싶은 사람 또는 생선요리를 좋아하는 사람에게 추천한다.

생선 튀김

생선찜

홈페이지 www.shinjyuku-nakajima.com **주소** 東京都 新宿区 新宿 3-32-5 日原ビル B1 **문의** 03-3356-4534 **찾아가기** JR 야마노테선(山手線), 주오·소부선(中央·総武線), 주오선(中央線), 사이쿄선(埼京線), 쇼난신주쿠선(湘南新宿ライン), 나리타익스프레스(成田エクスプレス), 도부선(東武線), 주오혼선(中央本線), 도쿄메트로 마루노우치선(丸ノ内線), 도에지하철 신주쿠선(新宿線), 오오에도선(大江戸線), 게이오선(京王線), 오다큐선(小田原線) 신주쿠(新宿)역 동쪽출구(東口)에서 도보 7분/도쿄메트로 마루노우치선(丸の内線), 후쿠도심선(副都心線), 도에지하철 신주쿠선(都営新宿線) 신주쿠산초메(新宿三丁目)역 A2번 출구에서 도보 2분 거리 **가격** 런치 ¥1,000~5,000, 디너 ¥10,000~20,000 **영업시간** 런치 11:30~14:00, 디너 17:30~21:00 **휴무** 일요일, 공휴일 **귀띔 한마디** 저녁에는 예약이 필수이며, 런치도 많이 붐비니 기다릴 각오를 하는 것이 좋다.

탱탱한 게살이 맛있는 대게요리전문점 ★★★★☆

카니도락 신주쿠본점 かに道楽 新宿本店

다리를 흔드는 커다란 게 모형이 유명한 대게 전문점으로 1962년 오사카大阪에서 시작한 맛집이다. 테아트르빌딩テアトルビル 7~8층에 위치해 화려한 신주쿠 가부키초를 내려다보며 식사할 수 있다. 신선한 대게를 이용한 회, 찜, 초밥, 샐러드, 튀김, 그라탱 등 다양한 요리를 선보이며, 게살은 발라 먹기 좋게 손질되어 나온다. 대게로만 구성된 다양한 코스요리가 있으며, 맛있는 게살로 배를 가득 채울 수 있다.

대게 찜

대게 계란찜

홈페이지 douraku.co.jp 주소 東京都 新宿区 新宿 3–14–20 テアトルビル 7·8F 문의 03–3352–0096 찾아가기 JR 야마노테선(山手線), 주오·소부선(中央·総武線), 주오선(中央線), 사이교선(埼京線), 쇼난신주쿠선(湘南新宿ライン), 나리타익스프레스(成田エクスプレス), 도부선(東武線), 주오혼선(中央本線), 도쿄메트로 마루노우치선(丸ノ内線), 도에지하철 신주쿠선(新宿線), 오오에도선(大江戸線), 게이오선(京王線), 오다큐선(小田原線) 신주쿠(新宿)역 동쪽출구(東口)에서 도보 9분/도쿄메트로 마루노우치선(丸の内線), 후쿠도심선(副都心線), 도에지하철 신주쿠선(都営新宿線) 신주쿠산초메(新宿三丁目)역 B5번 출구에서 도보 2분 거리 가격 런치 ¥4,000~6,000, 디너 ¥6,000~10,000 영업시간 11:30~22:00 귀띔 한마디 런치에는 코스요리를 할인된 가격으로 즐길 수 있다.

신주쿠역 서쪽에 위치한 선술집 거리 ★★☆☆☆

오모이데요코초 思い出横丁

제2차 세계대전 후 신주쿠역 서쪽에 생활용품 노점상이 빼곡히 들어서면서 좁은 골목길이 만들어졌다. 그 모습 그대로 하나둘씩 선술집으로 바뀌면서 지금의 오모이데요코초가 되었다. 오모이데思い出라는 말은 일본어로 '추억'을 뜻하며, 말 그대로 옛 영화의 배경으로 등장하는 풍경을 연상시킨다. 숯불에 구운 닭꼬치 야키토리焼き鳥, 곱창 및 대창 등의 내장구이 호르몬ホルモン, 소바 및 라멘 등 ¥300~500 정도에 먹을 수 있는 간단한 안주를 판매하는 곳이 대부분이다. 저렴한 가격으로 가볍게 술 한잔하고 싶을 때 잠시 들러 새로운 추억을 쌓아보자.

홈페이지 www.shinjuku–omoide.com 주소 東京都 新宿区 西新宿 찾아가기 JR 야마노테선(山手線), 주오·소부선(中央·総武線), 주오선(中央線), 사이교선(埼京線), 쇼난신주쿠선(湘南新宿ライン), 나리타익스프레스(成田エクスプレス), 도부선(東武線), 주오혼선(中央本線), 도쿄메트로 마루노우치선(丸ノ内線), 도에지하철 신주쿠선(新宿線), 오오에도선(大江戸線), 게이오선(京王線), 오다큐선(小田原線) 신주쿠(新宿)역 서쪽출구에서 도보 2분 가격 ¥1,000~2,000 영업시간 17:00~23:00(가게에 따라 다름) 귀띔 한마디 신주쿠역 서쪽출구로 나와서 북쪽으로 조금만 걸어가면 할인티켓 판매소가 나오고 그 뒤쪽 골목이 오모이데요코초이다.

일본드라마 '심야식당'의 무대가 된 밤거리 ★★★☆☆

신주쿠 골든가이 新宿ゴールデン街

밤이 되면 하나둘씩 불빛을 밝히며 아침이 올 때까지 작은 술집 200여 곳이 장사를 하는 곳이다. 이 거리는 신주쿠 카부키초의 유흥업소에서 일하거나 신주쿠 주변에서 밤새 일하는 사람들을 위한 휴식처이다. 야쿠자, 호스티스, 매춘부, 게이, 트랜스젠더 등 가부키초의 환락가에서 종사하는 인물이 등장하는 일본 드라마 '심야식당深夜食堂(2009, 2011년)'의 세계가 현실에서 펼쳐진다. 치안상태가 좋지 않은 동남아시아의 뒷골목을 연상시키지만, 본인이 위험한 행동을 하지 않는 한 문제가 생기지는 않으니 무서워하지 않아도 된다. 일행과 함께라면 괜찮지만, 만일의 경우를 위해 여성 혼자서는 찾아가지 않는 것이 좋다.

주소 東京都 新宿区 歌舞伎町 **찾아가기** JR 야마노테선(山手線), 주오·소부선(中央·総武線), 주오선(中央線), 사이교선(埼京線), 쇼난신주쿠선(湘南新宿ライン), 나리타익스프레스(成田エクスプレス), 도부선(東武線), 주오혼선(中央本線), 도쿄메트로 마루노우치선(丸ノ内線), 도에이지하철 신주쿠선(新宿線), 오오에도선(大江戸線), 게이오선(京王線), 오다큐선(小田原線) 신주쿠(新宿)역 동쪽출구(東口)에서 도보 10분/도쿄메트로 마루노우치선(丸の内線), 후쿠도심선(副都心線), 도에이지하철 신주쿠선(都営新宿線) 신주쿠산초메(新宿三丁目)역 E1번 출구에서 도보 2분 **가격** ¥1,000~3,000 **영업시간** 20:00~06:00(가게에 따라 다름) **귀띔 한마디** 가부키초와 하나조노신사의 사이에 위치한 골목길 안쪽이라 큰길가에서는 잘 안 보인다.

신주쿠 골든가이의 맛집

진한 멸치육수로 유명한 라멘집
나기 ラーメン凪

신주쿠 골든가이의 인기 라멘집이다. 한 그릇에 50g 이상의 마른멸치를 사용해 만든 진한 국물이 특징인 니보시라멘(煮干ラーメン)이 가장 인기 있다. 가수율(加水率) 45%의 두툼한 면은 탱탱한 식감이 독특하며, 면을 제대로 느끼려면 면을 진한 국물에 찍어 먹는 츠케멘으로 맛보는 것을 추천한다. 24시간 영업하므로 신주쿠에서 새벽까지 술을 마시고 뜨끈한 국물로 해장하고 싶을 때 찾으면 좋다.

츠케멘

니보시라멘

홈페이지 www.n-nagi.com **주소** 東京都 新宿区 歌舞伎町 1-1-10-2F 新宿ゴールデン街内 **문의** 03-3205-1925 **찾아가기** 신주쿠 골든가이 안 **가격** ¥1,000~1,500 **영업시간** 24시간 **귀띔 한마디** 일본사람들은 라멘으로 해장을 하며, 일본라멘은 술 마신 후 새벽에 먹는 것이 제일 맛있다.

Special 08 라멘의 천국, 신주쿠

신주쿠에는 일본에서 최고로 꼽히는 라멘집이 많으니 적어도 한 끼 정도는 라멘을 먹을 것을 추천한다. 라멘집은 대부분 가게 안에 있는 자동판매기에서 선불로 티켓을 구입하여 주문한다. 카드사용이 안 되는 곳도 있으니 현금을 준비하는 것이 좋다.

면발이 살아있는 최고의 라멘 후운지 風雲児

예전에 아이돌 스타였던 아저씨가 운영하는 라멘집이다. 하지만 이전 인기로 장사하지 않고 직접 조리대에 서서 정성을 다해 요리하여 맛으로 최고의 평가를 받고 있다. 특히 탱탱하게 살아있는 면발은 최고급 이탈리안레스토랑에서 만든 생파스타의 식감과 비슷하다. 국물 없이 그냥 면만 씹어도 만족할 수 있을 만큼 면의 완성도가 뛰어나다. 닭 육수에 가다랑어포와 다시마를 넣어 국물을 만든 라멘도 맛있지만, 일반 라멘에 비해 두툼한 면발을 제대로 느낄 수 있는 츠케멘이 더 맛있다. 후운지의 라멘을 먹기 위해 찾는 사람들의 행렬이 끊이지 않아 라멘집이 많은 신주쿠의 구석진 곳에 위치함에도 불구하고 30분~1시간씩 기다려야 한다. 또한 재료가 일찍 떨어지기도 하니 가능한 한 일찍 가는 것이 좋다.

홈페이지 www.fu-unji.com **주소** 東京都 渋谷区 代々木 2-14-3 **문의** 03-6413-8480 **찾아가기** JR 야마노테선(山手線), 주오·소부선(中央·総武線), 주오선(中央線), 사이쿄선(埼京線), 쇼난신주쿠선(湘南新宿ライン), 나리타익스프레스(成田エクスプレス), 도부선(東武線), 주오혼선(中央本線), 도쿄메트로 마루노우치선(丸ノ内線), 도에지하철 신주쿠선(新宿線), 오오에도선(大江戸線), 게이오선(京王線), 오다큐선(小田原線) 신주쿠(新宿)역 남쪽출구(南口)에서 도보 10분 **가격** ¥850~1,100 **영업시간** 월~토요일 11:00~15:00, 17:00~21:00(육수가 떨어지면 일찍 종료)

신주쿠를 대표하는 멘야무사시 신주쿠본점 麺屋武蔵 新宿本店

진하고 맛있는 라멘으로 유명한 멘야무사시의 본점으로 1998년 6월에 문을 열었다. 가게로 들어서면 활력 넘치는 점원들이 밝게 맞이한다. 검 2개를 사용하는 무사를 뜻하는 니토류(二刀流)가 특이하게 육수(수프) 이름에 붙어 있다. 닭 뼈와 돼지 뼈를 함께 푹 고아 만든 육수와 가다랑어포 및 멸치 등으로 산뜻하게 만든 육수를 합친 더블수프이기 때문이다. 돼지 뼈 특유의 냄새가 강하지 않아 일본라멘에 익숙하지 않은 외국인들도 맛있게 먹을 수 있다. 육수는 기름기가 많은 진한 맛(ゴッテリ, 곳테리)과 기름기가 적은 담백한 맛(あっさり, 앗사리) 중에서 선택할 수 있다. 노른자를 절묘하게 반숙으로 익힌 아지타마(味玉)와 보쌈처럼 부드러운 가쿠니(角煮)도 맛있으니 모두 듬뿍 들어간 무사시라멘(武蔵ら~麺)을 추천한다.

홈페이지 www.menya634.co.jp **주소** 東京都 新宿区 西新宿 7-2-6 **문의** 03-3363-4634 **찾아가기** JR 야마노테선(山手線), 주오·소부선(中央·総武線), 주오선(中央線), 사이쿄선(埼京線), 쇼난신주쿠선(湘南新宿ライン), 나리타익스프레스(成田エクスプレス), 도부선(東武線), 주오혼선(中央本線), 도쿄메트로 마루노우치선(丸ノ内線), 도에지하철 신주쿠선(新宿線), 오오에도선(大江戸線), 게이오선(京王線), 오다큐선(小田原線) 신주쿠(新宿)역 서쪽출구에서 도보 6분 거리 **가격** ¥900~1,500 **영업시간** 11:00~22:30 **귀띔 한마디** 유명한 라멘집이라 최소 30분은 줄을 서야 한다.

생선 뼈로 육수를 만들어 담백한 멘야카이진 麺屋海神

생선 뼈를 이용한 맑고 담백한 육수에 소금으로 간하고 소면처럼 얇은 면을 넣어 먹는 건강한 라멘집이다. 생선 뼈를 직화로 한번 구워 불맛을 내고 비린내도 없앤 후에 육수를 낸다. 매일 신선한 생선을 공수하여 육수를 내는 생선의 종류도 매일 바뀌고 그에 따라 국물 맛도 매일 변한다. 라멘 위에는 생선 살로 동그랗게 빚어 만든 어묵이 올라간다. 담백한 국물과 얇은 면이 몸에는 좋지만 다소 양이 부족할 수 있으니 야키오니기리(焼きおにぎり)를 세트로 주문해 먹으면 딱 좋다. 야키오니기리는 겉면을 구워서 누룽지처럼 씹는 맛이 있는 주먹밥으로, 남은 라멘 국물에 말아 먹으면 맛있다.

홈페이지 menya-kaijin.tokyo **주소** 東京都 新宿区 新宿 3-35-7 さんらくビル 2F **문의** 03-3356-5658 **찾아가기** JR 야마노테선(山手線), 주오·소부선(中央·総武線), 주오선(中央線), 사이쿄선(埼京線), 쇼난신주쿠선(湘南新宿ライン), 나리타익스프레스(成田エクスプレス), 도부선(東武線), 주오혼선(中央本線), 도쿄메트로 마루노우치선(丸ノ内線), 도에지하철 신주쿠선(新宿線), 오오에도선(大江戸線), 게이오선(京王線), 오다큐선(小田原線) 신주쿠(新宿)역 동남쪽(東南口)번 출구에서 도보 30초 **가격** ¥800~1,500 **영업시간** 월~토요일 11:00~15:00, 16:30~23:30, 일요일 11:00~23:00 **귀띔 한마디** 매운맛도 조절 가능하다.

진한 새우 국물의 츠케멘 고노카미세사쿠조 五ノ神製作所

지나가는 행인 하나 없는 으슥한 골목 안쪽에 위치하지만 언제나 긴 줄이 늘어서는 인기 라멘집이다. 커다란 새우머리를 듬뿍 넣고 저온으로 장시간 끓여 새우 맛이 진하게 나는 걸쭉한 국물이 특징이다. 인기메뉴는 에비츠케멘(海老つけ麵)으로 노란빛이 나는 면에 진한 새우육수를 찍어 먹는다. 토마토가 들어가 뒷맛이 산뜻한 에비토마토츠케멘(海老トマトつけ麵)도 인기 있는데, 새우가 들어간 토마토소스스파게티를 먹는 기분이다. 다른 곳에서는 맛볼 수 없는 독특한 라멘을 원하거나, 새우를 좋아하는 사람에게 추천한다.

에비츠케멘

홈페이지 gonokamiseisakusho.com **주소** 東京都 渋谷区 千駄ヶ谷 5-33-16 **문의** 03-5379-0203 **찾아가기** JR 야마노테선(山手線), 주오·소부선(中央·総武線), 주오선(中央線), 사이쿄선(埼京線), 쇼난신주쿠선(湘南新宿ライン), 나리타익스프레스(成田エクスプレス), 도부선(東武線), 주오혼선(中央本線), 도쿄메트로 마루노우치선(丸ノ内線), 도에지하철 신주쿠선(新宿線), 오오에도선(大江戸線), 게이오선(京王線), 오다큐선(小田原線) 신주쿠(新宿)역 남쪽출구(南口)에서 도보 6분 **가격** ¥1,000~1,500 **영업시간** 11:00~21:00 **귀띔 한마디** 육수에 새우가 많이 들어가니 갑각류 알레르기 있는 사람은 절대로 먹으면 안 된다.

24시간 영업하는 돈코츠라멘전문점 이치란 一蘭

돈코츠라멘으로 유명한 큐슈에서 시작한 라멘집으로 일본 전역에 체인점이 있다. 독서실처럼 1명씩 앉아서 오로지 라멘에만 집중하고 먹을 수 있도록 칸막이가 설치된 것이 특징이다. 혼자 가서 먹어도 눈치 볼 필요가 없다. 일행과 함께 대화를 나누면서 먹고 싶은 경우, 칸막이를 제거하는 것도 가능하다. 하얗게 우려낸 돼지 뼈 육수를 사용하는 돈코츠라멘이지만 돼지 누린내가 나지 않아 누구나 맛있게 먹을 수 있다. 주문할 때 면의 삶는 정도 및 국물에 들어가는 기름양, 맛 등을 취향에 맞춰 선택할 수 있다. 이치란이 처음이라면 무난하게 '기본(基本)'으로 체크해 주문하면 된다.

홈페이지 www.ichiran.co.jp **주소** 東京都 新宿区 新宿 3-34-11 ピースビル B1F **문의** 03-3225-5518 **찾아가기** JR 야마노테선(山手線), 주오·소부선(中央·総武線), 주오선(中央線), 사이쿄선(埼京線), 쇼난신주쿠선(湘南新宿ライン), 나리타익스프레스(成田エクスプレス), 도부선(東武線), 주오혼선(中央本線), 도쿄메트로 마루노우치선(丸ノ内線), 도에지하철 신주쿠선(新宿線), 오오에도선(大江戸線), 게이오선(京王線), 오다큐선(小田原線) 신주쿠(新宿)역 동쪽출구(東口)에서 도보 3분 거리 **가격** ¥800~1,000 **영업시간** 24시간 **휴무** 연중무휴 **귀띔 한마디** 신주쿠점은 24시간 영업하여 신주쿠에서 술 마시고난 후 새벽에 해장하러 가기 좋다.

한국라면보다 더 매운 모코탕멘나카모토 蒙古タンメン中本

일본에서 매운맛이 그리울 때 가면 제대로 만족할 수 있는 라멘집이다. 매운맛에 약한 일본이라고 만만하게 보고 제일 매운맛으로 주문하면 큰코다칠 수 있다. 매운맛에 익숙한 한국인도 배탈이 날 정도로 지독하게 맵다. 매운 정도를 알기 쉽게 불꽃 그림으로 표시되어 있으니 참고해서 주문하면 된다. 엄청나게 매운 마파두부가 미소라멘 위에 올라가 있는 모코탕멘(蒙古タンメン)이 인기도 제일 많고 맛있게 매워 먹기도 좋다.

모코탕멘

홈페이지 www.moukotanmen-nakamoto.com **주소** 東京都 新宿区 西新宿 7-8-11 美笠ビル B1F **문의** 03-3363-3321 **찾아가기** JR 야마노테선(山手線), 주오·소부선(中央·総武線), 주오선(中央線), 사이쿄선(埼京線), 쇼난신주쿠선(湘南新宿ライン), 나리타익스프레스(成田エクスプレス), 도부선(東武線), 주오혼선(中央本線), 도쿄메트로 마루노우치선(丸ノ内線), 도에지하철 신주쿠선(新宿線), 오오에도선(大江戸線), 게이오선(京王線), 오다큐선(小田原線) 신주쿠(新宿)역 서쪽출구(西口)에서 도보 7분 **가격** ¥800~1,000 **영업시간** 11:00~23:00 **귀띔 한마디** 매운맛에 자신 있는 사람들에게 추천한다.

매운 라유에 비벼먹는 아부라소바 총본점 油そば 総本店

라멘의 국물에서 느껴지는 독특한 향에 익숙해지지 않는다면, 국물 없이 매운 기름에 비벼 먹는 아부라소바를 추천한다. 기름이 많이 들어가서 느끼할 것 같지만 매운맛이 느끼함을 확실히 잡아준다. 산뜻한 뒷맛을 원한다면 식초를 추가해 먹으면 좋고 매운맛이 더 필요하다면 라유를 추가하면 된다. 국물이 없어 일반 라멘에 비해 칼로리와 염분이 낮고, 상상 이상으로 입안에서 착 달라붙는 맛이라 한번 맛보면 또 생각난다. 테이블 위에는 큐슈에서 만든 매운 타카나(高菜, 갓)가 놓여 있는데, 야채가 부족한 아부라소바에 곁들여 먹으면 더 맛있다.

주소 東京都 新宿区 西新宿 1-13-6 西新宿ビル 1F **문의** 03-5919-0028 **찾아가기** JR 야마노테선(山手線), 주오·소부선(中央·総武線), 주오선(中央線), 사이쿄선(埼京線), 쇼난신주쿠선(湘南新宿ライン), 나리타익스프레스(成田エクスプレス), 도부선(東武線), 주오혼선 (中央本線), 도쿄메트로 마루노우치선(丸ノ内線), 도에지하철 신주쿠선(新宿線), 오오에도선(大江戸線), 게이오선(京王線), 오다큐선(小田原線) 신주쿠(新宿)역 남쪽출구(南口) 또는 7번 출구에서 도보 3분 **가격** ¥700~1,000 **영업시간** 월~토요일 11:00~04:00, 일요일 11:00~21:00

Section 03

Tokyo

신주쿠에서 놓치면 후회하는 쇼핑

일본에서 긴자 다음가는 쇼핑의 천국은 신주쿠이다. 백화점, 쇼핑센터, 명품숍, 패스트패션브랜드숍, 전자상자, 각종 전문숍 등 다양한 취향을 가진 모든 연령대가 만족할 수 있는 쇼핑거리가 신주쿠역 안팎으로 넓게 분포되어 있다. 신주쿠역과 직접 연결된 백화점, 쇼핑센터, 지하 쇼핑가 등의 시설만 해도 10개가 넘는다. 원하는 것이 무엇이든 신주쿠에서 살 수 없는 것이 없다고 봐도 될 정도이다.

역 안의 쇼핑센터 루미네 1호점 ★★★☆☆

루미네1 ルミネ1, LUMINE1 신주쿠역

루미네는 JR 동일본JR東日本이 만든 쇼핑센터로, 역과 이어져 있어 개찰구에서 바로 연결된다. 상품 가격이 1만 엔 이하인 경우가 대부분으로 적당한 경제력과 소비력을 갖춘 20대 중반의 여성이 주요타깃이다. 신주쿠역에는 루미네1, 루미네2, 루미네에스트, 이렇게 3개의 거대한 루미네가 신주쿠역의 남쪽, 서쪽, 동쪽을 차지하고 있다. 신주쿠역에 있는 루미네 3개의 면적을 합하면 신주쿠에서 제일 큰 쇼핑센터라고 할 수 있다.

신주쿠역 남쪽출구와 서쪽출구 사이의 코너에 위치한 루미네1은 1976년에 문을 연 루미네 1호점이다. 루미네1은 지하 2층부터 지상 8층으로 총 10개 층이며, 지하 1층부터 4층까지는 대부분 여성패션브랜드이다. 5~6층은 인테리어소품 및 생활잡화가 많고 7층은 레스토랑가 메시마세meshi mase, 8층은 미용실 및 클리닉이 있다.

홈페이지 www.lumine.ne.jp **주소** 新宿区 西新宿 1-1-5 **문의** 03-3348-5211 **찾아가기** 신주쿠역 남쪽개찰구로 나와서 오른쪽으로 직접 연결 **영업시간** **숍** 11:00~21:00 **레스토랑** 11:00~22:00(레스토랑에 따라 다름)

✓ 신주쿠는 쇼핑할 곳이 너무 많아서 다 둘러볼 수 없으니 자신의 취향에 맞는 2~3군데만 골라서 돌아보자.

20대 여성들을 위한 쇼핑센터 ★★★★☆

루미네2 ルミネ2, LUMINE2 신주쿠역

루미네2는 1~7층으로 이루어진 쇼핑센터로, 루미네1과 마찬가지로 20대 중반의 여성들이 좋아할 예쁜 상품으로 가득하다. 신주쿠역 개찰구 옆으로 1층이 연결되는데 라듀레, 록시땅, 딘앤델루카 등의 브랜드가 입점해 있어 산뜻하고 모던한 이미지를 풍긴다. 제일 넓은 2층은 여성패션브랜드 중심이며 한쪽에 뉴욕의 인기 브런치카페 '사라베스Sarabeth's'가 있다. 3~6층까지는 남성패션 및 생활잡화 등을 판매한다. 7층에는 일본의 개그맨들이 무대를 펼치는 '루미네 더요시모토ルミネtheよしもと'가 있다.

홈페이지 www.lumine.ne.jp **주소** 新宿区 新宿 3-38-2 **문의** 03-3348-5211 **찾아가기** 신주쿠역 남쪽개찰구로 나와서 왼쪽으로 직접 연결 **영업시간 숍** 11:00~22:00 **레스토랑** 11:00~22:00(레스토랑에 따라 다름)

루미네2의 먹거리와 볼거리

프랑스의 귀족 과자 마카롱전문점

라듀레 ラデュレ, Ladurée

루미네2의 1층, 신주쿠역 남쪽출구 바로 옆에는 마카롱으로 유명한 라듀레의 부티크와 아이스크림바가 있다. 파리의 인기 마카롱전문점인 라듀레는 일본에서도 인기가 많아 점포가 점점 늘어가고 있다. 신주쿠의 라듀레는 포장판매가 많지만, 테이블도 있으니 먹고 가도 된다. 하지만 긴자 미츠코시에 있는 라듀레살롱처럼 느긋하게 시간을 보낼 수 있는 분위기는 아니고 일반 카페처럼 캐주얼한 분위기이다. 신주쿠점에만 아이스크림바가 있어서 라듀레의 달콤하고 부드러운 아이스크림을 즐길 수 있다.

홈페이지 www.laduree.jp **주소** 東京都 新宿区 新宿 3-38-2 ルミネ2 1F **문의** 03-6380-5981 **찾아가기** 루미네2, 1층, 신주쿠역 개찰구에서 바로 연결 **가격** ¥500~2,000 **영업시간** 11:00~21:30 **귀띔 한마디** 마카롱은 온도가 중요하기 때문에 구입한 즉시 그 자리에서 먹는 것이 제일 맛있다.

미국 드라마 '섹스앤더시티'의 브런치카페

사라베스 サラベス, Sarabeth's

뉴욕의 인기 브런치카페 사라베스의 일본 첫 진출점이다. 뉴욕의 브런치를 미국 드라마 '섹스앤더시티'의 주인공들처럼 즐기려는 사람이 많아서 대기표를 받고 몇 시간씩 기다려야 들어갈 수 있다. 가격이 비싼 것이 흠이지만 산뜻한 인테리어와 보기에도 예쁜 음식은 드라마를 보며 꿈꾸던 특별한 경험을 선사한다. 수란 위에 연노랑 홀랜다이즈소스를 얹어 먹는 사라베스의 에그베네딕트는 그야말로 일품이다. 혼자 먹기에는 양이 많으니 수다 떨기 좋은 친구와 함께 가서 에그베네딕트와 다른 요리를 하나씩 주문해 나눠 먹는 것을 추천한다.

홈페이지 www.sarabethsrestaurants.jp **주소** 東京都 新宿区 新宿 3-38-2 ルミネ2 2F **문의** 03-5357-7535 **찾아가기** 루미네2, 2층 **가격** ¥1,500~2,000 **영업시간** 10:00~22:00(L.O. 21:00) **귀띔 한마디** 마루노우치의 도쿄점, 시나가와점 등 도쿄 안에 점포가 더 있다.

일본판 개그콘서트
루미네 더요시모토 ルミネtheよしもと

요시모토(吉本)는 일본 개그맨들의 공연이 펼쳐지는 대표적 극장이다. 일본 예능프로그램에 등장하는 코미디언 대부분이 요시모토 출신일 정도이다. 이곳은 객석 458명 규모의 상설극장으로 도쿄에서 가장 큰 요시모토 극장이다. 만자이(漫才) 및 콩트 등 재미있는 쇼가 매일 펼쳐진다. 극장 앞에 있는 요시모토 텔레비전 도리에서는 기념품 및 기념과자 등도 판매한다.

홈페이지 www.yoshimoto.co.jp **주소** 東京都 新宿区 新宿 3-38-2 ルミネ2 7F **문의** 03-5339-1112 **찾아가기** 루미네2, 7층 **가격** ¥3,000~5,000 **영업시간** 11:00~21:30(공연종료 시간에 따라 다름) **귀띔 한마디** 일본어 및 일본 문화를 제대로 이해해야 웃을 수 있는 공연이 많다.

중장년층을 위한 대형백화점 ★★★☆☆
오다큐백화점 小田急百貨店, odakyu 신주쿠역

오다큐백화점은 이름 그대로 오다큐전철을 운영하는 오다큐그룹에서 만든 백화점이다. 신주쿠역 남쪽을 차지했던 거대한 오다큐백화점 본관은 코로나시기를 넘지 못하고 문을 닫았다. 대신 1962년부터 오다큐백화점으로 사용되던 하르쿠빌딩ハルクビル이 오다큐백화점 신주쿠점으로 남았다. 오다큐백화점과 게이오백화점은 50~70대가 선호하는 유명 브랜드가 많고, 상품 가격대도 비싼 편이다.

홈페이지 www.odakyu-dept.co.jp **주소** 東京都 新宿区 西新宿 1-5-1 **문의** 05-7002-5888 **찾아가기** 신주쿠역 내부, 서쪽출구 개찰구에서 바로 연결 **영업시간** 숍 10:00~20:00 **레스토랑** 11:00~22:30

신주쿠역 동쪽을 차지하고 있는 거대한 쇼핑센터 ★★★★☆

루미네에스트 ルミネエスト, LUMINE EST 신주쿠역

신주쿠역 동쪽 전체를 차지하고 있는 커다란 빌딩이 루미네에스트이다. 지하 2층부터 8층까지로, 가장 넓은 층은 JR 동쪽개찰구와 바로 연결된 지하 1층이다. 사람들이 제일 많이 지나가는 곳이기도 해서 쇼핑의 꽃인 여성패션브랜드가 지하 1층에 집중되어 있다. 4층까지는 여성패션브랜드가 주를 이루고, 5~6층은 남성패션과 인테리어소품 등을 판매한다. 7~8층은 레스토랑가로 다양한 레스토랑이 넓은 공간에 깔끔하게 자리 잡고 있어 인기가 많다.

홈페이지 www.lumine.ne.jp **주소** 東京都 新宿区 新宿 3-38-1 **문의** 03-5269-1111 **찾아가기** 신주쿠역 동쪽출구 **영업시간 숍** 평일 11:00~21:00 **레스토랑** 11:00~22:00

루미네에스트에서 맛보는 스위츠

크고 부드러운 케이크전문점

하브스 ハーブス, HARBS

하브스의 케이크는 크기가 엄청나게 커서 식사 대신 한 조각만 먹어도 배가 부를 정도이다. 커다란 케이크 속은 크림과 과일이 대부분이어서 씹지 않아도 될 만큼 부드럽다. 계절에 따라 제철과일 및 재료를 이용한 신작 케이크가 등장하며, 신선한 재료를 사용해 맛도 좋고 영양가도 높다. 케이크만 먹으면 느끼하니 홍차나 커피를 곁들이면 좋다. 양도 많고 칼로리도 높고 가격도 비싸므로 디저트로 먹기보다는 식사 대용으로 생각하는 것이 좋다.

마론타르트

홈페이지 www.harbs.co.jp **주소** 東京都 新宿区 新宿 3-38-1 ルミネエスト新宿 B2F **문의** 03-5366-1538 **찾아가기** 루미네에스트 지하 2층 **가격** ￥1,500~2,000 **영업시간** 11:00~20 **귀띔 한마디** 하브스는 롯폰기힐즈, 시부야 히카리에, 루미네유라쿠초점 등에도 점포가 있다.

10대들의 귀여운 감성이 느껴지는 쇼핑몰 ★★★☆☆

신주쿠 미로드 新宿ミロード, mylord 신주쿠역

10~20대 초반 여성을 타깃으로 한 쇼핑몰로 신주쿠역 남쪽출구의 루미네1과 루미네2 사이에 있다. 건물은 신주쿠역 서쪽출구에 있는 오다큐백화점과 연결되어 있으며, 2~9층으로 구성되어 있다. 오다큐백화점과 게이오백화점 사이의 좁은 골목길에는 실외테라스 형태의 모자이크도리モザイク通り가 있다. 미로드Mylord라는 이름은 셰익스피어의 작품에도 등장하는 영국식 경칭으로, 미로드를 찾는 고객에 대한 마음이 담겨있다. 입점 브랜드는 대부분 중저가이고 귀엽고 개성 있는 상품이 주를 이뤄 일본의 독특한 패션감각을 느낄 수 있다.

홈페이지 www.shinjuku-mylord.com **주소** 東京都 新宿区 西新宿 1-1-3 **문의** 03-3349-5611 **찾아가기** 신주쿠역 남쪽출구의 루미네1과 루미네2 사이/신주쿠역 서쪽출구의 오다큐백화점과 게이오백화점 사이 **영업시간** 11:00~21:00, 레스토랑 11:00~23:00, 모자이크도리 10:00~21:00 **귀띔 한마디** 모자이크도리는 천장이 없는 형태라 복잡한 신주쿠역 안인데도 개방감이 느껴진다.

신주쿠 미로드의 백엔숍

귀여운 주방용품 및 생활용품을 파는 잡화점

내추럴키친& NATURAL KITCHEN&

단돈 ¥100(세금별도)이라는 가격이 믿어지지 않을 정도로 귀엽고 예쁜 물건으로 가득한 백엔숍으로 생활용품 및 잡화를 취급한다. 그릇, 컵, 젓가락, 통 등의 주방용품이 대부분이며, 깔끔하면서 내추럴한 디자인의 제품이 많다. 상품은 거의 ¥100이지만 상품에 따라 ¥200~300 정도의 가격도 있고 ¥100이 아닌 상품에는 별도의 가격표가 붙어 있다. 값은 저렴하지만 같은 디자인 라인업이 세트로 마련되어 있는 경우가 많아 부담 없이 한 살림 장만할 수 있다.

홈페이지 www.natural-kitchen.jp **주소** 東京都 新宿区 西新宿 1-1-3 小田急新宿ミロード M2F **문의** 03-3349-5703 **찾아가기** 신주쿠역 마도르, 몰 2층 **영업시간** 11:00~21:00 **귀띔 한마디** 깨지기 쉬운 물건을 구입했다면, 비행기를 탈 때 손에 들고 가는 것이 안전하다.

중장년층을 대상으로 하는 대형백화점 ★★★☆☆

게이오백화점 京王百貨店, KEIO 신주쿠역

신주쿠역 서쪽출구에 있는 오다큐백화점 바로 옆에 있는 대형백화점으로, 오다큐백화점과 마찬가지로 게이오전철京王電鉄에서 만들었다. 주요타깃은 50~70대의 중장년층으로 품질 좋은 중고가 브랜드가 많다. 또한 자사유통브랜드 상품을 개발 판매하여 게이오백화점만의 브랜드력을 신뢰하는 손님이 많다. 흔히 데파지카デパ地下라고 부르는 게이오백화점의 지하 식품매장은 규모도 크고, 일본 전역에서 유명한 브랜드가 많이 모여 있는 것으로 유명하다.

홈페이지 www.keionet.com **주소** 東京都 新宿区 西新宿 1-1-4 **문의** 03-3342-2111 **찾아가기** 신주쿠역 서쪽출구로 나와서 왼쪽 **영업시간 지하 1~2층** 10:00~20:30 **3층 이상** 10:00~20:00 **8층 레스토랑가** 11:00~22:00 **귀띔 한마디** 품질 좋은 일본 브랜드가 많아 선물을 구입하기 좋다.

게이오백화점의 추천 숍

한번 맛보면 중독되는 달콤한 러스크

가토페스타 하라다 ガトーフェスタ ハラダ

군마현(群馬県)에서 1901년에 오픈한 제과점으로 언제나 가게 앞에 수십 명씩 줄 서서 기다린다. 인기상품은 바게트에 버터와 설탕을 발라 바삭바삭하게 구운 가토러스크 '그테데로와(グーテ・デ・ロワ)'이다. 초콜릿 또는 화이트초콜릿을 입힌 러스크도 인기 있다.

홈페이지 www.gateaufesta-harada.com **문의** 03-5321-8063 **찾아가기** 게이오백화점 지하중간층(中地階) **가격** ¥500~3,500 **영업시간** 10:00~20:00 **귀띔 한마디** 값만 비싸고 맛이 그저 그런 도쿄의 인기 기념과자들보다 만족도가 높다.

교토의 고급 일본차 브랜드

잇포도차야 一保堂茶舗

잇포도는 교토에 있는 일본차전문점으로, '차 하나만 지키다(茶一つを保つ)'라는 의미이다. 1717년에 교토에서 문을 열어 300년이 가까운 세월 동안 사랑받고 있다. 연한 녹색의 맑은 차로, 뒷맛에 살짝 단맛이 나는 고급 녹차 교쿠로(玉露)가 유명하다. 또한 찻잎을 갈색빛이 나도록 볶아서 고소한 맛을 내는 호지차(ほうじ茶)도 맛있다. 일본은 일상으로 차를 즐기는 다도문화가 발달하여 차의 질과 맛이 좋으니 차를 좋아하는 사람에게 강력히 추천한다.

홈페이지 www.ippodo-tea.co.jp **찾아가기** 게이오백화점 지하중간층(中地階) 식품매장 **가격** ¥500~2,000 **영업시간** 10:00~20:00 **문의** 03-5321-5674 **귀띔 한마디** 유통기간이 짧은 편이니 적은 양으로 포장된 것을 구입하는 것이 좋다.

20대 남녀를 위한 패션빌딩 ★★☆☆☆

플래그스 フラッグス, Flags 신주쿠역

대부분의 쇼핑시설이 소비력이 큰 여성을 타깃으로 구성한 반면에 플래그스에는 남성들이 좋아할 브랜드가 많다. 1층에서 4층까지는 갭GAP, 쉽스SHIPS 등의 캐주얼브랜드숍이 입점해 있고 수입캐주얼브랜드가 많아서 아메리칸스타일을 선호하는 20대에게 인기 있다. 6층은 서핑, 스노보드 등의 스포츠전문용품을 판매하는 오쉬만스OSHMAN'S, 9~10층은 음반을 판매하는 타워레코드TOWER RECORDS가 있다.

홈페이지 www.flagsweb.jp **주소** 東京都 新宿区 新宿 3-37-1 **문의** 03-3350-1701 **찾아가기** 신주쿠역 동남쪽출구(東南口)에서 바로 연결 **영업시간** 11:00~22:00, 타워레코드 11:00~22:00 **귀띔 한마디** 신주쿠역에서 유일하게 20대 남성들이 선호할 쇼핑센터이다.

캐주얼하고 스타일리시한 인테리어 및 잡화점 ★★☆☆☆

프랑프랑 신주쿠서던테라스점
フランフラン 新宿サザンテラス店, Francfranc 미나미신주쿠(남쪽출구)

프랑프랑은 일본 20~30대 여성들에게 사랑받는 인테리어 및 잡화전문점이다. 세련된 디자인의 생활용품을 중저가로 구입할 수 있다. 캐주얼 스타일리시를 콘셉트로 하여 모던한 분위기의 실용적인 제품이 많다. 음식을 돋보이게 할 화사한 테이블웨어, 상큼한 느낌의 깔끔한 욕실용품, 디자인이 살아 있는 생활가전, 인테리어소품 등을 판매한다. 시즌이 지난 상품은 할인 판매하기도 한다.

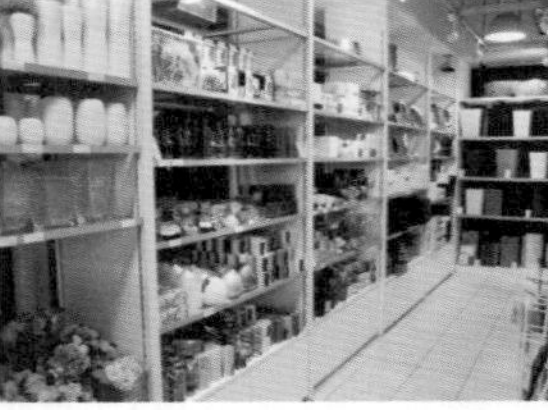

홈페이지 www.francfranc.com **주소** 東京都 渋谷区 代々木 2-2-1 新宿サザンテラス内 **문의** 03-4216-4021 **찾아가기** JR 야마노테선(山手線), 주오·소부선(中央·総武線), 주오선(中央線), 사이쿄선(埼京線), 쇼난신주쿠선(湘南新宿ライン), 나리타익스프레스(成田エクスプレス), 도부선(東武線), 주오혼선(中央本線), 도쿄메트로 마루노우치선(丸ノ内線), 도에지하철 신주쿠선(新宿線), 오오에도선(大江戸線), 게이오선(京王線), 오다큐선(小田原線) 신주쿠(新宿)역 남쪽출구에서 도보 3분 거리 **영업시간** 11:00~21:00

백화점, 홈센터, 서점이 모인 초대형 복합쇼핑몰 ★★★★☆

타카시마야 타임즈스퀘어

タカシマヤ タイムズスクエア, TAKASHIMAYA 미나미신주쿠(남쪽출구)

지하 2층부터 지상 14층까지 커다란 빌딩 전체가 쇼핑몰로, 반 이상은 타카시마야백화점이 차지하고 있다. 생활에 필요한 물건을 판매하는 홈센터 도큐한즈東急ハンズ도 자리한다. 때문에 타카시마야 타임즈스퀘어 안에서만 최고급 명품에서부터 마니악한 잡화까지 한번에 모두 쇼핑할 수 있다. 타카시마야백화점에는 에르메스, 티파니, 루이뷔통 등 최고급 명품브랜드 매장도 있고 지역특산물을 판매하는 이벤트도 종종 개최된다. 위층의 레스토랑가 및 지하 식품매장에는 일본의 유명한 먹거리가 모여 있어 식사하거나 선물을 구입하기 좋다. 또한 외국인들은 세금환금도 가능하니 비싼 물건을 구입했다면 잊지 말고 챙기자.

- **공통 주소** 東京都 渋谷区 千駄ヶ谷 5-24-2 **찾아가기** JR 야마노테선(山手線), 주오·소부선(中央·総武線), 주오선(中央線), 사이쿄선(埼京線), 쇼난신주쿠선(湘南新宿ライン), 나리타익스프레스(成田エクスプレス), 도부선(東武線), 주오혼선(中央本線), 도쿄메트로 마루노우치선(丸ノ内線), 도에지하철 신주쿠선(新宿線), 오오에도선(大江戸線), 게이오선(京王線), 오다큐선(小田原線) 신주쿠(新宿)역 남쪽출구에서 도보 2분 거리 **귀띔 한마디** 30대가 선호하는 브랜드가 많다.
- **타카시마야백화점 홈페이지** www.takashimaya.co.jp **문의** 03-5361-1111 **영업시간** 일~목요일 10:00~20:00, 금~토요일 10:00~20:30
- **도큐한즈 홈페이지** shinjuku.tokyu-hands.co.jp **문의** 03-5361-3111 **영업시간** 10:00~21:00

타카시마야백화점에서의 티타임

깔끔한 분위기의 중국차전문점

차유 茶語, Chayu

타카시마야백화점 6층에 위치한 중국차전문점이다. 입구에는 차와 차 관련 물품이 아름답게 장식되어 있으며 구입할 수도 있다. 중국차를 중심으로 세계 각지에서 마시는 다양한 차를 판매한다. 간단한 식사류 및 디저트류도 판매해서 차와 함께 즐길 수 있다. 타카시마야백화점에서 목이 마르고 지쳤을 때 들러 티타임을 가져보자.

홈페이지 www.chayu.net **주소** 東京都 渋谷区 千駄ヶ谷 5-24-2 新宿髙島屋 6F **문의** 03-5361-1380 **찾아가기** 타카시마야 타임즈스퀘어, 타카시마야백화점 본관 6F **가격** ¥800~2,000 **영업시간** 10:30~19:30

유럽풍 건물과 쇼윈도가 아름다운 대형백화점 ★★★★★

이세탄 신주쿠본점 伊勢丹新宿本店, Isetan 히가시신주쿠(동쪽출구)

해외에도 분점을 운영하는 이세탄백화점의 본점이다. 1886년에 칸다神田지역에서 창업했지만 관동대지진으로 파손되었다가 1933년 아르데코양식의 유럽풍 건물로 재탄생하여 신주쿠에 자리 잡았고 2011년 미츠코시와 합병되었다.

고풍스러운 본관은 여성을 위한 공간이다. 지하 2층, 지상 7층으로 구성되어 있으며 지하 1층의 식품매장과 1층의 명품매장이 특히 인기가 많다. 본관 뒤편의 별관은 맨즈관으로 지하 1층부터 8층까지 남성 브랜드만으로 채워져 있다. 그 밖에 스파 및 살롱 등 다양한 서비스를 이용할 수 있는 이세탄뷰티파크 및 파크시티이세탄이 본관 주변에 모여 있다.

홈페이지 www.isetan.co.jp **주소** 東京都 新宿区 新宿 3-14-1 **문의** 03-3352-1111 **찾아가기** JR 야마노테선(山手線), 주오·소부선(中央·総武線), 주오선(中央線로, 사이쿄선(埼京線), 쇼난신주쿠선(湘南新宿ライン), 나리타익스프레스(成田エクスプレス), 도부선(東武線), 주오혼선(中央本線), 도쿄메트로 마루노우치선(丸ノ内線), 도에지하철 신주쿠선(新宿線), 오오에도선(大江戸線), 게이오선(京王線), 오다큐선(小田原線) 신주쿠(新宿)역 동쪽출구(東口)에서 도보 5분(메트로 프롬나드로 연결)/도쿄메트로 마루노우치선(丸の内線), 후쿠도심선(副都心線), 도에지하철 신주쿠선(都営新宿線) 신주쿠산초메(新宿三丁目)역 B5, B4, B3번 출구에서 바로 **영업시간** 10:00~20:00 **귀띔 한마디** 쇼핑에 관심이 없더라도 멋진 건물 외관과 예술적으로 꾸민 쇼윈도를 관광 삼아 둘러보자.

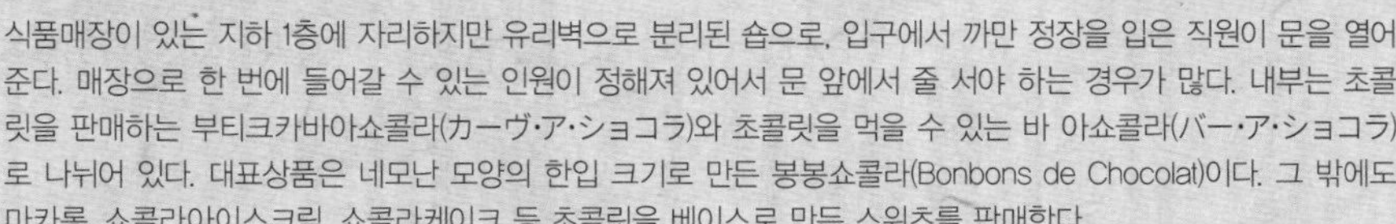

품위 있게 달콤 쌉싸름한 프랑스의 초콜릿전문점

장폴에벵 ジャン ポール·エヴァン, JEAN-PAUL HÉVIN

식품매장이 있는 지하 1층에 자리하지만 유리벽으로 분리된 숍으로, 입구에서 까만 정장을 입은 직원이 문을 열어 준다. 매장으로 한 번에 들어갈 수 있는 인원이 정해져 있어서 문 앞에서 줄 서야 하는 경우가 많다. 내부는 초콜릿을 판매하는 부티크카바아쇼콜라(カーヴ·ア·ショコラ)와 초콜릿을 먹을 수 있는 바 아쇼콜라(バー·ア·ショコラ)로 나뉘어 있다. 대표상품은 네모난 모양의 한입 크기로 만든 봉봉쇼콜라(Bonbons de Chocolat)이다. 그 밖에도 마카롱, 쇼콜라아이스크림, 쇼콜라케이크 등 초콜릿을 베이스로 만든 스위츠를 판매한다.

홈페이지 www.jph-japon.co.jp **주소** 東京都 新宿区 新宿 3-14-1 **문의** 03-3352-1111 **찾아가기** 이세탄 신주쿠본점, 본관 지하 1층 **가격** ¥1,000~2,000 **영업시간** 10:00~20:00 **귀띔 한마디** 롯폰기의 미드타운 및 오모테산도의 오모테산도힐즈에도 매장이 있다.

20대를 위한 산뜻한 패션빌딩 ★★★☆☆

신주쿠마루이 본관 新宿マルイ 本館, 0101 히가시신주쿠(동쪽출구)

숫자 '0101'만 적혀 있어 어떻게 읽어야 할지 난감해지는데, 일본어로 0은 '마루マル', 1은 '이치イチ', 01은 마루이マルイ라고 한다. 마루이는 일본 최초 신용카드 발행 회사이다. 일반 백화점이 30~50대가 선호하는 고급 브랜드 중심이라면, 마루이는 20대가 선호하는 중저가 브랜드 중심이다. 신주쿠에는 신주쿠마루이 본관, 신주쿠마루이 아넥스, 신주쿠마루이맨으로 나뉜 마루이빌딩이 3채 있다. 마루이 본관은 신주쿠에 있는 마루이를 대표하는 곳으로, 모던한 느낌의 빌딩 안을 식물로 장식해 20대의 싱그러움을 표현했다. 지하 1층부터 8층까지 총 9개 층이며, 지하 1~5층까지는 여성패션, 잡화, 화장품 등을 판매한다. 7층은 남성복, 6층과 8층은 생활용품 및 스포츠웨어 등이 진열되어 있다. 그 밖에도 20대의 취향에 맞춘 아이스크림가게, 제과점, 카페, 편의점 등의 시설이 있다.

홈페이지 www.0101.co.jp **주소** 東京都 新宿区 新宿 3-30-13 **문의** 03-3354-0101 **찾아가기** JR 야마노테선(山手線), 주오·소부선(中央·総武線), 주오선(中央線로, 사이교선(埼京線), 쇼난신주쿠선(湘南新宿ライン), 나리타익스프레스(成田エクスプレス), 도부선(東武線), 주오혼선(中央本線), 도쿄메트로 마루노우치선(丸ノ内線), 도에지하철 신주쿠선(新宿線), 오오에도선(大江戸線), 게이오선(京王線), 오다큐선(小田原線) 신주쿠(新宿)역 동쪽출구(東口)에서 도보 5분(메트로 프롬나드로 연결)/도쿄메트로 마루노우치선(丸の内線), 후쿠도심선(副都心線), 도에지하철 신주쿠선(都営新宿線) 신주쿠산초메(新宿三丁目)역 A1번 출구에서 바로/이세탄 신주쿠본점과 신주쿠도리를 사이에 두고 마주보고 있는 건물이다. **영업시간** 11:00~20:00 **귀띔 한마디** 마루이원은 2013년에 마루이 아넥스와 병합되었다.

영화관 및 레스토랑이 있는 패션빌딩 ★★★★☆

신주쿠마루이 아넥스 新宿マルイアネックス, 01 Annex 히가시신주쿠(동쪽출구)

마루이시티 신주쿠-1이 신주쿠마루이 아넥스라는 이름으로 2009년에 리뉴얼 오픈했다. 2013년에는 마루이원과 합병되면서 일본의 독특한 스타일을 판매하는 패션숍이 늘어났다. 1~7층까지는 패션, 잡화 등을 판매하고 지하 1층과 8층에는 레스토랑 및 카페가 자리한다. 'The Dish'라는 이름의 8층 레스토랑가에는 도쿄에서 인기 많은 레스토랑 체인점이 많다. 또한 같은 건물 9층에는 영화관 '신주쿠 바르토나인新宿バルト9'이 있다. 한 건물 안에서 영화도 보고 쇼핑도 즐기고 식사도 할 수 있다는 점이 매력적이다.

홈페이지 www.0101.co.jp **주소** 東京都 新宿区 新宿 3-1-26 **문의** 03-3354-0101 **찾아가기** JR 야마노테선(山手線), 주오·소부선(中央·総武線), 주오선(中央線로, 사이쿄선(埼京線), 쇼난신주쿠선(湘南新宿ライン), 나리타익스프레스(成田エクスプレス), 도부선(東武線), 주오혼선(中央本線), 도쿄메트로 마루노우치선(丸ノ内線), 도에지하철 신주쿠선(新宿線), 오오에도선(大江戸線), 게이오선(京王線), 오다큐선(小田原線) 신주쿠(新宿)역 동쪽출구(東口)에서 도보 7분/도쿄메트로 마루노우치선(丸の内線), 후쿠도심선(副都心線), 도에지하철 신주쿠선(都営新宿線) 신주쿠산초메(新宿三丁目)역 C4번 출구에서 도보 1분 거리 **영업시간** 11:00~20:00 **귀띔 한마디** 신주쿠 바르토나인의 영화티켓으로 각종 할인혜택을 받을 수 있다.

신주쿠마루이 아넥스의 영화관과 먹거리

9개의 스크린을 갖춘 대형영화관

신주쿠 바르토나인

新宿バルト9, Wald9

일본에서 처음으로 전 상영관을 디지털화한 최신식 영화관이다. 총 9개의 스크린, 1,825석을 보유하고 있으며 시사회도 종종 열린다. 아카데미 시상식장을 떠올리게 하는 로비가 특히 아름답다. 로비에는 독자적으로 개발한 '포레스트 에어시스템'이 설치되어 있어 사람이 많을 때도 상쾌함이 느껴진다. 또한 여성전용 파우더 룸 및 흡연실 등이 따로 마련되어 있어서 쾌적하다. 영화관까지는 전용 엘리베이터를 타고 올라가는데 투명한 엘리베이터 창을 통해 신주쿠 풍경이 눈에 들어온다. 영화티켓은 1층에 있는 티켓 자동판매기를 통해 구입할 수 있다.

주소 東京都 新宿区 新宿 3-1-26 **문의** 03-5369-4955 **찾아가기** 신주쿠 마루이 아넥스 9층 **가격** 성인 ¥1,900, 대학생 ¥1,500, 고등학생 ¥1,000, 만 60세 이상 ¥1,200, 매주 수요일 및 매달 1일 ¥1,200 **영업시간** 09:00~03:00(영화 상영 일정에 따라 다름) **귀띔 한마디** 평일 첫 상영작, 매달 1일, 영화의 날(12월 1일) 등 할인하는 날을 잘 이용하자.

북카페&바&레스토랑

브루클린파라

ブルックリンパーラー, Brooklyn Parlor

지하 1층에 위치한 커다란 레스토랑으로 카페 및 바를 겸하고 있다. 또한 넓은 벽면 한쪽이 모두 책장인 북카페이기도 하다. 책장에 있는 약 2,500권의 책은 손님이 자유롭게 골라서 읽을 수 있고 마음에 드는 책은 구입할 수도 있다. 예술, 인문, 과학 등 전문서적이 많고 해외서적도 많아 외국인도 즐겁다. 커다란 수제버거 및 각종 샐러드 등의 미국요리를 주로 판매하는데 사이즈도 크고 맛도 좋다. 다양한 종류의 칵테일, 맥주, 탄산음료 및 커피 등의 음료메뉴도 충실하다. 이름 그대로 예술가가 많이 사는 뉴욕의 브루클린 일부를 옮겨다 놓은 것 같은 공간이다.

홈페이지 www.brooklynparlor.co.jp **주소** 東京都 新宿区 新宿 3-1-26 **문의** 03-6457-7763 **찾아가기** 신주쿠 마루이 아넥스 지하 1층 **가격** ¥1,000~4,000 **영업시간** 11:30~23:30 **귀띔 한마디** 주말에는 손님이 많아서 한참 기다려야 하니 가능하면 평일에 이용하는 것을 추천한다.

20대 남성을 위한 패션빌딩 ★★☆☆☆

마루이맨 新宿マルイメン, 01 Men 히가시신주쿠(동쪽출구)

1층부터 8층까지 오직 남성을 위한 공간으로 채운 패션빌딩이다. 솔직히 여성을 타깃으로 한 다른 마루이빌딩에 비해 외진 곳에 위치하고 규모도 작다. 하지만 남성 손님이 대부분이고 남성들을 위한 상품만 진열되어 있어 남성들에게는 반가운 곳이다. 남성패션, 가방, 실버 액세서리, 비즈니스 상품, 시계, 모자, 안경 등 패셔너블한 20대 일본 남성의 패션에 관한 모든 것을 구경할 수 있다.

홈페이지 www.0101.co.jp **주소** 東京都 新宿区 新宿 5-16-4 **문의** 03-3354-0101 **찾아가기** JR 야마노테선(山手線), 주오·소부선(中央·総武線), 주오선(中央線로, 사이교선(埼京線), 쇼난신주쿠선(湘南新宿ライン), 나리타익스프레스(成田エクスプレス), 도부선(東武線), 주오혼선(中央本線), 도쿄메트로 마루노우치선(丸ノ内線), 도에지하철 신주쿠선(新宿線), 오오에도선(大江戸線), 게이오선(京王線), 오다큐선(小田原線) 신주쿠(新宿)역 동쪽출구(東口)에서 도보 10분/도쿄메트로 마루노우치선(丸の内線), 후쿠도심선(副都心線), 도에지하철 신주쿠선(都営新宿線) 신주쿠산초메(新宿三丁目)역 E1번 출구에서 도보 2분 거리 **영업시간** 11:00~20:00 **귀띔 한마디** 많지는 않지만 남성 친구 및 남편의 선물을 사기 위해 찾는 여성 손님들도 있으니 여성이 들어가도 이상하지는 않다.

일본의 패션리더가 만든 캐주얼한 편집숍 ★★★☆☆

빔스재팬 BEAMS JAPAN 히가시신주쿠(동쪽출구)

빔스재팬은 일본의 패션 리더들이 선별한 옷을 판매하는 곳으로 캐주얼하면서 세련된 옷을 원하는 사람들에게 인기 있다. 지하 1층부터 5층까지 모두 빔스재팬의 셀렉션으로 채워져 있다. 1층에는 일본 기념품도 판매하고, 맛있는 커피 판매대까지 있다. 가격이 저렴하지는 않지만 인테리어가 고급스럽고 상품이 보기 좋게 진열되어 있다.

홈페이지 beams.co.jp **주소** 東京都 新宿区 新宿 3-32-6 **문의** 03-5368-7300 **찾아가기** JR 야마노테선(山手線), 주오·소부선(中央·総武線), 주오선(中央線), 사이교선(埼京線), 쇼난신주쿠선(湘南新宿ライン), 나리타익스프레스(成田エクスプレス), 도부선(東武線), 주오혼선(中央本線), 도쿄메트로 마루노우치선(丸ノ内線), 도에지하철 신주쿠선(新宿線), 오오에도선(大江戸線), 게이오선(京王線), 오다큐선(小田原線) 신주쿠(新宿)역 동쪽출구(東口)에서 도보 4분/도쿄메트로 마루노우치선(丸の内線), 후쿠도심선(副都心線), 도에지하철 신주쿠선(都営新宿線) 신주쿠산초메(新宿三丁目)역 A2번 출구에서 도보 1분 **영업시간** 11:00~20:00

Tip

신주쿠 쇼핑 팁

신주쿠에는 고급 명품숍에서 저렴한 패스트패션숍까지 다양한 브랜드의 대규모 매장이 있다. 백화점이나 패션빌딩 안에도 매장이 있어 같은 브랜드가 같은 지역에 여러 곳 있는 경우도 많다. 유니클로(UNIQLO), H&M, 지유(GU) 등 저렴한 가격에 최신 패션을 선보이는 패스트패션(Fast Fachion)브랜드가 우후죽순으로 늘어나고 있다. 대규모 세일이 시작되는 1월과 7월에는 거의 모든 브랜드가 20~90%까지 큰 폭으로 할인한다.

일본 최대의 화구전문점 ★★★★☆
세카이도 본점 世界堂 本店 히가시신주쿠(동쪽출구)

1940년에 창업한 미술용품전문점으로 빌딩 전체 층에서 그림, 화구, 문구 등을 판매한다. 만화왕국 일본답게 코믹용품 등도 다양하게 마련되어 있어 만화가 및 지망생이 많이 찾는다. 또한 조형재료, 디자인용품, 설계 및 제도용품 등 각 분야 전문가에게 필요한 상품도 다양하게 갖추고 있다. 장식용 그림 및 카드 등도 판매하므로 재미 삼아 구경해도 즐겁다. 대부분 정가의 20% 정도 할인된 가격으로 판매한다.

홈페이지 www.sekaido.co.jp **주소** 東京都 新宿区 新宿 3-1-1 **문의** 03-5379-1111 **찾아가기** JR 야마노테선(山手線), 주오·소부선(中央·総武線), 주오선(中央線), 사이쿄선(埼京線), 쇼난신주쿠선(湘南新宿ライン), 나리타익스프레스(成田エクスプレス), 도부선(東武線), 주오혼선(中央本線), 도쿄메트로 마루노우치선(丸ノ内線), 도에지하철 신주쿠선(新宿線), 오오에도선(大江戸線), 게이오선(京王線), 오다큐선(小田原線) 신주쿠(新宿)역 동쪽출구(東口)에서 8분/도쿄메트로 마루노우치선(丸の内線), 후쿠도심선(副都心線), 도에지하철 신주쿠선(都営新宿線) 신주쿠산초메(新宿三丁目)역 C1번 출구에서 1분 거리 **영업시간** 09:30~21:00

가부키초의 상징적인 잡화점 ★★★☆☆
돈키호테 신주쿠동쪽출구본점
ドン·キホーテ 新宿東口本店 히가시신주쿠(동쪽출구)

화려한 가부키초에서도 제일 번쩍거리는 건물이 바로 돈키호테이다. 간판은 크고 휘황찬란하지만, 좁은 실내에 물건을 가득 쌓아놓아 답답한 느낌이다. '쇼킹 가격'이라고 표현할 정도로 저렴하게 판매하는데 외국인은 면세혜택까지 받을 수 있다. 식품, 화장품, 생활용품, 코스프레 의상, 성인용품 등 없는 물건이 없고 24시간 영업해 편리하다.

홈페이지 www.donki.com **주소** 東京都 新宿区 歌舞伎町 1-16-5 **문의** 05-7001-0411 **찾아가기** JR 야마노테선, 주오·소부선, 주오선, 사이쿄선, 쇼난신주쿠선, 나리타익스프레스, 도부선, 주오혼선, 도쿄메트로 마루노우치선, 도에지하철 신주쿠선, 오오에도선, 게이오선/오다큐선 신주쿠(新宿)역 **영업시간** 24시간 **휴무** 연중무휴 **귀띔 한마디** 도보로 7분 거리에 있는 돈키호테 신주쿠점이 규모도 크고 물건도 훨씬 많다.

Tip

도쿄의 돈키호테 중에서 제일 물건이 많은 신주쿠점(ドン·キホーテ新宿店)

돈키호테 가부키초점에 비해 규모도 크고 상품도 많아 쇼핑하기 훨씬 좋다. 신오쿠보라는 지역적 특성 때문에 한국의 라면, 과자, 음료수 등도 다양하게 구비되어 있다. 모든 상품을 10~50% 할인된 가격과 면세혜택도 가능하니 일본과자, 기념품, 화장품 등을 구입하려는 관광객에게 추천한다.

홈페이지 www.donki.com **주소** 東京都 新宿区 大久保 1-12-6 **문의** 05-7000-5921 **찾아가기** JR 야마노테선(山手線) 신오쿠보(新大久保)역에서 도보 8분, 도쿄메트로 후쿠도심선(副都心線), 도에지하철 오오에도선(大江戸線) 히가시신주쿠(東新宿)역 A1번 출구에서 도보 5분/세부 신주쿠선(西武新宿線) 세부신쿠(西武新宿)역 북쪽출구(北口)에서 도보 3분 거리 **영업시간** 24시간

일본을 대표하는 대형서점의 본점 ★★★★☆

키노쿠니야서점 신주쿠본점

紀伊國屋書店 新宿本店 히가시신주쿠(동쪽출구)

키노쿠니야는 1927년에 창업한 일본 대형서점으로 신주쿠에 있는 건물이 본점이다. 외관은 허름하지만, '여기서 찾을 수 없는 책은 일본에 없는 책'이라는 말이 생길 정도로 전문적인 서점이다. 건물 전 층 모두 서점으로, 층마다 분야별로 정리되어 있다. 1층 입구에는 인기 많은 신간이 진열되어 있고 2층은 문학, 4~8층까지는 각종 전문서적, 지하 1층에는 지도 및 여행서적이 있다. 만화책 및 DVD 등은 본관 바로 뒤에 있는 별관에서 판매한다.

홈페이지 www.kinokuniya.co.jp **주소** 東京都 新宿区 新宿 3-17-7 **문의** 03-3354-0131 **찾아가기** JR 야마노테선(山手線), 주오·소부선(中央·総武線), 주오선(中央線), 사이쿄선(埼京線), 쇼난신주쿠선(湘南新宿ライン), 나리타익스프레스(成田エクスプレス), 도부선(東武線), 주오혼선(中央本線), 도쿄메트로 마루노우치선(丸ノ内線), 도에지하철 신주쿠선(新宿線), 오오에도선(大江戸線), 게이오선(京王線), 오다큐선(小田原線) 신주쿠(新宿)역 동쪽출구(東口)에서 도보 3분 거리 **영업시간** 10:30~20:30

커다란 스크린이 붙어 있는 전자제품 양판점 ★★★★☆

야마다덴키 LABI ヤマダ電機 LABI

히가시신주쿠(동쪽출구) 니시신주쿠(서쪽출구)

건물 전 층이 야마다덴키 매장이며, 1층에는 텔레비전이 진열되어 있다. 그 밖에도 휴대폰, 카메라, 컴퓨터, 생활가전, 게임기 등을 판매한다. 전자제품 제조사 영업사원이 직판하는 방식이라 소속사 제품을 추천하는 경향이 있다. 대신 경쟁이 치열하여 다른 곳에 비해 가격이 저렴한 편이다.

홈페이지 www.yamada-denki.jp **주소** 東京都 新宿区 西新宿 1-18-8 **문의** 03-5339-0511 **찾아가기** JR 야마노테선(山手線), 주오·소부선(中央·総武線), 주오선(中央線), 사이쿄선(埼京線), 쇼난신주쿠선(湘南新宿ライン), 나리타익스프레스(成田エクスプレス), 도부선(東武線), 주오혼선(中央本線), 도쿄메트로 마루노우치선(丸ノ内線), 도에지하철 신주쿠선(新宿線), 오오에도선(大江戸線), 게이오선(京王線), 오다큐선(小田原線) 신주쿠(新宿)역 서쪽출구(西口)에서 도보 5분/남쪽출구(南口)에서 도보 3분 **영업시간** 10:00~21:00

Tip

신주쿠에서 전자제품 구매하기

일본 최대의 전자상가는 명실공히 아키하바라(秋葉原)이고, 그 다음이 바로 신주쿠이다. 신주쿠역 서쪽과 동쪽출구에 대규모 전자상가가 펼쳐져 있는데 빌딩 전체를 사용하는 상점도 여기저기에 있다. 신주쿠에는 규모가 큰 3대 전자제품 양판점인 빅카메라(ビックカメラ), 요도바시카메라(ヨドバシカメラ), 야마다덴키(ヤマダ電機)가 모두 모여 있다. 가까운 곳에 같은 전자상가 브랜드 지점이 여러 곳 있어 헷갈릴 수 있으며, 건물에 따라 판매하는 제품군이 다른 경우도 많다. 그래서 점원에게 물어보는 것이 제일 편하고 빠르다. 일본도 인터넷쇼핑이 최저가이지만, 여행자라면 매장에서 직접 보고 구입하는 것이 편하다.

일본의 대형 전자제품 양판점 ★★★☆☆

빅카메라 ビックカメラ, Bic Camera 히가시신주쿠(동쪽출구) 니시신주쿠(서쪽출구)

신주쿠역 서쪽출구로 나오면 오다큐백화점과 연결된 하르크HALC빌딩의 빅카메라 신주쿠서쪽출구점이 제일 먼저 보인다. 2~6층까지 사용하며, 층별로 제품군이 나뉘어 있다. 빅카메라라는 이름에 걸맞게 다양한 카메라 매장이 2층에 자리한다. 그 밖에도 휴대폰, 텔레비전, 컴퓨터, 생활가전, 미용가전, 게임, 장난감 등을 판매한다. 신주쿠역 동쪽출구 앞 매장은 지하 2층부터 5층까지 사용하는데, 1층에서는 스마트폰을 포함한 휴대폰을 판매한다. 위층에서는 카메라, 컴퓨터, 게임 등을 취급한다.

- **공통 홈페이지** www.biccamera.co.jp **귀띔 한마디** 구입이 목적이라면 매장이 넓은 신주쿠서쪽출구관을 추천한다.
- **신주쿠동쪽출구관 주소** 東京都 新宿区 新宿 3-26-10 **문의** 03-5312-1111 **찾아가기** JR 야마노테선, 주오·소부선, 주오선, 사이교선, 쇼난신주쿠선, 나리타익스프레스, 도부선, 주오혼선, 도쿄메트로 마루노우치선, 도에지하철 신주쿠선, 오오에도선, 게이오선, 오다큐선 신주쿠(新宿)역 동쪽출구에서 도보 1분 **영업시간** 11:00~22:00
- **신주쿠서쪽출구관 주소** 東京都 新宿区 西新宿 1-5-1 新宿西口ハルク 2~7F **문의** 03-5326-1111 **찾아가기** 신주쿠(新宿)역 서쪽출구 바로 앞 **영업시간** 10:00~21:00

전자제품 양판점 요도바시카메라의 본점 ★★★★☆

요도바시카메라 본점 ヨドバシカメラ 니시신주쿠(서쪽출구)

멀티미디어 동관

멀티미디어 북관

신주쿠역 서쪽출구 앞 전자상가의 반을 차지하고 있는 요도바시카메라의 본점이다. 컴퓨터 및 오디오, 생활가전을 판매하는 멀티미디어북관, 컴퓨터 부속품을 판매하는 멀티미어남관, 소프트웨어 및 홈시어터 등을 판매하는 멀티미디어동관, 여행용품을 판매하는 트래블관, 카메라 및 각종 카메라 장비를 판매하는 카메라관, 게임 및 장난감을 판매하는 게임·호비관 등 총 10개가 넘는 건물로 이루어져 있다. 건물에 따라서 판매하는 제품군이 다르니 점원에게 물어보는 것이 좋다.

홈페이지 www.yodobashi.com **주소** 東京都 新宿区 西新宿 1-11-1 **문의** 03-3346-1010 **찾아가기** JR 야마노테선(山手線), 주오·소부선(中央·総武線), 주오선(中央線), 사이교선(埼京線), 쇼난신주쿠선(湘南新宿ライン), 나리타익스프레스(成田エクスプレス), 도부선(東武線), 주오혼선(中央本線), 도쿄메트로 마루노우치선(丸ノ内線), 도에지하철 신주쿠선(新宿線), 오오에도선(大江戸線), 게이오선(京王線), 오다큐선(小田原線) 신주쿠(新宿)역 서쪽출구에서 도보 10분 **영업시간** 09:30~22:00 **귀띔 한마디** 요도바시카메라 본점 건물들 사이로 전자제품을 중고로 매매하는 가게도 많다.

Special Area 04
일본 최대의 코리아타운, 신오쿠보 新大久保 Shinokubo

신오쿠보는 일본 최대의 코리아타운이다. 한국음식점, 한국식품점, 한국미용실, PC방, 한국의 기념품점 등 거리는 온통 한국에 관련된 업종으로 가득하다. 신오쿠보는 일본에서 2000년도 초반부터 시작된 한류 붐 수혜를 가장 많이 받은 지역이기도 하다. 그 이전에는 치안이 좋지 않은 외국인 주거지역으로 알려져 일본인들이 피해갔었지만, 2010년을 정점으로 일본인들이 커다란 여행가방을 끌고 대거로 찾아와서 한류스타들의 얼굴이 박힌 상품들과 한국식품을 구입해 크게 활기를 띠었다. 신오쿠보는 도쿄에서 한국 음식이 그리워진 사람들에게 반가운 곳이다.

- **교통편 :** 신오쿠보역은 신주쿠역에서 JR야마노테선으로 한 정거장 떨어져 있다. 신주쿠역에서 걸어서 이동해도 15분 정도면 갈 수 있으며, 가부키초에서는 10분이면 갈 수 있다. 신오쿠보역에서 제일 가까운 역은 오쿠보역으로, 두 역 사이는 도보로 5분도 안 걸린다. 신오쿠보는 영역이 넓어서 히가시신주쿠역에서 더 가까운 가게 및 식당도 있다.
  신오쿠보(新大久保)역 JR 야마노테선(山手線)
  오쿠보(大久保)역 JR 주오선·소부선(中央·総武線)
  히가시신주쿠(東新宿)역 후쿠도심선(副都心線), 오오에도선(大江戸線)
- **베스트코스 :** 신오쿠보역 → 오쿠보도리 거리 산책 → 신오쿠보 골목길 산책 → 돈칸 → 돈키호테 신주쿠점 → 신오쿠보역 또는 히가시신주쿠역

요시노리의 한마디

일본인에게도 신오쿠보는 일본이 아닌 한국이다. 한국으로 여행 간 것 같은 기분을 느끼게 해준다.

얼큰한 감자탕이 맛있는 삼겹살집

돈칸 豚かん

돈칸은 우리 입맛에 맞춘 한국요리를 맛볼 수 있는 곳이다. 일본공연을 온 아이돌들이 자주 가는 곳이기도 해서 한류스타들의 싸인이 벽면에 가득하다. 두툼한 생삼겹이라 고기 맛도 좋다. 1인당 약 ¥2,000으로 삼겹살을 무제한으로 먹을 수 있는 타베호다이食べ放題코스도 있다. 또 다른 인기메뉴는 깻잎을 듬뿍 올려 잡내를 잡은 얼큰한 감자탕이다. 심지어 한국의 웬만한 감자탕전문점보다 더 맛있다.

홈페이지 www.tonkan.jp **주소** 東京都 新宿区 歌舞伎町 2-19-10 第七金嶋ビル 2F **문의** 03-3232-8885 **찾아가기** 도쿄메트로 후쿠도심선(副都心線), 도에지하철 오오에도선(大江戸線) 히가시신주쿠(東新宿)역 A1번 출구에서 도보 4분/JR 야마노테선(山手線) 신오쿠보(新大久保)역에서 도보 10분 거리 **가격** 런치 ¥800~1,000, 디너 ¥3,000~4,000 **영업시간** 평일 12:00~15:00/17:00~24:00, 주말 및 공휴일 12:00~24:00 **귀띔 한마디** 식사 후 고기 냄새를 제거해주는 섬유탈취제를 뿌려주는 등 서비스도 좋다.

18mm의 두툼한 고기가 맛있는

맛짱 味ちゃん

일본 TV에도 소개돼 일본인에게도 인기가 많은 집이다. 인기 비결은 두께 18mm의 두툼한 삼겹살에 있다. 삼겹살을 노릇노릇하게 구우면 속은 부드럽고 쫄깃한 맛이 일품이다. 또한 삼겹살을 먹고 난 후 철판 위에 볶아 먹는 볶음밥도 빼놓을 수 없다. 쫀득쫀득한 식감의 두툼한 전 종류도 맛

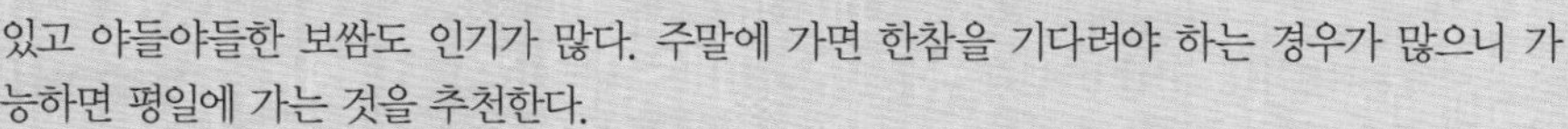

있고 야들야들한 보쌈도 인기가 많다. 주말에 가면 한참을 기다려야 하는 경우가 많으니 가능하면 평일에 가는 것을 추천한다.

• **공통 홈페이지** www.macchan.jp **찾아가기** JR 야마노테선(山手線) 신오쿠보(新大久保)역에서 도보 3분 거리 **가격** 런치 ¥1,000~2,000, 디너 ¥3,000~4,000 **귀띔 한마디** 1호점은 좁은 골목길 안쪽에, 2호점은 오쿠보도리에 있어서 2호점이 더 찾아가기 쉽다. • **1호점 주소** 東京都 新宿区 百人町 1-3-20 メゾンソワイエ 1F **문의** 03-5155-8258 **영업시간** 11:00~24:00(L.O. 23:00)
• **2호점 주소** 東京都 新宿区 大久保 2-32-3 リスボンビル 1F **문의** 03-5272-3022 **영업시간** 11:00~02:00(L.O. 새벽1:00)

일본 최초의 삼겹살전문점

돈짱 신오쿠보점 とんちゃん

한국 60~70년대 스타일로, 동그란 스테인리스 테이블 위에 불판을 올려놓고 삼겹살을 구워 먹는 전통 삼겹살집이다. 특히 일본에서 최초로 문을 연 삼겹살전문점으로 유명하다. 일본에서는 기름기가 많은 삼겹살 부위를 얇게 썰어서 요리하는 것이 일반적인데, 두툼하게 썬 삼겹살을 구워 상추에 싸 먹는 한국스타일을 일본에 전했다. 지금은 시부야, 아카사카, 우에노, 고탄다, 에비스, 이케부쿠로 등 도쿄 곳곳에 지점이 있다.

홈페이지 www.tonchang.com **주소** 東京都 新宿区 大久保 2-32-3リスボンビル 1F **문의** 03-5155-7433~4 **찾아가기** JR 야마노테선(山手線) 신오쿠보(新大久保)역에서 도보 3분 거리 **가격** 런치 ¥800~1,500, 디너 ¥3,000~4,000 **영업시간** 11:00~05:00 **귀띔 한마디** 일본의 원조 삼겹살집이라 꾸준히 인기 있다.

우삼겹과 차돌박이 된장찌개가 맛있는

본가 本家

백종원의 인기 맛집 본가의 일본 첫 진출점이다. 한국의 맛과 멋을 모두 살려서 한국의 본가 체인점에 있는 기분이 든다. 우삼겹과 차돌박이 된장찌개 등 본가의 인기 메뉴를 모두 판매하고, 한국식으로 밑반찬까지 넉넉하게 준다. 한국과 같은 체인점이라도 해외에 있는 지점이라 가격대는 약간 높다. 신오쿠보의 다른 음식점과 비교했을때 비싼건 아니라 검증된 맛을 적당한 가격에 먹을 수 있다.

주소 東京都 新宿区 大久保 1-17-10 2F **문의** 03-6205-9437 **찾아가기** JR 야마노테선(山手線) 신오쿠보(新大久保)역에서 도보 7분, 도쿄메트로 후쿠도심선(副都心線), 도에이 오에도선(大江戸線) 히가시신주 쿠(東新宿)역 A1번 출구에서 도보 4분/세부 신주쿠선(西武新宿線) 세부신쿠(西武新宿)역 북쪽출구(北口)에서 도보 4 분 거리 **가격** 런치 ¥1,000~2,000, 디너 ¥3,000~5,000 **영업시간** 11:00~24:00

일본에서 흔치 않은 한국 분식점

명동노리마끼 明洞のり巻

외국에서 먹는 한국음식, 특히 손이 많이 가는 음식은 비쌀 수 밖에 없다. 노리마끼のり巻는 일본식 김밥을 뜻하지만 명동노리마끼는 한국식 김밥을 파는 분식집이다. 기본 재료만 들어간 명동김밥, 참치김밥, 치즈김밥, 불고기김밥, 누드김밥 등 다양한 김밥을 판매한다. 떡볶이, 라볶이, 한국 라면, 떡국, 쫄면 등도 있는데, 모든 메뉴는 한국보다 2~3배는 비싸다.

홈페이지 myeongdongnorimaki.com **주소** 東京都 新宿区 百人町 1-3-17 **문의** 03-3232-8896 **찾아가기** JR 야마노테선(山手線) 신오쿠보(新大久保)역에서 도보 3분 거리 **가격** ¥1,000~2,000 **영업시간** 24시간 **휴무** 연중무휴 **귀띔 한마디** 저녁에 다른 음식점에 들어가서 식사하는 것보다는 저렴하고 24시간 영업해서 편리하다.

뽀얀 국물이 맛있는 삼계탕전문점

고려삼계탕 高麗参鶏湯

요시노리 추천

일본의 한국음식점에서도 삼계탕을 판매하지만, 대부분 레토르트 식품을 데워서 뚝배기에 담아준다. 또한 일본 마트에는 부위별로 나눈 닭만 판매하여 직접 요리하기도 쉽지 않다. 그래서 신선한 닭에 한방재료를 듬뿍 넣고 푹 끓인 삼계탕을 판매하는 고려삼계탕이 반갑다. 비싸기는 하지만 제대로 만든 삼계탕을 판다. 단백질이 부족할 때 부드러운 살코기와 뽀얗게 우러난 국물까지 마시고 나면 힘이 솟는다.

홈페이지 www.samgetang.co.jp **주소** 東京都 新宿区 大久保 2-32-3 リスボンビル 2F **문의** 03-3207-3323 **찾아가기** JR 야마노테선(山手線) 신오쿠보(新大久保)역에서 도보 4분 거리 **가격** ¥3,000~5,000 **영업시간** 12:00~23:30 **귀띔 한마디** 일본 사람들은 1인당 닭 한 마리씩 먹는다는 것에 놀란다.

Chapter 02

기치조지&
미타카

吉祥寺&三鷹

Kichijoji&Mitaka

'이웃집 토토로', '센과 치히로의 행방불명', '하울의 움직이는 성', '벼랑 위의 포뇨', '마루 밑 아리에티' 등 스튜디오지브리 애니메이션의 팬이라면 꼭 가봐야 할 곳이 미카타노모리 지브리미술관이 있는 기치조지&미타카 지역이다. 넓은 호수가 있는 이노카시라온시공원의 녹지대는 상쾌함을 전해준다. 또한 기치조지역 주변으로는 유명백화점 및 패션몰이 밀집되어 있어 도쿄 젊은이들에게 주거지로 인기 높다. 멜로영화나 순정만화의 배경으로도 손색없는 분위기 좋은 카페와 맛집이 많고 히피풍의 독특한 의상과 액세서리를 파는 숍도 많아 여기저기 구경하다 보면 하루가 금방 가버린다. 화가, 만화가, 음악가 등 예술가에게도 인기 높은 지역이라 많은 사람이 찾는 주말에는 공원에서 수준 높은 무료공연을 볼 수 있다. 느긋하게 하루 일정으로 계획을 세우고 즐기지 않으면 아쉬움에 발걸음이 떨어지지 않을 것이다.

嘉紀の一言

요시노리의 한마디

문화예술인들이 모이는 미타카&기치조지지역은 한 템포 느긋하게 마음의 여유를 가지고 둘러봐야 그 진가를 알 수 있다.

기치조지&미타카를 잇는 교통편

기치조지는 도쿄도(東京都)에 해당하지만 도심에서 조금 떨어져 있다. 서울과 신도시 일산과 비슷한 지역이다. 기치조지&미타카는 도쿄 23구 밖이라 JR 토쿠나이(都区内パス)패스 사용 시 추가요금을 내야 한다. 그러나 주오선(中央線)에 주요 볼거리가 위치하여 환승할 필요도 없고 헷갈릴 일도 없다. 신주쿠역에서 JR 주오선 쾌속을 타면 20분 내로 기치조지역이나 미타카역에 도착할 수 있다.

기치조지(吉祥寺)역, 미타카(三鷹)역 JR 주오·소부선(中央·総武線), 주오선(中央線)

기치조지&미타카에서 이것만은 꼭 해보자

1. 미타카의 숲 지브리미술관에서 스튜디오지브리의 사랑스러운 캐릭터들을 만나자.
2. 이노카시라온시공원에서 넓은 연못 위에 떠 있는 보트를 보며 산책하자.
3. 저렴하고 맛있는 길거리음식으로 군것질을 하자.
4. 독특한 구제용품들을 파는 상점가에서 윈도쇼핑을 하자.
5. 영화 속 배경처럼 멋진 카페에 들러 느긋한 티타임을 갖자.

사진으로 미리 살펴보는 기치조지&미타카 베스트코스

미타카의 숲 지브리미술관을 예약했다면 시간에 맞춰 가서 구경하자. 지브리미술관과 연결되어 있는 이노카시라온시공원을 산책하다 우사기칸에서 점심을 먹는다. 이노카시라온시공원의 호수를 지나면 나나이바시도리 상점가가 나온다. 힘이 남으면 나카미치도리상점가를 구경하고 힘들면 선로드상점가로 바로 이동하자. 유명한 고로케를 사 먹고 마지막으로 하모니카요코초에서 가볍게 술도 한잔 즐기자.

1 문화와 예술을 즐기는 하루 일정(예상 소요시간 7시간 이상)

기치조지&미타카 吉祥寺&三鷹

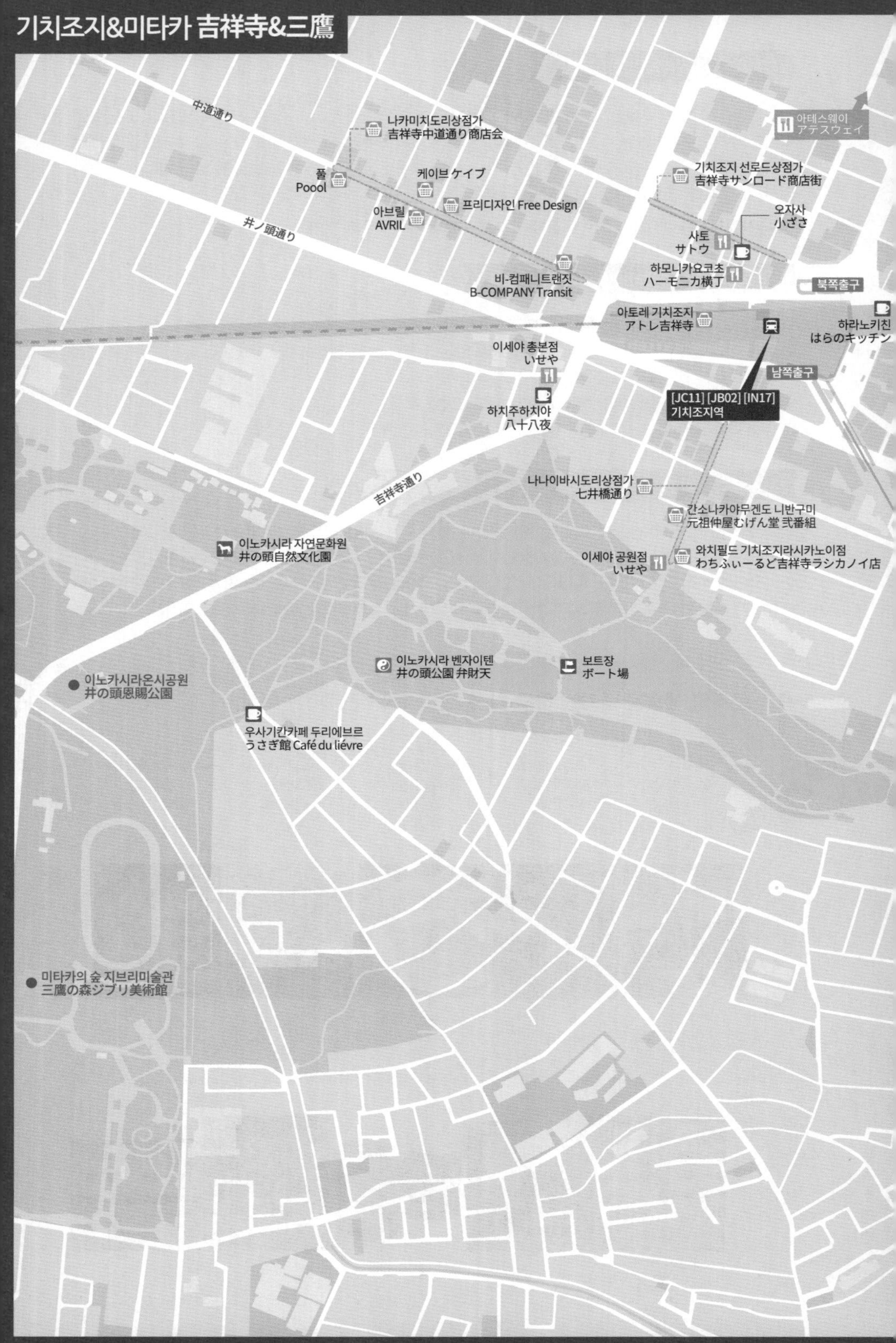

中道通り
나카미치도리상점가
吉祥寺中道通り商店会
풀
Poool
케이브 ケイブ
프리디자인 Free Design
아브릴
AVRIL
井ノ頭通り
비-컴패니트랜짓
B-COMPANY Transit
아테스웨이
アテスウェイ
기치조지 선로드상점가
吉祥寺サンロード商店街
오자사
小ざさ
사토
サトウ
하모니카요코초
ハーモニカ横丁
북쪽출구
아토레 기치조지
アトレ吉祥寺
하라노키친
はらのキッチン
이세야 총본점
いせや
남쪽출구
[JC11] [JB02] [IN17]
기치조지역
하치주하치야
八十八夜
吉祥寺通り
나나이바시도리상점가
七井橋通り
간소나카야무겐도 니반구미
元祖仲屋むげん堂 弐番組
이노카시라 자연문화원
井の頭自然文化園
이세야 공원점
いせや
와치필드 기치조지라시카노이점
わちふぃーるど吉祥寺ラシカノイ店
이노카시라 벤자이텐
井の頭公園 弁財天
보트장
ボート場
이노카시라온시공원
井の頭恩賜公園
우사기칸카페 두리에브르
うさぎ館 Café du liévre
미타카의 숲 지브리미술관
三鷹の森ジブリ美術館

Tokyo

기치조지&미타카에서 반드시 둘러봐야 할 명소

기치조지와 미타카지역은 찾는 사람의 취향에 따라 볼거리가 무척 많기도 하고 적기도 한 곳이다. 스튜디오지브리의 애니메이션을 좋아하는 사람, 일본드라마 및 영화를 좋아하는 사람, 아기자기하면서 독특한 소품을 좋아하는 사람이라면 하루가 모자라지만, 이런 것에 관심이 없는 사람에게는 넓은 공원이 있는 전원도시라는 느낌으로 끝날 수 있다. 취향을 떠나 모든 사람이 감탄할 만큼 아름다운 시기가 1년에 딱 한 번 있는데, 바로 벚꽃이 만개하는 4월이다. 4월에 도쿄를 방문한다면 이노카시라온시공원의 넓은 호수를 둘러싼 벚나무가 일제히 화사한 분홍색 옷으로 갈아입은 모습을 반드시 보고 가자.

커다란 연못과 벚꽃놀이로 유명한 공원 ★★★★☆

이노카시라온시공원 井の頭恩賜公園

1917년에 문을 연 도립공원으로, 43,000㎡ 크기의 커다란 연못이 있다. 공원의 총면적은 380,000㎡로 무사시노시武蔵野市의 남동쪽에서 미타카시三鷹市의 북동쪽까지 넓게 이어져 있다. 공원의 서쪽 정원에는 스튜디오지브리에서 만든 '미타카의 숲 지브리미술관三鷹の森ジブリ美術館'이 자리하고 서북쪽에는 동물원, 조각관, 일본정원 등의 볼거리가 있는 '이노카시라 자연문화원井の頭自然文化園'이 자리한다. 공원 안에 매점 및 카페도 있어 티타임을 갖거나 간단하게 식사를 해결할 수도 있다. 전체적으로 평온하지만 예술적 감수성을 자극하는 특유의 분위기 때문에 공원 안에서 영화 및 드라마 촬영도 많이 했다. 영화 '구구는 고양이다グーグーだって猫である(2008)', 일본드라마 '라스트 프렌즈ラストフレンズ(2008)', '유성의 인연流星の絆

(2008)' 등의 배경으로 나오는 공원이 이곳이다. 또한 소설 『냉정과 열정 사이』의 일본작가 츠지히토나리와 한국작가 공지영이 함께 쓴 『사랑 후에 오는 것들』에도 배경으로 등장하니 미리 읽어보고 가면 눈에 보이는 풍경이 애틋하게 느껴질 것이다.

이노카시라온시공원은 일본 벚꽃명소로 선정될 정도로 유명하다. 거대한 연못을 둘러싼 모든 나무가 벚나무로, 벚꽃이 피는 4월이 되면 벚꽃놀이를 하러 오는 사람들로 북적인다. 오리배를 타고 벚꽃놀이를 즐기는 것도, 벚나무 아래 앉아서 오리배 타는 사람들을 구경하는 것도 즐겁다. 벚꽃시즌에 방문하게 된다면 편의점에서 맛있는 맥주와 안줏거리를 사서 일본식 벚꽃놀이 하나미花見를 즐기자.

기치조지&미타카는 예술가를 꿈꾸는 젊은이들이 선호하는 지역이다. 주말이 되면 이노카시라온시공원에서 직접 만든 수공예 액세서리, 그림, 인형 등을 판매하기도 하고 사람이 많이 모여 있는 곳에서 마술쇼, 개그, 악기연주, 노래 등의 거리공연을 하는 모습도 쉽게 볼 수 있다. 한적한 평일에는 퍼포머가 되고 싶은 사람들이 연못 주변에 자리 잡고 앉아서 열심히 연습하기도 한다. 무료로 보기 미안할 정도로 실력 있는 사람도 많으니 무료공연을 즐긴 후에는 힘껏 박수를 보내자.

홈페이지 www.kensetsu.metro.tokyo.jp/seibuk/inokashira, www.tokyo-park.or.jp **주소** 東京都 武蔵野市 御殿山 1-18-31 **문의** 0422-47-6900 **찾아가기** JR 주오선(中央線) 기치조지(吉祥寺)역 공원출구에서 도보 5분/게이오 이노카시라선(京王井の頭線)의 이노카시라코엔(井の頭公園)역에서 도보 1분 거리 **입장료** 무료 **귀띔 한마디** 이노카시라온시공원이 가장 아름다울 때는 벚꽃 시즌이니 개화시기에 맞춰 여행계획을 세우자.

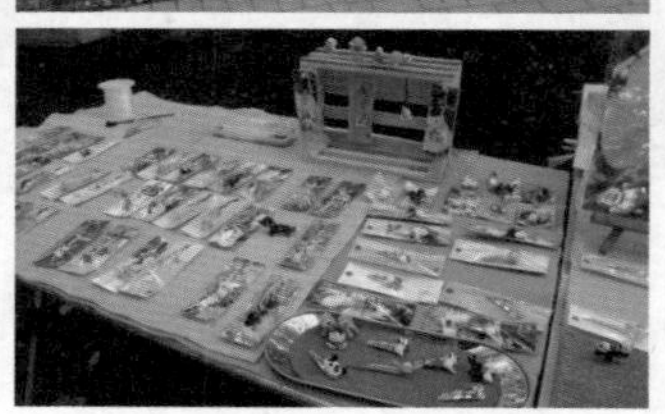

✓ 기치조지&미타카지역의 볼거리가 배경으로 등장하는 애니메이션, 영화, 드라마, 소설 등을 미리 보고 가면 좋다.

이노카시라온시공원의 볼거리와 즐길거리

넓은 연못 위에서 타는 보트

보트장 ボート場

거대한 연못 위에서는 보트를 탈 수 있다. 일본에서는 스완보트(Swan Boat)라고 부르는 오리배, 페달을 밟아서 이동하는 사이클보트, 노를 저어서 움직이는 일반보트까지 다양한 종류의 보트를 빌릴 수 있는 보트장이 있다. 솔로들의 질투심에 의해 만든 소문일 가능성이 높지만, 연인이 오리배를 타고 벚꽃놀이를 하면 헤어지게 된다는 말도 있다.

주소 0422-42-3712 **찾아가기** 이노카시라온시공원의 연못 옆 **입장료** **오리배(スワンボート)** 어른 2명, 어린이 2명까지 ¥800/30분 **사이클보트(サイクルボート)** 어른 2명, 어린이 1명까지 ¥700/30분 **일반보트(ローボート)** 어른 3명까지 ¥500/30분 **영업시간** 10:00~17:00(시기에 따라 조금씩 다름) **휴무** 12~2월의 수요일 **귀띔 한마디** 벚꽃이 핀 시기에 보트를 타고 즐기는 벚꽃놀이는 최고이다.

연못 위에 있는 작지만 운치 있는 신사

이노카시라 벤자이텐 井の頭公園 弁財天

이노카시라 공원의 연못은 Y자 모양을 하고 있는데, Y의 왼쪽 윗부분에 해당하는 연못 위의 섬에 작은 신사가 서 있다. 규모는 작지만 공원의 신록과 어우러진 빨간색 신사 건물에서 일본 전통의 매력을 느낄 수 있다. 이 신사는 789년에 만든 벤자이텐 여상(弁財天女像)을 안치한 곳이다. 섬까지는 다리로 연결되어 있어 연못 위를 걸으며 커다란 비단잉어들도 구경할 수 있다. 과자나 빵 부스러기를 연못에 뿌리면 잉어들이 몰려든다.

홈페이지 www.inokashirabenzaiten.com **주소** 東京都 三鷹市 井の頭 4 **찾아가기** 이노카시라온시공원의 연못 안 **입장료** 무료 **영업시간** 07:00~16:00 **귀띔 한마디** 신사에서는 합격, 금전운, 교통안전 등을 비는 부적 오마모리(お守り)를 판매한다.

규모는 작지만 귀여운 동물들이 사는 동물원

이노카시라 자연문화원 井の頭自然文化園

이노카시라 온시공원의 연못과 이어져 있는 작은 동물원이다. 연못 옆으로는 오리, 백조, 학 등의 조류와 수생동물이 살고 있는 수생물원이 있다. 코끼리, 원숭이, 사슴, 염소 등의 커다란 동물은 수생물원에서 약 300m 떨어진 동물원 본원에 있다. 기니피그, 다람쥐 등 작은 동물을 직접 만져 볼 수 있는 프로그램도 있어서 어린아이들이 좋아한다. 그 밖에도 200여 점의 조각을 전시하는 조각원 및 회전목마 등의 간단한 놀이기구가 있는 미니 유원지 등이 있다.

홈페이지 www.tokyo-zoo.net/zoo/ino **주소** 東京都 武蔵野市 御殿山 1-17-6 **문의** 0422-46-1100 **찾아가기** 이노카시라온시공원의 연못 옆 **입장료** 성인 ¥400, 중학생 ¥150, 65세 이상 ¥200 **무료개방** 5월 4일(미도리의 날), 5월 5일(중학생 이하 무료), 5월 17일(개원기념일), 10월 1일(도민의 날, 도쿄에 거주 중학생 이하 무료) **개방시간** 09:30~17:00(최종입장 16:00) **귀띔 한마디** 동네 주민들이 어린 아이들과 함께 나들이 가는 작은 동물원이다.

스튜디오지브리의 애니메이션 미술관 ★★★★★

미타카의 숲 지브리미술관 三鷹の森ジブリ美術館 [예약필수]

'이웃집 토토로となりのトトロ', '원령공주もののけ姫', '센과 치히로의 행방불명千と千尋の神隠し', '하울의 움직이는 성ハウルの動く城', '바람이 분다風立ちぬ' 등의 작품을 제작한 스튜디오지브리 미술관이다. 2001년 미야자키하야오宮崎駿 감독이 스케치한 그림을 바탕으로 조성된 미술관은 지브리 애니메이션 속 몽환적 모습을 하고 있다. 커다란 토토로가 서있는 매표소, 실제 고양이 버스가 있는 놀이방, 옥상정원에는 '천공의성 라퓨타天空の城ラピュタ' 속 거신병 로봇과 비행석 등 미술관 곳곳에서 애니메이션 캐릭터를 만날 수 있다.

미야자키하야오의 작업실을 재현해 놓은 코너에는 '마녀배달부 키키魔女の宅急便'의 그림이 걸려 있다. 입장권으로 스튜디오지브리에서 제작한 단편 애니메이션을 관람할 수 있는데, 상영시간을 확인하여 짧지만 감동적인 작품들이니 챙겨보자.

홈페이지 www.ghibli-museum.jp **주소** 東京都 三鷹市 下連雀 1-1-83 **문의** 0570-055-777 **찾아가기** 이노카시라온시공원의 서원(西園) 안, JR 주오선(中央線) 미타카(三鷹)역 남쪽출구에서 도보 15분 또는 커뮤니티버스로 5분(커뮤니티버스 성인 편도 ¥210/왕복 320, 어린이 편도 ¥110 왕복 160)/JR 주오선(中央線) 기치조지(吉祥寺)역 공원출구에서 도보 15분/게이오 이노카시라선(京王井の頭線)의 이노카시라코엔(井の頭公園)역에서 도보 18분 **거리** **입장료** 예약제로만 판매, 매달 10일(주말 및 공휴일인 경우 다음 날) 다음 달 분의 티켓 판매 | 성인 및 대학생 ¥1,000, 중고등학생 ¥700, 초등학생 ¥400, 4세 이상 ¥100 **티켓 구입처** 편의점 로손(Lawson)의 티켓전용 자판기 롯피(Loppi) **인터넷 예약** **로티케(ローチケ)** l-tike.com/ghibli(신용카드) **하나투어** www.hanatour.com(세트상품) **입장시간** 10:00~19:00(예약한 티켓에 입장시간이 정해져 있다.) **귀띔 한마디** 입장권은 사전예약으로만 구입 가능하므로 주말 및 공휴일에 방문 예정이라면 한 달 정도의 여유를 가져야 한다. 또한 입장권은 날짜와 입장시간이 정해져 있어 반드시 시간에 맞춰 도착해야 한다.

Tip

커뮤니티버스(コミュニティバス) 타고 지브리미술관 가기

지브리미술관은 이노카시라온시공원 서쪽 끝에 위치하여 기치조지역과 미타카역, 이노카시라코엔역 모두 걸어서 15분 이상 걸린다. 편하게 가려면 미타카(三鷹)역 앞에서 출발하는 커뮤니티버스를 타는 것이다. 기치조지에서 이노카시라공원을 가로질러 왕복으로 다녀오려면 30분 이상 걸어야 해서 힘들다. 미타카역에서 편도로 커뮤니티버스를 이용하고 지브리미술관을 구경한 후, 이노카시라온시공원을 산책하며 기치조지(吉祥寺)역으로 이동하는 코스를 추천한다.

Section 05

Tokyo

기치조지&미타카에서 꼭 먹어봐야 할 먹거리

기치조지와 미타카는 쾌적하면서 활기 넘치는 특유의 분위기 덕분에 20~30대의 젊은 사람들이 선호하는 주거지이다. 그래서 값이 비싸지 않으면서 분위기가 깔끔한 레스토랑 및 카페가 많다. 주로 사람이 많이 지나다니는 역 주변의 상점가에 맛집이 많지만, 한적한 주택가 사이에도 깜짝 놀랄 만큼 뛰어난 맛을 자랑하는 맛집이 숨어 있다. 볼거리 위주로 돌아다니는 여행도 좋지만, 기치조지에서는 오직 맛집을 찾아서 먹으러 다니는 미식여행을 해도 즐겁다.

길이 좁아서 더 운치 있는 먹자골목 ★★★★☆

하모니카요코초 ハーモニカ横町

기치조지역 북쪽출구로 나와서 길을 건너면 1m의 좁은 골목길로 이어진 작은 상점가 하모니카요코초가 나온다. 하모니카도리ハーモニカ通り를 중심으로 나카미세도리仲見世通り, 주오도리中央通り, 아사히도리朝日通り, 노렌골목のれん小路, 쇼와골목祥和小路의 총 5개의 골목길이 연결되어 있다. 좁은 골목길 안에 100여 개의 작은 가게가 촘촘히 들어서 있는 모습이 하모니카 같다고 하여 상점가 이름이 하모니카요코초가 되었다.
제2차 세계대전이 끝났던 60년 전 암시장이 문을 열었던 곳으로, 지금은 맛있는 음식점과 바가 많은 먹자골목으로 유명하다. 입맛을 다시고 있는 페코짱이 입구에 서 있는 주오도리로 들어서면 런치뷔페가 알찬 하모니카키친ハモニカキッチン, 저렴한 가격에 커피와 술, 요리 등을 판매하는 카페모스크바カフェ モスクワ 등의 인기 음식점이 나타난다. 저렴하고 강한 소맥(소주+맥주) 같은 술 호피ホッピー를 한 병 마시면서 낯선 사람들과 이야기를 나눠보자.

하모니카키친

카페모스크바

- **하모니카요코초 주소** 東京都 武蔵野市 吉祥寺本町 **찾아가기** JR 주오선(中央線) 기치조지(吉祥寺)역 북쪽 출구에서 도보 1분 거리 **귀띔 한마디** 8월 24일은 하모니카요코초의 생일이라 매년 이벤트가 열린다.
- **하모니카키친(ハモニカキッチン) 문의** 0422-20-5950 **가격** 런치 ¥1,000~2,000, 디너 ¥2,000~3,000 **영업시간** 평일 15:00~24:00, 주말 및 공휴일 12:00~24:00 **휴무** 연중무휴
- **카페모스크바(カフェモスクワ) 문의** 0422-23-5865 **가격** 런치 ¥1,000~2,000, 디너 ¥2,000~3,000 **영업시간** 11:30~24:00 **휴무** 연중무휴

호피

✓ 인기맛집은 한참을 기다려야 하는 경우가 많으니 일찍 가거나 시간 여유를 넉넉하게 잡아야 한다.

저렴하고 맛있는 야키토리전문점 ★★★★★

이세야 いせや

요시노리 추천

1928년 창업한 이세야 총본점은 멋스러운 목조건물에 빨간 등롱이 달린 야키토리やきとり(닭꼬치)전문점이다. 처음에는 정육점이 주였는데, 맛있고 저렴한 야키토리 인기가 높아지면서 야키토리전문점이 되었다. 숯불에 구워 향까지 맛있는 꼬치를 단돈 ¥100에 판매한다. 맛있는 야키토리에 맥주 한잔 마셔도 ¥2,000 정도라 단골손님이 많다. 이노카시라온시공원 입구의 이세야공원점도 본점 못지않게 인기 있다. 숯불에 지글지글 굽는 닭꼬치의 맛있는 냄새가 공원으로 향하는 사람들의 발목을 붙잡는다.

야키토리

- **공통 홈페이지** www.kichijoji-iseya.jp **가격** ¥500~2,000 **영업시간** 12:00~22:00 **귀띔 한마디** 손님이 많아서 자리 잡고 먹기 힘드니, 공원에 들어가기 전에 테이크아웃으로 사가지고 가서 먹는 것도 좋다.
- **총본점 주소** 東京都 武蔵野市 御殿山 1-2-1 **문의** 0422-47-1008 **휴무** 화요일 **찾아가기** JR 주오선(中央線) 기치조지(吉祥寺)역 공원출구에서 도보 5분 거리
- **공원점 주소** 東京都 武蔵野市 吉祥寺南町 1-15-8 **문의** 0422-43-2806 **휴무** 월요일 **찾아가기** JR 주오선(中央線) 기치조지(吉祥寺)역 공원출구에서 도보 4분 거리

메밀로 만든 건강한 크레이프 갈레트 ★★★★☆

우사기칸 카페두리에브르 うさぎ館 Café du liévre

이노카시라온시공원 중간에 있는 동화 속 그림처럼 예쁜 카페이다. 메밀가루로 만든 크레이프 갈레트Galette전문점으로 햄, 치즈, 달걀, 토마토 등을 넣은 식사용 갈레트와 캐러멜, 버터, 꿀 등을 넣은 디저트용 갈레트를 판매한다. 갈레트에 곁들일 샐러드와 수프, 각종 음료도 갖추고 있다. 카페 안에는 독특한 색채의 토끼와 고양이 그림을 그리는 요시다키미코吉田キミコ의 작품이 전시되어 있으며 같은 건물 지하 1층에는 전시실, 2층에는 아틀리에가 있다.

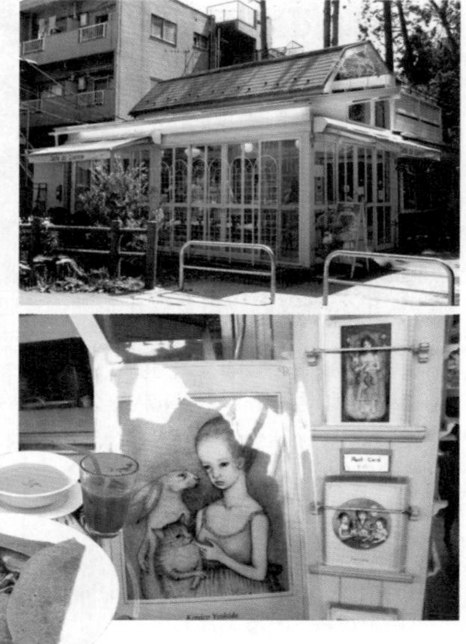

주소 東京都 武蔵野市 御殿山 1-19-43 **문의** 0422-43-0015 **찾아가기** JR 주오선(中央線) 기치조지(吉祥寺)역 공원출구에서 도보 10분 거리 **가격** ¥1,000~2,000 **영업시간** 10:30~19:00 **휴무** 연중무휴 **귀띔 한마디** 카페 안에는 요시다키미코의 작품을 판매하는 코너도 있다.

일본 최고의 제과점! ★★★★★

아테스웨이 アテスウェイ À tes souhaits

프랑스의 세계 파티스리 대회에서 일본인 최초로 우승한 파티쉐가 운영하는 곳이다. 명성에 걸맞게 한번 맛보면 잊을 수 없어서 다시 찾게된다. 기치조지역에서도 멀고, 한적한 주택가에 자리잡고 있지만 손님이 늘 많다. 홀케이크는 예약을 해야 할 수 있고, 빵이 구워져 나오는 시간에는 줄을 서야 할 정도다. 늦은 시간에 가면 남은게 별로 없으니 오전에 방문하자. 조각 케이크를 다양하게 사서 맛보는 것을 추천한다. 제빵류 및 제과류는 간식이나 기념선물로 구입하기도 좋다.

홈페이지 www.atessouhaits.biz **주소** 東京都 武蔵野市 吉祥寺東町 3-8-8 カサ吉祥寺2 **문의** 0422-29-0888 **찾아가기** JR 주오선(中央線) 기치조지(吉祥寺)역 북쪽출구에서 도보 18분 또는 택시로 5분 **영업시간** 11:00~18:00 **휴무** 매주 월요일 **귀띔 한마디** 카드사용이 불가능하니 현금을 꼭 가져가자.

웰빙요리를 판매하는 깔끔한 카페 ★★★★☆

하치주하치야 八十八夜

좋은 재료를 이용해 건강하게 요리한 음식을 판매하는 카페이다. 윤이 나는 원목 테이블과 테이블 아래로 길게 줄을 내린 전등이 평온한 분위기를 연출한다. 카페 한쪽에는 커다란 책장이 있어서 책을 가져다 읽을 수 있으며, 귀여운 색색의 타진냄비가 줄지어 장식되어 있다. 타진냄비로 재료 본연의 맛을 살린 요리도 맛있고 검은깨와 꿀을 넣은 치즈케이크와 호박케이크 등의 스위츠도 인기 있다. 우유가 들어간 커피를 주문하면 라테아트로 귀여운 동물 그림을 그려준다. 저녁에는 술도 판매한다.

홈페이지 88ya.jp **주소** 東京都 武蔵野市 御殿山 1-2-1 2F **문의** 0422-24-9490 **찾아가기** JR 주오선(中央線) 기치조지(吉祥寺)역 공원출구에서 도보 5분 **가격** 런치 ¥1,000~1,500, 디너 ¥2,000~3,000 **영업시간** 런치 11:00~17:00, 디너 17:00~23:00 **휴무** 매주 월요일 **귀띔 한마디** 분위기 좋은 곳에서 조용하게 데이트하고 싶은 커플에게 추천한다.

Section 06

Tokyo

기치조지에서 놓치면 후회하는 쇼핑

기치조지는 도쿄 외곽지역이지만, 웬만한 것은 다 구할 수 있다. 또한 상점가에만 있는 독특한 분위기의 가게에서 도쿄에서는 팔지 않는 물건을 살 수도 있다. 유명한 브랜드제품보다 개성 있는 디자인상품을 선호하는 사람들에게 기치조지는 보물창고 같다. 아토레, 마루이, 파르코 같은 대규모 쇼핑빌딩도 기치조지역 주변에 모여 있어 옷이나 패션잡화를 쇼핑하기에 좋지만, 신주쿠나 시부야에 비해서 활기가 떨어지니 여행자가 굳이 들를 필요는 없다.

기치조지역 북쪽, 아케이드로 덮힌 대형 상점가 ★★★★☆

기치조지 선로드상점가 吉祥寺サンロード商店街

300m 길이의 거리에 170여 개의 상점이 들어선 상점가로, 기치조지지역 북쪽출구 앞부터 시작된다. '태양의 길'이라는 이름의 선로드Sun Road이다. 1971년에 아케이트가 처음 설치되었으며, 당시에는 동양에서 제일 규모가 큰 설비였다. 지금 사용하고 있는 아케이드는 2004년에 새로 정비한 개폐식으로, 태양광을 전기에너지로 바꾸어 사용한다. 아케이드가 높이 설치되어 있어서 답답하지 않고 비나 눈을 막아주어 날이 궂을 때도 돌아다니기 좋다. 맛집이 많아 곳곳에서 사람들이 만든 긴 행렬을 볼 수 있다.

홈페이지 www.sun-road.or.jp **주소** 東京都 武蔵野市 吉祥寺本町 1-12-1 **찾아가기** JR 주오선(中央線) 기치조지역 북쪽출구(北口)에서 도보 1분 **영업시간** 10:00~20:00(가게에 따라 다름) **귀띔 한마디** 선로드상점가 바로 옆으로 하모니카요코초가 이어져 있다.

✓ 기치조지 선로드상점가보다는 나나이바시도리상점가와 나카미치도리상점가에 재미있는 가게가 많으니 둘 중 한 쪽이라도 구경하자.

기치조지 선로드상점가의 맛집

너도나도 줄 서서 먹는 최고의 멘치카츠

사토 サトウ, SATOU

개업한 지 30년 이상 된 정육점으로 최고급 와규로 통하는 마츠카자규(松阪牛)를 판매한다. 1층은 정육점, 2층은 스테이크하우스로 운영한다. 최고 인기상품은 원조 마루멘치카츠(元祖丸メンチカツ)로 주먹만 한 크기의 크로켓 안에 고기가 듬뿍 들어 있다. 포장판매만 하는데도 수백 명에 가까운 사람이 줄을 서서 기다린다. 원조마루멘치카츠는 10시 30분부터 판매하는데, 늦은 오후에 가면 매진되는 경우가 많다. 개당 ¥270인 멘치카츠를 5개 이상 구입하면 1개에 ¥250에 구입할 수 있어 5개 단위로 구입하는 사람이 많다. 1인당 평일 20개, 주말 및 공휴일 10개로 구매가 제한된다.

- **공통 홈페이지** www.shop-satou.com **주소** 東京都 武蔵野市 吉祥寺本町 1-1-8 **찾아가기** 기치조지 선로드상점가 안 **귀띔 한마디** 2층에는 스테이크하우스가 있어서 마츠자카규로 만든 스테이크를 저렴한 가격에 맛볼 수 있다.
- **원조마루멘치카츠(정육점) 문의** 0422-22-3130 **가격** ¥200~2,000 **영업시간** 10:00~19:00(멘치카츠 판매 10:30~)
- **스테이크하우스 문의** 0422-21-6464 **가격** 런치 ¥2,000~10,000, 디너 ¥3,600~20,000 **영업시간** 평일 11:00~14:30, 17:00~20:00, 주말 및 공휴일 11:00~14:30, 16:30~20:30

밤새서 줄 서야 겨우 살 수 있는 양갱전문점

오자사 小ざさ

일본에서도 구입하기 힘들다는 양갱(羊羹)으로 유명한 화과자전문점이다. 하루 150개만 1인당 5개로 제한하여 판매하므로 약 30명 정도만 구입할 수 있다. 오전 10시에 문을 열지만 새벽 4~5시에 도착해야 그 30명 안에 들 수 있다. 양갱을 구입하기 위해 밤새 노숙하는 사람이 있을 정도니 말할 것도 없다. 양갱 구입은 힘들지만 같은 팥을 이용해 만든 모나카(最中)는 손쉽게 구입할 수 있다. 값도 저렴한 편인 구름 모양의 모나카는 바삭하고 고소한 피와 쫀득하고 달콤한 팥소의 조화가 중독성이 있어 단골이 많다. 모나카는 인터넷주문도 가능하다.

홈페이지 www.ozasa.co.jp **주소** 東京都 武蔵野市 吉祥寺本町 1-1-8 **문의** 0422-22-7230 **찾아가기** 기치조지 선로드상점가 안 **가격** ¥60~1,000 **영업시간** 10:00~ 19:30 **휴무** 화요일 **귀띔 한마디** 모나카는 상자로 사는 사람이 많지만, 단품으로도 구입이 가능하다.

독특한 소품 및 의상을 판매하는 상점가 ★★★☆☆

나나이바시도리상점가 七井橋通り

기치조지역에서 이노카시라온시공원으로 가는 길목에 있는 상점가이다. 개성 넘치는 잡화 및 히피풍 의상, 중고물품 등을 판매하는 곳이 많아 구경하는 재미가 있다. 상점가 규모가 그리 크지는 않지만 하라주쿠나 시모키타자와 비슷하게 예술, 자유, 젊음이 융합된 독특한 분위기를 뿜어내는 매력적인 곳이다.

찾아가기 JR 주오선(中央線) 기치조지(吉祥寺)역 공원출구에서 도보 3분 거리

나나이바시도리상점가의 추천 숍

와치필드의 공식숍

와치필드 기치조지라시카노이점

わちふぃーるど吉祥寺ラシカノイ店, Wachifield

귀여운 고양이 다얀과 친구들이 사는 나라의 이름이 와치필드이다. 가죽공예, 문구, 잡화 등에 동화작가이자 일러스트레이터인 이케다아키코(池田あきこ)의 캐릭터를 새겨 판매하는 공식숍이다. 고양이를 좋아하는 사람이 많은 기치조지 분위기와 잘 어울리는 곳이다.

홈페이지 www.wachi.co.jp **주소** 東京都 武蔵野市 吉祥寺南町 1-17-9 **문의** 0422-40-5524 **찾아가기** 나나이바시도리상점가 안 **영업시간** 11:00~20:00

뒤죽박죽 정신없는 분위기의 패션숍

간소나카야무겐도 니반구미 元祖仲屋むげん堂 弐番組

독특한 패션의 옷과 악세서리 등을 취급하는 가게로 가격도 저렴하다. 다른 곳에서 찾기 힘든 디자인이 많아서 패션으로 개성을 표현하고 싶은 사람들이 주로 찾는다. 젊은 예술가들이 많은 키치조지 특유의 분위기가 느껴진다.

주소 東京都 武蔵野市 吉祥寺南町 1-15-14 **문의** 0422-47-3334 **찾아가기** 나나이바시도리 상점가 안 **영업시간** 11:00~19:45

유니크한 숍이 많은 매력적인 상점가 ★★★★☆

나카미치도리상점가 吉祥寺中道通り商店会

직선으로 뻗은 길이 540m, 폭 5.4m의 거리는 편안한 느낌을 준다. 거리 곳곳에는 실전문점, 도장전문점, 개구리장식전문점, 타올전문점 등 다른 곳에서 보기 힘든 유니크한 숍이 많다. 분위기 좋은 카페와 레스토랑, 바는 물론 갤러리 및 공방도 자리해 다양한 사람의 취향을 만족시킨다.

홈페이지 kichijoji-nakamichi.com **찾아가기** JR 주오선(中央線) 기치조지(吉祥寺)역 중앙출구(中央口)에서 도보 4분 거리

나카미치도리상점가의 추천 숍

감각적이고 사랑스러운 인테리어 잡화점

비-컴패니트랜짓 B-COMPANY Transit

혼자 사는 20대 여성들이 좋아할 만한 인테리어 잡화점이다. 심플하면서도 화사한 분위기를 연출할 때 필요한 소품이 많다. 작은 가구, 조명, 시계 등을 판매하며 가격대도 중저가라 편하게 이용할 수 있다.

홈페이지 www.b-company.co.jp **주소** 東京都吉祥寺本町 2-2-3 藤野ビル 1F **문의** 0422-23-6166 **찾아가기** 나카미치도리상점가 안 **영업시간** 11:00~20:00 **귀띔 한마디** 일본에서 자취생활을 시작하는 사람에게 추천한다.

세계 각국에서 수입한 디자인제품 셀렉트숍
프리디자인 Free Design

일본의 깔끔한 디자인 제품은 물론 미국, 유럽 등의 디자인 선진국에서 수입한 디자인성이 높은 생활용품을 판매하는 셀렉트 샵으로 '어른을 위한 디자인잡화(大人のためのデザイン雑貨)'가 콘셉트이다. 프리디자인이라는 상호는 '자유로운 발상으로 생활을 디자인한다'라는 뜻이다. 심플하면서도 독특한 제품이 많아 선물을 구입하기도 좋다.

홈페이지 freedesign.jp **주소** 東京都武蔵野市吉祥寺本町2-18-2-2F **문의** 0422-21-2070 **찾아가기** 나카미치도리상점가 안 **영업시간** 11:00~19:00 **휴무** 연중무휴

개구리로 가득한 개구리잡화전문점
케이브 Cave

1999년에 기치조지에 문을 연 잡화전문점이다. 전 세계에서 개구리의 모양의 잡화를 가져다가 판매하는 개구리 편집숍이다. 인테리어소품, 티셔츠, 인형, 휴대폰케이스, 우산 등 판매상품의 모든 것이 개구리를 주제로 한다. 일본은 신사에서 개구리를 신으로 섬기는 경우가 있을 만큼 개구리를 좋아하는 사람이 많다.

홈페이지 www.cave-frog.com **주소** 東京都 武蔵野市 吉祥寺本町 2-26-1 **문의** 0422-20-4321 **찾아가기** 나카미치도리상점가 안 **영업시간** 11:30~19:00 **휴무** 목요일

다양한 색과 두께의 실전문점
아브릴 AVRIL

교토에 본사가 있는 실전문점으로 교토와 효고, 도쿄에 점포를 두고 있다. 총 300종류, 1,000가지 색의 실을 판매하며, 벽 전체를 다양한 실타래로 덮어 진열한다. 털실도 사계절 내내 판매하며 뜨개질 및 바느질에 관한 강습도 실시한다. 강습에 참여하고 싶다면 예약해야 한다.

홈페이지 avril-kyoto.shopinfo.jp **주소** 東京都 武蔵野市 吉祥寺本町 2-34-10 **문의** 0422-22-7752 **찾아가기** 나카미치도리상점가 안 **영업시간** 10:00~19:00

예술가들이 만든 생활용품
풀 Poool

수영장을 뜻하는 영어 풀(Pool)에 'o'를 하나 더해서 '풀(Poool)'이라는 재밌는 상호를 사용하는 가게이다. 예술적 감성이 담긴 풀의 상품이 흙에 물이 스며들 듯 일상생활 속에 녹아들기를 바라는 마음으로 지은 이름이라고 한다. 일본 및 해외 크리에이터가 수작업으로 만든 옷, 그릇, 가방, 소품 등을 판매한다. 근처에 별도의 갤러리도 운영한다.

홈페이지 poool.jp **주소** 東京都 武蔵野市 吉祥寺本町 3-3-9 **문의** 0422-27-5818 **찾아가기** 나카미치도리상점가 안 **영업시간** 12:00~19:00 **휴무** 화요일

기치조지역과 연결되어 있는 쇼핑빌딩 ★★★☆☆

아토레 기치조지 アトレ吉祥寺, atre

기치조지역과 연결된 쇼핑빌딩이다. 본관本館과 동관東館으로 나뉜 건물 2채를 사용하며 지하 1층부터 지상 2층으로 구성되어 있다. 아토레는 레스토랑과 식품매장이 지하 1층과 1층에 자리하며, 서점 및 카페 등이 있는 2층은 기치조지역의 개찰구와 바로 연결되어 있다. 애프터눈티 리빙Afternoon tea living, 와타시노헤야私の部屋, ¥300숍 쓰리코인즈3coins 등의 인테리어 잡화점도 있고 슈퍼마켓 세조이시이成城石井, 딘&델루카DEAN&DELUCA, 토라야とらや 등 식품을 판매하는 곳도 있다. 서점 북퍼스트BOOK 1st, 양말전문점 쿠츠시타야靴下屋, 유니클로ユニクロ 등의 패션숍이 반 이상을 차지한다.

홈페이지 www.atre.co.jp **주소** 東京都 武蔵野市 吉祥寺南町 1-1-24 **문의** 0422-22-1401 **찾아가기** JR 주오선(中央線) 기치조지(吉祥寺)역 내부로 바로 연결 **영업시간** **2F** 10:00~22:00(일부 07:30~22:00) **1F** 10:00~21:00(일부 10:00~22:00) **B1F** 10:00~21:00 **레스토랑** 11:00~23:00 **귀띔 한마디** 기치조지역과 연결되어 교통이 편리하고 유명한 맛집 체인점이 많다.

아토레 기치조지의 맛집

가격 대비 구성이 좋은 인기 초밥집

우메가오카 스시노 미도리 梅丘寿 司の美登利

밥 층인 샤리(シャリ)보다 생선 층인 네타(ネタ)가 훨씬 커서 오메가(Ω)형태가 되는 초밥을 흔히 오메가스시(オメガ寿司)라고 한다. 그리고 우메가오카 스시노 미도리의 초밥을 한마디로 표현하면 오메가스시다. 큼직하고 신선한 네타가 올라가서 저렴한 회전초밥집과 다른 만족감이 느껴진다. 질에 비해 가격도 저렴하여 ¥3,000 정도의 초밥세트를 주문하면 배부르게 먹을 수 있다.

홈페이지 sushinomidori.co.jp **주소** 0422-22-1652 **찾아가기** 아토레 기치조지 본관 B1F **가격** ¥2,000~3,000 **영업시간** 11:00~23:00 (L.O. 식사 22:00, 드링크 22:30) **귀띔 한마디** 시부야나 긴자에 있는 지점은 1시간 이상 기다려야 하지만, 이곳은 거의 안 기다리고 이용할 수 있다.

Special 09 나카노브로드웨이

나카노브로드웨이는 지역주민보다 외지인들이 더 많이 찾는다. 애니메이션, 만화, 장난감 등을 판매하는 전문점으로 가득한 서브컬처의 성지이기 때문이다. 중고만화점으로 유명한 만다라케를 필두로 서브컬처에 관한 가게만 100개가 넘는다. 그 밖에도 특이한 디자인의 수입잡화 및 대형 천 등을 판매하는 독특한 가게도 많아 남다른 취미를 가진 사람들에게 사랑받는다.

나카노브로드웨이 中野ブロードウェイ, NAKANO BROADWAY

나카노선몰상점가 끝에서 와세다도리(早稲田通り)까지 이어지는 쇼핑건물로 브로드웨이(Broadway)라는 명칭은 '넓은 통로'라는 의미다. 1966년에 문을 열었으며 건물은 무려 길이 140m, 폭 34m나 된다. 지하 2층부터 4층까지 약 300개의 가게가 들어서 있고 점포 수만으로도 나카노선몰상점가의 3배 규모이다. 5층에서 10층까지는 주거지인 맨션이 있는데, 50년 전에는 수영장에 골프연습장까지 갖춘 고급 주거시설로 유명했다.

홈페이지 nakano-broadway.com **주소** 東京都 中野区 中野 5-52-15 **문의** 03-3388-7004 **찾아가기** JR 주오·소부선(中央·総武線), 주오선(中央線), 도쿄메트로 도자이선(東西線) 나카노(中野)역 북쪽출구(北口)에서 도보 5분 거리 **영업시간** 11:00~20:00(가게마다 다름) **휴무** 수요일(가게마다 다름) **귀띔 한마디** 나카노브로드웨이의 독특한 분위기를 즐기러 일본 전역에서 오타쿠들이 찾아온다.

만다라케 본점 まんだらけ, MANDARAKE

만화가이자 만화수집가인 후루카와마스조우(古川 益三)가 1980년에 나카노브로드웨이에 문을 연 만화전문 중고서점이다. 나카노브로드웨이 안에 애니메이션, DVD, 블루레이, 게임, 동인지, 장난감, 코스프레 의상 등을 판매하는 만다라케의 점포를 늘려나가서 1층부터 4층까지, 총 26개의 매장을 운영하고 있다. 매장에 따라 전문분야가 다르고 100만 점 이상을 보유하고 있다. 어린 시절에 가지고 놀다가 창고행이 된 장난감이 희소성 덕분에 수천만 원에 판매되기도 한다. 판매는 물론 매입도 활발하게 하니 오래된 만화 및 장난감이 있다면 만다라케에 팔아보자. 일본 전역에 지점이 있다.

홈페이지 www.mandarake.co.jp **주소** 東京都 中野区 中野 5-52-15 **문의** 03-3228-0007 **찾아가기** 나카노브로드웨이 1~4층 **영업시간** 12:00~20:00 **귀띔 한마디** 도쿄에는 아키하바라, 시부야, 이케부쿠로 등에 지점이 있다.

데이리치코 デイリーチコ

나카노브로드웨이에서 제일 유명한 간식거리는 8가지 맛의 아이스크림을 층층이 쌓아서 만든 8단 소프트아이스크림이다. 평범한 맛의 아이스크림도 있고 소다라무네, 적고구마, 사과, 유자, 바나나, 머스크멜론 등 색다른 맛의 아이스크림이 계절에 따라 바뀐다.

문의 03-3386-4461 **찾아가기** 나카노브로드웨이 지하 1층 **가격** ¥200~500 **영업시간** 10:00~20:30 **귀띔 한마디** 뜨끈한 우동도 같이 판매한다.

Chapter 03

카구라자카 &고라쿠엔

神楽坂&後楽園

Kagurazaka&Korakuen

 ★★☆☆☆

 ★★★★☆

★★☆☆☆

지리상 도쿄 중앙에 해당하는 카구라자카와 고라쿠엔지역은 외부인에게는 그다지 알려져 있지 않지만 도쿄시민들이 주말에 놀러 가는 곳이다. 최근 젊은 여성층에게 인기가 높은 카구라자카는 좁은 골목 사이에 역사 깊은 맛집과 아늑한 카페가 숨어 있어 보물찾기하는 기분으로 산책하기 좋다. 특히 도쿄를 여러 번 방문하여 웬만한 관광지는 다 가본 사람들에도 멋스럽고 신선한 여행지가 될 것이다. 도쿄 안에 자리한 대표적인 엔터테인먼트시설인 고라쿠엔에는 야구팬에게 반가운 도쿄돔, 스릴 넘치는 놀이기구를 사랑하는 사람들을 위한 도쿄돔시티 어트랙션즈와 편안하게 피로를 풀어 줄 스파라쿠아가 있다. 여유롭게 현지인 틈에 섞여 일상의 도쿄를 느낄 수 있다.

요시노리의 한마디

카구라자카(神楽坂)는 에도시대(1603~1868년)의 일본을 느낄 수 있어 도쿄 토박이들이 주말에 산책하러 간다.

카구라자카로&고라쿠엔을 잇는 교통편

이다바시(飯田橋)역에서 내려 카구라자카역 쪽으로 천천히 걸으며 구경하는 것이 좋다. 이다바시역은 다양한 노선이 다녀 편리하지만 그만큼 복잡하다. JR 주오·소부선 및 도자이선, 오오에도선을 이용할 경우 역 안에서 한참을 걸어야 카구라자카의 거리가 시작되는 B2a 또는 B3 출구로 나올 수 있다. 고라쿠엔은 스이도바시역과 고라쿠엔역이 가장 가깝다. 주요 시설이 다 연결되어 있으므로 걸어 다니면 된다.

이다바시(飯田橋)역 JR ▌주오·소부선(中央·総武線) 각 역 정차(各駅停車) ◎ 도자이선(東西線), ◎ 유라쿠초선(有楽町線), ◎ 남보쿠선(南北線) ◎ 오오에도선(大江戸線)

카구라자카(神楽坂)역 ◎ 도자이선(東西線)

고라쿠엔(後楽園)역 ◎ 마루노우치선(丸ノ内線), ◎ 남보쿠선(南北線)

스이도바시(水道橋)역 JR ▌주오·소부선(中央·総武線) 각 역 정차(各駅停車) ◎ 미타선(三田線)

카구라자카&고라쿠엔에서 이것만은 꼭 해보자

1. 오르락내리락 작은 언덕으로 이루어진 좁은 골목길을 산책하자!
2. 수상카페에서 잉어와 거북이를 보며 보트를 타자!
3. 분위기 좋은 카페에서 달콤한 디저트를 먹으며 쉬어가자!
4. 코이시카와 고라쿠엔에서 일본 전통정원을 산책하자.
5. 도쿄돔시티 어트랙션즈에서 스릴 넘치는 놀이기구를 타고 놀자.

사진으로 미리 살펴보는 카구라자카&고라쿠엔 베스트코스

이다바시역에서 내리면 역 앞에 펼쳐진 운하를 구경하고 토리자야에서 점심을 먹자. 여관 와카나가 있는 좁은 골목길을 걷다 보면 귀여운 고양이도 만날 수 있다. 젠코쿠지비샤몬텐을 잠깐 보고 키노젠에서 차를 마신다. 코이시카와 고라쿠엔의 정원을 산책하고 도쿄돔과 유원지를 구경하자.

1 일상의 도쿄를 느끼는 하루 일정(예상 소요시간 7시간 이상)

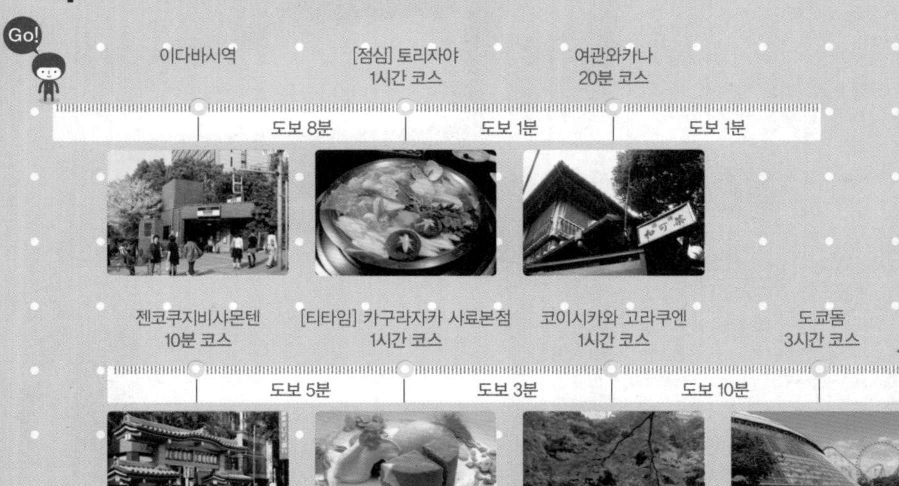

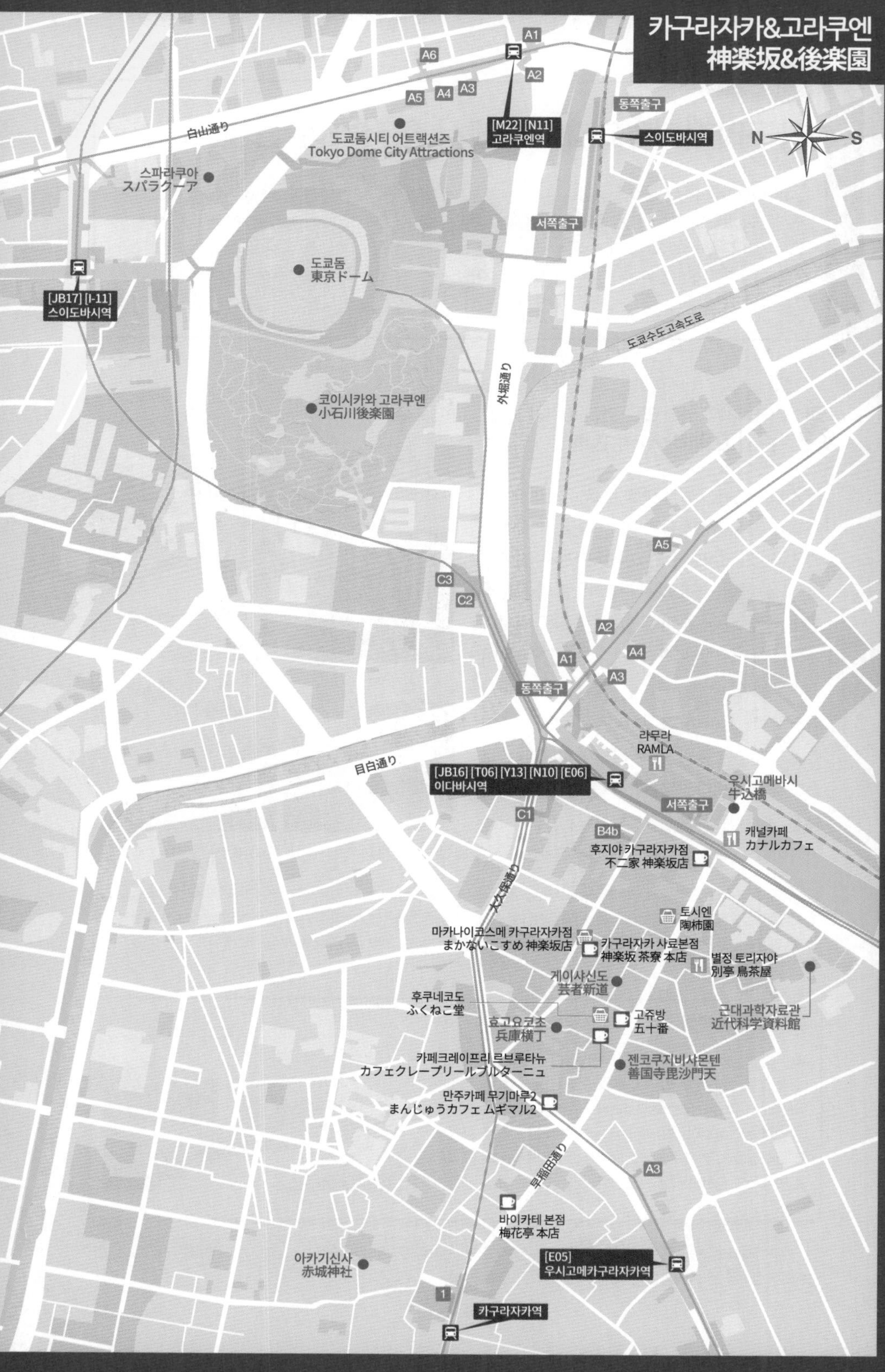

카구라자카&고라쿠엔
神楽坂&後楽園
N
S
A1
A6
A2
A5
A4
A3
白山通り
도쿄돔시티 어트랙션즈
Tokyo Dome City Attractions
[M22] [N11]
고라쿠엔역
동쪽출구
스이도바시역
스파라쿠아
スパラクーア
서쪽출구
도쿄돔
東京ドーム
[JB17] [I-11]
스이도바시역
도쿄수도고속도로
外堀通り
코이시카와 고라쿠엔
小石川後楽園
A5
C3
C2
A2
A1
A4
A3
동쪽출구
라무라
RAMLA
目白通り
[JB16] [T06] [Y13] [N10] [E06]
이다바시역
우시고메바시
牛込橋
서쪽출구
C1
B4b
캐널카페
カナルカフェ
후지야 카구라자카점
不二家 神楽坂店
大久保通り
토시엔
陶柿園
마카나이코스메 카구라자카점
まかないこすめ 神楽坂店
카구라자카 사료본점
神楽坂 茶寮 本店
별정 토리자야
別亭 鳥茶屋
게이샤신도
芸者新道
후쿠네코도
ふくねこ堂
고쥬방
五十番
근대과학자료관
近代科学資料館
효고요코초
兵庫横丁
카페크레이프리 르브루타뉴
カフェクレープリールブルターニュ
젠코쿠지비샤몬텐
善国寺毘沙門天
만주카페 무기마루2
まんじゅうカフェ ムギマル2
早稲田通り
A3
바이카테 본점
梅花亭 本店
[E05]
우시고메카구라자카역
아카기신사
赤城神社
1
카구라자카역

Section 07

Tokyo

카구라자카&고라쿠엔에서 둘러봐야 할 명소

카구라자카는 대표적인 볼거리가 없는 것을 특징이라고 할 수 있을 정도로 볼거리 하나하나가 소소하다. 그런데도 별 기대 없이 찾아간 사람들이 이 지역의 매력에 빠지는 이유는 소소한 볼거리들이 독특하기 때문일 것이다. 별거 아닌 볼거리지만 다 보려면 발품을 많이 팔아야 한다. 반면 고라쿠엔에는 도쿄돔, 코이시카와 고라쿠엔공원 등 큼직한 즐길거리와 볼거리가 있어 주말에 특히 붐빈다.

이다바시역 앞에 있는 멋진 풍경이 보이는 다리 ★★★☆☆

우시고메바시 牛込橋

1996년에 세운 우시고메바시는 길이 46m, 폭 15m의 평범한 다리이다. 얼핏 보기에는 색다를 것 없지만, 다리의 중간까지 걸어가서 옆을 한번 바라보는 순간 바로 카메라를 꺼내 들게 된다. 운하가 끝나는 곳에 위치하여 마치 호수 같은 잔잔하고 넓은 강이 보이고 강 위에 떠 있는 하얀 캐널카페가 어서 와서 쉬다 가라며 손짓한다. 왼편으로는 이다바시역에서 출발하는 전철이 지나가는 모습도 오버랩되어 영화의 한 장면 같은 아름다운 분위기를 연출한다. 우시고메바시는 이다바시역 바로 앞에 있기 때문에 찾기 쉬우니 이다바시역에서 내리자마자 잠시 들르자.

주소 東京都 千代田区 富士見 2와 東京都 新宿区 神楽坂 1를 연결 **찾아가기** JR 주오·소부선(中央·総武線), 도쿄메트로 도자이선(東西線), 유라쿠초선(有楽町線), 난보쿠선(南北線), 도에지하철 오오에도선(大江戸線) 이다바시(飯田橋)역 B2a 출구에서 도보 1분 **입장료** 무료 **귀띔 한마디** 캐널카페에 가기 전에 우시고메에서 보이는 카페 풍경을 먼저 보고 가면 좋다.

Tip

운하의 벚꽃

매년 4월이 되면 우시고메 앞은 사랑스러운 분홍빛으로 물든다. 운하를 둘러싸고 있는 나무가 모두 아름드리 벚나무이기 때문이다. 지대가 높은 우시고메바시 위에서 내려다보면 벚꽃으로 가득한 풍경이 한눈에 들어온다. 벚꽃은 운하를 따라 호세대학(法政大学)까지 이어지며, 캐널카페에서 보트를 빌려 물 위에서 구경하는 것을 추천한다.

✓ 카구라자카의 진면목을 속속들이 보여주는 일본드라마 '친애하는 아버님(拝啓, 父上様,, 2007년)'을 미리 보고 가면 골목길 사이로 나타나는 풍경이 무척 반갑게 느껴질 것이다.

에도시대의 풍경이 남아 있어서 더 멋진 거리 ★★★★☆
카구라자카의 거리산책

카구라자카의 중심 거리엔 카구라자카거리에는 '카구라자카神楽坂'라고 적힌 독특한 모양의 가로등이 길 양쪽으로 쭉 늘어서 있다. 와세다대학까지 연결된 와세다거리 중 이다바시역에서 카구라자카역까지 가는 길이 바로 흔히 얘기하는 카구라자카이다. 카구라자카의 '자카坂'가 독립적으로 사용될 때는 '사카'라고 읽는데, 언덕 또는 경사로라는 뜻이다. 지명처럼 카구라자카에는 언덕이 많다. 길 사이사이로 보이는 좁은 골목길로 들어서면 오르락내리락이 더 심해지는데, 계단으로 이루어진 구역도 많다. 아스팔트 대신 돌이 촘촘히 박힌 좁은 골목길을 따라 가벼운 등산을 하다 보면 금세 배가 고파진다. 맛집이 많은 카구라자카에서는 일단 먹고 산책하고 또 먹고 산책하는 방식으로 느긋하게 식도락여행을 즐겨 보자.

귀띔 한마디 에도시대의 모습 그대로 돌을 타일처럼 사용해 만든 길을 '돌로 만든 다다미'라는 뜻의 이시다타미(石畳)라고 한다.

카구라자카 거리산책 중에 만나는 볼거리

카구라자카의 대표 골목
효고요코초 兵庫横丁

카구라자카의 수많은 골목길 중 제일 유명한 곳이 여관와카나가 있는 효고요코초(兵庫横丁)이다. 카마쿠라시대부터 이용된 이 골목길은 카구라자카에서 가장 오래된 길이며 네모난 돌이 촘촘히 박힌 폭 1~2m 정도의 좁은 길이다. 길 양쪽으로 세워진 집 대부분은 고급 요정 및 레스토랑으로, 전통 목조가옥에 기와가 얹어져 있어 수백년 전 도쿄로 돌아간 듯한 기분이 든다. 이 거리에서 특히 주목할 곳은 여관와카나(旅館和可菜)이다. 일본 대표 근대소설가인 나츠메소세키(夏目漱石) 및 유명 극작가들이 글을 쓴 곳으로 유명한 여관와카나는 지금도 유명 작가들이 글을 쓰기 위해 찾는다고 한다. 효고요코초의 매력은 섬세히 살펴보지 않으면 잘 보이지 않으니 바닥 구석구석을 잘 살피며 걷자. 항상 깨끗하게 청소하여 새것 같은 돌길, 문앞에 소금을 놓는 일본의 관습, 하수구 구멍이 미관을 방해하지 않도록 올려놓은 화분, 사람을 전혀 무서워하지 않는 고양이들과의 만남은 카구라자카의 숨겨진 매력 포인트이다.

주소 東京都 新宿区 神楽坂 4 **찾아가기** JR 주오·소부선(中央·総武線), 도쿄메트로 도자이선(東西線), 유라쿠초선(有楽町線), 남보쿠선(南北線), 도에지하철 오오에도선(大江戸線) 이다바시(飯田橋)역 B3번 출구에서 도보 7분(젠코쿠지비샤몬텐 건너편에 있는 토리자야 골목에서부터 시작) **귀띔 한마디** 카메라 뷰파인더를 통해 구도를 잡으면 그림 같은 풍경이 더 잘 보인다.

옛날에 게이샤들이 다니던 길

게이샤신도 芸者新道

게이샤신도라는 지명의 게이샤(芸者)는 일본의 기녀인 게이샤를 뜻한다. 게이샤는 화려한 기모노에 하얗게 화장을 하고 일본의 전통악기를 연주하거나 춤 또는 노래를 부르는 예술인이다. 지금은 길에서 마주치기 힘들지만, 옛날에는 해 질 무렵이 되면 게이샤신도에 줄을 지어 걸어가는 게이샤들을 볼 수 있었다고 한다. 카구라자카는 정치가들이 밀담을 나누기 위해 다니는 고급 요정이 골목 사이에 숨어 있는 곳으로도 유명해 '도쿄 안의 교토'라는 수식어가 붙는 지역이다. 아직도 고급 요정이 남아 있기는 하지만 지금은 분위기 좋은 음식점이 하나둘씩 자리 잡고 있다. 맛집과 독특한 편집숍이 곳곳에 숨어 있으니 숨은그림찾기 하는 기분으로 잘 살펴보자.

주소 東京都 新宿区 神楽坂 3 **찾아가기** JR 주오·소부선(中央·総武線), 도쿄메트로 도자이선(東西線), 유라쿠초선(有楽町線), 남보쿠선(南北線), 도에지하철 오오에도선(大江戸線) 이다바시(飯田橋)역 B3번 출구에서 도보 4분(1층에 편의점 상크스가 보이는 건물 뒤편 골목길, 돌계단으로 시작)

Tip 고양이

카구라자카의 주민들이 고양이를 예뻐하기 때문에 집에서 키우는 고양이가 아니더라도 사람들의 눈길과 손길을 피하지 않는다. 고양이를 만나면 반갑게 인사하고 머리를 부드럽게 쓰다듬어 주자.

신기한 모양의 옛날 계산기를 모아 둔 곳 ★★☆☆☆

근대과학자료관 近代科学資料館

근대과학자료관이라는 명칭만 들으면 따분하고 어려울 것 같지만, 안에 들어가 보면 신기하게 생긴 옛날 계산기와 축음기로 가득하다. '계산기의 역사' 코너에는 거대한 주판에서 컴퓨터까지 계산할 수 있는 기계가 전부 모여 있고 '녹음기술의 역사' 코너에는 옛날 영화에서 자주 등장하는 거대한 나팔 모양의 스피커가 달린 축음기가 전시되어있다. 기계를 좋아하는 사람에게는 보물창고 같이 느껴질 것이다. 100년이 넘는 역사를 지닌 도쿄이과대학이 이학理學의 보급을 위해 1991년에 만든 곳으로, 무료로 이용할 수 있어 잠시 구경하며 쉬어가기 좋다.

홈페이지 www.tus.ac.jp/info/setubi/museum **주소** 東京都 新宿区 神楽坂 1-3 **문의** 03-5228-8224 **찾아가기** JR 주오·소부선(中央·総武線), 도쿄메트로 도자이선(東西線), 유라쿠초선(有楽町線), 남보쿠선(南北線), 도에지하철 오오에도선(大江戸線) 이다바시(飯田橋)역 B3번 출구에서 도보 3분(와카미야 공원 옆 도쿄이과대학 내) **입장료** 무료 **개방시간** 10:00~16:00 **휴관** 일요일, 월요일, 공휴일 **귀띔 한마디** 입구에 있는 방명록에 이름을 적어서 흔적을 남기자.

카구라자카의 중심에 있는 절 ★★★★☆

젠코쿠지비샤몬텐 善国寺毘沙門天

규모는 작지만 카구라자카의 중심이 되는 절로 랜드마크 역할을 한다. 이다바시에서 시작되는 카구라자카거리 중간에 위치하며, 대로변의 붉은 건물이 눈에 띄어 찾기 쉽다. 1595년 도쿠가와이에야쓰德川家康가 세운 절로 사천왕四天王 중 하나이자 칠복신七福神 중 하나인 비샤몬텐毘沙門天을 모신다. 젠코쿠지의 비샤몬텐은 일본유형문화재로 지정되어 있으며, 1월 1일 하츠모우데初詣 및 매달 5, 15, 25일인 엔니치縁日에는 참배객이 많이 찾는다. 일본 인기 아이돌 아라시嵐와 칸쟈니8関ジャニ∞의 멤버가 출연한 드라마 '삼가아뢰옵니다 아버님' 방영 이후, 이 절을 찾는 여성이 늘었다. 일본의 절에서 흔히 볼 수 있는 에마絵馬에는 보통 개인적인 소원을 적는데, 젠코쿠지에 걸린 에마에는 아이돌 팬들이 적은 '아라시嵐'가 대부분이라 재미있다.

홈페이지 www.kagurazaka-bishamonten.com **주소** 東京都 新宿区 神楽坂 5-36 **문의** 03-3269-0641 **찾아가기** JR 주오·소부선(中央·総武線), 도쿄메트로 도자이선(東西線), 유라쿠초선(有楽町線), 남보쿠선(南北線), 도에지하철 오오에도선(大江戸線) 이다바시(飯田橋)역 B3번 출구에서 도보 5분(카구라자카거리 중앙) **입장료** 무료 **귀띔 한마디** 일본의 절은 낮에 방문하는 것이 좋다.

일본 신사와 고급 맨션이 함께 있는 독특한 신사 ★★★☆☆

아카기신사 赤城神社

700년의 역사를 간직한 아카기신사는 이와츠츠오노미코토岩筒雄命라는 불의 신을 모시는 곳으로, 특히 화재예방의 힘이 있다고 해서 유명하다. 최근 리모델링을 해 벽이 유리로 된 현대적인 신사로 재탄생했다. 들어가는 입구에 붉은색 도리가 서 있고 그 뒤로 붉은 등롱이 이어지는 일반적인 신사의 모습이지만, 더 안으로 들어가면 깜짝 놀라게 된다. 현대적인 고급 맨션과 신사를 같이 세워놓았기 때문이다. 맨션에는 사람들이 살고 있고 신사 바로 옆으로는 아카기카페가 있다. 아카기카페는 아카기신사 안에 있는 신사카페로 이탈리안요리를 즐길 수 있다. 가격도 비싸지 않고 음식도 정갈해 인기가 많다.

홈페이지 www.akagi-jinja.jp **주소** 新宿区 赤城元町 1-10 **문의** 03-3260-5071 **찾아가기** 도에지하철 도자이선(東西線) 카구라자카(神楽坂)역 1번 출구에서 도보 1분 **입장료** 무료 **귀띔 한마디** 주거시설이 함께 있는 일본에서도 독특한 신사이다.

일본 멋진 풍경이 다 모인 일본 전통정원 ★★★★☆

코이시카와 고라쿠엔 小石川後楽園

도쿄 한가운데에서 자연을 느낄 수 있는 곳으로, 넓은 부지에 4,000그루 이상의 나무가 조성되어 있다. 봄에는 벚꽃, 여름 장마철에는 수국과 붓꽃류를 비롯한 각종 야생화가 정원을 아름답게 수놓는다. 특히 아름다운 계절은 가을로 11~12월에 방문하면 멋진 단풍을 구경할 수 있다. 연못을 중심으로 곳곳을 각기 다른 테마로 꾸몄는데, 일본 전역의 유명한 풍경들을 모방하여 만든 곳이라 여기만 구경해도 일본 전역의 멋진 장소를 다 돌아본 것 같은 기분이 든다. 도쿄의 숨은 명소로 상쾌함이 필요할 때 기분전환을 위해 찾으면 좋다.

홈페이지 www.tokyo-park.or.jp **주소** 東京都 文京区 後楽 1-6-6 **문의** 03-3811-3015 **찾아가기** JR 주오·소부선(中央·総武線), 도쿄메트로 도자이선(東西線), 유라쿠초선(有楽町線), 남보쿠선(南北線), 도에지하철 오오에도선(大江戸線) 이다바시(飯田橋)역 C3출구 또는 동쪽출구(東口)에서 도보 4분/도쿄메트로 마루노우치선(丸の内線), 남보쿠선(南北線) 고라쿠엔역(後楽園) 중앙출구(中央口)에서 도보 8분 거리 **입장료** 성인 ¥300, 65세 이상 ¥150, 초등학생 이하 및 도쿄 거주 중학생 무료 **무료공개** 5월 4일(미도리의 날), 10월 1일(도민의 날) **개방시간** 09:00~17:00(최종입장 16:30) **휴관** 12/29~1/1 **귀띔 한마디** 공원 앞에는 작은 전시실이 있다.

일본 야구를 대표하는 경기장 ★★★★☆

도쿄돔 東京ドーム

1988년에 개장하여 매년 3천만 명 이상이 찾는 도쿄돔은 높이 56m, 면적 46,755㎡의 거대한 야구경기장이다. 현재 요미우리자이언츠가 홈구장으로 사용하고 있고 야구경기는 물론 공연, 전시 등 다양한 행사가 열리기도 한다. 야구경기를 직접 보고 싶다면 미리 경기 일정을 확인하고 예약하는 것이 좋다. 티켓은 좌석에 따라 ¥1500~10,000까지 예산에 맞춰 선택할 수 있다. 인터넷은 물론 JTB 및 일본 편의점에서도 구입할 수 있다. 도쿄돔 안에는 기념품숍이 여러 곳 있으니 요미우리자이언츠 등 일본 야구팬이라면 잊지 말고 챙겨보자.

홈페이지 www.tokyo-dome.co.jp **주소** 東京都 文京区 後楽 1-3-61 **문의** 03-5800-9999 **찾아가기** 도쿄메트로 마루노우치선(丸の内線), 남보쿠선(南北線) 고라쿠엔역(後楽園) 1번 출구에서 도보 1분/JR 주오·소부선(中央·総武線), 도에지하철 미타선(三田線) 수이도바시(水道橋)역 서쪽출구(西口)에서 도보 2분 거리 **입장료** 이벤트에 따라 다름 **귀띔 한마디** 인기 가수의 콘서트도 자주 열린다.

도쿄의 역사 깊은 놀이동산 ★★★★☆

도쿄돔시티 어트랙션즈 Tokyo Dome City Attractions

역사 깊은 놀이동산으로, 50년 전에는 고라쿠엔 유원지라는 이름이었다. 디즈니랜드에 비하면 초라하지만, 무서운 어트랙션을 독특하게 배치하여 제법 신선하다. 중심축이 없는 대관람차 빅오Big O는 알파벳 O자 모양으로 마치 하늘에 떠 있는 것 같다. 빅오 정중앙을 통과하는 롤러코스터 '선더돌핀Thunder Dolphin'은 시속 130㎞로 라쿠아 건물을 아슬아슬하게 통과하여 보는 사람을 짜릿하게 만든다. 또한 물을 튀기며 달리는 원더드롭Wonder Drop은 회전목마 밑으로 통과하는 등 놀이기구가 따로 떨어져 있지 않고 얽혀있다. 도쿄돔에서 라쿠아건물까지 이어지는 도쿄돔시티 어트랙션즈는 입장제한 없이 드나들 수 있고 타고 싶은 놀이기구 요금을 지불한 후 탑승한다.

홈페이지 at-raku.com **주소** 東京都 文京区 後楽 1-3-61 **문의** 03-3817-6001 **찾아가기** 도쿄메트로 마루노우치선(丸の内線), 남보쿠선(南北線) 고라쿠엔역(後楽園) 1, 2번 출구에서 도보 1분/JR 주오·소부선(中央·総武線), 도에지하철 미타선(三田線) 수이도바시(水道橋)역 서쪽출구(西口)에서 도보 2분 거리 **입장료** **원데이패스포트** 성인 ¥4,200, 만 60세 이상 및 만 12~17세 ¥3,700, 만 6~11세 ¥2,800, 만 3~5세 ¥1,800 **영업시간** 10:00~21:00 **귀띔 한마디** 입장은 무료이다.

스파, 쇼핑, 레스토랑 등으로 이루어진 멀티복합몰 ★★★★☆

라쿠아 ラクーア, LaQua

쇼핑, 레스토랑, 놀이시설 등 아이부터 어른까지 즐길 수 있는 멀티복합몰이다. 도쿄 도심 한가운데서 리조트에 놀러 온 듯한 기분으로 느긋한 시간을 보낼 수 있는데, 도쿄돔시티 어트랙션즈의 스릴 넘치는 놀이기구가 스파라쿠아의 건물 사이로 돌아가 시선을 사로잡는다. 넓은 매장은 비교적 한산해 편안히 구경하기 좋다. 야구를 사랑하는 아빠와 아들은 야구장에서 경기를 보고 엄마는 스파라쿠아에서 느긋하게 시간을 보낸 후 합류해 라쿠아의 레스토랑에서 푸짐하게 식사하는 계획도 가능하다.

홈페이지 www.laqua.jp **주소** 東京都 文京区 後楽 1-3-61 **문의** 03-5800-9999 **찾아가기** 도쿄메트로 마루노우치선(丸の内線), 남보쿠선(南北線) 고라쿠엔역(後楽園) 1, 2번 출구에서 도보 1분/JR 주오·소부선(中央·総武線), 도에지하철 미타선(三田線) 수이도바시(水道橋)역 서쪽출구에서 도보 6분 거리 **영업시간** **숍** 11:00~21:00 **레스토랑** 11:00~23:00(레스토랑 및 카페에 따라 다름) **귀띔 한마디** 비 오는 날 또는 지쳐서 피곤한 날 느긋하게 즐기기 좋다.

라쿠아의 온천과 먹거리

도쿄 한가운데서 즐기는 천연온천
스파라쿠아 スパラクーア, Spa LaQua

몸이 피곤할 때 가장 먼저 생각나는 뜨끈한 온천욕! 도쿄의 한복판인 도쿄돔시티에도 천연온천이 있다. 지하 1,700m에서 솟아나는 온천수는 짭짤하고 미끌미끌하지만 보온 및 보습효과가 뛰어나 피부미용에 좋고 피로회복에도 효과가 있다. 외부에 노출되지는 않지만 바깥 공기가 시원하게 부는 노천온천, 텔레비전을 보면서 즐기는 족욕, 수압으로 마사지하는 마사지탕, 미네랄이 듬뿍 담긴 암염사우나, 촉촉한 미스트사우나 등을 다양하게 즐길 수 있다.

스파라쿠아는 입장료가 비싼 대신 어떤 준비물도 필요 없다. 커다란 목욕 타올과 얇은 타올, 원하는 디자인으로 선택이 가능한 찜질복도 준비되어 있고 탕에는 샴푸, 컨디셔너, 보디샴푸, 보디타올, 세안제, 치약이 묻어있는 일회용 칫솔 등이 모두 갖춰져 있다. 여성을 위한 시설을 특히 잘 갖추고 있는데 여탕의 파우더룸에는 스킨, 로션, 스프레이, 소독한 브러시, 헤어드라이어는 물론 ¥100에 스펀지 및 브러시 세트를 구입하면 기초에서 색조까지 풀메이컵이 가능한 화장품코너를 이용할 수 있다. 편안히 휴식을 취할 수 있는 릴렉세이션에서는 원하는 방송을 골라 볼 수 있는 개인용 텔레비전이 있는데, 의자의 머리 부분에 혼자만 들을 수 있는 스피커가 장착되어있다. 릴렉세이션에는 여성전용 공간이 따로 있어서 여성 혼자 이용하더라도 안전하게 잠을 잘 수 있다. 무료로 컴퓨터를 이용할 수 있으며 내부에 식당과 바가 있어 요기를 할 수 있다. 스파 안에서 이용하는 추가요금은 입장할 때 주는 팔찌로 전부 계산하므로 잃어버리지 않도록 조심해야 한다.

홈페이지 laqua.jp/spa **주소** 東京都 文京区 後楽 1-3-61 **문의** 03-5800-9999 **찾아가기** 라쿠아 5~9층 **입장료** 성인 ¥3,230 초중고생 ¥2,420(01:00 이후 심야요금 ¥1,980 추가) **영업시간** 11:00~09:00 **귀띔 한마디** 도쿄에서 잘 곳이 없는 경우에 스파라쿠아에서 자고 가는 것도 괜찮다.

일본식 고기구이, 야끼니쿠 전문점
조조엔 叙々苑

활활 타는 숯불에 최상급 고기를 지글지글 구워서 먹으면 밥도둑이 따로 없다. 특히 씹지 않아도 입안에서 살살 녹을 만큼 부드러운 와규는 값이 비싸지만 부드럽고 고소하다. 조조엔은 유명한 일본식 고기구이인 야끼니쿠焼肉전문점으로 일본 전국에 체인점을 운영한다. 조조엔 라쿠아점은 2022년 말 새롭게 단장을 끝내 깔끔하다. 일본에서 야끼니쿠 전문점은 한국음식점으로 통한다. 갈비, 곰탕, 비빔밥, 김치, 나물 등 대표적인 한국음식을 함께 판매하므로 달달한 일식에 지쳤다면 한번 방문해보자.

홈페이지 www.jojoen.co.jp **주소** 東京都 文京区 春日 1-1-1 東京ドームシティラクーア 9F **문의** 03-3816-8989 **찾아가기** 라쿠아 9층 **영업시간** 평일 11:30~22:45, 주말 및 공휴일 11:00~22:45 **가격** 런치 3,000~5,000 디너 7,000~20,000 **귀띔 한마디** 홈페이지를 통해 미리 예약을 하고 가는 것이 좋다.

Section 08

Tokyo

카구라자카에서 꼭 먹어봐야 할 먹거리

카구라자카에는 분위기와 맛이 모두 만족스러운 훌륭한 레스토랑이 많다. 식도락여행으로도 안성맞춤인 곳으로, 일본음식에서 프랑스요리까지 다양한 스타일의 최고급 요리를 즐길 수 있다. 단, 맛과 좋은 분위기는 가격에 비례하기 때문에 정말 유명한 곳에 가려면 한 끼에 수십만 원씩 투자해야 한다. 여기서는 여행자가 찾기에도 큰 부담 없는 적당한 가격에 분위기 좋고 맛도 좋은 레스토랑을 선별하여 소개한다.

운하 위에 떠 있는 낭만적인 수상카페 ★★★★☆

캐널카페 カナルカフェ, Canal Cafe

이다바시역 바로 앞에 자리한 캐널카페는 수상카페로, 잔잔한 강 위에서 느긋하게 식사를 즐길 수 있어 연인과 데이트는 물론, 혼자서 사색을 즐기기에도 좋은 곳이다. 메뉴는 이탈리안요리인 파스타와 파니니가 주를 이루지만, 태국의 그린커리 같이 이국적인 음식도 간판메뉴로 선보인다. 웨이터가 서빙하는 레스토랑사이드와 패스트푸드점처럼 주문 후 직접 받아서 가져다 먹는 덱사이드로 나뉘는데 노천카페이기도 한 덱사이드가 저렴하다.

덱사이드에는 바가 있어서 식사 대신 커피나 술을 마실 수도 있으며 예약하면 BBQ(¥7,150/세금별도)도 즐길 수 있다. 강가에 놓인 보트를 탈 수도 있으며(¥1,000, 1~3명 탑승/30분), 보트를 타고 강 위에서 덱사이드의 메뉴로 식사를 즐길 수도 있다. 물속에는 사람 머리만큼 커다란 거북이들과 어른 허벅지 두께만큼 두꺼운 잉어로 가득하다.

홈페이지 www.canalcafe.jp **주소** 東京都 新宿区 神楽坂 1-9 **문의** 03-3260-8068 **찾아가기** JR 주오·소부선(中央·総武線), 도쿄메트로 도자이선(東西線), 유라쿠초선(有楽町線), 남보쿠선(南北線), 도에지하철 오오에도선(大江戸線) 이다바시(飯田橋)역 B2a 출구에서 도보 1분 **가격** 런치 ¥2,000~3,000, 디너 ¥4,000~8,000 **영업시간** 월~토요일 11:30~20:00, 일요일 및 공휴일 11:30~21:30 **귀띔 한마디** 주말 및 벚꽃이 만발하는 4월에는 몇 시간씩 기다려야 들어갈 수 있다.

✓ 도쿄의 다른 지역과 마찬가지로 고급 레스토랑은 예약하고 가는 것이 좋다.

카구라자카점에서만 파는 페코짱야키 ★★★★☆

후지야 카구라자카점 不二家 神楽坂店

페코짱

카구라자카의 명물인 페코짱야키ペコちゃん焼는 일본에서 단 한 군데, 카구라자카에서만 판매하기 때문에 더 인기 있다. 빵틀이 페코짱의 얼굴 모양이라는 점을 제외하면 붕어빵과 큰 차이가 없지만, 속재료가 다양해서 골라 먹는 재미가 있다. 페코짱야키의 속은 커스터드크림과 단팥이 기본이지만 망고맛, 딸기맛, 초콜릿맛 등 색다른 맛도 즐길 수 있으며, 계절에 따라 유행하는 맛으로 신제품을 선보인다. 후지야는 밀키Milky와 페코짱으로 유명한 양제과점으로 케이크 및 과자 등도 함께 판매한다.

페코짱야키

홈페이지 www.fujiya-peko.co.jp **주소** 東京都 新宿区 神楽坂 1-12 **문의** 03-3269-1526 **찾아가기** JR 주오·소부선(中央·総武線), 도쿄메트로 도자이선(東西線), 유라쿠초선(有楽町線), 남보쿠선(南北線), 도에지하철 오오에도선(大江戸線) 이다바시(飯田橋)역 B3출구 바로 앞 **가격** ¥200~1,000 **영업시간** 10:00~20:00 **귀띔 한마디** 길 건너편에는 맛있는 일본식 붕어빵 타이야키(鯛焼き)를 파는 쿠리코안(くりこ庵)이 있다.

얼굴만 한 고기만두로 유명한 중국음식점 ★★★★☆

고쥬방 五十番

20가지 종류의 다양한 만두를 손으로 직접 빚어서 판매하는 중국음식점이다. 만두는 냉동하지 않고 매일 신선한 재료로 만들어 판매하기 때문에 가격이 조금 비싸지만, 한입 먹어보면 비싸다는 말이 쏙 들어갈 것이다. 인기가 많아서 카구라자카거리에 점포가 두 군데 있다. 레스토랑 안에서 식사하지 않고 만두만 바로 구입할 수 있도록 테이크아웃카운터가 도로변에 나와 있다.

가장 인기 있는 메뉴는 속에 고기가 듬뿍 들어간 니꾸만肉まん이다. 더 맛있는 만두를 원한다면 야채가 함께 들어간 고모쿠니꾸만五目肉まん을 추천한다. 워낙 커서 만두를 1개만 먹어도 배가 부르니 1인당 1개만 주문하는 것이 좋다.

홈페이지 50ban.jp **주소** 東京都 新宿区 神楽坂 4-3 **문의** 03-5228-8450 **찾아가기** JR 주오·소부선(中央·総武線), 도쿄메트로 도자이선(東西線), 유라쿠초선(有楽町線), 남보쿠선(南北線), 도에지하철 오오에도선(大江戸線) 이다바시(飯田橋)역 B3번 출구에서 도보 5분 거리 **가격** ¥300~1,000 **영업시간** 10:00~20:00 **귀띔 한마디** 테이크아웃용으로 구입하면 집에서 맛있게 쪄 먹을 수 있도록 설명서를 넣어 준다.

본점보다 고급스러운 ★★★★☆

토리자야 鳥茶屋

카구라자카의 유명한 일식 레스토랑이다. 기모노를 차려입은 종업원이 서빙하는 이곳은 맛도 분위기도 좋은 고급 맛집이다. 저녁은 조금 비싸지만 점심에 오야코동親子丼(닭고기와 계란으로 만든 덮밥)이라면 부담 없이 즐길 수 있다. 국물과 면발이 끝내주는 우동스키うどんすき를 추천한다.

홈페이지 www.torijaya.com **주소** 東京都 新宿区 神楽坂 3-6 **문의** 03-3260-6661 **찾아가기** JR 주오·소부선(中央·総武線), 도쿄메트로 도자이선(東西線), 유라쿠초선(有楽町線), 남보쿠선(南北線), 도에지하철 오오에도선(大江戸線) 이다바시(飯田橋)역 B3번 출구에서 도보 3분 거리 **가격** 런치 ¥1,000~2,000, 디너 ¥6,000~8,000 **영업시간 평일** 11:30~14:00, 17:00~21:00 **주말 및 공휴일** 11:30~14:30, 17:00~21:00

카구라자카의 특색을 전부 포함한 좁은 골목길

카구라자카에 놀러 가서 메인 스트리트인 카구라자카 거리만 걷는다면 카구라자카의 진짜 매력은 못 보게 된다. 카구라자카의 진짜 매력은 폭 1m의 좁은 골목길 안, 바닥재가 돌로 되어 있고 경사가 심해 계단으로 되어 있는 곳에서 찾을 수 있다. 그 모든 조건을 다 충족하는 곳이 바로 '별정 토리자야'가 있는 골목길이다. 초록빛 식물로 둘러싸인 돌계단, 좁은 골목보다 더 좁은 옷가게, 가정집 안에 차려져 다정하고 포근한 느낌의 병원 등 카구라자카에서만 볼 수 있는 특별한 풍경이다.

프랑스셰프가 만든 프랑스캐주얼요리 ★★★★☆

카페크레이프리 르브루타뉴

カフェクレープリールブルターニュ, Café Creperie Le Bretagne

캐러멜갈레트

프랑스에서 밀가루로 만든 크레이프는 흔히 디저트로 즐기지만, 메밀가루로 만드는 갈레트는 식사용으로 인기가 많다. 갈레트 위에 치즈와 토마토, 바질 등의 재료를 선택해 듬뿍 올려 먹으면 맛있다. 프랑스인 셰프가 직접 요리하여 본고장의 맛을 즐길 수 있고 프랑스에서 공수한 사과로 만든 발포주인 시도르도 가볍게 맛볼 수 있다.

홈페이지 www.le-bretagne.com **주소** 東京都 新宿区 神楽坂 4-2 **문의** 03-3235-3001 **찾아가기** JR 주오·소부선(中央·総武線), 도쿄메트로 도자이선(東西線), 유라쿠초선(有楽町線), 남보쿠선(南北線), 도에지하철 오오에도선(大江戸線) 이다바시(飯田橋)역 B3번 출구에서 도보 7분(토리자야가 있는 골목의 안쪽) **가격** 런치 ¥1,000~2,000, 디너 ¥3,000~7,000 **영업시간 평일** 11:30~22:00 **주말 및 공휴일** 11:00~22:00 **귀띔 한마디** 식사시간 이외에는 디저트용 크레이프와 갈레트만 주문할 수 있으므로 식사메뉴를 맛보려면 점심이나 저녁시간에 맞춰가야 한다.

따끈따끈한 수제만주와 고양이가 있는 카페 ★★★★☆
만주카페 무기마루2 まんじゅうカフェ ムギマル2

일본의 인기간식 만주는 보통 식은 상태로 판매하는데, 무기마루2의 만주는 갓 쪄내서 호빵처럼 따끈따끈하다. 주인이 직접 손으로 하나씩 빚어서 만드는 만주는 홍차맛, 쑥맛, 치즈맛 등 다양한 맛을 선택할 수 있다. 주재료가 몸에 좋은 보리라 달지 않고 담백하다. 특히 홍차의 찻잎이 그대로 들어가 향이 강한 홍차맛 만주는 여운이 길게 남아 자꾸 생각난다.

홈페이지 www.mugimaru2.com **주소** 東京都 新宿区 神楽坂 5-20
문의 03-5228-6393 **찾아가기** JR 주오·소부선(中央·総武線), 도쿄메트로 도자이선(東西線), 유라쿠초선(有楽町線), 남보쿠선(南北線), 도에지하철 오오에도선(大江戸線) 이다바시(飯田橋)역 B3번 출구에서 도보 8분 거리 **가격** ¥500~1,000 **영업시간** 12:00~21:00 **휴무** 수요일 **귀띔 한마디** 가게의 얼굴마담인 고양이는 자유롭게 외출하기 때문에 만날 수 있는 확률이 높지는 않지만, 동네 고양이들도 수시로 드나든다.

테라스석에서 강아지와 함께 즐길 수 있는 카페 ★★★★☆
카구라자카 사료본점 神楽坂 茶寮 本店

카구라자카의 골목길 안쪽에 있는 일본풍 카페다. 편안한 분위기와 건강한 맛으로 인기가 많아 주말에는 줄을 서야 들어갈 수 있다. 큰 쟁반에 밥과 국, 다양한 반찬을 1인분씩 깔끔하게 담아낸 세트는 인기가 많아 일일 판매량이 한정되어 있다. 말차, 녹차, 호지차, 현미차 등 다양한 차도 취향에 맞춰 선택할 수 있

다. 팥소, 말차맛 크림, 떡 등 전통적인 일본 재료를 이용한 서양식 디저트도 인기이다.

홈페이지 www.saryo.jp **주소** 東京都 新宿区 神楽坂 3-1 **문의** 03-3266-0880 **찾아가기** JR 주오·소부선(中央·総武線), 도쿄메트로 도자이선(東西線), 유라쿠초선(有楽町線), 남보쿠선(南北線), 도에지하철 오오에도선(大江戸線) 이다바시(飯田橋)역 B3번 출구에서 도보 8분 거리 **가격** ¥1,000~3,000 **영업시간** 11:30~23:00 **귀띔 한마디** 테라스석은 반려동물과 함께 즐길 수 있다.

예쁘고 달콤한 일본 전통과자 ★★★☆☆

바이카테 본점 梅花亭 本店

우키구모와 토끼모나카

1935년에 카구라자카에 문을 연 일본 전통제과점으로 오랜 단골손님이 많다. 재료는 모두 일본산을 사용하고 방부제 등 일체의 화학적인 소재를 첨부하지 않은 웰빙간식이다. 그래서 유통기간이 유독 짧으니 구입한 후에 가능한 한 빨리 먹는 것이 좋다. 생선, 토끼, 꽃 등 깜찍한 모양의 과자가 많아 선물하기에도 좋고 일본 전통차 한 잔과 곁들이기도 좋다. 대표상품은 우키구모浮き雲로 뜬구름이라는 뜻인데 입에 넣으면 사르르 녹아내린다.

홈페이지 www.baikatei.co.jp **주소** 東京都 新宿区 神楽坂 6-15 **문의** 03-5228-0727 **찾아가기** 도에지하철 도자이선(東西線) 카구라자카(神楽坂)역 1번 출구에서 도보 3분 거리 **가격** ¥200~3,000 **영업시간** 10:00~19:00 **귀띔 한마디** 과자는 낱개로도 판매하니 마음에 드는 과자를 하나씩 구입해서 맛을 보자.

Section 09

Tokyo

카구라자카에서 놓치면 후회하는 쇼핑

카구라자카에는 아기자기하고 깜찍한 전통공예품이 많다. 일본색이 진한 소품이나 선물을 사고 싶다면 카구라자카를 공략하자. 희소성 때문에 가격이 저렴하지는 않지만, 미술관에서 예술품을 감상하듯 눈으로 구경만 해도 충분히 즐겁다.

기모노와 고양이가 있는 골목길 안의 작은 숍 ★★★★☆

후쿠네코도 ふくねこ堂

폭 1m의 좁은 골목길 안에 숨어 있는 후쿠네코도. 후쿠ふく는 옷을, 네코ねこ는 고양이를 의미하는데, 옷과 고양이 캐릭터상품을 판매한다. 일본 전통의상 기모노와 유카타를 전문적으로 취급하며 교육을 받아도 혼자서 입기 어려운 기모노를 입혀주는 일도 한다. 여름에는 한 장으로 된 얇은 유카타를 판매하는데, 가방과 신발을 포함한 저렴한 상품으로 구입하면 1만 엔 안팎으로 세트를 구입할 수 있다. 이곳에서 유카타를 구입하면 당일은 물론 몇 번이건 제한 없이 가게로 찾아오는 손님에게 옷을 입혀주는 서비스를 한다.

홈페이지 fukunyanko.exblog.jp **주소** 東京都 新宿区 神楽坂 4 **문의** 03-6319-6000 **찾아가기** JR 주오·소부선(中央·総武線), 도쿄메트로 도자이선(東西線), 유라쿠초선(有楽町線), 남보쿠선(南北線), 도에지하철 오오에도선(大江戸線) 이다바시(飯田橋)역 B3번 출구에서 도보 4분 거리 **영업시간** 12:30~18:30

100년의 역사를 지닌 일본의 내추럴화장품 ★★★★☆

마카나이코스메 카구라자카점 まかないこすめ 神楽坂店

100년 전에 시작한 역사 깊은 전통화장품으로, 천연재료를 사용한 내추럴화장품이다. 마카나이코스메는 고열, 고온, 건조, 무풍이라는 피부에 최악의 조건을 모두 겸비한 금박공장에서 일하던 여성들이 개발한 화장품으로, 수제화장품의 선구자라고 할 수 있다. 일본의 전통종이로 만든 기름종이는 선물용으로도 무난하며, 패키지 디자인이 심플하고 예뻐 여성들에게 선물하기 좋다. 카구라자카에 있는 이곳이 본점이라 상품 종류도 많고 매장도 넓다.

세안용품

홈페이지 makanaibeauty.jp **주소** 東京都 新宿区 神楽坂 3-1 **문의** 03-3235-7663 **찾아가기** JR 주오·소부선(中央·総武線), 도쿄메트로 도자이선(東西線), 유라쿠초선(有楽町線), 남보쿠선(南北線), 도에지하철 오오에도선(大江戸線) 이다바시(飯田橋)역 B4b 출구에서 도보 2분 **영업시간** 월~토요일 10:30~20:00, 일요일 및 공휴일 11:00~19:00 **귀띔 한마디** 하네다공항의 면세점에서도 판매한다.

식기와 잡화를 파는 대형 편집숍 ★★★☆☆

토시엔 陶柿園

그릇과 부엌에서 사용할 만한 장신구를 모두 취급하는 곳으로 2층까지 가득 진열된 제품들을 보는 것만으로 재미있다. 화사한 꽃 그림, 기하학적 무늬, 아름다운 풍경 등의 어른스러운 디자인부터 토토로, 고양이 버스, 동물 모양 등 귀여운 디자인까지 고루고루 갖추고 있다. 유명한 장인이 만든 아름다운 식기부터 저렴하게 할인 판매하는 식기까지 다양하게 마련되어 있어 예산에 맞춰서 구입할 수 있다.

홈페이지 www.toushien.net **주소** 東京都 新宿区 神楽坂 2-12 **문의** 03-3260-6940 **찾아가기** JR 주오·소부선(中央·総武線), 도쿄메트로 도자이선(東西線), 유라쿠초선(有楽町線), 남보쿠선(南北線), 도에지하철 오오에도선(大江戸線) 이다바시(飯田橋)역 B3번 출구에서 도보 2분 **영업시간** 화~토요일 11:00~19:00 **휴무** 월요일, 일요일 및 공휴일 중 부정기적 휴무(영업할 경우 13:00~17:00) **귀띔 한마디** 일본 느낌이 물씬 풍기는 그릇이 필요하다면 한 살림 장만할 수 있다.

이다바시역의 종합 쇼핑몰 ★★☆☆☆

라무라 RAMLA

카구라자카의 시작점인 이이다바시역 건물에 바로 붙어있는 쇼핑몰이다. 약 40개의 점포가 들어서 있고, 패션, 푸드, 레스토랑, 카페, 잡화점 등 일상에 필요한 갖가지 물건들을 구입할 수 있다. 패션샵은 중장년층을 위한 중저가 브랜드가 대부분이다. 카페인을 충전해줄 저렴한 카페, 100엔샵, 드럭스토어 등이 있다.

홈페이지 ramla.jp **주소** 東京都新宿区神楽河岸1-1 **문의** 03-3235-0181 **찾아가기** JR 주오·소부선(中央·総武線), 도쿄메트로 도자이선(東西線), 유락초선(有楽町 線), 남보쿠선(南北線), 도에이 오오에도선(大江戸線) 이이다바시(飯田橋)역 B2b, B5번 출구에서 도보 1분 **영업시간** 쇼핑 10:00~21:00 레스토랑&카페 11:00~23:00

Part 06

ガスト
渋谷駅前ビル
SHIBUYA 109
H&M
この先
150m
Debut!!
渋谷駅前ビル
道玄坂
渋谷駅前
Shibuya Sta.
KIOSQUE

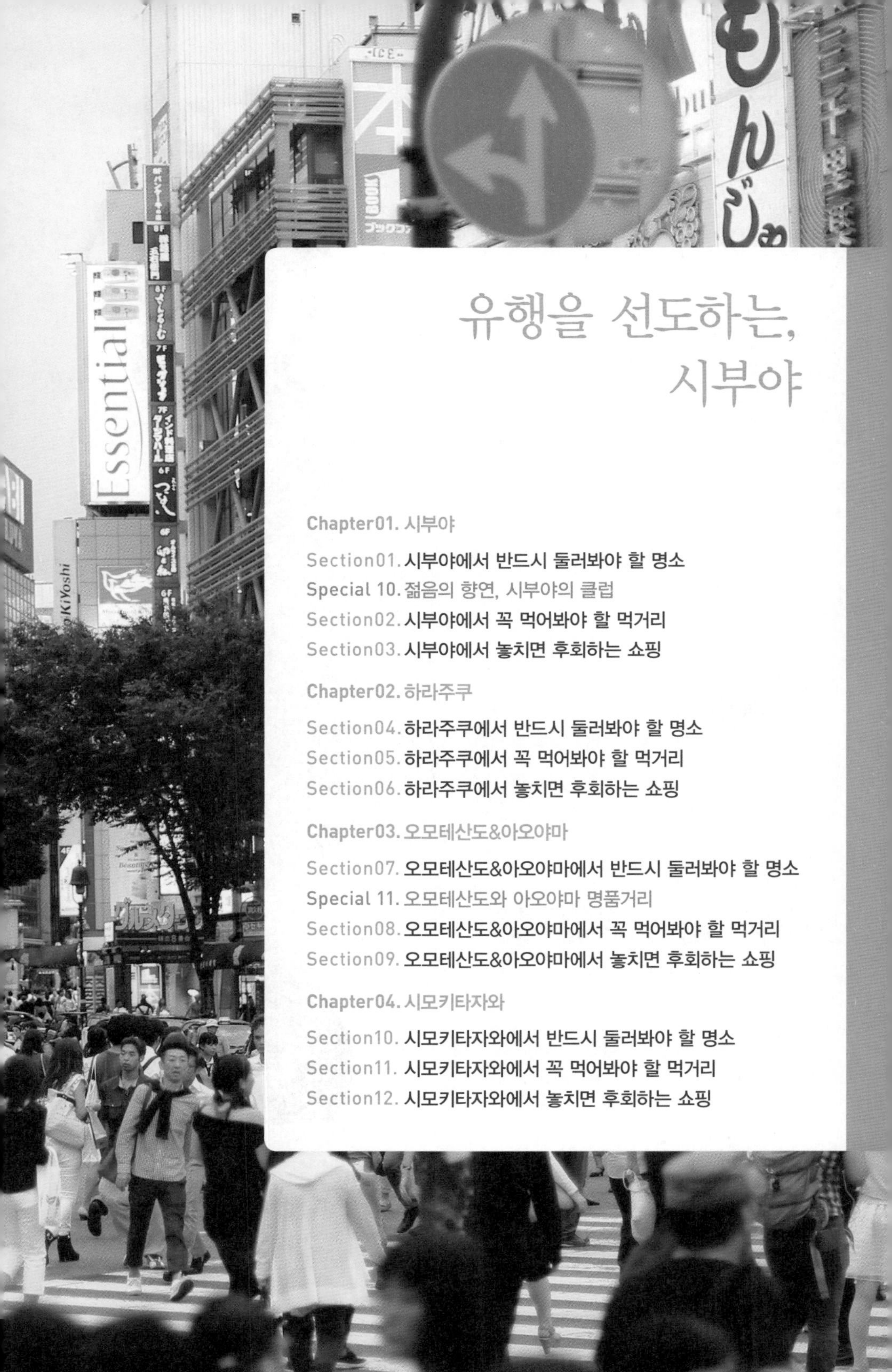

유행을 선도하는, 시부야

한눈에 살펴보는 시부야지역

수많은 쇼핑몰과 클럽이 있는 시부야는 20대 초반을 위한 곳, 스트리트패션을 리드하는 하라주쿠는 10대를 위한 곳, 럭셔리한 명품브랜드로 가득한 오모테산도와 아오야마는 30대를 위한 곳, 소극장과 라이브하우스가 있는 시모키타자와는 20대 중반을 위한 곳이다. 시부야지역은 일본의 10~30대 젊은층이 발품을 팔아가며 열심히 쇼핑하고 음악을 들으며 신나게 춤을 추고 맛집을 찾아다니며 소셜미디어에 자랑하며 즐긴다. 일본의 최신유행이 탄생하고 개성을 표현하고 문화가 확산되는 시부야는 언제나 활기와 열정이 넘친다. 시부야지역을 깊이 즐기기 위해서는 밤새워 놀아도 끄떡없는 체력과 편견 없는 호기심이 필요하다.

하라주쿠 갸르

시부야지역에서 전철&지하철로 이동하기

시부야역은 도쿄역이나 신주쿠역에서 JR 야마노테선을 타면 된다. 하라주쿠, 오모테산도, 아오야마, 시모키타자와는 모두 시부야역에서 환승 없이 한 번에 갈 수 있어 이동하기도 편리하다. 또한 시부야와 하라주쿠, 하라주쿠와 오모테산도, 오모테산도와 아오야마는 걸어서도 이동할 수 있는 가까운 거리이다. 시모키타자와는 역마다 정차하는 일반 전차를 타도 갈 수 있지만, 기왕이면 요금은 같지만 더 빠른 급행을 타는 것이 좋다.

• 도쿄 ↔ 시부야

출발역	탑승열차	경유역	환승역	경유역	도착역	이동시간	도보이동 시	요금
도쿄 (東京)	JR 야마노테선(山手線) 외선순환/시나가와, 시부야행	10개	–	–	시부야 (渋谷)	23분	160분 (14㎞)	￥200

• 신주쿠 ↔ 시부야

출발역	탑승열차	경유역	환승역	경유역	도착역	이동시간	도보이동 시	요금
신주쿠 (新宿)	JR 야마노테선(山手線) 내선순환/시부야, 시나가와행	3개	–	–	시부야 (渋谷)	7분	40분 (3.4㎞)	¥160

• 시부야 ↔ 하라주쿠, 오모테산도, 가이엔마에, 시모키타자와

출발역	탑승열차	경유역	환승역	경유역	도착역	이동시간	도보이동 시	요금
시부야 (渋谷)	JR 야마노테선(山手線) 외선순환/신주쿠, 이케부쿠로행	1개	–	–	하라주쿠 (原宿)	2분	14분 (1.2㎞)	¥140
	도쿄메트로 긴자선(銀座線) 아사쿠사행	1개	–	–	오모테산도 (表参道)	1분	15분 (1.3㎞)	¥170
	도쿄메트로 한조몬선(半蔵門線) 오시아게행	1개	–	–				
	도쿄메트로 긴자선(銀座線) 아사쿠사행	2개	–	–	가이엔마에 (外苑前)	3분	25분 (2㎞)	¥170
	게이오 이노카시라선(井の頭線) 급행 기치조지행	1개	–	–	시모키타자와 (下北沢)	3분	40분 (3㎞)	¥130

※ 버스로도 이동할 수 있지만, 구간에 따라서는 지하철 및 전차보다 가격도 더 비싸고 편수도 적어 불편하다.

시부야지역에서 하치코버스로 이동하기

하치코버스는 ¥100에 이용할 수 있는 시부야구의 커뮤니티버스이다. 시부야와 하라주쿠, 요요기, 에비스, 다이칸야마 등을 연결하는 총 4개의 노선이 있어서 편리하다. 요금은 어른과 아이 모두 ¥100으로 동일하고 지불은 현금, 전용회수권, IC카드 승차권(Suica, PASMO)을 이용할 수 있다.

홈페이지 www.city.shibuya.tokyo.jp **운행루트** 시부야역 하치코출구 – 시부야구청 – 메이지진구(하라주쿠역) – 메이지진구마에역 – 오모테산도힐즈 – 오모테산도역 – 하토피아 하라주쿠 입구 – 진구마에니초메 – 센다가야역 – 산구바시 – 요요기역 – 시부야역 하치코출구 **정류장** 49개(200~300m 마다 설치) **운행간격** 15분 간격으로 하루에 53회 운행 **요금** ¥100(현금 가능, 교통카드인 파스모와 스이카도 가능) **음성 언어안내** 일본어, 영어 **모니터 문자안내** 일본어, 영어, 중국어, 한국어 **주의사항** ¥5,000, ¥10,000 등의 고액권은 이용이 불가능하니 ¥100짜리를 준비해 놓고 타자.

Chapter 01

시부야

渋谷
Shibuya

10~20대의 젊은층이 선호하는 도쿄의 번화가이자 스트리트패션의 중심지이다. 시부야역을 중심으로 부채꼴로 펼쳐진 도로 양옆에는 대형백화점, 패션빌딩, 패션숍이 가득하다. 긴자와 신주쿠에 이어 도쿄의 대표 쇼핑 거리이며 롯폰기와 함께 밤문화를 선도하는 일본 최대의 클럽가 있는 곳이다. 시부야에는 젊은 사람들의 입맛에 맞춰 자극적이면서 저렴한 음식을 파는 패스트푸드점도 많지만, 분위기와 맛 모두 훌륭한 멋진 카페도 많다. 또한 시부야역 남쪽에는 IT 벤처기업이 모여 있어, 미국의 실리콘밸리처럼 비터밸리(Bitter Valley)라고 부르기도 한다. 참고로 비터밸리는 시부야(渋谷)의 한자가 가진 의미를 영어로 풀이한 표현이다. 화려한 겉모습에 묻혀서 도드라지지는 않지만, 도큐백화점 본점이 있는 분카무라 및 쇼토지역은 미술관과 갤러리가 많은 문화예술의 중심지이기도 하다.

嘉紀の一言

요시노리의 한마디

1990년대가 피크였던 시부야는 음악과 패션에 대한 열기가 거리 전체에서 뿜어져 나왔었다.

시부야를 잇는 교통편

시부야역은 JR, 도쿄메트로, 도큐, 게이오 등 다양한 전철회사의 노선이 지나 편리하다. 도쿄의 주요 번화가를 순환하는 야마노테선이 지나가므로 서울의 지하철 2호선과 같은 감각으로 이용하면 된다. 시부야역과 요코하마역을 연결하는 도요코선을 이용하면 다이칸야마, 나카메구로, 지유가오카 등 도쿄와 요코하마 사이에 자리한 관광지로 이동하기도 쉽다.

시부야(渋谷)역 JR ▌야마노테선(山手線), ▌사이쿄선(埼京線), ▌쇼난신주쿠선(湘南新宿ライン) 도쿄메트로 ◎ 한조몬선(半蔵門線), ◎ 후쿠토심선(副都心線), ◎ 긴자선(銀座線) ▌도요코선(東横線), ▌덴엔토시선(田園都市線) ▌이노카시라선(井の頭線)

시부야에서 꼭 해봐야 할 것들

1. 시부야역 앞에 있는 하치코동상에서 기념사진을 찍자.
2. 스크램블교차점을 건너며 수많은 인파에 휩쓸려 보자.
3. 화려한 갸르패션의 중심지인 109와 같은 시부야의 패션숍을 구경하자.
4. 분위기 좋은 카페에 앉아서 맛있는 커피를 마시자.
5. 시부야의 클럽에서 몸을 흔들며 까만 밤을 하얗게 불살라보자.

사진으로 미리 살펴보는 시부야 베스트코스

시부야역 하치코출구로 나와 시부야의 상징 하치코동상을 보고 스크램블교차점을 건너자. 뷔론에서 점심을 먹고 시부야센터가이와 스페인자카를 걷는다. 슬슬 카페인이 필요하다는 신호가 오면 라테아트전문점 스트리머커피컴퍼니에서 맛있는 커피를 한잔 마신다. 일본 음악을 좋아한다면 타워레코드 시부야점에서 일본의 최신가요를 감상하자. 시부야 갸르패션의 중심인 시부야 이치마루큐를 둘러보면 시부야의 패션트렌드가 친숙해질 것이다. 밤이 깊어지면 시부야의 클럽가에 가서 밤새 춤을 추며 시부야만의 즐거움을 만끽하자. 시부야의 클럽은 금요일이나 공휴일 전날이 제일 흥겨우며, 밤 12시 이후에 물이 오른다.

1 화려한 시부야를 흥겹게 즐기는 하루 일정(예상 소요시간 8시간 이상)

시부야 渋谷

NHK 방송센터
NHK放送センター
NHK 방송센터
내 우체국
井ノ頭通り
시부야 구청
渋谷区役所
オーチャードロード
井ノ頭通り
만다라케
まんだらけ 渋谷店
카니챠항노미세 시부야점
かにチャーハンの店 渋谷店
토구리미술관
戸栗美術館
뷔론
ヴィロン 渋谷店
분카무라센터
文化村センター
쇼토지역
松濤
도큐백화점 본점
東急百貨店
시부야쇼토우체국
카베노아나
パスタ壁の穴
松濤文化村ストリート
클럽아시아
Club asia
시부야구립 쇼토미술관
渋谷区 立松濤美術館
우무
WOMB
아톰 도쿄
ATOM TOKYO
道玄坂

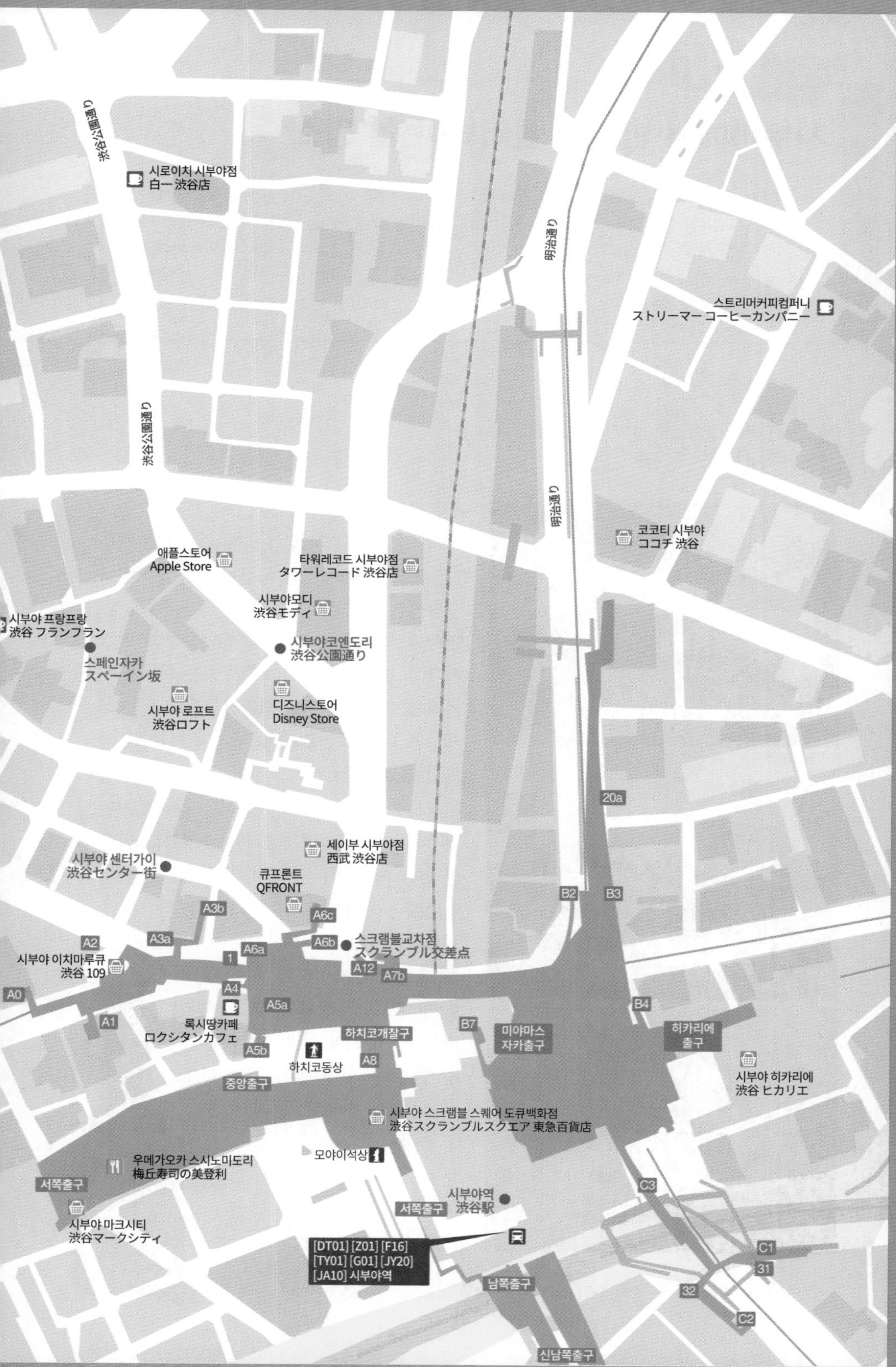
渋谷公園通り
시로이치 시부야점
白一 渋谷店
渋谷公園通り
明治通り
明治通り
스트리머커피컴퍼니
ストリーマー コーヒーカンパニー
코코티 시부야
ココチ 渋谷
애플스토어
Apple Store
타워레코드 시부야점
タワーレコード 渋谷店
시부야모디
渋谷モディ
시부야 프랑프랑
渋谷 フランフラン
시부야코엔도리
渋谷公園通り
스페인자카
スペーイン坂
시부야 로프트
渋谷ロフト
디즈니스토어
Disney Store
20a
세이부 시부야점
西武 渋谷店
시부야 센터가이
渋谷センター街
큐프론트
QFRONT
B2
B3
A3b
A6c
A2
A3a
A6b
스크램블교차점
スクランブル交差点
A6a
1
시부야 이치마루큐
渋谷 109
A12
A7b
A4
A0
A5a
B4
A1
록시땅카페
ロクシタンカフェ
하치코개찰구
B7
미야마스
자카출구
히카리에
출구
A5b
하치코동상
A8
시부야 히카리에
渋谷 ヒカリエ
중앙출구
시부야 스크램블 스퀘어 도큐백화점
渋谷スクランブルスクエア 東急百貨店
우메가오카 스시노미도리
梅丘寿司の美登利
모야이석상
서쪽출구
C3
시부야역
渋谷駅
서쪽출구
시부야 마크시티
渋谷マークシティ
[DT01] [Z01] [F16]
[TY01] [G01] [JY20]
[JA10] 시부야역
C1
31
남쪽출구
32
C2
신남쪽출구

Section 01

Tokyo

시부야에서 반드시 둘러봐야 할 명소

시부야는 10대 후반부터 20대 초반이 즐겨 찾는 흥겨운 놀이터이다. 낮에는 쇼핑하고 저녁엔 술을 마시고 야심한 시간에는 클럽에서 밤새 춤을 추고 놀 수 있다. 한껏 멋을 부리고 놀러 오는 젊은층을 겨냥한 패션숍과 패션빌딩이 거리에 빼곡하다. 일본 최고의 패션리더가 모여들며 일본의 최신유행이 시작되는 지역이다. 미술관과 갤러리가 많은 고급 주택가인 쇼토지구에서는 교양도 쌓을 수 있다.

충견 하치가 서 있는 시부야의 중심지 ★★★★☆

시부야역 渋谷駅

시부야역 하치코출구

시부야역 동쪽

모아이상

신주쿠역이나 도쿄역보다는 덜 하지만, 총 9개의 전차 및 지하철 노선이 지나가는 시부야역도 눈이 돌아가게 복잡하다. 시부야역의 위층에는 도큐백화점東急百貨店이 자리하고 구름다리로 시부야 마크시티渋谷マークシティ와 연결된다. 또한 시부야역의 동쪽 2층은 시부야 히카리에渋谷ヒカリエ와 바로 연결된다.

세상을 떠난 주인을 죽을 때까지 9년이나 기다린 충견 하치ハチ는 시부야의 심벌이다. 신문기사로 소개되어 세상에 처음 알려졌으며, '하치 이야기ハチ公物語(1987)'라는 영화도 만들어졌다. 의리 있는 충견 하치가 주인을 매일 기다렸던 곳이 바로 시부야역이다. 하치가 주인을 기다리던 그 자리에는 충견 하치코忠犬ハチ公의 동상이 세워졌고 이곳이 시부야의 대표적인 만남의 장소가 되었다. 동상이 되어 여전히 주인을 기다리는 하치 주변에는 시부야역에서 지인을 기다리는 사람으로 북적인다.

하치코 만큼의 존재감은 없지만 시부야역 서쪽출구 앞에는 모야이상モヤイ像이 있다. 모야이

충견 하치코동상

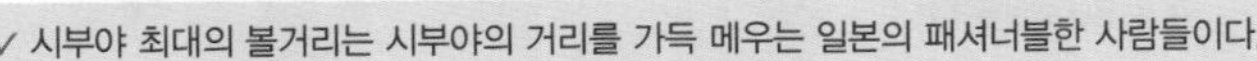
✓ 시부야 최대의 볼거리는 시부야의 거리를 가득 메우는 일본의 패셔너블한 사람들이다.

상은 칠레 이스터섬 모아이Moai를 모델로 만든 조각으로, 사람이 많이 모이는 시간이면 이곳에서 거리공연이 펼쳐지기도 한다.

홈페이지 www.jreast.co.jp 주소 東京都 渋谷区 道玄坂 1 찾아가기 JR 야마노테선(山手線), 사이쿄선(埼京線), 쇼난신주쿠라인(湘南新宿ライン), 도쿄메트로 한조몬선(半蔵門線), 후쿠토심선(副都心線), 긴자선(銀座線), 도큐(東急) 도요코선(東横線), 덴엔토시선(田園都市線), 게이오(京王) 이노카시라선(井の頭線) 시부야(渋谷)역 귀띔 한마디 하치의 박제는 국립과학박물관에 전시되어 있다.

시부야역의 볼거리와 백화점

세계적으로 유명한

스크램블교차점 スクランブル交差点, Pedestrian Scramble

방송에서 도쿄를 대표하는 거리로 자주 등장하는 시부야역 앞의 스크램블교차점. 교차로 건널목의 신호등이 한꺼번에 바뀌기 때문에 각자 다른 방향으로 움직이는 사람들이 스크램블드에그를 만들 때처럼 종횡무진으로 움직여 생긴 이름이다. 신호가 파란불로 바뀌면 수많은 사람이 도로를 메우는 재미있는 광경이 펼쳐져, 길 건너가는 타이밍을 놓친 채 계속 사진을 찍는 관광객도 많다. 스크램블교차점 앞에 서 있는 빌딩 정면에는 4개의 대형 스크린이 설치되어 있다. 뉴욕의 타임스퀘어에 있는 전광판처럼 일본의 대표적인 광고가 흘러나오는 곳이다.

찾아가기 시부야역 하치코출구 앞 **귀띔 한마디** 스크램블교차점은 시부야역과 시부야 마크시티를 연결하는 통로에서 내려다 보는 것이 제일 멋있다.

시부야역과 연결된 대형백화점

시부야 스크램블스퀘어 도큐백화점 渋谷スクランブルスクエア 東急百貨店, Tokyu Department Store

도큐전철이 만든 대형백화점으로 시부야역 건물과 바로 이어져 있다. 건물은 남관과 서관으로 나누어져 있지만, 내부는 대부분 연결되어 있다. 시부야 마크시티의 지하 1층에도 도요코노렌가(東横のれん街)가 자리하여 총 3개의 건물을 사용하고 있는 셈이다. 백화점 내부는 복잡한 시부야역을 증축하여 넓혀가다 보니 입구와 연결통로가 복잡한 편이다. 지하 1층의 도큐푸드쇼(Tokyu Food Show)라는 식품매장에는 일본의 유명한 음식을 모여 놓아 선물을 구입하기 좋다. 1층부터 8층까지는 패션, 액세서리, 화장품, 잡화 등을 파는 매장이 있고 서관의 9층에는 레스토랑가가 있다.

홈페이지 www.tokyu-dept.co.jp **주소** 東京都 渋谷区 渋谷 2-24-1 **문의** 03-3477-3111 **찾아가기** 시부야역 내부로 바로 연결 **영업시간** 숍 10:00~21:00 **9층 레스토랑가** 11:00~22:30(L.O. 22:00) **귀띔 한마디** 도보 8분 거리에 있는 도큐백화점 본점까지 무료 순환버스를 운영한다.

시부야역과 연결된 시부야의 랜드마크 빌딩 ★★★☆☆
시부야 마크시티 渋谷マークシティ, Shibuya Mark City

시부야 마크시티는 시부야 랜드마크로 20대 후반 여성을 타깃으로 한 쇼핑시설과 레스토랑가가 있다. 1~3층은 쇼핑몰이며, 이스트몰과 웨스트몰로 나뉜다. 이스트몰 5~23층까지는 시부야 엑셀호텔도큐渋谷エクセルホテル東急가 자리하고 투숙객은 호텔 안 전망대도 이용할 수 있다. 지하 1층에는 스크램블스퀘어 도큐백화점의 식품매장 도큐푸드쇼가 있다. 시부야역에서 시부야 마크시티까지 구름다리로 연결되어 있고 연결통로에는 오카모토 타로岡本太郎의 '내일의 신화明日の神話'라는 커다란 그림이 벽면을 장식하고 있다. 또한 구름다리에서 스크램블교차로 전망을 감상할 수 있다.

홈페이지 www.s-markcity.co.jp 주소 東京都 渋谷区 道玄坂 1-12-1 문의 03-3780-6503 찾아가기 JR 야마노테선(山手線), 사이쿄선(埼京線), 쇼난신주쿠라인(湘南新宿ライン), 도쿄메트로 한조몬선(半蔵門線), 후쿠토심선(副都心線), 긴자선(銀座線), 도큐(東急) 도요코선(東横線), 덴엔토시선(田園都市線), 게이오(京王) 이노카시라선(井の頭線) 시부야(渋谷)역에서 연결통로로 직접 연결 영업시간 **숍** 10:00~21:00 **레스토랑** 11:00~23:00 귀띔 한마디 시부야역에서 시부야 마크시티를 통과하면 시부야의 클럽거리가 나온다.

시부야 마크시티의 먹거리

가성비가 높아서 인기 많은 초밥집
우메가오카 스시노미도리 梅丘寿司の美登利

신선하고 두툼한 해산물이 밥을 감싸서 오메가(Ω) 모양을 한 초밥을 저렴하게 먹을 수 있어 인기가 많은 초밥집이다. 단품으로 주문하는 것도 가능하지만, 푸짐한 초밥세트로 먹는 것이 이득이다. 추천메뉴는 요리사가 알아서 좋은 재료로 한 접시 가득 만들어 주는 이타상 오마카세 니기리(板さんおまかせにぎり)이다. 카운터석이 있어 혼자서 식사하기도 좋은데, 카운터석에 앉으면 식사하는 속도에 맞춰 만들어 주기 때문에 더 맛있게 먹을 수 있다. 주말 및 식사시간에는 2시간 이상 기다려야 하는 경우도 많다. 비교적 덜 붐비는 오전 11시나 오후 3~5시에 가는 것이 좋다.

홈페이지 www.sushinomidori.co.jp **문의** 03-5458-0002 **찾아가기** 시부야 마크시티 4층 **가격** ¥2,000~3,000 **영업시간** 평일 11:00~15:00, 17:00~22:00 주말 및 공휴일 11:00~22:00 **귀띔 한마디** 시부야점에 손님이 제일 많으니 긴자점이나 기치조지점을 이용하자.

좀 논다는 10대들이 모이는 거리 ★★★★☆

시부야 센터가이 渋谷センター街

시부야역에서 스크램블교차점을 대각선으로 건너면 큐프론트QFRONT 옆으로 시부야 센터가이의 입구가 나온다. 350m 정도 길이의 메인도리メイン通り 골목 안에는 패스트패션숍, 패스트푸드점, 저렴한 음식점, 신발가게, 액세서리전문점, 콘돔전문점 등이 모여 있다.

시부야 센터가이는 메인도리, 센터코미치センターこみち가 중심을 이루지만 분카무리도리文化村通り, 이노카시라도리井の頭通り, 스페인자카スペイン坂 등도 포함된다. 시부야 센터가이는 10대 패션중심지로 최신유행을 선도한다고 자부하는 10대가 모여드는 거리이다.

찾아가기 JR 야마노테선(山手線), 사이쿄선(埼京線), 쇼난신주쿠라인(湘南新宿ライン), 도쿄메트로 한조몬선(半蔵門線), 후쿠토심선(副都心線), 긴자선(銀座線), 도큐(東急) 도요코선(東横線), 덴엔토시선(田園都市線), 게이오(京王) 이노카시라선(井の頭線) 시부야(渋谷)역 하치코출구(ハチ公口)에서 도보 1분

시부야 센터가이의 추천 숍

스페인의 거리를 연상시키는 언덕길

스페인자카 スペーイン坂

이노카시라도리(井の頭通り)에서 파르코(渋谷パルコ)까지 이어진 100m 정도의 좁은 언덕길 애칭이 스페인자카이다. 굽이굽이 언덕길로 이어지는 거리 모습이 스페인을 연상시킨다. 거리에는 분위기 좋은 카페, 영화관, 패션숍 등이 늘어서 있다. 독특한 매력이 느껴지는 거리로, 천천히 산책하는 것만으로도 즐겁다.

주소 東京都 渋谷区 宇田川町 13~16番 **찾아가기** JR 야마노테선(山手線), 사이쿄선(埼京線), 쇼난신주쿠라인(湘南新宿ライン), 도쿄메트로 한조몬선(半蔵門線), 후쿠토심선(副都心線), 긴자선(銀座線), 도큐(東急) 도요코선(東横線), 덴엔토시선(田園都市線), 게이오(京王) 이노카시라선(井の頭線) 시부야(渋谷)역 하치코출구(ハチ公口)에서 도보 4분

인테리어 잡화전문점 프랑프랑과 카페

시부야 프랑프랑 渋谷 Francfranc

20대 여성들이 좋아하는 인테리어 잡화전문점인 프랑프랑의 시부야점이다. 공간이 넓지는 않지만, 프랑프랑의 가구와 생활잡화 등이 깔끔하게 진열되어 있다. 지하 1층의 한편20대 취향에 맞는 물건이 많아서 여성들이 많이 찾아온다. 가격대비 만족도가 높은 곳이라 선물을 구입하기도 좋다.

홈페이지 www.francfranc.com **주소** 東京都 渋谷区 宇田川町 12-9 **문의** 03-6415-7788 **찾아가기** JR 시부야(渋谷)역 하치코출구(ハチ公口)에서 도보 5분 **영업시간** 11:00~21:30

시부야역과 요요기공원 사이의 거리 ★★★★☆
시부야코엔도리 渋谷公園通り

시부야역에서 요요기공원 사이를 잇는 '공원거리'라는 뜻의 코엔도리公園通り이다. 코엔도리에 있는 쇼핑빌딩 파르코PARCO도 이탈리아어로 공원을 뜻한다. 길이는 약 450m 정도로, 시부야역을 기준으로 완만한 경사의 언덕길이다. 시부야 모디, 인기브랜드숍, 편집숍 등이 자리한 패션 중심지 중 하나이다.

홈페이지 www.koen-dori.com 주소 東京都 渋谷区 宇田川町&神南 찾아가기 JR 야마노테선(山手線), 사이쿄선(埼京線), 쇼난신주쿠라인(湘南新宿ライン), 도쿄메트로 한조몬선(半蔵門線), 후쿠토심선(副都心線), 긴자선(銀座線), 도큐(東急) 도요코선(東横線), 덴엔토시선(田園都市線), 게이오(京王) 이노카시라선(井の頭線) 시부야(渋谷)역 하치코출구(ハチ公口)에서 도보 5분

시부야코엔도리의 추천 숍

시부야에 있는 디즈니의 공식스토어
디즈니스토어 Disney Store

시부야코엔도리가 시작되는 지점에 자리한 디즈니스토어는 외관부터 사랑스럽다. 동그랗게 구부러진 성이 입구에 장식되어 있어 작은 디즈니랜드에 들어가는 기분이 든다. 디즈니의 캐릭터상품, 과자 등을 판매하며 도쿄디즈니랜드 및 디즈니씨 입장권을 구입할 수 있다. 도쿄디즈니리조트 입장권을 디즈니스토어에서 미리 구입해 두면 대기시간을 줄일 수 있다.

홈페이지 www.disneystore.co.jp **주소** 東京都 渋谷区 宇田川町 20-15 **문의** 03-3461-3932 **찾아가기** JR 야마노테선(山手線), 사이쿄선(埼京線), 쇼난신주쿠라인(湘南新宿ライン), 도쿄메트로 한조몬선(半蔵門線), 후쿠토심선(副都心線), 긴자선(銀座線), 도큐(東急) 도요코선(東横線), 덴엔토시선(田園都市線), 게이오(京王) 이노카시라선(井の頭線) 시부야(渋谷)역 하치코출구(ハチ公口)에서 도보 5분 **영업시간** 평일 11:00~20:00, 주말 및 공휴일 10:00~20:00

신제품 체험이 가능한 애플사의 공식스토어
애플스토어 Apple Store

아이폰, 아이팟, 아이패드 등으로 세계적으로 인기를 끄는 애플의 공식스토어이다. 신제품을 직접 만져보고 사용해 볼 수 있어 구입을 염두에 두고 있는 사람이 많이 찾는다. 테스트는 물론 구입도 가능하고 애플 제품의 A/S를 맡길 수도 있다. 신제품이 출시되는 날에는 문을 열기 전부터 길게 줄을 서기도 한다.

홈페이지 www.apple.com/jp **주소** 東京都 渋谷区 神南 1-20-9 **문의** 03-6670-1800 **찾아가기** JR 야마노테선, 사이쿄선, 쇼난신주쿠라인, 도쿄메트로 한조몬선, 후쿠토심선, 긴자선, 도큐 도요코선, 덴엔토시선, 게이오 이노카시라선 시부야(渋谷)역 하치코출구(ハチ公口)에서 도보 6분 **영업시간** 10:00~21:00

미술관과 갤러리가 많은 고급 주거지 ★★☆☆☆

쇼토지역 松濤

도쿄에서 집값이 제일 비싸다고 소문난 고급 주택가이다. 환락가로 유명한 시부야 중심지에서 도보로 5분도 안 걸리지만 조용하다. 유럽풍 건물과 레스토랑, 앤티크 숍 등이 많아 일본 같지 않은 분위기이다. 도큐백화점 본점과 분카무라Bunkamura를 비롯해 시부야 구립쇼토미술관渋谷区 立松濤美術館, 토구리미술관戸栗美術館 등의 수준 있는 미술관과 작은 갤러리들이 있다.

찾아가기 시부야(渋谷)역 하치코출구(ハチ公口)에서 도보 12분

쇼토지역의 추천 미술관

고급 주택가에 자리한 미술관

시부야구립 쇼토미술관 渋谷区 立松濤美術館

시부야 고급 주택지인 쇼토지역에 자리한 구립미술관이다. 기획전을 중심으로 전시하여 전시에 따라 입장료가 다르다. 구에서 진행하는 공모전 및 회화전도 수시로 열리고 음악회와 미술교실도 운영한다. 일본의 유명 건축가 시라이세이치(白井晟一)가 독특하게 디자인한 건축물이다. 건물 한가운데 커다란 분수가 있고 그 위로는 시원하게 뚫려있다. 건물은 중앙 분수를 중심으로 동그랗게 감싸고 있는 도넛 모양이다.

홈페이지 www.shoto-museum.jp **주소** 東京都 渋谷区 松濤 2-14-14 **문의** 03-3465-9421 **찾아가기** JR 야마노테선(山手線), 사이쿄선(埼京線), 쇼난신주쿠라인(湘南新宿ライン), 도쿄메트로 한조몬선(半蔵門線), 후쿠토심선(副都心線), 긴자선(銀座線), 도큐(東急) 도요코선(東横線), 덴엔토시선(田園都市線), 게이오(京王) 이노카시라선(井の頭線) 시부야(渋谷)역 하치코출구(ハチ公口)에서 도보 15분 **입장료** 전시에 따라 다름/매주 금요일 시부야구민은 무료(증명 필요)/주말, 공휴일, 여름방학 기간은 초등학생 및 중학생 무료 **영업시간** 기획전 10:00~18:00(최종입장 17:30), 공모전 09:00~17:00(최종입장 16:30) **휴관** 연말연시(12월 29일~1월 3일), 전람회 준비 시

동양 도자기전문 미술관

토구리미술관 戸栗美術館

사업가 토구상(戸栗)이 설립한 미술관으로 1987년에 문을 열었다. 일본의 전통문화 및 동양의 문화를 보존하고 후세에 전하기 위해 설립했다. 주요 소장품은 일본, 중국, 한국 등에서 수집한 도자기와 그림을 포함해 약 7,000점의 작품에 이른다. 특히 화려한 색과 무늬가 인상적인 일본의 이마리야키(伊万里焼) 및 나베시마야키(鍋島焼)로 만든 작품이 많다.

홈페이지 www.toguri-museum.or.jp **주소** 東京都 渋谷区 松濤 1-11-3 **문의** 03-3465-0070 **찾아가기** JR 야마노테선(山手線), 사이쿄선(埼京線), 쇼난신주쿠라인(湘南新宿ライン), 도쿄메트로 한조몬선(半蔵門線), 후쿠토심선(副都心線), 긴자선(銀座線), 도큐(東急) 도요코선(東横線), 덴엔토시선(田園都市線), 게이오(京王) 이노카시라선(井の頭線) 시부야역 하치코출구(ハチ公口)에서 도보 15분 **입장료** 전시 종류에 따라 다름 **개방시간** 10:00~17:00(최종입장 16:30) **휴관** 매주 월~화요일, 전시물 교체기간

Special 10 젊음의 향연, 시부야의 클럽

시부야는 롯폰기에 이어 일본의 대표적인 클럽거리이다. 롯폰기 클럽을 찾는 이들에 비해 시부야 클럽을 찾는 이들의 연령층이 더 낮은 편으로, 20대 초반의 대학생이 많다. 클럽이 밀집된 지역은 도큐백화점 본점 옆으로 이어지는 도겐자카(道玄坂)의 골목길 안쪽에 있는 마루야마초(円山町)이다. 클럽이 많은 거리이다 보니 러브호텔이 클럽보다 많다.

클럽은 만 20세 이상만 입장이 가능하며, 신분증을 엄격하게 체크하는 곳이 많다. 일본 거주자는 외국인등록증 또는 운전면허증을, 여행자는 여권을 지참해야 한다. 또한 화려하고 섹시한 드레스코드를 갖춰 입고 가야 한다. 비치샌들이나 슬리퍼, 운동복 차림으로 가면 입장을 거부당한다. 한국 클럽과 같이 일본도 보통 금요일과 토요일 밤 12시 이후부터 새벽 2시에 가장 불타오른다. 그래서 저녁 9시에서 12시까지는 해피아워(Happy Hour) 가격이 적용되는 곳도 많다. 일본 클럽은 춤을 즐기기보다 파트너를 찾아 오는 사람이 많다. 일본인은 수줍음이 많은 편이지만 클럽에 오는 사람들은 적극적이라 사용하는 언어가 달라서 말이 통하지는 않아도 금세 친해진다.

시부야의 인기클럽 추천

클럽아시아
Club asia

6m 높이의 천장이 있는 메인 플로어, 300명을 수용하는 거대한 스테이지 등이 있는 시부야의 대표 클럽이다.

홈페이지 clubasia.jp 주소 東京都 渋谷区 円山町 1-8 문의 03-5458-2551 찾아가기 시부야역 하치코출구에서 도보 8분 가격 ¥2,000~4,000(이벤트에 따라 다름) 영업시간 통상 23:00~(이벤트에 따라 다름)

아톰 도쿄
ATOM TOKYO

시부야의 클럽문화를 선도하는 클럽 중 하나로 사이키델릭플로어와 힙합플로어가 있는 것이 특징이다.

홈페이지 atom-tokyo.com 주소 東京都 渋谷区 円山町 2-4 ドク 4F/6F 문의 03-3464-0703 찾아가기 시부야역 하치코출구에서 도보 7분 가격 남성 ¥3,500, 여성 ¥1,500 (요일 및 시간에 따라 다름) 영업시간 22:00~

우무
WOMB

2층의 메인댄스플로어는 4층까지 천장이 뚫린 10m 높이로 최신 테크놀로지 시설을 갖추고 있다.

홈페이지 www.womb.co.jp 주소 東京都 渋谷区 円山町 2-16 문의 03-5459-0039 찾아가기 시부야(渋谷)역 하치코출구(ハチ公口)에서 도보 7분 가격 2,000~5,000(이벤트에 따라 다름) 영업시간 23:00~

Section 02

Tokyo

시부야에서 꼭 먹어봐야 할 먹거리

시부야는 10대 후반의 청소년들과 20대 초반의 대학생이 많이 찾는 곳이라 패스트푸드점을 비롯한 저렴한 음식점이 많다. 술 마시고 춤추고 땀 흘리며 노는 이들을 타깃으로 하여 음식 간도 강하고 자극적인 편이다. 하지만 잘 찾아보면 조용하고 분위기 좋은 카페와 몸에 좋은 재료를 사용하는 웰빙 맛집도 많다.

프랑스산 밀가루를 사용하는 베이커리&레스토랑 ★★★★★
뷔론 ヴィロン 渋谷店, VIRON

프랑스 제분회사 뷔론의 밀가루 레트로도르Retrodor를 사용하는 프랑스빵 전문점이다. 매시간 빵을 구워 가게 안은 갓 구운 빵 냄새로 가득하다. 바삭한 바게트 샌드위치가 최고 인기상품이며, 모양도 예쁘고 맛도 좋은 다양한 빵을 판매한다. 2층 브라스리에서는 맛있는 프랑스요리에 뷔론의 빵을 맛볼 수 있다. 요리를 주문하면 따끈따끈한 빵을 바스켓에 담아주는데, 리필이 가능해서 마음껏 먹을 수 있다. 프렌치 코스요리, 와인 등 프랑스의 맛을 제대로 즐길 수 있는 곳이라 인기가 많다.

주소 東京都 渋谷区 宇田川町 33-8 문의 03-5458-1770 찾아가기 JR 야마노테선(山手線), 사이쿄선(埼京線), 쇼난신주쿠라인 (湘南新宿ライン), 도쿄메트로 한조몬선(半蔵門線), 후쿠토심선(副都心線), 긴자선(銀座線), 도큐(東急) 도요코선(東横線), 덴엔토시선(田園都市線), 게이오(京王) 이노카시라선(井の頭線) 시부야(渋谷)역 하치코출구(ハチ公口)에서 도보 6분 가격 **1층** ¥500~ 1,000 **2층** 모닝, 런치, 카페 ¥1,000~2,000, 디너 ¥5,000~8,000 영업시간 브랑제리 파티스리 08:00~21:00, 브라스리 9:00~22:00 귀띔 한마디 긴자지역의 도쿄역&마루노우치편에서 소개한 뷔론 마루노우치점 P. 150 과 같은 브랜드이다.

저렴하고 맛있는 게살볶음밥전문점 ★★★☆☆
카니챠항노미세 시부야점 かにチャーハンの店 渋谷店

맛있는 게살이 듬뿍 들어 있는 게살볶음밥전문점으로 시부야답게 가격이 저렴하다. ¥1,000도 안 되는 가격에 판매하는 게살볶음밥은 보통 게맛살을 사용하지만, 이곳은 신선한 게살을 사용해 만족도가 높다. 센 불에서 수분을 날려 볶은 밥알의 식감과 촉촉한 게살이 조화를 이룬다. 커다란 중화냄비에 볶음밥을 만드는 모습을 투명한 유리벽의 오픈키친을 통해 볼 수 있다.

카니챠항(かにチャーハン)

게살샐러드

홈페이지 www.stride.co.jp/chahan/shibuya.php 주소 東京都 渋谷区 宇田川町 31-4 篠田ビル 3F 문의 03-5784-2443 찾아가기 JR 야마노테선(山手線), 사이쿄선(埼京線), 쇼난신주쿠라인(湘南新宿ライン), 도쿄메트로 한조몬선(半蔵門線), 후쿠토심선(副都心線), 긴자선(銀座線), 도큐(東急) 도요코선(東横線), 덴엔토시선(田園都市線), 게이오(京王) 이노카시라선(井の頭線) 시부야(渋谷)역 하치코출구(ハチ公口)에서 도보 5분 가격 ¥800~1,000 영업시간 11:30~15:30, 17:00~22:00 휴무 월요일(공휴일인 경우 다음 날) 귀띔 한마디 게살을 실컷 먹고 싶다면 게살이 듬뿍 올라간 샐러드도 맛있으니 샐러드세트로 주문하자.

200종류가 넘는 파스타 ★★★☆☆
카베노아나 パスタ壁の穴

카베노아나壁の穴는 세익스피어의 『한여름 밤의 꿈』에 나오는 표현 'Hole in the wall(벽의 구멍)'을 의미한다. 손님 의견을 적극 반영하여 새로운 파스타 개발에 전념하는 가게로 메뉴가 200가지가 넘는다. 파스타에 어울리는 미트소스, 브라운소스, 카레소스를 일본인 입맛에 맞춰 개발한다. 또한 낫또納豆를 이용한 낫또파스타, 명랏젓을 이용한 타라코たらこ파스타 등 현지 식재료를 이용해 만든 일본식 파스타를 전파하고 있다. 일본식 파스타는 느끼함을 싫어하는 우리 입맛에도 잘 맞는다.

홈페이지 www.kabenoana.com 주소 東京都 渋谷区 道玄坂 2-25-17 カスミビル 1F 문의 03-3770-8305 찾아가기 JR 야마노테선(山手線), 사이쿄선(埼京線), 쇼난신주쿠라인(湘南新宿ライン), 도쿄메트로 한조몬선(半蔵門線), 후쿠토심선(副都心線), 긴자선(銀座線), 도큐(東急) 도요코선(東横線), 덴엔토시선(田園都市線), 게이오(京王) 이노카시라선(井の頭線) 시부야(渋谷)역 하치코출구(ハチ公口)에서 도보 4분 가격 ¥1,000~2,000 영업시간 평일 11:30~22:00, 주말 및 공휴일 11:00~22:00

예술적인 라테아트전문점 ★★★★★
스트리머커피컴퍼니 STREAMER COFFEE COMPANY

라테아티스트가 만드는 예술적 커피전문점이다. 2008년 시애틀에서 열린 프리포아라테대회Free Pour Latte Art Championships에서 1위를 차지한 사와다히로시澤田洋史가 문을 열었다. 결이 살아 있는 라테아트는 덧그리지 않고 한 번에 만드는 것으로, 마시기 아까울 정도로 아름답다. 모양만 예쁜 것이 아니라 고급 원두로 내린 진한 에스프레소와 부드러운 거품이 어우러진 라테의 맛도 훌륭하다. 시부야와 오모테산도 사이에 있는 캣스트리트 골목 안쪽이라 일부러 찾아가야 하지만, 라테아트를 즐기려는 사람들로 늘 붐빈다.

홈페이지 streamer.coffee 주소 東京都 渋谷区 渋谷 1-20-28 문의 03-6427-3705 찾아가기 JR 야마노테선(山手線), 사이쿄선(埼京線), 쇼난신주쿠라인(湘南新宿ライン), 도쿄메트로 한조몬선(半蔵門線), 후쿠토심선(副都心線), 긴자선(銀座線), 도큐(東急) 도요코선(東横線), 덴엔토시선(田園都市線), 게이오(京王) 이노카시라선(井の頭線) 시부야(渋谷)역 하치코출구(ハチ公口)에서 도보 8분 가격 ¥500~1,000 영업시간 평일 08:00~20:00, 주말 및 공휴일 09:00~20:00

프로방스풍으로 꾸민 록시땅의 카페 ★★★☆☆
록시땅카페 ロクシタンカフェ

세계에 1,000개의 록시땅 점포를 만든 것을 기념해 오픈한 록시땅 최초의 카페이다. 남프랑스의 프로방스를 연상시키는 분위기로 꾸며 놓아 이국적이다. 최고급 마카롱과 케이크로 유명한 피에르에르메와 함께 하는 카페라서 맛도 좋다. 시부야역 앞의 스크램블교차점을 건너면 바로 자리하여 찾아가기도 쉽다. 1층은 록시땅 화장품 및 목욕용품 매장이고 2층과 3층에 카페가 자리한다.

주소 東京都 渋谷区 道玄坂 2-3-1 渋谷駅前ビル 2~3F 문의 03-5428-1563 찾아가기 JR 야마노테선(山手線), 사이쿄선(埼京線), 쇼난신주쿠라인 (湘南新宿ライン), 도쿄메트로 한조몬선(半蔵門線), 후쿠토심선(副都心線), 긴자선(銀座線), 도큐(東急) 도요코선(東横線), 덴엔토시선(田園都市線), 게이오(京王) 이노카시라선(井の頭線) 시부야(渋谷)역 하치코출구(ハチ公口)에서 도보 1분 가격 ¥1,000~2,000 영업시간 10:00~23:00 귀띔 한마디 오모테산도에도 록시땅카페가 있다.

천연재료로 만든 생 아이스크림전문점 ★★★★☆
시로이치 시부야점 白一 渋谷店

유지방 4.0% 이상의 양질 생우유를 사용해 만든 생아이스크림만 판매한다. 성분무조정 우유만 엄선해 사용하고 달걀, 생크림, 버터, 보존료 등을 사용하지 않는다. 꼬리처럼 길게 뻗은 생아이스크림은 콘에 담은 10초 후가 제일 맛있다. 10초 후면 아이스크림 표면이 살짝 굳고 부드러운 속과 차이가 생겨 특유의 식감이 생긴다. 아이스크림 용기는 콘과 모나카, 컵 중에서 선택할 수 있다. 아이스크림 양이 꽤 많아 더운 여름날에는 흘러내릴 수 있으니 컵이 안전하다.

홈페이지 www.shiroichi.com 주소 東京都 渋谷区 神南 1-7-7 アンドスビル 2 1F 문의 03-3461-5353 찾아가기 JR 야마노테선(山手線), 사이쿄선(埼京線), 쇼난신주쿠라인(湘南新宿ライン), 도쿄메트로 한조몬선(半蔵門線), 후쿠토심선(副都心線), 긴자선(銀座線), 도큐(東急) 도요코선(東横線), 덴엔토시선(田園都市線), 게이오(京王) 이노카시라선(井の頭線) 시부야(渋谷)역 하치코출구(ハチ公口)에서 도보 9분 가격 ¥500~ 1,000 영업시간 11:00~19:00 귀띔 한마디 테이크아웃으로 구입하는 사람들이 대부분이라 손님이 많아도 그렇게 오래 기다리지는 않는다.

Section 03

Tokyo

시부야에서 놓치면 후회하는 쇼핑

시부야는 패션에 관심이 많은 10대 후반에서 20대 초반을 위한 쇼핑천국이다. 유니크한 상품을 저렴한 가격에 살 수 있는 곳이 많아 자신만의 스타일을 개성 있게 연출하기 좋다. 시부야의 쇼핑가는 대형백화점인 세이부백화점과 도큐백화점이 대립하고 있는 구조이다. 시부야의 패션을 대표하는 쇼핑빌딩인 109, 새롭게 각광받고 있는 히카리에, 시부야의 문화예술을 선도하는 분카무라, 대형 잡화점 도큐한즈 등이 모두 도큐계열이다. 세이부계열은 세이부백화점과 로프트(LOFT) 등으로 도큐와 시부야의 주도권을 가지고 경쟁하고 있다.

스크램블교차점 앞에 거대한 전광판이 설치된 빌딩 ★★★☆☆

큐프론트 キューフロント, QFRONT

스크램블교차로 앞에 위치한 건물로 외벽에 커다란 전광판이 설치되어 있어 시부야에서 제일 먼저 눈에 들어온다. 1999년 준공되었으며 지상 8층, 지상 2층 구조이다. 스크램블교차점을 마주보는 벽면에는 큐즈아이Q's EYE라는 이름의 1,200인치 디지털사이너지가 설치되어 있다. 큐즈아이의 존재감이 커서 큐프론트는 시부야 상징이자 랜드마크이다. 큐프론트 건물 1~2층에는 스타벅스가 자리한다. 이곳은 일본에서 톱클래스 매상실적을 가진 지점으로 유명하다. 지하 2층부터 7층까지는 DVD와 CD를 판매·대여하는 츠타야TSUTAYA가 자리한다.

주소 東京都 渋谷区 宇田川町 21-6 찾아가기 JR 야마노테선(山手線), 사이쿄선(埼京線), 쇼난신주쿠라인(湘南新宿ライン), 도쿄메트로 한조몬선(半蔵門線), 후쿠토심선(副都心線), 긴자선(銀座線), 도큐(東急) 도요코선(東横線), 덴엔토시선(田園都市線), 게이오(京王) 이노카시라선(井の頭線) 시부야(渋谷)역 하치코출구(ハチ公口)에서 도보 1분 영업시간 **스타벅스** 06:30~22:00 **츠타야** 10:00~22:00 귀띔 한마디 큐프론트의 스타벅스는 빠른 주문을 위해서 음료는 모두 '톨(TALL)' 사이즈로만 판매한다.

✓ 30대 이상은 시부야보다 긴자나 신주쿠에서 쇼핑을 즐기는 편이 좋다.

시부야 백화점의 양대산맥 ★★★☆☆

세이부 시부야점 西武 渋谷店, Seibu Shibuya

큐프론트QFRONT 뒤쪽의 8층 건물이 세이부백화점이다. 1968년에 문을 열어 40년 이상 시부야의 대표 고급 백화점으로 군림하고 있다. 루이뷔통, 샤넬, 반클리프&아펠, 티파니 등의 명품브랜드도 30여 개가 입점해 있다. A관과 B관으로 나뉘어 있고 총면적은 40,033㎡이나 된다. A관과 B관은 3층, 5층, 옥상의 연결통로를 통해 오갈 수 있다. 백화점 입구에는 복을 부르는 일본의 전통고양이 마네키네코招き猫의 모습을 한 동상 나나코NANAKO가 서 있다.

홈페이지 www.sogo-seibu.jp 주소 東京都 渋谷区 宇田川町 21-1 문의 03-3462-0111 찾아가기 JR 야마노테선(山手線), 사이쿄선(埼京線), 쇼난신주쿠라인(湘南新宿ライン), 도쿄메트로 한조몬선(半蔵門線), 후쿠토심선(副都心線), 긴자선(銀座線), 도큐(東急) 도요코선(東横線), 덴엔토시선(田園都市線), 게이오(京王) 이노카시라선(井の頭線) 시부야(渋谷)역 하치코출구(ハチ公口)에서 도보 2분 영업시간 10:00~20:00 귀띔 한마디 뒤쪽에 로프트(LOFT) 건물이 통로로 연결되어 있다.

시부야를 대표하는 백화점 ★★★★☆

도큐백화점 본점 東急百貨店, Tokyu Department Store

도큐전철東急電鉄이 1934년 시부야역 동쪽출구에 세운 백화점이다. 지상 9층, 지하 3층 구조로 스크램블스퀘어 도큐백화점에 비해 1.5배 정도 크다. 에르메스, 샤넬, 펜디, 불가리 등의 명품브랜드가 많아 고급스러운 분위기이다. 도큐백화점 본점 옆에는 분카무라文化村가 붙어있다. 공연, 영화, 전람회 등을 볼 수 있는 분카무라는 시부야를 대표하는 대형 문화시설이다. 각종 생활잡화를 판매하는 도큐한즈 시부야점도 근처에 있다. 시부야역과 연결된 스크램블스퀘어 도큐백화점과 도큐백화점 본점을 오가는 무료 셔틀버스를 운행하지만, 충분히 걸어갈 수 있는 거리이다.

분카무라

홈페이지 **도큐백화점** www.tokyu-dept.co.jp **분카무라** www.bunkamura.co.jp 주소 東京都 渋谷区 道玄坂 2-24-1 문의 03-3477-3111 찾아가기 JR 야마노테선(山手線), 사이쿄선(埼京線), 쇼난신주쿠라인(湘南新宿ライン), 도쿄메트로 한조몬선(半蔵門線), 후쿠토심선(副都心線), 긴자선(銀座線), 도큐(東急) 도요코선(東横線), 덴엔토시선(田園都市線), 게이오(京王) 이노카시라선(井の頭線) 시부야(渋谷)역 하치코출구(ハチ公口)에서 도보 7분 영업시간 10:30~19:00, 7층 10:30~21:00, 8층 11:00~21:00 귀띔 한마디 분카무라까지 찾아가지 않아도 백화점 안에 예술작품을 구입하거나 감상할 수 있는 갤러리가 있다.

시부야 패션을 대표하는 대형쇼핑빌딩 ★★★★★

시부야 이치마루큐 渋谷 109, Shibuya 109

시부야 패션을 선도하는 10대 후반과 20대 초반 취향에 맞춘 패션빌딩으로 1979년 문을 열었다. 도큐전철東急에서 만들었으며, '도큐とうきゅう' 발음이 숫자 10과 9를 뜻하기도 해서 109라는 이름이 붙었다. 영업시간도 이름에 맞춰 오전 10시부터 오후 9시까지이다. 지상 8층에서 지하 2층 구조이며 120여 개의 브랜드가 입점해 있다. 주요 타깃층에 맞춰 가격도 로드숍 수준으로 저렴하다. 파격적이고 독특한 디자인이 많아 일본 연예인 및 코디네이터도 자주 찾는다고 한다.

홈페이지 www.shibuya109.jp 주소 東京都 渋谷区 道玄坂 2-29-1 문의 03-3477-5111 찾아가기 JR 야마노테선(山手線), 사이쿄선(埼京線), 쇼난신주쿠라인(湘南新宿ライン), 도쿄메트로 한조몬선(半蔵門線), 후쿠토심선(副都心線), 긴자선(銀座線), 도큐(東急) 도요코선(東横線), 덴엔토시선(田園都市線), 게이오(京王) 이노카시라선(井の頭線) 시부야(渋谷)역 하치코출구(ハチ公口)에서 도보 2분 영업시간 10:00~21:00 귀띔 한마디 연령대가 높더라도 잘 찾아보면 색다른 디자인의 옷을 저렴한 가격에 구입할 수 있다.

패션을 선도하는 대형쇼핑센터 두 곳 ★★★☆☆

시부야 모디 渋谷モディ, Shibuya MODI

마루이는 20대가 선호하는 디자인과 브랜드 위주로 중간 가격대의 상품을 판매한다. 시부야 모디는 고엔도리로 들어가는 입구에 위치한다. 지하 1층부터 9층까지로 이루어져 있으며, 지하 1층부터 4층까지는 패션 및 라이프스타일에 관련된 상품을 판매한다. 5층부터 7층까지는 책, CD, DVD 등을 취급하고 8층은 노래방, 9층은 레스토랑이다. 시부야 모디의 길 건너편에는 별관 같은 역할을 하는 시부야 마루이가 있다. 시부야 마루이는 1층부터 8층까지로 이루어진 패션빌딩으로 여성패션이 주를 이룬다.

홈페이지 www.0101.co.jp 주소 東京都 渋谷区 神南 1-21-3 문의 03-4336-0101 찾아가기 JR 야마노테선, 사이쿄선, 쇼난신주쿠라인, 도쿄메트로 한조몬선, 후쿠토심선, 긴자선, 도큐 도요코선, 덴엔토시선, 게이오 이노카시라선 시부야(渋谷)역 하치코출구(ハチ公口)에서 도보 2분 영업시간 월~토요일 11:00~20:00 귀띔 한마디 마루이시티와 미루이잼은 파르코와 비슷하다.

시부야의 새로운 명소! 34층 높이의 복합상업시설 ★★★★☆

시부야 히카리에 渋谷 ヒカリエ, Shibuya Hikarie

지하 3층부터 5층까지는 신크스ShinQs라는 이름의 20대 여성을 위한 백화점이다. 화장품, 패션잡화, 캐리어패션, 캐주얼패션 등 층마다 테마가 나뉘어 있다. 지하 3층에서 지하 2층의 식품매장에는 피에르에르메 파리PIERRE HERMÉ PARIS, 르쇼콜라다 드아슈LE CHOCOLAT DE H, 파티세리사다하루아오키 파리pâtisserie Sadaharu AOKI paris 등 70여 개의 유명 식품브랜드가 모여 있다. 이곳에 자리한 달콤하고 맛있는 스위츠매장이 시부야의 새로운 명소로 떠오르고 있다. 8층에는 아트갤러리 및 이벤트공간이 있고 9층은 히카리에홀, 11층부터 16층까지는 대형 영화관 도큐시어터오브TOKYU THEATRE Orb가 있다.

홈페이지 www.hikarie.jp 주소 東京都 渋谷区 渋谷 2-21-1 문의 03-5468-5892 찾아가기 JR 야마노테선(山手線), 사이쿄선(埼京線), 쇼난신주쿠라인(湘南新宿ライン), 도쿄메트로 한조몬선(半蔵門線), 후쿠토심선(副都心線), 긴자선(銀座線), 도큐(東急) 도요코선(東横線), 덴엔토시선(田園都市線), 게이오(京王) 이노카시라선(井の頭線) 시부야(渋谷)역 동쪽출구(東口)에서 도보 5분 또는 지하철 13번 출구에서 바로 영업시간 지하 3~5층 ShinQs 11:00~21:00, 6~7층 레스토랑가 11:00~23:00(매장에 따라 다름), 8층 11:00~20:00 귀띔 한마디 유명하고 맛있는 스위츠 브랜드가 많아 기념선물을 구입하기 좋다.

르쇼콜라다 드아슈

12층 높이의 모던하고 럭셔리한 쇼핑빌딩 ★★★☆☆

코코티 시부야 ココチ 渋谷, Cocoti Shibuya

시부야역 동쪽출구에서 메이지도리를 따라 하라주쿠 쪽으로 이동하다 보면 나오는 복합상업시설이다. 1~5층까지는 디젤DIESEL, 투머로우랜드TOMOTTOWLAND 등 인기 패션숍이 있어 쇼핑을 즐기기 좋다. 3층에는 작지만 예쁜 수영장을 갖춘 347카페&라운지347CAFE&LOUNGE가 있다. 빌딩 중간층이지만 실외에 나무가 많아서 남프랑스의 카페에 온 것 같은 개방감이 느껴진다. 그 밖에도 영화관 휴먼트러스트 시네마시부야Human Trust Cinema Shibuya, 피트니스클럽 골드짐GOLD'S GYM 등의 편의시설을 갖추고 있다.

347카페&라운지

홈페이지 www.cocoti.net 주소 東京都 渋谷区 渋谷 1-23-16 문의 03-5774-0124 찾아가기 JR 야마노테선(山手線), 사이쿄선(埼京線), 쇼난신주쿠라인(湘南新宿ライン), 도쿄메트로 한조몬선(半蔵門線), 후쿠토심선(副都心線), 긴자선(銀座線), 도큐(東急) 도요코선(東横線), 덴엔토시선(田園都市線), 게이오(京王) 이노카시라선(井の頭線) 시부야(渋谷)역 동쪽출구(東口)에서 도보 4분 또는 지하철 13번 출구에서 바로 연결 영업시간 11:30~21:00(숍 및 레스토랑에 따라 다름) 귀띔 한마디 메이지도리에는 코코티시부야처럼 깔끔하면서 엣지 있는 패션숍이 많다.

일본의 음반회사 타워레코드의 대표 점포 ★★☆☆☆

타워레코드 시부야점 タワーレコード 渋谷店, TOWER RECORDS

'No Music, No Life.'를 캐치프레이즈로 전 세계 음반시장을 장악하고 있는 미국 레코드사이다. 일본도 음반시장이 많이 위축되기는 했지만, 타워레코드 대표적 점포인 시부야점은 지금도 활기가 느껴진다. 지하 1층부터 8층까지 사용하며, 층마다 장르가 나뉘어 있다. 1층에는 새로 발매된 음반과 추천음반이 진열되어 있어 손님이 제일 많다. 타워레코드 특유의 노란색으로 장식한 건물이 멀리서도 눈에 띈다.

홈페이지 tower.jp 주소 東京都 渋谷区 神南 1-22-14 문의 03-3496-3661 찾아가기 JR 야마노테선(山手線), 사이쿄선(埼京線), 쇼난신주쿠라인(湘南新宿ライン), 도쿄메트로 한조몬선(半蔵門線), 후쿠토심선(副都心線), 긴자선(銀座線), 도큐(東急) 도요코선(東横線), 덴엔토시선(田園都市線), 게이오(京王) 이노카시라선(井の頭線) 시부야(渋谷)역 하치코출구(ハチ公口)에서 도보 3분 영업시간 11:00~23:00 귀띔 한마디 음반을 미리 들어보고 구입할 수 있는 시설이 마련되어 있다.

만화 및 애니메이션 관련용품 중고매매점 ★★★☆☆

만다라케 시부야점 まんだらけ 渋谷店, Mandarake

시부야빔渋谷 BEAM 지하 2층에 위치한 중고만화 매매전문점이다. 만화책, 애니메이션, 장난감 등 일본 애니메이션에 관련된 모든 것을 취급한다. 수십 년 전 유행했던 만화 및 장난감 등 다른 곳에서는 구할 수 없는 물건도 많다. 오래된 물건은 프리미엄이 붙어 가격이 비싸다. 중고제품 판매도 가능하며, 최신작은 중고가로 저렴하게 구입할 수 있다. 지하 1층부터 1층에는 개그콘서트장인 요시모토홀ヨシモト∞ホール이 있고 3층에는 애니메이션 및 코믹 관련용품을 판매하는 애니메이트animate도 있다.

홈페이지 www.mandarake.co.jp 주소 東京都 渋谷区 宇田川町 31-2 渋谷BEAMS B2F 문의 03-3477-0777 찾아가기 JR 야마노테선(山手線), 사이쿄선(埼京線), 쇼난신주쿠라인(湘南新宿ライン), 도쿄메트로 한조몬선(半蔵門線), 후쿠토심선(副都心線), 긴자선(銀座線), 도큐(東急) 도요코선(東横線), 덴엔토시선(田園都市線), 게이오(京王) 이노카시라선(井の頭線) 시부야(渋谷)역 하치코출구(ハチ公口)에서 도보 6분 영업시간 12:00~20:00 귀띔 한마디 시부야점보다 규모가 큰 곳을 원한다면 나카노에 있는 만다라케 본점 P. 368 을 추천한다.

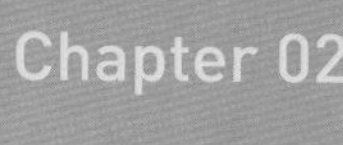

하라주쿠

原宿
Harajuku

★★★★☆
★★★★☆
★★★★★

하라주쿠역을 중심으로 한쪽은 산림이 우거진 공원과 신사가 있고 다른 한쪽은 최신 트렌드를 반영한 패션숍으로 가득하다. 하라주쿠의 매력을 제대로 느끼기 위해서는 양쪽 모두를 구경하는 것이 좋다. 따사로운 아침 햇살을 받아 상쾌함을 가득 뿜어내는 메이지진구와 요요기공원은 오전에 방문하고 오후에는 다케시타도리, 우라하라주쿠, 캣스트리트, 메이지도리 등의 쇼핑거리를 공략하자. 쇼윈도 안에 디스플레이되어 있는 최신패션보다 하라주쿠를 찾은 일본 청소년들의 복장을 구경하는 것이 더 재미있다. 하라주쿠는 미국에서 유행하는 먹거리를 일본에서 제일 먼저 선보이는 거리이기도 하다. 신사 구경, 공원 구경, 거리 구경, 사람 구경 등 하라주쿠이기 때문에 즐길 수 있는 매력이 넘친다.

嘉紀の一言

요시노리의 한마디

일본의 청소년들이 형성하는 하라주쿠 특유의 자유로운 분위기는 외국인 관광객에게 인기가 많다.

하라주쿠를 잇는 교통편

하라주쿠역은 JR 야마노테선만 지나간다. 야마노테선은 서울의 지하철 2호선처럼 제일 편리한 선으로 신주쿠, 시부야, 도쿄역 등 다른 지역 간 이동이 쉽다. 도쿄메트로를 이용할 때는 메이지진구마에역에서 내리면 된다. 메이지진구마에역은 치요다선과 후쿠도심선이 지나간다. 하라주쿠는 시부야역에서 메이지도리 및 캣스트리트를 구경하면서 천천히 걸어서 이동해도 되고, 오모테산도역에서 걸어서 이동해도 10분이면 된다.

하라주쿠(原宿)역 JR **야마노테선(山手線)**
메이지진구마에(明治神宮前)역 **치요다선(千代田線), 후쿠도심선(副都心線)**

하라주쿠에서 꼭 해봐야 할 것들

1. 코스프레 복장을 하고 돌아다니는 사람들을 구경하자.
2. 녹음으로 가득한 메이지진구를 산책하자.
3. 10대들의 쇼핑 천국 다케시타도리에서 쇼핑을 즐기자.
4. 개성 넘치는 상품을 파는 우라하라주쿠, 캣스트리트, 메이지도리 등을 둘러보자.
5. 많은 사람이 찾는 인기 맛집에서 식사하자.

사진으로 미리 살펴보는 하라주쿠 베스트코스

오전에는 신선한 공기를 마시며 메이지진구와 요요기공원을 산책하자. 진구바시를 지나 다케시타도리로 이동하면 전혀 다른 세상이 펼쳐진다. 상큼한 10대들로 가득한 다케시타도리를 구경하며 저렴한 패션 아이템을 쇼핑하자. 도큐플라자 오모테산도하라주쿠로 들어가 빌즈에서 브런치를 즐긴다. 식사 후에는 독특한 숍이 많은 우라하라주쿠와 캣스트리트를 느긋하게 구경하자. 저녁으로 맛있는 수제버거를 파는 카페호호캄에서 커다란 햄버거를 먹으면 하라주쿠의 멋과 맛을 모두 즐길 수 있다.

1 **젊음을 즐기는 하라주쿠 하루 일정**(예상 소요시간 8시간 이상)

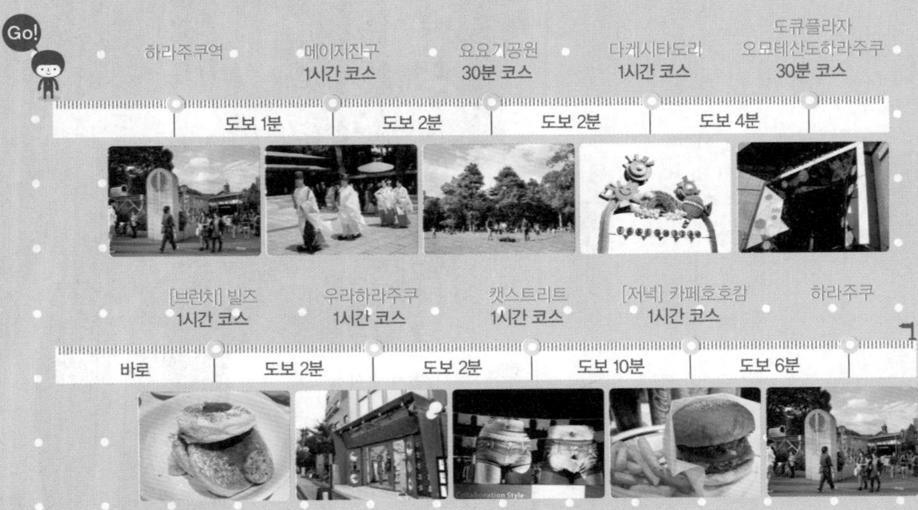

메이지진구
明治神宮
메이지진구회관
明治神宮会館
시부야구립 센다야초등학교
渋谷区立千駄谷小学校
시부야구립 하라주쿠외원중학교
渋谷区立原宿外苑中学校
수타소바 마츠나가
手打蕎麦 松永
아후리 하라주쿠점
阿夫利 原宿
요요기공원
代々木公園
시부야구립중앙도서관
渋谷区立中央図書館
다케시타도리
竹下通り
파리스키즈
パリスキッズ
토고신사
東郷神社
진즈메이트
ジーンズメイト
타케시타출구
마리온크레이프
マリオンクレープ
부띠끄 다케노코
ブティック竹の子
사커숍카모 하라주쿠점
SOCCER SHOP KAMO
아납
アナップ
디자인페스타갤러리
DESIGN FESTA GALLERY
카페호호캄
ホホカム
요요기공원 열병식소나무
代々木公園 閲兵式の松
소라도 다케시타도리
ソラド 竹下通り
[JY19]
하라주쿠역
우라하라주쿠
裏原宿
큐슈장가라라멘 하라주쿠점
九州じゃんがららあめん 原宿店
도큐플라자 오모테산도하라주쿠
急プラザ 表参道原宿
오모테산도출구
캔디스트리퍼 하라주쿠
Candy Stripper HARAJUKU
진구바시
神宮橋
오타우키요에미술관
太田記念美術館
라포레 하라주쿠
ラフォーレ 原宿
비사이드라벨
B-SIDE LABEL
빌즈
ビルズ
에그스앤띵스 하라주쿠점
エッグスンシングス 原宿店
代々木公園通り
[C03] [F15]
메이지진구마에역
북마크 하라주쿠
BOOKMARC 原宿
랄프로렌 오모테산도점
ラルフ ローレン表参道
국립요요기경기장
国立代々木競技場
메이지도리
明治通り
가렛팝콘숍스
Garrett Popcorn Shops
原宿通り
キャットストリート
表参道
明治通り
ファイヤー通り
오모테산도&
아오야마 지역
디자인티셔츠스토어 그라니프
Design Tshirts store Graniph
キャットストリート
NHK시부야 프렌드십 시어터
NHK渋谷フレンドシップシアター
파타고니아
パタゴニア
캣스트리트
キャットストリート
시부야 지역
明治通り
キャットストリート

Section 04

Tokyo

하라주쿠에서 반드시 둘러봐야 할 명소

하라주쿠역을 중심으로 한쪽은 메이지진구와 요요기공원이 있는 거대한 녹지, 반대쪽은 10대들의 쇼핑 천국인 다케시타도리와 오모테산도의 고급 쇼핑가가 있는 번화가이다. 메이지진구에서 일본 신사의 멋을 느끼고 요요기공원 특유의 자유로움에 취해본 후 다케시타도리로 이동하면 같은 지역인데도 확연히 풍경이 대조된다.

일본에서 가장 많은 참배객이 찾는 도쿄의 대표 신사 ★★★★★

메이지진구 明治神宮

오오토리이(大鳥居)

미국 전 대통령 버락오바마(2004년)와 조지W부시(2002년), 영국 엘리자베스여왕(1975년) 등 세계 각국 정상이 일본을 방문했을 때 다녀간 신사이다. 일왕 메이지明治와 쇼켄昭憲왕비를 합사한 곳으로 1920년에 세워졌다. 새해 첫 참배 하츠모데初詣 기간(1월 1~3일)에는 약 300만 명이 찾을 정도로 인기가 있다. 평소에도 일본인은 물론 외국인 관광객이 많이 찾는 신사이다.

역사적으로 메이지왕은 일본에 서양문물을 받아들여 제2차 세계대전의 토대를 마련한 인물이다. 야스쿠니신사 참배와 같은 맥락으로 해석하면 메이지진구도 우리에게 유쾌한 장소는 아니다. 하지만 단순히 도쿄의 관광지로서는 충분히 매력적인 곳이다. 70만㎡의 드넓은 경내에는 약 17만 그루의 나무를 조성하여 상쾌한 공기를 마시며 산책할 수 있다. 신사 입구에는 커다란 오오토리이大鳥居가 서 있고

그 뒤로 하얀 자갈돌이 깔린 산도参道가 이어진다. 산도를 따라 걷다 보면 커다란 술통으로 만든 벽이 나타난다. 한쪽에는 일본에서 유명한 술이 모두 모여 있고 반대편에는 프랑스의 브르고뉴가 헌납한 와인이 담겨있다.

본전 입구에는 참배 전 몸과 마음을 정화하도록 손을 씻는 곳이 있다. 손을 씻고 입안을 헹구는 곳이지만, 마실 수 있는 물은 아니다. 경복궁 및 창덕궁 내와 같이 넓은 신사 안에는 일본 전통건축의 멋을 느낄 수 있는 풍경이 펼쳐진다. 입장료가 있는 진구교엔神宮御苑 안에는 예쁜 꽃이 가득 핀 일본정원이 있고, 왕실의 보물을 전시하는 보물전도 있다.

일본 신사는 소원을 비는 곳이기도 하다. 건강, 합격, 안전 등 원하는 것이 있다면 부적 오마모리お守り를 기념품 삼아 구매해도 된다. 특별한 소원을 빌고 싶다면 나무판 에마絵馬 뒷면에 소원을 적어 나무 아래에 걸어두면 된다.

메이지진구는 일본 전통결혼식을 올리는 장소로 가장 인기 높은 곳이다. 멋진 기모노를 입고 엄숙히 행진하는 모습은 이벤트가 아닌 진짜 결혼식이다. 사진만 찍지 말고 부부의 행복을 마음속으로 빌어주자. 신사 안의 커다란 녹나무 두 그루가 쌍둥이처럼 서 있는 메오토쿠스夫婦楠는 부부의 연을 맺고 원만하게 관계를 이어가며 행복한 가정을 이루게 해주는 힘을 가지고 있다고 한다.

메오토쿠스(夫婦楠)

홈페이지 www.meijijingu.or.jp 주소 東京都 渋谷区 代々木 神園町 1-1 문의 03-3379-5511 찾아가기 JR 야마노테선(山手線) 하라주쿠(原宿)역 오모테산도 출구(表参道口)에서 도보 1분 입장료 메이지진구 무료, 진구교엔 ¥500, 보물전 ¥500 개방시간 일출~일몰(매달 다름, 보통 05:00~17:00) 귀띔 한마디 커다란 은행나무길이 멋진 메이지진구가이엔도 함께 구경하자.

✓ 메이진구와 요요기공원은 아침 일찍 도착해서 신선한 공기를 마시며 산책하듯이 구경하는 것이 시원하고 좋다.

도쿄 최고의 목조 전차역 ★★★☆☆

하라주쿠역 原宿駅

1906년에 문을 연 하라주쿠역은 규모는 작지만 아름답다. 현재의 역사駅舎는 1924년 준공한 2층 목조건물로 영국스타일로 지어져 있다. 이 건축물은 도쿄에서 가장 오래된 목조 역사이기도 하다. 하라주쿠역 북쪽에는 왕족이 사용하는 왕실전용 플랫폼도 있다. 줄여서 궁정홈宮廷ホーム이라고도 하며 하라주쿠역을 황족皇族역이라고 부르기도 한다. 이 역에는 평소에는 사용하지 않는 플랫폼이 하나 더 있다. 임시홈臨時ホーム이라는 이름으로 메이지진구에 하츠모데初詣(새해 첫인사)를 하러 찾는 사람들을 위해 일시적으로 사용한다. 임시홈에는 메이지진구와 바로 연결된 개찰구가 있어 편리하다.

홈페이지 www.jreast.co.jp 주소 東京都 渋谷区 神宮前 1 찾아가기 JR 야마노테선(山手線) 하라주쿠(原宿)역 귀띔 한마디 하라주쿠역의 고풍스러운 분위기와 달리 하라주쿠를 찾는 사람들의 행색은 개성이 넘친다.

경기장, 공연장, 벼룩시장, 각종 이벤트가 열리는 공원 ★★★★☆

요요기공원 代々木公園

옥토버페스트

드넓은 잔디밭이 펼쳐진 공원에는 일만여 그루의 나무가 서 있어 도쿄의 공기청정기 역할을 한다. 공원 내 큰 연못에는 3개의 분수가 시원하게 물줄기를 내뿜고 있다. 공원에는 아이와 함께 소풍을 즐기거나 강아지와 함께 산책을 하는 사람이 많다. 로큰롤댄스, 포크댄스 등 다양한 취미를 가진 동호회 사람들이 복장까지 제대로 갖추고 모여서 볼거리를 제공한다.

각종 공연 및 이벤트가 수시로 개최되는데 야외스테이지 및 아이아 시어터도쿄アイアシアタートーキョー에서는 뮤지션들의 콘서트를 볼 수 있다. 독일의 옥토버페스트October Festival을 본 뜬 맥주축제 및 다양한 이벤트가 펼쳐지기도 한다. 비정기적으로 일요일 낮에는 일본 최대의 벼룩시장이 선다. 수백 개 노점이 자유롭게 들어서서 개성 넘치는 물건을 판매한다. 질 좋은 제품을 싼 가격에 구입할 수 있어 하라주쿠를 찾는 젊은 사람들에게 인기가 많다.

홈페이지 www.tokyo-park.or.jp, www.yoyogipark.info 주소 東京都 渋谷区 代々木 神園町 2-1 문의 03-3469-6081 찾아가기 JR 야마노테선(山手線) 하라주쿠(原宿)역 오모테산도출구(表参道口)에서 도보 1분/도쿄메트로 치요다선(千代田線), 도쿄메트로 후쿠도심선(副都心線) 메이지진구마에(明治神宮前)역 2번 JR 출구에서 도보 1분/도쿄메트로 치요다선(千代田線) 요요기코엔(代々木公園)역 4번 공원출구에서 바로 입장료 무료 개방시간 24시간 귀띔 한마디 벼룩시장은 파는 사람 마음이라 흥정하면 값을 깎아주기도 한다. 일본어 한마디 깎아주세요 まけて下さい。(마케떼 쿠다사이.)

국립요요기경기장(国立代々木競技場)

1964년에 도쿄올림픽이 열렸을 때 요요기선수촌으로 사용된 곳으로 도쿄올림픽이 끝난 후 재정비하여 1967년에 요요기공원으로 문을 열었다. 2020년 도쿄올림픽은 코로나로 경기를 취소하네 늦추네 말이 많았지만 결국 2021년 무관중 경기로 올림픽을 치뤘다. 1964년에는 수영과 농구 경기가 열렸던 곳이지만, 2021년에는 핸드볼 경기가 펼쳐졌다.

코스프레한 사람이 모이는 메이지진구 앞의 다리 ★★★☆☆

진구바시 神宮橋

하라주쿠역과 메이지진구 사이에 있는 다리이다. 1920년에 처음 세워진 진구바시는 60년 정도 사용하다가 1982년에 재건축되었다. 전차의 선로가 아래로 지나가는 작은 진구바시 자체는 풍경이 멋있지도 않고 역사적인 의미도 없다. 하지만 만화책에서 튀어나온 것 같은 복장으로 코스프레를 하고 진구바시를 찾는 수많은 사람이 진구바시를 유명하게 만들었다. 진한 화장과 화려한 복장의 갸르ギャル 또는 일본의 인기뮤지션 캬리파뮤파뮤きゃりーぱみゅぱみゅ같이 꾸민 10대 청소년이 그룹을 지어 돌아다니는 모습을 바라보는 것만으로 재밌다.

찾아가기 메이지진구 앞 귀띔 한마디 주목받고 싶은 마음에 코스프레를 하는 사람이 많아서 사진 찍어도 되냐고 양해를 구하면 함께 기념사진도 찍을 수 있다. 일본어 한마디 함께 사진 찍어도 될까요? 一緒に写真撮っても良いですか?(잇쇼니 샤신 톳데모 이이데스까?)

Section 05

Tokyo

하라주쿠에서 꼭 먹어봐야 할 먹거리

10대가 많이 찾는 하라주쿠 주변에는 값이 저렴하면서 칼로리가 높은 음식을 파는 곳이 많다. 삼삼하고 담백한 맛보다는 라멘집, 수제햄버거집, 팬케이크전문점, 팝콘전문점같이 달고 짜고 느끼한 음식이 사랑받는다. 하라주쿠에 새로운 음식점이 생기면 수많은 사람이 모여들고 일본 전역에 금세 화제가 된다. 그래서 미국의 인기 음식점이 일본에 진출할 때 하라주쿠에 1호점을 여는 경우가 많다.

중독성 있는 산뜻한 맛의 유자소금라멘 ★★★★★

아후리 하라주쿠점 阿夫利 原宿, AFURI Harajuku

유자소금으로 간을 해서 뒷맛까지 깔끔한 유즈시오라멘ゆず塩ラーメン으로 유명한 아후리의 하라주쿠점이다. 우리에게 익숙한 미소로 간을 하는 미소라멘이나 간장으로 간을 하는 쇼유라멘과는 달리 소금으로 간을 한 시오라멘은 우동처럼 담백하다. 시오라멘 및 쇼유라멘 등 다른 재료로 간을 한 라멘도 판매하지만, 유즈시오라멘만큼 맛있지는 않다. 유즈시오라멘은 닭 뼈를 고아 만든 투명한 육수에 유자소금으로 간을 하고 소바만큼 얇은 면을 넣어서 만든다. 첫맛이 강렬하지는 않지만 먹으면 먹을수록 입에 착 달라붙는다. 한번 맛보면 두고두고 생각날 만큼 중독성이 있어 단골손님도 많다.

홈페이지 afuri.com 주소 東京都 渋谷区 千駄ヶ谷 3-63-1 문의 03-6438-1910 찾아가기 JR 야마노테선(山手線) 하라주쿠(原宿)역 다케시타출구(竹下口)에서 도보 4분 가격 ¥800~1,000 영업시간 10:00~23:30 귀띔 한마디 아후리의 본점은 에비스에 있는데 많이 붐빈다. 기다리는 것이 싫다면 하라주쿠점을 추천한다.

✓ 하라주쿠에 자리한 인기 음식점은 한참을 줄 서서 기다려야 하며, 예약도 안 되는 곳이 많으니 가능한 한 일찍 가는 것이 좋다.

하와이의 인기 블랙퍼스트 레스토랑 ★★★☆☆

에그스앤띵스 하라주쿠점 エッグスンシングス 原宿店, Eggs'n Things

하와이의 인기 브런치카페 에그스앤띵스의 일본 첫 진출점이다. 주말에는 2시간씩 줄 서서 기다렸다가 먹어야 할 정도로 인기 있다. 에그스앤띵스의 최대 매력은 엄청난 양이다. 대표 메뉴인 팬케이크는 커다란 접시 위에 팬케이크를 가득 담고 그 위에 산더미같이 생크림을 얹어준다. 혼자 먹으면 반도 못 먹고 포크를 놓게 되니, 2~3명이 함께 가서 여러 가지 메뉴를 주문해 나눠 먹는 것이 좋다. 든든한 미국식 아침식사를 먹는 것은 좋지만, 몇 시간씩 밖에 서서 기다렸다가 먹을 정도는 아니다.

스팸&에그스

딸기생크림넛 팬케이크

홈페이지 www.eggsnthingsjapan.com 주소 東京都 渋谷区 神宮前 4-30-2 문의 03-5775-5735 찾아가기 JR 야마노테선(山手線) 하라주쿠(原宿)역 오모테산도출구(表参道口)에서 도보 6분/도쿄메트로 치요다선(千代田線), 도쿄메트로 후쿠도심선(副都心線) 메이지진구마에(明治神宮前)역 5번 출구에서 도보 2분 가격 ¥2,000~3,000 영업시간 08:00~22:30(L.O. 21:30) 귀띔 한마디 도쿄 및 요코하마 등지에 지점이 여러 개 있으니 하라주쿠점에 사람이 많으면 아쿠아시티 오다이바 3층에 있는 오다이바점으로 가자.

큐슈의 인기 돈코츠라멘집 ★★★☆☆

큐슈쟝가라라멘 하라주쿠점 九州じゃんがららあめん 原宿店

큐슈九州의 돈코츠라멘은 돼지 뼈를 뽀얗게 고아 만든 돈코츠豚骨국물에 얇은 면을 넣어 만든다. 쟝가라라멘은 큐슈에서도 인기 있는 라멘집 중 하나로 매콤한 명란젓めんたいこ을 라멘 위에 올리는 것이 특징이다. 그 밖에도 꼬들꼬들한 목이버섯과 두툼한 돼지고기 챠슈チャーシュー, 진하게 맛이 베인 계란 아지타마고味玉子 등을 토핑으로 올린다. 제일 인기 많은 메뉴는 1984년에 탄생한 큐슈쟝가라九州じゃんがら라멘이다. 닭 뼈와 야채를 넣고 만들어 국물이 느끼하지 않고 돼지 특유의 냄새가 없다. 새벽까지 영업하는 날이 많아 술 마신 뒤 해장라멘으로 먹기 좋다.

큐슈장가라라멘

홈페이지 www.kyusyujangara.co.jp 주소 東京都 渋谷区 神宮前 1-13-21 문의 03-3404-5405찾아가기 JR 야마노테선(山手線) 하라주쿠(原宿)역 오모테산도출구(表参道口)에서 도보 2분/도쿄메트로 치요다선(千代田線), 도쿄메트로 후쿠도심선(副都心線) 메이지진구마에(明治神宮前)역 3번 출구에서 도보 1분 가격 ¥800~1,500 영업시간 10:00~22:00 귀띔 한마디 일본에서 뜨끈한 설렁탕이 생각날 때 큐슈의 돈코츠라멘을 추천한다.

시카고에서 탄생한 팝콘전문점 ★★★☆☆
가렛팝콘숍스 Garrett Popcorn Shops

미국 시카고에서 창업한 팝콘전문점으로 일본에서도 인기가 하늘을 찌른다. 일본 진출 1호점으로 처음 문을 열었을 때는 2~3시간씩 기다려야 살 수 있을 정도로 인기가 많았다. 질 좋은 옥수수를 재배부터 시작해 가공 등 재료에 신경을 많이 쓴 팝콘이다. 소량도 판매하지만 갤런사이즈를 틴케이스에 넣어 판매하는 팝콘을 구입하는 사람이 많다. 인기상품은 달콤한 캐러멜시럽을 입힌 캐러멜크리스프Caramel Crisp와 치즈콘Cheese Corn을 섞어서 판매하는 가렛믹스Garrett Mix이다.

홈페이지 jp.garrettpopcorn.com 주소 東京都 渋谷区 神宮前 6-7-16 찾아가기 JR 야마노테선(山手線) 하라주쿠(原宿)역 A1 출구에서 도보 약 8분/도쿄메트로 치요다선(千代田線), 도쿄메트로 후쿠도심선(副都心線) 메이지진구마에(明治神宮前)역 진구마에고사텐 개찰구 엘레베이터에서 도보 약 3분 가격 ¥500~2,000 영업시간 11:00~19:00 귀띔 한마디 미국에서 만든 팝콘전문점이라 미국식으로 간을 해서 많이 달고 짜다.

작지만 정갈하고 맛있는 소바전문점 ★★★★☆
수타소바 마츠나가 手打蕎麦 松永

신선한 메밀을 이용해 매일 손으로 반죽을 빚어 만드는 수타소바를 판매한다. 우라하라주쿠 뒤쪽 골목길 안쪽에 자리해 일부러 찾아가야 하는 불편함이 있지만, 정갈하고 담백한 소바를 맛보기 위해 찾은 손님이 가게 안을 가득 채운다. 그날 판매할 분량의 소바가 다 팔리면 문을 닫기 때문에 가능한 한 일찍 가는 것이 좋다. 소바만으로 아쉽다면 깔끔한 새우튀김을 곁들이면 좋다. 소바를 다 먹은 후에는 남은 츠유에 소바 삶은 물을 부어서 마시면 속이 따뜻해진다.

주소 東京都 渋谷区 神宮前 2-19-12 문의 03-3402-7738 찾아가기 JR 야마노테선(山手線) 하라주쿠(原宿)역 다케시타출구(竹下口)에서 도보 9분 가격 ¥800~2,000 영업시간 런치 11:30~소바 매진 시 종료(보통 14:00 정도) 휴무 일요일 및 공휴일 귀띔 한마디 소바는 소화가 빨리 되므로 하라주쿠에서 달콤한 군것질을 한 후에 먹어도 좋다.

두툼하고 맛있는 수제햄버거 전문점 ★★★★☆

카페호호캄 ホホカム, Cafe Hohokam

미국의 사막지역을 테마로 하여 커다란 선인장, 붉은 사막 사진 등으로 장식한 카페이다. 주로 큼직하고 두툼한 미국식 수제햄버거를 판매한다. 특제 천연효모를 사용해 만든 빵이 부드럽고 고소하며 토마토, 양상추, 양파와 두툼한 패티가 들어간다. 햄버거에 들어가는 소스는 랠리시Relish, 머스터드, 마요네즈 등을 사용한다. 치즈버거, 아보카도버거, 호호캄버거, 데리야키버거 등 햄버거의 종류만 20가지가 넘고 샌드위치, 핫도그, 샐러드, 팬케이크 등도 판매한다. 하늘이 보이는 시원한 테라스석도 있고 커피와 술도 판매하여 밤에 가도 즐겁다.

홈페이지 hohokamdiner.com 주소 東京都 渋谷区 神宮前 3-21-1 문의 050-5385-3811 찾아가기 JR 야마노테선(山手線) 하라주쿠(原宿)역 다케시타출구(竹下口)에서 도보 6분/도쿄메트로 치요다선(千代田線), 도쿄메트로 후쿠도심선(副都心線) 메이지진구마에(明治神宮前)역 6번 출구에서 도보 4분 가격 ¥1,000~2,000 영업시간 11:00~21:00

다케시타도리의 대표 간식! 달콤한 크레이프전문점 ★★★☆☆

마리온크레이프 マリオンクレープ, MARION CRÊPES

1976년에 작은 포장마차로 시작해 하라주쿠의 대표간식이자 일본의 국민간식으로 발전한 원조 크레이프전문점이다. 얇게 구운 팬케이크 안에 생크림과 달콤한 소스를 곁들인 프랑스의 달콤한 디저트 크레이프는 포크와 나이프를 들고 우아하게 먹는 음식이었지만, 손에 들고 돌아다니면서 쉽게 먹을 수 있도록 유선지에 포장해 판매를 시작한 것도 마리온크레이프이다. 다케시타도리의 명물로 테이크아웃으로만 판매하는데도 10~30분 정도 기다려야 살 수 있을 정도로 인기이다. 일본 전역에 수십 개의 지점이 있으며, 하와이에도 지점이 있다.

홈페이지 www.marion.co.jp 주소 東京都 渋谷区 神宮前 1-6-15 문의 03-3401-7297 찾아가기 JR 야마노테선(山手線) 하라주쿠(原宿)역 다케시타출구(竹下口)에서 도보 2분 영업시간 10:00~20:00

Section 06

Tokyo

하라주쿠에서 놓치면 후회하는 쇼핑

하라주쿠에는 최신패션 트렌드를 반영한 의류와 액세서리를 저렴하게 판매하는 숍이 많다. 구제, 보세, 패스트패션 등 한 시즌을 위한 옷을 구입하기 좋다. 쇼핑가는 크게 다케시타도리, 우라하라주쿠, 캣스트리트, 메이지도리로 나누어져 있다. 패션에 관심이 많은 10대로 가득한 다케시타도리는 사람 많은 하라주쿠에서도 특히 사람이 많다. 넓은 지역에 개성 있는 숍이 산재해 있는 우라하라주쿠와 거리 풍경까지 산뜻한 캣스트리트도 매력적이다. 메이지도리에는 크고 작은 쇼핑빌딩과 인기브랜드가 시부야역까지 이어져 있다.

일본의 10대 청소년으로 가득한 쇼핑가 ★★★★★
다케시타도리 竹下通り

다케시타도리는 10대 청소년패션을 대표하는 쇼핑가로, 폭 2m의 좁은 골목길이 350m 정도 이어져 있다. 만화의 영향을 많이 받은 일본의 독특한 패션, 액세서리, 신발, 속옷 등을 판매하는 가게가 빈틈없이 들어서 있어 시선을 끈다. 1977년에 발족한 지역 상점가에 크레이프전문점 및 부티크 다케노코竹の子 등이 생기면서 점점 인기를 끌기 시작했다. 1980년대에는 아이돌 사진 및 관련 상품을 판매하는 상점들이 생기기 시작했고 1990년대에는 힙합, 고딕&롤리타 등의 독특한 패션을 판매하는 숍이 자리 잡았다.

프릴이 잔뜩 달린 풍성한 치마를 입고 서양인 가면을 쓴 것 같은 화장을 하고 돌아다니는 사람들이 다케시타도리의 제일 흥미로운 볼거리이다. 코스프레를 해보고 싶다면 다케시타도리에서 옷을 구입해 입고 한껏 치장하고 돌아다녀 보자. 다른 곳에서는 입어볼 용기가 나지 않는 화려하고 독특한 복장도 다케시타도리에서는 평범하게 느껴질 것이다. 운이 좋으면 다케시타도리를 지나가는 일본 전통축제 마츠리祭り의 오미코시お神輿도 볼 수 있다.

홈페이지 www.takeshita-street.com 주소 東京都 渋谷区 神宮前 찾아가기 JR 야마노테선(山手線) 하라주쿠(原宿)역 다케시타출구(竹下口)에서 도보 1분 영업시간 11:00~20:00(숍마다 다름) 귀띔 한마디 다케시타도리는 주말, 여름방학, 겨울방학 등 학생들이 쉬는 날에 제일 붐빈다.

✓ 하라주쿠는 쇼핑할 수 있는 지역이 방대하여 한번에 다 살펴보려면 막강한 체력이 필요하다.

다케시타도리의 추천 숍

하라주쿠를 대표하는 원조 패션숍

부티크 다케노코 ブティック竹の子

다케시타도리가 개성 넘치는 10대의 패션 거리가 된 이유는 부티크 다케노코가 있었기 때문이다. 1978년에 오픈한 부티크 다케노코는 독특한 디자인의 옷을 직접 제작하고 판매하는 곳이다. 밤무대 의상이 떠오를 정도로 화려한 스타일을 선보이는데, 다케노코 옷을 입은 패션리더를 다케노코족(竹の子族)이라고 부르기도 했다. 과감하고 파격적인 하라주쿠 스타일의 원조이다.

주소 東京都 渋谷区 神宮前 1-6-15 **문의** 03-3402-0329 **찾아가기** JR 야마노테선(山手線) 하라주쿠(原宿)역 다케시타출구(竹下口)에서 도보 2분 **영업시간** 11:00~20:00

저렴하고 예쁜 액세서리전문점

파리스키즈 パリスキッズ, PARIS KID'S

1977년에 다케시타도리에 문을 연 액세서리전문점이다. 목걸이, 귀걸이, 팔찌, 머리핀, 머리띠, 브로치 등 귀엽고 예쁜 액세서리를 ¥300 정도의 가격에 판매하여 30년이 넘는 세월 동안 절대적인 지지를 받고 있다. 고급스럽지는 않지만 패션에 포인트를 줄 수 있는 독특한 디자인이 많아 최신유행 아이템을 구입하기 좋다. 어린아이들을 위한 귀여운 제품도 많다.

홈페이지 www.pariskids.jp **주소** 東京都 渋谷区 神宮前 1-19-8 **문의** 03-6825-7650 **찾아가기** JR 야마노테선(山手線) 하라주쿠(原宿)역 다케시타출구(竹下口)에서 도보 1분 **영업시간** 11:00~19:00

청바지와 청바지에 어울리는 옷을 파는 저렴한 숍

진즈메이트 ジーンズメイト, JEAN'S MATE

청바지를 중심으로 청바지에 어울리는 티셔츠 및 셔츠 등을 판매한다. 원조 패스트패션이라고 부를 수 있을 만큼 가격대가 저렴하여 일본 전역에 지점이 퍼져 있다. 디자인은 화려하지 않고 무난한 편이다. 편안한 일상복을 싼값에 구입할 수 있다.

홈페이지 www.jeansmate.co.jp **주소** 東京都 渋谷区 神宮前 1-20-9 **문의** 03-3746-3168 **찾아가기** JR 야마노테선(山手線) 하라주쿠(原宿)역 다케시타출구(竹下口)에서 도보 2분 **영업시간** 10:00~21:30

섹시하고 모던한 디자인의 패션숍

아납 アナップ, ANAP

트렌디하고 섹시한 디자인의 의류를 판매하는 패션숍이다. 화려한 컬러에 모던한 무늬가 결합되어 독특한 느낌을 연출한다. 티셔츠, 원피스, 레깅스, 신발, 가방, 액세서리, 수영복 등을 취급한다. 아동복 아납키즈, 아납의 세일상품을 판매하는 아납아웃렛(ANAP OUTLET), 아납걸(ANAP GiRL), 아납밈피(anap mimpi) 등이 주변에 있다.

홈페이지 www.anap.co.jp **주소** 東京都 渋谷区 神宮前 1-16-11 **문의** 03-5414-3454 **찾아가기** JR 야마노테선(山手線) 하라주쿠(原宿)역 다케시타출구(竹下口)에서 도보 3분 **영업시간** 11:00~20:00

패션숍과 푸드코트로 구성된 타케시타도리의 랜드마크

소라도 다케시타도리 ソラド竹下通り, SoLaDo Takeshitadori

'태양(Solar)'과 '행동하다(Do)'를 합성한 단어를 음계 '솔, 라, 도'와 연계한 소라도(SoLaDo)는 다케시타도리에서 규모가 제일 큰 복합상가이다. 자연채광을 위해 벽면 대부분을 유리창으로 대체한 것이 특징이다. 지하 1층에는 패셔너블한 구제의류 판매점 위고(WEGO)가 있고 하라주쿠 스타일의 깜찍한 패션숍으로 가득하다. 2~3층에는 저렴한 식사가 가능한 푸드코트가 있다. 특히 디저트뷔페 스위츠파라다이스(Sweets Paradise)와 펄레이디(Pearl Lady)가 인기이다.

홈페이지 www.solado.jp **주소** 東京都 渋谷区 神宮前 1-8-2 **문의** 03-6440-0568 **찾아가기** JR 야마노테선(山手線) 하라주쿠(原宿)역 다케시타출구(竹下口)에서 도보 5분/도쿄메트로 치요다선(千代田線), 도쿄메트로 후쿠도심선(副都心線) 메이지진구마에(明治神宮前)역 5번 출구에서 도보 3분 **영업시간** 평일 10:30~20:30, 주말 및 공휴일 10:30~21:00, 스위츠파라다이스(3층) 11:00~20:30

멋쟁이 남성들을 위한 패션거리 ★★★★☆

우라하라주쿠 裏原宿

하라주쿠를 대표하는 쇼핑거리 다케시타도리 竹下通り를 통과해 큰길을 건너면 좁은 골목길이 거미줄처럼 뻗어 있는 지역이 나온다. 이곳은 다케시타도리의 뒤편이라 '우라裏'를 앞에 붙여 우라하라주쿠라 부른다. 우라하라주쿠를 줄여서 우라하라裏原라고도 부른다. 여성패션 위주의 다케시타도리와 달리 우라하라주쿠는 남성 패션숍이 많은 것이 특징이다. 골목 하나에 있는 것이 아니라 넓게 분포하고 있어 전체를 다 둘러보려면 발품을 많이 팔아야 한다. 간판이 없거나 기간한정으로 판매하는 팝업스토어도 많다. 트렌디하면서도 개성 있는 패션을 선호하는 연예인 및 패션리더가 많이 찾는다.

주소 東京都 渋谷区 神宮前 **찾아가기** JR 야마노테선(山手線) 하라주쿠(原宿)역 다케시타출구(竹下口)에서 도보 6분/도쿄메트로 치요다선(千代田線), 도쿄메트로 후쿠도심선(副都心線) 메이지진구마에(明治神宮前)역 5번 출구에서 도보 1분

우라하라주쿠의 볼거리와 추천 숍

감각적인 현대미술을 감상할 수 있는 신개념 갤러리

디자인페스타갤러리 デザインフェスタギャラリー, DESIGN FESTA GALLERY

1998년 문을 연 현대미술갤러리이다. 오리지널작품이라면 누구나 전시에 참여할 수 있어 신진 아티스트들의 등용문 역할을 한다. 평범한 저층 건물을 3차원 분자구조같은 쇠파이프와 그래피티로 장식하여 금방 눈에 띈다. 갤러리 이스트와 웨스트로 나뉘며, 71개의 전시공간을 보유하고 있다. 관람은 무료이며 작품을 구입할 수도 있고 인기 작품이 프린트된 그림엽서도 판매한다. 건물 내에는 오코노미야키를 판매하는 사쿠라테(さくら亭)가 있다.

홈페이지 www.designfestagallery.com **주소** 東京都 渋谷区 神宮前 3-20-18 **문의** 03-3479-1442 **찾아가기** JR 야마노테선(山手線) 하라주쿠(原宿)역 다케시타출구(竹下口)에서 도보 8분/도쿄메트로 치요다선(千代田線), 도쿄메트로 후쿠도심선(副都心線) 메이지진구마에(明治神宮前)역 5번 출구에서 도보 4분 **입장료** 무료 **영업시간** 11:00~20:00

건물이 아름다운 랄프로렌의 기반점
랄프로렌 오모테산도점 ラルフ ローレン表参道, Ralph Lauren

유럽풍 건물에 자리한 랄프로렌 아시아플래그십스토어이다. 남성복 퍼플라벨, 블랙라벨, 폴로랄프로렌, RRL, RLX을 비롯해 여성복컬렉션 블랙라벨, 블루라벨, RRL, RLX 및 랄프로렌 홈 등 랄프로렌의 전 라인을 취급한다. 실내도 백화점 명품관을 연상시키는 고급스러운 분위기이다.

홈페이지 www.ralphlauren.co.jp **주소** 東京都 渋谷区 神宮前 4-25-15 **문의** 03-6438-5800 **찾아가기** 도쿄메트로 치요다선(千代田線), 도쿄메트로 후쿠도심선(副都心線) 메이지진구마에(明治神宮前)역 5번 출구에서 도보 3분 **영업시간** 11:00~19:00

마크바이마크제이콥스의 서점
북마크 하라주쿠 BOOKMARC 原宿

뉴욕의 인기 서점 마크바이마크제이콥스의 일본 첫 진출점이며, 세계 5번째로 만든 지점이다. 마크만의 감각으로 큐레이션한 예술, 패션, 사진, 문화 관련 서적과 세련된 문구를 판매한다. 마크바이마크제이콥스의 패션 매장은 가까운 아오야마에도 있다.

홈페이지 www.marcjacobs.jp **주소** 東京都 渋谷区 神宮前 4-26-14 **문의** 03-5412-0351 **찾아가기** 도쿄메트로 치요다선(千代田線), 도쿄메트로 후쿠도심선(副都心線) 메이지진구마에(明治神宮前)역 5번 출구에서 도보 3분 **영업시간** 12:00~19:30

깜찍한 디자인의 여성패션숍
캔디스트리퍼 하라주쿠 Candy Stripper HARAJUKU

달콤한 캔디처럼 깜찍한 디자인의 여성복을 판매하는 숍이다. 독특한 색감과 재미있는 문양을 사용한 옷이 많다. 빨간색과 거울을 이용한 밝고 화사한 외관이 귀엽다.

홈페이지 candystripper.jp **주소** 東京都 渋谷区 神宮前 4-26-27 **문의** 03-5770-2200 **찾아가기** 도쿄메트로 치요다선(千代田線), 도쿄메트로 후쿠도심선(副都心線) 메이지진구마에(明治神宮前)역 5번 출구에서 도보 5분 **영업시간** 11:00~1900

다양한 디자인의 스티커전문점
비사이드라벨 B-SIDE LABEL

생활용품을 장식할 때 붙이는 스티커를 전문으로 판매한다. 디자인이 뛰어난 작품도 있지만, 해학적인 상황 및 재미있는 문구를 표현한 스티커가 많아 구경만 해도 즐겁다. 다소 비싸지만 구입한 스티커는 1년간 보증해 준다.

홈페이지 bside-label.com **주소** 東京都 渋谷区 神宮前 4-25-6 ハナエビル B1~B室 **문의** 03-3478-7700 **찾아가기** 도쿄메트로 치요다선(千代田線), 도쿄메트로 후쿠도심선(副都心線) 메이지진구마에역 5번 출구에서 도보 5분 **영업시간** 12:00~20:00 **휴무** 매달 3째주 수요일

산뜻한 분위기의 패션거리 ★★★★☆
캣스트리트 キャットストリート, Cat Street

우라하라주쿠에서 시부야역까지 이어지는 아기자기한 쇼핑거리이다. 원래 시부야가와유호도로[旧渋谷川遊歩道路]라 불렸지만 고양이가 많고 고양이나 다닐 정도로 골목이 좁으며, 블랙캣이라는 음악밴드가 만든 곳이라는 다양한 이유로 캣스트리트라 명명됐다. 스트리트패션숍, 귀여운 잡화점, 캐릭터숍, 인테리어숍, 고급 브랜드숍 등 거리 전체가 쇼핑 아이템으로 가득하다. 다케시타도리에 비해 고급스러운 가게가 많고 덜 붐벼 산책하면서 구경하기 좋다. 우라하라주쿠보다 깔끔하게 정돈된 분위기이며 하라주쿠에서 시부야까지 이동할 때 겸사겸사 둘러보기 좋다.

주소 東京都 渋谷区 神宮前 3-6 찾아가기 도쿄메트로 치요다선(千代田線), 도쿄메트로 후쿠도심선(副都心線) 메이지진구마에(明治神宮前)역 5번 출구에서 도보 4분 영업시간 11:00~20:00(숍에 따라 다름)

캣스트리트의 추천 숍

파타고니아의 일본 최대 규모 기반점
파타고니아 パタゴニア, Patagonia

아웃도어 및 스포츠웨어 브랜드로 유명한 파타고니아의 일본 기반점이다. 1층과 2층을 사용하며 서핑, 스키, 보드, 등산, 낚시 등 다양한 레포츠에 필요한 기능성 의류를 판매한다. 오가닉코튼 및 비염소처리한 울제품 등 친환경소재를 사용하는 것으로도 유명하다.

홈페이지 www.patagonia.com **주소** 東京都 渋谷区 神宮前 6-16-8 **문의** 03-5469-2100 **찾아가기** 도쿄메트로 치요다선(千代田線), 도쿄메트로 후쿠도심선(副都心線) 메이지진구마에(明治神宮前)역 4번 출구에서 도보 7분 **영업시간** 12:00~19:00

시부야와 하라주쿠 사이의 대로변에 있는 쇼핑가 ★★★☆☆

메이지도리 明治通り

시부야역과 하라주쿠역을 연결하는 대로이다. 골목길로 이루어진 캣스트리트와 같은 방향으로 뻗어 있고 길 양쪽에 유명 패션숍이 줄지어 서 있다. 우라하라주쿠 및 캣스트리트는 독자적인 스트리트패션브랜드가 많지만, 메이지도리는 중저가 캐주얼 및 아웃도어 브랜드가 대부분이다. 무난한 디자인에 질 좋은 제품이 많아 독특한 패션보다는 일상복을 구입하려는 사람에게 반가운 곳이다.

주소 東京都 渋谷区 神宮前 찾아가기 도쿄메트로 치요다선(千代田線), 도쿄메트로 후쿠도심선(副都心線) 메이지진구마에(明治神宮前)역 4번 출구에서 도보 1분 영업시간 11:00~21:00(숍 마다 다름)

메이지도리의 추천 숍

다양한 디자인의 티셔츠전문점

디자인티셔츠스토어 그라니프

Design Tshirts store Graniph

예술적인 디자인의 티셔츠를 판매하는 티셔츠전문점이다. 다른 곳에서 흔히 볼 수 없는 유니크한 프린트가 많아 티셔츠 마니아들에게 인기가 많다. 하라주쿠점은 남성용, 여성용 및 아동복까지 판매한다.

홈페이지 www.graniph.com **주소** 東京都 渋谷区 神宮前 6-12-17 **문의** 03-6419-3053 **찾아가기** 도쿄메트로 치요다선(千代田線), 도쿄메트로 후쿠도심선(副都心線) 메이지진구마에(明治神宮前)역 7번 출구에서 도보 4분 **영업시간** 11:00~20:00

하라주쿠 패션의 발신지 역할을 하는 쇼핑센터 ★★★★☆

라포레 하라주쿠 ラフォーレ 原宿, La Foret Harajuku

하라주쿠가 패션거리로 유명해지려는 전환점이 되었던 1978년에 문을 연 쇼핑센터이다. 라포레는 프랑스어로 '숲'이라는 뜻이다. 라포레 하라주쿠를 설립하고 운영하는 회사가 같은 숲이라는 뜻의 모리빌딩森ビル이기 때문이다. 지상 6층, 지하 2층으로 구성되어 있으며, 약 120개의 점포가 입점해 있다. 내부구조도 특이한데 1층, 1.5층, 2층, 2.5층 등 층과 층 사이에 또 다른 층이 있다. 건물 꼭대기 층인 6층에는 라포레뮤지엄ラフォーレミュージアム이 있다. 라포레 하라주쿠만 둘러봐도 하라주쿠의 최신유행을 살펴볼 수 있다.

홈페이지 www.laforet.ne.jp 주소 東京都 渋谷区 神宮前 1-11-6 문의 03-3475-0411 찾아가기 도쿄메트로 치요다선(千代田線), 도쿄메트로 후쿠도심선(副都心線) 메이지진구마에(明治神宮前)역 5번 출구에서 도보 1분 영업시간 11:00~20:00 귀띔 한마디 하라주쿠의 패션을 살펴보고 싶은데 비가 와서 돌아다니기 힘들다면 라포레 하라주쿠를 추천한다.

아시아 최대의 축구 용품전문점 ★★★☆☆

사커숍카모 하라주쿠점 SOCCER SHOP KAMO

축구 선수이자 지도자인 카모슈加茂 周 형제가 만든 카모상사加茂商事의 축구용품전문점이다. 1968년 창업한 축구용품전문점으로 축구용품, 축구유니폼, 축구스파이크 등을 판매한다. 아시아에서 가장 큰 축구전문점으로 한국의 카포스토어의 모티브가 된 곳이기도 하다.

홈페이지 www.sskamo.co.jp 주소 東京都 渋谷区 神宮前 1-14-35 문의 03-3478-5350 찾아가기 JR 야마노테선(山手線) 하라주쿠(原宿)역 오모테산도출구(表参道口)에서 도보 1분/도쿄메트로 치요다선(千代田線), 도쿄메트로 후쿠도심선(副都心線) 메이지진구마에(明治神宮前)역 3번 출구에서 도보 2분 영업시간 11:00~20:00

오모테산도와 하라주쿠를 합친 분위기의 쇼핑빌딩 ★★★★☆

도큐플라자 오모테산도하라주쿠 急プラザ 表参道原宿, Tokyu Plaza

하라주쿠와 오모테산도가 만나는 지점에 자리한 현대적인 쇼핑빌딩이다. 위치만 중간이 아니라 고급스러운 명품거리 오모테산도와 10대들의 트렌디한 패션거리인 하라주쿠의 장점이 합쳐졌다. 지하 2층부터 4층까지는 하라주쿠 스타일의 패션숍으로 이루어져 있고 일본의 20대에게 인기 많은 약 30개의 브랜드가 입점해 있다. 지하 1층부터 2층까지는 3개 층이 연결된 패션 매장이 자리하고 4층에는 유니크하면서 재미있는 패션굿즈가 많다. 6층에는 옥상정원 오모하라의 숲おもはらの森이 있다. 빌딩 자체가 크지는 않지만, 밝고 깔끔한 분위기여서 여성들에게 인기가 많다.

홈페이지 omohara.tokyu-plaza.com 주소 東京都 渋谷区 神宮前 4-30-3 찾아가기 도쿄메트로 치요다선(千代田線), 도쿄메트로 후쿠도심선(副都心線) 메이지진구마에(明治神宮前)역 5번 출구에서 도보 1분 영업시간 숍 11:00~21:00 **레스토랑&카페** 08:30~23:00

도큐플라자 오모테산도하라주쿠의 레스토랑

세계 최고의 블랙퍼스트 레스토랑

빌즈 ビルズ, bills

세계 최고의 조식으로 알려진 호주의 인기 레스토랑이다. 도큐플라자 오모테산도 하라주쿠의 최상층인 7층에 있고 테라스석에서는 창을 통해서 6층에 있는 옥상정원 오모하라의 숲(おもはらの森)이 내려다보인다. 부드러운 리코타치즈가 듬뿍 들어간 팬케이크가 대표메뉴이다. 왜 세계 최고라는 수식어가 붙었는지는 팬케이크를 한입 맛본 순간에 바로 알 수 있다. 일행과 함께라면 여러 가지 메뉴를 주문해서 나눠먹자. 팬케이크 이외에도 맛있는 요리가 많다.

리코타팬케이크

홈페이지 bills-jp.net **문의** 03-5772-1133 **찾아가기** 도큐플라자 오모테산도하라주쿠 7층 **가격** ¥2,000~4,000 **영업시간** 08:30~22:00 **귀띔 한마디** 미리 예약하고 가면 기다리는 시간을 줄일 수 있다.

Chapter 03

오모테산도& 아오야마

表参道&青山

Omotesando&Aoyama

오모테산도와 아오야마지역은 명품가와 값비싼 부동산으로 유명한 일본 최고의 부촌이다. 우리나라로 치면 압구정동과 청담동에 해당하는 지역이라고 할 수 있다. 메이지진구(明治神宮)로 이어지는 참배길(参道)이라는 의미의 오모테산도(表参道)는 넓게 직선으로 뚫린 넓이 35m의 6차선 도로이다. 길 양쪽에는 수령이 60~90년 정도 된 약 160그루의 느티나무가 균일하게 늘어서 있다. 아름드리 가로수 뒤로는 세계적인 명품브랜드의 기반점들이 우뚝 서 있어서 길 전체가 거대한 백화점 명품관 같다. 미식가들도 감탄할 정도로 맛있는 레스토랑도 많고 외국인도 많아서 세계 각국의 요리를 즐길 수 있다. 갤러리와 미술관을 비롯해 예술과 결합한 카페 및 가게도 있고 세계적으로 유명한 건축가들이 세운 빌딩이 길을 따라 계속 이어져 눈도 즐겁다. 한마디로 멋있는 것을 보고 맛있는 것도 먹고 신나게 쇼핑도 할 수 있는 완벽한 지역이다.

嘉紀の一言

요시노리의 한마디

예산을 투자하면 투자할수록 더 많은 것을 누리고 즐길 수 있다.

오모테산도&아오야마를 잇는 교통편

오모테산도와 아오야마는 하라주쿠나 시부야에서 걸어서도 이동할 수 있는 거리이다. 시부야, 하라주쿠, 오모테산도, 아오야마는 서로 이어져 있는데다가, 이어진 주요 거리는 쇼핑숍으로 가득하다. 오모테산도역, 메이지진구마에역과 하라주쿠역은 갈아탈 필요 없이 이동하기 편한 역 하나만 이용하면 된다. 단, 가이엔마에역은 하라주쿠역이나 메이지진구마에역에서 걸어가기에는 조금 먼 편이니 도보로 왕복은 하지 않는 편이 좋다.

오모테산도(表参道)역 ◎ 긴자선(銀座線), ◎ 치요다선(千代田線), ◎ 한조몬선(半蔵門線)
메이지진구마에(明治神宮前)역 ◎ 치요다선(千代田線), ◎ 후쿠도심선(副都心線)
가이엔마에(外苑前)역 ◎ 긴자선(銀座線)
하라주쿠(原宿)역 JR 야마노테선(山手線)

오모테산도&아오야마에서 이것만은 꼭 해보자

1. 오모테산도와 아오야마의 명품거리에서 명품브랜드숍과 빌딩들을 구경하자.
2. 오모테산도의 랜드마크인 오모테산도힐즈를 둘러보자.
3. 인기 있는 맛집에서 맛있는 식사를 두 끼 이상 챙겨 먹자.
4. 미술관과 갤러리, 예술을 감상할 수 있는 카페 및 가게 등을 구경하자.
5. 구경만 하지 말고 쇼핑을 하러 돌아다니며 자신을 위한 물건을 하나쯤 구입하자.

사진으로 미리 살펴보는 오모테산도&아오야마 베스트코스

나프레에서 맛있는 이탈리아 화덕피자로 점심을 먹자. 소화를 시킬 겸 외관이 독특한 빌딩 아오를 시작으로 오모테산도의 명품숍을 구경한다. 다리가 아파질 무렵, 명품 제과점인 피에르에르메 파리에서 달콤한 디저트를 맛보며 한숨 쉬어가자. 하이라이트인 오모테산도힐즈에 가서 내부를 구경하고 바로 옆에 붙어 있는 도준칸까지 둘러보자. 최고급 돈카츠로 통하는 마이센에서 저녁을 먹고 마지막으로 조명이 들어와 더욱 화려해진 오모테산도의 명품숍을 구경하자.

1 럭셔리한 하루를 즐기는 일정(예상 소요시간 7시간 이상)

오모테산도&아오야마
表参道&青山

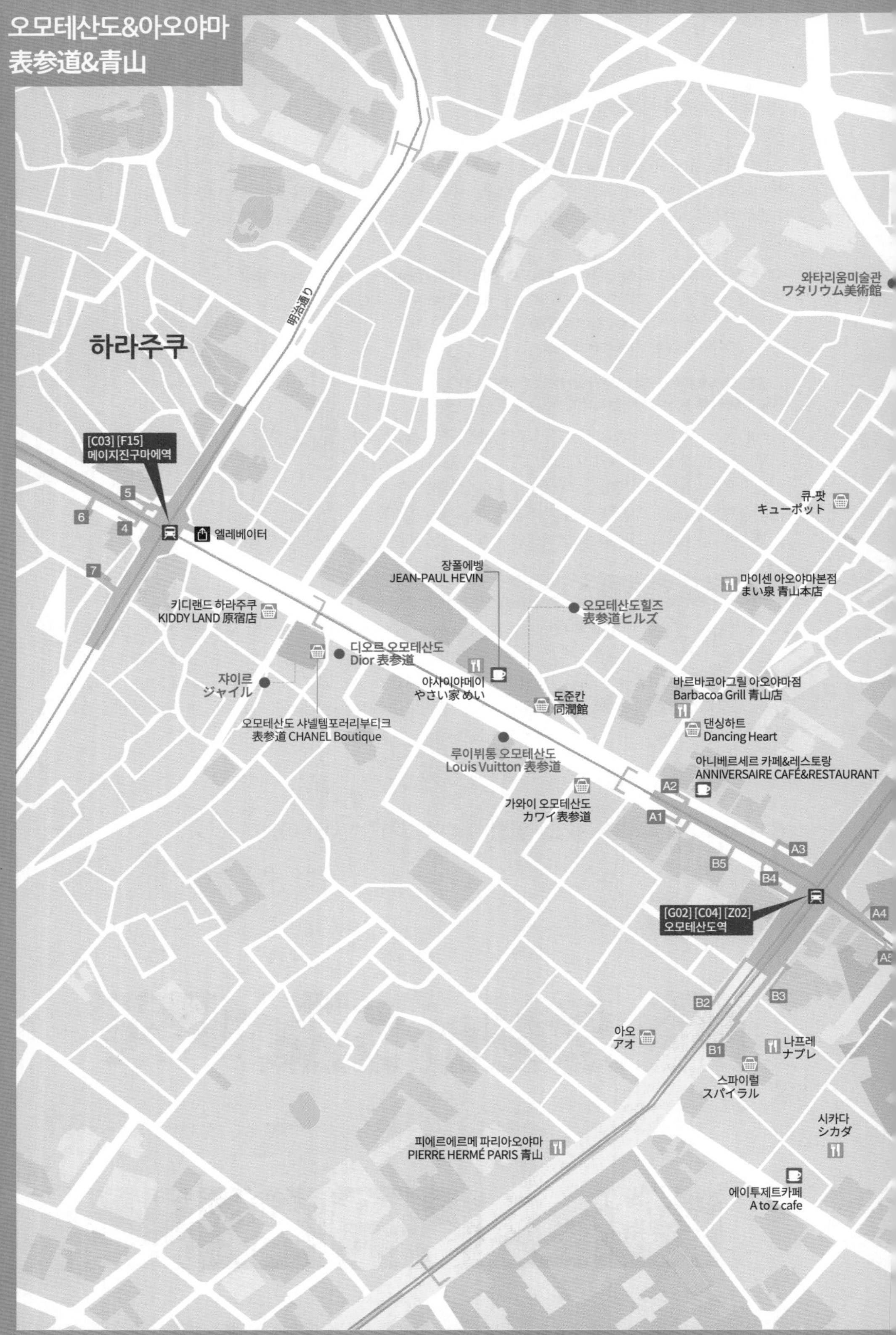

와타리움미술관
ワタリウム美術館
明治通り
하라주쿠
[C03] [F15]
메이지진구마에역
5
6
4
7
엘레베이터
큐팟
キューポット
마이센 아오야마본점
まい泉 青山本店
장폴에벵
JEAN-PAUL HEVIN
오모테산도힐즈
表参道ヒルズ
키디랜드 하라주쿠
KIDDY LAND 原宿店
디오르 오모테산도
Dior 表参道
야사이야메이
やさい家 めい
도준칸
同潤館
자이르
ジャイル
오모테산도 샤넬템포러리부티크
表参道 CHANEL Boutique
바르바코아그릴 아오야마점
Barbacoa Grill 青山店
댄싱하트
Dancing Heart
루이뷔통 오모테산도
Louis Vuitton 表参道
아니베르세르 카페&레스토랑
ANNIVERSAIRE CAFÉ&RESTAURANT
A2
A1
가와이 오모테산도
カワイ表参道
A3
B5
B4
[G02] [C04] [Z02]
오모테산도역
A4
B3
B2
아오
アオ
B1
나프레
ナプレ
스파이럴
スパイラル
시카다
シカダ
피에르에르메 파리아오야마
PIERRE HERMÉ PARIS 青山
에이투제트카페
A to Z cafe

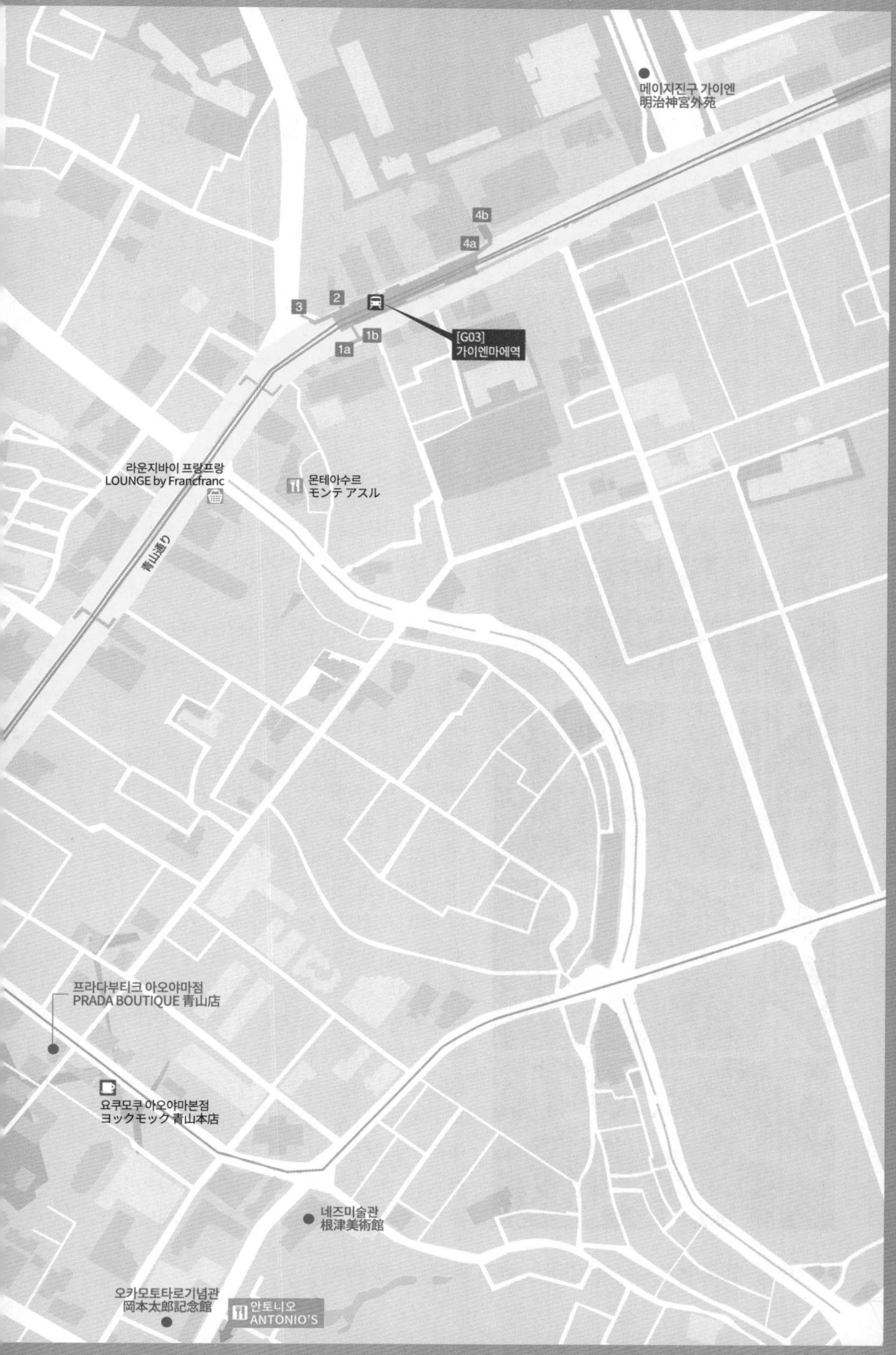

메이지진구 가이엔
明治神宮外苑

4b
4a
3
2
1a
1b
[G03]
가이엔마에역

라운지바이 프랑프랑
LOUNGE by Francfranc

몬테아수르
モンテ アスル

青山通り

프라다부티크 아오야마점
PRADA BOUTIQUE 青山店

요쿠모쿠 아오야마본점
ヨックモック 青山本店

네즈미술관
根津美術館

오카모토타로기념관
岡本太郎記念館

안토니오
ANTONIO'S

Section 07

Tokyo

오모테산도&아오야마에서 반드시 둘러봐야 할 명소

10대와 20대 초반이 주로 찾는 시부야와 하라주쿠의 바로 옆인데도 불구하고 오모테산도와 아오야마는 분위기가 전혀 다르다. 명품브랜드숍, 고급 음식점, 전문 미술관 등으로 가득한 화려한 거리는 럭셔리한 즐거움을 선사한다. 특히 일본 및 세계에서 이름을 날리는 유명 건축가들이 설계한 화려한 빌딩 안에는 명품브랜드의 기반점이 자리 잡고 있다. 미술관에 전시된 작품들은 물론, 참신한 디자인의 고층빌딩들과 명품이라는 수식어가 붙는 쇼윈도 안의 상품들까지 모두 예술적이다.

오모테산도를 대표하는 최고급 쇼핑센터 ★★★★★
오모테산도힐즈 表参道ヒルズ, Omotesando Hills

고급 쇼핑가로 유명한 오모테산도의 랜드마크이자 대표 쇼핑센터로 2006년 문을 열었다. 일본을 대표하는 천재 건축가 안도타다오安藤 忠雄가 설계한 건물부터가 큰 볼거리이다. 오모테산도의 차도와 인도 경계선상의 느티나무 가로수까지 고려한 자연친화적인 건물로 유명하다. 나무의 키를 크게 넘지 않는 지상 3층 높이로 만드는 대신 지하를 깊게 파 공간을 활용했다. 건물 중앙은 지하 3층부터 지상 3층까지 뚫려 있고 각 층은 계단이 아닌 유연한 700m의 스파이럴 슬로프로 연결되어 있다. 층과 층 사이가 나선형으로 연결된 인사동의 쌈지길 같은 구조이다. 규모도 어마어마해서 건물 길이가 오모테산도의 약 4분의 1인 250m나 된다.

오모테산도힐즈의 서관과 본관은 상업시설 위주로 패션숍, 갤러리, 전문점, 레스토랑 및 카페 등 약 100여 개의 점포가 들어서 있다. 4~6층은 주거공간으로 과거 아파트 역할을 이어서 하고 있다. 재건축 전 옛 건물의 정취는 클래식한 분위기의 도준칸同潤館에서 느낄 수 있다. 건물 내 흡연실도 따로 마련되어 있으며 도준칸 옆 모던한 건물은 공중화장실이다.

✓ 화려한 조명이 들어오면 낮보다 더 번쩍거리는 건물이 많으니 야경까지 감상하자.

홈페이지 www.omotesandohills.com 주소 東京都 渋谷区 神宮前 4-12-10 문의 03-3497-0310 찾아가기 도쿄메트로 긴자선(銀座線), 치요다선(千代田線), 한조몬선(半蔵門線) 오모테산도(表参道)역 A2번 출구에서 도보 2분/도쿄메트로 치요다선(千代田線), 후쿠도심선(副都心線) 메이지진구마에(明治神宮前)역 5번 출구에서 도보 3분/JR 야마노테선(山手線) 하라주쿠(原宿)역 오모테산도출구(表参道口)에서 도보 7분 영업시간 월~토요일 숍 11:00~21:00 레스토랑 11:00~23:30(L.O. 22:30) 카페 11:00~21:00(L.O.20:30), 일요일 숍 11:00~20:00 레스토랑 11:00~22:30(L.O. 21:30) 카페 11:00~20:00(L.O.19:30) 귀띔 한마디 고급스러움의 대명사답게 판매하는 상품들의 가격도 명품급이다.

오모테산도힐즈의 추천 숍과 먹거리

규모는 작지만 예술적 감성이 충만한 공간
도준칸 同潤館, Dojunkan

벽면에 넝쿨이 자유롭게 타고 올라간도준칸은 오모테산도힐즈를 짓기 이전부터 오모테산도의 터줏대감 역할을 하던 아파트의 모습을 하고 있다. 도준칸에는 아오야마도준카이 아파트가 있던 시절부터 존재했던 갤러리 및 가게들이 입점해 있다. 오모테산도힐즈의 본관에서 값비싼 가격표 때문에 눈으로만 구경해야 했다면 이곳에서는 마음 편하게 구경할 수 있다. 오모테산도힐즈에 비하면 분위기도 수수하고 규모도 작지만 독특한 분위기가 매력적이다.

찾아가기 오모테산도힐즈 도준칸/레스토랑으로 구성된 오모테산도힐즈 본관 3층에서 옥상으로 나가면 바로 옆에 있는 도준칸과 연결되어 있다.

신선하고 건강한 야채전문 레스토랑
야사이야메이 やさい家めい

일본어로 야사이야는 야채를 파는 가게라는 뜻으로 채식주의자 및 웰빙요리를 원하는 사람들을 위한 야채전문 레스토랑이다. 메뉴도 대부분 일본 가정식으로, 정갈하고 건강한 음식을 맛볼 수 있다. 질 좋고 신선한 야채를 이용하여 생으로 먹어도 맛있다. 야채 맛을 한층 더 살린 조리법으로 야채를 별로 좋아하지 않는 사람까지 맛있게 먹을 수 있다.

문의 03-5785-0606 **찾아가기** 오모테산도힐즈 본관 3층 **가격** 런치 ¥1,500~2,000, 디너 ¥5,000~8,000 **영업시간** 월~토요일 11:00~23:00, 일요일 11:00~22:00 **귀띔 한마디** 오모테산도힐즈에 있는 야사이야메이가 본점이다.

쇼콜라티에가 만드는 최고의 초콜릿전문점
장폴에벵 JEAN-PAUL HEVIN

프랑스 일류 쇼콜라티에 장폴에벵의 초콜릿전문점이다. 보석처럼 아름답게 진열된 초콜릿은 깊은 향과 달콤한 맛을 가지고 있다. 단맛의 정도는 취향에 맞춰 고를 수 있고 입안에서 사르르 녹는 맛이 일품이라 한번 맛보면 자꾸 찾게 된다. 생산지에서부터 엄선한 카카오만 사용하며, 식물성기름이 아닌 순수한 카카오버터만 이용해 만들기 때문에 가격도 그만큼 비싸다.

홈페이지 www.jph-japon.co.jp **문의** 03-5410-2255 **찾아가기** 오모테산도힐즈 본관 1층, 입구 바로 옆 **가격** ¥1,000~10,000 **영업시간** 월~토요일 11:00~21:00, 일요일 11:00~20:00 **귀띔 한마디** 도쿄역 내부 및 신주쿠 이세탄백화점에도 매장이 있다.

세계적인 명품, 예술, 맛집을 모두 겸비한 복합상업시설 ★★★★☆
쟈이르 ジャイル, GYRE

오모테산도힐즈表参道ヒルズ 앞의 육교를 건너면 모던한 빌딩 쟈이르가 당당하게 서 있다. 1층에는 샤넬CHANEL의 부티크, 세계에서 제일 오래된(1829년) 가죽명품으로 유명한 델보DELVAUX가 있다. 뉴욕 현대미술관 모마MoMA의 디자인스토어 및 꼼데가르송COMME des GARCONS의 디자인숍도 있다. 또한 5층에 위치한 고급 철판요리전문점 오모테산도 우카이테表参道うかい亭(예약 필수 03-5467-5252)에서는 일본의 맛과 멋을 모두 느낄 수 있다.

홈페이지 gyre-omotesando.com 주소 東京都 渋谷区 神宮前 5-10-1 문의 03-3498-6990 찾아가기 도쿄메트로 긴자선, 치요다선, 한조몬선 오모테산도(表参道)역 A1번 출구에서 도보 5분/도쿄메트로 치요다선, 후쿠도심선메이지진구마에(明治神宮前)역 4번 출구에서 도보 3분/JR 야마노테선 하라주쿠(原宿)역 오모테산도출구(表参道口)에서 도보 8분 영업시간 숍 11:00~20:00 레스토랑 점포에 따라 다름 귀띔 한마디 지하 1층에는 무료로 이용할 수 있는 휴식공간이 있다.

쟈이르의 추천 숍

럭셔리한 인테리어가 돋보이는
오모테산도 샤넬부티크
表参道 CHANEL Boutique

샤넬의 코드컬러인 블랙&화이트를 인테리어에 적용해 돋보이는 샤넬의 템포러리부티크이다. 건축가 피터 마리노가 디자인한 공간으로 이 부티크를 위해 특별 제작한 소파, 의자, 테이블 등이 또 다른 볼거리이다. 배경이 연출하는 효과 때문인지 매장에 전시한 가방, 구두, 액세서리 등이 더욱 매력적으로 보인다.

홈페이지 www.chanel.com 문의 03-6418-0630 찾아가기 쟈이르 1층 영업시간 12:00~19:00

뉴욕의 명물, 모마디자인스토어의 일본 1호점
모마디자인스토어 MoMA Design Store

세계 최고의 현대미술관으로 불리는 뉴욕모마(The Museum of Modern Art, New York) 디자인스토어의 일본 첫 진출점이다. 사무용품, 생활용품, 주방용품, 액세서리, 가구 등 재미있는 아이디어와 현대예술을 동시에 느낄 수 있는 실용적인 상품이 대부분이다. 독특한 디자인과 좋은 품질이 보증된 곳이라 일본에서는 결혼식 답례품으로도 인기가 많다.

홈페이지 www.momastore.jp 문의 03-5468-5801 찾아가기 쟈이르 3층 영업시간 11:00~20:00

조용한 일본정원이 있는 고급 미술관 ★★★★☆

네즈미술관 根津美術館

싱그러운 대나무 숲으로 둘러싸여 다른 공기가 흐르는 것 같은 이곳은 사업가 네즈카이치로根津 嘉一郎의 소장품을 전시하기 위해 1941년에 세운 사립미술관이다. 제2차 세계대전을 겪고도 살아남은 얼마 안 되는 미술관 중 하나로 다수의 국보 및 중요문화재를 포함한 동양 예술품 7,000점 이상을 소장하고 있다.

차茶를 즐기던 네즈카이치로의 다기 및 정원 안 다원이 네즈미술관의 특별한 볼거리이다. 녹음 가득한 일본정원도 미술품과 함께 둘러보자. 동양의 미술품을 모티브로 만든 뮤지엄숍도 있고 미술관 분위기와 어울리는 네즈카페NEZU CAFE도 있다. 카페에서는 달콤한 화과자와 쌉쌀한 말차를 세트로 판매한다.

홈페이지 www.nezu-muse.or.jp 주소 東京都 港区 南青山 6-5-1 문의 03-3400-2536 찾아가기 도쿄메트로 긴자선(銀座線), 치요다선(千代田線), 한조몬선(半蔵門線) 오모테산도(表参道)역 A5번 출구에서 도보 8분 입장료 **특별전** 성인 ￥1,500, 고등학생 이상 ￥1,200 **기획전** 성인 ￥1,300, 고등학생 이상 ￥1,000, 20명 이상의 단체 ￥200 할인, 중학생 이하 무료 개방시간 10:00~17:00(최종입장 16:30) 휴관 매주 월요일(월요일이 휴일인 경우는 화요일), 전시 교체 기간, 연말연시 귀띔 한마디 일본정원과 함께 일본 및 동양미술을 조용히 감상하기 좋아 외국인에게도 인기가 많다.

일본의 현대예술가 오카모토 타로의 기념관 ★★★☆☆

오카모토 타로기념관 岡本太郎記念館

세상을 떠나기 직전까지 활발하게 활동한 일본의 현대예술가 오카모토 타로岡本太郎(1911~1996)의 아틀리에 겸 주거지에 만든 기념관이다. 독특한 건물은 모더니즘 건축가 사카쿠라 준조坂倉 準三(1901~1969)의 작품으로 볼록렌즈처럼 생긴 지붕이 인상적이다. 벽면의 독특한 그림은 오카모토가 직접 그린 얼굴과 사인이다. 1층 작업실의 모습이 잘 보존되어 있고 2층에는 유화 및 조각품이 전시되어 있다. 기념관 내부로 들어가지 않아도 오카모토 타로의 설치작품이 정원 곳곳에 놓여 있어 시공을 초월한 듯한 독특한 분위기를 느낄 수 있다.

홈페이지 www.taro-okamoto.or.jp 주소 東京都 港区 南青山 6-1-19 문의 03-3406-0801 찾아가기 도쿄메트로 긴자선(銀座線), 치요다선(千代田線), 한조몬선(半蔵門線) 오모테산도(表参道)역 A5번 출구에서 도보 10분 입장료 성인 ￥650, 초등학생 ￥300, 15인 이상의 단체 ￥100 할인, 인터넷 쿠폰(홈페이지)을 인쇄해서 가져가면 ￥100 할인 개방시간 10:00~18:00(최종입장 17:30) 휴관 매주 화요일, 전시 교체 기간, 연말연시 귀띔 한마디 오카모토 타로기념관만큼이나 독특한 분위기의 작은 카페도 옆에 있다.

건물 모양까지 예술작품인 현대미술관 ★★★☆☆

와타리움미술관 ワタリウム美術館

1990년 개관한 사립현대미술관으로 관장이었던 와타리 시즈코和多利志津子와 큐레이터 와타리 코이치和多利浩一, 와타리 에츠코和多利恵津子의 성을 따 이름을 지었다. 삼각형 지대를 활용하여 재미있는 모양으로 올린 건물은 스위스 건축가 마리오보타Mario Botta가 설계한 작품이다. 해외 컨템포러리Contemporary 미술작품을 일본에 소개하거나 일본 및 아시아 예술가를 발굴하기도 한다. 수시로 워크숍, 강연회, 퍼포먼스, 콘서트, 상영회, 갤러리 토크 등 다양한 이벤트도 진행한다.

뮤지엄숍

홈페이지 www.watarium.co.jp 주소 東京都 渋谷区 神宮前 3-7-6 문의 03-3402-3001 찾아가기 도쿄메트로 긴자선(銀座線) 가이엔마에(外苑前)역 3번 출구에서 도보 8분 거리 입장료 성인 ¥1,200, 학생 ¥1,000, 초등학생~중학생 ¥500 개방시간 11:00~19:00 휴관 매주 월요일(공휴일 제외), 연말연시 귀띔 한마디 미술관 1층에 있는 뮤지엄숍에서는 각종 예술서적 및 엽서 등을 판매한다.

키 큰 은행나무 가로수 길로 유명한 공원 ★★★☆☆

메이지진구 가이엔 明治神宮外苑

세이토쿠기념회화관

메이지진구明治神宮 바깥 정원에 해당한다. 공원 입구부터 시작되는 은행나무 가로수길 '이초나미키イチョウ並木'가 특히 유명하다. 키 큰 은행나무 150여 그루가 하늘을 찌를 듯 위풍당당하게 서 있는데, 늦가을 은행잎이 노랗게 물든 모습은 장관이다. 일본드라마 및 영화에서 단골로 등장하는 배경지이기도 하다. 은행나무 가로수길 끝에는 넓은 잔디밭이 펼쳐지고 주말에는 벼룩시장이나 마츠리祭り가 열리기도 한다. 광장 한가운데에는 메이지일왕의 미술관 세이토쿠기념회화관聖徳記念絵画館이 서 있다. 드넓은 공원 내에는 카페 및 레스토랑, 어린이를 위한 작은 유원지 등의 편의시설이 있다. 조성한 지 오래되어 시설이 노후되기는 했지만 야구장, 축구장, 테니스장, 아이스스케이트장 등 다양한 스포츠시설이 겸비되어 있어 시민들의 발걸음이 끊이지 않는다.

홈페이지 www.meijijingugaien.jp 주소 東京都 新宿区 霞ヶ丘町 1-1 문의 03-3401-0312 찾아가기 도쿄메트로 긴자선(銀座線) 가이엔마에(外苑前)역 4번 출구에서 도보 3분 입장료 공원은 무료(각 시설에 따라 따름) 귀띔 한마디 단풍이 노랗게 물드는 시즌(11월 말~12월 초)에 맞춰 방문하자.

Special 11 오모테산도와 아오야마 명품거리

오모테산도에서 아오야마의 네즈미술관까지 길 양쪽에는 세계적 명품 브랜드 직영매장이 있다. 샤넬, 델보, 디올, 루이뷔통, 구찌, 프라다, 까르티에, 마크제이콥스, 토즈, 엠페리오 아르마니, 버버리, 마이클코어스 등 인기 브랜드들이다. 매장 규모도 크고 제품도 다양하며, 인테리어나 건축디자인도 해당 브랜드 특징을 반영하고 있다. 그래서 명품보다는 건축디자인에 관심 많은 건축학도들에게도 인기가 높은 거리이다. 정장을 빼입은 직원이 일일이 문까지 열어주는 곳이 많으니 차려입고 가는 것이 좋다. 또한 원하는 상품이 있으면 손을 먼저 대지 말고 점원에게 문의하자. 비슷한 분위기의 긴자 명품거리 P. 124 와 비교해서 구경하면 더 재미있다.

낮보다 밤에 더 아름다운 디오르빌딩 디오르 오모테산도 Dior 表参道

오모테산도힐즈 맞은편에 위치한 디오르 오모테산도는 세지마카즈요(妹島和世)와 니시자와류에(西沢立衛)가 설계한 건축물이다. 세지마 특유의 샤프함과 통유리 디자인이 디오르의 세련된 이미지와 잘 어울린다. 조명이 켜지면 거대한 향수병처럼 생긴 건물이 아름답게 빛이 난다. 외관만큼이나 아름다운 내부도 화이트톤으로 깔끔하다.

홈페이지 www.dior.com 주소 東京都 渋谷区 神宮前 5-9-11 문의 03-5464-6260 찾아가기 도쿄메트로 긴자선(銀座線), 치요다선(千代田線), 한조몬선(半蔵門線) 오모테산도(表参道)역 A1번 출구에서 도보 5분/도쿄메트로 치요다선(千代田線), 후쿠도심선(副都心線) 메이지진구마에(明治神宮前)역 4번 출구에서 도보 4분 영업시간 11:00~20:00

명품브랜드 루이뷔통의 대규모 부티크 루이뷔통 오모테산도 Louis Vuitton 表参道

여러 개의 블록을 끼워 맞춰 놓은 것 같은 독특한 건축디자인은 아오키준(青木淳)의 작품이다. 각 블록은 루이뷔통의 트렁크를 의미하며, 건물 자체가 브랜드이미지를 잘 표현하고 있다. 외관도 멋있지만 멋진 사진과 소품으로 꾸민 내부 인테리어도 고급스럽다. 여성패션, 남성패션, 가방, 액세서리, 시계 등을 판매한다.

홈페이지 www.louisvuitton.com 주소 東京都 渋谷区 神宮前 5-7-5 문의 01-2000-1854 찾아가기 도쿄메트로 긴자선(銀座線), 치요다선(千代田線), 한조몬선(半蔵門線) 오모테산도(表参道)역 A1번 출구에서 도보 4분/도쿄메트로 치요다선(千代田線), 후쿠도심선(副都心線) 메이지진구마에(明治神宮前)역 4번 출구에서 도보 5분 영업시간 11:00~20:00

독특한 건축디자인이 눈길을 끄는 프라다의 기반점 프라다부티크 아오야마점 PRADA BOUTIQUE 青山店

커다란 마름모꼴 유리를 타일처럼 이은 빌딩으로, 프라다 플래그십스토어이다. 일대에서 가장 인상적인 이 건축물은 스위스 건축사무소 헤르초크&드뫼롱(Herzog & de Meuron)의 작품이다. 외벽에 브랜드명은 보이지 않지만, 건물 자체 이미지가 프라다 그 자체라 할 수 있다. 건물 전체가 남성복, 여성복, 스포츠웨어, 향수 등 프라다의 풀라인으로 채워져 있는 일본 최대의 프라다 매장이다.

홈페이지 www.prada.com 주소 東京都 港区 南青山 5-2-6 문의 03-6418-0400 찾아가기 도쿄메트로 긴자선(銀座線), 치요다선(千代田線), 한조몬선(半蔵門線) 오모테산도(表参道)역 A5번 출구에서 도보 2분 영업시간 11:00~20:00

Section 08

Tokyo

오모테산도&아오야마에서 꼭 먹어봐야 할 먹거리

거리의 특성상 가격대는 높지만 만점을 줘도 모자랄 정도로 맛있는 곳이 정말 많다. 이탈리아, 스페인, 지중해, 브라질, 프랑스 등 세계적으로 유명한 미식의 도시에서 온 현지인들이 제대로 만드는 산해진미도 만날 수 있다. 저녁에는 1인당 10만 원 이상의 예산이 필요한 유명 맛집의 요리를 저렴하게 즐기고 싶다면 평일 런치를 노리자. 맛있는 음식으로 배를 가득 채운 후에는 오모테산도에서 아오야마로 이어지는 넓은 지역에 산재해 있는 명품숍을 모조리 돌아볼 수 있을 만큼 기운이 솟아날 것이다.

일본 최고의 돈카츠 ★★★★☆

마이센 아오야마본점 まい泉 青山本店

쿠로부타히레카츠동
쿠로부타로스카츠젠

명품 돈카츠로 인정받는 일본 최고 돈카츠전문점이다. 바삭하게 튀겨 씹을 때마다 소리가 날 정도인데, 젓가락으로 잘라 먹을 수 있을 정도로 부드럽다. 두툼한 고기는 최고급 육질을 자랑하는 흑돼지 쿠로부타黒豚로 고기 자체에서 단맛이 느껴진다. 특제 빵가루에 좋은 기름을 사용하기 때문에 튀겼어도 뒷맛이 깔끔하다.

담백한 맛을 원한다면 살코기로 만든 쿠로부타히레카츠젠黒豚ヒレかつ膳을, 감칠맛을 원한다면 쿠로부타로스카츠젠黒豚ロースかつ膳을 주문하자. 두 메뉴 모두 ¥3,000대로 다른 집에 비해서 비싸지만, 맛에서 차이가 난다. '젠膳'이 붙은 메뉴는 밥과 미소시루御味噌汁, 야채절임 오싱코御新香, 양배추샐러드와 디저트가 포함된 세트이다. 부드러운 빵에 히레카츠가 들어간 돈카츠샌드위치 히레카츠산드ヒレかつサンド는 유명 연예인도 특별 주문해 먹는다고 한다.

홈페이지 mai-sen.com 주소 東京都 渋谷区 神宮前 4-8-5 문의 01-2042-8485 찾아가기 도쿄메트로 긴자선(銀座線), 치요다선(千代田線), 한조몬선(半蔵門線) 오모테산도(表参道)역 A2번 출구에서 도보 3분 가격 런치 ¥1,500~5,000, 디너 ¥3,000~5,000 영업시간 11:00~18:00 휴무 연중무휴 귀띔 한마디 작은 사이즈의 돈카츠가 포함된 저렴한 런치세트메뉴도 있지만, 기왕이면 일본 최고의 돈카츠를 큰 사이즈로 제대로 맛보자. 인기 많은 곳이라 예약하고 가는 것이 안전하다.

배부를 때까지 먹을 수 있는 브라질식 바비큐뷔페 ★★★★☆

바르바코아그릴 아오야마점 Barbacoa Grill 青山店

갓 구운 고기를 커다란 꼬치에 끼워 들고 다니면서 접시에 잘라주는 브라질식 바비큐뷔페 슈라스코churrasco전문점이다. 먹을 준비가 되면 테이블 위 칩을 초록색으로 돌려 놓고 다 먹었다면 붉은색으로 뒤집어 놓으면 된다. 소 한 마리의 다양한 부위를 모두 맛볼 수 있으며 닭고기, 소시지, 파인애플 등도 꼬치에 구워 준다. 특히 소화를 돕는 구운 파인애플은 당도가 높아 말 그대로 꿀맛이다. 슈라스코에는 다양한 샐러드와 디저트, 브라질 향토요리로 마련한 뷔페가 포함된다. 고기와 샐러드 종류가 다양하고, 와인 및 맥주를 포함한 음료까지 무제한으로 즐길 수 있는 코스도 있다.

홈페이지 www.barbacoa.jp 주소 東京都 渋谷区 神宮前 4-3-2 문의 03-3796-0571 찾아가기 도쿄메트로 긴자선(銀座線), 치요다선(千代田線), 한조몬선(半蔵門線) 오모테산도(表参道)역 A2번 출구에서 도보 1분 가격 평일런치 ¥5,000~8,000, 주말런치 ¥6,000~10,000, 디너 ¥8,000~12,000 영업시간 월~금요일 런치 11:30~15:00(L.O. 14:00), 월~토요일 디너 17:30~22:00, 주말 및 공휴일 런치 11:00~16:00(L.O. 15:00), 일요일 및 공휴일 디너 17:30~22:00(L.O. 21:00) 귀띔 한마디 홈페이지에서 예약 현황을 확인하고 예약도 할 수 있다.

캐주얼한 분위기의 이탈리아 요리전문점 ★★★★★

나프레 ナプレ, Napule

요시노리 추천

마르게리타피자

물소 모차렐라치즈와 생햄

이탈리아인이 대를 이어 운영하는 곳으로 나폴리 국제피자대회에서 연속 우승하며 일본 최고 피자집으로 알려졌다. 재료 본연의 맛을 살린 마르게리타는 신선한 토마토즙과 양질의 치즈에서 느껴지는 깊은 맛이 인상적이다. 이탈리아 피자전용 화덕을 사용하여 도우부터 그 차이가 확연하다. 밀의 고소한 향이 입안에 퍼지면 화덕의 불맛에서 오는 쌉쌀함이 코를 감싼다. 오븐피자로는 느낄 수 없는 나프레의 불맛이 최고 조미료이다.

홈페이지 napule-pizza.com 주소 東京都 港区 南青山 5-6-24 문의 03-3797-3790 찾아가기 도쿄메트로 긴자선(銀座線), 치요다선(千代田線), 한조몬선(半蔵門線) 오모테산도(表参道)역 B1번 출구에서 도보 1분 가격 런치 ¥1,000~3,000, 디너 ¥5,000~8,000 영업시간 11:30~15:00, 17:30~22:30 귀띔 한마디 나프레의 본점이라 피자 맛을 보기 위해 기다리는 사람이 많다.

건강한 고급 지중해 요리전문점 ★★★★★

시카다 シカダ, CICADA

리조트 같은 로맨틱한 분위기에서 지중해요리를 즐길 수 있다. 타진Tajine, 타파스Tapas, 후무스Hummus, 쿠스쿠스Couscous 등 메뉴명이 생소하게 느껴지지만, 올리브오일과 신선한 해산물이 주를 이루는 요리 모두 우리 입맛에도 잘 맞는다. 와인셀러에는 120가지 이상의 와인이 있어 맛있는 요리에 와인 한잔 곁들이기에 좋다. 특히 디저트는 양도 많고 맛까지 훌륭하니 빼놓지 말고 주문하자. 주말 및 저녁에는 가격대가 높지만, 평일 점심에는 저렴한 가격에 즐길 수 있다. ¥3,800에 전채요리와 메인요리, 디저트, 음료가 포함된 평일런치코스를 추천한다.

프로슈토를 넣은 오징어로스트

관자로스트, 화로와 잎새버섯크림리소토

카카오초콜릿 케이크와 젤라토

홈페이지 www.tysons.jp 주소 東京都 港区 南青山 5-7-28 문의 03-6434-1255 찾아가기 도쿄메트로 긴자선(銀座線), 치요다선(千代田線), 한조몬선(半蔵門線) 오모테산도(表参道)역 B3번 출구에서 도보 1분 가격 평일런치 ¥1,500~3,500, 주말런치 ¥5,000~10,000, 디너 ¥5,000~10,000 영업시간 런치 11:30~15:00, 디너 17:30~23:00 귀띔 한마디 2주~1달 전 예약을 시도해야 한다.

가격 대비 만족도 최고! 런치로 즐기는 스페인요리뷔페 ★★★★★

몬테아수르 モンテ アスル, MONTE AZUL

유럽 상점가처럼 예쁘게 꾸며진 파사주 아오야마Passage Aoyama 2층에 위치한 스페인레스토랑이다. 스페인 대표요리 빠에야Paella, 돼지다리를 통째로 훈제해 만든 생햄, 천연효모로 반죽해 화덕에 구운 피자 등 다양한 스페인요리를 선보인다. 적당한 가격에 마음껏 맛볼 수 있는 런치뷔페가 특히 인기이다. 런치뷔페는 오픈시간에 맞춰 가거나 2시 이후에 가는 것이 좋다.

홈페이지 www.kodama-ltd.co.jp 주소 東京都 港区 南青山 2-27-18 パサージュ青山 2F 문의 03-6807-0654 찾아가기 도쿄메트로 긴자선(銀座線) 가이엔마에(外苑前)역 1a 출구에서 도보 2분/도쿄메트로 긴자선(銀座線), 치요다선(千代田線), 한조몬선(半蔵門線) 오모테산도(表参道)역 A4번 출구에서 도보 7분 가격 런치뷔페 ¥2,200/90분, 디너 ¥5,000~8,000(서비스차지 ¥500/1인) 영업시간 런치뷔페 11:30~16:00, 디너 18:00~23:00 휴무 매주 월요일

이탈리아인이 만드는 본격 이탈리안 요리 ★★★★★

안토니오 アントニオ 南青山本店, ANTONIO'S

세계2차대전 중 취사병으로 일본에 온 이탈리아 출신의 요리사가 전쟁 후 레스토랑을 열면서 수십년째 명성을 떨치고 있다. 현재 3대째 이어가고 있어 맛에서도 품격과 깊이가 느껴진다. 번화가에서 떨어진 고급 레스토랑이라 외교관, 대사, 저명인사가 주로 찾는다. 라자냐, 오소부코 같은 가정식 요리도 좋고, 링귀네, 페투치네, 라비올리, 뇨끼 등의 수제 파스타도 맛있다. 티라미스, 판나코타 등의 디저트까지 코스로 즐겨도 좋다.

주소 東京都 港区 南青山 7-3-6 南青山HYビル1F 문의 03-3797-0388 찾아가기 도쿄메트로 긴자선(銀座線), 치요다선(千代田線), 한조몬선(半蔵門線) 오모테산도(表参道)역 B1번 출구에서 도보 10분 또는 택시로 5분 영업시간 평일 11:30~L.O.14:00, 17:00~L.O.21:30, 주말 및 공휴일 11:30~L.O.14:30, 17:00~L.O.21:30 휴무 매주 월요일 가격 런치 ¥2,000~10,000, 디너 ¥5,000~20,000

세계 최고 스위츠! 피에르에르메 일본 1호점 ★★★★★

피에르에르메 파리 아오야마

PIERRE HERMÉ PARIS 青山

프랑스 피에르에르메 파리가 2005년 일본에 처음 문을 열었다. 화사한 색상의 마카롱과 조각케이크, 과자, 케이크, 아이스크림 등은 예쁜 만큼 맛도 뛰어나다. 겉은 바삭하고 속은 쫀득한 마카롱 식감은 한마디로 예술이다. 고급 스위츠는 커피나 홍차와도 잘 어울리지만, 샴페인과도 궁합이 잘 맞는다. 고급스러운 맛과 분위기만큼 가격도 비싸지만, 미식가에게 꾸준히 사랑받고 있다.

홈페이지 www.pierreherme.co.jp 주소 東京都 渋谷区 神宮前 5-51-8 문의 03-5485-7766 찾아가기 도쿄메트로 긴자선(銀座線), 치요다선(千代田線), 한조몬선(半蔵門線) 오모테산도(表参道)역 B2번 출구에서 도보 3분 가격 ¥1,000~2,000 영업시간 11:00~19:00 귀띔 한마디 일본 내 좌석을 갖춘 피에르에르메 파리매장은 이곳 아오야마점뿐이다.

나라요시모토의 예술에 푹 빠질 수 있는 카페 ★★★★☆

에이투제트카페 A to Z cafe

일본 현대예술가 나라요시 모토奈良 美智의 작품들을 구경할 수 있는 카페이다. 처음부터 끝까지 다 보여준다는 의미의 '에이투제트전A to Z展'을 홍보하기 위해 'Yoshitomo Nara + graf'가 만들었다. 심술 맞은 표정의 소녀 그림이 아틀리에 공간뿐만이 아니라 손님들이 사용하는 테이블 위에도 그려져 있다. 식사나 커피를 즐기면서 테이블에 그려진 그림을 보고 있으면 절로 미소가 지어진다. 예술과 접목된 카페의 분위기도 색다르고 식사 메뉴도 충실해 단골손님이 꽤 많다.

주소 東京都 港区 南青山 5-8-3 equboビル 5F 문의 03-5464-0281 찾아가기 도쿄메트로 긴자선(銀座線), 치요다선(千代田線), 한조몬선(半蔵門線) 오모테산도(表参道)역 B1번 출구에서 도보 3분 가격 런치 ¥1,000~2,000, 디너 ¥2,000~ 3,000 영업시간 11:30~21:00

파리의 노천카페 같은 ★★★☆☆

아니베르세르 카페&레스토랑 ANNIVERSAIRE CAFÉ&RESTAURANT

아니베르세르ANNIVERSAIRE는 프랑스어로 기념일을 뜻한다. 유럽풍 결혼식장 앞에 위치한 카페 겸 레스토랑이다. 오모테산도의 한가운데 프랑스 파리의 노천카페를 연상시키는 매혹적 분위기 때문에 유명해졌다. 실외 테라스석도 많아서 애완동물과 함께 식사하거나 느긋하게 티타임을 보낼 수도 있다. 맛보다는 분위기를 먼저 즐기는 곳이지만, 음식 맛도 좋은 편이라 늘 손님으로 북적인다.

홈페이지 cafe.anniversaire.co.jp 주소 東京都 港区 北青山 3-5-30 문의 03-5411-5988 찾아가기 도쿄메트로 긴자선(銀座線), 치요다선(千代田線), 한조몬선(半蔵門線) 오모테산도(表参道)역 A2번 출구에서 도보 1분 가격 런치 ¥1,000~2,000, 디너 ¥1,000~3,000 영업시간 평일 11:00~21:00, 주말 및 공휴일 09:00~21:00 귀띔 한마디 오모테산도힐즈와 가깝고 오모테산도 거리를 바라볼 수 있어 편안히 앉아서 오모테산도를 구경하기 좋다.

유서 깊은 일본의 양과자점 ★★★☆☆

요쿠모쿠 아오야마본점 ヨックモック 青山本店, YOKU MOKU

1942년에 창업한 요쿠모쿠는 일본의 대표적 양과자브랜드 중 하나이다. 백화점 식품매장에서 선물용으로 판매하는 고급 양과자로, 일본인이라면 누구나 한 번 이상은 먹어 봤을 정도로 대중적이다. 요쿠모쿠라는 이름은 스웨덴 북부의 마을 이름인 요쿠모쿠Jokkmokk에서 유래했으며, 파란 타일로 덮인 독특한 건물이 아오야마 본점이다. 대표상품은 얇은 쿠키를 동그랗게 말은 시가모양 쿠키 '시가르Cigare'로 흔히 시가렛쿠키라 부른다. 본점에는 케이크와 함께 차를 마실 수 있는 라운지가 있다. 케이크류는 맛과 모양 모두 평범하다.

홈페이지 www.yokumoku.co.jp 주소 東京都 港区 南青山 5-3-3 문의 03-5485-3330 찾아가기 도쿄메트로 긴자선(銀座線), 치요다선(千代田線), 한조몬선(半蔵門線) 오모테산도(表参道)역 A5번 출구에서 도보 4분 가격 ¥1,000~2,000 영업시간 **숍** 10:00~19:00 **라운지** 일~수요일 10:00~19:00, 목~토요일 10:00~22:00 귀띔 한마디 중동에서 인기 많은 과자브랜드로 공항면세점에서도 상자로 판매한다

Section 09

Tokyo

오모테산도&아오야마에서 놓치면 후회하는 쇼핑

오모테산도와 아오야마는 일본의 대표적인 명품가이다. 세계적인 명품브랜드들과 유명 건축가들이 합작해 올린 화려한 빌딩들은 단순한 쇼핑숍으로만 보기에는 아까운 멋진 볼거리이므로 Section07 명소에서 먼저 소개했다. 유명한 명품숍 사이 또는 뒷길에도 개성 넘치는 다양한 숍이 많다. 여기서는 세련된 복합상업시설, 일본의 인기 패션브랜드, 모던한 인테리어용품점 등을 소개한다.

안팎을 모두 예술로 중무장한 복합문화시설 ★★★★☆

스파이럴 スパイラル, spiral

1985년에 문을 연 스파이럴빌딩은 잡화점, 카페, 레스토랑, 갤러리가 함께 자리한 복합문화시설이다. 예술작품을 커다란 건축물로 만들어 놓은 것 같은 모습의 빌딩은 1980년에 일본의 포스트모던 건축을 대표하는 작품 중 하나로 건축가 마키후미히코槇文彦가 설계했다. 건물 내부에는 갤러리 스파이럴가든Spiral Garden과 다양한 예술행사가 열리는 다목적홀 등이 자리한다.

갤러리, 카페, 잡화점, 다목적홀로 연결된 1~3층까지 열린 형태로 되어 있다. 2층에 있는 아이디어 잡화점 스파이럴마켓Spiral Market에는 고급스러운 디자인의 생활잡화 60,000점이 진열되어 있다. 세련된 디자인의 특색 있는 상품이 많아 갤러리를 보는 듯하다. 스파이럴마켓 옆에 있는 스파이럴레코드Spiral Records에서는 음반 셀렉트숍으로 오리지널레벨을 제작해 판매한다.

홈페이지 www.spiral.co.jp 주소 東京都 港区 南青山 5-6-23 문의 03-3498-1171 찾아가기 도쿄메트로 긴자선(銀座線), 치요다선(千代田線), 한조몬선(半蔵門線) 오모테산도(表参道)역 B1출구 또는 B3번 출구에서 도보 1분 영업시간 숍 11:00~20:00(레스토랑, 카페, 바의 영업시간은 각기 다름) 귀띔 한마디 카페와 갤러리, 숍이 이어져 있어 카페 안으로 들어서기가 망설여질 수 있는데, 눈치 보지 말고 그냥 지나가면 된다.

✓ 명품숍으로 가득한 큰길가를 주로 구경하겠지만, 골목길 안쪽에도 재미있는 쇼핑거리가 많다.

손대면 쓰러질 것 같은 아찔한 구조의 쇼핑시설 ★★★★☆

아오 アオ, Ao

스파이럴과 도로를 사이에 두고 마주 보고 있는 빌딩이다. '아오야마에서 만나자青山'で'会おう'의 발음 '아오야마데 아오'의 앞글자를 따 이름 지었다. 2009년에 문을 열었으며, 밤이 되면 화려한 LED 조명이 더 화려하게 만드는 글라스커튼월과 위보다 아래가 더 좁은 건물 한쪽 구조가 색다르다. 유리와 철근으로만 이루어진 도회적인 앞모습과 달리 빌딩 뒤쪽에는 계단식 정원이 4층까지 이어져 있다. 아오의 지하 1층에는 세계 각국의 수입식품을 주로 판매하는 키노쿠니야인터내셔널紀ノ国屋インターナショナル이 자리한다. 1층 입구 옆에는 내추럴메이크업의 선두주자인 알엠케이RMK의 대표 직영점이 있다. 예약하면 메이크업아티스트에게 메이크업도 받을 수 있다.

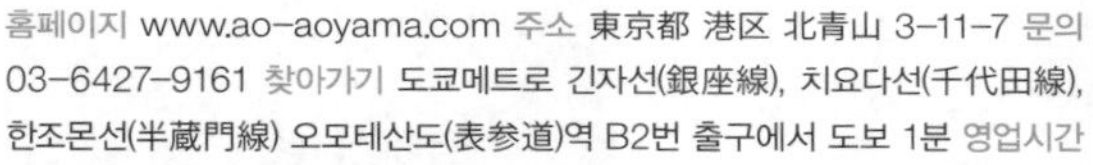

홈페이지 www.ao-aoyama.com 주소 東京都 港区 北青山 3-11-7 문의 03-6427-9161 찾아가기 도쿄메트로 긴자선(銀座線), 치요다선(千代田線), 한조몬선(半蔵門線) 오모테산도(表参道)역 B2번 출구에서 도보 1분 영업시간 **숍** 11:00~20:00 **레스토랑** 11:00~23:00 **라운지&바** 11:00~02:00 **키노쿠니야** 09:30~21:00 귀띔 한마디 빌딩의 위쪽에 위치한 레스토랑 및 바에서는 투명한 유리벽을 통해 아오야마와 오모테산도의 풍경을 내려다볼 수 있다.

산뜻하고 모던한 인테리어 잡화점 프랑프랑의 라운지 ★★★★☆

라운지바이 프랑프랑 LOUNGE by Francfranc

깔끔하면서 모던한 디자인과 적당한 가격대로 큰 인기를 얻고 있는 일본의 인테리어 잡화 브랜드 프랑프랑의 플래그십스토어이다. 프랑프랑 탄생 20주년을 기념해서 새롭게 리뉴얼 했으며, 350평의 넓은 공간에는 해외에서 수입한 독특한 아이템도 많고 직접 만져볼 수 있는 가구와 조명 종류도 많다. 호텔 및 리조트의 고급스러운 인테리어를 제안하는 프랑프랑호텔&리조트Francfranc Hotel&Resort 부스도 있다. 1층 입구 옆에는 카페도 있어 간단하게 식사하거나 커피를 마시며 쉬어갈 수 있다.

홈페이지 www.francfranc.com 주소 東京都 港区 南青山 3-1-3 문의 03-5785-2111 찾아가기 도쿄메트로 긴자선(銀座線) 가이엔마에(外苑前)역 1a 출구에서 도보 3분/도쿄메트로 긴자선(銀座線), 치요다선(千代田線), 한조몬선(半蔵門線) 오모테산도(表参道)역 A4번 출구에서 도보 6분 영업시간 11:00~19:00 귀띔 한마디 고급스럽게 꾸민 넓은 매장은 다른 프랑프랑 매장과 차별화된다.

일본을 대표하는 장난감 및 캐릭터숍 ★★★★☆

키디랜드 하라주쿠 KIDDY LAND 原宿店

1950년 작은 서점으로 시작하여 현재는 일본을 대표하는 장난감전문점이 되었다. 1980년대 밸런타인데이 및 핼러윈 등의 문화를 일본에 처음으로 전파한 역할도 했다. 현재는 오모테산도에 있는 하라주쿠점을 중심으로 일본 전역에 약 50개의 직영점과 프랜차이즈 30여 점을 운영하고 있다. 일본의 대표적 캐릭터인 헬로키티Hello Kitty, 리락쿠마Rilakkuma, 베어브릭bear brick 등은 물론 디즈니의 인기캐릭터, 스펀지밥SpongeBob, 스누피Snoopy까지 모두 만날 수 있다.

홈페이지 www.kiddyland.co.jp 주소 東京都 渋谷区 神宮前 6-1-9 문의 03-3409-3431 찾아가기 도쿄메트로 긴자선(銀座線), 치요다선(千代田線), 한조몬선(半蔵門線) 오모테산도(表参道)역 A1번 출구에서 도보 6분/도쿄메트로 치요다선(千代田線), 후쿠도심선(副都心線) 메이지진구마에(明治神宮前)역 4번 출구에서 도보 2분/JR 야마노테선(山手線) 하라주쿠(原宿)역 오모테산도출구(表参道口)에서 도보 7분 영업시간 11:00~20:00

독특한 패션과 귀여운 소품이 만난 패션숍 ★★★☆☆

댄싱하트 Dancing Heart

황금색으로 빛나는 천사 날개가 투명한 유리문 양쪽에 붙어 있는 패션숍이다. 가슴을 강조해 그린 여성 모양의 간판과 쇼윈도 안에 서 있는 동물인형도 인상적이다. 옷, 액세서리, 가방, 인테리어 소품 등 여성스러운 분위기의 다양한 상품을 판매한다. 매장 규모가 크지는 않지만 독특한 물건이 많아 개성 있는 소품 및 패션을 좋아하는 사람들을 사로잡는다.

주소 東京都 渋谷区 神宮前 4-2-16 문의 03-3423-3777 찾아가기 도쿄메트로 긴자선(銀座線), 치요다선(千代田線), 한조몬선(半蔵門線) 오모테산도(表参道)역 A2번 출구에서 도보 1분 영업시간 11:30~20:30

명품 피아노로 유명한 가와이의 대표적인 쇼룸 ★★★☆☆

가와이 오모테산도 カワイ表参道, KAWAI Omotesando

오모테산도 힐즈와 마주 보고 있는 길 건너편의 명품 거리에는 쇼윈도에 커다란 피아노가 전시된 카와이 오모테산도가 있다. 명품 그랜드 피아노로 유명한 가와이를 대표하는 쇼룸으로 피아노, 전자 피아노, 전자 오르간, 처치 오르간 등의 악기 판매는 물론, 콘서트장 및 음악교실도 운영하고 있다. 지하 1층부터 3층까지를 사용하여 규모도 크고, 고가의 그랜드 피아노는 전용 룸에서 직접 쳐보면서 음색을 느껴볼 수 있다.

홈페이지 kawai.co.jp 주소 東京都渋谷区神宮前5-1-1 문의 03-3409-2511 찾아가기 도쿄메트로 긴자선(銀座線), 치요다선(千代田線), 한조몬선(半蔵門線) 오모테산도역(表参道駅) A1출구에서 도보 1분 영업시간 11:00~18:30 휴무 매주 월요일 귀띔 한마디 음악 관계자라면 긴자에 있는 야마하(YAMAHA)의 쇼룸 '야마하 긴자점'도 추천한다.

달콤한 액세서리전문점 ★★★☆☆

큐-팟 キューポット, Q-pot

남성 모델 출신이자 액세서리 디자이너인 와카마츠타다아키ワカマツ タダアキ가 만든 액세서리전문점이다. 큐-팟의 액세서리를 사용하는 사람, 그 사람을 보는 사람까지 행복해지는 포지티브디자인Positive Design을 추구하는 행복전도사이다. 달콤한 향이 전해질 것 같이 리얼하게 만든 초콜릿, 쿠키, 케이크 등 스위츠 모양의 스마트폰 케이스, 귀걸이, 목걸이, 머리핀 등은 보기만 해도 절로 미소가 지어진다. 판초콜릿 모양의 건물 외관과 커다란 티팟이 내부 벽에 붙어 있는 모습도 재미있다.

홈페이지 www.q-pot.jp 주소 東京都 港区 北青山 3-4-8 문의 03-6447-1217 찾아가기 도쿄메트로 긴자선(銀座線), 치요다선(千代田線), 한조몬선(半蔵門線) 오모테산도(表参道)역 A2출구에서 도보 6분 영업시간 11:00~19:00 귀띔 한마디 진짜로 먹을 수 있는 스위츠를 판매하는 큐-팟카페(Q-pot CAFE)도 있다.

Chapter 04

시모키타자와

下北沢

Shimokitazawa

 ★★☆☆☆

 ★★★★☆

★★★★☆

전문적이거나 세련되지는 않지만, 열정과 젊음으로 무장하여 활기가 넘치는 시모키타자와. 다양한 소재의 연극작품을 무대에 올리는 소극장과 인디밴드들이 활동하는 클럽으로 가득한 예술의 거리이다. 저렴한 가격에 독특한 디자인의 옷을 파는 패션숍, 중고물품과 장난감이 섞여 있는 잡화점, 흔한 체인점이 아닌 주인이 신념을 가지고 운영하는 카페, 저렴하면서 맛있는 음식점 등이 좁은 골목길 사이사이까지 빼곡하게 들어 차 있다. 한마디로 한국의 대학로와 홍대를 섞어 놓은 것 같은 지역이라고 할 수 있다. 참고로 시모키타자와(下北沢)를 줄여서 '시모키타(下北)'라고도 부른다.

嘉紀の一言

요시노리의 한마디

20대를 위한 거리인 시모키타자와는 20대에 놀러 가야 20대만의 놀이를 제대로 즐길 수 있다.

시모키타자와를 잇는 교통편

시모키타자와는 시부야(渋谷)역에서 게이오전철의 이노카시라선을 타거나, 신주쿠(新宿)역에서 오다큐전철 오다큐선을 타고 한 번에 갈 수 있다. 시모키타자와가 주요 역이라 급행과 각 역 정차 등의 전차가 모두 정차하니 빠른 급행을 타자. 각 역 정차를 타든 쾌속급행을 타든 비용은 똑같지만 소요시간은 다르다.

시모키타자와(下北沢)역 ▌오다큐선(小田原線) 쾌속급행, 급행, 타마급행, 구간준급, 각 역 정차 ▌이노카시라선(井の頭線) 급행, 각 역 정차

시모키타자와에서 이것만은 꼭 해보자

1. 세월의 흔적이 매력 있는 앤티크 잡화점을 구경하자.
2. 배우의 숨결이 느껴지는 소극장에서 일본의 연극을 감상하자.
3. 라이브하우스(클럽)에서 일본의 인디음악을 신나게 즐기자.
4. 양도 많고 가격도 저렴한 맛집에서 식도락을 즐기자.
5. 시모키타자와만의 독특한 장소를 방문하자.

사진으로 미리 살펴보는 시모키타자와 베스트코스

오후 1~2시쯤 시모키타자와역에 도착한다. 남쪽출구로 나가 안젤리카에서 미소빵과 카레빵을 사고 근처에 있는 몰디브에서 아이스카페라테를 사서 돌아다니며 맛있게 먹는다. 시모키타자와의 남쪽과 동쪽에 있는 상점들을 발길 가는대로 구경하자. 소극장에서 재미있어 보이는 연극도 한 편 보고 카페유즈에 가서 커피를 마시며 휴식을 취한다. 본격적으로 시모키타자와의 북쪽 상점가를 돌며 재미있는 물건을 찾아보자. 배가 고파지면 매직스파이스에서 매운 수프카레로 저녁을 든든하게 먹는다. 마지막으로 라이브하우스(클럽)에 가서 인디아티스트의 열정적인 공연을 보며 신나게 즐기자. 시부야나 신주쿠처럼 화려하지는 않지만 알면 알수록 정이 가는 시모키타자와의 매력에 푹 빠질 것이다.

1 예술로 감성을 채우는 하루 일정(예상 소요시간 7시간 이상)

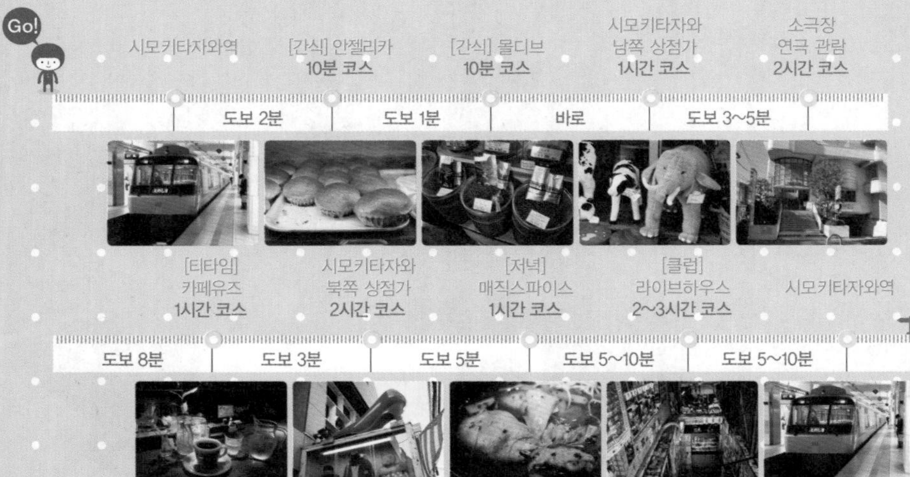

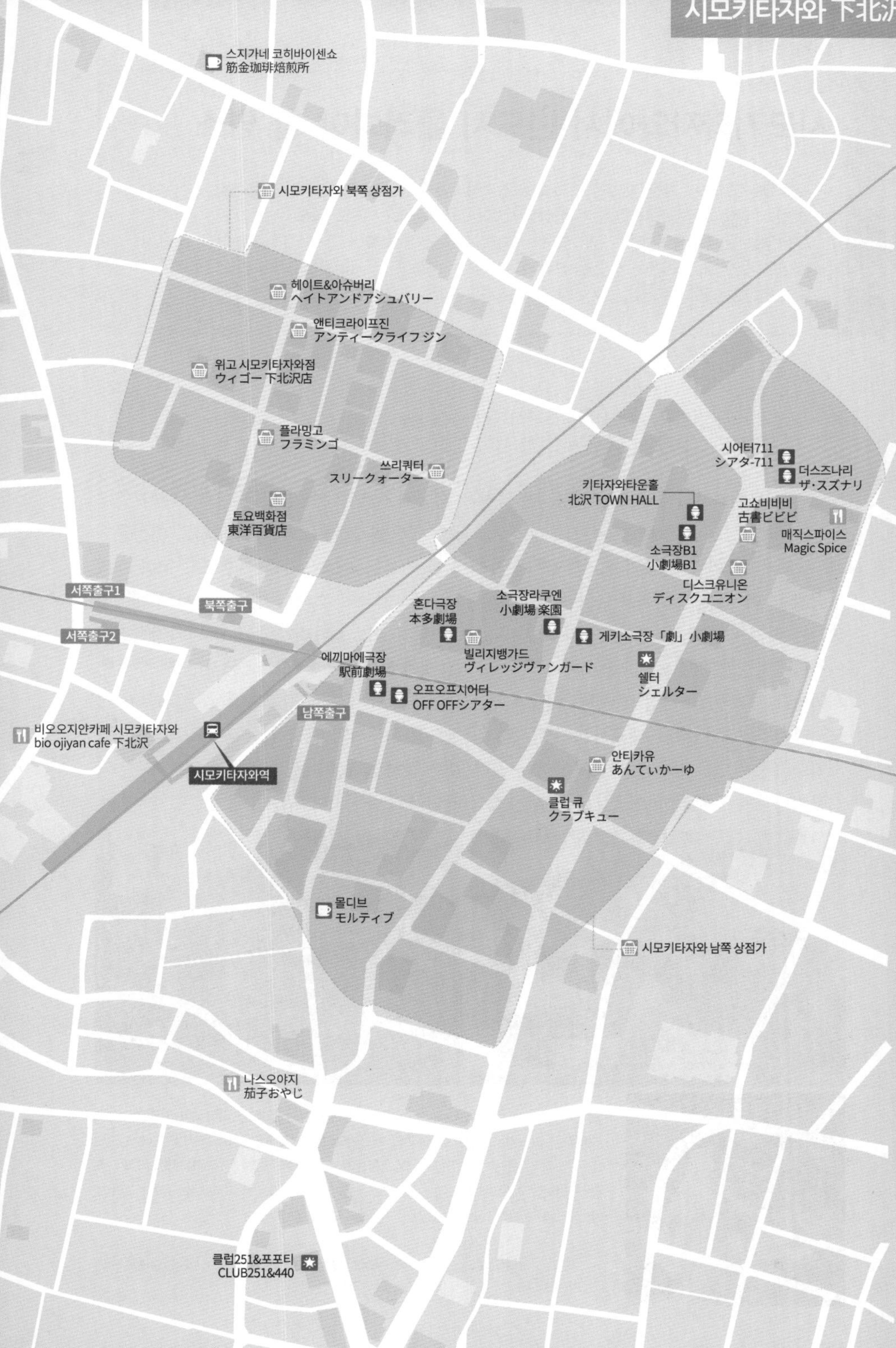

시모키타자와 下北沢
스지가네 코히바이센쇼
筋金珈琲焙煎所
시모키타자와 북쪽 상점가
헤이트&아슈버리
ヘイトアンドアシュバリー
앤티크라이프진
アンティークライフ ジン
위고 시모키타자와점
ウィゴー 下北沢店
플라밍고
フラミンゴ
쓰리쿼터
スリークォーター
토요백화점
東洋百貨店
서쪽출구1
북쪽출구
서쪽출구2
남쪽출구
비오오지얀카페 시모키타자와
bio ojiyan cafe 下北沢
시모키타자와역
혼다극장
本多劇場
소극장라쿠엔
小劇場 楽園
에끼마에극장
駅前劇場
빌리지뱅가드
ヴィレッジヴァンガード
오프오프시어터
OFF OFFシアター
게키소극장「劇」小劇場
쉘터
シェルター
키타자와타운홀
北沢 TOWN HALL
소극장B1
小劇場B1
시어터711
シアタ-711
더스즈나리
ザ・スズナリ
고쇼비비비
古書ビビビ
매직스파이스
Magic Spice
디스크유니온
ディスクユニオン
안티카유
あんてぃかーゆ
클럽 큐
クラブキュー
몰디브
モルティブ
시모키타자와 남쪽 상점가
나스오야지
茄子おやじ
클럽251&포포티
CLUB251&440

Tokyo

Section 10

시모키타자와에서 반드시 둘러봐야 할 명소

시모키타자와에서 가장 재밌는 볼거리는 소극장에서 보는 참신한 연극과 클럽에서 즐기는 라이브공연이다. 사전 조사 없이 가서 마음에 드는 공연을 보는 것도 나쁘지는 않지만, 기왕이면 인기 있는 연극작품이나 밴드의 공연을 알아보고 시간에 맞추어 가서 제대로 즐기자. 시간 여유가 있다면 예술의 거리 시모키타자와를 아기자기하게 꾸민 거리장식도 찾아보고 새로운 곳을 탐험하는 기분으로 좁은 골목 사이로 들어가보자.

일본의 소극장 연극을 대표하는 소극장거리 ★★★★☆

시모키타자와의 소극장거리

1981년 시모키타자와에 최초로 문을 연 극장은 혼다카즈오本多 一夫가 만든 더스즈나리ザ·スズナリ이다. 혼다카즈오는 배우로는 크게 성공하지 못했지만 연극전용 소극장 경영자로 대성공했다. 시모키타자와가 '연극의 거리演劇の街'라 불리게 된 이유는 더스즈나리 이후에도 10여 개의 소극장을 더 세운 혼다카즈오의 노력 덕분이다. 그는 지금도 후학을 양성하면서 무대에서 연기를 하기도 한다. 시모키타자와 주변에 있는 소극장 더스즈나리ザ·スズナリ, 혼다극장本多劇場, 에끼마에극장駅前劇場, 오프오프시어터OFF OFFシアター, 게키소극장「劇」小劇場, 소극장라쿠엔小劇場 楽園, 시어터711シアタ-711, 소극장B1小劇場B1 이렇게 총 8군데를 모두 혼다극장그룹에서 운영한다. 시모키타자와의 소극장을 대표하는 곳은 혼다극장으로 386석의 관객석을 갖추고 있다. 또한 게키소극장은 130석의 작은 규모이지만 인기 있는 작품을 많이 올려 관객이 많이 찾는다. 시모키타자와에 자리한 소극장들은 일본 소극장 연극의 중심지이기도 하다.

혼다극장(本多劇場)

게키소극장(「劇」小劇場)

홈페이지 www.honda-geki.com 찾아가기 오다큐(小田急) 오다큐선(小田原線), 게이오(京王) 이노카시라선(井の頭線)의 시모키타자와(下北沢)역 동쪽출구(東口)에서 도보 1~7분 거리 입장료 ¥2,000~8,000(작품에 따라 다름) 운영시간 공연시간에 따라 다름 귀띔 한마디 시모키타자와에는 도보 1~5분이면 이동 가능한 지역에 소극장이 모여 있어 장소에 구애받지 않고 보고 싶은 작품을 골라서 볼 수 있다.

✓ 불타는 금요일을 보내기 위해 시모키타자와를 찾는 20대가 많아 젊음의 활기가 느껴진다.

수준 높은 공연이 열리는 동네 문화센터 ★★★☆☆
키타자와타운홀 北沢タウンホール, KITAZAWA TOWN HALL

연극, 음악, 강연 등의 용도로 사용하는 다목적 문화홀이다. 시모키타자와에는 작은 규모의 소극장이 대부분이라 관객이 많이 찾는 유명한 공연은 300평의 메인홀이 있는 키타자와타운홀을 이용하기도 한다. 겉으로 보기에는 동네 문화센터 같지만, 지역의 특성상 실력 있는 예술가들의 공연이 수시로 개최된다.

홈페이지 www.setagaya.co.jp 주소 東京都 世田谷区 北沢 2-8-18 문의 03-5478-8006 찾아가기 오다큐(小田急) 오다큐선(小田原線), 게이오(京王) 이노카시라선(井の頭線)의 시모키타자와(下北沢)역에서 도보 4분 운영시간 및 입장료 공연 및 이벤트에 따라 다름 귀띔 한마디 보고 싶은 공연이 있는지는 홈페이지에서 미리 확인하고 예약하는 것이 좋다.

시모키타자와를 대표하는 클럽+라이브하우스 ★★★★☆
클럽큐 クラブキュー, CLUB Que

1994년 문을 연 라이브하우스로 시모키타자와 대표 클럽이다. 라이브하우스에 디제잉을 최초로 접목시킨 곳으로도 유명하다. 라이브뮤직을 클럽감각으로 즐길 수 있어 큰 인기를 끌고 있으며, 수용인원도 280명이나 된다. 음악장르는 록과 팝이 주를 이루며, 인기뮤지션이 나올 때는 사전예약제로 판매하지만 조기마감 되는 경우가 많다.

홈페이지 www.ukproject.com/que 주소 東京都 世田谷区 北沢 2-5-2 ビッグベンビル B2F 문의 03-3412-9979 찾아가기 오다큐(小田急) 오다큐선(小田原線), 게이오(京王) 이노카시라선(井の頭線)의 시모키타자와(下北沢)역에서 도보 3분 입장료 ¥ 2,000~5,000(공연 및 이벤트에 따라 다름) 영업시간 16:00~ 당일권 판매(공연 및 이벤트에 따라 다름) 귀띔 한마디 금요일, 토요일, 공휴일 전날에는 DJ가 진행하는 각종 이벤트가 열려서 더 즐겁다.

신인 뮤지션을 배출하는 인기 라이브하우스 ★★★★☆
쉘터 シェルター, SHELTER

1991년에 문을 연 인기 라이브하우스다. 로프트프로젝트LOFT Project의 자매점으로 록의 성지로 불린다. 자유로운 인디음악을 연주하는 시모키타자와의 라이브밴드 스타일을 '시모키타계下北系'라고 하는데, 시모키타계 3단계 오디션을 통해 실력 있는 신인을 발굴한다. 물론 신인만 연주하는 것이 아니라 쉘터에서 데뷔한 뮤지션도 이곳에서 공연한다. 공연은 보통 스탠딩으로 진행되며, 200명가량을 수용한다.

홈페이지 www.loft-prj.co.jp/SHELTER 주소 東京都 世田谷区 北沢 2-6-10 仙田ビル B1 문의 03-3466-7430 찾아가기 오다큐(小田急) 오다큐선(小田原線), 게이오(京王) 이노카시라선(井の頭線)의 시모키타자와(下北沢)역에서 도보 4분 입장료 ¥2,000~5,000(공연 및 이벤트에 따라 다름) 영업시간 18:00~(공연 및 이벤트에 따라 다름) 귀띔 한마디 티켓은 인터넷판매를 하지 않아 예약이 불가능하고 공연시간 전에 가서 구입해야 한다.(단, 회원은 전화 예약 가능)

한 건물에 자리한 인기 라이브하우스 2곳 ★★★★☆

클럽251&포포티 CLUB251&440

클럽251

클럽251은 1993년에 문을 연 라이브하우스이다. 스탠딩으로는 300명 정도 수용 가능한 규모로, 현대 예술작품같이 꾸민 입구가 인상적이다. 라이브공연, DJ 이벤트, 연극까지 다양한 장르의 공연을 볼 수 있다. 클럽251에서 운영하는 또 다른 라이브하우스 440(포포티)는 클럽251의 바로 위 1층에 있다. 좌석 80석을 갖추었고 스탠딩으로는 더 많은 인원을 수용할 수 있는 어쿠스틱 라이브하우스이다. 점심에는 비프스튜ビーフシチュー, 드라이카레ドライカレー, 스팸과 계란프라이덮밥スパム目玉丼 등의 음식도 판매한다.

포포티

홈페이지 www.club251.com 주소 東京都 世田谷区 代沢 5-29-15 SYビル 문의 **클럽251** 03-5481-4141 **포포티** 03-3422-9440(16:00~) 찾아가기 오다큐(小田急) 오다큐선(小田原線), 게이오(京王) 이노카시라선(井の頭線)의 시모키타자와(下北沢)역에서 도보 7분 입장료 ¥2,000~5,000(공연 및 이벤트에 따라 다름) 영업시간 **클럽251** 18:00~(공연 및 이벤트에 따라 다름) **포포티** 런치 11:30~16:00(L.O. 15:30), 바 라이브공연 후~02:30(L.O. 02:00) 귀띔 한마디 인터넷으로 예약이 가능하니 보고 싶은 라이브는 예약하자.

Tip

시모키타자와의 풍경

노면전차가 지나다니는 모습이 정감 있는 시모키타자와를 돌아다니다 보면 독특한 벽화와 크래피티아트, 귀여운 장식물 등을 거리 곳곳에서 흔하게 발견할 수 있다. 전문가의 작품이 아니라 어딘지 부족해 보이기도 하지만 실력보다 강렬한 열정이 담겨 있어 시모키타자와만의 독특한 개성이 느껴진다. 시모키타자와에는 반드시 봐야 할 유명한 장소도 없고 어디서나 눈에 띄는 랜드마크도 없다. 대신 관심 없이 지나치면 모르고 지나갈 작은 볼거리로 가득하다. 평소보다 천천히 걸으면서 눈으로 꼼꼼하게 스캔하면서 걷다 보면 사진으로 찍어서 기억하고 싶은 풍경을 많이 발견하게 될 것이다.

Section 11

Tokyo

시모키타자와에서 꼭 먹어봐야 할 먹거리

20대들의 거리 시모키타자와에는 혈기왕성한 20대의 입맛에 맞춘 자극적인 먹거리로 가득하다. 독창적인 매운맛을 자랑하는 카레집, 원두를 직접 볶아서 제대로 맛을 내는 커피숍, 모양은 투박하지만 크고 맛있는 빵집 등 'OO집'이라는 친근한 호칭이 어울리는 동네 가게가 많다. 반면에 예쁜 옷을 차려입은 여성들이 브런치를 즐기러 찾을 것 같은 분위기 좋은 카페도 흔하다. 어디를 가든 지나치게 비싸지도 않고 양도 많은 편이라 배고픈 청춘들도 만족할 수 있다.

깜짝 놀랄 만큼 매운 수프카레 ★★★★☆

매직스파이스 Magic Spice

치킨수프카레
샤프란라이스

수프카레는 '소토아얌SOTO AYAM'이라는 이름의 인도네시아요리이다. 일본에서는 겨울이 길고 매서운 홋카이도 삿포로札幌지역에서 먹기 시작했고, 감기도 뚝 떨어지게 하는 강력한 맛이 입소문을 타고 전국에 널리 알려졌다. 매직스파이스의 삿포로본점보다 더 많은 사람이 찾는 곳이 도쿄에 수프카레의 매력을 알린 시모키타자와점이다.

매운맛의 정도는 조절이 가능한데, 매운 것을 못 먹는 일본이라고 만만하게 보고 제일 매운 것을 선택하면 눈물과 콧물을 한 바가지 흘리게 된다. 인도네시아의 각종 향신료로 만든 매운맛이라 익숙하지 않은 알싸한 향이 코 속 세포를 자극하기 때문이다. 수프카레에 들어가는 고기는 치킨, 비프, 포크, 햄버그, 시푸드 중에서 선택할 수 있다. 제일 인기 많은 메뉴는 닭다리가 통째로 들어간 치킨수프카레チキンのスープカレー이다. 달콤한 파인애플 한 조각이 함께 나오는 노란색 밥은 나시쿠닝Nasi Kuning이라고 하는 샤프란라이스로 수프카레와 잘 어울린다.

홈페이지 www.magicspice.net 주소 東京都 世田谷区 北沢 1-40-15 문의 03-5454-8801 찾아가기 오다큐(小田急) 오다큐선(小田原線), 게이오(京王) 이노카시라선(井の頭線)의 시모키타자와(下北沢)역에서 도보 7분 가격 ¥1,000~1,500 영업시간 월요일, 수~금요일 11:30~15:00, 17:30~23:00, 주말 및 공휴일 11:30~23:00 휴무 화요일과 수요일 귀띔 한마디 매직스파이스의 인스턴트 제품들은 대형마트나 슈퍼마켓에서도 판매한다.

✓ 시모키타자와지역의 레스토랑은 가격대가 높지 않아 현금으로 계산해야 하는 곳이 많으니 현금을 넉넉히 준비하자.

한국의 죽 같은 오지야를 전문으로 파는 카페 ★★★☆☆

비오오지얀카페 시모키타자와 bio ojiyan cafe 下北沢

넓고 쾌적한 카페에서 분위기 있게 즐기는 런치로 유명하다. 정식, 덮밥, 파스타, 샐러드, 디저트류와 커피 등을 판매하는데, 인기메뉴는 오지야オジヤ이다. 오지야는 다시국물에 밥을 넣고 끓인 죽 같은 음식으로 속이 안 좋을 때 따뜻하게 한 그릇 먹으면 기운이 난다. 계란이 들어간 담백한 오지야 위에는 문어 모양으로 잘라서 구운 빨간색 비엔나소시지와 튀겨서 설탕을 묻힌 빵 한 조각, 파, 김, 깨 등이 올라간다. 추가 토핑으로 명란젓, 김치, 낫또 등을 올릴 수 있다. 일본에는 죽전문점이 흔하지 않은데, 소화가 잘되는 죽이 먹고 싶을 때 찾아가면 좋다.

오지야

주소 東京都 世田谷区 代田 5-35-25 문의 03-5486-6997 찾아가기 오다큐(小田急) 오다큐선(小田原線), 게이오(京王) 이노카시라선(井の頭線)의 시모키타자와(下北沢)역 서쪽출구(西口)에서 도보 3분 가격 ¥1,000~2,000 영업시간 11:00~20:00 귀띔 한마디 내부에 장식된 사진과 그림 작품들도 감상하자.

정겹게 맛있는 카레라이스집 ★★★★★

나스오야지 茄子おやじ

밖에서 보면 어디에나 있을 법한 흔한 밥집처럼 보이지만 시모카타자와의 분위기가 살아있다. 유행하는 인기 가요가 아닌 BGM이 흐르고, 카페처럼 꾸며져 있다. 나스는 가지를 오야지는 아저씨를 뜻하는 말이다. 가게이름에서도 알 수 있듯이 카레에는 야채가 많이 들어간다. 또한, 양파를 오래 볶아서 캬라멜라이즈한 단맛이 나는 것이 특징이다. 인기 메뉴는 모든 재료가 들어간 스페셜 카레로 쇠고기, 닭고기, 버섯, 가지, 토마토, 당근, 삶은계란 등이 들어간다.

주소 東京都世田谷区代沢5-36-8 アルファビル 1F 문의 03-3411-7035 찾아가기 오다큐(小田急) 오다큐선(小田原線), 게이오(京王) 이노 카시라선(井の頭線)의 시모키타자와(下北沢)역에서 도보 5분 영업시간 12:00~22:00 가격 ¥1,000~2,000

커피 젤리가 들어간 커피를 파는 원두전문점 ★★★★☆

몰디브 モルティブ, MOLDIVE

1984년에 문을 연 원두커피전문점이다. 원두도 직접 로스팅해 판매하는 곳으로 향긋한 커피 향이 은은하게 퍼져 나온다. 원두를 맛있게 추출할 수 있는 커피필터와 드리퍼 등 각종 기구도 함께 판매한다. 맛있는 커피를 누구나 맛볼 수 있도록 테이크아웃 커피도 판매한다. 지금은 일반 커피체인점에서도 여름메뉴로 출시하는 커피 젤리가 들어간 카페오레젤리カフェオレゼリー도 예전부터 판매했다. 커피를 큐브모양의 얼음으로 만들어 우유에 넣어 만든 카페오레큐브カフェオレキューブ는 얼음이 녹을수록 커피 맛이 진해진다.

카페오레젤리

주소 東京都 世田谷区 北沢 2-14-7 문의 03-3410-6588 찾아가기 오다큐(小田急) 오다큐선(小田原線), 게이오(京王) 이노카시라선(井の頭線)의 시모키타자와(下北沢)역에서 도보 3분 가격 ¥300~500 영업시간 10:00~21:00
귀띔 한마디 안젤리카에서 갓 구운 빵을 사고 몰디브에서 커피 한 잔을 사서 같이 먹으면 딱 좋다.

깊은 향과 부드러운 맛의 블랙커피전문점 ★★★★★

스지가네 코히바이센쇼 筋金珈琲焙煎所 Sujigane Coffee Roaster

금연, 통화금지, 중학생 이하 출입금지! 커피만은 괜찮지만, 케이크만 주문하는 것도 금지! 조건이 많은 만큼 바리스타가 정성껏 만드는 커피의 맛과 향을 편안히 즐기기 위한 모든 것을 갖췄다. 직접 로스팅한 원두는 주문 후 향이 최대한 살아있도록 1인분씩(36g) 그라인딩하여 바리스타가 한 잔씩 시간을 들여 유출한다. 커피잔과 받침은 내열유리로 만든 파이어킹제다이FireKing Jade-ite를 사용하는데, 목 넘김까지 부드러운 커피의 매끈함은 푸른빛이 도는 잔에 입술을 대는 순간부터 느낄 수 있다.

홈페이지 cafeuse.com 주소 東京都 世田谷区 北沢 3-31-3 문의 03-3466-5058 찾아가기 오다큐(小田急) 오다큐선(小田原線), 게이오(京王) 이노카시라선(井の頭線)의 시모키타자와(下北沢)역 북쪽출구(北口)에서 도보 8분 거리 가격 ¥500~1,200 영업시간 10:00~21:00 휴무 월요일

Section 12

Tokyo

시모키타자와에서 놓치면 후회하는 쇼핑

시모키타자와에는 다른 곳에서는 볼 수 없는 재미있는 가게가 많다. 오래된 물품을 중고로 판매하는 가게, 아이들보다 장난감을 수집하는 어른들이 더 좋아할 독특한 장난감, 저렴하고 개성 있는 패션 소품, 인디밴드의 노래가 담긴 음반 등 시모키타자와까지 와야만 하는 이유 중 하나는 쇼핑이다. 편의상 시모키타자와역을 중심으로 남쪽과 북쪽으로 나누어서 소개한다.

시모키타자와역 남쪽과 동쪽에 있는 상가들 ★★★★☆

시모키타자와 남쪽 상점가

시모키타자와역을 중심으로 남동쪽과 북서쪽을 전차 선로가 반듯하게 가르고 있다. 그래서 남쪽과 동쪽은 이동하기 편하게 연결되어 있고 북쪽이나 서쪽으로 이동하려면 선로를 건너야 한다. 역을 중심으로 도보 10분 이내 지역의 가게를 소개하지만, 여기서 미처 소개하지 못한 지역까지도 개성 있는 가게와 음식점이 계속 이어진다. 작은 가게가 많고 소자본으로 운영하는 곳이 많다. 눈에 잘 안 보이는 골목 안쪽, 건물 지하, 건물 위층까지 꼼꼼하게 살펴보면 재미있는 가게를 금방 발견하게 될 것이다.

찾아가기 오다큐(小田急) 오다큐선(小田原線), 게이오(京王) 이노카시라선(井の頭線)의 시모키타자와(下北沢)역 하차

✓ 앤티크, 중고, 장난감, 인디음악에 관심 있는 사람에게 시모키타자와는 보물창고이다.

시모키타자와 남쪽 상점가 추천 숍

일본의 옛날 물건이 많은 앤티크 잡화점

안티카유 あんてぃかーゆ, Antiquaille

시모키타자와에 문을 연 지 30년 정도 된 앤티크 잡화점이다. 안티카유는 불교용어로 '고물, 시대에 뒤진 사람'이라는 뜻이다. 19세기 중반 일본에서 사용하던 물건들을 주로 취급한다. 상품 자체는 깨끗하지만 빛바랜 느낌이 향수를 불러일으킨다. 지금처럼 기술이 발달하지 않았을 때 사용하던 옛 사이다 용기 라무네병(ラムネ瓶), 1900년대 초중반에 사용하던 도자기 그릇, 1950년대에 사용하던 생활용품 등을 구경할 수 있다.

홈페이지 antiquaille.jp **주소** 東京都 世田谷区 北沢 2-5-8 **문의** 03-3419-1033 **찾아가기** 시모키타자와(下北沢)역에서 도보 3분
영업시간 평일 11:00~18:00, 주말 및 공휴일 11:00~17:30 **휴무** 매주 화~수요일

다양한 종류의 중고책을 파는 서점

고쇼비비비 古書ビビビ

만화책, 소설책, 사진집, 잡지 같은 일반서적부터 건축, 디자인 등의 전문 서적까지 다양한 책을 중고로 판매하는 서점이다. DVD 및 피규어, 아동서적까지 갖추고 있다. 내부도 넓고 깔끔하게 정리되어 있어 낡은 중고서점 느낌이 나지 않는다. 중고의 최대 장점은 절판된 책도 살 수 있다는 점이다. 특별히 원하는 중고서적이 있다면 메일이나 전화문의도 가능하다.

홈페이지 bi-bi-bi.net **주소** 東京都 世田谷区 北沢 1-40-8 **문의** 03-3467-0085 **찾아가기** 시모키타자와(下北沢)역에서 도보 8분 **영업시간** 12:00~21:00 **휴무** 화요일

질과 양을 모두 잡은 중고음반전문점

디스크유니온 ディスクユニオン, disk union

음악장르를 세분화하여 전문적으로 다루는 음반전문점이다. 시모키타자와점은 록, 재즈, 소울 등의 특정 음악장르의 중고 CD 및 레코드를 모아 판매한다. 인디밴드의 중심지인 시모키타자와답게 펑크 및 인디즈 등의 음반을 모아 놓은 셀렉트코너도 있다. 음악에 해박한 직원에게 어떤 상품을 사야 좋을지 상담할 수도 있다. 음악 관련 서적 및 게임, 음악 밴드의 티셔츠, 팬을 위해 제작한 오리지널상품 등도 취급한다.

홈페이지 diskunion.net **주소** 東京都 世田谷区 北沢 1-40-6 **문의** 03-3467-3231 **찾아가기** 시모키타자와(下北沢)역에서 도보 8분 **영업시간** 11:00~20:00 **귀띔 한마디** 일본의 인디음악을 들으러 시모키타자와를 찾은 사람에게 추천한다.

재미있는 잡화를 판매하는 즐거운 서점

빌리지뱅가드 ヴィレッジヴァンガード, village vanguard

잡화와 책을 같이 판매하는 빌리지뱅가드는 클럽과 할인점 돈키호테를 섞어 놓은 것 같은 엔터테인먼트 서점이다. 1986년에 나고야(名古屋)에서 시작해서 지금은 전국에 400개가 넘는 점포를 가지고 있다. 벽을 중심으로 책이 테마별로 묶여 꽂혀 있고 중간에는 재미있는 아이디어상품이 테마별로 진열되어 있다. 어두운 실내에는 신나는 음악이 흘러나오고 바닥부터 천장까지 꽉 차 있는 현란한 물건이 혼을 쏙 빼놓는다.

홈페이지 www.village-v.co.jp **주소** 東京都 世田谷区 北沢 2-10-15 **문의** 03-3460-6145 **찾아가기** 시모키타자와(下北沢)역에서 도보 3분 **영업시간** 11:00~23:00 **귀띔 한마디** 빌리지뱅가드에서 파는 상품은 책과 잡화 모두 일본의 도서상품권으로 구입이 가능하다.

시모키타자와역 북쪽과 서쪽의 상점들 ★★★★☆

시모키타자와 북쪽 상점가

시모키타자와역 북쪽출구로 나가면 작은 앤티크 잡화점과 빈티지 옷가게 등 개성 있고 재미있는 가게들이 즐비하다. 차 한 대 겨우 지나다닐 수 있는 좁은 골목길이 얼기설기 이어지는데, 골목 사이사이까지 가게가 있다. 시모키타자와 남쪽 상점가와 비슷한 분위기지만, 규모가 크고 세련된 가게가 많다. 시모키타자와의 또 다른 면모는 단독주택이 많은 서쪽이다. 조용하고 평온한 일본 주택가가 궁금하다면 잠깐 산책해보는 것도 좋다.

찾아가기 오다큐(小田急) 오다큐선(小田原線), 게이오(京王) 이노카시라선(井の頭線)의 시모키타자와(下北沢)역 북쪽출구(北口)

시모키타자와 북쪽 상점가 추천 숍

가구까지 있는 앤티크 생활용품점

앤티크라이프진 アンティークライフ ジン, ANTIQUE LIFE JIN

1982년에 오픈한 앤티크 생활용품점이다. 테이블, 찻상, 받침대, 의자, 컬렉션 케이스, 전등 등이 다양하게 진열되어 있다. 앤티크가구 및 액세서리는 제작상품도 많다. 모자, 빨래 바구니, 수납상자 등의 생활용품도 있고 일본색이 느껴지는 전통잡화 및 고양이 캐릭터용품 등 귀여운 물건도 다양하게 갖추고 있어 기념품을 구입하기도 좋다.

홈페이지 www.antiquelife-jin.com **주소** 東京都 世田谷区 北沢 2-30-8 **문의** 03-3467-3066 **찾아가기** 시모키타자와(下北沢)역 북쪽출구(北口)에서 도보 5분 **영업시간** 평일 12:30~18:30, 주말 및 공휴일 11:30~18:30

시모키타자와를 대표하는 창고형 쇼핑몰

토요백화점 東洋百貨店, Toyo Department

빈티지의류와 액세서리 등을 판매하는 상점 22곳이 모인 빈티지백화점이다. 건물도 빈티지스럽게 창고형이며 작은 가게가 오밀조밀 모여 있어 낮에도 어둡다. 알록달록한 빈티지 옷이 어지럽게 널려있는 토요백화점 안은 별세계이다. 입구에 있는 가게는 자전거와 여성복을 판매하는 오션비엘브이디(Ocean B.L.V.D)이다. 재미있고 귀여운 잡화를 판매하는 핫카텐(発火点), 웃긴 티셔츠를 제작 판매하는 카미카제스타일(カミカゼスタイル), 새끼 고양이 로고가 인상적인 삼비끼코네코(3びきの子ねこ), 모자와 수입잡화를 판매하는 리틀타바사(Little TABATHA) 등이 있다.

홈페이지 www.k-toyo.jp **주소** 東京都 世田谷区 北沢 2-25-8 **문의** 03-3468-7000 **찾아가기** 시모키타자와(下北沢)역 북쪽출구(北口)에서 도보 2분 **영업시간** 12:00~20:00 **귀띔 한마디** 자신의 좋아하는 스타일을 떠나 관광지라고 생각하고 들어가서 구경하자.

커다란 플라밍고가 장식된 미국의 중고의류숍
플라밍고 フラミンゴ, FLAMINGO

미국 중고의류를 꼼꼼하게 선별하여 질 좋은 것만 판매하는 중고전문 편집숍이다. 빈티지가구로 채운 실내는 푸근하며, 플라밍고 패션 스타일에 어울리는 액세서리 및 가방 등도 판매한다. 좋은 질에 비해 가격도 저렴해 시모키타자와에서도 인기 숍이다. 정신없이 쌓인 중고숍에서 옷을 고르지 못하는 사람도 편하게 이용할 수 있다.

홈페이지 www.tippirag.com **주소** 東京都 世田谷区 北沢 2-25-12 **문의** 03-3467-7757 **찾아가기** 시모키타자와(下北沢)역 북쪽출구(北口)에서 도보 5분 **영업시간** 평일 12:00~21:00, 주말 및 공휴일 11:00~21:00

빨간 하이힐의 오브제가 인상적인 빈티지 패션숍
헤이트&아슈버리 ヘイトアンドアシュバリー, HAIGHT&ASHBURY

가게 앞에 놓인 커다란 빨간 하이힐 오브제가 눈길을 끄는 빈티지&앤티크 패션숍이다. 1800~1990년대의 스타일을 미국, 유럽 등의 서양권을 중심으로 수입해 판매한다. 여성복만 있는 것이 아니라 남성복도 판매하고 앤티크코너도 따로 마련되어 있다. 어딘가에서 본 적 없는 독특한 스타일이 많고 국적 불명의 묘한 분위기를 풍기는 장식들이 매력적이다.

홈페이지 haightandashbury.com **주소** 東京都 世田谷区 北沢 2-37-2 パラツィーナ 2F **문의** 03-5453-4690 **찾아가기** 시모키타자와(下北沢)역 북쪽출구(北口)에서 도보 4분 **영업시간** 평일 13:00~21:00, 주말 12:00~21:00 **귀띔 한마디** 매장은 계단을 올라 2층에 있다.

패셔너블한 중고의류 편집숍
위고 시모키타자와점
ウィゴー 下北沢 WEGO Shimokitazawa

10~20대 초반의 학생들에게 인기 많은 중고의류 편집숍이다. 스트리트패션으로 유명한 하라주쿠 스타일로, 종류도 많고 가격도 저렴하다. 원색의 강렬한 마네킹과 매장에서 크게 흘러나오는 신나는 음악은 클럽 같은 분위기이다. 빈티지가 강한 시모키타자와의 중고숍에 비해 트렌디하여 일상복으로도 손색이 없다. 넓은 매장 안은 옷의 종류와 색상별로 정리도 깔끔하게 되어 있어서 구경하기 편하다.

홈페이지 www.wego.jp **주소** 東京都 世田谷区 北沢 2-29-3 **문의** 03-5790-5525 **찾아가기** 시모키타자와(下北沢)역 북쪽출구(北口)에서 도보 4분 **영업시간** 11:00~20:00 **귀띔 한마디** 도쿄의 대표적인 위고의 매장은 하라주쿠점이다.

20대 후반부터 30대 초반을 위한 옷가게
쓰리쿼터 3/4, three quarter

좋은 소재를 바탕으로 심플하지만 트렌드에 맞춘 디자인을 추구하는 옷가게이다. 옷은 모두 일본에서 만들어 질이 좋다. 시모키타자와의 옷가게가 대부분 20대 초반을 겨냥하는데, 쓰리쿼터는 20대 후반에서 30대 초반에게 어울리는 옷을 판매한다. 하얀 벽과 나무로 된 문, 사각형 창문 등 가게 외관까지 깔끔하면서도 편안한 느낌이다.

홈페이지 www.harmonyinc.co.jp **주소** 東京都世田谷区北沢2-31-1 **문의** 03-3468-0004 **찾아가기** 시모키타자와역(下北沢駅) 북쪽출구(北口)에서 도보 2분 **영업시간** 12:00~19:00

Part 07

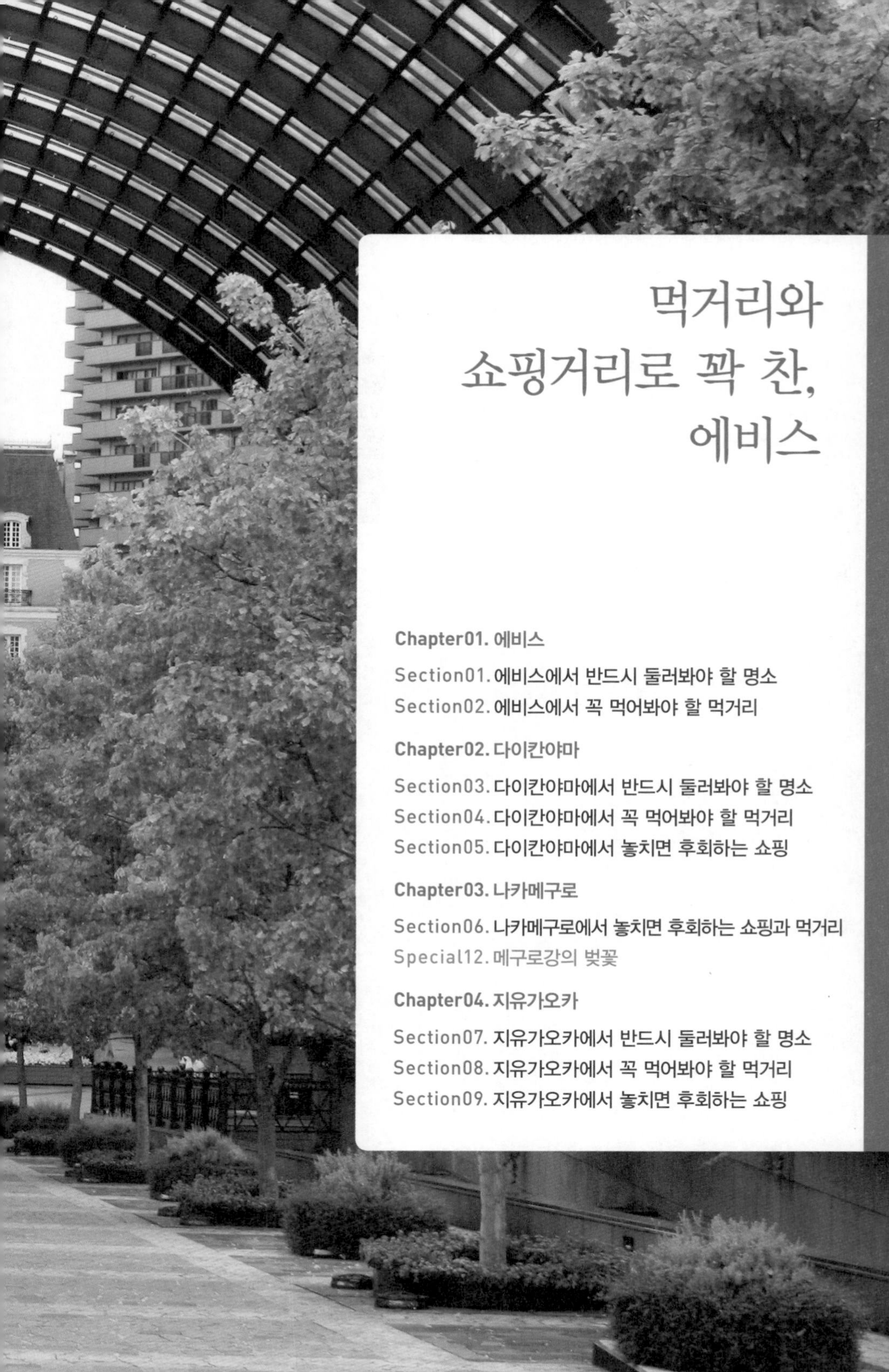

먹거리와 쇼핑거리로 꽉 찬, 에비스

한눈에 살펴보는 에비스지역

에비스지역은 전체적으로 도쿄의 부자들이 거주하는 고급 주택지이다. 거리는 조용하고 깨끗하며 고급 레스토랑, 개성 있는 숍이 심심치 않게 나타난다. 먼저 에비스에는 에비스맥주 공장 부지였던 곳에 세워진 복합문화상업시설 에비스가든플레이스와 최고급 프렌치레스토랑 조엘조부숑이 있다. 일본의 유명 건축가들이 지은 멋진 건축이 늘어서 있는 다이칸야마는 골목 안쪽까지 재미있는 가게로 가득한 쇼핑의 천국이다. 봄이 되면 벚꽃이 메구로강 위를 분홍빛으로 물들이는 나카메구로는 따로 설명이 필요 없을 만큼 매력적이지만, 벚꽃을 볼 수 없을 때도 빈티지와 앤티크로 특성화된 숍들이 매력을 발산한다. 유명한 파티시에가 만드는 달콤한 스위츠전문점과 아기자기한 잡화점으로 중무장한 지유가오카는 여성들을 위한 천국이다. 쇼핑이나 맛집에 관심이 없는 사람에게 에비스지역은 그저 깔끔한 주택가로 보일 수 있지만, 속속들이 파헤쳐보면 맛있는 먹거리와 독특한 쇼핑거리로 꽉 찬 멋진 여행지이다.

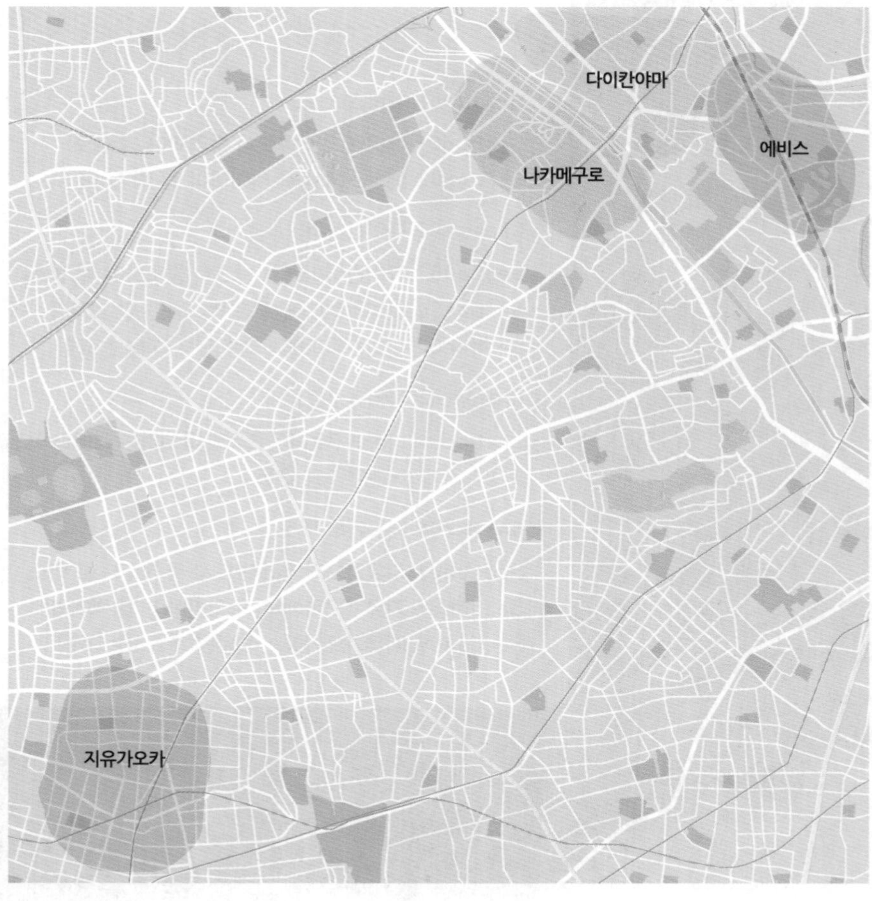

다이칸야마
에비스
나카메구로
지유가오카

에비스지역에서 이동하기

에비스역을 중심으로 지하철 및 전철을 이용해 이동하고 해당 역을 중심으로 걸어 다니면서 구경한다. 에비스와 다이칸야마 사이에는 독특한 편집숍이 많으니 천천히 걸어가면서 여행을 즐기면 된다. 전차 이용 시 환승이 필요하며 버스로도 이동할 수 있지만 구간에 따라서는 지하철 및 전차보다 요금도 더 비싸고 편수도 적어 불편하다.

• 도쿄 ↔ 에비스

출발역	탑승열차	경유역	환승역	경유역	도착역	이동시간	도보이동 시	요금
도쿄(東京)	JR 야마노테선(山手線) 외선순환 시나가와(品川), 시부야(渋谷)행	9개	–	–	에비스(恵比寿)	21분	113분(7.6km)	¥200
	도쿄메트로 마루노우치선(丸ノ内線) 오기쿠보(荻窪)행	2개	카스미가세키(霞ケ関) 도쿄메트로 히비야선(日比谷線) 나카메구로(中目黒)행	4개		21분		¥200

• 신주쿠역 ↔ 에비스

출발역	탑승열차	경유역	환승역	경유역	도착역	이동시간	도보이동 시	요금
신주쿠(新宿)	JR 야마노테선(山手線) 내선순환 시나가와(品川), 시부야(渋谷)행	4개	–	–	에비스(恵比寿)	9분	75분(5km)	¥160

• 에비스 ↔ 다이칸야마, 나카메구로, 메구로, 지유가오카

출발역	탑승열차	경유역	환승역	경유역	도착역	이동시간	도보이동 시	요금
에비스(恵比寿)	JR 야마노테선(山手線) 외선순환 시나가와(品川), 시부야(渋谷)행	1개	시부야(渋谷) 도큐 도요코선(東急東横線) 모토마치(元町)·주카가이(中華街)행	1개	다이칸야마(代官山)	14분	12분(0.85m)	¥260
	도쿄메트로 히비야선(日比谷線) 나카메구로행(中目黒行)	1개	나카메구로(中目黒) 도쿄 도요코선 이케부쿠로행	1개				¥280
	도쿄메트로 히비야선 나카메구로행	1개	–	–	나카메구로(中目黒)	3분	15분(1km)	¥170
	JR 야마노테선 외선순환 시나가와, 시부야행	1개	–	–	메구로(目黒)	2분	22분(1.5km)	¥140
	JR 야마노테선 외선순환 시나가와, 시부야행	1개	시부야(渋谷) 도큐 도요코선 급행 모토마치·주카가이행	3개	지유가오카(自由が丘)	21분	97분(6.5km)	¥300
	도쿄메트로 히비야선 나카메구로행	1개	나카메구로(中目黒) 도큐 도요코선 모토마치·주카가이행	4개		12 분		¥330

Chapter 01

에비스

恵比寿

Ebisu

★★★☆☆
★★★★★
★★★☆☆

에비스는 감각 있는 부자들이 사는 동네이다. 수많은 인파에 치여 다녀야 하는 시부야 옆이라는 것이 믿기지 않을 정도로 여유롭다. 에비스에서 빼먹으면 안 되는 최대 볼거리는 에비스가든플레이스로, 꽃으로 가득한 화단과 붉은 벽돌 건물들이 마치 유럽에 와 있는 것 같은 느낌을 준다. 반면 에비스역 주변으로는 저녁 무렵이 되어서야 문을 여는 타치노미야(立ち飲み屋, 서서 마시는 술집)가 심심치 않게 보인다. 에비스역과 시부야역 사이, 에비스역과 다이칸야마역 사이에는 분위기 좋은 카페와 취향이 확실한 편집숍들이 있다. 에비스의 최대 매력은 다양한 맛집이다. 예약도 하기 힘든 미슐랭 별 3개짜리 고급 레스토랑부터, 줄 서서 기다리는 것을 각오해야 하는 라멘집까지 일본에서 최고로 인정받는 요리들을 맛볼 수 있다.

嘉紀の一言

요시노리의 한마디

분위기도 낭만적이고 맛집이 많아 사랑하는 사람과 함께 데이트하기 좋다.

에비스를 잇는 교통편

에비스는 도쿄의 주요 관광지로 이동하기 용이한 JR 야마노테선을 이용할 수 있어 다른 지역에서 이동하기도 편하다. 바닷가까지 연결된 JR 사이교선과 쇼난신주쿠라인도 있어 오다이바나 요코하마에서 가기도 편하다. 또한 도쿄메트로 히비야선은 나카메구로, 히로오, 롯폰기, 긴자, 츠키지, 닌교초, 아키하바라, 우에노 등의 인기 관광지와 연결된다.

에비스역(恵比寿駅) JR ▌야마노테선(山手線), ▌사이쿄선(埼京線), ▌쇼난신주쿠라인(湘南新宿ライン) ● 히비야선(日比谷線)

에비스에서 이것만은 꼭 해보자

1. 에비스가든플레이스의 아름다운 정원을 산책하자!
2. 최고급 레스토랑에서 우아하게 식사를 즐기자!
3. 저렴한 타치노미야(서서 마시는 술집)에서 현지인들 틈에 섞여 가볍게 한잔하자!

사진으로 미리 살펴보는 에비스 베스트코스

에비스로의 여행을 계획하는 단계에서 인기 프렌치레스토랑 조엘로부숑에 런치를 예약하자. 예약이 성공되었으면 예약시간에 맞춰서 예쁘게 차려입고 가면 된다. 에비스가든플레이스 중앙에 있는 고성 안에서 우아하게 프랑스요리를 즐기고 난 후에는 소화도 시킬 겸 산책을 한다. 산책하다가 목이 마르면 에비스맥주기념관으로 가서 가이드투어에 참가한다. 견학 후에는 맛있는 에비스맥주를 시음할 수 있다. 쇼핑을 하고 싶다면 에비스 미츠코시백화점을 한 바퀴 돌고 에비스역에 있는 아토레 에비스도 구경하자. 점심 먹은 것이 소화되었다면 아후리에서 맛있는 라멘을 먹고 마무리로 스탠딩바 큐에 가서 맛있는 안주와 술로 즐거운 시간을 보내자.

1 먹고 마시며 즐기는 에비스 하루 코스(예상 소요시간 5시간 이상)

에비스 恵比寿

블락카우즈
BLACOWS
아쿠이유
accueil
우체국
駒沢通り
明治通り
아후리 에비스
阿夫利 恵比寿
경찰서
타이야키히이라기
たいやきひいらぎ
2
[JY21] [JA09] [H02]
에비스역
1
아토레 에비스
アトレ恵比寿
르파르크
Le Parc
3
서쪽출구
동쪽출구
4
쇼다이
初代
5
파르테노페
Partenope
큐 에비스점
Q 恵比寿店
에비스맥주기념관
ヱビスビール記念館
경찰서
에비스가든플레이스
恵比寿 GARDEN PLACE
로리스더프라임립 도쿄
Lawry's The Prime Rib Tokyo
조엘로부숑
Joël Robuchon
라부티크드 조엘로부숑
LA BOUTIQUE Joël Robuchon
경찰서
우체국
폴란드공화국대사관
알제리대사관

Section 01

Tokyo

에비스에서 반드시 둘러봐야 할 명소

에비스는 오피스와 상점가로 이루어진 지역으로, 관광 삼아 볼거리는 사실 많지 않다. 관광객보다는 도쿄에서 생활하고 있는 사람들이 친구들과 담소를 나누기 위해 만나는 장소이다. 고급스러운 분위기의 맛집이나 카페에 가거나, 유럽풍의 화사한 거리를 산책하며 편집숍에서 쇼핑하기 좋다. 관광객이 아닌 현지인처럼 도쿄의 세련된 일상을 즐기기에는 안성맞춤이다.

시원한 맥주 한잔이 생각나는 곳 ★★★☆☆

에비스역 惠比寿駅

에비스역 건물

에비스역은 원래 삿포로맥주サッポロビール의 에비스공장에서 맥주를 출하하기 위한 목적으로 1901년 건설하였다. 1906년부터는 일반 승객도 이용할 수 있는 역이 되었고 지금은 4개 선이 지나가는 도쿄의 주요 역으로 사용되고 있다. 지금은 땅값이 비싸 이전했지만, 공장이 있던 자리에 세운 에비스가든플레이스恵比寿ガーデンプレイス 안에 에비스맥주기념관恵比寿麦酒記念館이 남아있다.

에비스역 서쪽출구 앞에는 에비스맥주의 마스코트이자 칠복신 중의 하나인 에비스상이 앉아 있다. 에비스역의 발차멜로디는 에비스맥주의 CM송이다. 이 멜로디 때문에 에비스역에서 내리면 에비스맥주 CF가 떠올라 시원한 맥주 생각이 절실해진다.

에비스상

주소 東京都 渋谷区 恵比寿南 1 찾아가기 JR 야마노테선(山手線), 사이쿄선(埼京線), 쇼난신주쿠라인(湘南新宿ライン), 도쿄메트로 히비야선(日比谷線)의 에비스(恵比寿)역 귀띔 한마디 에비스맥주는 철자를 'Yebisu'라고 쓰고, 에비스역은 'Ebisu'라고 쓴다. 철자를 Yebisu라고 쓴 곳은 에비스맥주와 밀접하게 관련된 곳이라고 생각하면 된다.

✓ 화보 촬영지 같이 멋진 배경이 많으니 에비스의 분위기에 맞춰 차려입고 가자.

에비스역과 연결된 쇼핑몰

아토레에비스 アトレ恵比寿, atre Ebisu

JR 에비스역과 연결된 쇼핑몰로 1층은 서쪽, 3층은 동쪽개찰구와 연결되며 JR에서 운영한다. 1~2층은 규모가 작고 3층은 일반 백화점 지하식품매장 같다. 3층 동쪽개찰구 바로 옆에 수입식품 전문마켓 세조이시이(成城石井)가 있고 그 옆으로 도시락 및 조리식품 판매처 델리코너도 있다. 3층 일부와 4~5층까지는 여성패션 및 액세서리, 잡화 등으로 구성되어 있고 6층은 레스토랑가, 7층은 문화센터이다. 20대 여성이 선호하는 브랜드가 많고 전체적으로 분위기가 밝아 편안하게 쇼핑을 즐기기 좋다.

홈페이지 www.atre.co.jp **주소** 東京都 渋谷区 恵比寿南 1-5-5 **문의** 03-5475-8500 **찾아가기** JR 야마노테선(山手線), 사이교선(埼京線), 쇼난신주쿠라인(湘南新宿ライン)의 에비스(恵比寿)역과 연결/도쿄메트로 히비야선(日比谷線) 에비스(恵比寿)역 1번 출구에서 바로 **영업시간** 10:00~21:00, 6층 레스토랑 11:00~22:30

에비스의 랜드마크 ★★★★★

에비스가든플레이스

恵比寿ガーデンプレイス Yebisu Garden Place

카라쿠리시계 춤추는 인형

엔트런스파빌리온

중앙광장

시계탑

에비스가든플레이스는 과거 에비스맥주 공장부지였다. 지금은 삿포로맥주 본사와 오피스빌딩, 레스토랑, 미술관 등이 들어선 멀티플레이스로 변모하였다. 에비스역에서 스카이워크를 5분 정도 타면 에비스가든플레이스가 보인다. 입구에는 붉은 벽돌로 지어진 엔트런스 파빌리온Entrance Pavilion이 있는데, 매일 12시, 15시, 18시에 2층 창문이 열리면서 카라쿠리시계絡繰り時計의 경쾌한 행진곡에 맞춰 춤추는 인형을 볼 수 있다. 일부러 기다릴 만큼은 아니지만, 제시간에 도착했다면 놓치지 말자.

시계광장 중앙에 있는 조형물은 시계탑이다. 일본 인기드라마 '꽃보다 남자花より男子' 주인공이 비를 흠뻑 맞으며 여주인공을 기다렸던 곳으로, 지금도 기념사진을 찍는 팬들을 종종 볼 수 있다. 정원을 따라가다 보면 나오는 유럽풍 건물은 세계적으로 유명한 프렌치레스토랑 조엘로부숑이다. 중앙광장에서는 음악공연 및 영화상영 등의 이벤트가 수시로 열린다. 매년 크리스마스에는 일루미네이션(보통 11월~다음 해 1월)이 설치되고 광장 한가운데 세계 최대급

샹들리에

샹들리에(높이 8.4m, 폭 4.6m) 앞에서 무료 클래식공연이 펼쳐지기도 한다.
이곳에서 제일 높은 에비스가든플레이스타워 Yebisu Garden Place Tower는 지상 40층, 지하 5층으로 레스토랑, 카페, 숍 등의 상업시설이 자리한다. 타워 38~39층에는 탑오브에비스TOP OF EBISU라는 레스토랑가가 있다. 런치는 ¥1,000대로 저렴하지만, 멋진 야경을 볼 수 있는 저녁은 ¥5,000~10,000 정도의 예산이 필요하다. 레스토랑에서 식사하지 않더라도 무료전망대에서 신주쿠와 시부야 방면의 야경을 감상할 수 있다.

글라스스퀘어

무료전망대 전망

홈페이지 gardenplace.jp 주소 東京都 渋谷区 恵比寿 4-20-3 문의 03-5423-7111 찾아가기 JR 야마노테선(山手線), 사이교선(埼京線), 쇼난신주쿠라인(湘南新宿ライン) 동쪽출구(東口)에 있는 에비스 스카이워크로 도보 5분/도쿄메트로 히비야선(日比谷線)의 에비스(恵比寿)역의 1번 출구로 나와서 JR 에비스역의 서쪽출구 앞에 있는 에스컬레이터로 올라가면 동쪽출구 방면에 에비스 스카이워크가 나옴. 도보 6분 거리 가격 시설에 따라 다름(광장 및 가든 무료) 영업시간 시설에 따라 다름(광장 및 가든 24시간, 무료전망대 11:30~23:00) 귀띔 한마디 크리스마스 일루미네이션 및 이벤트 일정은 홈페이지에서 미리 확인하자.

에비스가든플레이스의 볼거리와 먹거리

미슐랭 3스타! 최고급 프랑스요리점 조엘로부숑 Joël Robuchon

도쿄는 세계적으로 유명한 최고급 맛집이 많다. 미식가들은 오직 식사를 위해 도쿄를 찾기도 하는데, 한 끼가 항공료 정도인 고급 요리도 흔하다. 조엘로부숑도 그런 레스토랑 중 하나이다. 에비스가든플레이스 정원을 따라가다 보면 유럽의 성 같은 건물이 나오는데 그 건물 전체가 조엘로부숑이다. 최소 한 달 전 예약해야 하는 2층, 3층(개별룸) 레스토랑은 디너 코스요리가 1인당 2~4만 엔 정도이다. 고급호텔 이용자라면 능력 있는 컨시어지를 통해 예약을 부탁하는 것도 좋은 방법이다.
지갑은 얇지만 분위기 한 번 내보고 싶다면 방법이 있다. 1층 라타블드 조엘로부숑(LA TABLE de Joël Robuchon)은 캐주얼하게 즐기는 모던프렌치코스를 합리적인 가격에 선보인다. 가장 저렴한 주말 런치코스는 1인당 ¥6,000(서비스차지 10% 별도)이다. 저렴한 코스라도 서비스차지와 음료까지 생각해 ¥8,000 정도 예산을 잡아야 한다. 코스요리는 기본적으로 아뮤즈부쉬(L'Amuse-bouche), 전채요리(Entrée au choix), 메인요리(Plat au choix), 커피 또는 홍차(Le Café ou thé)가 포함된다. 값이 비쌀수록 전채요리와 메인요리 숫자가 늘어난다. 미식 도시 도쿄를 제대로 느낄 수 있는 곳이다.

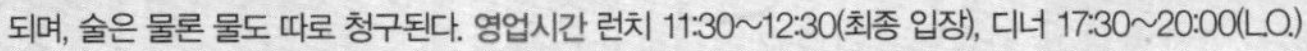

- **공통** 홈페이지 www.robuchon.jp 주소 東京都 目黒区 三田 1-13-1 恵比寿ガーデンプレイス内 귀띔 한마디 고급 레스토랑이라 여성은 구두를 신고 남성은 재킷을 걸치는 등의 드레스코드를 반드시 지켜야 한다. 7부 바지, 청바지, 티셔츠, 폴로셔츠, 운동화, 샌들 등 금지/만 10세 이하의 아동을 동반할 수 없다.
- **조엘로부숑** 문의 03-5424-1347 접수시간 11:00~21:00(예약필수) 찾아가기 에비스가든플레이스, 조엘로부숑 건물 2층, 3층 가격 **2층** ¥23,000~50,000(서비스차지 12% 별도) **3층(개별룸)** ¥20,000~60,000(서비스차지 15% 별도) 귀띔 한마디 서비스차지가 별도로 계산되어 자동으로 추가되며, 술은 물론 물도 따로 청구된다. 영업시간 런치 11:30~12:30(최종 입장), 디너 17:30~20:00(L.O.)

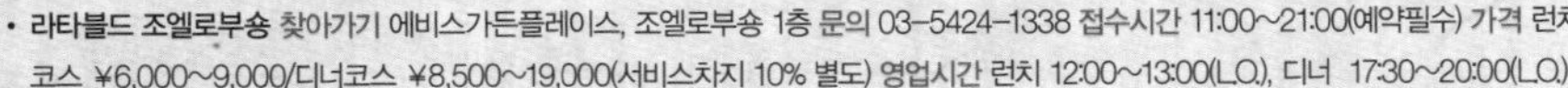

- **라타블드 조엘로부숑** 찾아가기 에비스가든플레이스, 조엘로부숑 1층 문의 03-5424-1338 접수시간 11:00~21:00(예약필수) 가격 런치코스 ¥6,000~9,000/디너코스 ¥8,500~19,000(서비스차지 10% 별도) 영업시간 런치 12:00~13:00(L.O.), 디너 17:30~20:00(L.O.)

고급스러운 빵을 만드는 베이커리
라부티크드 조엘로부숑 LA BOUTIQUE Joël Robuchon

일본에서 제일 유명한 프렌치레스토랑인 조엘로부숑에서 운영하는 베이커리이다. 식사에 비해서는 심플하지만 맛있는 프랑스 빵을 판매한다. 크루아상, 바게트 같은 일반적인 빵도 맛있고 속에 다양한 재료를 넣어 만든 빵은 한 끼 식사로도 손색이 없다. 예쁘게 장식한 조각케이크 및 달콤한 파이 등의 디저트류도 맛이 훌륭하다.

홈페이지 www.robuchon.jp 주소 東京都 目黒区 三田 1-13-1 恵比寿ガーデンプレイス内 B1F 문의 03-5424-1345 찾아가기 에비스가든플레이스, 조엘로부숑 건물 지하 1층 영업시간 09:30~20:00

미국의 프라임 립스테이크전문점
로리스더프라임립 도쿄 Lawry's The Prime Rib Tokyo

미국 로스앤젤레스의 프라임 립전문점이 2001년 도쿄 아카사카에 진출했다가 2014년 에비스가든플레이스로 이전했다. 맛있게 구운 스테이크를 전용 왜건에 담아 요리사가 눈앞에서 고기를 썰어 접시에 올려준다. 립스테이크는 일본인 특성에 맞춘 작은 사이즈 '도쿄컷'이 준비되어 있다. 런치컷은 로스트비프와 비슷할 정도로 얇고 도쿄컷은 런치컷과 크게 다르지 않다. 두툼하면서도 부드러운 립스테이크를 즐기고 싶다면 캘리포니아컷 이상을 주문하자.

홈페이지 www.lawrys.jp 주소 東京都 渋谷区 恵比寿 4-20-3 恵比寿ガーデンプレイスタワー B2F 문의 03-5488-8088, 예약필수 찾아가기 에비스가든플레이스, 에비스가든플레이스타워 지하 2층 가격 런치 ¥5,000~10,000, 디너 ¥5,000~15,000 영업시간 런치 11:30~15:00(L.O. 14:00), 디너 17:00~23:00(L.O. 22:00)

에비스맥주에 대한 모든 것을 소개하는 박물관
에비스맥주기념관 ヱビスビール記念館

맥주 맛 좋기로 유명한 삿포로맥주. 그 삿포로맥주의 고급 브랜드가 에비스맥주이다. 에비스맥주가 유명해지면서 공장이 있는 이 지역 이름까지 에비스로 바뀌었다. 2010년 에비스맥주 120주년을 기념해 에비스맥주기념관이 세워졌으며 역사, 생산과정, 병과 캔 디자인, 광고와 포스터 등 에비스맥주에 관한 모든 것을 소개한다. 가이드가 설명해 주는 에비스투어는 유료이며, 에비스투어 후 테이스팅살롱에서 에비스맥주를 시음할 수 있다. 뮤지엄숍에서는 에비스맥주를 테마로 한 다양한 기념품을 판매한다.

홈페이지 www.sapporobeer.jp 문의 03-5423-7255 찾아가기 에비스가든플레이스, 미츠코시백화점 뒤쪽 에비스맥주기념관 건물 가격 무료 귀띔 한마디 2022년 10월부터 리뉴얼 공사를 시작해서 현재 휴관중이다.

Tokyo Section 02

에비스에서 꼭 먹어봐야 할 먹거리

에비스에는 값비싼 고급 레스토랑부터 저렴한 음식점까지 맛집이 많아 선택의 폭이 넓다. 특히 맛있기로 소문난 프렌치레스토랑이 많아 풀코스, 뷔페, 애프터눈티, 런치 등 취향과 예산에 따라 골라 먹을 수 있다. 아시아권 요리를 찾는 미식가도 많은데 중국음식점, 태국음식점, 한국음식점 등에서 본고장의 맛을 제대로 느낄 수 있다. 고급스러운 분위기에서 맛있는 안주와 한잔 술을 즐길 수 있는 스탠딩바도 많고 술 마신 뒤 해장으로 생각나는 인기 라멘집도 있다. 오직 먹기 위해 에비스를 찾아도 될 정도이다.

소금으로 간을 해서 깔끔한 유자향의 라멘 ★★★★★

아후리 에비스 阿夫利 恵比寿, AFURI

소금 간을 해 맑은 황금색 국물과 상큼한 유자향이 섞인 깔끔한 맛이 특징인 유즈시오라멘柚子塩らーめん의 절대강자이다. 매운맛에 익숙하다면 다소 심심하게 느껴질 수 있지만, 라면이 아닌 국수라고 생각하고 먹으면 깊은 맛에 반하게 된다.

노른자를 오렌지색에 가까울 정도로 절묘하게 익힌 계란과 숯불로 불향을 내 잡냄새 하나 없이 부드러운 차슈가 맛의 포인트이다. 얇은 생면은 잘 익힌 파스타처럼 씹는 맛이 좋고 다 먹을 때까지 불지 않는다. 다른 라멘도 있지만 유즈시오라멘이 제일 맛있다. 새벽 5시까지 영업하여 얼큰하게 취한 사람들이 해장하러 많이 찾는 곳이기도 하다.

유즈시오라멘

홈페이지 afuri.com 주소 東京都 渋谷区 恵比寿 1-1-7 문의 03-5795-0750 찾아가기 JR 야마노테선(山手線), 사이쿄선(埼京線), 쇼난신주쿠라인(湘南新宿ライン)의 에비스(恵比寿)역 서쪽출구(西口)에서 도보 3분/도쿄메트로 히비야선(日比谷線)의 에비스(恵比寿)역 1번 출구에서 도보 3분 거리 가격 ¥800~1,500 영업시간 11:00~05:00 귀띔 한마디 아후리 하라주쿠점은 덜 붐벼 기다리지 않고 먹을 수 있다.

와규로 만든 커다란 수제햄버거 ★★★★☆

블락카우즈 BLACOWS

일본 쇠고기 중 최고라는 와규和牛로 만든 햄버거이다. 육즙이 느껴지는 두툼한 패티는 와규 중에서도 품질 좋은 쿠로게와규黒毛和牛만 사용한다. 색이 진하고 두툼한 빵은 유명 베이커리 메종카이저MAISON

KAYSER와 콜라보레이션하여 만들었다. 바비큐소스와 타르타르소스가 들어가는데 신선한 재료로 직접 만든다. 햄버거와 샌드위치에는 감자튀김과 피클이 곁들여 나오고 야채 및 토핑을 추가할 수 있다. 크기는 아메리칸 사이즈라 든든하다.

홈페이지 www.kuroge-wagyu.com/bc 주소 東京都 渋谷区 恵比寿西 2-11-9 문의 03-3477-2914 찾아가기 JR 야마노테선(山手線), 사이쿄선(埼京線), 쇼난신주쿠라인(湘南新宿ライン)의 에비스(恵比寿)역 서쪽출구(西口)에서 도보 6분/도쿄메트로 히비야선(日比谷線)의 에비스(恵比寿)역 2번 출구에서 도보 5분 가격 런치 ¥2,000~5,000 영업시간 11:00~15:00, 17:00~22:00 귀띔 한마디 저녁에 가서 커다란 햄버거를 안주 삼아 생맥주나 와인을 곁들여도 좋다.

중국음식을 차와 함께 즐기는 얌차전문점 ★★★★☆

르파르크 Le Parc

파리 비스트로 분위기 레스토랑으로, 외관은 양식집 분위기지만 작은 그릇에 담은 여러 요리를 차와 함께 즐기는 홍콩식 얌차飲茶를 판매한다. 런치로 간단한 딤섬点心 4종 세트부터 주문 가능해 ¥1,000대로 맛볼 수 있다. 딤섬은 속재료, 피의 두께, 조리법이 각각 다르다. 차를 마시며 입안을 깨끗하게 정리하며 딤섬을 하나씩 음미하는 것이 맛있게 먹는 방법이다. 얌차를 제대로 먹고 싶다면 약 10가지 요리가 한입 크기로 나오는 코스를 주문하자. 전채요리, 수프, 각종 딤섬, 볶음밥 또는 중국식 죽 등의 식사 그리고 디저트까지 풀코스로 먹고 나면 움직이기 힘들 정도로 배부르다.

홈페이지 cordon-bleu.co.jp 주소 東京都 渋谷区 恵比寿西 1-19-6 문의 03-3780-5050 찾아가기 JR 야마노테선(山手線), 사이쿄선(埼京線), 쇼난신주쿠라인(湘南新宿ライン)의 에비스(恵比寿)역 서쪽출구(西口)에서 도보 3분/도쿄메트로 히비야선(日比谷線)의 에비스(恵比寿)역 4번 출구에서 도보 1분 거리 가격 런치 ¥1,000~3,000, 디너 ¥3,000~5,000 영업시간 화~금요일 11:30~15:00, 17:00~22:00 주말 및 공휴일 11:30~15:30, 17:00~21:30 귀띔 한마디 맛, 양, 분위기, 서비스, 가격 모두 만족스러운 곳이다.

커다랗고 달콤한 팬케이크전문 카페 ★★★★☆

아쿠이유 accueil

프랑스어로 접대를 뜻하는 아쿠이유는 크고 부드러운 팬케이크로 유명한 카페이다. 빅사이즈는 3~4명이 나눠 먹어도 될 정도이고, 1인분 하프사이즈도 혼자 먹기엔 많다. 팬케이크 위에 초콜릿, 바나나, 아이스크림, 캐러멜소스, 버터, 메이플시럽, 마론크림, 마시멜로 등 달콤한 토핑을 선택해 올려 먹는다. 샐러드와 함께 나오는 샐러드팬케이크, 멕시칸엔칠라다와 함께 나오는 팬케이크 등 색다른 메뉴도 있다. 팬케이크에는 에스프레소로 예쁜 라테아트를 그려주는 카페라테가 잘 어울린다. 하얀 접시에 예쁘게 담아주는 파니니Panini, 킷슈Quiche, 오므라이스Omuraisu, 멕시칸엔칠라다그라탱Mexican Gratine Enchilada 등의 메뉴도 맛있다.

밀푀유팬케이크

홈페이지 www.accueil.co.jp 주소 東京都 渋谷区 恵比寿西 2-10-10 문의 03-6821-8888 찾아가기 JR 야마노테선(山手線), 사이쿄선(埼京線), 쇼난신주쿠라인(湘南新宿ライン)의 에비스(恵比寿)역 서쪽출구(西口)에서 도보 6분/도쿄메트로 히비야선(日比谷線)의 에비스(恵比寿)역 2번 출구에서 도보 5분 거리 가격 ¥1,000~2,000 영업시간 월요일 11:00~20:00, 화~일요일 11:00~22:00 귀띔 한마디 달지 않은 식사메뉴와 달콤한 팬케이크를 하나씩 시켜서 일행과 나눠 먹는 것이 좋다.

깔끔하고 고급스러운 분위기의 수타 소바집 ★★★★☆

쇼다이 初代

고급 초밥집 같은 분위기로 메밀향과 면의 식감을 즐기는 수타 소바집이다. 신선한 생와사비는 손님이 직접 강판에 갈아서 먹으며, 색과 향이 다른 6가지 소금을 소바 면에 곁들여 먹는다. 면에 소금만 찍어 먹는 것이 소바 맛을 오롯이 느낄 수 있는 방법이다. 소스나 조미료로 버무리지 않고 원재료 맛을 최대한 즐겨보자. 쇼다이의 또 다른 인기메뉴는 하얀카레우동白いカレーうどん이다. 우유처럼 하얀 거품을 면 위에 올린 것으로, 하얀 크림의 정체는 감자이다. 색과 모양만 보고는 맛을 상상하기 힘들지만 일본식 카레 맛이다.

소바

하얀카레우동

주소 東京都 渋谷区 恵比寿南 1-1-10 문의 03-3714-7733 찾아가기 JR 야마노테선(山手線), 사이쿄선(埼京線), 쇼난신주쿠라인(湘南新宿ライン)의 에비스(恵比寿)역 서쪽출구(西口)에서 도보 3분/도쿄메트로 히비야선(日比谷線)의 에비스(恵比寿)역 4번 출구에서 도보 1분 거리 가격 ¥2,000~5,000 영업시간 11:30~23:00 귀띔 한마디 에비스에서 정갈한 일본음식을 안주로 술을 마시고 싶은 사람에게 추천한다.

200가지 종류가 넘는 파스타 ★★★★☆

파르테노페 Partenope

화덕에 구운 나폴리피자, 파스타 등 이탈리아 남부 요리를 판매하는 곳이다. 이곳 요리는 엄선된 재료와 건강에 좋은 올리브오일을 사용해 안심하고 먹을 수 있다. 또한 이탈리아 남부 조리법을 따르기 때문에 현지 이탈리아인도 좋아한다. 인기메뉴는 화덕에 구운 피자로 겉은 바삭, 속은 쫄깃한 도우가 인상적이다. 가볍고 느끼하지 않아 피자는 물론 전채요리, 메인요리, 파스타 등을 코스로 즐기는 사람도 많다.

전채모듬

치즈피자

홈페이지 www.partenope.jp 주소 東京都 渋谷区 恵比寿 1-22-20 문의 03-5791-5663 찾아가기 JR 야마노테선(山手線), 사이쿄선(埼京線), 쇼난신주쿠라인(湘南新宿ライン)의 에비스(恵比寿)역 동쪽 출구(東口)에서 도보 4분/도쿄메트로 히비야선(日比谷線)의 에비스(恵比寿)역 1번 출구에서 도보 5분 거리 가격 런치 ¥1,300~2,200, 디너 ¥4,000~5,000 영업시간 런치 11:30~14:30(L.O. 14:00), 디너 17:30~22:00(L.O.21:00) 귀띔 한마디 런치세트를 주문하면 맛있는 피자를 보다 저렴하게 맛볼 수 있다.

좋은 재료로 만든 커다란 붕어빵 ★★★★☆

타이야키히이라기 たいやきひいらぎ

달콤한 팥소가 가득 들어간 바삭바삭 맛있는 붕어빵집이다. 일본에서는 도미구이라는 의미로 타이야키たいやき라 부르며, 한국 붕어빵에 비해 비싸지만 크기가 크다. 히이라기 붕어빵은 반죽에 계란을 넣지 않고 약한 불로 30분 이상 정성껏 구워 만든다. 그래서 겉은 바삭한데 속은 쫀득하다. 꼬리까지 듬뿍 들어간 팥소는 100% 홋카이도산이다.

테이크아웃만 가능하고 사서 바로 먹어야 바삭한 식감을 제대로 느낄 수 있다. 차가운 소프트아이크림 위에 갓 구운 붕어빵을 토핑해 함께 먹는 타이야키소프트たい焼きソフト는 아이디어가 재미있는 메뉴이다. 뜨거운 핫케이크나 와플에 아이스크림을 얹어 먹는 것처럼 붕어빵과 소프트아이스크림도 잘 어울린다.

주소 東京都 渋谷区 恵比寿 1-4-1 문의 03-3473-7050 찾아가기 JR 야마노테선(山手線), 사이쿄선(埼京線), 쇼난신주쿠라인(湘南新宿ライン)의 에비스(恵比寿)역 동쪽출구(東口)에서 도보 3분/도쿄메트로 히비야선(日比谷線)의 에비스(恵比寿)역 1번 출구에서 도보 4분 거리 가격 ¥200~400 영업시간 10:00~20:00 휴무 월요일

세련된 분위기의 스페인&이탈리안 스탠딩바 ★★★★☆

큐 에비스점 Q 恵比寿店

골목길 안쪽에 간판도 없이 독특한 무늬의 까만색 외벽이 방패처럼 서 있다. 간접 조명을 은은하게 밝힌 실내에는 직장인들로 가득하다. 산토리프리미엄몰츠Suntory The Premium malt's, 에비스YEBISU, 아사히드래프트Asahi Draft, 기린브라우마이스터Kirin Braumeister, 아사히프리미엄 드래프트비어Asahi Premium Draft Beer 등 일본 4대 생맥주를 모두 취급하며, 세계 각국에서 엄선한 와인리스트도 훌륭하다. 기본안주로 제공하는 베이컨은 큐에서 직접 만든 것으로 무제한 리필이 가능하다. 커다란 다리를 통으로 훈제하여 주문하면 즉시 잘라 주는 생햄도 인기메뉴이다.

홈페이지 q-holdings.co.jp 주소 東京都 渋谷区 恵比寿 4-4-2 문의 03-5793-5591(예약가능) 찾아가기 JR 야마노테선(山手線), 사이쿄선(埼京線), 쇼난신주쿠라인(湘南新宿ライン)의 에비스(恵比寿)역 동쪽출구(東口)에서 도보 2분/도쿄메트로 히비야선(日比谷線) 에비스(恵比寿)역 1번 출구에서 도보 3분 거리 가격 ¥2,000~3,000 영업시간 일~화요일 17:00~24:00, 수~토요일 17:00~02:00 귀띔 한마디 고급 클럽 같은 분위기이다.

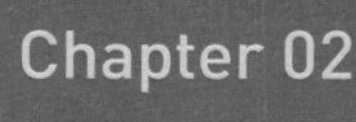

Chapter 02

다이칸야마

代官山
Daikanyama

★★★☆☆
★★★★★
★★★★★

예술적인 매력과 고급스러운 멋이 있는 다이칸야마는 20~30대 일본 여성들에게 사랑받는 지역이다. 다이칸야마역을 중심으로 고급 주거지와 주상복합 건물들이 모던한 분위기를 형성하고 있으며 패션숍과 잡화점이 사방으로 펼쳐져 있어 쇼핑하기 좋다. 한적한 주택가 사이에 숨어 있는 독특한 가게를 발견하면 소풍 가서 보물찾기 쪽지를 발견한 것처럼 반갑다. 적정한 가격에 독특한 아이템을 발견할 가능성이 크니 취향에 맞는 가게를 발견하면 일단 들어가서 구경하자. 맛과 분위기, 서비스 모두 최고로 평가받는 최고급 레스토랑과 온종일 앉아 있고 싶을 만큼 멋진 카페도 많다. 친구와 함께 쇼핑하러 가도 좋고 연인과 함께 데이트해도 좋고 아이와 함께 나들이를 가도 좋은 동네이다.

嘉紀の一言

요시노리의 한마디

일본의 베버리힐스로 대표적인 하이스탠다드한 지역이다.

다이칸야마를 잇는 교통편

시부야역에서 한 정거장 떨어진 다이칸야마역에는 '각 역 정차(各駅停車)' 전차만 멈춘다. 특급(特急), 통근특급(通勤特急), 급행(急行)을 타면 그냥 지나가게 되니 잘 보고 타야 한다. 요코하마와 시부야를 연결하는 도큐 도요코선과 직접 연결되어 편리하게 이용할 수 있다. 에비스역에서 다이칸야마로 갈 때는 시부야를 경유해서 한 정거장씩 갈아타고 가는 것이 더 번거롭다. 걸어가도 15분 정도밖에 안 걸리니 걷거나 택시를 타자. 또한, 다이칸야마에서 나카메구로까지도 전차로 한 정거장밖에 안 된다. 충분히 걸어갈 수 있지만, 이동 후 또다시 걸어 다니면서 구경해야 하니 체력을 고려하는 것이 좋다.

다이칸야마(代官山)역 ▮ 도요코선(東横線) 각 역 정차(各駅停車)

다이칸야마에서 이것만은 꼭 해보자

1. 골목 사이사이에 있는 패션숍과 잡화점에서 실컷 쇼핑을 즐기자.
2. 분위기 좋은 레스토랑에서 여유롭게 식사하자.
3. 나무 그늘이 시원한 멋진 정원에서 산책을 즐기자.

사진으로 미리 살펴보는 다이칸야마 베스트코스

다이칸야마역에 오전 10시쯤 도착해 구 아사쿠라저택을 둘러본다. 아이비플레이스에 대기를 걸어놓고 다이칸야마 티사이트를 구경한다. 예약시간이 되면 아이비플레이스에 가서 느긋하게 식사를 즐기자. 식사 후에는 힐사이드테라스를 구경하고 다이칸야마에 있는 패션숍 및 잡화점 등을 둘러본다. 쇼핑하다가 피곤해지면 분위기 좋은 카페미켈란젤로에서 티타임을 가진다. 마지막으로 다이칸야마역 바로 앞에 있는 다이칸야마 어드레스로 돌아가서 쇼핑을 마무리한다. 저녁은 다이칸야마답게 리스토란테아소에서 고급스러운 코스요리를 느긋하게 즐겨보자.

다이칸야마 代官山

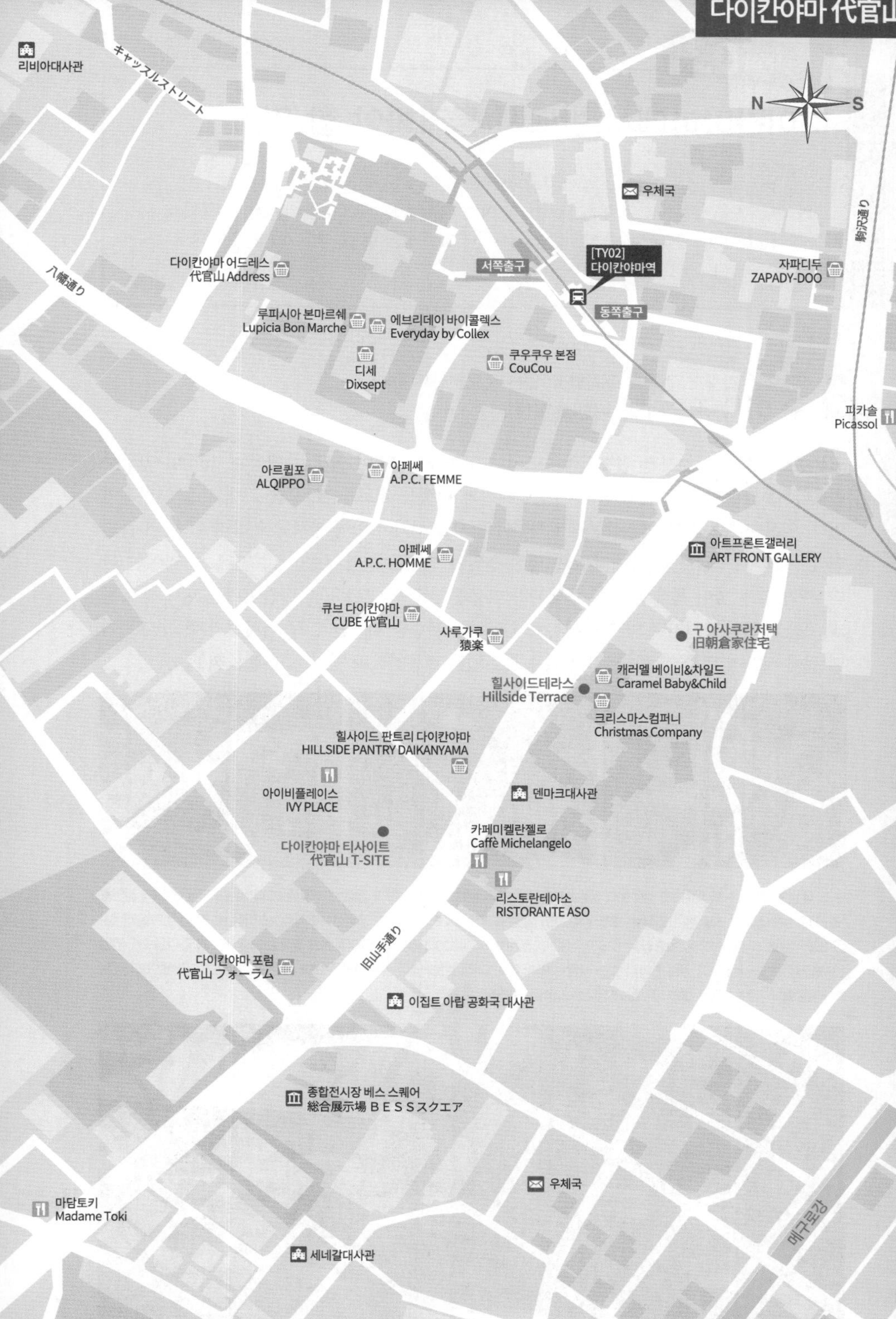

N
S
리비아대사관
キャッスルストリート
八幡通り
다이칸야마 어드레스
代官山 Address
서쪽출구
[TY02]
다이칸야마역
동쪽출구
우체국
자파디두
ZAPADY-DOO
駒沢通り
루피시아 본마르쉐
Lupicia Bon Marche
에브리데이 바이콜렉스
Everyday by Collex
디세
Dixsept
쿠우쿠우 본점
CouCou
피카솔
Picassol
아르컵포
ALQIPPO
아페쎄
A.P.C. FEMME
아페쎄
A.P.C. HOMME
아트프론트갤러리
ART FRONT GALLERY
큐브 다이칸야마
CUBE 代官山
사루가쿠
猿楽
구 아사쿠라저택
旧朝倉家住宅
캐러멜 베이비&차일드
Caramel Baby&Child
힐사이드테라스
Hillside Terrace
크리스마스컴퍼니
Christmas Company
힐사이드 판트리 다이칸야마
HILLSIDE PANTRY DAIKANYAMA
아이비플레이스
IVY PLACE
덴마크대사관
카페미켈란젤로
Caffè Michelangelo
다이칸야마 티사이트
代官山 T-SITE
리스토란테아소
RISTORANTE ASO
旧山手通り
다이칸야마 포럼
代官山 フォーラム
이집트 아랍 공화국 대사관
종합전시장 베스 스퀘어
総合展示場 ＢＥＳＳスクエア
우체국
마담토키
Madame Toki
메구로강
세네갈대사관

Tokyo

Section 03

다이칸야마에서 반드시 둘러봐야 할 명소

일본 디자이너들이 선호하는 거리 다이칸야마의 가장 큰 볼거리는 전통가옥에서 현대 건축물까지 아우르는 일본의 유명 건축가들의 작품이다. 여기에서는 구 아사쿠라저택, 다이칸야마 티사이트, 힐사이드테라스 등 주목할 만한 건축물이 많은 규야마테도리(旧山手通り)를 중심으로 소개한다.

일본정원과 목조 건축을 구경할 수 있는 중요문화재 ★★★★☆

구 아사쿠라저택 旧朝倉家住宅

일본중요문화재로 지정된 전통건축물로 아사쿠라가문朝倉家이 살던 주택이다. 1919년 아사쿠라토라지로朝倉虎治郎가 지은 건물로 관동대지진과 전쟁을 겪고도 옛 모습 그대로 잘 보존되어 있다. 일본 전통방식인 회유식정원回遊式庭園이 넓게 조성되어 있어 산책로를 따라 한 바퀴 돌면 된다. 2층짜리 목조건물 안에서 보면 멋진 정원이 병풍을 펼쳐 놓은 듯 보인다. 방 안에는 다다미畳가 깔려 있어 특유의 마른 풀냄새가 마음을 편안하게 한다. 다이칸야마는 현대 건축물과 고급 패션의 발신지로 일본 내에서도 손꼽히는 세련된 지역인데, 구 아사쿠라저택만 100여 년 전에 시간이 멈춘 것 같다. 잠시 여유롭게 일본 전통건물과 정원의 멋을 느껴보자.

주소 東京都 渋谷区 猿楽町 29-20 문의 03-3476-1021 찾아가기 도큐(東急) 도요코선(東横線)의 다이칸야마(代官山)역 정면출구(正面口)에서 도보 3분 거리 입장료 성인 ¥100(연간관람료 ¥500), 초등학생 및 중학생 ¥50, 60세 이상 및 장애인 무료 개방시간 3월~10월 10:00~18:00(최종입장 17:30), 11월~2월 10:00~16:30(최종입장 16:00) 휴관 월요일(공휴일인 경우 다음 날), 연말연시(12월 29일~1월 3일) 귀띔 한마디 찾는 사람이 많지 않아 다다미방에 앉아 일본정원을 보며 쉬었다 갈 수 있다. 다이칸야마에는 현대예술을 소개하는 작은 갤러리도 많아 색다른 작품을 관람하기도 좋다.

책방의 변신! 보고 먹고 즐기는 멀티플레이스 ★★★★★

다이칸야마 티사이트 代官山 T-SITE

츠타야서점을 포함해 정원, 레스토랑, 카페, 숍으로 구성된 멀티플레이스이다. 츠타야TSUTAYA에서 운영하는 곳으로 시설 모두 츠타야의 T포인트카드와 연계되어 있다. 츠타야서점은 책뿐만 아니라 영화 DVD, 음반, 문구 등을 판매한다. 서점 안 라운지에는 좌석 120석이 마련되어 있고 차나 식사를 즐기며 라이브러리에 있는 잡지와 서점에서 판매하는 약 30,000권의 책을 마음껏 가져다 읽을 수 있다. 수입 장난감가게 포네르도ボーネルンド, 클리닉과 미용실을 갖춘 펫숍 그린독GREEN DOG, 다목적 전시공간 가든갤러리GARDEN GALLERY, 전동자전거전문점 모토베로Motovelo, 클리닉 등도 자리한다. 또한 스타벅스Starbucks Coffee와 레스토랑 아이비플레이스IVY PLACE는 빈자리를 찾기 힘들 정도로 인기가 많다.

홈페이지 store.tsite.jp **주소** 東京都 渋谷区 猿楽町 16-15 **문의** 03-3770-2525 **찾아가기** 도큐(東急) 도요코선(東横線)의 다이칸야마역 정면출구(正面口)에서 도보 5분 **영업시간** 07:00~23:00 **귀띔 한마디** 늦게까지 영업하지만 전차를 이용할 경우 막차시간에 주의하자.

츠타야서점

스타벅스

산책로

다이칸야마 티사이트의 인기 레스토랑

고급 리조트 분위기의 레스토랑 겸 카페&바

아이비플레이스 IVY PLACE

티사이트 안쪽 정원 한가운데에 서 있는 현대적인 건물이다. 카페와 바, 레스토랑의 3가지 기능을 다 한다. 테라스석이 인기지만, 실내도 통유리 벽과 창으로 되어 있어 정원이 잘 보인다. 이탈리안을 중심으로 한 다국적 요리를 판매하며, 인기메뉴는 사각형의 화덕피자이다. 파스타, 샐러드, 샌드위치, 스테이크 등 메뉴선택의 폭도 다양하고 이색적인 수입재료를 사용하는 메뉴도 있다. 맛있는 요리에는 직접 제조한 신선한 맥주 '핸드크래프트 에일스(Hand Crafted Ales)'가 잘 어울린다.

홈페이지 www.tysons.jp/ivyplace **주소** 東京都 渋谷区 猿楽町 16-15 **문의** 03-6415-3232 **찾아가기** 다이칸야마 티사이트 내 **가격** 런치 ¥1,500~5,000, 디너 ¥5,000~8,000 **영업시간** 08:00~23:00 **귀띔 한마디** 인기가 많아서 예약 없이 그냥 가면 한참을 기다려야 하니, 예약하고 가는 것이 좋다.

상업시설과 고급 주택지가 결합한 주상복합 ★★★★☆

힐사이드테라스 Hillside Terrace

규야마테도리旧山手通り에 넓게 자리한 세련된 건축물들이 힐사이드테라스이다. 모더니즘 건축으로 유명한 건축가 마키후미히코槇文彦가 설계한 작품으로 1998년 완성까지 30여 년이 걸렸다. 힐사이드 소유주는 아사쿠라가문朝倉家이다. 주거지는 일반인 출입이 불가능하지만 상업시설인 A~D동, F~G동, WEST A동, WEST B동 이렇게 총 8개 건물은 자유롭게 구경할 수 있다.

조리기구 및 테이블웨어전문점 체리테라스Cherry Terrace, 넥타이 및 넥웨어전문점 지라프Giraffe, 웨딩드레스숍 마리아러브레스Maria Lovelace 등 독특한 콘셉트로 운영하는 전문점이 많다. 특별한 목적 없이 둘러보며 분위기만 즐겨도 이 지역의 특색이 느껴진다.

홈페이지 www.hillsideterrace.com **주소** 東京都 渋谷区 猿楽町 18-8 **문의** 03-5489-3705 **찾아가기** 다이칸야마 힐사이드테라스 도큐(東急) 도요코선(東横線)의 다이칸야마(代官山)역 정면출구(正面口)에서 도보 3분/힐사이드 웨스트 도큐(東急) 도요코선(東横線)의 다이칸야마(代官山)역 정면출구(正面口)에서 도보 16분 거리 **영업시간** 11:00~19:00(시설에 따라 다름) **귀띔 한마디** 건물이 이어져 있지 않고 도로를 사이에 두고 떨어져 있어서 다 둘러보려면 길을 건너야 한다.

힐사이드테라스의 볼거리와 추천 숍

현대예술작품을 소개하는 갤러리

아트프론트갤러리 ART FRONT GALLERY

힐사이드 테라스 A동 안에 자리한 갤러리로 1984년에 오픈했다. 현대미술에 관련해 150회 이상의 기획전시가 열렸으며, 2010년에는 두 개로 나뉘어 있던 전시공간을 통합해 리뉴얼했다. 모던아트와 컨템포러리아트를 주로 소개하며 연간 20건 정도의 개인전, 그룹전 등이 열린다. 또한 소장 예술품 약 2,000점을 소개하고 판매도 한다.

홈페이지 www.artfront.co.jp **주소** 東京都渋谷区猿楽町 29-18 ヒルサイドテラス A棟 **문의** 03-3476-4869 **찾아가기** 힐사이드테라스 A동 1층 **입장료** 전시에 따라 다름 **개방시간** 11:00~19:00 **휴무** 매주 월요일, 여름휴가, 연말연시

갓 구운 빵, 향기 좋은 커피 등을 판매하는 식료품점

힐사이드 판트리 다이칸야마

HILLSIDE PANTRY DAIKANYAMA

빵 굽는 모습을 유리창 너머로 볼 수 있는 베이커리와 엄선한 원두를 로스팅해서 파는 향기 좋은 커피로 인기 있는 식료품점이다. 샌드위치와 샐러드 등 바로 먹을 수 있는 음식도 다양하다. 시중에서 구하기 힘든 해외 식재료, 일본의 미나미알프스 및 유럽 각지에서 비행기로 공수한 유기농 야채, 프랑스와 이탈리아에서 수입한 와인 등도 판매한다. 먹을 수 있는 공간이 있어 카페처럼 쉬면서 간단한 식사를 할 수도 있다.

홈페이지 hillsidepantry.jp **주소** 東京都 渋谷区 猿楽町 29-10 ヒルサイドテラス G棟 B1F **문의** 03-3496-6620 **찾아가기** 힐사이드테라스 G동 지하 1층 **영업시간** 10:00~19:00 **휴무** 매주 수요일

품질 좋은 런던의 인기 유아복&아동복

캐러멜 베이비&차일드 Caramel Baby&Child

변호사 출신의 영국 디자이너 에바카라이아니스(Eva Karayiannis)가 1999년에 설립한 고급 아동복브랜드이다. 심플한 디자인이라 유행을 타지 않고, 캐시미어 및 양모 등의 고급 소재를 사용해 동생이나 다른 아이에게 물려줘도 손색없을 만큼 질도 좋다. 어른들의 차분한 패션을 어린이용으로 제작한 것 같은 분위기이다.

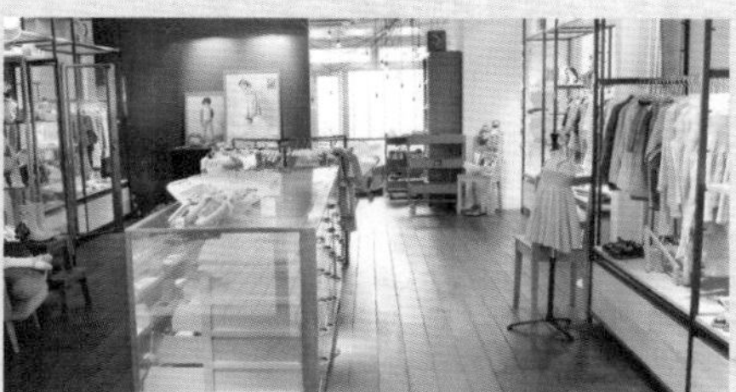

주소 東京都 渋谷区 猿楽町 29-10 ヒルサイドテラス C棟 **문의** 03-5784-2345 **찾아가기** 힐사이드테라스 C동 1층 **영업시간** 10:00~18:00 **귀띔 한마디** 한국에는 매장이 없어서 브랜드 인지도가 높지는 않지만 세계적으로 인기가 많다.

일본 최초의 크리스마스용품전문점

크리스마스컴퍼니 Christmas Company

1년 내내 크리스마스용품을 판매하는 곳으로 1985년에 문을 열었다. 지금은 다른 지역에도 크리스마스용품점이 생겼지만, 문을 연 당시 크리스마스용품점으로는 일본에서 유일했다. 콘셉트는 '364일이 크리스마스이브!'로, 크리스마스를 테마로 만든 박물관을 보는 것 같다.

홈페이지 www.christmas-company.com **주소** 東京都 渋谷区 猿楽町 29-10 ヒルサイドテラス C棟 **문의** 03-3770-1224 **찾아가기** 힐사이드테라스 C동 1층 **영업시간** 1월~10월 11:00~19:00, 11월~12월 11:00~20:00 **귀띔 한마디** 크리스마스가 가까워지는 시기 11~12월에는 영업시간이 길어진다.

유명한 건축가들의 재능이 발휘된 거리 ★★★☆☆
규야마테도리의 건축물

힐사이드테라스에서 사이고야마공원까지 이어지는 4차선 도로 규야마테도리旧山手通り이다. 도로 양옆에는 힐사이드테라스와 다이칸야마 티사이트를 비롯한 유명 건축가들이 설계한 모던한 건물이 늘어서 있다. 저층빌딩이라 답답하지 않고 가로수와 공원 등이 어우러져 있어 유럽을 연상시킨다. 풍경이 이국적으로 보이는 것은 거리를 지나는 외국인 비율이 높기 때문이기도 하다. 덴마크, 이집트, 세네갈, 말레이시아 등 세계 각국의 대사관이 자리 잡고 있다. 그 밖에도 마사지숍, 네일숍, 결혼식장 등 세련된 분위기를 중시하는 상업시설이 많다.

카이(네일살롱)

아칸젤(결혼식장)

규야마테도리의 볼거리

건축회사의 로그하우스 전시장
종합전시장 베스스퀘어 総合展示場 BESSスクエア

동화책에서 보던 오두막집을 연상시키는 로그하우스, 돔 형태의 집 등 독특한 외관의 집을 설계하는 건축회사이다. 산장이나 별장으로 어울리는 집을 짓고 싶은 사람들이 실제로 볼 수 있게 만든 옥외 전시장이다. 구경하는 것은 무료이지만 내부로 들어가면 영업사원을 상대해야 하니 일본에 별장 지을 일이 없다면 밖에서만 구경하자.

홈페이지 square.bess.jp **주소** 東京都目黒区青葉台1-4-5 **문의** 03-3462-7000 **찾아가기** 도큐(東急) 도요코선(東横線)의 다이칸야마역(代官山駅) 정면출구(正面口)에서 도보 7분 **입장료** 무료 **영업시간** 10:00~18:00 **휴관** 매주 수요일, 목요일(공휴일은 영업)

Tokyo

Section 04

다이칸야마에서 꼭 먹어봐야 할 먹거리

고급 주택지인 다이칸야마에는 프렌치나 이탈리안 같은 양식을 파는 고급 레스토랑이 많다. 인테리어가 한몫하는 분위기 좋은 카페, 소신을 가지고 만드는 제과점 등 다이칸야마에서만 즐길 수 있는 특별한 먹거리가 여기저기서 유혹한다. 유명한 프랑스요리학교 르꼬르동 블루도쿄(Le Cordon Bleu Tokyo)도 다이칸야마에 있다. 각 시설 안에 있는 레스토랑은 찾아가기 쉽게 함께 묶어서 볼거리 및 쇼핑거리에서 소개한다.

멋진 분위기로 다이칸야마를 대표하는 카페 ★★★★☆

카페미켈란젤로 Caffè Michelangelo

외관부터 이국적인 카페미켈란젤로에서는 18세기 이탈리아에서 유행했던 후기 르네상스문화를 느낄 수 있다. 앤티크풍 가구, 테라코타로 덮은 바닥, 등롱에 담긴 은은한 조명이 마음을 편안하게 한다. 따뜻하고 맑은 날에는 개폐식 창을 모두 열어 오픈카페가 된다. 이탈리아 거리를 그대로 가져다 놓은 것 같은 모습은 다이칸야마를 대표하는 심벌 중 하나로 통한다.

파니니, 샌드위치 등의 가볍게 즐길 수 있는 아라카르트à la carte 및 전채요리와 파스타, 리소토 등의 식사가 포함된 세트메뉴도 있다. 파티시에가 만드는 몽블랑, 티라미수, 과일타르트 등의 달콤한 디저트도 맛있다. 음료가 포함된 세트로 즐겨보자.

홈페이지 www.hiramatsurestaurant.jp/michelangelo **주소** 東京都 渋谷区 猿楽町 29-3 **문의** 03-3770-9517 **찾아가기** 도큐(東急) 도요코선(東横線)의 다이칸야마(代官山)역 정면출구(正面口)에서 도보 5분 거리 **가격** ¥1,000~3,500 **영업시간** 11:00~21:15 L.O. **귀띔 한마디** 카페미켈란젤로와 이어져 있는 리스토란테아소에서 파는 코스요리 가격이 부담스럽다면 카페미켈란젤로에서 식사하자.

✓ 고급 레스토랑에 가려면 사전예약은 필수! 예약 당일에는 격식에 맞는 차림을 하고 가야 한다.

요리와 풍경이 모두 아름다운 최고급 이탈리안요리 ★★★★★

리스토란테아소 RISTORANTE ASO

리스토란테아소의 입구는 카페미켈란젤로이다. 리스토란테아소는 예약제로 운영하며 카페미켈란젤로에 들어가 예약자 이름을 말하면 안내해준다. 300년 이상 된 커다란 느티나무가 서 있는 카페 뒤쪽에는 꽃과 분수로 사랑스럽게 장식한 정원이 나온다. 정원을 둘러싼 건물의 커다란 창을 통해 정원을 감상할 수 있다.

요리는 수프, 전채요리, 메인요리, 커피와 디저트가 포함된 코스로 주문하며, 코스에 따라 가격대가 다르다. 좋은 재료로 만든 맛 좋은 요리는 하얀 접시를 도화지 삼아 예술작품처럼 장식되어 나온다. 와인은 와인창고에서 바로 꺼내와 맛도 좋고 이탈리아와 프랑스에서 직수입하여 가격대도 높지 않다. 정원 안쪽에는 로맨틱한 결혼식장까지 갖추고 있다.

전채요리

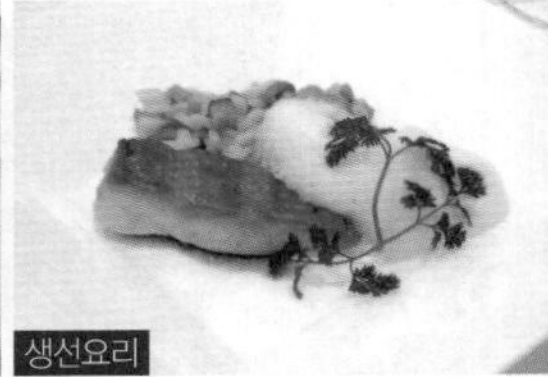
생선요리

파스타

홈페이지 www.hiramatsurestaurant.jp/aso **주소** 東京都 渋谷区 猿楽町 29-3 **문의** 03-3770-3690(예약필수) **찾아가기** 카페미켈란젤로 안쪽 **가격** 런치코스 ¥10,000~20,000, 디너코스 ¥20,000~30,000 세금 및 서비스차지 13% 별도 **영업시간** 런치 12:00~15:30(L.O. 13:30), 평일디너 18:00~20:30(L.O.), 주말디너 17:30~20:30(L.O.) **귀띔 한마디** 예약은 필수이며 홈페이지 및 전화를 통해 예약할 수 있다.

1978년에 문을 연 최고급 프렌치레스토랑 ★★★★★

마담토키 Madame Toki

동화책 속에서 튀어나온 것 같은 외관의 이층집에는 오렌지색 리본으로 장식한 간판이 걸려 있다. 간판에 적혀 있는 이름은 마담토키. 1978년에 개업한 최고급 프렌치레스토랑으로, 후지텔레비전에서 방송한 인기드라마 '임금님의 레스토랑王様のレストラン(1995)'의 촬영지이다. 드라마의 영향으로 일본 전역에서 인지도 높은 프렌치레스토랑이 되었다.

내부는 마호가니를 사용한 벽과 이탈리아의 대리석을 이용한 기둥으로 고풍스러운 분위기를 자아낸다. 코스요리에는 전채요리, 메인요리, 커다란 왜건에 담은 여러 종류의 디저트, 식후 음료, 프티푸르petit four가 포함된다. 소믈리에가 있어 와인리스트도 훌륭하고 요리에 맞는 와인은 하프글라스로도 주문할 수 있다. 유럽풍의 이국적인 장소에서 예쁘게 치장한 맛있는 음식을 정중한 접객을 받으며 우아하게 즐길 수 있다.

홈페이지 www.madame-toki.com 주소 東京都 渋谷区 鉢山町 14-7 문의 03-3461-2263(예약필수) 찾아가기 도큐(東急) 도요코선(東横線)의 다이칸야마(代官山)역 정면출구(正面口)에서 도보 8분 거리 가격 런치 6,000~15,000 디너 15,000~30,000 영업시간 런치 12:00~13:30 L.O., 디너 18:00~21:00 L.O. 휴무 매주 월요일(공휴일인 경우 다음 날) 귀띔 한마디 디저트로 제공하는 케이크, 쿠키, 마카롱, 초콜릿 등은 별도로 구입할 수 있다.

홈메이드 느낌의 건강한 빵집 ★★★☆☆

피카솔 Picassol

피카솔의 과자는 겉모습이 소박하지만, 첨가물 없이 정직하게 만든다. 집에서 엄마가 아이들을 위해 정성껏 만든 간식 같은 느낌으로, 단맛이 적고 씹으면 씹을수록 정이 든다. 피카솔의 대표상품은 두툼하게 구운 소프트쿠키 사뷔아데훼르메サヴォア·デ·フェルメ이다. 겉은 바삭바삭한데 속은 촉촉하고 부드러워 이가 약한 어린아이나 노인들도 맛있게 먹을 수 있다. 화학첨가물이 들어가지 않아 유통기한이 짧지만, 그만큼 안심하고 먹을 수 있다. 그냥 먹어도 맛있지만 토스터에 살짝 데우고 따뜻한 홍차를 곁들이면 금상첨화이다. 만드는 족족 팔려버려서 나오는 시간에 맞춰 가 줄을 서야 살 수 있는 최고 인기상품은 신선한 크림치즈와 생크림을 사용한 치즈케이크이다. 그 밖에 부드러운 크림이 듬뿍 들어간 슈크림, 롤케이크, 파운드케이크 등도 심플하지만 신선해 맛있다.

홈페이지 www.picassol.com 주소 東京都 渋谷区 恵比寿南 3-7-2 문의 03-3792-0432 찾아가기 도큐(東急) 도요코선(東横線)의 다이칸야마(代官山)역 정면출구(正面口)에서 도보 3분 거리 가격 ¥ 200~1,000 영업시간 10:00~20:00 귀띔 한마디 오후 늦은 시간에 가면 인기상품이 매진되어서 살 수 있는 것이 별로 없으니 일찍 가자.

Section 05

Tokyo

다이칸야마에서 놓치면 후회하는 쇼핑

다이칸야마는 한국의 가로수길처럼 최신유행 브랜드와 핫한 아이템으로 가득한 쇼핑천국이다. 다이칸야마역을 중심으로 중간 규모의 쇼핑시설과 개성 있는 숍이 모여 있는데, 여러 개의 숍이 모여 있는 쇼핑시설과 숍으로 나누어 소개한다. 패션 및 잡화가 중심을 이루지만, 어린아이를 동반한 30대 주부들도 많이 찾는 거리라 유아용품 및 아동복 매장도 많다.

다이칸야마의 랜드마크이자 고급 주상복합시설 ★★★★★

다이칸야마 어드레스 Daikanyama Address

2000년에 문을 연 다이칸야마 어드레스는 맨션형 주택 더타워The Tower, 패션 및 인테리어 등의 라이프스타일 상업시설 디세Dixsept, 다양한 상가가 늘어선 산책로 어드레스 프롬나드address promenade, 다목적 광장 어드래스플라자Address Plaza, 다이칸야마 스포츠플라자代官山スポーツプラザ, 다이칸야마공원代官山公園 등으로 구성되어 있다.

더타워

다이칸야마 어드레스 더타워는 이 지역에서 제일 높은 빌딩으로, 다이칸야마역과 바로 연결되어 랜드마크 역할을 한다. 20여 개의 점포가 들어선 디세는 프랑스어로 '17'이라는 뜻으로 이곳 주소가 다이칸야마 17번지이기 때문에 붙여진 이름이다. 어드레스 프롬나드에는 모자전문점 카시라CA4LA와 수입 아기용품점 블라썸써티나인blossom39 등이 있다. 우리나라에서 '요조숙녀(2003)'라는 이름으로 리메이크된 일본드라마 '내사랑 사쿠라코やまとなでしこ(2000)'의 촬영지로 사용되는 등 일본드라마에 자주 등장한다.

디세

어드레스플라자

다이칸야마공원

홈페이지 www.17dixsept.jp **주소** 東京都 渋谷区 代官山町 17-6 **문의** 03-3461-5586 **찾아가기** 도큐(東急) 도요코선(東横線)의 다이칸야마(代官山)역 북쪽출구(北口)에서 보도교를 통해 바로 연결 **영업시간** 11:00~20:00(점포에 따라 다름)
귀띔 한마디 다이칸야마 어드레스 주변에도 패션숍, 잡화점, 카페 등이 많으니 발길 가는 대로 골목길을 헤매고 다녀보자.

패션, 잡화, 식품을 판매하는 쇼핑시설 ★★★☆☆

디세 Dixsept

디세는 패션숍, 잡화점, 슈퍼마켓, 식품점, 레스토랑, 드럭스토어 등 약 30개의 시설이 모여 있는 편리한 상업시설이다. 1층부터 3층까지로, 2층은 지상과 연결되어 있어 1층 같이 느껴진다. 1층에는 수입식품이 많은 고급 슈퍼마켓 피콕Peacock을 비롯하여 식품을 판매하는 매장이 있다. 2~3층에는 천연소재로 만든 질 좋은 패션숍 아듀트리스테스 로와지르ADIEU TRISTESSE LOISIR, 일본의 인기 삼륜유모차 브랜드인 에어버기의 플래그십스토어 에어버기 다이칸야마AirBuggyダイカンヤマ 등의 패션숍과 잡화점이 있다.

찾아가기 다이칸야마 어드레스 내부 **영업시간 1층** 10:00~22:00(일부 점포 제외) **2~3층** 11:00~20:00

디세의 추천 숍

밝고 심플한 디자인의 인테리어 잡화점

콜렉스 Collex

다이칸야마 어드레스 중앙에서 다이칸야마역으로 통하는 길목에 자리하여 디세에서 제일 먼저 눈에 들어오는 매장이다. 2층으로 분류되지만 1층으로 느껴지는 구조이다. 밝은 색상에 깔끔한 디자인의 생활잡화, 매일 사용하고 싶은 테이블웨어, 빈티지 패브릭 및 핸드메이드 제품, 북유럽스타일 인테리어용품 등을 판매한다.

홈페이지 www.collex.jp **문의** 03-5784-5612 **찾아가기** 다이칸야마 어드레스, 디세 2층 **영업시간** 11:00~20:00

홍차전문점 루피시아의 할인점

루피시아 본마르쉐 Lupicia Bon Marche

루피시아는 일본의 인기 홍차브랜드로 다양한 종류의 홍차를 그램 단위로 판매한다. 루피시아 본마르쉐에서는 루피시아의 홍차를 할인가격으로 판매한다. 맛에는 문제가 없지만 유통기간이 얼마 남지 않았거나, 포장에 흠집이 좀 있지만 버리기는 아까운 제품들이다. 하자가 있어 선물용으로 구입하기는 어렵지만, 집에서 먹을 용도로 구입하기 좋다.

홈페이지 www.lupicia.co.jp **문의** 03-6415-6138 **찾아가기** 다이칸야마 어드레스, 디세 1층 **영업시간** 10:00~21:00

최고급 패션숍과 최고급 프렌치레스토랑 ★★★☆☆

다이칸야마 포럼 代官山 フォーラム, Daikanyama FORUM

규야마테도리에 자리한 다이칸야마 포럼은 이스트와 웨스트 2개의 동으로 나뉘어 있고 두 동 사이에는 광장과 지하로 내려가는 계단이 있다. 지하 1층에는 미슐랭 별 3개 등급의 최고급 프렌치레스토랑 메종폴보퀴즈Maison Paul Bocuse가 있다. 폴보퀴즈의 일본 본점 역할을 하는 레스토랑으로 내부는 아르누보 분위기의 다이닝, 살롱, 바라운지로 나뉜다. 1층에는 일본의 황태자 전담 디자이너이기도 했던 디자이너 아시다준芦田淳의 숍 부티크아시다ブティック アシダ의 본점이 있다. 고급스러운 웨딩드레스, 정장 등이 유명하며 유명세만큼 가격도 높다.

- **다이칸야마 포럼** 주소 東京都 渋谷区 猿楽町 17-16 찾아가기 도큐(東急) 도요코선(東横線)의 다이칸야마(代官山)역 정면출구(正面口)에서 도보 6분 거리
- **메종폴보퀴즈(Maison Paul Bocuse)** 홈페이지 paulbocuse.jp/maison 문의 03-5458-6324(예약필수) 가격 런치 ¥5,000~15,000, 디너 ¥20,000~30,000/세금 및 서비스차지 10% 별도 영업시간 런치 12:00~15:30(L.O. 13:30), 디너 17:30~23:00(L.O. 20:30) 휴무 매주 월요일 귀띔 한마디 평일 한정 특별런치(¥2,400, 세금 및 서비스차지 별도)가 있다.
- **부티크아시다(Boutique Ashida)** 홈페이지 www.jun-ashida.co.jp 문의 03-3462-5811 영업시간 11:00~19:00

다이칸야마다운 분위기의 쇼핑거리 ★★★☆☆

사루가쿠 猿楽

2007년 문을 연 쇼핑거리로 흰색을 베이스로 한 산뜻한 디자인 건물 6개 동으로 구성되어 있다. 다이칸야마는 좁은 골목길 내 작은 가게들을 둘러보는 것이 좋은데, 사루가쿠는 구조적으로 그 매력을 잘 표현했다. 알파벳 소문자 a~f동에는 각 3개의 점포가 들어가 있다. 패션숍, 수입 잡화점, 카페, 레스토랑, 바, 회원제 레스토랑, 헤어살롱 등 입점 숍의 장르가 다양하다.

홈페이지 sarugaku.jp 주소 東京都 渋谷区 猿楽町 26-2 찾아가기 도큐(東急) 도요코선(東横線)의 다이칸야마(代官山)역 정면출구(正面口)에서 도보 3분 거리 영업시간 11:00~19:00 휴무 매주 화요일(숍 및 카페에 따라 다름) 귀띔 한마디 다이칸야마의 분위기와 특성을 잘 살려서 만든 쇼핑시설이니 꼭 구경하자.

큐브 모양의 여러 동으로 나누어진 쇼핑거리 ★★☆☆☆

큐브 다이칸야마 CUBE Daikanyama

네모반듯한 큐브 모양의 건물들이 인상적인 쇼핑거리이다. 통유리로 만든 건물은 밖에서도 안이 훤히 들여다보인다. 여러 동으로 나뉘어 있어 건물 안팎을 드나들면서 구경해야 한다. B동에는 도쿄 스탠더드를 콘셉트로 만든 편집숍, 패션숍 빔즈Beams와 아동복을 파는 빔즈키즈Beams Kids가 있다. C동에는 깔끔한 스포츠웨어 브랜드 디센트블랑크 다이칸야마DESCENTE BLANC Daikanyama가 있다.

주소 東京都 渋谷区 猿楽町 19-7 CUBE 代官山 **찾아가기** 도큐(東急) 도요코선(東横線)의 다이칸야마(代官山)역 정면출구(正面口)에서 도보 5분 거리 **영업시간** 11:00~20:00

알록달록한 색상과 독창적인 디자인의 패션브랜드 ★★★☆☆

아르큅포 アルクイッポ

1997년 선로제 다이칸야마에 문을 연 개성 넘치는 패션브랜드이다. 독특한 색과 프린트, 디자인으로 만든 여성복은 멀리서 봐도 눈에 띈다. 쇼윈도와 피팅룸도 독특한 색상과 디자인으로 알록달록하게 꾸몄다. 아르큅포의 캐릭터인 귀여운 돼지가 들어간 제품이 많고 오리지널 디자인의 의류, 모자, 가방, 액세서리 등을 판매한다.

홈페이지 www.alberobello.co.jp **주소** 東京都 渋谷区 猿楽町 11-6 サンローゼ代官山 104 **문의** 03-5457-3030 **찾아가기** 도큐(東急) 도요코선(東横線)의 다이칸야마(代官山)역 북쪽출구(北口)에서 도보 3분 거리 **영업시간** 11:00~19:00 **휴무** 매주 월요일

다이칸야마의 최대 매력 포인트! 다이칸야마의 숍

에비스역에서 다이칸야마까지 이어지는 코마자와도리(駒沢通り)에서부터 시작해 작은 골목길 안쪽까지, 다이칸야마역 주변은 수많은 숍으로 둘러싸여 있다. 큼직한 쇼핑빌딩이 많은 하치만도리(八幡通り), 분홍색으로 칠한 성 모양의 캐슬맨션 다이칸야마가 있는 캐슬스트리트(キャッスルストリート) 등 다이칸야마역 주변에는 개성 있는 패션과 독특한 잡화를 파는 숍이 곳곳에 자리 잡고 있다.

감각적인 스타일의 프랑스 의류브랜드 ★★★☆☆

아페쎄 アーペーセー, A.P.C.

프랑스 의류브랜드 아페쎄 매장이 다이칸야마에 2곳이 있다. 아쎄 여성복라인 '아페쎄팜A.P.C. FEMME'과 남성복라인 '아페세옴므A.P.C. HOMME'이다. 아페세옴므 매장 입구는 친환경적으로 멋있게 장식되어 있고 내부에는 음반 및 책을 판매하는 코너까지 마련되어 있다. 의상, 액세서리, 양말 등 아페쎄의 상품을 폭넓게 구경할 수 있다.

- **공통 홈페이지** www.apcjp.com **찾아가기** 도큐(東急) 도요코선(東横線)의 다이칸야마(代官山)역 정면출구(正面口)에서 도보 3분 거리 **영업시간** 11:00~20:00
- **A.P.C. FEMME 주소** 渋谷区 猿楽町 11-9 **문의** 03-5489-6851
- **A.P.C. HOMME 주소** 渋谷区 猿楽町 25-2 **문의** 03-3496-7570

세계 각국에서 수입한 잡화점 ★★★☆☆

자파디두 ZAPADY-DOO

컬러풀하고 이국적인 잡화로 가득한 잡화점이다. 세계 각지에서 수입한 생활용품, 테이블웨어, 인테리어용품 등을 판매한다. 자파디두에서만 골라도 거뜬히 카페 한 곳쯤은 예쁘게 꾸밀 정도로 상품 종류도 다

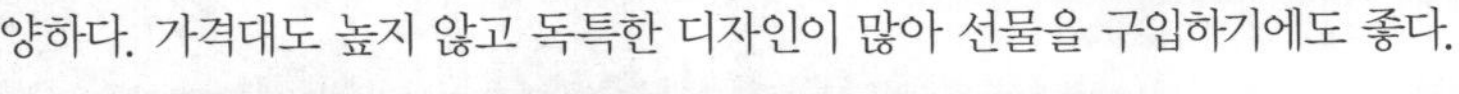

양하다. 가격대도 높지 않고 독특한 디자인이 많아 선물을 구입하기에도 좋다.

홈페이지 www.dulton.co.jp **주소** 東京都 渋谷区 恵比寿西 1-33-15 **문의** 03-5458-4050 **찾아가기** 도큐(東急) 도요코선(東横線)의 다이칸야마(代官山)역 정면출구(正面口)에서 도보 2분 거리 **영업시간** 11:00~20:00

Chapter 03

나카메구로

中目黒

Nakameguro

★★☆☆☆

★★★☆☆

★★★★☆

나카메구로 관광의 중심은 메구로강(目黒川)이다. 사실 한국 기준으로 생각하면 강이라는 말보다는 개천이라는 표현이 더 어울린다. 하지만 메구로강 양쪽에 가로수처럼 일정한 간격으로 심은 벚나무가 시멘트로 반듯하게 만든 삭막한 개천에 운치를 더한다. 봄이 되면 일제히 꽃망울을 터트린 벚꽃이 메구로강을 분홍빛으로 물들이고 그 모습을 보기 위해 수많은 인파가 모여든다. 벚꽃시즌이 지난 나카메구로는 한가롭지만, 아름드리 벚나무들이 만드는 그늘이 시원해 여전히 매력적이다. 조용해진 나카메구로에서는 느긋하게 빈티지숍과 앤티크숍을 돌아다니며 구경하면 된다. 맛있는 음식을 파는 레스토랑도 많고 분위기 좋은 카페와 특별한 스위츠숍까지 고루 갖추고 있다.

嘉紀の一言

요시노리의 한마디

벚꽃이 흐드러지게 핀 메구로강에서 술 한 잔 손에 들고 즐기는 벚꽃놀이는 최고이다.

나카메구로를 잇는 교통편

나카메구로역은 도큐 도요코선과 도쿄메트로 히비야선이 지나간다. 도쿄에서 지하철을 이용해 이동한다면 도쿄메트로 히비야선을 이용하는 것이 저렴하다. 시부야에서 출발하는 도큐 도요코선을 이용할 경우 특급(特急), 통근특급(通勤特急), 급행(急行), 각 역 정차(各駅停車) 모두 나카메구로에서 정차하므로 아무 선이나 타도된다. 다이칸야마에서 이동할 경우에는 도보로 10분도 안 걸리니 걸어가도 된다.

나카메구로(中目黒)역 ▌도요코선(東横線) ◎ 히비야선(日比谷線)

나카메구로에서 꼭 해봐야 할 것들

1. 벚꽃시즌에 맞춰 가서 메구로강변에서 벚꽃놀이를 즐기자!
2. 세계대회에서 우승한 세계 최고의 피자를 먹어보자!
3. 오래된 것일수록 가치가 높은 빈티지숍과 앤티크숍을 구경하자!

사진으로 미리 살펴보는 나카메구로 베스트코스

맛있는 피자를 덜 기다리고 먹기 위해서 11시 20분쯤에 나카메구로역에 도착해 오픈시간인 11시 30분에 맞춰 피자리아에 토라토리아 다이사에 찾아간다. 식후에는 소화도 시킬 겸 메구로강을 느긋하게 산책한다. 강변 곳곳에 있는 앤티크숍과 빈티지숍도 구경하다 보면 1~2시간은 금세 지나갈 것이다. 슬슬 소화되었다 싶으면, 요한 본점에서 진한 치즈케이크도 한 조각 맛보자. 나카메구로의 새로운 랜드마크 나카메구로 아트라스타워를 지나 넓고 쾌적한 고급 인테리어숍 발스스토어를 한 바퀴 돌아본 후, 메구로긴자 상점가로 이동해서 빈티지쇼핑을 마무리한다.

1 산책하며 즐기는 빈티지쇼핑 하루 일정(예상 소요시간 5시간 이상)

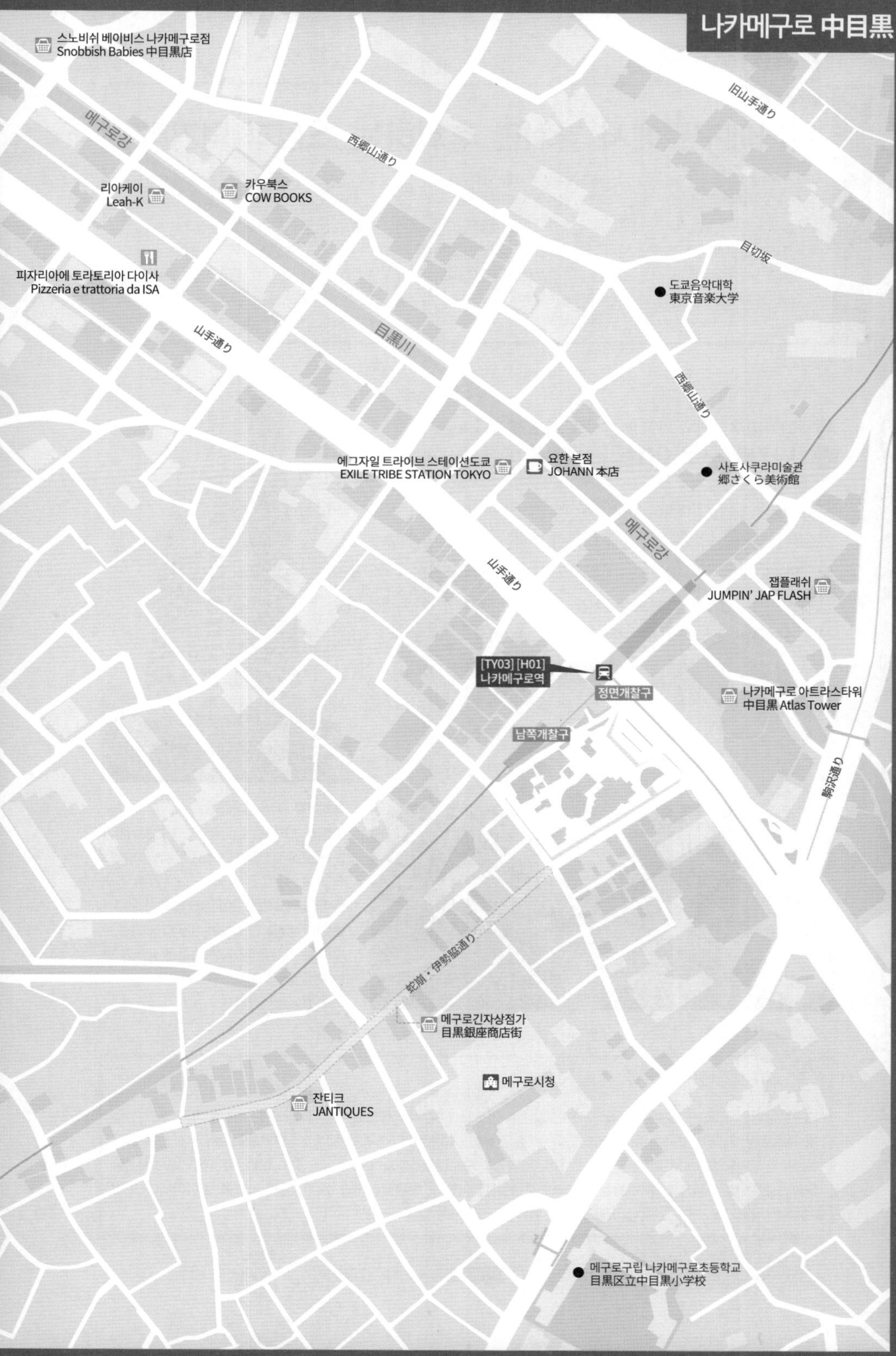

스노비쉬 베이비스 나카메구로점
Snobbish Babies 中目黒店
메구로강
西郷山通り
旧山手通り
리아케이
Leah-K
카우북스
COW BOOKS
目切坂
피자리아에 토라토리아 다이사
Pizzeria e trattoria da ISA
도쿄음악대학
東京音楽大学
山手通り
目黒川
西郷山通り
에그자일 트라이브 스테이션도쿄
EXILE TRIBE STATION TOKYO
요한 본점
JOHANN 本店
사토사쿠라미술관
郷さくら美術館
메구로강
山手通り
잡플래쉬
JUMPIN' JAP FLASH
[TY03] [H01]
나카메구로역
정면개찰구
나카메구로 아트라스타워
中目黒 Atlas Tower
남쪽개찰구
駒沢通り
蛇崩・伊勢脇通り
메구로긴자상점가
目黒銀座商店街
메구로시청
잔티크
JANTIQUES
메구로구립 나카메구로초등학교
目黒区立中目黒小学校

Section 06

나카메구로에서 놓치면 후회하는 쇼핑과 먹거리

메구로강을 중심으로 쇼윈도 숍이 강물을 따라 계속 나타난다. 주로 빈티지스타일의 중고 옷을 판매하는 패션숍과 앤티크잡화점으로, 오래된 물건일수록 가치가 더 높은 지역이다. 짧게는 20~30년 전 서양에서 유행했던 복고스타일이고, 길게는 50~100년 전 상품도 있다. 주로 20대 패셔니스타들이 선호한다. 패션숍 외에도 강 옆으로 분위기 좋은 이탈리안과 프렌치레스토랑이 많다. 술을 곁들여야 하는 저녁에는 가격대가 비싸지만, 점심 때는 ¥1,000 정도로 런치메뉴를 즐길 수 있다.

나카메구로에서 가장 높은 랜드마크 빌딩 ★★☆☆☆

나카메구로 아트라스타워 Nakameguro Atlas Tower

지상 45층, 높이 160m로 메구로구目黒区에서 가장 높은 건물이다. 2009년에 완공되었으며 1층부터 5층까지는 상가, 그 위층은 고급 타워맨션이다. 나카메구로 아트라스타워의 상가시설을 나카메 아르카스ナカメアルカス라고 부르며 아트라스타워Atlastower, 아트라스타워 아넥스Atlastower Annex, 아리나Arena의 총 3개 건물로 구성되어 있다. 1층부터 5층까지 레스토랑, 패션숍, 잡화점, 병원 등 40개가 넘는 다양한 점포가 들어서 있다. 메구로강 바로 옆에 자리해 벚꽃시즌에는 건물 안에서 벚꽃을 감상할 수 있으며 나카메구로의 벚꽃축제가 시작되는 지점이기도 하다.

홈페이지 www.nakamearukas.net **주소** 東京都 目黒区 上目黒 1-26-1 **찾아가기** 도큐 도요코선(東急東横線), 도쿄메트로 히비야선(日比谷線)의 나카메구로(中目黒)역 정면출구(正面改札)에서 도보 1분 거리 **영업시간** 점포에 따라 다름 **귀띔 한마디** 메구로강변의 작은 숍들을 둘러볼 때는 화장실을 빌리기 어려우니 아트라스타워의 화장실을 이용하자.

Tip

메구로강변의 숍

메구로강의 양옆에는 벚나무 가지가 시원한 그늘을 만드는 산책로가 형성되어 있다. 양쪽 산책로를 따라 다양한 숍과 레스토랑, 카페가 조용히 자리 잡고 있다. 저층 건물이 대부분이고 주택과 섞여 있어 다 둘러보려면 한참을 걸어야 한다. 간판도 도드라지지 않을 정도로 작아 가게인지 모르고 그냥 지나치기 쉬운 곳도 많다. 화려한 간판 대신 독특한 장신구 및 화분으로 꾸며 놓아 전체적으로 조화를 이룬다. 메구로강변과 야마테도리 사이를 돌아다니다 보면 '세상에 이런 가게가 다 있구나!' 싶을 정도로 독특한 곳을 종종 발견하게 된다.

✓ 메구로강변과 반대쪽에 자리한 메구로긴자상점가▶P. 496에도 빈티지숍과 앤티크숍이 이어진다.

셀렉션도 훌륭하고 분위기도 카페 같은 중고서점 ★★★★☆

카우북스 COW BOOKS

젖소 로고가 인상적인 외관부터 모던한 카우북스는 단순히 중고책을 파는 곳이 아니다. 독자적인 기준으로 선별한 중고책을 코디하고 프로듀스하는 역할을 한다. 절판된 책을 찾아주거나 복잡한 집안의 서재를 정리해준다. 또한 호텔이나 카페 등에 장서를 멋있게 채워주기도 한다.
특별한 목적 없이 지나가다 들러 진열된 책을 훑어봐도 즐겁다. 예술, 문학, 종교 등 다양한 분야의 책들이 주제별로 분류되어 있어 관심분야의 책을 구경하기도 좋다. 1960~70년대에 출간된 책들은 프리미엄이 붙어 원가보다 훨씬 높은 값으로 거래되며, 책의 보존 상태도 좋고 관리가 잘 되어 있어 깨끗하다. 앉아서 읽을 수 있는 테이블도 마련해 두어 북카페처럼 느긋하게 즐길 수 있다.

홈페이지 www.cowbooks.jp **주소** 東京都 目黒区 青葉台 1-14-11 コーポ青葉台 103 **문의** 03-5459-1747 **찾아가기** 도큐 도요코선(東急東横線), 도쿄메트로 히비야선(日比谷線)의 나카메구로(中目黒)역 정면출구(正面改札)에서 도보 8분 **영업시간** 12:00~20:00 **휴무** 매주 월요일(공휴일인 경우 영업) **귀띔 한마디** 대부분 일본어로 쓰인 책이라 일본어를 못 읽으면 그림의 떡이 될 수 있다.

1970년대 프랑스와 미국 스타일의 앤티크 패션숍 ★★★☆☆

리아케이 Leah-K

미국과 프랑스를 포함한 유럽의 중고 옷을 판매한다. 1970년대에 유행했던 복고스타일이라 오히려 참신하고 세련되게 느껴진다. 미국식 의상은 남성복이 많고 여성복은 유럽풍을 취급한다. 가격도 적당한 선이라 빈티지 스타일을 좋아하는 20~30대에게 인기 있다. 심플하지만 멋스러운 오리지널 브랜드 나투파Natupa도 판매한다.

홈페이지 leah-k.jp **주소** 東京都 目黒区 青葉台 1-25-2 **문의** 03-6452-2617 **찾아가기** 도큐 도요코선(東急東横線), 도쿄메트로 히비야선(日比谷線)의 나카메구로(中目黒)역 정면출구(正面改札)에서 도보 7분 거리 **영업시간** 12:00~22:00

강아지 옷과 소품전문점 ★★★☆☆

스노비쉬 베이비스 나카메구로점 Snobbish Babies 中目黒店

강아지 옷과 패션소품을 판매하는 스노비쉬 베이비스는 에즈노운에즈데왕as know as de wan의 직영점이다. 메구로강변을 강아지와 함께 산책하는 사람들을 위한 가게이다. 귀여운 강아지 옷과 강아지와 함께 산책할 때 필요한 소품을 판매한다. 좋은 재질의 천을 이용한 세련된 디자인의 제품이 많다.

홈페이지 www.asknowas.com **주소** 東京都 目黒区 青葉台 2-16-8 **문의** 03-3461-7601 **찾아가기** 도큐 도요코선(東急東横線), 도쿄메트로 히비야선(日比谷線)의 나카메구로(中目黒)역 정면출구(正面改札)에서 도보 10분 **영업시간** 11:00~19:00

60년 넘는 역사를 가진 상점가 ★★☆☆☆

메구로긴자상점가 目黒銀座商店街

나카메구로 지티中目黒 GT 옆에서부터 뒤편으로 900m 길이로 이어진 상점가이다. 1953년에 발족하여 60년 넘는 역사를 가졌으며 지금도 오래된 목조건물이 거리 곳곳에 남아있다. 크게 5개의 블록으로 나뉘며 170여 개의 다양한 상점이 줄지어 늘어서 있다. 오래된 가게도 많지만, 메구로강변에 있는 숍들과 분위기가 비슷한 모던한 패션 및 잡화점도 있다.

홈페이지 www.e-nakameguro.com **찾아가기** 도큐 도요코선(東急東横線), 도쿄메트로 히비야선(日比谷線)의 나카메구로(中目黒)역 동쪽개찰구(東口改札)에서 도보 2분 거리

메구로긴자상점가의 추천 숍

앤티크 잡화와 중고 옷을 파는 숍

잔티크 JANTIQUES

유럽에서 수입한 오래된 앤티크 가구 및 잡화 그리고 중고의류를 판매한다. 1800년대에 만든 가구까지 있을 정도로 앤티크에 대한 조예가 깊은 숍이라 멀리서 일부러 찾아오는 사람이 있을 정도로 유명하다. 오래된 물건이 많다 보니 가격이 저렴하지는 않지만 세월이 깊은 만큼 진한 멋이 느껴진다.

주소 東京都 目黒区 上目黒 2-25-13 **문의** 03-5704-8188 **찾아가기** 도큐 도요코선(東急東横線), 도쿄메트로 히비야선(日比谷線)의 나카메구로(中目黒)역 동쪽개찰구(東口改札)에서 도보 5분 거리 **영업시간** 12:00~21:00

패셔너블한 남성 중고의류 ★★★☆☆

잽플래쉬 JUMPIN' JAP FLASH

골목길 안쪽에 숨어 있는 숍이지만, 매장 규모가 크고 멋진 옷이 많기로 소문난 남성 중고의류 전문점이다. 시대를 한발 앞선 디자인으로 스타일리시해서 남성 패션 매거진에 자주 등장한다. 미국에서 수입한 빈티지, 레귤러 중고패션이 많고 의상에 어울리는 가방과 신발, 액세서리 등도 함께 판매한다.

홈페이지 www.jumpinjapflash.com 주소 東京都 目黒区 上目黒 1-3-13 문의 03-5724-7170 찾아가기 도큐 도요코선(東急東横線), 도쿄메트로 히비야선(日比谷線)의 나카메구로(中目黒)역 정면출구(正面改札)에서 도보 4분 거리 영업시간 12:00~20:00

에그자일의 팬을 위한 숍 ★★★☆☆

에그자일 트라이브 스테이션도쿄 EXILE TRIBE STATION TOKYO

일본 최고의 남성댄스그룹 에그자일EXILE 팬을 위한 숍이다. 에그자일은 일본 레코드대상과 골든디스크대상을 10년이 넘는 세월 동안 꾸준히 휩쓸고 있는 그룹이다. 감미로운 목소리의 보컬, 신나는 멜로디, 파워풀한 댄스가 조화된 그룹이라 두터운 팬층에게 절대적인 지지를 받고 있다. 음반과 DVD는 물론 공연장에서 입을 티셔츠 및 장신구, 소품 등 에그자일의 로고가 새겨져 있거나 멤버의 사진이 들어간 상품을 판매한다.

홈페이지 www.exiletribestation.jp 주소 東京都 目黒区 上目黒 1-17-4 문의 03-6452-3312 찾아가기 도큐 도요코선(東急東横線), 도쿄메트로 히비야선(日比谷線)의 나카메구로(中目黒)역 정면출구(正面改札)에서 도보 5분 거리 영업시간 12:00~19:00 귀띔 한마디 오사카(大阪)에도 같은 매장이 있다.

세계 최고의 화덕피자집 ★★★★★

피자리아에 토라토리아 다이사 Pizzeria e trattoria da ISA

나폴리의 인기 피자집 일피자이오로 델프레지덴테Il Pizzaiolo del Presidente에서 수행하고 세계피자선수권에서 2007년부터 3년 연속으로 우승한 야마모토히사노리山本尚徳가 운영하는 피자집이

다. 나카메구로에 2010년 피자집을 연 이후 지금까지도 세계 최고로 인정받으며, 피자 맛을 보기 위해 일본 전역에서 찾아와 늘 북적인다.

치즈를 빼고 순수하게 피자 도우의 맛을 즐기고 싶다면 마리나라Marinara를, 치즈가 올라간 피자를 원한다면 토마토소스와 모차렐라치즈, 바질리코가 들어간 마르게리타Margherita를 주문하자. 피자는 토핑의 종류 및 가짓수에 따라 가격이 올라간다. 생크림소스, 물소 젖으로 만든 모차렐라치즈, 생살라미 등 소스와 토핑의 종류도 다양해 피자메뉴만 약 30가지나 된다. 토핑만 따로 추가할 수 있어 입맛에 맞춘 맞춤 피자를 주문하는 것도 가능하다.

마르게리타 콘훈기
Margherita Con funghi

홈페이지 www.da-isa.jp 주소 東京都 目黒区 青葉台 1-28-9 문의 03-5768-3739 찾아가기 도큐 도요코선(東急東横線), 도쿄메트로 히비야선(日比谷線)의 나카메구로(中目黒)역 정면개찰구(正面改札)에서 도보 6분 거리 가격 런치 ¥1,500~3,000, 디너 ¥3,000~4,000 영업시간 런치 11:30~14:00, 디너 17:30~22:30(L.O. 21:45) 휴무 월요일 귀띔 한마디 전채요리 및 파스타 등 다른 요리도 있지만, 화덕피자는 1인당 1판씩 먹어도 질리지 않을 정도로 맛있다.

진하고 부드러운 미국 스타일의 치즈케이크 ★★★★☆

요한 본점 JOHANN 本店

1978년에 문을 연 요한은 치즈케이크 하나만 판매하는 치즈케이크전문점이다. 호주의 필라델피아치즈를 이용해 만든 요한의 치즈케이크는 치즈 맛에 방해가 되지 않을 정도로만 단맛을 사용해 깊고 진한 치즈 맛이 잘 느껴진다. 완성한 치즈케이크는 일부러 하룻밤 재워 두었다가 판매하며, 숙성된 치즈케이크의 촉촉하고 부드러운 식감이 예술이다. 색과 모양 모두 소박하지만 향료, 착색료, 보존료, 물 등을 전혀 사용하지 않는다. 치즈케이크는 내추럴Natural, 멜로우Mellow, 블루베리Blueberry, 사워소프트Sour Soft 이렇게 총 4가지 맛이 있다. 한 조각의 크기가 작으니 다른 맛으로 2조각 정도 구입해 먹는 것도 좋다. 가게 안에는 테이블이 없어 테이크아웃으로 구입해야 한다.

홈페이지 johann-cheesecake.com 주소 東京都 目黒区 上目黒 1-18-15 문의 03-3793-3503 찾아가기 도큐 도요코선(東急東横線), 도쿄메트로 히비야선(日比谷線)의 나카메구로(中目黒)역 정면개찰구(正面改札)에서 도보 2분 거리 가격 약 ¥400~500/1조각 영업시간 4~9월 10:00~18:30, 10~3월 10:00~18:00 귀띔 한마디 요한의 치즈케이크는 수입 식재료가 많은 고급 슈퍼마켓 세조이시이(成城石井)에서도 판매한다.

Special 12 메구로강의 벚꽃

빠르면 3월 말, 늦으면 4월 초부터 메구로강변을 분홍빛으로 물들이는 벚꽃은 1~2주 사이에 피었다가 사라진다. 시기가 짧아서 아쉽지만, 그때만 볼 수 있어 더욱 특별하다. 벚꽃이 지고 푸른 잎이 그 자리를 대신한 메구로강변도 충분히 아름답지만 기왕이면 벚꽃이 피는 시기에 맞춰서 구경 가는 것을 추천한다.

메구로강변

도쿄의 인기 벚꽃명소 중 한곳이다. 메구로강변 산책로를 따라 벚나무 800여 그루가 줄지어 서 있다. 메구로강 위로 가지를 늘어뜨린 벚나무가 만든 벚꽃터널과 강 위로 떨어져 물을 분홍색으로 물들이는 벚꽃잎이 만든 풍경이 아름답다. 도큐 도요코선의 전차 안에서도 잘 보이기 때문에 이 시기에 나카메구로를 지나가게 된다면 눈여겨보자. 메구로강을 둘러싸고 있는 벚나무는 왕벚나무(ソメイヨシノ)로 일본에서 가장 많이 볼 수 있는 대표적인 벚나무이다. 왕벚나무의 꽃은 연한 분홍색을 띠고 꽃잎이 5장인 것이 특징이다. 작은 크기의 검붉은 열매가 열리지만 신맛과 쓴맛이 강해서 식용으로 사용되지는 않는다. 나카메구로는 다이칸야마처럼 패션숍, 잡화점, 전문점 등의 다양한 숍이 많은 거리이다. 흐르는 강물을 보며 벚꽃도 감상하고 강변 옆에서 영업하는 개성 있는 약 150개의 숍도 구경할 수 있다.

벚꽃축제 桜まつり

벚꽃이 한창인 4월 초 주말에 나카메구로에서는 일본식 벚꽃축제 사쿠라마츠리(桜まつり)가 열린다. 벚꽃길을 따라 수많은 사람이 산책하고 거리 곳곳에 포장마차가 설치되어 맛있는 간식거리를 판매한다. 벚꽃빛깔과 닮은 로제와인에 탄산을 넣어 만든 샴페인을 한잔 사 들고 맛있는 냄새를 풍기는 각종 주전부리를 안주 삼아 벚꽃을 구경할 수 있다. 일본에서 벚꽃놀이할 때 즐겨 먹는 전통간식은 벚나무 잎으로 감싼 분홍빛 떡 사쿠라모찌(桜餅)이다. 소금으로 절인 벚나무 잎과 달콤한 팥소가 쫄깃한 떡과 함께 이루는 궁합이 제법이다. 각종 공연 및 라디오쇼도 진행하고 아이들을 겨냥한 놀이시설이 설치되기도 한다. 일본의 벚꽃은 술도 한잔하고 인파와 함께 북적거리며 즐겨야 제맛이다.

홈페이지 www.nakamegu.com 문의 03-3712-3839 찾아가기 도큐 도요코선(東急東横線), 도쿄메트로 히비야선(日比谷線)의 나카메구로(中目黒)역 정면개찰구(正面改札)에서 도보 1분 거리 가격 무료 귀띔 한마디 벚꽃의 개화 시기 및 벚꽃축제 기간은 매년 조금씩 달라지니 홈페이지에서 미리 확인하자.

Chapter 04

지유가오카

自由が丘

Jiyugaoka

 ★☆☆☆☆

 ★★★★★

★★★★★

지유가오카는 도쿄의 중심지에서 조금 떨어진 곳에 위치한 고급 주택가이다. 얼핏 보면 평범한 동네 같지만 한번 맛 들이면 자꾸 또 가고 싶어지고 살고 싶어질 만큼 매력적이다. 특히 지유가오카역 주변은 분위기 좋은 카페와 보석처럼 아름다운 조각 케이크를 판매하는 케이크전문점, 아기자기한 인테리어 소품을 판매하는 잡화점 등으로 가득해 20~30대 여성들의 마음을 사로잡는다. 특정 관광지를 구경하는 여행보다는 골목 안을 돌아다니며 예쁜 물건을 구경하고 맛있는 것을 찾아 맛보는 것을 좋아하는 여행자들에게 추천한다.

요시노리의 한마디

달콤한 케이크와 깜찍한 잡화에 관심이 없는 사람에게는 흔한 동네로 느껴질 것이다.

지유가오카를 잇는 교통편

지유가오카는 철도회사 도큐(東急)가 운영하는 역이다. 시부야(渋谷)와 요코하마(横浜)를 연결하는 도요코(東横)선과 오이마치(大井町)에서 미조노구치(溝の口)까지 연결하는 오이마치(大井町)선이 지나간다. 도쿄의 중심지는 대부분 JR, 도쿄메트로, 도에지하철로 연결되어 있지만, 지유가오카를 오가기 위해서는 도큐를 이용해야 한다. 회사가 달라 각종 교통 일일패스로 커버되지 않는 경우가 많으니 주의하자. 전차는 특급(特急), 통근특급(通勤特急), 급행(急行), 각 역 정차(各駅停車) 등으로 나뉘는데, 요금은 같으니 빠른 특급을 이용하는 것을 추천한다.

지유가오카(自由が丘)역 ▮ 도요코선(東横線), ▮ 오이마치선(大井町線)

지유가오카에서 꼭 해봐야 할 것들

1. 유명한 파티시에가 만든 케이크전문점에서 예쁜 케이크를 맛보자.
2. 재미있는 아이디어와 깜찍한 디자인으로 무장한 잡화를 구경하며 쇼핑하자.
3. 길거리에 장식된 귀여운 장신구들을 구경하자.

사진으로 미리 살펴보는 지유가오카 베스트코스

오전 11시쯤 지유가오카역에 도착하면 정면출구로 나간다. 로터리를 지나 커다란 인테리어전문점이 늘어선 가베라도리로 가서 인테리어용품을 구경하며 산책을 즐기자. 몽상클레어에서 케이크와 차 한잔으로 스위츠 탐방을 시작한다. 혈당이 올랐으니 힘을 내서 귀여운 잡화를 판매하는 가게가 모여 있는 가토레아도리로 향한다. 좁은 골목이 거미줄처럼 연결된 길을 따라 각양각색의 예쁜 잡화를 구경하다 슬슬 배가 고파지면 호사카야에서 점심을 먹는다. 식후에는 메가미도리와 라비타를 살짝 구경하자. 소화가 좀 되었으면 파티세리 파리세베이유에서 맛있는 케이크와 함께 티타임을 갖는다. 선로 바로 옆에 위치한 트레인치에서 잡화점을 구경하고 그린스트리트로 이동한다. 스위츠를 더 먹고 싶다면 지유가오카 스위츠 포레스트를, 느끼해진 속을 개운하게 씻어 내리고 싶다면 셔터즈를 추천한다.

1 달콤한 스위츠로 행복한 하루 일정(예상 소요시간 9시간 이상)

지유가오카 自由が丘

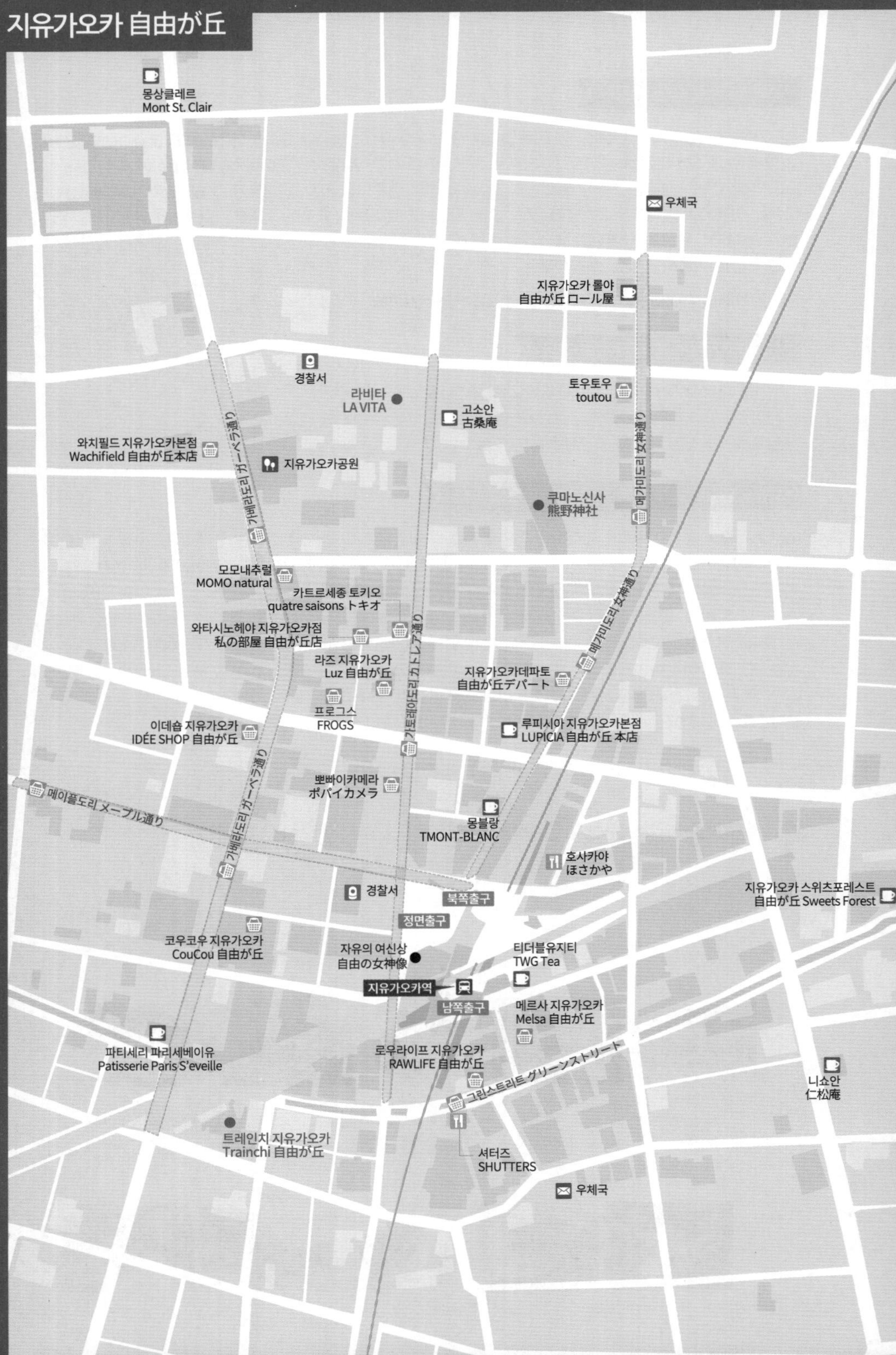

몽상클레르
Mont St. Clair
우체국
지유가오카 롤야
自由が丘 ロール屋
경찰서
라비타
LA VITA
고소안
古桑庵
토우토우
toutou
와치필드 지유가오카본점
Wachifield 自由が丘本店
지유가오카공원
가베라도리 ガーベラ通り
메가미도리 女神通り
쿠마노신사
熊野神社
모모내추럴
MOMO natural
카트르세종 토키오
quatre saisons トキオ
와타시노헤야 지유가오카점
私の部屋 自由が丘店
라즈 지유가오카
Luz 自由が丘
가토레아도리 カトレア通り
지유가오카데파토
自由が丘デパート
프로그스
FROGS
이데숍 지유가오카
IDÉE SHOP 自由が丘
루피시아 지유가오카본점
LUPICIA 自由が丘 本店
메이플도리 メープル通り
뽀빠이카메라
ポパイカメラ
몽블랑
TMONT-BLANC
호사카야
ほさかや
경찰서
북쪽출구
정면출구
지유가오카 스위츠포레스트
自由が丘 Sweets Forest
코우코우 지유가오카
CouCou 自由が丘
자유의 여신상
自由の女神像
티더블유지티
TWG Tea
지유가오카역
남쪽출구
메르사 지유가오카
Melsa 自由が丘
파티세리 파리세베이유
Patisserie Paris S'eveille
로우라이프 지유가오카
RAWLIFE 自由が丘
그린스트리트 グリーンストリート
니쇼안
仁松庵
트레인치 지유가오카
Trainchi 自由が丘
셔터즈
SHUTTERS
우체국

Tokyo

Section 07

지유가오카에서 반드시 둘러봐야 할 명소

지유가오카 최고의 즐거움은 자유롭게 돌아다니면서 쇼핑을 즐기거나, 맛있는 음식을 찾아 먹는 것이다. 산책코스와 볼거리가 있는 독특한 쇼핑센터 라비타와 트레인치는 여기서 먼저 소개하고 거리에 있는 다른 숍은 쇼핑섹션에서 따로 소개한다.

베니스풍으로 꾸민 깜찍한 쇼핑몰 ★★★☆☆

라비타 LA VITA

지유가오카의 중심지에서 조금 떨어진 조용한 주택가에 자리한 쇼핑몰이다. 규모가 크지는 않지만, 오픈 테라스에는 작은 수로가 있고 수로 위에는 곤돌라가 떠 있는 등 베니스풍으로 아기자기하게 꾸며져 있다. 유럽풍으로 지은 건물 안에는 카페, 인테리어 잡화, 패션, 미용실 등 다양한 숍이 영업하고 있다. 예쁜 꽃으로 장식한 화단도 잘 정돈되어 있어서 조용히 산책 삼아 구경하기 좋다. 라비타는 이탈리아어로 생명과 생활을 뜻한다.

주소 東京都 目黒区 自由が丘 2-8-2 문의 03-3723-1881 찾아가기 도큐(東急) 도요코선(東横線), 오이마치선(大井町線) 지유가오카(自由が丘)역 정면출구(正面口)에서 도보 5분 거리 영업시간 11:00~19:30(숍마다 다름) 귀띔 한마디 도쿄디즈니랜드처럼 인위적이지만, 사진을 찍으면 잡지 화보처럼 잘 나온다. 그래서 취향이 맞는 사람에게는 구경만 해도 즐겁지만, 취향이 안 맞으면 심심하게 느껴진다.

귀여운 숍이 모여 있는 쇼핑몰 ★★★★☆

트레인치 지유가오카 Trainchi Jiyugaoka

지유가오카역을 지나가는 선로 옆에 위치한 상업시설 트레인치는 기차의 집이라는 뜻이다. 패션, 잡화, 카페 등 총 13개의 점포가 들어선 2층 건물로 구성되어 있다. 지유가오카다운 귀여운 잡화와 아이디어가 재미있는 수입제품을 판매하는 곳이 대부분이다. 2006년에 문을 연 시설이라 깔끔하고 모던한 느낌이다. 지유가오카의 개성 있는 잡화점을 모두 둘러보기에 시간과 체력이 부족하다면 트레인치만 가볍게 둘러보자. 이곳만 구경해도 지유가오카만의 아기자기한 매력을 느낄 수 있다.

홈페이지 www.trainchi.com 주소 東京都 世田谷区 奥沢 5-42-3 문의 03-3477-0109 찾아가기 도큐(東急) 도요코선(東横線), 오이마치선(大井町線) 지유가오카(自由が丘)역 정면출구(正面口)에서 도보 2분 거리 영업시간 10:00~20:00 귀띔 한마디 규모가 작아 기대하고 가면 실망할 수도 있으니 가벼운 마음으로 둘러보자.

지유가오카를 지키는 오래된 신사 ★★☆☆☆

쿠마노신사 熊野神社

카마쿠라시대鎌倉時代 이전에 만들어진 것으로 알려진 약 800년의 역사를 가진 신사다. 귀여운 그림 모양의 부적인 오마모리お守り를 판매한다. 곰 모양의 그림이 그려진 부적, 무사고를 기원하는 개구리 그림의 부적, 복고양이 마네키네코招猫 모양의 부적 등이 있다. 경내에는 여우신을 모시는 후시미이나리진자伏見稲荷神社도 있고, 신사 입구 옆에는 아이들이 놀 수 있는 작은 놀이터도 있다.

주소 東京都目黒区 自由が丘1-24-12 찾아가기 도큐(東急) 도요코선(東横線), 오이마치선(大井町線) 지유가오카역(自由が丘駅) 정면출구(正面口)에서 도보 7분 입장료 무료 개방시간 09:00~17:00 귀띔 한마디 인연을 맺어주는 힘이 있다고 한다.

Tip

자유의 여신상(自由の女神像)

지유가오카역 앞에는 동그란 로터리가 있고, 로터리 한가운데에는 동상이 하나 서 있다. 일본의 조각가 사와다마사히로(澤田政廣)가 1961년에 제작한 작품으로 정식 명칭은 오오조라(蒼穹)이다. 하지만 자유의 언덕이라는 뜻의 '지유가오카(自由が丘)의 여신상'이라는 의미로 자유의 여신상(自由の女神像)이라고 알려져 있다. 지유가오카에서는 여신의 일본어 발음 '메가미(女神)'라고 부른다.

Section 08

Tokyo

지유가오카에서 꼭 먹어봐야 할 먹거리

달콤함으로 하루를 가득 채우는 여행을 원한다면 지유가오카만큼 좋은 곳이 없다. 최고의 실력을 인정받은 파티시에가 운영하는 케이크전문점이 많아 하루 세끼를 스위츠로 채워도 지유가오카를 떠날 때는 아쉬움이 남을 것이다. 다른 지역을 여행할 때 카페는 휴식을 취하는 곳이지만, 지유가오카에서는 아름다운 케이크 한 조각과 함께 마시는 쌉쌀한 커피 한잔이 여행의 백미이다. 이곳에서 식사는 달콤한 스위츠를 제대로 즐기기 위한 애피타이저라고 생각하고 식도락 계획을 세울 것을 추천한다.

일류 파티시에가 만든 최고의 케이크전문점 ★★★★★

파티세리 파리세베이유 Patisserie Paris S'eveille

라듀레, 르다니엘, 아란듀카스 등 프랑스의 유명한 제과점 및 레스토랑에서 실력을 갈고닦은 파티시에 카네코요시아키金子美明가 2003년 문을 연 케이크전문점이다. 오직 세베이유의 맛있는 케이크를 먹기 위해 멀리서 찾아오는 사람들로 늘 만석이다.

쇼케이스 앞에 서면 1인용 크기로 아름답게 만든 케이크들의 유혹이 시작된다. 케이크는 크기가 작으니 1인당 2조각 정도는 주문해서 먹는 것이 좋다. 파티시에는 초콜릿에 정통한 쇼콜라티에이기도 해서 초콜릿이 들어간 케이크 맛이 뛰어나다. 특히 다양한 식감을 가진 초콜릿 층이 절묘한 하모니를 이루는 무슈아르노ムッシュアルノー를 추천한다.

물랑샨티카페(ムラングシャンティカフェ)

에베레스트(エベレスト)

무슈아르노(ムッシュアルノー)

주소 東京都 目黒区 自由が丘 2-14-5 문의 03-5731-3230 찾아가기 도큐(東急) 도요코선(東横線), 오이마치선(大井町線) 지유가오카(自由が丘)역 정면출구(正面口)에서 도보 3분 거리 가격 ¥1,000~2,000 영업시간 11:00~19:00 귀띔 한마디 테이크아웃도 가능하지만, 음료 한잔 곁들여 먹고 가는 것을 추천한다.

✓ 스위츠의 천국! 지유가오카를 제대로 즐기려면 인기 케이크전문점을 최소 2군데 이상 들러 맛보자.

한적한 주택가에 위치한 맛있는 케이크전문점 ★★★★★
몽상클레르 Mont St. Clair

유명 파티시에 츠지구치히로노부辻口博啓가 운영하는 케이크전문점이다. 한국에서 영화로 리메이크된 일본만화 『앤티크~서양골동양제과점~(アンティーク~西洋骨董洋菓子店~)』을 떠오르게 한다. 한적한 주택가지만 작품처럼 진열된 케이크들을 보고만 있어도 행복해기 때문이다.

인기 많은 케이크는 몽상클레르モンサンクレール와 쇼콜라브랑과 프랑보아즈의 산미가 어우러진 세라뷔안토르메セラヴィ·アントルメ이다. 늦게 가면 인기 많은 케이크가 다 팔려서 맛볼 수 없을 가능성이 크니 가능한 한 빨리 가는 것이 좋다.

몽상클레르와 아이스카페라테

홈페이지 www.ms-clair.co.jp **주소** 東京都 目黒区 自由が丘 2-22-4 **문의** 03-3718-5200 **찾아가기** 도큐(東急) 도요코선(東横線), 오이마치선(大井町線) 지유가오카(自由が丘)역 정면출구(正面口)에서 도보 10분 **가격** ¥1,000~2,000 **영업시간** 11:00~17:00 **휴무** 매주 수요일 **귀띔 한마디** 케이크의 달콤함을 느끼려면 커피에 설탕을 넣지 않고 스트레이트로 즐기는 것이 좋다.

부드럽고 달콤한 롤케이크전문점 ★★★★☆
지유가오카 롤야 自由が丘 ロール屋

파티시에 츠지구치히로노부辻口博啓가 프로듀스한 롤케이크전문점이다. 동화책 속에서 튀어나온 듯한 깜찍한 숍과 귀여운 롤 모양의 로고 등도 모두 츠지구치히로노부가 디자인했으며, 맛 또한 뛰어나다. 좋은 재료를 엄선해 사용하며 메밀가루, 말차 등 일본 특유의 재료로 만든 롤도 있다. 1인용 컷, 하프(12cm), 1본(18cm) 등 사이즈도 다양한데, 기왕이면 다양한 맛의 롤케이크를 컷으로 구입해서 이것저것 맛볼 것을 추천한다. 롤케이크 이외에 롤모양으로 구운 쿠키 및 마들렌 등도 판매한다.

생캐리멜

쿠키

홈페이지 www.jiyugaoka-rollya.jp **주소** 東京都 目黒区 自由が丘 1-23-2 **문의** 03-3725-3055 **찾아가기** 도큐(東急) 도요코선(東横線), 오이마치선(大井町線) 지유가오카(自由が丘)역 정면출구(正面口)에서 도보 8분 거리 **가격** ¥500~2,000 **영업시간** 11:00~18:00 **휴무** 수요일, 매달 셋째 주 화요일 **귀띔 한마디** 앉아서 먹고 갈 수 있는 공간이 없다.

달콤한 마론크림, 원조 몽블랑 ★★★☆☆

몽블랑 TMONT-BLANC

몽블랑

밤으로 만든 달콤한 마론크림을 듬뿍 얹은 몽블랑케이크를 일본 최초로 선보인 곳이다. 가게 이름처럼 원조 몽블랑은 지금도 인기이다. 지유가오카에서 가장 오래된 제과점이자 이곳을 스위츠 천국으로 자리 잡게 한 일등공신이다. 모양은 세련되지 않았지만, 옛 추억과 맛을 찾아 수십 년 이어지는 단골손님이 많다. 클래식한 분위기의 100석이 넘는 티룸이 있어 스위츠와 함께 즐기기도 좋다.

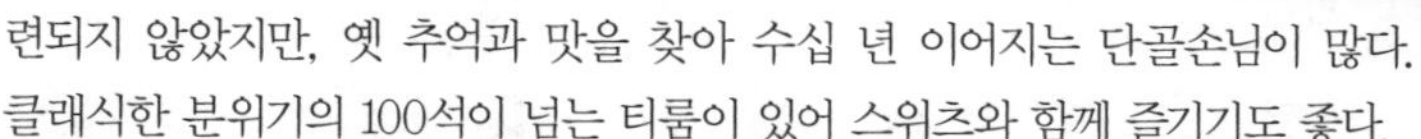

홈페이지 www.mont-blanc.jp **주소** 東京都 目黒区 自由が丘 1-29-3 **문의** 03-3723-1181 **찾아가기** 도큐(東急) 도요코선(東横線), 오이마치선(大井町線) 지유가오카(自由が丘)역 정면출구(正面口)에서 도보 2분 거리 **가격** ¥500~1,000 **영업시간** 10:00~19:00 **귀띔 한마디** 몽블랑을 찾는 사람들은 연령대가 높은 편이다.

다양한 디저트로 가득한 스위츠푸드코트 ★★★☆☆

지유가오카 스위츠포레스트 Jiyugaoka Sweets Forest

일본의 유명 디저트숍 8개가 모인 스위츠포레스트존과 베이킹용품을 판매하는 쿠오카숍이 있는 스위츠 테마파크이다. 2003년에 문을 연 이후, 달콤한 디저트를 맛보기 위해 지유가오카를 찾는 이들의 발걸음이 끊이지 않는다. 민트초코 팬들을 위한 민트스위츠 전문점, 마카롱 전문점, 빙수 전문점 등 특별한 스위츠를 만날 수 있다.

홈페이지 sweets-forest.cake.jp **주소** 東京都 目黒区 緑が丘 2-25-7 **문의** 03-5731-6600 **찾아가기** 도큐(東急) 도요코선(東横線), 오이마치선(大井町線) 지유가오카(自由が丘)역 남쪽출구(南口)에서 도보 5분 거리 **영업시간** 10:00~20:00(숍에 따라 다름) **귀띔 한마디** 달콤한 디저트만 판매하는 푸드코트이다.

지유가오카 스위츠포레스트의 추천 스위츠

깔끔한 베이킹 도구와 재료 지유가오카본점

쿠오카숍 cuoca shop 自由が丘 本店

베이킹이 취미인 사람들의 보물창고이다. 제과제빵 재료와 도구 약 3,500점이 진열되어 있고 베이킹에 필요한 각종 도구를 모두 구입할 수 있다. 지유가오카 스위츠포레스트에 있는 쿠오카는 본점이라 규모도 크고 상품 종류도 많다. 제과용 초콜릿을 적정 온도와 습도에 맞춰 보관하는 초콜릿 전용셀러가 유명하다.

문의 03-5731-6200 **찾아가기** 스위츠포레스트 1층 **영업시간** 10:00~19:00

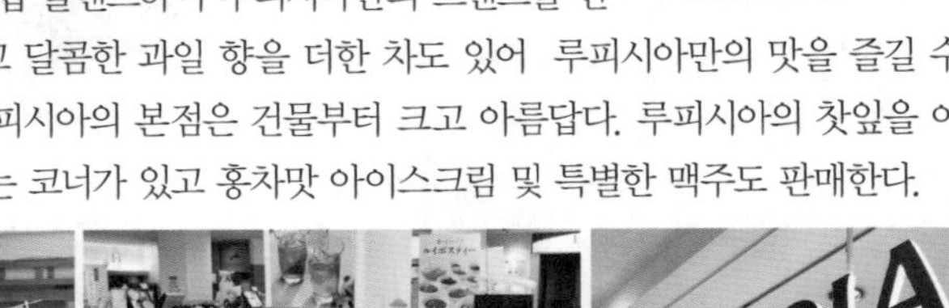

일본의 대표적인 차 브랜드 루피시아의 레스토랑 ★★★★☆

루피시아 지유가오카본점 LUPICIA 自由が丘 本店

루피시아는 홍차, 녹차, 우롱차 등 세계의 다양한 차를 판매하는 차전문점이다. 인도, 스리랑카, 중국 등 차로 유명한 세계 각지에서 신선한 찻잎을 수입한 뒤 직접 블랜드하여 루피시아만의 브랜드를 만든다. 일본은 차 종류도 많고 달콤한 과일 향을 더한 차도 있어 루피시아만의 맛을 즐길 수 있다. 지유가오카에 있는 루피시아의 본점은 건물부터 크고 아름답다. 루피시아의 찻잎을 이용해 만든 스위츠를 판매하는 코너가 있고 홍차맛 아이스크림 및 특별한 맥주도 판매한다.

홈페이지 www.lupicia.co.jp **주소** 東京都 目黒区 自由が丘 1-26-7 田中ビル 1F **문의** 03-5731-7370 **찾아가기** 도큐(東急) 도요코선(東横線), 오이마치선(大井町線) 지유가오카(自由が丘)역 정면출구(正面口)에서 도보 3분 거리 **가격** ¥1,000~2,000 **영업시간** 10:00 ~20:00 **귀띔 한마디** 루피시아는 미국, 프랑스, 호주, 싱가포르 등에도 진출한 차 브랜드이다.

싱가포르의 고급 홍차전문점 TWG의 티살롱 ★★★★☆

티더블유지티 TWG Tea

TWG는 싱가포르의 고급 홍차전문점으로 일본에서 처음 진출한 티살롱이 지유가오카점이다. 지유가오카역 건물 내 자리하며 남쪽 개찰구를 나오자마자 바로 보인다. 홍차로 가득 찬 커다란 틴케이스가 벽면을 가득 메운 내관이 고급스럽다. 차를 구입하는 것도 가능하며 하얀 테이블보가 덮인 티살롱에 앉아서 향기로운 홍차를 마시며 티타임을 즐길 수 있다. 차와 함께 즐길 수 있는 달콤한 스위츠와 가벼운 식사도 판매한다.

홈페이지 www.twgtea.com **주소** 東京都 目黒区 自由が丘 1-9-8 **문의** 03-3718-1588 **찾아가기** 도큐(東急) 도요코선(東横線), 오이마치선(大井町線) 지유가오카(自由が丘)역 남쪽출구(南口)에서 바로 **가격** ¥1,000~3,000 **영업시간** 10:00~21:00 **귀띔 한마디** 홍차를 좋아한다면 마리아주플레르 긴자점 P. 114, 신주쿠점과 루피시아 본점 P. 508 도 추천한다.

건물까지 아름다운 일본의 전통찻집 ★★★★☆

고소안 古桑庵

시간이 멈춘 것 같은 가정집에 차려진 일본 전통찻집이다. 목조로 지은 집과 다양한 나무로 아름답게 꾸민 일본정원이 아름답다. 방 안에는 일본의 전통공예품 및 인형이 전시된 갤러리가 있으며 마음에 드는 것은 구입도 할 수 있다. 은은한 향이 나는 다다미방 탁자에 앉아서 정원을 구경하며 한숨 쉬어가기 좋다.
화과자가 포함된 말차抹茶 및 커피 등의 차를 판매하고 달콤한 일본 전통디저트도 판매한다. 추천메뉴는 말차 안에 찹쌀떡을 넣어 먹는 고소안말차 시로타마젠자이古桑庵風抹茶白玉ぜんざい이다. 잘게 썬 입가심용 다시마와 함께 먹으면 더 맛있다.

고소안말차 시로타마젠자이

홈페이지 kosoan.co.jp **주소** 東京都 目黒区 自由が丘 1-24-23 **문의** 03-3718-4203 **찾아가기** 도큐(東急) 도요코선(東横線), 오이마치선(大井町線) 지유가오카(自由が丘)역 정면출구(正面口)에서 도보 6분 거리 **가격** ¥700~1,000 **영업시간** 11:00~18:30 **휴무** 매주 수요일

정갈하고 깔끔하게 즐기는 일본요리 ★★★★☆

니쇼안 仁松庵

요시노리 추천

골목길 안쪽에 자리한 레스토랑으로, 문 앞에는 나쁜 기운을 쫓는 소금이 산 모양으로 놓여 있고 내부에는 대나무와 돌이 일본정원처럼 꾸며져 있다. 고급 요릿집을 연상시키는 분위기라 가격이 비쌀 것 같지만, 런치는 ¥1,000대로 즐길 수 있다. 고슬고슬하게 지은 하얀 쌀밥과 일본 된장국 미소시루를 기본으로 생선구이와 반찬 몇 가지가 포함된 런치세트는 매일 먹어도 질리지 않는 가정식이다. 담백하고 정갈하면서도 든든하게 일본 가정식으로 점심식사를 하고 싶은 사람에게 최적이다.

주소 東京都 世田谷区 奥沢 2-37-9 **문의** 03-5701-1775 **찾아가기** 도큐(東急) 도요코선(東横線), 오이마치선(大井町線) 지유가오카(自由が丘)역 남쪽출구(南口)에서 도보 5분 거리 **가격** 런치 ¥1,000~4,000, 디너 ¥5,000~10,000 **영업시간** 런치 11:30~15:00(L.O. 14:00), 디너 17:30~22:00(L.O. 21:00) **휴무** 연말연시

갈비 뜯고 싶을 때 생각나는 맛있는 스페어립 ★★★★★

셔터즈 SHUTTERS

지유가오카의 인기 카페레스토랑으로 맛있는 요리와 술 등을 판매한다. 셔터즈의 간판 메뉴는 부드럽게 익힌 스페어립으로 간장, 소금과 후추, 갈릭, 머스터드, 케첩, 마요네즈, 와사비, 바질 등 다양한 맛 중에서 취향에 맞게 선택할 수 있다. 다른 맛의 스페어립을 반반으로 주문하거나, 8가지 맛을 하나씩 다 맛볼 수 있는 메뉴도 있다. 디저트로는 따끈따끈한 애플파이 위에 차가운 아이스크림을 얹어 먹는 달콤한 애플파이 아라모드가 인기이다. 브런치를 먹으러 가거나 단순히 카페로 이용하는 것도 좋지만, 시원한 칵테일이나 맥주를 맛있는 안주와 함께 먹으면 더 즐겁다.

홈페이지 www.ys-int.com **주소** 東京都 世田谷区 奥沢 5-27-15 **문의** 03-3717-0111 **찾아가기** 도큐(東急) 도요코선(東横線), 오이마치선(大井町線) 지유가오카(自由が丘)역 남쪽출구(南口)에서 도보 1분 거리 **가격** ¥3,000~5,000 **영업시간** 평일 11:00~16:00, 16:00~22:00(L.O. 21:30), 주말 및 공휴일 11:00~22:00(L.O. 21:30) **귀띔 한마디** 일본은 뼈가 붙어 있는 고기로 만든 요리가 별로 없어서 스페어립이 특별한 요리로 취급받는다.

스페어립

저렴한 가격에 맛있는 장어를 먹을 수 있는 오랜 맛집 ★★★★★

호사카야 ほさかや

맛있는 일본 장어요리를 저렴한 가격에 먹을 수 있는 장어요리전문점이다. 작은 가게라 전부 카운터석이고 입구 옆에서 숯불에 장어를 지글지글 구워서 준다. 가격이 저렴한 만큼 분위기가 고급스럽지는 않지만, 단골손님들이 긴 세월 동안 찾을 만큼 맛이 뛰어나다. 장어덮밥 우나동을 주문하면 맑은 장국 오쓰이모노와 야채절임 츠케모노가 같이 나온다. 장어를 꼬치에 꽂아 구운 장어꼬치의 종류도 다양하고 맛있다. 장어가 부족하면 꼬치를 추가 주문해 먹자. 몸에도 좋고 맛도 좋은 장어꼬치는 술안주로도 손색이 없다.

우나동

주소 東京都 目黒区 自由が丘 1-11-5 **문의** 03-3717-6538 **찾아가기** 도큐(東急) 도요코선(東横線), 오이마치선(大井町線) 지유가오카(自由が丘)역 정면출구(正面口)에서 도보 1분 거리 **가격** 런치 ¥1,000~2,000, 디너 ¥2,000~3,000 **영업시간** 11:30~14:00, 16:00~20:00 **휴무** 매주 일요일

Tokyo

Section 09

지유가오카에서 놓치면 후회하는 쇼핑

지유가오카에는 세련된 인테리어 소품, 디자인성이 강한 생활잡화, 귀여운 장식품 등을 판매하는 아기자기한 잡화점이 많다. 가토레아도리, 가베라도리, 메이플도리, 그린스트리트, 메가미도리 등 다양한 매력과 특색을 가진 서구적인 이름의 거리가 지유가오카역을 중심으로 사방으로 뻗어 있다. 자신의 공간을 취향에 맞춰 꾸미는 것을 좋아하는 사람이라면 온종일 돌아다녀도 피곤할 줄 모를 것이다.

세련미과 귀여움이 조화된 잡화점으로 가득한 골목 ★★★★★

가토레아도리 カトレア通り

지유가오카 메인거리 가토레아도리는 지유가오카역 앞에서 시작되는데, 동그란 로터리를 중심으로 여러 갈래로 길이 나뉜다. 로터리에서 제과점 하치노야와 미즈호은행みずほ銀行 사이 골목으로 들어가면 귀엽고 세련된 잡화점들이 있는 가토레아도리가 시작된다. 넓은 지역에 비슷비슷한 좁은 골목이 거미줄처럼 이어져 있어 길을 잃고 헤매기 쉽다. 하지만 그 길 사이사이 잡화점들의 매력에 빠지면 길을 잃은 것조차 잊어버리게 된다.

가토레아도리의 추천 숍

30대 여성들에게 인기 많은 브랜드가 모인 쇼핑몰

라즈 지유가오카 Luz Jiyugaoka

지유가오카 특유의 아기자기함보다는 고급스러운 쇼핑몰로 가토레아도리의 랜드마크이다. 아동복 브리즈(BREEZE), 목욕용품전문점 사봉(SABON) 및 다양한 패션브랜드가 입점해 있다. 그 밖에도 헤어살롱, 댄스 스튜디오, 클리닉 등의 편의시설이 있다.

홈페이지 www.luz-jiyugaoka.com **주소** 東京都 目黒区 自由が丘 2-9-6 **찾아가기** 도큐 도요코선, 오이마치선 지유가오카(自由が丘)역 정면출구에서 도보 3분 **영업시간** 11:00~20:00(숍 및 레스토랑에 따라 다름) **귀띔 한마디** 다른 곳에서도 찾아볼 수 있는 유명 브랜드숍이 대부분이다.

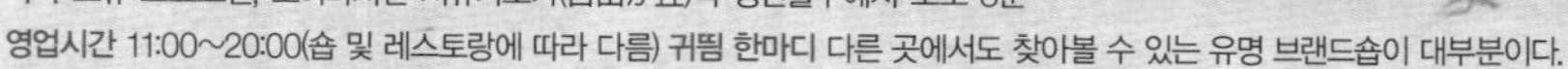

지유가오카를 대표하는 인기 인테리어 잡화점

와타시노헤야 지유가오카점 私の部屋 自由が丘店

와타시노헤야는 우리말로 '내 방'이라는 뜻으로 방에 가져다 놓고 싶은 산뜻한 인테리어 소품을 주로 판매한다. 50년 넘는 세월 동안 지유가오

카를 대표하는 인테리어 잡화점으로 자리를 지키고 있다. 모던하면서도 귀여운 디자인 제품을 중저가로 판매하여 20~30대 여성들에게 절대적인 지지를 받고 있다. 일본 각지에 점포가 있으며, 지유가오카점은 다른 매장에 비해 규모도 크고 상품 종류도 많다.

홈페이지 www.watashinoheya.co.jp **주소** 東京都 目黒区 自由が丘 2-9-4 **문의** 03-3724-8021 **찾아가기** 도큐(東急) 도요코선(東横線), 오이마치선(大井町線) 지유가오카(自由が丘)역 정면출구(正面口)에서 도보 3분 거리 **영업시간** 11:00~19:30 **귀띔 한마디** 계절 감각에 맞춰 판매하기 때문에 한 시즌 지난 상품은 세일가에 구입할 수 있다.

프랑스 파리의 인기 인테리어 잡화점
카트르세종 토키오 Quatre Saisons Tokio

프랑스어로 사계절을 뜻하는 카트르세종은 프랑스 파리의 인기 인테리어 잡화점이다. 일본 첫 진출을 지유가오카에서 시작해 지금은 일본 전역에 지점이 수십 곳으로 늘어났다. 원목 느낌을 살린 심플하면서 내추럴한 제품이 주를 이룬다. 에펠탑 모양 등 파리의 느낌도 살아 있지만, 일본 생활에 어울리는 상품이 많다. 프랑스와 일본이 조화된 모습이 매력적이다.

홈페이지 www.quatresaisons.co.jp **주소** 東京都 目黒区 自由が丘 2-9-3 **문의** 03-3725-8590 **찾아가기** 도큐(東急) 도요코선(東横線), 오이마치선(大井町線) 지유가오카(自由が丘)역 정면출구(正面口)에서 도보 3분 거리 **영업시간** 11:00~19:30 **귀띔 한마디** 바로 옆의 와타시노헤야는 같은 계열사라 함께 둘러보기 좋다.

다양한 카메라 및 카메라 액세서리
뽀빠이카메라 ポパイカメラ, Popeya Camera

카메라, 카메라 액세서리 및 사진전문점으로 지유가오카에 문을 연 지 80년이 넘은 숍이다. 역사는 길지만 고루하지 않고 사진을 좋아하는 10~20대의 감성을 자극한다. 폴라로이드카메라, 토이카메라, 필름카메라 등 모양이 깜찍한 카메라도 판매하고 카메라 관련 액세서리도 다양하다. 사진을 예쁘게 보관하고 장식할 수 있는 세련된 디자인의 앨범도 많다.

홈페이지 www.popeye.jp **주소** 東京都 目黒区 自由が丘 2-10-2 **문의** 03-3718-3431 **찾아가기** 도큐(東急) 도요코선(東横線), 오이마치선(大井町線) 지유가오카(自由が丘)역 정면출구(正面口)에서 도보 2분 **영업시간** 12:00~19:00 **휴무** 매주 수요일 **귀띔 한마디** 요즘은 사기 힘든 카메라 필름도 판매하고 중고 필름 카메라도 취급하며 촬영한 필름 인쇄도 주문할 수 있다.

귀여운 개구리로 가득한 개구리 잡화점
프로그스 フロッグス, FROGS

1층에서 2층까지 이어진 숍 안이 온통 개구리 천지인 개구리 캐릭터숍이다. 귀여운 개구리 모양의 생활잡화, 문구, 가방, 액세서리 등을 판매하며 정원에서 화장실까지 온 집안을 장식할 수 있을 정도로 상품 종류도 다양하다. 전 세계에서 수입한 개구리 관련 잡화가 모여 있어 모양은 조금씩 다르다. 개구리는 일본에서 강아지나 고양이만큼 사랑받는 캐릭터이기도 하다.

홈페이지 www.frogs-shop.com **주소** 東京都 目黒区 自由が丘 2-9-10 **문의** 03-5729-4399 **찾아가기** 도큐 도요코선, 오이마치선 지유가오카(自由が丘)역 정면출구(正面口)에서 도보 3분 거리 **영업시간** 11:30~19:00 **휴무** 수요일

대규모 인테리어숍으로 가득한 거리 ★★★★☆

가베라도리 ガーベラ通り

지유가오카역을 중심으로 가토레아도리보다 한 블록 뒤쪽의 거리이다. 가토레아만큼 복작거리지 않고 길도 넓다. 깔끔한 거리 곳곳에 대규모 인테리어숍이 많아 세련된 분위기이다. 편의상 가베라도리와 지유가오카역 앞 로터리 사이에 있는 잡화점들도 함께 소개한다. 좁은 골목길 안쪽은 가게 밖에 물건을 내 놓아서 정신없지만, 저렴하게 귀여운 잡화를 구입할 수 있다.

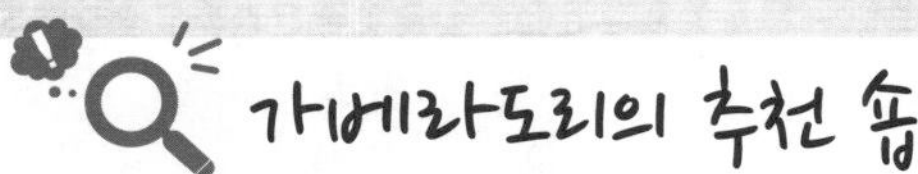

이데숍 최대의 플래그십스토어

이데숍 지유가오카 IDÉE SHOP 自由が丘

이데숍은 가구와 인테리어소품, 생활잡화 등을 판매하는 편집숍이다. 지유가오카 이데숍 중 규모가 가장 큰 플래그십스토어이다. 외벽이 모두 통유리이며, 1~3층을 사용한다. 1층은 잡화, 주얼리, 화분 등이고 2층은 가구와 패브릭, 앤티크, 아트 등이다. 3층은 가구, 서적과 갤러리로 구성되어 있다. Laugh&Lux를 테마로 만들어서 보는 것만으로도 힐링이 된다.

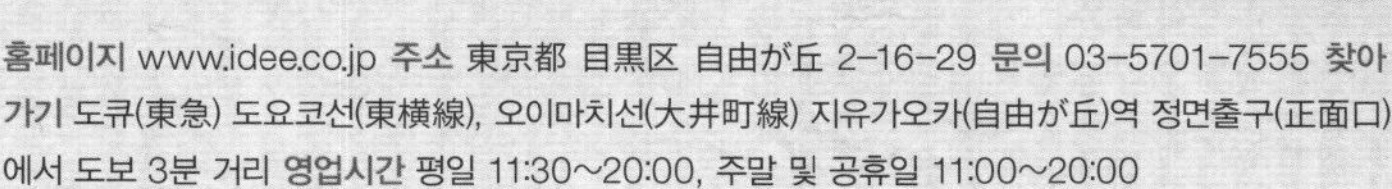

홈페이지 www.idee.co.jp **주소** 東京都 目黒区 自由が丘 2-16-29 **문의** 03-5701-7555 **찾아가기** 도큐(東急) 도요코선(東横線), 오이마치선(大井町線) 지유가오카(自由が丘)역 정면출구(正面口)에서 도보 3분 거리 **영업시간** 평일 11:30~20:00, 주말 및 공휴일 11:00~20:00

나무의 싱그러움이 살아있는 가구 및 인테리어 잡화점

모모내추럴 MOMO natural

나무의 은은한 색과 결을 이용해 만든 산뜻한 디자인의 가구와 인테리어소품을 판매하는 숍이다. 장식장, 테이블, 식탁, 소파 등의 원목가구가 주를 이루며, 원목가구에 어울리는 인테리어 용품도 함께 전시되어 있어 잡화를 구경하거나 구입하기도 좋다.

홈페이지 momo-natural.co.jp **주소** 東京都 目黒区 自由が丘 2-9-19 **문의** 03-3725-5120 **찾아가기** 도큐(東急) 도요코선(東横線), 오이마치선(大井町線) 지유가오카(自由が丘)역 정면출구(正面口)에서 도보 5분 거리 **영업시간** 11:00~20:00

귀여운 고양이 캐릭터상품 와치필드의 본점

와치필드 지유가오카본점 Wachifield 自由が丘本店

커다란 눈을 가진 고양이 다얀과 친구들의 이야기를 그린 판타지소설 및 동화책 『와치필드(Wachifield)』의 캐릭터상품을 판매하는 직영점이다. 숍 자체가 동화적인 모습이며 입구부터 다얀 캐릭터가 반겨준다. 와치필드 로고와 그림이 들어간 가방, 지갑 등 가죽제품과 문구 및 생활잡화는 애묘가들에게 30년 넘게 사랑받고 있다.

홈페이지 www.wachi.co.jp **주소** 東京都 目黒区 自由が丘 2-19-5 **문의** 03-3725-0881 **찾아가기** 도큐(東急) 도요코선(東横線), 오이마치선(大井町線) 지유가오카(自由が丘)역 정면출구(正面口)에서 도보 5분 거리 **영업시간** 11:00~19:00 **휴무** 매주 수요일

모든 상품이 단돈 300엔인 잡화점
코우코우 지유가오카 CouCou 自由が丘

핑크빛으로 가득한 여성스러운 공간에서 판매하는 상품이 모두 300엔(세금 별도)이다. 액세서리, 문구, 생활 잡화 및 키친 용품 등을 판매하며 가격이 저렴하여 부담 없이 구입할 수 있다. 100엔숍보다 디자인이 예쁜 생활용품이 많고 질도 나쁘지 않다.

홈페이지 www.coucou.co.jp **주소** 東京都目黒区 自由が丘2-11-16 **문의** 080-6300-5918 **찾아가기** 도큐(東急) 도요코선(東横線), 오이마치선(大井町線) 지유가오카역(自由が丘駅) 정면출구(正面口)에서 도보 2분 **영업시간** 11:00~20:30 **휴무** 연중무휴, 연말연시만 부정기 휴무 **귀띔 한마디** 코우코우(CouCou) 및 쓰리코인즈(3 coins)같은 300엔숍은 100엔숍 만큼 흔하지 않으니 눈에 보일 때 들르자.

길거리 한가운데에 공원이 있는 아름다운 쇼핑가 ★★★☆☆
그린스트리트 グリーンストリート

지유가오카역 남쪽출구로 나와서 메르사를 지나면 길거리 한가운데에 폭이 좁은 공원이 길게 자리 잡고 있는 그린스트리트가 나온다. 가로수와 벤치가 여유롭게 놓인 공원은 잠시 앉아 쉬어가기도 좋다. 길 양쪽에는 패션숍과 인테리어 숍, 테라스석이 있는 분위기 좋은 카페가 늘어서 있다.

그린스트리트의 추천 숍

어른스러운 남성 캐주얼패션숍
로우라이프 지유가오카 RAWLIFE 自由が丘

성숙미와 세련미가 느껴지는 남성 캐주얼의 편집숍이다. 일본 국내 및 해외에서 수입한 의류를 셀렉트해서 판매하는데, 연령을 불문하고 누구에게나 어울리는 스타일이다. 고급스러움을 추구하기 때문에 지유가오카 이외에도 롯폰기힐즈, 긴자, 다이칸야마 등에 매장이 있다.

홈페이지 rawlife-jp.com **주소** 東京都 目黒区 自由が丘 1-8-9 **문의** 03-3725-4608 **찾아가기** 도큐(東急) 도요코선(東横線), 오이마치선(大井町線) 지유가오카(自由が丘)역 남쪽출구(南口)에서 도보 2분

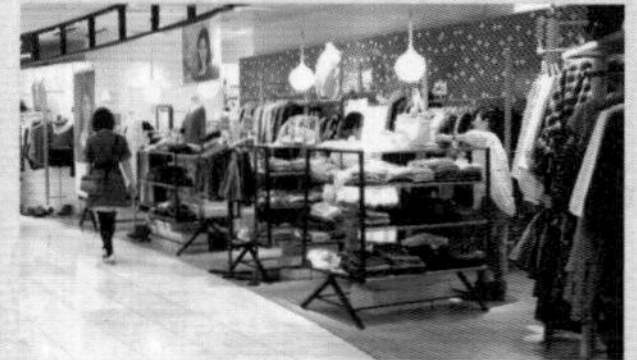

지유가오카역 남쪽에 위치한 쇼핑빌딩
메르사 지유가오카 メルサ自由が丘

나고야와 긴자에 있는 패션빌딩 메르사의 지유가오카점이다. 지유가오카역과 그린스트리스 사이에 있는 쇼핑몰로, 메르사 파트1과 파트2로 나뉜 건물이 나란히 서 있다. 백화점처럼 고급스럽지는 않지만 패션, 액세서리, 생활잡화, 서점, 레스토랑, 카페 등이 건물 안에 모여 있어 편리하다.

홈페이지 www.melsa.co.jp **주소** 東京都目黒区 自由が丘1-8-21 **문의** 03- 3724-6611 **찾아가기** 도큐(東急) 도요코선(東横線), 오이마치선(大井町線) 지유가오카역(自由が丘駅) 남쪽출구(南口)에서 도보 1분 **영업시간** 11:00~20:00

독특한 잡화점이 은근히 많은 한적한 거리 ★★★☆☆

메가미도리 女神通り

지유가오카역 정면출구에서 선로를 따라 북쪽으로 뻗은 거리가 메가미도리이다. 길목에는 지유가오카데파토가 있고 지유가오카데파토와 마주 보는 길 건너편에는 아케이드가 있어 비가 오는 날에도 우산 없이 산책할 수 있다. 지유가오카역 주변에는 40~50대가 선호하는 브랜드의 오래된 상점이 많지만, 역에서 멀어질수록 10~20대의 취향에 맞춘 깜찍한 잡화점이 늘어난다. 메가미도리는 사람이 많은 주말에도 한적한 편이라 느긋하게 구경할 수 있다.

메가미도리의 추천 숍

지유가오카역 바로 옆에 있는 쇼핑센터

지유가오카데파토 自由が丘デパート

지유가오카역 선로 바로 옆에 위치하여 접근성이 좋다. 백화점 디파트먼트스토어(Department Store)를 일본식으로 축약해 데파토라고 부른다. 패션, 잡화, 앤티크, 음식점 등 약 100개의 점포가 들어서 있으며 지하 1층부터 4층까지로 구성되어 있다. 규모도 크고 외관이 독특해 지유가오카의 랜드마크 역할을 한다.

홈페이지 www.j-dpt.com **주소** 東京都 目黒区 自由が丘 1-28-8 **문의** 03-3717-3131 **찾아가기** 도큐(東急) 도요코선(東横線), 오이마치선(大井町線) 지유가오카(自由が丘)역 정면출구(正面口)에서 도보 3분 거리 **영업시간** 10:00~20:00 **휴무** 수요일 **귀띔 한마디** 지유가오카데파토 길 건너편의 아케이드에도 비슷한 가게가 늘어서 있다.

심플하고 내추럴한 분위기의 생활잡화전문점

토우토우 トウトウ, toutou

소재 본연의 컬러를 살린 심플한 디자인이 깔끔한 잡화전문점이다. 바구니, 가방, 스탬프, 주방용품, 정원 장식, 수납 상자 등 생활에 필요한 모든 물건이 모여 있다. 비가 오는 날은 특별세일을 실시하니 저렴하게 구입하고 싶다면 비 오는 날을 노려보자.

홈페이지 toutou.shop-pro.jp **주소** 東京都 目黒区 自由が丘 1-24-1 **문의** 03-5731-3789 **찾아가기** 도큐(東急) 도요코선(東横線), 오이마치선(大井町線) 지유가오카(自由が丘)역 정면출구(正面口)에서 도보 8분 거리 **영업시간** 11:00~18:00

Part

08

서브컬처를 즐기는 오다이바&아키하바라 &이케부쿠로

한눈에 살펴보는 오다이바&아키하바라&이케부쿠로지역

일본만의 다양한 현대문화와 서브컬처를 즐길 수 있는 지역인 오다이바, 아키하바라, 이케부쿠로를 함께 소개한다. 세 지역은 각각 도쿄의 남쪽, 동쪽, 서쪽에 떨어져 있지만, 일본의 10~20대 마니아층에 특유의 매력을 발산한다는 공통점를 지니고 있다. 오다이바는 도쿄만 위에 떠 있는 인공섬으로 전체가 테마파크처럼 꾸며져 있으며, 아키하바라는 오타쿠의 성지라는 재미있는 수식어로 유명한 일본 최대의 전자상가이다. 이케부쿠로는 만화와 애니메이션을 좋아하는 여성들이 모이는 지역으로 선샤인시티를 중심으로 다양한 즐길거리가 많다. 일본의 서브컬처에 심취해 있는 사람에게는 빼놓을 수 없는 관광지이다.

Chapter 01

오다이바

お台場
Odaiba

★★★★★
★★★☆☆
★★★★★

공상과학 영화에 나오는 미래 도시처럼 설계된 오다이바는 도쿄만 위에 떠 있는 인공 섬이다. 바다 위를 연결하는 레인보우브리지와 함께 도쿄타워 및 도쿄스카이트리 등 도쿄를 대표하는 건축물을 한눈에 조망할 수 있다. 자유의 여신상, 레인보우브리지와 같이 오다이바를 상징하는 심벌은 물론 토요타의 쇼룸, 후지텔레비전 등 무료로 즐길 수 있는 볼거리도 많다. 게임으로 유명한 세가(SEGA), 창의적인 장난감 레고(LEGO) 등 유명한 브랜드가 만든 실내 테마파크도 있고 도쿄 최대의 게임센터, 해변공원 등 즐길거리도 풍부하다. 또한 다이버시티 도쿄, 아쿠아시티, 미디아주, 덱스도쿄비치 여러 곳의 대형쇼핑센터가 모여 있어 온종일 쇼핑하기도 좋다. 오다이바에서 딱 한 가지 아쉬운 점을 꼽자면, 체인 레스토랑이 대부분이라 수백 개에 달하는 레스토랑의 수에 비해서 맛집이 많지 않다는 점이다.

嘉紀の一言

요시노리의 한마디

펫숍이 많은 오다이바에는 강아지와 함께 식사할 수 있는 레스토랑도 많다.

오다이바를 잇는 교통편

인공섬 오다이바로 이동하는 방법은 다양하다. 섬까지 연결된 커다란 다리 레인보우브리지와 해저터널이 있어 모노레일, 전차, 버스, 수상버스 등을 타고 간단하게 오다이바로 들어갈 수 있다. 단, 특수시설을 이용하는 것이라서 다른 지역에 비해 교통비가 조금 더 든다. 가장 편리하면서 멋진 풍경까지 즐길 수 있는 이동수단은 무인 모노레일 유리카모메이다. 또한 도쿄 서쪽 지역에서 이동할 때 가장 빠른 것은 지하철 린카이선이다. 저렴한 이동수단을 원한다면 버스를, 멋진 풍경을 원한다면 수상버스를 추천한다.

전철&지하철

도쿄 ↔ 오다이바해변공원

출발역	탑승열차	경유역	환승역	경유역	도착역	시간	도보이동	요금
도쿄(東京)	JR 야마노테선(山手線) 외선순환 시나가와(品川), 시부야(渋谷)행	2개	신바시역(新橋) 유리카모메(ゆりかもめ) 토요스(豊洲)행	5개	오다이바 카이힌코엔(お台場海浜公)	21분	135분(8.9㎞)	￥460

신주쿠 ↔ 도쿄텔레포트

출발역	탑승열차	경유역	환승역	경유역	도착역	이동시간	도보이동 시	요금
신주쿠(新宿)	JR 사이쿄선(埼京線) &린카이선(りんかい線) 신키바(新木場)행	7개	–	–	도쿄텔레포트역(東京テレポート)	23분	230분(15.9㎞)	￥500

린카이선(りんかい線)

신주쿠 및 시부야에서 오다이바로 이동할 때, 제일 빠르고 편리한 교통수단은 린카이선이다. 오사키역(大崎)과 신키바(新木場)역 사이를 연결하며, JR 사이쿄선(埼京線)과 직접 연결된다. 해저터널로 바다를 건너므로 승강장이 지하 깊숙한 곳에 위치한다. 하지만 역 내부도 밝고 에스컬레이터와 엘리베이터가 있어 힘들지는 않다.

모노레일 유리카모메(ゆりかもめ, YURIKAMOME)

유리카모메는 도쿄만에 사는 갈매기 품종에서 따온 이름의 모노레일이다. 운전자도 없고 일부 역을 제외한 대부분은 역무원도 없이 무인운행한다. 제일 앞칸 앞자리에 앉으면 멋진 풍경을 즐길 수도 있다. 신바시역에서 도요스역까지 연결하며 오다이바 주요 관광지가 모두 연결되므로 여행자가 이용하기 편리하다. 요금은 다른 전차 및 지하철에 비해서 비싼 편이지만 레인보우브리지를 관통하면서 도쿄만의 멋진 풍경을 즐길 수 있다. 3번 이

유리카모메 텔레콤센터역

유리카모메 오다이바카이힌코엔역

유리카모메 고쿠사이텐지조세몬역

상 유리카모메를 탈 예정이라면 1일 승차권을 구입하는 것이 경제적이다. 또한 매번 티켓을 구입할 필요 없이 파스모(PASMO) 및 수이카(Suica) 등의 충전식 교통카드를 이용할 수 있다.

요금 ¥190~390, 구간에 따라 다름 1일 승차권 성인(중학생 이상) ¥820, 소아(초등학생) ¥410, 초등학생 이하 무료(단, 성인 1인당 2명까지, 3명 이상의 경우 소아요금 추가) 홈페이지 www.yurikamome.co.jp

1일권

버스

도쿄 도심에서 오다이바로 이동하는 제일 저렴한 교통수단으로, 여러 회사에서 다양한 노선을 운행한다. 시나가와(品川)역과 타마치(田町)역에서는 레인보우브리지를 건너 오다이바까지 '오다이바레인보우버스(お台場レインボーバス)'를 이용하는 것이 저렴하다. 일본어를 모르면 버스 이용이 쉽지 않지만 구글맵 같은 어플리케이션을 이용하면 정류장 및 탑승시간까지 알 수 있다. 도에버스(都営バス) 및 게이힌큐코버스(京浜急行バス) 등 일반 시내버스도 이용 가능하다. 가격은 조금 비싸지만 2층 오픈버스를 타고 도쿄 명소를 둘러보는 '스카이버스(スカイバス, 어른 ¥1,800/어린이 ¥800)'도 이용할 수 있다. 오오이마치(大井町), 오오모리(大森), 도요스(豊洲), 신키바(新木場), 몬젠나카초(門前仲町), 킨시초(錦糸町, 주말한정) 등에서 오다이바로 이동할 때는 일반 시내버스를 이용할 수 있다. 오다이바와 연결된 대부분의 버스는 어른 ¥210, 어린이 ¥110이다. 일반버스는 파스모(PASMO)와 수이카(Suica) 같은 교통카드를 사용할 수 있지만, 오다이바 레인보우버스와 km플라워버스는 이용할 수 없으므로 현금을 준비해야 한다.

레인보우버스

km 플라워버스

요금 어른 ¥220, 어린이 ¥110 홈페이지 •오다이바 레인보우버스 km-bus.tokyo •스카이버스 www.skybus.jp •도에버스 www.kotsu.metro.tokyo.jp/bus •게이힌큐코버스 www.keikyu-bus.co.jp

수상버스(水上バス)

오다이바로 가는 제일 멋진 방법은 수상버스로 바다를 건너는 것이다. 다른 교통수단에 비해 비싸지만, 그 이상의 값어치를 하니 시간여유가 있다면 이용해보자. 신바시에서 유리카모메를 타고 히노데(日の出)역에서 내리면 히노데여객터미널과 디너크루즈심포니 승선장이 나온다. 도쿄의 다른 관광지와 함께 구경하고 싶다면 아사쿠사(浅草)에서 오다이바까지 스미다강을 따라 이동하며 관광하는 코스를 추천한다. 오다이바해변공원(오다이바카이힌코엔)에서 하마리큐온시공원으로 연결되는 코스는 짧지만 주요 볼거리가 다 포함되어 있어 좋고 하마리큐온시공원의 입장권을 할인 가격에 구입할 수 있다.

히미코

베이트래커

디너 크루즈심포니

다양한 수상버스가 있는데 눈에 띄는 배는 오다이바와 아사쿠사를 연결하는 히미코(Himiko)와 호타루나(Hotaluna)이다. 스미다가와라인, 아사쿠사-오다이바 직통라인, 오다이바라인, 도쿄빅사이트 등이 있다. 노선과 거리에 따라 요금이 다르며, 같은 구간이라도 운영사에 따라 가격이 조금씩 다르다. 운행간격이 뜸해 1시간에 1~2대 정도밖에 없으므로 미리 홈페이지를 통해 시간을 확인하고 계획을 세워야 한다. 주변 관광지로 가기 전 미리 표를 예매하고 시간에 맞춰 이용하는 것이 좋다. 석양이 물들 즈음부터는 오다이바해변공원 앞 바다 위로 디너크루즈와 빨간 등롱을 단 야카타부네(屋形船)가 모여든다. 런치는 ¥5,000~10,000, 디너는 ¥10,000 이상으로 가격대는 높지만, 선상에서 식사와 함께 도쿄의 야경을 즐길 수 있다.

구간	요금(대인 기준)	소요시간
히노데 산바시(日の出桟橋) - 오다이바카이힌코엔(お台場海浜公園)	¥520~860	약 20분
아사쿠사(浅草) - 오다이바(お台場)	¥1,380~1,720	약 50~70분
도요스(豊洲) - 오다이바(お台場)	¥840	약 20분
히노데 산바시(日の出桟橋) - 도쿄빅사이트(東京ビッグサイト)	¥460	약 35분
히노데 산바시(日の出桟橋) - 팔레트타운(パレットタウン)	¥460	약 25분
도쿄빅사이트(東京ビッグサイト) - 팔레트타운(パレットタウン)	¥240	약 10분

※ 대인 요금은 만12세 이상에 적용되며, 소인 요금은 만 6세부터 12세전까지다. 소인 요금은 보통 대인 요금의 반값이다. 만 6세 이하의 유아는 대인 1인당 1명까지 무료다.

오다이바로 향하거나 오다이바에서 나오는 수상버스를 타면 물살을 가르며 시원하게 달리는 배 안에서 주요 관광지를 구경할 수 있다. 주목해야 할 풍경은 오다이바와 도쿄의 중심지를 연결하는 커다란 다리 레인보우브리지이다. 레인보우브리지 사이를 통과해 지나가며 도쿄타워, 도쿄스카이트리, 아오미여객터미널(青海客船ターミナル), 하마리큐온시공원(浜離宮恩賜庭園) 등을 구경할 수 있다.

- **수상버스** www.suijobus.co.jp, www.tokyo-park.or.jp/waterbus
- **도쿄베이크루즈심포니** www.symphony-cruise.co.jp
- **야카타부네** yakata-fune.jp, funasei.com, harumiya.co.jp

오다이바 내에서 자전거 이용하기

오다이바, 아리아케, 도요스, 시노노메 등 임해지역에서는 자전거를 대여할 수 있다. 무인시스템으로 24시간 운영하며 빌린 곳과 반납하는 곳이 달라도 상관없다. 대여는 자판기를 이용하면 되는데 등록할 때 SMS 수신이 가능한 일본 휴대폰 번호가 필요하다. 요금은 각종 신용카드와 교통카드로 지불할 수 있다.

요금 **¥165/30분(연장요금 ¥100/30분), 일일패스 ¥1,650(편의점에서 구입, 당일 24시까지)** 홈페이지 docomo-cycle.jp/koto

오다이바에서 이것만은 꼭 해보자

1. 오다이바의 백만 불짜리 풍경을 배경으로 기념사진을 남기자!
2. 레인보우브리지, 자유의 여신상 등을 구경하자!
3. 인기 레스토랑에서 멋진 풍경을 보면서 식사를 즐기자!
4. 오다이바에 있는 대형쇼핑센터들을 돌며 느긋하게 쇼핑을 즐기자!
5. 과학관, 방송국 등 각종 견학 시설을 방문해 보자!

사진으로 미리 살펴보는 오다이바 베스트코스

오다이바를 처음 방문한다면 수상버스 타는 것을 추천한다. 신바시역에서 유리카모메를 타고 히노데역으로 이동한 다음, 수상버스를 타고 오다이바해변공원까지 이동한다. 해변가에서 산책하며 기념사진을 찍고 바로 앞에 있는 덱스도쿄비치로 들어간다. 타코야키뮤지엄에서 타코야키로 간단하게 요기하고 데크를 따라 아쿠아시티를 지나면 자유의 여신상이 보인다. 독특한 외관이 인상적인 후지텔레비전을 구경하고 다이바시티 도쿄로 이동한다. 쇼핑을 즐기다 배가 고파지면 쿠시야모노가타리에서 꼬치튀김을 먹는다. 식후에는 잠시 쉬면서 재충전의 시간을 갖는다. 마지막으로 아쿠아시티로 이동해 간단하게 저녁식사를 한다. 오다이바를 떠나기 전 마지막으로 멋진 야경을 충분히 구경하고 다이바역에서 유리카모메를 타면 된다.

1 인공 섬을 알차게 즐기는 하루 일정(예상 소요시간 8시간 이상)

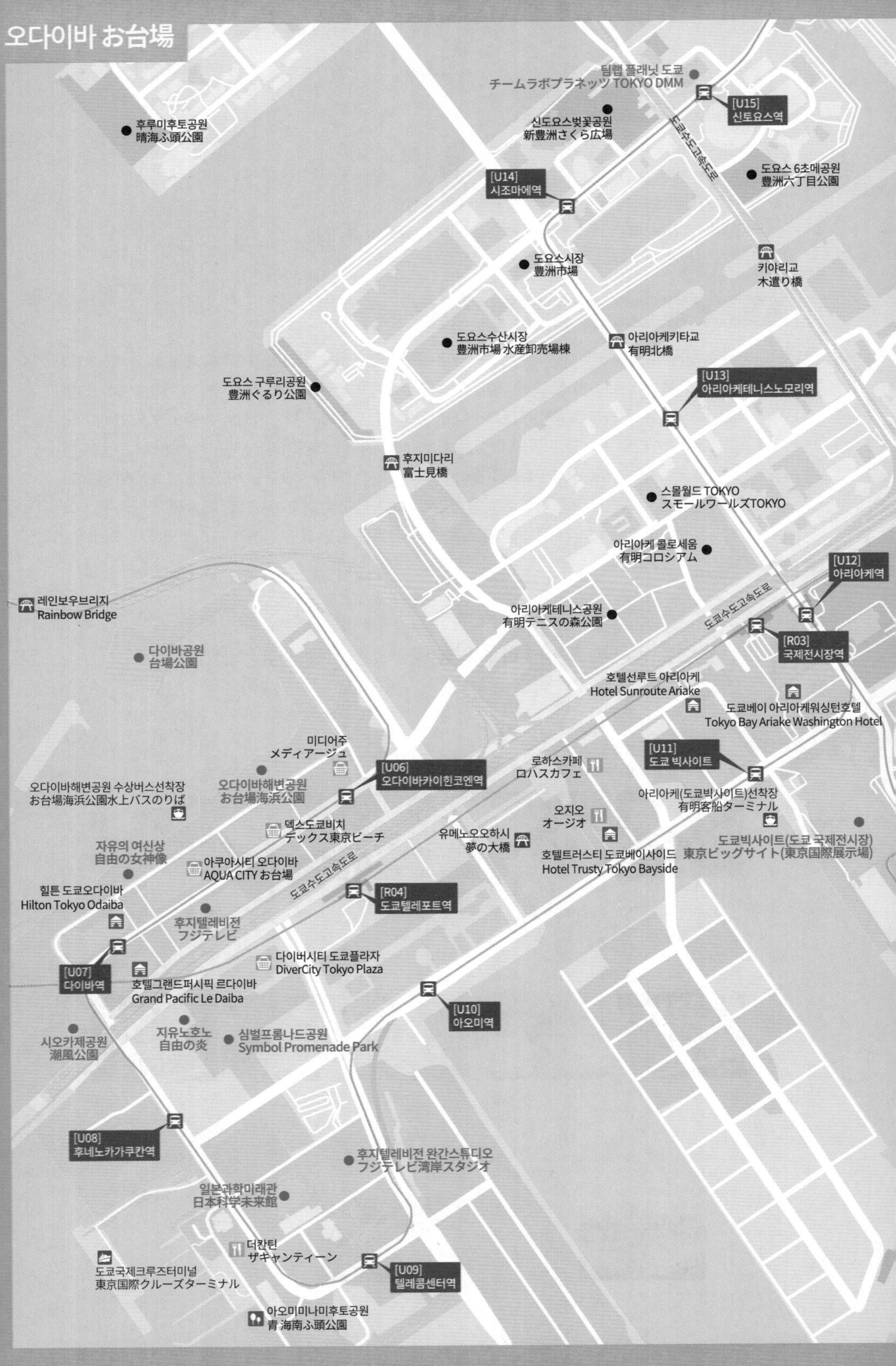

오다이바 お台場
팀랩 플래닛 도쿄
チームラボプラネッツ TOKYO DMM
[U15]
신토요스역
신도요스벚꽃공원
新豊洲さくら広場
후루미후토공원
晴海ふ頭公園
도쿄수도고속도로
도요스 6초메공원
豊洲六丁目公園
[U14]
시조마에역
도요스시장
豊洲市場
키야리교
木遣り橋
도요스수산시장
豊洲市場 水産卸売場棟
아리아케키타교
有明北橋
도요스 구루리공원
豊洲ぐるり公園
[U13]
아리아케테니스노모리역
후지미다리
富士見橋
스몰월드 TOKYO
スモールワールズTOKYO
아리아케 콜로세움
有明コロシアム
[U12]
아리아케역
레인보우브리지
Rainbow Bridge
아리아케테니스공원
有明テニスの森公園
도쿄수도고속도로
[R03]
국제전시장역
다이바공원
台場公園
호텔선루트 아리아케
Hotel Sunroute Ariake
도쿄베이 아리아케워싱턴호텔
Tokyo Bay Ariake Washington Hotel
미디어주
メディアージュ
[U06]
오다이바카이힌코엔역
로하스카페
ロハスカフェ
[U11]
도쿄 빅사이트
오다이바해변공원 수상버스선착장
お台場海浜公園水上バスのりば
오다이바해변공원
お台場海浜公園
아리아케(도쿄빅사이트)선착장
有明客船ターミナル
오지오
オージオ
덱스도쿄비치
デックス東京ビーチ
유메노오오하시
夢の大橋
도쿄빅사이트(도쿄 국제전시장)
東京ビッグサイト(東京国際展示場)
자유의 여신상
自由の女神像
아쿠아시티 오다이바
AQUA CITY お台場
호텔트러스티 도쿄베이사이드
Hotel Trusty Tokyo Bayside
도쿄수도고속도로
힐튼 도쿄오다이바
Hilton Tokyo Odaiba
[R04]
도쿄텔레포트역
후지텔레비전
フジテレビ
다이버시티 도쿄플라자
DiverCity Tokyo Plaza
[U07]
다이바역
호텔그랜드퍼시픽 르다이바
Grand Pacific Le Daiba
[U10]
아오미역
시오카제공원
潮風公園
지유노호노
自由の炎
심벌프롬나드공원
Symbol Promenade Park
[U08]
후네노카가쿠칸역
후지텔레비전 완간스튜디오
フジテレビ湾岸スタジオ
일본과학미래관
日本科学未来館
더칸틴
ザキャンティーン
도쿄국제크루즈터미널
東京国際クルーズターミナル
[U09]
텔레콤센터역
아오미미나미후토공원
青海南ふ頭公園

Tokyo

Section 01

오다이바에서 반드시 둘러봐야 할 명소

테마파크처럼 꾸민 인공섬 오다이바에는 무료로 즐길 수 있는 볼거리가 많다. 주말에는 각종 이벤트가 열리고 길거리에서 공연하는 사람이 모여든다. 방송국에서 수시로 야외촬영을 하고 매장들도 규모가 커서 쇼룸 역할을 한다. 국가기관에서 홍보를 위해 설립한 박물관 및 어린이들을 위한 체험형 박물관도 많아 교육을 위한 여행을 하기도 좋다. 해안을 따라 섬을 빙 둘러싸며 이어지는 십여 개의 공원에서 보이는 도쿄만의 풍경도 아름답다. 밤이 되면 레인보우브리지와 함께 백만 불짜리 도쿄의 야경까지 볼 수 있으니 오다이바에서만 하루를 보내는 것을 추천한다.

오다이바를 부흥시킨 오다이바 랜드마크 ★★★★☆

후지텔레비전 フジテレビ, Fuji TV

일본의 대표 방송국으로 1996년에 와이드스크린과 같은 16:9 비율로 건물을 세웠다. 후지텔레비전의 신사옥이 세워지기 전 이곳은 황무지 같은 외딴 섬이었다. 후지텔레비전과 동시에 오다이바가 개발되었고 이곳을 무대로 '춤추는 대수사선踊る大捜査線'이라는 드라마를 제작하면서 널리 알려졌다. 전 세계 수많은 관광객이 찾는 지금의 오다이바 모습은 전부 후지텔레비전 덕분이라 할 수 있다.

후지텔레비전 본사에는 사무실과 스튜디오 이외에 구체전망실 하치타마, 원더스트리트, 옥상정원, 시어터몰 등 일반인 견학공간이 별도로 마련되어 있다. 본사에서 도보 10분 거리에 거대한 규모의 완간스튜디오가 있다. 건물 안팎에서 볼 수 있는 파란색 개는 공식캐릭터 라후군ラフくん으로, 웃는다는 뜻의 래프Laugh를 일본식으로 발음한 것이다. 오다이바에서는 후지텔레비전 주최의 각종 이벤트가 수시로 열리며, 일본 연예인들도 자주 볼 수 있다.

홈페이지 www.fujitv.co.jp **주소** 東京都 港区 台場 2-4-8 **찾아가기** 유리카모메(ゆりかもめ) 다이바(台場)역에서 도보 2분 **입장료** 시설에 따라 다름 **개방시간** 10:00~18:00(최종입장 17:30) **휴무** 월요일(공휴일인 경우 다음 날)

라후군

✓ 레인보우브리지 아래부터 해안선을 따라 다음의 순서로 공원이 계속 이어진다.

다이바공원(台場公園) ⇔ 오다이바해변공원(お台場海浜公園) ⇔ 시오카제공원(潮風公園) ⇔ 히가시야시오로쿠도공원(東八潮緑道公園) ⇔ 青海北ふ頭公園(아오미 키타후토 공원) ⇔ 青海南ふ頭公園(아오미 미나미후토 공원)

후지텔레비전 둘러보기

후지텔레비전의 심벌 겸 전망대

구체전망실 하치타마 球体展望室 はちたま

본사 건물에서 가장 눈에 띄는 곳은 공을 건물에 붙여 놓은 것처럼 생긴 구체전망실이다. 지름 32m의 구체는 하치타마라는 애칭으로 불리며, 일반인에게 공개되어 누구나 들어가 볼 수 있다. 지상 100m, 25층 높이로 레인보우브리지와 도쿄타워가 보이는 도쿄만의 백만 불짜리 풍경이 태평양까지 이어지며 270도로 펼쳐진다. 구체전망실 내부 24층에는 아침방송 '메자마시테레비(めざましテレビ)'의 스튜디오가 있어 구경할 수 있다.

문의 0180-993-188 **찾아가기** 후지텔레비전 25층, 표를 산 후 밖에 설치된 엘리베이터에 탑승해 맨 위층으로 이동 **입장료** 이벤트에 따라 입장료 및 운영시간 변경 **영업시간** 10:00~18:00(최종입장 17:30) **휴무** 월요일(공휴일인 경우 다음 날) **귀띔 한마디** 아쿠아시티의 옥상에서는 같은 방향의 야경을 무료로 감상할 수 있다.

후지텔레비전의 인기 방송 프로그램 전시실

후지테레비 갤러리 フジテレビギャラリー

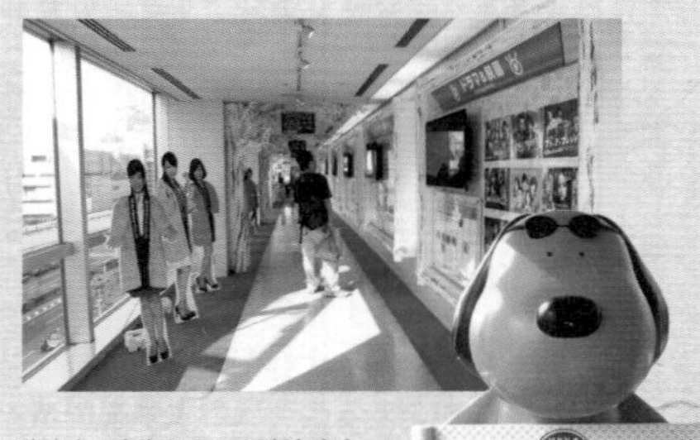

인기방송 프로그램 스튜디오에서 사용하는 장식을 전시해 놓은 견학코스이다. 방송제작시간과 방문시간이 맞으면 실제 녹화 중인 스튜디오도 구경할 수 있다. 일본의 아이돌그룹 아라시(嵐)가 진행하는 '브이에스아라시(VS嵐)'에 나오는 마초군(マッチョ君) 앞은 팬들로 늘 북적인다. 실물 사이즈의 방송용 소품을 이용해서 자유롭게 기념사진을 찍을 수 있다.

찾아가기 후지텔레비전 5층, 밖에 설치된 에스컬레이터를 타고 중간에 내린다. **입장료** 무료 **영업시간** 10:00~18:00(최종입장 ~17:30) **휴무** 월요일(공휴일인 경우 다음 날) **귀띔 한마디** 최근 리뉴얼 오픈해서 새로운 내용이 많이 추가되었다.

후지텔레비전의 메인 스튜디오

완간스튜디오 湾岸スタジオ

후지텔레비전에서 제작하는 방송 프로그램을 녹화하고 생방송까지 진행하는 스튜디오이다. 지상 7층, 지하 1층으로 이루어져 있고 총 8개 실의 스튜디오가 들어가 있다. 드라마 녹화에 4개, 버라이어티 프로그램에 4개를 사용하며, 출연자 대기실만 68개가 있다. 또한 중·고등학생에게 텔레비전 방송이 어떻게 만들어지는지를 소개하는 견학프로그램이 있다. 일반인은 건물 밖에 있는 정원 정도만 둘러볼 수 있다. 완간스튜디오와 일본과학미래관 사이의 정원에서는 도쿄아이돌페스티벌 등의 다양한 이벤트가 열리기도 한다. 매주 주말이 되면 코스프레 복장을 한 사람들이 모여 정원에서 사진을 찍고 논다.

주소 東京都 江東区 青海 2-36 **문의** 03-5500-8888 **찾아가기** 유리카모메(ゆりかもめ) 텔레콤센터(テレコムセンター)역에서 도보 4분 **귀띔 한마디** 코스프레를 구경하고 싶으면 주말 오후에 완간스튜디오 앞으로 가보자.

일본의 과학을 재미있게 소개하는 체험형 전시관 ★★★★☆

일본과학미래관 日本科学未来館, Miraikan

2001년에 문을 연 국립과학박물관이다. 관장은 우주비행사였던 모리마모루毛利 衛로 지오코스모스를 포함한 우주에 관한 상설전시가 특히 멋있다. 눈으로만 보는 전시가 아니라 전문해설자인 과학커뮤니케이터가 프레젠테이션 형식으로 소개하며 관객이 직접 만지고 움직이며 체험할 수 있다. 일본 과학미래관의 심벌 '지오코스모스Geo-Cosmos'는 지구의 약 200만분의 1의 크기로 만든 구형 스크린으로 지름이 6m나 된다. 96mm 크기의 패널을 10,362장 사용하여 고화질의 영상을 비춘다.

반드시 챙겨봐야 하는 전시는 사람들과 소통하며 움직이는 로봇들이다. 직립보행을 하고 축구까지 하는 인기 로봇 '아시모ASIMO'를 시작으로, 머리를 쓰다듬으면 기뻐하는 물개 인형모양의 로봇 '파로パロ', 실시간 새로운 소식으로 뉴스를 방송하는 아나운서로봇 '코도모로이드コドモロイド®', 성인 여성의 모습으로 사람과 커뮤니케이션을 하는 로봇 '오토나로이드オトナロイド®'까지 일본 로봇과학을 실제로 보고 즐길 수 있다.

휴마노이드로봇 아시모

애완로봇 파로

코도모로이드

6층에는 동그란 돔 형태의 3D 영화관이 있다. 일본 최초로 만든 고화질 3D 돔 형태의 입체형 플라네타리움으로, 시야에 다 들어오지도 않는 스크린은 실제 하늘 같이 느껴진다. 돔시어터 상영작품은 관람시간과 좌석 수가 정해져 있어 입장권을 구입할 때 같이 예약하거나 인터넷으로 사전예약해야 한다. 3층은 쇼 형식으로 시간에 맞춰 진행하므로 시간이 맞춰서 가야 구경할 수 있다.

홈페이지 www.miraikan.jst.go.jp 주소 東京都 江東区 青海 2-3-6 문의 03-3570-9151 찾아가기 유리카모메(ゆりかもめ) 텔레콤센터(テレコムセンター)역에서 도보 4분, 유리카모메(ゆりかもめ) 후네노카가쿠칸(船の科学館)역에서 도보 5분 입장료 **상설전시** 성인 ¥630, 18세 이하 ¥210, 만 6세 이하 무료 **기획전시** 전시에 따라 다름 **상설전+돔시어터** 성인 ¥940, 초등학생~고등학생 ¥310, 미취학 어린이 ¥100 무료개방 매주 토요일, 어린이날(5월 5일) 18세 이하, 경로의 날(9월 15일) 65세 이상, 과학기술주간(科学技術週間, 4월 중순)의 금요일과 토요일, 교육문화 주간(教育·文化週間, 10월 말~11월 초)의 토요일, 개관기념일(7월 9일) 개방시간 10:00~17:00(최종입장 16:30) 휴관 화요일(공휴일 및 여름방학, 겨울방학 기간은 개관), 12월 28~1월 1일 귀띔 한마디 2014년에 오바마 미국 대통령이 일본을 방문했을 때도 일본과학미술관을 구경했다.

일본 최대 규모의 컨벤션센터 ★★★★☆

도쿄빅사이트(도쿄국제전시장) 東京ビッグサイト(東京国際展示場)

총 전시 면적만 8만㎡가 넘는 일본 제일의 국제전시장으로 1996년 오픈했다. 한국 코엑스COEX와 비슷한 장소로, 국제행사 및 다양한 전시가 활발하게 열린다. 역삼각형 모양의 커다란 건물은 회의동会議棟으로 도쿄빅사이트 전체로 보면 빙산의 일각이다. 회의동을 중심으로 양옆에 대규모 전시장이 연결되어 있다. 동전시동東展示棟에는 90X90m 크기의 홀이 6개 있으며, 3개씩 연결하여 최대 270mX90m 크기로 이용할 수 있다. 서전시동西展示棟에는 4개의 홀이 있으며, 중앙광장에 무대 또는 런웨이를 설치하는 등 다양한 연출이 가능하다.

이곳에서 개최되는 대표적 전시로는 최다 관객이 몰리는 도쿄모터쇼東京モーターショー, 흔히 코미케라고 부르는 만화전시 코믹마켓コミックマーケット, 최신 장난감을 모두 볼 수 있는 도쿄장난감쇼東京おもちゃショー, 아마추어 디자이너들이 모이는 디자인페스타デザインフェスタ 등이 있다. 전시에 따라서 수백만 명이 방문하기도 한다. 부지가 넓 도쿄빅사이트 곳곳에는 오토워크가 설치되어 있으며 편의점, 카페, 레스토랑 등의 편의시설도 많아 여기서 식사나 휴식을 취할 수 있다.

회의동

동전시동

서전시동

홈페이지 www.bigsight.jp(한국어 지원) 주소 東京都 江東区 有明 3-11-1 문의 03-5530-1111 찾아가기 유리카모메(ゆりかもめ) 고쿠사이텐지조세몬(国際展示場正門)역에서 도보 1분/린카이선(りんかい線) 고쿠사이텐지조(国際展示場)역에서 도보 5분 입장료 전시에 따라 다름 개방시간 10:00~18:00(전시 및 이벤트에 따라 변경) 귀띔 한마디 전시일정은 홈페이지에 자세히 소개되어 있으며, 인터넷으로 사전예약하면 무료로 볼 수 있는 전시가 많다.

오다이바의 심벌이자 대표적인 다리 ★★★★☆

레인보우브리지 Rainbow Bridge

레인보우브리지는 오다이바를 본토와 연결하는 대표적인 다리이다. 총 길이 798m로 1993년 개통되었다. 커다란 배도 드나들 수 있는 높이로, 최대 탑 높이는 해면에서 126m나 된다. 레인보우브리지라는 이름은 다리 모양 때문이기도 하지만 조명을 무지개색으로 밝히는 것을 의미하기도 한다. 하지만 항상 그러는 것이 아니라 특별한 기념일에만 볼 수 있으며, 평소에는

단색의 은은한 조명이 비춘다. 미묘한 차이지만 계절에 따라 조명의 패턴이 바뀐다.
일반도로와 수도고속도로, 유리카모메가 레인보우브리지를 이용하며, 걸어서도 건널 수도 있다. 다리 중간은 차도이며 인도는 노스루트North Route와 사우스루트South Route로 나뉜다. 노스루트에서는 도쿄타워와 도쿄스카이트리를 포함한 도쿄의 중심지 풍경을 조망할 수 있다. 사우스루트에서는 태평양으로 이어진 바다와 대형 수하물크레인이 늘어선 모습이 보인다. 오다이바에서 가까운 쪽은 사우스루트에서 구경하고 다리 중간 교차점에서 노스루트로 이동해 도쿄 풍경을 보면서 건너는 코스를 추천한다.

홈페이지 www.shutoko.jp 주소 東京都 港区 台場 문의 03-5463-0224 찾아가기 **시바우라구치(芝浦口)** 유리카모메(ゆりかもめ) 시바우라후토마에(芝浦埠頭)역에서 도보 5분 **다이바구치(台場口)** 유리카모메(ゆりかもめ) 오다이바카이힌코엔(お台場海浜公園)역에서 도보 10분 입장료 무료 개방시간 하절기(4월 1일~10월 31일) 09:00~21:00(최종 입장 20:30), 동절기(11월 1일~3월 31일) 10:00~18:00(최종 입장 17:30) 휴무 매달 셋째 주 월요일(공휴일인 경우 다음 날), 12월 29일~31일 등 귀띔 한마디 자동차에서 나오는 배기가스로 인해 공기가 맑지는 않으니 일회용 마스크를 준비하면 좋다.

도쿄와 레인보우브리지가 눈앞에 펼쳐지는 인공 해변 ★★★★☆

오다이바해변공원(오다이바카이힌코엔) お台場海浜公園

800m 길이의 해변공원으로, 강과 바다가 만나는 하구 안쪽이라 파도가 잔잔하고 바다 특유의 비린내도 나지 않는다. 도쿄도에서 철저하게 수질을 관리하고 있으며, 철새와 갈매기가 많이 찾는다. 하지만 도쿄만이 도쿄의 하수도와 연결되어 있어 해수욕은 금지되어 있다.
오다이바해변공원이 가장 아름다운 시간은 석양이 펼쳐질 때이다. 빨간 등롱을 단 배 위에서 식사를 즐기는 야카타부네屋形船가 하나둘씩 나타나기 시작하고 레인보우브리지에도 조명이 들어온다. 코즈시마神津島에서 가져온 하얀 모래가 예쁘게 깔렸고 모래사장을 따라 나무데크로 깔끔하게 산책로를 만들어 놓았다. 시오카제공원潮風公園까지 이어지는 해변산책로에는 멋진 풍경을 감상할 수 있는 전망대 및 전망데크 등이 있다.

홈페이지 www.tptc.co.jp 주소 東京都 港区 台場 1-10-1 찾아가기 유리카모메(ゆりかもめ) 오다이바카이힌코엔(お台場海浜公園)역에서 도보 3분 입장료 무료 개방시간 24시간 개방 귀띔 한마디 쓰레기를 버리거나 불꽃놀이 도구를 가져다가 노는 등 모래사장을 오염시키는 행동은 금지되어 있다.

Tip 레인보우브리지에서 보이는 풍경

레인보우브리지 자체가 높아 내려다보며 조망할 수 있다. 레인보우브리지를 통과하는 유람선, 수상버스 및 각종 선박을 구경하는 것도 재미있다. 레인보우브리지 위에서는 도쿄의 대표적인 볼거리 도쿄타워, 도쿄스카이트리도 잘 보이고 독특한 디자인의 아오미여객터미널(晴海客船ターミナル)도 정면에서 바라볼 수 있다. 또한 다이바공원(台場公園), 오다이바해변공원(お台場海浜公園), 후지텔레비전(フジテレビ), 덱스도쿄비치(デックス東京ビーチ), 아쿠아시티(アクアシティ) 등 오다이바의 주요 볼거리를 한눈에 조망하기에 최고의 장소이다.

오다이바해변공원의 볼거리

오다이바의 기념사진 촬영포인트
자유의 여신상 自由の女神像, Statue of Liberty

오다이바해변공원에서 기념사진을 제일 많이 찍는 곳은 '자유의 여신상' 앞이다. 원래는 파리에 있던 자유의 여신상을 1998년 4월부터 10개월간 빌렸다가, 원본을 돌려준 후 복제품을 빈자리에 세웠다. 벚꽃이 활짝 피는 4월에는 복제품이라 어딘지 부족해 보이는 자유의 여신상이 당당하게 느껴진다. 자유의 여신상은 오다이바해변공원(お台場海浜公園)과 심벌프롬나드공원(シンボルプロムナード公園)을 연결하는 스카이워크(Sky Walk)에서 바라보는 것이 제일 멋있다. 완만한 경사로 이루어진 스카이워크를 따라 오르내리면 편리하다.

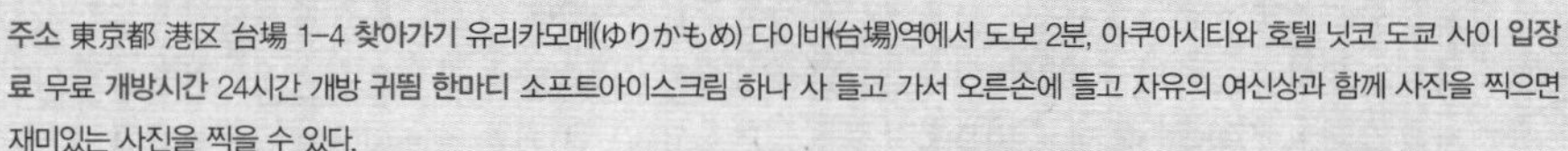

주소 東京都 港区 台場 1-4 **찾아가기** 유리카모메(ゆりかもめ) 다이바(台場)역에서 도보 2분, 아쿠아시티와 호텔 닛코 도쿄 사이 **입장료** 무료 **개방시간** 24시간 개방 **귀띔 한마디** 소프트아이스크림 하나 사 들고 가서 오른손에 들고 자유의 여신상과 함께 사진을 찍으면 재미있는 사진을 찍을 수 있다.

다이바라는 이름의 유래가 된 공원
다이바공원 台場公園

오다이바해변공원과 레인보우브리지 사이에 작은 섬으로 이루어진 공원이다. 오다이바해변공원과 연결되어 있어 모래사장을 따라 쭉 걸어가면 나온다. 오다이바(お台場)라는 지명은 다이바(台場)가 있는 이 공원에서 유래되었다. 다이바는 1853년 서구세력의 침략을 막기 위해 대포를 숨겨 놓았던 장소이다. 다이바를 6군데 만들었는데 지금은 2곳만 남아 있고 제3다이바였던 다이바공원만 일반인에게 공개하고 있다. 다이바공원의 내부는 벙커 모양이고 화약저장고 및 대포를 놓았던 기단이 유적으로 남아 있다. 다이바공원에서는 거대한 레인보우브리지를 코앞에서 볼 수 있고 바다를 사이에 두고 오다이바 전체의 모습을 조망할 수 있다.

주소 東京都 港区 台場 1-10-1 **문의** 03-5500-2455 **찾아가기** 유리카모메(ゆりかもめ) 오다이바카이힌코엔(お台場海浜公園)역에서 도보 8분 **개방시간** 24시간 무료 **귀띔 한마디** 알려지지 않았지만 오다이바 풍경을 배경으로 기념사진 찍기 좋은 촬영포인트이다.

이동경로 삼아 구경하기 좋은 공원 ★★★☆☆

심벌프롬나드공원 Symbol Promenade Park

1996년 개원한 심벌프롬나드공원은 오다이바의 중간을 잇는 넓은 길로, 길 자체가 멋진 공원으로 꾸며져 있다. 264,374㎡의 넓이에 총 길이는 4㎞나 되며, 크게 3개 지역으로 나뉜다. 자유의 여신상이 있는 곳에서 텔레콤센터까지 이어지는 길은 웨스트프롬나드West Promenade, 도쿄 다이바시티에서 아리아케까지 이어지는 길은 센터프롬나드Center Promenade, 도쿄빅사이트 앞으로 길게 뻗은 넓은 길은 이스트프롬나드East Promenade이다. 웨스트프롬나드의 아쿠아시티와 닛코호텔 사이에서는 마술쇼 및 댄스쇼 같은 거리공연이 자주 펼쳐진다. 일부러 찾아갈 필요 없이 다음 목적지로 이동하면서 구경하기 딱 좋다.

센터프롬나드

웨스트프롬나드

이스트프롬나드

홈페이지 www.tptc.co.jp 주소 東京都 港区·江東区 台場 1·2, 江東区 有明 2·3, 青海 1·2 문의 03-5500-2455 찾아가기 웨스트프롬나드 유리카모메(ゆりかもめ) 다이바(台場)역에서 바로 센터프롬나드 린카이선(りんかい線) 도쿄텔레포트(東京テレポート)역에서 바로 이스트프롬나드 린카이선(りんかい線) 고쿠사이텐지조(国際展示場)역에서 바로 입장료 무료 개방시간 24시간 귀띔 한마디 걸어 다니면서 구경하면 시간이 오래 걸리므로 자전거를 대여해 구경하면 좋다.

심벌프롬나드공원 살펴보기

마라톤코스

심벌프롬나노공원은 멋진 풍경을 보며 달릴 수 있는 최적의 마라톤코스이기도 하다. 5㎞ 코스와 3.5㎞ 코스를 표지판으로 안내하며, 코스와 거리가 1㎞마다 표시되어 있다. 도로변이 아닌 보행자전용 길이라 안전하고 신호등 등의 방해물이 없다. 길도 반듯하고 다리를 제외하고는 평평한 길이다. 또한 음료수 자판기와 공중화장실도 코스 곳곳에 설치되어 있다.

지유노호노(自由の炎)

웨스트프롬나드와 센터프롬나드가 만나는 지점에 서 있는 커다란 오브제이다. 자유의 불꽃이라는 뜻으로 햇빛을 받아 낮에는 황금색으로 빛나며, 석양이 질 때는 붉은색을 띤다. 1998년 프랑스에서 선물 받은 작품으로 아래쪽의 후지산 모양 받침을 합한 높이는 27m나 된다. 맑은 날에는 지유노호노 뒤쪽으로 후지산이 보인다.

세계 최고 체험형 미디어전시관 ★★★★★

팀랩플레닛 도쿄 teamLab Planets TOKYO

연간 100만 명 이상이 찾는 미디어아트 전시가 팀랩teamLab이다. 코로나시국에도 팀랩을 방문하기 위해 외국에서 수십만 명이 일본을 찾아올 정도이다. 그 인기가 끊이지 않아 지금도 세계 각국에서 전시를 이어가고 있다. 팀랩플레닛 도쿄는 거대한 4개의 공간과 2개의 정원으로 구성되며, 각 공간마다 새로운 체험을 할 수 있다. 수많은 거울을 활용하여 마치 공간들이 끝없이 이어지는 듯한 느낌을 준다. 물과 꽃을 테마로 하여 맨발 입장하는데, 발바닥에서 느껴지는 물의 감각과 코끝으로 전해지는 꽃향기까지 즐길 수 있다. 실제 이동하면서 전시를 구경하기 때문에 물이 튀어서 옷이 젖을 수도 있다. 젖은 발을 닦을 수건도 주고, 반바지도 대여해주니 특별히 준비할 걱정은 필요 없다. 예술작품을 보면서 어른도 아이처럼 새로운 경험을 통해 다양한 감각을 깨울 수 있고, 아이들은 땀을 흠뻑 흘릴 정도로 신나게 놀 수 있는 곳이다.

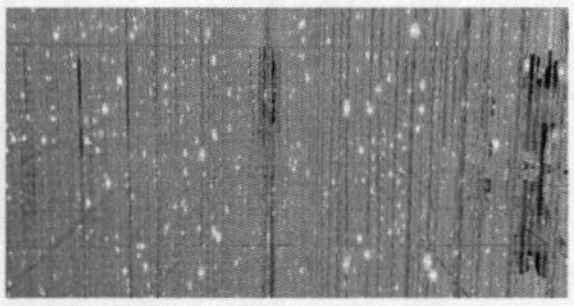

홈페이지 www.teamlab.art 주소 東京都 江東区 豊洲 6-1-16 문의 03-5500-1126 찾아가기 유리카모메(ゆりかもめ) 신토요스역(新豊洲駅) 1A출구에서 도보 1분 영업시간 평일 10:00~20:00, 주말 및 공휴일 9:00~21:00 입장료 성인 ¥3,200, 중학생~고등학생 ¥2,000, 어린이(만4~12세) ¥1,000, 만 3세 이하 무료 귀띔 한마디 아이를 동반한다면 놀다 젖을 수 있으니 여벌옷을 챙겨가는 것이 좋다.

Section 02

Tokyo

오다이바에서 꼭 먹어봐야 할 먹거리

오다이바에는 수백 개의 레스토랑이 있다. 대부분 쇼핑빌딩의 내부나 호텔 안에 모여 있어 찾아가기 편하다. 쇼핑빌딩 안에 있는 레스토랑은 편의상 각 쇼핑시설에서 소개하고 여기서는 호텔 및 오피스 등의 시설에 있는 레스토랑 위주로 안내한다. 관광지의 음식점들이 다 그렇듯 가격이 저렴하지도 않고 맛이 특출나게 좋은 곳도 없다. 하지만 오다이바의 멋진 풍경이 특별함을 더해 즐거운 식사가 될 것이다.

분위기 좋은 고급 이탈리안레스토랑 ★★★★☆

오지오 オッツィオ, OZIO

센터프롬나드공원의 유메노오오하시夢の大橋를 건너면 가운데가 뻥 뚫린 건물이 나온다. 이 건물은 도쿄베이코트클럽 호텔&스파리조트東京ベイコート倶楽部ホテル&スパリゾート로 회원제로 운영하는 고급 호텔이다. 그러나 호텔 1층에 있는 이탈리안레스토랑 오지오는 클럽 회원이 아니라도 누구나 이용할 수 있다. 스와로브스키의 크리스털로 꾸민 실내는 천장이 높아 탁 트인 느낌으로, 분위기도 차분하여 느긋하게 식사나 디저트를 즐길 수 있다.

아침에는 모닝뷔페, 점심과 저녁에는 코스요리를 즐길 수 있다. 코스요리는 맛은 물론 플레이팅까지 나무랄 데가 없다. 요리는 보통 코스로 주문하지만, 아라카르트A la Carte 메뉴도 있어 단품으로도 즐길 수 있다. 식전 빵에 곁들이는 소금만 해도 4가지를 가져다주며, 보기에도 예쁘지만 맛도 좋은 요리들은 와인과도 잘 어울린다.

전채요리

파스타

디저트

주소 東京都 江東区 有明 3-1-15 東京ベイコート倶楽部ホテル&スパリゾート 1F 문의 03-6700-0210 찾아가기 유리카모메(ゆりかもめ) 고쿠사이텐지조세몬(国際展示場正門)역에서 도보 6분/린카이선(りんかい線) 고쿠사이텐지조(国際展示場)역에서 도보 10분/린카이선(りんかい線) 도쿄텔레포트(東京テレポート)역에서 도보 12분 가격 **모닝뷔페** ¥3,500 **런치코스** ¥3,000~8,000 **디너코스** ¥7,000~30,000/서비스차지 10% 별도 영업시간 **모닝뷔페** 평일 07:00~10:00(L.O.), 주말 07:00~10:30(L.O.) **런치** 12:00~14:00(L.O.) **디너** 17:30~20:30(L.O.) 귀띔 한마디 오지오 입구는 호텔 입구와 별도로 유메노오오하시 바로 옆에 있다.

✓ 오다이바지역에서 일반 음식점과 호텔 레스토랑의 런치는 가격 차이가 크진 않지만 분위기는 호텔이 좋다.

대학 캠퍼스 안에 자리한 멋진 카페 ★★★☆☆
로하스카페 ロハスカフェ, LOHAS Cafe

무사시노대학武蔵野大学 아리아케캠퍼스에 자리한 카페이다. 내부에는 커다란 책장과 다양한 책이 반겨준다. 동화책이나 사진집도 있어 아이나 외국인도 즐길 수 있다. 창밖으로 센터프롬나드공원 풍경을 보며 식사를 즐길 수 있다. 카페 이름이자 콘셉트인 로하스LOHAS는 영문 'Lifestyles Of Health And Sustainability'의 약자이다. 이름에 걸맞게 유기농 두유, 현미 등 좋은 재료로 만든 음식을 판매한다. 번화가에서 좀 떨어져 있어서 한가롭고 가격도 저렴한 편이다.

홈페이지 www.lohascafe-ariake.net 주소 東京都 江東区 有明 3-3-3 武蔵野大学 有明キャンパス低層棟 3号館 2F 문의 03-6457-1150 찾아가기 유리카모메(ゆりかもめ) 고쿠사이텐지조세몬(国際展示場正門)역에서 도보 7분/린카이선(りんかい線) 고쿠사이텐지조(国際展示場)역에서 도보 9분/린카이선(りんかい線) 도쿄텔레포트(東京テレポート)역에서 도보 12분 가격 ¥500~ 1,000 영업시간 11:00~17:00 귀띔 한마디 콘센트를 사용할 수 있는 자리도 있고 무선인터넷이 가능해 노트북 및 스마트기기를 사용하기도 좋다.

엄청난 양의 생크림을 얹어주는 팬케이크 가게 ★★★★☆
에그스앤띵스 Eggs'n Things

하와이의 인기 브런치숍 에그스앤띵스 체인점이다. 팬케이크 및 와플 위에 산처럼 쌓아올린 생크림으로 유명하다. 팬케이크에는 상큼한 구아바시럽, 달콤한 코코넛시럽, 향긋한 메이플시럽을 자유롭게 곁들여 먹을 수 있다. 테라스석은 물론 실내에서도 오다이바의 멋진 해변풍경을 볼 수 있다. 테라스석에서는 애견과 함께 식사를 즐길 수 있어 주말 및 식사시간에는 기다려야 한다.

홈페이지 www.eggsnthingsjapan.com 주소 東京都 港区 台場 1-7-5 3F 문의 03-6457-1478 찾아가기 미디어주 3층 가격 ¥2,000~3,000 영업시간 09:00~23:00(L.O. 21:30) 귀띔 한마디 양이 많으니 일행이 있다면 여러 메뉴를 주문해 나눠 먹는 것이 좋다.

일본음식을 전통 분위기에서 즐기는 술집 ★★★☆☆

곤파치 權八, GONPACHI

곤파치라는 이름은 일본의 전통극 가부키歌舞伎에 나오는 주인공 시라이곤파치白井權八에서 따온 이름이다. 꼬치요리, 수타 소바 등의 일본 전통요리를 판매하는 고급스러운 분위기의 술집이다. 인기메뉴는 숯불에 구워 향까지 맛있는 꼬치구이 쿠시야키串焼き와 소쿠리에 담아 나오는 두부 자루토후ざる豆腐이다. 안주는 ¥500~4,000 정도로 가격대가 다양하지만, 양이 적은 편이라 이것저것 주문하게 된다. 오다이바의 멋진 야경을 즐기며 일본 전통요리를 안주로 술을 마실 수 있어 외국인에게 특히 인기가 많다.

홈페이지 www.global-dining.com 주소 東京都 港区 台場 1-7-5 4F 문의 03-3599-4807 찾아가기 미디어주 4층 가격 ¥3,000~4,000 영업시간 11:30~03:30(L.O. 03:00) 귀띔 한마디 외국인 점원이 있어 영어도 통한다.

전망 좋은 세계 최고 팬케이크 레스토랑 ★★★★★

빌즈 bills

호주 팬케이크전문점 빌즈의 체인점으로, 레인보우브리지와 도쿄타워가 보이는 창가 자리와 테라스석이 특히 인기가 많다. 빌즈의 대표메뉴는 신선한 리코타치즈가 듬뿍 들어간 리코타팬케이크リコッタパンケーキ이다. 시폰케이크처럼 부드럽게 입안에서 녹아내리는 따뜻한 팬케이크를 한입 맛보면 세계 최고라는 표현이 이해될 것이다. 팬케이크 이외의 메뉴도 깔끔하고 맛있으며, 메뉴판에 재료가 적혀 있어 무엇이 들어갔는지 바로 알 수 있다. 팬케이크 하나만 주문해서 먹는 것보다는 2~3명이 함께 가서 여러 가지 메뉴를 나눠 먹는 것이 좋다. 와인, 샴페인, 커피 등 음료 종류도 많아 카페나 바로도 이용할 수 있다. 오다이바에서 가장 분위기 좋고 맛있는 레스토랑으로 알려져 예약 없이 가면 평일에도 줄 서서 기다려야 할 정도이다.

샐러드

오리키에티 파스타

플랫브레드

리코타치즈 팬케이크

치킨크로켓

홈페이지 bills-jp.net 주소 東京都 港区 台場 1-6-1 3F 문의 03-3599-2100(예약은 디너만 가능) 찾아가기 덱스도쿄비치, 씨사이드몰 3층 가격 블랙퍼스트~런치 ¥1,500~3,000, 디너 ¥3,000~5,000/세금 10% 별도 영업시간 평일 09:00~22:00, 주말 및 공휴일 08:00~22:00 귀띔 한마디 테라스석에서는 강아지도 함께 앉아서 식사할 수 있다.

Section 03

Tokyo

오다이바에서 놓치면 후회하는 쇼핑

오다이바에는 100~200개의 점포가 입점한 대형쇼핑몰이 여러 곳 있다. 다이버시티 도쿄플라자, 아쿠아시티 오다이바, 미디어주, 덱스도쿄비치는 각기 다른 장점이 있으니 시간이 허락한다면 5군데를 다 구경하는 것을 추천한다. 쇼핑몰 사이는 걸어가도 될 정도로 서로 가깝다. 꼭 쇼핑하지 않더라도 볼거리가 많은 쇼핑몰이므로 한 군데당 1~2시간씩 시간을 할애해서 구경하자.

실물 사이즈 건담으로 유명했던 대형쇼핑센터 ★★★☆☆

다이버시티 도쿄플라자 DiverCity Tokyo Plaza

후지TV 본사 뒤편에 위치한 쇼핑센터로, 후지TV가 이벤트 프로듀서 역할을 맡아 2012년 문을 열었다. 극장형 도시공간을 콘셉트로 만들었으며 1~8층까지 패션, 액세서리, 잡화, 레스토랑, 카페 등 약 150여 개의 점포가 입점해 있다. 도쿄텔레포트역 방면 출입구는 1층에 있고 문앞에는 환전소가 있다. 다양한 공연이 열리는 라이브하우스 제프다이버시티 도쿄Zepp DiverCity Tokyo도 있다. 제프 옆에는 오다이바에서 제일 규모가 큰 푸드코트인 도쿄고메스타디움東京グルメスタジアム이 있다. 문을 열기 전부터 도쿄의 인기 음식점 브랜드를 한데 모아 화제가 되었었다. 진한 돼지뼈 국물이 맛있는 라멘전문점 타나카쇼텐田中商店, 저렴한 우동집 하나마루우동はなまるうどん 등 12개의 음식점을 한자리에서 즐길 수 있다. 페스티벌광장에는 실물크기 유니콘건담이 서 있다.

홈페이지 mitsui-shopping-park.com/divercity-tokyo **주소** 東京都 江東区 青海 1-1-10 **문의** 03-6380-7800 **찾아가기** 유리카모메(ゆりかもめ) 다이바(台場)역에서 도보 4분(웨스트프롬나드공원으로 연결)/린카이선(りんかい線) 도쿄텔레포트(東京テレポート)역에서 도보 3분(센터프롬나드공원으로 연결) **영업시간** **숍** 11:00~20:00 **푸드코트** 11:00~21:00 **레스토랑** 11:00~22:00 **귀띔 한마디** 관광객을 위한 재미있는 볼거리와 다양한 먹거리가 제일 많은 곳은 2층이다.

✓ 쇼핑은 브랜드 종류가 많고 넓은 다이버시티 도쿄플라자가 좋다. 레스토랑은 도쿄만과 레인보우브리지가 창밖으로 보이는 아쿠아시티와 덱스도쿄비치가 좋다.

다이버시티 도쿄플라자의 추천 숍과 먹거리

24시간 놀 수 있는 대형 엔터테인먼트 시설

라운드원 ラウンドワン, ROUND1

라운드원은 다이버시티 도쿄플라자 6층부터 옥상까지 이어져 있다. 게임센터, 노래방, 볼링, 당구장, 다트, 스포츠와 게임을 결합한 스포차(Spo-Cha) 등의 놀이시설을 모아 놓았다. 6층 입구에서 접수한 후 들어갈 수 있다. 평일에도 아침 6시까지 영업하므로 마지막 전차를 놓쳤을 경우에 아침까지 놀 수 있다.

홈페이지 www.round1.co.jp **문의** 03-3527-8491 **찾아가기** 다이버시티 도쿄플라자 6층에서 접수(6~8층과 옥상을 사용) **가격** 연령과 성별, 시간대, 요일 등에 따라서 다름/¥500~3,000 **영업시간** 일~목요일 08:00~06:00/금~토요일, 공휴일 전날은 24시간 **귀띔 한마디** 6층의 게임센터는 별도의 접수 과정 없이 누구나 이용할 수 있다.

귀여운 헬로키티의 기념품숍

헬로키티 재팬 ハローキティジャパン, Hello Kitty Japan

일본의 대표 캐릭터 헬로키티의 캐릭터숍이다. 기모노를 차려입은 커다란 키티인형이 중앙에 앉아 있고 헬로키티 모양의 달콤한 과자와 헬로키티 캐릭터용품을 판매한다. 키티 모양으로 구운 커스터드빵 콘가리야키(こんがり焼)는 차가운 소프트아이스크림과 함께 먹으면 더 맛있다.

홈페이지 sanrio.co.jp **문의** 03-3527-6118 **찾아가기** 다이버시티 도쿄플라자 2층 **영업시간** 11:00~20:00 **귀띔 한마디** 콘가리야키는 아이들 입맛에 맞춰 많이 달다.

세련된 일본의 전통 잡화점

와비사비 WABI×SABI

와비·사비(侘·寂)는 일본의 전통적인 미의식을 표현하는 단어로 정적이고 소박한 상태를 뜻한다. 와비사비라는 단어처럼 정갈하여 더 세련된 일본의 전통 잡화점으로 유명한 키소(木曽)의 칠기점이 프로듀스했다. 차 도구, 칠기 식기 등 일본의 전통 키친웨어와 장신구, 다용도로 사용하는 전통 손수건 테누구이(手ぬぐい) 등을 판매한다. 외국인이 일본색이 진한 기념품을 구입하기 좋다.

문의 03-5530-1882 **찾아가기** 다이버시티 도쿄플라자 2층 **가격** ¥300~500 **영업시간** 11:00~20:00

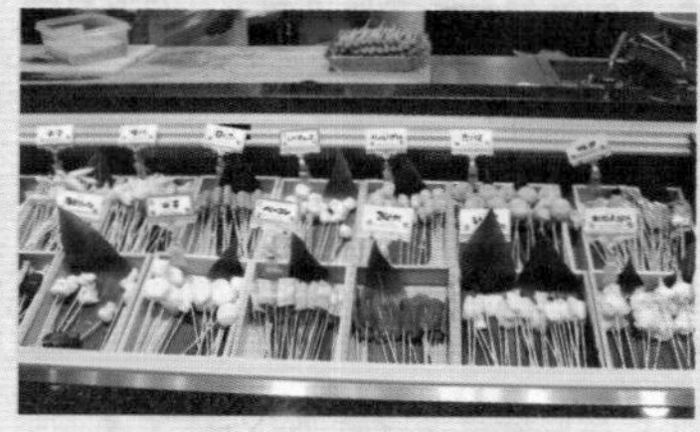

한입 크기의 재료를 직접 튀겨먹는 꼬치튀김 뷔페

쿠시야모노가타리 串家物語

한입 사이즈로 꼬치에 끼운 재료를 튀겨 먹는 꼬치튀김을 쿠시아게(串揚げ)라고 한다. 이곳은 쿠시아게를 테이블 위 튀김기에 직접 튀겨 먹는 쿠시아게 뷔페이다. 입맛에 맞는 것만 골라서 90분 동안 무제한으로 먹을 수 있다. 해산물과 고기류, 다양한 야채까지 맛있게 먹을 수 있고 샐러드바, 디저트바, 드링크바도 마련되어 있다.

홈페이지 kushi-ya.com **문의** 03-3527-6446 **찾아가기** 다이버시티 도쿄플라자 6층 **가격** 런치 ¥1,500~2,000, 디너 ¥2,500~4,000 **영업시간** 11:00~23:00(L.O. 21:00) **귀띔 한마디** 주말 식사시간에는 줄 서야 할 정도로 인기가 많다.

오다이바에서 제일 전망이 좋은 쇼핑센터 ★★★★☆
아쿠아시티 오다이바 AQUA CITY お台場

2000년에 문을 연 대형쇼핑센터이다. 3층 메인 플로어에는 바다를 향한 데크가 있고, 이 길은 이스트프롬나드공원에서 아쿠아시티를 지나 미디어주와 덱스도쿄비치까지 연결된다. 아쿠아시티 내부에는 패션숍, 액세서리점, 캐릭터용품점, 잡화점, 카페, 레스토랑 등 약 120개의 점포가 들어서 있다. 아쿠아시티라는 이름답게 3층 아쿠아아리나 및 서쪽 안내데스크 앞에는 커다란 수족관이 설치되어 있다. 대형 영화관 및 레스토랑가 등이 있는 미디어주는 아쿠아시티와 바로 연결된다. 아쿠아시티 7층 옥상에는 작은 신사가 있다. 규모는 작지만, 도쿄 10대 신사 중 하나인 시바다이진구芝大神宮에서 신령을 받은 곳이다. 이곳에서는 뒤쪽으로는 후지텔레비전, 앞으로는 레인보우브리지, 도쿄타워, 도쿄스카이트리를 포함한 도쿄의 화려한 전망이 내려다보인다.

홈페이지 www.aquacity.jp 주소 東京都 港区 台場 1-7-1 문의 03-3599-4700 찾아가기 유리카모메(ゆりかもめ) 다이바(台場)역에서 도보 1분/린카이선(りんかい線) 도쿄텔레포트(東京テレポート)역에서 도보 7분 영업시간 숍 11:00~21:00 **레스토랑** 11:00~23:00(일부 음식점은 04:00까지) **푸드코트** 11:00~21:00 귀띔 한마디 오다이바의 쇼핑센터 중에서 전망 좋은 레스토랑이 가장 많은 곳이 아쿠아시티이다.

아쿠아시티 오다이바의 추천 숍과 레스토랑

미국의 거리를 재현해 놓은 숍
뮤지엄&뮤지엄 MUSEUM&MUSEUM

조이마크디자인(JOYMARK Design)의 플래그십스토어이다. 캡틴산타뮤지엄(Captain Santa Museum), 캡틴스브랜드(Captain's Brands), 캡틴산타캔디(Captain Santa Candy), 캡틴스룸(Captain's Room), 서프인도쿄(Surf Inn Tokyo)로 구성되어 있다. 캡틴산타뮤지엄에서는 바다와 어울리는 아메리칸 스타일의 의류를, 캡틴산타캔디에서는 알록달록한 사탕을 판매한다. 캡틴스룸은 캡틴산타의 이미지를 꾸며놓은 공간이다.

홈페이지 www.joymark-design.co.jp **문의** 03-3599-5302 **찾아가기** 아쿠아시티 3층 **영업시간** 11:00~21:00 **귀띔 한마디** 각 브랜드숍은 내부로 연결되어 있고 문이 여기저기 있어 자유롭게 출입이 가능하다.

북유럽의 감각적인 인테리어 및 잡화점
플라잉타이거 코펜하겐 Flying Tiger Copenhagen

컬러풀하면서 아이디어까지 재미있는 북유럽디자인의 인테리어용품, 테이블웨어, 생활잡화 등을 판매하는 숍이다. 덴마크의 코펜하겐에서 시작해 유럽을 중심으로 인기를 끌고 있다. 오사카 초기 매장은 전 상품이 매진되어 문을 닫아야 할 정도로 인기를 끌었다. 독특한 제품이 많으며 가격도 저렴하여 구경하는 것도 즐겁다. 주말에는 매장 안으로 들어가기 위해 줄을 서야 할 정도로 인기가 많다.

홈페이지 www.flyingtiger.jp **문의** 03-6457-1300 **찾아가기** 아쿠아시티 3층 **영업시간** 11:00~21:00 **귀띔 한마디** 입구에서 계산대까지 한 방향으로 구경할 수 있도록 동선이 짜여 있고 사람이 많을 때는 역방향으로 이동하기 힘들다.

귀여운 강아지와 새끼 고양이를 볼 수 있는 펫숍
페테모 PeTeMo

깔끔하고 넓은 공간에서 쾌적하게 운영하는 대형 펫숍이다. 아기 강아지와 아기 고양이를 분양받을 수 있으며 정해진 시간 동안 고양이와 함께 놀 수 있는 캣플러스도 있다. 매장에서는 강아지 옷, 동물 액세서리, 간식, 사료, 상비약 등을 판매한다. 반려동물용 유모차 및 캐리어 등도 많다. 강아지용 수제간식, 수제케이크, 수제과자 등을 만들어 판매하는 코너도 있다.

홈페이지 www.aeonpet.com **문의** 03-3599-0560 **찾아가기** 아쿠아시티 1층 **영업시간** 11:00~21:00

오바마대통령이 좋아하던 하와이의 수제버거
쿠아아니아 クア・アイナ, KUA'AINA

요시노리 추천

시골사람이라는 뜻의 쿠아아니아는 오바마대통령이 어렸을 때 살았던 하와이에서 즐겨 먹었다는 햄버거집이다. 햄버거를 양손으로 잡아야 할 만큼 두껍고 커다란 사이즈가 인기의 비결이다. 100% 쇠고기패티는 용암석으로 만든 그릴에 구워 만든다. 창밖으로 자유의 여신상과 레인보우브리지를 볼 수 있는 위치라 분위기가 좋다.

홈페이지 www.kua-aina.com **문의** 03-3599-2800 **찾아가기** 아쿠아시티 4층, **영업시간** 11:00~23:00(L.O. 22:00)

저렴하고 맛있는 철판요릿집
츠루하시후게츠 鶴橋 風月

테이블 가운데의 뜨거운 철판 위에 오코노미야키(お好み焼き), 야키소바(焼きそば) 등을 구워서 먹는 철판구이(鉄板焼き)집이다. 굽는 방법을 모르더라도 직원이 테이블에 와서 직접 구워주므로 걱정 없다. 이집의 오코노미야키는 양배추를 비롯한 재료가 많이 들어가고 반죽은 적어 겉이 바삭바삭하고 속은 부드럽다. 오코노미야키 안에 야키소바가 들어가는 모던야키(モダン焼き)와 달걀말이 안에 돼지고기를 넣은 톤페야키(とんぺい焼き)를 추천한다.

홈페이지 fugetsu.jp **문의** 03-3599-5185 **찾아가기** 아쿠아시티 6층 **가격** 런치 ¥1,000~2,000, 디너 ¥2,000~3,000 **영업시간** 11:00~23:00(L.O. 22:00) **귀띔 한마디** 오코노미야키는 속에 공기층이 들어가야 맛있으니 한국의 전을 부치듯이 꼭꼭 누르면 안 된다.

아쿠아시티 바로 옆에 있는 복합상업시설 ★★★☆☆

미디어주 メディアージュ, Mediage

대형 영화관과 오락시설, 레스토랑 등이 입점해 있는 복합상업시설이다. 아쿠아시티와 같은 건물처럼 바로 연결되고 덱스도쿄비치는 3층 해변 쪽 데크로 연결된다. 1~2층에는 유나이티드 시네마UNITED CINEMAS가 있고 3층에는 쇼핑숍과 카페, 4층은 게임센터와 레스토랑, 5층에는 소니의 엔터테인먼트 교육시설과 레스토랑, 6층에는 결혼식장이 있다. 데크와 연결된 입구에는 지구온난화 때문에 엄마 곰과 헤어진 아기 곰을 형상화한 NPO 단체의 모금운동 캐릭터 소라베어そらべあ가 있다. 전망 좋은 레스토랑이 많으니 창가자리에 앉아 식사하는 것을 추천한다.

홈페이지 www.aquacity.jp 주소 東京都 港区 台場 1-7-5 문의 03-3599-4700 찾아가기 유리카모메(ゆりかもめ) 다이바(台場)역에서 도보 3분/린카이선(りんかい線) 도쿄텔레포트(東京テレポート)역에서 도보 5분 영업시간 숍 11:00~21:00 **레스토랑** 11:00~23:00 (레스토랑에 따라 다름) 귀띔 한마디 아쿠아시티와 건물이 다르기는 하지만 하나처럼 붙어 있는 데다가 같은 곳에서 운영한다.

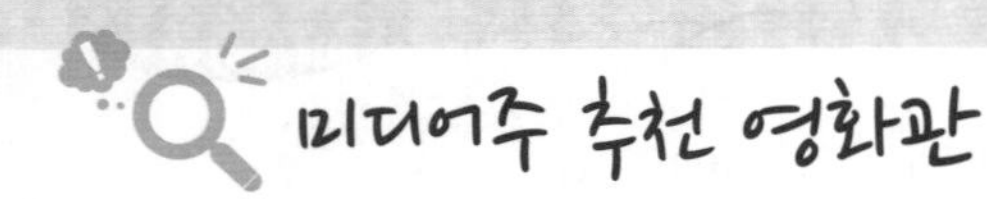

미디어주 추천 영화관

최첨단 설비를 갖춘 대형 영화관

유나이티드·시네마 ユナイテッド・シネマ

앞은 물론 양 옆쪽까지 3면이 스크린인 멀티상영 시스템 스크린엑스(ScreenX)를 일본 최초로 도입한 영화관이다. 3D 상영관, 4DX 상영관에 생중계 상영까지 새로운 시도에 투자를 아끼지 않는다. 총 13개 스크린에 2,916석 규모다.

홈페이지 www.unitedcinemas.jp **문의** 05-7078-3804 **찾아가기** 미디어주 1층(3층에서 에스컬레이터 및 엘레베이터 이용) **영업시간** 10:00~최종상영시간 **가격** 일반 ¥1,800, 대학생 ¥1,500, 3세~고등학생 ¥1,000 (추가요금-ScreenX, 4DX, 3D 등)

재미있는 놀이시설이 많은 쇼핑몰 ★★★★☆

덱스도쿄비치

デックス東京ビーチ, DECKS Tokyo Beach

오다이바해변공원 모래사장 바로 뒤에 있는 쇼핑몰이다. 1996년 오다이바에 제일 먼저 생긴 대규모 상업시설이다. 해변 쪽 건물은 씨사이드몰Sea Side Mall, 유리카모메선과 가까운 건물은 아일랜드몰Island Mall로, 두 건물 옆으로 놀이동산 조이폴리스가 연결되어 있다. 씨사이드몰에서는 레인보우브리지, 도쿄타워, 도쿄스카이트리 등 도쿄의 멋진 풍경이 보인다. 쇼핑몰에는 총 150여 개의 패션, 잡화, 아동복, 장난감, 레스토랑, 카페 등의 점포가 입점해 있다. 레고랜드, 마담투소 등 볼거리도 풍부하고 한 층 전체를 옛 상점가로 꾸민 다이바 잇초메상점가, 전국의 유명한 타코야키숍을 모아놓은 타코야키뮤지엄 등 관광객을 위한 시설이 많다.

홈페이지 www.odaiba-decks.com 주소 東京都 港区 台場 1-6-1 문의 03-3599-6500 찾아가기 유리카모메(ゆりかもめ) 오다이바카이힌코엔(お台場海浜公園)역에서 도보 1분/린카이선(りんかい線) 도쿄텔레포트(東京テレポート)역에서 도보 5분(텔레포트 브리지로 바로 연결) 영업시간 숍 11:00~21:00 레스토랑 11:00~23:00(레스토랑에 따라 다름) 귀띔 한마디 씨사이드몰과 아일랜드 몰의 3층은 데크로 연결되어 있고 4층과 5층에는 연결통로가 있다.

덱스도쿄비치 알차게 즐기기

날씨가 궂은 날에도 놀기 좋은 세가의 실내 놀이동산

조이폴리스 ジョイポリス, JOYPOLIS

게임으로 유명한 세가(SEGA)가 만든 실내놀이동산으로 3~5층까지 자리한다. 롤러코스터, 탐험어트랙션, 귀신의 집 등 스릴 넘치는 놀이기구가 20가지 정도 있다. 중앙 스테이지에서는 시간에 맞춰 공연도 진행된다. 각 어트랙션은 ¥500~800 정도로 10개 이상 어트랙션을 즐길라면 패스포트를 구입하는 것이 저렴하다. 만일 1~2개만 이용하려면 입장권만 사서 들어가 별도로 지불하는 것이 좋다. 오락실에는 세가의 게임기도 여기저기 설치되어 있다. 키 제한이 있는 놀이기구가 많으니 방문 전 확인하는 것이 좋다.

홈페이지 tokyo-joypolis.com **문의** 03-5500-1801 **찾아가기** 덱스도쿄비치, 씨사이드몰 3층에서 바로 연결 **입장료 입장권** 성인 ¥800, 초등학생~고등학생 ¥500 **패스포트(자유이용권)** 성인 ¥4,500, 초등학생~고등학생 ¥3,500 **나이트패스포트**(평일 17:00, 주말 16:00부터 판매) 성인 ¥3500, 초등학생~고등학생 ¥2,500 **영업시간** 10:00~20:00(최종입장 19:15) **귀띔 한마디** 당일 재입장이 가능하며, 티켓을 제시해야 하니 잃어버리지 않도록 조심하자.

1950년대 풍경으로 꾸며 놓은 상점가

다이바 잇초메상점가 台場一商店街

덱스도쿄비치의 씨사이드몰 4층에 위치한 다이바 잇초메상점가는 1950년대 풍경을 테마로 꾸며 놓아 타임머신을 타고 과거로 돌아간 것 같은 기분을 느낄 수 있다. 인테리어만 1950년대가 아니라 가게들

과 가게에서 파는 물건들도 복고적이다. 수십 년 전부터 판매되었던 일본 과자들과 기념품 그리고 캐릭터인형 등을 판매하는 하이카라 요코초(ハイカラ横丁), 재미있는 사진을 찍을 수 있는 도쿄트릭아트 뮤지엄(東京トリックアート迷宮館) 등 즐길거리가 다양하다. 우리나라의 1960~80년대와 꼭 닮은 모습이라 더 정겹게 느껴진다.

찾아가기 덱스도쿄비치, 씨사이드몰 4층 **영업시간** 11:00~21:00

일본식 문어빵 타코야키전문 푸드코트

오다이바 타코야키뮤지엄

お台場たこ焼きミュージアム

일본 유명 타코야키집 5곳을 모아 놓은 타코야키전문 푸드코트로, 다이바 잇초메상점가 바로 옆에 있다. 기념품가게에서는 타코야키를 테마로 만든 각종 상품을 판매한다. 내부에는 오사카 인기 타코야키집 '타코야 도톤보리 쿠쿠루(たこ家 道頓堀くくる)', 한입에 쏙 들어가는 타코야키 원조 '아이즈야(会津屋)', 겉은 바삭바삭하고 속은 부드러운 '타코야키 주하치방(たこ焼 十八番)', 마를 갈아 넣어 만든 '이모타코(芋蛸)', 반죽이 맛있는 '텐노지아베노 타코야키야마짱(天王寺アベノタコヤキやまちゃん)'이 있다. 가게 옆에 있는 자판기에서 메뉴를 골라 돈을 지불하고 식권 티켓을 건네면 타코야키를 구워 준다. 타코야키에는 옛날 방식으로 만든 소다음료 라무네가 잘 어울린다.

찾아가기 덱스도쿄비치, 씨사이드몰 4층 다이바 잇초메상점가 옆 **가격** ¥500~1,000 **영업시간** 11:00~21:00 **귀띔 한마디** 5군데 모두 만만치 않게 맛있지만, 한 군데를 고르자면 커다란 문어(타코)가 들어간 '타코야 도톤보리 쿠쿠루'를 추천한다.

레고블록으로 만든 어린이용 실내 테마파크

레고랜드 디스커버리센터 도쿄 レゴランド・ディスカバリー・センター東京, LEGO LAND

300만 개 레고블록으로 만든 레고테마파크로 3~10살 아이를 대상으로 한다. 아일랜드몰 2층 입구에서 전용 엘리베이터를 타고 7층으로 올라가면 된다. 움직이는 열차를 타고 구경하는 어트랙션도 있고 레고블록을 조립해 볼 수 있는 코너도 있다. 어른들도 감탄하는 곳은 레고블록르로 도쿄 풍경을 정교하게 재현해 놓은 지오라마이다. 내부에는 카페가 있어 간단히 요기할 수 있으며, 출구에는 레고를 판매하는 기념품숍이 있다.

홈페이지 www.legolanddiscoverycenter.jp **문의** 03-3599-5168 **찾아가기** 덱스도쿄비치, 아일랜드 몰 3층 **입장료** 만 3세이상 1,800(당일권), 홈페이지를 통한 사전 구입 시 30% 정도 할인 **영업시간** 평일 10:00~20:00(최종입장 18:00), 주말 및 공휴일 10:00~18:00) **귀띔 한마디** 레고를 좋아하는 아이들에게는 좋은 곳이지만 규모에 비해서 비싼 편이다.

실물과 똑같이 만든 밀랍인형 박물관

마담투소 도쿄 マダム・タッソー東京, Madame Tussauds TOKYO

유명 연예인 및 인사들을 실물 사이즈 밀랍인형으로 만들어 놓은 박물관이다. 세계적 유명인은 물론 일본 인기 연예인 및 역사적 인물도 만날 수 있다. 9개 테마 구역에는 약 60여 점의 작품이 전시되어 있다. 직접 만져 볼 수 있으며 밀랍인형과 다정한 포즈로 기념사진도 찍을 수 있다. 중간에는 자신의 손을 그대로 본떠서 만들 수 있는 체험코너도 있고 출구에는 기념품숍이 있다.

홈페이지 www.madametussauds.jp **문의** 03-3599-5173 **찾아가기** 덱스도쿄비치, 아일랜드몰 3층 **입장료** 중학생 이상 ¥2,300, 어린이(만 3세~초등학생) ¥1,800, 홈페이지를 통한 사전 구입 시 최대 ¥500 할인, 오후 5시 이후 입장할 경우 '애프터 5' 할인 **영업시간** 10:00~21:00(최종입장 19:00)

Chapter 02

아키하바라

秋葉原

Akihabara

 ★★★☆☆

 ★★★☆☆

★★★★★

아키하바라는 전자제품 및 아이돌, 애니메이션 등 한 분야에 높은 관심을 보이는 오타쿠(オタク)의 성지이다. 일본 애니메이션에 푹 빠진 오타쿠, 귀여운 아이돌의 광팬인 오타쿠, 최신 전자제품에 관심 있는 얼리어답터 오타쿠 등 다양한 오타쿠가 모이는 곳이다. 단, 일본에서 오타쿠는 사회성이 떨어지고 청결에 신경을 쓰지 않는 사람이라는 부정적인 이미지가 강하니 오타쿠라는 단어를 쉽게 언급하지는 말자. 아키하바라는 긴 지명을 줄여서 흔히 아키바(アキバ)라고 부르며, 일본의 대표적인 걸 그룹 AKB48의 AKB도 아키바라는 단어의 이니셜이다.

요시노리의 한마디

인터넷 쇼핑이 발달하기 전에는 전자제품을 저렴하게 구입하기 위해 아키하바라를 찾는 사람이 많았지만, 지금은 인터넷 검색을 통해 최저가로 구입하는 것이 효율적이다.

아키하바라를 잇는 교통편

아키하바라역은 치바를 지나 츠쿠바까지 고속으로 연결되는 츠쿠바익스프레스(つくばエクスプレス)의 출발점이다. 또한 아키하바라역은 JR의 대표 노선이라고 할 수 있는 야마노테선(山手線), 게이힌토호쿠선(京浜東北線), 소부선(総武線)과 도쿄메트로 히비야선이 지나 도쿄 다른 지역으로의 이동이 쉽다. 신주쿠역에서는 주오쾌속을 타면 더 빨리 아키하바라로 이동할 수 있지만 오차노미즈역에서 한 번 갈아타야 하고 시간 차이도 크게 나지 않으니, 쾌속을 기다려야 한다면 일반 전차를 타자.

아키하바라역에서 칸다와 진보초지역까지는 걸어서 이동할 수 있다. 아키하바라역에서 5분만 걸어가면 칸다이고 칸다와 진보초는 바로 이어져 있다. 전차로 이동할 때는 오차노미즈(御茶ノ水)역을 이용하는 것이 편리하다. 아키하바라역에서 진보초(神保町)역까지 전차로 이동하려면 한참 돌아가야 하니, 오차노미즈역으로 가서 걸어가거나 이와모토초(岩本町)역까지 걸어가서 전차를 타는 것이 낫다. 신오차노미즈(新御茶ノ水)역, 오가와마치(小川町)역, 아와지초(淡路町)역은 아키하바라역에서 도보로 5~8분 거리이며, 3개 역이 이어져 있으니 편리한 곳을 이용하면 된다. 칸다(神田)역에서도 칸다지역까지 걸어갈 수 있지만, 스포츠상점가 및 악기점가는 칸다역보다 오차노미즈역이나 아키하바라역에서 더 가깝다.

아키하바라(秋葉原)역 JR 야마노테선(山手線), 게이힌토호쿠선(京浜東北線), 소부선(総武線) 메트로 히비야선(日比谷線) TX 수도권신도시전철(首都圏新都市鉄道) 츠쿠바익스프레스(つくばエクスプレス)

• 도쿄 ↔ 아키하바라

출발역	탑승열차	경유역	환승역	경유역	도착역	이동시간	도보이동 시	요금
도쿄(東京)	JR 야마노테선(山手線) 내선순환 우에노(上野), 이케부쿠로(池袋)행	2개	–	–	아키하바라(秋葉原)	3분	30분 (2㎞)	¥140
	JR 게이힌토호쿠선(京浜東北) 네기시선 쾌속(根岸線快速)	1개						

• 신주쿠 ↔ 아키하바라

출발역	탑승열차	경유역	환승역	경유역	도착역	이동시간	도보이동 시	요금
신주쿠(新宿)	JR 소부선(総武線) 치바(千葉)행	9개	–	–	아키하바라(秋葉原)	18분	130분 (8.6㎞)	¥170
	JR 주오선(中央線) 주오쾌속 도쿄(中央特快·東京)행	2개	오차노미즈(御茶ノ水) JR 소부선(総武線) 치바(千葉)행	1개		14분		

• 아키하바라 ↔ 오차노미즈, 진보초

출발역	탑승열차	경유역	환승역	경유역	도착역	이동시간	도보이동 시	요금
아키하바라(秋葉原)	JR 소부선(総武線) 나카노(中野)행	1개	–	–	오차노미즈(御茶ノ水)	2분	14분 (0.9㎞)	¥140
	JR 소부선(総武線) 나카노(中野)행	1개	오차노미즈(御茶ノ水)	도보 이동	진보초(神保町)	8분	28분 (1.9㎞)	¥140
	–	도보 이동	이와모토초(岩本町) 도에지하철 신주쿠선(新宿線) 사사즈카(笹塚)행	2개		12분		¥180

아키하바라에서 꼭 해봐야 할 것들

1. 아키하바라를 대표하는 전자상가들을 둘러보자.
2. 일본의 애니메이션, 아니메 전문숍을 구경하자.
3. 양도 푸짐하고 칼로리도 높은 아키하바라식 맛집에서 식사하자.

사진으로 미리 살펴보는 아키하바라 베스트코스

아키하바라의 매력을 모두 즐기려면 적어도 하루는 필요하다. 일본의 서브컬처에 별로 관심은 없지만, 아키하바라의 분위기를 잠시 느껴보고 싶다면 2~3시간만 둘러봐도 충분하다.

1 애니메이션 마니아를 위한 하루 일정(예상 소요시간 7시간 이상)

오전 10~11시쯤 아키하바라역에 도착해 건담카페에서 건프라야키를 간식으로 먹자. 바로 앞 아키하바라 UDX에 들어가서 도쿄아니메센터를 구경한다. 그리고 인기 맛집 마루고로 가서 아키하바라 최고의 돈카츠를 먹는다. 식후에는 아키바컬처즈존에 들어가 아니메문화를 구경하고 츠쿠모로봇왕국에 가서 로봇을 살펴본다. 골목 안에 있는 오뎅캔 자동판매기도 구경하고 출출하다면 하나쯤 뽑아서 맛을 보자. 만다라케콤플렉스에서 각종 중고제품들을 둘러보고 소프맙에서 중고로 판매하는 가전제품도 알아본다. AKB48의 극장과 숍이 있는 돈키호테 아키하바라점도 들러 구경하고 메이드카페에서 달콤한 음료를 마시며 쉰다. 중고부품골목에서 아키하바라 본모습도 보고 큐슈장가라 아키하바라본점에서 라멘 한 그릇을 저녁으로 먹는다. 마지막으로 요도바시 아키바에서 못다 한 쇼핑을 마치고 돌아간다.

아키하바라 秋葉原

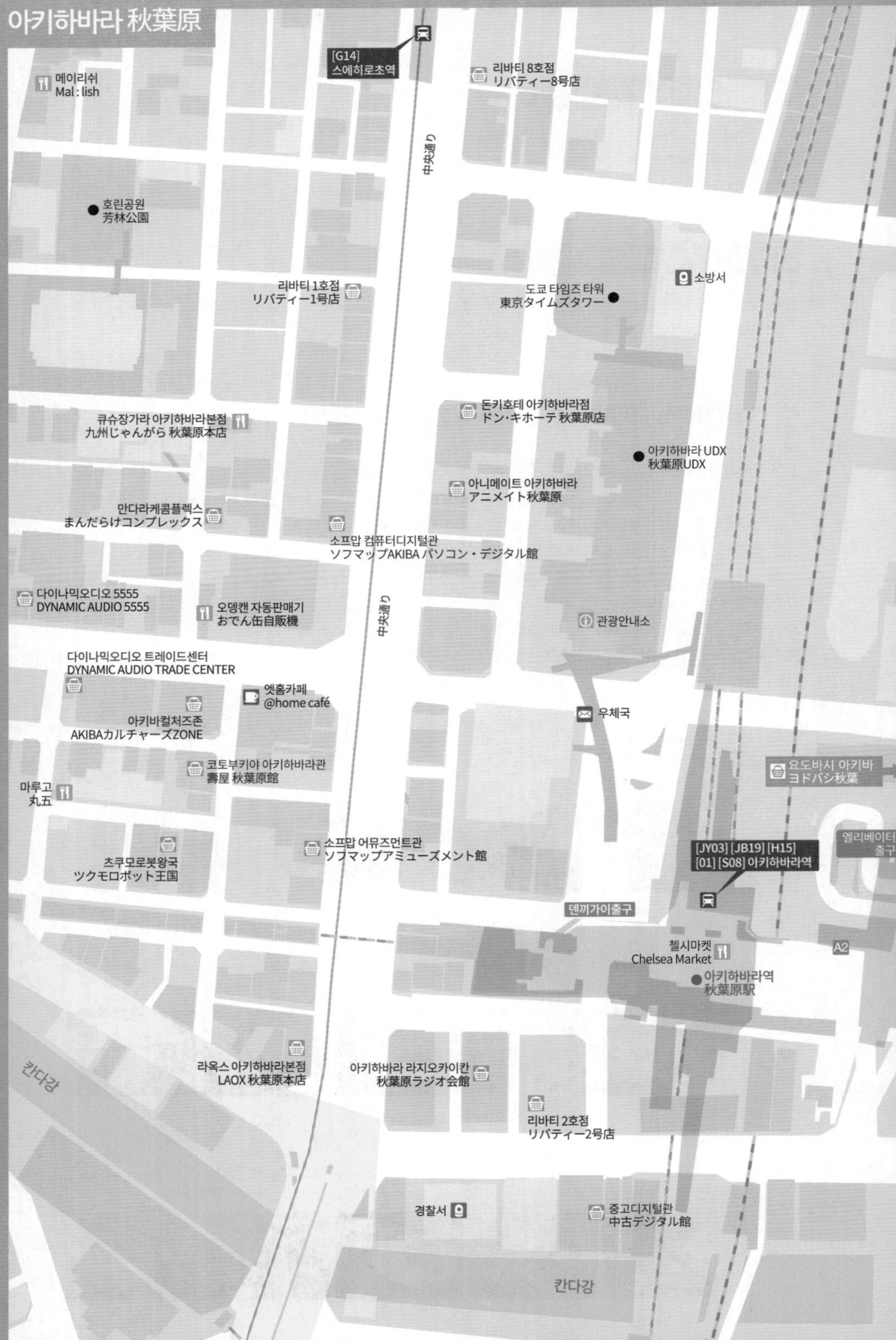

[G14]
스에히로초역
메이리쉬
Mal : lish
리바티 8호점
リバティー8号店
中央通り
호린공원
芳林公園
리바티 1호점
リバティー1号店
도쿄 타임즈 타워
東京タイムズタワー
소방서
돈키호테 아키하바라점
ドン・キホーテ 秋葉原店
큐슈장가라 아키하바라본점
九州じゃんがら 秋葉原本店
아키하바라 UDX
秋葉原UDX
아니메이트 아키하바라
アニメイト秋葉原
만다라케콤플렉스
まんだらけコンプレックス
소프맙 컴퓨터디지털관
ソフマップAKIBA パソコン・デジタル館
다이나믹오디오 5555
DYNAMIC AUDIO 5555
오뎅캔 자동판매기
おでん缶自販機
中央通り
관광안내소
다이나믹오디오 트레이드센터
DYNAMIC AUDIO TRADE CENTER
엣홈카페
@home café
우체국
아키바컬처즈존
AKIBAカルチャーズZONE
코토부키야 아키하바라관
壽屋 秋葉原館
요도바시 아키바
ヨドバシ秋葉
마루고
丸五
엘리베이터
출구
소프맙 어뮤즈먼트관
ソフマップアミューズメント館
[JY03] [JB19] [H15]
[01] [S08] 아키하바라역
츠쿠모로봇왕국
ツクモロボット王国
덴끼가이출구
첼시마켓
Chelsea Market
A2
아키하바라역
秋葉原駅
칸다강
라옥스 아키하바라본점
LAOX 秋葉原本店
아키하바라 라지오카이칸
秋葉原ラジオ会館
리바티 2호점
リバティー2号店
경찰서
중고디지털관
中古デジタル館
칸다강

Tokyo

아키하바라에서 반드시 둘러봐야 할 명소

아키하바라의 볼거리는 거리를 가득 메운 전자상가와 그 거리를 지나다니는 오타쿠라고 불리는 사람들이다. 오타쿠로 가득한 아키하바라의 분위기를 제대로 느껴보고 싶다면 주말이 좋고, 느긋하게 구경하려면 주중에 찾아가자. 아키하바라의 대표적인 전자상가들은 Section06에서 자세하게 소개한다.

교통이 편리한 아키하바라의 현관 ★★★☆☆

아키하바라역 秋葉原駅

JR, 도쿄 메트로, 츠쿠바 익스프레스를 이용할 수 있는 아키하바라역은 편리한 만큼 이용자가 많다. 주중에는 샐러리맨들이 많이 지나가고, 주말에는 오타쿠들이 취미생활을 하러 대거로 모여든다. 아키하바라에서 새롭게 각광받는 건물 대부분은 아키하바라역 주변에 모여 있다. 아키하바라를 대표하는 전자상가들도 아키하바라역에서 가깝고, 도쿄의 주요 노선이 지나가기 때문에 교통도 편리하다. 아키하바라역에는 쇼핑몰 아토레 아키하바라アトレ秋葉原가 있어 역 안에서 쇼핑이나 식사를 즐길 수 있다. AKB48의 카페, 건담 프라모델카페 등 아키하바라를 찾는 오타쿠들의 흥미를 끌 만한 아이템이 역 주변에 모여 있다. 아키하바라역은 일본의 서브컬처가 제일 발달한 아키하바라여행의 시작점이다.

JR 플랫폼

홈페이지 www.jreast.co.jp, www.tokyometro.jp, www.mir.co.jp 주소 東京都 千代田区 外神田 1-17-6 찾아가기 JR 야마노테선(山手線), 게이힌토호쿠선(京浜東北線), 소부선(総武線), 도쿄메트로 히비야선(日比谷線), 수도권신도시전철(首都圏新都市鉄道) 츠쿠바익스프레스(つくばエクスプレス) 아키하바라(秋葉原)

✓ 아키하바라의 오타쿠를 대표적으로 표현한 작품은 인터넷소설로 시작해서 드라마 및 영화로까지 제작된 '전차남(電車男)'이다.

Section 05

Tokyo

아키하바라에서 꼭 먹어봐야 할 먹거리

아키하바라는 자신이 좋아하는 특정 분야에 관심을 보이는 오타쿠의 거리이다. 그래서 아키하바라는 먹는 것까지도 오타쿠의 취향에 맞춰 판매한다. 그 밖에는 고칼로리에 고기가 많이 들어간 곳이 인기이다.

메이드복장으로 코스프레한 웨이트리스가 있는 카페 ★★★★☆

메이드카페 メイド喫茶, Maid Cafe

아키하바라의 거리 곳곳에는 메이드복장으로 코스프레를 하고 전단지를 나눠주는 여성들이 있는데, 이들은 메이드카페를 홍보하는 것이다. 커피 및 음료를 판매하는 일반 카페와 크게 다르지 않다. 카페 안으로 들어서면 '안녕히 다녀오셨어요! 주인님!お帰りなさいませ！ご主人様！'이라고 외치는 메이드복장의 웨이트리스들이 반갑게 맞아준다. 메이드복장만큼이나 깜찍하게 치장한 음식과 음료를 판매하며 귀여운 척, 예쁜 척하며 살갑게 구는 메이드의 서빙을 받을 수 있다. 눈앞에서 오므라이스 위에 케첩으로 하트를 그려주는 등의 퍼포먼스를 진행하기도 한다. 아키하바라 돈키호테 안에도 매장이 있고, 본점에서는 기념품샵까지 운영한다.

- 엣홈카페(アットホームカフェ, @home cafe) 홈페이지 www.cafe-athome.com 주소 東京都 千代田区 外神田 1-11-4ミツワビル 3~7F 찾아가기 JR 야마노테선(山手線), 게이힌토호쿠선(京浜東北線), 소부선(総武線), 도쿄메트로 히비야선(日比谷線), 수도권신도시전철(首都圏新都市鉄道) 츠쿠바익스프레스(つくばエクスプレス) 아키하바라(秋葉原)역 덴키가이출구(電気街口)에서 도보 5분 거리 가격 ¥1,000~2,000 영업시간 10:00~22:00(L.O.21:20) 귀띔 한마디 10년 이상의 역사를 가진 아키하바라의 대표적인 메이드카페이다.
- 메이리쉬(メイリッシュ, Mal : lish) 홈페이지 www.mailish.jp 주소 東京都 千代田区 外神田 3-6-2 FH協和スクエア2F 문의 03-5289-7310 찾아가기 JR 야마노테선(山手線), 게이힌토호쿠선(京浜東北線), 소부선(総武線), 도쿄메트로 히비야선(日比谷線), 수도권신도시전철(首都圏新都市鉄道) 츠쿠바익스프레스(つくばエクスプレス) 아키하바라(秋葉原)역 덴키가이출구(電気街口)에서 도보 5분 가격 ¥800~2,000 영업시간 12:00~22:00(L.O. 요리 21:00, 음료 231:30) 귀띔 한마디 핑크색 음료, 핑크색 카레 등 핑크색으로 가득한 메이드카페이다.

오뎅, 라멘 등의 따뜻한 음식이 들어있는 캔 ★★★☆☆

오뎅캔 자동판매기 おでん缶自販機

오뎅캔 자동판매기는 아키하바라의 또 다른 명물 중 하나이다. 얼핏 보면 흔한 음료수 캔처럼 보이지만 자세히 보면 오뎅, 라멘, 우동, 수프, 파스타라고 적혀 있다. 그리고 캔 안에는 따뜻한 오뎅, 라멘, 수프 등이 실제로 들어 있다. 싼 가격으로 가볍게 먹을 수 있는 음식이라 아키하바라를 찾은 사람들이 간식으로 먹기 시작하면서 유명해졌다. 추운 겨울날 따뜻한 오뎅캔 하나 뽑아서 들고 호호 불면서 먹어보면 그 매력에 빠질 것이다. 관리는 치치부덴키チチブ電機라는 전자제품 판매점에서 하고 있다.

주소 東京都 千代田区 外神田 3 찾아가기 JR 야마노테선(山手線), 게이힌토호쿠선(京浜東北線), 소부선(総武線), 도쿄메트로 히비야선(日比谷線), 수도권신도시전철(首都圏新都市鉄道) 츠쿠바익스프레스(つくばエクスプレス) 아키하바라(秋葉原)역 덴키가이출구(電気街口)에서 도보 5분 거리 가격 ¥300~500 영업시간 24시간 귀띔 한마디 지진 대비 비상식량으로 보관하기도 좋다.

싱싱한 돼지고기를 미디움으로 익혀 부드러운 돈카츠 ★★★★★

마루고 丸五

요시노리 추천

아키하바라 최고의 돈카츠전문점이다. 신선하고 두툼한 고기를 살짝 튀겨 색도 연하고 육즙이 가득 베인 고기도 부드럽다. 앞에 특特자가 붙은 메뉴는 더 크고 두꺼운 고기를 사용한다. 고기에 분홍빛이 살짝 남아 있을 정도로만 익히는데, 한입 베어 물면 특유의 식감에 반하게 된다. 기름층이 있는 달콤한 고기를 원하면 로스카츠ロースカツ를, 담백한 고기를 원하면 히레카츠ヒレかつ를 주문하자. 돈카츠정식을 주문하거나 단품에 세트를 추가하면 일본식 된장국 미소시루お味噌汁와 야채절임 오싱코お新香, 따끈따끈한 밥이 함께 나온다. 테이블 위에는 락교らっきょう, 우메보시梅干し, 머스터드소스가 상비되어 있다. 장인정신이 느껴지는 목조건물의 일본음식점에서 맛있는 식사를 하고 싶은 사람에게 강력 추천한다.

주소 東京都 千代田区 外神田 1-8-14 문의 03-3255-6595 찾아가기 JR 야마노테선(山手線), 게이힌토호쿠선(京浜東北線), 소부선(総武線), 도쿄메트로 히비야선(日比谷線), 수도권신도시전철(首都圏新都市鉄道) 츠쿠바익스프레스(つくばエクスプレス) 아키하바라(秋葉原)역 덴키가이출구(電気街口)에서 도보 6분 거리 가격 ¥2,000~3,000 영업시간 런치 11:30~15:00, 디너 17:00~21:00 휴무 매주 월~화요일 귀띔 한마디 전체가 금연석이라 항상 쾌적하다.

진한 돈코츠 국물이 맛있는 큐슈식 라멘집 ★★★★☆

큐슈장가라 아키하바라본점 九州じゃんがら 秋葉原本店

큐슈장가라라멘

코본장라멘

1984년 아키하바라에서 시작한 큐슈식 라멘전문점이다. 뽀얗고 진한 돼지뼈 국물, 돈코츠를 기본으로 사용하여 맛은 곰탕과 비슷하다. 대표메뉴는 큐슈장가라라멘九州じゃんがら으로, 닭뼈와 돼지뼈를 고아 만든 국물이 부드럽다. 코본장こぼんしゃん, 카라봉からぼん같이 국물이 붉은 매운맛 라멘도 있다. 주문은 먼저 수프를 고른 후 토핑을 정하면 된다. 두툼하게 자른 삶은 고기 카쿠니角肉, 양념에 절인 반숙계란 아지타마味玉子, 일본식 명란젓 멘타이코めんたいこ 등을 올려 먹으면 더 맛있다. 테이블 위 일본식 갓김치 타카나高菜는 마음껏 먹을 수 있으며, 국물에 매운맛을 더해준다.

주소 홈페이지 kyushujangara.co.jp 주소 東京都 千代田区 外神田 3-11-6 찾아가기 JR 야마노테선(山手線), 게이힌토호쿠선(京浜東北線), 소부선(総武線), 도쿄메트로 히비야선(日比谷線), 수도권신도시전철(首都圏新都市鉄道) 츠쿠바익스프레스(つくばエクスプレス) 아키하바라(秋葉原)역 덴키가이출구(電気街口)에서 도보 8분 가격 ¥800~1,500 영업시간 11:00~22:00 귀띔 한마디 큐슈장가라 하라주쿠점 등 도쿄의 다른 지역에도 체인점이 있다.

뉴욕 첼시스타일의 레스토랑 ★★★★☆

첼시마켓 Chelsea Market

붉은 벽돌의 오래된 창고를 개조해 만든 뉴욕의 첼시마켓을 재현한 레스토랑이다. 아토레Atre에 자리하며 분위기도 첼시마켓과 꼭 닮았다. 인기메뉴는 1㎝ 두께의 100% 쇠고기 패티가 들어간 두툼한 수제햄버거이다. 타파스, 파스타, 스테이크 등 메뉴도 다양하고 진한 치즈케이크 등의 뉴욕스타일 디저트도 판매한다. 맥주, 와인, 칵테일 등 술 종류도 많아 저녁에 술 한잔하기도 좋다. 분위기가 깔끔해 여성들끼리 가기도 좋고 일본음식이 입맛에 맞지 않는 서양인들에게도 인기가 많다.

주소 東京都 千代田区 神田花岡町 1-9 アトレ秋葉原2 2F 문의 03-5256-7155 찾아가기 아토레 아키하바라2, 2층 가격 런치 ¥1,000~2,000/디너 ¥2,000~5,000 영업시간 런치 11:00~23:00 귀띔 한마디 가격대도 높지 않고 분위기가 이국적이라 데이트 장소로도 손색없다.

Tokyo

Section 06

아키하바라에서 놓치면 후회하는 쇼핑

전자제품으로 유명한 아키하바라에는 대형 전자상가가 끊임없이 늘어서 있다. 요도바시카메라, 야마다덴키 등 일본의 대표 브랜드도 있지만, 중고제품을 저렴하게 취급하는 소프맙, 리바티 같은 전자상가가 아키하바라의 특징이자 매력이다. 아니메 관련 대형매장도 많고 동인지 전문매장, 아니메 관련 중고매장 등 아니메에 관해서는 없는 것이 없다. 그 밖에도 오디오 전문매장, 대형 게임센터, 가차퐁전문점 등이 있어 다양한 분야의 마니아들을 만족하게 한다.

전자제품숍은 물론 레스토랑까지 있는 대형쇼핑센터 ★★★★★

요도바시 아키바 ヨドバシ秋葉, Yodobashi-Akiba

아키하바라역을 지나가는 전차 안에서도 잘 보이는 대형쇼핑센터이다. 일본의 대표 전자상가 브랜드 중 하나인 요도바시카메라ヨドバシカメラ의 아키하바라점이지만, 요도바시 아키바라는 별도의 이름으로 부른다. 도쿄에서 가장 규모가 큰 요도바시카메라로 2010년에 문을 열었다.

1층부터 6층까지는 가전제품을 판매하고 대형서점 유린도有隣堂, 음반 판매점 타워레코드TOWER RECORDS, 남성복매장, 골프숍, 배팅센터 등도 있다. 건물 안에는 약 30개의 레스토랑 및 카페가 있어 식사도 다양하게 즐길 수 있다.

홈페이지 www.yodobashi-akiba.com 주소 東京都 千代田区 神田花岡町 1-1 찾아가기 JR 야마노테선(山手線), 게이힌토호쿠선(京浜東北線), 소부선(総武線), 도쿄메트로 히비야선(日比谷線), 수도권신도시전철(首都圏新都市鉄道) 츠쿠바익스프레스(つくばエクスプレス) 아키하바라(秋葉原)역에서 직접 연결 영업시간 **1~6층, 요도바시카메라** 09:30~22:00 **7층, 전문점** 09:30~ 22:00 **9층, 골프숍, 연습장, 배팅센터** 10:30~22:00 **8층, 레스토랑** 11:00~23:00 ※ 일부 매장 제외 귀띔 한마디 요도바시카메라 포인트카드로 적립하면 포인트로 다른 물건을 구입을 할 수 있다.

아키하바라를 대표하는 중고컴퓨터 전문점 ★★★★★

소프맙 ソフマップ, Sofmap

중고컴퓨터를 대표하는 전자상가로 아키하바라에서 시작했다. 아키하바라 안에만 어뮤즈먼트관アミューズメント館, 아키바 소프맙1호점アキバ☆ソフマップ1号店, 맥컬렉션MacCollection, 컴퓨터종합관パソコン総合館, 중고디지털관中古デジタル館의 총 5개 건물이 여기저기 서 있

다. 상품 관리가 철저하며, 중고제품에도 소프맙에서 관리하는 보증기간이 있다. 저렴한 중고제품을 안심하고 구입할 수 있으며, 중고판매도 가능하다. 신주쿠를 비롯하여 일본 각지에 점포를 가지고 있으며, 빅카메라BIG CAMERA 일부에서도 매장을 찾아볼 수 있다.

맥컬렉션(MacCollection)

홈페이지 www.sofmap.com 주소 **어뮤즈먼트관** 外神田 1-10-8 **컴퓨터 디지털관** 外神田 3-13-12 **U-SHOP** 外神田 3-14-6 佐藤ビル **역앞점** 外神田1-15-8 문의 프리다이얼 00-7778-9888, 휴대폰 050-3032-9888 찾아가기 JR 야마노테선(山手線), 게이힌토호쿠선(京浜東北線), 소부선(総武線), 도쿄메트로 히비야선(日比谷線), 수도권신도시전철(首都圏新都市鉄道) 츠쿠바익스프레스(つくばエクスプレス) 아키하바라(秋葉原)역 덴키가이출구(電気街口)에서 도보 1~7분 영업시간 11:00~20:00 귀띔 한마디 컴퓨터는 물론 카메라, 게임기, 게임 등도 정가보다 저렴한 중고로 구입할 수 있다.

✓ 인터넷(일본 가격비교사이트 kakaku.com)으로 미리 최저가를 알아보고 가서 직원과 협상하면 더 깎아주기도 한다.

게임, 피규어, DVD 등 중고판매점 ★★★★☆

리바티 リバティー, Liberty

리바티는 중고게임, DVD, 피규어, 프라모델 등을 매매하는 곳이다. 아키하바라 안에 6개 점포를 보유하여 주오도리中央通り를 걷다 보면 리바티 매장과 여러 번 마주친다. 점포마다 취급하는 제품군이 조금씩 다르다. 1호점은 피규어, 프라모델, 돌, 미니카, 철도모형 등을, 2호점은 게임, DVD, 음악 CD, 아이돌 사진 등을, 8호점은 미니카, 철도모형 등을 전문적으로 다룬다. 구입은 물론 판매도 가능하고 품절된 제품도 많아서 마니아층에 인기가 많다.

홈페이지 www.liberty-kaitori.com 주소 **1호점** 外神田 3-14-6 **2호점** 外神田 1-15-14 **8호점** 外神田 4-7-1 문의 01-2012-8825 찾아가기 JR 야마노테선(山手線), 게이힌토호쿠선(京浜東北線), 소부선(総武線), 도쿄메트로 히비야선(日比谷線), 수도권신도시전철(首都圏新都市鉄道) 츠쿠바익스프레스(つくばエクスプレス) 아키하바라(秋葉原)역 덴키가이출구(電気街口)에서 도보 1~10분 영업시간 10:00~21:00 귀띔 한마디 아키하바라의 독특한 매력을 느낄 수 있는 물건이 많으니 사지 않더라도 구경해보자.

AKB48의 극장이 함께 있는 디스카운트 숍 ★★★★★

돈키호테 아키하바라점 ドン·キホーテ 秋葉原店

다양한 물건을 최저가로 판매하는 돈키호테 아키하바라점이다. 아키하바라답게 코스프레의상, 애니메이션상품, 캐릭터상품 등도 다양하게 갖추고 있다. 특히 일본 인기 걸그룹 AKB48로 장식되어 있는데, 이는 8층에 AKB48극장AKB48劇場이 있기 때문이다. 공연을 보려면 홈페이지 추첨에 당첨되야 하지만 팬이 많아서 하늘의 별따기이다. AKB48의 팬을 위한 공식기념품을 판매하는 숍도 있어 공연이 없는 날에도 AKB48의 팬으로 붐빈다.

- **공통** 주소 東京都 千代田区 外神田 4-3-3 찾아가기 JR 야마노테선(山手線), 게이힌토호쿠선(京浜東北線), 소부선(総武線), 도쿄메트로 히비야선(日比谷線), 수도권신도시전철(首都圏新都市鉄道) 츠쿠바익스프레스(つくばエクスプレス) 아키하바라(秋葉原)역 덴키가이출구(電気街口)에서 도보 3분/도쿄메트로 긴자선(銀座線) 스에히로초(末広町)역 1번 출구에서 도보 3분 거리
- **돈키호테 아키하바라점** 홈페이지 www.donki.com 문의 03-5298-5411 영업시간 24시간 영업 귀띔 한마디 AKB48 덕분에 돈키호테 중에서도 제일 특색이 강하다.
- **AKB48극장** 홈페이지 www.akb48.co.jp 문의 05-7002-4511 입장료 남성 ¥3,400, 여성&고등학생 ¥2,400, 초등학생&중학생 ¥800, 미취학아동 무료

일본 최대 규모의 면세점 ★★★★☆

라오스 아키하바라본점 LAOX 秋葉原本店

일본 전자제품을 면세로 사기 위해 중국 단체관광객이 많이 찾는 곳이다. 사장도 중국사람이며 커다란 전기밥통을 구입해서 하나씩 들고 나가는 중국인을 쉽게 볼 수 있다. 지하 1층부터 6층까지가 모두 면세점이고 층마다 항목별로 구분되어 있다. 화장품, 게임, 식품, 아기용품 등 7만여 종의 다양한 제품을 취급한다. 일본어 이외에도 영어 및 중국어가 가능한 스텝이 있어 일본어를 모르는 외국인도 편안하게 쇼핑을 즐길 수 있다.

홈페이지 www.laox.co.jp 주소 東京都 千代田区 外神田 1-2-9 문의 03-3253-7111 찾아가기 JR 야마노테선(山手線), 게이힌토호쿠선(京浜東北線), 소부선(総武線), 도쿄메트로 히비야선(日比谷線), 수도권신도시전철(首都圏新都市鉄道) 츠쿠바익스프레스(つくばエクスプレス) 아키하바라(秋葉原)역 덴키가이출구(電気街口)에서 도보 2분 거리 영업시간 11:00~19:00 귀띔 한마디 내부에는 자동 환전기가 있어 원화를 엔화로 바꿀 수 있다.

만화책부터 피규어까지 파는 애니메이션 전문숍 ★★★★☆

아니메이트 아키하바라 アニメイト秋葉原, animate Akihabara

일본에서 제일 큰 아니메 전문회사로 아니메アニメ에 관련된 모든 물건을 판매한다. 아니메 오타쿠 성지로 불리는 이케부쿠로에서 출발하였으며, 아키하바라점은 1~7층을 사용하며 만화책, 문고본, 만화잡지, 캐릭터용품, 피규어, 게임CD, DVD, 블루레이 등이 층별로 나뉘어 있다.

홈페이지 www.animate.co.jp 주소 東京都 千代田区 外神田 4-3-2 문의 03-5209-3330 찾아가기 JR 야마노테선(山手線), 게이힌토호쿠선(京浜東北線), 소부선(総武線), 도쿄메트로 히비야선(日比谷線), 수도권신도시전철(首都圏新都市鉄道) 츠쿠바익스프레스(つくばエクスプレス) 아키하바라(秋葉原)역 덴키가이출구(電気街口)에서 도보 4분 거리 영업시간 평일 11:00~21:00, 주말 및 공휴일 10:00~20:00 귀띔 한마디 아키하바라에서 만화책 구입을 원한다면 제일 먼저 가봐야 할 곳이다.

아키하바라의 서브컬처를 모아놓은 상업시설 ★★★★☆

아키바컬처즈존 AKIBAカルチャーズZONE

2011년 문을 연 시설로 아키하바라에서 유행하는 서브컬처를 한 건물에 모아 놓았다. 아키하바라의 수많은 숍을 다 구경하기 힘들다면 살짝 둘러보기 좋다. 아키바는 지하 1층부터 6층까지인데 1~2층은 동인지를 판매하는 라신방らしんばん, 3층은 완구점, 피규어숍, 4층은 피규어숍, 쇼케이스 등이 있다. 지하 1층 아키바컬처즈극장AKIBAカルチャーズ劇場에서는 애니메이션 상영 및 각종 이벤트가 수시로 열린다.

홈페이지 akibacultureszone.com 주소 東京都 千代田区 外神田 1-7-6 찾아가기 JR 야마노테선(山手線), 게이힌토호쿠선(京浜東北線), 소부선(総武線), 도쿄메트로 히비야선(日比谷線), 수도권신도시전철(首都圏新都市鉄道) 츠쿠바익스프레스(つくばエクスプレス) 아키하바라(秋葉原)역 덴키가이출구(電気街口)에서 도보 4분 거리 영업시간 11:00~20:00(점포에 따라 다름) 귀띔 한마디 정신이 없을 정도로 물건이 가득 차 있는 다른 곳들에 비해 규모가 크고 진열도 깔끔하다.

아키하바라를 전자상가로 만든 랜드마크 ★★★☆☆

아키하바라 라지오카이칸

秋葉原ラジオ会館, Akihabara Radio Kaikan

아키하바라를 전자상가로 만든 전통적인 건물 중 하나이다. 라디오회관이라는 뜻의 라지오카이칸을 줄여 흔히 라지칸ラジカン이라고 부른다. 전자제품, 프라모델, 완구, 서적 등을 판매하는 다양한 매장이 입점해 있다. 지하 1층부터 10층까지 사용하는데, 내부에는 카드전문점과 전자제품 액세서리를 판매하는 잡화점도 있다.

홈페이지 www.akihabara-radiokaikan.co.jp 주소 東京都 千代田区 外神田 1-15-16 찾아가기 JR 야마노테선(山手線), 게이힌토호쿠선(京浜東北線), 소부선(総武線), 도쿄메트로 히비야선(日比谷線), 수도권신도시전철(首都圏新都市鉄道) 츠쿠바익스프레스(つくばエクスプレス) 아키하바라(秋葉原)역 덴키가이출구(電気街口)에서 도보 1분 거리 영업시간 10:00 ~20:00 귀띔 한마디 50년이 넘어 노후한 본관 건물은 최근에 재건축하여 산뜻하다.

중고만화 전문 만다라케의 아키하바라점 ★★★★☆

만다라케콤플렉스 まんだらけコンプレックス, Mandarake Complex

만다라케콤플렉스는 아키하바라에 만든 만다라케 야심작이다. 커다란 검은색 빌딩으로 1~8층까지로 사용하며, 1층은 붉은 기둥 사이로 투명하게 만든 진열대에 둘러싸여 있다. 현대적인 감각의 인테리어로 화려하게 꾸며 다른 만다라케 매장보다 멋있다. 캐릭터, 셀화, 돌, 코스프레 의상, 만화책, 잡지, 동인지, 게임 등 서브컬처의 모든 것을 취급한다.

홈페이지 www.mandarake.co.jp 주소 東京都 千代田区 外神田 3-11-12 문의 03-3252-7007 찾아가기 JR 야마노테선(山手線), 게이힌토호쿠선(京浜東北線), 소부선(総武線), 도쿄메트로 히비야선(日比谷線), 수도권신도시전철(首都圏新都市鉄道) 츠쿠바익스프레스(つくばエクスプレス) 아키하바라(秋葉原)역 덴키가이출구(電気街口)에서 도보 4분 거리 영업시간 12:00~20:00

최고의 음질을 위한 오디오전문점 ★★★★☆

다이나믹오디오 ダイナミックオーディオ, DYNAMIC AUDIO

음질을 중시하는 마니아들을 위한 오디오전문점이다. 가볍게 사용할 수 있는 미니 컴포넌트부터 하이엔드 컴포넌트까지 취급하며, 음질을 직접 테스트할 수 있는 코너도 있다. 수백에서 수천만 원대의 고급 제품까지 취급하며, 별도로 구성하거나 소유한 제품과 매칭도 가능하다. 다양한 종류의 헤드폰도 구비하고 있다.

- **공통** 홈페이지 www.dynamicaudio.jp 찾아가기 JR 야마노테선(山手線), 게이힌토호쿠선(京浜東北線), 소부선(総武線), 도쿄메트로 히비야선(日比谷線), 수도권신도시전철(首都圏新都市鉄道) 츠쿠바익스프레스(つくばエクスプレス) 아키하바라(秋葉原)역 덴키가이출구(電気街口)에서 도보 5분 거리
- **다이나믹오디오 트레이드센터** 주소 東京都 千代田区 外神田 1-7-2 문의 03-3253-1311 영업시간 11:00~19:00
- **다이나믹오디오 5555** 주소 東京都 千代田区 外神田 3-1-18 문의 03-3253-5555 영업시간 11:00~19:00

피규어 및 프라모델 메이커 ★★★☆☆

코토부키야 아키하바라관 壽屋 秋葉原館, KOTOBUKIYA

피규어, 프라모델, 캐릭터상품 등을 제작하는 코토부키야의 매장이다. 코토부키야의 제품을 판매하는 곳은 많지만, 다른 곳에서는 찾을 수 없는 제품도 있다. 1층부터 4층까지 코토부키야 상품으로 가득 차 있으며 몬스터헌터, 스타워즈, 테일즈 시리즈, 지브리 등 다양한 작품 속의 캐릭터를 만날 수 있다. 5층에는 각종 이벤트가 열리는 코토부키야베스 아키바コトブキヤベース·アキバ가 있다.

홈페이지 www.kotobukiya.co.jp 주소 東京都 千代田区 外神田 1-8-8 문의 03-5298-6300 찾아가기 JR 야마노테선(山手線), 게이힌토호쿠선(京浜東北線), 소부선(総武線), 도쿄메트로 히비야선(日比谷線), 수도권신도시전철(首都圏新都市鉄道) 츠쿠바익스프레스(つくばエクスプレス) 아키하바라(秋葉原)역 덴키가이출구(電気街口)에서 도보 4분 거리 영업시간 12:00~20:00

각종 로봇전문점 ★★★★☆

츠쿠모로봇왕국 ツクモロボット王国, TSUKUMO Robot

츠쿠모는 각종 전자제품을 판매하는 회사로, 특히 로봇이 유명하다. 아키하바라에 츠쿠모 매장이 여러 곳 있는데 그중에서 제일 재미있는 곳은 로봇만 전문적으로 취급하는 츠쿠모로봇왕국이다. 장난감로봇은 물론 로봇을 만드는 데 필요한 부품 및 공구, 참고서, 프라모델처럼 조립할 수 있는 로봇키트 등을 판매한다.

홈페이지 robot.tsukumo.co.jp 주소 東京都 千代田区 外神田 1-9-7 ツクモパソコン本店II 3F 문의 03-3251-0987 찾아가기 JR 야마노테선(山手線), 게이힌토호쿠선(京浜東北線), 소부선(総武線), 도쿄메트로 히비야선(日比谷線), 수도권신도시전철(首都圏新都市鉄道) 츠쿠바익스프레스(つくばエクスプレス) 아키하바라(秋葉原)역 덴키가이출구(電気街口)에서 도보 4분 거리 영업시간 10:00~20:00

Chapter 03

칸다&진보초

神田&神保町

Kanda&Jinbocho

★★★☆☆
★★★★☆
★★★★★

중고책, 고서, 스포츠용품, 악기 또는 카레에 관심이 없는 사람이라면 칸다와 진보초지역의 매력을 느끼기 힘들 것이다. 반대로 하나라도 관심분야가 있다면 칸다와 진보초가 도쿄에서 가장 매력적인 장소가 될 수 있다. 칸다 진보초 고서점가, 칸다 오가와마치 스포츠용품점가, 오차노미즈 악기점가에 있는 수백여 개의 전문점을 다른 지역에서는 찾아보기도 힘들기 때문이다. 그리고 이곳은 일본에서 제일 유명한 카레의 거리이다. 카레집마다 맛이 달라 카레를 2~3끼씩 먹는 사람도 있을 정도이다.

嘉紀の一言

요시노리의 한마디

유명 출판사가 많은 지역이라 맛집도 많다. 거리는 깔끔하면서 침착한 분위기이다.

칸다&진보초를 잇는 교통편

칸다의 주요 볼거리는 칸다역에서 조금 떨어져 있어 오차노미즈역을 이용하는 것이 편리하다. 신오차노미즈역, 오가와마치역, 아와지초역은 가까워 서로 이어져 있다. 진보초의 중심지로 이동하기에는 진보초역이 제일 편리하다. 칸다와 진보초지역은 바로 연결되어 있고 아키하바라에서도 도보로 10~15분 정도 걸린다.

진보초(神保町)역 JR 한조몬선(半蔵門線) 미타선(三田線), 신주쿠선(新宿線)

오차노미즈(御茶ノ水)역 JR 주오선 쾌속(中央線 快速), 주오·소부선 각 역 정차(中央·総武線 各駅停車) 도쿄메트로 마루노우치선(丸ノ内線)

신오차노미즈(新御茶ノ水)역 치요다선(千代田線)

오가와마치(小川町)역 신주쿠선(新宿線)

아와지초(淡路町)역 마루노우치선(丸ノ内線)

칸다(神田)역 JR 주오선(中央線), 야마노테선(山手線), 게이힌토호쿠선(京浜東北線) 긴자선(銀座線)

칸다&진보초에서 이것만은 꼭 해보자

1. 고서점가, 스포츠상점가나 악기상점가에서 나를 위한 쇼핑을 즐기자.
2. 칸다묘진, 유시마세이도, 니콜라이도를 구경하자.
3. 유명한 카레집에서 맛있는 카레를 먹자.

사진으로 미리 살펴보는 칸다&진보초 베스트코스

오차노미즈역에 도착하면 이 지역을 지키는 신이 있다는 칸다묘진에 먼저 가보자. 한옥과 비슷한 일본의 전통건축물인 유시마세이도를 구경하고 서양식으로 지은 성당 니콜라이도까지 둘러보면 주요 관광지 구경을 마치게 된다. 진보초역으로 이동해 본디에서 맛있는 카레로 배를 채우고 칸다 고쇼센터를 둘러보자. 칸다 진보초 고서점가를 발길 닿는 대로 구경해도 좋고 관심분야가 있으면 해당 서점을 찾아가자. 마음에 드는 책을 구입했다면 옛날 다방 느낌의 사보루에 가서 음료 한 잔을 주문하고 책을 읽으며 쉰다. 마지막으로 칸다 오가와마치 스포츠용품점가와 오차노미즈 악기점가를 구경하자.

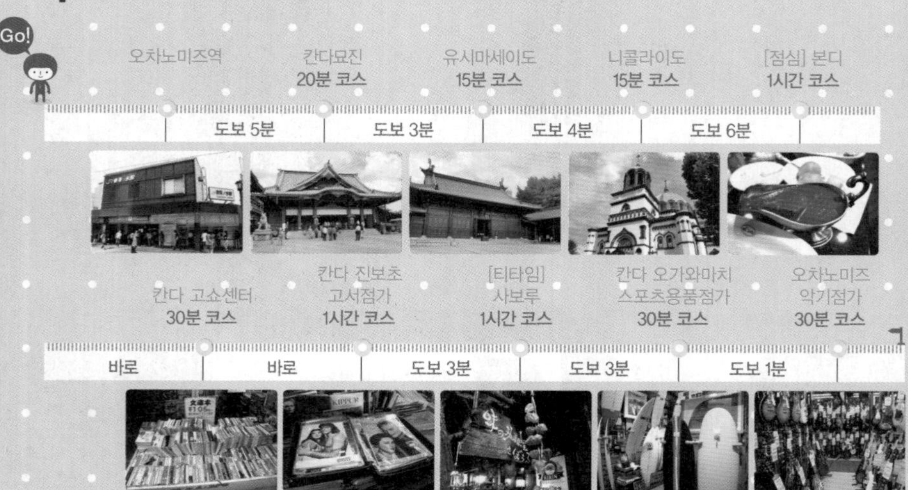

N
S
돈카츠야마이치
とんかつ やまいち
A1
A3
[S07]
오가와마치역
A4
A5
A6
칸다묘진
神田明神
칸다강
外堀通り
유시마세이도
湯島聖堂
B2
[C12]
신오차노미즈역
본郷通り
히지리바시
聖橋
B1
니콜라이도
ニコライ堂
B4
B6
B3a
B3
B3b
B7
B5
오차노미즈 기차역
御茶ノ水駅
히지리바시출구
[JC03] [JB18] [M20]
오차노미즈역
오차노미즈바시출구
도쿄의과치과대학
東京医科歯科大学
일본대학
日本大学
칸다 오가와마치
스포츠용품점가
神田小川町
スポーツ用品店街
더썬즈
The Suns
산세이도서점
三省堂書店
쿠로사와악기 오차노미즈역앞점
クロサワ楽器 お茶の水駅前店
빅보스 오차노미즈역앞점
BIGBOSS お茶の水駅前店
明大通り
오차노미즈 악기점가
御茶ノ水楽器店街
빅토리아 본점
Victoria 本店
빅보스
사운드라이너
BIGBOSS
SOUND LINER
미즈노 도쿄
MIZUNO TOKYO
쿠로사와 G-CLUB TOKYO
クロサワ楽器
칸다강
かえで通り
닥터사운드&드럼커넥션
Dr.Sound&Drum Connection
알펜 칸다점
アルペン神田店
종합병원
메이지대학
明治大學
에티오피아
エチオピア
도쿄의과치과대학 22호관
東京医科歯科大学
야마노우에호텔
山の上ホテル
靖国通り
난요도서점
南洋堂
오야쇼보
大屋書房
とちのき通り
보헤미안즈길드
Bohemian's Guild
칸다 진보초 고서점가
神田神保町 古書店街
스마트라카레 쿄에이도
スマトラカレー 共栄堂
猿楽通り
타무라서점 田村書店
잇세이도서점 一誠堂書店
A9
A5
A7
사보루
さぼうる
[Z07] [I10] [S06]
진보초역
A6
A4
錦華通り
본디
ボンディ
사쿠라호텔 진보초
サクラホテル 神保町
칸다 고쇼센터
神田古書センター
白山通り
야구치서점 矢口書店
빈티지
ヴィンテージ
북하우스
ブックハウス
엣원더
@ワンダー
칸다강
A2
A1
오가와도서
小川図書
종합병원

Section 07

Tokyo

칸다&진보초에서 반드시 둘러봐야 할 명소

칸다지역에는 신사, 성당 등 역사 깊은 종교시설이 있어 신자가 많이 찾는다. 종교와 상관없이 역사적 가치가 있는 건축물은 관광객의 눈에도 멋있다. 진보초지역은 일본의 주요 출판사가 모여 있는 지역이며 근대교육의 발상지로 메이지대학(明治大学), 일본대학(日本大学), 도쿄의과치과대학(東京医科歯科大学) 등 대학 캠퍼스도 많다.

칸다를 대표하는 역사 깊은 신사 ★★★★☆

칸다묘진 神田明神

도쿄를 대표하는 신사 중 하나로 정식명칭은 칸다신사神田神社였지만, 지금은 칸다묘진이라는 이름이 주로 사용된다. 1300여 년의 역사를 지닌 신사지만, 지진과 전쟁으로 소실된 신전은 1934년 재건하여 세월의 흔적이 느껴지지는 않는다. 인연을 맺어주는 다이코쿠신だいこく様 '오나무치노미코토大己貴命', 상업번창을 이끄는 에비스신えびす様 '스쿠나히코나노미코토少彦名命', 액을 막아주는 마사카도신まさかど様 '타이라노마사카도노미토코平将門命'를 모신다. 칸다묘진에서는 에도 3대 축제 중 하나인 칸다마츠리神田祭가 열리며, 매년 5월 중순 토요일에는 멋진 축제를 구경할 수 있다.

홈페이지 www.kandamyoujin.or.jp 주소 東京都 千代田区 外神田 2-16-2 문의 03-3254-0753 찾아가기 JR 주오선 쾌속(中央線 快速), 주오·소부선 각 역 정차(中央·総武線 各駅停車) 오차노미즈(御茶ノ水)역 히지리바시출구(聖橋口)에서 도보 5분/도쿄메트로 마루노우치선(丸ノ内線) 오차노미즈(御茶ノ水)역 2번 출구에서 도보 4분/JR 야마노테선(山手線), 게이힌토호쿠선(京浜東北線), 소부선(総武線), 도쿄메트로 히비야선(日比谷線), 수도권신도시전철(首都圏新都市鉄道) 츠쿠바익스프레스(つくばエクスプレス) 아키하바라(秋葉原)역 덴키가이출구(電気街口)에서 도보 8분 거리 입장료 무료 귀띔 한마디 참배는 여느 신사와 같이 '二拝二拍手一拝(두 번 90도로 인사하고 두 번 손뼉 치고 두 손을 모은 상태로 소원을 빈 후 90도로 인사 한 번)'을 하면 된다.

✓ 칸다&진보초는 조용한 분위기여서 혼자서 사색에 잠겨 산책하기 좋다.

장엄한 건축물, 근대교육의 발상지 ★★★★☆

유시마세이도 湯島聖堂

다이세이덴

교코몬

1690년에 도쿠가와구나요시徳川綱吉가 세운 공자묘孔子廟이다. 1797년에는 일본 막부 직할학교 '쇼헤이코昌平黌'로 사용되었다. 근대교육의 발상지로 유명하며, 엄숙하면서 조용한 분위기라 사색에 잠기기도 좋다. 다이세이덴大成殿은 20mX14.2m의 크기에 높이가 14.6m나 되는 넓은 건물로, 중앙에 공자상이 놓여있다. 4.57m에 1.5톤이나 되는 세계 최대의 공자상으로, 중국의 라이온스클럽에서 1975년에 기증받은 것이다. 공자상 외에도 교코몬仰高門, 쿄단몬杏壇門, 뉴토쿠몬入徳門, 묘진몬明神門 등 멋진 모양의 커다란 문이 있다. 다이세이덴은 주말 및 공휴일만 오전 10시부터 공개하여 평일에는 구경할 수 없다. 합격을 기원하는 수험생들의 소원이 담긴 에마가 걸려있는 모습도 볼 수 있다.

홈페이지 www.seido.or.jp 주소 東京都 文京区 湯島 1-4-25 문의 03-3251-4606 찾아가기 JR 주오선 쾌속(中央線 快速), 주오·소부선 각 역 정차(中央·総武線 各駅停車) 오차노미즈(御茶ノ水)역 히지리바시출구(聖橋口)에서 도보 2분/도쿄메트로 마루노우치선(丸ノ内線) 오차노미즈(御茶ノ水)역 2번 출구에서 도보 2분 거리 입장료 무료 개방시간 09:30~17:00(겨울철은 09:30~16:00) 휴무 8월 13일~17일, 12월 29일~31일 귀띔 한마디 내부 풍경이 멋있어서 그림을 그리는 사람도 많이 찾아온다.

유시마세이도와 니콜라이도를 연결하는 다리 ★★★☆☆

히지리바시 聖橋

칸다강神田川 위에 놓인 다리 중 하나로 오차노미즈역 동쪽에 있다. 공자묘 유시마세이도湯島聖堂와 정교회 대성당 니콜라이도ニコライ堂 사이에 있는 다리라서 성스러운 다리라는 뜻의 '히지리바시'라는 이름이 붙었다. 1927년에 철근콘크리트로 만들었으며 윗부분은 평평하지만 아래는 멋스러운 아치형이다.

다리 위에서는 칸다강 위를 지나는 배와 다리 아래로 지나가는 전철의 모습을 볼 수 있다. 다리 위에서는 건물 사이로 도쿄스카이트리도 보이며 밤에는 조명을 밝힌다.

찾아가기 JR 주오선 쾌속(中央線 快速), 주오·소부선 각 역 정차(中央·総武線 各駅停車) 오차노미즈(御茶ノ水)역 히지리바시출구(聖橋口)에서 바로, 도쿄메트로 마루노우치선(丸ノ内線) 오차노미즈(御茶ノ水)역 1번 출구에서 도보 2분 거리 입장료 무료 귀띔 한마디 히지리바시를 제대로 구경하려면 다리 아래로 지나가는 배를 타는 것이 제일 좋다.

비잔틴양식으로 지은 일본 최대의 정교회 대성당 ★★★★☆

니콜라이도 ニコライ堂

일본 최초의 비잔틴양식으로 지은 교회건축물이다. 1891년 준공되었는데, 1923년 관동대지진으로 파손되었다가 1929년 재건하였다. 정식명칭은 도쿄부활대성당東京復活大聖堂이고, 니콜라이도라는 이름은 러시아에서 정교회에서 파견한 성니콜라이대주교의 이름에서 따왔다.
은은한 청록색으로 칠한 돔 형태의 지붕은 35m 높이로 멀리서도 눈에 띈다. 역사적 가치를 인정받아 1962년에는 중요문화재重要文化財로 지정되었다. 외관은 언제나 볼 수 있지만 내부는 예배가 없는 오후에 둘러볼 수 있다.

홈페이지 nikolaido.org 주소 東京都 千代田区 神田駿河台 4-1-3 문의 03-3295-6879 찾아가기 JR 주오선 쾌속(中央線 快速), 주오·소부선 각 역 정차(中央·総武線 各駅停車) 오차노미즈(御茶ノ水)역 히지리바시출구(聖橋口)에서 도보 2분/도쿄메트로 마루노우치선(丸ノ内線) 오차노미즈(御茶ノ水)역 1번 출구에서 도보 5분 거리 견학료 고교생 이상 ¥300, 초등학생~중학생 ¥100, 초등학생 이하 무료 개방시간 주말 13:00~15:30 귀띔 한마디 성당 내부에서는 사진촬영을 할 수 없다.

Tokyo

Section 08

칸다&진보초에서 꼭 먹어봐야 할 먹거리

고서점가 칸다는 일본에서 유명한 카레의 거리이다. 오래된 책에서 나는 특유의 퀴퀴한 냄새 사이로 풍기는 카레 향은 다른 곳보다 더 강렬하게 느껴진다. 인도식 카레가 아닌 일본식 카레인 데다 매운맛도 강해 우리 입맛에도 잘 맞는다. 이 지역에만 100개가 넘는 카레집이 있다. 또한 칸다강 주변에는 100년이 넘는 역사를 가진 전통목조 가옥에 자리한 음식점도 많다.

매운맛과 깊은 맛의 조화가 환상적인 최고의 카레 ★★★★★

본디 ボンディ, Bondy

요시노리 추천

본디는 카레를 좋아하는 사람들에게 일본 최고의 카레집으로 꼽히며, 카레로 유명한 칸다에서도 독보적인 존재이다. 카레는 유제품, 과일, 야채 등 다양한 재료를 독자적으로 블랜드해서 만들고, 프랑스식으로 만든 특제소스를 넣어서 밀도 높은 맛의 여운이 길게 남는다. 카레에 들어가는 재료도 비프, 포크, 치킨, 치즈, 새우, 야채, 버섯, 해물, 굴, 믹스 등으로 다양해 취향에 따라 즐길 수 있다.

뜨끈뜨끈하게 찐 감자와 버터를 함께 내오는데, 카레의 매운맛을 중화시켜줘서 계속 들어간다. 카레와 어울리도록 고슬고슬하게 지은 밥 위에는 치즈가 살짝 뿌려져 나와서 깊은 맛을 더한다. 본디의 카레는 특히 중독성이 강해서 한번 맛보면 그 맛이 잊히지 않고 자꾸 생각난다.

홈페이지 bondy.co.jp 주소 東京都 千代田区 神田神保町 2–3 神田古書センター2F 문의 03–3234–2080 찾아가기 도쿄메트로 한조몬선(半蔵門線), 도에지하철 미타선(三田線), 신주쿠선(新宿線) 진보초(神保町)역 A6번 출구에서 도보 1분/JR 주오선 쾌속(中央線快速), 주오·소부선 각 역 정차(中央·総武線 各駅停車) 오차노미즈(御茶ノ水)역 오차노미즈바시출구(御茶ノ水橋口)에서 도보 5분/도쿄메트로 마루노우치선(丸ノ内線) 오차노미즈(御茶ノ水)역 1번 출구에서 도보 7분/칸다고서센터 안 2층 가격 ¥1,600~2,000 영업시간 평일 11:00~21:00, 주말 및 공휴일 10:30~21:00 귀띔 한마디 우리 입맛에는 매운맛이 제일 강한 '카라구치(辛口)'가 괜찮다.

✓ 일본은 카레에 락교(らっきょう)와 후쿠진즈케(福神漬け)를 곁들여 먹는다. 한국 일식집에서도 많이 볼 수 있는 락교는 파머리와 비슷한 염교를 식초에 절인 것이고 단무지와 비슷한 후쿠진즈케는 무, 가지, 오이 등을 간장으로 절인 것이다.

매운 향신료가 특징인 스마트라카레전문점 ★★★★☆

스마트라카레 쿄에이도 スマトラカレー共栄堂

1924년 일본에 처음 인도네시아 스마트라카레를 선보인 카레전문점이다. 일반 카레에 비해 색이 검은 것이 특징이며, 코끝까지 전해지는 특유의 매운 향신료 맛이 강하다. 그래서 동남아 향신료를 처음 접하는 것이라면 강한 향에 거부감이 들 수도 있다. 카레는 26가지 향신료를 야채와 함께 1시간 이상 볶은 뒤, 재료의 형태가 남지 않을 때까지 푹 끓여 만든다. 밀가루를 사용하지 않아 걸쭉한 느낌은 없다. 카레에 들어가는 재료는 포크, 치킨, 비프, 새우, 우설タン 중에서 고를 수 있고 포크카레가 제일 인기 많다. 접시에 나오는 밥은 최고급 코시히카리コシヒカリ를 사용하며, 카레의 매운맛을 중화시켜줄 포타주수프는 서비스로 함께 나온다.

홈페이지 www.kyoueidoo.com 주소 東京都 千代田区 神田神保町 1-6 サンビル B1 문의 03-3291-1475 찾아가기 도쿄메트로 한조몬선(半蔵門線), 도에지하철 미타선(三田線), 신주쿠선(新宿線) 진보초(神保町)역 A5번 출구에서 도보 1분/JR 주오선 쾌속(中央線 快速), 주오·소부선 각 역 정차(中央·総武線 各駅停車) 오차노미즈(御茶ノ水)역 오차노미즈바시출구(御茶ノ水橋口)에서 도보 5분/도쿄메트로 마루노우치선(丸ノ内線) 오차노미즈(御茶ノ水)역 1번 출구에서 도보 7분/산비루 지하 1층 가격 ¥1,000~2,000 영업시간 11:00~20:00(L.O. 19:45) 귀띔 한마디 겨울철(10~4월) 한정판매하는 구운 사과(焼リンゴ)는 디저트로 인기이다.

매운맛을 70배까지 자유롭게 선택이 가능한 카레집 ★★★☆☆

에티오피아 エチオピア, Ethiopia

1988년에 문을 연 카레전문점으로 매운맛을 좋아하는 사람들에게 인기이다. 1~70배까지 매운맛을 선택할 수 있으며, 매운맛이 강할수록 카레 색도 붉어진다. 보통 1~5배의 매운맛을 선택하며, 5배 이상의 매운맛은 한국인의 위장도 자극할 염려가 있으니 신중히 선택하자. 카레는 12가지의 향신료를 넣어 만들며, 야채를 대량으로 넣어 식이섬유가 풍부하다. 치킨, 비프, 야채, 새우, 콩 등 들어가는 재료에 따라 선택할 수 있다. 에티오피아도 본디처럼 카레를 주문하면 찐 감자와 버터가 함께 나온다.

홈페이지 www.ethiopia-curry.com 주소 東京都 千代田区 神田小川町 3-10-6 문의 03-3295-4310 찾아가기 도쿄메트로 한조몬선(半蔵門線), 도에지하철 미타선(三田線), 신주쿠선(新宿線) 진보초(神保町)역 A5번 출구에서 도보 3분/JR 주오선 쾌속(中央線 快速), 주오·소부선 각 역 정차(中央·総武線 各駅停車) 오차노미즈(御茶ノ水)역 오차노미즈바시출구(御茶ノ水橋口)에서 도보 5분/도쿄메트로 마루노우치선(丸ノ内線) 오차노미즈(御茶ノ水)역 1번 출구에서 도보 7분 거리 가격 ¥1,000~2,000 영업시간 1층 11:00~22:30(L.O. 22:00), 2층 11:00~21:30(L.O. 21:00) 귀띔 한마디 매운맛이 강한 콩카레는 베지테리언에게 추천한다.

시간이 멈춘 것 같이 편안한 분위기의 다방 ★★★★☆
사보루 さぼうる, Sabouru

고서점가와 출판사의 거리인 진보초는 책을 좋아하는 사람이 모여드는 거리이다. 사보루는 고서점가에서 오래된 책을 한 권 사 들고 가서 마지막 장을 넘길 때까지 엉덩이 무겁게 앉아 있고 싶은 옛날 다방이다. 1955년에 문을 열었으며 이제는 할아버지, 할머니가 된 단골손님들도 꾸준히 찾아온다.

통나무로 장식한 외관은 휴양지의 별장을 연상시키며, 손님들이 써놓은 낙서로 가득한 벽면에는 많은 사람의 추억이 담겨 있다. 인기메뉴는 딸기와 바나나, 파인애플, 레몬을 함께 갈아 넣은 생딸기주스生ジュースのいちご와 케첩을 넣고 볶아 만드는 파스타 나폴리탄ナポリタン이다.

주소 東京都 千代田区 神田神保町 1-11 문의 03-3291-8404 찾아가기 도쿄메트로 한조몬선(半蔵門線), 도에지하철 미타선(三田線), 신주쿠선(新宿線) 진보초(神保町)역 A7번 출구에서 바로/JR 주오선 쾌속(中央線快速), 주오·소부선 각 역 정차(中央·総武線 各駅停車) 오차노미즈(御茶ノ水)역 오차노미즈바시출구(御茶ノ水橋口)에서 도보 5분/도쿄메트로 마루노우치선(丸ノ内線) 오차노미즈(御茶ノ水)역 1번 출구에서 도보 7분 거리 가격 ¥550~1,000 영업시간 11:00~19:00 휴무 일요일, 공휴일 귀띔 한마디 카페 전체가 흡연석이라 담배 냄새가 나며, 의자가 낮고 좁아서 덩치가 큰 사람에게는 불편하다.

칸다 최고의 돈카츠전문점 ★★★★★
돈카츠야마이치 とんかつ やまいち

외진 곳에 있는 돈카츠전문점으로 미식가들이 일부러 찾는 인기 레스토랑이다. 외관이 고급스럽지는 않지만 내부는 편안하고 깔끔한 분위기이다. 노릇하게 튀긴 튀김옷을 베어 물면 '바삭'하는 소리가 맛있게 들리며, 부드럽게 익은 고기에는 육즙이 살아 있다. 인기메뉴는 로스카츠ロースカツ로 앞에 특자가 붙은 특로스特ロース는 고기가 더 두껍고 부드럽다. 고기도 좋지만 커다란 참새우車海老로 만든 쿠루마에비후라이車海老フライ도 맛있다. 좋은 재료로 맛있게 만들어서 가격 대비 만족도가 높다.

주소 東京都 千代田区 神田須田町 1-8-4 문의 03-3253-3335 찾아가기 도에지하철 신주쿠선(新宿線) 오가와마치(小川町)역, 도쿄메트로 마루노우치선(丸ノ内線) 아와지초(淡路町)역 A1번 출구에서 도보 1분 거리 가격 ¥2,000~3,000 영업시간 11:00~13:50 휴무 일~월요일, 공휴일 귀띔 한마디 두 명 이상이 같이 가서 로스카츠와 쿠루마에비후라이를 하나씩 주문해서 나눠 먹으면 더 좋다.

Section 09

Tokyo

칸다&진보초에서 놓치면 후회하는 쇼핑

칸다와 진보초는 여느 지역과 다른 독특한 상권이 형성되어 있다. 칸다 진보초 고서점가에는 역사 깊은 중고서점 약 200곳이 모여 있고 바로 옆으로 이어지는 칸다 오가와마치 스포츠용품점가에는 프로 스포츠선수들도 찾는 스포츠용품점이 늘어서 있다. 오차노미즈 악기점가는 일본은 물론 해외의 뮤지션들까지 좋은 악기를 구하기 위해 찾는다. 이 중에 자신의 취미에 맞는 분야가 있다면 마음껏 쇼핑을 즐겨보자.

일본 최대의 중고서점거리 ★★★★☆

칸다 진보초 고서점가 神田神保町古書店街

일본의 대표적인 출판사인 이와나미서점岩波書店, 소학관小学館 등이 있는 진보초역 주변은 중고서적을 판매하는 고서점 200여 점이 모여 있는 일본 최대의 고서점가이다. 1880년대에 지금의 메이지대학, 일본대학 등이 생기면서 형성되었다. 비슷비슷한 중고서적을 모아놓은 것이 아니라 서점마다 문학, 철학, 사회과학, 추리소설, 만화책, 미술, 음악 등 전문분야가 따로 있다. 그래서 신간 서적을 판매하는 서점보다 전문성이 뛰어나며, 절판되어 더는 구할 수 없는 책까지 손에 넣을 수 있다. 오래된 책은 프리미엄이 붙어 정가보다 더 비싸게 판매되기도 하고 개중에는 수십에서 수백만 원이나 하는 고가의 책도 있다. 중고서적을 판매하는 것도 가능한데, 특히 북오프BOOKOFF 같은 일반 중고서점에서 외면당하는 전문서적이 높게 평가받는다. 중고지만 깨끗하게 관리가 잘 되어 있어 새 책을 사는 것과 느낌이 다르지 않다.

홈페이지 jimbou.info 주소 東京都 千代田区 神田神保町

✓ 특정 분야에 취미를 가진 마니아 및 전문가를 위한 가게가 많다.

고서점가의 대표 서점

고서점가를 대표하는 고서점 빌딩
칸다고쇼센터 神田古書センター

1층부터 8층까지 전부 고서점으로 이루어진 고서점 종합쇼핑센터이다. 층마다 다른 서점이 입점해 있고 서점에 따라 취급하는 분야가 다르다. 1층에 있는 타카야마 본점(高山本店)은 1875년에 창업한 대표적인 고서점으로, 일본문화를 전문적으로 다룬다. 2층에는 만화 전문서점이 있다. 3층에 있는 토리우미쇼보(鳥海書房)는 동식물학 전문 고서점이다. 5층에 있는 미와쇼보(みわ書房)는 동화책과 그림책을 판매한다. 8층에 있는 하가쇼텐(芳賀書店)은 성인용 잡지 및 AV 전문이다. 전혀 다른 장르의 책들이 층마다 나누어져 있는 것도 재미있고, 이런 책이 다 있나 싶을 정도로 특이한 책이 많다. 칸다의 고서점가를 모두 둘러볼 시간적 여유가 없다면 칸다고쇼센터만 둘러봐도 충분할 정도로 분야가 다양하다.

홈페이지 koshocenter.com **주소** 東京都 千代田区 神田神保町 2-3 **찾아가기** 도쿄메트로 한조몬선(半蔵門線), 도에지하철 미타선(三田線), 신주쿠선(新宿線) 진보초(神保町)역 A6번 출구에서 도보 1분 거리 **영업시간** 10:00~18:00(서점에 따라 조금씩 다름) **귀띔 한마디** 2층에는 카레 맛집 '본디'가 있다.

진보초를 대표하는 서점 겸 출판사
산세이도서점 三省堂書店

산세이도는 1881년에 고서점으로 시작해 지금은 유명한 출판사 및 신간서적을 판매하는 대형 서점으로 성장했다. 산세이도의 대표적인 출판물은 일본의 국어사전, 영어사전, 백과사전 등의 교육분야다. 산세이도 서점의 본점은 진보초의 대로변에 있고, 빌딩의 1층부터 6층까지 서점으로 사용한다. 매장 면적이 1,000평이나 되며 일반서적, 전문서적, 만화책, 학습 참고서, 양서, 문구 등 모든 분야를 취급한다.

홈페이지 www.books-sanseido.co.jp **주소** 東京都 千代田区 神田小川町 2-5 **문의** 03-3233-3312 **찾아가기** 도쿄메트로 한조몬선(半蔵門線), 도에지하철 미타선(三田線), 신주쿠선(新宿線) 진보초역(神保町駅) A7출구에서 도보 2분 **영업시간** 10:00~20:00

100년이 넘는 역사를 가진 고서점
잇세이도서점 一誠堂書店

1903년에 창업해서 3년 후 진보초로 이전한 뒤, 100년에 넘는 세월 동안 꾸준히 영업하고 있는 고서점이다. 일본문학, 역사, 민속, 문과계 고서 전반, 종교, 미술, 영화, 연극 등 전문서적을 주로 취급한다. 대학 도서관에 버금갈 정도로 방대한 자료를 보유하고 있으며, 아르데코 풍으로 디자인한 내부는 고서적으로 가득해 운치 있다.

홈페이지 www.isseido-books.co.jp **주소** 東京都 千代田区 神田神保町 1-7 **문의** 03-3292-0071 **찾아가기** 도쿄메트로 한조몬선(半蔵門線), 도에지하철 미타선(三田線), 신주쿠선(新宿線) 진보초(神保町)역 A7번 출구에서 도보 1분 거리 **영업시간** 월~토요일 10:00~18:30, 공휴일 10:30~18:00 **휴무** 일요일

다양한 전문분야의 서점들

1. 오가와도서

2. 오야쇼보

3. 북하우스

4. 타무라서점

1. 오가와도서(小川図書) 영어로 쓰인 양서 전문. 1970년대 이전에 출판된 책이 대부분이다.
홈페이지 ogawatosho.jimbou.net 주소 東京都 千代田区 神田神保町 2-7 문의 03-3262-0908 찾아가기 진보초(神保町)역 A1번 출구에서 도보 1분 거리 영업시간 10:00~18:00 휴무 매주 수요일, 일요일, 공휴일

2. 오야쇼보(大屋書房) 에도시대의 서적, 그림, 지도를 취급하는 고서점이다. 1900년대에 출간한 고서가 중심을 이룬다.
홈페이지 www.ohya-shobo.com 주소 東京都 千代田区 神田神保町 1-1 문의 03-3291-0062 찾아가기 진보초(神保町)역 A7번 출구에서 도보 2분 거리 영업시간 10:00~18:00 휴무 일요일, 공휴일

3. 북하우스(Book House) 아동책 전문서점으로 12,000권 이상을 보유하고 있고, 카페도 함께 운영한다.
홈페이지 www.bookhousecafe.jp 주소 東京都千代田区神田神保町2-5 문의 03-6212-6177 찾아가기 진보 초(神保町)역 A1번 출구에서 도보 1분 영업시간 11:00~18:00

4. 타무라서점(田村書店) 1층은 일본어로 된 서적, 2층은 외국어 원서를 중고로 판매한다.
홈페이지 www.tamurashoten.com 주소 東京都 千代田区 神田神保町 1-7 문의 03-5577-4226 찾아가기 진보초(神保町)역 A7번 출구에서 도보 1분 거리 영업시간 10:00~18:00 휴무 일요일, 공휴일, 연말연시, 8월 중순

5. 야구치서점

6. 빈티지

7. 엣원더

8. 보헤미안길드

5. 야구치서점(矢口書店) 영화, 연극, 시나리오, 희극, 라쿠고 등 예술 관련 서적을 취급한다.
홈페이지 yaguchishoten.jp 주소 東京都 千代田区 神田神保町 2-5-1 문의 03-3261-5708 찾아가기 진보초(神保町)역 A6번 출구에서 도보 1분 거리 영업시간 평일 10:30~18:30, 일요일 및 공휴일 11:30~17:30

6. 빈티지(ヴィンテージ) 영화, 연극, 스포츠, 서브컬쳐, 미술, 음악, 패션, 아이돌, 쟈니즈, 성인물 등의 잡지를 모두 중고로 판매한다.
홈페이지 www.jimboucho-vintage.jp 주소 東京都 千代田区 神田神保町 2-5 문의 03-3261-3577 찾아가기 진보초(神保町)역 A1번 출구에서 도보 1분 거리 영업시간 월~토요일 11:00~19:00, 일요일 및 공휴일 12:00~19:00

7. 엣원더(@ワンダー) SF, 미스터리 중심의 중고서점으로 SF, 미스터리, 괴기환상문학, 예능 잡지, 영화포스터, 팸플릿 등이 있다.
홈페이지 atwonder.jimbou.net 주소 東京都 千代田区 神田神保町 2-5-4 문의 03-5213-3433 찾아가기 진보초(神保町)역 A1번 출구에서 도보 30초 영업시간 월~토요일 11:00~19:00, 일요일 및 공휴일 12:00~19:00

8. 보헤미안즈 길드(Bohemian's Guild) 모던한 분위기의 중고서점으로 미술, 자필물, 서명본, 한정판, 판화 등 예술적으로 가치가 있거나 특별한 의미가 있는 책을 주로 판매한다.
홈페이지 natsume-books.com 주소 東京都千代田区神田神保町1-1 문의 03-3294-3300 찾아가기 진보초(神保町)역 A7출구에서 도보 3분 영업시간 12:00~18:00

일본 최대의 스포츠용품전문점 거리 ★★★★☆

칸다 오가와마치 스포츠용품점가

神田小川町 スポーツ用品店街

진보초역과 오가와마치역 사이 야스쿠니도리靖国通り에는 스포츠용품점이 줄지어 있다. 일본 최대 스포츠용품가로 유명하다. 등산, 하이킹, 스키, 스노보드, 스쿠버다이빙, 스카이다이빙, 스노클링, 카약 등 스포츠 관련 전문매장이 많다. 스키나 스노보드처럼 시즌 장비들도 사계절 내내 판매하며, 비시즌 할인혜택도 크다. 장비 및 스포츠웨어 종류가 많아 선택의 폭이 넓으며, 가격도 저렴한 편이라 일부러 찾아갈 만하다.

주소 東京都 千代田区 神田小川町

칸다 오가와마치 스포츠용품점가의 대표 매장

스포츠용품가를 대표하는 대형 스포츠용품점

빅토리아 ヴィクトリア, Victoria

빅토리아 본점

스포츠용품점으로 오가와마치에 본점을 두고 있다. 본점은 윈터스포츠용품이 유명하고 스노우보드, 스케이트보드, 서핑, 고글, 트래킹, 캠핑용품, 스키웨어, 스노우보드웨어, 아웃도어 스노우웨어 등을 판매한다. 테크니컬센터가 있어 스키, 스노우보드 장비 등의 수리도 가능하다. 신주쿠, 이케부쿠로 등에도 매장이 있고, 일본 전국에 점포가 있다.

홈페이지 www.supersports.com **주소** 東京都 千代田区 神田小川町 3-4 **문의** 03-3295-2955 **찾아가기** 도에지하철 신주쿠선 오가와마치(小川町)역, 도쿄메트로 마루노우치선 아와지초(淡路町)역 A3번 출구에서 도보 3~5분/도쿄메트로 한조몬선, 도에지하철 미타선(三田線), 신주쿠선 진보초(神保町)역 A5번 출구에서 도보 5분/JR 주오선 쾌속, 주오·소부선 각 역 정차 오차노미즈(御茶ノ水)역 오차노미즈바시출구에서 도보 5분/도쿄메트로 마루노우치선 오차노미즈(御茶ノ水)역 1번 출구에서 도보 7분 **영업시간** 월~토요일 11:00~20:00, 일요일 및 공휴일 12:00~19:00 **귀띔 한마디** 고가의 골프, 스키용품 등을 면세혜택으로 저렴하게 구입할 수 있다.

인기 스포츠용품점 미즈노의 대형매장

미즈노도쿄 MIZUNO TOKYO

미즈노는 1~8층을 사용하는 대형매장으로, 스포츠웨어와 다양한 스포츠용품을 취급한다. 유명 프로야구 선수들을 프로모션에 활용하여 클럽, 스파이크, 배트, 배팅클럽 등을 제작한다. 그래서 미즈노 야구용품은 일본에서 제일 많이 사용되며, 골프와 축구 브랜드도 유명하다.

홈페이지 mizuno.jp **주소** 東京都 千代田区 神田小川町 3-1 **문의** 03-3233-7000 **찾아가기** 도에지하철 신주쿠선 오가와마치(小川町)역, 도쿄메트로 마루노우치선 아와지초(淡路町)역 A4번 출구에서 도보 5분/도쿄메트로 한조몬선, 도에지하철 미타선, 신주쿠선 진보초(神保町)역 A5번 출구에서 도보 6분 거리 **영업시간** 11:00~20:00

서핑과 스노보드전문점

더썬즈 THE SUNS

무라사키스포츠(ムラサキスポーツ)가 프로듀스한 서핑과 스노보드 전문점이다. 서핑과 스노보드는 즐기는 계절이 다르지만 보드를 사용한다는 점에서 두 가지 레포츠를 교차로 즐기는 사람도 많다. 더썬즈는 사계절 내내 서핑과 스

노보드용품을 판매하고 무라사키스포츠보다 디자인에 중점을 둔 제품을 생산한다.

홈페이지 the-suns.jp **주소** 東京都 千代田区 神田小川町 2-5-17 **문의** 03-5282-3911 **찾아가기** 도에지하철 신주쿠선(新宿線) 오가와마치(小川町)역, 도쿄메트로 마루노우치선(丸ノ内線) 아와지초(淡路町)역 B7번 출구에서 도보 3분/도쿄메트로 한조몬선(半蔵門線), 도에지하철 미타선(三田線), 신주쿠선(新宿線) 진보초(神保町)역 A5번 출구에서 도보 6분 거리 **영업시간** 11:00~20:00

일본 최고의 악기점 거리 ★★★★☆
오차노미즈 악기점가 御茶ノ水楽器店街

오차노미즈御茶ノ水역 근방 메다이도리明大通り에는 약 20개의 악기점이 모여 있는 상점가가 있다. 기타, 전자기타, 베이스, 키보드, 드럼 등 프로 뮤지션을 위한 고급 악기를 전문 취급한다. 중고악기도 판매하므로 둘러보고 예산에 맞춰 구입할 수 있다. 또한 음향기기, 악보 등도 함께 구입할 수 있다.

주소 東京都 千代田区 神田小川町~駿河台

오차노미즈 악기점가의 대표 매장

악기점가를 대표하는 악기점 브랜드
쿠로사와 クロサワ楽器, Kurosawa

오차노미즈 악기점가를 대표하는 대형 악기점이다. 창립 당시 기타를 제조하는 브랜드였지만, 지금은 수입악기 판매를 주로하고 있다. 쿠로사와점 외에 닥터사운드(Dr. Sound), 지클럽도쿄(G-CLUB TOKYO) 등 여러 점포를 운영하는데 점포에 따라 분야가 특성화되어 있으며 디지털악기를 판매한다. 수입악기를 주로 취급하며 다양한 일렉트릭기타로 유명하다. 닥터사운드는 어쿠스틱기타와 클래식기타로 나뉘어져 있다. 우쿠렐레, 디지털 건반악기, 베이스 등도 판매한다.

•공통 홈페이지 kurosawagakki.com **문의** 03-3293-5625 **찾아가기** JR 주오선 쾌속, 주오·소부선 각 역 정차 오차노미즈역 오차노미즈바시출구에서 도보 1~5분 **영업시간** 11:00~20:00 **•G-CLUB TOKYO 주소** 東京都 千代田区 神田小川町 3-8 **•닥터사운드 주소** 東京都 千代田区 神田小川町 3-22 **•드럼커넥션 주소** 東京都 千代田区 神田小川町 3-22 **•쿠로사와악기 오차노미즈역전점 주소** 東京都 千代田区 神田駿河台 2-4-1 & 2-2

오차노미즈 악기점가 최대의 기타숍
슈퍼기타숍 빅보스
SUPER GUITARSHOP BIGBOSS

오차노미즈 악기상점가에서 제일 규모가 큰 기타 전문점이다. 도쿄 본관인 빅보스도쿄(BIGBOSS TOKYO)는 1~5층까지 모두 악기로 채워져 있다. 1층은 일반, 2층은 베이스, 3층은 음향기기, 4층은 기타, 5층은 수리 및 부품을 취급한다. 빅보스 오차노미즈신관(BIGBOSSお茶の水新館)은 2개 층을 사용하며, 다량의 일렉트릭기타를 보유하고 있다.

•공통 홈페이지 bigboss.jp **문의** 03-5283-6006 **찾아가기** JR 주오선 쾌속, 주오·소부선 각 역 정차 오차노미즈역 오차노미즈바시출구에서 도보 1~3분 **영업시간** 평일 11:00~20:00, 주말 및 공휴일 10:00~19:00 **•사운드라이너 주소** 東京都 千代田区 神田駿河台 2-1-9 **•오차노미즈역앞점 주소** 東京都 千代田区 神田駿河台 2-1-9

이케부쿠로

池袋

Ikebukuro

서울도 강남 쪽의 상업이 발달했듯이 도쿄도 대부분의 번화가가 남쪽에 있다. 이케부쿠로는 도쿄 북쪽을 대표하는 번화가로 수많은 백화점, 전자상가, 쇼핑몰 등이 모여 있어서 사이타마현(埼玉県) 및 도쿄 북쪽지역 거주민이 많이 찾는다. 규모로만 보면 세계에서 두 번째로 많은 유동인구를 자랑하지만 긴자, 신주쿠, 시부야 등에 비해서는 서민적인 분위기이다. 60층 높이의 전망대가 있는 선샤인시티를 중심으로 수족관, 플라네타리움, 실내 테마파크, 박물관, 미술관, 공연장 등이 있어서 취향에 맞춰 문화생활을 즐길 수 있다. 이케부쿠로 한편에 있는 여성 오타쿠들을 위한 거리 오토메로드(乙女ロード)에는 순정만화, 동인지, 보이즈러브 등으로 특화된 가게가 모여 있다.

嘉紀の一言

요시노리의 한마디

일본의 남성 오타쿠들은 아키하바라, 여성 오타쿠들은 이케부쿠로를 찾는다.

이케부쿠로를 잇는 교통편

도쿄 북쪽의 중심지인 이케부쿠로는 JR, 도쿄메트로, 세부철도와 도부철도가 만나는 지점으로 어디서 찾아오든, 어디로 이동하든 바로 연결될 정도로 편리하다. 하지만 이케부쿠로역 자체가 크고 복잡해 역 안에서 길을 잃고 헤매기 쉽다. 표지판에는 영어 및 한글로도 표기가 되어 있으니, 표지판을 잘 읽어보고 방향을 잘 잡아야 한다. 이케부쿠로역은 JR 야마노테선을 비롯한 다양한 노선이 지나가서 전차로 이동하는 것이 제일 편리하다. 이케부쿠로역에서 선샤인시티까지는 보통 걸어서 이동(10분 정도 소요)하지만, 걷는 것이 힘들다면 택시를 타고 가자.

이케부쿠로(池袋)역 JR ▮ 야마노테선(山手線), ▮ 사이쿄선(埼京線), ▮ 쇼난신주쿠라인(湘南新宿ライン), ▮ 나리타익스프레스(成田エクスプレス) 🚇 ◎ 마루노우치선(丸ノ内線), ◎ 유라쿠초선(有楽町線) ◎ 후쿠도심선(副都心線) ⓢ ▮ 이케부쿠로선(池袋線) – 도시마선(豊島線) 직통 포함 T 도부철도(東武鉄道) ▮ 토조혼선(東上本線)

• 도쿄 ↔ 이케부쿠로

출발역	탑승열차	경유역	환승역	경유역	도착역	이동시간	도보이동 시	요금
도쿄(東京)	도쿄메트로 마루노우치선(丸ノ内線)	8개	–	–	이케부쿠로(池袋)	17분	2시간 10분(8.5㎞)	¥200
	JR 야마노테선(山手線) 내선순환 우에노(上野)·이케부쿠로(池袋)행	12개				23분		

• 신주쿠 ↔ 이케부쿠로

출발역	탑승열차	경유역	환승역	경유역	도착역	이동시간	도보이동 시	요금
신주쿠 新宿	JR 야마노테선(山手線) 외선순환 이케부쿠로(池袋)·우에노(上野)행	4개	–	–	이케부쿠로(池袋)	9분	1시간 10분(4.8㎞)	¥160
	JR 사이쿄선(埼京線) 카와고에(川越)행	1개	–	–		5분		

• 이케부쿠로 ↔ 아키하바라

출발역	탑승열차	경유역	환승역	경유역	도착역	이동시간	도보이동 시	요금
이케부쿠로(池袋)	JR 야마노테선(山手線) 외선순환 도쿄(東京)·우에노(上野)행	10개	–	–	아키하바라(秋葉原)	20분	150분(10.3km)	¥200

이케부쿠로에서 꼭 해봐야 할 것들

1. 선샤인시티의 전망대 레스토랑에서 전망을 보며 식사하자.
2. 선샤인수족관에서 물고기들을 구경하자.
3. 실내 테마파크 난자타운에서 신나게 놀자.
4. 유명한 라멘집에서 뜨끈한 라멘을 한 사발 먹자.
5. 여성 오타쿠를 위한 거리, 오토메로드를 구경하자.

사진으로 미리 살펴보는 이케부쿠로 베스트코스

이케부쿠로의 랜드마크인 선샤인시티를 중심으로 이케부쿠로의 주요 볼거리와 쇼핑몰을 둘러보는 코스를 소개한다. 자신의 취향이나 시간에 맞춰서 선샤인수족관, 난자타운 중에 한 군데만 구경하는 것도 좋다. 선샤인전망대에 올라가지 말고 바로 아래층에 있는 전망 레스토랑에서 식사하면서 구경하자. 고급스러운 분위기에서 전망까지 구경하며 한 끼를 즐길 수 있는 데다가 전망대입장료도 절약할 수 있다.

1 다양한 즐길거리가 있는 이케부쿠로 하루 일정(예상 소요시간 8시간 이상)

오전 11시쯤에 이케부쿠로역에 도착하면 역과 연결된 세부백화점을 살짝 구경하고 길 건너편의 야마다덴키라비1 일본총본점에 들르자. 이케부쿠로역 앞에서 제일 큰 상업시설이다. 그리고 선샤인60도리를 통해 선샤인시티로 향한다. 선샤인60전망대 바로 아래층에 있는 전망 레스토랑 조즈상하이에서 세계 3대 소룡포로 점심을 즐기자. 식후에는 선샤인수족관을 구경하고 더 놀고 싶으면 난자타운에 들어가보자. 선샤인시티 안에 자리한 대형쇼핑몰 알파와 알타를 구경한 후에 선샤인시티 서쪽으로 나오면 여성 오타쿠를 위한 거리 오토메로드가 나온다. 마지막으로 도쿄에서 제일 큰 서점인 준쿠도서점에서 책을 보고 바로 앞에 있는 무테키야에서 맛있는 라멘으로 저녁식사를 하자.

이케부쿠로 池袋

N
S
선샤인시티 프린스호텔
Sunshine Prince Hotel
선샤인시티
サンシャインシティ
히가시이케부쿠로
중앙공원
히노데마치공원
케이북스 동인관
K-BOOKS同人館
乙女ロード
케이북스 오토메관/아니메관
K-BOOKS 池袋乙女館/アニメ館
라신방 이케부쿠로본점 본관
らしんばん池袋本店
케이북스 캐릭터관
K-BOOKS池袋キャラ館
도쿄수도고속도로
케이북스 코스프레관
K-BOOKS 池袋コスプレ館
토시마 구청
토시마 여자
중·고등학교
이케부쿠로 휴막스
池袋 HUMAX
이케부쿠로 기고
池袋ギーゴ
아니메이트 이케부쿠로본점
アニメイト池袋本店
선샤인60도리
サンシャイン60通り
라운드원 이케부쿠로점
ラウンドワン 池袋店
グリーン大通り
케이북스 캬스트관
K-BOOKSキャスト館
라신방 여성동인관
らしんばん池袋本店女性同人館
혼류지
本立寺
기프트게이트 이케부쿠로점
Gift Gate 池袋店
빅카메라 아웃렛
ビックカメラアウトレット
밀키웨이
Milky Way
미나미
이케부쿠로 공원
빅카메라 카메라·컴퓨터관
ビックカメラ 池袋
カメラ·パソコン館
라비 이케부쿠로
LABI 池袋
스즈메야
すずめや
빅카메라 이케부쿠로본점
ビックカメラ池袋本店
라시누브랑제리&비스트로
RACINES Boulangerie & Bistro
이케부쿠로 파르코
池袋 PARCO
동쪽출구
준쿠도서점 이케부쿠로본점
ジュンク堂書店 池袋本店
明治通り
세이부 이케부쿠로본점
SEIBU IKEBUKURO
무테키야
無敵家
이케부쿠로역
池袋駅
도부백화점 본점
Tobu Department Store
[JY13] [JA12] [SI01] [TJ01] [M25]
[Y09] [F09] 이케부쿠로역
서쪽출구
메트로폴리탄출구
에소라 이케부쿠로
Esola Ikebukuro
자연식바이킹 하베스트
自然食, バイキング はーべすと
빅카메라 이케부쿠로니시구치점
ビックカメラ池袋西口店
메트로폴리탄플라자
METROPOLITAN PLAZA
이케부쿠로 서쪽출구공원
池袋西口公園
동경예술극장
東京芸術劇場
키친 ABC 니시이케부쿠로점
キッチンABC 西池袋店
중국가정요리양 2호점
中国家庭料理 楊 2号店

Section 10

Tokyo

이케부쿠로에서 반드시 둘러봐야 할 명소

이케부쿠로역 주변과 선샤인시티가 중심을 이루고 있고 두 중심지 사이 또한 번화가이다. 쇼핑을 원한다면 대형백화점이 모여 있는 이케부쿠로역에서 일정을 시작하는 것이 좋다. 수족관, 플라네타리움, 실내 테마파크 등의 엔터테인먼트시설을 둘러보려면 선샤인시티로 가자.

세계에서 두 번째로 이용객이 많은 역 ★★★★☆

이케부쿠로역 池袋駅

이케부쿠로역은 도쿄 북쪽의 중심지이다. JR, 도쿄메트로, 도부, 세부 총 4개 회사의 전차와 지하철이 지나간다. 일일 평균 약 270만 명이 이용하여 신주쿠역에 이어 세계 2번째로 이용자 수가 많다. 주거지인 도쿄의 서부 및 사이타마현埼玉県과 연결된 통로라서 출퇴근 시간에 엄청나게 붐빈다.

이케부쿠로역 동쪽에는 세이부백화점 이케부쿠로본점西武池袋本店, 이케부쿠로파르코池袋PARCO가 있고 서쪽에는 도부백화점 본점東武百貨店 本店, 에소라 이케부쿠로エソラ池袋, 남쪽에는 메트로폴리탄 플라자루미네 이케부쿠로ルミネ池袋店가 있다. 동쪽출구로 나가면 이케부쿠로의 중심이라 할 수 있는 대형 전자상가와 선샤인시티가 나온다. 북쪽출구로 나가면 중국식품점, 중국음식점 등 중국계 상점이 200곳 이상 모인 도쿄 최대의 차이나타운이 나온다. 역 주변에는 이케부쿠로의 상징인 부엉이 캐릭터 이케후쿠로イケフクロウ, 모자상母子像 등의 예술작품이 전시되어 있다.

남쪽

북쪽

동쪽

모자상

홈페이지 www.jreast.co.jp, railway.tobu.co.jp, www.seibu-group.co.jp/railways, www.tokyometro.jp 주소 東京都 豊島区 南池袋 1-28-2 찾아가기 JR 야마노테선(山手線), 사이쿄선(埼京線), 쇼난신주쿠라인(湘南新宿ライン), 나리타익스프레스(成田エクスプレス), 도쿄메트로 마루노우치선(丸ノ内線), 유라쿠초선(有楽町線), 후쿠도심선(副都心線), 세부철도(西武鉄道) 이케부쿠로선(池袋線), 도부철도(東武鉄道) 토조혼선(東上本線) 이케부쿠로(池袋)역 귀띔 한마디 이케부쿠로역 자체의 규모가 크다 보니, 내부가 미로 같아서 역 안에서 역 밖으로 나가는 데도 한참 걸린다.

✓ 이케부쿠로지역에는 규모가 큰 시설이 많아서 시간을 넉넉하게 잡아야 한다.

이케부쿠로역과 연결된 쇼핑몰

엄청난 규모의 세이부백화점 본점
세이부 이케부쿠로본점 SEIBU IKEBUKURO

세이부전철에서 운영하는 세이부백화점본점으로 1940년에 문을 열었다. 본관과 별관이 있으며 본관은 북쪽, 중앙, 남쪽으로 나눌 만큼 규모가 크다. 지하 2층부터 12층까지 매장이 입점해 세이부백화점만 둘러보려고 해도 반나절은 족히 걸린다. 에르메스, 루이뷔통 등 명품브랜드부터 트렌드를 반영한 신규 브랜드까지 다양하다. 본관 지하 식품매장이 유명하며, 본관 남쪽에는 로프트(Loft)가 있다. 별관에는 무인양품 기반점과 산세이도서점(三省堂書店)이 있다.

홈페이지 www.sogo-seibu.jp **주소** 東京都 豊島区 南池袋 1-28-1 **문의** 03-3981-0111 **찾아가기** 이케부쿠로역의 동쪽 **영업시간 숍** 월~토요일 10:00~21:00, 일요일 및 공휴일 10:00~20:00 **레스토랑** 8층 평일 11:00~23:00, 주말 및 공휴일 10:30~23:00 **귀띔 한마디** 본관 1층과 6층에 외국인 관광객을 위한 면세 카운터가 있다.

도쿄에서 매장 면적이 제일 큰 백화점
도부백화점 이케부쿠로점 東武百貨店 池袋店

매장 면적 83,000㎡로 도쿄에서 가장 큰 규모의 백화점이다. 각 층과 연결된 메트로폴리탄플라자의 면적까지 합하면 일본에서 제일 큰 백화점이 된다. 지하 1층과 지하 2층으로 구성된 식품매장도 일본 최대 규모를 자랑하며, 11층에서 15층까지 사용하는 레스토랑가에는 약 50개의 점포가 들어서 있다. 내부는 1번지에서 11번지로 나누어지고 1,000개 점이 넘는 매장이 입점해 있다. 구입을 원하는 상품이 있으면 안내데스크에 물어보거나 플로어맵을 참고하자.

홈페이지 www.tobu-dept.jp **주소** 東京都 豊島区 南池袋 1-1-25 **문의** 05-7008-6102 **찾아가기** 이케부쿠로역의 서쪽 **영업시간 숍** 10:00~20:00(일부 매장은 10:00~21:00) **레스토랑** 11:00~22:00(일부 레스토랑은 10:00~23:00) **귀띔 한마디** 세이부 이케부쿠로본점에 비해서 규모도 더 크고 묵직한 정통 백화점 분위기이다.

20대 여성을 위한 쇼핑센터
루미네 이케부쿠로 ルミネ池袋

도부백화점과 연결된 쇼핑몰로 이케부쿠로역 서쪽에 자리한다. 지하 1층부터 10층까지는 젊은 여성을 위한 쇼핑센터 루미네 이케부쿠로가 있다. 지하 1층에서 6층까지는 여성패션, 잡화 등이, 7층과 8층에는 레스토랑가와 영화관이 있다. 루미네에는 케이크가 맛있는 하브스, 화려한 여성패션브랜드 세실맥비, ¥300 잡화점 쓰리코인즈 플러스, 영화관 시네리브르 이케부쿠로 등이 있다.

홈페이지 www.lumine.ne.jp **주소** 東京都 豊島区 西池袋 1-11-1 **문의** 03-5954-1111 **찾아가기** 이케부쿠로역 서쪽 **영업시간 숍** 11:00~21:00 **레스토랑** 11:00~22:00

규모는 작지만 세련된 분위기의 쇼핑몰
에소라 이케부쿠로 Esola Ikebukuro

메트로폴리탄플라자 바로 옆에 자리한 쇼핑몰로 도쿄메트로의 자회사가 운영한다. 에소라(Esola)라는 이름은 일본어로 좋다는 뜻의 'E(いい)'와 하늘이라는 뜻의 'sola(空)'가 합쳐진 말이다. 지하 1층부터 9층까지로 구성되어 있고 약 40

개의 점포가 입점해 있다. 일반적인 기준에서 작다고 할 수는 없지만, 이케부쿠로역과 연결된 다른 쇼핑시설에 비하면 작은 편이다. 지하 1층부터 5층까지는 여성패션, 액세서리, 남성패션, 인테리어 등을 판매하는 브랜드가 들어서 있고 6층부터 9층까지는 레스토랑이다.

홈페이지 www.esola-ikebukuro.com **주소** 東京都 豊島区 西池袋 1-12-1 **문의** 03-5827-5838 **찾아가기** 이케부쿠로역 서쪽 **영업시간** 숍 10:30~21:30, 레스토랑 11:00~23:00

감각적인 쇼핑몰 파르코의 본점

이케부쿠로 파르코 Ikebukuro PARCO

이케부쿠로역 동쪽의 대형쇼핑센터로 본관과 별관이 있다. 1969년에 문을 연 파르코 1호점이자 본점으로 본관에 입점한 브랜드만 200개가 넘는다. 본관 지하 2층부터 5층까지는 여성패션, 남성패션, 액세서리, 인테리어 등을 판매하고 7~8층은 레스토랑이다. 깜찍한 수입잡화를 모아 놓은 플라자는 본관 M2F에 있다. 별관인 피닷슈파르코(P'PARCO)는 2014년에 리뉴얼 오픈했다. 지하 2층에는 피규어 및 장난감을 파는 만다라케 나유타(まんだらけ那由多)가 있고, 5~6층에는 타워레코드(TOWER RECORD)도 있다.

홈페이지 ikebukuro.parco.jp **주소** 東京都 豊島区 南池袋 1-28-2 **문의** 03-5391-8000 **찾아가기** 이케부쿠로역 동쪽 **영업시간** 11:00~21:00, 레스토랑 11:00~23:00

세계 최대급 파이프오르간이 있는 극장 ★★★☆☆

동경예술극장 東京芸術劇場

1990년 문을 연 극장으로 연극, 음악, 콘서트, 뮤지컬, 오페라 등 다양한 공연이 열린다. 제일 큰 콘서트홀은 1,999석 규모이며, 834석 규모의 중형홀과 200~300석 규모의 소형홀이 2개 있다. 전시공간과 회의실도 있어 워크숍 및 이벤트도 활발하다. 콘서트홀에는 세계 최대급의 파이프오르간이 있다. 2대의 오르간을 180도 회전해 사용하며 총 126스톱이나 된다. 뮤직스타지오, 음악잡화점, 공연 기념품판매점, 카페, 레스토랑 등의 편의시설도 다양하다. 극장 앞에는 이케부쿠로 서쪽출구공원이 있어 산책을 즐기기에도 좋다.

홈페이지 www.geigeki.jp **주소** 東京都 豊島区 西池袋 1-8-1 **문의** 03-5391-2111 **찾아가기** JR 야마노테선(山手線), 사이쿄선(埼京線), 쇼난신주쿠라인(湘南新宿ライン), 나리타익스프레스(成田エクスプレス), 도쿄메트로 마루노우치선(丸ノ内線), 유라쿠초선(有楽町線), 후쿠도심선(副都心線), 세부철도(西武鉄道) 이케부쿠로선(池袋線), 도부철도(東武鉄道) 토조혼선(東上本線) 이케부쿠로(池袋)역 서쪽출구(西口)에서 도보 2분 또는 지하도 2b 출구에서 바로 연결 **영업시간** 공연 및 전시에 따라 다름 **귀띔 한마디** 공연을 즐기고 싶다면 홈페이지를 통해 미리 스케줄을 확인하고 예약하는 것이 좋다.

이케부쿠로의 상징적인 공원 ★★☆☆☆

이케부쿠로 서쪽출구공원 池袋西口公園

1970년 문을 연 공원으로 이케부쿠로역 서쪽출구 앞에 있다. 공원 안에는 커다란 분수대가 있고 분수대 옆으로는 야외무대가 있다. 겉보기에는 평범한 공원이지만, 이시다이라石田 衣良의 유명한 소설인『이케부쿠로 웨스트 게이트파크池袋ウエストゲートパーク, I.W.G.P.』의 무대이다. 2000년에는 드라마로도 제작되어 반항기의 방황하는 청소년의 모습을 생동감 있게 표현했다. 야외무대를 포함한 문화공간으로 리뉴얼를 해서 2019년 예술의 공원으로 탈바꿈했다.

주소 東京都 豊島区 西池袋 1-8 문의 03-3981-0534 찾아가기 JR 야마노테선(山手線), 사이쿄선(埼京線), 쇼난신주쿠라인(湘南新宿ライン), 나리타익스프레스(成田エクスプレス), 도쿄메트로 마루노우치선(丸ノ内線), 유라쿠초선(有楽町線), 후쿠도심선(副都心線), 세부철도(西武鉄道) 이케부쿠로선(池袋線), 도부철도(東武鉄道) 토조혼선(東上本線) 이케부쿠로(池袋)역 서쪽출구(西口)에서 도보 1분 거리 개방시간 24시간

Tip

후쿠로마츠리(ふくろ祭り)

이케부쿠로의 상징인 부엉이의 이름을 딴 일본식 축제 후쿠로마츠리(ふくろ祭り)는 매년 9월 말 주말에 열린다. 신을 모신 가마인 오미코시(お神輿)를 메고 행진하는 모습도 구경하고 야외무대에서 공연도 보고 포장마차에서 파는 축제 음식도 맛보는 등 일본색이 진한 지역축제를 누구나 즐길 수 있다.

선샤인시티로 가는 길목, 이케부쿠로의 최대 번화가 ★★★★☆

선샤인60도리 サンシャイン60通り

이케부쿠로역에서 선샤인시티까지 이어지는 길이 선샤인60도리다. 이케부쿠로에서 제일 많은 사람이 찾는 번화가로 대형 게임센터, 영화관, 패션숍, 레스토랑, 술집 등이 빼곡하게 늘어서 있다. 차도 지나갈 수 있는 거리이지만, 보행자가 너무 많아 차가 통행하기는 힘들다. 가게 앞에서 세일품목을 큰 소리로 홍보하는 점원이 많아 활기가 느껴진다. 선샤인60도리에서 한 블록 북쪽에 위치한 거리는 이름이 비슷해 착각할 수 있는 선샤인도리サンシャイン通り이다. 야마다덴키 LABI 일본 총본점의 남쪽부터 시작된다.

선샤인60도리의 추천 숍과 즐길거리

헬로키티로 가득한 산리오의 캐릭터숍

기프트게이트 이케부쿠로점 Gift Gate 池袋店

헬로키티로 유명한 산리오(Sanrio)의 공식캐릭터숍이다. 헬로키티, 마이멜로디, 시나몬롤 등 산리오의 인기캐릭터가 들어간 문구, 가방, 카드, 생활용품 등을 판매한다. 귀여운 핑크색 옷을 입은 점원이 웃는 얼굴로 맞아주며, 핑크색을 주로 사용한 실내는 달콤한 느낌이다. 여기서 상품을 구입하면 산리오의 캐릭터가 그려진 귀여운 봉투에 넣어 준다.

홈페이지 www.sanrio.co.jp **주소** 東京都 豊島区 東池袋 1-12-10 **문의** 03-3985-6363 **찾아가기** JR 야마노테선(山手線), 사이쿄선(埼京線), 쇼난신주쿠라인(湘南新宿ライン), 나리타익스프레스(成田エクスプレス), 도쿄메트로 마루노우치선(丸ノ内線), 유라쿠초선(有楽町線), 후쿠도심선(副都心線), 세부철도(西武鉄道) 이케부쿠로선(池袋線), 도부철도(東武鉄道) 토조혼선(東上本線) 이케부쿠로(池袋)역 동쪽출구(東口)에서 도보 3분 거리 **영업시간** 11:00~20:00

영화관, 중고서점, 레스토랑 등이 있는 상업시설

이케부쿠로 휴막스 Ikebukuro HUMAX

영화관 휴막스시네마(HUMAX CINEMA)가 자리한 건물로, 1층 건물 밖에 박스오피스가 있어 영화표를 구입하기 편하다. 영화관 이외에도 중고로 저렴하게 책을 구입할 수 있는 북오프(BOOK OFF/2~3층), 샤브샤브와 스키야키를 무제한으로 먹을 수 있는 인기 뷔페 나베조(鍋ぞう/5층) 등이 있다.

홈페이지 www.humax-cinema.co.jp **주소** 東京都 豊島区 東池袋 1-22-10 **찾아가기** JR 야마노테선(山手線), 사이쿄선(埼京線), 쇼난신주쿠라인(湘南新宿ライン), 나리타익스프레스(成田エクスプレス), 도쿄메트로 마루노우치선(丸ノ内線), 유라쿠초선(有楽町線), 후쿠도심선(副都心線), 세부철도(西武鉄道) 이케부쿠로선(池袋線), 도부철도(東武鉄道) 토조혼선(東上本線) 이케부쿠로역 동쪽출구에서 도보 4분 **영업시간** 점포에 따라 다름

24시간 영업하는 대형 게임센터

라운드원 이케부쿠로점 ROUND1 Ikebukuro

일본 청소년들이 좋아하는 대형 게임센터 체인점이다. 건물 전체가 오락시설로 채워져 있으며 24시간 영업한다. 볼링레인 40개, 노래방 룸 40개, 각종 오락기는 약 350대가 있다. 당구, 다트, 탁구 등의 스포츠도 즐길 수 있다. 시설 이용료는 시간대와 요일에 따라 가격이 다르며, 평일의 낮 시간이 가장 저렴하다.

홈페이지 www.round1.co.jp **주소** 東京都 豊島区 東池袋 1-14-1 **문의** 03-5928-0221 **찾아가기** JR 야마노테선(山手線), 사이쿄선(埼京線), 쇼난신주쿠라인(湘南新宿ライン), 나리타익스프레스(成田エクスプレス), 도쿄메트로 마루노우치선(丸ノ内線), 유라쿠초선(有楽町線), 후쿠도심선(副都心線), 세부철도(西武鉄道) 이케부쿠로선(池袋線), 도부철도(東武鉄道) 토조혼선(東上本線) 이케부쿠로(池袋)역 동쪽출구(東口)에서 도보 4분 거리 **가격** ¥300~2,000(시간대 및 패키지에 따라 다름) **영업시간** 24시간

세가에서 만든 대형 게임센터

이케부쿠로 기고 池袋ギーゴ, Ikebukuro GiGO

멀리서도 잘 보이는 새빨간 벽에 파란색으로 크게 세가(SEGA)라고 적혀 있는 건물이 세가에서 만든 게임센터 이케부쿠로 기고이다. 커다란 건물의 지하 1층부터 7층까지 8개 층을 사용하며, 2013년에 리뉴얼 오픈해서 깔끔하다. 유명한 게임회사인 세가(SEGA)에서 직접 운영하는 게임센터라 신기종과 새로 출시된 게임의 도입이 빠르다. 구경삼아 들어가서 이것저것 즐기다 보면 몇 시간이 훌쩍 지나간다.

홈페이지 sega.jp **주소** 東京都 豊島区 東池袋 1-21-1 **문의** 03-3981-6906 **찾아가기** JR 야마노테선(山手線), 사이쿄선(埼京線), 쇼난신주쿠라인(湘南新宿ライン), 나리타익스프레스(成田エクスプレス), 도쿄메트로 마루노우치선(丸ノ内線), 유라쿠초선(有楽町線), 후쿠도심선(副都心線), 세부철도(西武鉄道) 이케부쿠로선(池袋線), 도부철도(東武鉄道) 토조혼선(東上本線) 이케부쿠로(池袋)역 동쪽출구(東口)에서 도보 5분 거리 **영업시간** 10:00~24:00

60층 높이! 이케부쿠로의 랜드마크 ★★★★★

선샤인시티 サンシャインシティ, Sunshine City

선샤인60

프린스호텔

1978년에 문을 연 일본 최초의 복합상업시설로 수족관, 플라네타리움, 대형 실내 테마파크, 쇼핑몰, 호텔, 주거지 등이 모여 있다. 지상 240m, 60층 높이 고층빌딩의 최상층에는 전망대가 있어서 도쿄의 전망을 즐기기 위해 일부러 찾는 사람도 많다. 매년 약 3천만 명이 방문한다.

건물 여러 개가 이어져 있는데, 전망대가 있는 60층 높이의 건물은 선샤인60サンシャイン60, 대표적인 문화시설이 모여 있는 월드임포트마트ワールドインポートマート, 대형쇼핑몰 알파アルパ, 선샤인극장과 고대오리엔트박물관 등이 있는 문화회관文化会館, 프린스호텔プリンスホテル, 이렇게 총 5개 구역으로 나뉜다. 선샤인시티 전체에 약 250개의 점포가 입점해 있어 선샤인시티 안에서만 하루를 보낼 수도 있다. 대부분의 시설이 실내인데다 실내로 연결되어 있다. 너무 춥거나 덥거나 비가 오는 날에는 선샤인시티에서 쾌적하게 여행을 즐겨보자.

홈페이지 www.sunshinecity.co.jp **주소** 東京都 豊島区 東池袋 3-1-1 **찾아가기** JR 야마노테선(山手線), 사이쿄선(埼京線), 쇼난신주쿠라인(湘南新宿ライン), 나리타익스프레스(成田エクスプレス), 도쿄메트로 마루노우치선(丸ノ内線), 유라쿠초선(有楽町線), 후쿠도심선(副都心線), 세부철도(西武鉄道) 이케부쿠로선(池袋線), 도부철도(東武鉄道) 토조혼선(東上本線) 이케부쿠로(池袋)역 동쪽출구(東口)에서 도보 8분, 도큐한즈 건물 내부의 지하도를 통해 무빙워크를 타고 이동 **귀띔 한마디** 선샤인60도리의 끝에 있는 도큐한즈 건물 지하에 선샤인시티까지 연결되는 통로가 있다.

선샤인시티의 대표 시설

선샤인시티를 대표하는 인기 시설

선샤인수족관 サンシャイン水族館, Sunshine Aquarium

선샤인시티 하면 수족관이 제일 먼저 떠오를 정도로 인기 있는 시설로 1978년 일본 최초로 옥상에 만든 수족관이었다. 낡은 시설은 2011년 리뉴얼 오픈하면서 깨끗해졌다. 도쿄 중심부에 있는 수족관 중 규모도 크고 볼거리가 많은 편이다. 최상층 옥상 마린가든에는 올려다볼 수 있는 도넛 모양 수족관이 있는데, 남아메리카 바다사자 오타리아를 볼 수 있다. 아로와나, 피라루크, 개복치, 전기뱀장어 등 커다란 물고기가 많고 펭귄, 해달, 거북이, 도마뱀 등도 만날 수 있다. 물개쇼, 펭귄퍼레이드, 펠리컨워킹 등 귀여운 동물쇼도 있으므로 입장 시 스케줄표를 먼저 확인한 후 시간에 맞춰 움직이는 것이 효과적이다. 출구 기념품숍에서는 수족관 인기 바다생물을 캐릭터로 만든 각종 상품을 판매한다.

홈페이지 sunshinecity.jp/aquarium **찾아가기** 선샤인시티, 월드임포트마트의 옥상 **입장료** 대인(고교생 이상) ¥2,400, 어린이(초등학생~중학생) ¥1,200, 유아(만 4세 이상~미취학아동) ¥700 **영업시간** 10:00~18:00

돔 형태의 스크린이 멋진 플라네타리움 극장

코니카미놀타 플라네타리움만텐 コニカミノルタプラネタリウム満天

반구형 커다란 돔 형태의 스크린으로 영상을 보는 플라네타리움이다. 시야에 다 들어오지 않는 곳까지 영상이 펼쳐지기 때문에 영화관보다 더 생동감 있다. 위를 올려다봐야 해서 좌석도 편안히 누울 수 있도록 만들어져 있다. 지구, 우주, 자연, 오로라 등을 테마로 만든 다큐멘터리 작품을 주로 상영하며, 상영시간은 40~50분 정도로 일반 영화에 비해서 짧다. 영상과 함께 아로마향까지 즐길 수 있는 힐링 플라네타리움도 운영한다. 일본어를 몰라도 충분히 즐길 수 있지만, 너무 조용해서 깜빡 잠이 들 수 있다.

홈페이지 planetarium.konicaminolta.jp **문의** 03-3989-3546 **찾아가기** 선샤인시티, 월드임포트마트의 옥상 **입장료** **플라네타리움** 대인(중학생 이상) ¥1,500, 소인(만 4세~초등학생) ¥900, 특별좌석 ¥3,500~3,800 **힐링플라네타리움** 초등학생~성인 ¥1,700(초등학생 미만은 입장 불가), 특별좌석 ¥3,900~4,200 **영업시간** 10:30~21:00(상영 스케줄에 따라 영업) **귀띔 한마디** 좌석이 한정되어 있고 인기가 많아 일찍 가지 않으면 매진되어 표를 구입하지 못하는 경우가 많다.

맛있는 음식이 많은 실내 테마파크

난자타운 ナンジャタウン, NAMJATOWN

실내 대형 테마파크로 놀이기구, 게임, 먹을거리로 가득하다. 난자타운 최대 매력은 재미있는 먹거리가 많다는 점이다. 일본 유명 교자전문점을 모아 놓은 난자교자스타디움(ナンジャ餃子スタジアム), 일본 각 지역 특산물을 넣어 만든 아이스크림과 다양한 스위츠를 판매하는 후쿠부쿠로디저트요코초(福袋デザート横丁)에서 간식으로 배를 채우자.

홈페이지 bandainamco-am.co.jp **문의** 03-5950-0765 **찾아가기** 선샤인시티, 월드임포트마트 2층 **입장료** **난자패스포트(입장+자유이용권)** 중학생 이상 ¥3,500, 소인(만 4세~초등학생) ¥2,800 **난자엔트리(입장)** 중학생 이상 ¥800, 소인 ¥500 **난자나이트패스(입장+자유이용권, 오후 5시 이후)** 중학생 이상 ¥1,800, 소인 ¥1,500 **영업시간** 10:00~20:00(최종입장 19:30) **귀띔 한마디** 입장권만 구입해서 재미있는 게임만 추가로 지불하고 참여해도 된다.

선샤인60의 전망대
스카이서커스 SKY CIRCUS

해발 251m의 높이에서 도쿄를 조망할 수 있는 전망대이다. 선샤인60의 가장 위층인 60층에 위치하고 있으며 도쿄스카이트리와 도쿄타워를 모두 구경할 수 있다. 단순히 창밖을 보는 전망대가 아니라 체험이 가능한 시설이 다양하게 도입되어 있다. VR 등을 통해 높은곳에서 안전한 스릴을 맛볼 수도 있다.

홈페이지 sunshinecity.jp **찾아가기** 선샤인시티 60층(지하 1층에서 전망대 전용 엘레베이터 탑승) **귀띔 한마디** 현재 리뉴얼 공사중이며 2023년 4월 18일 오픈 예정이므로 입장료와 운영시간 등은 추후 홈페이지를 참고하기 바란다.

포켓몬스터 공식캐릭터숍
포케몬센터 메가도쿄 ポケモンセンターメガトウキョー, Pokemon Center Mega Tokyo

포켓몬스터는 일본에서 제작한 세계적인 인기 캐릭터이다. 대표적인 캐릭터 피카추를 비롯한 캐릭터에 관련한 오리지널상품과 게임 등을 판매한다. 입구에는 커다란 포켓몬 볼이 장식되어 있고 내부에는 커다란 포켓몬스터상이 서 있다.

홈페이지 www.pokemon.co.jp **문의** 03-5927-9290 **찾아가기** 선샤인시티, 알파 2층 **영업시간** 10:00~20:00

선샤인시티를 대표하는 대형쇼핑몰
알파 アルパ, Alpa

선샤인시티에서 제일 큰 쇼핑몰로 약 180개의 점포가 입점해 있다. 선샤인60, 프린스호텔, 월드임포트마트, 이렇게 3개 건물의 지하 1층과 1~3층을 사용하는데 건물들이 하나처럼 연결되어 있다. 남여패션, 아동복, 잡화, 인테리어, 레스토랑 및 카페 등이 자리하여 쇼핑하고 식사하기 좋다.

문의 03-3989-3331 **찾아가기** 선샤인시티, 알파 1~3층, 알파 B1F 니시(西)&히가시(東) **영업시간 숍** 10:00~ 20:00 **레스토랑** 11:00 ~22:00

저렴하고 스타일리시한 패션 쇼핑몰
알타 アルタ, ALTA

월드임포트마트 지하 1층과 1층에 위치한 쇼핑몰이다. 층마다 약 35개의 매장들이 입점해 있다. 알파와도 내부 통로로 연결되어 있어 함께 쇼핑을 즐길 수 있어 좋다. 여성복, 남성복, 속옷, 모자, 패션잡화 등을 판매하며, 패셔너블한 10대 후반에서 20대 초반까지를 겨냥한 숍이 대부분이다.

홈페이지 www.altastyle.com **문의** 03-3989-1111 **찾아가기** 선샤인시티, 월드임포트마트 빌딩 지하 1~1층 **영업시간** 11:00~20:00

선샤인시티의 전망과 함께 즐기는 세계 3대 소룡포
조즈상하이 ジョーズ シャンハイ, JOE'S SHANGHAI

뉴욕 조즈상하이의 일본점으로 세련된 인테리어와 59층 높이의 창을 통해 즐기는 전망이 고급스럽다. 간판메뉴는 '조즈게살과 게 내장을 넣은 소룡포(Joe's蟹肉と蟹ミソ入り小籠包)'이다. 런치타임에는 메인요리와 소룡포가 포함된 세트를 ¥1,000대에 판매한다.

소룡포

문의 03-5952-8835 **찾아가기** 선샤인시티, 선샤인60의 59층 **가격** 런치 ¥1,500~5,000, 디너 ¥5,000~8,000 **영업시간 런치** 11:30~15:00 **디너** 17:30~22:30 **귀띔 한마디** 선샤인60 전망대에서 풍경과 함께 식사할 수 있다.

Tokyo

Section 11

이케부쿠로에서 꼭 먹어봐야 할 먹거리

이케부쿠로라고 하면 뭐니 뭐니 해도 라멘과 중국음식을 빼놓을 수 없다. 저렴하면서도 푸짐하게 먹을 수 있어 양 많은 남성에게 잘 맞는다. 반면에 깔끔한 분위기를 먼저 따지는 여성에게 어울리는 파르페전문점, 카페, 레스토랑도 많다. 큰 번화가인 만큼 없는 음식과 없는 체인점을 찾는 것이 더 힘들 정도로 웬만한 건 다 있다.

이케부쿠로 최고의 인기 라멘집 ★★★★★

무테키야 無敵家

이케부쿠로역 주변에만 100개가 넘는 라멘집이 있다. 단순히 숫자만 많은 것이 아니라 맛있는 라멘을 만드는 유명한 라멘집이 많다. 라멘을 먹기 위해 이케부쿠로를 찾는 사람도 많아서 사람들이 줄 서 있는 곳을 살펴보면 라멘집인 경우가 많다.

무테키야는 이름 그대로 '무적의 라멘집'으로 식사시간이 아닌 시간에도 라멘집 앞에 긴 줄이 늘어설 정도로 인기가 많다. 인기비결은 매일 새로 끓여 신선한 돈코츠수프とんコクスープ와 부드럽게 삶은 돼지고기를 두툼하게 썰은 챠슈チャーシュー, 100% 홋카이도산 밀로 만든 쫄깃한 면발에 있다. 라멘은 토핑에 따라 종류가 달라지며, 챠슈와 반숙 계란이 올라가서 만족도 높은 니쿠타마멘肉玉麺, 챠슈를 실컷 먹고 싶은 사람을 위한 챠슈멘ちゃーしゅー麺, 돈코츠 국물 맛에 익숙하지 않은 사람도 맛있게 먹을 수 있는 츠케멘つけ麺 등이 있다. 매운맛도 있고 추가로 생마늘을 넣을 수도 있어 매운 것을 좋아하는 사람도 입맛에 맞춰 먹을 수 있다.

니쿠타마멘

챠슈멘

츠케멘

홈페이지 www.mutekiya.com 주소 東京都 豊島区 南池袋 1-17-1 문의 03-3982-7656 찾아가기 JR 야마노테선(山手線), 사이쿄선(埼京線), 쇼난신주쿠라인(湘南新宿ライン), 나리타익스프레스(成田エクスプレス), 도쿄메트로 마루노우치선(丸ノ内線), 유라쿠초선(有楽町線), 후쿠도심선(副都心線), 세부철도(西武鉄道) 이케부쿠로선(池袋線), 도부철도(東武鉄道) 토조혼선(東上本線) 이케부쿠로(池袋)역 동쪽출구(東口)에서 도보 2분 거리 가격 ¥800~1,100 영업시간 10:30~04:00 휴무 12월 31일~1월 3일 귀띔 한마디 식사시간에는 1~2시간씩 밖에 서서 기다려야 하니 밤늦은 시간이나 오픈시간에 찾아가는 것이 좋다. 카드결제가 불가능하니 현금을 엔화로 준비하자.

✓ 가격이 저렴한 메뉴를 판매하는 인기 맛집은 예약을 받지 않는 곳이 많아서 한참을 기다려야 하니 덜 붐비는 시간에 찾아가자.

중국 본토의 맛으로 승부하는 중국 요릿집 ★★★★☆

중국가정요리 양2호점 中国家庭料理 楊2号店

지저분한 골목 안쪽에 자리하지만, 맛집으로 소문나 중국인뿐만 아니라 일본인도 줄 서서 기다리는 집이다. 인기메뉴는 엄청 매운 사천풍 마파두부四川風麻婆豆腐와 국물 없이 비벼 먹는 시루나시 탄탄면汁なし坦々麺, 말린 두부를 새콤하게 무친 반산수拌三絲, 바삭하게 구운 만두 야키교자焼き餃子 등이다. 탄탄면은 뻑뻑한 느낌이니 상큼한 반산수를 주문해 2명이 나눠 먹는 것이 좋다. 매운맛이 강하고 특유의 식감과 향신료 때문에 익숙하지 않은 사람에게는 낯설게 느껴진다.

시루나시탄탄면

반산수

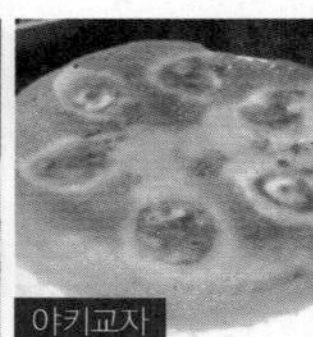
야키교자

주소 東京都 豊島区 西池袋 3-25-5 문의 03-5391-6803 찾아가기 JR 야마노테선(山手線), 사이쿄선(埼京線), 쇼난신주쿠라인(湘南新宿ライン), 나리타익스프레스(成田エクスプレス), 도쿄메트로 마루노우치선(丸ノ内線), 유라쿠초선(有楽町線), 후쿠도심선(副都心線), 세부철도(西武鉄道) 이케부쿠로선(池袋線), 도부철도(東武鉄道) 토조혼선(東上本線) 이케부쿠로(池袋)역 서쪽출구 (西口)에서 도보 3분 거리 가격 런치 ¥800~1,200, 디너 ¥2,000 ~3,000 영업시간 평일 11:30~15:00(L.O. 14:30), 17:30~ 23:30(L.O. 22:30), 주말 및 공휴일 11:30~22:30(L.O.22:30) 귀띔 한마디 일본의 인기 먹방 드라마 '고독한 미식가(孤独のグルメ)' 시즌 1, 3화에 나왔다.

차이나타운, 주카가이(中華街)

이케부쿠로역 서쪽출구로 나와 북쪽으로 향하면 주카가이(中華街)라고 부르는 차이나타운이 나온다. 주로 중국 음식점과 식료품점 등인데 관광객을 대상으로 하지 않아 가격이 저렴해 일본 거주 중국인들이 자주 찾는다. 일본의 중국요리는 일본인 입맛에 맞춘 곳이 대부분이지만, 이케부쿠로에서 중국인이 운영하는 가게에서는 본토의 맛을 그대로 느낄 수 있다.

건강하게 즐길 수 있는 레스토랑 ★★★★☆

라시누 브랑제리&비스트로 RACINES Boulangerie&Bistro

갓 구운 빵 냄새가 솔솔 풍기는 브랑제리 겸 비스트로로 따끈해서 더 맛있는 빵을 식사와 함께 즐길 수 있다. 메뉴는 야채가 듬뿍 들어간 건강한 요리가 대부분이라 여성들에게 특히 인기가 많다. 무농약 야채를 사용하고 드레싱도 직접 만든다. 빵도 천연효모를 사용해 안심하고 먹을 수 있다. 티타임에는 3단 트레이에 담긴 애프터눈티세트도 즐길 수 있다.

식전빵

홈페이지 racines-bistro.com 주소 東京都 豊島区 南池袋 2-14-2 ジュンクドウ書店 池袋ビル B1 문의 03-5944-9622 찾아가기 JR 야마노테선(山手線), 사이쿄선(埼京線), 쇼난신주쿠라인(湘南新宿ライン), 나리타익스프레스(成田エクスプレス), 도쿄메트로 마루노우치선 (丸ノ内線), 유라쿠초선(有楽町線), 후쿠도심선(副都心線), 세부철도(西武鉄道) 이케부쿠로선(池袋線), 도부철도(東武鉄道) 토조혼선(東上本線) 이케부쿠로(池袋)역 동쪽출구(東口)에서 도보 5분 거리 가격 런치 ¥2,000~4,000, 카페 ¥500~2,500 디너 ¥4,000~8,000 영업시간 브랑제리 런치 11:00~15:00, 카페 평일 14:30~17:00(L.O.14:00), 카페 주말 및 공휴일 15:00~17:00(L.O.16:00), 디너 평일 18:00~23:00(L.O.22:00), 디너 주말 및 공휴일 18:00~22:00(L.O.21:00)

따뜻한 밥과 미소시루와 함께 먹는 일본식 양식점 ★★★★☆

키친 ABC 니시이케부쿠로점 キッチンABC 西池袋店

오므라이스카레, 오리엔탈라이스 등 메뉴부터 독특한 인기 양식점이다. 일본 가정식 서양요리를 판매한다. 모든 요리에는 따뜻한 흰쌀밥과 일본식 된장국 미소시루가 곁들여진다. 인기메뉴는 오므라이스 위에 카레를 얹은 오므카레オムカレー이다. 가격도 ¥1,000 이하로 저렴하고 양도 푸짐해 문밖으로 길게 줄 서서 기다리는 모습을 흔히 볼 수 있다.

오늘의 정식

주소 東京都 豊島区 西池袋 3-26-6 문의 03-3982-1703 찾아가기 JR 야마노테선(山手線), 사이쿄선(埼京線), 쇼난신주쿠라인(湘南新宿ライン), 나리타익스프레스(成田エクスプレス), 도쿄메트로 마루노우치선(丸ノ内線), 유라쿠초선(有楽町線), 후쿠도심선(副都心線), 세부철도(西武鉄道) 이케부쿠로선(池袋線), 도부철도(東武鉄道) 토조혼선(東上本線) 이케부쿠로(池袋)역 서쪽출구(西口)에서 도보 3분 거리 가격 ¥800~1,500 영업시간 11:00~22:00(L.O. 21:30) 귀띔 한마디 메뉴가 고민된다면, '오늘의 정식(日替り定食)'을 추천한다.

건강한 일본요리로 가득한 뷔페 레스토랑 ★★★★☆

자연식바이킹 하베스트 自然食 バイキング はーべすと

몸에 좋은 야채를 듬뿍 사용해서 만든 일본요리를 뷔페 스타일로 즐길 수 있는 레스토랑이다. 화학조미료 및 합성첨가물을 가능한 사용하지 않고 조리하며, 신선한 재료를 사용하여 재료 본연의 맛을 느낄 수 있다. 요리 종류도 60가지 이상이라 한입씩만 먹어도 배부르다. 나무와 음식 재료를 사용한 인테리어는 편안하면서도 세련된 느낌이다. 가정에서 많이 만들어 먹는 음식이 대부분으로, 일본의 가정식이 궁금한 사람에게 추천한다.

주소 東京都 豊島区 西池袋 1-11-1 문의 03-5954-8152 찾아가기 메트로폴리탄플라자, 루미네 이케부쿠로 9층 가격 평일 런치 약 ¥1,868/90분, 평일 디너&주말 약 ¥1,198/90분(세금별도) 영업시간 11:00~22:30(L.O.)

이케부쿠로를 대표하는 파르페전문점 ★★★☆☆
밀키웨이 Milky Way

만화 속 주인공처럼 귀여운 드레스를 입고 애니메이션 관련상품을 사러 온 여성 오타쿠들이 좋아하는 파르페전문점이다. 만화 속 주인공 복장으로 파르페를 먹는 모습을 구경하는 것도 재미있다. 파르페 이름도 13개의 별자리의 이름을 따서 깜찍한 별모양 과자와 그릇으로 장식되어 있다. 파르페가 주를 이루지만 간단하게 먹을 수 있는 오므라이스 그라탱, 함바그도리아, 샌드위치 등의 식사류도 판매한다.

홈페이지 milkyway-cafe.sakura.ne.jp 주소 東京都 豊島区 東池袋 1-12-8 富士喜ビル 2F 문의 03-3985-7194 찾아가기 JR 야마노테선(山手線), 사이쿄선(埼京線), 쇼난신주쿠라인(湘南新宿ライン), 나리타익스프레스(成田エクスプレス), 도쿄메트로 마루노우치선(丸ノ内線), 유라쿠초선(有楽町線), 후쿠도심선(副都心線), 세부철도(西武鉄道) 이케부쿠로선(池袋線), 도부철도(東武鉄道) 토조혼선(東上本線) 이케부쿠로(池袋)역 동쪽출구(東口)에서 도보 5분 거리, 선샤인시티로 가는 선샤인60도리(サンシャイン60通り) 입구 바로 앞 건물 2층이다. 가격 ¥800~1,000 영업시간 평일 11:30~21:00, 주말 및 공휴일 11:00~21:00

정성이 가득해서 더 맛있는 도라야키전문점 ★★★★★
스즈메야 すずめや

한적한 골목길 안쪽 정갈한 전통가옥 안에 위치한 일본 전통제과점이다. 스즈메すずめ는 참새를 뜻하는 일본어로 가게 안에는 귀여운 참새 그림이 걸려 있다. 안으로 들어가면 아침 일찍 일어나서 먹이를 찾는 부지런한 참새처럼 귀여운 일본 여인이 다소곳하게 맞아준다. 종류는 다양하지 않지만 전부 수작업으로 정성껏 매일 만들어 판매하며, 정갈한 모양과 기품 있는 맛이 예술작품 같다. 하나씩 단품으로도 판매하니 간식으로 먹어도 좋고 상자로 구입해 소중한 사람에게 선물하는 것도 좋다.

홈페이지 suzumeya.info 주소 東京都 豊島区 南池袋 2-18-5 문의 03-5391-0196 찾아가기 JR 야마노테선(山手線), 사이쿄선(埼京線), 쇼난신주쿠라인(湘南新宿ライン), 나리타익스프레스(成田エクスプレス), 도쿄메트로 마루노우치선(丸ノ内線), 유라쿠초선(有楽町線), 후쿠도심선(副都心線), 세부철도(西武鉄道) 이케부쿠로선(池袋線), 도부철도(東武鉄道) 토조혼선(東上本線) 이케부쿠로(池袋)역 동쪽출구(東口)에서 도보 5분 거리 가격 ¥200~1,000 영업시간 목~토요일 11:00~18:00(매진 시 영업 종료) 휴무 일~수요일 귀띔 한마디 인기가 많아 재료가 소진되면 일찍 문을 닫으니, 오전 10시~12시 사이에 가자.

Tokyo

Section 12

이케부쿠로에서 놓치면 후회하는 쇼핑

이케부쿠로는 일본의 대형 전자상가인 야마다덴키와 빅카메라가 도쿄에 진출할 때 거점으로 삼은 발판이다. 그래서 도쿄에서 제일 큰 야마다덴키라비1의 일본총본점과 빅카메라 빌딩이 이케부쿠로역 주변을 점령하고 있다. 그 밖에도 도쿄 최대 규모의 서점, 도쿄 최대급의 유니클로 매장 등 대형매장이 많다. 패션관련 쇼핑을 원한다면 볼거리에서 소개한 이케부쿠로역의 대형 백화점, 선샤인시티의 쇼핑몰을 중심으로 둘러보자.

일본의 대표적인 전자상가 야마덴키의 도쿄 최대 매장 ★★★★★

라비 이케부쿠로 LABI 池袋

라비 일본 총본점

라비 모바일드림관

영어로 'LABI'라고 적힌 건물이 야마다덴키의 도심형 대형매장이다. LABI는 'Life Ability Supply'라는 표현을 조합해서 만든 이름이다. 그 중에서도 규모가 제일 큰 이케부쿠로의 일본 총본점, 오사카의 남바なんば, 군마현의 타카사키高崎점은 'LABI'라는 호칭을 사용한다.

이케부쿠로역 동쪽출구 바로 앞에 서 있는 일본 총본점은 지하 2층부터 6층까지 약 7,000평이나 되는 매장 안에 150만 점의 제품이 진열되어 있다. 7층은 레스토랑 가로 쿠시야모노가타리串家物語, 히나수시雛鮨, 샤부사이しゃぶ菜 등 총 9개의 유명 레스토랑이 모여 있다. 뷔페 형식으로 마음껏 먹을 수 있는 타베호다이食べ放題 코스가 있는 곳이 많아 양 많은 남성에게 특히 인기이다. 길 건너편에는 모바일드림관이라는 이름의 별도의 건물이 한 채 더 있다. 지하 1층부터 7층까지 사용하며 휴대폰, 게임, 프라모델, 건담 전문상품 등을 파는 층으로 나뉜다.

홈페이지 www.yamadalabi.com 주소 東京都 豊島区 東池袋 1-5-7 문의 03-5958-7770 찾아가기 JR 야마노테선(山手線), 사이쿄선(埼京線), 쇼난신주쿠라인(湘南新宿ライン), 나리타익스프레스(成田エクスプレス), 도쿄메트로 마루노우치선(丸ノ内線), 유라쿠초선(有楽町線), 후쿠도심선(副都心線), 세부철도(西武鉄道) 이케부쿠로선(池袋線), 도부철도(東武鉄道) 토조혼선(東上本線) 이케부쿠로(池袋)역 동쪽출구(東口)에서 도보 1~2분 거리 영업시간 10:00~21:00 귀띔 한마디 규모가 엄청나게 커서 다 둘러보기는 힘드니 원하는 상품이 있는 층만 구경하자.

✓ 여성 오타쿠를 위한 만화, 동인지, 캐릭터상품 등을 판매하는 오토메로드(乙女ロード)도 일본 만화 애호가들에게 유명하다.

이케부쿠로역 주변에 건물 6개를 사용하는 대형 전자상가 ★★★★★
빅카메라 ビックカメラ, BIC CAMERA

본점

이케부쿠로에서 야마다덴키와 함께 양대 산맥을 이루는 전자상가는 빅카메라이다. 이케부쿠로역 동쪽출구 방면에는 본점本店, 본점 컴퓨터관本店パソコン館, 카메라관カメラ館, 빅포토BIC PHOTO와 아웃렛アウトレット이 있고 이케부쿠로역 서쪽출구 방면에는 이케부쿠로니시구치점池袋西口店이 있다.

이케부쿠로역 주변에 총 6개 건물이 있기 때문에 주변을 서성이다 보면 빅카메라라는 이름이 자주 눈에 띈다. 건물마다 지하 1층부터 7~8층까지 사용하며, 특히 이케부쿠로에는 다른 곳에서는 보기 힘든 아웃렛이 있어서 할인된 가격으로 필요한 전자제품을 구입할 수 있다.

본점

아웃렛

- **공통** 홈페이지 www.biccamera.com 문의 03-5396-1111 찾아가기 JR 야마노테선(山手線), 사이쿄선(埼京線), 쇼난신주쿠라인(湘南新宿ライン), 나리타익스프레스(成田エクスプレス), 도쿄메트로 마루노우치선(丸ノ内線), 유라쿠초선(有楽町線), 후쿠도심선(副都心線), 세부철도(西武鉄道) 이케부쿠로선(池袋線), 도부철도(東武鉄道) 토조혼선(東上本線) 이케부쿠로(池袋)역에서 도보 1~3분 거리 영업시간 10:00~22:00(일부매장은 10:00~21:00) 귀뜸 한마디 건물에 따라서 판매하는 제품군이 달라서 원하는 상품을 구입하려면 해당 건물을 찾아가야 한다.
- **이케부쿠로본점** 주소 東京都 豊島区 東池袋 1-41-5
- **카메라컴퓨터관** 주소 東京都 豊島区 東池袋 1-6-7
- **아웃렛** 주소 東京都 豊島区 東池袋 1-11-7
- **이케부쿠로니시구치점** 주소 東京都 豊島区 西池袋 1-16-3

도쿄에서 제일 큰 대형서점 ★★★★★
준쿠도서점 이케부쿠로본점 ジュンク堂書店 池袋本店

준쿠도서점 이케부쿠로본점은 도쿄에서 제일 큰 서점으로 약 2,000평 규모의 매장 안에 150만 권의 책을 보유하고 있다. 커다란 빌딩의 지하 1층부터 9층까지 모두 서점으로 구성되어 있고 만화책, 잡지, 의학서, 인무서, 법률서 등 층마다 장르가 나뉜다. 규모가 큰 만큼 전문서적도 심층 있게 취급하며, 여기서 찾지 못한 책은 다른 곳에서도 찾기 힘들 정도이다. 서점이라기보다는

도서관에 가까운 분위기로 편안하게 책을 구경할 수 있어 인기가 많다. 계산은 1층 계산대에서 한꺼번에 하는 구조이다.

홈페이지 www.junkudo.co.jp 주소 東京都 豊島区 南池袋 2-15-5 문의 03-5956-6111 찾아가기 JR 야마노테선(山手線), 사이쿄선(埼京線), 쇼난신주쿠라인(湘南新宿ライン), 나리타익스프레스(成田エクスプレス), 도쿄메트로 마루노우치선(丸ノ内線), 유라쿠초선(有楽町線), 후쿠도심선(副都心線), 세부철도(西武鉄道) 이케부쿠로선(池袋線), 도부철도(東武鉄道) 토조혼선(東上本線) 이케부쿠로(池袋)역 동쪽출구(東口)에서 도보 5분 영업시간 10:00~22:00 귀띔 한마디 4층에는 카페가 있어 책을 고르다가 쉴 수 있다.

여성 오타쿠를 위한 순정만화의 성지 ★★★★☆

오토메로드 乙女ロード

아키하바라가 남성 오타쿠들이 찾는 곳이라면, 순정만화나 로맨스만화를 좋아하는 여성 오타쿠들은 이케부쿠로를 찾는다. 오토메로드는 만화, 동인지, 애니메이션, 캐릭터상품 등 서브컬처에 관련된 가게가 모여 있는 거리이다. 오토메乙女는 소녀 또는 처녀라는 뜻으로 여성을 뜻하는 말이다. 여성 오타쿠를 후조시腐女子라고 하며, 오토메로드는 후조시의 성지라고 불린다. 아키하바라에 메이드카페가 있듯이 오토메로드에는 집사 복장을 한 미남이 서비스하는 집사카페執事喫茶가 있다. 오토메로드에서 이케부쿠로역 쪽으로 많이 이전했다.

주소 東京都 豊島区 東池袋 三- 찾아가기 선샤인시티의 서쪽

오토메로드의 애니메이션 관련 추천 숍

일본의 대표적인 애니메이션 전문숍

아니메이트 이케부쿠로본점 アニメイト池袋本店

1층부터 9층까지 모두 만화책과 캐릭터 관련상품으로 채운 애니메이션 전문숍이다. 이케부쿠로가 본점으로 오토메로드를 대표하는 회사였지만, 지금은 오토메로드에서 선샤인60도리의 옆 골목으로 이전했다. 여성 오타쿠를 위한 소녀만화, 보이즈러브, 걸즈, 동인지 등은 물론 소년만화, 청년만화 등 전 장르를 취급한다.

홈페이지 www.animate.co.jp **주소** 東京都 豊島区 東池袋 1-20-7 **문의** 03-3988-1351 **찾아가기** JR 야마노테선(山手線), 사이쿄선(埼京線), 쇼난신주쿠라인(湘南新宿ライン), 나리타익스프레스(成田エクスプレス), 도쿄메트로 마루노우치선(丸ノ内線), 유라쿠초선(有楽町線), 후쿠도심선(副都心線), 세부철도(西武鉄道) 이케부쿠로선(池袋線), 도부철도(東武鉄道) 토조혼선(東上本線) 이케부쿠로(池袋)역 동쪽출구(東口)에서 도보 5분 거리 **영업시간** 평일 11:00~21:00, 주말 및 공휴일 10:00~20:00

동인관

아니메관

중고 애니메이션상품 및 동인지 판매점
케이북스 K-BOOKS

만화책, 동인지, 피규어 등 애니메이션에 관련된 상품을 중고로 판매한다. 이케부쿠로에만 아니메관, 코스프레관, 코믹관, 동인관 2층과 3층, 캬라관, 캬스트관 등 10개 이상의 점포를 보유하고 있다. 코스프레관은 말 그대로 코스프레 의상 및 가발, 액세서리 등을 판매하고 캬라관은 애니메이션 관련 캐릭터상품, 캬스트관은 뮤지컬 관련상품을 판매한다. 시중에서 쉽게 구할 수 없는 동인지를 구입하기 위해 일부러 동인관을 찾는 사람도 많다.

- **공통 홈페이지** www.k-books.co.jp **찾아가기** JR 야마노테선(山手線), 사이쿄선(埼京線), 쇼난신주쿠라인(湘南新宿ライン), 나리타익스프레스(成田エクスプレス), 도쿄메트로 마루노우치선(丸ノ内線), 유라쿠초선(有楽町線), 후쿠도심선(副都心線), 세부철도(西武鉄道) 이케부쿠로선(池袋線), 도부철도(東武鉄道) 토조혼선(東上本線) 이케부쿠로(池袋)역 동쪽출구(東口)에서 도보 5~10분 거리 **영업시간** 평일 12:00~20:00, 주말 및 공휴일 11:30~20:00
- **캐릭터관 주소** 東京都 豊島区 東池袋 3-2-4 **문의** 03-3985-5456 •**동인관 주소** 東京都 豊島区 東池袋 3-12-12 **문의** 03-3985-5439 •**코스프레관 주소** 東京都 豊島区 東池袋 1-28-1 タクトTOビル 2F **문의** 03-5928-2355 •**오토메관 주소** 東京都 豊島区 東池袋 3-15-5 **문의** 03-5957-2430 •**아니메&코믹관 주소** 東京都 豊島区 東池袋 3-15-5 東池袋マンション 1F **문의** 03-5956-5013 •**캬스트관 주소** 東京都 豊島区 東池袋 1-15-10 池袋ビル F2 **문의** 03-5985-7501

여성을 위한 만화책 및 DVD 판매점
라신방 이케부쿠로본점 らしんばん池袋本店

오토메로드에 자리 잡은 만화책 및 캐릭터상품전문점으로 본관은 오토메로드에 있고, 5호관은 아니메이트 앞에 있다. 본관 1층은 일반 만화, 보이즈러브코믹, 소설 등을 판매하고 2층은 남성용 동인지 및 성인용 만화, 게임 등을 판매한다. 2호관은 DVD, CD, 블루레이, 게임 등을 전문으로 취급한다.

- **공통 홈페이지** www.lashinbang.com **찾아가기** JR 야마노테선(山手線), 사이쿄선(埼京線), 쇼난신주쿠라인(湘南新宿ライン), 나리타익스프레스(成田エクスプレス), 도쿄메트로 마루노우치선(丸ノ内線), 유라쿠초선(有楽町線), 후쿠도심선(副都心線), 세부철도(西武鉄道) 이케부쿠로선(池袋線), 도부철도(東武鉄道) 토조혼선(東上本線) 이케부쿠로(池袋)역 동쪽출구(東口)에서 도보 5~10분 거리 **영업시간** 11:00~20:00
- **본관 주소** 東京都 豊島区 東池袋 3-2-4 **문의** 03-3988-2777
- **여성동인관(らしんばん池袋本店女性同人館) 주소** 東京都 豊島区 東池袋 1-15-13 **문의** 03-5956-1855

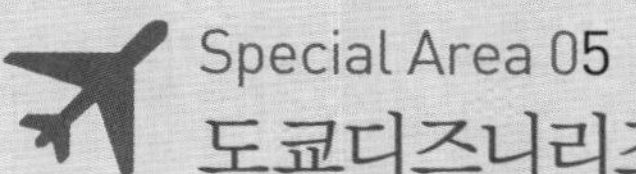

Special Area 05

도쿄디즈니리조트 東京ディズニーリゾート Tokyo Disney Resort

디즈니 인기캐릭터들과 그 캐릭터들이 사는 동화 속 세상에서 맘껏 뛰놀 수 있는 테마파크이다. 디즈니캐릭터와 디즈니영화를 테마로 만든 어트랙션도 재미있고, 일류 무용수들이 펼치는 퍼레이드와 쇼가 특히 볼 만하다. 롯데월드나 에버랜드 같은 한국형 테마파크는 간담이 서늘해질 만큼 스릴 넘치는 놀이기구가 많지만, 도쿄디즈니랜드는 강도가 그다지 세지 않아 겁 많은 사람도 안심하고 즐길 수 있다. 도쿄디즈니리조트는 도쿄디즈니랜드와 도쿄디즈니씨로 이루어져 있다. 규모가 커서 하루 두 곳을 다 돌아보기 힘드니 호텔에 머물면서 한 군데씩 돌아보는 것이 좋다.

홈페이지 www.tokyodisneyresort.jp

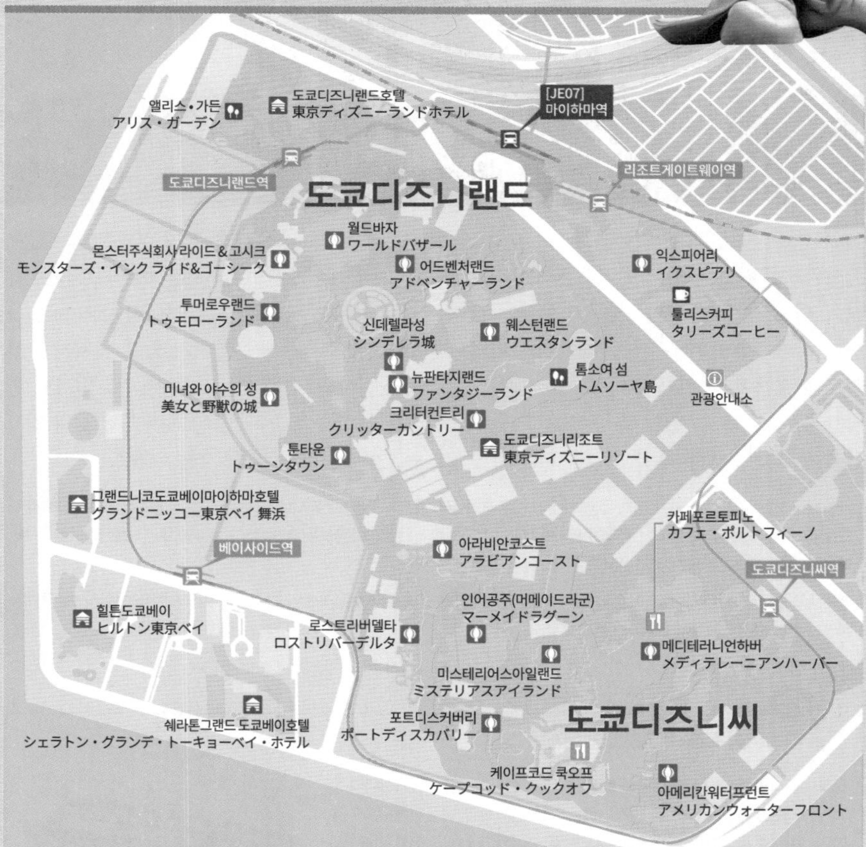

[JE07]
마이하마역
앨리스・가든
アリス・ガーデン
도쿄디즈니랜드호텔
東京ディズニーランドホテル
도쿄디즈니랜드역
도쿄디즈니랜드
리조트게이트웨이역
월드바자
ワールドバザール
몬스터주식회사 라이드 & 고시크
モンスターズ・インク ライド&ゴーシーク
어드벤처랜드
アドベンチャーランド
익스피어리
イクスピアリ
투머로우랜드
トゥモローランド
신데렐라성
シンデレラ城
웨스턴랜드
ウエスタンランド
툴리스커피
タリーズコーヒー
뉴판타지랜드
ファンタジーランド
톰소여 섬
トムソーヤ島
관광안내소
미녀와 야수의 성
美女と野獣の城
크리터컨트리
クリッターカントリー
툰타운
トゥーンタウン
도쿄디즈니리조트
東京ディズニーリゾート
그랜드니코도쿄베이마이하마호텔
グランドニッコー東京ベイ 舞浜
카페포르토피노
カフェ・ポルトフィーノ
베이사이드역
아라비안코스트
アラビアンコースト
도쿄디즈니씨역
인어공주(머메이드라군)
マーメイドラグーン
힐튼도쿄베이
ヒルトン東京ベイ
로스트리버델타
ロストリバーデルタ
메디테러니언하버
メディテレーニアンハーバー
미스테리어스아일랜드
ミステリアスアイランド
포트디스커버리
ポートディスカバリー
도쿄디즈니씨
쉐라톤그랜드 도쿄베이호텔
シェラトン・グランデ・トーキョーベイ・ホテル
케이프코드 쿡오프
ケープコッド・クックオフ
아메리칸워터프런트
アメリカンウォーターフロント

- **교통편 :** 도쿄디즈니랜드는 마이하마역 바로 앞에 있다. 도쿄역에서 출발한다면 JR 게이요선을 타고 이동하면 되며, 디즈니리조트라고 함께 적혀 있기 때문에 찾아가기 쉽다. 도쿄디즈니리조트는 호텔 및 쇼핑시설이 함께 있어 규모가 어마어마하게 크다. 도쿄디즈니랜드만 방문한다면 마이하마역에서 내려서 걸어가면 되지만, 디즈니씨 및 호텔 등을 이용한다면 마이하마역에서 내려서 디즈니리조트라인(모노레일)으로 갈아타고 이동해야 한다.

마이하마(舞浜)역 JR 게이요선(京葉線)

도쿄디즈니랜드 東京ディズニーランド, Tokyo Disney Land

1983년에 문을 열었으며, 30년이 넘는 세월 동안 아이들 및 디즈니 팬에게 변함없이 사랑받고 있다. 51만㎡의 넓은 부지는 총 7개의 테마로 나누어져 있고 각 테마에 맞는 어트랙션과 숍, 레스토랑 등이 동화 같은 세상 분위기를 자아낸다. 도쿄디즈니랜드의 심벌은 정중앙에 위치한 신데렐라성이다. 디즈니 애니메이션 첫 장면에 등장하는 신데렐라성이 위풍당당하게 서 있는 모습은 동화책을 읽고 자란 사람들의 가슴까지 설레게 한다.

퍼레이드는 도쿄디즈니랜드에서 꼭 챙겨봐야 할 볼거리이다. 아름다운 무용수들과 디즈니의 캐릭터들이 함께 펼치는 공연은 동작이 우아하고 재미있다. 오후에 진행하는 메인 퍼레이드를 보기 위해 시작 2~3시간 전부터 공연이 잘 보이는 장소에 돗자리를 깔고 앉아서 대기하는 사람도 많다. 밤에 진행하는 퍼레이드는 일루미네이션, 레이저쇼, 불꽃놀이가 함께 펼쳐져 그야말로 환상적이다. 비가 많이 오거나 너무 더운 날에는 야외 퍼레이드 및 쇼가 취소되기도 한다. 실내에서 볼 수 있는 쇼는 인기가 많아서 자리를 구하기 힘들다. 입장 하자마자 잊지 말고 앱을 통해 신청하자. 추가 요금은 없으며, 당첨되면 앉아서 편안하게 구경할 수 있다.

✓ 스탠바이패스가 있는 인기 어트랙션이 제일 많은 투머로우랜드는 입장과 동시에 공략하는 것이 효과적이다. 오후에는 스탠바이패스 신청이 종료되는 경우가 많으니 오전에 가능한 한 많이 이용하는 것이 좋다. 투머로우랜드를 실컷 즐긴 후에는 반시계방향으로 돌면서 구경하면 된다.

투머로우랜드 → 판타지랜드 → 점심식사 → 크리터컨트리 → 웨스턴랜드 → 어드벤처랜드 → 퍼레이드(낮) → 신데렐라성 → 저녁식사 → 퍼레이드(밤) → 월드바자

Tip

디즈니리조트라인(모노레일)

도쿄디즈니씨는 마이하마역에서 도보로 15분 정도 걸리므로 디즈니리조트 안을 순환하는 모노레일 '디즈니리조트라인'을 타고 이동하는 것이 편하다. 일본의 교통카드 파스모(PASMO) 및 수이카(Suica)도 이용할 수 있다. 도쿄디즈니리조트의 호텔에 머물면서 여러 번 왔다갔다 할 예정이라면 1일권(フリーきっぷ)을 구입하는 것이 경제적이다.

- **정거장 :** 리조트게이트웨이 스테이션(JR 마이하마역 앞) → 도쿄디즈니랜드 스테이션 → 베이사이드 스테이션 → 도쿄디즈니씨 스테이션 → 리조트게이트웨이 스테이션(JR 마이하마역 앞)
- **가격 :** 대인(만 12세 이상) ¥260, 소인(만 6세~11세) ¥130

도쿄디즈니씨 東京ディズニーシー, Tokyo Disney Sea

2001년 문을 연 도쿄디즈니씨는 바다를 테마로 만든 놀이공원이다. 세계에서 처음으로 바다를 테마로 만든 디즈니파크이기도 하다. 49만㎡의 넓은 부지의 반은 물로 이루어져 있고 물 위에서 타거나 물을 이용하는 어트랙션과 볼거리가 많다. 물에 젖게 되니 수건을 가져가거나 숍에서 판매하는 수건을 구입해 사용하자. 또한 도쿄만東京湾 바로 옆에 위치하여 디즈니씨 안에서 푸른 태평양이 넓게 펼쳐진 모습을 볼 수 있다. 7개의 테마포트로 나뉘어 있고 어른들을 위한 디즈니라 불리기도 한다.

✓ 어트랙션이 제일 많은 '아메리칸 워터 프론트'를 먼저 방문해 스탠바이패스를 활용하며 즐긴다. 아메리칸 워터 프론트의 어트랙션 대기시간이 너무 길다면 가장 안쪽에 위치한 '로스트리버 델타'로 향하자. 개장시간 30분 안이라면 인기 어트랙션도 오래 기다리지 않고 바로 탈 수 있다. 점심식사 및 저녁식사도 남보다 빨리해야 덜 기다린다. 가운데 위치한 포트디스커버리와 머메이드라군은 어트랙션이 적은 편이니 나중에 둘러보면 된다.

아메리칸 워터 프론트 → 로스트리버 델타 → 점심식사 → 미스터리어스아일랜드 → 아라비안코스트 → 메디테리니언 하버 → 퍼레이드(낮) → 포트디스커버리 → 머메이드라군 → 저녁식사 → 퍼레이드(밤)

디즈니리조트 효율적으로 즐기기

도쿄디즈니랜드와 디즈니씨를 제대로 즐기려면 미리 알아보고 준비해 가는 것이 좋다. 무작정 찾아가면 여기저기서 기다리느라 하루를 다 소비하게 된다. 기다리는 시간을 최소한으로 줄이고 시간과 체력을 효율적으로 안배하기 위한 전략적인 방법을 소개한다. 또한 도쿄디즈니랜드 및 도쿄디즈니씨에 입장할 때는 지도와 이벤트 스케줄 팸플릿을 받자. 일본어 버전이나 영어 버전의 팸플릿을 건네준다면 한국어 팸플릿으로 달라고 요청하자.

• 입장권은 바로 입장이 가능한 티켓으로 날짜를 지정해서 미리 구입하자

일본의 디즈니스토어에서 구입한 입장권과 디즈니 공식사이트에서 구입해 프린트한 입장권은 바로 입장이 가능하다. 일본의 티켓할인점 및 한국 여행사에서 판매하는 티켓은 바로 사용할 수 없는 경우가 많으니 주의해야 한다. 이 경우, 매표소에서 줄 서서 기다린 후에 당일 입장권으로 교환해야 한다. 또한 날짜지정이 아닌 입장권의 경우, 사람이 많아서 입장제한을 시작하면 입장 자체가 불가능하다. 주말, 연휴 및 방학 등 사람이 많이 몰리는 기간이라면 날짜지정 입장권을 구입하는 것이 안전하다. 스마트폰에 앱을 설치해서 입장권을 구입하고 제시하면 된다.

• **붐비는 시기 :** 주말, 공휴일, 여름방학(7~9월), 겨울방학(1~3월), 골든위크(5월 초), 연말연시(12월 말~1월 초), 크리스마스(12월 20~25일), 핼러윈(10월 말), 발렌타인데이(2월 14일), 화이트데이(3월 14일) 등
• **한가한 시기 :** 평일, 비 오는 날(단, 퍼레이드, 이벤트 및 일부 어트랙션의 운행 중지)

Tip

디즈니 공식앱 이용하기

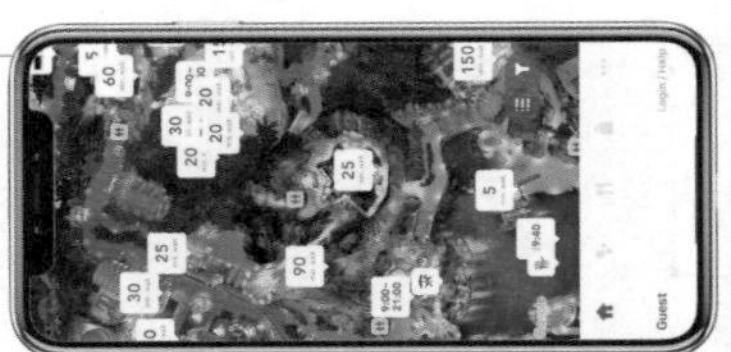

스마트폰에 디즈니 공식앱을 설치한 후 입장권, 스탠바이패스, 레스토랑 예약, 공연 예약 등을 편하게 이용하자. 참고로 도쿄디즈니랜드와 디즈니씨의 입장권은 시설 내 자유이용권이 포함되어 있다. 일행과 예약을 공유하는 기능이 있어서 편리하고, 지도와 연계되어서 어트랙션의 위치도 쉽게 찾을 수 있다.

• 도쿄디즈니랜드/도쿄디즈니씨파크 티켓

티켓종류	어른 (만 18세 이상)	청소년(만 12~17세)	어린이(만 4~11세)
1데이 패스포트	¥7,900~9,400	¥6,600~7,800	¥4,700~5,600
비고	• 가격은 평일/주말, 비수기/성수기 등에 따라 다르게 책정되므로 디즈니 공식앱을 활용하여 정확한 가격을 확인하도록 하자. • 만 3세 이하의 어린이는 입장이 무료다. • 사람이 많아서 혼잡한 날에는 당일 입장권 판매를 중지한다.(주말, 공휴일, 방학기간 등에 특히 주의) • 티켓 구입 시 학생의 나이 제한은 일본 기준인 4월 1일로 적용되며, 학생증을 제시해야 한다.		

• 늦어도 오픈시간 30분 전에는 도착하자

입장시간은 시즌 및 날짜에 따라 달라지니 미리 확인하자. 인기 많은 어트랙션을 타고 싶다면 아침 일찍 서둘러 가는 것이 좋다. 다음에서 소개하는 스탠바이패스도 입장하자마자 바로 예약하는 것이 제일 효과적이다. 오픈시간에 입장하지 못하면 인기 어트랙션 하나를 타기 위해 2시간 이상 기다려야 하는 경우가 다반사이다. 당일 정해진 입장시간보다 30분 정도 일찍 문을 여는 경우도 있다.

• 디즈니 프리미어 액세스 (Disney Premier Access)

일부 인기 어트랙션 및 공연의 입장시간을 지정해서 예약하는 유료서비스이다. 디즈니에서 시간은 곧 돈이다. 추가 비용은 들지만 2~3시간 이상 기다려야 겨우 탈 수 있는 어트랙션을 대기시간 없이 즐긴다면, 남은 시간에 다른 어트랙션을 더 탈 수 있게 된다. 앱을 통해 신용카드로만 결제할 수 있고, 예약한 어트랙션을 이용한 다음에 다른 어트랙션 또는 동일 어트랙션 프리미어 액세스를 다시 구입할 수 있다. 가격은 어트랙션에 따라 다르며, 1인 1회당 ¥1,500~2,500이다. 새로 생긴 어트랙션이나 공연 또는 꼭 타봐야 할 인기 어트랙션이 그 대상이다.

도쿄디즈니랜드 : 미녀와 야수 '마법이야기', 베이맥스의 해피라이드, 스플래시마운틴
도쿄디즈니씨 : 빌리브 – 씨오브드림스, 소링, 판타스틱플라이트, 토이스토리마니아, 타워오브테러, 센터오브디어스

미녀와 야수

미녀와 야수

소링

• 스탠바이패스를 적극적으로 활용해서 대기시간을 줄이자

인기 어트랙션은 1~3시간씩 기다려야 겨우 탈 수 있는데, 기다리는 시간을 줄이기 위해서 사용하는 수단이 '스탠바이패스(Standby Pass)'이다. 도쿄디즈니 공식앱을 통해서 대상 어트랙션 스탠바이패스를 예약하면 된다. 스탠바이패스에는 어트랙션의 입장 시간대가 적혀 있는데, 그 시간에 맞춰 어트랙션을 찾아가서 전송받은 QR코드를 보여주면 '스탠바이패스 입구'를 통해 기다리지 않고 들어갈 수 있다. 스탠바이패스는 추가요금 없이 누구나 이용할 수 있으며, 잘 활용하면 인기 어트랙션 2~5개 정도는 대기시간 없이 바로 탈 수 있다.

• 스탠바이패스 활용법

❶ 인기 많은 어트랙션의 스탠바이패스는 오전에 발권이 끝나는 경우도 많고 오후 5시 이후에는 발권이 종료되는 곳이 대부분이다. 대기시간이 긴 어트랙션일수록 빨리 스탠바이패스를 끊을 수 있도록 인기도에 따라 계획을 세워야 한다.

❷ 스탠바이패스는 1인당 1패스씩 제시해야 하니 인원수대로 다 받아야 한다. 입장을 마친 뒤 디즈니 공식앱에 일행으로 등록하면, 한사람이 다른 일행의 것까지 선택해서 함께 예약할 수 있다. 다른 어트랙션을 대기하는 도중에도 앱을 통해 간단히 예약할 수 있어서 편리하다.

❸ 다음 스탠바이패스 발권까지의 시간간격이 가장 짧은 시간대는 아침 입장시간이다. 입장시간에 들어가면 일단 스탠바이패스로 하나를 예약하고 나서 다른 어트랙션을 타러 가는 것이 좋다. 그러므로 스탠바이패스 대상 어트랙션이 있고 인기 어트랙션이 많은 구역을 제일 먼저 찾아가는 것이 좋다.

❹ 스탠바이패스 지정 입장시간이 지나면 스탠바이패스가 무효 처리되니 주의하자.

❺ 스탠바이패스를 끊고 기다린 어트랙션이 날씨나 안전 등의 이유로 갑자기 운행이 중지된 경우, 다른 어트랙션을 대기시간 없이 이용할 수 있는 '우선입장정리권(優先入場整理券)'으로 교환해 주기도 한다. 우선입장정리권은 스탠바이패스 없이 한참 대기한 사람에게도 나누어준다. 그냥 돌아가지 말고 안내직원에게 언제 다시 운행될 예정인지 문의하자.

❻ 스탠바이패스를 실시하지 않는 날이 많다. 대기시간이 길지 않을 때는 스탠바이패스를 예약할 수 없다.

• 도쿄디즈니리조트 공식호텔에서 숙박하면 15분 일찍 입장할 수 있다

도쿄디즈니리조트 안에 있는 공식호텔에서 숙박할 경우, 해피엔트리 제도를 통해 15분 일찍 입장이 가능하다. 숙박 확인이 가능한 예약 내용을 제시해야 하며, 체크인하는 날과 체크아웃하는 날 모두 이용할 수 있다. 고작 15분을 위해 비싼 숙박비를 지불해야 하나 싶지만, 디즈니 프리미어 엑세스로 추가비용을 내거나 2~3시간 기다려야 하는 인기 어트랙션을 제일 먼저 이용할 수 있어서 유용하다. 단, 아침에 일찍 일어나서 개장시간 전에 도착해야 한다. 디즈니리조트 공식호텔은 룸 안의 인테리어는 물론 어메니티까지 디즈니 캐릭터를 활용해서 인기가 많다.

• 레스토랑에서 제대로 된 식사를 할 예정이라면 예약하고 가자

간단히 길거리음식을 사 먹거나 카페에서 요기를 해결한다면 줄 서서 기다리는 수밖에 없지만, 제대로 된 레스토랑에 앉아서 식사를 즐길 예정이라면 예약하고 가는 것이 좋다. 예약은 디즈니 공식앱을 통해 하면 되고, 당일에 입장하지 않더라도 미리 예약할 수 있다. 사람이 많은 날에 예약을 안하고 가면 레스토랑 앞에서 1~2시간씩 서서 기다려야 한다. 단, 예약을 받는 레스토랑은 1인당 예산이 ¥3,000~5,000 정도로 비싼 편이다.

• 기념일이나 자신의 생일이 포함된 달에 방문하면 각종 특전이 있다

생일이 포함된 달에 방문하면 '생일 스티커'를 받을 수 있다. 이 스티커를 붙이고 있으면 디즈니의 직원 및 인기 캐릭터들이 생일 축하한다는 인사를 건넨다. 발렌타인데이, 화이트데이, 크리스마스처럼 특별한 기념일에 디즈니를 방문하면 작은 선물을 나눠주기도 한다.

• 유아와 동반한 경우에는 유모차에 태워서 돌아다닐 수 있다

어트랙션 안으로 유모차를 끌고 들어갈 수 없는 경우에는 어트랙션 앞에 있는 유모차 보관소에 두고 들어가면 된다. 직원이 관리하기 때문에 안심하고 맡겨도 된다.

• 디즈니의 메인 캐릭터 빅5는 '미키마우스, 미니마우스, 도날드덕, 구피, 플루토'이다

디즈니의 메인 캐릭터를 알고 가서 구경하면 더 재미있다. 퍼레이드 및 쇼의 중심이 되는 것도 메인 캐릭터다.

• 같은 풍경이 보이는 구역에서 같은 계열의 놀이기구를 중복으로 탈 필요는 없다

같은 구역에서 비슷한 풍경을 감상하며 배를 타는 어트랙션이 중복되기도 한다. 디즈니에는 탈거리가 많아서 다 탈 수 없으니 비슷한 어트랙션을 연속으로 타는 것보다는 하나를 생략하는 것이 좋다.

• 어트랙션을 타면서 찍힌 사진을 구입할 수 있다

어트랙션을 타면서 사진을 찍는 것은 위험해서 금지되어 있지만, 찍힌 사진은 구입할 수 있다. 보통 스릴 있는 어트랙션은 하이라이트 순간에 자동으로 찍히니 표정관리를 하는 것이 좋다.

• 디즈니의 기념품은 구경을 마치고 돌아가는 길에 사자

그냥 돌아다니기도 힘든데 짐까지 들고 하루 종일 돌아다니면 무척 지친다. 기념품은 집에 돌아가는 길에 구입하는 것이 현명하다.

• 가능한 편안하게 입고 디즈니 상품으로 꾸미고 가면 좋다

디즈니랜드에서 제일 멋진 패션은 불편하지 않은 복장에 디즈니 캐릭터로 포인트를 준 디즈니패션이다. 머리 장식이나 깜찍한 액세서리를 착용하면 더 귀엽다. 디즈니에서 바로 구입해도 되지만 상당히 비싸다. 유니클로, H&M 등 패션숍에서 디즈니와 콜라보레이션한 티셔츠 등을 미리 구입해 입고 가는 것이 좋다.

• 디즈니의 인기 캐릭터와 만나서 사진을 찍는 지정 장소가 있다

디즈니에서 꼭 만나고 싶은 인기 캐릭터가 있다면, 그 캐릭터를 만날 수 있는 미팅 플레이스(Meeting Place)에 찾아가자. 한 사람씩 사진을 찍기 때문에 30분에서 1시간 정도 기다려야 하지만, 예외 없이 만날 수 있다. 길거리에 인기 캐릭터가 나와서 사진을 같이 찍어주는 이벤트도 수시로 열린다. 스태프가 함께 다니면서 사진을 찍어주며, 10분에서 30분 정도 줄 서서 기다려야 한다.

• 디즈니의 인기 캐릭터가 손님을 찾아오기도 한다

디즈니에서 자유롭게 돌아다니다 보면 인기 캐릭터가 나타나서 인사할 때도 있다. 캐릭터가 먼저 사람들에게 다가가기 때문에 기다리지 않고 바로 사진을 찍을 수 있는데 운이 필요하다. 캐릭터들은 어린아이들, 생일 스티커를 붙인 사람, 디즈니 상품으로 차려 입은 사람들을 우선으로 배려한다.

• 쇼 및 퍼레이드는 최소 1시간 전에는 자리를 잡고 기다리자

디즈니의 인기 쇼 및 퍼레이드는 시작하기 1시간 전부터 자리를 잡고 기다려야 잘 볼 수 있다. 사람이 많은 날은 2~3시간 전부터 돗자리를 깔고 앉아 기다리기도 한다. 바닥에 깔고 앉을 수 있는 접이식 방석이나 돗자리를 미리 준비해 가는 것도 좋다.

• 짐이 많다면 코인로커를 이용하자

디즈니 곳곳에는 짐을 안전하게 보관할 수 있는 코인로커가 많다. 코인로커에 당장 쓰지 않아도 되는 짐을 보관해 놓고 돌아다니는 것이 편하다.

• 폐장 1시간 전에는 인기 어트랙션의 대기시간이 짧아서 금방 탈 수 있다

낮에는 1~2시간을 기다려야 겨우 탈 수 있는 인기 어트랙션이라도 폐장 시간이 가까워지면 10~30분 정도만 기다리면 탈 수 있다.

• 도쿄디즈니랜드와 도쿄디즈니씨 중 어디를 가야 할까?

디즈니리조트에서 이틀 이상 시간을 보낸다면 디즈니랜드에서 하루, 디즈니씨에서 하루를 보내면 된다. 하지만 하루밖에 시간이 없다면 한쪽을 선택해야 한다. 어디를 선택해야 할지 판단이 서지 않는다면 일단 디즈니랜드를 가는 것이 좋다. 어트랙션도 많고 볼거리도 다양해 남녀노소 모두가 즐길 수 있기 때문이다. 미국이나 프랑스, 홍콩 등 다른 나라에서 디즈니랜드에 가본 적이 있다면 디즈니랜드와는 또 다른 분위기를 풍기는 디즈니씨를 추천한다.

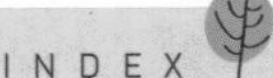

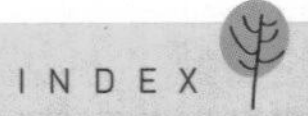

ㅇ